工業廢水污染防治
Industrial Water Quality, 4e

W. Wesley Eckenfelder, Jr.
Davis L. Ford
Andrew J. Englande, Jr.
著

白子易、黃思蓴
譯

國家圖書館出版品預行編目資料

工業廢水污染防治 / W. Wesley Eckenfelder Jr., Davis L. Ford, Andrew J. Englande Jr.著；白子易, 黃思薴譯. -- 二版. -- 臺北市：麥格羅希爾, 2018.08
面； 公分.
譯自：Industrial water quality, 4th ed.
ISBN 978-986-341-397-4(平裝)

1. 汙水處理 2. 工業廢棄物處理

445.93　　　　　　　　　　　　　　　　　　　　　107012111

工業廢水污染防治

作　　　者	W. Wesley Eckenfelder, Jr., Davis L. Ford, Andrew J. Englande, Jr.
譯　　　者	白子易　黃思薴
教科書編輯	胡天慈
特約編輯	晏華璞
企劃編輯	陳佩狄
業務行銷	曾時杏　郭湘吟
業務經理	李永傑
出　版　者	美商麥格羅希爾國際股份有限公司台灣分公司
地　　　址	台北市 10044 中正區博愛路 53 號 7 樓
讀者服務	E-mail: tw_edu_service@mheducation.com TEL: (02) 2383-6000　　FAX: (02) 2388-8822
法律顧問	惇安法律事務所盧偉銘律師、蔡嘉政律師
總經銷(台灣)	臺灣東華書局股份有限公司
地　　　址	10045 台北市重慶南路一段 147 號 3 樓 TEL: (02) 2311-4027　　FAX: (02) 2311-6615 郵撥帳號：00064813
網　　　址	http://www.tunghua.com.tw
門　　　市	10045 台北市重慶南路一段 147 號 1 樓 TEL: (02) 2371-9320
出版日期	2018 年 8 月　（二版一刷）

Traditional Chinese Translation Copyright © 2018 by McGraw-Hill International Enterprises, LLC., Taiwan Branch
Original title: Industrial Water Quality, 4e　ISBN: 978-0-07-154866-3
Original title copyright © 2009, 2000, 1989, 1967 by McGraw-Hill Education
All rights reserved.

ISBN：978-986-341-397-4

※著作權所有，侵害必究。如有缺頁破損、裝訂錯誤，請寄回退換

關於作者

W. Wesley Eckenfelder, Jr. 是全球廢水處理和工業用水品質管理等方面最著名的權威之一。他在水空氣地球永續發展組織（AquAeTer）提供廢水相關專案的技術指導和管理。Eckenfelder博士至今已撰寫了許多書及超過200多篇的科學和技術論文。

Davis L. Ford 是 Davis L. Ford 事務所的總裁，也是一位在廢水處理和環境工程領域中國際級的專家和顧問。Ford 博士在他的職業生涯中曾經輔導超過200多家公司，並曾撰寫或與他人合著7本書。

Andrew J. Englande, Jr. 是杜蘭（Tulane）大學公共衛生與熱帶醫學學院（School of Public Health and Tropical Medicine）環境衛生科學系的教授。Englande 博士至今已撰寫了超過150篇科學論文，並輔導過眾多的產業、政府及顧問公司。

前 言

　　過去三個版本的 *Industrial Water Pollution Control* 主要是為了作為研究所工程類的教科書而出版。由於許多研究所的課程已改變，不太需要專門編寫第四個版本作為研究所的教科書。然而，作者群認為一冊詳盡的 *Industrial Water Quality* 將會是很有用的參考書。因此，《工業廢水污染防治》大大地擴展且更新先前版本的內容，強調實際應用，並對當今的技術和水質管理提供範例和資訊。這對於工業管理者、顧問工程師、監管者及學者等，在解決二十一世紀工業用水的品質問題上，將特別有用。

致 謝

作者群要感謝協助本書發展的幾位人士。我們非常感激我們的妻子，Agnes Eckenfelder、Gwen Ford 和 Bonnie Englande，在撰寫和編輯本書的整個過程中所給予的支持和幫助。本書的審閱者，Lial Tischler 博士（Tischler/ Kocurek 顧問公司）和 Dave Marrs 先生（Valero 能源公司），都是很忙碌且非常稱職的從業人員，他們提供優質的技術評論和意見。此外，作者群感激 Black & Veach 公司的 James Barnard 博士所提出的評論和建議，他是公認的營養控制專家，以及 Enviroquip 公司的 Fred Gaines 先生，他目前主持水環境協會（Water Environment Federation）的薄膜委員會。

我們也很感激以下的學者所提供的建議：曾服務於大芝加哥都會水管制區的 Cecil Lue-Hing 博士；德克薩斯州奧斯汀市的 Raj Bhattari 先生；麥格理協會（MRE Associates）的 Brian Flynn 先生，他們對第 17 章和第 18 章作出了重大貢獻。

我們也要感謝 Larry Hager 先生和他在 McGraw-Hill 的同事，他們在這本書的製作過程中提供了特別的協助。作者群要表揚 Pam Arthur 女士的努力，她做好協調的工作，並以電腦記錄下原稿的主要部分。

譯者簡介

（按姓氏筆畫排序）

白子易

現職：國立臺中教育大學科學應用與推廣學系（含環境教育及管理碩士班）教授

學歷：國立中央大學環境工程研究所博士

專長領域：環境管理、環境教育、環境科學、環境數學、環境工程

黃思蓴

現職：中華大學土木工程學系教授

學歷：美國愛荷華大學 (University of Iowa) 土木與環境工程博士

專長領域：藻類於綠建築之應用、生質柴油、丁醇汽油、脫臭處理、環境工程 / 生物處理、生物技術（菌種篩選與基因重組、固定化技術、生物反應器動力現象電腦模擬、醱酵程序模糊化控制）

譯者序

在大學唸書時，提到廢水處理的教科書，首推歐陽嶠暉教授的《下水道工程學》；如果是英文教科書，則會想到 *Wastewater Engineering*。但如果提到關於工業廢水的教科書，最受推薦的則屬於 Eckenfelder 教授的 *Industrial Water Pollution Control*。

Eckenfelder 教授的 *Industrial Water Pollution Control* 自 1967 年出版至今已數十年，此期間關於人體健康及水生生物生態之新興污染物、毒性物質受到社會關注，許多以往未被規範的污染物，亦逐漸列於放流水規範項目之中。為能符合限制嚴格之水質標準，除了法規大幅改變、傳統處理技術不斷地被改良之外，各種新技術亦被大量開發，使得許多既設的處理廠處理程度不符需求。然而，在經濟不景氣及相關處理成本逐漸墊高之際，目前的挑戰即在於既要能符合新的要求，又要能同時兼顧環境的接受度與經濟效益。

因此，Eckenfelder 教授與 Ford 博士、Englande 教授以 *Industrial Water Pollution Control* 為基礎，編著 *Industrial Water Quality*，除了增加最新的技術理論及應用之外，亦增加石油開採煉製、氯化物、水回收、超級基金、工業前處理、環境經濟等章節，並詳加說明控制技術如何用於解決工業廢水問題。

本書旨作為工業水質控制相關課程之教科書，並提供工業界、政府機關、工程顧問公司在工業水質控制問題上之指南，或提供部分解決方法。本書的特色之一，乃經常提出案例說明該技術在相關工業的應用；另外，各章最後的問題多來自實務案例，可說明該技術的應用。雖然本書無法完全解答所有工業水質控制的問題，但仍希望能提供方向以助於尋求解答。

Industrial Water Quality 的中文版是由中華大學黃思蓴教授及臺中教育大學白子易教授一同翻譯。黃教授負責第 2 章至第 7 章的翻譯，白教授則負責剩餘各章的翻譯。

　　由於新版的 *Industrial Water Quality* 涉及美國最新的法規、技術，部分名詞即使從中文學術文獻、技術報告中也難找到對譯的譯名；另翻譯者的學識仍屬有限，如有疏漏，尚祈海涵指正。

白子易

國立臺中教育大學科學應用與推廣學系

（含環境教育及管理碩士班）教授

譯者序

台灣工業廢水處理的現況,以及這本書對於相關企業的幫助

　　台灣是一個十分重視環保的國家。儘管經濟係以出口為導向,在作為全球工廠之際,政府仍然訂定明確的法規標準,並配合許可制度的推行進行不定期的稽查。絕大多數的工廠都願意投入經費,為保護我們的後代子孫與永續環境而努力。然而,我們學者在評鑑工廠時卻常捫心自問,我們的環保產業準備好了沒有?

　　工業廢水的處理方式不外乎物理化學處理,以及生物處理方法。雖然隨著時代演變,一直都有新的處理技術問世,但絕大多數實務上使用的技術都已是百年歷史。因此,在技術原理的解析上絲毫沒有問題,可是操作參數卻與處理對象的廢水性質有關,要能全面性的取得實在有其困難。若非國家扶植的財團法人機構——如工研院,一般研究很少能夠長期、大量地投入資金,穩定地獲取各項技術的操作參數(或稱為 know-how)。國內缺乏大型的企業集團投入環保產業,其他小型的企業或技師事務所實在也很難跟進。加上,國內對於實務教學並不重視,姑且先不談高職教育的問題;在美國,大學的環境工程系都得負責該校座落城市的給水與污水處理廠的設計與運作。相對地,也提供機會讓學生在上完必修的給水、廢水處理工程學課程之後,可以更進一步地的體會理論與實務的關聯性。

　　另外,不少環工技師在沒有實務經驗下,即使在學期間就考取技師,但往往單打獨鬥、自行接案,在沒有前輩的帶領下,很難累積技術與經驗。在譯者十年來擔任地方環境影響評估委員的經驗

裡，大多數技師不諳處理設備的功能性設計，又欠缺蒐集基本的操作參數，所設計出來的廢水處理工程案常有矛盾現象，很容易判定其技術不可行。所幸國內原廢水的水質（COD）較歐美為佳，雖然設計不盡理想，卻鮮少出現問題，但也造成國內處理技術的層次一直未能提升。

其實這些 know-how 的取得與建立，是可以自行蒐集而成；但相對地一定得付出不少代價與時間。今本書的作者群，以其極豐富的工程經驗，全面性且完整性地介紹各項廢水處理技術的功能性設計與現行實務上的操作參數。內容上，一開始介紹廢水性質與程序，之後針對傳統廢水處理技術，從預處理到各主要物理化學、生物處理及污泥處置的單元一一作介紹，其中涵蓋大量操作參數的章節，如第 4 章的混凝、沉澱及金屬去除，以及第 10 章化學氧化程序，讓譯者也受惠良多。相同地，對於產業界及環境工程顧問業的同仁也十分實惠。不過，由於本書屬於工具書性質，讀者仍需具備傳統環工處理技術的背景知識，尤其對於美國史丹佛大學 Perry L. McCarty 以化學反應為基礎的功能性設計必須瞭解，如此也較能承接作者所要闡述的功能性設計之理念。除此之外，本書也涉略當今最新的議題，分別從第 12 章到第 14 章的新興技術，以及探討永續環境的第 15 章到第 18 章，內容都十分精彩，留待讀者自行體會與發掘。

黃思蓴

中華大學土木工程學系教授

目次

CONTENTS

Chapter 1

工業廢水的來源與特性　1

1.1　簡介　1
1.2　不受歡迎的廢水特性　2
1.3　美國國內影響廢水處理要求的部分法規列舉　5
　　空氣　5
　　液體　6
1.4　廢水的來源與特性　7
1.5　工業廢水調查　8
1.6　廢水特性：估計有機物含量　18
1.7　測量放流水毒性　30
　　放流水分餾的毒性鑑別　35
　　來源分析及排序　38
1.8　廠內廢水控制及水再利用　39
　　減廢　39
1.9　問題　45
參考文獻　47

Chapter 2

廢水處理程序　49

　　2.1　簡介　49

　　2.2　程序的選擇　52

Chapter 3

預處理與初級處理　63

　　3.1　簡介　63

　　3.2　調勻　65

　　3.3　中和　82

　　　　程序的類型　82

　　　　系統　90

　　　　程序控制　90

　　3.4　沉澱　93

　　　　單顆粒沉澱　94

　　　　膠凝沉澱　98

　　　　層沉澱　106

　　　　層沉澱於實驗室的評估和固體物通量的計算　108

　　　　澄清池　108

　　3.5　油的分離　111

　　3.6　典型煉油廠處理油的程序　117

　　3.7　酸性水氣提塔　119

3.8　浮除　121
　　　空氣的溶解度與釋放　121
3.9　問題　132
參考文獻　136

Chapter 4

混凝、沉降及金屬的去除　137

4.1　簡介　137
4.2　混凝　137
　　　介達電位　138
　　　混凝機制　141
　　　混凝劑的性質　142
　　　助凝劑　145
　　　混凝的實驗室控制　145
　　　混凝設備　147
　　　工業廢水的混凝　148
4.3　重金屬的去除　154
　　　砷　157
　　　鋇　159
　　　鎘　159
　　　鉻　160
　　　銅　166
　　　氟化物　166

鐵　167

鉛　168

錳　169

汞　169

鎳　170

硒　170

銀　171

鋅　172

4.4　總結　172

4.5　問題　176

參考文獻　177

Chapter 5

曝氣與質量傳送　179

5.1　簡介　179

5.2　氧傳輸機制　179

5.3　曝氣設備　195

散氣式曝氣設備　195

渦輪曝氣設備　201

表面曝氣設備　203

氧傳輸效率的測量　203

其他測量技術　210

5.4　揮發性有機化合物的氣提　212

填充塔　214

5.5 問題 222

參考文獻 224

Chapter 6

好氧生物氧化的原理 227

6.1 簡介 227

6.2 有機物的去除機制 228

　　吸著 228

　　氣提 231

　　吸著能力 233

　　生物降解 234

6.3 生物氧化去除有機物的機制 235

　　污泥產量和氧的利用 240

　　氧的需求 250

　　營養需求 256

　　有機物去除的數學關係式 260

　　特定的有機化合物 282

6.4 溫度的影響 289

　　pH 的影響 299

　　毒性 300

6.5 污泥品質的考量 305

　　絲狀菌膨化的控制 312

　　生物選擇器 312

　　好氧選擇器的設計 314

6.6　可溶性微生物產物的形成　320

6.7　活性污泥程序的生物抑制　323

　　經濟合作與發展組織（OECD）方法 209　327

　　饋料批次反應器　327

　　葡萄糖抑制試驗　330

6.8　揮發性有機物的氣提　330

　　揮發性有機化合物（VOC）排放的處理　338

6.9　硝化和脫硝　338

　　硝化　338

　　硝化動力學　341

　　高濃度廢水的硝化作用　348

　　硝化的抑制　349

　　批次活性污泥硝化　356

　　饋料批次反應器硝化試驗　360

　　脫硝　361

　　硝化和脫硝系統　371

　　硝化設計步驟　372

　　脫硝設計步驟　375

6.10　除磷　378

　　化學除磷　378

　　生物除磷　383

　　生物除磷機制　384

　　肝醣蓄積菌　386

　　生物除磷設計的注意事項　386

　　其他除磷的機制　388

　　薄膜生物反應器　388

6.11 有關程序設計準則發展的實驗室和模廠級步驟　390

　　廢水特性　390

　　反應器操作　391

　　揮發性有機碳　395

　　水生生物毒性的減少　395

6.12 問題　398

參考文獻　401

Chapter 7

生物廢水處理程序　405

7.1 簡介　405

7.2 氧化塘和穩定池　405

　　類型Ⅰ：兼性塘　406

　　類型Ⅱ：厭氧塘　406

　　類型Ⅲ：曝氣氧化塘　407

　　氧化塘的應用　407

7.3 曝氣氧化塘　416

　　好氧塘　418

　　兼性塘　420

　　曝氣氧化塘的溫度效應　423

　　曝氣氧化塘系統　425

7.4 活性污泥程序　438

　　塞流活性污泥法　439

　　完全混合的活性污泥法　441

延時曝氣　442

氧化渠系統　442

序列批次反應器　444

批次活性污泥法　450

純氧活性污泥法　453

深井活性污泥法　455

環形沉降氣舉式程序　457

整合式固定膜活性污泥法　458

嗜溫好氧活性污泥法　459

最終澄清　459

膠凝和水力的問題　468

都市活性污泥處理廠處理工業廢水　469

放流水的懸浮固體物控制　471

7.5　滴濾法　481

理論　482

氧的傳輸和利用　486

溫度的影響　489

滴濾池的應用　490

第三級硝化作用　493

7.6　旋轉生物接觸盤　495

7.7　厭氧處理程序　502

程序的替代方案　502

厭氧醱酵機制　505

在厭氧條件下，有機化合物的生物降解　513

程序操作的影響因素　515

7.8　厭氧處理的實驗室評估　518

7.9　問題　526

參考文獻　530

Chapter 8

吸　附　533

8.1　簡介　533

8.2　吸附理論　533

　　吸附的公式　534

8.3　活性碳之性質　538

　　吸附之實驗室評估　538

　　連續式碳濾床　541

　　碳再生　544

　　吸附系統設計　544

　　GAC 小型管柱測試　558

　　活性碳系統之效能　562

8.4　PACT 程序　562

8.5　問題　569

參考文獻　570

Chapter 9

離子交換　571

9.1　簡介　571
9.2　離子交換理論　571
　　實驗程序　576
9.3　電鍍廢水處理　579
9.4　問題　583
參考文獻　583

Chapter 10

化學氧化　585

10.1　簡介　585
10.2　化學計量　586
10.3　應用性　589
10.4　臭氧　590
10.5　過氧化氫　595
10.6　氯　599
10.7　過錳酸鉀　603
10.8　氧化概述　605
10.9　水熱程序　607
10.10　問題　609
參考文獻　609

Chapter 11

污泥處理與處置　611

11.1　簡介　611
11.2　污泥處置之特性　614
　　　　特性化殘留物的溶出試驗　614
11.3　好氧消化　617
11.4　重力濃縮　624
11.5　浮除濃縮　630
11.6　滾筒篩濾機　631
11.7　重力帶式濃縮機　633
11.8　盤式離心機　634
11.9　籃式離心機　634
11.10　比阻抗　636
　　　　實驗室流程　637
　　　　毛細吸取時間試驗　641
11.11　離心法　643
11.12　真空過濾　647
11.13　壓濾法　651
11.14　帶式壓濾機　654
11.15　螺旋壓力機　656
11.16　砂床乾燥　657
11.17　影響脫水效能之因素　659
11.18　污泥之土地處置　659
11.19　焚化　667

11.20　問題　669

參考文獻　670

Chapter 12

雜項處理流程　673

12.1　簡介　673

12.2　土地處理　673

　　灌溉　674

　　快速入滲　676

　　漫地流　677

　　廢水特性　677

　　灌溉系統設計　678

　　土地應用系統的效能　681

12.3　深井處置　682

12.4　薄膜程序　688

　　壓力　694

　　溫度　695

　　薄膜填充密度　695

　　通量　695

　　回收因子　695

　　鹽排斥率　695

　　薄膜壽命　696

　　pH　696

　　濁度　696

饋料水流速　696

動力利用　696

預處理　696

清洗　697

應用　697

12.5　薄膜生物反應器　702

薄膜類型及反應器配置　703

薄膜與傳統技術相較之下的優點　704

薄膜議題　705

應用　706

案例研究 A　707

案例研究 B　709

12.6　粒狀濾料過濾　710

12.7　微篩機　717

參考文獻　718

Chapter 13

處理：石油 / 天然氣探勘 / 生產殘留物　721

13.1　簡介和背景資料　721

簡介　721

背景資訊　722

13.2　法令規範　727

簡介　727

聯邦法規　727

豁免和非豁免的 E&P 廢棄物　730

各州法規　735

地方法規　736

租賃協議及其他相關問題　737

13.3　E&P 相關流體特性　737

13.4　E&P 處理程序、廢棄物來源，以及殘留物再利用／處置　739

水源描述　741

E&P 廢棄物殘留物和處理方案　745

13.5　問題　754

參考文獻　755

Chapter 14

氯化物、揮發性有機化合物及臭味控制　757

14.1　簡介　757

14.2　多氯聯苯　758

簡介　758

環境影響　759

多氯聯苯的法規沿革　760

處理方法　762

14.3　含氯溶劑　765

從歷史的角度介紹　765

處理方法　770

14.4 含氯農藥　777
　　　簡介　777
　　　法規歷史　777
　　　農藥特性　778
　　　處理方法　782
14.5 過氯酸鹽　785
　　　簡介　785
　　　處理技術　785
14.6 其他相關含氯有機物　787
14.7 氯化副產物、其他揮發性有機化合物和臭味控制　788
　　　臭味控制　790
14.8 問題　795
參考文獻　796

Chapter 15

減廢與水再利用　801

15.1 簡介　801
15.2 水回收與再利用　801
　　　水再利用的限制　802
　　　水再利用與廢水處理廠放流水　803
　　　決策程序　803
　　　歷史案例　805
　　　基準　807

- 15.3 減廢——RCRA 有害廢棄物議題　815
- 15.4 零放流水排放與經濟概念　818
- 15.5 歷史個案　819
  - 台塑，德州康福港　819
  - 零排放技術的歷史　819
  - 零排放技術的工業應用　821
  - 台塑研究零排放的可行性　822
  - 台塑適當的零放流水排放技術　823
  - 初步評估結果　826
  - 水回收對放流水毒性測試的影響　826
- 15.6 總結　829
- 15.7 問題　829
- 參考文獻　830

Chapter 16

超級基金處置場址反應成本的分配　833

- 16.1 簡介及文獻回顧　833
- 16.2 成本分配原則　835
  - 體積、重量、操作時間的紀錄　836
- 16.3 污染物選擇、移動性、毒性、持久性、內容和物理狀態——多重場外貢獻者　838
- 16.4 同場址多重貢獻者的分配方法　846
- 16.5 總結　849

16.6 問題 850

參考文獻 852

Chapter 17

工業預處理 855

17.1 簡介 855

17.2 國家分類預處理標準和地方限制發展 856

17.3 工業用戶的預處理遵從監測 858

17.4 工業用戶的 POTW 條例準則（EPA 模式） 859

17.5 用戶費率和 POTW 成本收回 860

17.6 歷史案例 862

伊利諾州芝加哥市 862

印第安納州印第安納波利斯市 863

加州聖地牙哥市 863

路易斯安那州什里夫波特市 865

德州奧斯汀市 867

波多黎各巴塞羅內達 POTW 和製藥業預處理 869

確認 PSES 管制的污染物限制 872

會出現在設施 B 許可證的最終限制 878

預處理的滲出水排放 878

參考文獻 879

Chapter 18

環境經濟學　881

第一部分：工業環境經濟學　881

- 18.1　簡介　881
- 18.2　工業環境經濟學與法規遵循指標　881
  - 美國環境法律和法規的演變　882
- 18.3　資本和營運經濟規劃　885
- 18.4　新設施選址分析和規劃的經濟考量　886
- 18.5　環境法規遵從　890
- 18.6　CERCLA、超級基金、共同與個別溯及既往的經濟風險　901
- 18.7　環境訴訟風險　902
- 18.8　工業環境治理　907
  - 沙賓法案（SOX）（公開發行公司）　907
  - ISO 14001 認證　907
  - 建立內部環境成本會計制度　908
  - 公開發行工業園區的年度報告　909
  - 利用第三方諮詢專家、顧問群及法規專家　909
  - 組織結構和參與政策　909

第二部分：顧問和客戶觀點的環境經濟學　909

- 18.9　簡介　909
- 18.10　SUM 概念　910
  - 基本公式　910
  - 參數敏感度　911

18.11 諮詢內部：薪資費用比率和利用率　916

18.12 諮詢外部：乘數和定價　922

18.13 專案經濟學　925

參考文獻　926

索引　927

工業廢水污染防治

1
工業廢水的來源與特性

1.1 簡介

本書之目的是將水污染控制技術的基本概念傳授給實務界的環境工程師，主要強調這些技術的可行性與應用以符合水質標準，也著重在廢棄物管理的整體展望。

廢水處理的定義是以有效成本穩定廢水及殘留物，以期對環境及公共衛生產生最小的負面影響，並促進資源的永續性。其目標包括：

1. 選擇一系列相關的工程與管理單元操作，在最佳控制狀況下，產生高成本效應的物理、化學、生物轉化及穩定。
2. 促進並設計保護、回收、再利用的機會。
3. 列舉可能的工業方法，以強化遵循性指標。

廢水處理的最終目的是保護環境及公共衛生。永續發展及永續生產也是共通目的。撰寫本書是為了協助並促進此目的。本章提到廢水管理程序的第一個步驟──判定工業廢水的來源及特性。

1.2　不受歡迎的廢水特性

　　依據工業之特性及承受水體的計畫用途,工業廢水於排放前需先去除不同的廢棄成分。這些成分可歸納如下:

1. 造成溶氧消耗的可溶性有機物:因為大多數的承受水體需要維持最低的溶氧,承受水體之同化能力(assimilation)或放流水(effluent)之特殊限制,將相對地限制可溶性有機物的排放量。
2. 懸浮固體物:在水流緩慢的河川中,固體物的沉積將影響水生生物的正常生長。底泥層的有機固體物持續分解,將造成溶氧消耗並產生有害氣體。
3. 優先污染物:例如工業廢水放流水中的酚及其他有機物,會產生味道與惡臭,而且還可能致癌。如果在排放前未將這些成分去除,則後續會需要額外的飲用水處理。
4. 重金屬、氰化物和毒性有機物:1977 年,美國環境保護署(Environmental Protection Agency, EPA)淨水法 307 條,明定 126 種化學物質為優先污染物,如表 1.1 所示。此表已經依據污染物毒性、持久性、可降解性以及對水生生物的生態效應稍作修訂,相關的許可證也加諸了特別限制。EPA 公告列舉的毒性有機及無機化學物質,現已成為大多數許可證的特別限制。其認定之優先污染物列於表 1.1。
5. 色度與濁度:雖然色度與濁度不影響大多數的用水,但仍然有礙觀瞻,在某些工業(如紙漿和造紙業),去除色度不但困難而且所費不貲。
6. 氮和磷:當放流水排入湖泊、水塘和其他供遊憩的水域時,特別要避免氮和磷的存在,因為氮、磷促進水域優養化,造成大量藻類繁殖。
7. 不易生物降解的難處理物質:某些特定需求的水質特別不歡迎此類物質,例如紡織業中常看到的頑性氮化合物。而某些頑性有機物對水生生物亦具有毒性。
8. 油脂與浮渣物質:這些物質產生難看的情形,通常法令會加以限制。

➡ **表 1.1** EPA 所列之有機優先污染物

化合物名稱	化合物名稱
1. 苊萘* 2. 丙烯醛* 3. 丙烯腈* 4. 苯* 5. 聯苯胺* 6. 四氯化碳*（四氯甲烷）	二氯聯苯胺* 28. 3,39-二氯聯苯胺
氯化苯類（除二氯苯外） 7. 氯苯 8. 1,2,4-三氯苯 9. 六氯苯	二氯乙烯類*（1,1-二氯乙烯和1,2-二氯乙烯） 29. 1-1-二氯乙烯 30. 1,2-反-二氯乙烯 31. 2,4-二氯酚*
氯化乙烷類*（包括1,2-二氯乙烷、1,1,1-三氯乙烷及六氯） 10. 1,2-二氯乙烷 11. 1,1,1-三氯乙烷 12. 六氯乙烷 13. 1,1-二氯乙烷 14. 1,1,2-三氯乙烷 15. 1,1,2,2-四氯乙烷 16. 氯乙烷	二氯丙烷和二氯丙烯* 32. 1,2-二氯丙烷 33. 1,2-二氯丙烯 34. 2,4-二甲酚*
	二硝基苯 35. 2,4-二硝基甲苯 36. 2,6-二硝基甲苯 37. 1,2-二苯肼* 38. 乙基苯* 39. 熒蒽*
氯烷醚類*（氯甲基、氯乙基及醚類） 17. Bis（氯甲基）醚 18. Bis（2-氯乙基）醚 19. 2-氯乙基乙烯醚（混合）	鹵化醚類*（除另列出者外） 40. 4-氯苯基醚 41. 4-溴苯基醚 42. Bis（2-氯異丙基）醚 43. Bis（2-氯乙氧基）甲烷
氯化鹼* 20. 2-氯化萘	鹵化甲烷類*（除另列出者外） 44. 二氯甲烷 45. 氯甲烷 46. 溴甲烷 47. 溴仿（三溴甲烷） 48. 二氯溴甲烷 49. 三氯氟甲烷 50. 二氯二氟甲烷 51. 一氯二溴甲烷 52. 六氯丁二烯* 53. 六氯環戊二烯* 54. 異佛爾酮* 55. 萘* 56. 硝基苯*
氯化苯酚類*（除另列出者外；包括三氯酚及氯化甲酚） 21. 2,4,6-三氯苯酚 22. 對-氯-間-甲酚 23. 氯仿（三氯甲烷）* 24. 2-氯苯酚*	
二氯苯類* 25. 1,2-二氯苯 26. 1,3-二氯苯 27. 1,4-二氯苯	

➡ 表 1.1　EPA 所列之有機優先污染物（續）

化合物名稱	化合物名稱
硝基酚類*（包括 2,4-二硝基酚及二硝基甲酚） 57. 2-硝基酚 58. 4-硝基酚 59. 2,4-二硝基酚* 60. 4,6-二硝基-鄰-甲酚	殺蟲劑類* 89. 阿特靈* 90. 地特靈* 91. 可氯丹*（技術混合物）
	滴滴涕類* 92. 4-4'-DDT 93. 4-4'-DDE 94. 4-4'-DDD
亞硝胺類* 61. N-亞硝基二甲基胺 62. N-亞硝基二苯胺 63. N-亞硝基-n-丙基胺 64. 五氯酚* 65. 酚*	安殺番類* 95. α-安殺番 96. β-安殺番 97. 安殺番硫酸鹽
鄰苯二甲酸酯類* 66. Bis（2-乙基已基）鄰苯二甲酸 67. 丁基苯基鄰苯二甲酸 68. 雙-n-丁基鄰苯二甲酸 69. 雙-n-辛基鄰苯二甲酸 70. 鄰苯二甲酸乙酯 71. 鄰苯二甲酸甲酯	安特靈類* 98. 安特靈 99. 安特靈醛
	飛布達類* 100. 飛布達 101. 七氯環氧化物
多環芳香烴類（PAH）* 72. 苯并(a)蒽（1,2-苯并蒽） 73. 苯并(a)菲（3,4-苯并菲） 74. 3,4-苯并熒蒽 75. 苯并(k)熒蒽（11,12-苯并熒蒽） 76. 䓛 77. 苊烯（acenaphthylene） 78. 蒽 79. 苯并(ghi)苝（1,12-苯并苝） 80. 茀 81. 菲 82. 二苯并(a,h)蒽（1,2,5,6-三苯并蒽） 83. 茚(1,2,3-cd)芘（2,3-鄰-伸苯基芘） 84. 芘 85. 四氯乙烯* 86. 甲苯* 87. 三氯乙烯* 88. 氯化乙烯*（氯乙烯）	六氯環氧化物（所有異構物）* 102. α-BHC 103. β-BHC 104. γ-BHC 105. δ-BHC
	多氯聯苯（PCB）* 106. PCB-1242（Arochlor 1242） 107. PCB-1254（Arochlor 1254） 108. PCB-1221（Arochlor 1221） 109. PCB-1232（Arochlor 1232） 110. PCB-1248（Arochlor 1248） 111. PCB-1260（Arochlor 1260） 112. PCB-1016（Arochlor 1016） 113. 毒殺芬 114. 2,3,7,8-四氯二苯-對-戴奧辛（TCDD）*

* 列於許可範圍內之特殊化合物及化合物類別。

9. 揮發性物質：硫化氫與其他揮發性有機物會造成空氣污染，法令通常會加以規範。
10. 水生生物毒性：放流水中對水生物種產生毒性的物質，會被法令規範。
11. 持久性有機污染物（persistent organic pollutants, POPs）：持久性毒性化學物質對人體健康有負面影響，並會累積在食物鏈中。斯德哥爾摩公約已經列出必須消除或減量的「12 污染物」（Dirty Dozen），包括多氯聯苯、戴奧辛、呋喃，以及第 14 章所討論的 DDT 等各種農藥。
12. 新興污染物（emerging pollutants）：這類污染物展現環境及公共健康議題，需要更進一步的研究資訊。這類受關注的化合物包括藥品和個人保養產品（Pharmaceuticals and Personal Care Products, PPCPs）、內分泌干擾物（Endocrine Disrupting Chemicals, EDCs）、溴化阻燃劑（brominated flame retardants）、鄰苯二甲酸酯等。

1.3 美國國內影響廢水處理要求的部分法規列舉

本書目的並非討論聯邦及各州法規，但簡短列舉工業水污染管制的當前法規要求，可提供讀者參考。這些法規的細節可以在註記的美國聯邦條例法典（Code of the Federal Register, CFR）中找到。相關法規更詳細的敘述將在各章呈現。

空氣

國家有害空氣污染物排放標準（National Emission Standards for Hazardous Air Pollutants, NESHAP）

- NESHAP 是美國環保署（EPA）針對未被 NAAQS 所規範，且會造成死亡或嚴重、不可逆、失能等疾病增加的空氣污染物所訂定的排放標準。依據最大可行控制技術（Maximum Achievable Control Technology, MACT），訂定了 186 種有害空氣污染物的標準。由清淨空氣法第112節授權，法規公布在40 CFR第61條及第63條。

NESHAP（40 CFR第61條）

- NESHAP（40 CFR第61條）規範了33種有害空氣污染物的質量負荷和濃度限制。它要求捕捉和處理排放氣體，直到達成特定放流水準。例如，在計算年度總苯（total annual benzene, TAB）時，須考慮含10%（或更高）水含量的放流。如果來源為10 Mg/yr或更高，則流量權重年度平均基準含有10 ppmw苯的全部廢棄物，不論含水量如何皆需要處理並管制。

職業安全衛生署（Occupational Safety and Health Administration, OSHA）標準

- 管制硫化氫和有暴露風險的污染物。

液體

聯邦工業點源類別限制（Federal Industry Point Source Category Limits）（40 CFR第405-471條）

- 傳統污染物在原料製程上（例如紙漿及造紙）係以質量為基礎；在合成化學及製藥上，則以濃度為基礎。
- 非傳統污染物（金屬及優先污染物）則以濃度和（或）質量為基礎。

區域性倡議（例如大湖倡議）

- 例如，以濃度為基礎限制總磷。

州立水質標準

- 依據設計承受水體低流量（也就是7-Q10，每10年平均7天低

流量）的用途分類污染物限制。

地方預處理限制（USEPA, PB92-129188，1987 年 12 月）

- 其在點源分類下予以管制，另其要求確保公有廢水處理廠（publicly owned treatment works, POTW）放流水的合法性。

1.4　廢水的來源與特性

工業廢水的水量與污染強度通常以單位產量表示〔例如，紙漿造紙廠廢水以生產每噸*紙漿所產生的廢水加侖數或每公噸†立方公尺數表示其廢水量，並以每噸紙漿所產生的生化需氧量（biochemical oxygen demand, BOD）磅數或公斤數表示污染強度〕，而且使用統計分布來表示其變動特性。不論在哪一個工廠，廢水流量的特性一定會有某些統計上的差異，而差異的幅度則與產品製造、產生廢水的程序操作有關，也與是否為批次操作或連續操作有關。良好的管理程序可使統計上之變異性降為最低。圖 1.1 為一連串的批次操作造成的流量變動，圖 1.2 則為單一工廠之廢水流量與特性之變動情形。

同一工業中不同工廠之廢水流量與水質的差異可能很大，例如紙板業。此現象與其管理、水之再利用程度及生產程序的不同有關。極少工業具有完全相同的操作程序，因此通常需要透過工業廢水調查以建立其污染負荷及變動性。表 1.2 為數種工廠之差異特性。圖 1.3 則為 11 家紙板工廠的懸浮固體物及 BOD 差異特性。由於資料的特性，使用對數機率分析的機率圖通常較具代表性，但如圖 1.1 的算術機率圖也可用。

---

* 噸（ton）= 2000 lb。

† 公噸（tonne）=1000 kg。

註：gal/h = 3.78 × 10⁻³ m³/h

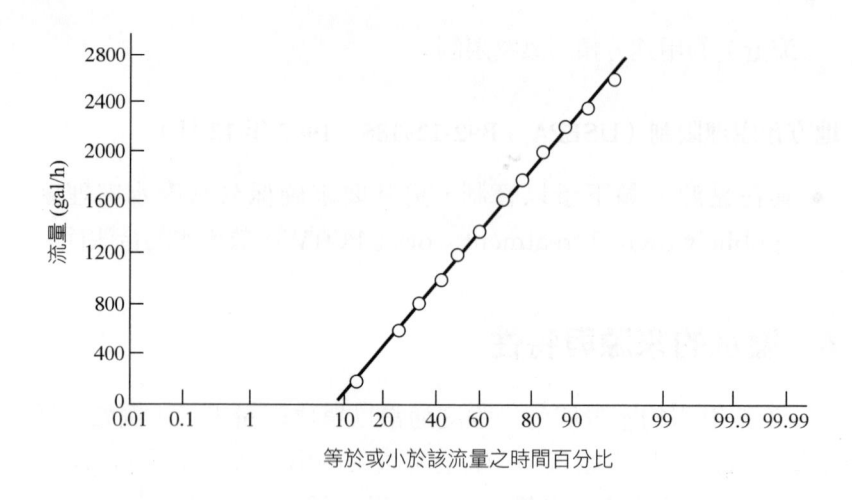

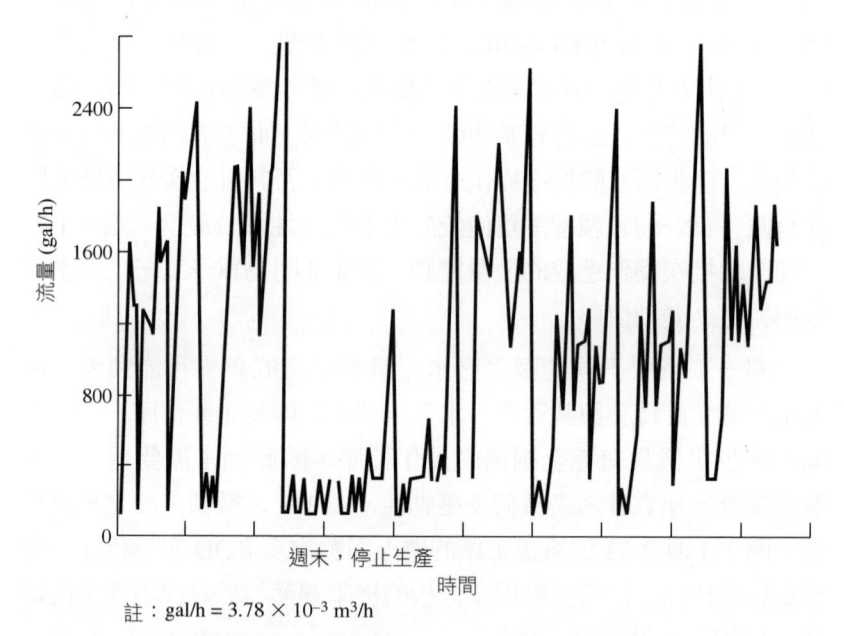

◐ 圖 1.1　來自批次操作之流量變動

1.5　工業廢水調查

　　工業廢水調查涉及步驟的設計，目的是促進用水與產生廢水之所有程序的流量和物質平衡，並藉特定程序操作，建立廢水特性之

工業廢水的來源與特性 1

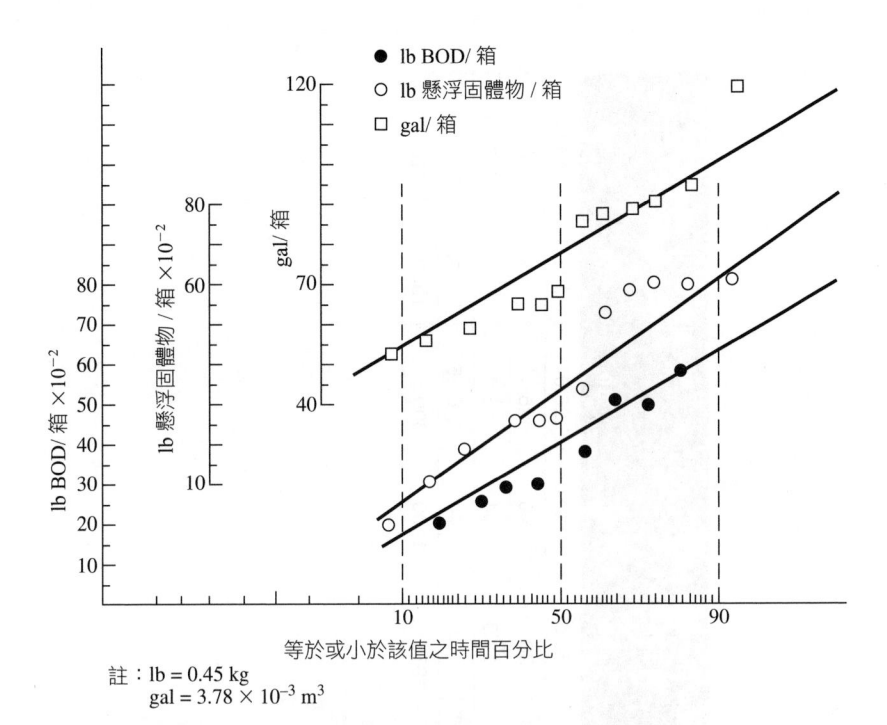

● lb BOD/ 箱
○ lb 懸浮固體物 / 箱
□ gal/ 箱

[縱軸：lb BOD/ 箱 ×10⁻², lb 懸浮固體物 / 箱 ×10⁻², gal/ 箱]
[橫軸：等於或小於該值之時間百分比]

註：lb = 0.45 kg
　　gal = 3.78 × 10⁻³ m³

⮕ **圖 1.2　番茄加工業廢水流量與水質之日變動**

變動趨勢而使之適用於全廠。調查結果應建立用水保護、再利用與源頭處理之可行性，並導致流量、污染物負荷的削減及廢水處理系統的變動。

　　調查的基本要素包括：界定問題；評估問題並決定最可行的方法；執行削減措施；監測且評估這些措施的效益。廢水稽核議定流程如圖 1.4 所示。

　　流量量測方法的選擇通常會視採樣位置的條件而定。當廢水流經下水道時，通常可量測水流之速度與深度，並由連續方程式算出流量。由於 $Q = AV$，未填滿的圓形下水道之面積可由圖 1.5 已知的深度求出。這個方法僅適用於固定橫截面的未填滿之下水道。水流之平均速度可以二人孔間漂浮物所得之表面速度乘上 0.8 而估算出。較精確之量測方法可藉由流速儀測得。水溝或渠道可設置一小型堰，或如上述量測渠道中水流的速度與深度，以估算流量。在某

9

表 1.2　具代表性工業廢水的流量與污染特性的變動

廢水種類	流量（gal/單位產量）發生頻率 % 10	50	90	BOD（lb/單位產量）發生頻率 % 10	50	90	懸浮固體物（lb/單位產量）發生頻率 % 10	50	90
紙漿造紙*	11,000	43,000	74,000	17.0	58.0	110.0	26.0	105.0	400.0
紙板*	7,500	11,000	27,500	10	28	46	25	48	66
屠宰†	165	800	4,300	3.8	13.0	44	3.0	9.8	31.0
啤酒釀造‡	130	370	600	0.8	2.0	44	0.25	1.2	2.45
製革§	4.2	9.0	13.6	575¶	975	1400	600¶	1900	3200

* 紙的生產噸數（tons）。
† 屠宰1000 lb活體重。
‡ 啤酒桶（bbl beer）。
§ 皮革磅數；硫化物之硫由 260 mg/L（10%）到 1230 mg/L（90%）。
¶ 以 mg/L 計。

註：gal = 3.78×10⁻³ m³
　　lb = 0.45 kg
　　ton = 907 kg
　　bbl beer = 0.164 m³

工業廢水的來源與特性 1

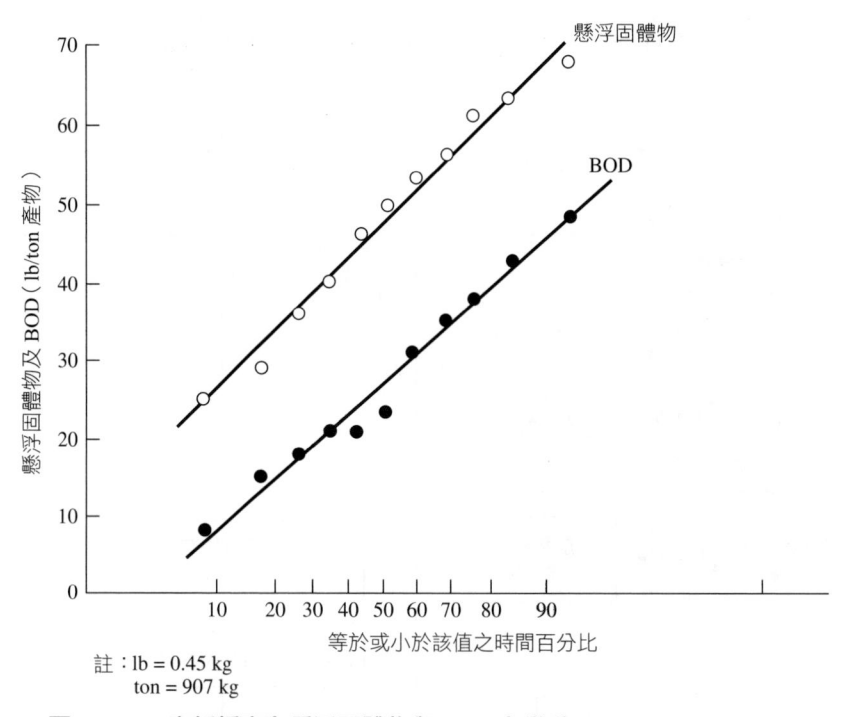

図中縦軸:懸浮固體物及 BOD（lb/ton 產物），範圍 0–70
横軸:等於或小於該值之時間百分比，10–90
曲線標記:懸浮固體物、BOD

註:lb = 0.45 kg
　　ton = 907 kg

◯ **圖 1.3　11 家紙板廠之懸浮固體物與 BOD 之變動**

些情況下，廢水流量可藉抽水速率與抽水時間而得知其水量。來自工業廠內的全部廢水流量，可由堰或其他適當的測量工具估算。某些情況下是以用水量紀錄來估算日常廢水流量。

　　為了取得必要的資訊所應遵循的一般程序，至少可歸納為四個步驟:

1. 與廠內工程師商議，繪出下水道分布圖，並勘察各操作程序:這個分布圖應指出可能的採樣站及預期流量大小之概略順序。
2. 設定採樣與分析之時程表:最好能根據流量取得適當混合之連續樣品，但通常不是不可能就是工廠本身無法增加採樣位置。混合樣品的時間和採樣的頻率，須就該程序之性質加以研究而確定。某些連續程序可每小時採樣，並以 8 小時、12 小時，甚至是 24 小時為混合基準；但對於變動性較大者，則需 1 或 2 小時混合及分析。只要有來源處理的需求，頻繁混合就有其必

工業廢水污染防治

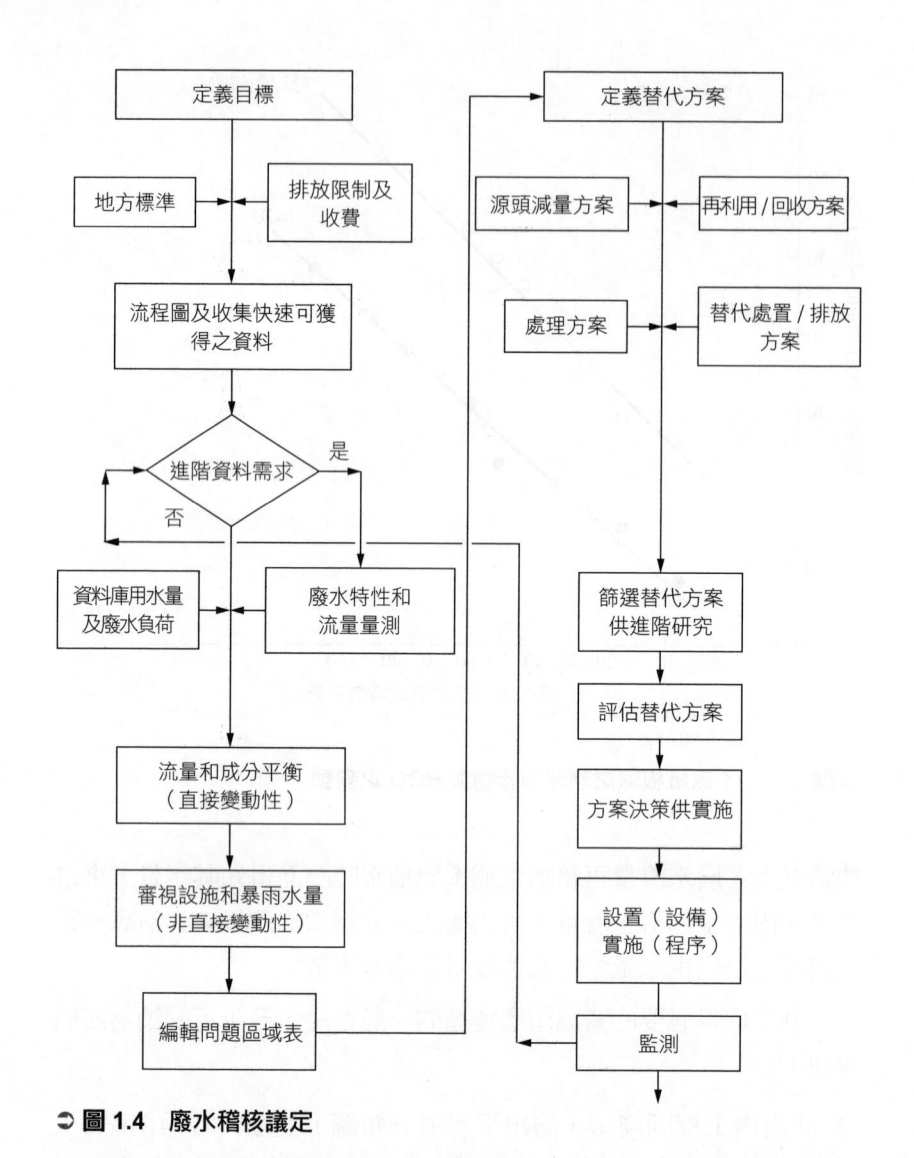

◐ 圖 1.4　廢水稽核議定

要。由於大部分工業廢水處理程序都具有相當程度之調勻及貯存能力，因此不需要更頻繁之樣品。批次程序應在每一批次傾倒前之時段內混合。

3. 建立流量和物質平衡圖、在調查資料收集及樣品分析完成後，應建立一個流量及物質之平衡圖，納入所有重要之廢水排放源。各排放源的總和可校驗總放流水之量測情形，亦可校驗調

工業廢水的來源與特性 1

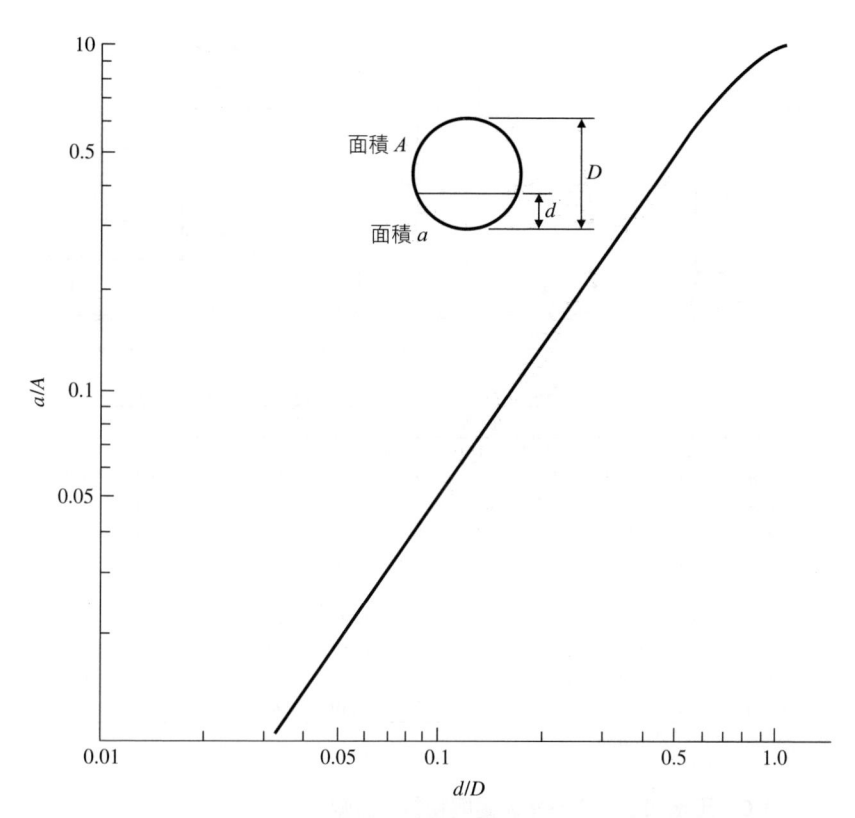

◯ 圖 1.5　未填滿的下水道廢水流量之測定

查結果之精確性。圖 1.6 為一個玉米加工廠之典型的流量與物質平衡圖。

4. 建立重要的廢水性質之統計變異性：如前所述，某特定之廢水性質的變化對廢水處理廠之設計相當重要，應將發生頻率畫成機率圖以備不時之需。

　　樣品分析需視其特性與分析之最終目的而定。例如，取得的樣品必須測 pH 值，因為在某些情況下，混合物會產生強酸與強鹼之中和，容易誤導後續的設計。對於停留時間較短的生物處理設計而言，BOD 負荷的變化僅需 8 小時或更短的混合；而停留時間長達數天的曝氣氧化塘，在完全混合的情況下，24 小時之混合通常已經足夠。其中如氮或磷的成分會被量測，以決定生物處理所需的營

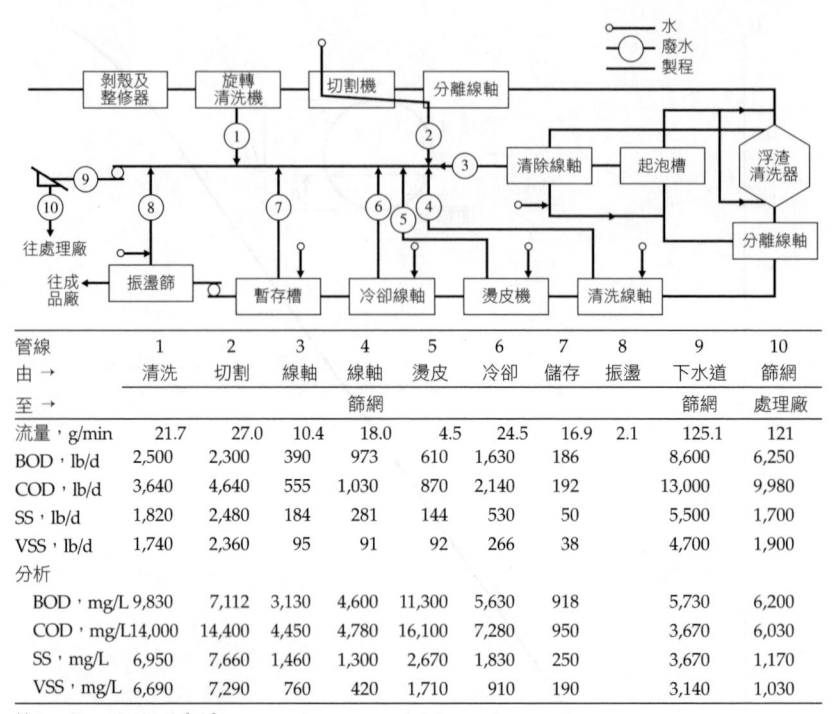

管線	1	2	3	4	5	6	7	8	9	10
由 →	清洗	切割	線軸	線軸	燙皮	冷卻	儲存	振盪	下水道	篩網
至 →				篩網					篩網	處理廠
流量,g/min	21.7	27.0	10.4	18.0	4.5	24.5	16.9	2.1	125.1	121
BOD,lb/d	2,500	2,300	390	973	610	1,630	186		8,600	6,250
COD,lb/d	3,640	4,640	555	1,030	870	2,140	192		13,000	9,980
SS,lb/d	1,820	2,480	184	281	144	530	50		5,500	1,700
VSS,lb/d	1,740	2,360	95	91	92	266	38		4,700	1,900
分析										
BOD,mg/L	9,830	7,112	3,130	4,600	11,300	5,630	918		5,730	6,200
COD,mg/L	14,000	14,400	4,450	4,780	16,100	7,280	950		3,670	6,030
SS,mg/L	6,950	7,660	1,460	1,300	2,670	1,830	250		3,670	1,170
VSS,mg/L	6,690	7,290	760	420	1,710	910	190		3,140	1,030

註:gal/min=3.78×10^{-3} m^3/min
   lb/d=0.45kg/d

◯ 圖 1.6　玉米加工廠之廢水流量與物質平衡圖

養鹽添加量,24 小時之混合應已足夠,因為生物系統均具有一定程度的緩衝容量。但生物系統中的毒性排放物質則為例外。由於些微的毒性物質便可完全破壞整個生物處理程序,若已知某毒性物質存在於廢水中,便需加以連續監測。顯然地,若有此種物質存在,則於設計時應特別分開考慮。其他的廢水處理程序在採樣之時間排程上可能需要相同的考慮。

工業廢水之調查資料,變動性相當大,且易影響統計之結果。而變數之統計分析為程序設計之依據。某特別性質之變動資料通常以發生頻率來表示,亦即等於或不超過該值之累積時間百分比為 10%、50% 或 90%。其中發生機率為 50% 之值,大約等於其平均值。依此加以修正,可將變數資料予以線性化,如圖 1.7 所示。任

工業廢水的來源與特性 1

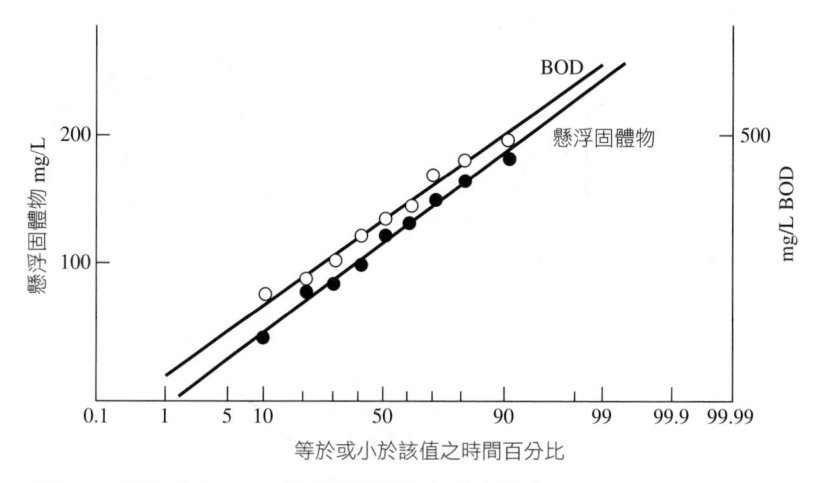

◐ **圖 1.7** 原廢水中 BOD 與懸浮固體物之發生機率

何數值之發生機率，如流量、BOD 或懸浮固體物等，均可藉機率圖而得知。此亦可藉由標準的電腦程式決定。

將懸浮固體物和 BOD 之值，按升冪順序排列。n 為固體物或 BOD 數值之總數，m 為 1 到 n 之序號。圖點位置 $m/(n+1)$ 相當於該數值之發生機率。將真實的數值對應該數值之發生機率畫於紙上，如圖 1.7 所示，可由肉眼畫出最適合之直線，或是必要時，以標準的統計方法作線性迴歸，以獲得每一數值與其發生機率之關係。例題 1.1 顯示詳細的統計計算。為了能將工業廢水之調查結果沿用到未來的產量上，需要找出廢水流量與負荷在產能時程上的關係，如圖 1.8 所示之食品罐頭加工廠，其中六個程序操作完全獨立於清洗設備的數量。對數統計圖或算術機率圖的使用，可依數據來選擇最適合者。

例題 1.1 對於工業廢水之調查資料太少時（即少於 20 數據點），統計上之對應步驟如下：

1. 依照數據之升冪順序排列（表 1.3 之第一欄）。
2. 表 1.3 的第二欄，m 值為從 1 到 n 之序號，而 n 為數值之總數。
3. 圖點位置為 100 除以樣品總數，再加上此值之半（如表 1.3 的第三欄）：

15

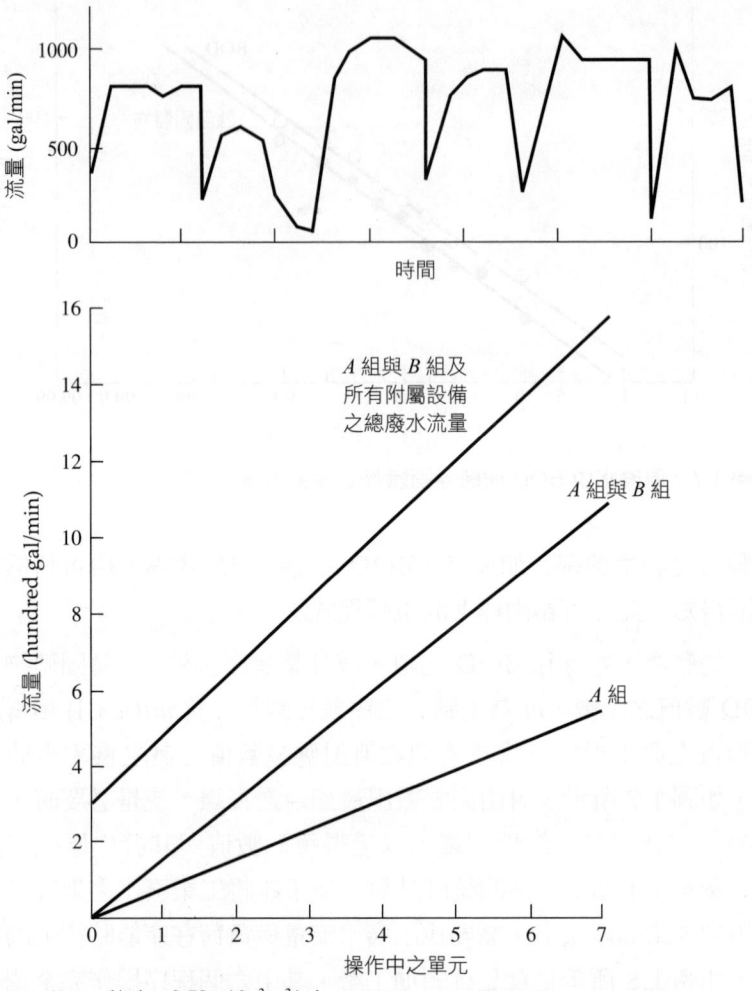

註：gal/min=3.78×10⁻³ m³/min

○ **圖 1.8　工廠中操作單元之廢水流量變化**

$$\text{圖點位置} = \frac{100}{n} + \text{前一個機率值}$$

若 $m = 5$：

$$\text{圖點位置} = \frac{100}{9} + 38.85 = 49.95$$

4. 將此數據畫出如圖 1.9 所示，其標準差（S）可由下式計算

$$S = \frac{X_{84.1\%} - X_{15.9\%}}{2}$$

工業廢水的來源與特性 1

➡ 表 1.3　BOD 數據之統計關聯性

BOD (mg/L)	m	圖點位置
200	1	5.55
225	2	16.65
260	3	27.75
315	4	38.85
350	5	49.95
365	6	61.05
430	7	72.15
460	8	83.75
490	9	94.35

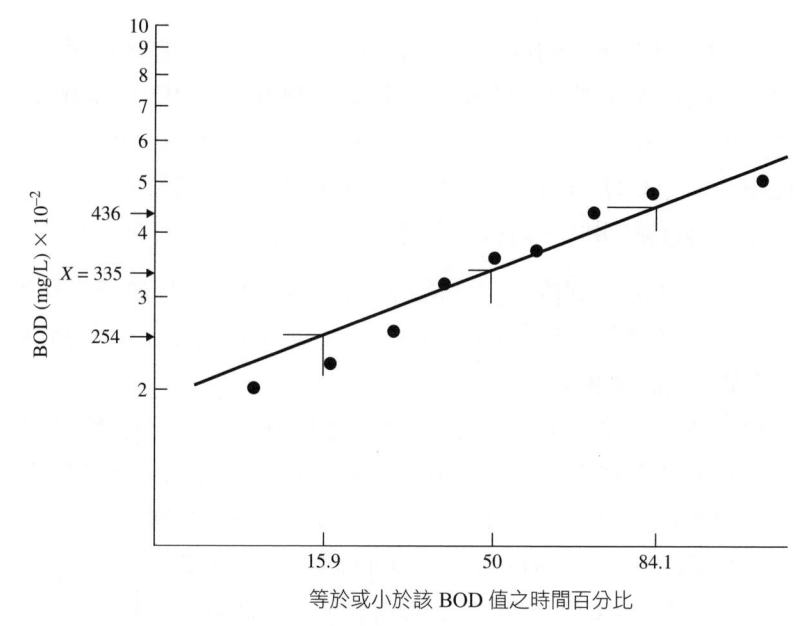

◯ 圖 1.9　廢水調查數據的統計關聯性

由圖 1.9：

$$S = \frac{436 - 254}{2}$$

$$= 91 \text{ mg/L}$$

且平均值，

17

$$\overline{X} = X_{50.0\%}$$
$$= 335 \text{ mg/L}$$

當欲分析龐大數據時，可將數據分成數組來畫圖，例如，0-50、51-100、100-150 等。圖點位置由 $m/(n+1)$ 決定，其中 m 為累積點數，而 n 為數據之總數。在發展工業廢棄物管理計畫時，數據統計分布提供許多重要功能。此方法能用來判定相關污染物量及變異的減少。

1.6　廢水特性：估計有機物含量

雖然大部分廢水的性質都可直接而明確地說明清楚，但對於有機物含量則不然。廢水的有機物含量可由 BOD、COD（chemical oxygen demand，化學需氧量）、TOC（total organic carbon，總有機碳）或 TOD（total oxygen demand，總需氧量）估計。不過，於說明其結果時，需特別考慮：

1. BOD_5 試驗可測得可生物降解的有機碳含量，且於特定情況下，亦可測得廢水中可氧化的氮。硝化可予以抑制，以得到只有碳氧化的 $CBOD_5$。
2. 除了特定無法完全氧化之芳香族（例如苯）以外，COD 試驗可量測總有機碳含量。COD 試驗為氧化還原反應，所以其他還原性物質（如硫化物、亞硫酸鹽及亞鐵等）亦會被氧化而呈現於 COD 之中。NH_3^-N 在 COD 試驗中不會被氧化。
3. TOC 試驗以 CO_2 測定全部的碳含量，因此須於試驗前先行去除無機碳（如 CO_2、HCO_3^- 等），或於計算時予以修正。
4. TOD 試驗可測得有機碳及未氧化的氮和硫。

在解讀上述試驗結果並將不同試驗結果相互連結時，切記要特別謹慎。BOD、COD 或 TOC 的相關性通常是用已過濾樣品（可溶性有機物）進行，以避免在相關試驗中揮發性懸浮固體物的不正確比例關係。

BOD 按照定義是指在 20°C 下培養 5 天，可氧化有機物的穩定

工業廢水的來源與特性 1

所需的氧量。BOD 可以用一階反應式表示：

$$\frac{dL}{dt} = -kL \tag{1.1}$$

將之積分得

$$L = L_o e^{-kt} \tag{1.2}$$

因為任何時間之 BOD 殘餘量 L 未知，故式 (1.2) 可表示為

$$y = L_0(1 - e^{-kt})$$

式中

$$y = L_0 - L$$

或

$$y = L_0(1 - 10^{-kt}) \tag{1.3}$$

根據定義，L_0 為穩定生物可氧化有機物的總需氧量；若 k 為已知，L_5 則為 L_0 之固定比率。為了解釋工業廢水的 BOD_5，某些重要因素需要加以考慮。

BOD 試驗中氧的消耗為下列二者之總和：(1) 用於新微生物細胞有機物的合成所需的氧；(2) 微生物細胞的內呼吸作用，如圖 1.10 所示。在第一相中氧的利用率約為第二相的 10 至 20 倍，易降解物質通常約 24 至 36 小時即可完成第一相。

廢水中含有易氧化物質（如糖）時，第一天將出現高需氧量，因為基質會迅速被利用；之後數天即為速率緩慢之內呼吸期。若將 5 天 BOD 資料以一階方程式表示，則由於曲線初期斜率較大，故 k 值亦大。反之，若為充分氧化後之放流水，因基質含量少，於 5 天培養期內多處於內呼吸狀態。因為氧利用率極低，故 k 值相對更低。Schroepfer[1] 比較處理過之下水道放流水與含大量基質之原污水兩者之 k_{10} 值，證明了此點。兩者分別平均為每天 0.10 與每天 0.17。顯然，於此情況下，若直接比較 5 天的 BOD 是無意義的。典型的速率常數如表 1.4 所示。

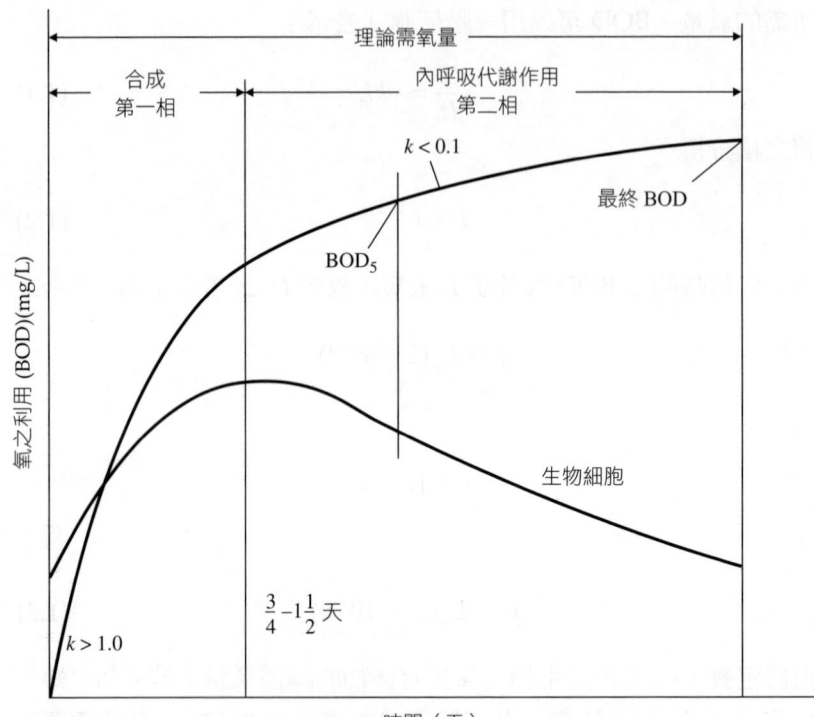

○ 圖 1.10　發生於 BOD 瓶中之反應

➡ 表 1.4　溫度 20°C 時之平均 BOD 速率常數

物質	K_{10} (day^{-1})
未處理之廢水	0.15-0.28
高率濾池及厭氧接觸法	0.12-0.22
高效生物處理之放流水	0.06-0.10
低污染河川	0.04-0.08

　　許多工業廢水都很難氧化；它們需要適應（馴化）特定廢水的合適菌種，否則會產生一個阻滯期，使得 5 天 BOD 值的解讀發生誤差。Stack[2] 指出，有機化合物的 5 天 BOD 值主要是由菌種的適應情況所決定。一些典型的 BOD 曲線如圖 1.11 所示。曲線 A 為 BOD 的正常情形；曲線 B 表示來自污水的菌種逐漸適應廢水。曲線 C 與 D 則表示不適應的菌種或抑制性的廢水。表 1.5 顯示微生

工業廢水的來源與特性 1

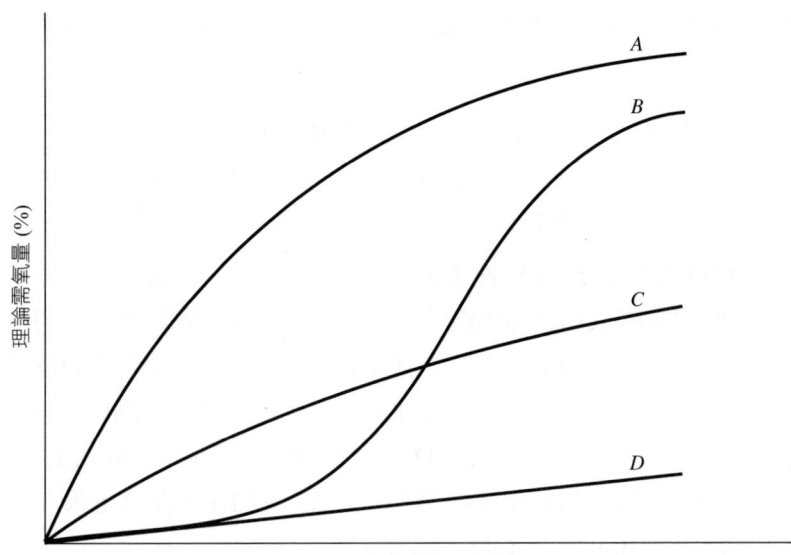

〔圖：縱軸 理論需氧量（%），橫軸 培養時間（天），曲線 A、B、C、D〕

◐ 圖 1.11　BOD 曲線之特性

➡ 表 1.5　結構特性對生物 - 馴化的影響

1. 無毒性脂肪族化合物含有羧基、酯或羥基，容易適應環境（＜4天馴化）。
2. 具有羰基或雙鍵的毒性化合物，馴化7-10天；毒性不適合醋酸培養。
3. 氨基官能群難以馴化且降解緩慢。
4. 對二羧基菌種比羧基需要更長的時間來馴化。
5. 官能基的位置會影響馴化的停滯期。
    一級丁醇　4天
    二級丁醇　14天
    三級丁醇　未被馴化

物對有機物的馴化（acclimation）。在某些情況下，1 天 BOD 可為處理廠效能提供良好的控制測試。

雖然改良的 BOD 程序（如 Busch[3] 所建議的短期試驗）可避免若干由於一階假設所產生之結果誤差，或是由於基質濃度所造成的 k_{10} 變化等，但是這些試驗程序並未廣泛應用於工業界。因此，在解讀工業廢水的 BOD 值時，應考慮以下因素：

1. 菌種可適應廢水，且所有的遲滯期皆可忽略。

2. 原廢水或處理過之放流水,均可以長時間之 BOD 試驗求出 k_{10}。而於酸性廢水中,所有樣品於培養前均應先加以中和。

廢水中的毒性物質經常造成所謂的滑動 BOD 值,亦即 BOD 值隨稀釋度增加而增加。若產生此一情況,為求 BOD 結果的一致性,有必要訂定一相同的稀釋值。

COD 試驗乃測試酸性溶液中可被重鉻酸鹽氧化之有機物含量。當使用硫酸銀作為催化劑時,大部分有機化合物的回收率可達 92%。然而,一些如甲苯的芳香族類只有部分氧化。由於 COD 幾乎包括所有可部分或全部生物降解或不可生物降解之有機物,故只有易分解物質(如糖),其 COD 才會與 BOD 成正比。圖 1.12 即顯示快速同化的化學和精煉廠廢水之狀況。表 1.6 和表 1.8 顯示不同工業放流水 BOD 和 COD 的特性。

由於 5 天 BOD 較能代表原廢水(而非放流水)總需氧量的差異,故與未處理的廢水相比,放流水之 BOD/COD 比的變異較大。

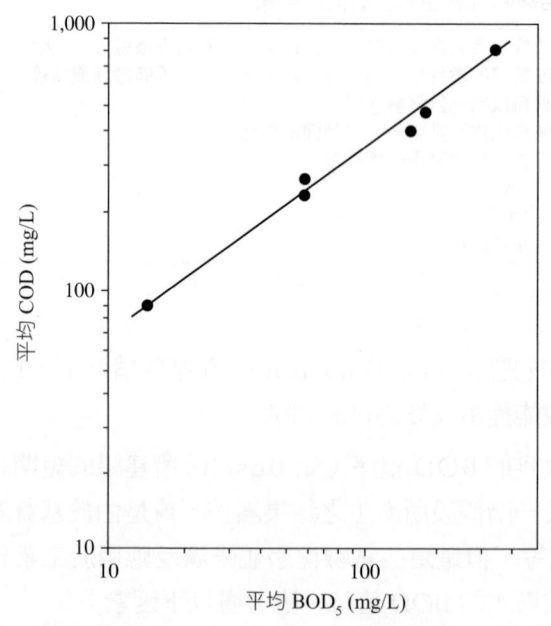

◐ 圖 1.12　化學和精煉廠廢水之 BOD 與 COD 關係圖

➡ 表 1.6　工業廢水的需氧量和有機碳

廢水	BOD₅ (mg/L)	COD (mg/L)	TOC (mg/L)	BOD/TOC	COD/TOC
化學*	—	4,260	640	—	6.65
化學*	—	2,410	370	—	6.60
化學*	—	2,690	420	—	6.40
化學		576	122	—	4.72
化學	24,000	41,300	9,500	2.53	4.35
化學 - 精煉廠		580	160	—	3.62
石油化學	—	3,340	900	—	3.32
化學	850	1,900	580	1.47	3.28
化學	700	1,400	450	1.55	3.12
化學	8,000	17,500	5,800	1.38	3.02
化學	60,700	78,000	26,000	2.34	3.00
化學	62,000	143,000	48,140	1.28	2.96
化學	—	165,000	58,000	—	2.84
化學	9,700	15,000	5,500	1.76	2.72
尼龍高分子聚合物	—	23,400	8,800	—	2.70
石油化學	—	—	—	—	2.70
尼龍高分子聚合物	—	112,600	44,000	—	2.50
石蠟加工	—	321	133	—	2.40
丁二烯加工	—	359	156	—	2.30
化學	—	350,000	160,000	—	2.19
合成橡膠	—	192	110	—	1.75

* 固體物和硫代硫酸鹽的高濃度。
資料來源：Ford, 1968.[4]

　　當廢水中含有有機懸浮固體物時，由於其在 BOD 瓶中降解緩慢，故 BOD 與 COD 間並無關聯，因此應該採用已過濾或是可溶性之樣品。紙廠廢水中的紙漿及纖維即是一例。同樣地，放流水中若含有如 ABS 之難分解物質，其 BOD 與 COD 之間亦無關聯性。因此，處理過的放流水可能 BOD 極低，而 COD 卻頗高。

　　由於量測方法簡單，總有機碳（total organic carbon, TOC）的分析已成為普遍而受歡迎的方法。目前市面上有數種碳分析設備。

　　由於 BOD 試驗較費時，並不適合用於實際工廠之操作控制與研究調查，因此找出 BOD 與 COD 或 TOC 間之關係便更加重要。

這些參數比的變化可代表廢水流中所含物質結構的不同。

含已知有機化合物的廢水之理論需氧量（theoretical oxygen demand, THOD）可由水中有機物氧化成最終產物所需之氧量計算出；以葡萄糖為例：

$$C_6H_{12}O_6 + 6O_2 \rightarrow 6CO_2 + 6H_2O$$

$$THOD = \frac{6M_{O_2}}{M_{C_6H_{12}O_6}} = 1.07 \frac{mg\ COD}{mg\ 有機物}$$

除了某些芳香族及含氮化合物之外，大部分有機物的 COD 會等於 THOD。對於容易降解之廢水而言，例如乳品工廠，其 COD 等於 $BOD_{ult}/0.92$。當廢水中同時存有無法降解之有機物時，則 COD 與 $BOD_{ult}/0.92$ 之差值即為無法降解之有機物含量。

研究發現，一些無法降解之有機物藉由在廢水中有機物的氧化副產物與內呼吸代謝的副產物，會在生物氧化的過程中累積；它們被稱為可溶性微生物產物（soluble microbial products, SMP）。因此，經生物處理之放流水中的 COD 將超過進流水中不可降解的 COD。

TOC 與 COD 的關係可由碳-氧的平衡而得：

$$C_6H_{12}O_6 + 6O_2 \rightarrow 6CO_2 + 6H_2O$$

$$\frac{COD}{TOC} = \frac{6M_{O_2}}{6M_C} = 2.66 \frac{mg\ COD}{mg\ 有機碳}$$

COD/TOC 比與有機物的種類有關，其值可由重鉻酸鹽無法氧化的 0 至甲烷的 5.33。由於有機成分會隨生物氧化而改變，因此 COD/TOC 比亦隨之而變；BOD/TOC 比也是如此。表 1.7 為各種有機物和廢水的 BOD 及 COD 的值。由於活性污泥程序只會去除可生物降解有機物，放流水中的 COD 只會包括進流水中不可降解有機物〔$(SCOD_{nd})_i$、殘留降解有機物（視為可溶性 BOD），以及在處理程序中產生的可溶性微生物產物。SMP 無法生物降解（註記為 SMP_{nd}），因此會產生可溶性 COD（或 TOC）而非 BOD。數

➡ 表 1.7　藉由實際測量 COD 和 BOD$_5$，比較下列有機化合物的理論需氧量

化學族群	THOD	測量 COD (mg/mg)	測量 BOD$_5$ (mg/mg)	COD THOD (%)	BOD$_5$ COD (%)
脂肪族					
甲醇	1.50	1.05	0.92	70	88
乙醇	2.08	2.11	1.58	100	75
乙二醇	1.26	1.21	0.39	96	32
異丙醇	2.39	2.12	0.16	89	8
馬來酸	0.83	0.80	0.64	96	80
丙酮	2.20	2.07	0.81	94	39
甲基乙基酮	2.44	2.20	1.81	90	82
乙酸乙酯	1.82	1.54	1.24	85	81
草酸	0.18	0.18	0.16	100	89
族群平均				91	64
芳烴					
甲苯	3.13	1.41	0.86	45	61
苯甲醛	2.42	1.98	1.62	80	82
苯甲酸	1.96	1.95	1.45	100	74
對苯二酚	1.89	1.83	1.00	100	55
鄰甲酚	2.52	2.38	1.76	95	74
族群平均				84	69
含氮有機物					
單乙醇胺	2.49	1.27	0.83	51	65
丙烯腈	3.17	1.39	無	44	—
苯胺	3.18	2.34	1.42	74	61
族群平均				58	63
耐火物質					
第三丁醇	2.59	2.18	0	84	—
二甘醇	1.51	1.06	0.15	70	—
吡啶	3.13	0.05	0.06	2	—
族群平均				52	—

資料來源：Busch, 1961.

據顯示，SMP$_{nd}$ 是進流水可降解 COD 的 2% 至 10%，真正的百分比要視廢水的型態和生物程序的固體物停留時間（solids retention

➡ 表 1.8　工業廢水 COD、BOD 與 SMP 之關係

廢水	進流水 BOD (mg/L)	進流水 COD (mg/L)	放流水 BOD (mg/L)	放流水 COD (mg/L)	SMP_{nd}* (mg/L)	$(COD_{nd})e^{\dagger}$ (mg/L)	$BOD_5/COD_{deg}^{\ddagger}$
製藥	3,290	5,780	23	561	261	526	0.60
多樣性化學	725	1,487	6	257	62	248	0.56
纖維	1,250	3,455	58	1,015	122	926	0.47
製革業	1,160	4,360	54	561	190	478	0.28
烷基胺	893	1,289	12	47	62	29	0.69
烷基苯磺酸鹽	1,070	4,560	68	510	202	405	0.25
黏膠纖維	478	904	36	215	35	160	0.61
聚酯纖維	208	559	4	71	24	65	0.40
蛋白質製程	3,178	5,355	5	245	256	237	0.59
菸草	2,420	4,270	139	546	186	332	0.59
環氧丙烷	532	1,124	49	289	42	214	0.56
造紙廠	380	686	7	75	31	64	0.58
植物油	3,474	6,302	76	332	298	215	0.55
植物製革廠	2,396	11,663	92	1,578	504	1,436	0.22
硬紙板	3,725	5,827	58	643	259	554	0.67
含鹽有機化工	3,171	8,597	82	3,311	264	3,185	0.56
煉焦	1,618	2,291	52	434	93	354	0.79
煤液化	2,070	3,160	12	378	139	360	0.70
紡織染料	393	951	20	261	35	230	0.53
牛皮紙造紙廠	308	1,153	7	575	29	564	0.50

* $0.05\ (COD_{deg})_i$
† $(COD_{nd})_e = SCOD_e - [(BOD_5)_e/0.65]$
‡ $(COD_d)_i = COD_i - (COD_{nd})_e + SMP_{nd}$

time, SRT）而定。表 1.8 顯示工業廢水 COD、BOD 和 SMP 的關係，其中 SMP_{nd} 假設為進流水中可降解 SCOD 的 5%。

　　進流水與放流水的 COD 及 TSS 組成，如圖 1.13 所示。計算放流水總 COD（$TCOD_e$）的方式為：可降解的可溶性 COD 加上不可降解的可溶性 COD（$SCOD_d + SCOD_{nd}$）的總和，再加上因放流水懸浮固體物（TSS_e）導致的「顆粒」COD。如果放流水固體物主要為活性污泥膠羽（floc）攜出，COD 可估計為 1.4 TSS_e。此表示如下：

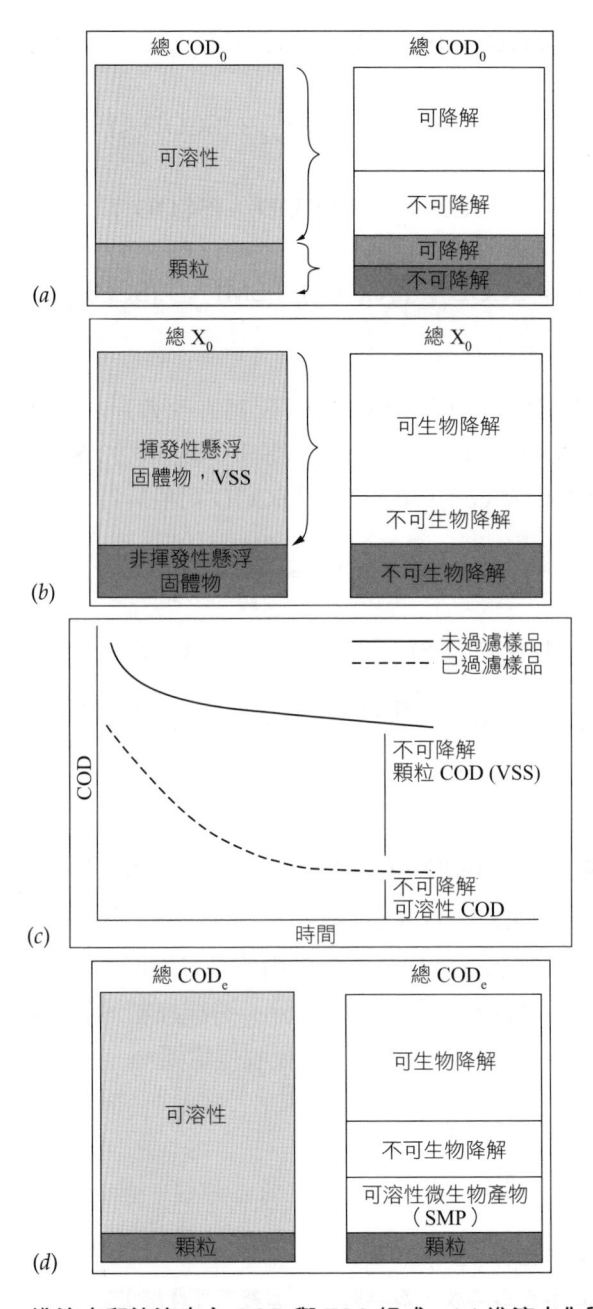

○ **圖 1.13** 進流水和放流水之 COD 與 TSS 組成。(a) 進流水化學需氧量，COD_0；(b) 進流水總懸浮固體物，X_0；(c) 測定可降解和不可降解的進流水 COD；(d) 放流水 COD、COD_e。

$$\text{TCOD}_e = (\text{SCOD}_{nd})_e + (\text{SCOD}_d)_e + 1.4\,\text{TSS}_e \tag{1.4}$$

$$(\text{SCOD}_{nd})_e = \text{SMP}_{nd} + (\text{SCOD}_{nd})_i \tag{1.5}$$

$$(\text{SCOD}_{nd})_i = \text{SCOD}_i - (\text{SCOD}_d)_i \tag{1.6}$$

$$(\text{TCOD})_e = \text{SCOD}_i - (\text{SCOD}_d)_i + \text{SMP}_{nd} + (\text{SCOD}_d)_e + 1.4\,\text{TSS}_e \tag{1.7}$$

進流水或放流水的可降解 SCOD（記為 f_i 或 f_e），可用 BOD_5 對最終 BOD（BOD_u）的比率估計。假設 $BOD_u = 0.92\,\text{SCOD}$，在進流水（$i$）或放流水（$e$）中的可降解 SCOD 可估計為：

$$(\text{SCOD}_d)_{i/e} = \frac{(\text{BOD}_5)_{i/e}}{f_{i/e} \cdot 0.92} \tag{1.8}$$

則合併式 (1.4) 至式 (1.8)，可估計放流水 TCOD。

$$(\text{TCOD})_e = \text{SCOD}_i - \left[\frac{(\text{BOD}_5)_i}{f_i \cdot 0.92}\right] + \text{SMP}_{nd} + \left[\frac{(\text{BOD}_5)_e}{f_e \cdot 0.92}\right] + 1.4\,\text{TSS}_e \tag{1.9}$$

例題 1.2 顯示有關 BOD、COD 和 TOC 之間關係的計算。

　　BOD、COD 及 TOC 試驗均只能測得廢水中有機物的總含量，而無法反映出各種生物處理技術的真實情況。因此，最好將廢水分類成如圖 1.14 所示的數個部分。選擇控制污泥品質的程序設備時，將 BOD 分成可吸收與不可吸收很重要。

例題 1.2 某廢水水質如下：

150 mg/L 乙二醇
100 mg/L 酚
40 mg/L 硫化物（S^{2-}）
125 mg/L 水合乙二胺（乙二胺基本上為不可降解）
　(a)試求 COD 與 TOC。
　(b)若 k_{10} 為 0.2/day，試求 BOD_5。

工業廢水的來源與特性 1

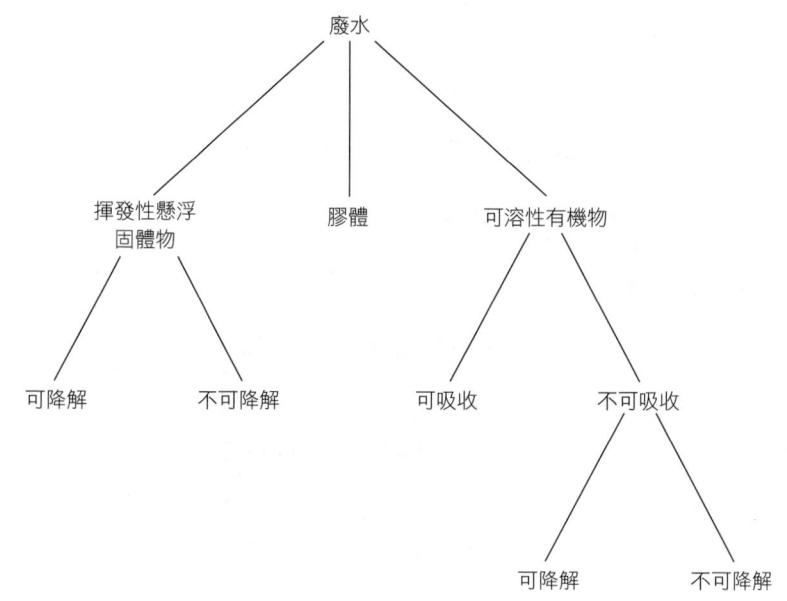

```
                          廢水
          ┌────────────────┼────────────────┐
     揮發性懸浮            膠體            可溶性有機物
      固體物                           ┌────────┴────────┐
   ┌────┴────┐                      可吸收           不可吸收
 可降解    不可降解                                 ┌────┴────┐
                                               可降解    不可降解
```

➲ **圖 1.14　廢水中有機成分分類**

(c) 處理後之 BOD_5 為 25 mg/L，試估算其 COD（k_{10} = 0.1/day）。

解：

(a) 計算 COD：

乙二醇

$$C_2H_6O_2 + 2.5O_2 \rightarrow 2CO_2 + 3H_2O$$

$$COD = \frac{2.5(32)}{62} \times 150 \text{ mg/L} = 194 \text{ mg/L}$$

酚

$$C_6H_6O + 7O_2 \rightarrow 6CO_2 + 3H_2O$$

$$COD = \frac{7(32)}{94} \times 100 \text{ mg/L} = 238 \text{ mg/L}$$

水合乙二胺

$$C_2H_{10}N_2O + 2.5O_2 \rightarrow 2CO_2 + 2H_2O + 2NH_3$$

$$COD = \frac{2.5(32)}{78} \times 125 \text{ mg/L} = 128 \text{ mg/L}$$

29

硫化物

$$S^{2-} = 2O_2 \to SO_4^{2-}$$

$$COD = \frac{2(32)}{32} \times 40 \text{ mg/L} = 80 \text{ mg/L}$$

全部之 COD 為 640 mg/L。

　計算 TOC：

乙二醇

$$\frac{24}{62} \times 150 \text{ mg/L} = 58 \text{ mg/L}$$

酚

$$\frac{72}{94} \times 100 \text{ mg/L} = 77 \text{ mg/L}$$

水合乙二胺

$$\frac{24}{78} \times 125 \text{ mg/L} = 39 \text{ mg/L}$$

全部之 TOC 為 174 mg/L。

(b)最終之 BOD 可估算如下：

$$COD \times 0.92 = BOD_{ult}$$

$$(194 \text{ mg/L} + 238 \text{ mg/L} + 80 \text{ mg/L}) \times 0.92 = 471 \text{ mg/L}$$

則

$$\frac{BOD_5}{BOD_{ult}} = (1 - 10^{-(5 \times 0.2)}) = 0.9$$

BOD_5 為 471 mg/L × 0.9 = 424 mg/L。

(c)放流水之 BOD_{ult} 為

$$\frac{25 \text{ mg/L}}{1 - 10^{-(5 \times 0.1)}} = \frac{25 \text{ mg/L}}{0.7} = 36 \text{ mg/L}$$

COD 為 36/0.92 = 39 mg/L。因此 COD 為 128 mg/L + 39 mg/L + 殘留副產物。

1.7　測量放流水毒性

　　決定廢水毒性的標準技術是生物檢定（bioassay），也就是估

工業廢水的來源與特性 1

計物質對活體生物的效應。生物檢定最常見的兩種類型是慢毒性及急毒性。慢毒性生物檢定是估計影響生物生殖、成長或正常行為能力的長期效應，而急毒性生物檢定則是估計短期效應，包括死亡。

急毒性生物檢定將選定的測試生物體，例如肥頭鰷魚（fathead minnow）或糠蝦（*Mysidopsis bahia*），置於已知濃度的樣品中一定時間（一般為 48 或 96 小時，有時會縮短為 24 小時）。樣品的急毒性通常以生物體的 50% 致死濃度表示，註記為 LC_{50}。慢毒性生物檢定則將選定的測試生物體置於已知濃度的樣品較長時間，通常為 7 天，並每天更換。樣品的毒性以 IC_{25} 表示，代表的是對測試物種長期特徵（例如生長重量或繁殖）產生 25% 抑制時之濃度。NOEC 則代表觀察不到效應時的濃度。

LC_{50} 及 IC_{25} 的值分別以死亡 - 時間數據、重量 - 時間或繁殖 - 時間數據的統計分析來決定。LC_{50} 或 IC_{25} 值越低，廢水毒性越高。生物檢定數據可以特定化合物的濃度表示（例如 mg/L），或者在整體放流水（例如，全放流水毒性）的情況下，以稀釋百分比或毒性單位表示。毒性單位可以用全放流水毒性的稀釋百分比之倒數乘以 100 計算。25% 的全放流水毒性等於 100/25 或 4 毒性單位。這樣會使量測更符合邏輯，因為數值增加顯示毒性增加。資料之毒性單位表示適用於使用各種生物體的急毒性和慢毒性測試。它只是一個簡單的數學表示式。

數種生物體可用來測量毒性。所選用的生物體及生命階段（例如成體或幼體）視承受水體的鹽度、污染物的穩定性和特性，以及不同物種對放流水的相對敏感度而定。不同生物體對相同化合物會展現出不同的忍受度（表 1.9），而且由於各種生物因素，單一化合物或任一測試物種的毒性也會有相當大的變動性。圖 1.15 顯示煉油廠的放流水。必須注意的是，放流水的變動性也會造成放流水毒性的高度變化，如圖 1.16所示。另外，重複試驗的結果也會不同，因為生物物種、試驗環境、重複次數（例如二重複）、所使用的物種，以及進行試驗的實驗室（當一個以上實驗室參與時，將會有較大的變動）等因素。

➡ 表 1.9 選定化合物的急毒性

	單位	肥頭鱂魚	大水蚤	虹鱒
有機物				
苯	mg/L	42	35	38
1, 4-二氯苯	mg/L	3.72	3.46	2.89
2, 4-二硝基酚	mg/L	5.81	5.35	4.56
二氯甲烷	mg/L	326	249	325
苯酚	mg/L	39	33	35
2, 4, 6-三氯酚	mg/L	5.91	5.45	4.62
金屬				
鎘	μg/L	38	0.29	0.04
銅	μg/L	3.29	0.43	1.02
鎳	μg/L	440	54	—

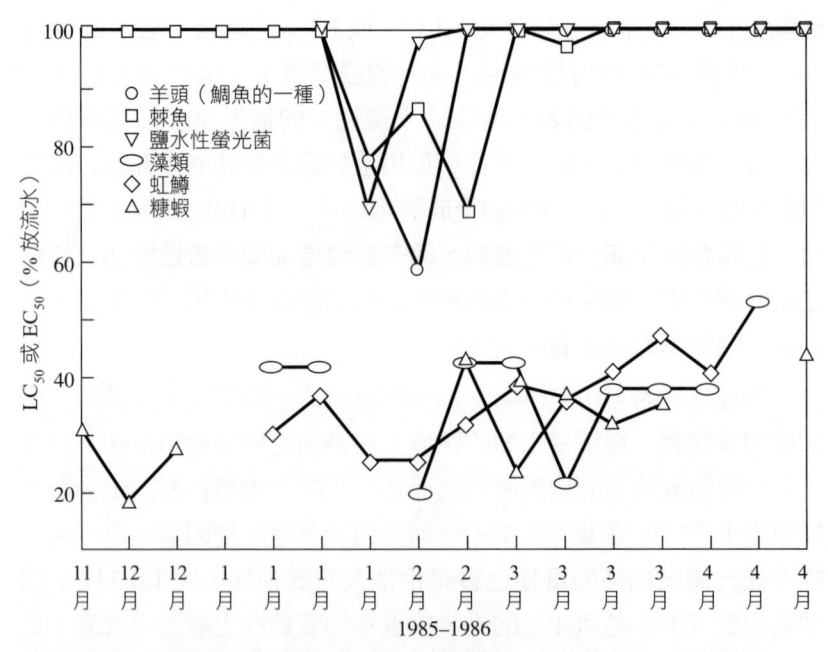

◐ 圖 1.15 煉油廠放流水對六個物種的急毒性。(改編自 Dorn, 1992[5])。

　　毒性試驗結果的精確度隨著真實毒性降低而顯著降低。例如，利用糠蝦所進行的一連串生物檢定，對於 LC_{50} 為 10%（10 毒性單

工業廢水的來源與特性 1

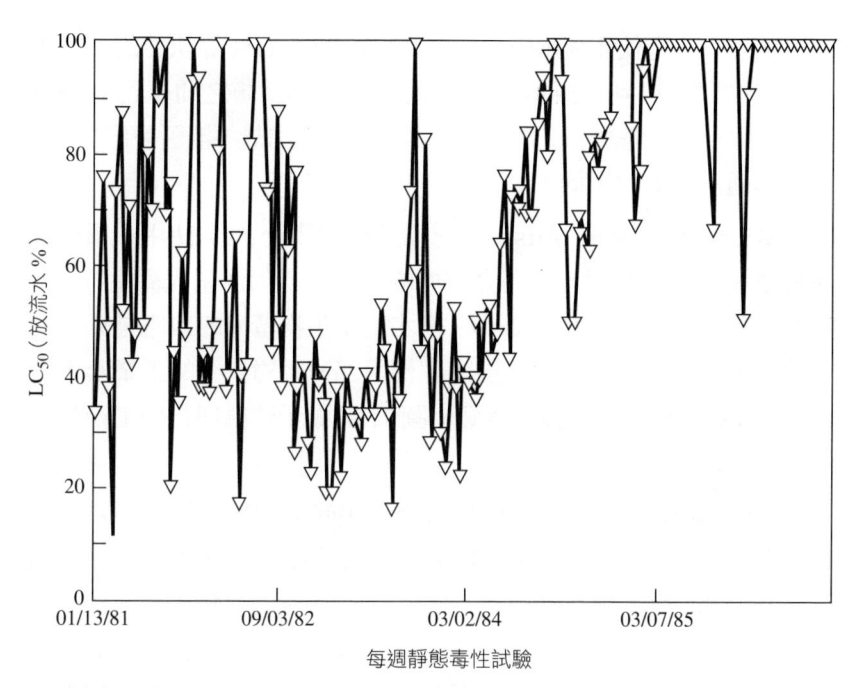

◐ 圖 1.16　精煉廠放流水對棘魚的急毒性（資料來源：Dorn, 1992[5]）

位），95% 的信賴區間約為 7% 至 15%，然而對於 50% 的 LC_{50}（2 毒性單位），信賴區間則為 33% 至 73%。此差異是試驗統計本質的結果。LC_{50} 較高時，死亡率較低，如果僅以少數生物進行實驗，會造成 LC_{50} 濃度範圍較大。相反地，如果死亡率高，結果則較為準確，因為較高百分比的生物受樣品影響，使得所估計的急毒性在統計上較精確。必須謹記在心的是，任何諸如此類的試驗只是真實毒性的估計，因此需要將估計的準確度考慮在內。

因為生物檢定試驗結果的變動性大，需要許多確認的數據點來確保毒性問題的真實範圍已被估計在內。結論不可只憑單獨的資料點而定，而是需要批次、試驗廠、實廠系統的長期操作，才能判定處理效益。

完整的毒性削減計畫包括大量已處理與未處理樣品的測試。在起始的篩選階段，應考慮採用時間較短、簡單的生物測定技術〔或擬似標準品試驗（surrogate test）〕，例如 24 小時、48 小時版本的必要試驗,或是使用如 Mirotox、IQ 或 Ceriofast 等快速的水生生物毒性試驗,以判定擬似標準品試驗和必要試驗之間是否有關聯性。如果存在合理強烈的關聯性,擬似標準品試驗能獲得更快速的資料,通常成本也更低。

　　Microtox（Microbiss,位於加州卡爾斯巴德）使用一種培養在常溫、高鹽及低養分生長介質中的冷凍乾燥海洋螢光微生物——費希爾弧菌（*Vibrio fischeri*）。廢水對微生物螢光的效應是以量測光輸出量而定。在許多都市廢水案例與部分相對單純的工業廢水案例中,Microtox 的關聯性良好。圖 1.17 顯示碳處理化學工廠放流水的關聯性。

　　IQ（Aqua Survey,位於紐澤西州弗萊明頓）使用由試驗組所提供的卵孵化出來未滿 24 小時的水蚤種〔大水蚤（*Daphnia magna*）、圓水蚤（*Daphnia pulex*）〕。受測試的生物體暴露於一連串稀釋的樣品 1 小時。然後,微生物被餵以螢光標記的糖基質 15 分鐘。比較控制組微生物與試驗組的螢光強度,可判定廢水對微生

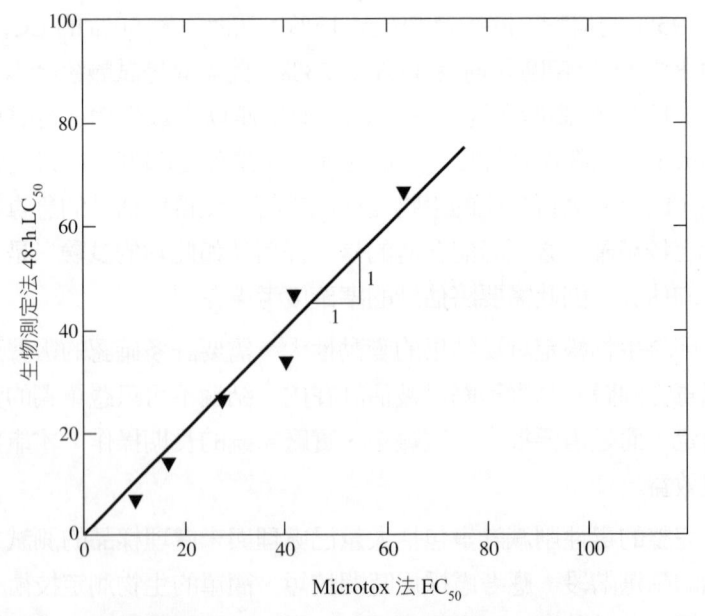

◯ **圖 1.17** 以生物測定法 / Microtox 法比較碳處理後的放流水

工業廢水的來源與特性 1

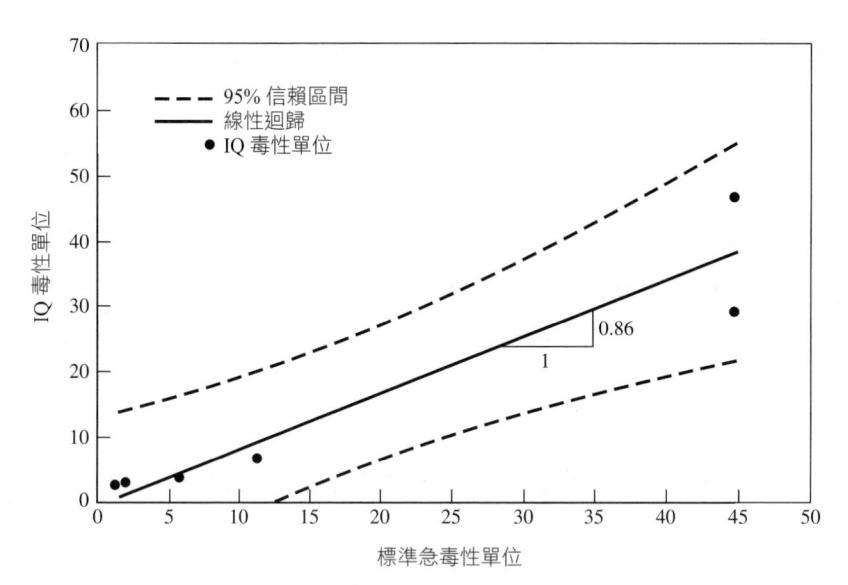

◐ 圖 1.18　製藥廠放流水的 IQ 毒性單位與標準急毒性單位

物消化基質能力的效應。圖 1.18 顯示製藥廠放流水的關聯性。

　　Ceriofast（佛羅里達大學環境工程學系，位於佛羅里達州蓋斯維爾）使用室內培養的模糊網紋蚤（*Ceriodaphnia dubia*）。24 小時至 48 小時受測試的生物體暴露於稀釋的樣品 40 分鐘。然後，受測試生物體及控制生物體被餵食含有無毒螢光染料的酵母基質 20 分鐘。最後，將存在於控制生物小腸腸道的螢光和受測試生物的螢光消長進行比較，可判定廢水對微生物餵食能力的影響。

放流水分餾的毒性鑑別

　　放流水分餾的毒性鑑別調查可決定放流水毒性的原因（一般或特別）。無論使用化學或物理方法將真實的放流水進行區分，或是使用合成樣品來模擬已知的毒性效應，它的目的是在無其他毒性成分，但是有相同或相等無毒背景成分時，量測個別可能關鍵成分的毒性。

　　一般程序包括樣品操控（sample manipulation）以消除特定化學種類的相關毒性。處理後樣品的毒性測試結果與未被操控的放流水的試驗結果進行比較。只要有任何差異,即表示所移除的物質可能就是造成毒性的原因。

需要被分離出來的特定成分,以及進行的方法,其變化相當大,而且需要充分的調查。目前一些技術相當標準化且可靠,其他的可能需要進一步開發以特別用於廢水領域。然而如果執行得當,此評估可節省大量的時間與金錢。

在分餾之前,需要發展能適用於工廠的特殊狀況的完整計畫。每項分餾不需要用到所有的分離方式(整理於圖 1.19),而且處理方法因廠而異。

第一步是研究流程圖,以及排放水及工廠產品化學組成的任何

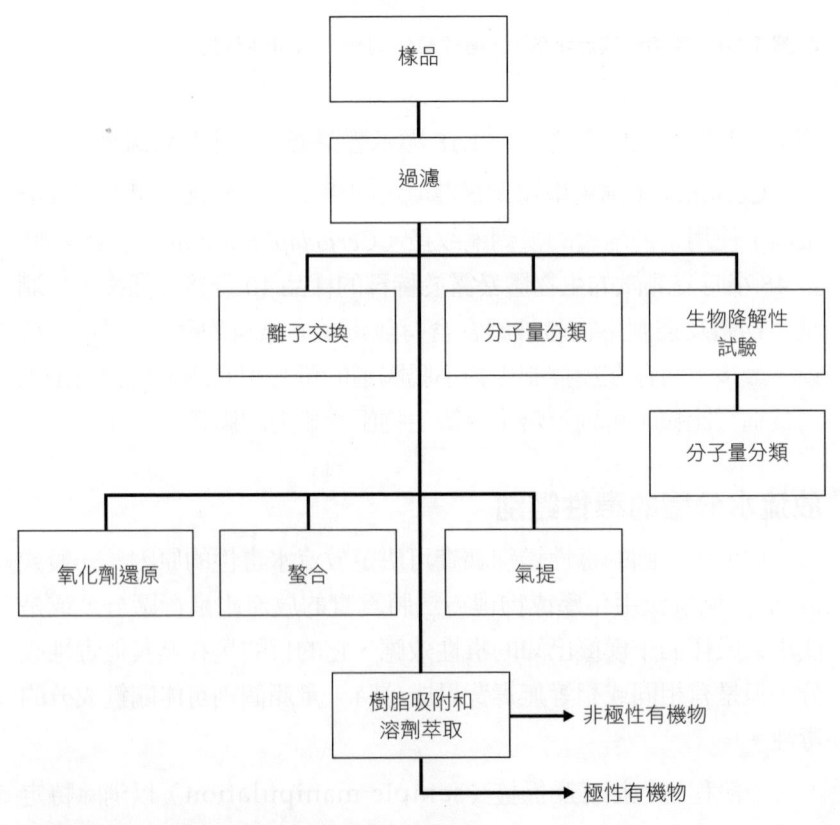

⊃ **圖 1.19　分離廢水樣品可採用的各種技術**

工業廢水的來源與特性 1

長期資料。此分析可提供毒性來源的線索（然而，這些也只是線索而已，因為只有真正樣品中的微生物反應才是毒性效應的證明。在某些案例，濃度大於報告顯示毒性等級的化合物，在真正的廢水中並無害，因為微生物並無法使用。例如，軟水中許多低濃度的重金屬具毒性，但在硬水中則否）。

如果程序分析無法得到決定性的結果（通常是如此），就應該進行文獻搜尋，以得到類似廢水毒性以及已知毒性化合物毒性的相關資料。此資料將有助於後續的檢驗。

下一步驟是真正分餾排放水樣品。不論是什麼狀況，必須分析空白樣品（也就是控制組樣品），以確保分餾或試驗程序並未引入毒性。以下是可以考慮的操作：

- 過濾（filtration）：通常會先進行過濾，以判定毒性是與樣品的溶解相或非溶解相有關。通常會使用以超純水洗過的 $1\text{-}\mu m$ 玻璃纖維濾紙。非溶解相必須在控制水中使其再懸浮，以確保毒性確實是被過濾去除，而並不是因吸附在過濾介質上而被去除。如果是膠體成分造成毒性，必須使用 $0.45\text{-}\mu m$ 的濾紙。
- 離子交換（ion exchange）：使用陽離子或陰離子交換樹脂去除潛在毒性無機化合物或離子，可以研究無機物毒性。
- 分子量分類（molecular weight specification）：評估進流水分子量分布，以及每個分子量範圍的毒性，通常可以縮小有污染嫌疑的清單。
- 生物降解性試驗（biodegradability test）：在實驗室中，受控制的生物處理放流水樣品，可造成有機物的可降解成分幾近完全氧化。生物檢定分析可進而量化不可生物降解成分的相關毒性，以及透過生物處理可達到的毒性削減。
- 氧化劑還原（oxidant reduction）：從程序中帶出的殘留化學氧化劑（例如用來消毒的氯和氯胺，或是用於治療的臭氧或過氧化氫）可能對大部分生物產生毒性。使用如硫代硫酸鈉等藥劑，對不同濃度氧化劑進行簡單批次還原，可以顯示出任何殘留氧化劑的毒性。

- 金屬螯合（metal chelation）：使用不同濃度的乙二胺四乙酸（EDTA），評估毒性的變化，並整合樣品，可求得全部陽離子金屬毒性的總和（汞為例外）。
- 氣提（air stripping）：在酸性、中性、鹼性的 pH 下批次氣提，幾乎可移除所有揮發性有機物。在鹼性 pH，氨也可去除。因此，如果揮發性有機物和氨兩者皆疑似毒物，必須使用例如沸石交換等替代性的氨去除技術（注意，氨在非離子態具毒性，因此氨毒性和 pH 非常相關）。
- 樹脂吸附和溶劑萃取（resin adsorption and solvent extraction）：使用樹脂吸附／溶劑萃取程序，特定非極性有機物有時可被鑑別為毒物。樣品被吸附於長鏈有機樹脂，再以溶劑（例如甲醛）從樹脂萃取出有機物，然後藉由生物檢定判定樣品的毒性。

來源分析及排序

在典型的廢水收集系統，來自整個工廠不同來源的多重水流，併入越來越少的水流，最終形成單股排放水流或是處理廠的進流水。為了鑑別在過程中毒性的起源，必須實施來源分析及排序。此程序由處理廠的進流水開始，並追溯至上游廢水不同的匯流點，直到關鍵毒物來源被鑑定為止。

在評估過個別來源的處理特性後，可決定是否能藉由設施中既有的管末處理技術（通常是某種生物處理系統）去除水流中的毒性。在評估過程中，每一來源對放流水毒性的相對貢獻都可以被定義（在個別加工程序單元中，藉由來源處理削減或消除貢獻的方法，將在計畫的後段敘明）。

收集及詮釋來自大量來源的資訊需要良好及有組織的計畫，例如列於圖 1.19 中的程序。來源（未處理前）可依據下列的準則初步分類：

- 生物檢定毒性，以關鍵化學成分的 mg/L 呈現。
- 流量，以總放流水的百分比呈現。

工業廢水的來源與特性 1

- 關鍵化學成分的濃度〔例如,以總有機碳(TOC)表示的有機物質〕。
- 生物降解性。

相對不可生物降解的廢水最有可能引起排放水中的毒性效應,所以需要仔細評估。某些可能需要物理或化學處理,因為生物降解的難度非常高。其他可能會有很高的生物降解速率,但在生物降解後會造成大量殘留。這些需要額外的試驗,以評估其在生物處理後是否仍具有顯著毒性。

可高度生物降解的廢水流引起毒性效應的機率較低,不過其對放流水毒性及抑制性的實際影響還是需要再確認。此可藉由使用具有全部(或大部分)水流的合成廢水流饋料至連續流生物反應槽,然後判定反應槽放流水的毒性。

水流間是否會發生交互作用也有必要確定。為了進行此項目,個別廢水流的毒性會被拿來與處理混合水流後生物反應槽放流水的毒性做比較。如果混合許多樣品的毒性(以毒性單位表示)確實是彼此相加的結果,則表示無協同或拮抗效應發生。如果合成水流所量測的毒性單位值較計算值低(也就是合成樣品無毒性),水流為拮抗性;如果較高,則為協同性。

在許多情況下,放流水毒性的原因無法被單獨分離,所以必須建立與總放流水 COD 的相關性,如圖 1.20 的煉油廠放流水。

1.8 廠內廢水控制及水再利用

減廢

在考慮是否要採取管末廢水處理或修正既有的廢水處理設施以符合新的放流水標準之前,應該先啟動減廢(waste minimization)計畫。

廢棄物的減量及回收必然有現場與工廠的特定性,但是許多通用方法及技術在全國各地已成功地用來減少多種工業廢棄物。

39

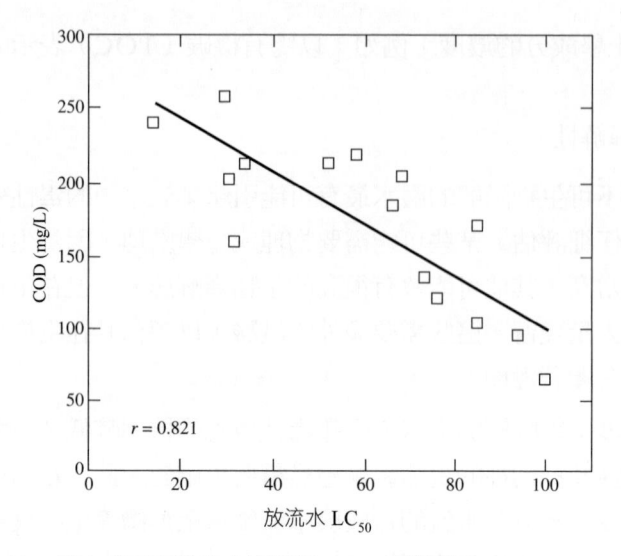

◯ 圖 1.20　廢水處理廠放流水毒性與 COD 的相關性

　　通常，減廢技術可以歸為四個主要類別：存貨管理及改善作業、調整設備、改變生產程序、回收及再利用。此類技術可應用於許多工業及製造程序，也可應用於有害和及無害廢棄物。

　　許多這些技術包括源頭減量——也是 EPA 眾多廢棄物管理方法中較優先的方案。其他的方法則都和處理現場或離場回收有關。決定這些方法是否能符合特定公司需求的最佳方式是進行減廢評估，如下所述。事實上，減廢的機會很多，端視生產者想像力。最終，在仔細審視公司淨利後所獲得的結論，可能是最可行的策略是同時運用源頭減量與回收計畫。

　　EPA 開發的減廢方法如表 1.10 所示。為了實施計畫，需要進行如表 1.11 所示的稽核。表 1.12 顯示遵循嚴格源頭管理及管制的三種不同企業的個案分析。有許多方式可以直接降低污染。

1. **再循環**（recirculation）：在紙板工廠，造紙機的白水可在去除紙漿及纖維後完全保留，並循環至造紙過程中的不同點。
2. **隔離**（segregation）：在肥皂及清潔劑的案例，乾淨的水流被分離直接排放。濃縮或有毒性的水流則可以分離進行分離處理。

➡ **表 1.10　減廢方法和技術**

存貨管理及改善作業	改變生產程序
● 盤點和追蹤所有原料 ● 購買較少的毒性生產物料和較多的無毒性生產物料 ● 實施員工培訓和管理回饋 ● 改善物料接收、貯存及運作實務	● 以無害原料替代有害原料 ● 依回收的類型分隔廢棄物 ● 排除滲漏和洩漏源 ● 分離有害廢棄物與無害廢棄物 ● 重新設計或重新組成終端產品以降低危害性 ● 最佳化反應和原料的使用
調整設備	回收及再利用
● 裝設產生最少或無任何廢棄物的設備 ● 修改設備加強回收及再循環功能 ● 重新設計設備或生產線以減少廢棄物 ● 改善設備的操作效率 ● 維持嚴格的預防性維修計畫	● 安裝封閉迴路系統 ● 現場回收再利用 ● 離場回收再利用 ● 交換廢棄物

➡ **表 1.11　源頭管理與控制**

第一階段：前期評估
● 稽核重點及準備
● 確定單元操作和流程
● 準備程序流程圖

第二階段：質量平衡
● 確定原料輸入
● 記錄用水量
● 評估目前的實務和程序
● 量化程序輸出
● 統計排放
　　到大氣
　　到廢水
　　到離場棄置
● 組合輸入及輸出資訊
● 推論初步質量平衡
● 評估並改進質量平衡

第三階段：綜合性
● 鑑別各種選項
　　鑑別機會
　　目標問題範疇
　　確認選項
● 評估選項
　　技術
　　環境
　　經濟
● 籌備行動計畫
　　廢棄物減量計畫
　　生產效率計畫
　　訓練

3. **處置**（disposal）：在許多案例中，濃縮的廢棄物可在半乾狀態被去除。生產番茄醬時，在烹煮及調製產品後，底部的殘渣通常被沖洗至下水道。藉由在半乾狀態去除殘渣進行處置，可顯著降低總排放 BOD 及懸浮固體物。釀啤酒業第二貯存單元桶的底部有含有 BOD 及懸浮固體物的污泥。以污泥的方式將其去除而不是沖到下水道，將可減少處理時有機物及固體物負荷。

➡ 表 1.12　源頭管理與控制

研究案例	之前	之後
1. 化學工業		
● 體積（m³/day）	5000	2700
● COD（t/day）	21	13
2. 皮革製品工業		
● 體積（m³/day）	2600	1800
● BOD（t/day）	3-6	2-6
● TDS（t/day）	20	10
● SS（t/day）	4-83	3-7
3. 金屬加工製造業		
● 體積（m³/day）	450	270
● 鉻（kg/day）	50	5
● TTM（kg/day）	180	85

註：t = tonne = 1000 kg。

4. **削減（reduction）**：在許多工業（例如釀啤酒業和乳品業）常見的方法是，不斷連續操作水管以達到清除目的。使用自動切斷可減少廢水體積。在乳品及冰淇淋製造廠，使用滴水盤（drip pan）接住產物，而不是將物質沖到下水道，可顯著減少有機物負荷。類似的案例在電鍍廠也可見，在電鍍槽及沖洗槽間放置滴水盤，可降低金屬殘留。

5. **取代（substitution）**：在操作程序中，以污染效應較低的化學添加物取代，例如在紡織工業中以界面活性劑取代肥皂。

具成本效益的污染控制整理於表 1.13。

　　雖然透過水再利用來完全地封閉許多工業製程系統，在理論上是可行的，但是由於產品品質管制之故，再利用的程度會有上限。例如，造紙廠的封閉系統將會造成可溶性有機固體物的累積。它將增加黏液控制的成本，導致造紙機更長的停機時間，甚至在一些狀況下，造成紙漿料的變色。很明顯地，在這些問題發生之前，最大再利用量即已達到。

　　當考慮再利用時，用水量也很重要。造紙廠中水力碎漿機的用

工業廢水的來源與特性 1

➡ 表 1.13　污染控制成本效益的綜述

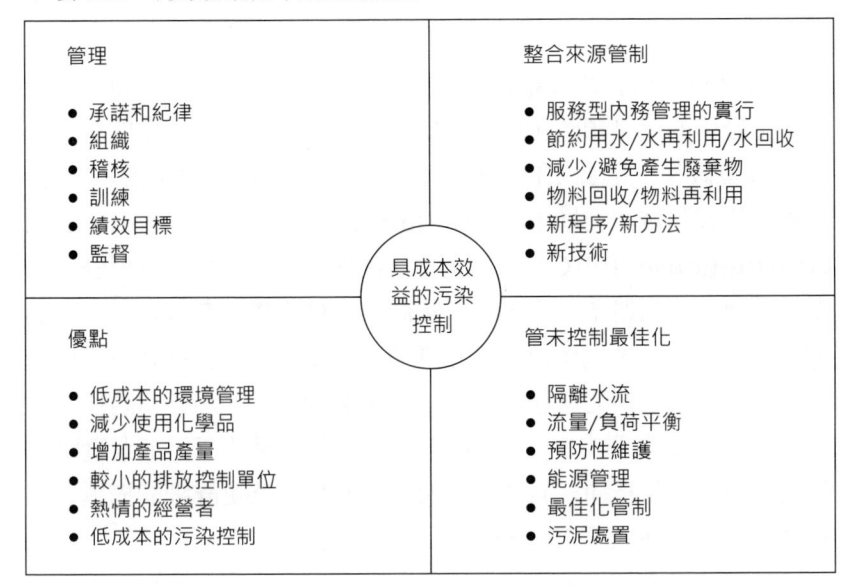

管理	整合來源管制
● 承諾和紀律 ● 組織 ● 稽核 ● 訓練 ● 績效目標 ● 監督	● 服務型內務管理的實行 ● 節約用水/水再利用/水回收 ● 減少/避免產生廢棄物 ● 物料回收/物料再利用 ● 新程序/新方法 ● 新技術
優點	管末控制最佳化
● 低成本的環境管理 ● 減少使用化學品 ● 增加產品產量 ● 較小的排放控制單位 ● 熱情的經營者 ● 低成本的污染控制	● 隔離水流 ● 流量/負荷平衡 ● 預防性維護 ● 能源管理 ● 最佳化管制 ● 污泥處置

（中間圓圈：具成本效益的污染控制）

水並不需要去除懸浮固體物；但另一方面，固體物必須從造紙機的淋洗水中去除以免造成淋洗器噴嘴阻塞。洗農產品（如番茄）的沖洗水並不需要純化，但必須消毒以確保無微生物污染。

　　副產物回收通常會和水再利用一起進行。在造紙廠設置完全回收裝置回收纖維，可讓處理過的水於圓柱淋洗器再利用。電鍍廠沖洗水經由離子交換樹脂處理後，可產生能再利用的鉻酸。圖 1.21 顯

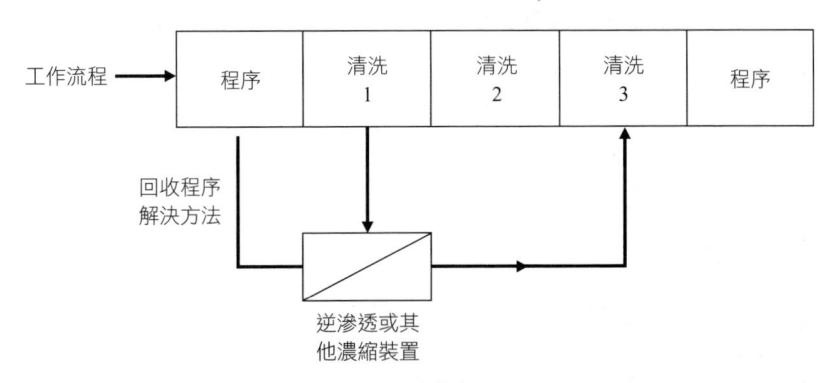

◯ 圖 1.21　節約用水與物料回收（鍍鎳）

43

示鍍鎳工廠的節約用水及物料回收,在工業中有許多其他類似的實例。

如 1990 年的污染預防法(Pollution Prevention Act)所規定,工業中的污染預防(Pollution Prevention, P2)是關鍵性的國家環境政策。因此 EPA 發展出許多合作計畫。EPA 網站包括涵蓋污染預防資訊交換中心(pollution prevention information clearinghouse, PPIC)的污染預防網站。這裡也提供針對許多工業的手冊,包括農業化學、電子電腦、無機化學、有機化學、石油煉製、製藥工業、紙漿及造紙和許多其他工業。有些被譯為西班牙文。這些手冊包括完整環境背景、工業製程資訊、污染預防技術、法規要求以及案例史。表 1.14 列出一些在化學及石化工業實際應用的廢棄物減量技術。有關減廢及水再利用策略更詳細的描述,包括案例史,請參見第 15 章。

ISO 14000 鼓勵業界藉由採用污染預防策略及環境管理系統,朝向超越法規去改善環境績效。在這些努力中的一項重要工具是生命週期評估(life cycle assessment, LCA)。這項「搖籃到墳墓」或是樂觀地「搖籃到搖籃」的方法,能夠估計產品生命週期各個階段所造成的累積環境衝擊(原料開採、物料運送、加工、維護、最終產品處置等)。物質和能量完成質量平衡後,所釋出的輸出予以評估,可代表在產品和程序之間取捨的環境權衡。此方法包括四項

➡ 表 1.14 石化工業的減廢技術

- 程序選擇和/或轉換的改善
- 在較低溫度和/或壓力操作的能力
- 所需步驟較少的程序
- 產物和/或催化劑壽命較長
- 使用副產物較少的原料
- 效能較高的設備設計
- 創新的單元操作
- 創新的程序整合
- 無價值副產物的新用途
- 避免熱降解的反應產物
- 新穎的替代能源
- 廢棄物流作為潔淨燃料或饋料的廠內轉換

組成：

1. **目標**：定義並敘述產品、程序及活動。建立評估的背景，並鑑別界限及評估所需審視的環境效應。
2. **盤查分析**：鑑別及量化能源、水及物質的使用，以及環境釋放（例如空氣排放、土壤及廢棄物處置、廢水排放等）。
3. **影響評估**：評估在盤查分析所鑑別元素的潛在健康、生態及人類效應，並考慮改善機會。
4. **解釋**：評估盤查分析及影響面向的結果，選擇建立研究目的與不確定性、產生結果的假設之間關係的優先方案。

EPA 和聯合國環境規劃署（United Nations Environmental Programme, UNEP）已經將其部分網站用來提供 LCA 的綜合及最新資訊。

1.9 問題

1.1. 某啤酒廠放流水於 7 天中，每 4 小時混合之 COD 結果如下所示：

980			
2800	3200	6933	3325
1380	3175	1240	6000
1250	3850	580	3100
720	2870	710	2500
8650	2600	3410	1830
7200	2743	2910	3225
2800	3600	8300	2370
2570	4066	2950	1380
1780	1550	2230	2600

試依此數據畫出統計圖，以定出 50% 及 90% 之值。

1.2. 某番茄加工廠如圖 P1-2 所示，其廢水之調查數據如下頁表所示，試建立該工廠下水道系統之流量與物質平衡圖，並指出可能的變化以便能降低流量及負荷。料理檯上之廢水則立即引入下水道中。

工業廢水污染防治

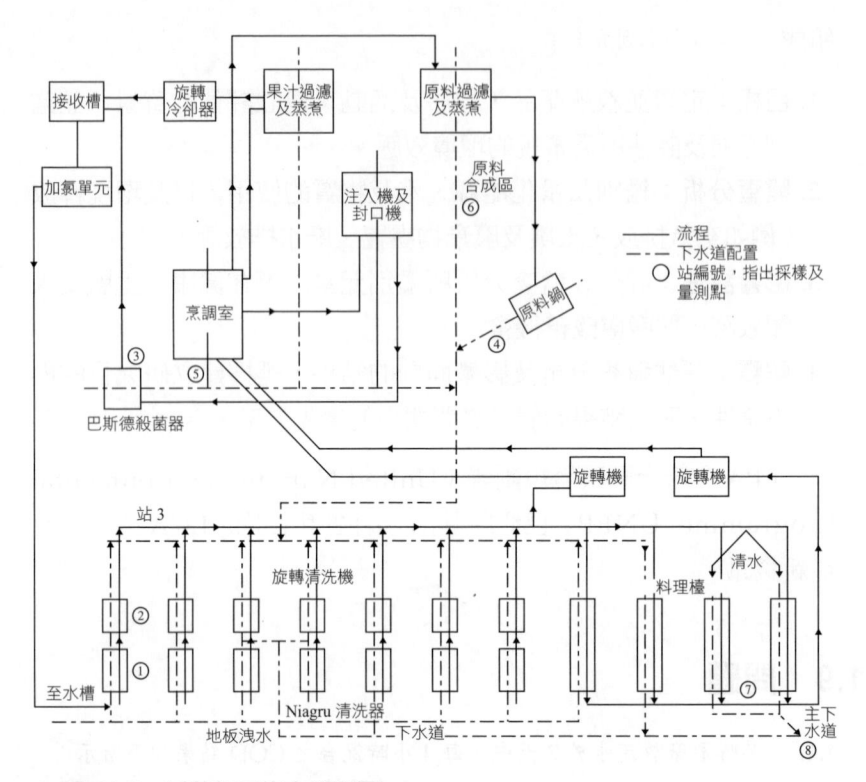

◯ **圖 P1-2　番茄加工廠之流程圖**

採樣站	程序單元	流量 (gal / min)	BOD (mg/L)	SS (mg/L)
1	Niagra 清洗器	500	75	180
2	旋轉清洗機	—	90	340
3	巴斯德殺菌器	300	30	20
4	原料鍋	10	3520	7575
5	烹調室	20	4410	8890
6	原料完成區	150	230	170
7	料理檯	100	450	540
8	主要出水口	1080	240	470

註：gal / min = $3.78 \times 10^{-3} m^3$ /min

1.3. 某廢水含下列成分：

40 mg/L 酚

350 mg/L 葡萄糖

3 mg/L S^{2-}

50 mg/L 甲醇，CH_3OH

100 mg/L 3,5,5- 三甲 - 異佛爾酮（isophorone），$C_9H_{14}O$（不可降解）

(a) 試求其 THOD、COD、TOC 及 BOD_5，假設混合廢水之 k_{10} 為 0.25/day。

(b) 經處理後，k_{10} 為 0.1/day 時，可溶性 BOD_5 為 10 mg/L，試求殘留之 COD 及 TOC。

參考文獻

1. Schroepfer, G. J.: *Advances in Water Pollution Control,* vol. 1, Pergamon Press, New York, 1964.
2. Stack, V. T.: *Proc. 8th Ind. Waste Conf.,* 1953, p. 492, Purdue University.
3. Busch, A. W.: *Proc. 15th Ind. Waste Conf.,* 1961, p. 67, Purdue University.
4. Ford, D. L.: *Proc. 23rd Ind. Waste Conf.,* 1968, p. 94, Purdue University.
5. Dorn, P. B.: *Toxicity Reduction—Evaluation and Control,* Technomic Publishing Co., 1992.

2

廢水處理程序

2.1 簡介

　　一旦充分了解工業廢水的特性,為了達到想要的水質目標,就必須選擇適當的單元程序。為了讓廢水管理計畫的執行符合成本效益,這些單元操作的選擇和排序就非常重要。本章討論進行生物和物理化學的廢水處理所使用的篩選步驟和替代技術的實用性。

　　圖 2.1 顯示一個能夠處理各種工廠廢水的整合性系統。該圖除了聚焦在傳統的初級和二級處理程序之外,還包括三級處理以及特定廢水的個別處理。

　　初級和二級處理程序用來處理大多數的無毒廢水;其他的廢水在進入這股水流之前必須進行預處理(pretreated)。不論是一般工廠或公有廢水處理廠(POTW)*,這些程序基本上是相同的(像台灣的工業區廢水處理場,各工廠會先進行預處理,使廢水達到工業區管理局設定的標準後,再排入工業區綜合廢水處理場)。

　　初級處理是為廢水的生物處理作準備。大型的固體物使用攔

---

* 譯註:POTW 在國外是指將工業廢水預處理後,與生活污水合併處理。

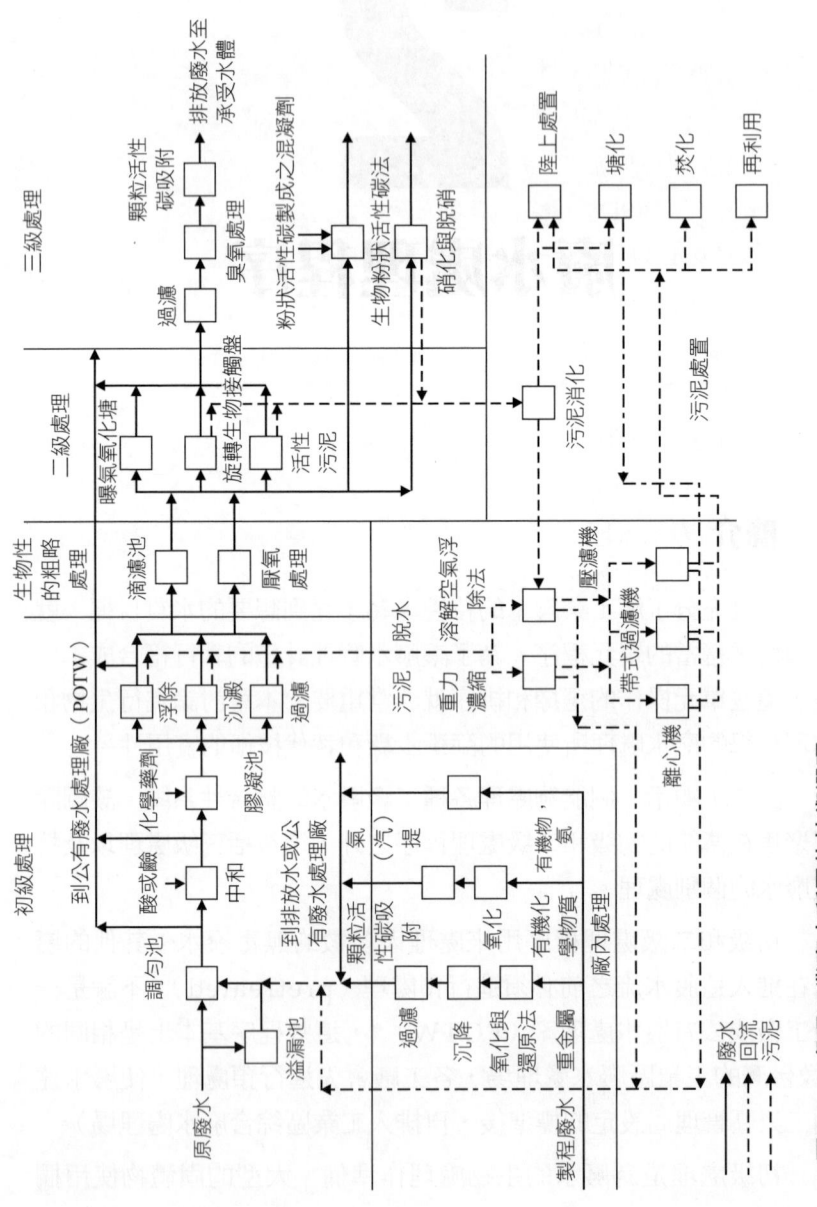

○ 圖 2.1 處理工業廢水所需的技術選項

廢水處理程序 2

污柵來去除;若有砂礫,則可以沉澱掉。在一個混合槽體內進行調勻,可將逐時變化的流量和/或濃度均質化。高濃度廢水應在一個溢漏池被攔下,以免破壞下游的程序。如有必要,在調勻之後才會進行中和,因為不同 pH 值的各股廢水互相混合時就會先產生部分中和。油脂和懸浮固體物可藉由浮除、沉澱或過濾去除。

二級處理等同於可溶性有機化合物的生物降解,輸入濃度從 50-1000 mg/L BOD(生化需氧量),甚至更高,降解到典型的排放濃度 15 mg/L 以下。這通常是在好氧處理下進行,在一個開放且在曝氣的槽體或氧化塘中完成;但廢水也可能先在一個池塘或一個密閉的槽體進行厭氧預處理。經過生物處理後,微生物和其他水中承載的固體物可以沉澱。這些污泥的一小部分在某些程序會迴流*,但最終過剩的污泥(伴隨著沉澱的固體物)都會被拋棄。

雖然一個工廠可能也有系統來去除對微生物有毒的物質,但是許多現有的廢水處理系統僅能進行初級和二級處理。這在過去是足夠的,但現在卻不然,所以新設施的設計或舊設施的改造都必須包括一些額外的功能:去除優先管制污染物和對水生生物有毒的殘留物,甚至在某些情況下是去除營養物質。

三級處理過程是在生物處理後進行,以去除特定類型的殘留物。過濾可去除懸浮固體物或膠體;顆粒活性碳(granular activated carbon, GAC)的吸附可移除有機物;化學氧化也可去除有機物。不幸的是,三級處理系統必須處理大量廢水,所以很昂貴。它們的效率也可能很低,因為這些程序並不是針對某些特定污染物。例如,二氯酚可藉由臭氧化或 GAC 吸附去除,但這些程序同時也會去除大部分的其他有機物,這大大地增加了去除二氯酚的處理費用。

一些富含重金屬、殺蟲劑和其他會通過初級處理且抑制生物處理物質的廢水,需要在廠內先經過預處理。而對於少量富含不可降解物質的廢水而言,廠內的預處理也合情合理,因為要從一股少

---

* 譯註:return 譯為「回流」;recycle 譯為「迴流」(有循環之意)。

51

量、高濃度的廢水中去除某特定污染物，要比在稀釋過的大量廢水中更容易，而且成本更低。使用於廠內處理的程序，包括沉降、活性碳吸附、化學氧化、氣（汽）提＊、離子交換、超過濾、逆滲透、電透析和濕式氧化法。

現有的處理系統還可以被修改，以擴大它們的能力和效率；這在實務上比起上述的選項更普遍。其中一個例子就是在生物處理程序中添加粉狀活性碳（powdered activated carbon, PAC），以吸附那些微生物不能降解或只能緩慢降解的有機物，稱作生物粉狀活性碳（PACT）程序。另一個例子是在生物處理槽的末端加入混凝劑，以去除磷和殘留的懸浮固體物。

在整個廢水處理流程中，所有這些程序都有其存在的必要。廢水處理程序的選擇或組合取決於：

1. 廢水的特質：該考慮的有污染物的形式（懸浮、膠體或溶解）、生物降解能力，以及有機和無機成分的抑制或毒性。
2. 要求的排放水質：亦須考慮未來可能的限制，例如排放水以生物檢定法測定對水生生物的毒性作為限制。
3. 面對任何廢水處理問題時的土地成本和可用性：單一或多重的處理組合可以產生要求的放流水。但是，這些辦法中只有一個是最具成本效益的。因此在選擇最後程序設計之前，必須先作出詳細的成本分析。

2.2　程序的選擇

應該先進行初步的分析來確認廢水處理的問題，如圖2.2所示。

對於那些含有無毒有機物的廢水而言，程序設計的準則可從手邊已有的資料，或是從實驗室級或模廠級試驗方案取得，像是紙漿和造紙廠廢水以及食品加工廢水。至於含有有毒和無毒的複雜有機物與無機物之化學廢水，則需要更明確的篩選步驟，以選擇適當

＊譯註：一般將 air stripping 譯為「氣提」（使用空氣）；而將 steam stripping 譯為「汽提」（使用蒸汽）。

廢水處理程序 2

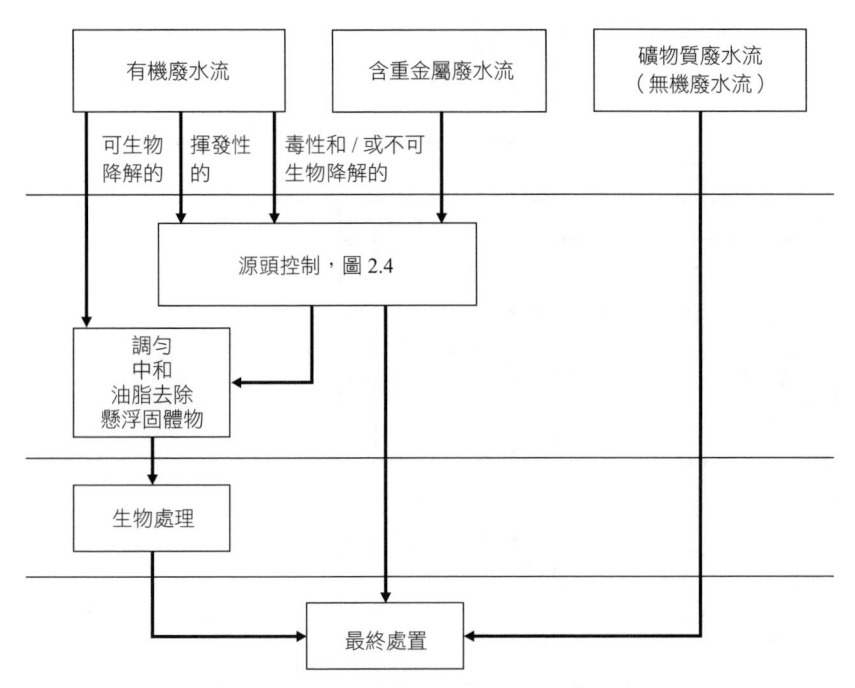

```
[有機廢水流]          [含重金屬廢水流]      [礦物質廢水流
                                          （無機廢水流）]
 可生物  揮發性  毒性和/或不可
 降解的  的     生物降解的
                ↓
          [源頭控制，圖 2.4]
                
[調勻
 中和
 油脂去除
 懸浮固體物]

[生物處理]

          [最終處置]
```

◯ **圖 2.2　高（有機）強度有毒工業廢水處理 / 管理方案的概念性作法**

的處理程序。圖 2.3 顯示一個已建立的規則。如果廢水中含有重金屬，它們可用沉降去除。揮發性有機物可用氣提去除。

　　經過實驗室的篩選後，若有需要，則會針對等量的樣品進行預處理分析，如圖 2.3 所示。請注意，在工業區內所有的重要工業廢水都應接受評估。接著要確定的是，這廢水是否可生物降解，以及在某些濃度時，它是否會對生物程序造成毒性。這時就要用到饋料批次反應器（fed batch reactor, FBR）的步驟。此過程的詳細內容將於後面討論。使用的應該是後面會討論到的馴化污泥。如果廢水是不可生物降解或有毒的，應考慮使用源頭處理或修改廠內程序。源頭處理的技術見圖 2.4。

　　如果廢水是可生物降解的，它會先經過一般是 48 小時的長期生物降解，以去除所有可降解的有機物，然後再進行水生毒性和優先管制污染物的評估。若硝化是必需的，則須進行硝化速率的分析。如果放流水有毒，或者優先管制污染物並未被去除，則應考慮

53

工業廢水污染防治

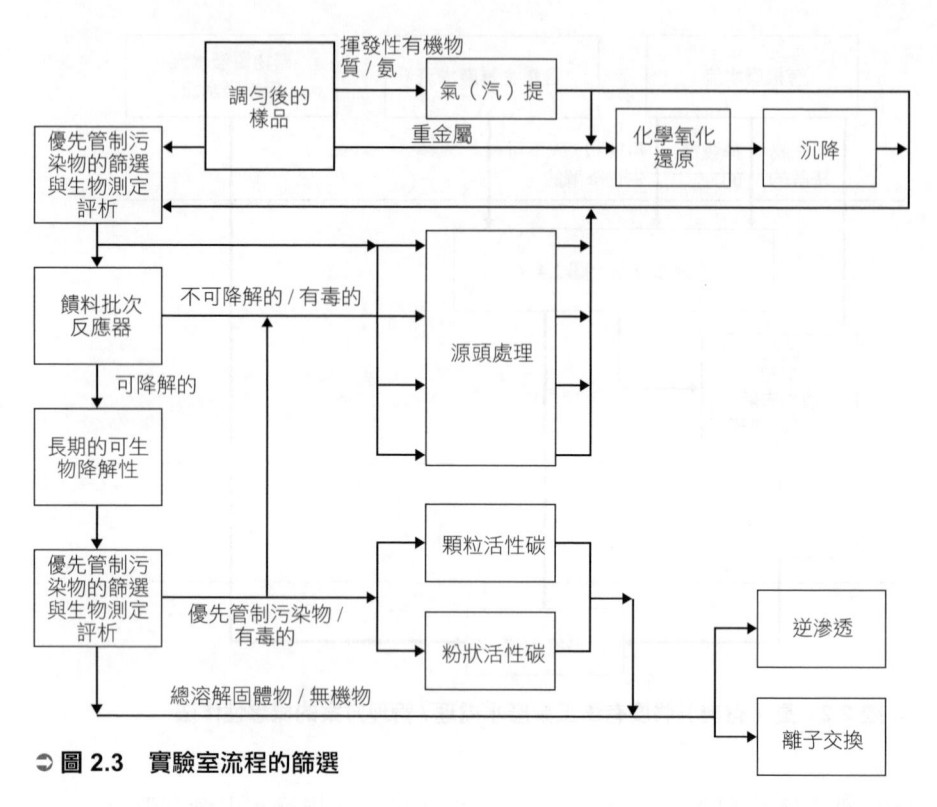

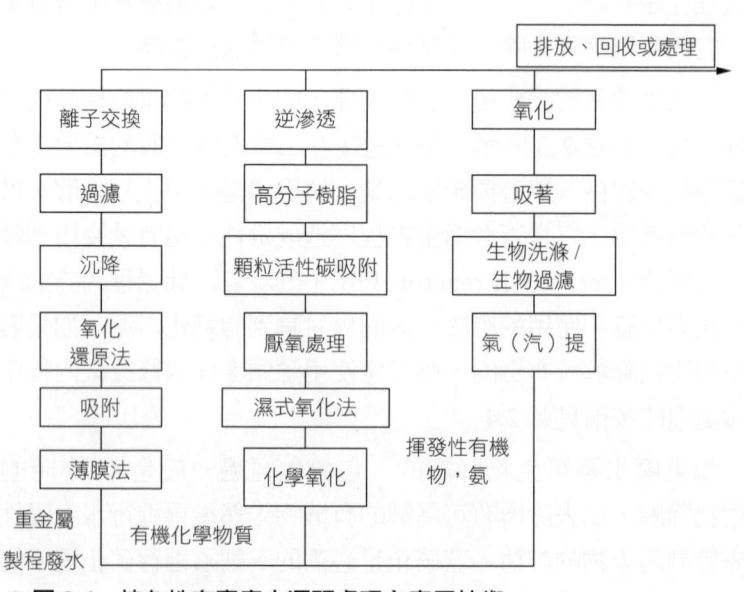

◐ 圖 2.3　實驗室流程的篩選

◐ 圖 2.4　持久性有毒廢水源頭處理之應用技術

54

廢水處理程序 2

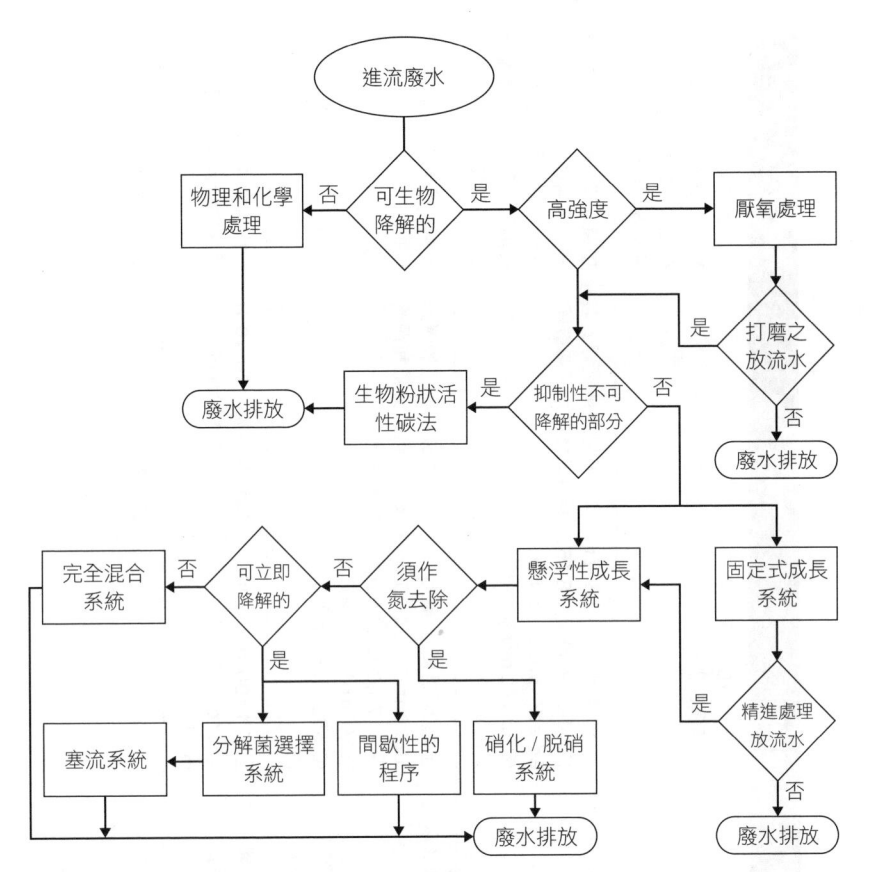

➲ 圖 2.5　生物處理之簡易程序選擇流程圖

採用粉狀或顆粒活性碳於源頭處理或三級處理。此處要注意的是，可溶性微生物產物（soluble microbial products, SMP）所造成的毒性，需要粉狀活性碳或三級處理來將其去除。

　　要進行生物處理有好幾種選項可供選擇。有一個既有的篩選步驟可用來決定最具成本效益的替代方法，如圖 2.5 所示。

　　這些生物處理的替代方法，總結在表 2.1，且在第 7 章中會詳細討論。表 2.2 顯示一個物理化學處理方法的篩選和確立。表 2.2 應可為特定的問題提供適用技術的參考。有關物理化學技術的應用，總結如表 2.3。可達到的最高放流水水質是依據作者對傳統廢水處理程序的經驗而得，如表 2.4 所示。

表 2.1 生物廢水處理

處理方法	操作模式	處理程度	土地需求	設備	備註
氧化塘	間歇式或連續式的排放；兼性（介於厭氧與好氧之間）或厭氧	中度	土坑；10-60天或更多的停留時間		經常需要臭味的控制；需要可接受的地表隔離襯墊；可能會發生有害物質洩漏的爭議
曝氣氧化塘	完全混合或兼性（介於完全混合與不混合）的連續流槽體	夏天較高；冬天較低	土造槽體，8-16 ft (2.44-4.88 m)深，8-16 acres/(million gal/d) (8.55-17.1 m²/[m³/d])	有支柱固定或漂浮式表面曝氣機或水下擴散器	在氧化塘裡作固液分離；週期性脫水和污泥去除；需隔離襯墊，可能發生有害物質洩漏的爭議
活性污泥	完全混合或塞流；污泥迴流	有機物90%以上的去除率	土造或混凝土槽體；12-20 ft (3.66-6.10 m)深，75,000-350,000 ft³/(million gal/d) (0.561-2.262 m³/[m³/d])	散氣式或機械式的曝氣機；供污泥分離和迴流的澄清池	過剩的污泥必須脫水和處置
滴濾池	連續式的使用；可能採用放流水迴流的措施	中度或高度，完全依負荷而定	225-1400 ft²/(million gal/d) (5.52-34.4 m²/10³ [m³/d])	塑膠製填充材20-40 ft深（6.10-12.19 m）	在進入POTW或活性污泥廠之前必須先預處理
旋轉生物接觸盤	多段式連續流	中度或高度		塑膠盤	需要固液分離

工業廢水污染防治

56

廢水處理程序 2

▲ 表 2.1 生物廢水處理（續）

處理方法	操作模式	處理程度	土地需求	設備	備註
厭氧	完全混合併同迴流；上流式或下流式生物濾床；流體化床；上流式污泥氈（UASB）	中度		必須收集排氣；在進入POTW或活性污泥廠之前得先進行預處理	
澆灌	間歇性採用高濃度廢水	完全；水滲流入地下水和泊沿地表逕流到河川	40-300 gal/(min·acre) (6.24 ×10⁻⁷ – 4.68 ×10⁻⁶ m³/[s·m²])	鋁製的灌溉輸送管和噴灑噴頭；變換位置時可移動	需要固液分離；必須限制排放之高濃度廢水中的鹽度

註：ft = 0.305 m
acre/(million gal·d) = 1.07 m²/(m³·d)
ft³/(million gal·d) = 7.48 × 10⁻³ m³/(thousand m³·d)
ft²/(million gal·d) = 2.45 × 10⁻² m²/(thousand m³·d)
gal/(min·acre) = 1.56 × 10⁻⁸ m³/(s·m²)

表 2.2　工業廢水物理化學處理方法的篩選與確立

氣提

程序	有機化合物	不可冷凝的	溫度	壓力	pH	O&G (mg/L)	SS (mg/L)	TDS (mg/L)	鐵、錳	Sol	註釋
空氣	<100 mg/L	A	DP	DP	DP	R	R	DP	R	L	建議 $H_C > 0.005$
蒸汽	<100 mg/L 到 10%	R	DP	DP	NI	R	R	DP	NI	M	建議相對於水的揮發度 > 1.05。有共沸物的形成是很重要的

氧化程序

程序	有機化合物	溫度（°F）	壓力 (Psig)	pH	COD (g/L)	O&G (mg/L)	SS (mg/L)	TDS (mg/L)	鐵、錳	MW	註釋
濕式氧化	A	350-650	300-3000	NI	20-200	NI	NI	DP	NI	NI	不建議處理芳香族鹵化有機物。建議用於高 COD/BOD 比之物質
超臨界流體氧化	A	750-1200	3675	NI	<10	NI	NI	L	NI	NI	
化學氧化 O_3	<10,000 mg/L	DP	DP	DP	DP	R	R	DP	A	NI	催化劑和額外的能源，如紫外線，是重要的因子
化學氧化 H_2O_2	A	DP	NI	DP	DP	R	R	DP	A	H	

58

廢水處理程序 2

▶ 表 2.2 工業廢水物理化學處理方法的篩選與確立（續）

吸附與沉降

程序	參數										
	有機化合物	無機離子類	化學氧化	溫度	pH	O&G (mg/L)	SS (mg/L)	TDS (mg/L)	鐵、錳	MW	Sol	註釋
活性碳吸附	<10,000 mg/L	NA	NA	DP	DP	<10	<50	<10	NI	H	L	建議 $K > 5$ mg/g。高 K_{ow} 及無機物 <1000 mg/L。重金屬可能會污染活性碳
樹脂吸附	A	NA	R	DP (L)	DP	<10	<10	DP	NI	DP	M	建議高 K_{ow} 和 C_o。 <0.1（樹脂處理容量/3 BV）。 K 值是一個設計參數
化學沉降	NA	A	NI	DP	DP	R	NI	DP	A	NI	DP	可能會發生螯合劑和錯化劑彼此間的干擾

薄膜程序與離子交換

程序	參數										
	有機化合物			無機離子類	化學氧化	壓力 (Psig)	pH	O&G (mg/L)	SS (mg/L)	TDS (mg/L)	鐵、錳	MW (Amu)	註釋
	揮發性	半揮發性											
逆滲透	R	A	A	A	R	<1500	DP	R	R	<10,000	R	>150	建議滲透差壓 <400 psi、LSI<0、SDI<5 及濁度 <1 NTU

59

↑ 表 2.2　工業廢水物理化學處理方法的篩選與確立（續）

薄膜程序與離子交換

程序	有機化合物 揮發性	有機化合物 半揮發性	無機離子類	化學氧化	溫度	壓力 (Psig)	pH	O&G (mg/L)	SS (mg/L)	TDS (mg/L)	鐵,錳	MW (Amu)	註釋
高過濾	NA	A	NA	NI	DP	DP	DP	R	R	NI	NI	100-500	分子大小、形狀及柔曲性都是重要的因子
超過濾	NA	A	NA	NI	DP	10-100	DP	R	R	NI	NI	500-1,000,000	分子大小、形狀及柔曲性都是重要的因子
電透析/交互式電透析	R	R	A	R	DP	40-60	DP	R	R	<5000	<0.3	NI	使用的電壓是設計參數中的一項，建議鈣離子<900 mg/L
離子交換樹脂	R	R	A	R	DP	NI	DP	R	<50 (<35)	<20,000	NI	NI	選擇性商是設計參數中的一項，離子價數和半徑大小是重要因子

A　= applicable（適用的）
BV　= bed volume（柱狀填充床體積）
DP　= design parameter（設計參數）
H　= high（高）
H_c　= Henry's constant（亨利常數）
K　= Freundlich isotherm coefficient（弗蘭因德利希等溫吸附曲線之係數）
K_{ow}　= octanol/water partition coefficient（正辛醇 - 水分配係數）
M　= moderate（適度的）

MW　= molecular weight（分子量）
NA　= not applicable（不適用的）
NTU　= nephelometric turbidity units（標準濁度單位）
O&G　= oil and grease（油脂）
R　= must be removed（必須去除）
SDI　= silt density index（污泥密度指數）
Sol　= solubility（溶解度）
SS　= suspended solids（懸浮固體物）
TDS　= total dissolved solids（總溶解固體物）
LSI　= Langelier saturation index（藍氏飽和指數）
NI　= not important（不重要）
L　= low（低）
C_o　= inlet centration（初始濃度）(g/L)
COD　= chemical oxygen demand（化學需氧量）

註：℃ = $\frac{5}{9}$(℉ − 32)
　　kPa = 6.894 psi

表 2.3 廢水物理化學處理

處理方法	廢水的類型	操作模式	處理程度	備註
離子交換	電鍍、核能發電	連續過濾併同樹脂的再生	可以回收純水；可以回收產品	可能需要從用過的再生劑裡進行中和與固體物的去除
還原與沉降	電鍍、重金屬	批次或連續處理	鉻及重金屬的完全去除	批次處理需一天的處理容量；連續處理需3小時的停留時間；需要污泥的脫水或處置
膠凝	紙板、煉油、橡膠、塗料、染整	批次或連續處理	懸浮及膠體物質完全的去除	膠凝和沉澱槽或污泥氈單元；需要pH控制
吸附	毒性物質或有機物、難分解物質	粉狀活性碳製成的粒狀管柱	大部分有機物完全去除	粉末活性碳併同活性污泥程序使用
化學氧化	毒性物質和難分解有機物	批次或連續的臭氧或催化過的過氧化氫（高級氧化）	部分或完全氧化	部分氧化使得有機物更可生物降解

表 2.4 依據各廢水處理程序可達到的最佳水質

程序	BOD	COD	SS	N	P	TDS
沉澱・去除率 %	10-30	—	59-90	—	—	—
浮除・去除率 %*	10-50	—	70-95	—	—	—
活性污泥 (mg/L)	<25	†	<20	‡	‡	—
曝氣氧化塘 (mg/L)	<50	—	>50	—	—	—
厭氧塘 (mg/L)	>100	—	<100	—	—	—
深井處置	廢水的完全處理					
活性碳吸附 (mg/L)	<2	<10	<1	—	—	—
脫硝與硝化 (mg/L)	<10	—	—	<5	—	—
化學沉降 (mg/L)	—	—	<10	—	<1	—
離子交換 (mg/L)	—	—	<1	§	§	§

* 當使用膠凝劑時，可以達到較高的去除率。

† COD_{inf}：$[BOD_{ult}(去除的)]/0.9$

‡ N_{inf}：0.12（過剩的生物污泥），lb；$P_{inf} − 0.026$（過剩的生物污泥），lb。

§ 根據使用的樹脂、分子型態及想要效率而定。

註：lb = 0.45 kg。

3

預處理與初級處理

3.1 簡介

　　預處理和初級處理的目標是：要使廢水適合排放到公有廢水處理廠（POTW），或之後的生物或物理化學處理廠。預先處理那些排放到 POTW 的工業廢水是一項重要的技術問題，特別由 EPA 制定規章來監管。這個問題和案例的歷史將會在第 17 章描述。表 3.1 總結需在生物處理前進行預處理的污染物濃度。預處理經常用來降低或消除對生物程序的抑制或毒性。而且透過化學氧化法或其他方法，預處理也可用來使難生物分解的有機物變得更可被生物降解。

　　一些可能有毒的物質包括重金屬、農藥、優先管制污染物等。在有機化學品製造公司中，那些已知最顯著的物質是：

1. 界面活性劑（surfactants）。
2. 陽離子聚合物（cationic polymers）。
3. 游離氨（free ammonia）。
4. 硝酸鹽（nitrite）。
5. 氯（chlorine）。
6. 農藥（pesticides）。

➡ **表 3.1** 需在生物處理前進行預處理之污染物濃度

污染物或系統的條件	限制濃度	預處理的種類
懸浮固體物	> 125 mg/L	沉澱、浮除、塘化
油或油脂	> 35	撇油槽或分離器
毒性離子 　鉛 　銅＋鎳＋氰化物 　六價鉻＋鋅 　三價鉻	 ≤ 0.1 mg/L ≤ 1 mg/L ≤ 3 mg/L ≤ 10 mg/L	沉降或離子交換
pH	6 到 9	中和
鹼度	0.5 磅鹼度以「$CaCO_3$/lb 去除的 BOD」表示	中和過剩的鹼度
酸度	自由礦酸酸度	中和
有機負荷之變異性	> 2:1	調勻
硫化物	> 100 mg/L	沉降或氣提配合回收
氨	> 500 mg/L (as N)	稀釋、離子交換、酸鹼度調整、氣提
溫度	在反應器內 > 38° C	冷卻

7. 金屬（metals）。
8. 溫度（temperature）。

一些潛在的抑制物可能包括：

- 總溶解固體物（16,000 mg/L）。
- 氯離子（8000-10,000 mg/L）。
- 由細菌產生的硫化氫（100 mg/L，藻類 7-10 mg/L）。
- 重金屬〔1 mg/L（金屬，它的種類、硬度及 pH）〕。
- 氨 500 mg/L，pH 的函數，0.02 mg/L（游離氨）作為水體的標準。
- 有機弱酸：pH < 6.5 或 pH > 8.5（微生物代謝可能會增加 pH，例如：醋酸和甲酸）。
- 強鹼：微生物呼吸作用會降低生化需氧量，因此增加二氧化碳並形成碳酸（大約 0.5 磅的鹼度，以碳酸鈣/每磅生化需氧量的移除來表示，或者大約 0.63 磅鹼度，以碳酸鈣/每磅化學需

預處理與初級處理 3

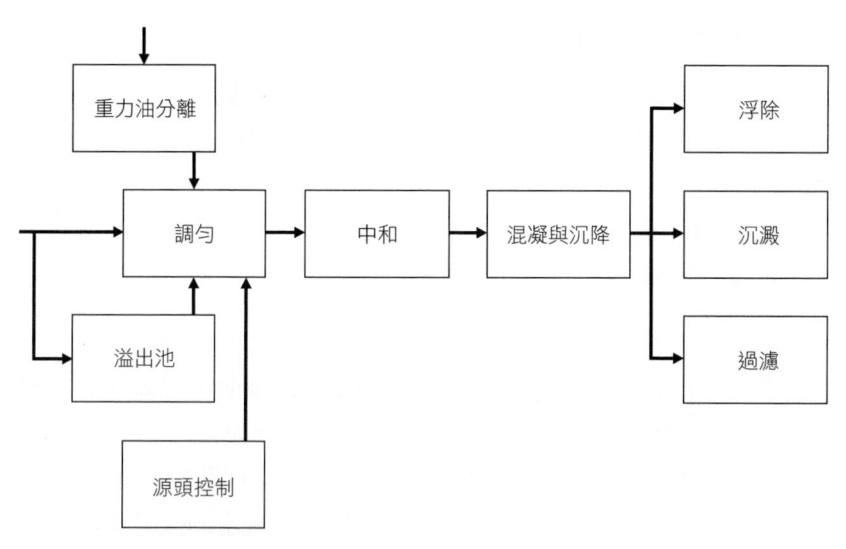

○ 圖 3.1　預處理技術

氧量的移除來表示）。
- 須特定預處理的污染物〔即 pH、鹼度、總懸浮固體物、脂肪、油和油脂（fats, oils and grease, FOG）、金屬等〕。
- 氮、磷營養物和微量礦物質的可得性：微生物的代謝作用需要氨與磷，加上微量金屬。
- 變異性。

圖 3.1 顯示一般性的預處理技術。本章將討論許多常運用於工業廢水處理的預處理與初級處理程序。其他的預處理技術將在本書後續幾章中討論。

3.2　調勻

廢水的流量、成分及濃度之變異可能大幅降低單元程序的效率和放流水的品質。大多數用於設計的方程式都是假設穩態條件。放流水的排放許可通常是根據平均值以及最大的排放限值。於是，要符合處理和永續發展的目標，減少變異至關重要。因此，調勻是一個非常重要的單元程序，通常設在其他預處理和初級處理，以及其

工業廢水污染防治

後續處理方法的前面。

調勻之目的是儘量減少或控制廢水性質的波動，以提供後續處理程序最佳的條件。調勻池的大小和類型隨廢水量和廢水流的變異性而有所不同。這池子應該有足夠的大小來妥善吸收廢水在工廠生產調度改變下所造成的波動，而且足以減輕偶發性傾倒或溢流到下水道的高濃度排放。

工業污水處理設施調勻的目的是：

1. 為了提供有機物濃度波動足夠的抑制，以預防生物處理系統有突發性的負荷。生物處理廠的放流水濃度與進流水濃度成正比。如圖 3.2，它代表一個煉油廠過去 3 年期間 24 小時的組合樣品。由圖 3.2 可看出，放流水會跟隨進流水的改變而改變。如果廢水是可立即降解的，進流水增加的濃度會因為生物代謝作用的增加而導致放流水的濃度有較小的增加。反之，如果進流水包含生物抑制劑，則會導致放流水的濃度增加。

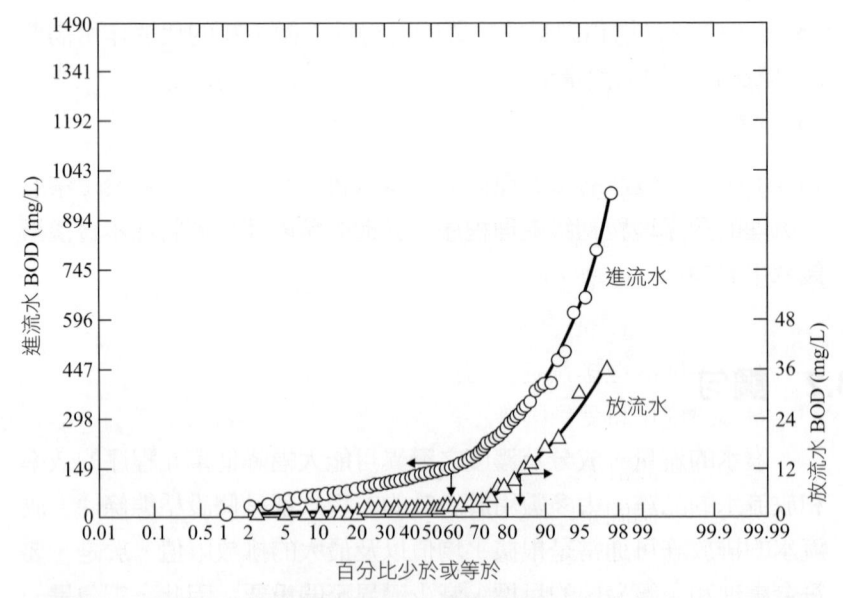

◯ 圖 3.2　進流水 BOD 和放流水 BOD 的變異程度

2. 為了提供適當的酸鹼度控制，或是儘量減低中和所需的化學品。
3. 為了減緩物理化學處理系統的進流量激增，並允許能夠與饋料設備相容的化學品饋料速率。
4. 為了在工廠停工期間仍可以持續提供生物處理系統饋料。
5. 為了提供控制廢水排放到城市系統的能力，以更均勻地分配廢水負荷量。
6. 為了防止高濃度的有毒物質進入生物處理廠。

　　一般會完全攪拌以確保充分的調勻，並且防止可沉澱固體不會沉積在池裡。此外，在各股廢水裡還原態物質的氧化，或者採用氣提法來降低生化需氧量，皆可以透過攪拌和曝氣設備來達成。可以用來攪拌的方法包括：

1. 入口流量的分布及設置擋板。
2. 以渦輪攪拌。
3. 散氣式曝氣法。
4. 機械式曝氣法。
5. 沉水式攪拌器。

　　最常用的方法是提供沉水式攪拌器；或者，若是可立即降解的廢水（如來自啤酒廠的排放），則使用表面曝氣機，其運用的功率水準大約 15 至 20 hp/million gal（0.003 至 0.0045 kW/m^3）。散氣式曝氣法的空氣需求量約 0.5 ft^3 空氣/gal 廢水（3.74 m^3/m^3）。調勻池的類型，如圖 3.3 所示。這裡要注意的是，為了遵守 NESHAP 的法規，許多工業必須覆蓋頭部構築物（包括調勻池），並可以妥善地處理排氣到一個可接受的程度。在某些情況下，二級污水處理設施也將受到影響。

　　調勻池可設計為一個可變的容積，以提供恆定的放流水流量；或是設計為一個固定的容積，但放流水的流量會隨進流水而變化。此類可變容積的池特別適用於日均量低的廢水之化學處理。將廢水排放到都市下水道也可用這類型的池。當正常低流量期間，放流水

工業廢水污染防治

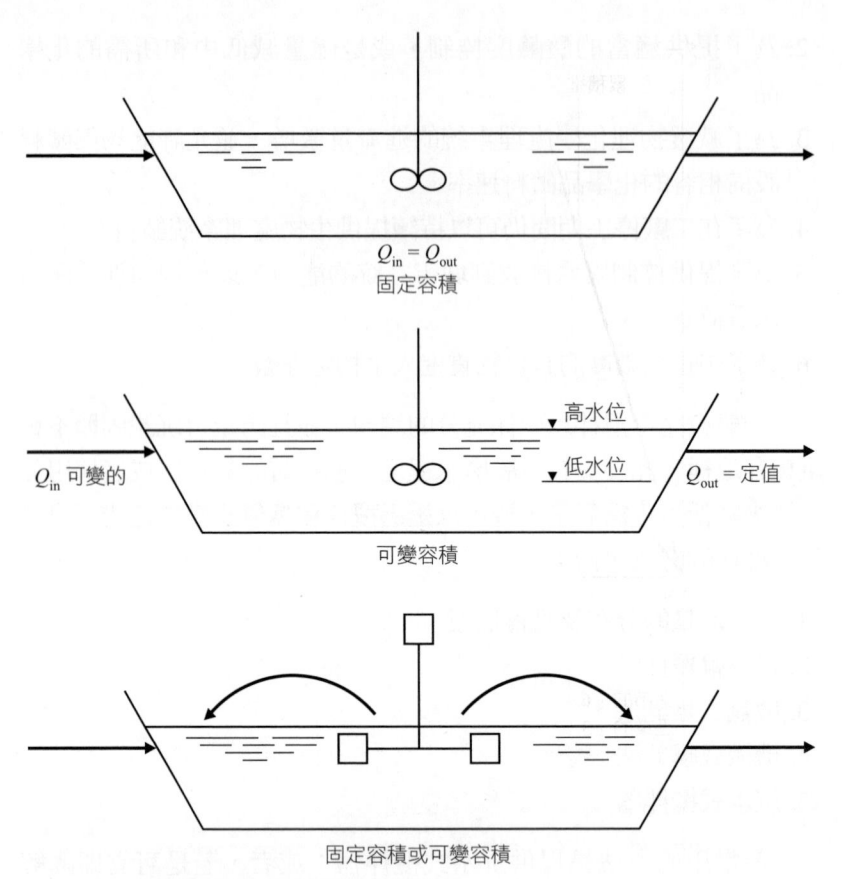

$Q_{in} = Q_{out}$
固定容積

Q_{in} 可變的　　　高水位　低水位　Q_{out} = 定值
可變容積

固定容積或可變容積

◯ 圖 3.3　固定容積和可變容積的調勻池

抽水率最好能設計成可以排放最大量的廢水到都市污水處理設施，如圖 3.4 所示。理想的情況下，到污水處理廠的有機負荷能保持 24 的小時恆定。

　　調勻池可設計來平衡流量、濃度，或兩者兼具。對於流量的調勻，將累積流量相對於調勻期間的時間（如 24 小時）繪製成圖。相對於固定排放量線條的最大的體積就是所需的調勻容積。所需的計算如例題 3.1 所示。

68

預處理與初級處理 3

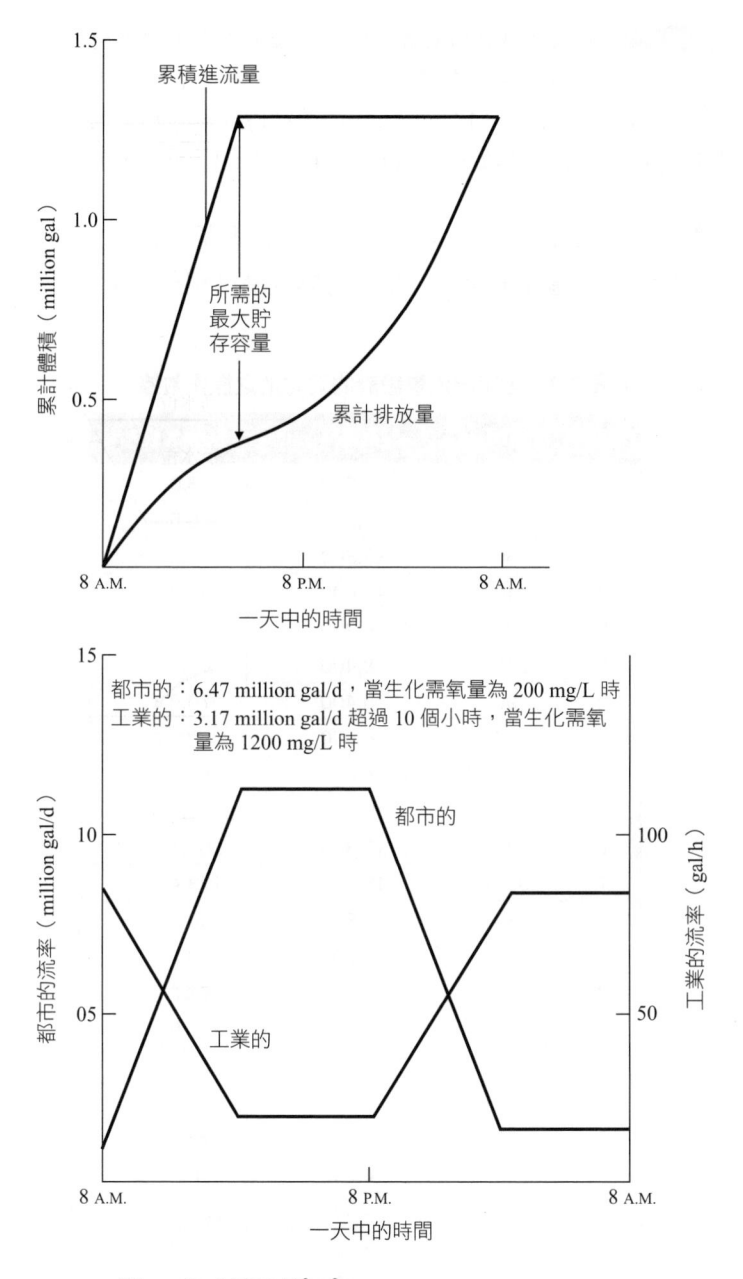

註：million gal = 3.78 × 10³ m³
million gal/d = 3.78 × 10³ m³/d
gal/h = 3.78 × 10⁻³ m³/h

◐ 圖 3.4　某工業廢水在受控制下，排放到都市污水處理廠

例題 3.1　根據表 3.2 的數據，設計一個有固定出流量的調勻池。隨時間變化的進流量總和的數據繪製如圖 3.5。處理速率是 (193,300 gal/day)/(1440 min/day) = 134 gal/min（507 L/min）。所需的貯存容積是 41,000 gal + 先前剩餘的 8000 gal，即 49,000 gal（186 m³）。

調勻池的大小可設計成能限制排放到達某一個最大的濃度，而該濃度與後續處理單元最大允許的排放濃度相稱。例如，如果從

➡ 表 3.2　固定出流量設計的調勻池之操作數據

時間	gal/min	gal	Σ gal × 10³
8	50	3,000	3.0
9	92	5,520	8.5
10	230	13,800	22.3
11	310	18,600	40.9
12	270	16,200	57.1
1	140	8,400	65.5
2	90	5,400	70.9
3	110	6,600	77.5
4	80	4,800	82.3
5	150	9,000	91.3
6	230	13,800	105.1
7	305	18,300	123.4
8	380	22,800	146.2
9	200	12,000	158.2
10	80	4,800	163.0
11	60	3,600	166.6
12	70	4,200	170.8
1	55	3,300	174.1
2	40	2,400	176.5
3	70	4,200	180.7
4	75	4,500	185.2
5	45	2,700	187.9
6	55	3,300	191.2
7	35	2,100	193.3

註：gal/min = 3.78×10^{-3} m³/min
　　gal = 3.78×10^{-3} m³

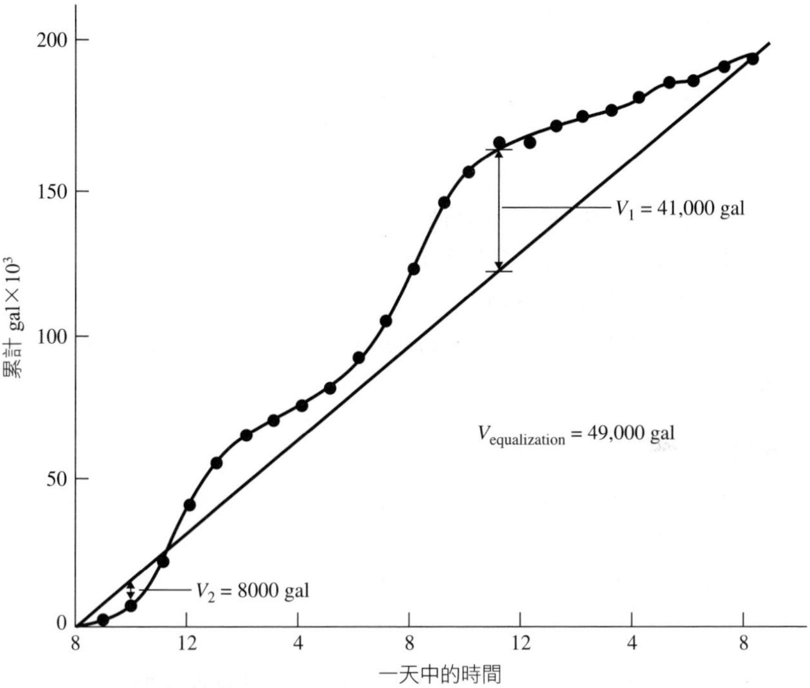
200
150
100
50
0
累計 gal × 10^3
V1 = 41,000 gal
Vequalization = 49,000 gal
V2 = 8000 gal
8
12
4
8
12
4
8
一天中的時間

圖 3.5　固定出流量調勻池設計

活性污泥單元流出的最高濃度是 50 mg/ L BOD_5（5 天的生化需氧量），則可計算調勻池最高排放濃度，從而提供一個設計該單元大小的基礎。

在廢水流量接近恆定與廢水組合分析濃度呈現常態統計分配的隨機輸入變異的案例，固定容積池所需的調勻停留時間為 [1]

$$t = \frac{\Delta t(S_i^2)}{2(S_e^2)} \tag{3.1}$$

其中，t = 調勻池的停留時間，h

Δt = 樣品進行混合的時間間隔，h

S_i^2 = 進流廢水濃度的變異數（標準差的平方）

S_e^2 = 在一個變異數分配中，依指定的機率（例如，99%）所得之放流水濃度的變異數例題 3.2 闡述了本計算。

例題 3.2 總流量為 5 million gal/d（0.22 m³/s 或 19,000 m³/d）的廢水，其特性如圖 3.6 所示。大量的數據來自於連續 17 天，每 4 小時的收集。平均 BOD 為 690 mg/L，且最高值為 1185 mg/L。

活性污泥系統的設計計算顯示：調勻池放流水的濃度不得超過 896 mg/L，以滿足放流水水質標準 15 mg/L 的平均生化需氧量，和活性污泥系統的最高濃度 25 mg/L。

設計一個調勻池，以滿足放流水所需的要求。假設調勻後的放流水有 95% 的機率等於或小於 896 mg/L。

解答

(a) 計算進流水的平均值、標準差和變異數。這些參數可以根據圖 3.6 來計算。

(b) 從這個圖中，獲得在 50% 時的值：

$$50\% \text{ 值} \approx \overline{X} \approx 690 \text{ mg/L}$$

(c) 計算標準差（S_i），即從圖 3.6 找出發生在累進機率 15.9 百分位數（50.0 減去 34.1）和 84.1 百分位數（50.0 加上 34.1）程度下所對應的隨機變數差值之一半：

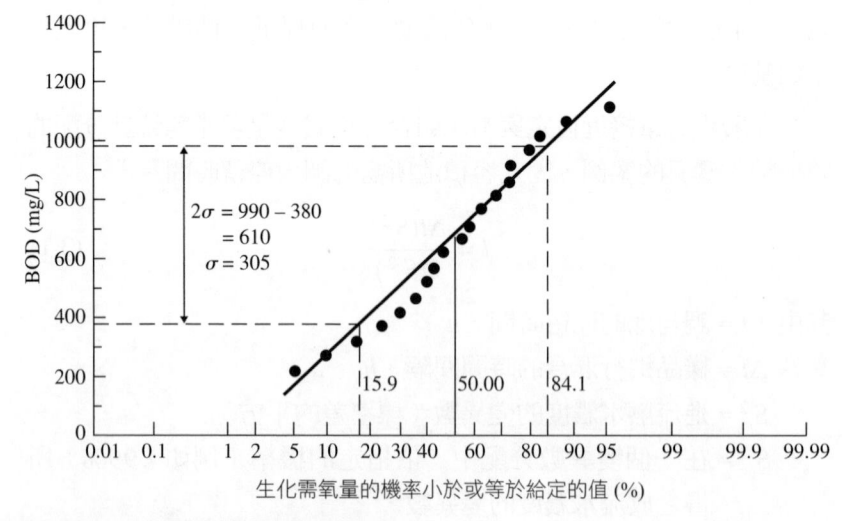

○ 圖 3.6　生化需氧量的機率分析

$$S_i = \frac{\text{於 84.1\% 的值} - \text{於 15.9\% 的值}}{2}$$

$$= \frac{990 - 380}{2}$$

$$= 305 \text{ mg/L}$$

(d) 計算變異數,即標準差的平方:

$$S_i^2 = (305)^2$$

$$= 93{,}025 \text{ mg}^2/\text{L}^2$$

(e) 計算放流水的標準差:

$$\overline{X} = 690 \text{ mg/L}$$

$$X_{\max} = 896 \text{ mg/L}$$

若要 95% 放流水的 BOD 值低於 896 mg/L 的話,其必要條件是

$$S_e = \frac{X_{\max} - \overline{X}}{Z}$$

$$= \frac{896 - 690}{1.65}$$

$$= 125 \text{ mg/L}$$

其中,$Z = 1.65$ 是從常態的機率表中找出 95% 信賴水準下的值。

(f) 計算所允許的放流水變異數:

$$S_e^2 = (125)^2$$

$$= 15{,}625 \text{ mg}^2/\text{L}^2$$

(g) 計算所需的停留時間:

$$t = \frac{\Delta t(S_i^2)}{2(S_e^2)}$$

$$= \frac{4(93{,}025)}{2(15{,}625)}$$

$$= 11.9 \text{ h}$$

$$\approx 0.5 \text{ d}$$

若是使用如活性污泥池或氧化塘般的完全攪拌混合槽來處理,體積可以被視為調勻體積的一部分。舉例來說,如果完全混合曝氣池的停留時間為 8 小時,所需的調勻總停留時間是 16 小時,那麼

調勻池所需要的停留時間只有 8 小時。

Patterson 和 Menez [2] 發展出了一種方法來定義,當流量和強度都呈現隨機變化時,調勻的需求。針對調勻池可以建立一物質的平衡:

$$C_i QT + C_0 V = C_2 QT + C_2 V \tag{3.2}$$

其中,C_i = 在採樣間隔 T 下進入調勻池的濃度

　　　T = 採樣間隔,也就是 1 小時

　　　Q = 在採樣間隔期間的平均流量

　　　C_0 = 在採樣間隔開始時,調勻池內的濃度

　　　V = 調勻池的體積

　　　C_2 = 在採樣間隔結束時,流出調勻池的濃度

在每個時間間隔內,放流水的濃度假設為幾乎不變。若時間間隔適當的話,此假設是成立的。

式 (3.2) 可以重新排列,以計算每個時間間隔後的放流水濃度:

$$C_2 = \frac{C_i T + C_0 V/Q}{T + V/Q} \tag{3.2a}$$

對於某範圍內的調勻體積 V,放流水濃度的範圍可以被計算出來。針對進流水的強度和流量,可以計算出一個峰值因子 (peaking factor, PF)。為了設計的目的,放流水的 PF 是最高濃度與平均濃度的比值。一個調勻池的設計,如例題 3.3 所示。

例題 3.3　某家化工廠的排放調查顯示的結果如下:

時間週期	平均值 流量 (gal/min)	總有機碳 (mg/L)
上午 8 點至 10 點	450	920
上午 10 點至中午 12 點	620	1130
中午 12 點至下午 2 點	840	1475
下午 2 點至 4 點	800	1525
下午 4 點至 6 點	340	910

預處理與初級處理 3

(續)

時間週期	平均值 流量 (gal/min)	平均值 總有機碳 (mg/L)
晚上 8 點至 10 點	570	1210
晚上 10 點至 12 點	1100	1520
上午 0 點至 2 點	1200	1745
上午 2 點至 4 點	800	820
上午 4 點至 6 點	510	410
上午 6 點至 8 點	570	490

針對一個可變容積的調勻系統，畫出一個峰值因子相對於池體積的圖，並確定基於大規模排放的條件下，能產生峰值因子為 1.2 的容量。

解答

假設調勻池是一個完全混合的池，沒有顯著的降解或蒸發，針對每個時間間隔，主導這固定放流水流量系統的微分方程式是：

$$\frac{dV_i}{dt} = Q_{0i} - Q_{ei} = Q_{0i} - Q_{0avg} \tag{1}$$

$$\frac{d(V_i C_i)}{dt} = V_i \frac{dC_i}{dt} + C_i \frac{dV_i}{dt} = V_i \frac{dC_i}{dt} + C_i(Q_{0i} - Q_{0avg}) = Q_{0i}\,C_{0i} - Q_{ei}C_i \tag{2}$$

其中　V_i = 針對時間間隔 i，在時間 t 下的池容量，gal
　　　Q_{0i} = 在時間間隔 i 的進流水流量，gpm
　　　Q_{ei} = 在時間間隔 i 的放流水流量，gpm
　　　Q_{0avg} = 每天平均的進流水流量，gpm
　　　C_{0i} = 在時間間隔 i 的進流水濃度，mg/L
　　　C_i = 針對時間間隔 i，在時間 t 下，池內的濃度與放流水的濃度，mg/L

假設在每個時間間隔，Q_{0i}、Q_{ei} 及 C_{0i} 都是一個常數定值，那麼分離變數、積分及式 (1) 和式 (2) 的重整均導致以下的表示式，分別為在每個時間間隔的結束時的池內容積 $V_i(f)$ 與總有機碳（TOC）濃度 $C_i(f)$。

$$V_i(f) = V_{(i-1)}(f) + (Q_{0i} - Q_{0avg})\Delta t_i \tag{3}$$

$$C_i(f) = C_{0i} - \frac{A}{(1 + B\Delta t_i)^D} \tag{4}$$

其中

$$A = C_{0i} - C_{(i-1)}(f)$$

$$B = \frac{Q_{0i} - Q_{0\text{avg}}}{V_{(i-1)}(f)}$$

$$D = \frac{Q_{0i}}{Q_{0i} - Q_{0\text{avg}}}$$

$V_{(i-1)}(f)$ = 在每個時間間隔 ($i-1$) 結束時，池裡的體積，gal

Δt_i = 時間間隔 i，min

$C_{(i-1)}(f)$ = 在時間間隔 ($i-1$) 結束時，池內濃度和放流水濃度，mg/L

在每個時間間隔離開調勻池的 TOC 的質量 $M_{ei}(f)$，可以依下式計算出

$$M_{ei}(f) = Q_{0\text{avg}} \int_0^{\Delta t_i} C_i dt = Q_{0\text{avg}} \left[C_{0i} \Delta t_i - \frac{A[[1+B\Delta t_i]^{1-D} - 1]}{B(1-D)} \right] \quad (5)$$

針對一個給定體積的池，要用試算表計算在每一個時間間隔離開池的質量，其步驟是：

1. 第一時間間隔（下頁表中的第一行）的值計算方式如下：
   - 隨著平均進流水流量和濃度，計算進流水的體積和 TOC 的質量。
   - 在每個時間間隔都相同的放流水流量，可用總進流水體積除以總時間來計算。
   - 已知池的初始體積（猜測的），最終體積可用式 (3) 來計算。
   - 已知初始濃度（猜測的），最終濃度可用式 (4) 來計算。
   - 離開池的 TOC 質量是用式 (5) 計算。
2. 其他時間間隔的值都以類似的方式計算，但每個時間間隔的初始體積和濃度即前一個時間間隔的最終體積和濃度。
3. 猜測的第一時間間隔體積可修改，直到池最大之初始或最終體積成為選定的體積。
4. 猜測的第一時間間隔濃度可修改，直到它與最後時間間隔的最終濃度吻合。
5. 確定離開池子的最高和平均質量，而峰值因子為最大值與平均值的比。

池體積為 31 萬 gal 的計算結果列於下表。按不同體積重複計算，可繪製峰值因子作為如圖 3.7 所示的池體積之函數。

預處理與初級處理 3

調勻池設計——可變容積

時段	平均流量 (gpm)	平均TOC (mg/L)	進流水 體積 (gal)	進流水 TOC (lb)	放流水 流量 (gpm)	放流水 TOC (lb)	池體 體積 初始值 (gal)	池體 體積 最終值 (gal)	池體 濃度 初始值 (mg/L)	池體 濃度 最終值 (mg/L)
8 點至 10 點	450	920	54,000	414	672.5	673	278,200	251,500	1009	993
10 點至 12 點	620	1130	74,400	701	672.5	681	251,500	245,200	993	1028
12 點至 14 點	840	1475	100,800	1240	672.5	745	245,200	265,300	1028	1174
14 點至 16 點	800	1525	96,000	1221	672.5	828	265,300	280,600	1174	1278
16 點至 18 點	340	910	40,800	310	612.5	842	280,600	240,700	1278	1225
18 點至 20 點	270	512	32,400	138	672.5	791	240,700	192,400	1225	1125
20 點至 22 點	570	1210	68,400	690	672.5	767	192,400	180,100	1125	1151
22 點至 24 點	1100	1520	132,000	1673	672.5	843	180,100	231,400	1151	1327
0 點至 2 點	1200	1745	144,000	2096	672.5	960	231,400	294,700	1327	1504
2 點至 4 點	800	820	96,000	657	672.5	946	294,700	310,000	1504	1318
4 點至 6 點	510	410	61,200	209	672.5	829	310,000	290,500	1318	1150
6 點至 8 點	570	490	68,400	280	672.5	725	290,500	278,200	1150	1009

平均 = 802 lb
最大值 = 960 lb
峰值因子 1.20

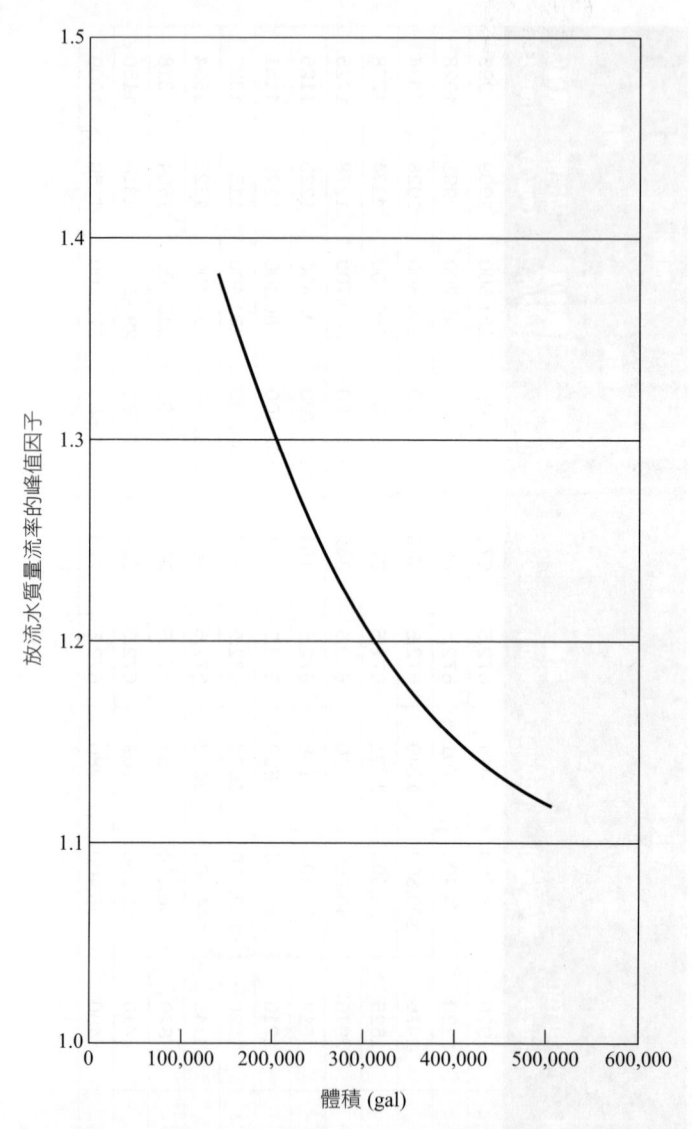

● 圖 3.7　對於一個可變容積的調勻池，放流水質量流率的峰值因子隨其體積變化的變動

在大多數變流量的情況下，可變容積的池最有效，如圖 3.8 所示。製藥廢水的負荷平衡，如圖 3.9 所示。

當預期會有偶發的丟棄或溢漏，例如 1% 的機會的話，應該使

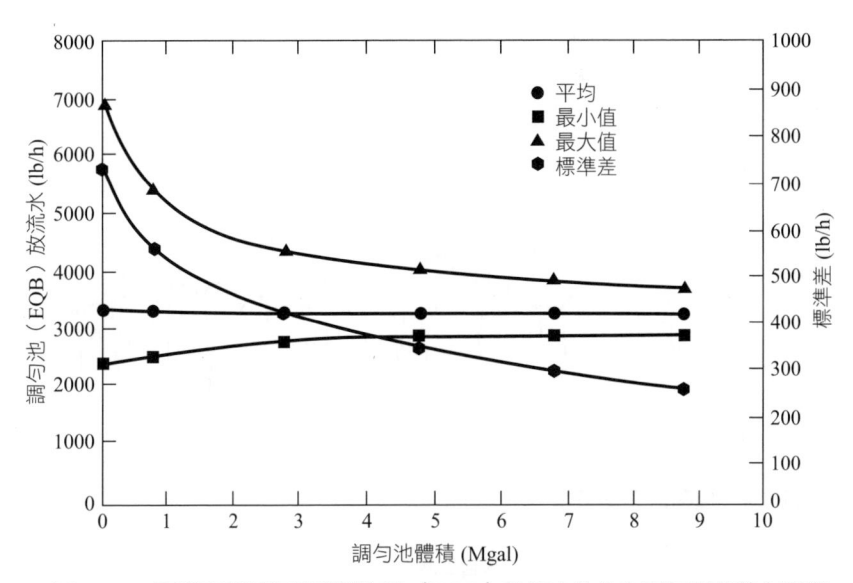

◐ 圖 3.8a　可變容積調勻法對調勻池（EQB）放流水的生化需氧量負荷之影響

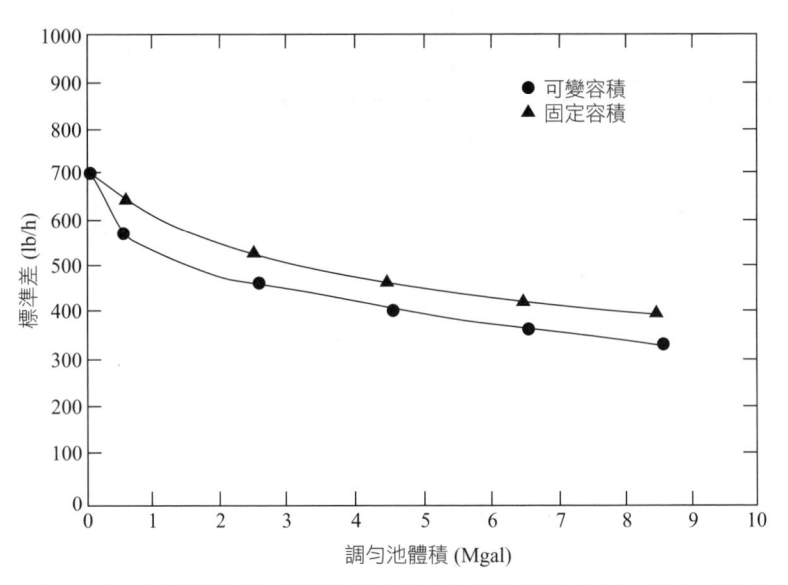

◐ 圖 3.8b　可變容積和固定容積調勻法在調勻池放流水生化需氧量負荷的比較

用具有自動繞流功能，藉由監視器而啟動的承接溢漏的池，如圖 3.10 所示。對於突增的有機物（如 TOC）、總溶解固體物（TDS）、

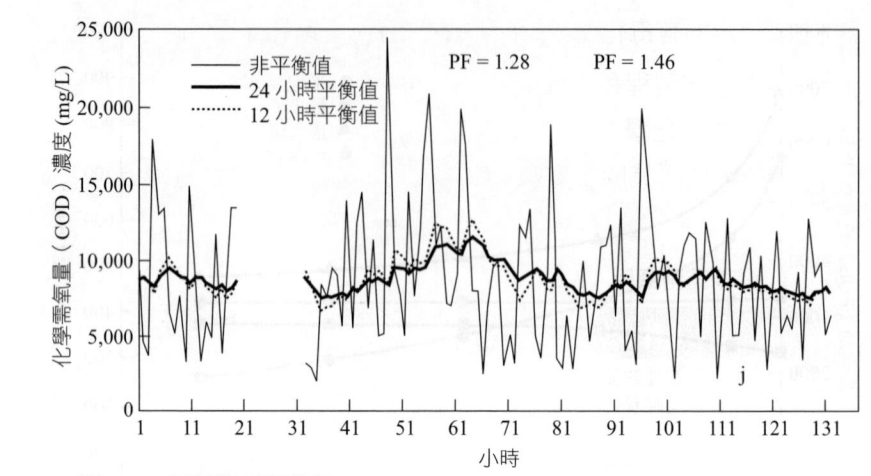

⊃ 圖 3.9　負荷的平衡分析

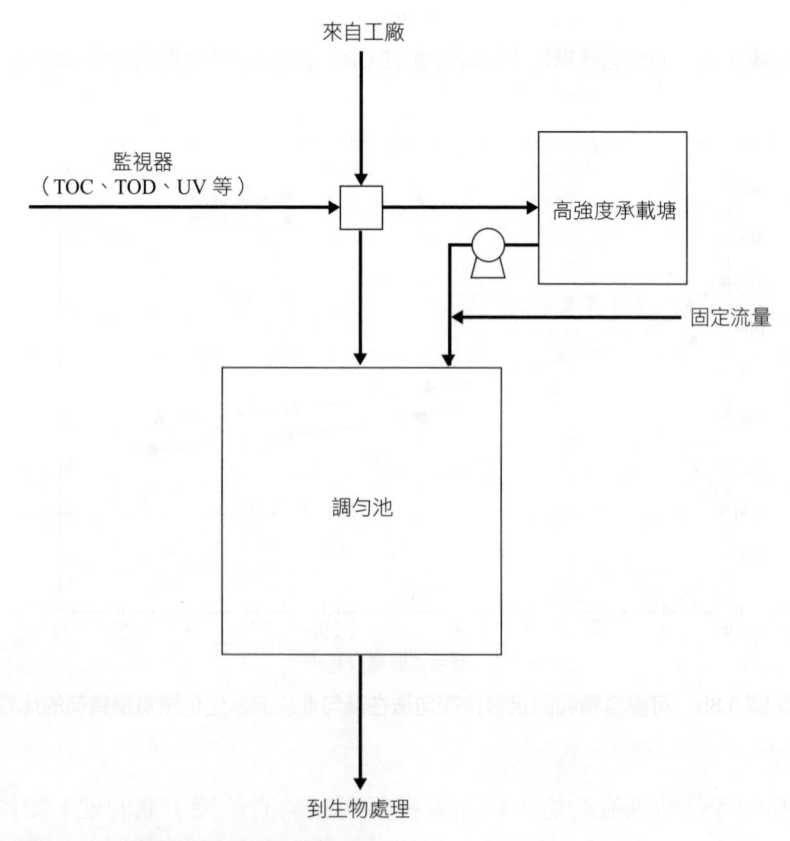

⊃ 圖 3.10　使用一個高強度溢漏承載塘

溫度，或特定的有毒化合物，可能需要用到承接洩漏的池。

在歐洲，在製程和處理流程中，監控和管理洩漏和其他不正常的情況，都納入光學方法，如表 3.3 所列。對於某些產業，這些都證明比傳統方法更具成本效益。調勻池的典型設計參數列於表 3.4。

➡ 表 3.3　光學監測應用

目標／物件	參數	技術
污水管網	定性的變異性 可降解性 可處理性 意外排放 酚類、硫化物、總有機碳（TOC） 氨 苯環化合物 總石油碳氫化合物（TPH）	紫外線 紫外線 紫外線／紫外線 * 紫外線 紫外線 紫外線／紫外線 * 螢光 紅外線
處理廠（一般）	懸浮固體物 膠羽和粒狀物的尺寸（形狀） 污泥的水位 生質的代謝	紫外線-可見光、近紅外線光譜 影像分析 不透光性 螢光性
處理後的放流水	化學需氧量、生化需氧量、總有機碳、硝酸、酚、硫化物	紫外線
外部的廢水	變異性、可處理性、指紋	紫外線
承受水體	化學需氧量、總有機碳、硝酸、水面上的油 濁度	紫外線 近紅外線光譜 近紅外線光譜

* 包括紫外線（UV）光解步驟。

➡ 表 3.4　調勻法的設計參數

停留時間	12-24 h
容積	每日工廠的流量
攪拌需求	0.02-0.04 hp/1000 gal
維持好氧狀態	ORP > −100 mV
深度	大約 15 ft
到水面的深度	3 ft
最低操作水位	5 ft

3.3　中和

　　許多工業廢棄物中含有酸性或鹼性物質，在排放到承受水體或在化學或生物處理之前需先進行中和。對於生物處理，生物系統的 pH 值一般應保持在 6.5 和 8.5 之間，以確保最佳的生物活性。生物程序本身因為會產生二氧化碳，而提供了一個中和與緩衝的機會，可與苛性鹼和酸性物質發生反應。因此，需要預先中和的程度，依 BOD 去除和廢水的苛性鹼或酸性的比例而定。第 6 章將討論這些條件。要注意的是，有些有機酸如醋酸或甲酸，可能會導致生物處理中 pH 值的降低。

程序的類型
混合酸性和鹼性廢水流

　　這個程序需要足夠的調勻容量，使所需的中和作用發揮功效。

酸性廢水通過石灰石床來中和

　　這些可能是下流或上流系統。下流系統的最大水力流率是 1 gal/(min · ft^2)（4.07× 10^{-2} m^3/[min · m^2]），以確保足夠的停留時間。酸的濃度應限制在 0.6% 硫酸以下（如果硫酸存在）以避免非反應性的硫酸鈣覆蓋在石灰石的表層，以及過多二氧化碳的釋出，這兩個因素都會限制完全的中和作用。高稀釋或白雲岩質的石灰石需要更長的停留時間才能有效中和。水力負荷率可用上流式床來提高，因為反應產出物在沉降前即被掃光。由於 pH 值的控制和床的深度有關，石灰石床只適用於進流水酸度穩定不變的廢水。圖 3.11 顯示一個石灰石床系統。石灰石床的設計，如例題 3.4 所示。

例題 3.4　一個含有 0.1 N 硫酸，流量為 100 gpm（0.38 m^3/min）的廢水，在二級處理之前需要中和。此廢水流將使用石灰石床來中和到 pH 值 7.0。圖 3.12 列出一系列使用 1 ft（30.5 cm）直徑的石灰石床，經過實驗室級、模廠級測試的結果。這些數據針對上流式單元，其放流水為了去除殘留二氧化碳會經曝氣處理。假設石灰石是 60% 的反

3 預處理與初級處理

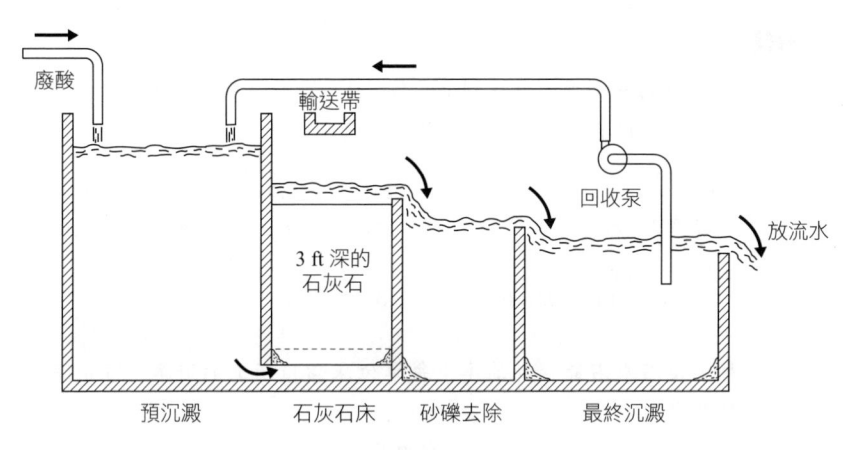

○ 圖 3.11 用石灰石中和的簡化流程圖（資料來源：Tully, 1958 [4]）

註：ft = 30.5 cm

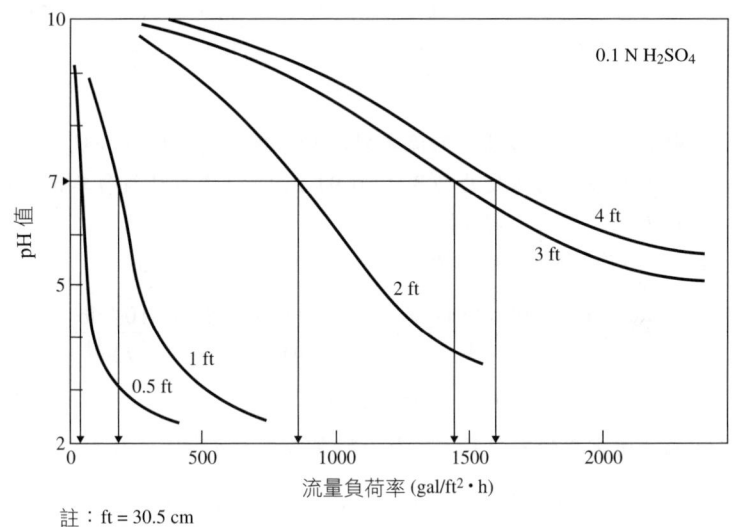

○ 圖 3.12 可允許的石灰石床負荷率 vs. 床深度的選定

應性。

設計一個中和系統，特殊需求如下：

(a) 最經濟的石灰石床的深度。
(b) 每天要中和的酸重量。
(c) 每年所需要的石灰石。

解答

(a) **最經濟的床深度**。為達到 pH 值 7.0，隨不同石灰石床深度的水力負荷：從圖中允許的水力負荷估計為：

深度, ft	0.5	1.0	2.0	3.0	4.0
水力負荷, gal/(ft² · h)	42	180	850	1440	1600

註：ft = 30.5 cm
gal/(ft² · h) = 4.07×10^{-2} m³/(m² · h)

每單位石灰石體積的流率：每單位床體積所需的流率，可由下式計算出：

$$Q/V = \frac{水力負荷}{床深度}$$

深度, ft	0.5	1.0	2.0	3.0	4.0
Q/V, gal/(ft³ · h)	84	180	425	480	400

註：gal/(ft³ · h) = 0.134 m³/(m³ · h)

將每單位石灰石體積的流率對石灰石床深度作圖可發現，最經濟的石灰石床的深度約為 3 ft（0.91 m）。這深度使得每單位體積有最大的流量；見圖 3.13。

(b) **每天將被中和的酸重量**。酸的重量可由下式計算出：

$$\frac{100 \text{ gal}}{\text{min}} \times \frac{4900 \text{ mg H}_2\text{SO}_4}{\text{L}} \times \frac{1440 \text{ min}}{\text{day}} \times \frac{8.34 \times 10^{-6} \text{ lb}}{(\text{mg/L}) \text{ gal}}$$

$$= 5890 \text{ lb/d} \quad (2670 \text{ kg/d})$$

(c) **每年所需要的石灰石**。石灰石的需求量，可由下式計算出：

$$\frac{5890 \text{ lb}}{\text{d}} \times \frac{50 \text{ g CaCO}_3}{49 \text{ g H}_2\text{SO}_4} \times \frac{365 \text{ d}}{\text{yr}} \times \frac{1 \text{ lb 石灰石}}{0.60 \text{ lb CaCO}_3}$$

$$= 3{,}660{,}000 \text{ lb/yr} \quad (1{,}660{,}000 \text{ kg/yr})$$

用石灰泥漿混合酸性廢水

中和程度取決於所使用的石灰類型。石灰裡的鎂在強酸性溶液中最具反應性，在 pH 值低於 4.2 時很有用。用石灰中和的程度可用一個鹼度因子定義，其可由滴定獲得；1 克樣品加入定量過剩鹽

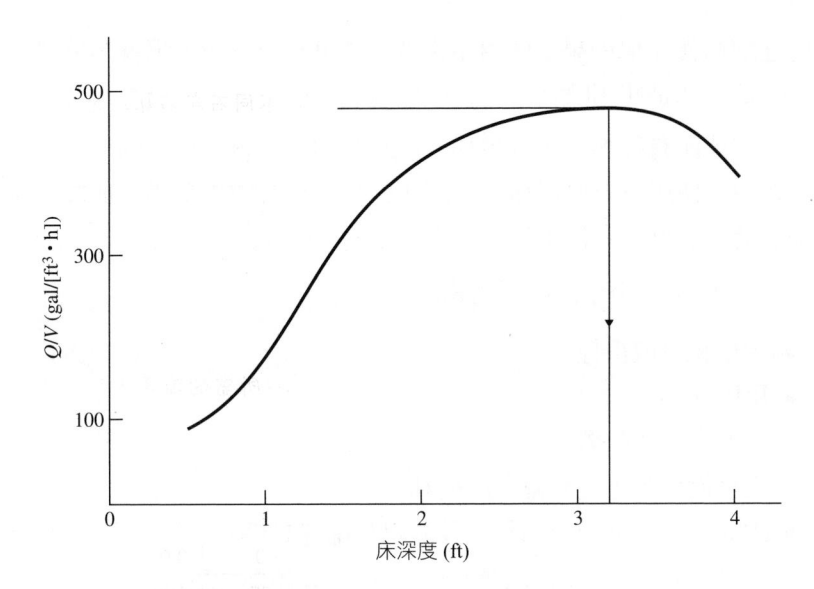

註：ft = 30.5 cm
gal/(ft³·h) = 0.134 m³/(m³·h)

◐ **圖 3.13　最佳石灰石床深度的決定**

酸，再沸騰 15 分鐘，接著用 0.5 N 氫氧化鈉反滴定至酚酞終點。

石灰熟化時，加熱和物理性的攪拌可加速反應。對於高反應性，石灰熟化反應在 10 分鐘內完成。在中和前幾個小時儲存石灰泥漿可能是有益的。除了在高溫下，白雲石生石灰（只有生石灰的部分）會水合成氫氧化物。熟化生石灰可作為 8% 到 15% 的石灰泥漿。中和作用也可以透過使用氫氧化鈉、碳酸鈉、氨水或氫氧化鎂完成。

鹼性廢水

任何強酸都可以有效地用來中和鹼性廢水，但基於成本考慮，通常只會選擇硫酸或鹽酸。它的反應速率幾乎是瞬間的，和強鹼類似。

可能含有 14% 二氧化碳的煙道氣（flue gases），可用於中和。當它冒泡通過廢水時，二氧化碳會形成碳酸，然後與鹼反應。這反應速度略慢，但如果 pH 值不需要調整低於 7 至 8，那就足夠了。另一種方法是使用噴霧塔，其中煙道氣以逆流方式通過廢水液滴。

上述所有程序，以逐步加入反應劑的方式會有更好的成效，也就是說，使用分階段操作。最理想的狀況是分成兩階段，或有可能增加第三個槽，以便平均掉任何多餘的變動。

可用的中和劑不少。選擇準則應考慮：

- 類型和可取得性。
- 反應速率。
- 污泥產量和處置。
- 安全性以及添加和儲存的便利。
- 總成本，包括化學饋料以及饋料和儲存設備。
- 不良反應，包括溶解的鹽分、結垢形成和熱產生。
- 過量的影響。

主要的中和劑是：

鹼性反應劑

- 各種形式的石灰——強。
- 苛性鹼——強。
- 氫氧化鎂——中。
- 碳酸鈉——弱。
- 碳酸氫鈉——弱。

酸性反應劑

- 硫酸——強。
- 二氧化碳——弱。

表 3.5 和表 3.6 顯示典型中和化學品的特性。

表 3.5　典型中和用化學品性質的摘要

性質	碳酸鈣 (CaCO₃)	氫氧化鈣 [Ca(OH)₂]	氧化鈣 (CaO)	鹽酸 (HCl)	碳酸鈉 (Na₂CO₃)	氫氧化鈉 (NaOH)	硫酸 (H₂SO₄)
可供使用的形式	粉末、粉碎（不同的尺寸）	粉末、顆粒狀	塊、石頭、磨碎	液體	粉末	固體片、碎片、液體	液體
遞送容器	袋裝、桶裝	袋裝（50 lb）*、散裝	袋裝（80 lb）、桶裝、散裝	桶裝、滾筒、散裝	袋裝（100 lb）、散裝	滾筒（735、100、450 lb）	大型玻璃容器、滾筒（825 lb）、散裝
散裝重 (lb/ft³)	粉末 48 至 71；粉碎 70 至 100	25 至 50	40 至 70	27.9%、0.53 lb/gal†；31.45%、9.65 lb/gal	34 至 62	沒有一定	106、114
商品的濃度	—	正常情形下 13% Ca(OH)₂	75% 至 99%、正常情形下 90% CaO	27.9%、31.45%、35.2%	99.2%	98%	60° Be、77.7%；66° Be、93.2%
於水的溶解度 (lb/gal)	幾乎不溶	幾乎不溶	幾乎不溶	完全溶解	0.58 @ 32°F, 1.04 @ 50°F, 1.79 @ 68°F, 3.33 @ 86°F	3.5 @ 32°F, 4.3 @ 50°F, 9.1 @ 68°F, 9.2 @ 86°F	完全溶解

◆ 表 3.5　典型中和用化學品性質的摘要（續）

性質	碳酸鈣 ($CaCO_3$)	氫氧化鈣 [$Ca(OH)_2$]	氧化鈣 (CaO)	鹽酸 (HCl)	碳酸鈉 (Na_2CO_3)	氫氧化鈉 (NaOH)	硫酸 (H_2SO_4)
饋料的形式	乾燥泥漿狀，於固定床使用	乾的或泥漿狀	乾的或泥漿狀（必須熱化成 $Ca(OH)_2$）	液體	乾的，液體	溶液	液體
饋料機型	容積式泵	容積式計量泵	乾式-容積式泵；濕式泥漿離心式泵	計量泵	容積式饋料機，計量泵	計量泵	計量泵
附屬設備	泥漿槽	泥漿槽	泥漿槽、熱化槽	稀釋槽	溶解槽	溶液槽	—
適合的承載材料	鐵、鋼	鐵、鋼、塑膠、橡膠管	鐵、鋼、塑膠、橡膠管	哈氏A耐蝕耐熱合金，選擇塑膠和橡膠形式	鐵、鋼	鐵、鋼	—
評析	—	—	須提供方法來清潔泥漿輸送管	—	可能結塊	溶解固體物的形式會產生很多熱	提供溢漏的清理與中和

*lb × 0.4536 = kg
†lb/gal × 0.1198 = kg/L
‡0.555 (°F − 32) = °C

表 3.6 一般鹼度和酸度藥劑的中和因子

化學品	化學式	當量重	為中和 1 mg/L 酸度或鹼度（以 $CaCO_3$ 表示）需要 n mg/L	中和因子，假設所有物質具有 100% 純度
鹼度				
碳酸鈣	$CaCO_3$	50	1.000	1.000/0.56 = 1.786
氧化鈣	CaO	28	0.560	0.560/0.56 = 1.000
氫氧化鈣	$Ca(OH)_2$	37	0.740	0.740/0.56 = 1.321
氧化鎂	MgO	20	0.403	0.403/0.56 = 0.720
氫氧化鎂	$Mg(OH)_2$	29	0.583	0.583/0.56 = 1.041
含鎂的生石灰	$(CaO)_{0.6}(MgO)_{0.4}$	24.8	0.497	0.497/0.56 = 0.888
含鎂的熟石灰	$[Ca(OH)_2]_{0.6}[Mg(OH)_2]_{0.4}$	33.8	0.677	0.677/0.56 = 1.209
氫氧化鈉	$NaOH$	40	0.799	0.799/0.56 = 1.427
碳酸鈉	Na_2CO_3	53	1.059	1.059/0.56 = 1.891
碳酸氫鈉	$NaHCO_3$	84	1.680	1.680/0.56 = 3.00
酸度				
硫酸	H_2SO_4	49	0.980	0.980/0.56 = 1.750
鹽酸	HCl	36	0.720	0.720/0.56 = 1.285
硝酸	HNO_3	62	1.260	1.260/0.56 = 2.250
碳酸	H_2CO_3	31	0.620	0.620/0.56 = 1.107

系統

批次處理可應用於 100,000 gal/d（380 m^3/d）的廢水流量。連續處理採用自動化 pH 值控制。若使用空氣攪拌，在 9 ft（2.7 m）的液體深度下，最低的空氣流率為 1 至 3 ft^3/(min · ft^2)（0.3 至 0.9 m^3/[min · m^2]）。如果使用機械攪拌器，需要 0.2 至 0.4 hp/thousand gal（0.04 至 0.08 kW/m^3）。

程序控制

廢水流的 pH 值自動控制是最麻煩的，因為：

1. 對於強酸強鹼的中和，pH 值和濃度或反應劑流量彼此之間的關係為高度非線性，尤其是接近中性（pH 值 7.0）時。滴定曲線（titration curve）的性質，如圖 3.14 所示，有利於使用多重階段，以確保準確控制 pH。
2. 進流水的 pH 值可以快速改變，高達每分鐘 1 個 pH 單位。
3. 廢水流率可以在幾分鐘內增加 1 倍。
4. 在很短的時間間隔裡，需要充分混合相對少量的反應劑與大量的液體。
5. 緩衝能力的變化（即鹼度或酸度），將改變中和的需求。

逐步添加化學藥品通常有好處（見圖 3.15）。在反應槽 1，pH 值可提高到 3 至 4，而反應槽 2，pH 值可提高到 5 至 6（或任何其他所需的終點）。如果廢水容易受到瞬間巨量或溢漏注入的影響，可能需要第三個反應槽來有效地達成中和。Okey 等人[5]顯示 NaOH 和 NaHCO$_3$ 相結合的優勢。第一階段使用 NaOH，第二階段使用 NaHCO$_3$ 作為緩衝，避免由於改變進流水特性造成 pH 值的波動。中和系統的設計參數，如表 3.7 所示。酸性廢水的中和，顯示在例題 3.5 中。

例題 3.5 一個高度酸性的廢水 100 gal/min（0.38 m^3/min）在二級處理之前，必須先進行中和。這股廢水要以石灰中和到 pH 值為 7.0。廢水的滴定曲線如圖 3.14 所示，使用的是兩個階段控制的中和系統，

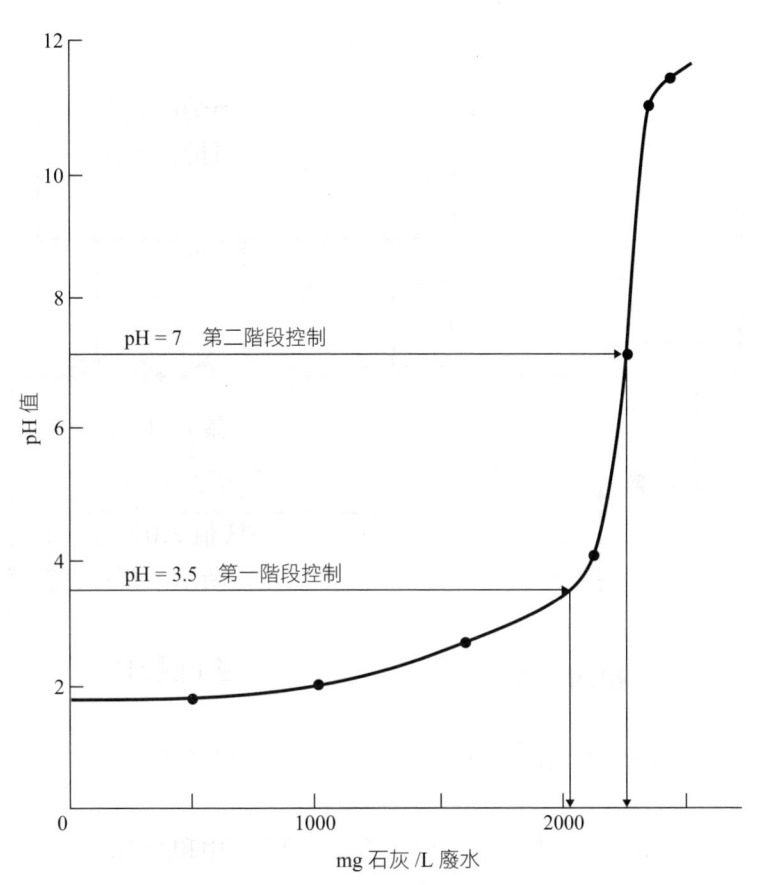

◯ 圖 3.14　石灰 - 廢水（強酸）的滴定曲線

總石灰消耗量為 2250 mg/L。第一階段需要 2000 mg/L，第二階段為 250 mg/L。

第一階段平均的石灰用量為

(100 gal/min)(1440 min/d)(8.34 lb/million gal/mg/L)(2000 mg/L)

$\times 10^{-6}$ (million gal/gal) = 2400 lb/d　(1090 kg/d)

第二階段平均的石灰用量為

$100 \times 1440 \times 8.34 \times 250 \times 10^{-6}$ = 300 lb/d　(140 kg/d)

平均石灰用量為 2700 lb/day（1.35 ton/day）（1230 kg/day）。有了

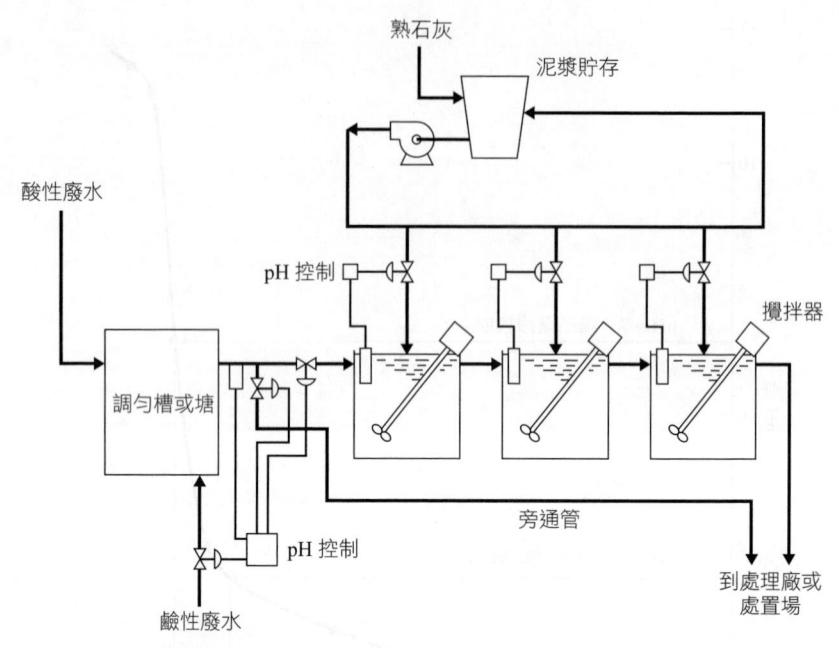

圖 3.15　多階段中和程序

表 3.7　中和系統的設計參數

化學藥品貯存槽	液體：使用貯存供應槽車 乾式：在一個混合槽或是日常用槽中稀釋
反應槽： 　尺寸大小 　停留時間 　進流水 　放流水	立方體或圓柱形，而其直徑等於液體的深度 5 至 30 分鐘（石灰：30 分鐘） 位於槽頂 位於槽底
攪拌器： 　螺旋漿式 　軸流式 　圓周速度	在 1000 gal 以下的槽體 超過 1000 gal 以上的槽體 大型槽為 12 ft/s 小於 1000 gal 的槽體為 25 ft/s
pH 感測器	可浸水型，首選水直接流過的槽型
計量閥或控制閥	泵輸送範圍侷限於 10 至 1；閥則有較大的範圍

註：中和劑的選擇將取決於可取得性、化學品成本和饋料方法。

這個石灰的用量和類型，每個池應設計有 5 分鐘的停留時間。

$$容量 = 100 \text{ gal/min} \times 5 \text{ min} = 500 \text{ gal } (1.9 \text{ m}^3)$$

3　預處理與初級處理

使用兩個直徑和深度大致相等的槽體，直徑 4.6 ft（1.40 m）×4.1 ft（1.25 m）深。

為了保持反應槽裡適當的混合，對於停留時間為 5 分鐘的槽體，D/T（渦輪直徑/槽直徑）= 0.33，所需的能量大小是 0.2 hp/thousand gal（40 W/m^3），如圖 3.16 所示。每個反應槽使用 0.1 hp（75 W）的攪拌器。

為了執行此操作，建議使用一個或兩個標準的內壁擋板，兩個角度相距 180°，寬度為槽直徑十二分之一到二十分之一，設於從葉輪的邊緣算起，距離 24 in（61 cm）之處。

3.4　沉澱

沉澱（sedimentation）用來去除廢水中的懸浮固體物。依懸浮液裡懸浮固體物的性質，這程序可視為三種基本類型：單顆粒

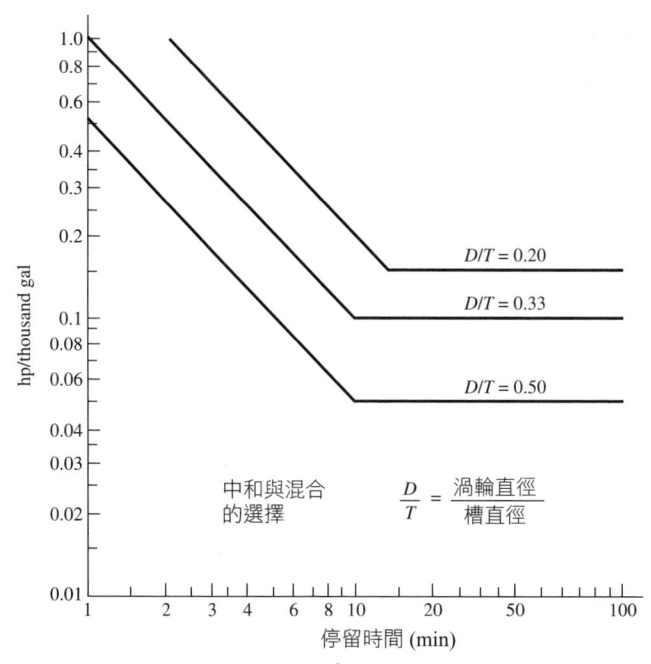

註：hp/thousand gal = 198 W/m^3

◐ **圖 3.16**　中和槽的動力需求

沉澱（discrete settling）、膠凝沉澱（flocculent settling）、層沉澱（zone settling）。在單顆粒沉澱的過程中，顆粒保有其個體特性，並不會改變大小、形狀或密度。膠凝沉澱發生在沉澱的期間，顆粒結塊，導致大小和沉澱速度改變。層沉澱涉及已膠凝的懸浮液，其會形成晶格結構並沉澱成一大塊，在沉澱的過程中，顯現出一個清楚的接合面。所有的沉澱都會發生壓實已沉澱污泥的現象，但會被視為濃縮過程而另外討論。

單顆粒沉澱

當重力的推動力超過了慣性和黏滯力時，顆粒會沉澱。一個顆粒的終端沉澱速度是由這關係式來定義

$$v = \sqrt{\frac{4g(\rho_s - \rho_l)D}{3C_d \rho_l}} \tag{3.3}$$

其中，ρ_l = 流體的密度

ρ_s = 顆粒的密度

v = 顆粒的終端沉澱速度

D = 顆粒的直徑

C_d = 拖曳係數，與雷諾數和顆粒形狀有關

g = 重力加速度

當雷諾數小於 1.0（低速下的小顆粒）時，由黏滯力主導，並且

$$C_d = \frac{24}{N_{Re}} \tag{3.4}$$

其中

$$N_{Re} = \frac{vD\rho_l}{\mu} \tag{3.5}$$

ρ_l 和 μ 分別是液體的密度和黏度。將式 (3.4) 替換到式 (3.3)，會得到斯托克斯定律（Stokes' law）：

預處理與初級處理 3

$$v = \frac{\rho_s - \rho_l}{18\mu} gD^2 \tag{3.6}$$

隨著雷諾數增加,會出現一個過渡區,其中慣性和黏滯力都是有效的。這種情況出現在雷諾數範圍在 1 到 1000 間,其中

$$C_d = \frac{18.5}{N_{\text{Re}}^{0.6}} \tag{3.7}$$

雷諾數在 1000 以上,黏滯力不顯著,且拖曳係數保持 0.4 不變。

單顆粒(discrete particles)的沉澱速度,與直徑和比重的關係,如圖 3.17 所示。

Hazen [6] 和 Camp [7] 發展了一個適用於單顆粒在一個理想的沉澱池中去除的關係,前提是進入槽中的顆粒是均勻地分布在進流水

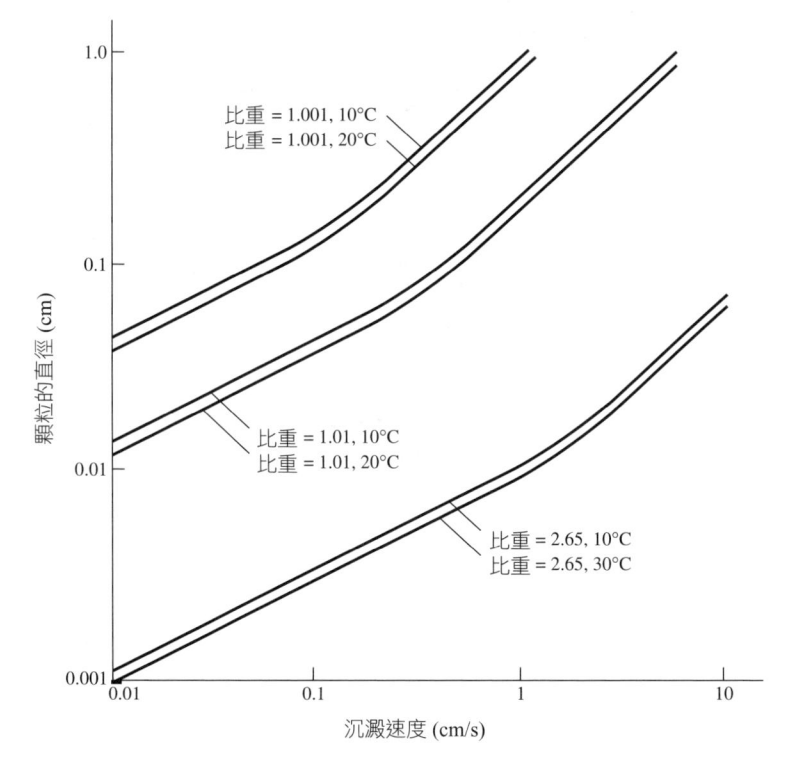

◐ 圖 3.17　單顆粒的沉澱性質

截面,以及當它碰觸到槽的底部時,該顆粒即被認為是去除的。在理想的停留時間內,一個顆粒沉澱經過的距離若等同於在理想停留時間內槽的有效深度的話,此沉澱速度可被視為溢流率(overflow rate):

$$v_o = \frac{Q}{A} \tag{3.8}$$

其中 Q = 通過槽的流率和 A = 槽的表面積。所有沉澱速度大於 v_o 的顆粒將會完全地去除,而且沉澱速度比 v_o 小的顆粒將會依 v/v_o 的比例去除,如圖 3.18 所示。單顆粒的去除是一個溢流率的函數,與槽的深度無關。

當將被去除的懸浮物包含各種大小的顆粒時,則總去除率可由

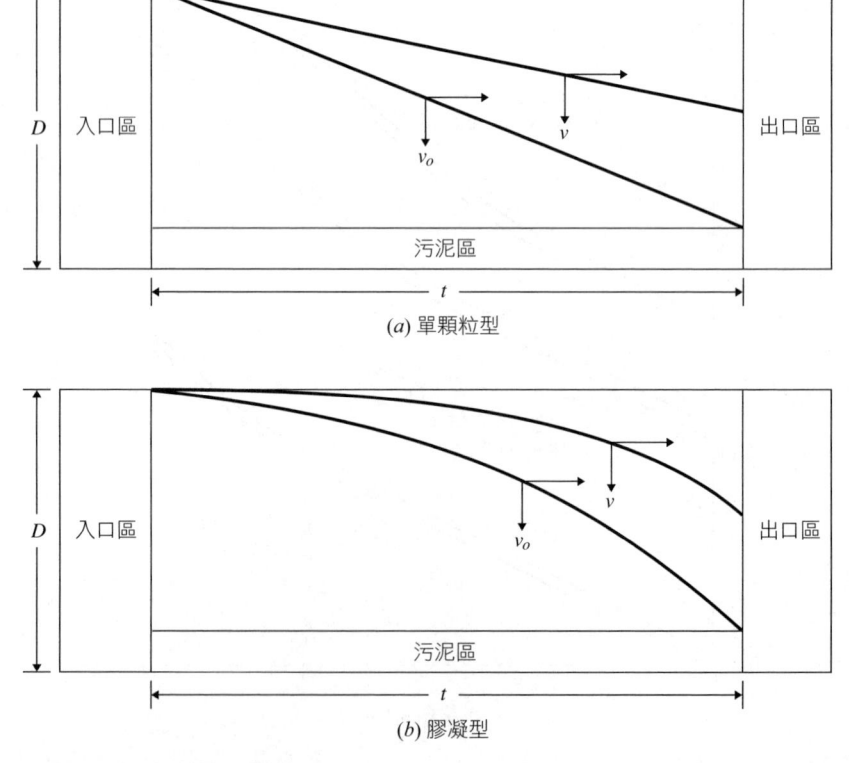

(a) 單顆粒型

(b) 膠凝型

◐ **圖 3.18** 理想的沉澱槽

以下關係式定義：

$$總去除率 = (1 - f_o) + \frac{1}{v_o}\int_0^{f_o} v\, df \tag{3.9}$$

其中 f_o 是粒子在沉澱速度等於或小於 v_o 時的權重比例。式 (3.9) 通常必須藉由圖解積分的方式才能算出總去除率。

上述分析是以一個理想的沉澱池在靜態條件下的性能作基礎。然而在實務中，短流、紊流和底部沖刷會影響顆粒去除的程度。Dobbins [8] 和 Camp [7] 發展出了一種關係式，可彌補在紊流下（圖 3.19）所造成的去除比率減少。圖 3.19 顯示紊流對於減少顆粒去除

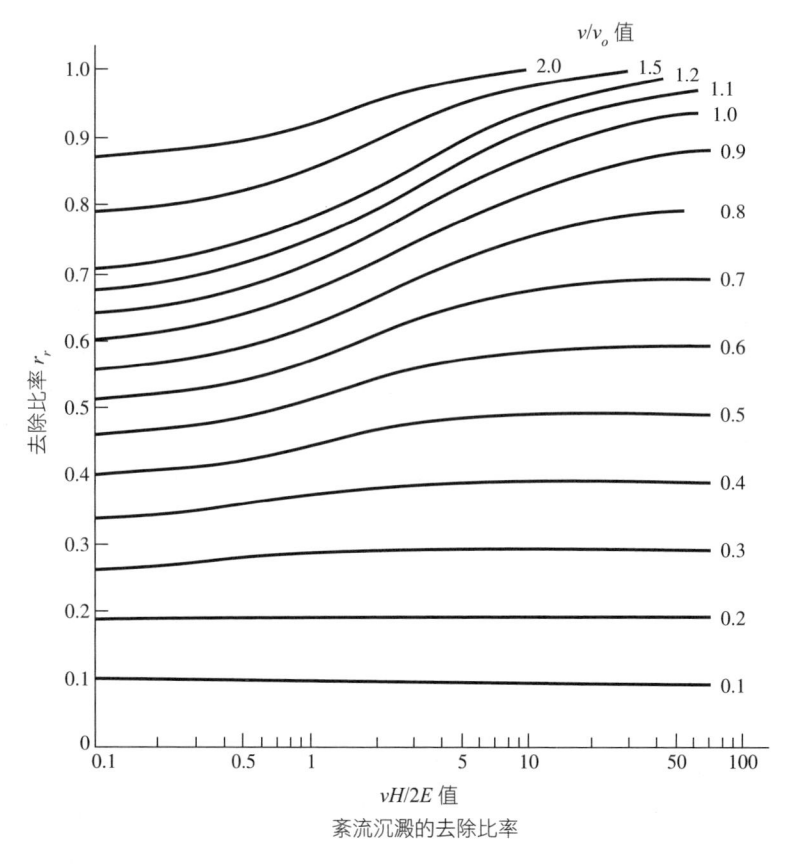

紊流沉澱的去除比率

◯ **圖 3.19 紊流對於顆粒沉澱的影響**（Dobbins [8]）

比率的影響,顆粒的沉澱速度是 v,而理論值的去除比率為 v/v_o,其中 v_o 為溢流率。比率 $vH/2E$ 是紊流強度的參數,其中 H 是深度而 E 是一種紊流的輸送係數。對於狹窄渠道,Camp 證明此比率等於 $122 v/V$,其中 V 是渠道平均速度。

當流過的速度足以重新懸浮先前沉澱的顆粒時,會發生沖刷(scour)。它可用以下關係式定義為:

$$v_c = \sqrt{\frac{8\beta}{f} gD (S-1)} \tag{3.10}$$

其中,v_c = 沖刷速度

β = 常數(對於單一種顆粒的砂為 0.04,對於非均質的黏性物質為 0.06)

f = Weisbach-D'Arcy 摩擦係數,對於混凝土為 0.03

S = 顆粒的比重

g = 重力加速度

沖刷通常不會出現在大的沉澱池,但可以發生在沉砂池和狹窄渠道。

膠凝沉澱

由於與其他粒子凝聚,當粒子在沉澱通過槽的深度時沉澱速度增加,就會發生膠凝沉澱。沉澱率會因此增加,產生一條彎曲的沉澱路徑,如圖 3.18(b) 所示。大多數工業廢水中的懸浮固體物具膠凝的本質。對於單顆粒,去除效率只和溢流率有關,但一旦發生膠凝,溢流率和停留時間兩者都會變得很重要。

由於不可能為膠凝懸浮作出數學分析,需要透過實驗室級的沉澱研究才能建立必要的參數。這項實驗室級的沉澱研究可在如圖 3.20 那類型的管柱進行。管柱直徑最好至少 5 in(12.7 cm),以減低管壁效應。每 2 ft(0.61 m)的深度間隔均有一個水龍頭。

懸浮固體物的濃度在測試一開始時必須一致;將空氣噴入管柱的底部幾分鐘,將可以達到所需的效果。同樣重要的是,整個試驗期間的溫度必須保持恆定,以消除熱流造成的沉澱干擾。懸浮固體

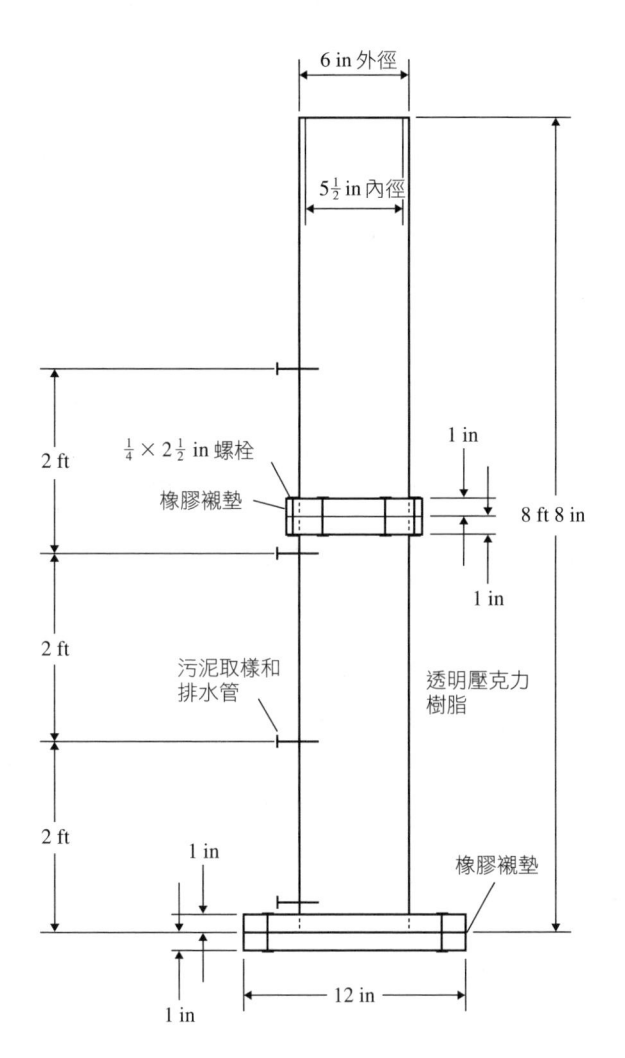

◯ 圖 3.20　實驗室用來評估膠凝沉澱的沉澱管柱

物的量在選定的時間間隔（最多可達 120 分鐘）經採樣而確定。從 2 ft（0.61 m）、4 ft（1.22 m）、6 ft（1.83 m）深的水龍頭收集的數據可用來建立沉澱速率 - 時間的關係。

得到的結果是以在每個水龍頭懸浮固體物的百分比去除率和時間間隔來表示。然後將這些去除量，對照各自的深度和時間繪製，如圖 3.21 所示。有相同去除率的點以平滑的曲線連接。所繪製的圖代表不同百分比下的限制或最大沉澱路徑；換言之，指定百分比的懸浮固體物將具有等於或大於顯示值的淨沉澱速度，並且將會在一個具有相同的深度和停留時間的理想沉澱槽中被去除。去除的計算可從圖 3.21 中的數據來說明。

溢流率 v_o 是有效深度〔6 ft（1.83 m）〕除以已知百分比在這段距離所需沉澱的時間。所有具有等於或大於 v_o 的沉澱速度的顆

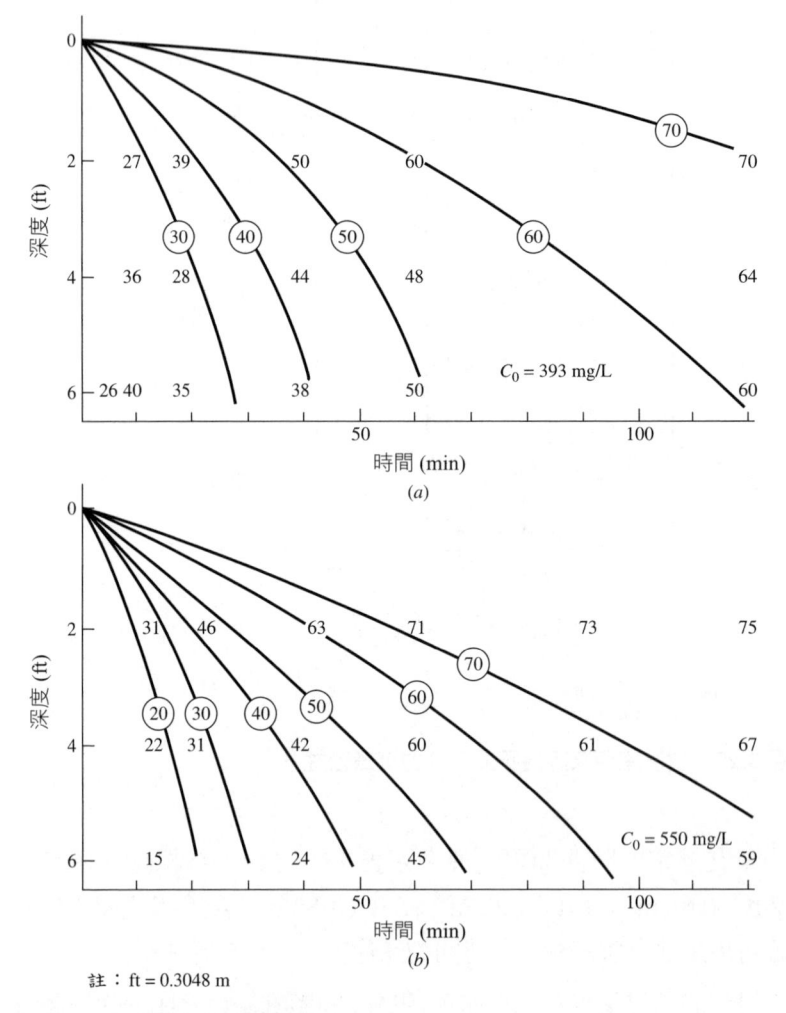

註：ft = 0.3048 m

● 圖 3.21　膠凝沉澱的關係

粒將會完全去除。具有較小沉澱速度 v 的顆粒將會以 v/v_o 的比例去除。例如,參照圖 3.21(a),以 60 分鐘的停留時間和 6 ft(1.83 m)的沉澱深度〔v_o = 6 ft/h(1.83 m/h)〕,50% 的懸浮固體物會完全去除;換言之,50% 的顆粒沉澱速度等於或大於 6 ft/h(1.83 m/h)。每增加 10% 範圍內的顆粒,將會依 v/v_o 的比值去除,或是依沉澱的平均深度對 6 ft(1.83 m)總深度的比例而去除。在圖 3.21(b) 中,已沉澱 50% 到 60% 範圍內的平均深度是 3.8 ft(1.16 m)。因此,這部分的百分比去除率是 3.8 ft/6.0 ft(1.16 m/1.83 m),即 10% 的 64%。每個後續百分比的範圍都可以用類似的方式計算,所發展出來的總去除率如表 3.8 所示。

在 60 分鐘的停留時間下,62.4% 的懸浮固體物總去除率可以由 6 ft/h 的溢流率 = 1080 gal/(d · ft^2)(44 m^3/[d · m^2])實現。以類似的方式可以計算不同的百分比去除率及其相關的溢流率和停留時間。

由於膠凝程度會被最初的懸浮固體物濃度所影響,在進流廢水中的懸浮固體物應先經過預期範圍內的沉澱測試。在許多廢水中,測得的懸浮固體物中有一小部分無法藉由沉澱將之去除,所以從實驗室分析發展的曲線將會逼近此限制的去除量。

由於從實驗室級分析得到的數據代表理想的沉澱條件,原型設計的準則,必須考慮到紊流、短流、入口和出口的損失的影響。這些因素的淨效應是溢流率的下降和停留時間的增加。一般來說,溢流率會較實驗理想溢流率下降 1.25 至 1.75 倍,而停留時間會上升 1.50 到 2.00 倍。這些關係式的發展如例題 3.6 所示。

➡ 表 3.8　懸浮固體物總去除率的百分比範圍

懸浮固體物的範圍 (%)	d/d_o	懸浮固體物去除率 (%)
0-50	1.0	50
50-60	0.64	6.4
60-70	0.25	2.5
70-100	0.05	1.5
	總去除率	62.4

工業廢水污染防治

例題 3.6 實驗室數據由造紙廠廢水的沉澱所獲得（表 3.9）。請設計一個能產生最大放流水懸浮固體物 150 mg/L 的沉澱池。

解答

從表 3.9 中的值，可以繪出圖 3.21，並且透過計算百分比去除率、速度，以及如上所述不同時間的溢流率而建構表 3.10。

透過繪製懸浮固體物去除率對溢流率和時間的圖，可以畫出圖 3.22 和圖 3.23。從圖 3.22 和圖 3.23：

對於 393 mg/L：

$$百分比去除率 = \frac{393 - 150}{393} \times 100 = 62$$

$$溢流率 = 770 \text{ gal}/(d \cdot ft^2)(31.4 \text{ m}^3/[d \cdot m^2])$$

$$停留時間 = 74 \text{ min}$$

對於 550 mg/L：

➡ **表 3.9 沉澱數據**

時間，min	去除率 (%)		
	2 ft	4 ft	6 ft
固體初始濃度，393 mg/L			
5			26
10	27	36	40
20	39	28	35
40	50	44	38
60	60	48	50
120	70	64	60
固體初始濃度，550 mg/L			
15	31	22	15
20	46	31	
40	63	42	24
60	71	60	45
90	73	61	
120	75	67	59

註：ft = 30.48 cm

3 預處理與初級處理

➡ **表 3.10** 溢流率和初始懸浮固體物百分比去除率作為時間的函數

時間 (min)	速度 (ft/h)	懸浮固體物去除率 (%)	溢流率 (gal/[d · ft²])
\multicolumn{4}{c}{C_0 = 393 mg/L}
27.5	13.1	41.6	2360
42.0	8.6	49.5	1550
62.0	5.8	57.3	1050
115.0	3.1	65.8	560
\multicolumn{4}{c}{C_0 = 550 mg/L}
20	18.0	36.7	3250
27	13.3	46.8	2400
47	7.7	56.5	1400
66	5.4	62.5	980
83	3.8	70.8	690

註：ft/h = 0.305 m/h
　　gal/(d · ft²) = 4.07 × 10^{-2} m³/(d · m²)

$$百分比去除率 = \frac{550-150}{550} \times 100 = 73$$

$$溢流率 = 540 \text{ gal}/(d \cdot ft^2)(22.0 \text{ m}^3/[d \cdot m^2])$$

$$停留時間 = 104 \text{ min}$$

設計：

$$溢流率 = \frac{540}{1.5} = 360 \text{ gal}/(d \cdot ft^2)(14.7 \text{ m}^3/[d \cdot m^2])$$

$$停留時間\ t = \frac{104 \text{ min}}{60 \text{ min/h}} \times 1.75 = 3 \text{ h}$$

對 1 million gal/d：

$$面積\ A = \frac{流量}{溢流率} = \frac{10^6 \text{ gal}/d}{360 \text{ gal}/(d \cdot ft^2)} = 2780 \text{ ft}^2 \ (258 \text{ m}^2)$$

$$有效深度 = \frac{t \times 流量}{A}$$

$$= \frac{3 \text{ h} \times 10^6 \text{ gal}/d}{2780 \text{ ft}^2} \times \frac{0.134 \text{ ft}^3/\text{gal}}{24 \text{ h}/d}$$

$$= 6 \text{ ft} \ (1.8 \text{ m})$$

註：gal/(d·ft^2) = 4.07 × 10^{-2} m^3/(d·m^2)

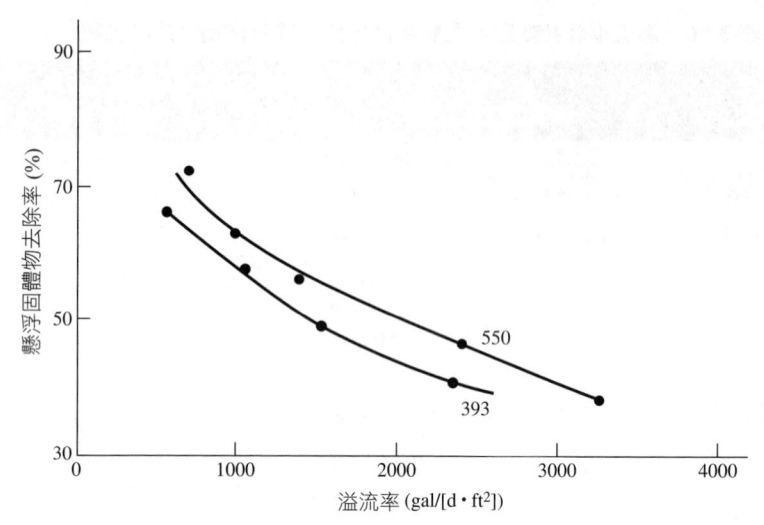

◯ 圖 3.22　總懸浮固體物去除率 vs. 溢流率

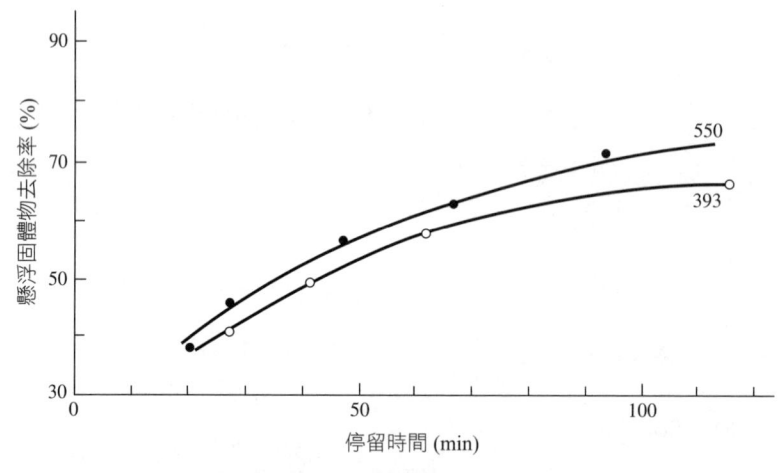

◯ 圖 3.23　總懸浮固體物去除率 vs. 停留時間

表 3.11 總結了各種紙漿和造紙工廠廢水的沉澱表現。

初始懸浮固體物為 1200 mg/L 的製革廢水 [10] 在 2 小時的停留時間下減少了 69%。玉米澱粉廢水的沉澱去除了 86.9% 的 BOD。[11]

懸浮固體物初始濃度對一個紙漿用木材廢水的沉澱效率之影響，如圖 3.24 所示。

表 3.11　紙漿和造紙廠廢水的沉澱特性 [9]

廢水的類型	流量 (million gal/day)	未處理懸浮固體物 (ppm)	未處理的生化需氧量 (ppm)	溫度 (°F)	去除率 (%) 懸浮固體物	去除率 (%) 生化需氧量	停留時間 (h)	氧氣需求 (gal/[d·ft²])
紙板	4.5	2,500	450	85	90	67	5.35	504
	0.75	136		85	90	50	1.15	940
	1.36	10,000	360	62	85	24	5.40	430
	2.5	1,185	395		96.1	19	5.3	525
	31	524	195	110	42	25	9.4	438
	30	850	250	95	80	25	0.5	1910
	3.3	2,000		90	85		2.6	1028
	0.25	50	100	100	80	25	4.5	39
	0.301	1,150	250	110	98	50		90
	35	4,000	200	100	90	10-15	1.5	374
特製品	9.4	203	97	81	94	86	2.56	832
	2.2	6,215	120	120		90	1.5	157
	1.8	665	620	95	91	58	0.5	406
	50	120	85	100	80	16	18.2	477
高級紙	6	200		65	95	90	3.9	695
	6.0	254	235	90	50	34	2.2	890
	9.9	500	364	70-100	90	35	2.4	1120
	3.5	300	250	65	95	48	6.0	372
	7.5-9.0	560	126	65	80	42	4.0	670
雜項	7	430	250	70	70	20	1.8	505
	14	1,000	330	73	65	60		911
	25	75	100		90	0.0	6.9	17
	17	100	425		95	50	5.9	846
	0.5	200	200	85	90		1.9	1590
	1.0	1,000	900	100		95	2.9	509

註：million gal/d = 3.75×10^3 m³/d

$°C = \dfrac{5}{9}$ (°F − 32)

gal/(d·ft²) = 4.07×10^{-2} m³/(d·m²)

資料來源：Committee on Industrial Waste Practice of SED.

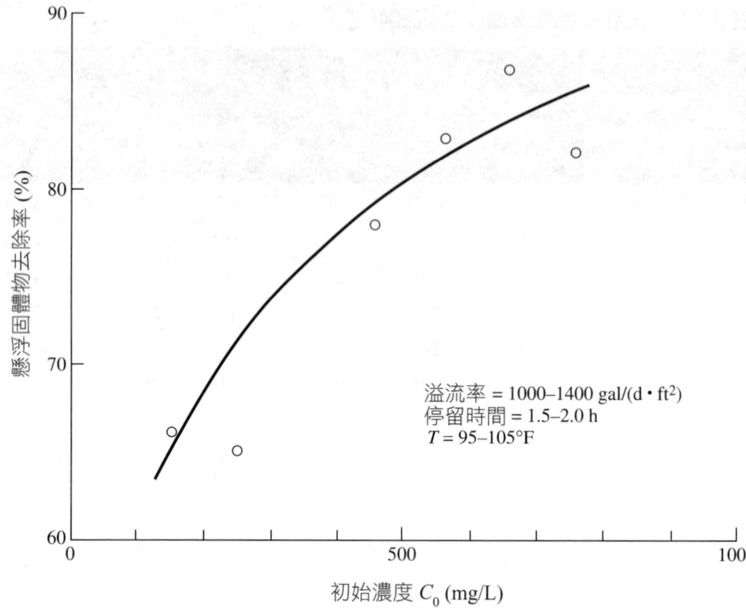
90
80
70
60
懸浮固體物去除率 (%)
0
500
1000
初始濃度 C_0 (mg/L)
溢流率 = 1000–1400 gal/(d・ft²)
停留時間 = 1.5–2.0 h
T = 95–105°F

註：gal/(d・ft²) = 4.07 × 10^{-2} m³/(d・m²)
°C = $\frac{5}{9}$(°F − 32)

➲ **圖 3.24　一個紙漿和造紙廠的廢水初始懸浮固體物濃度對於去除率的影響**

層沉澱

層沉澱就是以固體物濃度超過大約 500 mg/L 的活性污泥和膠凝的化學懸浮物作為其特性。膠羽（floc）顆粒會彼此黏著快速沉澱，如一張毯子般地下沉，形成介於膠羽與上澄液之間的一個接合面。整個沉澱的過程，可由四個區塊來加以區別，如圖 3.25 所示。最初，所有污泥的濃度（A）一致，如圖 3.25 所示。

在沉澱初期，污泥用一致的速度沉澱。沉澱速度是初始固體濃度 A 的函數。當沉澱進行時，在沉澱單元的底部，崩塌而下的固體 D 以固定的速率累積成堆。 C 是一個暫態地帶，通過它，沉澱速度會因為固體濃度增加而降低。在層沉澱區的固體濃度保持不變，直到沉澱的接合面逼近上升的崩塌固體層（III），暫態區於是發生。通過暫態區 C，因為圍繞顆粒懸浮液的密度和黏度不斷增

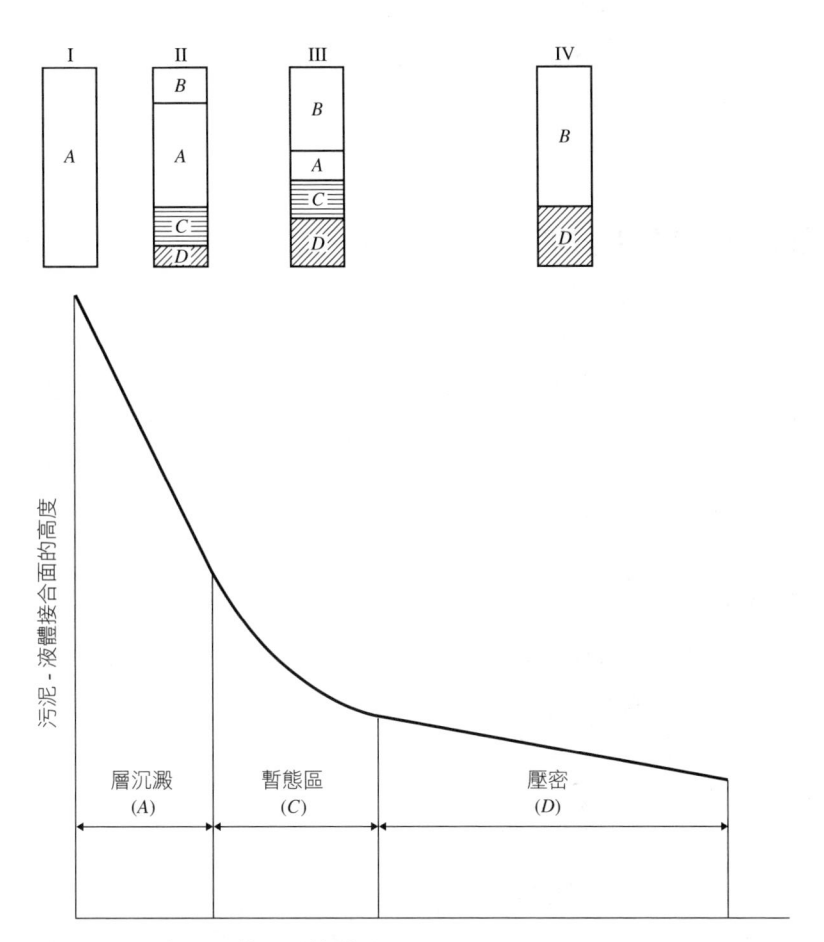

○ 圖 3.25　膠凝污泥的沉澱性質

加，沉澱速度將會減緩。當已沉澱固體層上升到達接合面，第 IV 階段的壓密區於是發生。

　　在分離膠凝懸浮物時，溢流液體的澄清（clarification）和底流污泥的濃縮都會發生。澄清作用的溢流率要求溢流出槽體的液體，其平均上升速度須小於懸浮液層沉澱的速度。為了濃縮底流污泥至所需要的濃度，槽體表面積的需求與注入這單元的固體量有關；此固體量通常以質量負荷〔每天每平方英尺的固體重量（磅）或每天每平方公尺的固體重量（公斤）〕或單位面積〔每天每磅的單位面積（平方英尺）或每天每公斤的單位面積（平方公尺）〕表示。

對於工業污泥的濃縮，其質量負荷的概念會在第 11 章詳盡闡述。

層沉澱於實驗室的評估和固體物通量的計算

膠凝污泥的沉澱性質可以在一升的量筒中進行評估，其配備有一個低速攪拌器，以每小時 4 至 5 轉（r/h）的轉速旋轉。攪拌器的作用是模擬澄清池裡流體的流動，和耙狀裝置的動作，並打破沉澱污泥的分層和土拱作用。在某些情況下，污泥在被添加到量筒時會發生初膠凝。沉澱與壓密曲線可藉由污泥和澄清液接合面的高度對應沉澱的時間而畫出。

澄清池

澄清池（clarifiers）可以是矩形或圓形。大多數矩形的澄清池，與槽等寬的循環刮板式刮泥機會將沉澱的污泥以 1 ft/min（0.3 m/min）的速度往槽的入口端移動。有些設計將污泥移向槽的放流水端，與密度流的流動方向一致。一個典型的單元，如圖 3.26 所示。

圓形的澄清池可以採用一個中心饋入井或外圍入口。槽體可設計為由中心抽取污泥，或在整個槽體的底部以真空抽取。

圓形澄清池有三種。中心饋入式澄清池，是將水送入中心井，

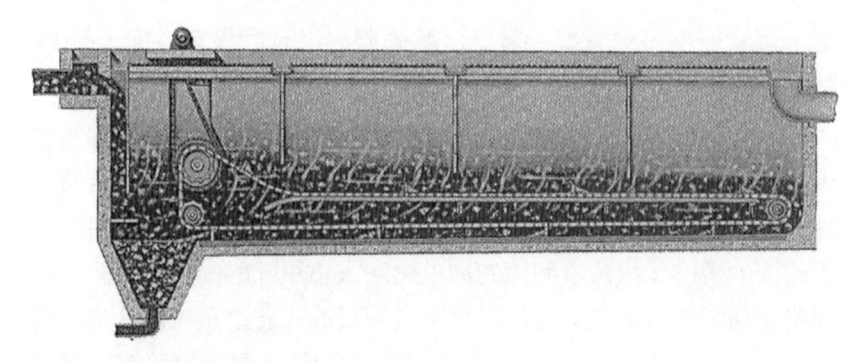

◯ 圖 3.26　矩形澄清池

而放流水則由外緣的堰排出。周邊進水槽的澄清池,放流水是由槽的中心點汲取出。最後,邊緣流澄清池是由池的周圍饋入,放流水也沿環繞澄清池的內緣排出,但這種類型通常是用在更大的澄清池。

通常圓形澄清池的效能最佳。若建築空間有限,可能必須用矩形槽,甚至多個槽。此外,因為「共用牆」(shared wall)的概念,建造一系列的矩形槽會很便宜。

反應器澄清池是另一種衍生,其中化學混合、膠凝、澄清等功能都可在這高效率的固體接觸單元裡面結合。這種組合可達到所有澄清池設計中最高的溢流率和最高的放流水水質。

圓形澄清池可設計為由中心抽取污泥或在整個槽底部以真空抽取。中心污泥的抽取要求底部坡度至少為 1 in/ft(8.3 cm/m)。污泥流動到中心井,主要是透過這個收集機制的水力來推動,能克服慣性,而且避免污泥附著於槽底。真空汲取特別適合二級的澄清池和活性污泥的濃縮。圓形澄清池,如圖 3.27 所示。

所用的機制可以是犁式或旋轉鋤機制。犁式機制採用錯開的犁,分別連接到兩個以約 10 ft/min(3 m/min)的速度移動的相對

⊃ 圖 3.27　圓形澄清池

立臂桿。旋轉鋤機制包含一系列短的刮板，它們懸吊在一個固定在無盡的鏈條上之旋轉支撐樑，此裝置在外圍與槽底部接觸，並會移向槽的中心。

這裡設計有一個入口裝置，可以分配水流均勻地流過沉澱池的寬與深。出口裝置也有同樣設計，可在槽的出口端均勻地收集污水。良好的入口和出口設計可減少槽的短流特性。往回延伸放流水渠道至槽內或提供多個放流水渠道可增加堰的長度。在圓形池中，內側或徑向堰可確保低的移去速度。堰的位置有時需要重新安排，以儘量減少由於密度流造成的固體流失，導致沉澱池末端污泥膨脹造成往上湧出。在放流水堰下安裝一個平板延伸 18 in（45.7 cm）到澄清池內可偏轉上升固體，讓它們重新沉澱。這個修改可改善二級澄清池的性能。

在較高的負荷率和較低的停留時間下，管型的沉澱裝置可提供更高的去除效率。一個直接的好處是，由塑膠製成的多斜管模組可安裝在現有的澄清池內，以提升性能。但是要注意的是，在某些情況下，二級澄清池安置在生物處理之後會造成生物膜的脫落。

管型澄清池有兩種──略微傾斜和急傾斜的單元。略微傾斜的單元通常管子傾斜 5° 角。對於單顆粒的去除，5° 的傾角已證明是最有效的。

急傾斜的單元去除單顆粒的效率較低，但可連續操作。當管傾斜大於 45°，污泥自然形成沉積並滑出管子，形成一個逆流。在實務中，大部分廢水在本質上是膠凝狀，當管子傾斜至 60° 時，就可以利用固體滑回管子時增加膠羽的優點，提高去除效率。急傾斜的單元通常會用在正在升級的沉澱單元。

一個沉澱槽的水力特性可以藉由分散性測試（dispersion test）來定義，一大杯的染料或追蹤劑會被注入進流水，而在放流水測量到的濃度是時間的函數。

基於分散性測試結果，通常可以進行修改以改善現有沉澱池的性能。圖 3.28 顯示一個由水力過載的中心饋入槽轉換到周邊進水槽的比較。

預處理與初級處理 3

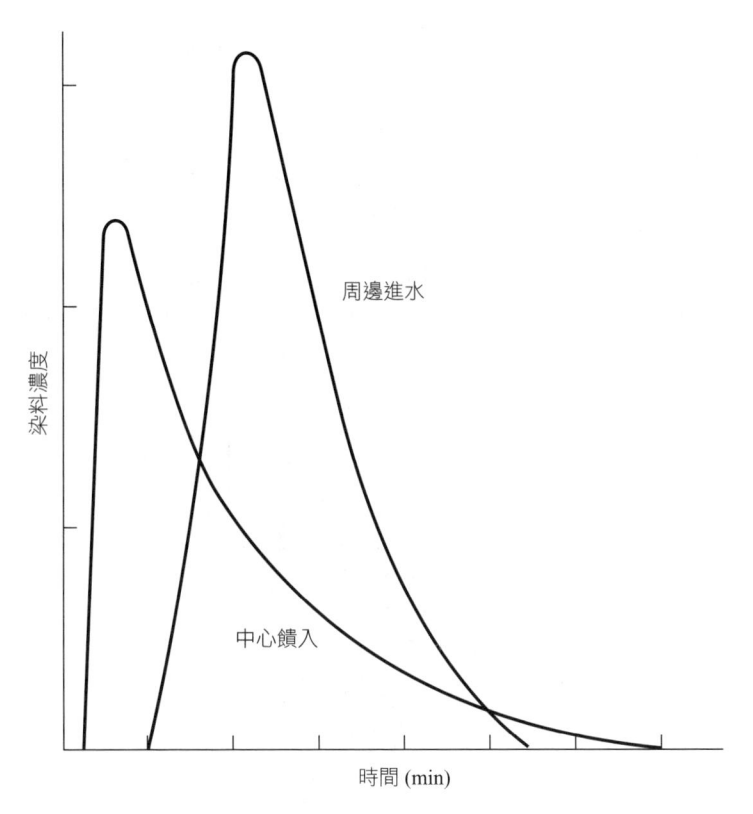

⊃ 圖 3.28　兩沉澱槽的分散特性

3.5　油的分離

在油分離器裡,懸浮的油漂浮到槽的表面,然後從表面刮除。對顆粒沉澱適用的相同條件此處也適用,只不過比水輕的油會從液體中上升。美國石油協會(American Petroleum Institute, API)[12] 規定的重力分離器設計要能去除所有大於 0.015 cm 的懸浮油球。

因為雷諾數小於 0.5,所以斯托克斯定律適用。目前已發展出一個考慮短路和紊流的設計流程。[13]

API 油分離器如圖 3.29 所示。圖 3.30 和圖 3.31 顯示 API 分離器的性能,而表 3.12 [14] 則顯示其典型的效率。設計準則建議,流速不應超過 2 ft/min;長與寬的比例應該至少為 5,以避免在分離

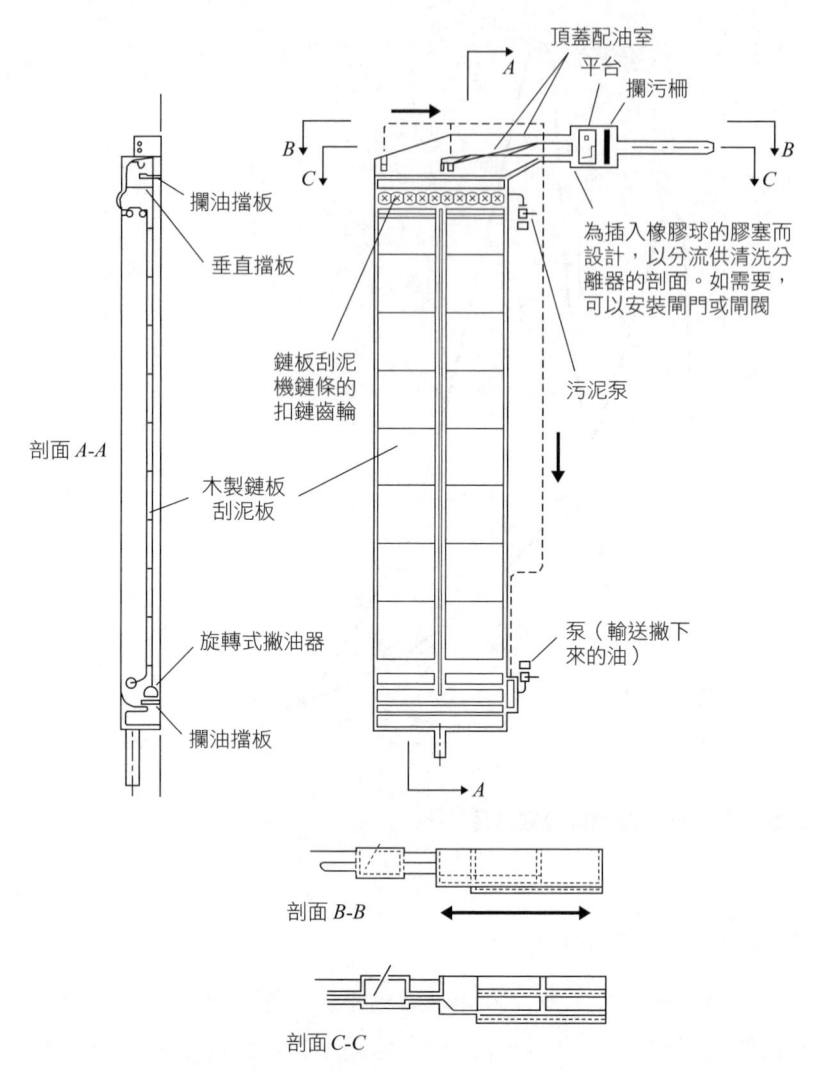

◯ 圖 3.29　API 分離器總體配置的範例（American Petroleum Institute）

器出現死角；且深度至少需為 4 ft。Rebhun 和 Galil [15] 所報導的性能差異，如圖 3.32 所示。初始油濃度對分離器效率的影響，如圖 3.33 所示。[14]

　　板式分離器（plate separators）包括平行板分離器和波紋板分離器（corrugated plate separators, CPS）。板式分離器是用來

預處理與初級處理 3

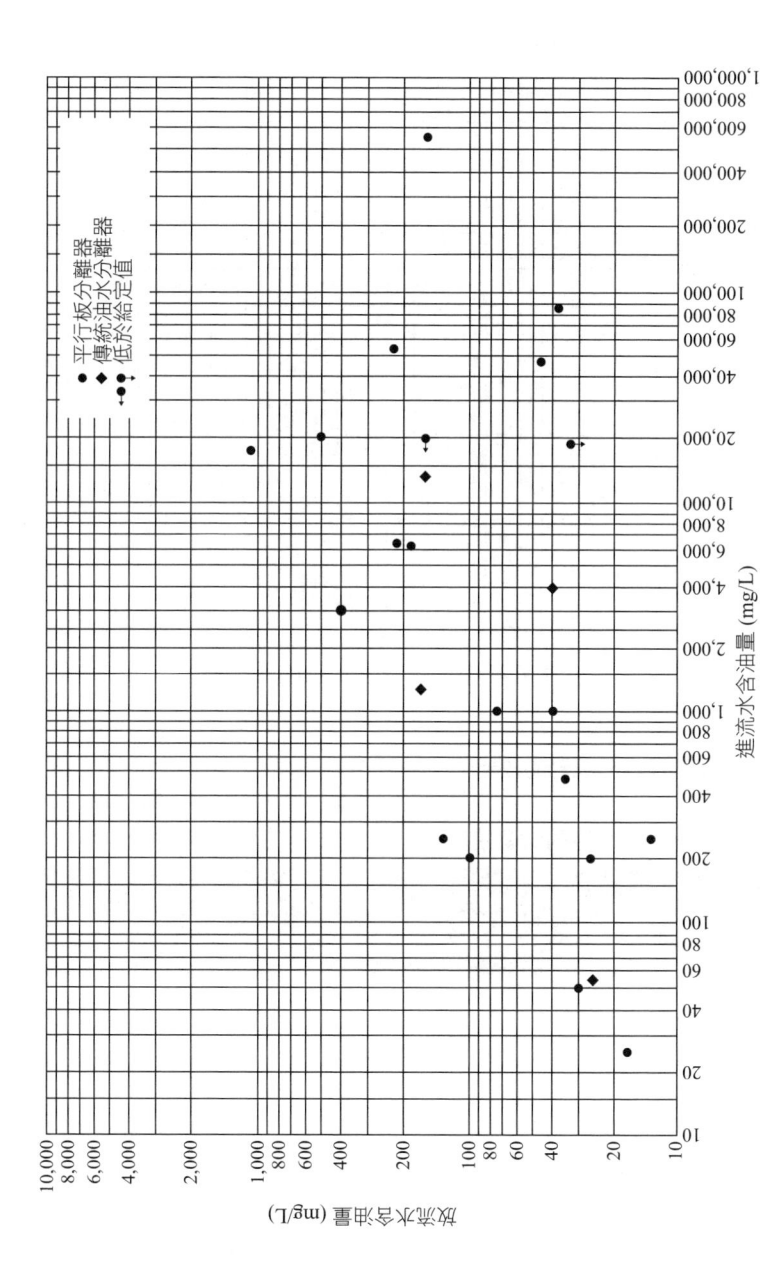

◯ 圖 3.30 現有油水分離器的進流水和放流水含油量之間的相關性

註：圖中的數據取自 1985 年美國石油協會的煉油調查。

113

工業廢水污染防治

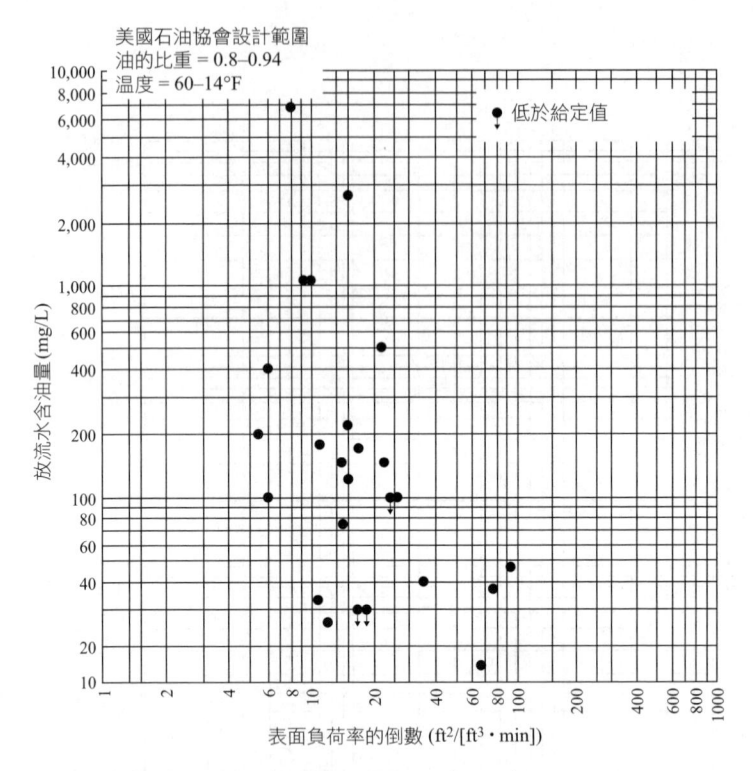

[圖表：縱軸為放流水含油量 (mg/L)，範圍 10–10,000；橫軸為表面負荷率的倒數 ($ft^2/[ft^3 \cdot min]$)，範圍 1–1000。標示：美國石油協會設計範圍，油的比重 = 0.8–0.94，溫度 = 60–14°F。圖例：低於給定值]

註：圖中的數據取自 1985 年美國石油協會的煉油調查。

◐ 圖 3.31 傳統油水分離器的效能

➡ 表 3.12 油水分離裝置的典型效率

含油量		油去除率 (%)	類型	COD 去除率 (%)	SS 去除率 (%)
進流水 (mg/L)	放流水 (mg/L)				
300	40	87	平行板	—	—
220	49	78	API	45	—
108	20	82	圓形	—	—
108	50	54	圓形	16	—
98	44	55	API	—	—
100	40	60	API	—	—
42	20	52	API	—	—
2000	746	63	API	22	33
1250	170	87	API	—	68
1400	270	81	API	—	35

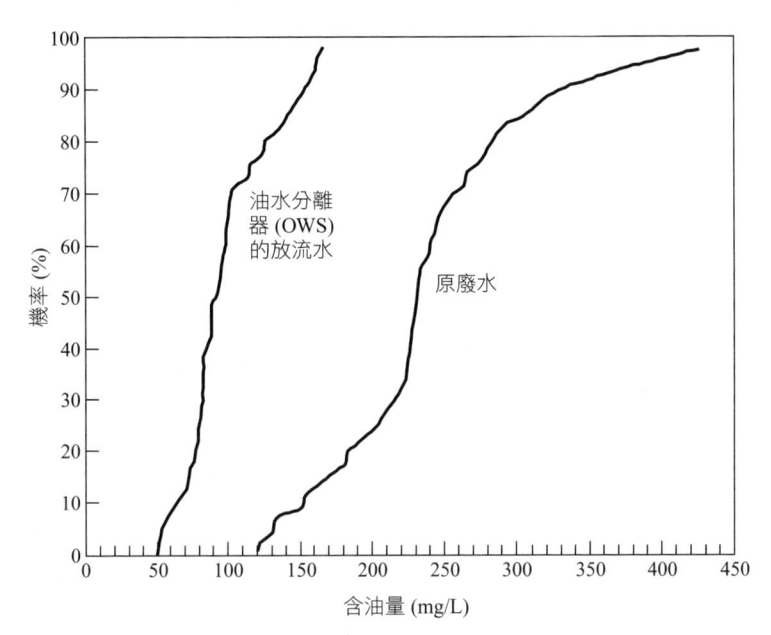

◯ 圖 3.32　使用油水分離（OWS）裝置進行油的去除

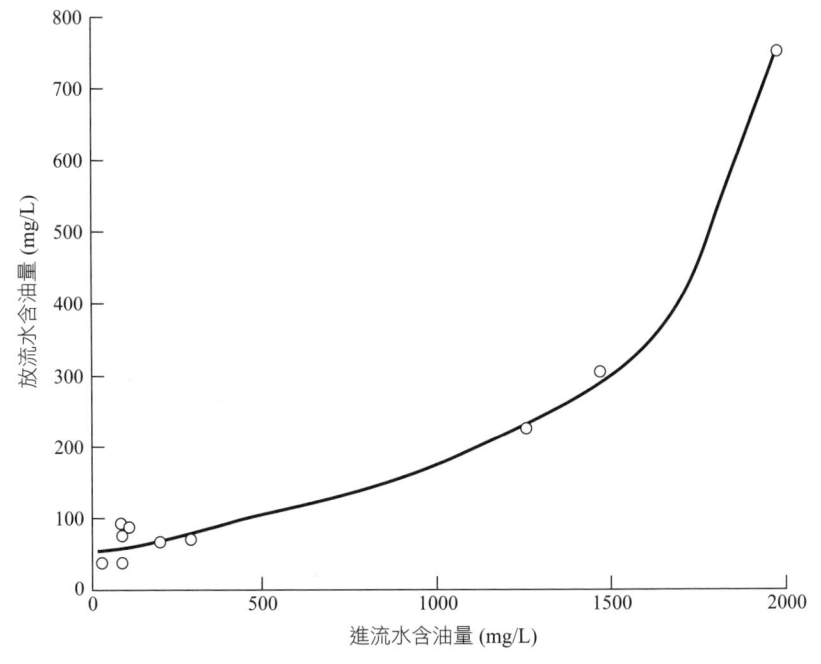

◯ 圖 3.33　進流水油濃度對分離器效率的影響

分離超過 0.006 cm 大的油滴。由經驗得知，0.006 cm 的分離一般會產生含有 10 mg/L 的懸浮油且非乳化的放流水。當進流水油含量小於 1% 時，通常可以得到這個結果。使用 CPS 會有一個問題，即因為油滴的剪力造成高油負荷和油滴的再進入水流，導致效率降低。但是只要使用一個垂直於流動的波紋板分離器就可以改善這個問題。在此分離器內，分離的油會往垂直於流動的方向上升，而不是相反於流動方向（板的角度為 45°，間距為 10 mm）。水力負荷會隨溫度和油的比重而改變。標準流速指定溫度為 20°C，油的比重為 0.9。一個 0.5 m^3/(h·m^2 − 實際板面積) 的水力負荷通常會導致 0.006 cm 的油滴分離。在設計時，通常會採用 50% 的安全係數。圖 3.34 顯示一個板式分離器。

有幾種過濾裝置都能從煉油廠-石化廢水中有效地去除懸浮和乳化的油。包括從以砂作為擔體的過濾器，到那些含有對油具有特定親和力的特殊擔體的過濾器。有一種是一個上流式單元，使用級配的二氧化矽擔體當作過濾和凝聚的區段。即便是小顆粒和球滴都可分離，並留滯在擔體上。利用重力差和流體的流動而向上流動的油顆粒，會上升通過黏在一起的擔體，並通過會在此油被分離的水相（water phase），然後被收集在分離器的頂部。過濾床以極快的

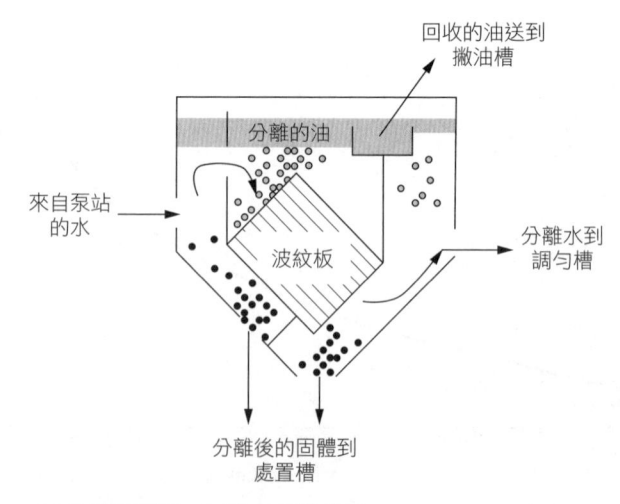

◐ 圖 3.34　波紋板攔截油/固體/水分離器

速度引進清洗水,並排出固體和剩餘的油來再生。這種過濾和凝聚的過程往往可利用高分子樹脂的擔體來增強。這些單元的主要應用是針對廠內特定無污垢的廢水流。另一個應用是相分離之後的壓艙水處理。

乳化油性物質需要特殊處理以破壞乳化,使油性物質可自動游移,然後藉由重力、混凝或空氣浮除來分離。乳化的破壞是一項複雜的技術,在開發最後的程序設計之前,可能需要實驗室級或模廠級的研究。

乳化現象可以用多種技術來破壞。快速破壞的洗滌劑形成不穩定的乳化,在 5 至 60 分鐘內能完成 95% 到 98%。破壞乳化可以使用酸化、添加明礬或鐵鹽,或使用破壞乳化的聚合物。明礬或鐵的缺點是會產生大量的污泥。

3.6 典型煉油廠處理油的程序

本章提到了幾個一級的和二級的除油選項。大家應當知道,石油回收和去除系統的程序會導致資源保育和回收法(Resource Conservation and Recovery Act, RCRA)所列的有害廢棄物的產生,包括:

	RCRA 有害廢棄物代碼
● 油分離器底部污泥	K051
● 廢油的乳化	K049
● 溶解空氣浮除法的漂浮物	K048
● 熱交換器的管束	K050
● 含鉛槽體的底部殘渣	K052
● 主要油分離器裡的污泥和脫鹽裝置中的泥漿	F037
● 雜項污泥漂浮物	F038

這些表列的有害殘留物的處理必須按照 RCRA 的規定,納入設計、再製以及處置。

兩個最典型的原油脫鹽方法，就是化學和靜電分離，使用熱水作為萃取劑。在化學脫鹽法，原油被添加水和化學界面活性劑（破乳劑）後，再被加熱以使鹽和其他雜質溶入水中或附著於水，然後留在槽內任其沉澱。電脫鹽（electrical desalting）應用高壓靜電電荷來濃縮在沉澱池底部懸浮的水珠。只有當原油有大量的懸浮物時才會補充界面活性劑。兩種脫鹽的方法都是連續的。第三種較不常見的程序，涉及使用矽藻土過濾加熱的原油。

原油進料被加熱到 150°F 至 350°F 來降低黏度和表面張力，以使其更容易混合及與水分離。溫度被原油進料的蒸氣壓所限制。在這兩種方法中，都可以添加其他化學品。氨經常會用來減少腐蝕。添加苛性鹼或酸可以調整清洗水的 pH 值。廢水和污染物可以從沉澱池底部排放到廢水處理設施。脫鹽的原油不斷地從沉澱池的頂部汲取出來，並送到原油蒸餾（分餾）塔。靜電脫鹽（electrostatic desalting）程序如圖 3.35 所示。

如表 15.3 指出，脫鹽放流水構成煉油廠總廢水流的主要部分。由於這股水流含有高鹽含量（TDS）、懸浮泥漿、無法去除的油及油脂（O&G），在到達污水處理廠之前，它必須經過適當的除油程序。來自原始原油的污泥（泥漿），必須儘量去除。有多項技術可以使用，如透過低剪力混合裝置來混合脫鹽洗滌水和原油，在脫鹽中使用較低壓力的程序用水以避免紊流，並按泥漿速

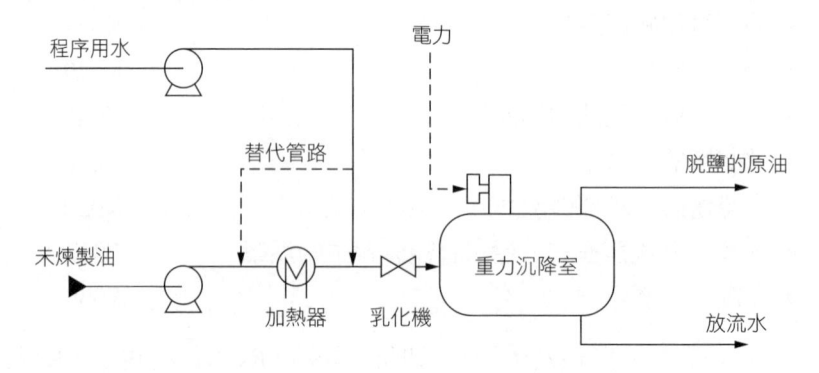

⊃ 圖 3.35　靜電脫鹽

預處理與初級處理 3

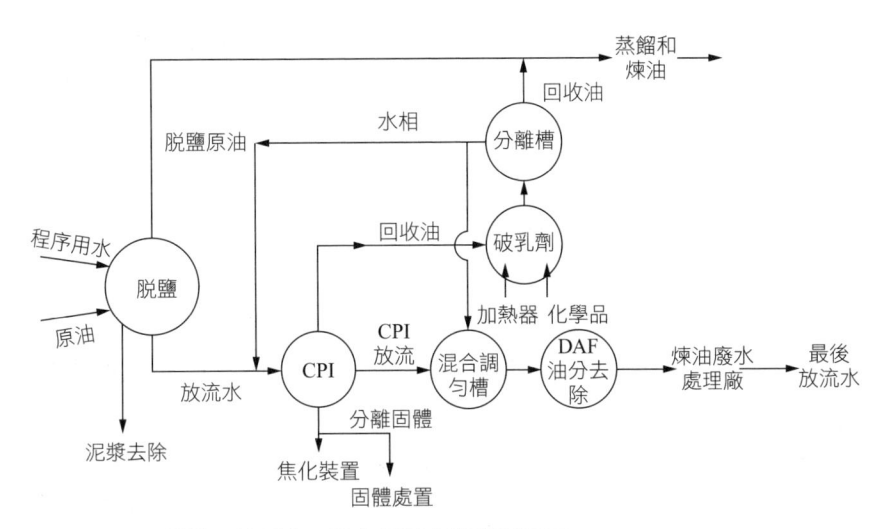

◯ **圖 3.36　脫鹽－油回收－廢水處理之程序流程圖**

率更換一些煉油廠使用的廢水噴射裝置。該流率於去除沉澱固體時，會造成較少的紊流。該脫鹽過程結合石油殘渣的有害廢棄物，以及蒸氣（vapor）的控制與回收〔隸屬於有害空氣污染物的國家排放標準（national emission standards for hazardous air pollutions, NESHAPs）〕，其中包括苯和大約 20 個其他化學物質，這些物質都可能從煉油廠排出（40CFR, Part 60, Subpart QQQ）。

圖 3.36 顯示一個簡化的脫鹽、除油 / 回收系統及廢水處理與運輸的程序流程圖。該流程使用 CPI（圖 3.34）當作主要的去除程序。

3.7　酸性水氣提塔

氣提程序用於從液體流去除選定的成分。在煉油廠廢水中最普遍的污染物是硫化氫和氨，這兩者都可以用氣提去除。它們的形成是因為幾乎所有的有機氮和硫化合物在脫硫、脫硝及加氫過程中都會被破壞。在這過程中，蒸汽（steam）是主要的運輸工具，而當冷凝發生的同時，部分碳氫化合物凝結成液體，部分存在於氣相，

119

與硫化氫和氨一起。[13] 酚類也可能存在於這些「酸水」的冷凝液中，雖然去除效率小於硫化氫和氨，但是仍然可以從溶液中氣提出來。其他芳香烴也可以從溶液中氣提出來，只是效果不一。當監管機構對於煉油廢水的立即性需氧量（硫化物所致）和氨的品質標準日益嚴格，透過氣提塔進行廠內控制可能有其必要，不論成本是否划算。

酸性水氣提塔的設計準則已有完整的文獻，在他處有詳細的描述。[13, 16] 雖然氣提塔的種類很多，但大多都包含配有層板或某類填充材的單一塔。水由塔的頂部進入，而底部則引入蒸汽或氣提氣體。由於硫化氫比氨更不易溶於水，因此它更容易從溶液中氣提出來。去除氨需要高溫（230°F 或以上），但只要氨是定值或不存在，硫化氫就可以在 100°F 氣提出來。因此，用無機酸或煙道氣的酸化程序，經常被用來固定氣態的氨，以提升脫硫的效率。表 3.13 [16] 舉出了一些酸性水氣提塔的操作特性。雖然酸化能提高硫化物去除，但它也固定了氨，使其無法去除。這使得雪佛龍研究公司開發了兩個階段的氣提和回收程序。這個過程包括脫氣-緩衝槽的組合，保留了操作的靈活性。在去除漂浮的碳氫化合物後，管

➡ 表 3.13　酸性水氣提塔的平均操作特性

氣提塔的類型	氣提液流率 (SCF/gal)	去除 H$_2$S, %	去除 NH$_3$, %	溫度 塔饋料處 (°F)	溫度 塔底 (°F)
蒸汽					
使用酸化液 *	8–32	96–100	69–95	150–240	230–270
不用酸化液 †	4–6	97–100	0	200	230–250
燃燒氣					
使用蒸汽 ‡	12.7	88–98	77–90	235	235
不用蒸汽 ‡	11.9	99	8	135	140
天然瓦斯					
使用酸化液	7.5	98	0	70–100	70–100

* 數據來自八座塔。
† 數據僅來自單一塔。
‡ 數據來自二座塔。

路會被接到第一管柱，氣提硫化氫後再送到硫磺回收廠。接著，氨水混合物會進入第二個分餾塔來進行氨的氣提。這頭頂上的氨離開冷凝器時的純度約 98%，會通過洗滌器系統進一步純化，再液化成高純度的氨。然後，此系統底部冷卻了的水就幾乎不再含硫化氫和氨，可以符合大多數品質標準，也就是需低於 5 mg/L 的硫化氫和 50 mg/L 的氨含量。

3.8 浮除

浮除（flotation）用於去除廢水中的懸浮物和油與油脂，以及污泥的分離和濃縮。廢水流或部分的澄清放流水，在足夠的空氣下，被加壓至 50 至 70 lb/in² （345 到 483 kPa，即 3.4 至 4.8 atm）以達飽和。當此加壓空氣液體混合物在浮除單元裡被釋放到大氣壓力下，微小氣泡會從溶液中釋放出來。這些污泥膠羽、懸浮固體物或油珠，會被這些細微且彼此依附的氣泡絆住，成為膠羽顆粒而漂浮。此空氣-固體混合物上升到表面後會被撇除。澄清的液體會從浮除單元的底部移去。此時，一部分的污水可回收到加壓艙。當膠凝污泥澄清時，因為膠羽通過泵和加壓系統時不會受到剪應力，加壓迴流通常會產生更優越的放流水水質。

空氣的溶解度與釋放

空氣在水中的飽和度是和壓力成正比，和溫度成反比。Pray [17] 和 Frolich [18] 發現，在很寬的壓力範圍下，水中氧和氮的溶解度都遵循亨利定律（Henry's law）。Vrablick [19] 已證明，雖然大多數工業廢水中的壓力和溶解度之間為線性關係，但是曲線的斜率會依據存在的廢水成分性質而有所不同。在大氣壓力下，空氣在水中的溶解度，如表 3.14 所示。

當壓力降低到 1 個 atm，理論上會從溶液中釋放出來的空氣量可以依據下式來計算

$$s = s_a \frac{P}{P_a} - s_a \tag{3.11}$$

➡ 表 3.14　空氣的特性與溶解度

溫度		體積溶解度		重量溶解度		密度	
°C	°F	mL/L	ft³/thousand gal	mg/L	lb/thousand gal	g/L	lb/ft³
0	32	28.8	3.86	37.2	0.311	1.293	0.0808
10	50	23.5	3.15	29.3	0.245	1.249	0.0779
20	68	20.1	2.70	24.3	0.203	1.206	0.0752
30	86	17.9	2.40	20.9	0.175	1.166	0.0727
40	104	16.4	2.20	18.5	0.155	1.130	0.0704
50	122	15.6	2.09	17.0	0.142	1.093	0.0682
60	140	15.0	2.01	15.9	0.133	1.061	0.0662
70	158	14.9	2.00	15.3	0.128	1.030	0.0643
80	176	15.0	2.01	15.0	0.125	1.000	0.0625
90	194	15.3	2.05	14.9	0.124	0.974	0.0607
100	212	15.9	2.13	15.0	0.125	0.949	0.0591

在沒有水蒸氣及 14.7 lb/in² 壓力下（1 atm）所呈現的數值。

其中，s = 在100%飽和度下，每單位體積溶液在大氣壓力下釋放出來的空氣量，cm³/L

　　s_a = 在大氣壓力下飽和的空氣濃度，cm³/L，

　　P = 絕對壓力

　　P_a = 大氣壓力

實際釋放出來的空氣量將取決於減壓點的紊流混合條件，以及在加壓系統中獲得的飽和程度。由於工業廢水的溶解度可能小於水，式 (3.11) 可能需要調整。滯留槽一般會產生 86% 至 90% 的飽和度。式 (3.11) 可以修改，來解釋空氣飽和度：

$$s = s_a \left(\frac{fP}{P_a} - 1 \right) \qquad (3.12)$$

其中 f 是在滯留槽裡飽和的比例。

浮除系統的性能取決於是否有足夠的氣泡存在，足以漂浮所有的懸浮固體物。不足的空氣量會導致只有部分固體的浮除，但過量

的空氣也不會讓浮除更好。浮除單元的性能可以用放流水水質和漂浮的固體濃度來表示，它與空氣/固體（A/S）的比率有關。空氣/固體比通常定義為每單位進流廢水中的懸浮固體物之質量所釋放出來的空氣質量：

$$\frac{A}{S} = \frac{s_a R}{S_a Q} \left(\frac{fP}{P_a} - 1\right) \qquad (3.13)$$

其中，Q = 廢水流量

R = 加壓迴流率

S_a = 進流水中的油和/或懸浮固體物

空氣/固體比和放流水水質之間的關係，如圖 3.37 所示。要注意的是，曲線的形狀會依饋料中固體的性質而有所不同。

Vrablick [19] 已證明，加壓（20 至 50 lb/in² 或 1.36 至 3.40 atm）後釋放的氣泡，尺寸大小的範圍從 30 到 100 μm，上升速度則遵循斯托克斯定律。據觀察，固體-空氣混合物上升速度的變化

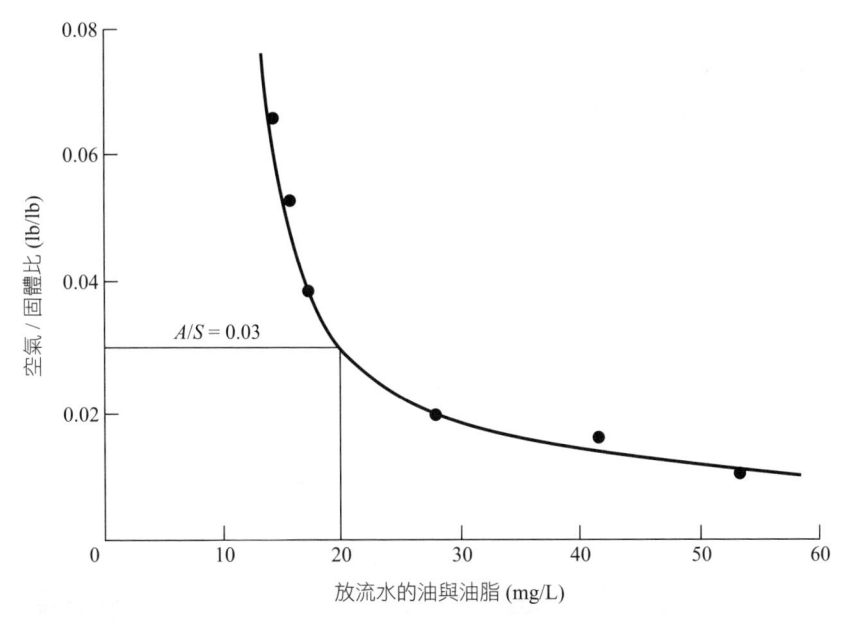

◐ 圖 3.37　空氣/固體（A/S）比對於放流水品質的影響

會從 1 到 5 in/min（2.56 至 12.7 cm/min），並會跟著空氣/固體比的增加而增加。對 0.91% 固體的活性污泥以 40 lb/in² (276 kPa 或 2.72 atm) 進行浮除，Hurwitz 和 Katz [20] 觀察到，在迴流比為 100%、200%、300% 的情況下，自由上升速度分別為 0.3 ft/min（9 cm/min）、1.2 ft/min（37 cm/min）、1.8 ft/min（55 cm/min）。最初的上升速率會隨固體的性質而有所不同。

浮除設計的主要變數是壓力、迴流比、饋料固體濃度及停留時間。隨停留時間增加，放流水中的懸浮固體物會減少，而漂浮的固體濃度會增加。當浮除程序主要用於澄清時，對於分離和濃縮，20 至 30 分鐘的停留時間是合理的。上升速率普遍採用 1.5 至 4.0 gal/(min · ft²)（0.061 到 0.163 m³/[min · m²]）。當此程序應用於濃縮，停留時間須更長，以允許污泥的壓密。

浮除系統的主要組成要素是一個加壓泵、空氣注入設施、滯留槽、背壓調節裝置及浮除單元，如圖 3.38 所示。加壓泵會產生一

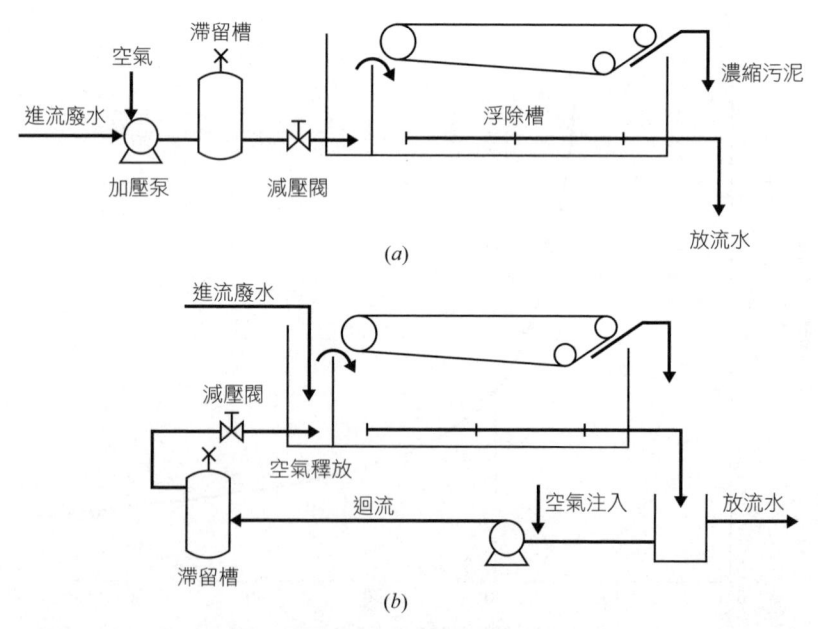

⇨ 圖 3.38 浮除系統的示意圖。(a) 未經再循環的浮除系統，(b) 有再循環的浮除系統

個升高的壓力，以增加空氣的溶解度。空氣通常是從泵吸入端的噴射頭加入，或直接加到滯留槽。

滯留槽中，空氣和液體在壓力下混合，停留時間為 1 至 3 分鐘。背壓調節裝置讓加壓泵保持一個恆定的壓力水頭。為此目的可以使用各種類型的值。浮除單元可以是圓形或矩形，伴隨著撤除裝置來去除濃縮過的漂浮污泥，如圖 3.39 所示。

圖 3.40 所示之誘導空氣浮除系統的運作原理，和加壓空氣溶解空氣浮除（dissolved air flotation, DAF）單元相同。只是此氣體是透過轉子分散器的機制自我誘導進入溶液中。浸沒在液體裡的轉子是此機制中唯一的移動組件，會強迫液體通過此分散器的開口，從而創造一個負壓。這負壓又會強拉空氣向下進入液體中，造成所需的氣液接觸。液體在離開槽體前會先通過四個巢室，而浮動的浮渣會通過此單元各面的溢流堰。這類型的系統提供了低資金成本和比加壓系統更小空間需求的明顯優勢，而且目前的性能數據顯

◯ 圖 3.39　澄清池浮除單元

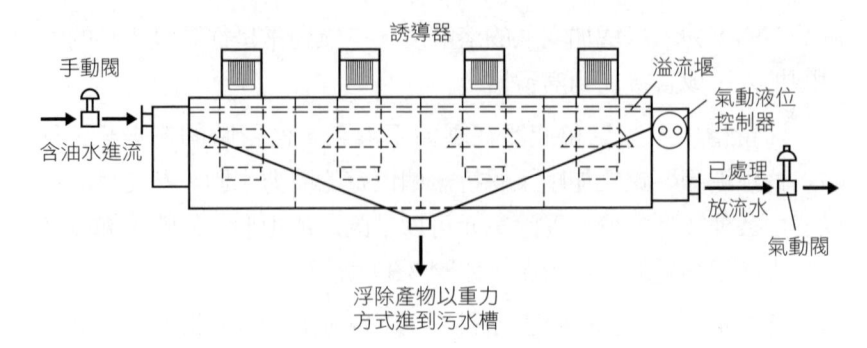

◎ 圖 3.40　誘導空氣浮除系統（Wemco Envirotech Company）

示，這些系統有能力有效地去除懸浮油和懸浮物質。

　　它的缺點包括比加壓系統要求更高的電源電力、性能依賴於嚴格的水力控制、較無添加化學劑和膠凝的彈性，以及依液體通過量而變化，相對較高的浮動浮渣容積（相較於空氣加壓系統的不到 1%；對空氣誘導系統，進流的 3% 至 7% 是很常見的）。

　　廢水的浮除特性可能可以利用實驗室的浮除單元來估計，如圖 3.41 所示。其程序如下：

1. 在量筒上注入部分廢水或是膠凝後的污泥混合物，並在壓力室注入澄清後的放流水或乾淨水。
2. 在壓力室加入壓縮空氣，以達到所需的壓力。
3. 搖動壓力室內的空氣 - 液體混合物 1 分鐘，然後靜置 3 分鐘以達到飽和。保持在此期間壓力室內的壓力。
4. 釋放一些加壓放流水到量筒內，與污水或污泥混合。被釋放的空氣量可由所需的迴流比計算。通過進口噴嘴的釋放速度應該適宜，不會造成在注入混合物中懸浮固體物的剪力，但要能夠保持足夠的混合。
5. 量測污泥接合面隨時間的上升。測試量筒內的上升高度必須予以修正，以放大到原型單元的深度。
6. 在停留時間 20 分鐘後，澄清的放流水和漂浮的污泥會從量筒底部的閥門被抽取出。

預處理與初級處理 3

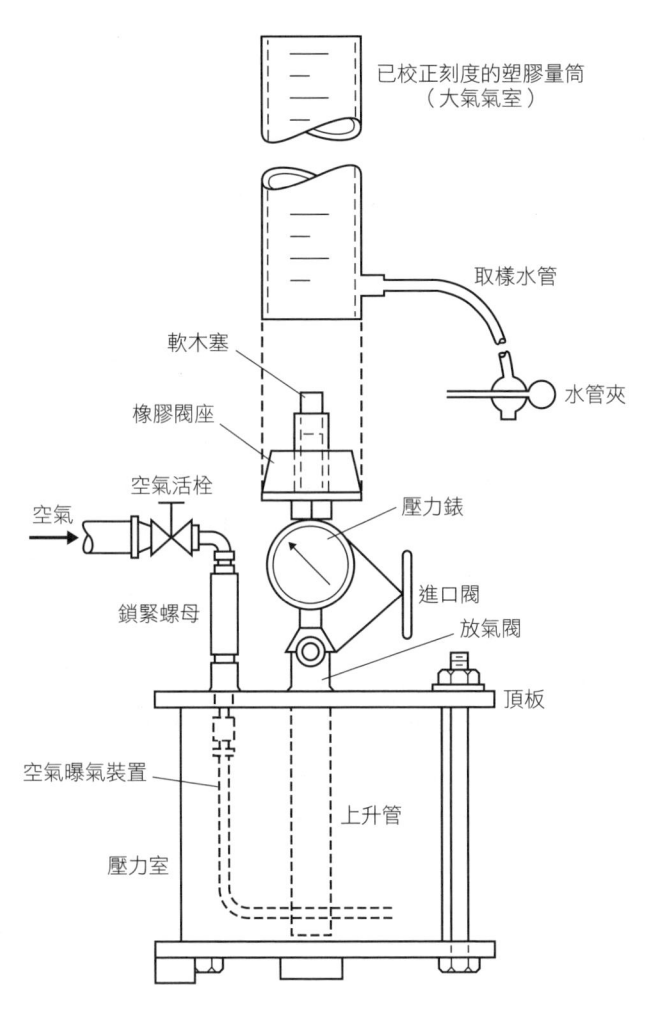

◯ 圖 3.41　實驗室浮除單元

7. 放流水的懸浮固體物與計算的空氣 / 固體比之間的關係，如圖 3.37 所示。當使用加壓迴流，則計算空氣 / 固體比：

$$\frac{A}{S} = \frac{1.3 s_a R(P-1)}{QS_a}$$

其中，s_a = 空氣的飽和度，cm^3/L
　　　R = 加壓迴流率

P = 絕對壓力，atm
Q = 廢水流量，L
S_a = 進流水的懸浮固體物，mg/L

高度澄清作用經常需要在加壓迴流混合前，添加膠凝用的化學品到進流水中。明礬或聚電解質被用為膠凝劑。Hurwitz 和 Katz[20] 說明，化學膠羽的上升速度會依膠羽大小和特性而有所不同，從 0.65 到 2.0 ft/min（20 至 61 cm/min）都有。化學添加的處理效率，如圖 3.42 所示。

例題 3.7 顯示一個含油廢水的浮除設計。浮除單元已用於廢水的澄清、除油，和廢棄污泥的濃縮。DAF 性能的變異，如圖 3.43 和圖 3.44 所示。煉油廠廢水的一些報告數據顯示在表 3.15，各種廢水的數據則在表 3.16 中。

例題 3.7 一股 150 gal/min（0.57 m^3/min）和溫度為 103°F（39.4°C）的廢水，包含大量的非乳化油和非沉澱性懸浮固體物。油濃度是 120 mg/L。減少油到低於 20 mg/L。實驗室的研究顯示：

明礬劑量 = 50 mg/L
壓力 = 60 lb/in^2 錶壓（515 kPa 的絕對或 4.1 相對大氣壓力）
污泥產量 = 0.64 mg/mg 明礬

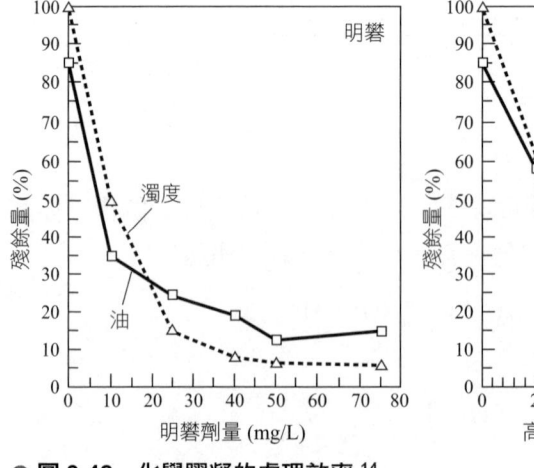

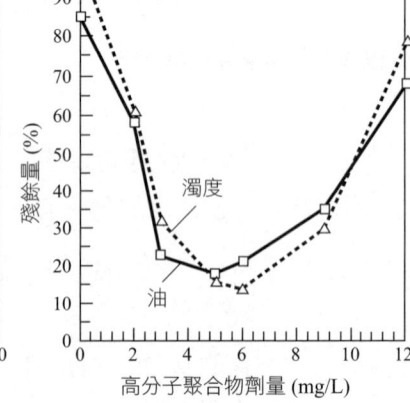

⮕ 圖 3.42　化學膠凝的處理效率 [14]

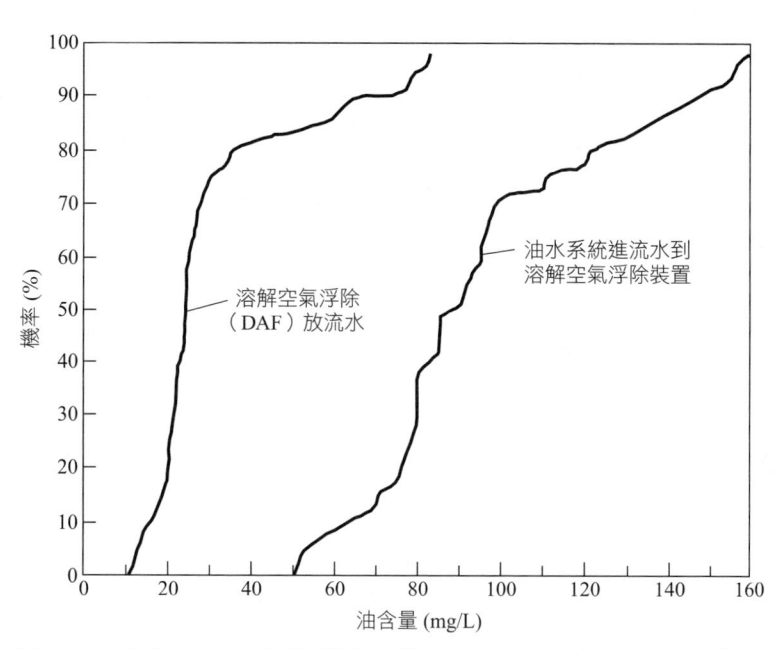

○ 圖 3.43　油的去除，利用化學膠凝與溶解空氣浮除（DAF）（資料來源：Galil and Rebhum, 1993）

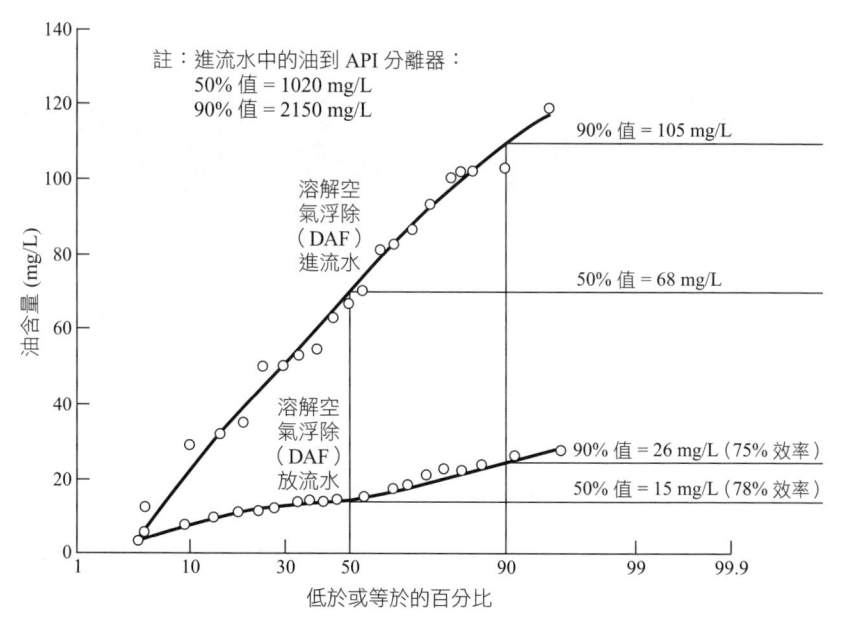

○ 圖 3.44　溶解空氣浮除效能的變異性

➡ 表 3.15　溶解空氣浮除效能數據

進流水的油含量 (mg/L)	放流水的油含量 (mg/L)	去除率 (%)	化學藥劑 *	形狀
1930 (90%)	128 (90%)	93	是	圓形
580 (50%)	68 (50%)	88	是	圓形
105 (90%)	26 (90%)	78	是	矩形
68 (50%)	15 (50%)	75	是	矩形
170	52	70	否	圓形
125	30	71	是	圓形
100	10	90	是	圓形
133	15	89	是	圓形
94	13	86	是	圓形
838	60	91	是	矩形
153	25	83	是	矩形
75	13	82	是	矩形
61	15	75	是	矩形
360	45	87	是	矩形
315	54	83	是	矩形

* 明礬最為常用，100-300 mg/L。聚電解質，1-5 mg/L，偶爾添加。

➡ 表 3.16　含油廢水的空氣浮除處理

廢水	膠凝劑 (mg/L)	油濃度 (mg/L) 進流水	放流水	去除率 (%)
煉油	0	125	35	72
	100 明礬	100	10	90
	130 明礬	580	68	88
	0	170	52	70
油輪的壓艙水	100 明礬 + 1 mg/L 聚合物	133	15	89
顏料工廠	150 明礬 + 1 mg/L 聚合物	1900	0	100
飛機維修	30 明礬 + 10 mg/L 活性二氧化矽	250-700	20-50	> 90
肉品包裝		3830	270	93
		4360	170	96

3 預處理與初級處理

污泥 = 3%，按重量

計算：

(a) 迴流率
(b) 浮除單元的表面積
(c) 產生的污泥量

從圖 3.37 中發現，放流水中 20 mg/L 的油與油脂之空氣/固體比為：

$$\frac{A}{S} = 0.03 \text{ lb 釋放空氣/lb 使用固體}$$

根據表 3.14，在 103°F（39.4°C）空氣的重量溶解度為 18.6 mg/L。f 值假設為 0.85。

解答

(a) 迴流率是

$$R = \frac{(A/S)QS_a}{s_a(fP/P_a - 1)}$$

$$= \frac{0.03 \times 150 \times 120}{18.6([0.85 \times 515/101.3] - 1)}$$

$$= 8.75 \text{ gal/min (33.1 L/min)}$$

(b) 從圖 3.45 可知，20 mg/L 的放流水其除油的水力負荷是 2.6 gal/(min·ft²)（0.11 m³/[min·m²]）。所要求的表面積是

$$A = \frac{Q+R}{水力負荷}$$

$$= \frac{150 + 8.75}{2.6}$$

$$= 61 \text{ ft}^2 \text{ (5.7 m}^2\text{)}$$

(c) 產生的污泥量：

$$油污泥 = (120-20) \text{ mg/L} \times 150 \text{ gal/min} \times 1440 \text{ min/d}$$

$$\times (\text{million gal}/10^6 \text{ gal}) \left(8.34 \frac{\text{lb/million gal}}{\text{mg/L}}\right)$$

$$= 180 \text{ lb/d (82 kg/d)}$$

工業廢水污染防治

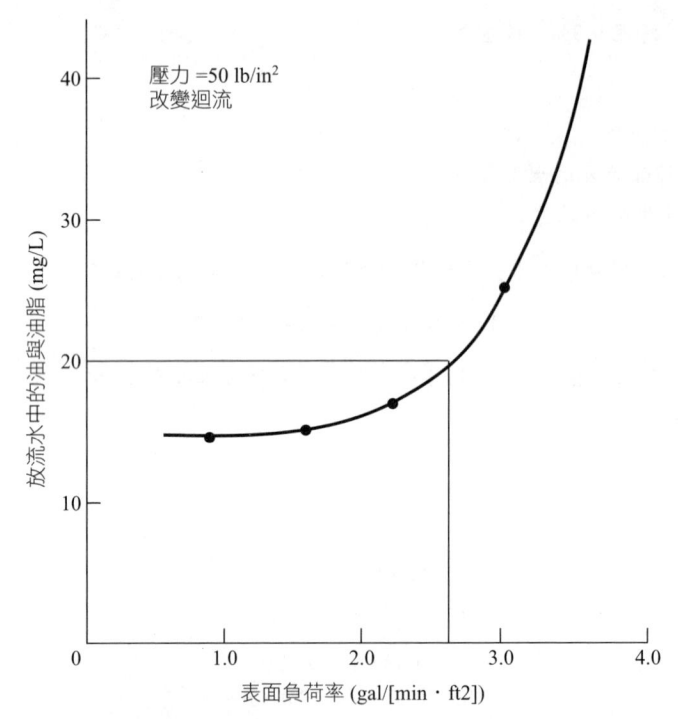

```
        壓力 =50 lb/in²
        改變迴流
```

（圖：放流水中的油與油脂 (mg/L) vs 表面負荷率 (gal/[min·ft²])）

○ **圖 3.45** 水力負荷率的決定

$$明礬污泥 = 0.64 \text{ mg 污泥/mg 明礬} \times 50 \text{ mg/L 明礬}$$
$$\times 150 \text{ gal/min}$$
$$\times (1440 \text{ min/d})(\text{million gal}/10^6 \text{ gal})(8.34)$$
$$= 58 \text{ lb/d (26 kg/d)}$$

$$總污泥 = 238 \text{ lb/d (108 kg/d)}$$

$$總污泥體積 = 238/0.03 \text{ lb/d (gal/8.34 lb)(day/1440 min)}$$
$$= 0.66 \text{ gal/min (2.5 L/min)}$$

3.9 問題

3.1. 某工業需要調勻其廢水並排放，讓每天到 POTW 的生化需氧量負荷維持 24 小時恆定不變。POTW 污水的流量為 6.47 million gal/d，其生化需氧量為 200 mg/L。晝夜污水流量的變化如圖 P3.1 所示。此工業的廢水流量為 3.17 million gal/d，其生化需氧量為 1200 mg/

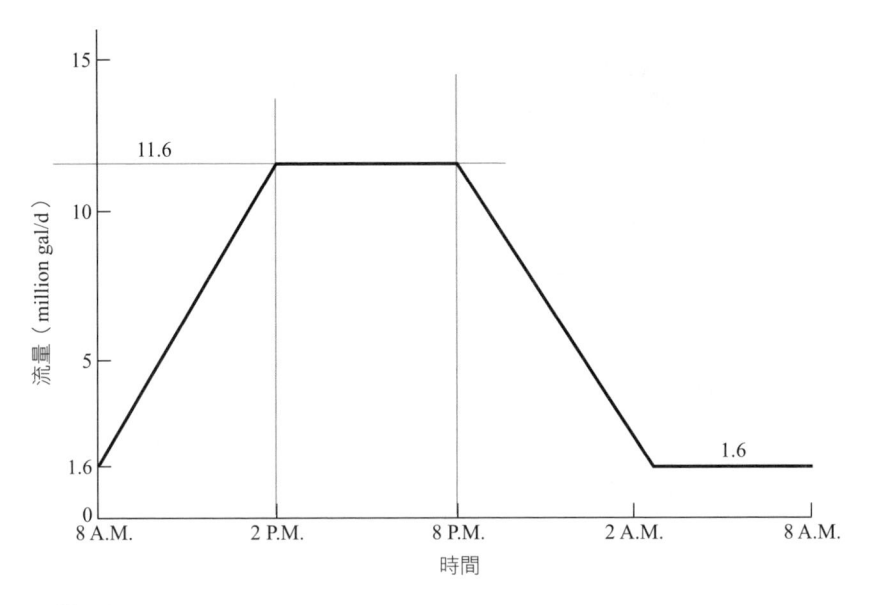

圖 P3.1

L，維持恆定在 10 小時的期間（上午 8 時至下午 6 時）。

(a) 計算所需的調勻（或承載）槽體的體積。

(b) 繪製工業廢水在 24 小時期間的排放曲線。

3.2. 一個製藥廠的排放調查顯示以下數據。

時間	流量 (gph)	COD (mg/L)
第 1 天		
7:00 a.m.	1025	80
8:00 a.m.	600	55
9:00 a.m.	1200	48
10:00 a.m.	600	45
11:00 a.m.	720	95
12:00 p.m.	1080	66
1:00 p.m.	1200	41
2:00 p.m.	1620	39
3:00 p.m.	1200	29
4:00 p.m.	1320	138
5:00 p.m.	1020	146
6:00 p.m.	720	154

(續)

時間	流量 (gph)	COD (mg/L)
第 2 天		
7:00 a.m.	960	47
8:00 a.m.	900	40
9:00 a.m.	1020	139
10:00 a.m.	900	1167
11:00 a.m.	1140	491
12:00 p.m.	1320	163
1:00 p.m.	900	90
2:00 p.m.	1320	143
3:00 p.m.	1200	88
4:00 p.m.	900	35
5:00 p.m.	1140	35
6:00 p.m.	960	47

以在恆定體積和固定排放率（即可變容積）下通過系統的流量為基礎，計算調勻池的體積，以產生一個 1.2 和 1.4 的峰值因子。對於可變容積的情況，池裡的低水位是每天的流量的 20%。

3.3. 一個 150 gal/min（0.57 m^3/min）的酸性工業廢水流，峰值因子為 1.2，要採用石灰中和 pH 值到 6.0。滴定曲線如下：

pH	mg 石灰 /L 廢水
1.8	0
1.9	500
2.05	1000
2.25	1500
3.5	2000
4.1	2100
5.0	2150
7.0	2200

考慮提供必要的容量，供應最多 2 週的石灰需求，使得 pH 值維持在 7.0，而且其每小時的要求量大於以上單位時間需求量的 20% 以上（即 120% 之意）。

找出：

(a) 兩個階段系統中，每個階段的石灰饋料率。

(b) 石灰的貯存容量（ft³），以每個月的平均需求量或是兩個星期最大需求量的控制要求量作為基準。假設使用巨相整體密度為 65 lb/ft³（1060 kg/m³）的鵝卵石塊生石灰（氧化鈣）。
(c) 石灰熟化器的容量與運輸大量石灰的機制，以最大需求量為依據。
(d) 石灰熟化的平均和最大用水需求，假設泥漿為 10% 重。
(e) 泥漿控制槽的尺寸大小，依據最小的停留時間為 5 min 作計算。
(f) 依據 24 小時苛性鹼（氫氧化鈉）的饋料量使用極大化下，也就是相當於 1000 mg/L 水合石灰需求量時，苛性鹼貯槽的大小。假設氫氧化鈉供應的純度為 98.9%，溶解度為 2.5 lb/gal（300 kg/m³）。
(g) 石灰系統備用，最大的苛性鹼（氫氧化鈉）饋料率。

3.4. 於實驗室進行紙漿與造紙廠放流水的沉澱分析，產生了如下的結果，其條件為 C_o = 430 mg/L，T = 29°C。

時間 (min)	在顯示深度下的懸浮固體物去除率 (%)		
	2 ft	4 ft	6 ft
10	47	27	16
20	50	34	43
30	62	48	47
45	71	52	46
60	76	65	48

註：ft = 30.5 cm

(a) 設計一個沉澱池，可去除 1 million gal/d（3785 m³/d）的流量中 70% 的懸浮固體物（採用適當的因子，並忽略初始固體物的影響）。
(b) 如果流量增加至 2 million gal/d（7570 m³/d），將達到的去除率為何？

3.5. 一廢水的流量為 250 gal/min（0.95 m³/min），溫度為 105°F（40.5°C）。油與油脂的濃度為 150 mg/L，懸浮固體物的濃度為 100 mg/L。所需要的放流水濃度為 20 mg/L，明礬劑量為 30 mg/L。所需的空氣/固體（A/S）比為 0.04，其表面負荷率是 2 gal/(min·ft²)（0.081 m³/[min·m²]）。操作壓力為 65 lb/in² 錶壓（4.4 相對 atm）。

計算：

(a) 所需的迴流。

(b) 裝置的表面積。

(c) 產生的污泥量，如果撇油量是總重的 3%。

參考文獻

1. Novotny, V., and A. J. England: *Water Res.*, vol. 8, p. 325, 1974.
2. Patterson, J. W., and J. P. Menez: *Am. Inst. Chem. Engrs. Env. Prog.*, vol. 3, p. 2, 1984.
3. Thomas, O., and D. Constant: "Trends in Optical Monitoring, Trends in Sustainable Production—From Wastewater Diagnosis to Toxicity Management and Ecological Protection," IWA Press, issue 1, vol. 49, London, 2004.
4. Tully, T. J.: *Sewage Ind. Wastes,* vol. 30, p. 1385, 1958.
5. Okey, R. W. et al.: *Proc. 32nd Purdue Industrial Waste Conf.*, Ann Arbor Science Pub., 1977.
6. Hazen, A.: *Trans. ASCE*, vol. 53, p. 45, 1904.
7. Camp, T. R.: *Trans. ASCE*, vol. 111, p. 909, 1946.
8. Dobbins, W. E.: "Advances in Sewage Treatment Design," Sanitary Engineering Division, Met. Section, Manhattan College, May 1961.
9. Committee on Industrial Waste Practice of SED: *J. Sanit. Engrg. Div. ASCE*, December 1964.
10. Sutherland, R.: *Ind. Eng. Chem.*, p. 630, May 1947.
11. Greenfield, R. E., and G. N. Cornell: *Ind. Eng. Chem.*, p. 583, May 1947.
12. American Petroleum Institute: *Manual on Disposal of Refinery Wastes*, vol. 1, New York, 1959.
13. Azad, H. S. (editor): *Industrial Wastewater Management Handbook*, McGraw-Hill, New York, 1976.
14. Ford, D. L., private communication.
15. Galil, N., and M. Rebhum: *Water Sci. Tech.*, vol. 27, no. 7–8, p. 79, 1993.
16. Jones, H. R.: *Pollution Control in the Petroleum Industry,* Noyes Data Corp., Princeton, New Jersey, 1973.
17. Pray, H. A.: *Ind. Eng. Chem.*, vol. 44, pt. 1, p. 146, 1952.
18. Frolich, R.: *Ind. Eng. Chem.*, vol. 23, p. 548, 1931.
19. Vrablick, E. R.: *Proc. 14th Ind. Waste Conf.*, 1959, Purdue University.
20. Hurwitz, E., and W. J. Katz: "Laboratory Experiments on Dewatering Sewage Sludges by Dissolved Air Flotation," unpublished report, Chicago, 1959.

4

混凝、沉降及金屬的去除

4.1 簡介

混凝（coagulation）是用來從水和廢水中去除膠體等懸浮顆粒的單元程序。在整個處理流程中，它可作為源頭處理，去除如金屬的污染物，或者與過濾配合，作為一個最終的清淨步驟。混凝乃利用電荷中和以及促進被中和的顆粒間進行碰撞，以去除膠體顆粒懸浮的穩定性，因而產生凝聚與膠羽的增長，最終經沉澱和過濾處理。本章將討論混凝程序的原理、混凝劑的性質、混凝設備、混凝劑選擇的實驗室測定方式與案例研究，也包括大家經常關心的重金屬去除技術。

4.2 混凝

膠體是大小範圍在 1 nm（10^{-7} cm）至 0.1 nm（10^{-8} cm）間的顆粒。這些顆粒靜置時不會沉澱，且不能用傳統的物理處理程序來去除。存在廢水中的膠體可以是疏水性或親水性。疏水性膠體（黏土等）對於液體介質不具親和力，而且在有電解質存在時會缺乏穩定性。它們很容易遭受混凝。親水性膠體（如蛋白質）表現出對水顯著的親和力。所吸收的水分會阻礙膠凝且經常需要特殊處理，以達到有效混凝。[1]

膠體具有電的特性，會產生排斥力，防止結塊和沉澱。穩定它的離子被強烈地吸收到一個內側的固定層，此固定層提供粒子電荷，會隨被吸收離子的價數和數量而變化。相反電荷的離子形成一個擴散的外層，它靠靜電力維持停在接近表面的地方。psi（Ψ）電位定義為膠體和溶液本體交接面的電位梯度。介達（zeta）電位（ζ）是滑動平面和溶液本體間的電位梯度，與粒子電荷和電雙層的厚度有關。電雙層的厚度是由一個壓密的斯坦恩層（Stern layer）和擴散層所組成，在巨相溶液中電位則降為 0，如圖 4.1 所示。凡得瓦爾（van der Waals）吸引力在非常接近膠體粒子時，是很有效的。

膠體的穩定性來自互斥的靜電力；在親水性膠體的情況下，它則來自溶合作用，其會形成少量的水膜阻礙混凝。

介達電位

由於膠體的穩定性主要是靠靜電力，為了要誘導出膠凝和沉降，就必須中和這種電荷。儘管 psi 電位不可量測，但介達電位卻可以，因此充電的幅度和造成的穩定程度也可以明確地量測到。介達電位的定義為：

$$\zeta = \frac{4\pi\eta v}{\varepsilon X} = \frac{4\pi\eta \text{EM}}{\varepsilon} \tag{4.1}$$

其中，v = 顆粒的速度
ε = 介質的介電常數
η = 介質的黏滯度
X = 每單位電池長度的施加電壓
EM = 電泳遷移率

對於測定介達電位的實際使用情況，式 (4.1) 可以重新表示為：

$$\zeta(\text{mV}) = \frac{113{,}000}{\varepsilon} \; \eta(\text{poise})\text{EM}\left(\frac{\mu\text{m/s}}{\text{V/cm}}\right) \tag{4.2}$$

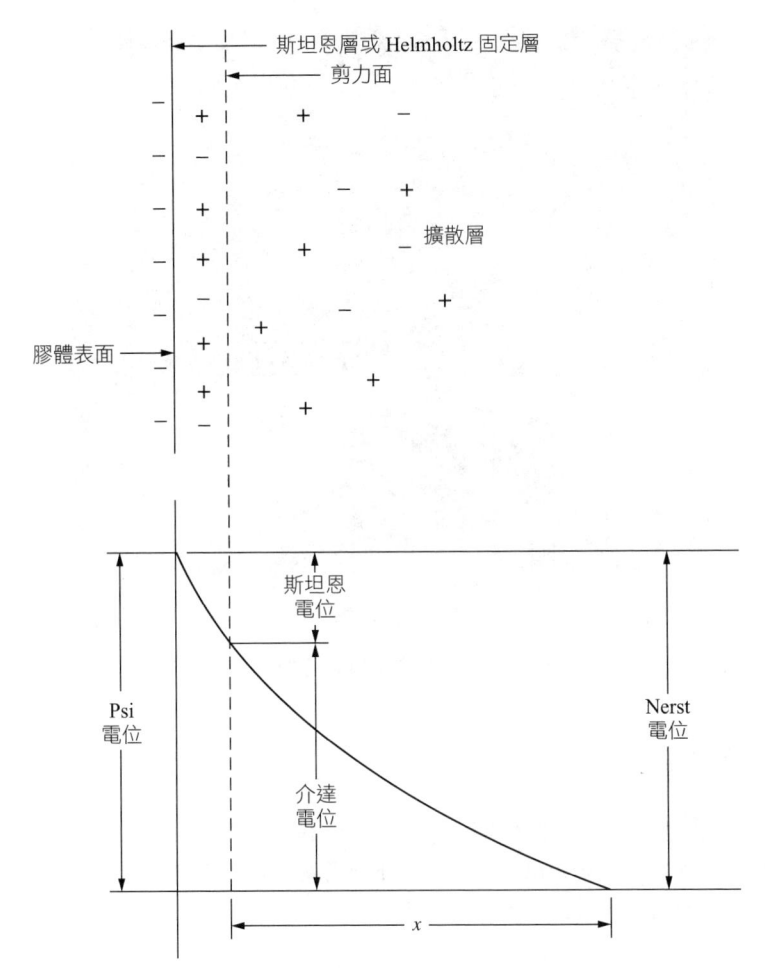

◯ 圖 4.1　膠體顆粒的電化學性質

其中，EM = 電泳遷移率，$(\mu m/s)/(V/cm)$。

在 25°C 時，式 (4.2) 簡化為：

$$\zeta = 12.8 \text{ EM} \tag{4.3}$$

介達電位是靠測量膠體顆粒橫跨電泳槽之遷移率而得，可透過顯微鏡來觀察。[2,3] 為了這個目的，幾種類型的裝置可供使用。最近發展出來的 Lazer Zee 儀不能追蹤單獨顆粒，但是可以利用旋轉的稜鏡技術，調整圖像以產生一個靜止的顆粒雲狀物，如圖 4.2 所

工業廢水污染防治

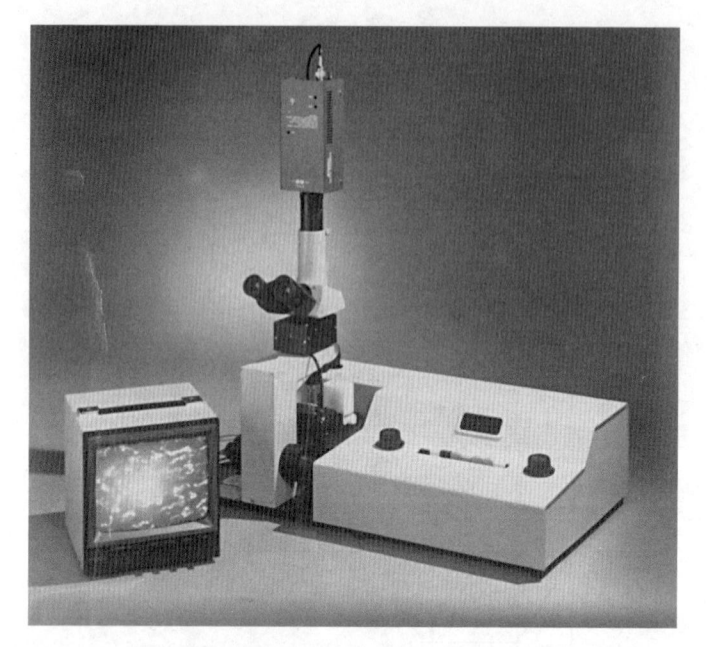

○ **圖 4.2** Lazer Zee 儀用來測定介達電位（資料來源：Penkem Inc.）

示。例題 4.1 顯示找出介達電位的計算方式。

例題 4.1 在一個長度為 10 cm 的電泳槽裡，在 6 倍的放大倍率下，格點的間距是 160 μm。在 35 V 外加電壓下計算介達電位。於格點之間的旅行時間為 42 s，溫度為 20°C。

解答

在 20 °C：

$$\eta = 0.01 \text{ poise}$$

$$\varepsilon = 80.36$$

$$\text{EM} = \frac{v}{X} = \frac{160 \text{ }\mu\text{m}/42 \text{ s}}{35 \text{ V}/10 \text{ cm}} = 1.09 \left(\frac{\mu\text{m/s}}{\text{V/cm}}\right)$$

$$\zeta(\text{mV}) = 113{,}000 \times \frac{\eta(\text{poise})\text{EM}(\mu\text{m/s})/(\text{V/cm})}{\varepsilon}$$

$$= 113{,}000 \times \frac{0.01 \times 1.09}{80.36}$$

$$= 15.3 \text{ mV}$$

混凝、沉降及金屬的去除 4

　　由於單一顆粒的遷移率通常會有一個統計上的變異性，所以對於任何一個介達電位值的取得，應將約 20 至 30 個值加以平均。對於水和廢水中的膠體，介達電位的平均值約為 − 16 mV 至 − 22 mV，而範圍在 − 12 mV 至 − 40 mV 間。[3]

　　介達電位可用下列方法來降低：
1. 改變決定電位離子的濃度。
2. 添加相反電荷的離子。
3. 靠增加溶液中離子的濃度來壓縮電雙層中的擴散部分。

　　由於絕大多數工業廢水中的膠體具有負電荷，添加高價陽離子會降低介達電位，並引起混凝現象。在三氧化二砷的沉降，陽離子價數的有效性造成的沉降動力是：

$$Na^+ : Mg^{2+} : Al^{3+} = 1 : 63 : 570$$

當介達電位為零時，會發生最佳的混凝；這是以溶液的等電點作為定義。有效的混凝通常會發生在介達電位 ±0.5 mV 的範圍。

混凝機制

　　混凝是來自兩個基本機制的結果：(1) 異向（perikinetic）〔或動電（electrokinetic）〕混凝，其介達電位（排斥力）靠相反電荷的離子或膠體減少到一個低於凡得瓦爾吸引力的程度；(2) 同向（orthokinetic）混凝，其中微胞聚集，並凝聚膠體顆粒成團塊。

　　高價陽離子的加入會減少顆粒的電荷和電雙層的有效距離，從而降低了介達電位。當混凝劑溶解，陽離子會中和膠體的負電荷。這在可見的膠羽形成之前就發生，而且在這個階段，快混讓電荷「包覆」膠體是有效的。然後微膠羽形成，它因為陽離子為 Lewis 酸吸附 OH^- 釋放 H^+，所以會在酸性範圍下保留正電荷。這些微膠羽也有助於中和包覆膠體顆粒。膠凝作用利用水合氧化物（$Fe(OH)_{3(s)}$, $Al(OH)_{3(s)}$）膠羽將膠體集結。在此階段，表面吸附也在進行中。最初沒有吸附在一起的膠體會被網集到膠羽裡而去除。

Riddick[3] 曾概述有效混凝所需的操作順序。如果有需要，應先添加鹼度（碳酸氫鈉具有提供鹼度，但不會提高 pH 值的優點）。下一步添加的是明礬或鐵鹽，使用的是鋁三價或鐵三價，和帶正電的微膠羽包覆膠體。最後添加的是如活性二氧化矽的助凝劑，和／或為形成膠羽和控制介達電位的聚電解質。在添加鹼性物質和混凝劑後，建議快混 1 至 3 分鐘，緊跟著靠長達 20 至 30 分鐘的助凝劑添加來進行膠凝。去穩定可利用添加陽離子聚合物來達成，它可以將系統帶到等電點但不改變 pH 值。雖然聚合物作為混凝劑比明礬有效 10 到 15 倍，但它們相當昂貴。混凝程序的機制，如圖 4.3 所示。

混凝劑的性質

在廢水處理的應用中，最受歡迎的混凝劑是硫酸鋁或是明礬（$Al_2(SO_4)_3 \cdot 18H_2O$），它們可以是固體或液體的形式。水中若有鹼度存在，添加明礬後的反應是：

$$Al_2(SO_4)_3 \cdot 18H_2O + 3Ca(OH)_2 \rightarrow 3CaSO_4 + 2Al(OH)_3 + 18H_2O$$

氫氧化鋁的真正化學形式為 $Al_2O_3 \cdot xH_2O$；它是酸鹼兩性的，可以作為酸或鹼。在酸性條件下：

$$[Al^{3+}][OH^-]^3 = 1.9 \times 10^{-33}$$

在 pH 4.0 下，水溶液中會有 51.3 mg/L 的鋁三價離子。在鹼性條件下，水合的鋁氧化物會解離：

$$Al_2O_3 + 2OH^- \rightarrow 2AlO_2^- + H_2O$$

$$[AlO_2^-][H^+] = 4 \times 10^{-13}$$

在 pH 9.0 下，水溶液中會有 10.8 mg/L 的鋁。

在 pH 值約 7.0 時，明礬膠羽最不容易溶解。膠羽的電荷在 pH 值低於 7.6 時是正的，在 pH 值 8.2 以上是負的。在兩者之間的膠羽電荷則各種皆有。圖 4.4 顯示它們相對於介達電位的關係。

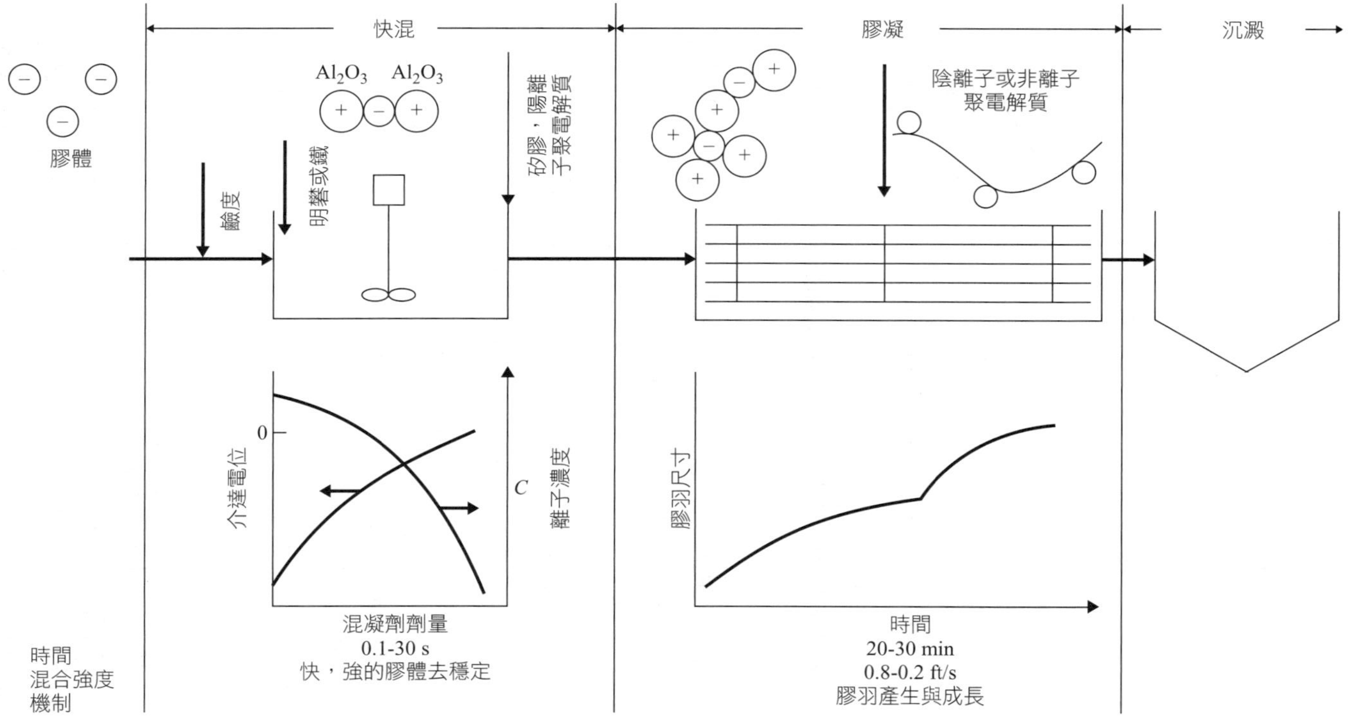

4 混凝、沉降及金屬的去除

圖 4.3　混凝機制

註：ft/s = 30.48 cm/s

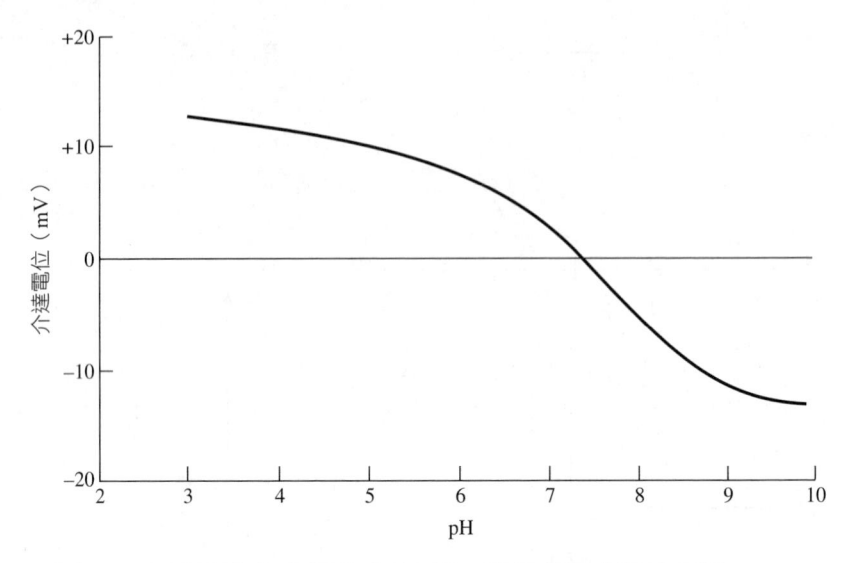

◯ 圖 4.4　電解質氫氧化鋁的介達電位 - 酸鹼值圖（資料來源：Riddick, 1964）

在一些工業廢水的處理上，高明礬的使用劑量可能會帶來明礬膠羽的延後沉降，這取決於膠凝時的 pH 值。

鐵鹽也經常作為混凝劑，但有腐蝕性和更難處置的缺點。一種不溶性的水合鐵氧化物會在 pH 值在 3.0 至 13.0 的範圍內形成：

$$Fe^{3+} + 3OH^- \rightarrow Fe(OH)_3$$

$$[Fe^{3+}][OH^-]^3 = 10^{-36}$$

膠羽電荷在酸性範圍內為正的，而在鹼性範圍內為負的，在 pH 值範圍 6.5 到 8.0 間為混合電荷。

陰離子的存在會改變有效膠凝作用的酸鹼範圍。硫酸根離子會增加酸的範圍，但減少鹼性的範圍。氯離子會稍微增加酸鹼兩種的範圍。

石灰不是一個真正的混凝劑，但會與碳酸氫鹽鹼度反應形成碳酸鈣沉降，和正磷酸鹽反應形成鹽基式磷灰石鈣的沉降。氫氧化鎂會在高 pH 值沉降。良好的澄清作用通常需要一些凝膠狀氫氧化鎂的存在，但是這會讓污泥更難脫水。石灰污泥經常可以透過濃縮、

混凝、沉降及金屬的去除 4

脫水、煅燒，將碳酸鈣轉換成石灰以便重複使用。

助凝劑

添加一些化學藥品可促進大又快速沉降的膠羽長成，進而強化混凝的作用。活性二氧化矽是一種短鏈聚合物，用來將超細氫氧化鋁的顆粒結合在一起，並產生更強硬、更持久的膠羽。在高劑量下，二氧化矽會因為它的負電性而抑制膠羽的形成。常用的劑量為 5 至 10 mg/L，且通常與明礬一起使用。

聚電解質是高分子量的聚合物，它含有可吸附基團，且在顆粒或帶電膠羽之間架橋。當少量電解質（1 至 5 mg/L）與明礬或三氯化鐵一起添加會形成大的膠羽（0.3 至 1 mm）。聚電解質幾乎完全不受 pH 值的影響，而且可以減少膠體的有效電荷，本身並可以作為一種混凝劑。聚電解質有三種：陽離子型，可吸附在負電荷的膠體或膠羽顆粒；陰離子型，可替代膠體顆粒上的陰離子基團，並允許膠體與聚合物之間形成氫鍵；非離子型，藉由在固體表面和聚合物的極性基團之間的氫鍵來吸附和膠凝。聚合物不會明顯增加溶解離子的量，並不會導致污泥量的減少，而且經常能增強脫水性能。混凝劑的一般應用，如表 4.1 所示。

混凝的實驗室控制

因為涉及的反應複雜，針對某個廢水的混凝，一定要有實驗室的試驗才能建立最佳的 pH 值和混凝劑用量。為此目的，有兩個程序可以遵循：(1) 瓶杯試驗（jar test），試驗不同的 pH 值和混凝劑用量，以找出最佳的操作條件；(2) 由 Riddick[3] 提出的介達電位控制，在零介達電位添加混凝劑。使用這兩項測試來確定最佳混凝劑用量的步驟概述如下：

1. 透過介達電位的測量[3]：
   (a) 在燒杯放入 1000 mL 的樣品。
   (b) 加入已知增量的混凝劑（最適 pH 值應以介達電位法或瓶杯試驗程序來建立）。

⇒ 表 4.1　化學混凝劑的應用

化學程序	劑量範圍 (mg/L)	pH	評析
石灰	150-500	9.0-11.0	針對膠體的混凝和磷的去除 廢水具有低鹼度和高或可變的磷含量 基本反應： $Ca(OH)_2 + Ca(HCO_3)_2 \rightarrow 2CaCO_3 + 2H_2O$ $MgCO_3 + Ca(OH)_2 \rightarrow Mg(OH)_2 + CaCO_3$
明礬	75-250	4.5-7.5	針對膠體的混凝和磷的去除 廢水具有高鹼度和低或穩定的磷含量 基本反應： $Al_2(SO_4)_3 + 6H_2O \rightarrow 2Al(OH)_3 + 3H_2SO_4$
$FeCl_3, FeCl_2$	35-150	4.0-9.0	針對膠體的混凝和磷的去除
$FeSO_4 \cdot 7H_2O$	70-200	4.0-6.0 8.0-10.0	廢水具有高鹼度和低或穩定的磷含量 在放流水中鐵的滲出是允許的且可控制的 有廉價來源的廢鐵（煉鋼廠等） 基本反應： $FeCl_3 + 3H_2O \rightarrow Fe(OH)_3 + 3HCl$
陽離子型聚合物	2-5	沒有改變	針對膠體混凝或用金屬幫助混凝 鈍性化學藥品的累積必須避免
陰離子型和一些非離子型聚合物	0.25-1.0	沒有改變	用作助凝劑來加速膠凝作用和沉澱，而且使膠羽更加強韌
增重劑和黏土	3-20	沒有改變	用於很稀釋膠體懸浮物以增加重量

    (c) 在每次添加混凝劑後，快混樣品 3 分鐘，接著慢混。

    (d) 在每次添加試劑之後，測定介達電位，並繪製結果，如圖 4.5 所示。為了維持恆定的體積，每次測定後將樣品倒回。

    (e) 如果使用聚電解質作為助凝劑，它應該最後添加。

2. 透過瓶杯試驗步驟：

    (a) 使用 200 mL 的樣品，將其放在電磁攪拌器上，逐步添加少許增量的混凝劑到自然或中性 pH。在每一次的添加後，提供 1 分鐘的快混，接著 3 分鐘的慢混。持續添加，直到一個可見的膠羽形成。

    (b) 使用劑量：六個燒杯內每個放置 1000 mL 的樣品。

    (c) 用標準鹼液或酸液，調整 pH 值到 4.0、5.0、6.0、7.0、8.0 和 9.0。添加緩衝劑是必要的，以保持混凝劑添加後的 pH 值。

混凝、沉降及金屬的去除 4

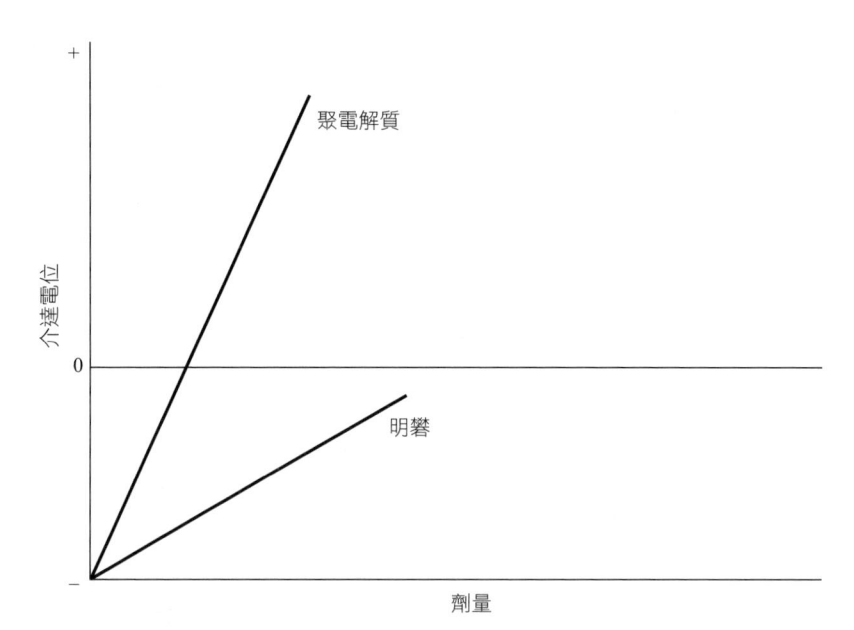

○ 圖 4.5　典型介達儀的結果

(d) 快速混合每個樣品 3 分鐘；接著，慢速膠凝作用 12 分鐘。
(e) 測量每個沉澱樣品的放流水濃度。
(f) 繪製特性（濁度或化學需氧量等）的百分比去除率相對於 pH 值的圖，並選擇最佳的 pH 值（圖 4.6）。
(g) 用這個 pH 值，重複步驟 (b)、(d)、(e)，使用不同的混凝劑用量。
(h) 繪製百分比去除率相對於混凝劑用量的圖，並選擇最佳的劑量（圖 4.6）。
(i) 如果使用聚電解質，重複上述步驟，在快混接近結束時加入聚電解質。

混凝設備

有兩個基本類型的設備，適用於工業廢水的膠凝作用和混凝程序。傳統的系統採用快混槽，接著用包含提供慢混縱向槳葉的膠凝槽。最後膠凝的混合物會在傳統的沉澱池中沉澱。

一個懸浮的污泥氈（sludge blanket）單元，結合快混、膠凝

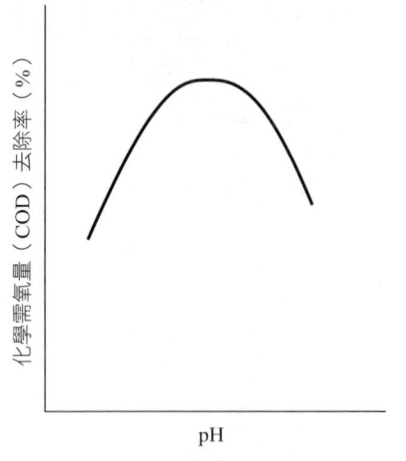

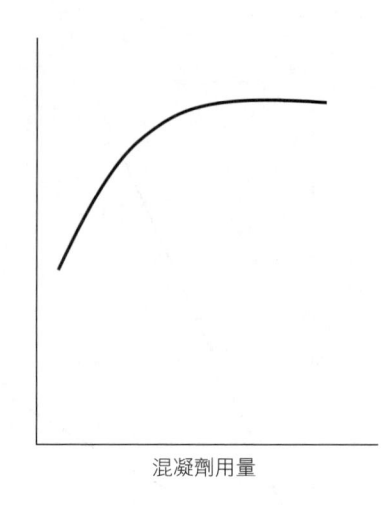

◐ 圖 4.6　瓶杯試驗的特性分析圖

及沉澱於同一個單元。雖然比起傳統系統，膠體的去穩定可能沒那麼有效，但是它在預成形膠羽的循環上有明顯的優勢。用石灰和其他幾種混凝劑，形成一個可沉澱的膠羽所需的時間是碳酸鈣或其他鈣沉降物形成結晶核所需時間的函數；其他鈣物質可以沉降在晶核上，而後長大到足夠沉澱。將先前形成的晶核植種到進流廢水，或是循環一部分沉澱的污泥，來減少混凝劑用量和膠羽形成的時間是可能的。循環預先成形的膠羽，通常可以減少化學藥品的劑量。懸浮污泥氈可用來作為提高放流水澄清度的過濾器，經常可以得到高密度污泥。圖 4.7 是一個懸浮污泥氈單元。

工業廢水的混凝

　　混凝作用可用來澄清含有膠體和懸浮固體物的工業廢水。紙板廢水使用低劑量的明礬可以有效地混凝。二氧化矽或聚電解質有助於形成快速沉澱的膠羽。典型的數據總結於表 4.2。

　　含乳化油的廢水可利用混凝程序來澄清。[7] 乳化作用可以包含水中多個油滴。這些油滴約 10^{-5} cm，能被吸附的離子穩定。乳化劑包括肥皂和陰離子活性劑。乳化作用可被添加如氯化鈣這種鹽的「鹽析」作用所打破。然後，膠凝作用會產生電性中和與網集作

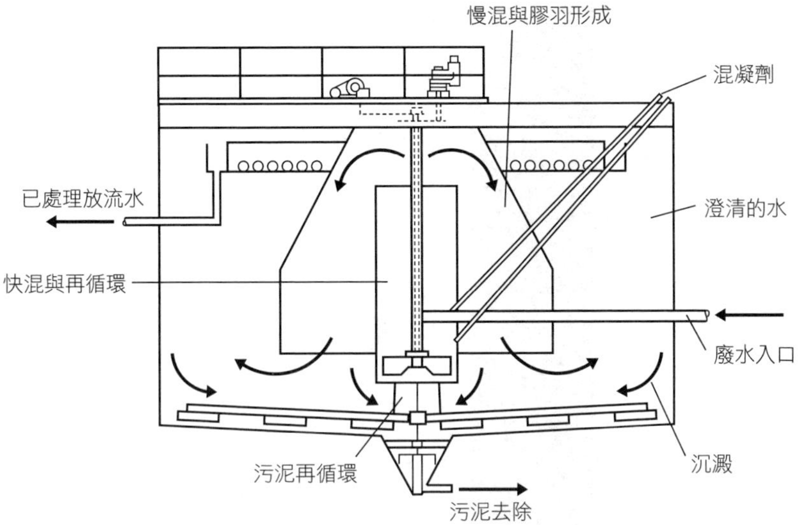
慢混與膠羽形成
混凝劑
已處理放流水
澄清的水
快混與再循環
廢水入口
污泥再循環
沉澱
污泥去除

➲ 圖 4.7　一個設計用來同時混凝和沉澱的反應器澄清池

用，導致澄清的發生。乳狀作用經常可以透過降低廢水溶液的 pH 值來被破壞。滾珠軸承製造產生的這種廢水即是一例，其中包含清洗用的肥皂和洗滌劑、水溶性研磨油、切削油，以及磷酸的清潔劑和溶劑。這個廢水已經證實可用 800 mg/L 的明礬、450 mg/L 的硫酸，以及 45 mg/L 的聚電解質有效處理。得到的結果總結在表 4.3(a)。

廢水中有陰離子界面活性劑的存在將會增加混凝劑用量。界面活性劑分子的極性端進入電雙層，並穩定負電荷的膠體。工業洗衣廢水得先用硫酸，然後使用石灰和明礬處理，導致化學需氧量（COD）從 12,000 mg/L 減少到 1800 mg/L，和懸浮固體物從 1620 mg/L 減少到 105 mg/L。化學藥品的劑量需要 1400 mg/L 的硫酸、1500 mg/L 的石灰，以及 300 mg/L 的明礬，這會產生 25% 體積比的沉澱污泥。

為了中和陰離子清潔劑，含有合成清潔劑的洗衣店廢水已使用陽離子型的界面活性劑來進行混凝，並添加鈣鹽以提供膠凝作用一個磷酸鈣的沉降。所得的典型結果總結於表 4.3(b)。 操作系統的

↑ 表 4.2　紙及紙板廢水的化學處理

廢水	進流水 BOD (ppm)	進流水 SS (ppm)	放流水 BOD ppm	放流水 SS (ppm)	pH	混凝劑 明礬 (ppm)	混凝劑 二氧化矽 (ppm)	混凝劑 其他 (ppm)	停留時間 (h)	污泥 (固體%)	備註	參考文獻
紙板		350-450		15-60		3	5		1.7	2-4		4
紙板		140-420		10-40		1		10*	0.3	2	浮除	4
紙板 †	127	240-600	44	35-85	6.7	10-12	10		2.0	2-5	950 gal/(d·ft²)	5
衛生紙	140	720	36	10-15		2	4		1.3	1.76		6
衛生紙	208		33		6.6		4					6

* 葡萄糖。
† 15,000 gal/ton 廢水。

註：gal/(d·ft²) = 4.075×10^{-2} m³/(d·m²)
　　gal/ton = 4.17×10^{-3} m³/t

表 4.3　工業廢水的混凝

(a) 滾珠軸承製造 *

	分析	
	進流水	放流水
pH	10.3	7.1
懸浮固體物（mg/L）	544	40
油和油脂（mg/L）	302	28
Fe（mg/L）	17.9	1.6
PO_4（mg/L）	222	8.5

(b) 自助洗衣店

	進流水 (mg/L)	放流水 (mg/L)
ABS	63	0.1
BOD	243	90
COD	512	171
PO_4	267	150
$CaCl_2$	480	
陽離子型的界面活性劑	88	
pH	7.1	7.7

(c) 以乳膠為主的塗料製造

	進流水 (mg/L)	放流水 (mg/L)
COD	4340	178
BOD	1070	90
總固體	2550	446

* 800 mg/L 明礬、450 mg/L 硫酸、45 mg/L 聚電解質。
† 345 mg/L 明礬、pH 3.5–4.0。

pH 值到 8.5 以上的話，會產生接近完全的磷去除。

　　洗衣廢水在 pH 值 6.4 至 6.6 下，以 2 lb 硫酸鐵/thousand gal 廢水[8]（0.24 kg/m³）的混凝劑用量，BOD 的去除已可達到 90%。

　　從乳膠製造廠來的聚合物廢水，可以在 pH 值 9.6 下，以 500 mg/L 的氯化鐵和 200 mg/L 的石灰進行混凝。化學需氧量（COD）和生物需氧量（BOD）可分別從初始值 1000 mg/L 和 120 mg/L 各去除 75% 和 94%。由此產生的污泥為 1.2% 重的固體，有 101 lb 固體/thousand gal 廢水（12 kg/m³）被處理。以乳膠為主的塗料製造廢水[8]，可以在 pH 值 3.0 至 4.0 下，以 345 mg/L 的明礬進行混凝，產生 20.5 lb 污泥/thousand gal 廢水（2.5 kg/m³），其中含 2.95% 重的固體。處理的結果總結在表 4.3(c)。在汽車裝配廠，從油漆噴塗室來的廢水可以在 pH 7.0 下，以 400 mg/L 的硫酸亞鐵來澄清，產生 8% 重的污泥。

合成橡膠廢水可以在 pH 值 6.7 下，以 100 mg/L 的明礬來處理，產生的污泥是廢水原來體積的 2%。COD 會從 570 mg/L 減少到 100 mg/L，BOD 會從 85 mg/L 減少到 15 mg/L。

蔬菜加工廢水用石灰來混凝[9]，以約 0.5 lb 石灰/lb 進流水 BOD（0.5 kg/kg）的石灰用量去除 35% 至 70% 的 BOD。紡織廢水混凝的結果，如表 4.4 所示，紙漿和造紙廠放流水顏色的去除詳

➡ 表 4.4　紡織廢水的混凝 [10,11]

工廠	混凝劑	劑量 (mg/L)	pH	顏色* 進流水	顏色* 去除率 (%)	化學需氧量 (COD) 進流水 (mg/L)	化學需氧量 (COD) 去除率 (%)
1	$Fe_2(SO_4)_3$	250	7.5–11.0	0.25	90	584	33
	明礬	300	5–9		86		39
	石灰	1200			68		30
2	$Fe_2(SO_4)_3$	500	3–4, 9–11	0.74	89	840	49
	明礬	500	8.5–10		89		40
	石灰	2000			65		40
3	$Fe_2(SO_4)_3$	250	9.5–11	1.84	95	825	38
	明礬	250	6–9		95		31
	石灰	600			78		50
4	$Fe_2(SO_4)_3$	1000	9–11	4.60	87	1570	31
	明礬	750	5–6		89		44
	石灰	2500			87		44

* 顏色是在波長為 450 nm、550 nm 及 650 nm 下的吸收度總和。

資料來源：Olthof and Eckenfelder, 1975.

表 4.5　紙漿和造紙廠放流水顏色的去除 [11,12]

工廠	混凝劑	劑量 (mg/L)	pH	顏色 進流水	去除率 (%)	化學需氧量 (COD) 進流水 (mg/L)	去除率 (%)
1	$Fe_2(SO_4)_3$	500	3.5-4.5	2250	92	776	60
	明礬	400	4.0-5.0		92		53
	石灰	1500	—		92		38
2	$Fe_2(SO_4)_3$	275	3.5-4.5	1470	91	480	53
	明礬	250	4.0-5.5		93		48
	石灰	1000	—		85		45
3	$Fe_2(SO_4)_3$	250	4.5-5.5	940	85	468	53
	明礬	250	5.0-6.5		91		44
	石灰	1000	—		85		40

資料來源：Olthof and Eckenfelder, 1975.

見表 4.5。

　　洗毛廢水使用 1 至 3 lb 氯化鈣 / lb 生物需氧量（1 至 3 kg/kg），可得到 75% 至 80% BOD 的去除。加二氧化碳的碳化作用是用來控制 pH 值。[13]

　　Talinli [14] 在 pH 值 11 和 2 mg/L 的非離子型聚電解質下，使用 2000 mg/L 的石灰處理製革廢水，如表 4.6 所示。由此產生的污泥體積量為 30%。

表 4.6　皮革廢水的混凝

參數	進流水	放流水	去除率 (%)
化學需氧量 (COD)	7800	2900	63
生物需氧量 (BOD)	3500	1450	58
硫酸根	1800	1200	33
鉻	100	3	97

資料來源：Talinli, 1994.

4.3 重金屬的去除

有許多技術可用於廢水中重金屬的去除。它們總結於表 4.7。對大多數金屬而言，化學沉降法是最常用的。一般而言，在這些廢水流互相混合之前，會先進行源頭減量與分流。常見的沉降劑包括氫氧基（OH^-）、碳酸基（CO_3^{2-}）和硫化基（S^{2-}）。透過添加石灰或苛性鹼，使其到達呈現最低溶解度時的 pH 值，而金屬會以氫氧化物的形式沉降。然而，有一些金屬化合物是酸鹼兩性的，而且展現出的溶解度也最低。最低溶解度的 pH 值隨金屬而變，如圖 4.8 所示。金屬的沉降形式可以是硫化物（圖 4.8），或者在某些情況下，也可以是碳酸鹽（圖 4.9）。針對選定的金屬離子，表 4.8 總結各種有效的沉降類型。如果要能重複使用，金屬需要去除到可以接受的水準，以減少生物處理時的毒性效應，和/或符合排放標準。

➡ 表 4.7 重金屬去除技術

傳統的沉降
氫氧化物
硫化物
碳酸鹽
共沉降
強化的沉降
二甲基硫代氨基甲酸
二乙基硫代氨基甲酸
三聚硫氰酸，三鈉鹽
其他方法
氧化/還原
離子交換
吸附
生物吸附
回收的機會
離子交換
薄膜
電解技術

混凝、沉降及金屬的去除 4

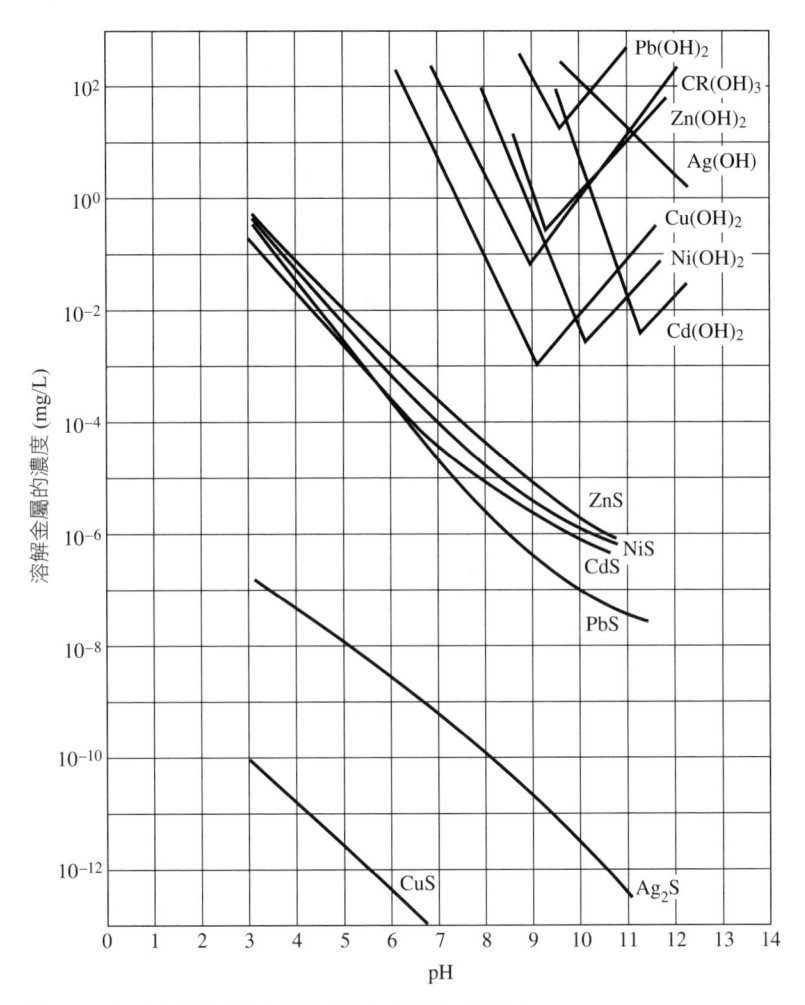

○ 圖 4.8　重金屬以氫氧化物和硫化物形式的沉降

　　在處理含有金屬的工業廢水時，經常需要進行廢水的預處理，以去除會干擾金屬沉降的物質。氰化物和氨會和許多金屬形成複合物，它會限制原本可以透過沉降而達到的去除，如圖 4.10（以氨為例）。氰化物可以用鹼性加氯法或其他程序（如碳的催化氧化）來去除。含鎳或銀的氰化物廢水，因為這些金屬複合物的反應速度慢，很難以鹼性加氯法來處理。氰化亞鐵會被氧化成氰化鐵，然後會抗拒進一步的氧化。在去除金屬之前，氨可以用氣提法、貫穿點

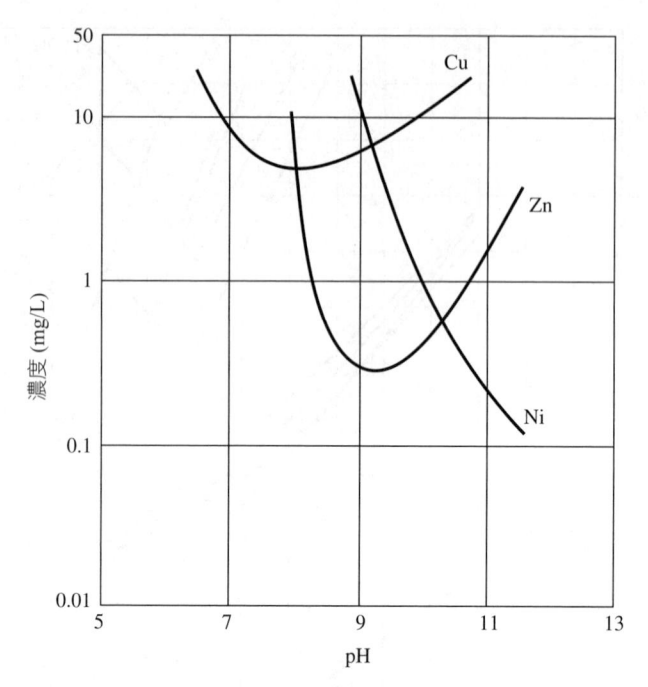

◯ 圖 4.9　使用碳酸鈉，殘餘溶解的金屬濃度

加氯法或其他合適的方法來去除。

　　對於許多金屬（如砷或鎘），和鐵或鋁的共沉降可以十分有效地去除到很低的殘留程度。在這種情況下，金屬會吸附到明礬或鐵的膠羽上。為了滿足低放流水的要求，有時可能必須提供過濾以去除那些從沉降程序帶來的膠羽。單單靠沉降和澄清作用，放流水中的金屬濃度就可高達 1 至 2 mg/L。過濾應可以將這些濃度降到 0.5 mg/L 或更低。氨基甲酸酯鹽可用來增強沉降。因為化學藥品的高成本，這種類型的沉澱，通常用在傳統沉降之後，當作最終的清淨步驟。典型的結果顯示在表 4.9。金屬可吸附於活性碳、氧化鋁、矽石、黏土和合成材料（如沸石和樹脂）而後被去除（見第 9 章）。在吸附的情況下，較高的 pH 值有利於陽離子的吸附，而較低的 pH 值則有利於陰離子的吸附。錯化劑會干擾陽離子類型的物質。主要的背景離子（如鈣或鈉離子）會有競爭性。對於鉻廢水

混凝、沉降及金屬的去除 4

➡ 表 4.8　針對選定的金屬離子，有效的沉降類型

金屬離子	沉降的類型		
	氫氧化物	硫化物	碳酸鹽
銻			
砷	X	X	
鈹		X	T
鎘	X		X
鉻	X	X	
銅	X	X	
鉛	X	X	X
汞		X	
鎳	X	X	X
硒			
銀	X	T	
鉈		T	
鋅	X	X	T
鐵	X	X	
錳	X	T	

註：X 表示這程序適用於去除該金屬離子。具有實驗室級或模廠級的數據可以確認沉降的發生。
T 表示這程序可能適用於去除該金屬離子。缺少實驗室級或模廠級的數據來確認。然而，從金屬鹽類的溶解度顯示沉降可能會發生。

的處理，必須先還原六價鉻到三價的狀態（Cr^{3+}），然後用石灰沉降。這就是所謂的還原與沉降程序。

砷

　　廢水中存在的砷和砷化合物來自於冶金工業、玻璃器皿和陶瓷生產、製革操作、染料製造、農藥生產、一些有機和無機化學藥品製造、石油煉製、稀土產業等。砷可使用化學沉降法從廢水中去除。是砷酸鹽（AsO_4^{3-}, As^{5+}）的話，比亞砒霜鹽（AsO_2^-, As^{3+}）效能更好。因此亞砒霜鹽在沉降前，通常需要先氧化成砷酸鹽。在 pH 值為 6 至 7 下，添加鈉或硫化氫，使砷以硫化物沉降，可達到放流水砷含量在 0.05 mg/L 以下。為了滿足記載的放流水濃度，通

157

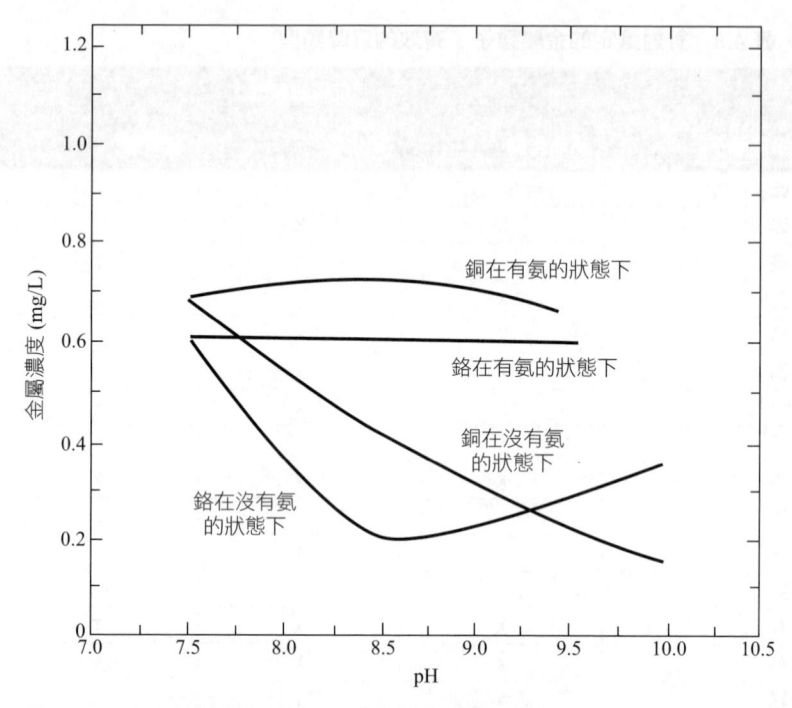

○ 圖 4.10　在有無氨的狀態下，比較金屬去除的最適 pH 值

➡ 表 4.9　添加化學藥品強化可溶性金屬透過沉降的去除

金屬	流入 (mg/L)	Ca(OH)$_2$ (mg/L)	X* (mg/L)
鎘	0.4	0.2	0.04
鉻	1.2	0.1	0.05
銅	1.3	0.1	0.05
鎳	3.5	0.9	0.67
鉛	7.4	0.4	0.35
汞	1.4	0.1	0.01
鋅	13.5	0.2	0.09

* 增強效果的化學藥品：
TMT15—三聚硫氰酸三鈉鹽
Nalfloc Nalmet 8154（二乙基硫代氨基甲酸鹽）
IMP HM1（二甲基硫代氨基甲酸鹽）

混凝、沉降及金屬的去除 4

常必須過濾放流水以進行最後的清淨動作。

低濃度的砷也可以透過活性碳過濾來減少。有報導曾指出，放流水的砷濃度可從初始濃度的 0.2 mg/L 降到 0.06 mg/L。砷利用氫氧化鐵膠羽的共沉降來去除，該膠羽綁緊砷，並將其自溶液中去除。這個程序中的放流水濃度據報導為小於 0.005 mg/L。

鋇

廢水中存在的鋇來自於塗料和顏料工業、冶金工業、玻璃、陶瓷、染料製造商，以及硫化橡膠等。鋇也曾出現在炸藥生產廢水中。鋇以硫酸鋇的形式從溶液中沉降。

硫酸鋇是極度不溶的；在鋇和硫酸的化學計量濃度下，鋇在 25°C 的最大理論溶解度約為 1.4 mg/L。有過剩硫酸存在時，鋇的溶解程度會降低。硫酸鋇鹽的混凝能夠使放流水的鋇含量減少到 0.03 至 0.3 mg/L。鋇可以從溶液中透過離子交換和電透析去除，儘管這些流程比化學沉降更昂貴。

鎘

鎘存在的廢水來自於合金冶金、陶瓷廢水、電鍍、攝影、染料工坊、紡織印染、化學工業及鉛礦場。廢水中的鎘可用沉降或離子交換法來去除。在某些情況下，如果廢水為高濃度，則可以採用電解和蒸發回收程序。鎘在鹼性 pH 值時，會形成一種不溶且高度穩定的氫氧化物。溶液中的鎘在 pH 值為 8 下約 1 mg/L，在 pH 值為 10 到 11 下約 0.05 mg/L。在 pH 值為 6.5 下，與氫氧化鐵的共沉降會將鎘減少到 0.008 mg/L；在 pH 值 8.5 下，會減少到 0.05 mg/L。硫化物和石灰沉降的過濾，在 pH 值 8.5 至 10 下，將產生 0.002 至 0.03 mg/L。若有如氰化物的錯化劑存在，鎘不會沉降。此時，有必要進行廢水的預處理以破壞錯化劑。以氰化物為例，在鎘沉降之前，氰化物的破壞是必要的。過氧化氫的氧化沉降系統已經開發完成，可以同時氧化氰化物並形成氧化鎘，從而產生可回收的鎘。鎘於氫氧化物沉降的結果，如表 4.10 所示。

➡ 表 4.10　鎘的氫氧化物沉降處理

方法	處理的 pH	初始的鎘 (mg/L)	最終的鎘 (mg/L)
氫氧化物沉降	8.0	—	1.0
	9.0	—	0.54
	10.0	—	0.10
	9.3-10.6	4.0	0.20
氫氧化物沉降加過濾	10.0	0.34	0.054
	10.0	0.34	0.033
氫氧化物沉降加過濾	11.0	—	0.00075
	11.0	—	0.00070
氫氧化物沉降加過濾	11.5	—	0.014
氫氧化物沉降加過濾	—	—	0.08
與氫氧化亞鐵的共沉降	6.0	—	0.050
與氫氧化亞鐵的共沉降	10.0	—	0.044
與明礬的共沉降	6.4	0.7	0.39

鉻

鉻廢水中常用的還原劑是硫酸亞鐵、重亞硫酸鈉或二氧化硫。硫酸亞鐵和重亞硫酸鈉可在乾燥狀態或溶液狀態進行饋料；二氧化硫則可直接從氣體鋼瓶擴散到系統。由於鉻的還原在酸性 pH 值下最有效，具有酸性性質的還原劑是最適合的。當硫酸亞鐵作為還原劑時，鐵二價（Fe^{2+}）被氧化為鐵三價（Fe^{3+}）；如果使用重亞硫酸氫鹽或二氧化硫，帶負電子的亞硫酸根 SO_3^{2-} 會轉換為硫酸根 SO_4^{2-}。一般的反應是

$$Cr^{6+} + Fe^{2+} \text{ 或 } SO_2 \text{ 或 } Na_2S_2O_5 + H^+ \rightarrow Cr^{3+} + Fe^{3+} \text{ 或 } SO_4^{2-}$$

$$Cr^3 + 3OH^- \rightarrow Cr(OH)_3 \downarrow$$

在一個氧化還原反應中，亞鐵離子可與六價鉻反應，還原鉻到三價狀態，並氧化亞鐵離子到鐵三價的狀態。在 pH 值低於 3.0 時，這種反應發生得很快。高度稀釋的硫酸亞鐵其酸性性質很低，因此必須加酸來調整 pH 值。使用硫酸亞鐵作為還原劑有以下缺點：當加入鹼時，會形成污染的氫氧化鐵污泥。為了獲得一個完整的反應，必須使用超過理論添加劑量 2.5 倍的硫酸亞鐵。

鉻的還原也可以透過使用重亞硫酸鹽或二氧化硫來達成。不論使用何者，鉻的還原反應都可透過與亞硫酸的反應而產生亞硫酸。根據質量作用定律，亞硫酸會離子化：

$$\frac{(H^+)(HSO_3^-)}{(H_2SO_3)} = 1.72 \times 10^{-2}$$

pH 值高於 4.0 時，只有 1% 的亞硫酸會以 H_2SO_3 的形式存在，且這反應是很慢的。在這反應中，需要酸來中和形成的氫氧化鈉。此反應對 pH 值和溫度有高度的依賴性。pH 值低於 2.0 時，反應幾乎是瞬間的，接近理論的要求。

1 ppm 鉻所需的化學藥品理論劑量是：

2.81 ppm 重亞硫酸鈉（97.5%）

1.52 ppm 硫酸

2.38 ppm 的石灰（90%）

1.85 ppm 的二氧化硫

在 pH 值大於 3，當一個鹼性的硫酸鉻產生時，後續中和所需的石灰量會減少。在 pH 值為 8.0 至 9.9 之間，氫氧化鉻幾乎是不溶的。實驗調查顯示，產生的污泥將會壓密到 1% 至 2% 重。

由於廢水中通常存有溶氧，必須加入過量的二氧化硫以彌補亞硫酸根氧化到硫酸根的部分：

$$H_2SO_3 + \frac{1}{2}O_2 \rightarrow H_2SO_4$$

35 ppm 過量的二氧化硫劑量通常是足夠給存在的溶氧反應。

六價鉻還原所需的酸取決於原來廢水的酸度、還原反應的 pH 值及所用還原劑的類型（如二氧化硫會產生酸，但重亞硫酸鈉不會）。由於要預測酸的需求非常困難，通常必須使用標準的酸去滴定樣品到所需的 pH 值。

許多小電鍍廠每日的總廢水量少於 30,000 gal/d（114 m³/d）。對於此類處理廠，最省錢的系統是批次處理。使用兩個槽，每個槽需可容納一天的流量，當一個槽正在進行處理時，另一個在填充。

累積的污泥不是抽出運至處置場，就是到砂乾燥床脫水。在砂床 48 小時後，可以得到一個可分離的乾餅塊。圖 4.11 顯示一個典型的批次處理系統。

當廢水每日的流量超過 30,000 到 40,000 gal（114 至 151 m^3），因為需要大型的儲槽，批次處理就行不通了。連續處理需要一個酸化和還原作用的槽體，還有一個添加石灰的攪拌槽，以及沉澱池。還原槽的停留時間依採用的 pH 值而定，但應是理論時間的至少 4 倍以達到完全的還原。通常對於膠凝作用 20 分鐘是足夠的。最終沉澱的溢流率不應該被設計為超過 500 gal/(d· ft^2)（20 m^3/ [d · m^2]）。

若清洗水的鉻含量在某些情況下有顯著變化，應在還原槽前先進行調勻，以儘量減少化學藥品饋料系統的波動。使鉻含量的波動最小化，可在沖洗水槽之前提供一個排水站。

連續鉻還原程序的成功操作，需要儀表和自動化控制。還原槽須有氧化還原的控制和 pH 值的控制。石灰的添加應該由第二個 pH 值控制系統來調控。圖 4.12 為一個連續的鉻還原 / 沉降程序。

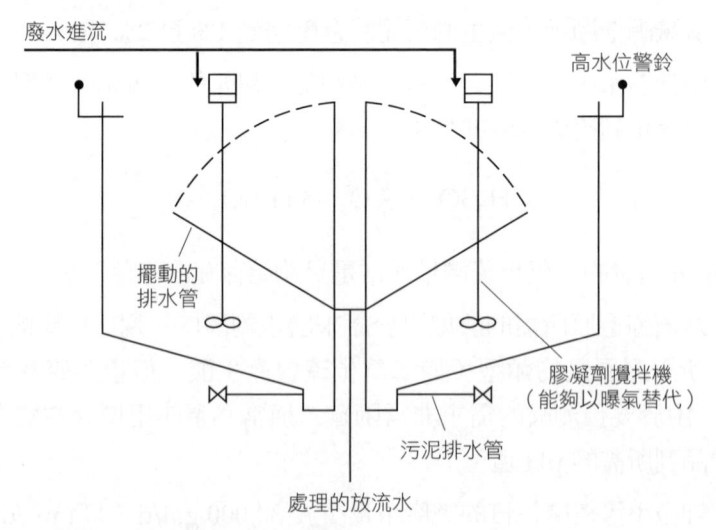

◐ 圖 4.11　鉻廢水的批次處理

混凝、沉降及金屬的去除 4

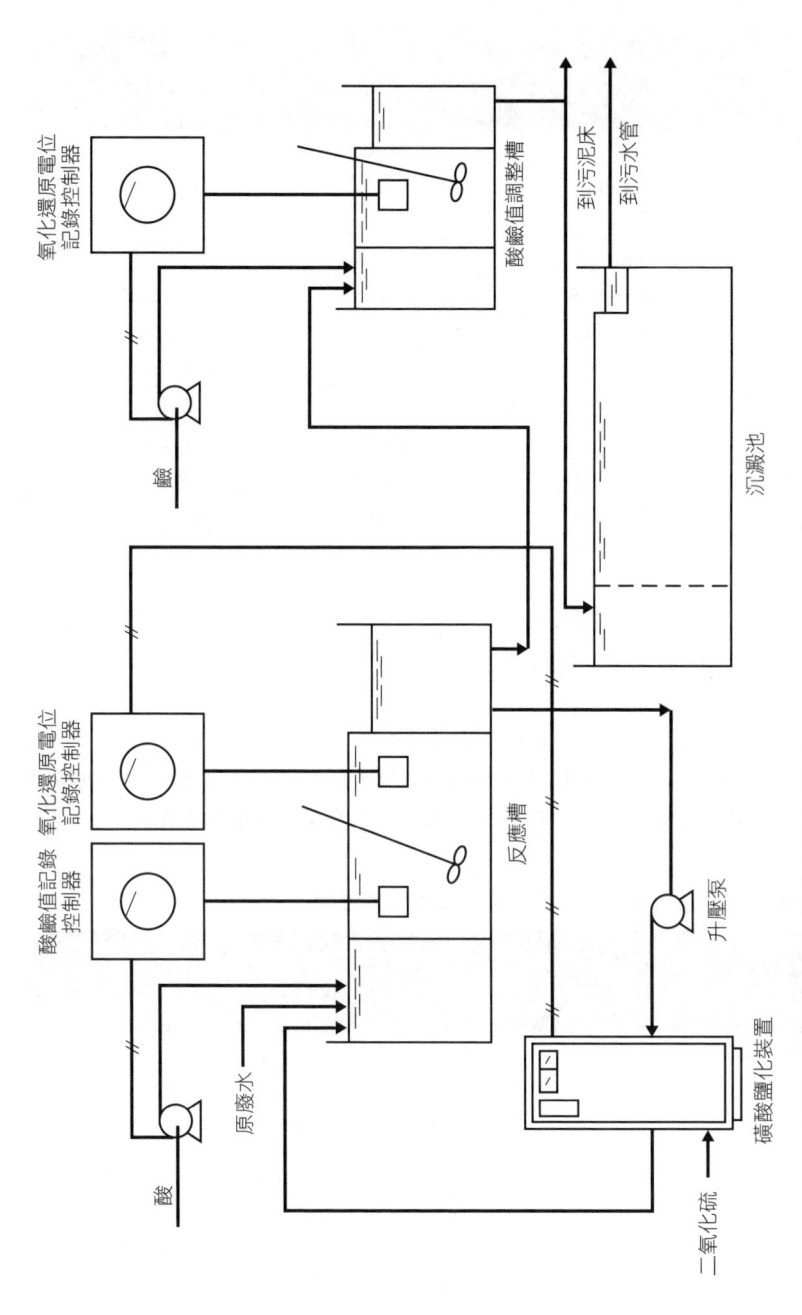

○ 圖 4.12 連續的鉻廢水處理系統（資料來源：Fischer-Porter, Inc.）

163

➡ 表 4.11　總結三價鉻處理的結果

方法	pH	鉻 (mg/L) 初始	鉻 (mg/L) 最終
沉降	7-8	140	1.0
	7.8-8.2	16.0	0.06-0.15
	8.5	47-52	0.3-1.5
	8.8	650	18
	8.5-10.5	26.0	0.44-0.86
	8.8-10.1	—	0.6-30
	12.2	650	0.3
沉降與砂濾	8.5	7400	1.3-4.6
	8.5	7400	0.3-1.3
	9.8-10.0	49.4	0.17
	9.8-10.0	49.4	0.05

表 4.11 為鉻沉降的結果。透過離子交換法來去除鉻，如表 4.12 所示。例題 4.2 為一個金屬去除的例子。

例題 4.2　每天使用二氧化硫處理含有 49 mg/L 六價鉻（Cr^{6+}）、11 mg/L 銅和 12 mg/L 鋅的 30,000 gal/d（114 m^3/d）廢水。計算化學藥品的需求量和每天的污泥產量（假設廢水含有 5 mg/L 的氧）。

➡ 表 4.12　在六價鉻去除中，離子交換法的性能

廢水來源	進流水 鉻（mg/L）	放流水 鉻（mg/L）	樹脂容量 *
冷卻塔定期排放水	17.9	1.8	5-6
	10.0	1.0	2.5-4.5
	7.4-10.3	1.0	—
	9.0	0.2	2.5
電鍍清洗水	44.8	0.025	1.7-2.0
	41.6	0.01	5.2-6.3
色素製造	1210	< 0.5	—

*lb 鉻鹽 /ft^3 樹脂。

資料來源：Patterson, 1985.

混凝、沉降及金屬的去除 4

解答

(a) 二氧化硫的需求如下。對於六價鉻：

$$1.85\left(\frac{\text{mg SO}_2}{\text{mg Cr}^{6+}}\right) \times 49(\text{mg Cr}^{6+}/\text{L}) \times 8.34\left(\frac{\text{lb/million gal}}{\text{mg/L}}\right)$$

$$\times 0.03 \text{ million gal/d} = 22.7 \text{ lb/d} \quad (10.3 \text{ kg/d})$$

對於氧，其中 1 等分的氧需要 4 等分的二氧化硫：

$$4\left(\frac{\text{mg SO}_2}{\text{mg O}_2}\right) \times 5(\text{mg O}_2/\text{L}) \times 8.34 \times 0.03 = 5.0 \text{ lb/d} \quad (2.3 \text{ kg/d})$$

$$\text{總計} = 27.7 \text{ lb/d} \quad (12.6 \text{ kg/d})$$

(b) 石灰需求如下。對於三價鉻：

$$2.38\left(\frac{\text{mg 石灰}}{\text{mg Cr}^{3+}}\right) \times 49 \times 8.34 \times 0.03 = 29.2 \text{ lb/d} \quad (13.3 \text{ kg/d})$$

對於銅和鋅（對於沉降，銅和鋅的每個等分需要 1.3 等分 90% 的石灰）：

$$1.3\left(\frac{\text{mg 石灰}}{\text{mg 銅或鋅}}\right) \times 23(\text{mg 銅和鋅}/\text{L}) \times 8.34 \times 0.03 = 7.5 \text{ lb/d} \quad (3.4 \text{ kg/d})$$

$$\text{總計} = 36.7 \text{ lb/d} \quad (16.7 \text{ kg/d})$$

(c) 污泥的產量是：

$$1.98\left(\frac{\text{mg Cr(OH)}_3}{\text{mg Cr}^{6+}}\right) \times 49 \times 8.34 \times 0.03 = 24.3 \text{ lb/d Cr(OH)}_3 \quad (11 \text{ kg/d})$$

$$1.53\left(\frac{\text{mg 污泥}}{\text{mg 銅或鋅}}\right) \times 23 \times 8.34 \times 0.03$$

$$= 8.8 \text{ lb/d Cu(OH)}_2 \text{ 和 Zn(OH)}_2 \quad (4 \text{ kg/d})$$

$$\text{總計} = 33.1 \text{ lb/d} \quad (15 \text{ kg/d})$$

如果污泥濃縮到重量比 1.5%，每天需要處理的體積可以計算如下：

$$\frac{33.1 \text{ lb/d}}{0.015 \text{ lb 固體/lb 污泥} \times 8.34 \text{ lb/gal}} = 265 \text{ gal/d} \quad (1.0 \text{ m}^3/\text{d})$$

要注意，除非添加石灰後最後的 pH 值超過 pH 9.0，否則一些銅和鋅將是可溶性的。

銅

銅在工業廢水的主要來源是金屬程序的酸洗浴和電鍍浴。銅也可能存在於各種使用了銅鹽或銅催化劑的化學藥品製造程序的廢水中。銅可用沉降或回收程序自廢水中去除；回收程序包括離子交換、蒸發和電透析等。銅金屬的回收價格經常使回收程序變得更具吸引力。離子交換或活性碳對於含有銅濃度小於 200 mg/L 的廢水是可行的處理方法。銅在鹼性條件下，以相對不溶於水的金屬氫氧化物沉降。若有高的硫酸鹽存在，硫酸鈣也將沉降，進而干擾銅污泥回收的價格。這可能會導致決定使用如氫氧化鈉般更昂貴的鹼，以獲得純的污泥。氧化銅在 pH 值 9.0 和 10.3 之間的溶解度最低，據稱為 0.01 mg/L。現場實務顯示，以目前化學沉降技術可達到的最大銅處理程度為 0.02 至 0.07 mg/L 可溶性銅。在 pH 值 8.5 下，硫化物沉降會導致放流水銅的含量在 0.01 至 0.02 mg/L。若有如氰化物和氨等錯化劑的存在，很難達到低的銅殘留濃度。要得到高濃度銅的去除，透過預處理先去除錯化劑是關鍵。氰化銅可在活性碳上有效地去除。銅在氫氧化物沉降後的結果總結於表 4.13。

氟化物

氟化物的存在來自於玻璃製造、電鍍、鋼鐵和鋁生產，以及農藥和化肥生產的廢水。氟化物利用石灰以氟化鈣的沉降來去除。10 至 20 mg/L 的放流水濃度隨手可得。在 pH 值高於 12 下，石灰的沉降會有固體去除、沉澱性不佳及過濾濾渣濃縮的問題。據報導，鎂會增強氟化物的去除。原因是氟離子會吸附在氫氧化鎂的膠羽上，使放流水氟濃度低於 1.0 mg/L。明礬共沉降將導致放流水在 0.5 至 2.0 mg/L 的水準。低濃度的氟化物可以透過離子交換法去除。氟化物的去除可透過經鋁鹽預處理與再生的離子交換法，這是因為氫氧化鋁沉降在離子交換樹脂的管柱床上。氟化物可透過活性氧化鋁的接觸床去除，該接觸床可在石灰沉降之後，作為最終清淨單元。來自於石灰沉降程序的 30 mg/L 的氟濃度，一旦通過活性氧化鋁接觸床，就會減少成約 2 mg/L。氟化物處理程序和所達到

混凝、沉降及金屬的去除 4

➡ 表 4.13　總結銅經氫氧化物沉降處理後的結果

來源（處理）	銅濃度 (mg/L) 初始	最終
金屬程序（石灰）	204-385	0.5
非鐵金屬程序（石灰）	—	0.2-2.3
金屬程序（石灰）	—	1.4-7.8
電鍍（苛性鹼、蘇打 + 聯氨）	6.0-15.5	0.09-0.24（溶液） 0.30-0.45（總）
機械電鍍（石灰 + 混凝劑）	—	2.2
金屬加工業（石灰）	—	0.19 平均
黃銅工廠（石灰）	10-20	1-2
電鍍（氰化物氧化、鉻還原與中和）	11.4	2.0
木材防腐（石灰）	0.25-1.1	0.1-0.35
黃銅工廠（聯氨 + 苛性鹼）	75-124	0.25-0.85
銀電鍍（氰化物氧化、石灰 + 氯化鐵 + 過濾）	30（平均）	0.16-0.3
硫酸銅製造（石灰）	433	0.14-1.25（0.48 平均）
積體電路製造（石灰）	0.23	0.05

資料來源：Patterson, 1985.

的處理水準彙整如表 4.14。

鐵

鐵存在於種類繁多的工業廢水中，包括採礦作業、礦石磨粉、化學工業廢水、染料製造、金屬加工、紡織工廠、石油煉製等。鐵以二價鐵或三價鐵的形式存在，這完全取決於 pH 值和溶解氧的濃度。在中性 pH 和有氧的存在時，可溶性二價鐵會氧化為三價鐵，而這三價鐵會立即水解，形成不溶性的氫氧化鐵沉降。在高的 pH 值下，氫氧化鐵透過形成 $Fe(OH)_4^-$ 的複合物而溶解。在氰化物的存在下，三價鐵和二價鐵也可以形成氰亞鐵酸鹽和氰鐵酸鹽的複合物而溶解。鐵的主要去除程序是將二價鐵轉換到三價鐵的狀態，並且在相對溶解度最低的 pH 值接近 7 下，以氫氧化鐵沉降。在 pH 值為 7.5 下曝氣，二價鐵到三價鐵的轉換迅速發生。若有溶解有機物的存在，鐵氧化速率會降低。兩階段的氫氧化物沉降或硫酸鹽沉

➡ 表 4.14　總結氟離子處理程序及可達到的處理程度

處理程序	氟濃度 (mg/L) 初始	氟濃度 (mg/L) 最後	當今的應用
石灰		10	工業
石灰	1000–3000	20	工業
石灰	500–1000	20–40	工業
石灰	200–700	6（16-h 沉澱）	工業
石灰	45	8	工業
石灰	4–20	5.9（平均）	工業
石灰	590	80	工業
石灰	57.8	29.1（平均） 14–16(最佳)	工業
石灰	93,000	0.8–8.8	工業（模廠級）
石灰	—	10.6（澄清）	工業
		10.4（過濾）	
石灰，二階段	1,460	9	工業
石灰 + 氯化鈣	—	12	工業
石灰 + 明礬	—	1.5	工業
石灰 + 明礬	2,020	2.4	工業（模廠級）
碳酸鈣 + 石灰，二階段	11,100	6	工業

資料來源：Patterson, 1985.

降將會減少鐵到 0.01 mg/L。

鉛

　　鉛存在於蓄電池生產的廢水。鉛一般都是以碳酸鹽（$PbCO_3$）或氫氧化物（$Pb(OH)_2$）的沉降從廢水中去除。添加蘇打粉可有效形成碳酸鹽沉降鉛，造成放流水中溶解的鉛濃度，在 pH 值 9.0 至 9.5 為 0.01 至 0.03 mg/L。在 pH 值 11.5 下，用石灰來沉降會導致放流水濃度在 0.019 至 0.2 mg/L。在 pH 值 7.5 至 8.5 下，鉛以硫化鈉來形成硫化物的沉降，鉛濃度可以達到 0.01 mg/L。

錳

　　錳及其鹽類可在鋼合金的生產、乾電池、玻璃與陶瓷、油漆與釉料、油墨與染料等廢水中出現。在錳的眾多形式和化合物裡，唯獨錳鹽和高度氧化的過錳酸鹽陰離子有明顯的可溶性。後者是一種強氧化劑，它在正常情況下會還原到不溶性的二氧化錳。去除錳的處理技術涉及將可溶性錳離子轉化為不溶性的沉降物。造成去除是靠錳離子的氧化，以及所產生的不溶性氧化物及氫氧化物的分離。錳離子與氧的反應性很低，在 pH 值低於 9 下，簡單的曝氣並不是一個有效的技術。有報告指出，即使在高 pH 值，溶液中的有機物也可以與錳結合，並防止其被簡單的曝氣來氧化。要以沉降達到錳顯著的減少，反應的 pH 值需要在 9.4 以上。利用化學氧化劑伴隨混凝和過濾可以將錳離子轉換成不溶性的二氧化錳。銅離子能強化錳於空氣中的氧化，而且二氧化氯能迅速將錳氧化成不溶於水的形式。過錳酸鹽已成功地運用於錳的氧化。臭氧和石灰已經一起使用於錳的氧化和去除。應用離子交換的缺點是，不相干離子的去除沒有選擇性，從而增加了作業成本。

汞

　　在美國，汞的主要消費用戶是氯鹼產業。汞也可用於電機和電子工業、炸藥製造、攝影業、農藥和防腐劑產業。化工和石化業使用汞作為催化劑。汞也出現在大多數實驗室的廢水中。發電是汞的一大來源，因為汞會透過化石燃料的燃燒被排放到環境中。當火力發電廠煙囪有安裝洗滌設備來去除二氧化硫時，如果有大規模的循環，汞可能會累積。透過沉降、離子交換及吸附，汞可以從廢水中去除。一旦接觸到其他如銅、鋅或鋁的金屬，汞離子可以被還原。在大多數情況下，汞的回收可用蒸餾法來達成。為了沉降，汞化合物必須氧化成汞離子。表 4.15 呈現以各種技術處理後放流水可達到的水準。

➡ 表 4.15 汞去除時放流水的水準

技術	放流水 (μg/L)
硫化物沉降	10-20
明礬共沉降	1-10
鐵的共沉降	0.5-5
離子交換	1-5
碳的吸附	
進流水	—
高	20
中	2
低	0.25

鎳

含鎳廢水源自於金屬加工、鋼鐵鑄造業、汽車和飛機工業、印刷，以及某些化學工業。在如氰化物的錯化劑存在下，鎳可能會以可溶性的複合物形式存在。氰化鎳複合物的存在會干擾氰化物和鎳的處理。一旦添加石灰後，鎳形成不溶性的氫氧化鎳，導致在 pH 10 至 11 間有一個最低的溶解度為 0.12 mg/L。氫氧化鎳沉降物的沉降性差。鎳也可伴隨著回收系統，以如碳酸鹽或硫酸鹽沉降。在實務中，添加石灰（pH 值 11.5）可預期在沉澱和過濾後，產生等級為 0.15 mg/L 的殘留鎳濃度。假如廢水中的鎳濃度夠高，鎳的回收可透過離子交換或蒸發回收來達成。鎳沉降的結果顯示在表 4.16。

硒

硒可能存在於各類紙張、飛灰，以及金屬硫化物礦石中。硒離子似乎是硒在廢水中最常見的形式，除了色素和染料中會含有硒化物（黃色硒化鎘）外。硒可在 pH 值為 6.6 下，從廢水中以硫化物沉降來去除，放流水為 0.05 mg/L。在 pH 6.2 下，氫氧化鐵的共沉降會將硒減少到 0.01 至 0.05 mg/L 的範圍。氧化鋁的吸附導致放流水在 0.005 至 0.02 mg/L。

混凝、沉降及金屬的去除 4

➡ 表 4.16　鎳在電鍍廢水中的沉澱，石灰相對於石灰＋硫化物法的比較 [16]

參數	廢水		
	A	B	C
處理的酸鹼值	8.5	8.75	9.0
初始的鎳（mg/L）	119.0	99.0	3.2
石灰處理			
澄清池的放流水	12.0	16.0	0.47
過濾的放流水	9.4	12.0	0.07
石灰 + 硫化物			
澄清池的放流水	11.0	7.0	0.35
過濾的放流水	3.5	4.2	0.20

資料來源：Robinson and Sum, 1980.

銀

可溶性的銀，通常以硝酸銀的形式出現在瓷器、攝影、電鍍、油墨製造業的廢水中。由於銀金屬的價值高，去除銀的處理技術通常會優先考慮回收。基本的處理方法包括沉降、離子交換、還原交換及電解回收。銀常以氯化銀沉降的方式自廢水去除，而氯化銀是一個不溶性極高的沉降物，使最大的銀濃度在 25 ºC 為約 1.4 mg/L。過量的氯化物會使銀的濃度比 1.4 mg/L 低，但若過量濃度太大，會產生可溶性氯化銀複合物，進而增加銀的溶解度。在初始廢水沒有分流或與其他金屬並流沉降的條件下，銀可以從混合金屬廢水中以氯化銀的形式進行選擇性沉降。如果處理的條件為鹼性，導致其他金屬隨著氯化銀以氫氧化物沉降，那麼沉降污泥的酸性洗滌將可去除污染的金屬離子，留下不溶性的氯化銀。電鍍廢水中的銀會以氰化銀形式呈現，它會干擾銀以氯鹽形式沉降。用氯氧化氰化物會釋放氯離子到溶液中，此氯離子循序地直接與銀離子反應形成氯化銀。在攝影沖洗溶液中，硫化物會以極不溶於水的硫化銀形式來沉降銀。離子交換已用來從廢水中去除可溶性的銀。活性碳可以去除低濃度的銀。研究結果顯示，碳在 pH 值為 2.1，能夠將銀保留在其原來重量的 9%；在 pH 值為 5.4 下，能夠將銀保留在其原

171

來重量的 12%。明礬或鐵的共沉降將減少銀到 0.025 mg/L。在 pH 值為 11.0 下，氫氧化物的沉降將減少銀到 0.02 mg/L。

鋅

含鋅之廢水流來自鋼鐵廠、人造絲紗和纖維製造廠、地板木漿生產，和採用陰極處理的循環冷卻水系統等。鋅也存在於來自電鍍和金屬加工行業的廢水。鋅可採用石灰或液鹼形成的氫氧化鋅沉降來去除。添加石灰的缺點是，廢水中存有高硫酸時所產生的硫酸鈣共沉降。在 pH 值為 11.0 下，放流水中可溶性鋅已經可以達到低於 0.1 mg/L。鋅是兩性金屬，在更高和更低的 pH 值下會增加溶解度。表 4.17 列出氫氧化物沉降的結果。鋅廢水逆滲透處理的結果，如表 4.18 所示。電解處理含氰化鋅廢水的結果，如表 4.19 所示。

4.4　總結

去除金屬程序可達到的放流水濃度總結於表 4.20。一個相當於最佳可行技術（BAT）的金屬去除表現，總結於表 4.21。去除金屬的詳細討論已經由 Patterson[15] 提出。

➡ 表 4.17　總結鋅廢水採用氫氧化物沉降處理的結果

工業來源	鋅濃度 (mg/L) 初始	鋅濃度 (mg/L) 最終	評析 *
鋅電鍍	—	0.2–0.5	pH 8.7–9.3
一般電鍍	18.4	2.0	pH 9.0
	—	0.6	砂濾
	55–120	1.0	pH 7.5
	46	2.9	pH 8.5
		1.9	pH 9.2
		2.8	pH 9.8
		2.9	pH 10.5
硫化纖維	100–300	1.0	pH 8.5–9.5
餐具工廠	16.1	0.02–0.23	砂濾
嫘縈	26–120	0.86–1.5	—
	70	3–5	pH 5
	20	1.0	—
金屬構造物	—	0.5–1.2	沉澱
		0.1–0.5	砂濾
冷卻水箱製造		0.33–2.37	沉澱
		0.03–0.38	砂濾
鼓風爐氣體洗滌水	50	0.2	pH 8.8
鋅的精煉	744	50	
	1500	2.6	
鐵合金廢水	11.2–34	0.29–2.5	
	3–89	4.2–7.9	
鐵的鑄造	72	1.26	沉澱
		0.41	砂濾
深煤礦——酸洗水	33–7.2	0.01–10	

* 所有的處理涉及沉降＋沉澱。特別處理或其他觀點顯示在評析之下。

資料來源：Patterson, 1985.

➡ 表 4.18　鋅廢水採用逆滲透處理模廠級的結果 [17]

工業來源	鋅濃度 (μg/L) 饋料	滲出液	去除率 (%)
氰化鋅電鍍清洗水	1,700	30	98
汽電共生廠	300	53	82
	780	3	99
紡織工廠	7,200	140	98
	5,400	6,600	-20
	460	250	46
	520	360	31
	7,200	360	95
	1,400	30	98
	4,100	180	96
	1,200	22	98
	24,000	430	98
	9,700	37	> 99
冷卻水塔排放水	10,000	300	97

資料來源：Cawley, 1980.

➡ 表 4.19　氰化鋅廢水的電解處理

廢水	參數	濃度 (mg/L) 初始	最終
A	鋅	352	0.7
	氰化物	258	12.0
B	鋅	117	0.3
	銅	842	0.5
	氰化物	1230	< 0.1

混凝、沉降及金屬的去除 4

➡ 表 4.20　重金屬去除可達到的放流水水準 [14]

金屬	可達到的放流水濃度 (mg/L)	技術
砷	0.05	硫化物沉降與過濾
	0.06	碳吸附
	0.005	氫氧化鐵共沉降
鋇	0.5	硫酸鹽沉降
鎘	0.05	在 pH 值為 10-11 下氫氧化物沉降
	0.05	以氫氧化鐵共沉降
	0.008	硫化物沉降
銅	0.02–0.07	氫氧化物沉降
	0.01–0.02	硫化物沉降
汞	0.01–0.02	硫化物沉降
	0.001–0.01	明礬共沉降
	0.0005–0.005	氫氧化鐵共沉降
	0.001–0.005	離子交換
鎳	0.12	在 pH 值為 10 下氫氧化物沉降
硒	0.05	硫化物沉降
鋅	0.1	在 pH 值為 11 下氫氧化物沉降

➡ 表 4.21　總結相當於最佳可行技術處理的表現

組成	相當於最佳可行技術處理後的濃度 (μg/L)（30-d 平均）	處理技術
砷	200	1. 亞砒酸鹽 (As^{+3}) 氧化到砷酸鹽 (As^{+5}) 2. 石灰沉降，或鐵或明礬共沉降 (3-6 μg/L) 3. 重力澄清
鋇	1000	1. 亞硫酸鹽沉降 2. 混凝：以 BaSO$_4$ 沉降；30-300 μg/L 3. 重力澄清
鎘	100	1. 高 pH 沉降，50 μg/L；在 pH 值為 10-11 下，以 Fe(OH)$_3$ 共沉降；在 pH 值為 6.5 下，達 8 μg/L 2. 石灰法的重力澄清或苛性鹼的過濾；硫化物沉降：5-10 μg/L
六價鉻	50	1. 在酸性下還原成三價鉻，或在 pH 低於 6.0 下進行離子交換；pH 值為 2-3
總鉻	500	1. 沉降（氫氧化物沉降） 2. 石灰法的重力澄清或苛性鹼的過濾；石灰法可以產生較佳的沉澱

➡ 表 4.21　總結相當於最佳可行技術處理的表現（續）

組成	相當於最佳可行技術處理後的濃度 (μg/L)（30-d 平均）	處理技術
銅	400	1. 沉降；氫氧化物沉降；pH 8.5；硫化物沉降 10 μg/L 2. 重力澄清
氟化物	10,000	1. 高 pH 下的石灰沉降法 2. 重力澄清
鐵	1500	1. 二價鐵在中性 pH 下氧化成三價鐵 2. 沉降 3. 重力澄清或過濾
鉛	150	1. 高 pH 下沉降（氫氧化物沉降）；pH 11.5；碳酸鹽 pH 9-9.5，10-30 μg/L；硫化物 10 μg/L 2. 石灰法的重力澄清或苛性鹼的過濾
汞	3	1. 離子交換或混凝＋過濾；汞必須氧化成離子形式；硫化物 10-20 μg/L；共沉降＋過濾
鎳	750	1. 高 pH 下沉降；氫氧化物沉降；pH 9-12；石灰和硫化物，40 μg/L 2. 重力澄清和／或過濾
銀	100	1. 離子交換或氯化鐵共沉降＋過濾
鋅	500	1. 在最佳 pH 下沉降；使用石灰或苛性鹼成 Zn(OH)$_2$；pH 9-9.5 和 11 2. 重力澄清和／或過濾

4.5　問題

4.1. 一個金屬加工廠有 72,000 gal/d（273 m^3/d）的污水流量，具有以下特點：

六價鉻　75 mg/L

銅　10 mg/L

鎳　8 mg/L

設計一個還原和沉降工廠，為

1. 連續流
2. 批次流
   (a) 使用二氧化硫作為還原劑時，逐步找出氧化還原電位（ORP）的控制點。

(b) 計算污泥量和乾燥床面積，假設污泥濃縮到 2% 適用於深度 18 in（0.46 m）的乾燥床，而且每五天去除 12%。

(c) 計算殘餘的可溶性金屬，如果沉降的 pH 值最終為 8.5。

參考文獻

1. Mysels, K. J.: *Introduction to Colloid Chemistry*, Interscience Publishers, New York, 1959.
2. Black, A. P., and H. L. Smith: J. *Am. Water Works Assoc.*, vol. 54, p. 371, 1962.
3. Riddick, T. M.: *Tappi*, vol. 47, pt. 1, p. 171A, 1964.
4. Palladino, A. J.: *Proc. 10th Ind. Waste Conf.*, May 1955, Purdue University.
5. Knack, M. F.: *Proc. 4th Ind. Waste Conf.*, 1949, Purdue University.
6. Leonard, A.G., and R.G. Keating: *Proc. 13th Ind. Waste Conf.*, 1946, Purdue University.
7. Bloodgood, D., and W. J. Kellenher: *Proc. 7th Ind. Waste Conf.*, 1952, Purdue University.
8. Eckenfelder, W. W., and D. J. O'Connor: *Proc. 10th Ind. Waste Conf.*, May 1955, p. 17, Purdue University.
9. Webster, R. A.: *Sewage Ind. Wastes*, vol. 25, pt. 12, p. 1432, December 1953.
10. Olthof, M. G., and W. W. Eckenfelder: *Textile Chemist and Colorist*, vol. 8, pt. 7, p. 18, 1976.
11. Olthof, M. G., and W. W. Eckenfelder: *Water Res.*, vol. 9, p. 853, 1975.
12. Southgate, B. A.: *Treatment and Disposal of Industrial Waste Waters*, His Majesty's Stationery Office, London, 1948, p. 186.
13. McCarthy, Joseph A.: *Sewage Works* J., vol. 21, pt. 1, p. 75, January 1949.
14. Talinli, I.: Wat. Sci. Tech., 29, 9, p. 175, 1994.
15. Patterson, J. W.: *Industrial Wastewater Treatment Technology*, Butterworth Publishers, Boston, 1985.
16. Robinson, A., and J. Sum: U.S. EPA 600/2-80-139, June 1980.
17. Cawley, W. (ed.): *Treatability Manual*, vol. 3rd, U.S. EPA 600/8-80-042-C, July 1980.

5

曝氣與質量傳送

5.1 簡介

曝氣（aeration）是用來傳輸氧到生物處理程序，從廢水中氣提（stripping）溶劑，並且去除揮發性氣體，如 H_2S 和 NH_3。足量的氧供應對於好氧生物處理非常重要。曝氣也會消耗大量能源，是處理系統中較昂貴的部分。由於曝氣設備會提供紊流（turbulence），混合（mixing）便成為設計和操作上的一個重要因素。本章描述氧傳輸的機制、常用於工業廢水處理的曝氣設備，以及揮發性有機物的氣提。

5.2 氧傳輸機制

曝氣是一種氣液質傳程序；偏離平衡造成的驅動力會使這個程序中發生相間擴散（interphase diffusion）。在氣相，驅動力是一種分壓梯度；在液相，它則是一個濃度梯度。

溶解氣體在液體中的分子擴散率，是依照氣體和液體的特性、溫度、濃度梯度及擴散會發生的截面積而定。擴散的程序乃由菲克定律（Fick's law）所定義：

$$N = -D_L A \frac{dc}{dy} \qquad (5.1)$$

其中， N = 單位時間內的質傳
　　　A = 擴散會發生的橫截面積
　　　dc/dy = 垂直於橫截面積的濃度梯度
　　　D_L = 通過液膜的擴散係數

假設平衡狀態存在於氣液交界面，質傳程序可以重新表示為：

$$N = \left(-D_g A \frac{dp}{dy}\right)_1 = \left(-D_L A \frac{dc}{dy}\right)_2 = \left(-D_e A \frac{dc}{dy}\right)_3 \qquad (5.2)$$

其中，D_g = 通過氣膜的擴散係數
　　　D_e = 在液體主體內，氣體的渦流擴散係數
　　　D_L = 通過液膜的擴散係數

因為用於廢水處理的系統涉及高度的紊流，渦流擴散（eddy diffusivity）將大於分子擴散係數好幾個等級（十倍為一等級），而且它不需要被視為速率控制的步驟。唯一的例外可能是大型的氧化塘或流動河流的曝氣。

Lewis 和 Whitman [1] 發展出雙膜概念，認為氣體和液體交界面的兩側會有停滯的雙膜，而質量傳送必然會通過它們。式 (5.2) 可依液膜和氣膜而重新表示為：

$$N = K_L A(C_s - C_L) = K_g A(P_g - P) \qquad (5.3)$$

其中，N = 每單位面積傳送的氧量
　　　A = 交界面的表面積
　　　C_s = 氧的飽和濃度
　　　C_L = 在液體中氧的濃度
　　　D_L = 通過液膜的擴散係數（依式 (5.2) 定義）
　　　D_g = 通過氣膜的擴散係數（依式 (5.2) 定義）
　　　K_L = 液膜質傳係數，定義為 D_L/Y_L
　　　K_g = 氣膜質傳係數，定義為 D_g/Y_g
　　　P_g = 氣膜外的氣體濃度

P = 交界面的氣體濃度

Y_L = 液膜厚度

Y_g = 氣膜厚度

對於難溶氣體（如氧和二氧化碳），液膜的阻力控制質傳的速率；對於具有高度可溶性的氣體（如氨），氣膜的阻力控制傳送速率。廢水處理中，大多數的質傳應用是由液膜控制。增加流體的紊流將降低膜的厚度，從而增加液膜的質傳係數（K_L）。Danckwertz[2] 定義液膜質傳係數為擴散係數和表面更新率乘積的平方根：

$$K_L = \sqrt{D_L r} \tag{5.4}$$

表面更新率（r）可視為一種頻率，具溶質濃度 C_L 的流體在交界面依此頻率來取代具飽和濃度 C_s 的流體。高度的流體紊流會使 r 增加。

Dobbins[3] 提出了描述上述傳輸機制的關係式：

$$K_L = (D_L r)^{1/2} \coth\left(\frac{rY_L^2}{D_L}\right)^{1/2} \tag{5.5}$$

當表面更新率是零，K_L 等於 D_L/Y_L，而且通過表面膜的傳輸是由分子擴散所控制。隨著 r 的增加，K_L 最後等於 $\sqrt{D_L r}$ 且傳輸成為表面更新率的函數。

對於液膜控制的程序，式 (5.3) 可用濃度單位重新表示：

$$\frac{1}{V}N = \frac{dc}{dt} = K_L \frac{A}{V}(C_s - C_L) \tag{5.6}$$

其中 V 是液體的體積，而

$$K_L \frac{A}{V} = K_L a$$

$K_L a$ 是一個整體的膜質傳係數，通常用來計算傳輸速率。

在廢水處理中，曝氣最重要的應用為：(1) 將氧傳送到生物處理程序；以及 (2) 河流和其他水道的自然再曝氣。

與水接觸的氧平衡濃度（C_s），乃由亨利定律（Henry's Law）定義：

$$p = HC_s \tag{5.7}$$

其中，p = 氧在氣相的分壓，而 H = 亨利常數，它與溫度成正比，且會受到溶解固體物（dissovled solids）的影響。

表 5.1 總結了不同溫度下，氧在水中的溶解度。當溫度和溶解固體物濃度增加，亨利常數也隨之增加，從而減少了 C_s。因此，工業廢水通常需要用實驗來量測氧的溶解度。

曝氣槽中，在一個加深的液體深度下釋放空氣，氧的溶解度同時會受到兩種影響，空氣進入曝氣槽增加的分壓和當氧被吸收後氣泡內減少的分壓。對於這些情況，可用對應於曝氣槽中間深度的平均飽和值：

$$C_{s,m} = C_s \times \frac{1}{2}\left(\frac{P_b}{P_a} + \frac{O_t}{20.9}\right) \tag{5.8}$$

其中，P_a = 大氣壓力

P_b = 在空氣釋放處深度的絕對壓力

O_t = 離開曝氣槽之空氣中的氧百分比濃度

Mueller 等人 [4] 證明，氧的飽和度不僅是沉浸程度，而且也是擴散器（diffuser）形式的函數。粗氣泡單元所提供乾淨水的飽和度，比細氣泡或噴射擴散器更低。飽和度似乎與氣泡的大小和水流混合的形式有關。而且實際數據似乎顯示，0.25 深度對於細氣泡擴散器（fine bubble diffusers）可能更正確（Schmit 等人 [5]）。因此在可能的情況下，氧的飽和度應該從實際的數據來決定。

考慮到廢水的成分，須使用一個因子來校正：

$$\beta = \frac{C_s \text{ 廢水}}{C_s \text{ 自來水}}$$

美國土木工程師學會（American Society for Civil Engineers, ASCE）有關氧傳輸的委員會 [19] 建議使用總溶解固體物（TDS）校正來決定 β，如表 5.1 所示。

5 曝氣與質量傳送

➡ 表 5.1　氧在不同的溫度、高度及總溶解固體物下的溶解度

溫度		高度 (ft)							總溶解固體物（海平面）(ppm)				
°F	°C	0	1000	2000	3000	4000	5000	6000	0	400	800	1500	2500
32.0	0	14.6	14.1	13.6	13.1	12.6	12.1	11.7	—	—	—	—	—
35.6	2	13.8	13.3	12.8	12.4	11.9	11.5	11.1	13.74	13.68	13.58	13.42	
39.2	4	13.1	12.6	12.2	11.8	11.4	10.9	10.5	13.04	12.98	12.89	12.75	
42.8	6	12.5	12.0	11.6	11.2	10.8	10.4	10.0	12.44	12.38	12.29	12.15	
46.4	8	11.9	11.4	11.0	10.6	10.2	9.9	9.5	11.85	11.80	11.70	11.58	
50.0	10	11.3	10.9	10.5	10.1	9.8	9.4	9.1	11.25	11.20	11.12	11.00	
53.6	12	10.8	10.4	10.1	9.7	9.4	9.0	8.6	10.76	10.71	10.64	10.52	
57.2	14	10.4	10.0	9.6	9.3	8.9	8.6	8.3	10.36	10.32	10.25	10.15	
60.8	16	10.0	9.6	9.2	8.9	8.6	8.3	8.0	9.96	9.92	9.85	9.75	
64.4	18	9.5	9.2	8.9	8.5	8.2	7.9	7.6	9.46	9.43	9.36	9.27	
68.0	20	9.2	8.8	8.5	8.2	7.9	7.6	7.3	9.16	9.13	9.06	8.97	
7.16	22	8.8	8.5	8.2	7.9	7.6	7.3	7.1	8.77	8.73	8.68	8.60	
75.2	24	8.5	8.2	7.9	7.6	7.3	7.1	6.8	8.47	8.43	8.38	8.30	
78.8	26	8.2	7.9	7.6	7.3	7.1	6.8	6.6	8.17	8.13	8.08	8.00	
82.4	28	7.9	7.6	7.4	7.1	6.8	6.6	6.3	7.87	7.83	7.78	7.70	
86.0	30	7.6	7.4	7.1	6.9	6.6	6.4	6.1	7.57	7.53	7.48	7.40	
89.6	32	7.4	7.1	6.9	6.6	6.4	6.2	5.9	7.4	—	—	—	
93.2	34	7.2	6.9	6.7	6.4	6.2	6.0	5.8	7.2	—	—	—	
96.8	36	7.0	6.7	6.5	6.3	6.0	5.8	5.6	7.0	—	—	—	
100.4	38	6.8	6.6	6.3	6.1	5.9	5.6	5.4	6.8	—	—	—	
104.0	40	6.6	6.4	6.1	5.9	5.7	5.5	5.3	6.6	—	—	—	

註：ft = 0.3048 m.

183

曝氣系統物理和化學變數的特性，會影響氧傳輸係數 $K_L a$：

1. **溫度**。液膜質傳係數會隨溫度的升高而增加。若有氣泡存在，液體溫度的改變也會受到該系統所產生氣泡的大小所影響。溫度對於係數上的影響是：

$$K_L(T) = K_L(20°C)\theta^{T-20} \tag{5.9}$$

對於散氣式曝氣單元而言，θ 通常採 1.02。Imhoff 和 Albrect [6] 得到的關聯性顯示，低紊流散氣系統的 θ 較高，高紊流表面曝氣系統的 θ 較低。Landberg 等人 [7] 建議表面曝氣系統的 θ 為 1.012。溫度對 $K_L a$ 的影響，如圖 5.1 所示。

2. **紊流的混合**。增加紊流混合的程度，將會增加整體的傳輸係數。

3. **液體深度**。液體深度 H 對於 $K_L a$ 的影響，將大大地取決於曝氣的方法。對於大多數類型的氣泡擴散系統，$K_L a$ 將根據以下關係式，隨著深度而改變。

$$\frac{K_L a(H_1)}{K_L a(H_2)} = \left(\frac{H_1}{H_2}\right)^n \tag{5.10}$$

大多數系統的指數 n 值接近 0.7。Wagner 和 Popel [8] 評估幾個散氣式曝氣系統後，證明氧傳輸效率每英尺的深度會增加 1.5%。

4. **廢水的特性**。表面活性劑和其他有機物的存在，對於 K_L 和 A/V 兩者影響極大。表面活性物質的分子將會在交界面的表面上，統一其排列的方向，創造出一個屏障來阻止擴散。如 Gibbs 方程式所定義，過量的表面濃度與表面張力的改變有關；這麼一來，低濃度的表面活性物質會壓抑 K_L，然而高濃度卻不會造成進一步的影響。界面活性劑對於 K_L 的絕對影響也將取決於曝氣表面的性質。在高度紊流的液體表面，施加的影響會較少，因為任何交界面的壽命都很短，會限制吸收膜的形成。反之，在氣泡的表面將會產生較大的影響，因為氣泡上升通過曝氣槽時的壽命相對較長。表面張力的下降會縮小從空氣擴散系統產

曝氣與質量傳送 5

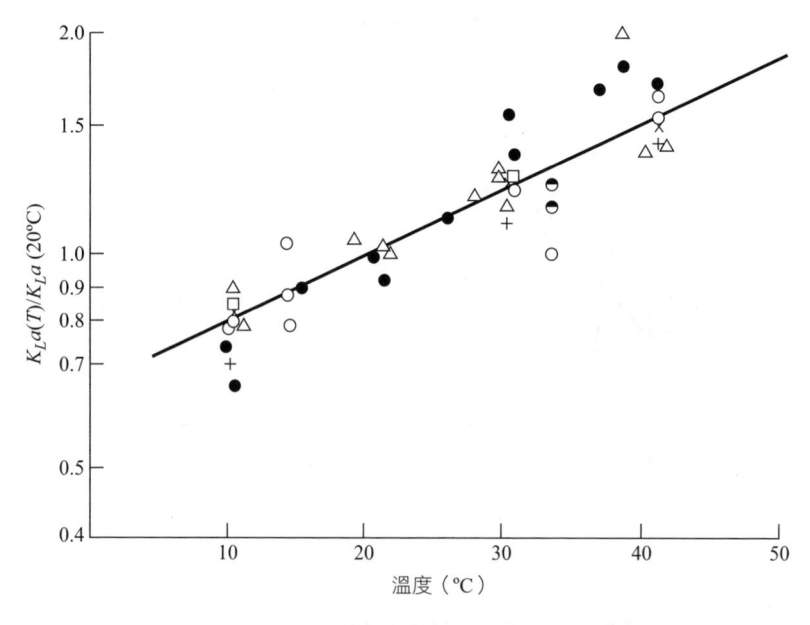

符號	物質	單元
○	水	Spinnerette 牌 20 個洞，直徑 0.035 mm
+	水	Spinnerette 牌 10 個洞，直徑 0.05 mm
●	水	Aloxite 曝氣石
△	1% 氯化鉀	Aloxite 曝氣石
□	1% 氯化鉀	Spinnerette 牌 10 個洞，直徑 0.05 mm
×	50 ppm 庚酸	Spinnerette 牌 20 個洞，直徑 0.035 mm
	水	Carpani 和 Roxburgh 的數據 [9]
△	水	Gameson 和 Robertson 的數據 [10]

◯ **圖 5.1** 整體傳輸係數 $K_L a$ 和溫度之間的關係

生的氣泡尺寸，進而增加 A/V。在某些情況下，A/V 的增加會超過 K_L 的減少，而且傳輸速率也會增加，超越在水中時的值。廢水特性對 $K_L a$ 的影響是以一個係數 α 來定義：

$$\alpha = \frac{K_L a \,(\text{廢水})}{K_L a \,(\text{水})}$$

這些關係式，如圖 5.2 所示。

紊流對於 α 有顯著的影響。紊流的程度高時，氧傳輸取決於表

185

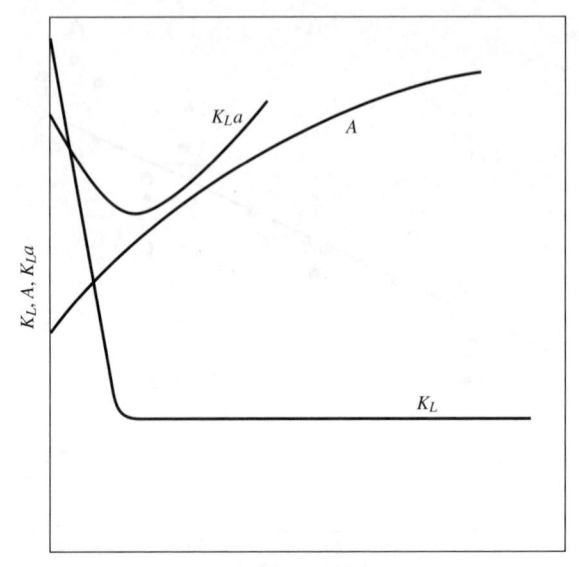

界面活性劑的濃度

○ 圖 5.2　界面活性劑的濃度對於氧傳輸的影響

面更新，不太會受到通過交界面阻力之擴散的影響。此時 α 可能會大於 1.0，因為 A/V 比的增加。在低紊流的情況下，巨相氧傳輸阻力會減少，但表面更新還沒有發生；因此界面活性劑交界面的阻力會導致氧的傳輸速率顯著地減少，如圖 5.3 所示。增加總溶解固體物（TDS）會產生更細的氣泡，進而增加 $K_L a$，如圖 5.4 所示。

在一個特定的曝氣裝置下，為了比較在水中與在廢水中的傳輸速率，係數 α 已經被定義為 $K_L a$（廢水）/ $K_L a$（水）。在生物氧化過程中，係數 α 可能增加或減少，並向 1 逼近，這是因為影響傳輸速率的物質在生物程序中被去除，如圖 5.5 所示。

鑑於前面提到的影響，曝氣的類型對 α 的影響很大。對於細氣泡擴散器系統，α 值通常低於粗氣泡或表面曝氣系統。使用圓盤擴散器時，混合液懸浮固體物（MLSS）從 2000 mg/L 變化至 7000 mg/L，對於 $K_L a$ 沒有顯著的影響。表 5.2 總結了不同曝氣裝置 α 的記載值。在塞狀流的池子裡，α 值將會隨通過槽長度所發生的淨化而增加。兩種類型的曝氣裝置，如圖 5.6 所示 [15]。

曝氣與質量傳送 5

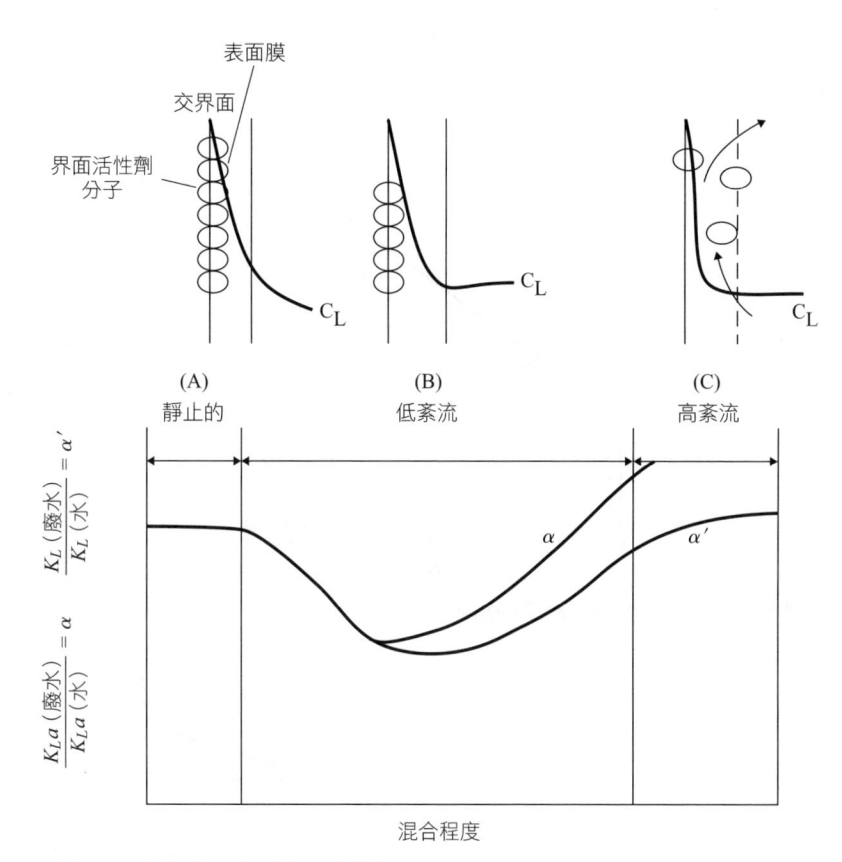

圖 5.3　紊流對於氧傳輸的影響

　　在散氣式曝氣系統，氣泡在一個孔口板裡形成，從那兒開始分散並且上升通過液體，最後在液體的表面破裂。氣泡的速度和形狀與修改後的雷諾數有關。雷諾數（N_{Re}）在 300 至 4000 間，氣泡為橢圓形且以直線搖動的方式上升。當 N_{Re} 大於 4000，氣泡形成球狀的帽形。氣泡的上升速度在高速氣流下會增加，這是因為與其他氣泡太接近，以及泡沫尾流所產生的干擾。

　　Eckenfelder [11] 找到了通過靜態水柱的上升氣泡，其氧傳輸的一般關係式，如圖 5.7。它是

$$\frac{K_L d_B}{D_L} H^{1/3} = C\left(\frac{d_B v_B \rho}{\mu}\right) \tag{5.11}$$

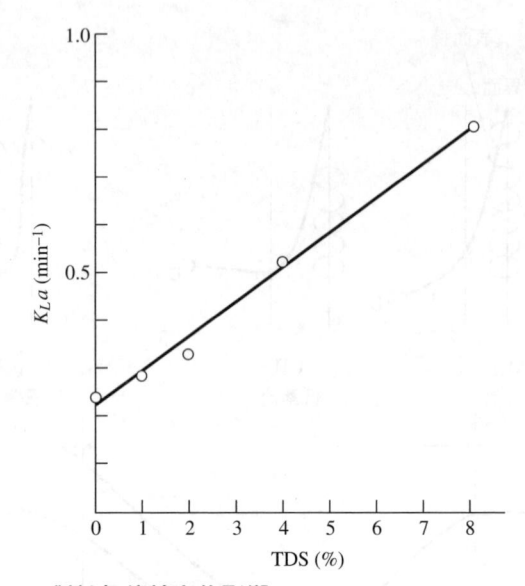

◯ 圖 5.4　TDS 對於氧傳輸率的影響

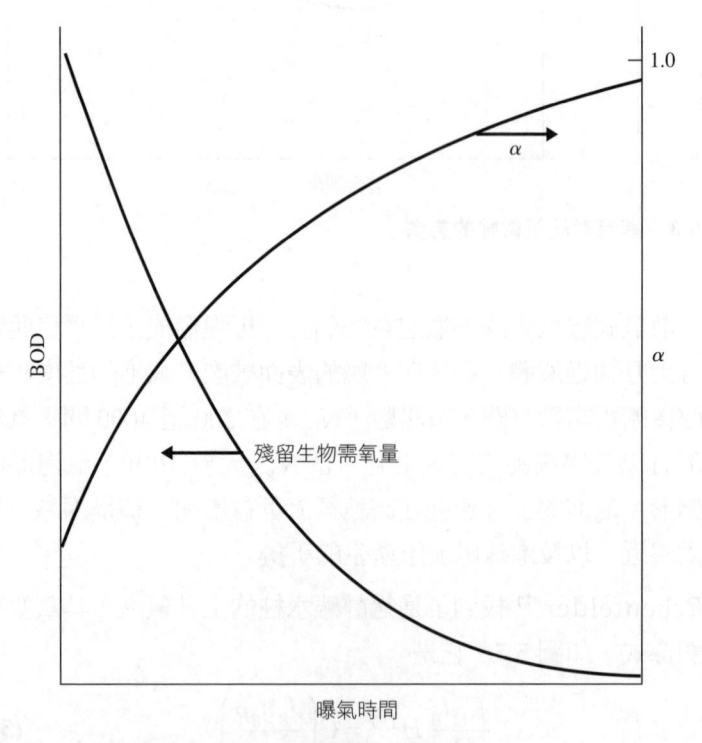

◯ 圖 5.5　在生物氧化程序中，傳輸係數 α 的改變

➡ 表 5.2　不同曝氣裝置的 α 值

曝氣裝置	α 因子	廢水
細氣泡擴散器	0.4–0.6	含清潔劑的自來水
刷輪	0.8	生活廢水
粗氣泡擴散器，噴頭	0.7–0.8	生活廢水
粗氣泡擴散器，大範圍	0.65–0.75	含清潔劑的自來水
粗氣泡擴散器，噴頭	0.55	活性污泥接觸槽
靜態曝氣機	0.60–0.95	處理高強度工業廢水的活性污泥
靜態曝氣機	1.0–1.1	含清潔劑的自來水
表面曝氣機	0.6–1.2	α 因子有隨動力增加而增加的傾向（含清潔劑的自來水和少量的活性污泥）
渦輪曝氣機	0.6–1.2	α 因子有隨動力增加而增加的傾向；25 gal、50 gal、190 gal 的槽（含清潔劑的自來水）

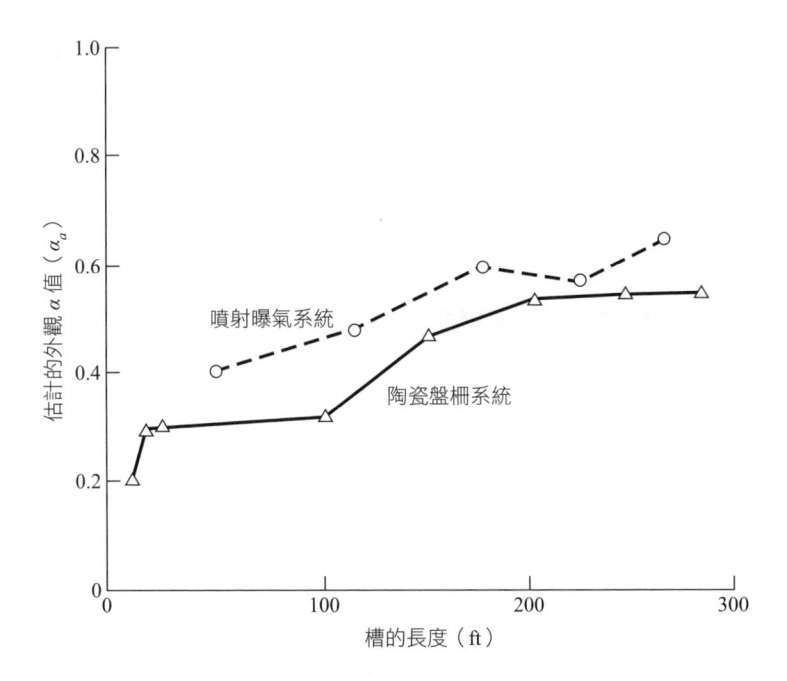

◯ 圖 5.6　外觀 α 值的估計值隨槽長度的變化（資料來源：Whittier Narrows, California）

工業廢水污染防治

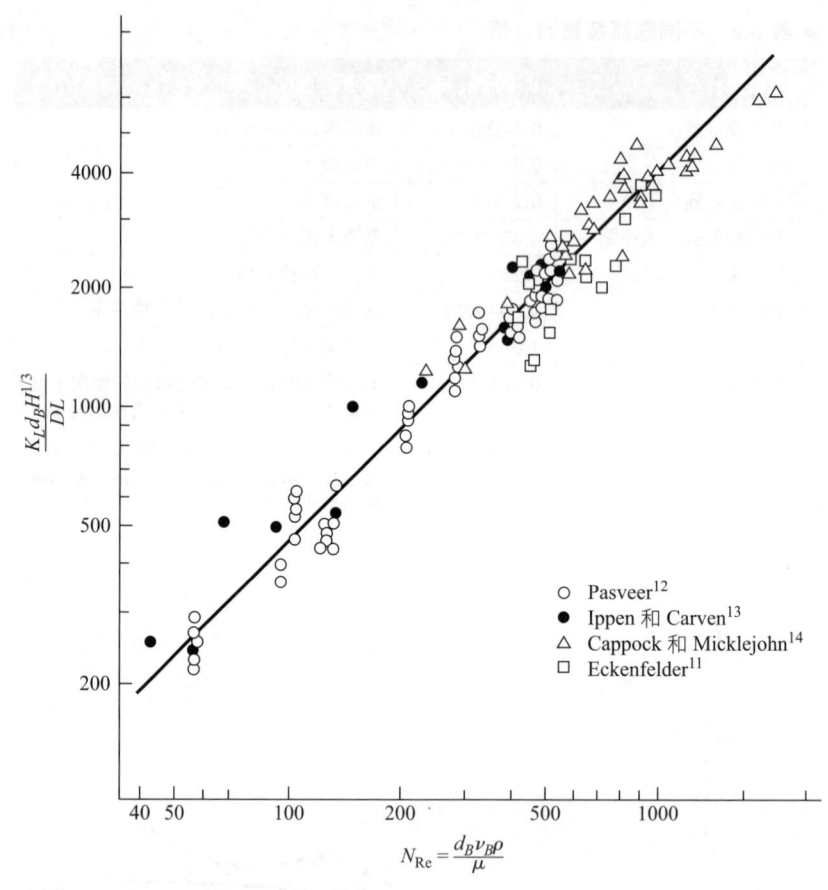

圖 5.7 氣泡 - 曝氣數據的關聯性

縱軸：$\dfrac{K_L d_B H^{1/3}}{DL}$

橫軸：$N_{Re} = \dfrac{d_B v_B \rho}{\mu}$

圖例：
○ Pasveer[12]
● Ippen 和 Carven[13]
△ Cappock 和 Micklejohn[14]
□ Eckenfelder[11]

其中，C = 常數

d_B = 氣泡直徑

v_B = 氣泡速度

ρ = 液體的密度

μ = 液體的黏度

式 (5.11) 可用總質傳係數 $K_L a$ 的方式來表示，如果曝氣槽氣泡的 A/V 可視為

$$\frac{A}{V} = \frac{6 G_s H}{d_B v_B V} \tag{5.12}$$

曝氣與質量傳送 5

其中 G_s 是氣體流量。式 (5.11) 忽略曝氣槽液體表面,因為與交界面的氣泡表面相比,它很小。

在曝氣實務上,在整個氣體流量範圍一般會遭遇到

$$d_B \approx G_s^n \tag{5.13}$$

式 (5.11) 到式 (5.13) 可以結合起來產生一個通式,以表示來自於空氣擴散系統的氧傳輸:

$$K_L a = \frac{C' H^{2/3} G_s^{(1-n)}}{V} \tag{5.14}$$

許多擴散裝置,在 $K_L a$ 和氣體流量之間的關係,如圖 5.8 所示。

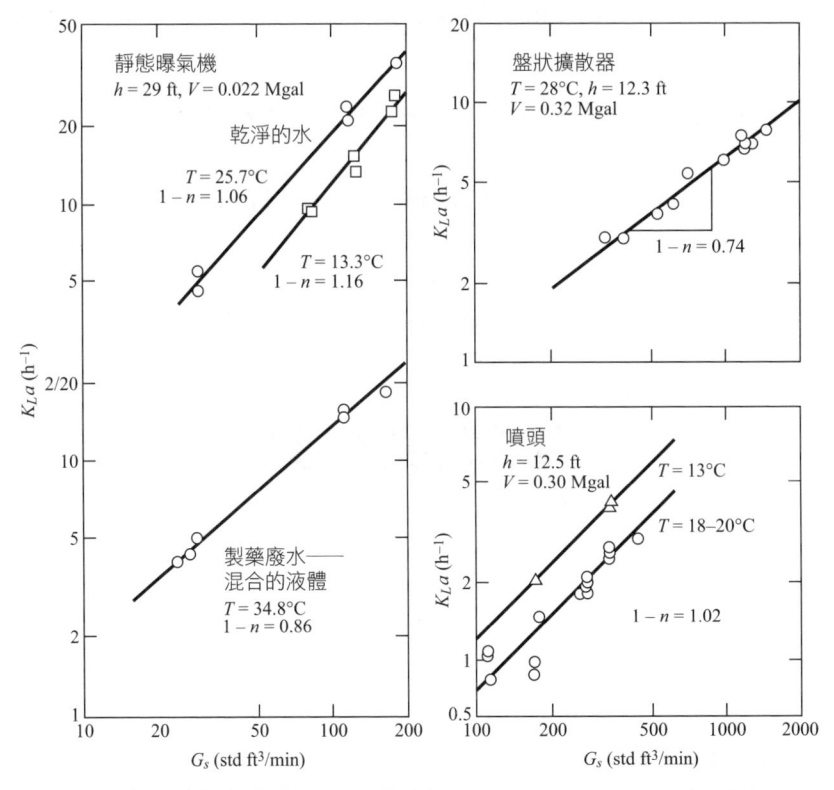

○ **圖 5.8** 在各程序的狀態下,不同擴散器系統氣流對 $K_L a$ 的影響(資料來源:Muller, 1996)[22]

就每個擴散單元傳輸的氧質量而論，式 (5.14) 可以重新表示為：

$$N = C'H^{2/3} G_s^{(1-n)}(C_s - C_L) \tag{5.15}$$

其中 N 是每個擴散器單元每小時傳輸的氧質量。

某設備的氧傳輸效率被定義為，

$$傳送百分比 = \frac{(\text{wt O}_2)_{吸收的} / 單位時間}{(\text{wt O}_2)_{供給的} / 單位時間} \times 100$$

$$= \frac{K_L a(C_s - C_L) \times V}{G_s \,(\text{std ft}^3/\text{min}) \times 0.232 \text{ lb O}_2/\text{lb 空氣}} \times 100$$

$$\times 0.075 \text{ lb 空氣}/\text{std ft}^3 \tag{5.16}$$

例題 5.1　以下數據是來自於乾淨的水中，一個空氣擴散單元的氧傳輸能力。

氣流速度	25 std ft³/min · thousand ft³ (25 L/[min · m³])
體積	1000 ft³ （28.3 m³）
溫度	54°F（12°C）
液體深度	15 ft（4.6 m）
平均氣泡直徑	0.3 cm
平均氣泡速度	32 cm/s

時間 (min)	C_L (mg/L)
3	0.6
6	1.6
9	3.1
12	4.3
15	5.4
18	6.0
21	7.0

(a) 計算 $K_L a$ 和 K_L。
(b) 計算在 20°C 和零溶氧下，每單位體積每小時傳輸的氧質量，以及氧傳輸效率。
(c) 在 α 為 0.82、溫度為 32°C，以及操作的溶氧為 1.5 mg/L 下，有

曝氣與質量傳送 5

多少氧將被傳送到廢水中？

解答：

(a) 在溫度為 54 ºF（12ºC），飽和度為 10.8 mg/L。假設 10% 的氧被吸附，曝氣槽的平均飽和度是，

$$C_{s,m} = C_s \left(\frac{P_b}{29.4} + \frac{O_t}{42} \right)$$

其中，

$$P_b = \frac{15 \text{ ft}}{2.3 \text{ ft}/(\text{lb} \cdot \text{in}^2)} + 14.7 = 21.2 \text{ lb/in}^2 \text{ (1.44 atm)}$$

$$O_t = \frac{21(1-0.1)}{21(1-0.1)+79} \times 100 = 19.3\% \text{ O}_2$$

$$C_{s,m} = 10.8 \left(\frac{21.2}{29.4} + \frac{19.3}{42} \right) = 10.8 \times 1.18$$

$$= 12.7 \text{ mg/L}$$

時間 (min)	$C_{s,m} - C_L$
3	12.1
6	11.1
9	9.6
12	8.4
15	7.3
18	6.7
21	5.7

從式 (5.22)，

$$\log(C_{s,m} - C_L) = \log(C_{s,m} - C_O) - \frac{K_L a}{2.3} t$$

它代表，在 $\log(C_{s,m} - C_L)$ 相對於時間的半對數圖上，所呈現的直線。$K_L a$ 可從圖 5.9 的直線斜率計算出來。

$$K_L a = 2.3 \frac{\log(14/9)}{10} \times 60 = 2.63/\text{h}$$

這交界面的面積／體積比（A/V）是

$$\frac{A}{V} = \frac{6 G_s H}{d_B v_B V} = \frac{6 \times 25 \times 15 \times 60}{(0.3/30.5) \times (32/30.5) \times 3600 \times 1000}$$

$$= 3.65 \text{ ft}^2/\text{ft}^3 \text{ (12 m}^2/\text{m}^3\text{)}$$

193

● 圖 5.9　$K_L a$ 的求取

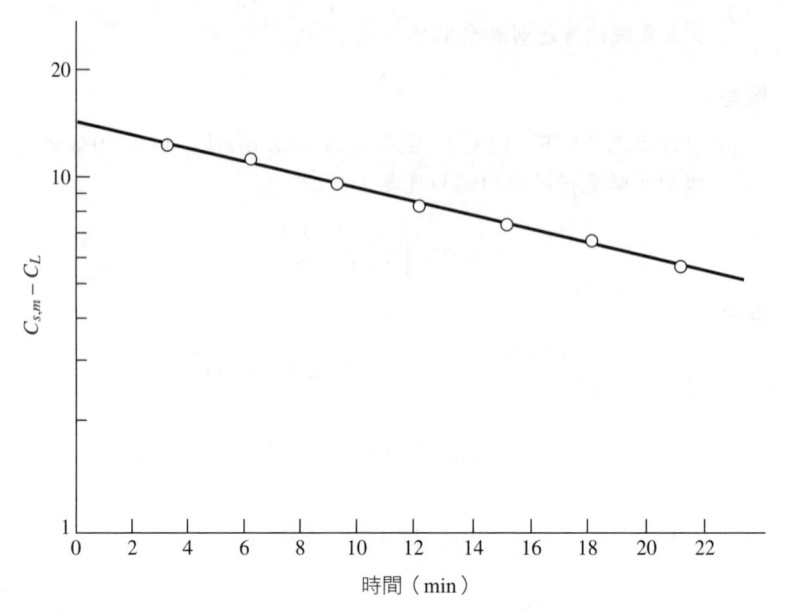

其中，d_B = 氣泡平均直徑
　　　H = 曝氣的液體深度
　　　v_B = 氣泡平均速度
　　　V = 體積

$$K_L = \frac{K_L a}{A/V}$$

$$= \frac{2.63}{3.65} = 0.72 \text{ ft/h } (21.96 \text{ cm/h})$$

(b)

$$K_L a_T = K_L a_{20} \times 1.02^{T-20}$$

$$K_L a_{20} = 1.02^8 \times 2.63 = 1.17 \times 2.63 = 3.07/\text{h}$$

$$C_{s,m(20°)} = 9.1 \times 1.18 = 10.7 \text{ mg/L}$$

$$N_O = K_L a V C_{s,m}$$

$$= 3.07/\text{h} \times 1000 \text{ ft}^3 \times 10.7 \text{ mg/l} \times 7.48 \text{ gal/ft}^3$$

$$\times 8.34 \times 10^{-6}$$

$$= 2.05 \text{ lb O}_2/\text{h} \quad (0.93 \text{ kg O}_2/\text{h})$$

曝氣與質量傳送 5

$$\% \ O_2 \ 傳輸效率 = \frac{(2.05 \ lb \ O_2/h)_{傳輸的}}{(25 \times 60 \times 0.0746 \times 0.232 \ lb \ O_2/h)_{供給的}} \times 100$$
$$= 8.0$$

(c)傳輸的氧重是由式 (5.17) 來決定：

$$N = N_O \left(\frac{\beta C_{s,m} - C_L}{C_{s,m(20°)}} \right) \alpha \times 1.02^{T-20}$$

$$= 2.05 \left(\frac{0.99 \times 7.4 \times 1.18 - 1.5}{10.7} \right) \times 0.82 \times 1.02^{12}$$

$$= 1.42 \ lb/h \ (0.64 \ kg/h)$$

5.3 曝氣設備

在工業廢水現場常使用的曝氣設備，包括：(1) 空氣擴散單元；(2) 渦輪曝氣系統，其中空氣是從葉輪旋轉葉片下面釋放；及 (3) 表面曝氣單元，其中氧的傳送是藉由高的表面紊流和液體噴灑來完成。通用的曝氣設備種類，如圖 5.10。

製造商通常會以每馬力 - 小時氧傳輸的磅數（kg O_2/[kw·h]），或是每個擴散單元每小時氧傳輸的磅數或氧的傳輸效率（kg O_2/h），來註明其設備對於氧的傳輸能力。這就是所謂的標準氧速率（standard oxygen rate, SOR），以自來水在 20°C 及海平面上為零溶氧的狀態下評定。

傳輸到廢水的實際氧量（AOR），可從以下公式計算而得：

$$N = N_O \left(\frac{\beta C_s - C_L}{9.2} \right) \alpha \times 1.02^{T-20} \qquad (5.17)$$

其中， N = AOR, lb O_2/hp·h   [kg O_2/kW·h]
N_O = SOR, lb O_2/hp·h   [kg O_2/kW·h]

散氣式曝氣設備

散氣式曝氣設備基本上有兩種：(1) 從多孔介質或薄膜產生小氣泡的單元；(2) 採用一個大孔口板或水力剪力裝置來產生大氣泡

圖 5.10 曝氣設備

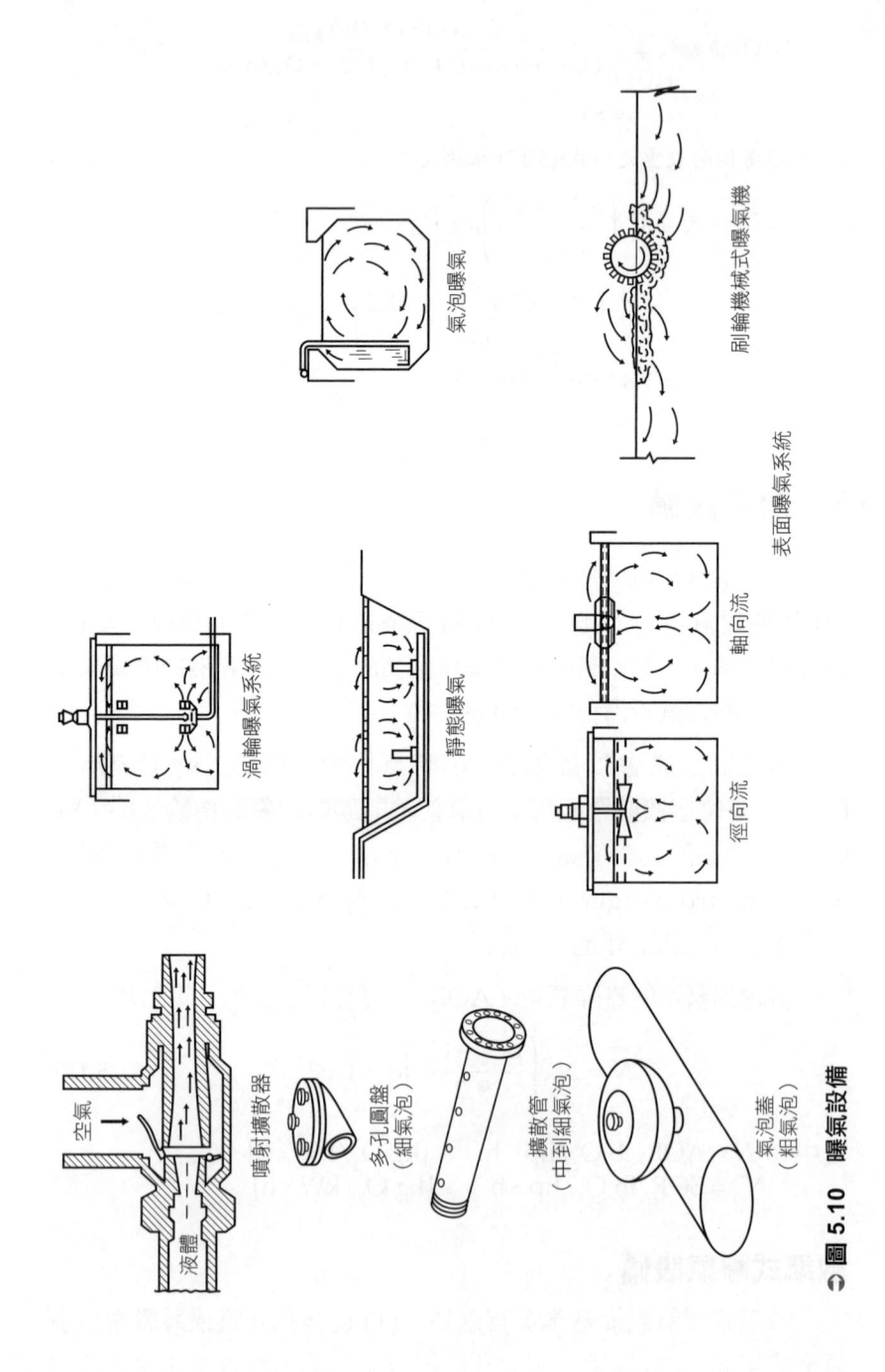

曝氣與質量傳送 5

的單元。

多孔介質可以是管狀或是平板,由金剛砂或其他細微的多孔介質或薄膜所建構而成。管子被放置在曝氣槽的側壁,垂直於牆上,並產生滾動運動以保持混合,或將管子橫跨池底。需設定最大的間距以維持固體懸浮;須設定最小間距以避免氣泡凝聚。散氣式曝氣系統,如圖 5.11 所示。

為了使側壁安裝可以維持充分混合,曝氣槽的最大寬度約深度的 2 倍。沿曝氣槽的中心線放置一排的擴散單元,就可以將寬度增加 1 倍。圖 5.12 顯示水中空氣擴散單元於 15 ft(4.6 m)深,24 ft(7.3 m)寬的曝氣槽的性能表現。細氣泡擴散器用久往往會堵塞,導致氧的傳輸效率減低,如圖 5.13 所示。對於槽底的涵蓋範圍,必須進行排水和擴散器的清洗。

表 5.3 顯示,擴散器的安裝位置對於乾淨水氧傳輸效率的影響。細氣泡和薄膜擴散器,往往會在液體端堵塞,因為金屬的氫氧

⊃ 圖 5.11　散氣式曝氣系統

工業廢水污染防治

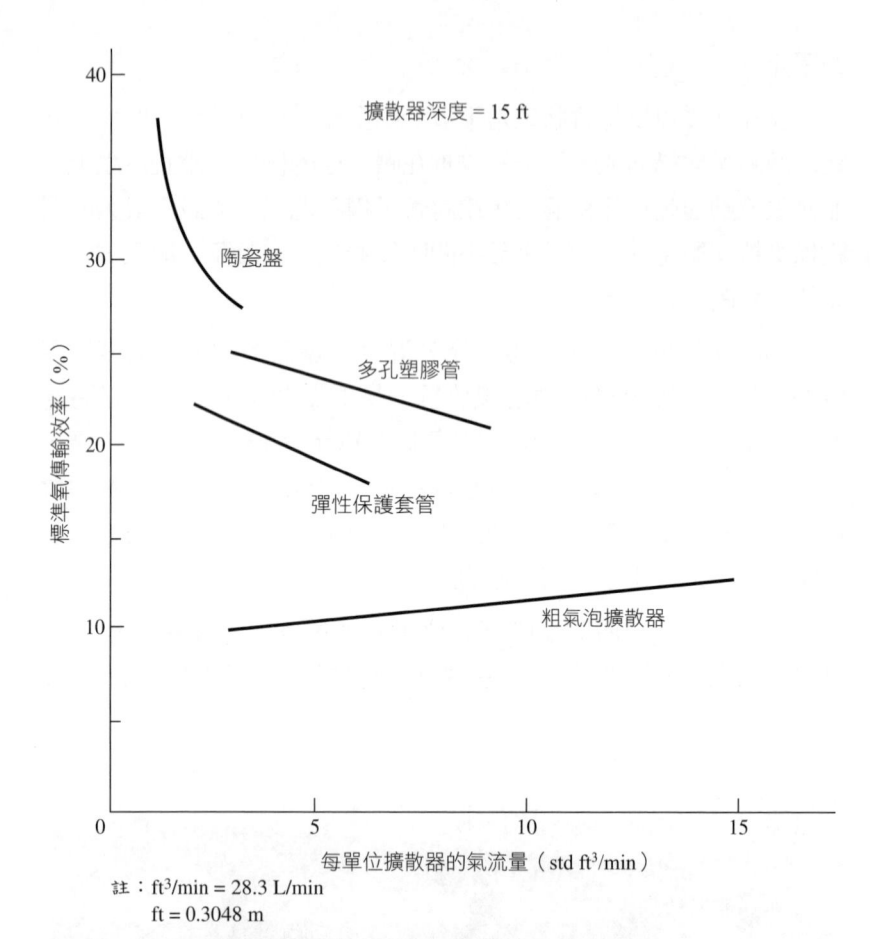

```
                    擴散器深度 = 15 ft

                    陶瓷盤

                           多孔塑膠管

標
準                          彈性保護套管
氧
傳
輸
效
率
（
%
）
                                    粗氣泡擴散器
```

註：ft³/min = 28.3 L/min
　　ft = 0.3048 m

◯ **圖 5.12　每單位擴散器的氣流量對於氧傳輸效率的影響**

化物和碳酸鹽會沉降，或會有生物膜的形成。污垢係數 F 是依地點而異，可以從 0.2 至 0.9。F 值似乎會隨固體停留時間（SRT）增加而增加。都市污水處理設施，使用中或細氣泡薄膜擴散器的平均 F 值為 0.6。此值將適用於大多數的工業設施，除非是有其他的資訊可用。當結垢成為一個因素的情況下，式 (5.17) 中的 α 應更正為 $F\alpha$。

　　大氣泡空氣擴散單元無法產生細氣泡擴散器的高氧傳輸效率，因為傳輸的交界面積大大地減少。然而，這些單元的優點是不需要

曝氣與質量傳送 5

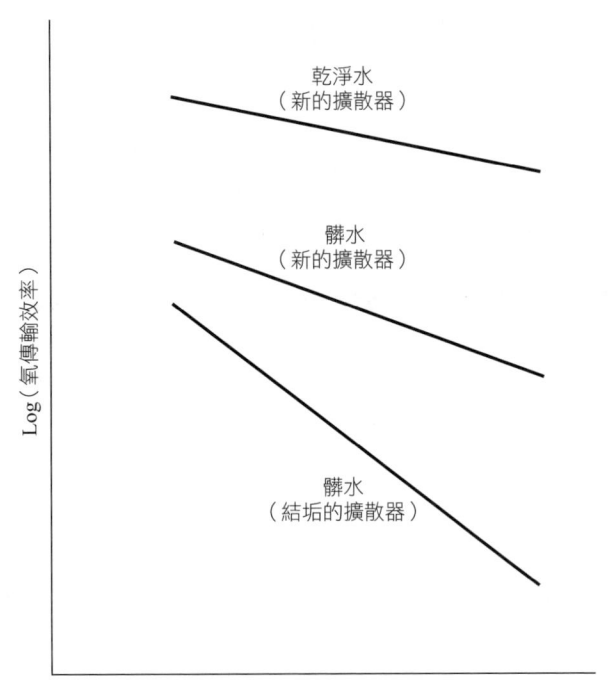

（圖表：Log(氧傳輸效率) vs Log(每單位擴散器的氣流量)，三條線分別為：乾淨水（新的擴散器）、髒水（新的擴散器）、髒水（結垢的擴散器））

◐ 圖 5.13　細孔擴散器結垢時，氧傳輸效率的變化——假設的情況

➡ 表 5.3　擴散器安裝位置對於彈性保護套於乾淨水中氧傳輸效率的影響

安裝位置	氣流量 (std ft^3/min/ 擴散器)	在各水深的標準氧傳輸效率 (%)		
		3 m	4.5 m	6 m
地板上（柵格）	1-4	14-18	21-27	29-35
各四分之一的點	2-6	13-15	18-22	24-29
中間深度	2-6	9-11	15-18	23-17
單螺旋轉軸	2-6	7-11	14-18	21-28

註：cfm × 0.47 = l/s

資料來源：WPCF Aeration Manual of Practice, 1988.

空氣過濾器，所需要的維護較少。通常這些單元每個操作的氣流量範圍更寬廣。粗氣泡曝氣單元的性能數據，如圖 5.14 所示。

　　靜態曝氣機由垂直圓柱管群所構成，在曝氣池裡這些管子含有

工業廢水污染防治

固定的內部元件，以固定的間隔放置。

在污水或工業廢水的曝氣，質傳係數通常小於 1.0。有一些證據顯示，大氣泡擴散器，比起細氣泡擴散器，比較不會受到表面活性物質存在的影響。

散氣式曝氣的一個設計，如例題 5.2 所示。

例題 5.2　一個曝氣系統在下列條件下操作：

曝氣設計

1000 lb O_2/h
$T = 30°C$
$C_L = 2$ mg/L
$\beta = 0.95$
$\alpha = 0.85$
$D = 20$ ft

在每個曝氣管的流量為 15 std ft^3/min，液體深度為 15 ft 的條件下，使

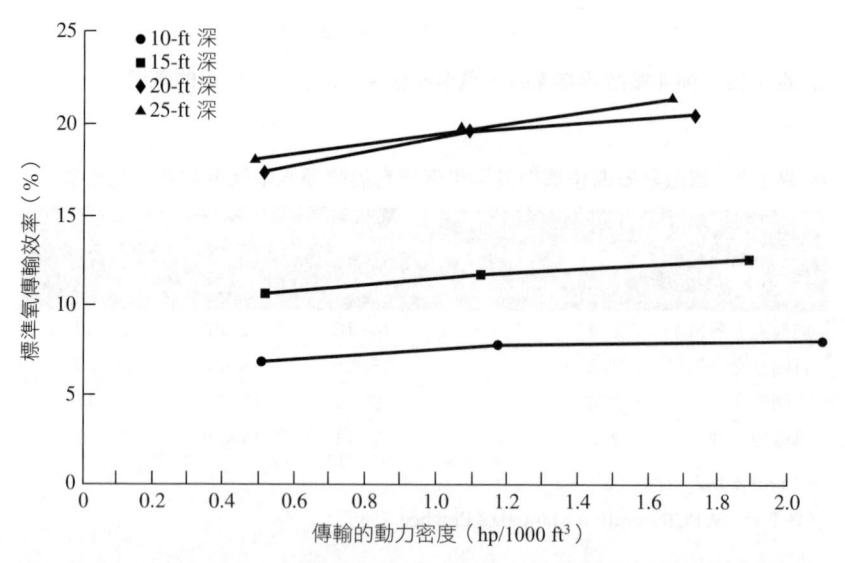

註：10- 和 20-ft 深：固定孔口擴散器，型號：24-D-24，使用於整個地板覆蓋的配置。
　　15- 和 25-ft 深：固定孔口擴散器，型號：30-D-24，使用於沿槽體中心線配置的單一寬帶傳輸器。

◯ 圖 5.14　粗氣泡擴散器的氧傳輸效率（資料來源：Sanitaire Corp）。針對清水的研究結果

用具有 12% 氧傳輸效率（OTE）的粗氣泡擴散器。在 20 ft：

$$OTE = 12\left(\frac{20}{15}\right)^{0.7} = 14.7\%$$

在 30°C 溶氧的飽和度是 7.6 mg/L。假設 15% OTE。則

$$O_t = \frac{21(1-0.15)\times 100}{79+21(1-0.15)}$$

$$= 0.18$$

$$C_{s,m} = \frac{7.6}{2}\left[\frac{14.7+0.433\times 20}{14.7}+\frac{18}{21}\right]$$

$$= 9.3 \text{ mg/L}$$

$$N = 15 \text{ std ft}^3/\text{min}/\text{unit} \times 60 \times 0.232 \times 0.0746 \times 0.147$$

$$= 2.29 \text{ lb O}_2/\text{h/unit}$$

$$N = N_O\left[\frac{\beta C_{SW}-C_L}{C_s}\right]\alpha \times 1.02^{T-20}$$

$$= 2.29\left[\frac{0.95\times 9.3-2.0}{9.3}\right]0.85\times 1.02^{10}$$

$$= 1.74 \text{ lb O}_2/\text{h/unit}$$

$$\frac{1000 \text{ lb O}_2/\text{h}}{1.74} = 575 \text{ 個擴散器}$$

氣流量 $= 575 \times 15 = 8620 \text{ std ft}^3/\text{min}$

$$hp = \frac{(\text{std ft}^3/\text{min})(\text{lb/in}^2)(144)}{0.7\times 33{,}000} \quad (195 \text{ kW})$$

$$= \frac{8620\times 10\times 144}{0.7\times 33{,}000} = 537$$

渦輪曝氣設備

渦輪曝氣單元透過一個旋轉葉輪的剪切動作和抽水的動作，來分散壓縮的空氣。由於混合程度單純地由輸入到渦輪的動力所控制，對於槽的幾何形狀並沒有約束性的限制。圖 5.15 顯示一個典型的渦輪曝氣單元。

工業廢水污染防治

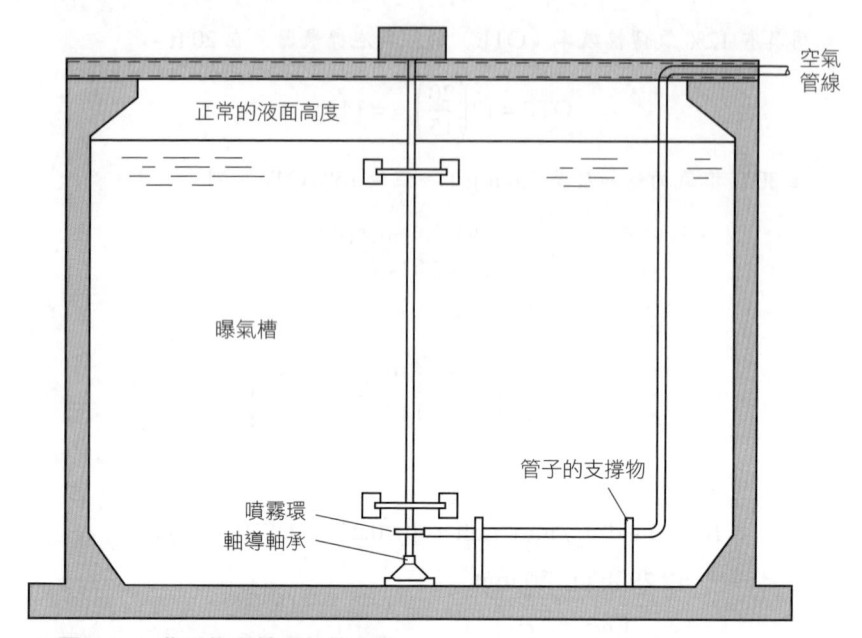

○ 圖 5.15　典型的渦輪曝氣機安裝

　　空氣通常是透過在葉輪葉片正下方的噴霧環，饋入渦輪。渦輪直徑與等當量槽直徑之比例從 0.1 到 0.2 不等。大多數曝氣的應用所採用的葉輪尖端速度為 10 至 18 ft/s（3.1 至 5.5 m/s）。

　　Quirk [16] 證明，渦輪曝氣機的氧傳輸可以被估算出來。

$$O_2 \text{ 傳輸效率} = CP_a^n \tag{5.18}$$

其中，$P_d = \text{hp}_R/\text{hp}_c$，$\text{hp}_R$ 和 hp_c 分別為渦輪機和氧壓縮機的馬力（kW）。最佳的充氧效率發生在渦輪機和鼓風機之間的動力分配接近 1:1 的比例。[15]

　　當空氣從葉輪下引入，由葉輪作用於水的實際功率將減少，這是因為曝氣後氣液混合的密度降低。渦輪曝氣單元的傳輸效率，依據渦輪-鼓風機間的功率分配會有所不同，從 1.6 到 2.9 lb O_2/hp · h（0.97 到 1.76kg O_2 /[kW · h]）。

　　為了消除漩渦和渦流，通常需要加裝擋板。在圓形槽，四個擋板等距安裝在沿著內牆的周長。在方形槽，擋板兩兩用於相對的牆上。然而在長/寬比大於 1.5 的矩形槽，則不需要擋板。

表面曝氣設備

表面曝氣單元有兩種：一種是運用導流內管，另一種則只用表面葉輪。在這兩種類型中，氧的傳輸都是透過渦流作用產生，以及發生於暴露在噴向曝氣槽表面的大量液體的表面。這些單元的圖例，如圖 5.16 和圖 5.17 所示。傳輸速率是受葉輪直徑和其旋轉速度，以及旋轉元件沒入水中的程度所影響。在最佳沒入水中條件下，各種長度的葉輪直徑每單位馬力（W）的傳輸速率，皆維持相對地穩定。

在液體表面的氧傳輸量為動力水準的函數，整體的氧傳輸速率一般會隨動力水準的增加而提高。Kormanik 等人[17]已證明氧傳輸速率和每單位表面積的馬力有關，如圖 5.18 所示。為了維持均勻的溶氧濃度，需要 6 至 10 hp/million gal（1.2 至 2.0 W/m^3）的動力水準。高速和低速表面曝氣機受到最大的影響面積，如表 5.4 所示。為了維持生物固體的懸浮，5000 mg/L 的混合液懸浮固體物（MLSS）所需的最低底部速度為 0.4 ft/s（12 cm/s）。

為了防止底部沖刷，建議最低的深度為 6 至 8 ft（1.8 至 2.4 m），而為了維持固體懸浮狀，高速曝氣機的建議最大深度為 12 ft（3.7 m），低速曝氣機則為 16 ft（4.9 m）。各種曝氣設備允許的最大的食微比（F/M）和動力水準，如圖 5.19 所示。

在歐洲很受歡迎的刷輪曝氣機，使用高速旋轉刷來分散液體於槽的表面。在曝氣槽，會引起一個環狀的液體運動。刷輪曝氣機的性能與旋轉的速度和刷輪的沒入程度有關。各種曝氣機的效率，如表 5.5 所示。表 5.6 則顯示混合要求。

氧傳輸效率的測量

雖然有好多種程序可被用來估計曝氣裝置的傳輸效率，但「非穩態曝氣」的作法一般被視為標準程序。此測試透過添加亞硫酸鈉

工業廢水污染防治

○ 圖 5.16　低速表面曝氣機

○ 圖 5.17　高速表面曝氣機（資料來源：Aqua Aerobic Systems, Inc.）

曝氣與質量傳送 5

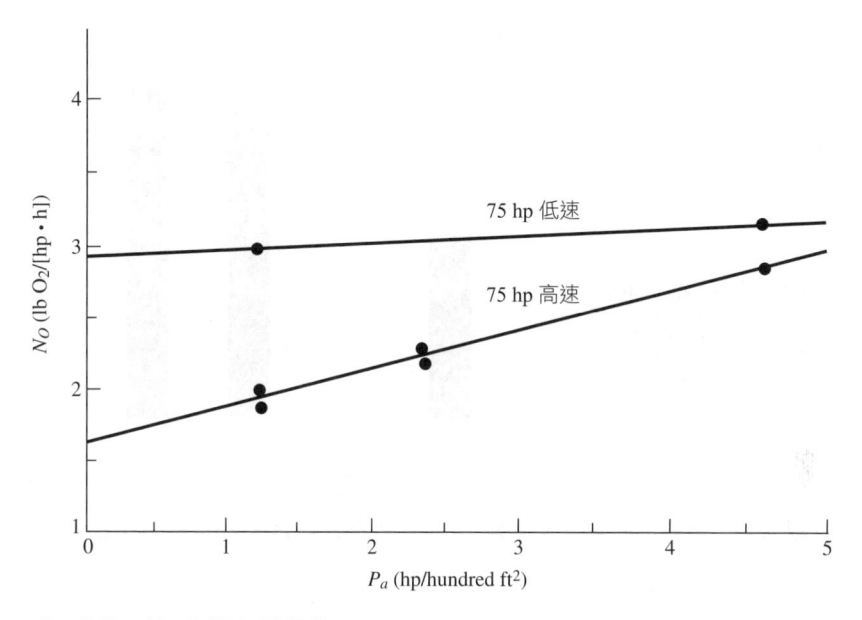

註：lb/(hp・h) = 0.608 kg/(kW・h)
　　hp = 0.75 kW
　　hp/hundred ft² = 80.3 W/m²

◯ 圖 5.18　表面面積對高速和低速表面曝氣機的影響比較（資料來源：Kormanik et al., 1973）

➡ 表 5.4　對於高速和低速表面曝氣機，最大的影響面積 [18]

馬力	影響半徑 (ft)	
	高速	低速
5	40	50
10	55	70
20	80	95
30	100	120
50	130	155
75	155	190
100	—	220
150	—	260

資料來源：Arthur, 1986.

工業廢水污染防治

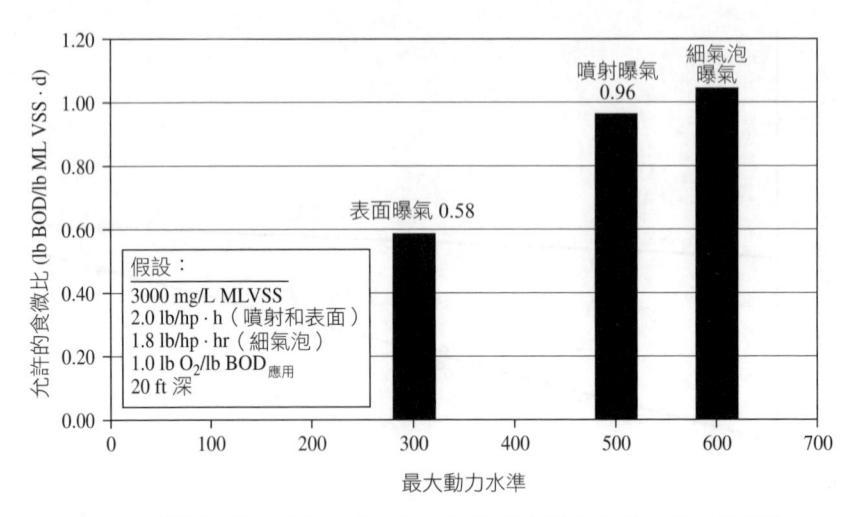

○ 圖 5.19 針對不同的曝氣設備，可允許的最大動力水準和操作食微比

→ 表 5.5 曝氣機效率的總結

曝氣機類型	水深 (ft)	氧傳輸效率 (%)	lb O_2/hp · h	參考文獻 *
細氣泡				
管形：螺旋式滾動	15	15–20	6.0–8.0	20
圓盤：地板全面涵蓋	15	27–31	10.8–12.4	20
粗氣泡				
管形：螺旋式滾動	15	10–13	4.0–5.2	20
噴霧頭：螺旋式滾動	14.5	8.6	3.4	21
噴射曝氣機	15	15–24	4.4–4.8	20
靜態曝氣機	15	10–11	4.0–4.4	20
	30	25–30	6.0–7.5	
渦輪	15	10–25	—[†]	16
表面曝氣機				
低速	12	—	5.9–7.5	17
高速	12	—	3.3–5.0	17

* 整體風車效率的電力必須校正。
[†] 馬力依動力分配而定。

註：ft = 0.3048 m
　　lb/(hp · h) = 0.608 kg/(kW · h)

➡ **表 5.6** 活性污泥程序混合馬力指引 [18]

曝氣裝置 *	hp/1000 ft³，活性污泥	hp/1000 ft³，好氧消化
高速	1.30	2.00
低速	1.00	1.50
刷輪渠	0.60	1.00
細氣泡（地面）	0.40	0.80
細氣泡（內管滾動式）	1.00	1.50
細氣泡（螺旋式滾動）	0.75	1.25
細氣泡（移動桁架）	0.60	1.00
噴射式	1.00	1.50
粗氣泡（地面）	0.60	1.00
粗氣泡（管內滾動式）	1.00	1.50
粗氣泡（螺旋式滾動）	0.75	1.25
沉浸式渦輪	0.75	1.25

* 操作條件：
hp，傳入或水中的馬力
MLSS, 1500-3000 mg/L（活性污泥）
MLSS, 10,000-20,000 mg/L（好氧消化）

資料來源：Arthur, 1986.

與用鈷作為催化劑，來化學去除溶氧。鈷的濃度應為 0.05 mg/L，以避免受 $K_L a$ 大小影響的「鈷效應」(cobalt effect)。 在特定條件下進行曝氣，測量氧增加的濃度，並根據式 (5.6) 計算整體的傳輸係數。溶氧可以用溫克勒測試（Winkler test）或利用溶氧感測器來測量。對於非穩態的曝氣，建議的程序如下：

1. 在曝氣單元內加入亞硫酸鈉和氯化鈷以去除溶氧。應加入的鈷濃度為 0.05 mg/L，每 mg/L 溶氧應加入 8mg/L 的亞硫酸鈉濃度。
2. 徹底混合「槽內物質」。在散氣式曝氣單元裡，曝氣 1 至 2 分鐘通常是足夠的。
3. 以所需的操作速率啟動曝氣單元。在選定的時間間隔內取樣測溶氧（在達到 90% 的飽和度前，至少需要 5 點）。
4. 在一個大的曝氣槽，應選擇多個採樣點（同時包括縱向和垂直），以彌補濃度梯度造成的誤差。
5. 如果使用溶氧感測棒，它可以留在曝氣槽；在適當的時間間隔下，記錄來自感測棒的值。
6. 記錄溫度並測量溶氧的飽和度。如果正在對水曝氣，通常從表 5.1 選擇飽和值即可。散氣式曝氣單元的飽和度，應根據式 (5.8) 予以校正到槽的中間深度。
7. 依照式 (5.6) 計算氧傳輸速率（見例題 5.1）。

以積分計算式 (5.6)，可得

$$C_s - C_L = (C_s - C_0)e^{-K_L \alpha t} \tag{5.19}$$

其中，$C_0 =$ 在初始時間的溶氧。為了求取式 (5.19) 中的常數，美國土木工程學會（ASCE）[19] 推薦一個利用非線性最小平方差的程式，提供了一套最佳的 $K_L a$、C_0 和 C_s 值。

我們有時候會需要測量有活性污泥存在的氧傳輸速率。此時可使用穩態或非穩態的步驟。

在活性污泥的曝氣時，必須調整式 (5.6)，以涵蓋污泥-液體混合物對氧利用率的影響：

$$\frac{dc}{dt} = K_L a(C_s - C_L) - r_r \tag{5.20}$$

其中，r_r 是氧利用率，單位為 mg/L · h。

在穩態操作下，$dc/dt \rightarrow 0$，$K_L a$ 可以根據這關係式來計算

$$K_L a = \frac{r_r}{C_s - C_L} \tag{5.21}$$

曝氣繼續進行以確保一個穩定的狀態，直至獲得一個恆定的氧攝取率。

在非穩態的步驟中，曝氣會停止，讓微生物進行呼吸作用而使溶氧接近零。然後曝氣會開始，而溶氧中的累積會被記錄，如同非

穩態水的步驟，如圖 5.20 所示。根據式 (5.20) 的重新排列，從 dc/dt 對 C_L 圖的斜率可以計算出 $K_L a$：

$$\frac{dc}{dt} = K_L a(C_s - r_r) - K_L a C_L \tag{5.22}$$

因為 $K_L a(C_S - r_r)$ 在任何的操作條件下都不變。這顯示在例題 5.3。

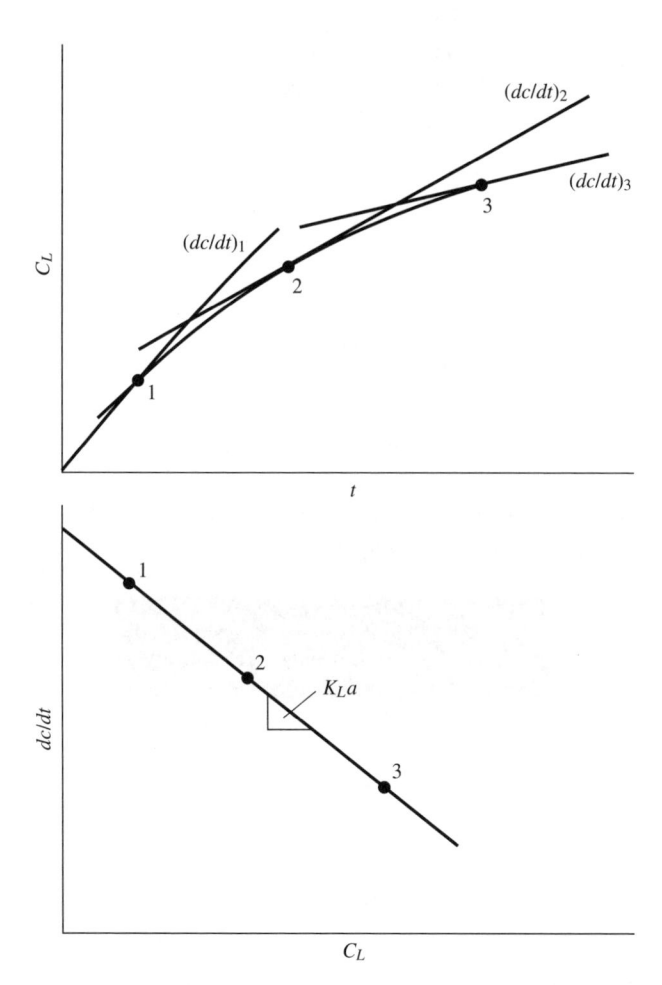

◐ 圖 5.20　$K_L a$ 的非穩態求取

例題 5.3 下面的數據得自於活性污泥池的非穩態曝氣：

時間 (min)	C_L (mg/L)
0.0	0.52
0.5	0.70
1.0	0.93
2.0	1.23
3.0	1.55
4.0	1.80
5.0	2.00
10.0	2.20

解答：

求取 $K_L a$。

非穩態公式是：

$$\frac{dC_L}{dt} = K_L a(C_s - C_L) - R_r$$

重新整理後可得：

$$\frac{dC_L}{dt} = (K_L a C_s - R_r) - K_L a\, C_L$$

在 dC_L/dt 對 C_L 的圖，所得直線的負斜率為 $K_L a$。在表 I 和圖 I 與圖 II，有 dC_L/dt 值的計算和繪製過程。

表 I

t (min)	C_L (mg/L)	dC_L/dt
0	0.51	0.43
1	0.91	0.37
2	1.25	0.32
3	1.55	0.27
4	1.80	0.22
5	1.99	0.17

其他測量技術

排氣的分析，是利用覆蓋部分曝氣槽的集氣罩收集排氣進行氧的分析，使用的工具是非薄膜型感測棒。這種技術可應用於傳輸效率超過 5 % 的散氣式曝氣系統。[20]

曝氣與質量傳送 5

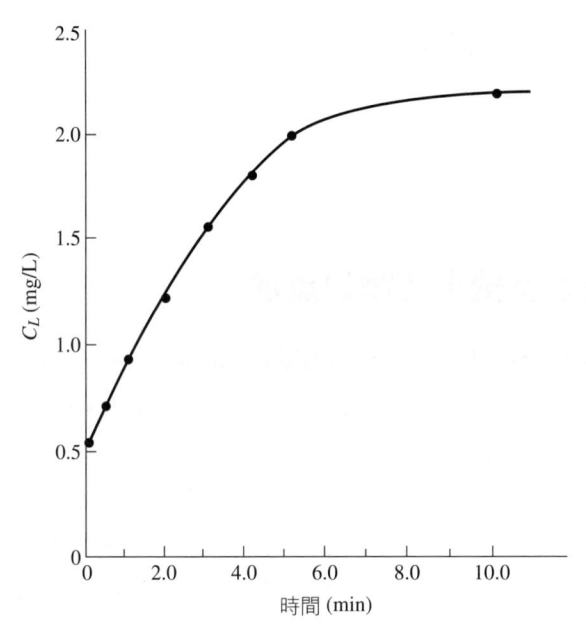

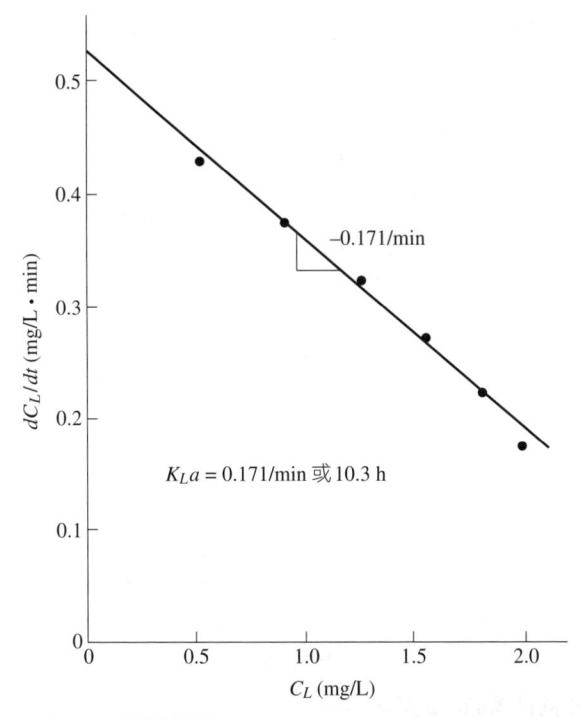

○ 圖 I 用於例題 5.3

○ 圖 II 用於例題 5.3

211

Neal 和 Tsivoglou [21] 開發了放射性追蹤劑技術。在正確的曝氣槽混合情形和廢水條件下,他們的技術是利用從曝氣槽氣提出來的氪來測量 $K_L a$。然後從已知的比例 $(K_L a)_氧 /(K_L a)_氪$,計算氧的傳輸係數。

5.4 揮發性有機化合物的氣提

將揮發性有機化合物(volatile organic compounds, VOCs)從水中傳輸到空氣中的物理程序,被稱為脫附(desorption)或氣提(air stripping)。這可以透過噴灑系統、噴淋塔、填充塔等將水注入空氣中;或是透過散氣式或機械式曝氣系統,將空氣注入水中。目前最常使用的系統是填充塔或曝氣系統。曝氣系統通常會結合廢水生物處理程序一起使用。各種技術的氣提效率如圖 5.21 所

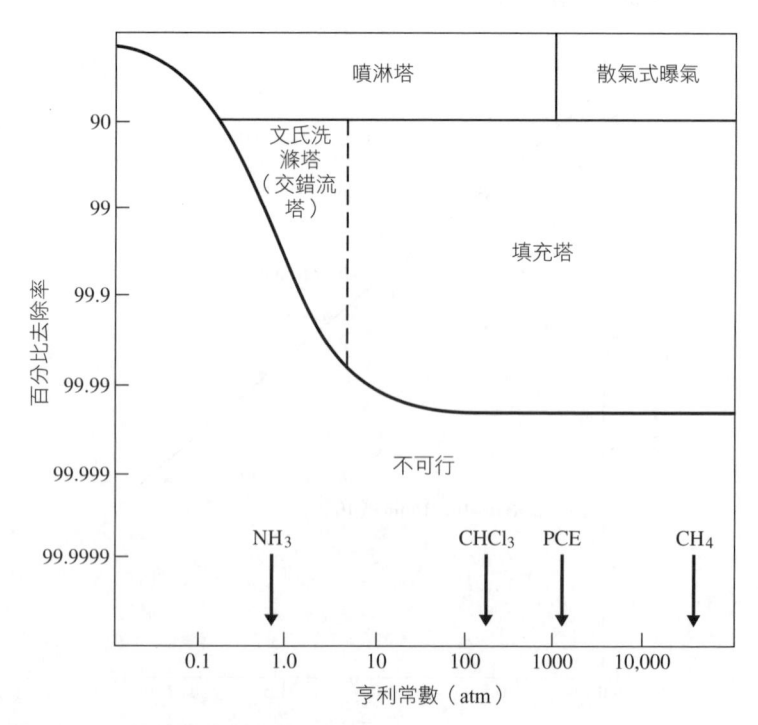

⊃ 圖 5.21　不同技術的氣提效率

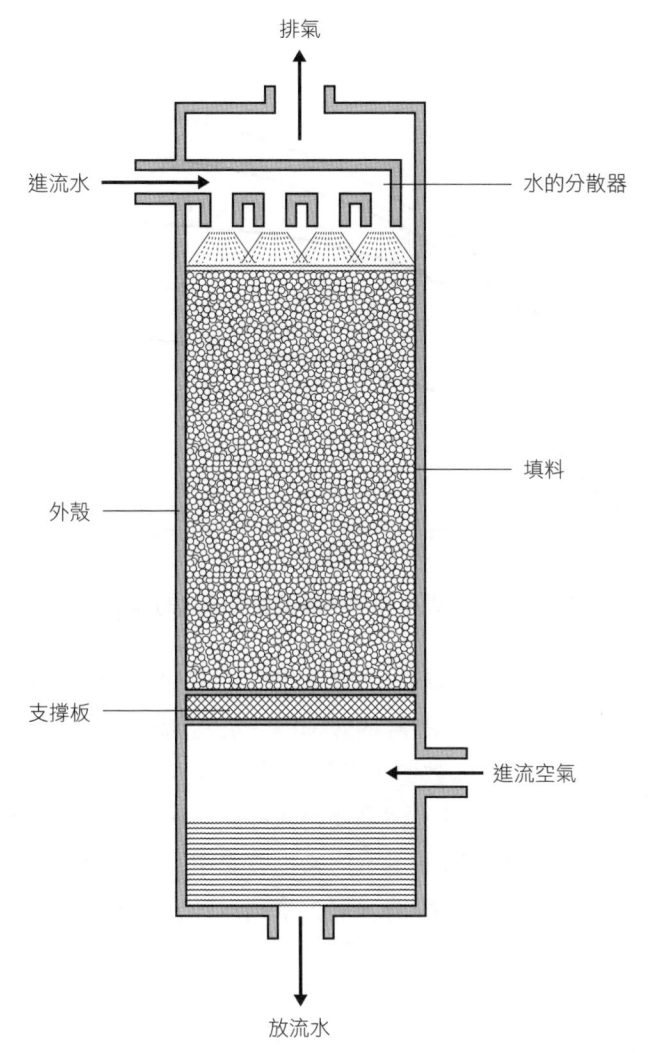

◯ 圖 5.22　典型的填充塔

示。圖 5.22 顯示一個典型的填充塔。

　　填充塔的填料（packing media）是開放式構造化學惰性的物質（通常是塑膠），選擇它是為了提供高的表面積以達良好的接觸，同時提供一個通過塔的低壓降。影響揮發性有機化合物去除的一些因素是接觸面積、污染物的溶解度、在空氣和水中污染物的擴散能力，以及溫度。除了擴散能力和溫度外，所有這些因素都會

213

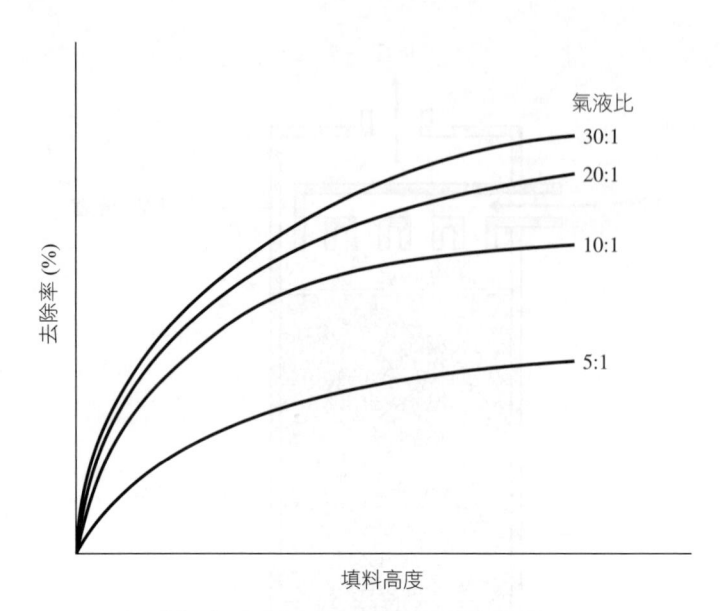

○ 圖 5.23　說明氣提去除效率與填料高度和氣液比的關係

受氣流和水流速率及填料類型的影響。一般的關係式如圖 5.23 所示。污染物從水到空氣的傳輸效率取決於質傳係數和亨利定律常數（見式 (5.7)）。質傳係數會定義污染物從水到空氣中每單位時間每單位體積填料的傳輸量。污染物的氣提能力，可從其亨利定律常數估計而得。高亨利常數顯示，污染物在水中的溶解度很低，因此可以用氣提法去除。在一般情況下，亨利常數會隨著溫度的升高而增加，但會隨著增加溶解度而下降。

填充塔

填充塔氣提器可以設計給各種範圍的流量、溫度及有機物。採用氣提的首要步驟之一是針對某個給定的污染物，根據亨利定律常數、溫度及氣液的體積比來估算最大的可能去除。假設某體積的氣體和某體積的水達到平衡，可使用下列公式：

$$\frac{C_2}{C_1} = \left(1 + \frac{H_M A_w}{RT}\right)^{-1} \quad (5.23)$$

其中，C_2 = 有機物的最終濃度，$\mu g/L$

C_1 = 有機物的初始濃度，µg/L
H_M = 亨利定律常數，atm · m³/mol
A_w = 氣液的體積比
R = 通用的氣體常數，8.206×10^{-5} atm · m³ /(mol · K)
T = 溫度，K

雖然許多有機物的亨利常數不能準確地定義，表 5.7 列出一些廢水中曾發現的有機物之估計值。在科學文獻中，亨利常數往往表示為 H_M（atm · m³/mol）。另一種形式的亨利常數，是以 $H_c = H_M/RT$ 來計算（以 m³ 水 /m³ 空氣表示）。在 20ºC，$H_c = 41.6H_M$，其常數在 0 至 30ºC 的溫度範圍下從 44.6 變化到 40.2。

溫度對亨利定律常數的影響不是很清楚。Ashworth 等人[23] 發展出以下的經驗關係式：

$$H_M = \exp\left(A - \frac{B}{T}\right) \quad (5.24)$$

其中，A = 經驗常數 = 苯為 5.534，三氯乙烯為 7.845，二氯甲烷為 8.483

➡ 表 5.7　在 20ºC 下，所選擇物質的亨利常數

物質	公式	亨利常數 H_M (atm · m³/mol)	H_c〔(µg/L)/(µg/L)〕
容易氣提者			
氯乙烯	CH_2CHCl	6.38	265
三氯乙烯	$CCHCl_3$	0.010	0.43
1,1,1-三氯乙烷	CCH_3Cl_3	0.007	0.29
甲苯	$C_6H_5CH_3$	0.006	0.25
苯	C_6H_6	0.004	0.17
氯仿	$CHCl_3$	0.003	0.12
很難氣提者			
1,1,2-三氯乙烷	CCH_3Cl_3	7.7×10^{-4}	0.032
溴甲烷	$CHBr_3$	6.3×10^{-4}	0.026
不能氣提者			
五氯酚	$C_6(OH)Cl_5$	2.1×10^{-6}	0.000087
狄氏劑	—	1.7×10^{-8}	0.0000007

B = 經驗常數 = 苯為 3194，三氯乙烯為 3702，二氯甲烷為 4268

T = 溫度，K

一般來說，污染物的氣提能力，隨著溫度的升高而增加，但隨著溶解度的增加而下降。H_M 大於 10^{-3} atm·m³/mol 的化合物容易被氣提；H_M 介於 10^{-4} 和 10^{-3} atm·m³/mol 的化合物則難以氣提；H_M 小於 10^{-4} atm·m³/mol 的化合物則無法被氣提。

饋料溫度對於去除水溶性化合物的影響，如表 5.8 所示。

氣提塔的高度可以從這關係式計算而得

$$H = \frac{L_v}{K_L a}\left[\frac{S}{S-1}\ln\frac{\left(\frac{C_1}{C_2}(S-1)+1\right)}{S}\right] \quad (5.25)$$

其中，L_v = 液體的體積負荷率，ft/s

H = 填充的高度，ft

$K_L a$ = 質傳係數

S = 氣提因子 = $H_c a_w$

H_c = 亨利定律常數

為了計算從式 (5.25) 得到的去除率所需的填料量，需要知道所使用的揮發性有機化合物的質傳係數 $K_L a$、填料的類型，以及設計條件。$K_L a$ 可以透過模廠級測試或如下的計算而得知：

➡ 表 5.8　饋料溫度對於水溶性化合物從地下水中去除的影響

物質	百分比去除率，在		
	12°C	35°C	73°C
2-丙醇	10	23	70
丙酮	35	80	95
四氫呋喃	50	92	>99

曝氣與質量傳送 5

$$\frac{1}{K_L a} = \left(\frac{1}{k_L a}\right) + \left(\frac{1}{H_c k_g a}\right) \quad (5.26)$$

Onda 等人 [24] 發展出可定義 K_L 和 k_g 的關係式，歸納如下。

$$k_L \left(\frac{\rho_L}{\mu_L g}\right)^{1/3} = 0.0051 \left(\frac{L}{a_w \mu_L}\right)^{2/3} \left(\frac{\mu_L}{\rho_L D_L}\right)^{-0.5} (a_t d_p)^{0.4} \quad (5.27)$$

$$\frac{k_G}{a_t D_g} = 5.23 \left(\frac{G}{a_t \mu_g}\right)^{0.7} \left(\frac{\mu_g}{\rho_g D_g}\right)^{1/3} (a_t d_p)^{-2} \quad (5.28)$$

$$\frac{a_w}{a_t} = 1 - \exp\left[-1.45 \left(\frac{\sigma_c}{\sigma_L}\right)^{0.75} (\text{Re}_L)^{0.1} (\text{Fr}_L)^{-0.05} (\text{We}_L)^{-0.2}\right] \quad (5.29)$$

其中，k_L = 液相的質傳係數
　　　μ_L = 液體的黏滯度，Pa·s
　　　ρ_L = 液體的密度，kg/m³
　　　g = 重力加速度，9.81 m/s²
　　　L = 液體的負荷率，kg/(m²·s)
　　　a_w = 沾濕比表面積，m²/m³
　　　D_L = 液相的擴散係數，m²/s
　　　a_t = 總比表面積，m²/m³
　　　d_p = 公稱（或標準化認定）的填料尺寸，m
　　　k_g = 氣相的質傳係數
　　　D_g = 氣相的擴散係數，m²/s
　　　G = 氣體負荷率，kg/(m²·s)
　　　μ_g = 氣體的黏滯度，Pa·s
　　　ρ_g = 氣體的密度，kg/m³
　　　σ_c = 填充材料的表面張力，N/m
　　　σ_L = 液體的表面張力，N/m
　　　Re_L = 液相的雷諾數 = $L/a_t \mu_L$
　　　Fr_L = 液相的弗勞德數 = $L^2 a_t/(\rho_L)^2 g$
　　　We_L = 液相的韋伯數 = $L^2/\rho_L \sigma_L a_t$

$K_L a$ 可按不同的溫度予以調整如下：

$$K_L a_{T_2} = K_L a_{T_1} \times 1.024^{T_2 - T_1}$$

一旦計算出填充的體積，塔直徑可從圖 5.24 計算出來所需的壓降而得知；該圖是一個用來預測填充塔壓降的一般關係式。[25] 以下式 (5.30) 和式 (5.31) 分別作為圖 5.24 的 x 軸和 y 軸的值。填充因子依每個填充類型而不同，通常可以從製造商取得。

$$\frac{L'}{G'} \left(\frac{\rho_G}{\rho_L - \rho_G} \right)^{1/2} \tag{5.30}$$

其中，L = 液體負荷率，lb/(ft$^2 \cdot$ s)
G = 氣體負荷率，lb/(ft$^2 \cdot$ s)
ρ_g = 氣體的密度，lb/ft^3
ρ_L = 液體的密度，lb/ft^3

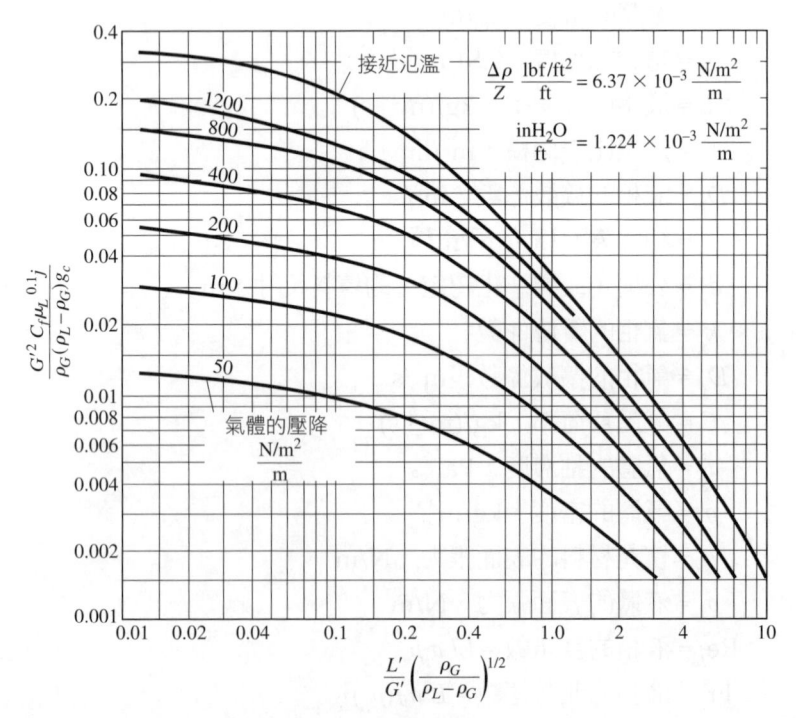

◐ 圖 5.24　廣義的氾濫和填充塔的壓降曲線

曝氣與質量傳送 5

$$\frac{G^2 F \mu_L^{0.1} J}{\rho_g (\rho_L - \rho_g) g_c} \tag{5.31}$$

其中，F = 填充因子〔16-mm（5/8-in）的塑膠鮑爾環 $F = 97$〕

μ = 液體的黏度，cP[kg/(m·s)]

g_c = 英制單位為 4.18×10^8（SI 單位為 1）

J = 英制單位為 1.502（SI 單位為 1）

為了估計塔的尺寸，選擇一個允許的壓降值。通常每英尺填充塔具有 0.25 到 0.50 英寸水柱的壓降範圍，適用於一個接近平均值大小的塔且具有彈性的操作範圍。一旦壓降被選擇，從式 (5.30) 可計算圖 5.24 的 x 軸值。從 x 軸畫一條垂直線到選定的壓降值曲線交叉點。在此交點，可讀出 y 軸的值。式 (5.31) 可重新排列並解出 G：

$$G = \left(\frac{(y \text{ 軸的值}) \rho_g (\rho_L - \rho_g) g_c}{F \mu_L^{0.1} J} \right)^{0.5} \tag{5.32}$$

塔的截面積可由空氣質量流速除以 G 而得知，而直徑可從這面積計算出來。填充床的總深度可由填充材料的體積除以截面積而得。總壓降是每英尺填充材料的壓降乘以填充床的深度。

圖 5.25 顯示一個氣提系統的示意圖。含有揮發性有機物的排放廢氣通常必須加以處理。適用技術，如圖 5.26 所示。

例題 5.4 從以下公式可以計算出氣提塔的去除效率

$$\frac{C_1}{C_2} = \frac{(S) \exp\left[\left(\frac{S-1}{S} \right) \left(\frac{H K_L a}{L_v} \right) \right] - 1}{S - 1}$$

其中，C_1 = 進流水濃度

C_2 = 放流水濃度

H = 填充高度

L_v = 液體的體積負荷率 = Q_L / A

A = 塔截面積 = πr^2

Q_L = 水流量

219

圖 5.25 氣提系統的示意圖

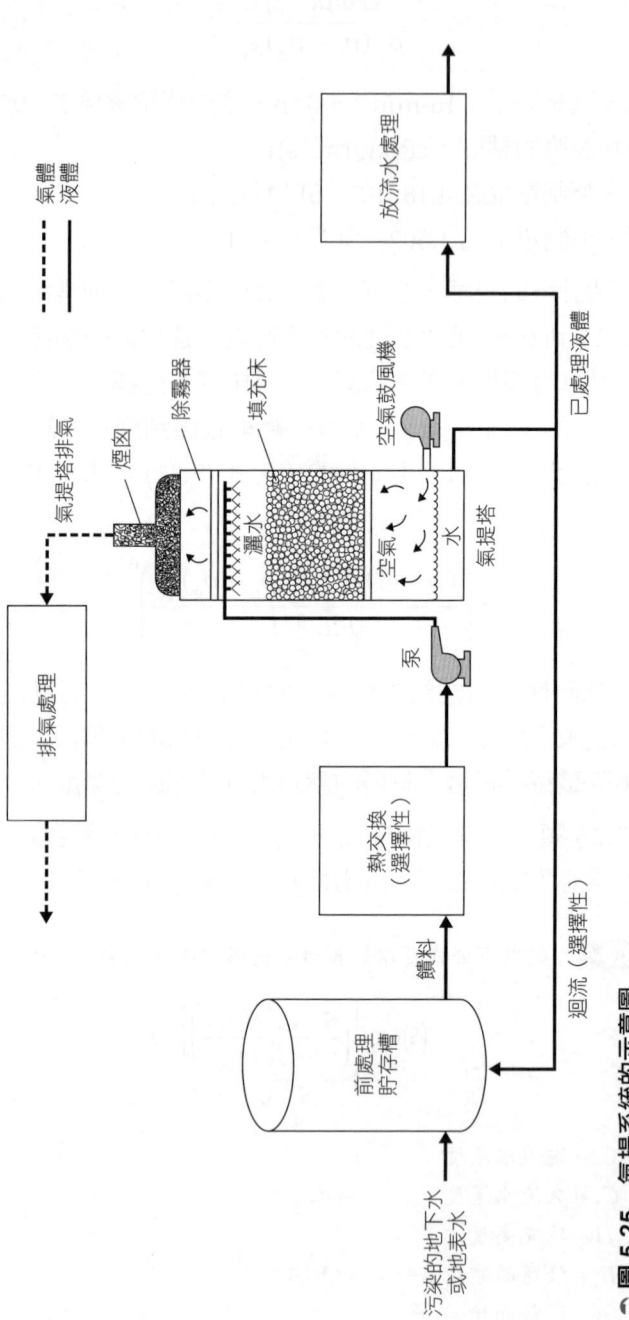

曝氣與質量傳送 5

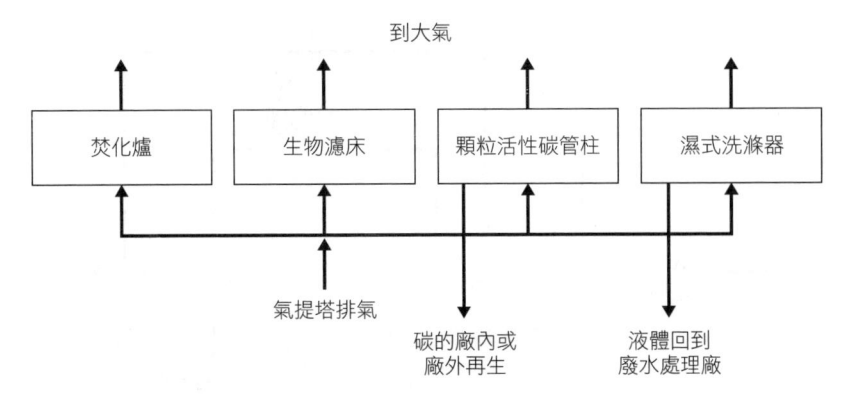

到大氣

焚化爐 ｜ 生物濾床 ｜ 顆粒活性碳管柱 ｜ 濕式洗滌器

氣提塔排氣

碳的廠內或廠外再生

液體回到廢水處理廠

◯ **圖 5.26　氣提塔排氣處理的程序選擇**

S = 氣提因子 = $H_c a_w$
H_c = 亨利常數
A_w = 氣液的體積比 = QG/QL
Q_G = 氣流率
$K_L a$ = 質傳係數

如果假設下列條件：

H = 40 ft
L_v = 10.03/153.9 = 0.06517 ft/s
$A = \pi r^2$ = 153.9 ft^2
Q_L = 4500 gal/min = 10.03 ft^3/s
S = (0.2315)(19.94) = 4.616
H_c = 0.2315 適用於三氯乙烯，在 10°C
A_w = 12,000/(10.03)(60) = 19.94
Q_G = 12000 ft^3/min
$K_L a$ = 0.0125 s^{-1}

然後

$$\frac{C_1}{C_2} = \frac{(4.616)\exp\left[\left(\frac{4.616-1}{4.616}\right)\left(\frac{(40)(0.0125)}{0.06517}\right)\right]-1}{4.616-1} = 520$$

$$\frac{C_2}{C_1} = 0.00192$$

去除率 % = $(1 - C_2/C_1) \times 100\%$
　　　　 = 99.81

工業廢水污染防治

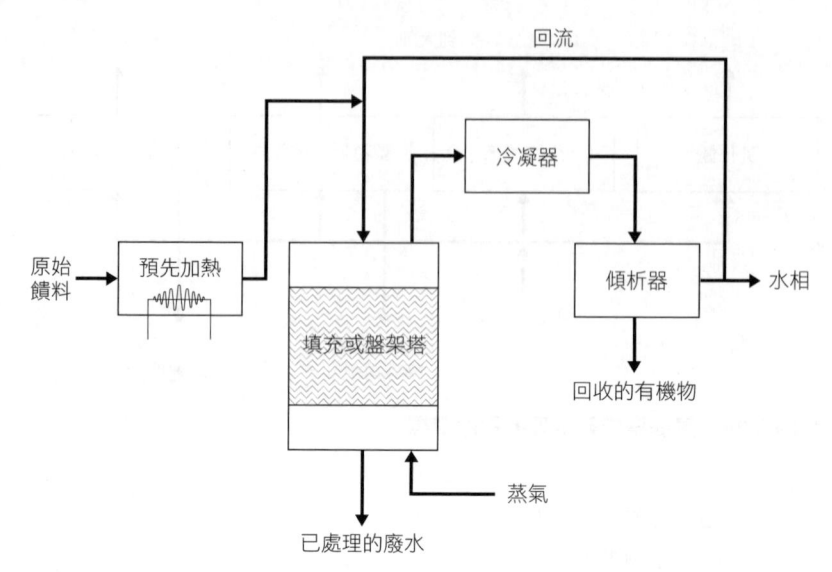

○ 圖 5.27　典型的汽提程序

　　汽提法可應用於高濃度揮發性有機物的去除。估計汽提能力的主要指標為有機化合物的沸點。化合物應展現出一個相對較低的沸點（150°C）和一個可接受的亨利定律常數作為有效的汽提法。產生的污染冷凝水可能可以回收或做進一步的處理。圖 5.27 顯示一個汽提系統，而表 5.9 則列出性能特性。

5.5　問題

5.1.　一個空氣擴散器在 10°C 產生 6.5/h 的 $K_L a$，氣流是 50 cm^3/min，氣泡直徑是 0.15 cm，氣泡速度是 28 cm/s。曝氣管柱的深度為 250 cm，體積為 4000 cm^3。

(a) 計算 K_L。
(b) 計算在 25°C 的 $K_L a$。

5.2.　設計一個使用粗氣泡擴散器的曝氣系統；該擴散器在標準狀態下，於 15 ft 的液體深度，具有 12% 的氧傳輸效率（OTE）。

曝氣與質量傳送 5

▶ 表 5.9 模廠級工業汽提塔性能的總結

使用汽提法的工廠	汽提出來的物質	亨利常數 (atm)	蒸氣壓 (mm Hg @ 25°C)	濃度 (ppm) 進流水	濃度 (ppm) 放流水	百分比去除率
農藥工業						
工廠 1	二氯甲烷	177	425	<159	<0.01	99.9
工廠 2	氯仿	188	180	70.0	<5.0	>92.6
工廠 3	甲苯	370	29	721	43.4	94.0
有機化學工業						
工廠 4	苯	306	74	<15.4	<0.230	98.5
工廠 5	二氯甲烷	177	425	<3.02	<0.0141	99.5
	甲苯	370	29	178	<52.8	>70.3
工廠 6a	二氯甲烷	177	425	1430	<0.0153	>99.99
	四氯化碳	1280	113	<665	<0.0549	>99.99
	氯仿	188	180	<8.81	1.15	<86.9
工廠 6b	二氯甲烷	177	425	4.73	<0.0021	>99.95
	氯仿	188	180	<18.6	<1.9	89.8
	1,2-二氯乙烷	62	82	<36.2	<4.36	88.0
	四氯化碳	1280	113	<9.7	<0.030	99.7
	苯	306	74	24.1	<0.042	>99.8
	甲苯	370	29	22.3	<0.091	>99.6
工廠 7	二氯甲烷	177	425	34	<0.01	>99.97
	氯仿	188	180	4509	<0.01	99.99
	1,2-二氯乙烷	62	82	9030	<0.01	>99.99

1000 lb O_2/h
$T = 30°C$
$C_L = 2$ mg/L
$\beta = 0.95$
$\alpha = 0.85$
$D = 20$ ft

5.3. 以下數據是在 29°C 的活性污泥池中進行的非穩態氧傳輸。計算在 20°C 的 K_L 和 $K_L a$。

時間 (min)	C_L (mg/L)
0	0.75
3	1.60
6	2.30
9	2.80
12	3.20
15	3.50
18	3.72

5.4. 一個模廠級研究要估計用氣提法對於苯的去除率。模型廠的填充塔，其氣提塔的直徑為 10 in，填充高度為 10 ft。該塔是在 50°C 下操作，其流率為 10 gal/min，且氣液比為 50:1。空氣中的苯濃度從 1400 μg/L 減少到 200 μg/L。在 50 gal/min 下，若要將空氣中苯濃度，從 1600 μg/L 降到 10 μg/L，所需的塔尺寸為多少？假設使用與模廠級研究相同的填充形式、液體負荷率、氣液比及溫度。

參考文獻

1. Lewis, W. K., and W. G. Whitman: *Ind. Eng. Chem.*, vol. 16, p. 1215, 1924.
2. Danckwertz, P. V.: *Ind. Eng. Chem.*, vol. 43, p. 6, 1951.
3. Dobbins, W. E.: *Advances in Water Pollution Research*, vol. 2, Pergamon Press, 1964, p. 61.
4. Mueller, J. A., et al.: *Proc. 37th Ind. Waste Conf.*, May 1982, Purdue University.
5. Schmit, F., and D. Redmon: *J. Water Pollution Control Fed.*, November 1975.
6. Imhoff, K., and D. Albrecht: *Proc. 6th International Conf. on Water Pollution Research*, Jerusalem, 1972.
7. Landberg, G., et al.: *Water Research*, vol. 3, p. 445, 1969.

8. Wagner, M. R., and H. J. Popel: *Proc. Wat. Env. Fed.*, Dallas, 1996.
9. Carpani, R. E., and J. M. Roxburgh: *Can. J. Chem. Engrg*, vol. 36, p. 73, April 1958.
10. Gameson, A. H., and H. B. Robertson: *J. Appl. Chem. Engrg.*, vol. 5, p. 503, 1955.
11. Eckenfelder, W. W.: *J. Sanit. Engrg. Div.* ASCE, vol. 85, pp. 88–99, 1959.
12. Pasveer, A.: *Sewage Ind. Wastes*, vol. 27, pt. 10, p. 1130, 1955.
13. Ippen, H. T., and C. E. Carver: MIT Hydrodynamics Lab. Tech. Rep. 14, 1955.
14. Cappock, P. D., and G. T. Micklejohn: *Trans. Inst. Chem. Engrs. London*, vol. 29, p. 75, 1951.
15. *WPCF Aeration Manual of Practice*, FD-13, 1988.
16. Quirk, T. P.: personal communication.
17. Kormanik, R., et al.: *Proc. 28th Ind. Waste Conf.*, 1973, Purdue University.
18. Arthur, R. M.: *Treatment Efficiency and Energy Use III, Activated Sludge Process Control*, Butterworths, Boston, 1986.
19. "ASCE Standard Measurement of Oxygen Transfer in Clean Water," ASCE, New York, 1992.
20. Redman, D., and W. C. Boyle: Report to Oxygen Transfer Subcommittee of ASCE, 1981.
21. Neal, L. A., and E. C. Tsivoglou: *J. Water Pollut. Control Fed.*, vol. 46, p. 247, 1974.
22. Muller, J.: Manhattan College Summer Institute, 1996.
23. Ashworth, R. A., G. B. Howe, M. E. Mullins, and T. N. Rogers: "Air-Water Partitioning Coefficients of Organics in Dilute Aqueous Solutions," *Jour. Haz. Mat.*, vol. 18, pp. 25–36, 1988.
24. Onda, K., H. Takeuchi, and Y. Okumoto: "Mass Transfer Coefficients between Gas and Liquid Phases in Packed Columns," *J. Chem. Engrg. Japan*, vol. 1, no. 1, 1968.
25. Eckert, J. S.: *Chem. Eng. Progress*, vol. 66, March 1970.

6

好氧生物氧化的原理

6.1 簡介

幾乎所有的工業廢水中都含有可生物降解的有機物。一般而言，穩定這些廢水最具成本效益的方法是靠生物處理。本章描述將這些有機物轉換成穩定、無害和／或可重複使用的最終產物之原理。這種天然程序常見於河流、湖泊、地下水和其他環境介質中。對於環境工程師在設計與操作廢水處理設施時，需要理解、應用、最佳化和實施這些原理。本章和後面的章節描述必要的背景資料和概念。

污水處理的目的是去除或減少有機物與固體（在有些情況還包括無機物）的濃度到可接受的程度。伴隨工業廢水的污染物可能對微生物有抑制性或毒性；因此可能需要源頭管制或預處理。本章介紹了相關生物學的原理，包括有機物的去除機制、生物氧化機制、環境因素對於生物反應、生物抑制、硝化／脫硝、除磷，以及有關程序設計準則發展的實驗室和模廠級步驟等之影響。

6.2 有機物的去除機制

有機物可以在生物處理過程中，經由一個或多個機制去除，即吸著（sorption）、氣提，或生物降解。表 6.1 列出一些有機物與負責去除它們的機制。

吸著

難降解的有機物少量吸著在生物性固體的情形常發生在許多有機物上。在大部分的情況下，這種現象並不是去除有機物的主要機制。靈丹（Lindane，農藥名）則是一個例外，如 Weber 和 Jones[1] 的研究所示，他們證明儘管沒有發生生物降解，卻有顯著的吸著現象。這有可能是其他農藥在廢水生物處理過程中將會產生的類似反應。

這個去除機制被稱為分配性（partitioning），也已知與有機物的辛醇-水分配係數有關。

$$K_{SW} = kK_{OW}{}^n \tag{6.1}$$

其中，K_{SW} = 生物性固體顆粒累積因子，有機物被吸附和在溶液中的比例，(mg/mg)/(mg/L)

K_{OW} = 辛醇-水分配係數，$(mg/L)_O /(mg/L)_W$

k, n = 係數，已知可在 1.38×10^{-5} 和 4.3×10^{-7} (k) 之間，以及從 0.58 至 1.0 (n) 之間變化 [2-5]

在大多數的工業廢水裡，分配性提供可溶性化學需氧量（SCOD）微不足道的去除量，但它可能是某些脂溶性有機化合物進行生物累積的方法。

吸附（adsorption）去除可以透過以下關係式來確定

$$\frac{C_e}{C_i} = \frac{1}{\left[1 + \dfrac{k_{SW} \cdot Xt}{\theta_c}\right]} \tag{6.1a}$$

其中，C_e = 放流水濃度，mg/L

好氧生物氧化的原理 6

➡ **表 6.1** 優先管制污染物特定的去除效率

化合物	氣提	吸附	生物降解
含氮化合物			
丙烯腈（acrylonitrile）			99.9
酚類（phenols）			
酚（phenol）			99.9
2,4- 二硝基苯酚（2,4-DNP）			99.3
2,4- 二氯酚（2,4-DCP）			95.2
五氯酚（PCP）		0.58	97.3
芳香族（aromatics）			
鄰二氯苯（1,2-DCB）	21.7		78.2
間二氯苯（1,3-DCB）	—		—
硝基苯（nitrobenzene）			97.8
苯（benzene）	2.0		97.9
甲苯（toluene）	5.1	0.02	94.9
乙苯（ethylbenzene）	5.2	0.19	94.6
鹵化碳氫化合物（halogenated hydrocarbons）			
二氯甲烷（methylene chloride）	8.0		91.7
1,2- 二氯乙烷（1,2-DCE）	99.5	0.50	
1,1,1- 三氯乙烷（1,1,1-TCE）	100.0		
1,1,2,2- 四氯乙烷（1,1,2,2-TCE）	93.5		
1,2- 二氯酚（1,2-DCP）	99.9		
三氯乙烯（TCE）	65.1	0.83	33.8
三氯甲烷（chloroform）	19.0	1.19	78.7
四氯化碳（carbon tetrachloride）	33.0	1.38	64.9
含氧化合物（oxygenated compounds）			
丙烯醛（acrolein）			99.9
多核芳香化合物（polynuclear aromatics）			
菲（phenanthrene）			98.2
萘（naphthalene）			98.6
鄰苯二甲酸酯（phthalates）			
鄰苯二甲酸二 (2- 乙基己) 酯 （bis (2-ethylhexyl) phthalates）			76.9
其他			
乙酸乙酯（ethyl acetate）			98.8

229

C_i = 進流水濃度，mg/L

X = 混合液懸浮固體物，mg/L

t = 水力停留時間，d

θ_c = 污泥齡，d

當數 K_{OW} 小於 4，吸附不再是一個重要因素。

例題 6.1 在下列條件下，決定四氯乙烷（tetrachloroethane）和靈丹於活性污泥程序中的吸附。

四氯乙烷 K_{OW} = 363

靈丹 K_{OW} = 12,600

在式 (6.1) 中，k =3.45×10^{-7} L /mg

X = 3500 mg/L

t = 0.23 d

θ_c=6 d

解答

對於四氯乙烷：

$$\frac{C_e}{C_i} = \frac{1}{\left[1+3.45\times10^{-7}\ \frac{1}{\mathrm{mg}}(363)(3500)\frac{\mathrm{mg}}{\mathrm{L}}\times\frac{0.23\ \mathrm{d}}{6\ \mathrm{d}}\right]}$$

= 0.984　或　1.6% 吸附

對於靈丹：

$$\frac{C_e}{C_i} = \frac{1}{\left[1+3.45\times10^{-7}\ (12,600)(3500)\times\frac{0.23}{6}\right]}$$

= 0.633　或　37% 吸附

儘管吸著在生質（biomass）上似乎不是有毒有機物重要的去除機制，但在初級處理時，吸著於懸浮固體物卻可能十分重要。這現象的重要性關係到這有機物在隨後污泥處理操作後的宿命。在某些情況下，可能導致厭氧消化的毒性或限制土地處置的替代方案。

儘管在生質上有機物的吸著通常不顯著，但這對重金屬而言卻不是事實。金屬會與細胞壁形成錯合物並進行生物蓄積。雖然，廢水中低濃度的金屬一般不會抑制有機物的去除效率，但它們在污泥的累積，卻能顯著地影響到後續污泥的處理和處置作業。

氣提

揮發性有機碳化合物（VOCs）在生物處理程序中會被空氣帶走，這些程序包括滴濾池、活性污泥法、曝氣氧化塘。依據揮發性有機化合物的不同，氣提和生物降解兩者都可能會發生，如Kincannon和Stover[6]所述。於生物處理程序中氣提出揮發性有機物的這件事情，目前在美國正受到相當大的注意，這是因為立法嚴格地限制大氣中揮發性有機化合物允許的排放量。

高蒸氣壓化合物的揮發一直是活性污泥系統造成的爭議，主要是因為空氣品質的考量。在曝氣的生物反應器裡，有幾個因素會影響揮發性有機化合物（VOC）排放量的大小，例如：化合物的蒸氣壓和亨利常數、揮發性有機化合物的相對濃度〔拉烏爾定律（Raoult's law）和分壓〕、空氣流速或功率水準（power level），及生物活性的程度。當考慮去除活性污泥系統中某成分時，該化合物只能用以下三種方式之一來去除，即生物降解、氣提，或物理吸著。在數學上，這可用以下的方程式來表示：

$$\frac{dS}{dt} \cdot V = QS_o - \left[QS_e + \frac{dS}{dt_{bio}} \cdot V + \frac{dS}{dt_{str}} \cdot V + \frac{dS}{dt_{sorp}} \cdot V \right] \quad (6.2)$$

其中，S_o = 基質的初始濃度

S = 基質的濃度

S_e = 放流水的基質濃度

Q = 流量

V = 體積

氣提部分的量，理論上可以使用幾種模式來計算，也可以在實驗室級研究中，使用如圖6.1所描繪的小型反應器來預測。這是一個封閉系統，吹走的化合物都被收集到一個排氣裝置，捕捉於活性碳中，並分析其內含物。平行裝置在消毒後，使用相同的空氣流

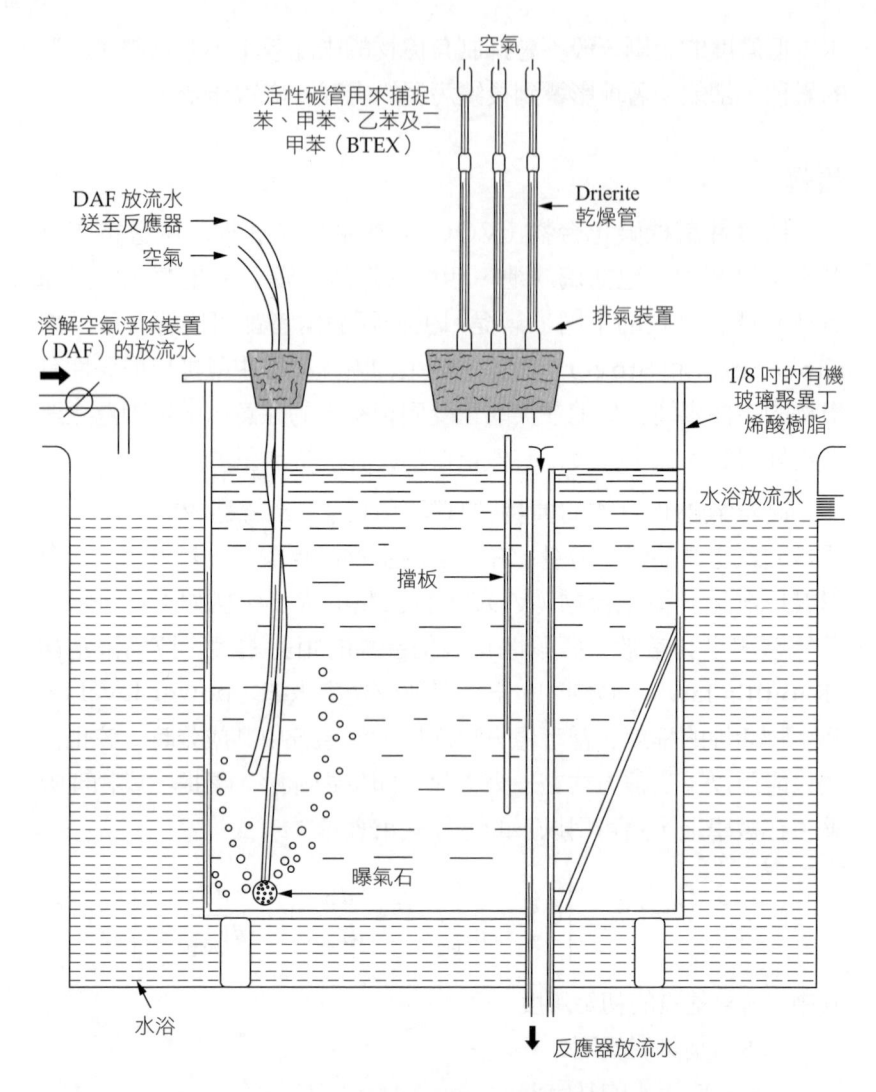

○ 圖 6.1　一個具有排氣裝置連接的反應器，其縱切面示意圖

率，可作為一個非生物為基礎的實例，以便能夠和生物活性系統作比較。如表 6.2 所示，只有一小部分的揮發性有機化合物（苯、乙苯、二甲苯、甲苯）會在生物活性反應器中被吹走。含氯揮發性有機化合物，其生物降解率普遍隨著增加的氯原子數目而下降，但氣提率卻是上升的。有一個方程式可用來預測各種非極性有機物從水

好氧生物氧化的原理 6

➡ 表 6.2　活性污泥反應器中，苯、甲苯、乙苯及二甲苯的宿命

過去的案例	路徑	苯	甲苯	乙苯	二甲苯
No. 1	生物降解的 (%)	97.8	94.90	94.6	-
	氣提的 (%)	2.0	5.10	5.2	-
	吸著的 (%)	-	0.02	0.2	-
No. 2	生物降解的 (%)	83.6	83.8	80.0	78
	氣提的 (%)	15.9	15.6	19.5	21
	吸著的 (%)	0	0	0	0
No. 3	生物降解的 (%)	-	88.4	-	-
	氣提的 (%)	-	11.6	-	-
	吸著的 (%)	-	-	-	-

中蒸發的速率。低於飽和濃度的溶解有機化合物的方程式為[7]：

$$半衰期 = \Lambda = 12.48 \, L \, P_W C_i / E P_i M_i \tag{6.3}$$

其中，Λ = 半衰期，min

L = 水深，m

P_W = 水的分壓 @ 20°C = 17.54 mm Hg

C_i = 化合物 i 在水中的濃度

M_i = 化合物 i 的分子量

P_i = 化合物 i 的蒸氣壓

E = 水的蒸發率，g/m²/day

實驗室級研究估計溶解在水中的含氯溶劑蒸發的情形，顯示含氯溶劑會迅速蒸發〔當含氯溶劑濃度大於 1 ppm 時，不到 20 分鐘；而在 0.1 ppm（100 ppb）的範圍，則不到 2 小時[7]〕。

吸著能力

有機物能夠在生物膠羽上被吸附（或可能是吸收），取決於化合物能有效分配到不可溶的部分之能力。對水溶性的有機化合物而言，這通常不是很重要，但可被視為是去除機制的一種可能。如表 6.2 所示，BTEX 化合物被吸著的部分很少。

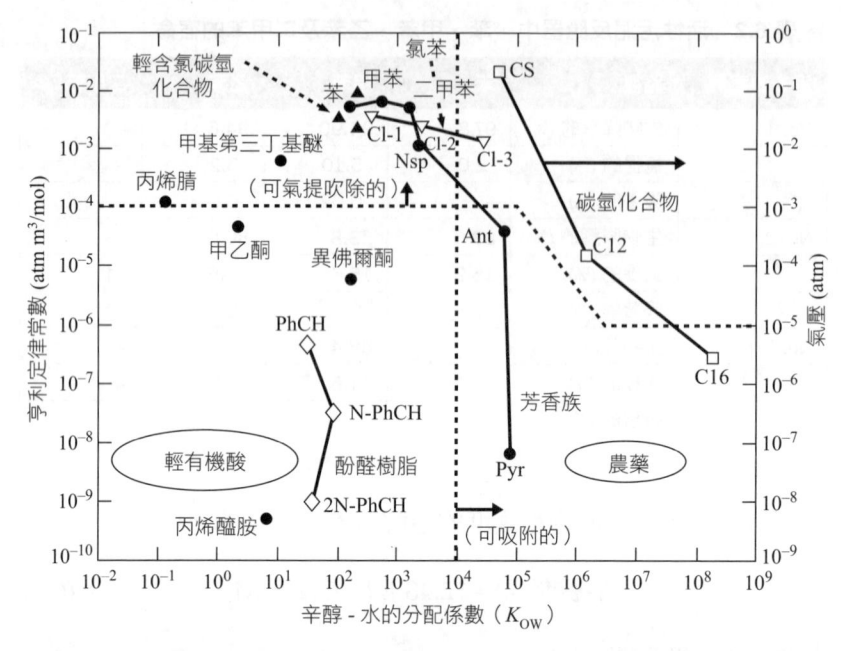

圖 6.2 有機化合物的分類——氣提能力 vs. 吸著能力（資料來源：Grady et al., 1996）[8]

圖 6.2 顯示一些有機化合物，一般在揮發、生物降解和吸著之間的關係。

生物降解

當好氧微生物從溶液中去除有機物時，會發生兩個基本現象：氧被生物體消耗以取得能源，以及新的細胞質被合成。生物體也在其細胞的質量中逐漸自我氧化。這些反應可用以下通式來說明：

$$\text{可生物降解的有機物} + a'O_2 + N + P \xrightarrow{\text{細胞}}_{K} \text{新細胞} + CO_2$$
$$+ H_2O + \text{不可生物降解的可溶性殘留物 (SMP)} \tag{6.4}$$

$$\text{細胞} + b'O_2 \xrightarrow{b} CO_2 + H_2O + N + P$$
$$+ \text{不可生物降解的細胞殘留物} + SMP \tag{6.5}$$

工程師在工業廢水處理設施的設計和操作上首要關注的是：(1)

好氧生物氧化的原理 6

反應發生時的速率；(2) 反應需要的氧和營養量；(3) 反應產生的生物污泥量。

在式 (6.4) 中，K 為速率係數，是廢水裡有機物或混合有機物生物降解性的函數。係數 a' 是部分被去除的有機物所占的比例，其被氧化到最終產物以獲得能源。係數 a 則是另一部分被去除的有機物，被合成為細胞質。係數 b 是可降解的生質每天被氧化的部分，而 b' 是氧化所需的氧。

式 (6.4) 中有一小部分被去除的有機物，會成為不可降解的副產物，並會以 TOC 或 COD 而非生化需氧量（BOD）的形式出現於放流水中，而且可定義為可溶性微生物產物（soluble microbial product, SMP）。在式 (6.4) 中產生的部分細胞質，會以一種不可降解殘留物的形式留下來。

為了設計或操作生物處理設施，首要的目標是針對要處理的廢水進行式 (6.4) 和式 (6.5) 的平衡。

若不考慮 SMP，所有被去除的有機物不是被氧化到最終產物（CO_2 和 H_2O），就是合成為生質。

因此，

$$a_{COD} + a'_{COD} \sim 1$$

由於生質通常被表示為揮發性懸浮固體物（volatile suspended solids, VSS），而且 1 磅的細胞以 VSS 表示需要 1.4 磅的氧來氧化，因此：

$$1.4a_{VSS} + a'_{COD} \sim 1$$

圖 6.3 呈現的示意圖，用來說明家庭污水中去除 1 磅 COD 時，氧和揮發性懸浮固體物（VSS）概念性的質量平衡。

6.3　生物氧化去除有機物的機制

大多數廢水去除有機物最主要的機制是生物氧化（biooxidation），如式 (6.4) 和式 (6.5) 所述。

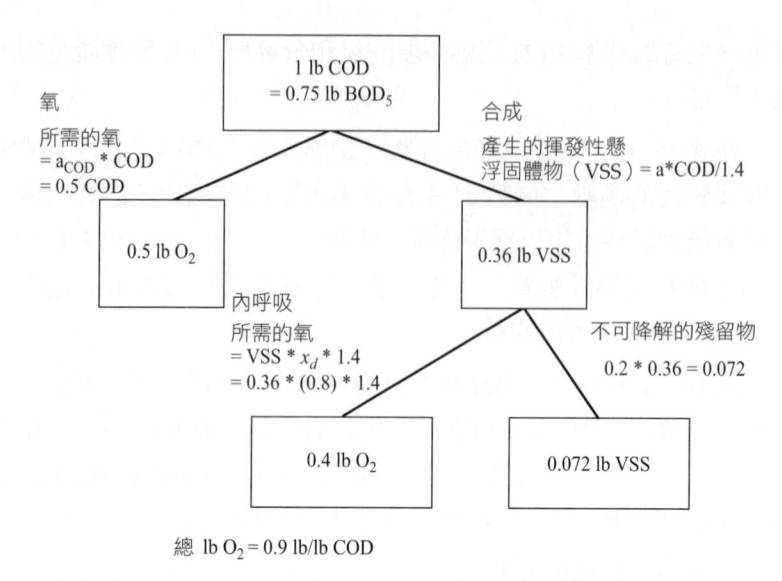

```
                        ┌─────────────────┐
                        │   1 lb COD      │
     氧                  │ = 0.75 lb BOD₅  │      合成
   所需的氧              └────────┬────────┘    產生的揮發性懸
   = a_COD * COD                  │            浮固體物（VSS）= a*COD/1.4
   = 0.5 COD                      │
         ┌──────────┐              ┌──────────┐
         │ 0.5 lb O₂│              │ 0.36 lb VSS│
         └──────────┘              └──────────┘
                內呼吸
               所需的氧                       不可降解的殘留物
               = VSS * x_d * 1.4              0.2 * 0.36 = 0.072
               = 0.36 * (0.8) * 1.4

         ┌──────────┐              ┌──────────┐
         │ 0.4 lb O₂│              │0.072 lb VSS│
         └──────────┘              └──────────┘
```

總 lb O₂ = 0.9 lb/lb COD

圖 6.3　氧和揮發性懸浮固體物（VSS）概念性的質量平衡計算

在處理工業廢水時要注意，活性微生物群必須適應要處理的廢水。對於較複雜的廢水，此馴化過程可能需要長達 6 週，圖 6.4 是以聯苯胺（benzidine）為例 [9]。馴化污泥時，若抑制物存在的話，要處理的廢水中有機物的饋料濃度必須低於抑制濃度。圖 6.5 顯示幾個有機物所需的馴化時間。

以生物污泥去除廢水中的 BOD，可視為發生在兩階段：懸浮性、膠體及可溶性 BOD 初始的高去除，以及殘餘可溶性 BOD 的緩慢去除。依有機物的物理和化學特性，初始 BOD 的去除是由一個或多個機制來完成。這些機制是：

1. 網集懸浮物於生物膠羽內來去除。這種去除快速，取決於廢水與污泥的混合是否恰當。
2. 以理化吸附方法來去除膠體物質到生物膠羽上。
3. 透過微生物進行可溶性有機物的生物吸著。目前仍有爭議的是：對於此類去除是酵素錯合的結果，或僅是一種表面現象；以及有機物質是吸著在細菌表面，或是進入到細胞內當作儲存產物，或者兩者都成立。可溶性 BOD 可立即去除的量，與：

好氧生物氧化的原理 6

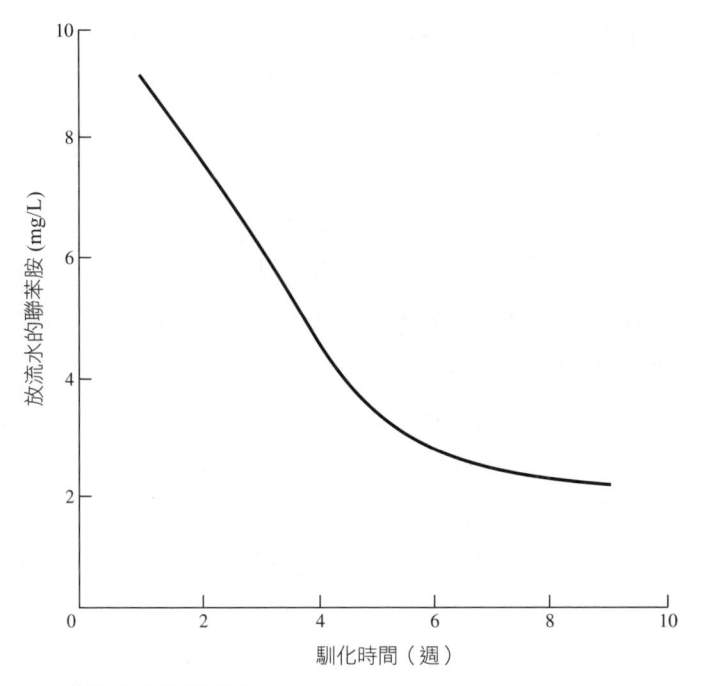

◯ 圖 6.4 聯苯胺降解的馴化

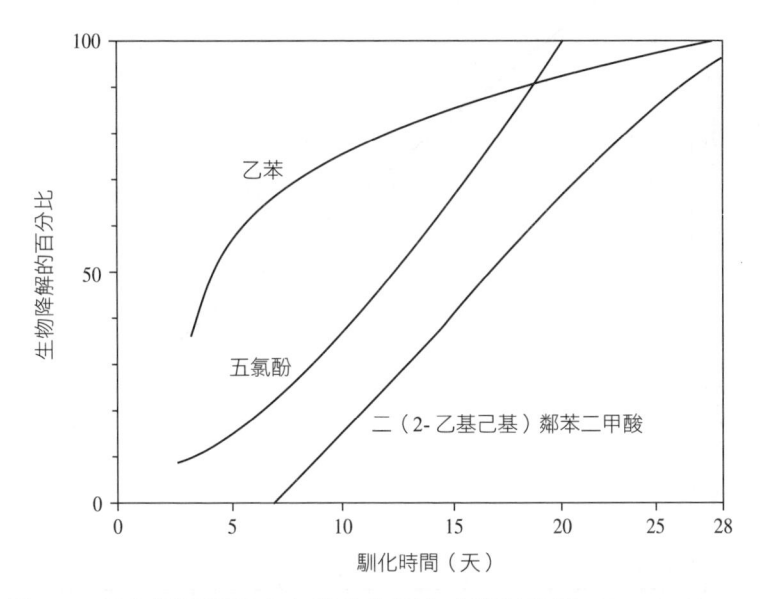

◯ 圖 6.5 活性污泥對特定有機物的馴化（資料來源：Tabak, H., et al., *Biodegradability Studies with Organic Priority Pollutant Compounds*, J. Water Pollution Control Federation, 1981）

(1) 存在污泥的濃度；(2) 污泥齡；(3) 可溶性有機物質的化學特性等，成正比。

生物吸著現象與在 10 至 15 分鐘的接觸時間下的微生物膠羽負荷有關：

$$膠羽負荷 = \frac{mg\ BOD, 進行吸著的}{g\ VSS, 生物性的} \qquad (6.6)$$

其中，VSS = 揮發性懸浮固體物。膠羽負荷和有機物以生物吸著而去除兩者之間的關係，如圖 6.6。

產生的污泥類型影響其吸著性質顯著。在一般情況下，從批次或塞流反應器配置所生成的生質，比起從一個完全混合的反應器配置所產生的生質，將會有更好的吸著性質。

生質與廢水的接觸後會立即啟動三種機制。為了可以提供細胞

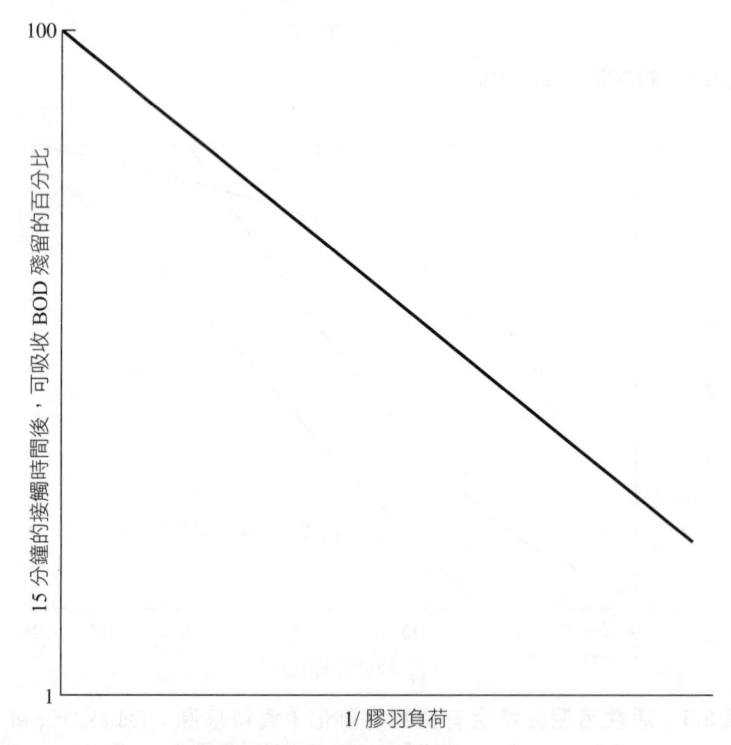

◯ **圖 6.6 可溶性可降解廢水的生物吸著關係**

好氧生物氧化的原理 6

氧化和合成所需,膠體和懸浮物質必須經過一系列的分解成為較小的分子。在一個馴化系統裡,分解所需的時間主要是與有機物的特性及活性污泥的濃度有關。在一個具有高濃度生化需氧量(BOD)之複雜的廢水混合物裡,只要所有組成維持不變,合成速率與濃度無關,而且也因此,細胞生長會有固定和最大的速率。在持續曝氣下,容易去除的成分會被耗盡,而隨著殘留在溶液中 BOD 濃度的降低,生長速率將會下降。如第 261 頁的圖 6.19 所示。

這會導致細胞質量和細胞裡碳的減少,伴隨著細胞裡氮的相對應下降,如圖 6.7 所示。Gaudy[10]、Englebrecht 和 McKinney[11]、McWhorter 和 Heukelekian[12] 等學者已證明了這種現象。在紙漿廠廢水的處理上,Gaudy 證明細胞碳水化合物在 3 小時曝氣後出現高峰,而細胞蛋白質在經過 6 小時曝氣後會出現相對應的高峰。而 Engelbrecht 和 McKinney [11] 所證明的細胞質量在原有基質大量耗竭後會下降,可以歸因於儲存的碳水化合物轉換成細胞的原生質體。

在圖 6.7,下降的去除率伴隨著生物吸著現象。在 AC 這段時間間隔,儲存的碳水化合物為細胞所用,造成細胞裡的氮增加。當儲存的碳水化合物耗盡時,細胞裡的氮會到達其高峰值 C 點。在 CD 這段時間的間隔,細胞的質量呈現增加(生長速率和去除率皆下滑)。根據在 C 點時的 BOD 殘留濃度和去除率,污泥的質量可能會維持不變,或者甚至增加,雖然細胞裡的氮仍大致不變。過了 D 點,細胞死亡與衰變,內呼吸或自我氧化的階段導致細胞的重量和細胞裡的氮同時減少。

在指數成長期間,每單位細胞質量的攝氧率(oxygen uptake rate)將維持在不變的最大速率,因為基質並不會限制合成的速率。

氧的利用將會持續在最高速率,直到吸著的 BOD 耗盡;在這之後,它將會隨 BOD 去除率的下降而減少。在含有懸浮及膠體物質的廢水裡,攝氧率也將會反映溶解的速率與隨後膠體和懸浮 BOD 的合成速率。

239

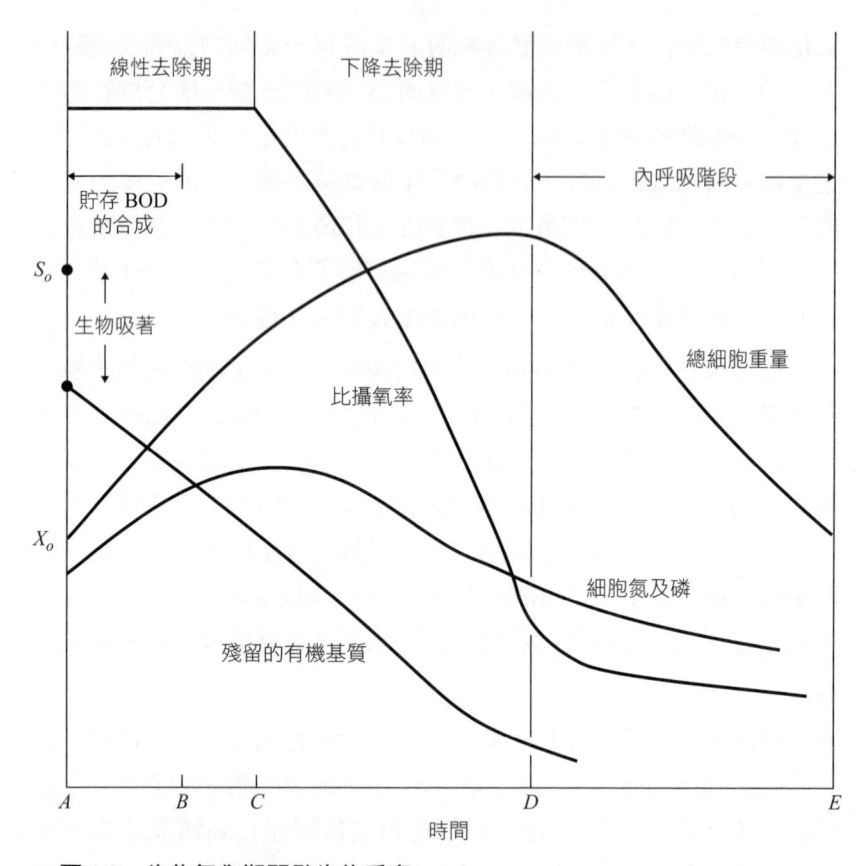

◎ 圖 6.7 生物氧化期間發生的反應

污泥產量和氧的利用

如式 (6.5) 所示，內呼吸會導致細胞質量的降解。然而，部分揮發性細胞的質量是不可降解的；也就是說，它們在生物程序的時間內不會降解。Quirk 和 Eckenfelder [13] 已證明，揮發性生質的一部分是不可降解的。當曝氣在進行時，生質中可降解的部分被氧化，導致可降解的比例減少。透過動力和質量平衡，可找出降解的部分與內呼吸速率係數和污泥齡的關聯：

$$X_d = \frac{X'_d}{1 + bX'_n \theta_c} \tag{6.7}$$

其中，X_d = 生物性揮發性懸浮固體物（VSS）可降解的部分

好氧生物氧化的原理 6

X'_d = 在生質剛產生時,生物性揮發性懸浮固體物(VSS)可降解的部分;也就是說,式 (6.4) 平均 0.8

X'_n = 在生質剛產生時,生物性揮發性懸浮固體物(VSS)不可降解的部分;也就是說,式 (6.4) 平均 0.2,$(X'_d + X'_n) = 1.0$

b = 內呼吸速率係數,d^{-1}

θ_c = 污泥齡,d

食品加工廢水所呈現的這種關係,顯示在圖 6.8。

可降解的部分與可存活或活性的生質有關。可降解的生質可以是下列項目的函數:攝氧率、三磷酸腺苷(ATP)、脫氫酶含量,或培養皿計數測量。要注意的是,儘管揮發性懸浮固體物傳統上是用來作為生質的量度單位,但只有活性的生質於程序中才會有反應。在工廠的運作,程序的控制必須倚賴一些活性生質,以便偵測有毒的衝擊、突增負荷等。此時最常用的就是攝氧率。

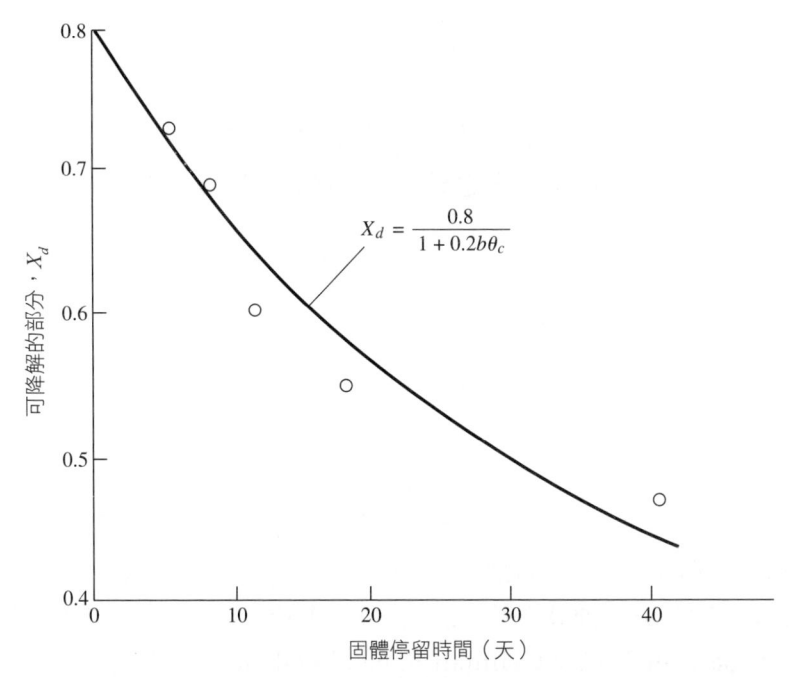

$$X_d = \frac{0.8}{1 + 0.2b\theta_c}$$

◯ 圖 6.8　食品加工廢水可降解部分和固體停留時間(SRT)之間的關係

污泥齡定義為微生物平均曝氣的時間長度。在一次性流通系統,也就是說沒有生質的回流下,污泥齡是稀釋率 Q/V 的倒數。為了能促發生長及提升對 BOD 的去除率,生長率變成下式的倒數

$$\theta_c = \frac{V}{Q} \tag{6.8}$$

其中,θ_c 是污泥齡。

在一個如活性污泥廠的回流系統,污泥齡的定義是:

$$\theta_c = \frac{X_v t}{\Delta X_v} \tag{6.9}$$

其中,X_v = 揮發性懸浮固體物濃度,mg/L

$t = V/Q$,水力停留時間,d

ΔX_v = 根據進流水流量,每天每公升排出的揮發性懸浮固體物重量,mg

程序性能表現也與定義為食微比(F/M)的程序有機負荷有關:

$$\frac{F}{M} = \frac{S_o}{f_b X_v t} \tag{6.10}$$

其中,X_v = 曝氣下的揮發性懸浮固體物,f_b = 生物性的部分。

當放流水的 BOD 可被忽略時,F/M 與污泥齡 θ_c 有以下關係

$$\frac{1}{\theta_c} = a\frac{F}{M} - bX_d \tag{6.11}$$

其中,a = 產率係數或者有機物去除並合成到生質的部分。

很多研究調查曾指出,一定重量的生物細胞(表示為總需氧量、COD)可以由一給定重量的去除的有機物質所合成。McKinney [11] 表示,某基質最終化學需氧量(COD)的三分之一是作為能源,而三分之二是用在合成。使用 0.7 g VSS/g O_2 作為氧轉化為細胞的揮發性固體物的因子,則每去除 1 g 的 COD 可合成 0.47 g 的 VSS(揮發性懸浮固體物)。其中的差異歸因於內呼吸效應。Sawyer [14] 以及 Gellman 和 Heukelekian [15] 已證明,對污水和許多工業廢水而言,去除掉每克的 BODs 可合成 0.5 g 的 VSS。

好氧生物氧化的原理 6

Busch 和 Myrick [16] 則說明葡萄糖的全合成是 0.44 g cells/g COD。使用硝酸根作為氮源時，McWhorter 和 Heukelekian [12] 發現，平均葡萄糖的合成為 0.315 g VSS/g COD。如 Pipes [17] 所示，硝酸鹽還原到氨氮需要消耗能量，使得一些化學需氧量被消耗來驅動這個還原，導致產率比起用氨作為氮源時來得低。

當營養源氮的溫度低於最佳值，細胞產率趨於增加，因為更多的基質將分流到不溶性細胞聚合物的堆積。

產生於可溶性基質之生物氧化的污泥（$f_b = 1.0$），已由 Eckenfelder [18] 總結如下：

$$\Delta X_v = aS_r - bX_d X_v t \tag{6.12}$$

其中，ΔX_v = 生質的產量，mg/L
S_r = 有機物的去除，mg/L
X_d = 生質可生物降解的部分

由式 (6.12) 生成的生質約 80% 可生物降解。當固體停留時間（SRT）增加，生質可降解的部分將會進行內源性地氧化，而殘留的揮發性生質中可生物降解的部分（標示為 X_d）將減少。只含可溶性有機基質的廢水可用式 (6.13) 計算出其揮發性生質可生物降解的部分。這種關係如圖 6.8 食品加工廢水的處理所示。

$$X_d = \frac{0.8}{1 + 0.2b\theta_c} \tag{6.13}$$

式 (6.11)、式 (6.12) 及式 (6.13) 可以結合起來，使用反應動力係數取得可溶性有機基質的 X_d。

$$X_d = \frac{aS_r bX_v - [(aS_r + bX_v)^2 - (4bX_v)(0.8\,aS_r)]^{0.5}}{2bX_v} \tag{6.14}$$

如果進流水中含有 VSS，例如在紙漿和造紙廠廢水，式 (6.12) 會被修正以包括此影響。

$$\Delta X_v = a[S_r + f_d f_x X_i] \cdot bX_d f_b X_v t + (1 - f_d) f_x X_i + (1 - f_x) X_i \tag{6.15}$$

其中，X_i = 進流水的 VSS，mg/L

f_x = 進流水 VSS 可降解的部分
f_d = 可降解的進流水 VSS 已降解的部分
f_b = 混合液 VSS 為生質的部分

進流水可降解的 VSS 之降解率是固體停留時間（SRT）和其特定降解率的函數。通常大部分會在 10 天的污泥齡內降解。圖 6.9 和圖 6.10，說明初級污泥中可降解 VSS 和不可降解 VSS 的氧化，均為污泥齡的函數。隨著污泥齡增加，惰性的比例將會增加。剩餘 VSS 的部分可以由式 (6.16) 決定。

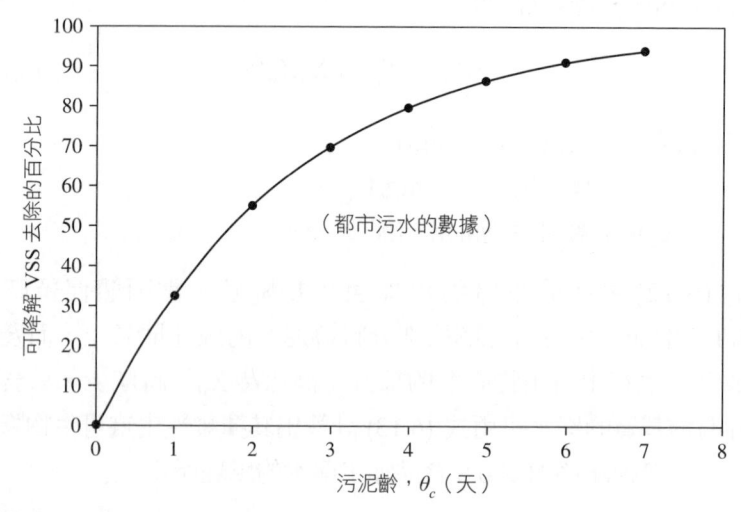

◯ 圖 6.9　可降解 VSS 的氧化

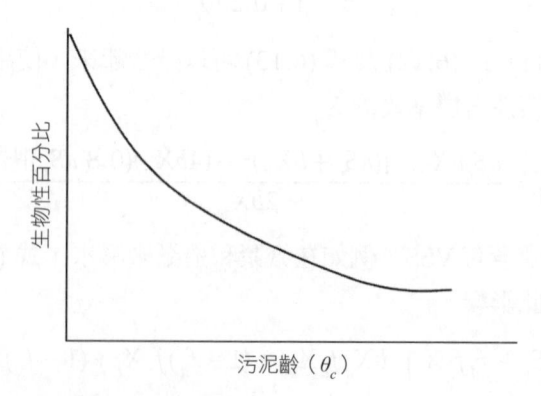

◯ 圖 6.10　不可降解 VSS 的宿命

好氧生物氧化的原理 6

$$(1 - f_d) = e^{-K'_p \theta_c} \tag{6.16}$$

其中，K'_p = 進流水 VSS 的降解率係數，day^{-1}。

如果假定 1 mg/L 的 VSS 溶解會產生 1 mg/L 的 COD，於是在整體混合液生質的部分（f_b），可以下列方式得知：

$$f_b = \frac{a[S_r + f_d f_x X_i] - b X_d f_b X_v t}{a[S_r + f_d f_x X_i] - b X_d f_b X_v t + (1 - f_d) f_x X_i + (1 - f_x) X_i} \tag{6.17}$$

圖 6.11 顯示混合液揮發性懸浮固體物（mixed liquor volatile suspended solids, MLVSS）減少的生物部分，其中的進流水不可生物降解的 VSS 在增加。

紙漿和造紙廠廢水中的大多數紙漿和纖維基本上是不可降解的，因此 $(1 - f_d)$ 大約是 1。然而，在食品加工廢水，$(1 - f_d)$ 可能小於 0.2。如果進流水中含有高濃度的 VSS，必須以實驗測定 $(1 - f_d)$ 值，以便準確地預測揮發性污泥的產量和真正的生物產量。當廢水中含有進流水 VSS，求取 X_d 的式 (6.14) 必須作如下的修改：

$$X_d = \frac{J - [J^2 - (4b f_b X_v)(0.8\ a S_r)]^{0.5}}{2 b f_b X_v} \tag{6.18}$$

其中，$J = a S_r + b f_b X_v - f_d f_x X_i$。

進流水非揮發性懸浮固體物對於混合液體的特性和污泥產量的

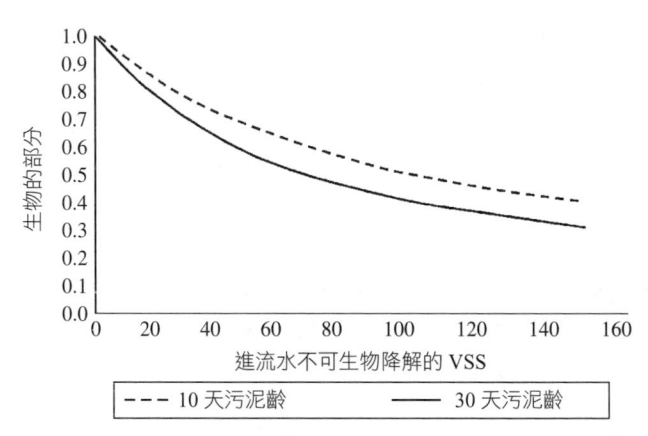

○ **圖 6.11**　混合液揮發性懸浮固體物（MLVSS）的生物部分

245

影響，也可以很顯著。所產生的惰性物質的量（以非揮發性懸浮固體物來量測）與下列項目有關：SRT、水力停留時間、進流水中不可降解的/不可溶解的非揮發性懸浮固體物的部分，以及活性污泥程序中非生質顆粒的形成。這種關係表示如下：

$$\Delta NVSS = a^* S_r f_{ibnd} + f_{oi} X_{oi} + 非生質顆粒的形成 \quad (6.19)$$

其中，$\Delta NVSS$ = 產生的惰性懸浮固體物，mg/L
　　　X_{oi} = 進流水惰性固體，mg/L
　　　f_{ibnd} = 惰性生質的部分
　　　f_{oi} = 進流水不可降解或不可溶解的惰性固體之部分
　　　a^* = 每個去除的單位基質所產生的生質，mg/TSS/mg BOD（或 COD）

透過廢水的沉降反應，惰性物質也可能會在活性污泥系統產生。在式 (6.19) 中，最後的累積項只有說明但沒有以特性因子來表示，這是因為它難以量化，除非進流水懸浮固體物的濃度微不足道，而惰性的累積卻很顯著。

總污泥生成可以用式 (6.15) 和式 (6.19) 加總來計算。總懸浮固體物生成對操作曝氣池混合液懸浮固體物（MLSS）的影響是固體停留時間（SRT）的直接函數。隨著 SRT 的增加，曝氣池的 MLSS 將會增加。在設計二級澄清池（secondary clarifier）的固體負荷率時，必須考量到可容納惰性和揮發性懸浮固體物的生成，同時保持基質去除所需的 SRT。圖 6.12 所示的式 (6.12) 可決定產率係數（a）和內呼吸係數（b）。圖 6.13 顯示可溶性製藥廢水其污泥生成係數的測定。例題 6.2 以範例說明污泥產量的計算。表 6.3 提供污泥生成符號說明的總結。

例題 6.2　在以下的操作條件，決定活性污泥程序的操作參數：食微比（F/M）、混合液揮發性懸浮固體物（MLVSS）、揮發性懸浮固體物中生物的部分（f_b）。

$a = 0.45$
$b = 0.1$（在 20°C）

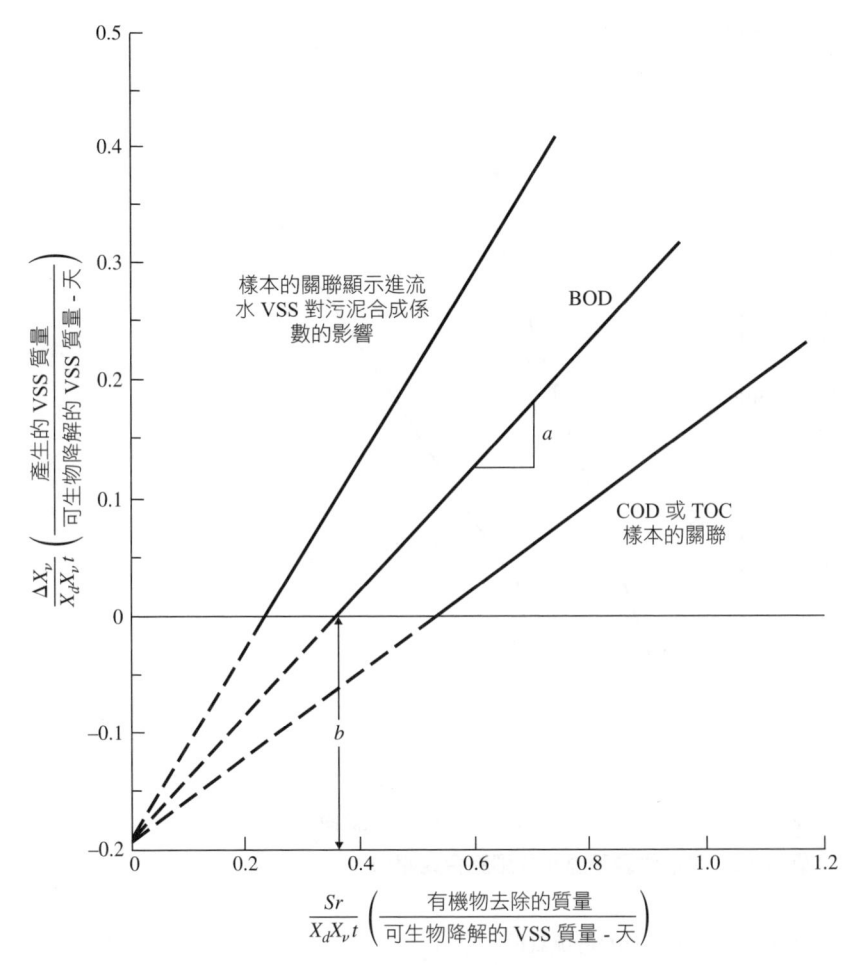

○ 圖 **6.12**　根據式 (6.12)，污泥產生係數的測定

θ_c = 10 天
X_i = 200 mg/L
f_x = 0
S_o = 1,000 mg/L
S_e = 20 mg/L
t = 0.9 天

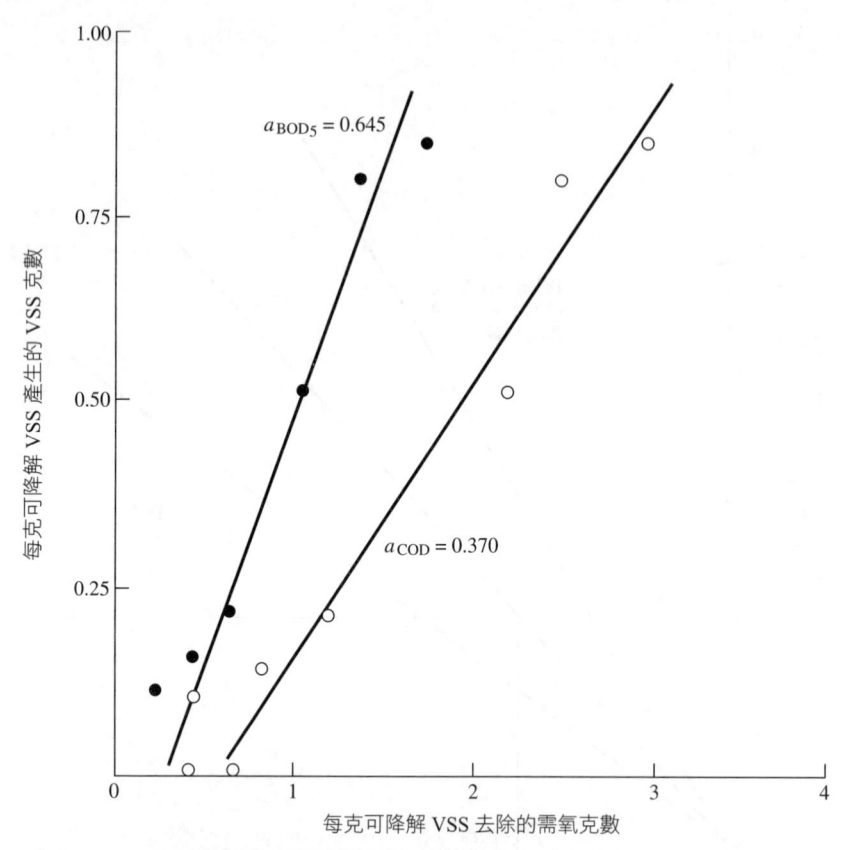

[图表: 可溶性製藥廢水的細胞合成關係，縱軸為每克可降解 VSS 產生的 VSS 克數（0 到 1.00），橫軸為每克可降解 VSS 去除的需氧克數（0 到 4），顯示 $a_{BOD_5} = 0.645$ 和 $a_{COD} = 0.370$ 兩條直線]

➲ **圖 6.13** 可溶性製藥廢水的細胞合成關係

➡ **表 6.3** 污泥生成的符號說明

ΔX_v = 廢水生物污泥，mg/L

$a = \dfrac{\text{細胞合成磅數以 VSS 表示}}{\text{每磅 BOD 去除}}$

S_r = COD 或 BOD 去除，mg/L

b = 內呼吸速率，每天氧化的可降解生質部分，d^{-1}

X_d = 生物性 VSS 中可降解的部分

fX_i = 仍未降解的進流水 VSS

X_v = 混合液揮發性懸浮固體物

t = 時間

f = 未降解的部分

f_b = VSS 中的生物部分

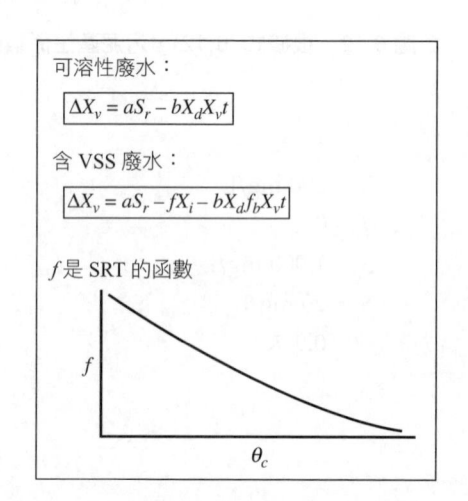

可溶性廢水：

$$\Delta X_v = aS_r - bX_dX_vt$$

含 VSS 廢水：

$$\Delta X_v = aS_r - fX_i - bX_df_bX_vt$$

f 是 SRT 的函數

[圖: f 對 θ_c 的遞減曲線]

好氧生物氧化的原理

解答 F/M 計算如下：

$$\frac{1}{\theta_c} = a(F/M) - bX_d$$

$$X_d = \frac{0.8}{1 + 0.2\,b\theta_c}$$

$$X_d = \frac{0.8}{1 + 0.2(0.1 \cdot 10)} = 0.67$$

$$\frac{1}{10} = 0.45(F/M) - (0.1 \cdot 0.67)$$

$$F/M = 0.37 / \text{day}$$

MLVSS（X_v）由生質 VSS 和不可生物降解的進流水 VSS 所組成，其計算方程式為：

$F/M = S_o/(f_b X_v t)$

$f_b X_v = 1,000 / (0.37 \cdot 0.9)$

$f_b X_v = 3,000 \text{ mg/L}$

$$X_v = [(aS_r - bX_d f_b X_v t) + (1 - f_x)X_i]\frac{\theta_c}{t}$$

$$= [0.45(1,000 - 20) - (0.1 \cdot 0.67 \cdot 0.9 \cdot 3,000) + (1.0 - 0)200]\frac{10}{0.9}$$

$X_v = 5,112 \text{ mg/L}$

X_v 中的生質比例是：

$$f_b = \frac{3,000}{5,112} = 0.59$$

每次通過曝氣池的廢水，其污泥生成速率是：

$$\Delta X_v = aS_r - bX_d f_b X_v t + \Delta X_i$$

$$= (0.45 \cdot 980) - (0.1 \cdot 0.67 \cdot 3,000 \cdot 0.9) + (1.0 - 0)200$$

$$= 441 - 181 + 200$$

$\Delta X_v = 460 \text{ mg/L-通過}$

檢查 $\theta_c = 10$ 天

$$\theta_c = \frac{5,112 \cdot 0.9}{460} = 10 \text{ 天}$$

氧的需求

生物需氧量可以透過式 (6.20) 計算得之：

$$O_2 = a'S_r + (1.4b)X_d f_b X_v t \tag{6.20}$$

其中，O_2 = 需氧量，mg/L

$f_b X_v$ = 曝氣下的生質，mg VSS/L

X_d = 生物揮發性懸浮固體物（VSS）中全部可降解的部分

$a' = \dfrac{\text{lb 消耗的氧}}{\text{lb 去除的 BOD}}$

S_r = 去除的 BOD，mg/L

b = 內呼吸速率，生質氧化每天可降解的部分，d^{-1}

這個「集總」係數（1.4b）常常被稱為 b'。式 (6.20) 是用來決定 a' 和 b' 和系統的氧需求。圖 6.14 說明了食品加工廢水的這種關係，其中 $f_b \approx 1$。表 6.4 列出了各種廢水對氧的利用係數。

可溶性基質對氧的需求，可以計算為：

$$r_r = \frac{a's_r}{t} + b'X_d f_b X_v \tag{6.21}$$

其中，r_r = 攝氧率，mg/L^{-d}。

在對數成長階段，比攝氧率（specific oxygen uptake rate, SOUR）$k_r = r_r/X_v$ 是恆定的，因此 r_r 將會隨越來越多新細胞的合成而增加。當基質濃度減少，攝氧率會降低。當可用的基質耗盡時，攝氧率降低到內呼吸速率，大約為 $bX_d f_b X_v$。

圖 6.15 說明用於決定比攝氧率（SOUR）的方法。要注意的是，在原位（in-situ）量測的比攝氧率會大於由易位（ex-situ）量測的比攝氧率，因為基質的耗盡將減少微生物的活性，從而降低攝氧率。這可由圖 6.16 看出。攝氧率高時，原位與易位差別的百分比會以指數方式增加。

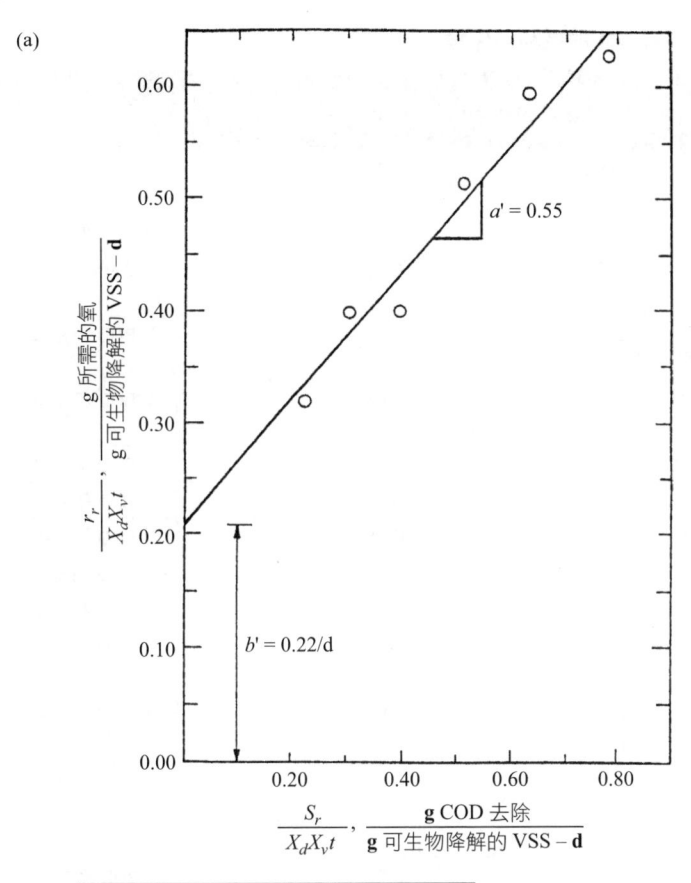

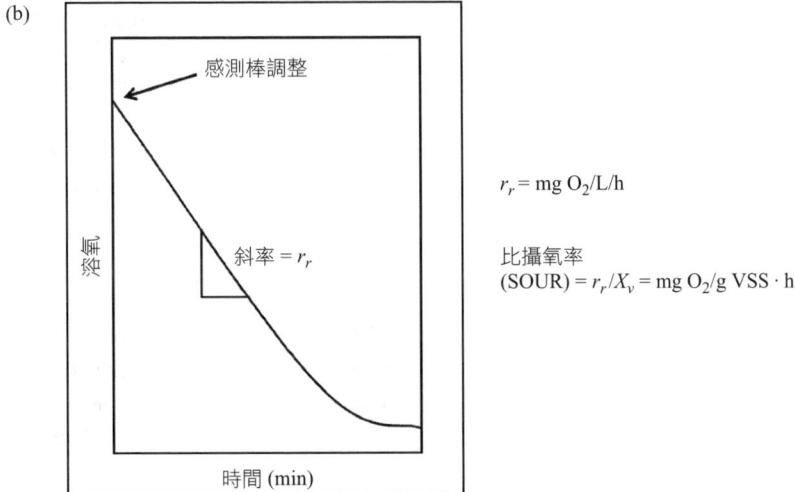

○ 圖 6.14　(a) 食品加工廢水的氧利用係數的求取。(b) 攝氧率方法。

➡ 表 6.4　各種廢水的氧利用係數

廢水類型	同化的氧利用係數 a' (g O_2/g BOD_r)	內源性的氧利用係數 b' (g O_2/g MLVSS-day)	備註
都市	0.66	0.10	以 BOD 為基準
製藥（醱酵）	1.30	0.18	實驗室級數據，以 BOD 為基準
	1.0	0.01	模廠級數據，以 BOD 為基準
都市／工業（有機化學品）	1.0	0.05	以 BOD 為基準
特用有機化學品	1.22	0.04	以 BOD 為基準
農藥工廠	1.18	0.08	以 BOD 為基準
	1.43	0.08	以 TOC 為基準
都市／工業	0.60	0.15	以 BOD 為基準
都市	0.90	0.15	以 BOD 為基準
都市	0.73	0.07	以 BOD 為基準
都市／工業（有機化學品）	1.00	0.06	以 BOD 為基準
植物性鞣革	2.27	0.015	以 BOD 為基準
	0.54	0.015	以 COD 為基準
塑膠工廠	1.02	0.095	以 BOD 為基準，不為硝化作用調整
	0.95	0.05	以 BOD 為基準，為硝化作用調整
	1.12	0.06	以 BOD 為基準，選擇作為設計之用
塑膠工廠（不同產品單元廢水的組合）	1.25	0.05	以 BOD 為基準
	0.95	0.05	以 BOD 為基準
	0.71	0.05	以 BOD 為基準
	1.28	0.03	以 BOD 為基準
	1.20	0.03	以 BOD 為基準
	0.41	0.03	以 COD 為基準
製藥	1.60	0.03	以 BOD 為基準
有機化學品	1.0	0.14	以 BOD 為基準，未經實驗確定

好氧生物氧化的原理 6

➡ **表 6.4** 各種廢水的氧利用係數（續）

廢水類型	同化的氧利用係數 a' (g O_2/g BOD_r)	內源性的氧利用係數 b' (g O_2/g MLVSS-day)	備註
煉油	0.81	0.09	以 BOD 為基準
	0.60	0.09	以 COD 為基準
煤炭液化	0.52	0.04	以 BOD 為基準
	0.37	0.04	以 COD 為基準
	0.60	0.04	以 BOD 為基準，選擇作為設計之用
硫酸鹽紙漿	1.28	0.04	以 BOD 為基準
	0.60	0.04	以 COD 為基準
合成纖維工廠	1.03	0.08	以 BOD 為基準，時段 I
	0.73	0.04	以 BOD 為基準，時段 II
	0.52	0.08	以 COD 為基準，時段 I
	0.47	0.025	以 COD 為基準，時段 II
	1.03	0.07	以 BOD 為基準，選擇作為設計之用
乳清加工	0.70	0.08	以 BOD 為基準，未經實驗確定

- 量測溶氧與時間的關係
- 繪畫出溶氧耗盡圖
- 此線的斜率為攝氧率

注意：
- 立即進行測試，以避免基質損耗
- 對於高攝氧率或硝化的情形，須進行原位測試或添加廢水到樣本容器，以相同速度饋料
- 試驗期間試驗的反應器溫度變化不應超過現場狀況 2°C。

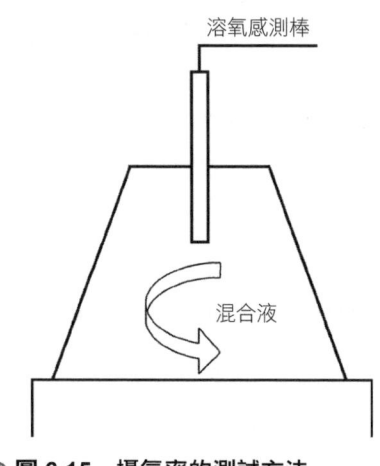

◯ **圖 6.15** 攝氧率的測試方法

工業廢水污染防治

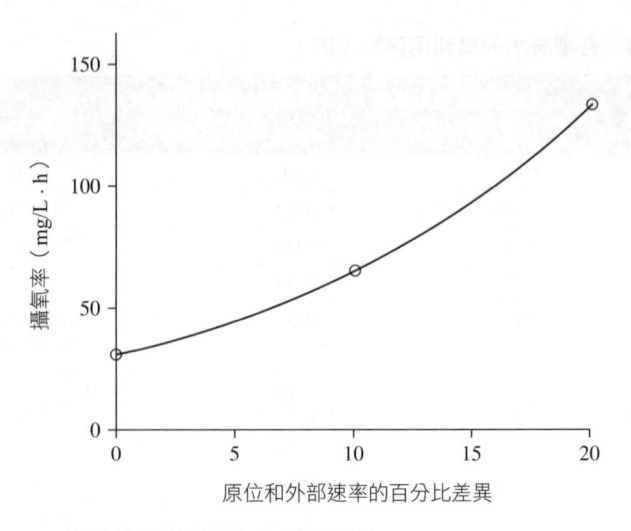

● 圖 6.16　原位和易位比攝氧率之間的關係

瞬間最大比攝氧率（$SOUR_{im}$）已被證明是一個更好的方法，可用來測量微生物對於瞬間負荷和毒性/抑制輸入的回應[19]。這測試和比攝氧率（SOUR）的測試基本上相同，只是 $SOUR_{im}$ 會添加一種無毒、無限供應量的基質以去除基質的限制，而且會立即記錄其攝氧率。一旦基質的限制被移除後，生質會立即依培養菌的背景和生理特性增加其攝氧率，到達極限。這突如其來的增加稱為瞬間最大攝氧率，可以與生質的健康狀況及品質產生關聯。研究發現，在一個處理有機化學品廢水的批次系統中，瞬間最大比攝氧率（$SOUR_{im}$）與用於蛋白質合成之 RNA 前驅物和 COD 隨時間的變化之間，有強烈的關係。使用傳統的易位比攝氧率（SOUR）方法並未發現顯著的相關性。因此 $SOUR_{im}$ 應能更良好地估計生質對於不同輸入的回應，所以更適合用於程序控制。

氧的利用係數（a' 和 b'）和污泥產率係數（a）可以根據污水處理廠的操作數據，使用上述關係來決定。例題 6.3 和例題 6.4 說明了計算過程。

好氧生物氧化的原理 6

例題 6.3 分析兩階段高純氧（high purity oxygen）活性污泥廠處理有機化學廢水的操作數據。第一階段氧的程序可視為活性污泥回流的再曝氣池，並假設其比攝氧率（SOUR）為內源性的需求（b'）。有機物的去除（表示為 TOD）則發生在程序的第二階段，合成的需氧量為 a'。

第一階段的操作特性是：

OUR = 27 mg/L · h
VSS = 9,000 mg/L
$SOUR_e$ = 3 mg O_2/g VSS · h

第二階段的操作特性是：

OUR = 104 mg/L · h
VSS = 6,000 mg/L
$SOUR_r$ = 17.3 mg O_2/g VSS · h
TOD 去除 = 12,000 lb/d
體積 = 0.26 MG（百萬加侖）

解答 係數 a'、a 和 b 計算如下：

$$a' = \frac{V(SOUR_r - SOUR_e)X_v \times 24 \times 8.34}{S_r}$$

$$a' = \frac{0.26(17.3 - 3)\, 6.0 \times 24 \times 8.34}{12,000}$$

$$a' = 0.37 \text{ lb } O_2/\text{lb TOD 去除}$$

已知 $1.4\, a_{VSS} + a'_{COD} \sim 1$，污泥產率係數是

$$a = \frac{1.0 - 0.37}{1.4} = 0.45 \text{ mg VSS/mg TOD 去除}$$

而且內源性衰減係數是

$$b = \frac{(3 \cdot 24/1,000)}{1.4} = 0.05 \text{ mg VSS g/mg deg VSS-d}$$

例題 6.4 活性污泥法平均的操作和性能條件，說明如下。

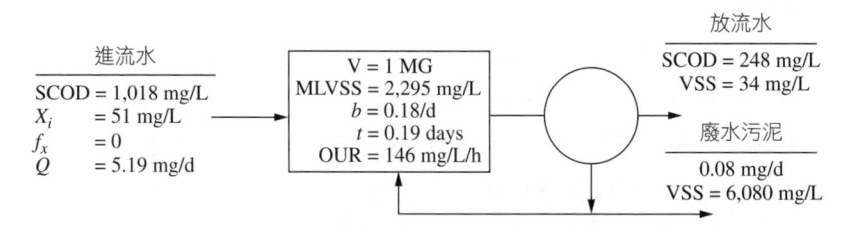

進流水
SCOD = 1,018 mg/L
X_i = 51 mg/L
f_x = 0
Q = 5.19 mg/d

V = 1 MG
MLVSS = 2,295 mg/L
b = 0.18/d
t = 0.19 days
OUR = 146 mg/L/h

放流水
SCOD = 248 mg/L
VSS = 34 mg/L

廢水污泥
0.08 mg/d
VSS = 6,080 mg/L

255

解答 計算 SRT 和 X_d：

$$\theta_c = \frac{2,295 \cdot 1.0}{(34 \cdot 5.19) + (0.08 \cdot 6,080)}$$

$$\theta_c = \frac{2,295}{5,528} = 3.5 \text{ days}$$

$$X_d = \frac{0.8}{1 + (0.18 \cdot 0.2 \cdot 3.5)} = 0.71$$

計算非生物 MLVSS

$$(1 - f_b)X_v = \frac{(1 - f_x)X_i\theta_c}{t} = \frac{(1-0)(51 \cdot 3.5)}{0.19} = 939 \text{ mg/L}$$

$$f_b = \frac{1,356}{2,295} = 0.59$$

計算生質產率係數 a：

$$\Delta f_b X_v = aS_r - bX_d f_b X_v$$

$0.59 \cdot 5,528 = [a(1,018 - 248) \cdot 5.19 \cdot 8.34] - [0.18 \cdot 0.71 \cdot 0.59 \cdot 2,295 \cdot 8.34]$

$3,261 = a(33,329) - 1,443$

$a = 0.14 \text{ mg VSS/mg } \Delta\text{COD}$

計算氧的消耗和 a'：

$$O_2/d = 146 \cdot 1 \cdot 8.34 \cdot 24$$
$$= 29,223 \text{ lb/d}$$

$29,223 = a'(33,329) + (1.4 \cdot 0.18 \cdot 0.71 \cdot 0.59 \cdot 2,295 \cdot 8.34)$

$a' = 0.81 \text{ mgO}_2/\text{mg}\Delta\text{COD}$

檢查 a 和 a' 的氧當量：

$$(1.4 \cdot 0.14) + 0.81 = 1.0$$

營養需求

微生物代謝有機物質需要幾種礦物元素。承載水體裡通常會有足夠的氮和磷。但是由去離子水或高強度的工業廢水產生的製程廢水為例外。在這種情況下，可能會缺乏鐵和其他微量營養素。微量營養素的需求，如表 6.5 所示。

好氧生物氧化的原理 6

➡ 表 6.5　生物氧化中微量營養素的需求

	mg/mg BOD
Mn	10×10^{-5}
Cu	14.6×10^{-5}
Zn	16×10^{-5}
Mo	43×10^{-5}
Se	14×10^{-10}
Mg	30×10^{-4}
Co	13×10^{-5}
Ca	62×10^{-4}
Na	5×10^{-5}
K	45×10^{-4}
Fe	12×10^{-3}
CO_3	27×10^{-4}

　　污水提供微生物均衡的養分，但許多工業廢水（罐頭廠、紙漿和造紙廠等）所含的氮與磷不足，需要額外添加補足。

　　可有效去除 BOD 和合成微生物所需的氮量一直是許多研究的主題。Helmers 等人 [20] 早期的研究顯示，氮需求為 4.3 lb 氮 /100 lb BOD_{rem}（4.3 kg 氮 /100 kg BOD_{rem}），而磷的需求量為 0.6 lb 磷 /100 lb BOD_{rem}（0.6 kg 磷 /100 kg BOD_{rem}）。這些值是從幾個須補充氮的工業廢水處理中所得到的平均值。氮若不足，每單位有機物質的去除所得到的細胞物質合成的量會隨多醣的累積增加。在某些情況下，氮的限制條件會約束 BOD 的去除率。一般常用的準則是 BOD：N：P 為 100：5：1。營養限制條件也將刺激絲狀菌的生長，這部分會在 308 頁討論。

　　在程序中產生的污泥的氮含量已證實為平均 12.3%，以 VSS 當基準。污泥中的氮含量在內呼吸階段會下降。不可降解的細胞質量中的氮含量已證實為平均 7%，如圖 6.17 所示。活性污泥中氮含量隨可溶性基質的減少，可作為污泥齡的函數，如圖 6.18 所示。在生長階段，污泥的磷含量已證實為平均 2.6%，而不可降解的細胞質量的磷含量為 1%。從程序中排除掉的生物污泥之氮和磷含量，

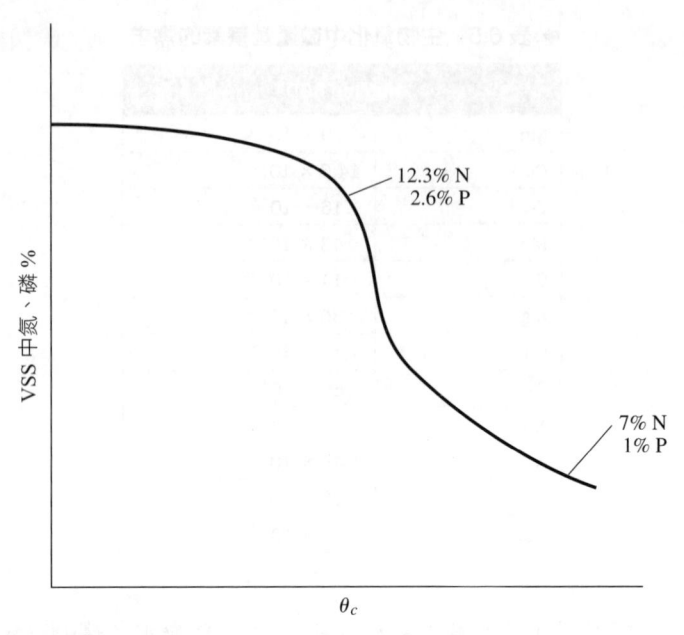

◯ 圖 6.17　營養需求

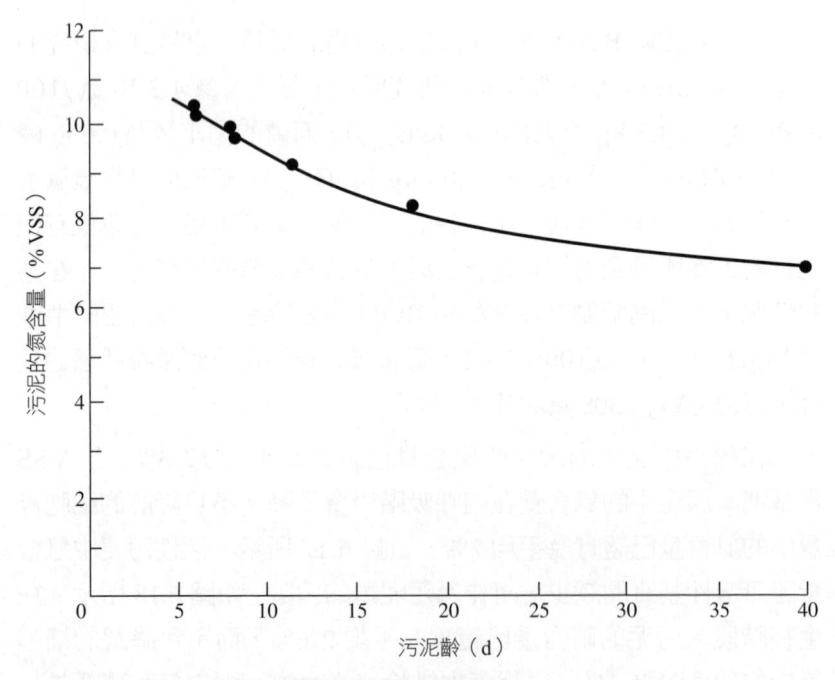

◯ 圖 6.18　活性污泥的氮含量與污泥齡的關係

好氧生物氧化的原理 6

可以計算出氮和磷的需求：

$$N = 0.123 \frac{X_d}{0.8} \Delta X_{v_b} + 0.07 \frac{0.8 - X_d}{0.8} \Delta X_{v_b} \qquad (6.22)$$

$$P = 0.026 \frac{X_d}{0.8} \Delta X_{v_b} + 0.01 \frac{0.8 - X_d}{0.8} \Delta X_{v_b} \qquad (6.23)$$

並不是所有的有機氮化合物都可供合成。氨是最方便的形式，而其他的氮化合物必須轉換為氨。硝酸鹽、亞硝酸鹽和約 75% 的有機氮化合物也都能提供作為合成之用。

在大型工廠，磷可以用磷酸的形式饋料，而氨可以用無水或水溶液的氨。在小型工廠，可饋料磷酸二銨作為營養素。很多時候，使用曝氣氧化塘處理紙漿與造紙廠廢水時，並不會添加氮和磷，反倒是會增加停留時間。在有或沒有添加營養素的情況下，計算出來的速率係數，如表 6.6 所示。例題 6.5 計算營養需求。

例題 6.5 一個處理工業廢水的活性污泥處理廠，在下列條件下操作：

流量 = 1.6 million gal/d
S_o = 560 mg/L（以 BOD 為基準）
S_e = 20 mg/L
X_v = 3000 mg/L
a = 0.55
b = 0.1/d
NH_3^--N = 5 mg/L
P = 3 mg/L
F/M = 0.4/d^{-1}
θ_c = 7 d

計算必須添加到程序的氮和磷。

➡ 表 6.6

廢水	K (d^{-1})	
	不加營養素	加營養素
硫酸鹽製紙	0.35	1.33
紙板廠	0.70	3.20
硬紙板廠	0.34	1.66

259

解答

$$t = \frac{S_o}{X_v F/M} = \frac{560}{3000 \cdot 0.4} = 0.47 \text{ d}$$

$$X_d = \frac{0.8}{1+(0.2 \cdot 0.1 \cdot 7)} = 0.7$$

$$\Delta X_v = aS_r - bX_d X_v t$$

$$\Delta X_v = 0.55(540) - 0.1 \cdot 0.7 \cdot 3000 \cdot 0.47$$

$$= 198 \text{ mg/L 或 } 2642 \text{ lb/d} \quad (1200 \text{ kg/d})$$

$$N = 0.123 \frac{0.7}{0.8} \cdot 2642 + 0.07 \cdot \frac{0.8-0.7}{0.8} \cdot 2642$$

$$= 284 + 23 = 307 \text{ lb/d} \quad (140 \text{ kg/d})$$

$$N_{\text{INFLUENT}} = 5 \cdot 1.6 \cdot 8.34 = 67 \text{ lb/d} \quad (30 \text{ kg/d})$$

$$N_{\text{ADDED}} = 307 - 67 = 240 \text{ lb/d}$$

$$P = 0.026 \cdot \frac{0.7}{0.8} \cdot 2642 + 0.01 \cdot \frac{0.8-0.7}{0.8} \cdot 2642$$

$$= 60 + 3.3$$

$$= 63.3 \text{ lb/d} \quad (29 \text{ kg/d})$$

$$P_{\text{INFLUENT}} = 3 \cdot 1.6 \cdot 8.34 = 40 \text{ lb/d} \quad (18 \text{ kg/d})$$

$$P_{\text{ADDED}} = 63.3 - 40 = 23.3 \text{ lb/d} \quad (11 \text{ kg/d})$$

有機物去除的數學關係式

幾個數學模式可提供生物氧化程序去除 BOD 機制的解釋。所有這些模式顯示，在高濃度 BOD 下，每單位細胞質量去除 BOD 的速率將保持不變，直到一個 BOD 的限制濃度，而再低於它的話，該速率將成為濃度相依，並隨濃度下降而減少。Wuhrmann[21] 以及 Tischler 和 Eckenfelder[22] 已證明，單一的物質是由零階反應去除，直到很低的基質濃度。一些反應如圖 6.19 所示。一個混合物中各物質的去除率不同，但外觀仍以恆定的最大去除率為主，直到其中一種物質完全去除。當其他物質正逐步去除時，整體速率將會

好氧生物氧化的原理 6

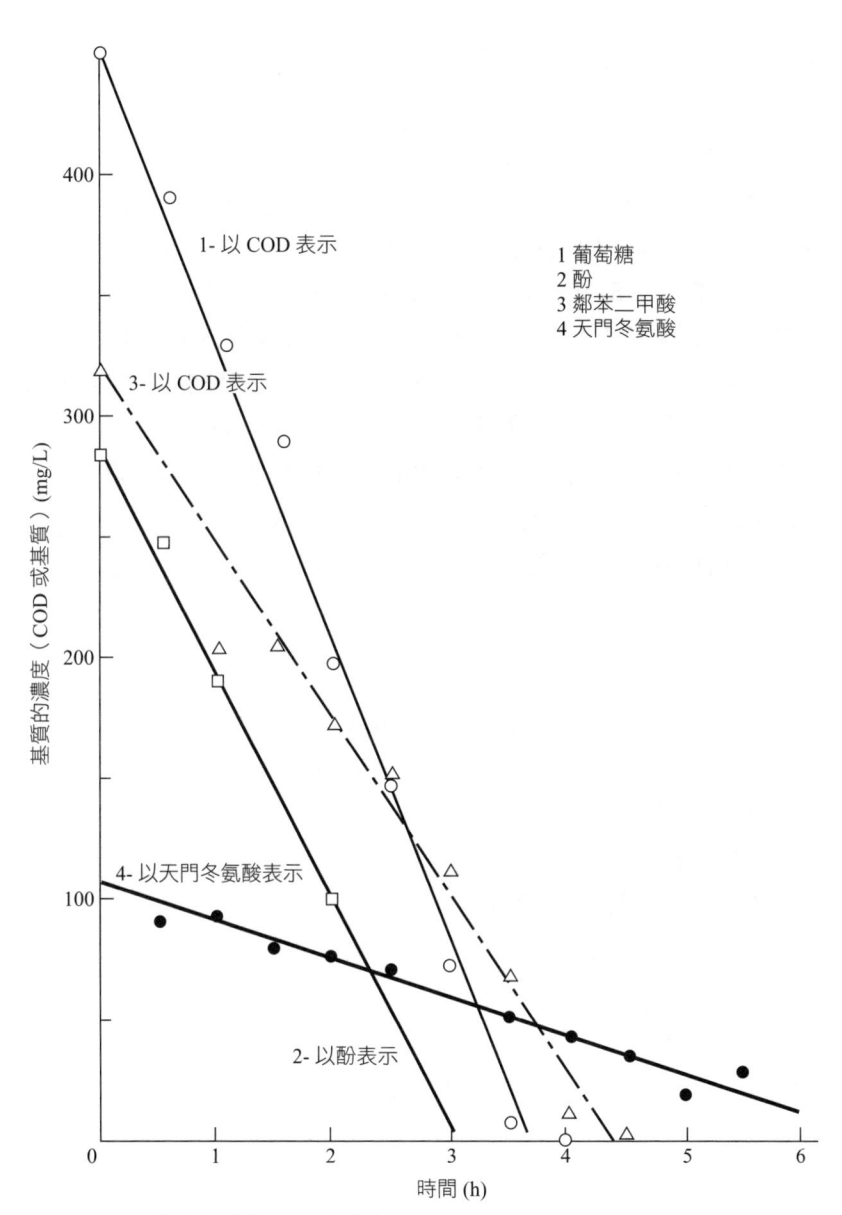

◯ 圖 6.19　特定基質的零階去除率

下降。如同 Gaudy、Komolrit 和 Bhatla [23] 已經證明，一系列基質的去除也將造成整體去除率的下降。

一般的假設是反應器中揮發性懸浮固體物的濃與細胞質量成正

261

比。假如揮發性懸浮固體物存在於進流廢水中,這個假設就必須加以修改,如第 243-244 頁的討論。

在一個多成分廢水(multicomponent wastewater)的案例裡,廢水中同時發生多個零階反應(zero-order reactions),可以制定整體去除率,如圖 6.20 所示。圖 6.20a 顯示三個成分的零階去除。當考量到以 BOD,COD 或 TOC 表示的所有成分之總去除,整體去除率將保持不變,直到時間 t_1,此時成分 A 被大幅去除。然後整體去除率將下降,以反映成分 B 和 C。在時間 t_2,成分 B 被大幅去除,整體的去除率將再下降,以反映唯一的成分 C。對於包含許多成分的廢水而言,在圖 6.20b 上的折點並不明顯,取而代之的結果為曲線。在大多數的情況下,這條曲線可以線性化,而且可以適合任何階的反應方程式 [22,24,25],如下列的形式:

$$\frac{dS}{dt} = -K_n X_a \left(\frac{S}{S_o}\right)^n \tag{6.24}$$

其中,S = 在時間 t 的 COD 濃度,mg/L
S_o = 在時間為零的 COD 濃度,mg/L
X_a = 活性生質濃度,mg/L
t = 時間,d
K_n = 曲線擬合係數,d^{-1}
n = 函數的指數階層

活性生質可以定義為:

$$X_a = X_v \cdot \frac{X_d}{0.8} \cdot f_b \tag{6.25}$$

如果廢水中沒有進流水 VSS,

$$f_b = 1.0$$

如果進流水 VSS 是不可降解的,

$$f_b = 1 - \frac{X_i \theta_c}{X_v t} \tag{6.26}$$

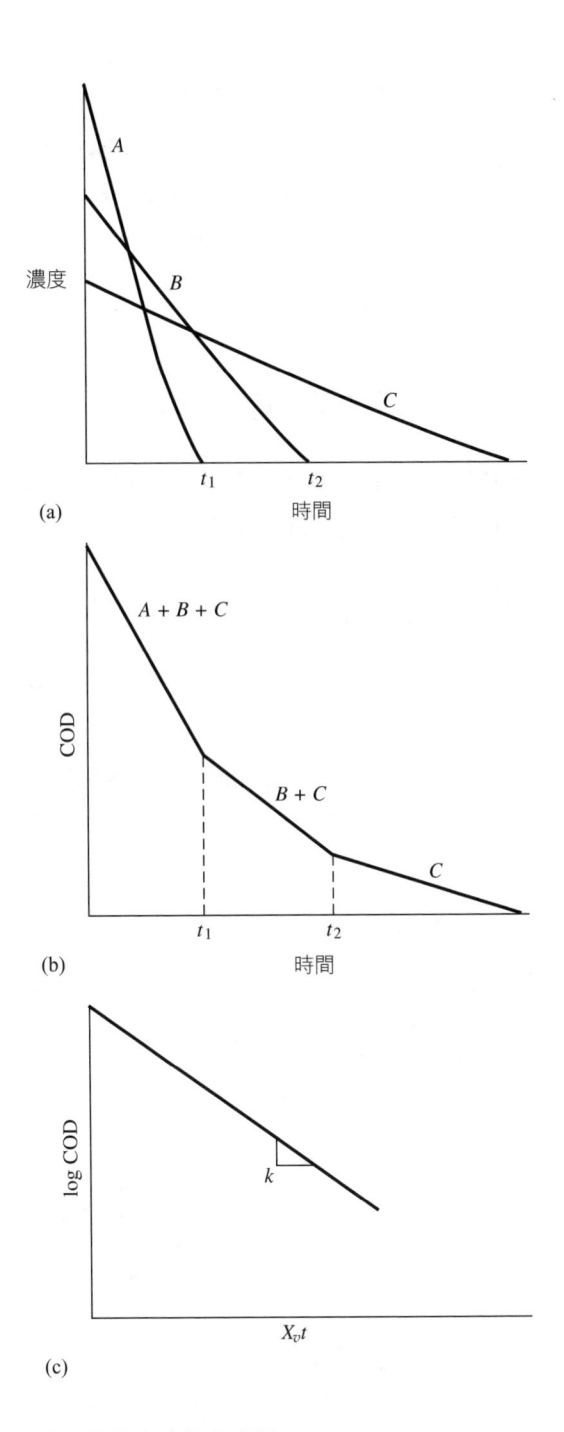

⇒ 圖 6.20　多成分基質去除的示意圖

如果進流水 VSS 是可降解的，式 (6.17) 適用。

不論個別基質成分的實際降解速率，式 (6.24) 代表一個批次或連續塞流反應器（continuous plug flow reactor, CPFR）的性能表現。式 (6.24) 在 $n = 1$ 和 $n = 2$ 的積分形式為：

$$S_e = S_o e^{-K_1 f_b X_v t / S_o} \tag{6.27}$$

$$S_e = \frac{S_o^2}{S_o + K_2 f_b X_v t} \tag{6.28}$$

其中，S_e = 在 CPFR 或批次反應器的放流水 COD 或 BOD，mg/L
　　　t = CPFR 的水力停留時間或批次測試的反應時間，d
　　K_1 = 一階反應係數，d⁻¹
　　K_2 = 二階反應係數，d⁻¹

一階近似和二階近似的批次反應動力學，如圖 6.21 和圖 6.22 所示。

紙漿與造紙廠廢水的塞流動力學遵循一階函數，如圖 6.23 所示。應注意在塞流反應器初始的生物吸著現象。各類廢水廣義的有

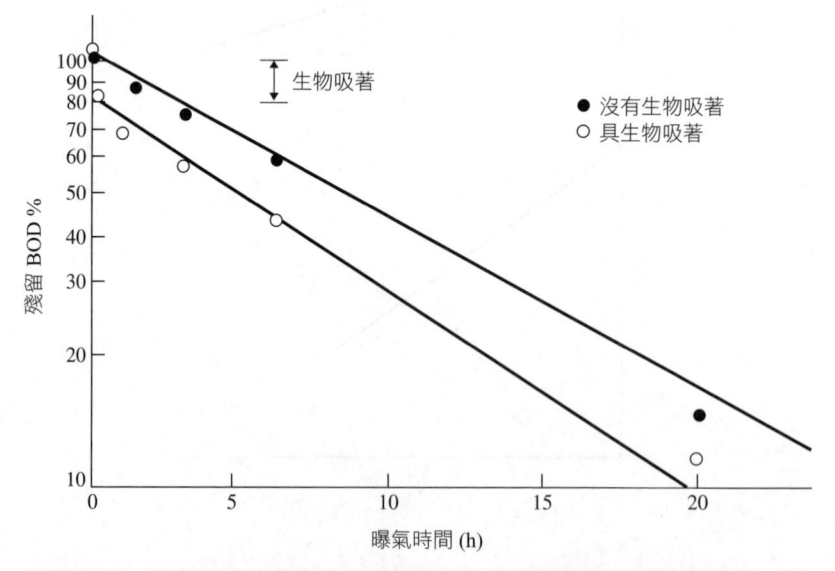

● 圖 6.21　紙漿和造紙廠廢水具有和沒有生物吸著的批次活性污泥法

好氧生物氧化的原理 6

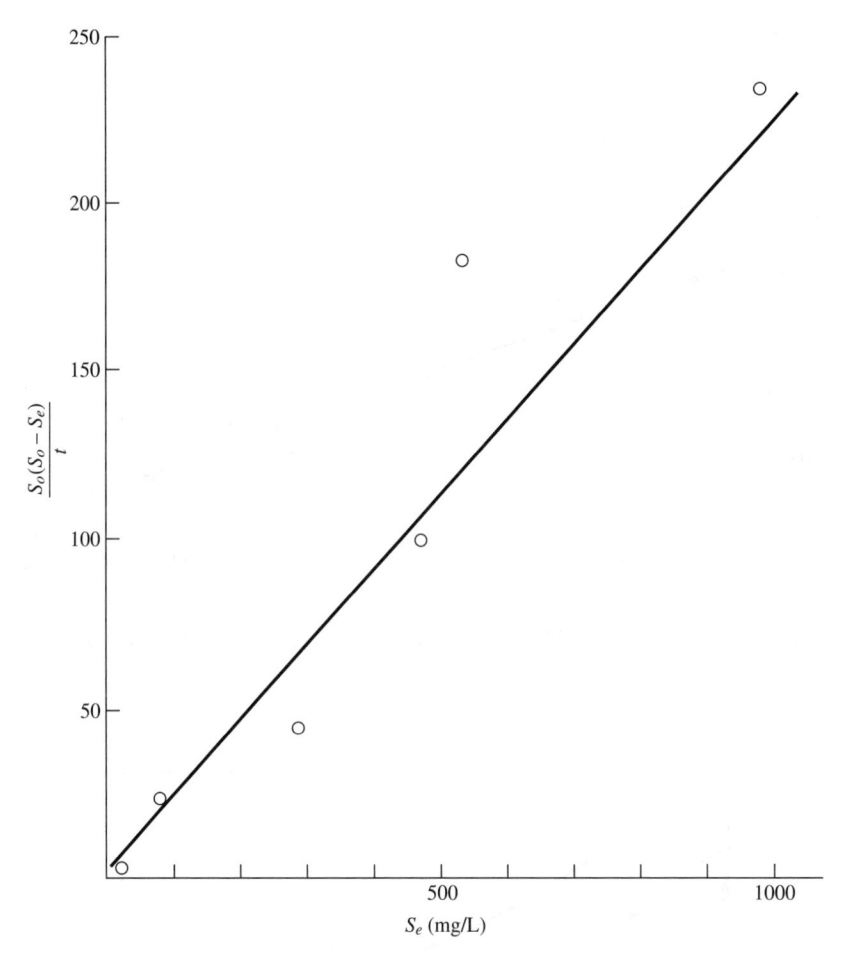

[圖：縱軸 $\dfrac{S_o(S_o - S_e)}{t}$，橫軸 S_e (mg/L)]

◯ **圖 6.22** 化學工業廢水的批次氧化符合二階動力學

機物去除，於圖 6.24 中說明。

　　如果基質的個別成分是在零階速率降解，連續攪拌槽反應器（continuous stirred tank reactor, CSTR）的整體去除率仍將遵循類似式 (6.24) 的動力學，並假設為不分隔的流動形式。[26, 27]

　　在一個完全混合池，整體去除率將隨殘留在溶液中的有機物濃度降低而降低，因為更容易降解的有機物將首先被去除。氧化動力學於是被放流水濃度限制，且可表示為：

265

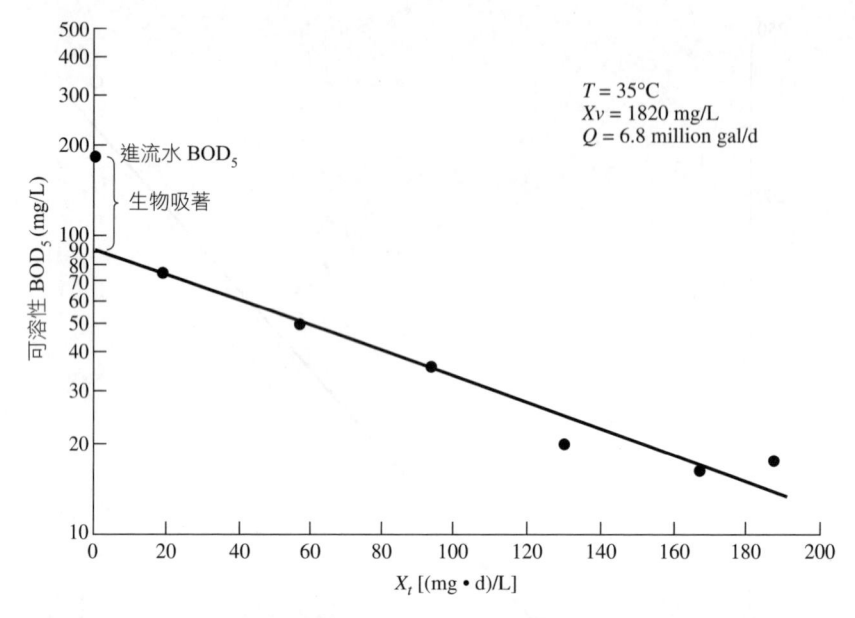

○ 圖 6.23 紙漿和造紙硫酸鹽漂白製程廢水於塞流 BOD 去除的動力學

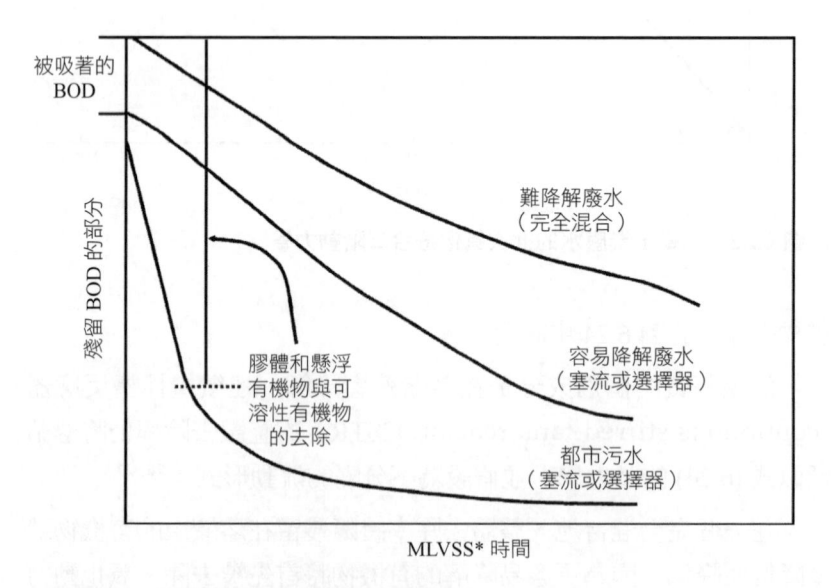

○ 圖 6.24 有機物以活性污泥去除的特性

好氧生物氧化的原理 6

$$\frac{S_o - S_e}{f_b X_v t} = K \frac{S_e}{S_o} \tag{6.29}$$

這關係如圖 6.25 的豆製品廢水。

表 6.7 顯示不同有機化合物的相對生物降解能力。各種工業廢

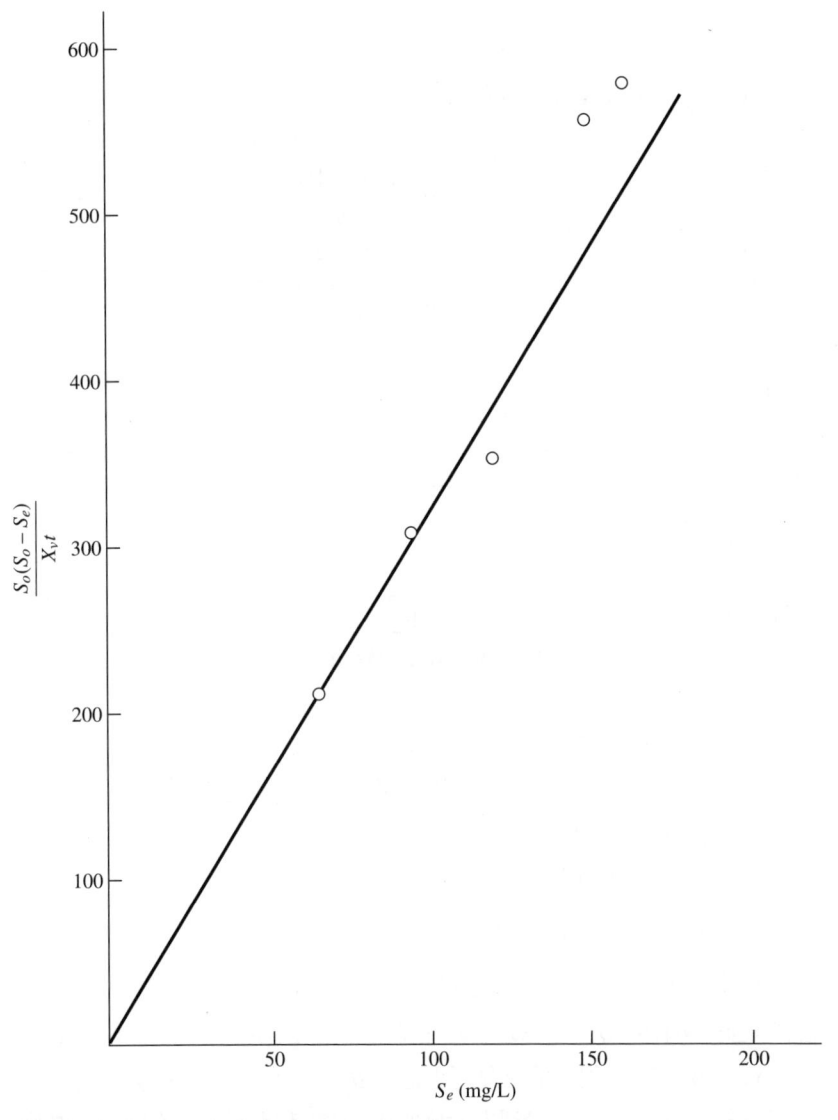

○ 圖 6.25 豆製品廢水完全混合動力現象

表 6.7　某些有機化合物的相對生物降解性

可生物降解的有機化合物 *	一般性抗生物降解的化合物
丙烯酸	醚
脂肪酸	乙烯氯醇
脂肪醇（正、異、二級）	異戊二烯
	甲基乙烯基酮
脂肪醛	嗎啉
脂肪族酯類	油
烷基苯磺酸鹽，而丙烯基安息香醛例外	聚合物
	聚丙烯苯磺酸鹽
芳香胺	選定的碳氫化合物
二氯酚	脂肪族
乙醇胺	芳香烴
乙二醇	烷基芳香基族
酮類	三級脂肪醇
甲基丙烯酸	三級脂肪磺酸鹽
甲基丙烯酸甲酯	三氯酚
單氯酚	
腈	
酚類	
一級脂肪胺	
苯乙烯	
醋酸乙烯	

* 一些化合物可生物降解，但只有在長時間的植種馴化。

水在 CMAS 系統中的速率係數 K，如表 6.8 所示。假設沒有抑制或毒性現象，塞流反應器在去除有機物方面會更有效，如圖 6.26 所示。然而，它不提供 CSTR 能做到的調勻能力。因此，當我們擔心潛在的抑制或毒性的現象時，CSTR 是首選。

在所有動力學計算，速率係數 K 應基於反應器裡的活性生質。

有兩個操作條件會影響由速率係數 K 所定義的有機物去除率。它們是在 MLVSS 裡生質的活性部分，以及生物膠羽裡的好氧部分。MLVSS 裡的活性部分與污泥齡（θ_c）或食微比（F/M）有關。提高食微比或降低污泥齡將會增加生質的活性部分，如圖 6.27 所

好氧生物氧化的原理 6

➡ **表 6.8　選定的廢水反應速率係數**

污水源	K, d^{-1}	溫度，°C
植物性鞣革廠	1.2	20
醋酸纖維素	2.6	20
蛋白腖	4.0	22
有機磷	5.0	21
醋酸乙烯單體	5.3	20
有機中間體	5.8	8
	20.6	26
黏膠人造絲和尼龍	6.7	11
	8.2	19
生活污水（可溶）	8.0	20
聚酯纖維	14.0	21
甲醛、異丙醇、甲醇	19.0	20
高含氮有機物	22.2	22
馬鈴薯加工	36.0	20

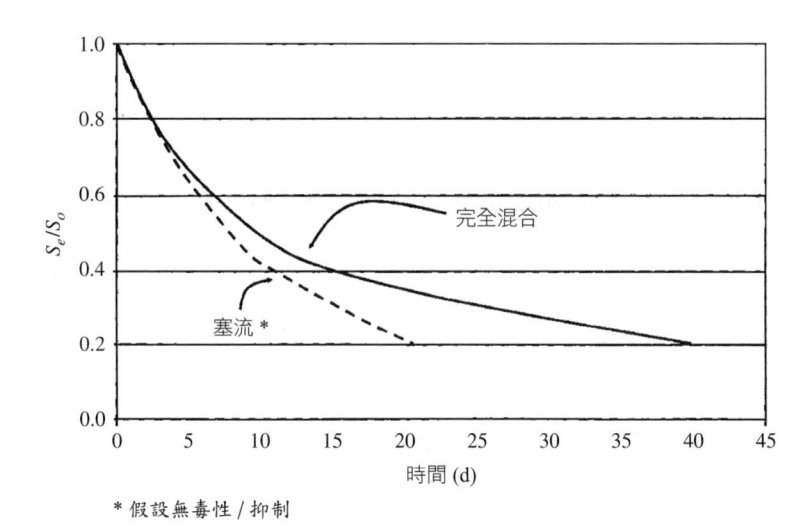

* 假設無毒性 / 抑制

◯ **圖 6.26　塞流和完全混合之間的性能比較**

示。第二個條件定義部分膠羽是好氧的，而且與紊流程度或混合強度，以及在曝氣池裡巨相的溶氧濃度有關。

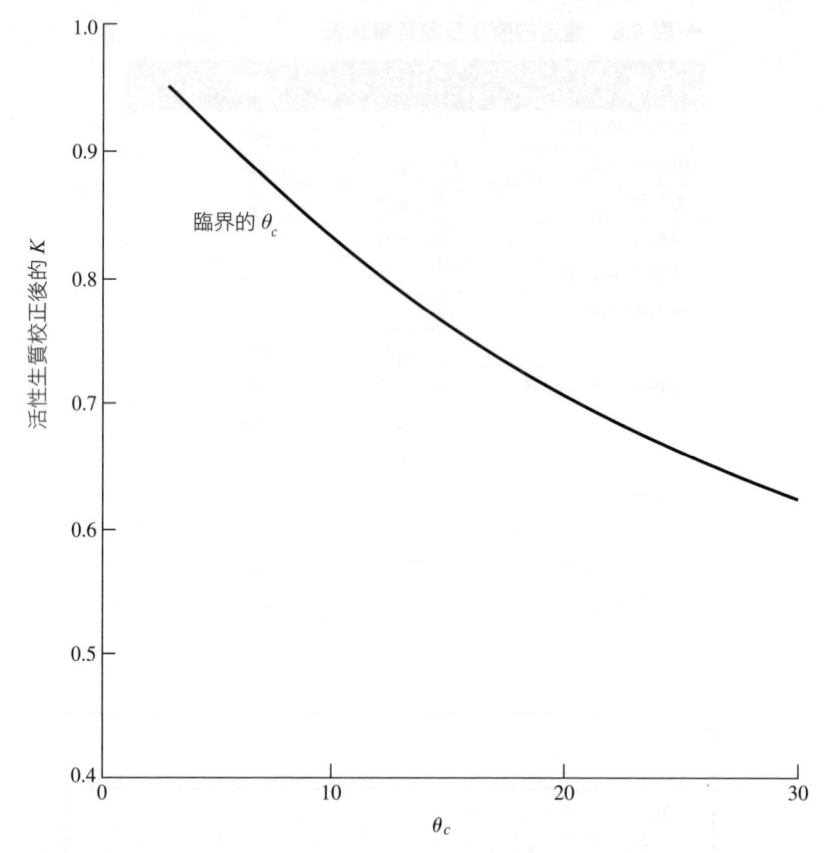

圖 6.27 考慮生物的活性生質下，K 和 θ_c 之間的關係

（縱軸：活性生質校正後的 K；曲線標示「臨界的 θ_c」）

在混合液裡活性生質的部分在此被定義為可生物降解的部分（X_d），再除以 0.80。例題 6.6 和例題 6.7 說明了這一點。

例題 6.6 一個完全混合的活性污泥處理廠具有 800 mg / L 的進流水 BOD，以及 6 d^{-1} 的 K，而且是在固體停留時間（SRT）10 天的情況下操作。請問其放流水質是什麼？假如固體停留時間（SRT）增加至 30 天，放流水質又會是什麼？a 是 0.5，b 是 0.1 d^{-1}。

解答

$$\frac{1}{\theta_c} = aK\frac{S_e}{S_o} - bX_d$$

停留時間 θ_c 為 10 天，

$$\frac{1}{10} = 0.5 \cdot 6 \cdot \frac{S_e}{S_o} - 0.1 \cdot \left(\frac{0.8}{1 + 0.2 \cdot 0.1 \cdot 10}\right)$$

$$\frac{S_e}{S_o} = 0.056$$

及

$$S_e = 0.056 \cdot 800 = 45 \text{ mg/L}$$

停留時間 θ_c 為 30 天,K 值可以用圖 6.27 來調整:

$$K = 6 \cdot \frac{0.625}{0.83} = 4.5 \text{ d}^{-1}$$

$$\frac{1}{30} = 0.5 \cdot 4.5 \frac{S_e}{S_o} - 0.1 \cdot \left(\frac{0.8}{1 + 0.2 \cdot 0.1 \cdot 30}\right)$$

$$\frac{S_e}{S_o} = 0.0368$$

及

$$S_e = 0.0368 \cdot 800 = 30 \text{ mg/L}$$

假如 X_v 是 2500 mg/L 和 $t = 0.9$ 天,θ_c 為 10 天,$X_v t$ 在 30 天 - SRT 為:

$$X_v t = \frac{\theta_c a S_r}{1 + \theta_c b X_d}$$

$$= \frac{30 \cdot 0.5 \cdot 770}{1 + 30 \cdot 0.1 \cdot 0.5} = 4620 \text{ (mg} \cdot \text{d)/L}$$

$$X_v = 5133 \text{ mg/L}$$

例題 6.7 根據下列條件,找出水力停留時間和污泥齡:

$S_o = 700$ mg/L
$S_e = 30$ mg/L
$K = 10/\text{d}$
$X_v = 3000$ mg/L
$a = 0.4$

如果進流水不可降解的 VSS 是 50 mg/L,若要產生相同的放流水,所需的水力停留時間為何?

解答 為求得水力停留時間 t,解式 (6.29),$S_e = 30$ mg/L,

$$t = \frac{S_o S_r}{K X_v S_e}$$

$$= \frac{700 \cdot 670}{10 \cdot 3000 \cdot 30} = 0.52 \text{ d}$$

和

$$X_v t = 1560 \text{ (mg} \cdot \text{d)/L}$$

這些條件的 SRT 是

$$\theta_c = \frac{X_v t}{a S_r - b X_d X_v t}$$

假設 $X_d = 0.7$。然後

$$\theta_c = \frac{1560}{0.4 \cdot 670 - 0.1 \cdot 0.7 \cdot 1560}$$

$$= \frac{1560}{159} = 9.8 \text{ d},\ \text{約 } 10 \text{ d}$$

檢驗 SRT = 10 天時，$X_d = 0.7$ 的假設條件：

$$X_d = \frac{0.8}{1 + 0.2 \cdot 0.1 \cdot 10}$$

$$X_d = 0.67$$

如果進流水不可降解的 VSS = 50 mg/L，為了決定所需的水力停留時間以產生相同的放流水 S_e = 30 mg/L，假設 $t = 0.69$ d（用試誤法）並計算混合液（MLVSS$_i$）裡進流水 VSS 的累積：

$$\text{MLVSS}_i = \frac{50 \cdot 10}{0.69} = 725 \text{ mg/L}$$

在混合液裡 VSS 的殘留生質為

$$X_{vb} = 3000 - 725 = 2275 \text{ mg/L}$$

計算所需的時間 t：

$$t = \frac{X_{vb} t}{X_{vb}} = \frac{1560}{2275} = 0.69 \text{ d}$$

$$f_b = 2275/3000 = 0.76$$

檢驗污泥齡：

$$\theta_c = \frac{X_v t}{(a S_r - b X_{vb} X_d t) + X_i}$$

好氧生物氧化的原理 6

$$= \frac{3000 \cdot 0.69}{(268 - 0.1 \cdot 2275 \cdot 0.7 \cdot 0.69) + 50}$$

$$= \frac{2070}{208} = 9.9 \text{ d}$$

結果顯示，要產生相同的放流水質的話，需要更大的水力停留時間，因為在固定的 MLVSS 濃度，不可降解的進流水 VSS 累積為 3000 mg/L。請見下面的圖示。

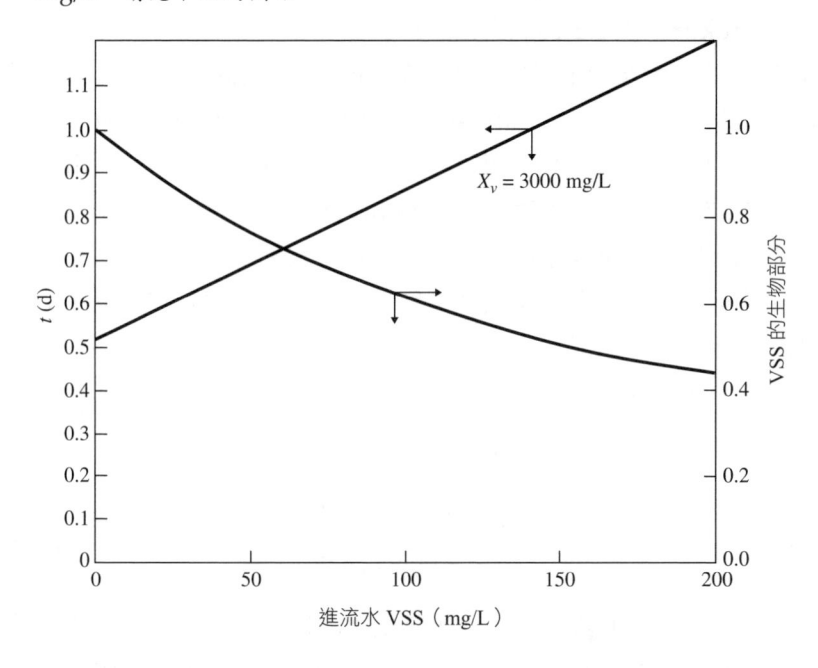

$X_v = 3000$ mg/L

縱軸左：t (d)；縱軸右：VSS 的生物部分；橫軸：進流水 VSS（mg/L）

生物膠羽的大小和好氧的部分與「曝氣池裡的操作功率水準」和「混合液裡巨相的溶氧濃度」有關。這些又會影響反應速率係數和內源性的衰變率。在前述紙漿和造紙廠硫酸鹽漂白製程廢水處理的說明中，已指出對反應速率係數的影響。在食微比（F/M）0.3 d^{-1} 和傳統曝氣池的功率水準為 200 hp/million gal 的狀況下，操作中的生物降解率（式 (6.29) 中的 K）平均值為 4.5 d^{-1}。在食微比為 0.88 d^{-1} 和功率水準為 500 hp/million gal 的狀況下，平均的 K 值為 12.5 d^{-1}。在這些條件下，BOD 的去除率達到 92%。

有兩個因素會影響內源性的衰變率和觀測到的污泥產量：可降解的部分 X_d（它是 SRT 或 F/M 的函數），以及 MLVSS 的好氧的部分。在曝氣池增加攪拌強度將會增加混合液裡固體的好氧部分，以及內呼吸的速率。這種情況已在高純氧活性污泥程序中觀察到，在此程序裡，高混合液溶氧量會增加生物膠羽的好氧部分，並減少可觀察到的污泥產量。Rickard 和 Gaudy [28] 證明在固定食微比（F/M）下增加攪拌，可觀察到的污泥產量會減少。

據觀察，曝氣池在高的能量級數下，會抑制絲狀菌膨化的現象。Rickard 和 Gaudy [28] 也注意到此現象，他們發現速度梯度在 310 s^{-1} 時，大多數細胞是絲狀類型，然而，在速度梯度為 1010 s^{-1} 時，絲狀菌則不存在。Zahradka [29] 觀察到高動力的輸入會造成小而均勻的污泥膠羽生長，而且會抑制絲狀微生物的生長。這事實可以解釋成，在高功率水準下，氧和 BOD 的擴散對於小膠羽不會構成限制，因此小膠羽生成者會主宰超越絲狀菌。所以在程序設計或模廠的研究中，重要的是要考量到曝氣的功率水準和它對程序中反應係數 K 和 b 的影響。

在多重廢水混合進行生物處理的情況下，平均反應速率 K 會被確定。此時，可以計算平均速率係數 K_c：

$$\frac{1}{K_c} = \frac{\frac{1}{K_1}(Q_1 S_{o_1}) + \frac{1}{K_2}(Q_2 S_{o_2})}{Q_1 S_{o_1} + Q_2 S_{o_2}} \tag{6.30}$$

這在例題 6.8 中有說明。多重零階反應的概念也可以用來預測一個複合系統的性能表現，這系統有兩個或兩個以上不同的廢水流，一起在一個單元內處理。

例題 6.8　混合工業廢水的處理

三種工業廢水混合後，在活性污泥廠處理。若要產生生化需氧量（BOD）20 mg/L 的放流水，計算所需的污泥齡和水力停留時間。

三個廢水的特性是：

1. Q = 2 million gal/d
   S_o = 600 mg/L
   K = 5 d^{-1}

2. Q = 1 million gal/d
   S_o = 1200 mg/L
   K = 10 d^{-1}

3. $Q = 5$ million gal/d
   $S_o = 300$ mg/L
   $K = 2$ d^{-1}

解答 平均進流水 BOD 是

$$S_{o_{ave}} = \frac{2 \cdot 600 + 1 \cdot 1200 + 5 \cdot 300}{8} = 487 \text{ mg/L}$$

平均 K 是

$$\frac{1}{K_{ave}} = \frac{Q_1 S_{o_1}/K_1 + Q_2 S_{o_2}/K_2 + Q_3 S_{o_3}/K_3}{Q_1 S_{o_1} + Q_2 S_{o_2} + Q_3 S_{o_3}}$$

$$= \frac{0 \cdot 2 \cdot 600 + 0.1 \cdot 1 \cdot 1200 + 0.5 \cdot 5 \cdot 300}{2 \cdot 600 + 1 \cdot 1200 + 5 \cdot 300}$$

$$= 0.28$$

$$K_{ave} = 3.57 \text{ d}^{-1}$$

平均產率係數 a 為 0.5，b 為 0.1，而 X_v 為 3000mg/L。K_{ave} 為 3.57 時，

$$\frac{1}{\theta_c} = aK \frac{S_e}{S_o} - bX_d$$

$$= 0.5 \cdot 3.57 \cdot \frac{20}{487} - 0.1 \cdot 0.46$$

$$= 0.027$$

$$\theta_c = 37 \text{ d}$$

$$\theta_c = \frac{X_v t}{aS_r - bX_d X_v t}$$

或

$$X_v t = \frac{\theta_c a S_r}{1 + \theta_c b X_d}$$

$$= \frac{37 \cdot 0.5 \cdot 467}{1 + 37 \cdot 0.1 \cdot 0.46}$$

$$= 3200$$

$$t = \frac{3200}{3000} = 1.07 \text{ d}$$

在沒有中間澄清池的兩階段活性污泥系統，其放流水將與單階段的系統相同，條件是只要是多重零階動力學適用，且第二階段的

反應動力係數與原始基質預處理後的濃度之平方成正比。在一個給定的水力停留時間（HRT）下，多階段操作的動力學接近塞流，從而產生一個比 CSTR 還要更高品質的放流水，如圖 6.28 所示。

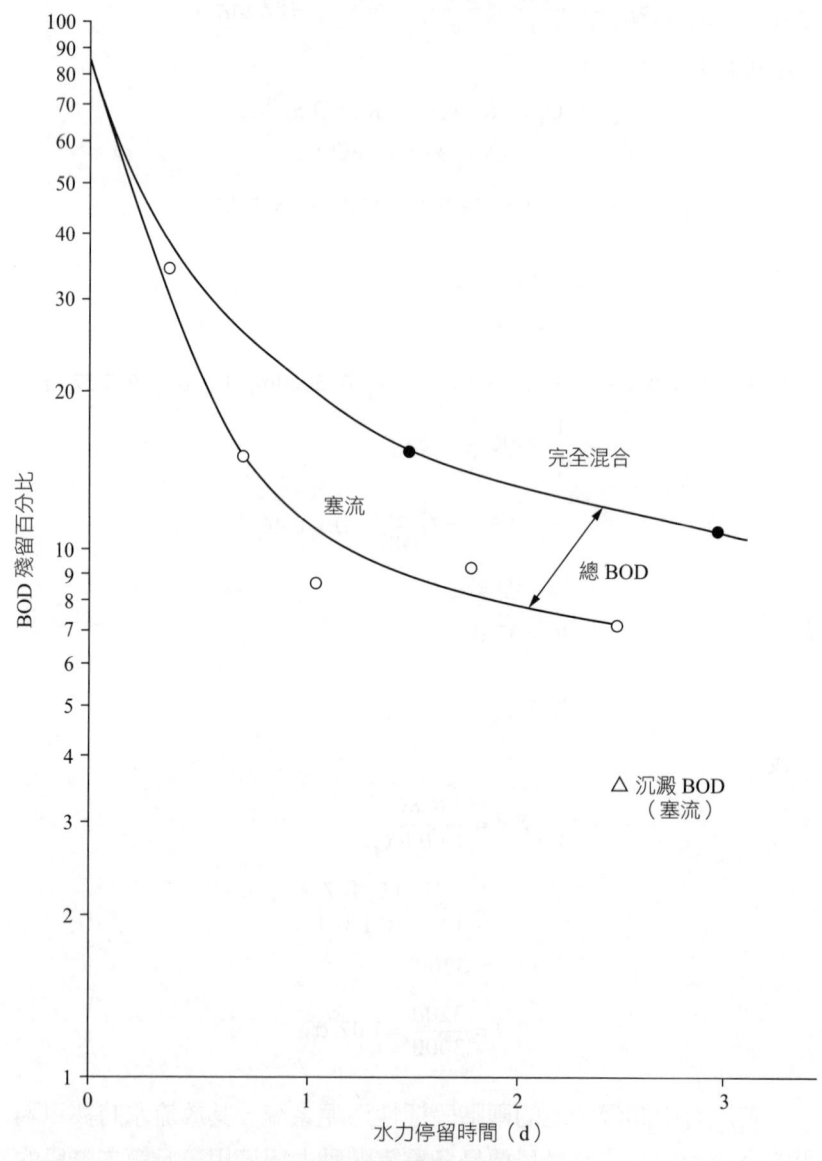

◐ 圖 6.28　單階段和多階段操作的模廠級試驗結果

好氧生物氧化的原理 6

圖 6.29 顯示，相對於單階段活性污泥操作，多階段活性污泥操作有較高的放流水質。表 6.9 介紹了硫酸鹽漂白的紙漿和造紙廢水之多階段操作數據。

在兩個階段之間有中間澄清池的兩階段系統，會造成特別適應於殘留在第一階段放流水內基質的生質來發展；而在第二階段的速率係數將低於第一階段，因為在第一階段，大多數可降解的化合物已被去除。第二階段 K 可以從以下關係式估計：

$$K_2 = K_1 \left[\frac{S_1}{S_o} \right] \tag{6.31}$$

其中，K_2 = 第二階段速率係數
K_1 = 第一階段速率係數
S_o = 第一階段進流水 BOD 或 COD
S_1 = 第二階段進流水 BOD 或 COD

對於合成纖維廢水，相較於單階段 CMAS，兩階段 CMAS 系統速率係數 K 的決定，如圖 6.30 所示。注意到兩階段系統的去除

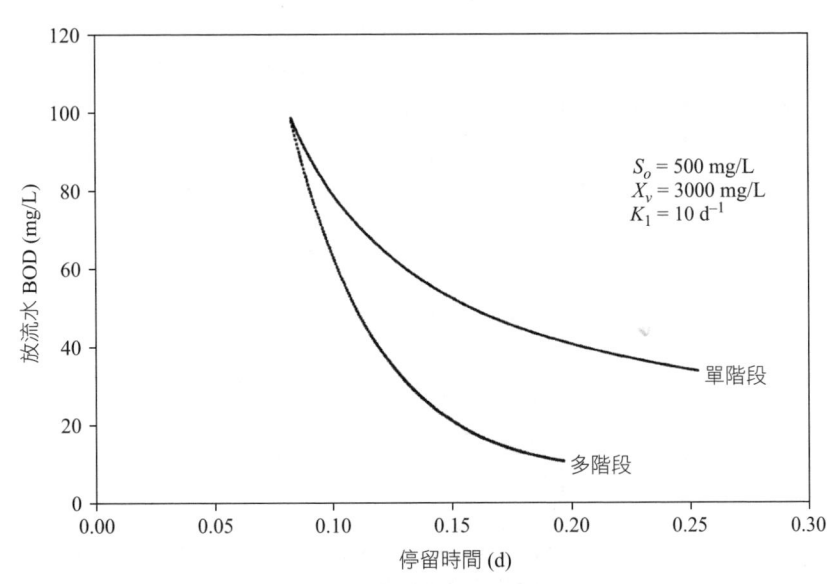

○ **圖 6.29** 多階段與單階段方式 BOD 去除率的比較

➡ 表 6.9 硫酸鹽漂白之紙漿和造紙廠廢水的多階段活性污泥處理

參數	平均值	最大值	最小值
流量 (MGD)	21.7	23.5	19.4
進流水 TBOD (mg/L)	241	260	210
進流水 SBOD (mg/L)	207	225	180
進流水 TSS (mg/L)	211	257	164
停留時間 (d)	0.132	0.147	0.121
MLSS (mg/L)	2077	2219	1810
F/M (lb BOD/lb MLSS · d)	0.88	0.97	0.75
溫度 (°F)	72	104	57
SVI (mL/g)	95	98	93
SRT (d)	0.76	0.91	0.62
SLR (lb/d-sq ft)	21.6	23.6	19.3
SOR (gal/d-sq ft)	941	1021	840
放流水 TSS (mg/L)	78	99	68
放流水 TBOD (mg/L)	41	48	34
放流水 SBOD (mg/L)	19	25	13

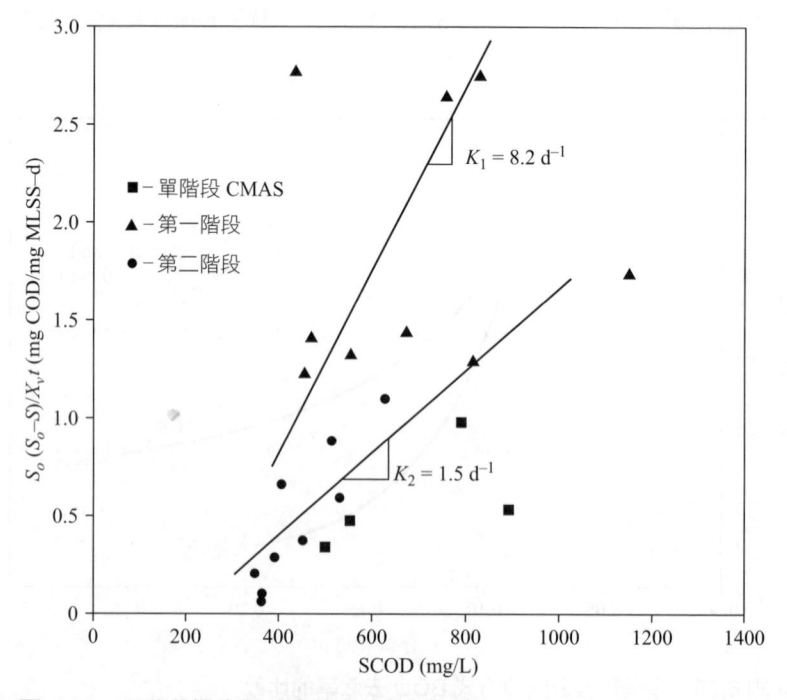

○ 圖 6.30　兩階段操作對反應速率係數的影響

好氧生物氧化的原理 6

率較高。

式 (6.31) 的應用，可以用兩階段活性污泥廠處理製藥廢水的數據來說明。第一階段的進流水 BOD 為 5825 mg/L，放流水 BOD 為 540 mg/L，而 K 為 3.9 d^{-1}。第二階段的進流水 BOD 為 540 mg/L，K 為 0.4 d^{-1}。根據式 (6.31) 計算出來在第二階段的 K 是

$$K_2 = K_1 \left(\frac{S_1}{S_o} \right)$$

$$= 3.9 \left(\frac{540}{5825} \right)$$

$$= 0.36 \ d^{-1}$$

這與測量值的 0.4 d^{-1} 十分吻合。

紙漿和造紙廠廢水的反應動力參數列於表 6.10。煉油廠廢水的參數則如表 6.11 所示。

很明顯地，隨廢水中的有機組成的改變，式 (6.29) 的速率係數 K 也將改變。這對如乳製品或食品加工廠的廢水而言不是問題，因為它們的組成成分大致維持不變，也使得 K 將幾乎保持不變。然而，產生自多種產品和集中生產的工廠廢水，其成分會不斷變化，導致 K 值的變化很大。圖 6.31 顯示從處理都市污水、紙漿和造紙廠廢水，以及兩個有機廢水的不同工廠所取得的每日數據。石化廠進流水中發現某些化合物發生的機率，如表 6.12 所示。

速率係數結合了全部去除機制的效應，包括生物吸著、生物降

➡ 表 6.10　紙漿和造紙廠的反應速率係數

工廠的類型	K (d^{-1})	溫度 (°C)
加氧硫酸鹽漂白	13.5	35
純紙漿和廢紙	13.6	23
未以硫酸鹽漂白	4.5	38
亞硫酸鹽處理	5.0	18
亞硫酸鹽漂白	6.2	—
以硫酸鹽漂白	5.2	—
以硫酸鹽漂白	4.4	34

▲ 表 6.11 煉油廠廢水的生物處理係數

進流水		有機物去除速率 K*		污泥成長係數						需氧係數[†]		殘留 COD (mg/L)
				以 BOD 為基準			以 COD 為基準					
BOD (mg/L)	COD (mg/L)	BOD (d^{-1})	COD (d^{-1})	a	bX_d		a	bX_d		a'	bX_d	
244	509	4.15	2.74	—	—		—	—		0.57	0.1	106
575	981	—	7.97	—	—		0.5	0.06		0.60	0.11	53
396	782	—	5.86	—	—		0.5	0.06		0.34	0.06	100
153	428	—	2.92	0.5	0.08		0.44	0.1		0.35	0.08	22
170	600	—	5.0	—	—		0.26	0.03		0.46	0.05	100[‡]
248	563	4.11	7.79	—	—		0.2	0.08		0.40	0.01	76
345	806	—	7.24	—	—		0.43	0.10		0.52	0.14	82
196	310	4.70	—	0.6	0.05		—	—		0.46	0.14	50
138	275	—	—	0.58	—		0.25	—		0.60	0.09	42

* 在 24°C。
[†] COD 為基準。
[‡] TOD。

好氧生物氧化的原理 6

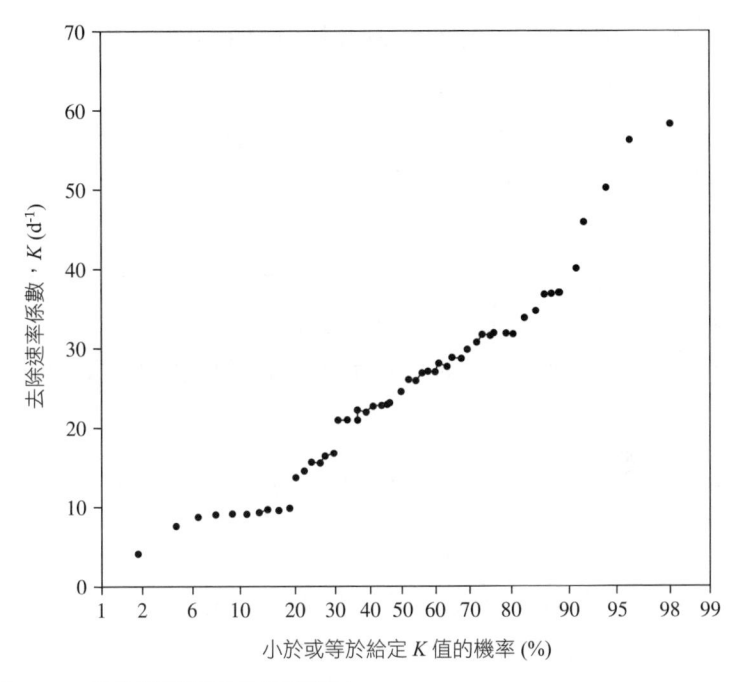

○ 圖 6.31 K 的變異與廢水組成有關

➡ 表 6.12 石化廠進流廢水中可發現的幾種化合物之變異性

化合物	發生頻率（每日複合的 %）	存在時的濃度 (mg/L) 範圍	存在時的濃度 (mg/L) 平均
丙酮	100	2-430	52
乙醇	100	4-280	38
甲醇	100	1-180	44
異丙醇	95	3-620	60
乙基己醇	85	2-140	21
醋酸異丙酯	80	1-47	11
丙烯腈	65	1-110	15
乙醛	48	1-98	21
乙二醇	43	1-480	43
二甘醇	27	1-500	64

解和揮發，除非特別採取分開個別去除機制影響的步驟。當揮發性有機物構成廢水中的很大部分時，可觀察到異常高的「外在」反應

速率係數。在 20°C 至 25°C，計算超過約 30 d^{-1} 的 K 值時，應考慮到基質的揮發。

工業廢水排放許可證通常包含兩個限制條件：每月平均限額和每天或每週的上限。這些處理程序的設計和操作，必須能可靠地滿足以上這些排放條件。

一個建議的設計方法是使用去除速率係數的統計分配和上游調勻池的性能表現為基準。就平均的排放條件而言，平均 K 值是基於平均排放限值和平均進流水負荷。這些值被代入式 (6.29) 以產生：

$$\frac{\bar{S}_o - \bar{S}_e}{f_b X_v t} = K_{50\%} \frac{\bar{S}_e}{\bar{S}_o} \tag{6.32}$$

其中，$\bar{S}_o$ = 平均進流水 BOD，mg/L
　　　$\bar{S}_e$ = 在平均許可限值的可溶性 BOD，mg / L
　　　$K_{50\%}$ = 變動下 K 值的 50% 百分位值，d^{-1}

對於最大的許可條件，式 (6.32) 可以表示為

$$\frac{S_{o_m} - S_{e_m}}{f_b X_v t} = K_{5\%} \frac{S_{e_m}}{S_{o_m}} \tag{6.33}$$

其中，S_{o_m} = 來自調勻池最大的放流水 BOD，mg/L
　　　S_{e_m} = 在最大許可限值的可溶性 BOD，mg/L
　　　$K_{5\%}$ = 變動下 K 值的 5% 百分位值，d^{-1}

計算式 (6.32) 和式 (6.33) 的 $X_v t$ 值，並於兩個值中取較大的用於設計。然而，假如以最大許可條件計算出來的 $X_v t$ 值超過在平均條件下計算出來的 $X_v t$ 值達兩倍之多，則應該考慮改變調勻池的容量和工廠的生產計畫，以減少以上的差異。另外，也可以選擇使用低於保守的 K（＞$K_{5\%}$）值。

特定的有機化合物

特定有機物在好氧生物處理程序的動力去除機制，已由 Monod 所定義：

好氧生物氧化的原理 6

$$\mu = \frac{\mu_m S}{K_S + S} \qquad 及 \qquad q = \frac{q_m S}{K_S + S} \qquad (6.34)$$

其中，μ = 比生長速率，d^{-1}
μ_m = 最大比生長速率，d^{-1}
S = 基質濃度，mg/L
K_S = 當速率是最大速率的二分之一時的基質濃度，mg/L
q = 比基質去除速率，d^{-1}
q_m = 最大基質的去除速率，d^{-1}

特定有機物的相對生物降解能力，就 Monod 關係式來看，如圖 6.32 所示。

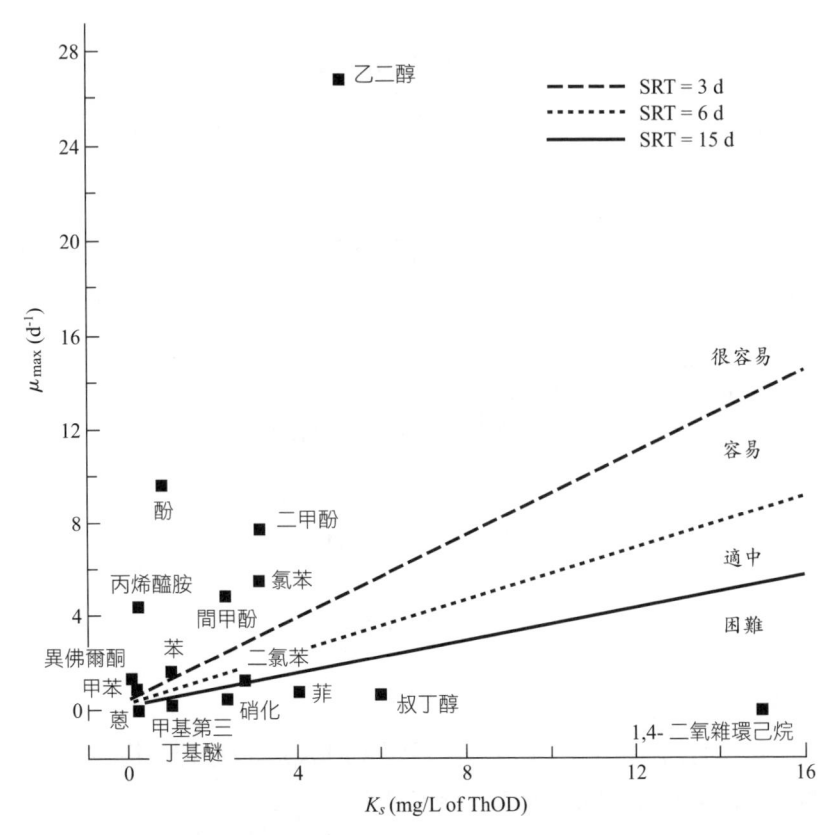

● **圖 6.32** 特定有機物在不同的 SRT 和 25°C 下，相對的生物降解能力（放流水濃度 = 0.5 mg/L 以 COD 表示和 b = 0.11 d^{-1}）（資料來源：Grady et al., 1996）[8]

283

在具有污泥迴流的完全混合活性污泥（complete mix activated sludge, CMAS）反應器，Monod 方程式可以表示為：

$$S_o - S = \frac{q_m S}{K_S + S} \cdot X_{vb} t \tag{6.35}$$

其中，S_o = 進流水基質濃度，mg/L

X_{vb} = 在曝氣下生物揮發性懸浮固體物，mg/L

t = 液體的停留時間，d

求解 S，產生：

$$S = \frac{-B + (B^2 + 4 S_o K_S)^{1/2}}{2} \tag{6.36}$$

其中

$$B = q_m X_{vb} t + K_S - S_o$$

在活性污泥程序中，一個可溶性基質的固體停留時間（SRT）可以定義如下：

$$\theta_c = \frac{X_{vb} t}{a(S_o - S) - b X_d X_{vb} t} \tag{6.37}$$

其中，θ_c = SRT，d

a = 產率係數，d^{-1}

b = 內呼吸係數，d^{-1}

X_d = 揮發性懸浮固體物（VSS）可降解的部分

在完全混合的活性污泥（CMAS）系統，放流水基質濃度直接關係到固體停留時間（SRT, θ_c）。結合式 (6.34) 和式 (6.37) 可得：

$$S = \frac{K_S(1 + b X_d \theta_c)}{\theta_c(q_m a - b X_d) - 1} \tag{6.38}$$

二氯酚（DCP）的關係式如圖 6.33 所示。

在具有污泥迴流的塞流活性污泥（PFAS）反應器，從 Monod 關係式推導而得的性能表現方程式是：

$$\frac{1}{\theta_c} = \frac{\mu_m(S_o - S)}{(S_o - S) + C K_S} - b X_d \tag{6.39}$$

好氧生物氧化的原理 6

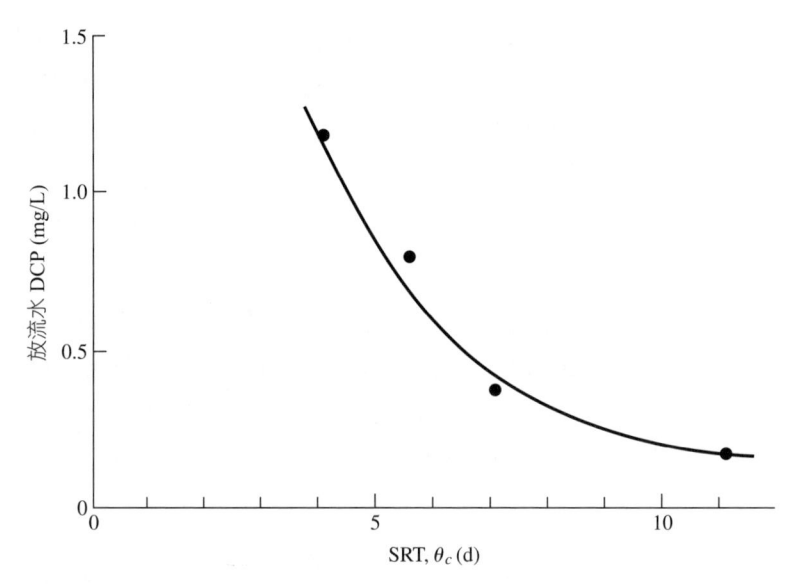

○ 圖 6.33　SRT 對 DCP 去除的影響

其中，$C = (1 + \alpha)\ln[X(\alpha S + S_o)/(1 + \alpha)S]$

$\alpha = R/Q$

S_o = 在與迴流混合前的進流水基質濃度

如酚等特定優先管制有機物，依反應器的構形為完全混合或塞流，其放流水濃度可以從式 (6.38) 或式 (6.39) 計算而得。

　　Philbrook 和 Grady [30] 所提的改良式饋料批次反應器（fed batch reactor, FBR）測試，適合判定於現場操作條件下的動力係數 q_m 和 K_S。在這測試中，在所需的固體停留時間（SRT）內取得之實廠或模廠的污泥，將其置入 2 公升的反應器，並以一個恆定的速率加入工廠廢水。為了判定 q_m，添加速率必須超過降解率。由於在許多廢水中，優先管制污染物的濃度低，可能要在廢水中加入大量藥劑，以確保污染物濃度足夠滿足測試條件。但是很重要的是，在測試中達到的各種濃度必須低於抑制閾值。是否抑制可以由濃度 - 時間曲線的形狀得知。降解率 q_m 的計算可以用基質添加率和殘餘基質累積兩者的斜率相減而得。稍後在本章末會有 FBR 和其方法的圖示與詳細說明。

然後進行第二個 FBR 的測試，讓優先管制污染物的添加率等於第一次測試中確定的最高速率的一半。這時反應器中觀察到的穩態濃度將是 K_S 值。酚的 FBR 測試數據如圖 6.34 所示。Hoover [31] 發現，q_m 的高變異度是隨操作在相同負荷條件下的污泥而變。根據這些觀察，例行試驗方案應在處理廠建立，而 q_m 和 K_S 值可以用統計的基礎來解釋。

紙漿和造紙工業關心的是可吸收的有機鹵化物（adsorbable organic halides, AOX）及漂白廠放流水中的氯酚。氯酚容易進行好氧性礦化，而甲氧基氯酚卻會抗拒好氧氧化。然而，厭氧預處理能形成容易好氧降解的分子形式。表 6.13 總結在紙漿和造紙廠

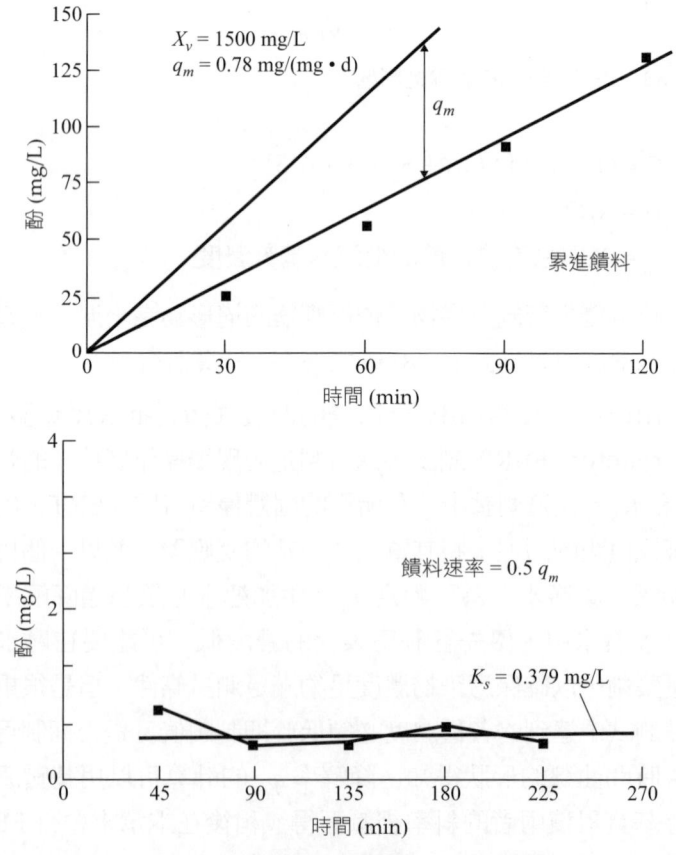

圖中標註：
X_v = 1500 mg/L
q_m = 0.78 mg/(mg · d)
累進饋料
饋料速率 = 0.5 q_m
K_s = 0.379 mg/L

圖 6.34 求取 q_m 和 K_S 的饋料批次反應器（FBR）試驗

好氧生物氧化的原理 6

➡ **表 6.13** 總結傳統污染物和可吸收的有機鹵化物（AOX）的去除性能表現

參數	第 50 個和（第 90 個）百分位數值或第 50 個和（第 90 個）百分位累進機率之隨機變數值		
	活性污泥	兼性穩定池	曝氣穩定池
傳統			
COD 去除率 (%)	54 (65)	55 (78)	57 (68)
BOD 去除率 (%)	96 (98)	96 (98)	96 (98)
NH_4-N $_{放流}$ (mg/L)	1.5 (10.1)	0.25 (5.8)	0.25 (4.5)
$(NO_2 + NO_3)$-N $_{放流}$ (mg/L)	1.4 (8.0)	4.3 (11.1)	8.0 (13.2)
VSS $_{放流}$ (mg/L)	32 (110)	62 (200)	75 (200)
AOX			
總 AOX 去除率 (%)	22 (1.7)	43 (1.3)	40 (1.3)
過濾 AOX 去除率 (%)	28 (1.5)	48 (1.2)	45 (1.2)
(沒過濾 AOX / 總 AOX) $_{放流}$ (%)	8 (1.9)	8 (1.9)	8 (1.9)
(沒過濾 AOX / 總 AOX) $_{放流}$ (mg/g)	45 (2.8)	28 (1.9)	20 (2.6)

➡ **表 6.14** 比較使用傳統漂白程序和氧漂白程序對於活性污泥的性能表現（硬木牛皮紙漿）

參數	漂白程序中減少的百分比	
	傳統	氧
AOX	22*	40*
氯酚		
酚	39	45
癒創木酚 (Guaiacds)	41	79
鄰苯二酚 (Catechols)	50	63

* 基於進流水 AOX 濃度為 136 mg/L 和 57 mg/L。
資料來源：Nevalainen et al., 1991.[32]

廢水使用活性污泥（AS）、兼性穩定池（FSB），以及曝氣穩定池（ASB），其污染物的外觀去除率。以氧漂白取代傳統的氯漂白，對可吸收的有機鹵化物（AOX）和氯酚的去除有顯著的效果，如表 6.14 所示。

例題 6.9 計算一個完全混合活性污泥廠，要將酚從 S_o = 10 mg/L 降至 15 μg/L，所需的 SRT。

其中，$q_m = 1.8$ g/(g VSS·d) 在 20°C

$\theta = 1.1$（溫度係數）

$K_S = 100$ μg/L

$a = 0.6$

$bX_d = 0.05$ d^{-1} 在 20°C $= 0.033$ 在 10°C

解答 式 (6.38) 可以重新安排，以產生

$$\theta_c = \frac{K_S + S}{aq_m S - bX_d(K_S + S)}$$

$$= \frac{0.1 + 0.015}{0.6 \cdot 1.8 \cdot 0.015 - 0.05(0.115)}$$

$$= 11.0 \text{ d}$$

如果溫度從 20°C 降至 10°C，所需的 SRT 為何？

$$q_{m(10°)} = q_{m(20°)} \cdot 1.1^{-10}$$

$$= 1.8/2.6$$

$$= 0.69 \text{ d}^{-1}$$

$$\theta_c = \frac{0.1 + 0.015}{0.6 \cdot 0.69 \cdot 0.015 - 0.033(0.115)}$$

$$= 47.6 \text{ d}$$

在實務上，大多數的情況會有高度的回混（back-mixing，一種軸向延散）發生，使塞流槽的條件可能接近完全混合。然而，為了利用優先管制污染物去除的動力學，一系列的多重池將提供非常獨特的優勢，勝於單一完全混合池。

式 (6.38) 可應用於預測一系列多重反應器的性能表現，如下面的例題所示。

例題 6.10 設計一個單階段和三階段活性污泥反應器，以減少苯酚。在每種情況下，計算放流水的苯酚濃度。

$S_o = 10$ mg/L
$bX_d = 0.05$
$\theta_c = 10$ d
$q_m = 0.6$
$K_S = 0.2$
$a = 0.6$

好氧生物氧化的原理 6

解答 在 CMAS（單階段），$X_v t$ = 39.44 mg/(L·D) 可以從式 (6.35) 和式 (6.36) 計算而得。

$$B = 0.6(39.44) + 0.2 - 10$$
$$= 13.86$$

$$S = \frac{-13.86 + [(13.86)^2 + 4 \cdot 10 \cdot 0.2]^{1/2}}{2}$$
$$= 0.14 \text{ mg/L}$$

因此，一個單一完全混合池的 S 是 0.14 mg/L。我們可以計算出一系列三個池的性能表現。每個池被視為是一個完全混合池，而停留時間是以 $(Q+R)$ 作為基準。第三池的放流水假設可以忽略不計。在 50% 的回收下，進入第一池的濃度是：

$$S_o = \frac{10}{1.5}$$
$$= 6.67 \text{ mg/L}$$

如同在完全混合的案例，對於相同的總池體積，$X_v t$ 減少了 1.5 倍：

$$X_v t = 39.44/3 \cdot 1.5$$
$$= 8.76 \text{ mg/(L·d)}$$

$$B = 0.6 \cdot 8.76 + 0.2 - 6.67$$
$$= -1.21$$

$$S = \frac{+1.21 + \left[1.21^2 + 4 \cdot 0.2 \cdot 6.67\right]^{1/2}}{2}$$
$$= 1.9 \text{ mg/L}$$

同理，第二池的放流水（S）計算結果為 0.105 mg/L，而且第三池為 0.005 mg/L。

6.4 溫度的影響

溫度的變化會影響所有的生物程序。有三個溫度體系：中溫，溫度範圍在 4°C 到 39°C；嗜熱，最高可達 55°C；嗜冷，操作的溫度低於 4°C。基於經濟和地理位置的原因，大多數好氧生物處理程序操作在中溫範圍內,如圖 6.35 所示。在中溫範圍內,生物反應速率會隨溫度增加到一個最大值,大多數好氧廢水系統約在 31°C。當溫度在 39°C 以上,會導致中溫微生物生物反應速率的下降。

因此,液體的溫度可以對有機物的去除速度和隨後有機物的去除效率,有顯著的影響。最廣為接受的方法是運用 van't Hoff-Arrhenius 方程式:

$$\frac{d\ln k}{dT} = \frac{E}{RT^2} \tag{6.40}$$

其中,k = 有機物的去除速率係數
E = 活化能
R = 氣體常數
T = 溫度,°C

或

$$\ln \frac{k_1}{k_2} = \frac{E(T_2 - T_1)}{RT_1 T_2} \tag{6.41}$$

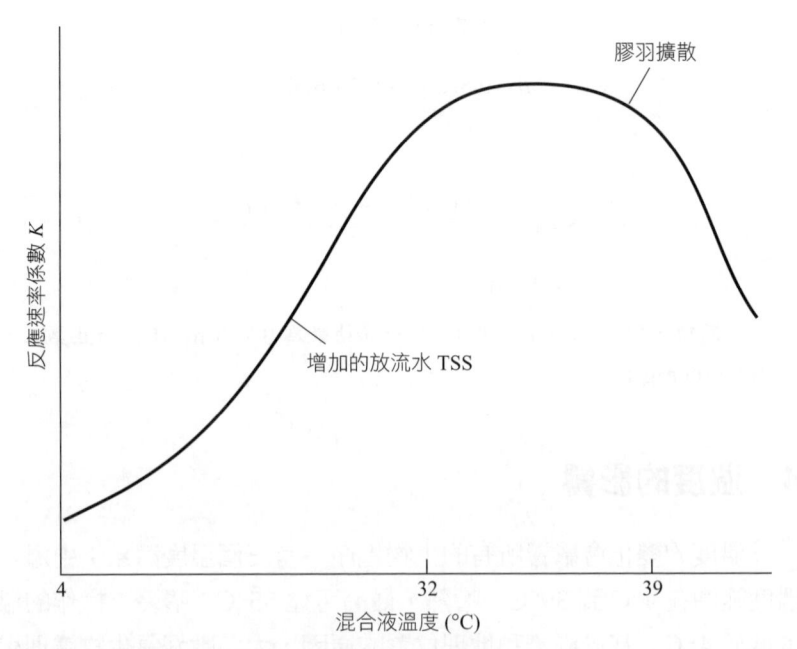

◯ 圖 6.35 溫度對生物氧化速率係數 K 的影響

好氧生物氧化的原理

或

$$\frac{k_1}{k_2} = \theta^{T_2-T_1} \tag{6.42}$$

其中 θ 結合氣體常數和進流廢水分子合成物的活化能。

溫度範圍在 4°C 到 31°C 時

$$K_t = k_{20}\theta^{T-20} \tag{6.43}$$

θ 值的範圍從 1.01（如簡單的有機物和都市放流水）到 1.1（複雜且穩定的有機廢水）。表 6.15 呈現出工業廢水與都市污水典型的 θ 值，以及生質的內呼吸作用。溫度對後者的影響可以表示為

$$b_T = b_{20°C} \times 1.04^{T-20} \tag{6.44}$$

溫度對農業化學品廢水和漂白亞硫酸廠廢水的反應速率之影響，分別如圖 6.36 和圖 6.37 所示。溫度對都市污水的影響並不像大部分工業廢水那麼顯著，因為大多數的生化需氧量是以膠體或懸浮有機物存在，而生物膠羽與溫度的效應非常小。

因為 θ 關係式與 k 值有指數型關係，所以溫度對活性污泥系統處理具有高 θ 值的複雜有機廢水之影響非常明顯。例如：

溫差（夏天和冬天）= 16°C

廢水 A　　$\theta = 1.01$

因此，$k_1/k_2 = \dfrac{1}{1.01^{16}} = 88\% \dfrac{\text{冬天}}{\text{夏天}}$ 效率

廢水 B　　$\theta = 1.10$

因此，$k_1/k_2 = \dfrac{1}{1.10^{16}} = 22\% \dfrac{\text{冬天}}{\text{夏天}}$ 效率

如前述，提高活性污泥系統的溫度，對效率會有相對應的負面

➡ 表 6.15　溫度係數 θ

工業廢水	1.065–1.10
都市污水	1.015
內呼吸現象	1.04

```
斜率 = (log 3 − log 1) / (11.6 − (−2.2))
     = 0.0346

θ = 10^0.0346 = 1.083
```

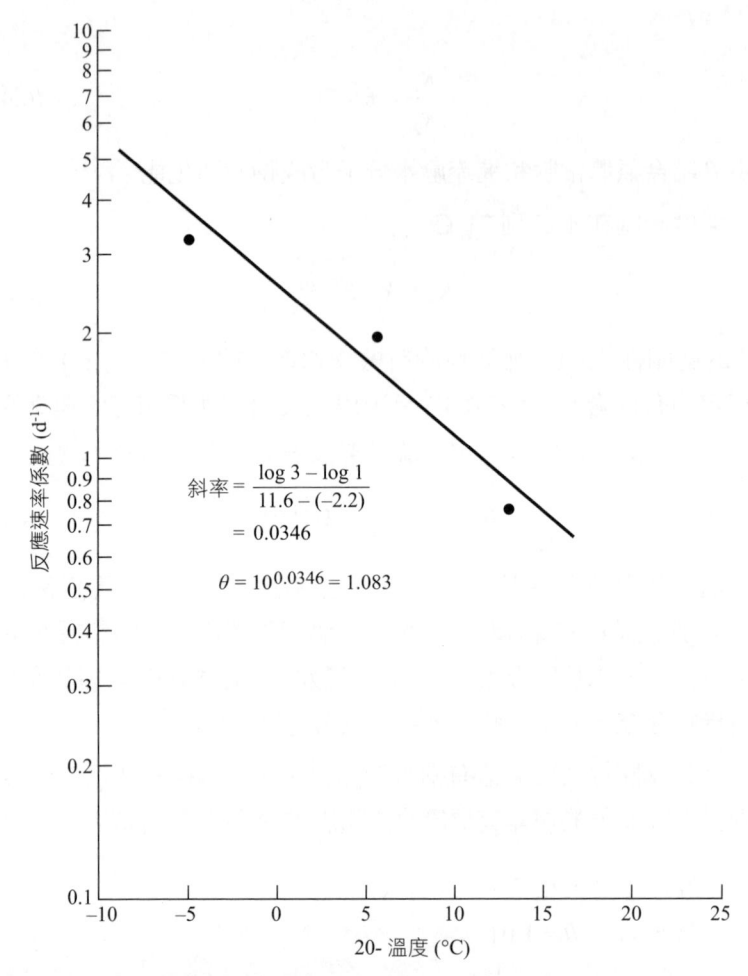

◯ **圖 6.36** 溫度對農業化學品廢水反應速率係數 K 的影響

影響，這可能是由於生化轉換酶反應的失活。圖 6.38 和圖 6.39 說明了這一點。

　　降低曝氣池溫度也將導致放流水懸浮固體物的增加。這些固體具有分散的本質，且不能沉降。例如，位於西維吉尼亞州南查爾斯頓的美國聯合碳化物公司（Union Carbide）的工廠，在夏季放流水懸浮固體物為 42 mg/L，在冬季為 104 mg/L。這些懸浮固體物的去除，需要添加混凝化學品。圖 6.40 說明了在寒冷的天氣（1 月

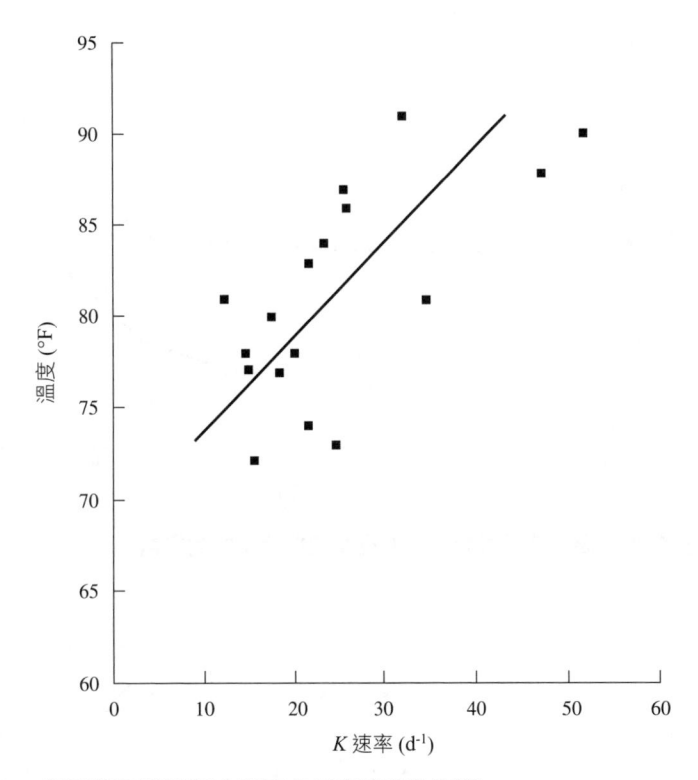

○ 圖 6.37 溫度對亞硫酸漂白廠廢水反應速率的影響

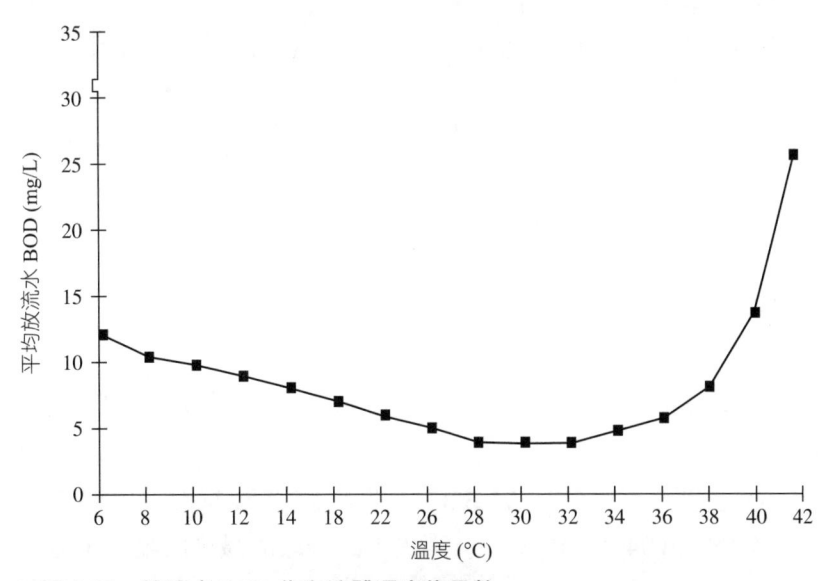

○ 圖 6.38 放流水 BOD 作為液體溫度的函數

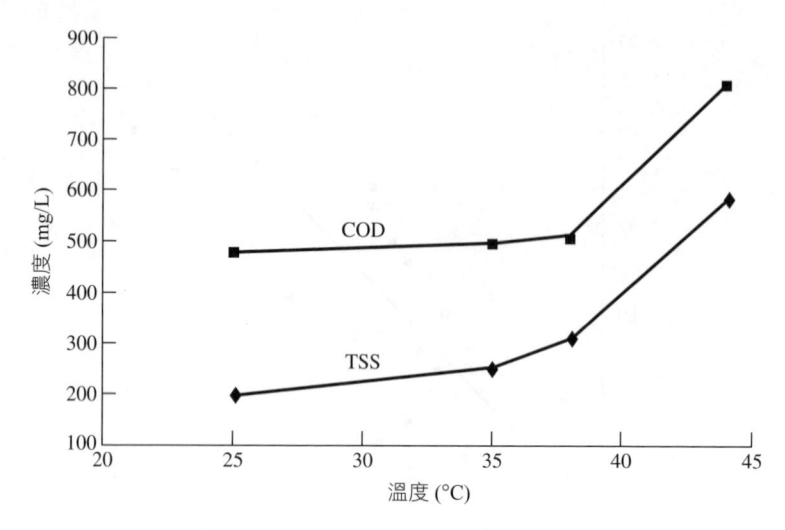

◯ 圖 6.39　混合液溫度對合成油廢水的放流水質的影響

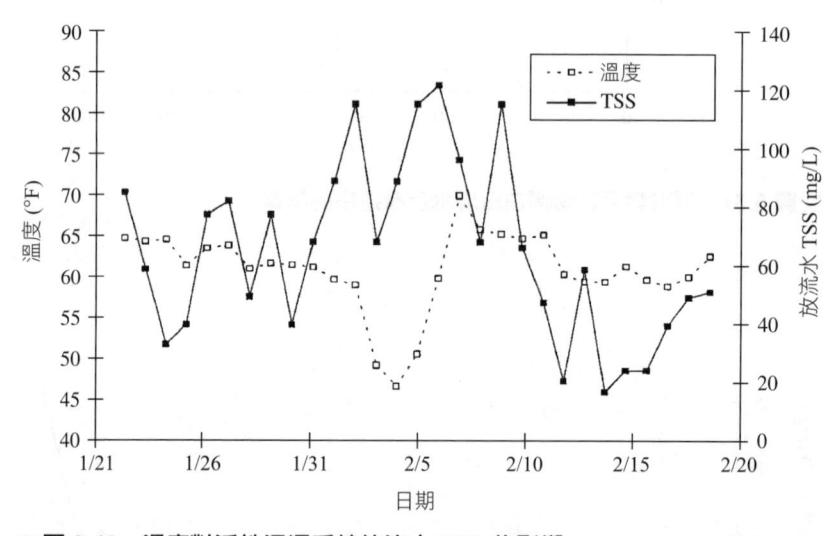

◯ 圖 6.40　溫度對活性污泥系統放流水 TSS 的影響

下旬和 2 月上旬）中操作一個活性污泥系統，其放流水 TSS 的增加。

當溫度高於 96°F（35.5°C），生物膠羽會腐敗。已觀察到原生動物在 104°F（40°C）會消失，而分散的纖維膠羽在 110 °F

（43.3°C）會成為主要物種。

如果廢水的性質和冬季的嚴苛氣溫導致效率顯著減少，那麼應考慮將處理系統的進流水加熱。相反地，如果夏季氣溫過高是一個問題，可能需要透過通風／冷卻系統或冷卻塔來散熱。

在過去，如在紙漿和造紙工業的熱廢水，透過冷卻塔進行預處理，使曝氣池的溫度不超過 35°C。最近的空氣污染法規使得沒有排氣裝置便在冷卻塔進行氣提的處理無法進行。因此，在許多情況下，曝氣池必須被覆蓋，而且排氣也必須處理。如此一來，由於放熱的生物反應會將熱釋放出來，使曝氣池的溫度會大幅提升。在最近的一項對製藥廢水的研究，釋放出來的平均熱能估計高達 5000 Btu/（lb 的 COD 去除）。

在一個紙漿和造紙廠放流水的案例，曝氣池溫度達到 43°C。污泥在 35°C 和 43°C 的特性，如圖 6.41 所示。在圖 6.41 可以看到，在 43°C 時原生動物並不存在，存在的是絲狀菌和分散的膠羽。層沉澱速度與溫度之間的關係，如圖 6.42 所示。淨效應為最終澄清池的通量限制，導致處理廠的效能下降。溫度對固體流通率（flux rate）的影響，如圖 6.43 所示。

如圖所示，假設溫度不超標，則可以在較高的溫度下，體驗到高固體流通率，允許更高的固體負荷。

第二個案例為農業化學品廢水，曝氣池溫度達 36°C，造成膠羽擴散。為了維持處理廠的效能，需要很大劑量的聚合物。解決這問題，可在進流廢水安裝熱交換器，使溫度不超過 30°C。

例題 6.11　估計具有以下特徵的廢水，其最大之進流水溫度。

進流水可降解的 COD，S_o = 2580 mg/L
放流水可降解的 COD，S_e = 70 mg/L
反應速率係數 K = 5.0 d^{-1}
MLVSS，X_v = 3000 mg/L
廢水流量 Q = 1 million gal/d

解答　所需的曝氣停留時間可以計算如下：

工業廢水污染防治

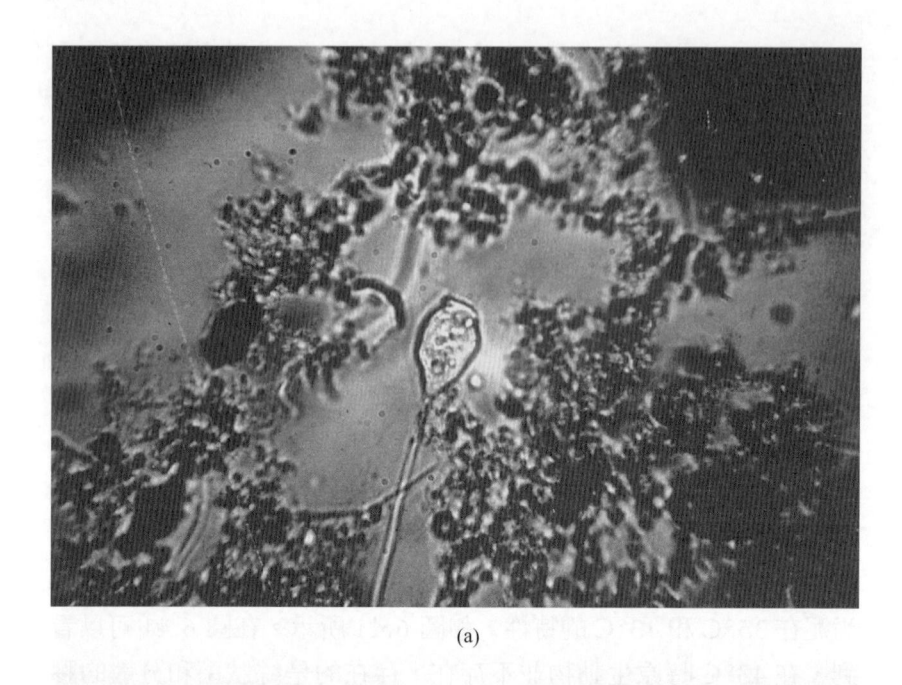

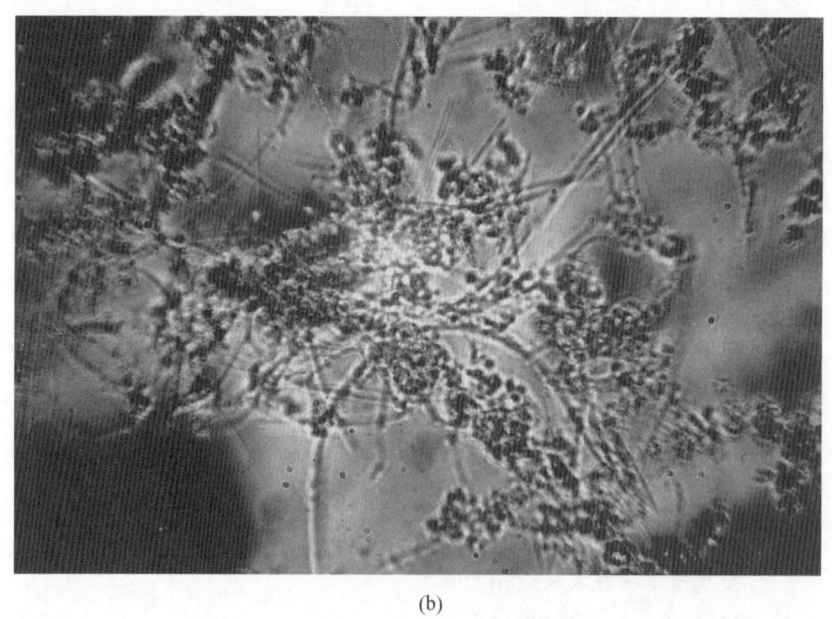

○ 圖 6.41　在 (a)35°C 和 (b)43°C 下的污泥特性

好氧生物氧化的原理 6

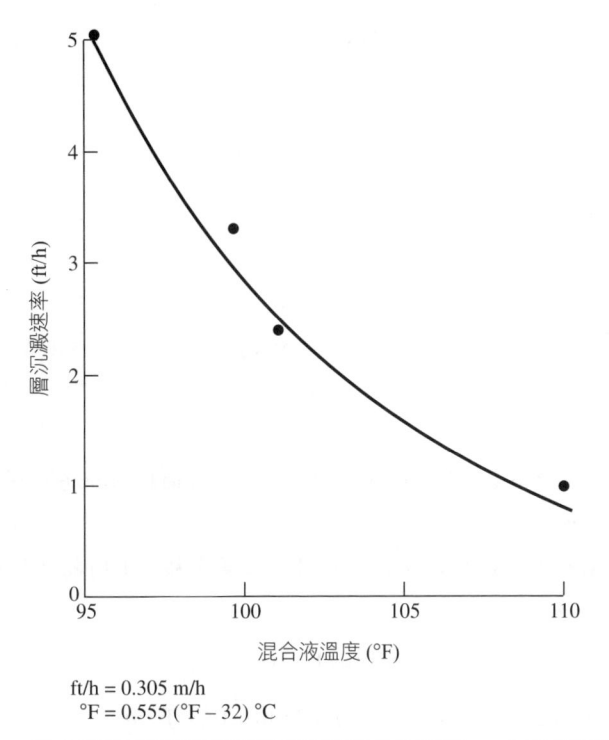

ft/h = 0.305 m/h
°F = 0.555 (°F − 32) °C

◐ **圖 6.42** 混合液溫度對活性污泥層沉澱速率的影響——紙漿和造紙廢水

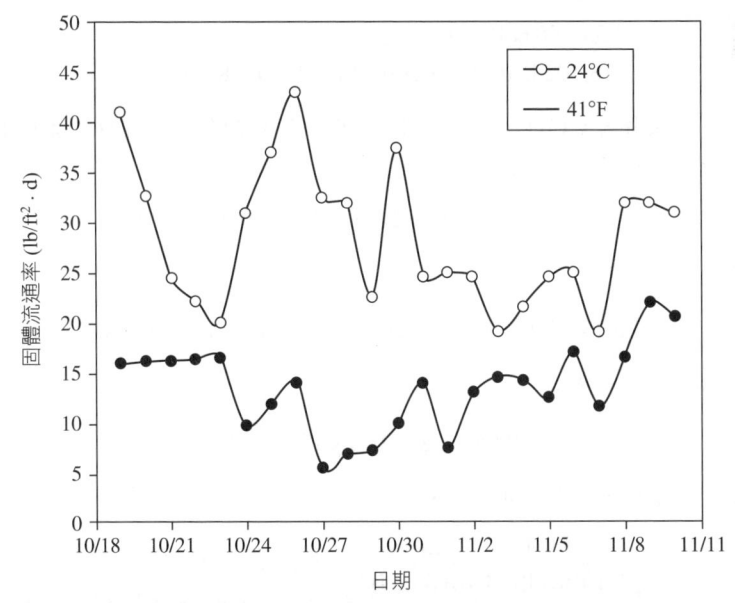

◐ **圖 6.43** 溫度對固體流通率的影響

297

$$t = \frac{S_o(S_o - S_e)}{KX_vS_e}$$

$$= \frac{2580\,(2580-70)}{5 \cdot 3000 \cdot 70}$$

$$= 6.1 \text{ d}$$

食微比 (F/M) 是：

$$F/M = \frac{S_o}{X_v t}$$

$$= \frac{2580}{3000 \cdot 6.1}$$

$$= 0.14 \text{ d}^{-1}$$

曝氣池容積為 6.1 million gal。假設池的總表面積為 56,650 ft^2，可計算混凝土池的熱損失。

如果我們假設池的溫度在 96°F，且夏季每月平均氣溫在 85°F，熱損失可被估算為：

$$q\,(\text{Btu/h}) = UA\Delta T$$

其中，U = 總熱傳係數，假設為 0.35 Btu/ft$^2 \cdot$ °F $\cdot$ h

A = 暴露的表面積

ΔT = 池溫度和空氣溫度之間的差異

= 0.35 $\cdot$ 56,650 $\cdot$ 11

= 218,102 Btu / h = 5.2×10^6 Btu/d（5.5 KJ/d）

假設每磅 COD 的去除會產生 5000 Btu 的熱，則可以計算產生的熱量。去除的 COD 是：

$$(2580 \cdot 70) \cdot 1 \cdot 8.34 = 20{,}933 \text{ lb/d } (9500 \text{ kg/d})$$

產生的 Btu 是：

$$20{,}933 \cdot 5000 \text{ Btu/16 COD}_{\text{rem}} = 104.6 \times 10^6 \text{ Btu/d}$$

淨 Btu 的增加是：

$$104.6 - 5.2 = 99.4 \times 10^6 \text{ Btu/d}$$

溫度的增加量可以計算如下：

$$\frac{99.4 \times 10^6 \text{ Btu/d}}{1 \text{ Btu/lb} \cdot °F \times 8.34 \times 10^6} = 11.9°F \qquad (6.6°C)$$

在這些條件下,最大可允許的進流水溫度是:

$$96 - 11.9 = 84.1°F \qquad (29°C)$$

pH 的影響

大多數生物氧化系統的有效 pH 值範圍相對狹窄。大多數程序,其 pH 值的涵蓋範圍在 5 至 9 之間;但最佳的速率發生在 pH 值為 6.05 至 8.5 之範圍。要注意的是,這與接觸生物生長的混合液之 pH 值有關,而非與進入系統的廢水之 pH 值有關。進流廢水會被曝氣池的內含物稀釋,還被微生物呼吸作用反應產生的二氧化碳所中和。對苛性鹼和酸性廢水而言,最終產物是碳酸氫根(HCO_3^-),能有效地緩衝曝氣系統,維持 pH 值在 8.0 附近。採用完全混合的概念是必要的,以便充分利用這些反應。例如,磺酸鹽的氧化會導致硫酸的形成。

於廢水流中苛性鹼可能存在的量,與 BOD 的去除率有關,而 BOD 的去除率又能決定產生的二氧化碳來與苛性鹼反應。這可以表示為 $OH + CO_2 \rightarrow HCO_3$,在 pH ~ 8。假如我們考慮每磅或公斤 COD 的去除會產生 0.9 lb 或 kg 的二氧化碳(假設為傳統的負荷),而且這值的 70% 會與存在的苛性鹼度反應。於是,0.63 lb 或 kg 的苛性鹼度(以 $CaCO_3$ 計)將會被每磅或公斤 COD 的去除所中和。

由於有機酸的氧化導致二氧化碳的產生,在廢水流中允許的有機酸濃度,與酸降解為 CO_2 的反應速率有關。例如,在 pH ~ 6.5,$HAC \rightarrow CO_2 + H_2O$。

只要保持過程中的緩衝能力,即使苛性鹼或酸性負荷會波動,曝氣池內容物的 pH 值應該會保持在 8.0 左右。

假如鹼度不足以提供反應,硝化可能會導致 pH 值顯著地減少。根據這反應,大約需要 2.15 mg 的鹼度/mg 氮氧化:

$$NH_4^+ \rightarrow NO_3 + 2H^+$$

毒性

生物氧化系統的毒性，可能有幾個原因：
1. 如酚的有機物質，它在高濃度有毒，但在低濃度可生物降解。
2. 如重金屬的物質，它會根據操作條件，而有一個毒性閾值。
3. 無機鹽和氨，它在高濃度會呈現遲緩現象。

採用完全混合系統，進流水會被曝氣池的內容物所稀釋，且微生物只會與放流水濃度接觸，可以將有機物的毒性效應降至最低。使用這種方式，能成功地處理具有濃度高於毒性閾值好幾倍的廢水。透過增加固體停留時間和減少進流水 COD，也能降低毒性，分別如圖 6.44 和圖 6.45 所示。在具有壬基苯酚的廢水的情況下，將 SRT 從 4.5 天增加至 21 天，毒性會降低到可接受的水

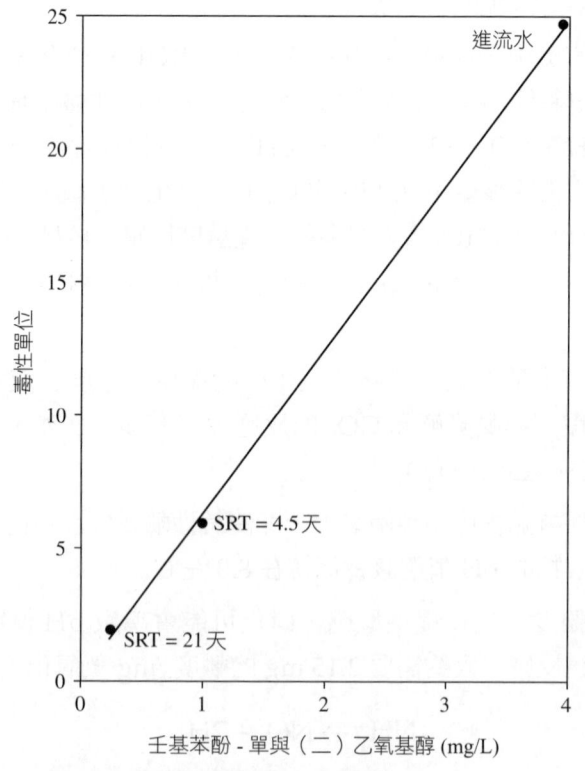

◯ 圖 6.44　污泥齡對壬基苯酚毒性減少的影響

好氧生物氧化的原理 6

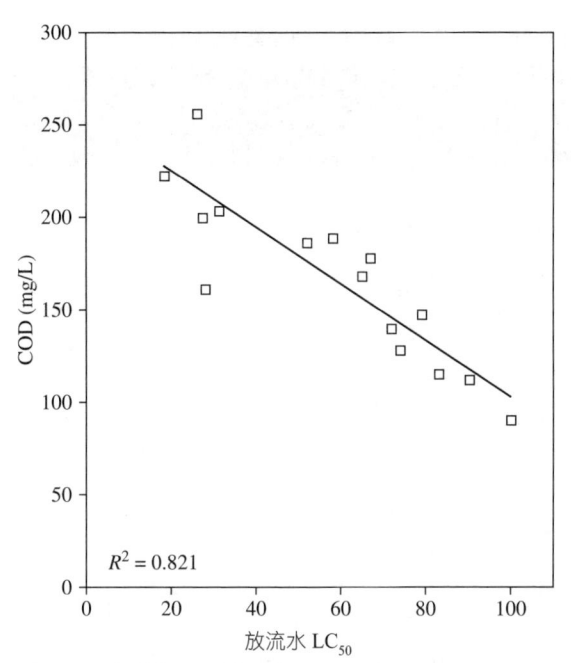

○ **圖 6.45** 煉油化工廠放流水的毒性與 COD 的關係

準。在石油廢水的情況下，LC_{50} 的毒性隨進流水 COD 的降低而減少，因為 SMP 生產的減少。在某些情況下，可能需要粉狀活性碳（powered activated carbon, PAC）降低抑制效應到可接受的水準。

重金屬在生物污泥呈現出低濃度的毒性。然而污泥對金屬的馴化，將會明顯地增加毒性閾值。表 6.16 顯示抑制生物處理程序的閾值濃度。

儘管馴化的生物程序是能容忍重金屬的存在，這金屬將會透過細胞壁的錯合物化在污泥中濃縮。據報導，污泥中重金屬的濃度可高達 4%。表 6.17 顯示煉油廠廢水中重金屬去除的數據。圖 6.46 顯示在都市處理廠去除低濃度金屬的數據。這也產生關於最終污泥處置的問題。隨著污泥齡的增加，活性污泥中累積的銅如圖 6.47 所示。

➡ 表 6.16　生物處理程序中重金屬抑制的臨界濃度

金屬	連續負荷 (mg/L)	突增負荷 (mg/L)
鎘	1	10
鉻（六價）	2	2
銅	1	1.5
鐵	35	100
鉛	1	-
錳	1	-
汞	0.002	0.5
鎳	1	2.5
銀	0.03	0.25
鋅	1-5	10
鈷	>1	
氰化物	1	1-5
砷	0.7	-

（濃度 *）

* 此特定水準是可變的，取決於生物性的馴化、pH 值、污泥齡，及金屬錯合的程度。

➡ 表 6.17　活性污泥程序處理煉油廠廢水時，重金屬的去除

重金屬	進流水 (mg/L)	放流水 (mg/L)
Cr	2.2	0.9
Cu	0.5	0.1
Zn	0.7	0.4

（活性污泥廠）

　　在傳統認知上，高濃度的無機鹽不具毒性，而是呈現逐步的抑制以及減少動力速率。圖 6.48 顯示增加總溶解固體物（TDS）的濃度對化工廠放流水中可溶性生化需氧量的影響。隨著混合液總溶解固體物（TDS）的增加，BOD 去除速率係數的減少如圖 6.49 所示。然而，生物污泥可以馴化到能適應高濃度的鹽。在重量比高達 6% 的鹽下，程序還是能成功地操作。通常，高鹽含量會增加放流水中的懸浮固體物。高鹽濃度對懸浮固體物的影響，如表 6.18 所

6 好氧生物氧化的原理

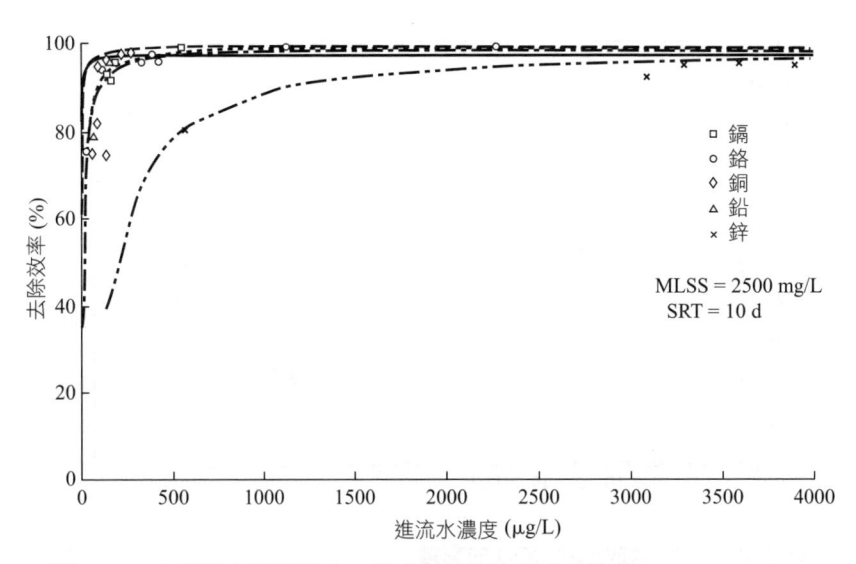

◐ **圖 6.46** 在活性污泥程序中，重金屬從都市污水中去除

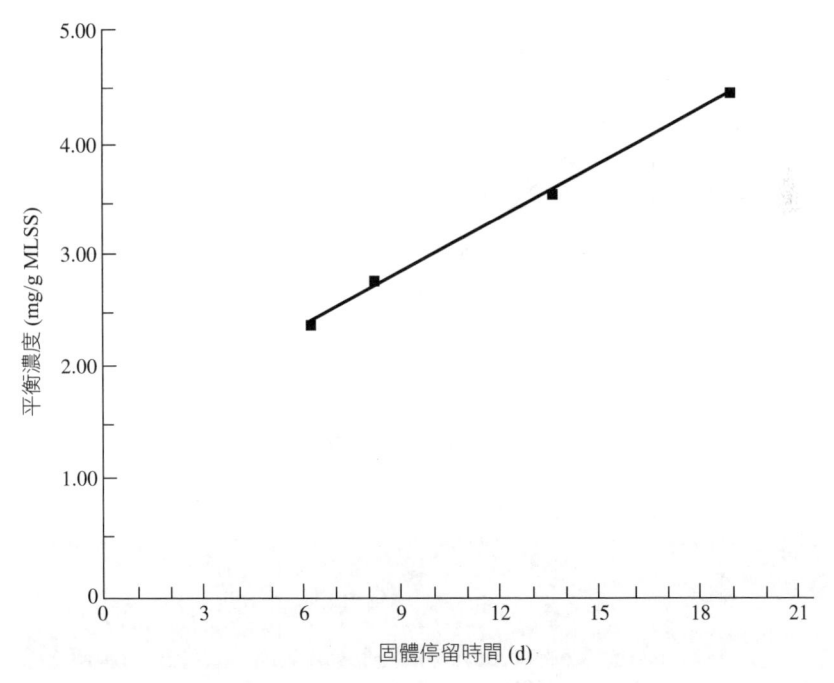

◐ **圖 6.47** 活性污泥程序中，銅的累積作為固體停留時間的函數

303

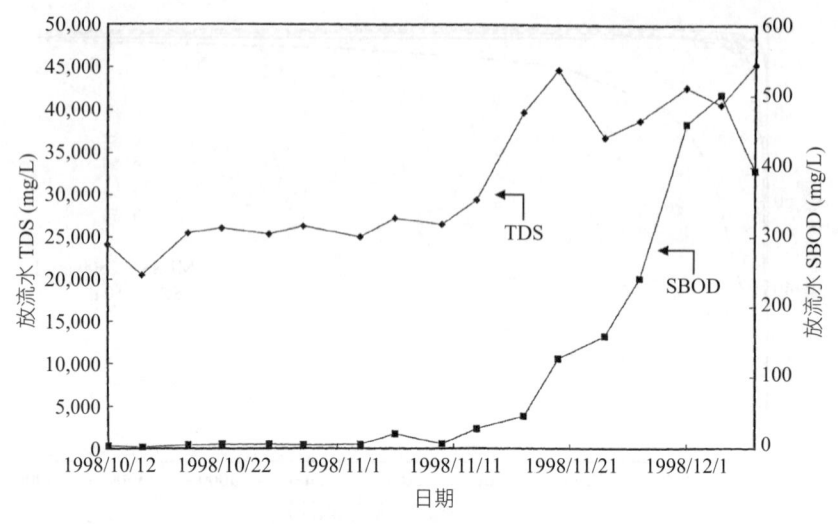

⊃ **圖 6.48** TDS 對放流水 BOD 的影響

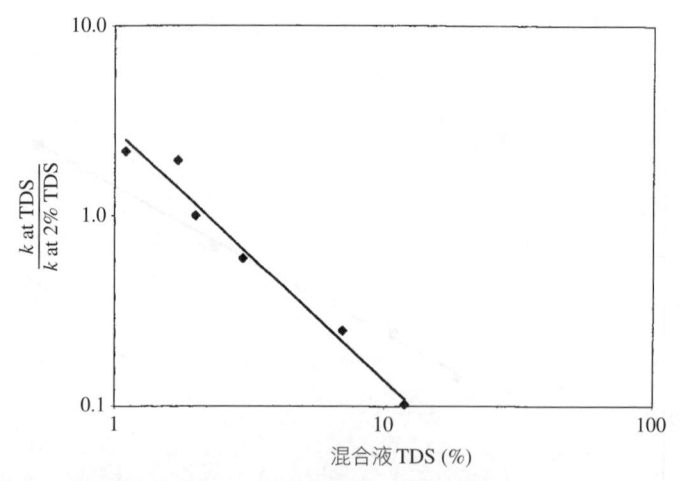

⊃ **圖 6.49** 混合液 TDS 對 BOD 去除速率係數的影響

➡ **表 6.18** 高鹽含量對程序效能的影響

進流水			放流水		
COD (mg/L)	COD$_s$ (mg/L)	COD$_s$ (mg/L)	VSS (mg/L*)	VSS (mg/L†)	TDS (mg/L)
6437	1182	181	50	597	44,000

* 1.5 μ 濾紙。
† 0.45 μ 濾紙。

好氧生物氧化的原理 6

示;它顯示大多數的生質無法膠凝化。單價離子,如 Na^+ 和 K^+,將會分散生物膠羽,而二價離子,如 Ca^{2+} 和 Mg^{2+},將傾向於幫助膠羽。

6.5 污泥品質的考量

活性污泥程序性能表現的關鍵因素之一是污泥的有效膠凝,與隨後的快速沉澱和壓密。McKinney[11] 探討膠凝與食微比的關係,顯示某些通常會存在於活性污泥的生物體於飢餓條件下會迅速去膠凝。最近的研究顯示,膠凝現象是生物體附著於產生的黏性多醣體黏液層的結果。鞭毛類微生物也會被捕捉在此黏液中。絲狀微生物存在於大部分的活性污泥中(除了在化工與石化工業中發現的例外)。

Palm、Jenkins 和 Parker [33] 已經確立了三個一般類型的活性污泥,如圖 6.50 所示。非膨化污泥(nonbulking sludge)來自塞流或具有菌種篩選器的長形工廠布局,或是來自複雜的有機廢水。膨化污泥(bulking sludges)來自完全混合程序中處理的可降解廢水,或是氧或營養的不足。針狀生物膠羽(pin floc)通常來自低食微比(F/M,長的污泥齡)的操作。

在處理都市污水和工業廢水的活性污泥中,已證實存在許多絲狀微生物。依程序的操作條件,這些微生物中的一個或多個可能會在程序中成為主導,如表 6.19 所示。以往曾有過絲狀菌的鑑定和控制的報告。表 6.20 顯示在不同工業廢水中發現的絲狀菌型態[34]。表 6.21 列出了處理紙漿和造紙廢水的活性污泥裡,造成膨化的絲狀菌的發生和排序。正確的程序設計和操作應該不允許絲狀菌的成長超過膠羽生成的成長。

以下因素會影響絲狀菌的過度生長:

1. **廢水組成**。在一個完全混合的系統裡,含有類似葡萄糖多醣體(葡萄糖、糖精、乳糖、麥芽糖等)的廢水會促進菌絲的成長;然而,洗衣、紡織和複雜的化學廢水會抑制菌絲的生長。在一

絲狀菌的膨化現象

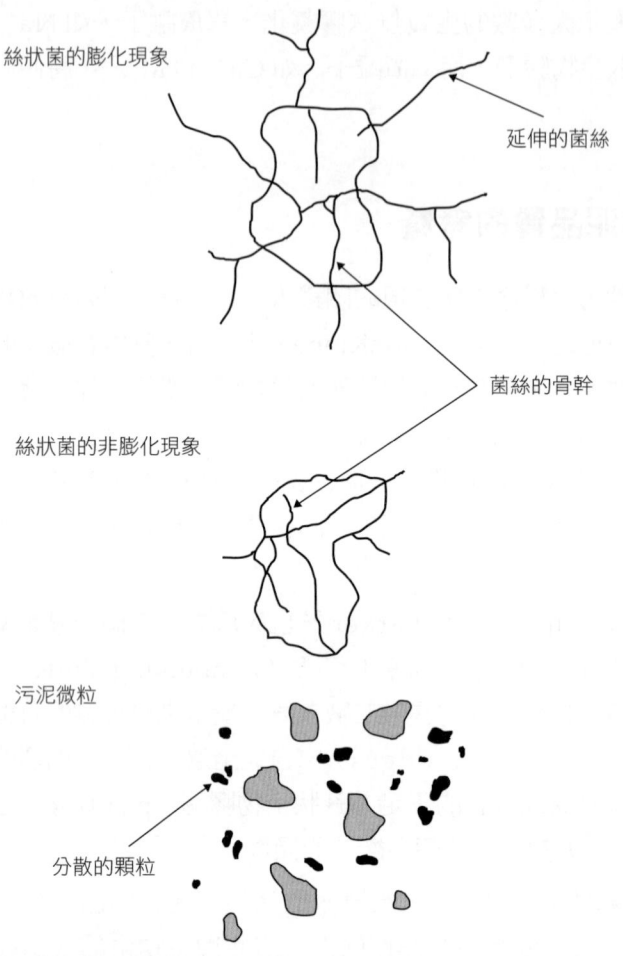

延伸的菌絲

菌絲的骨幹

絲狀菌的非膨化現象

污泥微粒

分散的顆粒

◯ 圖 6.50 活性污泥特性

➡ 表 6.19 主要的絲狀菌類型作為活性污泥操作問題的指標

建議的起始條件	可作為指標的絲狀菌類型
低溶氧 (DO)	類型 1701、S. natans、H. hydrossis
低食微比 (F/M)	M. parvicella、H. hydrossis、Nocardia spp.、類型 021N、0041、0675、0092、0581、0961 和 0803
廢水中腐敗性硫化物	Thiothrix spp、Beggiatoa spp. 和類型 021N
營養的缺乏	Thiothrix spp.、S. natans、類型 021N；以及可能的 H. hydrossis 和類型 0041 及 0675
低 pH 值	真菌

好氧生物氧化的原理 6

➡ 表 6.20　工業廢水中發現的絲狀菌類型

	食品加工與釀酒	紡織	屠宰場和肉品加工	石化工業	有機化學品	紙漿和造紙廠
S. natans	•		•	•		•
類型 1701	•		•	•		•
H. hydrossis	•		•	•		•
類型 021N	•				•	•
Thiothrix I 和 II	•	•				
類型 1851		•				
類型 0581						•
類型 0041			•			
類型 0803						
類型 0675		•				•
類型 0211						
類型 0092			•			
類型 0914				•		•
M. parvicella						•
N. limicola						•
類型 0411						•
Nocardia	•		•	•	•	

資料來源：Richard, 1997.[34]

般情況下，基質越容易降解，系統就越容易發生絲狀菌膨化的現象。這大致與反應速率係數 K 有關，如表 6.22 所示。

2. **溶氧濃度**。為了能夠被膠羽內的微生物使用，氧必須擴散進入膠羽。膠羽內氧滲透的深度取決於周圍液體整體的濃度及膠羽的氧利用率。氧利用率和有機負荷（食微比）成正比。因此當有機負荷增加，必須維持膠羽完全好氧的溶氧也要增加。細的菌絲（1 至 4 μm）可以很容易地在濃度小於 0.1 mg/L 時取得氧。維持菌絲完全好氧的溶氧濃度與食微比（數據來自 Palm、Jenkins 及 Parker [33]）之間的關係，如圖 6.51 所示。紙漿和造紙廠的性能表現數據，如圖 6.52 所示。

可降解的基質在低濃度時，絲狀菌趨向生長。這就解釋了為什麼完全混合系統，其混合液的基質在低濃度時，有利於絲狀菌的生長。

表 6.21　各類型絲狀菌引起紙漿和造紙活性污泥廠膨化的發生和排序

排序	絲狀菌類型	處理廠的數目	百分比
1982 年到 1990 年期間在 29 個工廠的發生率			
1	類型 0675	16	55
2	類型 1701	8	28
2	類型 1851	8	28
3	Thiothrix II	7	24
3	類型 0041	7	24
4	Nostocoida limicola II	5	17
1996 年期間在 80 個工廠的發生率			
1	Thiothrix II	44	55
2	Thiothrix I	36	45
3	Nostocoida limicola II	20	25
4	類型 0914	19	24
5	Haliscomenobacter hydrossis	18	23
6	Nostocoida limicola III	10	13

資料來源：Richard, 1997.

表 6.22　工業廢水的綜合反應速率係數

廢水特性	$K_{20°C}\,(d^{-1})$
可立即降解的（食品加工、釀酒）	16–30
可中度降解的（石化、紙漿與造紙）	8–15
可降解性不佳的（化工、紡織）	2–6

　　造成工業廢水中絲狀菌膨化的現象，比較常見的原因之一是氮或磷不足。這種例子多到不勝枚舉，特別是在紙漿和造紙業，其中不足的氮導致嚴重的絲狀菌膨化現象。這顯示在圖 6.53。重新供應充足的氮可在三個污泥齡內恢復膠凝化的污泥。一個威斯康辛州紙漿廠的研究顯示，放流水中氨氮的最低濃度在 1.5 mg/L，有利於細菌凝聚團的生長。其他研究顯示，某些情況下可能會需要更高的氨濃度。生長最佳細菌凝聚團所需要的放流水最低可溶性磷濃度被認為是 0.5 mg/L，由圖 6.54 說明了這一點。

好氧生物氧化的原理 6

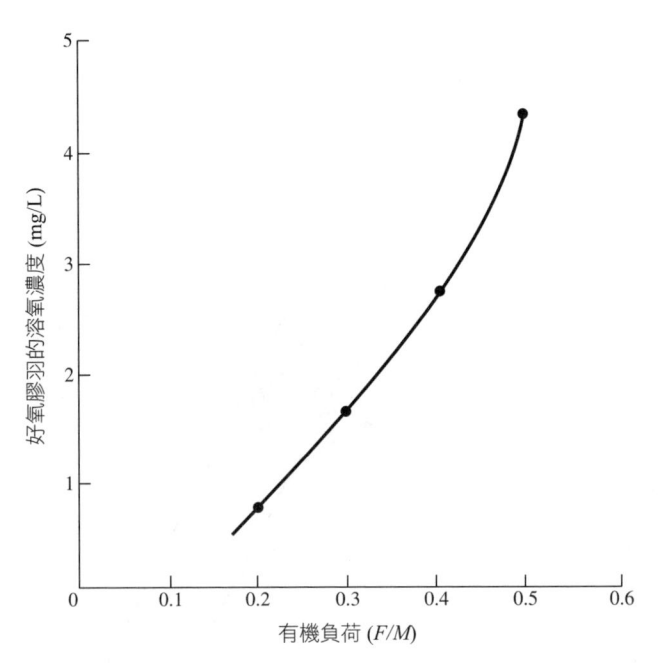

○ 圖 6.51 好氧膠羽，其溶氧和食微比（F/M）之間的關係（資料來源：Palm, Jenkins, and Parker, 1980）[33]

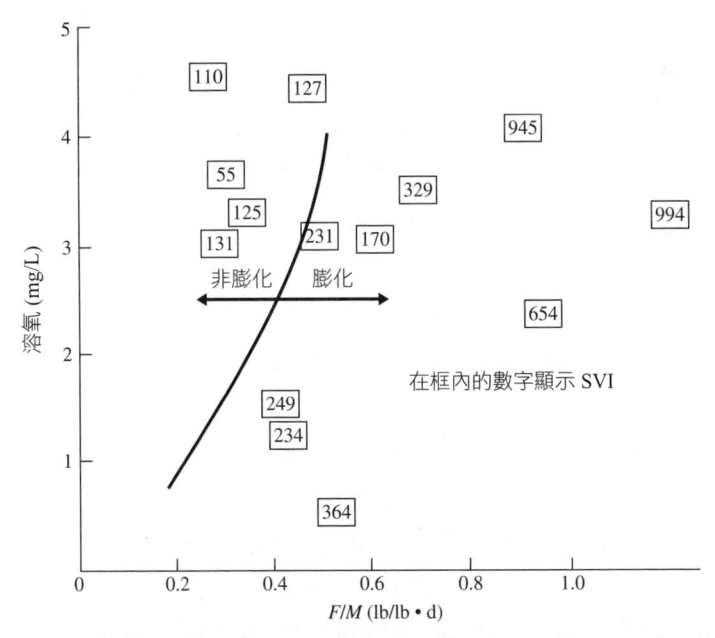

○ 圖 6.52 紙漿和造紙廠廢水污泥膨化，食微比（F/M）和溶氧之間的關係

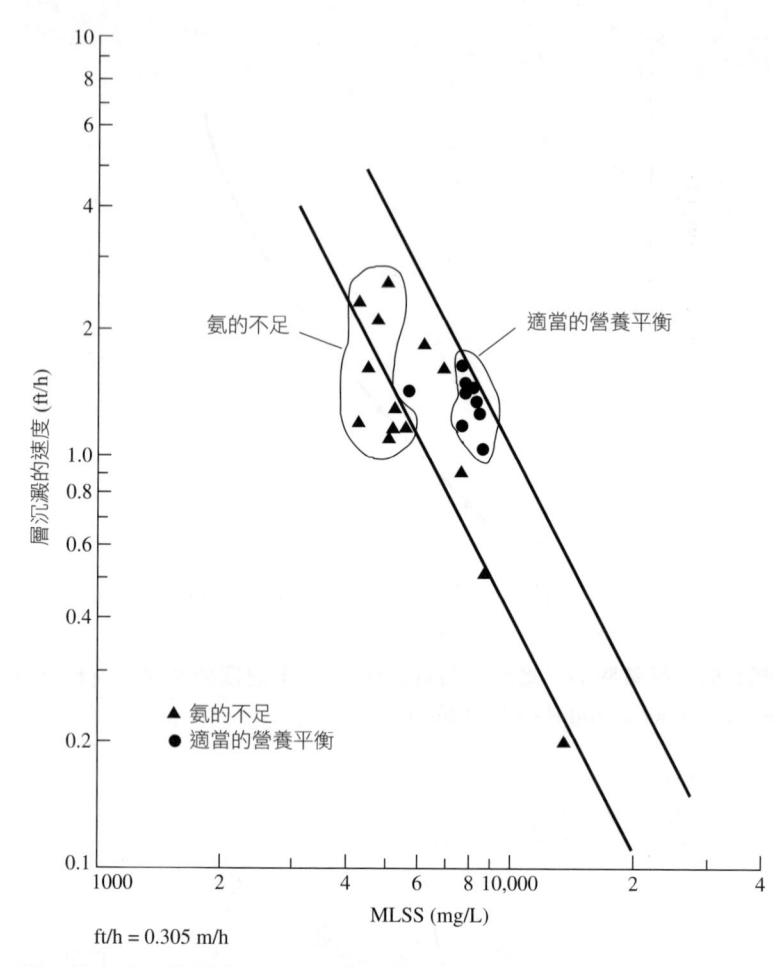

◐ 圖 6.53　氨不足對層沉澱速度的影響

　　因此，基質的缺乏，例如主營養素或微量營養素的濃度、殘留的可溶性生化需氧量，和/或在生物膠羽中溶氧的濃度，可促進絲狀菌的生長和污泥的膨化。為了說明這些影響，考慮溶氧傳輸到假想的生物膠羽顆粒，如圖 6.55 所示。氧必須從巨相液體擴散通過膠羽，以供應膠羽顆粒內部的微生物使用。當它擴散時，它被膠羽內的微生物所消耗。如果有足夠殘餘的溶氧（以及營養物質和有機物），形成膠羽的微生物，其生長速率將會超過菌絲，導致膠凝性沉澱的污泥。不過，如果這些基質有任何的不足，具有高表面積對

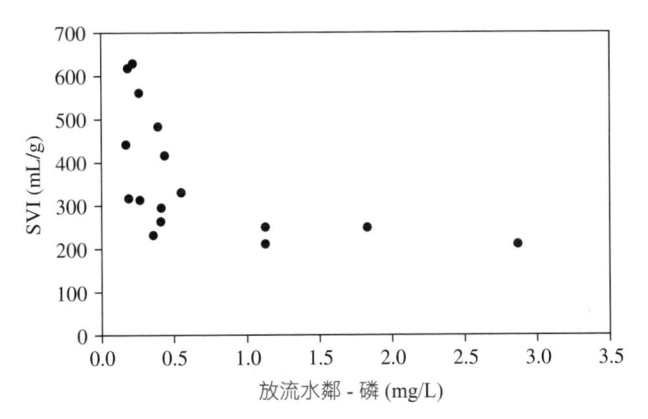

○ 圖 6.54　SVI 和放流水鄰 - 磷濃度之間的相關性

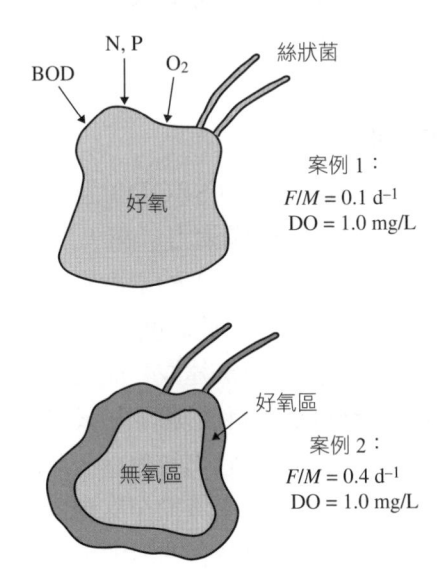

○ 圖 6.55　污泥膨化的機制

體積比的菌絲將比膠凝形成者更有「饋料上」的優勢，並會因為在不利條件下有較高的生長速度而激增。

考慮圖 6.55 食微比為 $0.1\ d^{-1}$ 的案例 1，氧利用率很低，而且即使巨相液體的溶氧濃度僅 $1.0\ mg/L$，氧也會充分地滲透進入膠羽。在這些條件下，膠羽形成者將會長得比絲狀菌來得快。案例 2，食微比上升到 $0.4\ d^{-1}$，造成攝氧率也相對增加。如果巨相混合液的溶氧保持在 1.0 mg/L，在膠羽周邊可供利用的氧將會迅速地消耗，從而將膠羽顆粒內大部分的氧奪走。由於絲狀菌在低溶氧濃度下有生長優勢，它們將有利於生長，而且會比膠羽形成者長得快。

總之，適用下列原則：

- 大多數絲狀菌只能降解容易降解的基質。
- 當所有條件相當時（即足夠的氧、營養素和基質），膠羽形成者將會比絲狀菌長得快。然而，如果絲狀菌早已經存在，這可能是一個緩慢的程序。
- 大多數膠羽形成者具有生物性吸著容易降解基質的能力，然而大部分的絲狀菌卻沒有。

絲狀菌膨化的控制

混合液裡可溶性生物需氧量（SBOD）巨相濃度必須足夠，以提供滲透到生物膠羽內所需的驅動力。在一個完全混合池裡，混合液中可溶性生物需氧量（SBOD）的濃度本質上等於放流水的濃度；因此，對於易於降解的廢水，此濃度也會較低（< 10 mg/L）。結果，膠羽內基質的滲透現象無法達成，而且絲狀菌會主導膠羽內部的族群。為了轉移族群以便有利於膠羽形成者，必須開發足夠的驅動力滲透進入膠羽，並有利於它們的生長。為此，可以使用有著高基質梯度（驅動力）的批次或塞流操作反應器的配置來達成這個目的。膠羽形成者最大的生長發生在塞流池子的進流水端，或者在活性污泥批次程序中，每一個饋料週期的初期。完全混合反應器可以如以下章節所述進行修改，增加一個選擇器。圖 6.56 說明這些不同的流動型態。

生物選擇器

一個生物選擇器可用於絲狀菌的控制，取代塞流或批次處理程序。在選擇器裡，水溶性基質的去除有很大部分是發生在生物吸

好氧生物氧化的原理 6

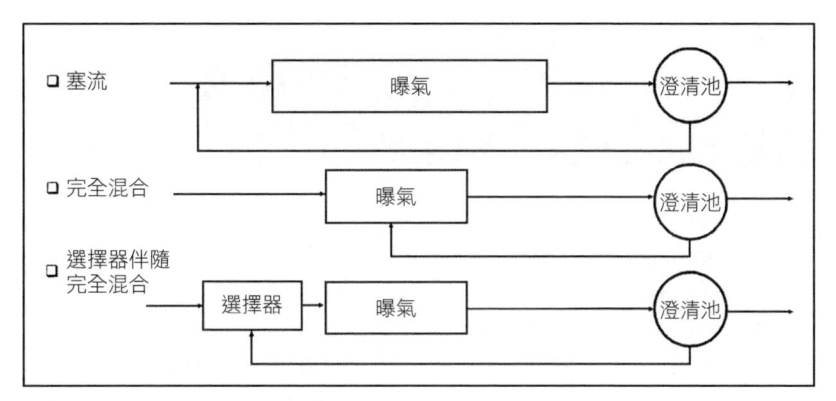

```
塞流 ──→┌─────┐──→○澄清池──→
        │ 曝氣 │   ↑
        └─────┘   │
        ↑─────────┘

完全混合──→┌─────┐──→○澄清池──→
          │ 曝氣 │   ↑
          └─────┘   │
          ↑─────────┘

選擇器伴隨
完全混合──→┌───┐─→┌─────┐──→○澄清池──→
          │選擇│  │ 曝氣 │   ↑
          │ 器 │  └─────┘   │
          └───┘              │
          ↑──────────────────┘
```

⊃ 圖 6.56　各類型的活性污泥程序

著現象。在這些條件下，基質的變化很大，促進膠羽形成者的生長超越絲狀菌，這是因為它們有很高的「吸著」能力；反之，絲狀生物體卻沒有。當廢水從選擇器排放到下游的完全混合活性污泥系統（CMAS），可溶性基質的濃度相對較低，可供膠羽形成者和絲狀菌共同的利用。然而，在混合液裡絲狀菌不會成為主流，這是因為在選擇器裡去除的基質中，其主要的質量一開始就導向可以讓隨後的膠羽形成生質來貯存和生長。

　　葡萄柚加工廢水平行處理研究的結果，如表 6.23 所示。反應器 1 和反應器 2 使用一個好氧選擇器，隨後跟著完全混合曝氣池；反應器 3 則使用一個塞流型態的曝氣池。在所有這三種情況下，SVI 值低於 100 mL/g，伴隨著放流水 BOD 濃度在 4 mg/L 至 18 mg/L。然而，塞流反應器產生的污泥更容易脫水，且具有優越的濃縮性質。另一個平行操作在相同的有機負荷率下的完全混合活性污泥程序（沒有選擇器），卻碰到了嚴重的膨化問題，而且因為無法操作而關閉。

　　圖 6.57 顯示一個增加了好氧選擇器的完全混合活性污泥系統（CMAS），其代表增強膠羽沉澱性，以 SVI 和放流水濁度表示的操作數據。

➡ 表 6.23　葡萄柚加工廢水的處理

	好氧選擇器 * 伴隨 CMAS		
	反應器 1	反應器 2	塞流活性污泥
操作特性			
進流水 BOD (mg/L)	2543	3309	3309
放流水 BOD (mg/L)	18	4	6
進流水 COD (mg/L)	4768	4460	4460
放流水 COD (mg/L)	221	139	135
MLVSS (mg/L)	3431	5975	5333
SRT (d)	7.2	13.2	13.5
溫度 (°C)	22	22	22
SVI (mL/g)	71	67	69
F/M (d^{-1})	0.32	0.24	0.20
污泥特性			

	限制通量,以達成 1.5% 的底流	
	沒有添加高分子的固體通量 (lb/ft^2·d)	有添加高分子的固體流通量 (lb/ft^2·d)
選擇器伴隨 CMAS	5.5	47
塞流	24.5	62
比阻抗		

	高分子劑量 (lb/ton)	比阻抗 (s^2/g)
選擇器伴隨 CMAS	3.2	190 × 10^6
塞流	2.4	104 × 10^6

* 膠羽的負荷 = 120 mg COD/g VSS。

好氧選擇器的設計

　　好氧生物選擇器的程序設計方法有好幾種。每一個都是以選擇器的食微比,或污水污泥混合物與膠羽負荷間的關係作為基礎,如式 (6.6) 所定義。設計的目標是提供足夠的生質廢水接觸的時間,以去除進流水中絕大部分可降解的基質。如果選擇器可吸著進流水中 60% 到 75% 的可降解基質,那麼隨後膠羽形成者的代謝和生長,通常就足以建立一個沉澱性良好的污泥。如果因為過多的膠羽負荷使得較少的可降解基質被去除,那麼較高濃度會「洩漏」到活

好氧生物氧化的原理 6

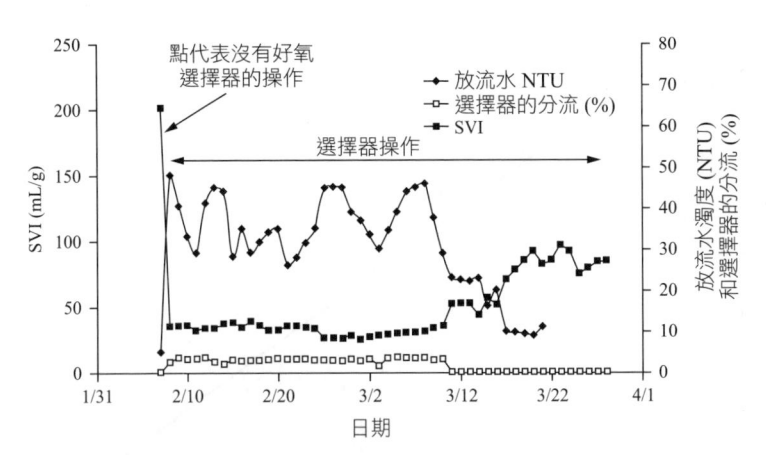

○ 圖 6.57 脫墨廠廢水選擇器的選擇操作

性污泥反應器,並將支持絲狀菌的生長。

圖 6.58 顯示容易降解的紙漿和造紙廢水多重批次膠羽負荷的測試結果。這些數據的關聯是根據以下關係式進行:

$$\frac{S}{S_o} = e^{-KFL^{-1}}$$

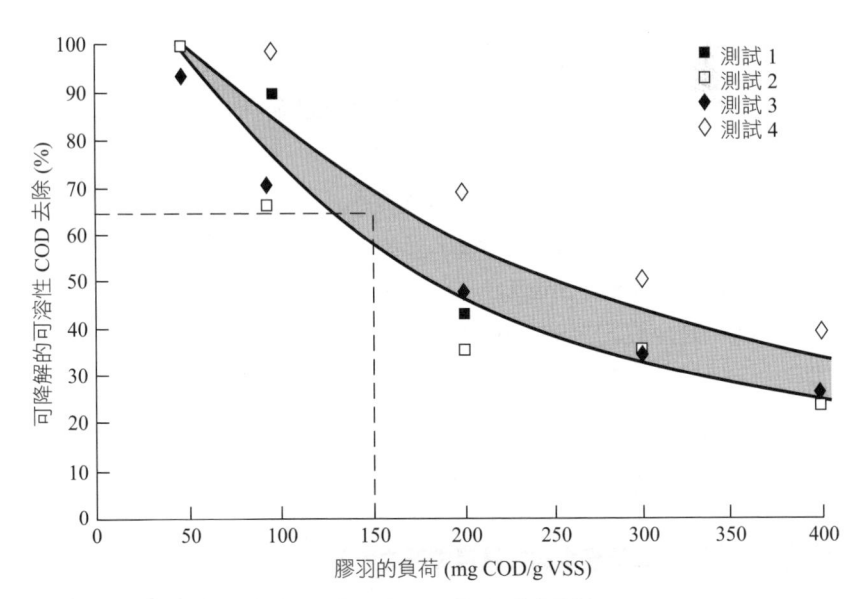

○ 圖 6.58 紙漿和造紙廠廢水的膠羽負荷的測試結果

315

工業廢水污染防治

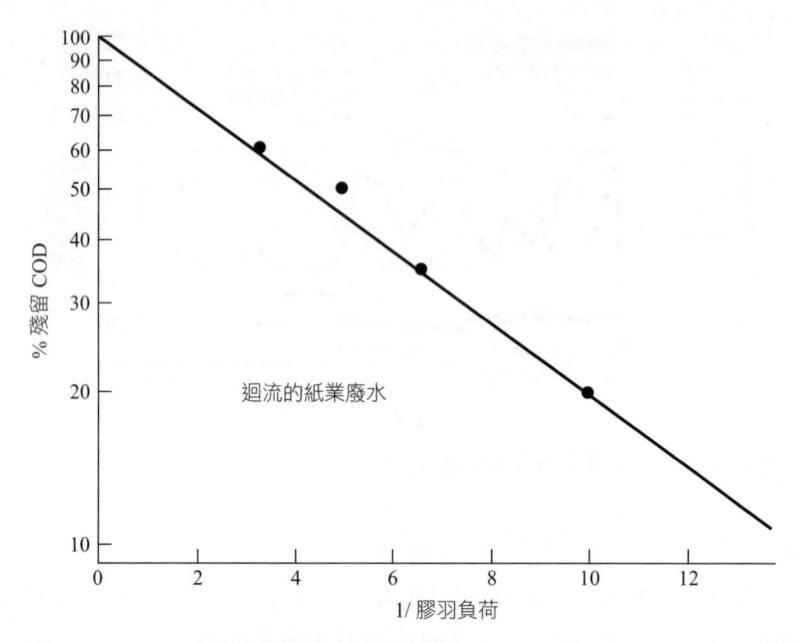

○ 圖 6.59　COD 去除與膠羽負荷的關係

如圖 6.59 所示。這些數據被用來選擇於 100 至 150mg COD/g VSS 之間的膠羽負荷，以操作一個完全混合活性污泥系統（CMAS），規格為實驗室級的好氧選擇器。

可以重新排列式 (6.6) 來涵蓋混合液的迴流

$$\text{FL} = \frac{S_o}{rX_R + r_R X_v} \tag{6.45}$$

其中，S_o = 可降解的 COD，mg/L

X_R = 迴流 VSS，mg/L

X_v = 混合液的 VSS，mg/L

r = 污泥的迴流比，R/Q

r_R = 內部循環比，$Q_{R/Q}$

好氧選擇器的設計，如例題 6.12 所示。

例題 6.12　工業廢水的好氧選擇器的設計

生物吸著的相關性如圖 6.58 所示。設計的基礎是在選擇器中去

6 好氧生物氧化的原理

除 65% 可吸著的化學需氧量。對回收紙的案例而言,設計一個進流水 COD 為 2000 mg/L 和 MLVSS 為 4000 mg/L 的好氧選擇器。膠羽的負荷為 150 mg COD/g 的 VSS。迴流污泥的濃度為 8000 mg/L 的 VSS。

解答

$$r = \frac{X_v}{X_r - X_v} = \frac{4000}{8000 - 4000} = 1.0$$

重新排列式 (6.45) 得到:

$$r_R = \frac{S_o - \text{FL}_r X_R}{\text{FL}X_v}$$

$$= \frac{2000 - 0.15 \cdot 1 \cdot 8000}{0.15 \cdot 4000}$$

$$= 1.3$$

如果返回的污泥迴流率是 100%,內部循環將是 130%。這顯示在圖 6.60。以 Q 為基準,選擇器的停留時間將是 0.825 小時。

吸著現象提供了選擇器設計重要的基礎,使得足夠的有機物被吸著後可供後續的利用和膠羽形成者的生長,並優先於絲狀微生物。[35] 在吸著現象完成之後,至少必須提供最少的曝氣時間來氧化吸著的有機物。葡萄柚加工廢水的塞流數據可以說明這一點,如圖 6.61 所示。當這些數據重新繪製後,可確定所需的最小下游曝氣時間,如圖 6.62 所示。在基質去除速率約為 $0.8\ d^{-1}$ 時,吸著的基質代謝完成。接著可以計算所需的最小曝氣時間如:

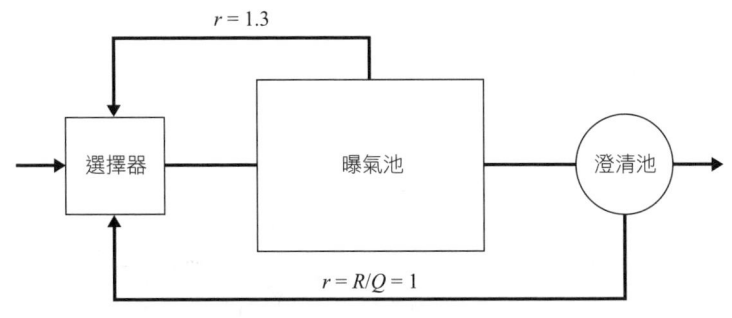

○ **圖 6.60** 選擇器的流程圖

工業廢水污染防治

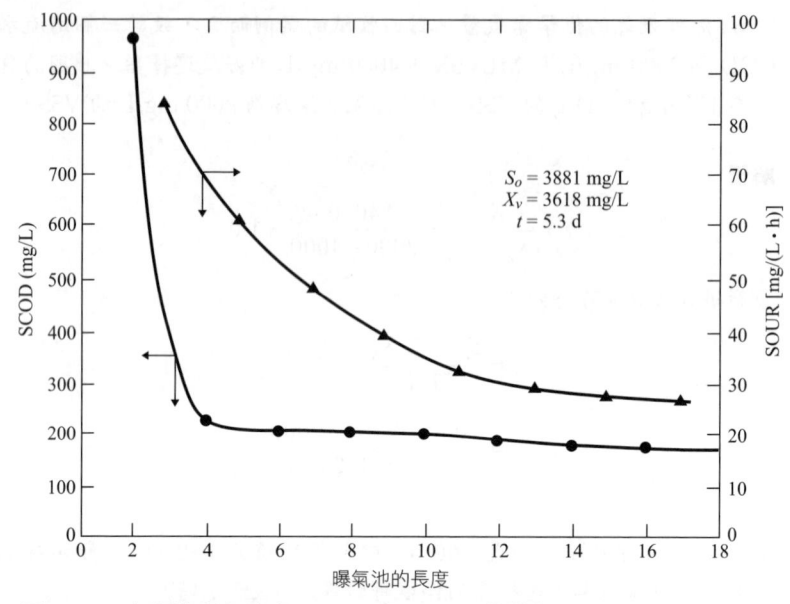

○ 圖 6.61　在塞流曝氣池中 SCOD 和 SOUR 的變化

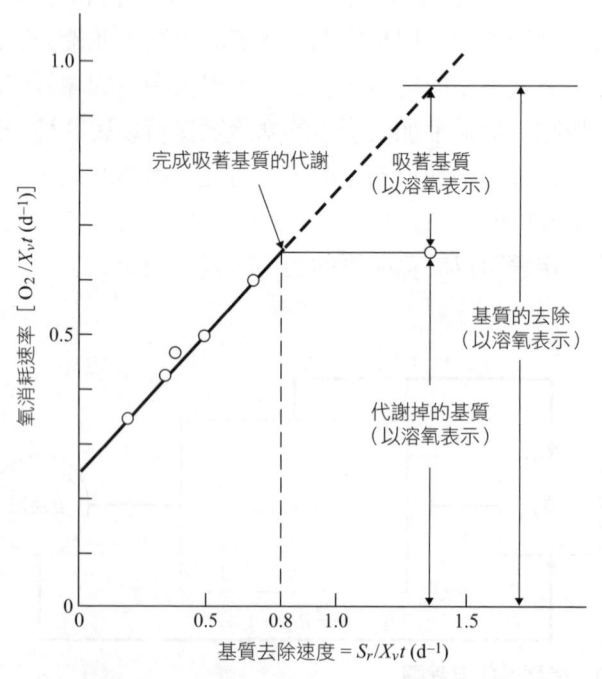

S_o = 3881 mg/L
X_v = 3618 mg/L
t = 5.3 d

○ 圖 6.62　吸著基質所需的穩定時間

好氧生物氧化的原理 6

$$0.8 = \frac{S_r}{X_v t}$$

$$t = \frac{3600 \text{ mg/L}}{3618 \text{ mg/L} \cdot 0.8/d}$$

$$= 1.24 \text{ d}$$

許多絲狀微生物是好氧的,並可以透過厭氧培養時間的延長來毀滅。另一方面,大多數的細菌為兼性,可以長時間在沒有氧的狀態下生存。雖然已知的數據有些矛盾,依舊可看出,在程序內保持厭氧或無氧(anoxic)可限制這些絲狀菌的生長。Marten 和 Daigger [36] 建議一個無氧的選擇器,在溫度高於 18°C,食微比為 0.8 到 1.2(lb BOD/lb MLSS-d),以及在溫度低於 18°C,食微比為 0.7 到 1.0(lb BOD/lb MLSS-d)。

一個有機化學原料廠研究了無氧區的利用。三個系統並行運作:傳統的空氣系統、氧氣系統,以及有無氧區的空氣系統。各自的污泥沉澱性能顯示,氧氣系統可產生最佳的沉澱污泥,而溶氧不足的空氣系統而則展現出嚴重的絲狀菌膨化現象。無氧 - 好氧系統幾乎沒有絲狀菌,但比氧氣系統展現出更差的膠凝和沉澱性。這些結果如表 6.24 所示。

活性污泥中若含有過量的胞外生物聚合物,會產生黏稠的膨化現象。此生物聚合物讓活性污泥出現黏滑的、果凍膠狀的黏稠性,還有高度的保水性。[37] 這含水的污泥展現出低的沉澱性和壓密速度。據報導,營養素/微量營養素的缺乏或有毒化合物的存在會造成這種現象。低溶氧也被證明會強化黏稠的膨化現象。

氯或過氧化氫可以添加到回流的污泥或曝氣池,以減少膨化。[38] 過氧化氫對某些類型的絲狀菌具選擇性。過氧化氫的劑量在 20 mg/L 至 50 mg/L 的等級。氯的劑量則不等,在嚴重膨化的情況下,可高達 9 至 10 lb Cl_2/(d · 1000 lb MLSS)(9 至 10 kg Cl_2/(d · 1000 kg MLSS)),而在溫和膨化的情況下,可少為 1 至 2 lb Cl_2/(d · 1000 lb MLSS)(1 至 2 kg Cl_2/(d · 1000 kg MLSS))。在硝化時,每 1000 lb MLSS 每天最多可添加 4.5 lb 氯以抑制絲狀菌的膨

➡ 表 6.24　各種操作條件下的污泥特性

系統	層沉澱速度 (ft/hr)	SVI (mL/g)	MLSS (mg/L)	F/M* (g/g·d)	溫度 (°C)	放流水 TSS (mg/L)
低 DO	0.6	222	3500	0.44	33	120
無氧	2.0	116	3850	0.44	34	50
	2.0	129	3600	0.35	40	140
	1.4	228	2800	0.44	45	130
高 DO	3.6	100	3450	0.31	35	40
	3.5	96	3350	0.61	39	160
	5.5	90	3200	0.55	45	200
低負荷	3.2	133	2700	0.28	24	20
	4.2	133	2200	0.25	35	275

* 以 BOD 為基準。

化現象。如果水力停留時間超過 8 小時，因為絲狀菌的生長速率，加氯消毒必須直接應用於曝氣池。由於絲狀菌顯示出較高負的介達電位，它們可以透過添加陽離子聚電解質來進行膠凝。這種處理很昂貴，而且絲狀菌於過程中不會被破壞。

諾卡氏菌（Nocardia）的泡沫會造成處理廠操作上的大問題。相較於膠羽形成菌，諾卡氏菌這種放線菌為生長較慢的微生物。將固體停留時間（SRT）減少到 3 天以內，造成細胞流失的條件，可以控制諾卡氏菌的生長。如果要進行硝化，這麼短的 SRT 則通常不可行。在低的 SRT 下，好氧選擇器或無氧區可成功地控制諾卡氏菌泡沫。這些方法對 M. parvicella 的控制較沒有效果。據報導，曾經有過直接噴灑粉狀次氯酸鈉或次氯酸鈣在泡沫上控制生物泡沫問題的成功案例。

6.6　可溶性微生物產物的形成

可溶性微生物產物（soluble microbial products, SMP）的產生，是透過活性污泥程序中，有機物的生物降解與生質細胞內源性的降解。SMP 是不可降解的氧化副產物。Pitter 和 Chudoba [39] 指出，依培養的條件，不可生物降解廢水產物占去除 COD 的 2% 至 10%。表 1.8 中總結幾個工業廢水，其 COD、BOD、SMP$_{nd}$（nd：不可降解）之間的關係。蛋白腺 - 葡萄糖（peptone-glucose）的混合物和合成纖維廢水的生物降解數據，顯示在圖 6.63。數據顯示，合成纖維廢水中每毫克進流水 TOC 可產生約 0.20 mg 的不可降解 TOC（TOC$_{nd}$）。含蛋白腺 - 葡萄糖廢水，每毫克進流水 TOC 可產生約 0.12 mg 的 TOC$_{nd}$。在這兩種情況下，該產生的比例在進流水負荷條件下的範圍內維持不變。這顯示會有固定的代謝副產物，或者原始基質的一個部分是不可降解的。

許多代謝副產物具高分子量。從塑料添加劑廢水的進流水和經生物處理的放流水，以及經生物處理的葡萄糖合成廢水之放流水，它們的分子量分布（以 TOC 和 COD 所占的部分表示）呈現在表 6.25 中。Pitter 和 Chudoba [39] 指出，只含有酚廢水的處理

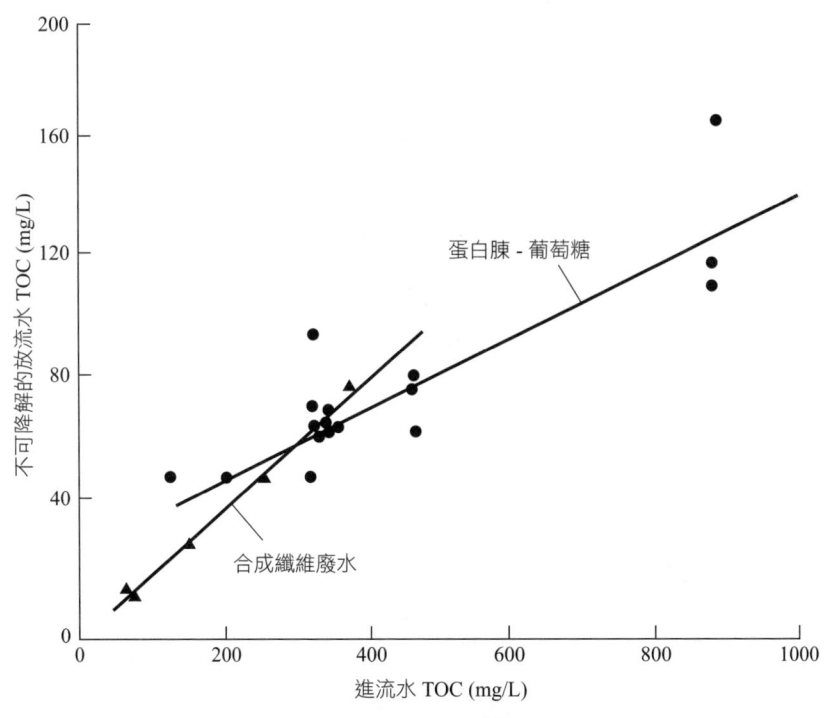

◐ 圖 6.63　不可降解 TOC 與進流水 TOC 的關係

表 6.25 生物性放流水的分子量分布

分子量	塑化添加劑的廢水 進流水 TOC (%)	生物放流水 TOC (%)	葡萄糖[38] 廢水 COD (%)
> 10,000	—	11.5	45
500-10,000	—	14.5	16
< 500	100	74.0	39

中,約 75% 的 SMP_{nd},其分子量超過 1000。而且這些高分子量部分,已進一步確認有一些對某些水生生物有毒性。幾個塑料產業廢水,在生物接觸氧化前後水生毒性的結果,如圖 6.64 所示。結果指出,生物處理在大多數情況下可降低 TOC 和毒性。然而,有兩

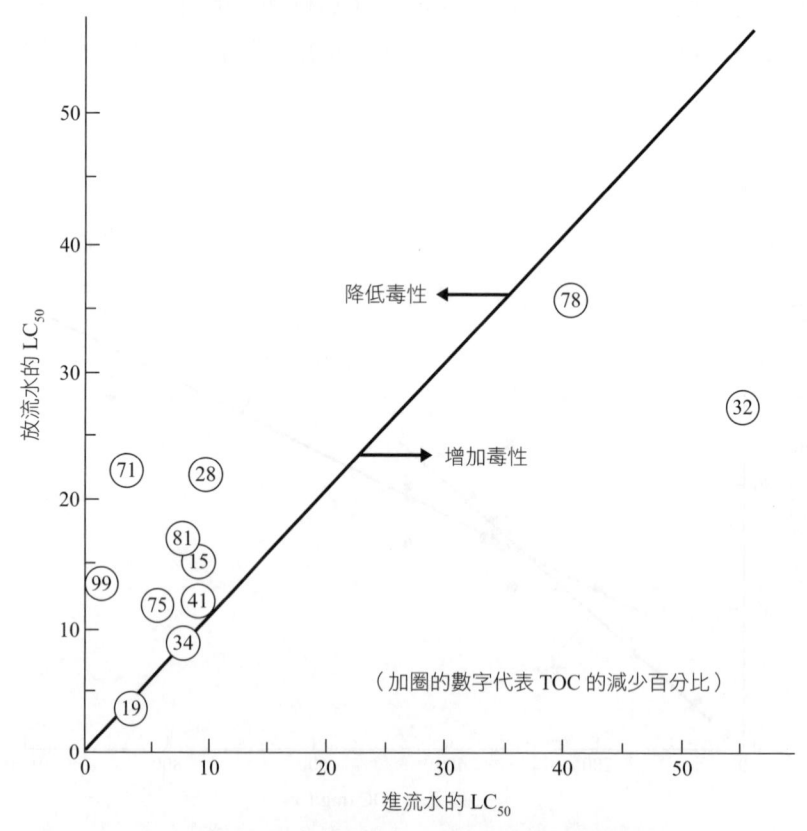

圖 6.64 SMP 對塑料和染料工業廢水之放流水毒性的影響

個廢水的 TOC 減少 32% 和 78%，但經處理的放流水的毒性超過進流廢水，使得氧化的副產物成為可疑的有毒物。我們有理由相信，高分子量 SMP$_{nd}$ 強烈吸附在活性碳上。這種特性使得顆粒活性碳（GAC）或粉狀活性碳（PAC）成為一個出色的候選程序，可用來降低由 SMP$_{nd}$ 造成的毒性。根據 Chudoba [40] 的數據，SMP$_{nd}$ 抑制硝化的現象，如圖 6.65 所示。

6.7 活性污泥程序的生物抑制

許多有機物會表現出一個閾值濃度，在這濃度下它們會抑制活性污泥程序裡的異營性（heterotropic）微生物和/或硝化的微生物。此抑制現象已透過 Monod 動力學由 Haldane 方程式來定義（或修改）：

$$\mu = \frac{\mu_m S}{S + K_S + S^2/K_I} - b \tag{6.46}$$

其中，K_I 是 Haldane 抑制係數。圖 6.66 顯示紙漿廠廢水生物處理

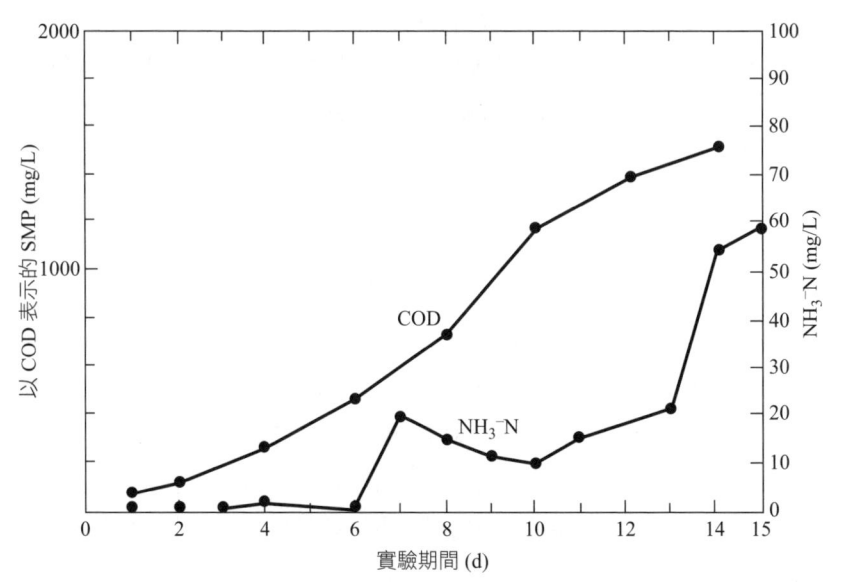

◐ 圖 6.65 以 COD 表示的可溶性微生物產物（SMP）和氨累積之間的關係

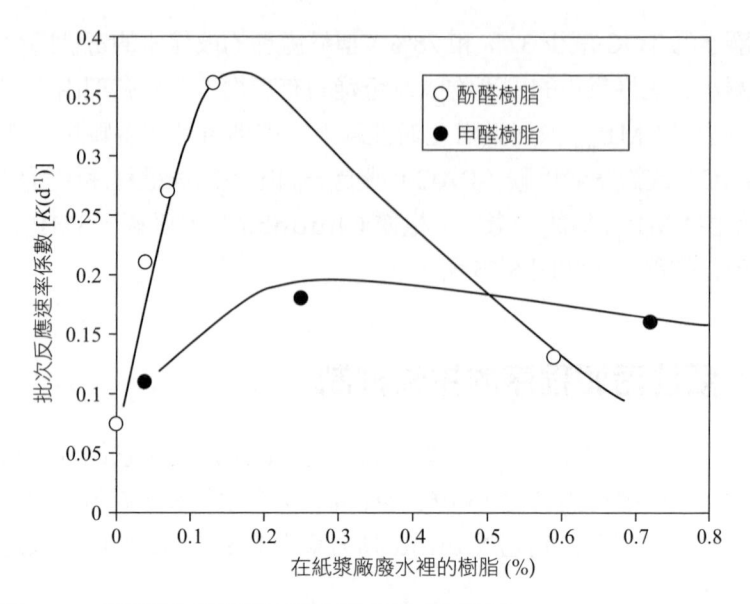

圖 6.66　樹脂添加到紙漿廠廢水流所造成的抑制

對於添加樹脂造成的抑制，其特性可用 K 速率係數表示。

圖 6.67 是一個塑料添加劑廢水受到生物抑制的案例。生物抑制的程度可以表示為在選擇的進流水負荷濃度（K_r）下的比攝氧率（SOUR）與在沒有觀察到效果的負荷（K_o）下比攝氧率（SOUR），兩者的比值。當進流水 COD（抑菌藥劑）增加，比攝氧率會減少，導致較高的放流水 SBOD 濃度。在這種情況下，消除抑制可以使用過氧化氫（H_2O_2）預處理廢水，從而有效地去毒，並增強生物降解性。這些影響，如圖 6.68 所示。在混合液裡添加粉狀活性碳以吸附毒性物質也證明可以減少抑制。

幾個酸性、芳香、脂溶性有機化合物已被證明可用來使氧化磷酸「解耦聯」。解耦聯效應會造成不受控制的呼吸作用，以及主要基質和胞內代謝產物的氧化。在低濃度時，解耦聯可由高度提升的氧利用率看出來，但它不會影響細胞的生長或基質的去除。在較高濃度，抑制和毒性的現象可由氧利用率和細胞生長顯著地減少而呈現出來。

好氧生物氧化的原理 6

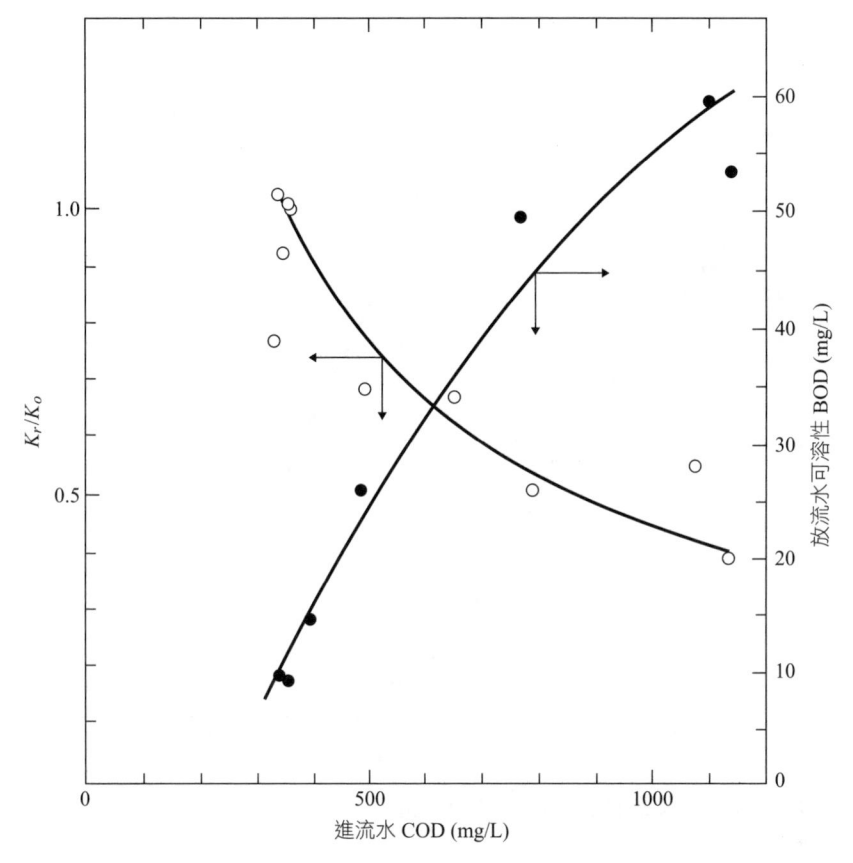

○ 圖 6.67　塑膠添加劑廢水，其活性污泥抑制

　　Volskay 和 Grady [41] 以及 Watkin [42] 已經證明，抑制可以是競爭型（抑制劑影響基質的利用率）、非競爭性型（抑制率受到影響）、或混合型，也就是說這兩個速率都會被影響。基質和抑制劑濃度對微生物培養呼吸速率（表示為沒有抑制劑狀況下的速率的一部分）的影響，已被 Volskay 和 Grady [41] 證明。

　　雖然上述關係式定義了抑制的機制，它們對於評估工業廢水的用處有限。在大多數情況下，抑制劑本身並沒有定義，各種不同的污泥和基質組成會影響抑制的現象，而且抑制劑之間也經常會相互作用。抑制常數 K_I 對相關的特定酵素系統高度依賴，而這系統

325

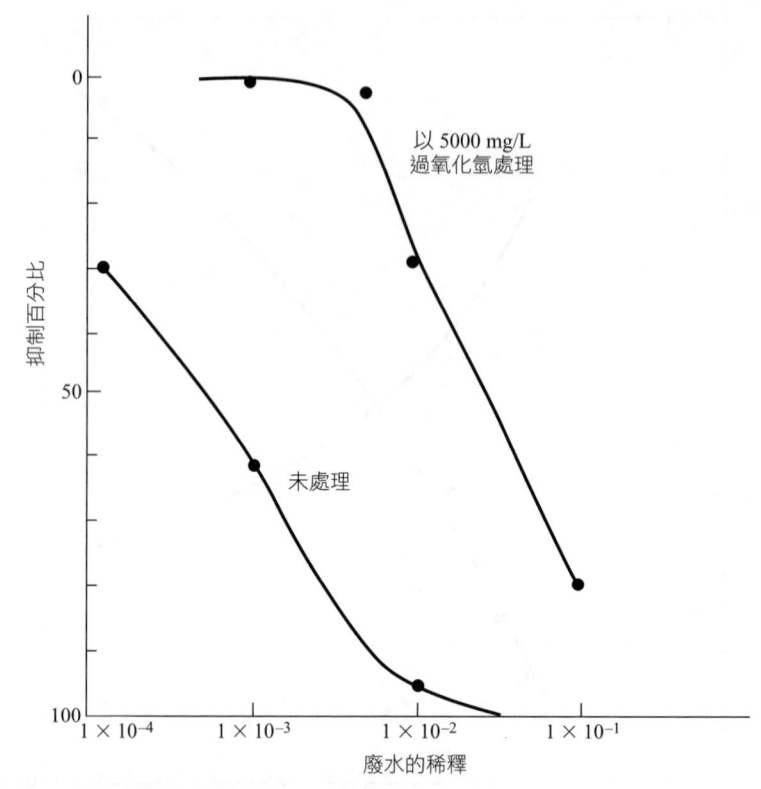

[图表：抑制百分比 vs 廢水的稀釋，標示"以 5000 mg/L 過氧化氫處理"及"未處理"兩條曲線]

⊃ 圖 6.68　塑膠添加劑廢水的去毒性現象

本身也會依賴於污泥的歷史和族群的動態。有時，抑制常數可能依賴存在於任何給定的微生物族群的特定代謝路徑。例如，Watkin 和 Eckenfelder [43] 指出，針對不同的污泥以及處理 2,4 - 二氯苯酚和葡萄糖時不同的操作條件，抑制常數（K_I）的變化在 6.5 至 40.4 之間。 Volskay 和 Grady [41] 說明了五氯酚的濃度變化在 2.6 至 25 mg/L 之間，將導致 50% 的氧利用率抑制。

　　因此，很明顯地，每個廢水必須個別地評估其生物抑制的影響。一些檢測方法也應運而生，像是：(1) Philbrook 和 Grady [30] 以及 Watkin 和 Eckenfelder [43] 所建議的饋料批次反應器（FBR）；(2) Volskay 和 Grady [41] 的經濟合作與發展組織（OECD）方法 209；(3) Larson 和 Schaeffer [44] 的葡萄糖抑制試驗。依廢水的特

好氧生物氧化的原理 6

性,一個或多個這些測試檢測方法可以適用。這些方法以下將逐一討論。

經濟合作與發展組織（OECD）方法 209

OECD 方法 209 涉及在人工合成基質加入各種不同濃度的測試物質,然後測量其活性污泥攝氧率。攝氧率在添加測試物質後以及曝氣 30 分鐘後立即測量。當攝氧率（在 30 分鐘）為沒有抑制下攝氧率的 50% 時,測試物質的濃度即用來作為 EC_{50} 的值。OECD 方法使用 3,5 - 二氯酚作為參考毒性物質,以確保測試工作正常,而且生質有適當的靈敏度。為了讓測試有效,EC_{50} 的參考值應該在 5 至 30 mg/L 之間。

Volskay 和 Grady [41] 採用一個改良的 OECD 方法來確定所選定的有機化合物之毒性。由於許多化合物具揮發性,修改後的測試方法使用較稀釋的細胞和基質濃度,且插入一個由聚氟乙烯製成的塞子來密封容器進行測試。該檢測方法建議用於含有高濃度揮發性有機物的廢水。

饋料批次反應器

饋料批次反應器（FBR）被用來決定活性污泥中,特定污染物的硝化動力學和去除動力學。FBR 步驟的基本特徵是:

1. 基質在一個足夠高的濃度和低流量下不斷地注入,使反應器體積在測試過程中沒有顯著的改變。
2. 饋料速度超過最大的基質利用率。
3. 測試的持續時間很短,因此可用簡單的模式來模擬生物固體的成長。
4. 使用馴化的活性污泥。

圖 6.69 為 FBR 的示意圖。於反應器中放入 2 公升的混合液,並於開始流動饋料之前採樣決定氧利用率（oxygen utilization rate, OUR）和混合液的揮發性固體與總懸浮固體物。以 100 mL/h 的流量開始注入饋料,並且於測試的 3 小時中,每 20 分鐘取出一

327

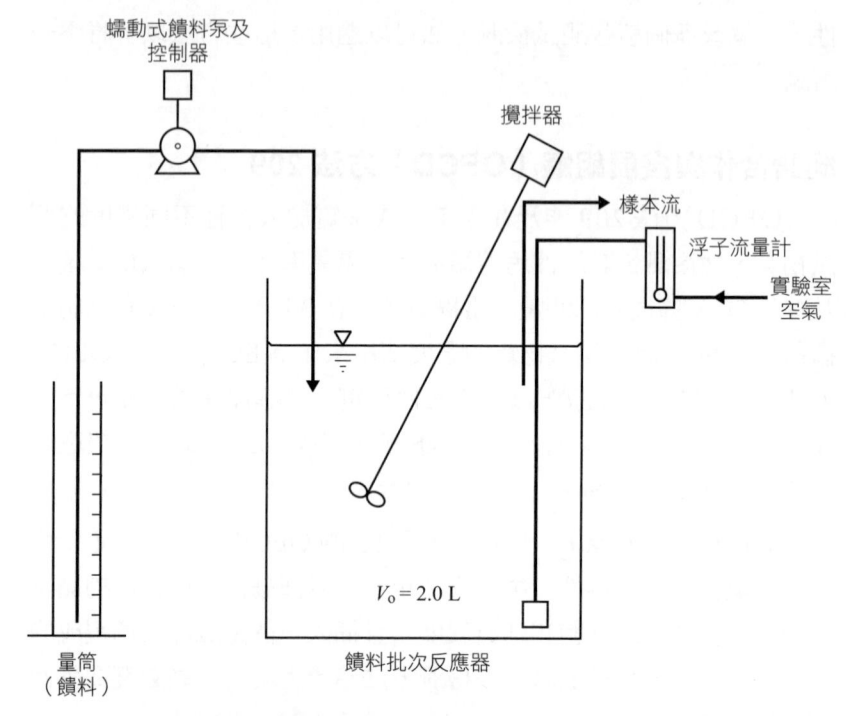

○ 圖 6.69　饋料批次反應器（FBR）的配置

小撮反應器的內含物。在測試中，每隔 30 分鐘於原位進行氧利用率測量，而每隔 1 小時進行懸浮固體物的測定。

如之前在討論 OECD 的檢測方法時提過，抑制存在時攝氧率會降低。只要有沒有抑制，氧利用率將保持最大的速率且不變。同樣的限制也適用於 FBR 的檢測方法。

在饋料批次反應器裡，對於抑制和非抑制基質的理論上的回應，描繪於圖 6.70。在足夠高的質量流率且低體積流量的情況下，添加一個基質會使最大的基質利用率被超過，而在反應器體積的變化會微不足道。如果 FBR 體積的變化可被忽略，且質量饋料率超過了最大的基質利用率，那麼基質濃度將會隨時間累積於反應器。非抑制型基質的回應將導致反應器中殘留基質隨時間的線性累積。最大的比基質利用率（q_{max}），是以「基質饋料率除以生質濃度」以及「殘留基質累積率除以生質濃度」，兩者斜率的差來計算。在

好氧生物氧化的原理 6

抑制的情況下,基質利用率將迅速下降,造成殘留基質濃度曲線向上偏,如圖 6.70 所示。隨著抑制的進展和急性生物毒性的發生,微量的殘留基質濃度會相當於基質饋料率。抑制常數 K_I 可以透過找出在基質回應曲線中點之抑制劑濃度來近似求得。

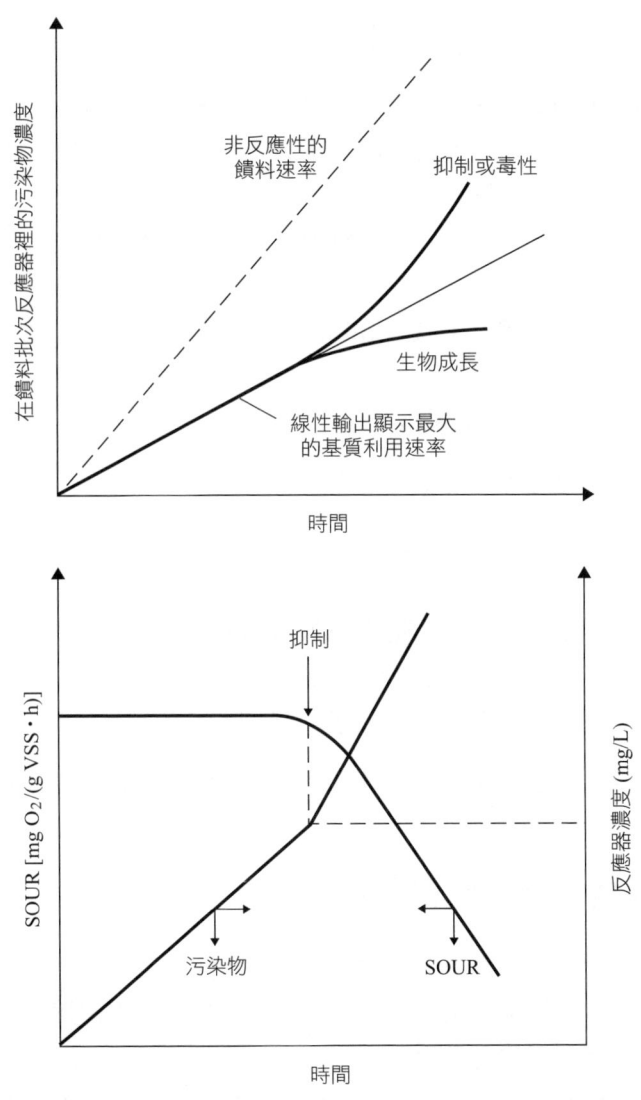

◯ 圖 6.70　理論饋料批次反應器的輸出隨進流大於 $q_{max} \cdot X_v$ 的基質質量流率與抑制效應的變化

葡萄糖抑制試驗

Larson 和 Schaeffer [44] 開發出一種快速的毒性試驗，以活性污泥在有毒物質存在下，攝取葡萄糖所受到的抑制為基礎。經過修改後，此測試可應用到各種工業廢水。程序如下：

1. 放 10 mL 樣品於離心管。
2. 添加 10 mL 常備的葡萄糖。
3. 加入 10 mL 活性污泥於離心管，在低速率下曝氣。
4. 60 分鐘後，添加兩滴 HCl 並將離心管移到離心機。
5. 測量葡萄糖的濃度。
6. 污泥控制——用 10 mL 去離子水替代步驟 1 的樣品，然後照常執行步驟 2 到步驟 5。
7. 葡萄糖的控制——放入 30 mL 的去離子水於離心管。加入 1 mL 的貯存葡萄糖溶液。不要添加污泥或曝氣。加入兩滴 HCl 並量測對葡萄糖的攝取。

抑制百分比的計算公式如下：

$$抑制百分比 = \left[\frac{C - C_B}{C_o - C_B}\right] 100$$

其中，C = 樣品溶液中，最終的葡萄糖濃度

C_B = 污泥控制組樣品中，最終的葡萄糖濃度

C_o = 初始葡萄糖濃度（葡萄糖控制）

有機化學廢水使用葡萄糖測試的抑制作用，表示於圖 6.71。

6.8 揮發性有機物的氣提

揮發性有機化合物（VOCs）會在活性污泥程序中，供氧的動作下從溶液中氣提出來。依據揮發性有機化合物的種類，氣提和生物降解兩者都可能會發生。

揮發性有機化合物氣提的比例取決於幾個因素。與化合物有關的因素包括亨利定律常數、化合物的生物降解速率，以及在某些情

好氧生物氧化的原理 6

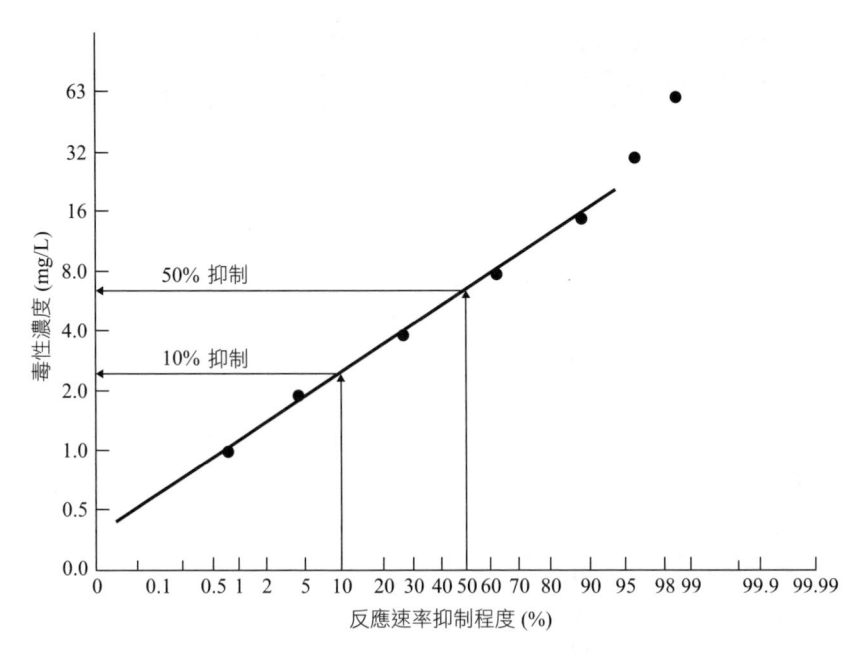

図 6.71 根據葡萄糖抑制測試，生物抑制效應的決定

況下，化合物本身與其他基質的初始濃度。與操作和設施設計有關的因素是加氧的方式，以及作用於曝氣池的功率水準。廢水中非揮發性有機物的濃度將會影響污泥的組成與質量、操作的 SRT、以及因此而得的揮發性有機化合物可生物降解和氣提的比例。表 6.26 列出一系列揮發性有機化合物的生物降解和氣提去除數據。一般來說，越多的鹵素原子加到有機化合物上，會降低其生物降解速率，但增加其化合物氣提的量。圖 6.72 顯示幾個氯化苯系列的化合物的此種現象。要注意的是，較長的 SRT 通常會導致較少的氣提現象，這是因為它會使用較低的功率水準，而且生質的濃度會更高所致。圖 6.73 顯示功率水準和曝氣裝置的類型對於氣提的影響，它假設的是進流水 COD 為 250 mg/L 和進流水苯濃度為 10 mg/L。請注意，在給定的功率水準下，比起散氣式曝氣，表面曝氣可氣提大約 3 至 4 倍之多的苯。

圖 6.74 顯示都市污水處理廠與有馴化生質存在的工業廢水處

➡ 表 6.26　活性污泥程序中選定的揮發性有機化合物之環境宿命

化合物	進流濃度 (mg/L)	SRT (d)	氣提量 (%)
甲苯	100	3	12-16
	0.1	3	17
	40	3	15
	40	12	5
	0.1	6	22
硝化苯	0.1	6	<1
苯	153	6	15
	0.1	6	16
氯苯	0.1	6	20
1,2- 二氯苯	0.1	6	59
1,2- 二氯苯	83	6	24
1,2,4- 三氯苯	0.1	6	90
鄰 - 二甲苯	0.1	6	25
1,2- 二氯乙烷	150	3	92-96
1,2- 二氯丙烷	180	6	5
甲乙酮	55	7	3
	430	7	10
1,1,1- 三氯乙烷	141	6	76

理廠，兩者甲苯揮發是空氣／水的函數的比較。需要注意的是，在都市污水處理廠被氣提出來的甲苯明顯較多，尤其是在空氣與水的比率較高時。請注意，這是一個特例，結果取決於許多因素，在這本書有關的章節均有討論。

在散氣式加氧系統，氣液相之間的平衡在氣泡形成後很快就達成。在這些情況下，被氣提的 VOC 量主要取決於氣液比。由於氣體的體積往往相對較小，氣提也因此最少。然而在機械式表面曝氣系統，氣體與液體接觸的量幾乎是無限的（即大氣），於是更大量的 VOC 可被氣提出來。

任何進入活性污泥法曝氣池的揮發性成分排放到空氣的部分，可以從式 (6.47) 的質量平衡式中推導出。該方程式忽略吸附對生物膠羽的影響：

好氧生物氧化的原理 6

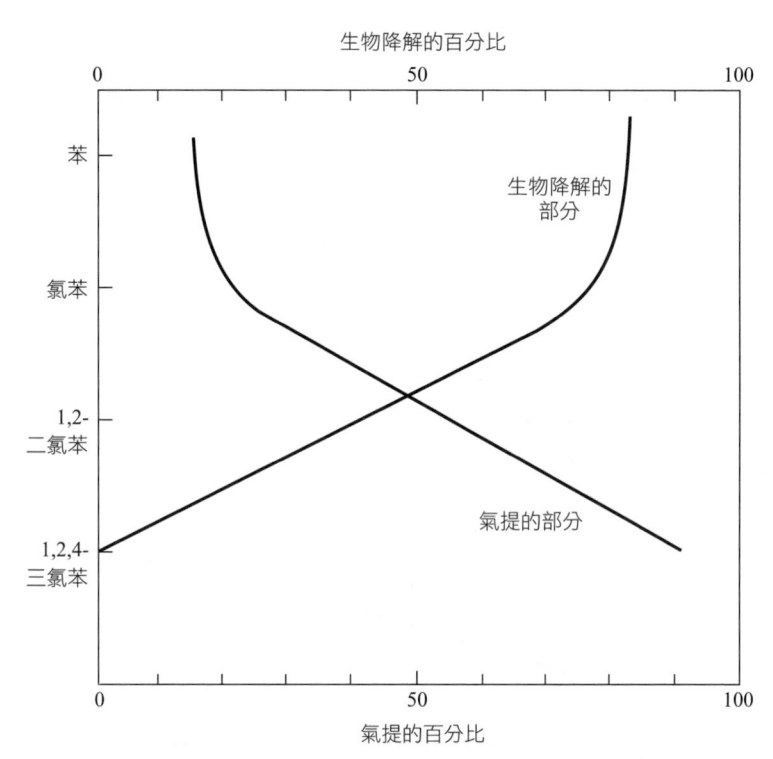

生物降解的百分比

苯
氯苯
1,2-二氯苯
1,2,4-三氯苯

氣提的百分比

◯ **圖 6.72** 氯化苯系列生物降解與氣提之間的關係（資料來源：Weber and Jones, 1983）[1]

$$Q_o C_{o,i} = Q_o C_{L,i} + r_i + r_{vi} \quad (6.47)$$

其中 Q_o = 流量，L/s

$C_{o,i}$ = 揮發性有機化合物 i 的進流水濃度，g/L

$C_{L,i}$ = 成分 i 液體放流水濃度，g/L

r_i = 成分 i 生物降解的速率，g/s

r_{vi} = 成分 i 揮發的速率，g/s

對一個完全混合系統而言，進流水揮發性有機化合物排放到空氣中的比例（f_{air}）為：

$$f_{\text{air}} = \frac{r_{vi}}{Q_o C_{L,i} + r_i + r_{vi}} \quad (6.48)$$

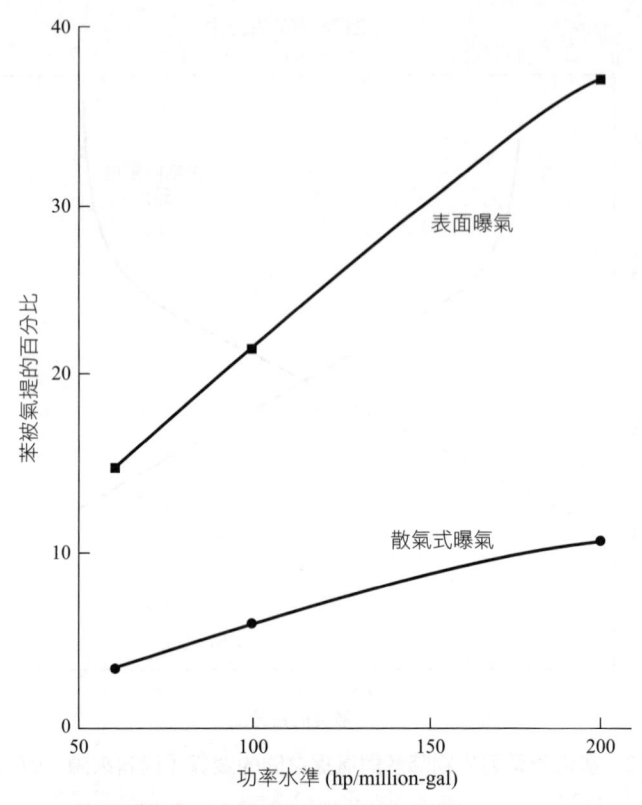

◯ 圖 6.73　甲苯的氣提與功率水準和曝氣裝置的類型

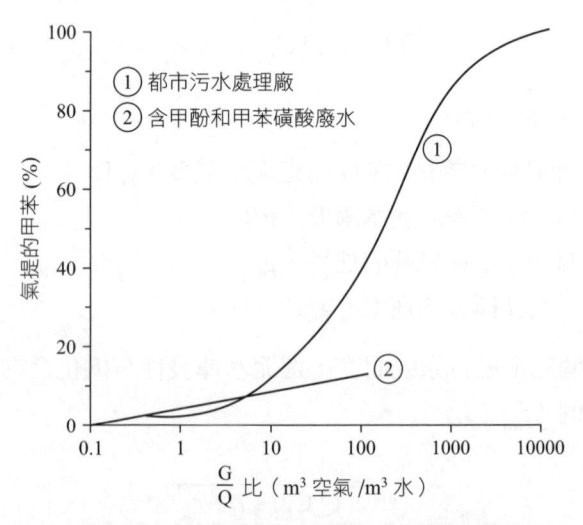

◯ 圖 6.74　甲苯於都市污水處理廠與工業廢水處理廠的揮發現象

好氧生物氧化的原理 6

不管是純物質或混合物中的個別化合物,都可使用 Monod 動力學模式描述其降解。通常在完全混合反應器中的優先管制污染物,其濃度會在 $\mu g/L$ 的範圍以符合現行法規。在這些條件下,Monod 模式可化簡為一階的速率表示,化合物 i 的降解率(以 COD 表示)如下:

$$r_i = W_i q_m X_{vb} V C_{L,i}/K_S \qquad (6.49)$$

其中 W_i = 化合物 i 的權重因子
q_m = 化合物 i 的生物降解速率常數,g COD/(g VSS·s)
X_v = 揮發性固體濃度,g/L
V = 反應器體積,L
$C_{L,i}$ = 化合物 i 在反應器內的濃度,g / L
K_s = 化合物 i 的 Monod 半飽和常數,g / L

生質視為一種混合培養,其中的各有機基質均為特定微生物族群的成長限制因子。在這種情況下,貢獻到某特定基質的生質比例,將與用此基質的生質產量成正比。因此,權重因子是

$$W_i = a_i C_{B,i} \left[\sum_{i=1}^{n-1} a_i C_{B,i} \right]^{-1} \qquad (6.50)$$

其中,$C_{B,i}$ = 成分 i 被生物降解的濃度(g/L);以及 a_i = 成分 i 的產量係數(g VSS/ g COD)。

揮發性有機化合物的氣提可用 Robert 等人[45] 的方法來計算。這個模式是在各揮發性溶質的傳輸速率彼此互成正比的前提下,估計表面或散氣式曝氣的氣提量。由於氧符合揮發的標準,而且有大量的質傳數據資料庫可提供,所以氧被選定為參考化合物。在此操作條件下,化合物 i 的整體質傳係數與氧的整體質傳係數為正比。

$$(K_L a)_i = \psi (K_L a)_{O_2} \qquad (6.51)$$

已知比例常數(ψ)取決於液相擴散率(D_i/D_{O_2}),並且在廣泛的溫度範圍和攪拌條件下大約不變。ψ 值在乾淨的水和廢水中,幾乎相同,代表溶氧和有機溶質的傳輸速率與在廢水成分下受到相同程度

的抑制。

整體氣體的傳輸係數 $(K_La)_{O_2}$ 與標準加氧速率有關：

$$(K_La)_{O_2} = \frac{SOR \cdot P}{C_s \cdot V} \tag{6.52}$$

其中，C_s = 在乾淨水中，氧的溶解度，g/L
　　　P = 作用於曝氣池的功率水準，hp
　　　V = 曝氣池的容積，L
　　　SOR = 標準加氧速率，$g\ O_2/hp \cdot h$

對於表面曝氣，氣提出來的揮發性有機化合物可以由式 (6.52) 來計算：

$$r_{vi} = \psi(K_La)_{O_2} \cdot C_{L,i} V \tag{6.53}$$

揮發性有機化合物排放到空氣中的比例成為

$$f_{air} = \frac{\psi K_L a_{O_2} V}{Q_o + (W_i q_m X_v V / K_s) + \psi K_L a_{O_2} V} \tag{6.54}$$

對於空氣擴散，假設出口空氣與液體平衡，揮發性有機化合物殘留在液相的部分是

$$r_{vi} = Q_{air}\ H_c C_{L,i} \tag{6.55}$$

其中 $(H_c)_i$ = 化合物 i 的亨利常數。採用散氣式曝氣，氣流率為 Q_{air} 時，揮發性有機化合物排放的部分為：

$$f_{air} = \frac{Q_{air} H_c}{Q_o + (W_i q_m X_{vb} V / K_s) + Q_{air} H_c} \tag{6.56}$$

例題 6.13 說明了 VOC 排放量的計算。

例題 6.13　在以下負荷條件下，找出機械式曝氣和散氣式曝氣將苯排放到空氣中的比例。機械式曝氣系統採用 60 hp/million gal，$(K_La)_{O_2}$ = 1.52/h，而散氣式曝氣系統的氣流速率為 2.16 m^3/s。

好氧生物氧化的原理 6

解答

$V = 3846 \text{ m}^3$ (136,000 ft^3)
$Q_o = 0.178 \text{ m}^3/\text{s}$ (2820 gal/min)
$C_o = 10 \text{ mg/L}$
$X_{vb} = 3000 \text{ mg/L}$
$S_o = 250 \text{ mg COD/L}$

$$r_i = \frac{W_i q_{mi} X_v V C_{L,i}}{K_{si}}$$

$$W_i = \frac{a_i f_{\text{bio},i} C_{o,i}}{a(S_o - S)} \quad \frac{3.08 \text{ mg COD}}{\text{mg 苯}}$$

假設 $a_i = a$ 且 $f_{\text{bio},i} = 0.87$，

$$W_i = \frac{0.87 \times 10 \times 3.08}{(250-20)} = 0.117$$

對於機械式曝氣來說，

$$f_{\text{air},i} = \frac{0.6 \times (1.52/3600) \times 3846}{0.178 + \dfrac{0.117 \times 5.78 \times 10^{-6} \times 3000 \times 3846}{1} + 0.974}$$

$$f_{\text{air},i} = \frac{0.974}{0.178 + 7.803 \times 0.974} = \frac{0.974}{8.955} = 0.109 = 11\%$$

檢查 $f_{\text{air},i}$：

$$f_{\text{bio},i} = \frac{7.803}{8.955} = 0.871 = 87\% \quad \text{符合}$$

對於散氣式曝氣系統，假設 93% 生物降解現象。

$$W_i = \frac{0.93 \times 10 \times 3.08}{(250-20)} = 0.125$$

$$f_{\text{air},i} = \frac{2.16 \times 0.225}{0.178 + \dfrac{0.125 \times 5.78 \times 10^{-6} \times 3000 \times 3846}{1} + 0.486}$$

$$f_{\text{air},i} = \frac{0.486}{0.178 + 8.336 + 0.486} = \frac{0.486}{9.0} = 0.054 = 5.4\%$$

$$f_{\text{bio},i} = \frac{8.336}{9.0} = 0.926 = 93\% \quad \text{符合}$$

$S_e = 20 \text{ mg COD/L}$

$\psi = 0.6$
$q_m = 5.78 \times 10^{-6}/s$
$K_s = 1.0 \text{ mg/L}$
$H_c = 0.225$

揮發性有機化合物（VOC）排放的處理

　　如果曝氣池的排氣中含有高濃度的揮發性有機化合物或氨，根據空氣品質標準可能會需要進行排氣收集和處理。有幾種處理技術可用，包括熱和觸媒焚化、活性碳吸附、大網格樹脂吸附，以及生物降解。這些技術中有幾個技術的去除效能表現，為氣相中揮發性有機化合物濃度的函數，如圖 6.75 所示。大部分的活性污泥處理的氣相 VOC 濃度低（< 50 ppmv），因此需要用焚化來提供最高的去除效率。

　　排氣的生物處理是一種較低成本的焚化替代方法，可以使用生物濾床，它含有靜置的床，放置如泥炭土或玉米青貯的堆肥材料，以及如木屑的膨鬆劑，以保持孔隙度，讓足夠的空氣流通。顆粒活性碳可以被添加到堆置床上的堆肥，用來吸附降解不佳的揮發性有機化合物。這堆置床須植入少量生質，並保持在適當的 pH 值、溫度、含水量，以支持生物的活性。排氣通過床的表面流率在 1 到 10 ft³/(min·ft²)（0.31 至 3.1 m³/min·m²）之間，以提供 2 至 12 分鐘的床接觸時間。生質的濃度取決於堆置床材料的類型和有機負荷率。也可以使用生物洗滌塔，讓排氣通過已馴化的懸浮污泥所生長的生物反應器。

6.9　硝化和脫硝

硝化

　　圖 6.76 和圖 6.77 顯示生物處理程序中氮的變化。硝化是氨經生物氧化成硝酸鹽的現象，其中亞硝酸鹽的形成是一個中間步驟。所涉及的微生物是自營性菌種的亞硝酸菌（*Nitrosomonas*）及硝酸菌（*Nitrobacter*），它們用兩個步驟進行硝化反應。氮的轉化方程式，描述如下：

好氧生物氧化的原理 6

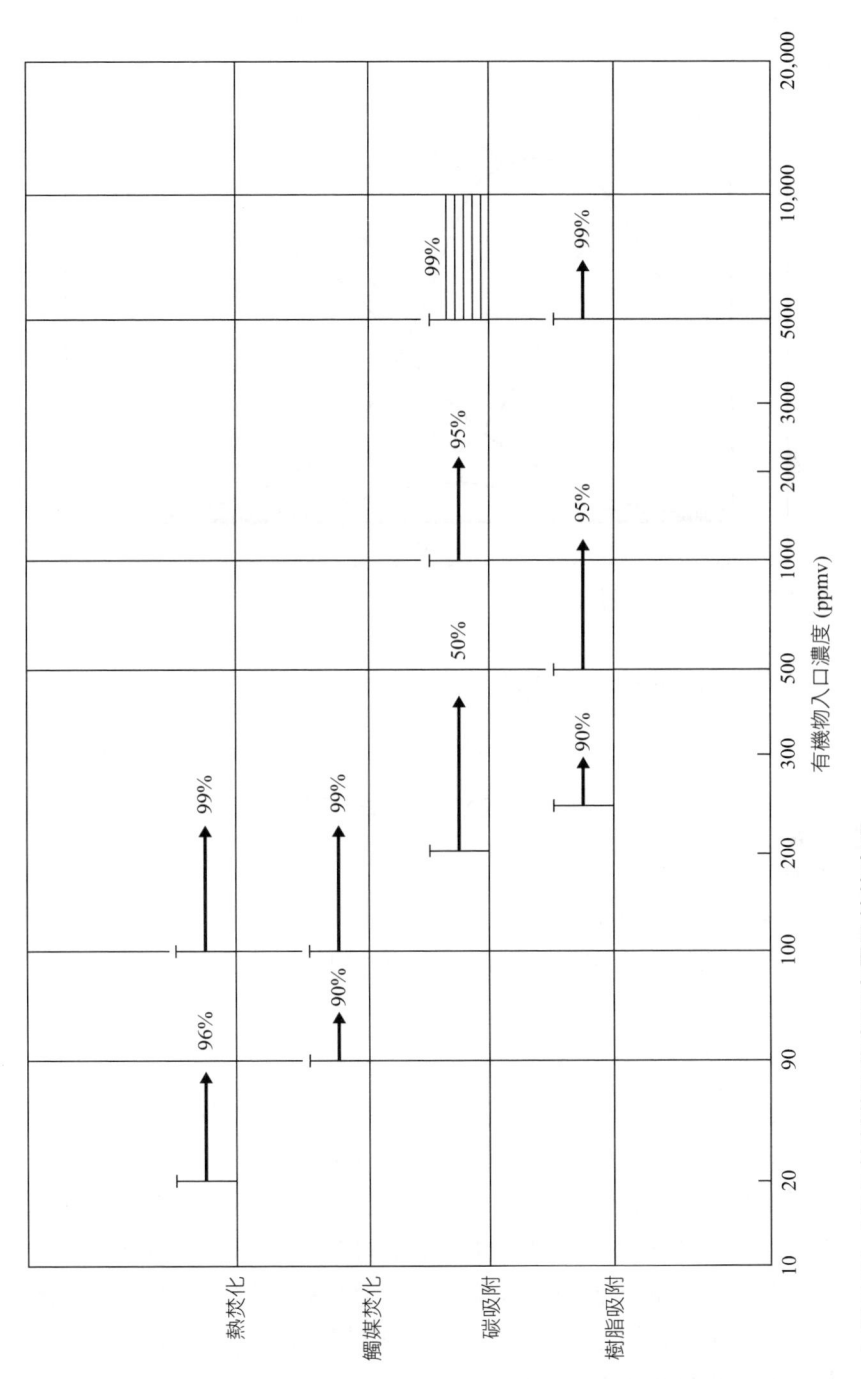

圖 6.75 VOC 控制裝置的處理容量及效能表現

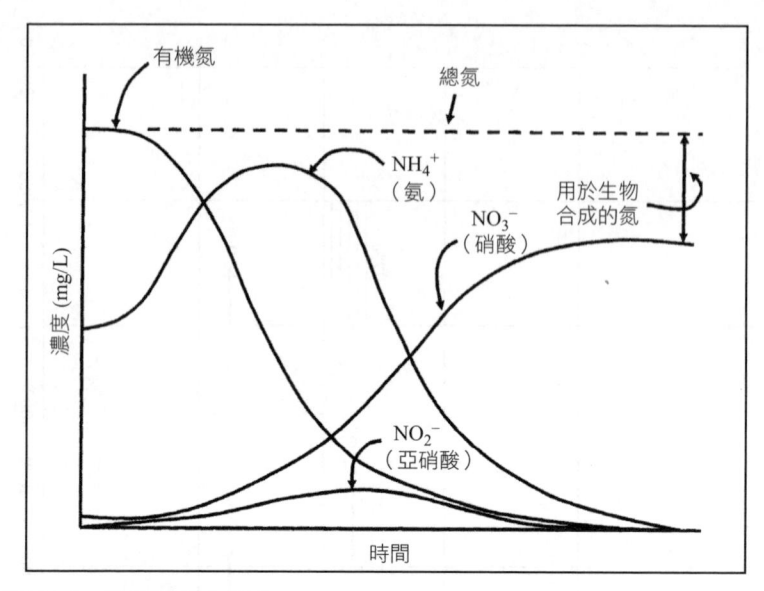

○ 圖 6.76 生物氮轉化程序

$$有機氮 \longrightarrow NH_3^-N$$

$$2NH_4^+ + 3O_2 \xrightarrow{亞硝酸菌} 2NO_2^- + 4H_2O + 4H^+ + 新細胞$$

$$2NO_2^- + O_2 \xrightarrow{硝酸菌} 2NO_3^- + 新細胞$$

要氧化 1 g 氨氮

　　需消耗 4.33 g 的氧

　　耗盡 7.15 g 的鹼度（以 $CaCO_3$ 表示）

　　形成 0.15 g 的新細胞

　　消耗 0.08 g 的無機碳

已知亞硝酸菌的細胞產率為 0.05 到 0.29 mg VSS/mg NH_3^-N，而硝酸菌的細胞產率為 0.02 至 0.08 mg VSS/mg NH_3^-N。設計時通常會用 0.15 mg VSS/mg NH_3^-N 這個值。一般都同意，硝酸菌的生化反應速率比亞硝酸菌的反應速率快，因此在這個程序中沒有亞硝酸鹽的累積，而且亞硝酸菌的反應速率將控制整體反應的速率。Poduska[46] 回顧微量營養素對於硝酸菌在純菌培養之生長影響，其結果如表 6.27 所示。

好氧生物氧化的原理 6

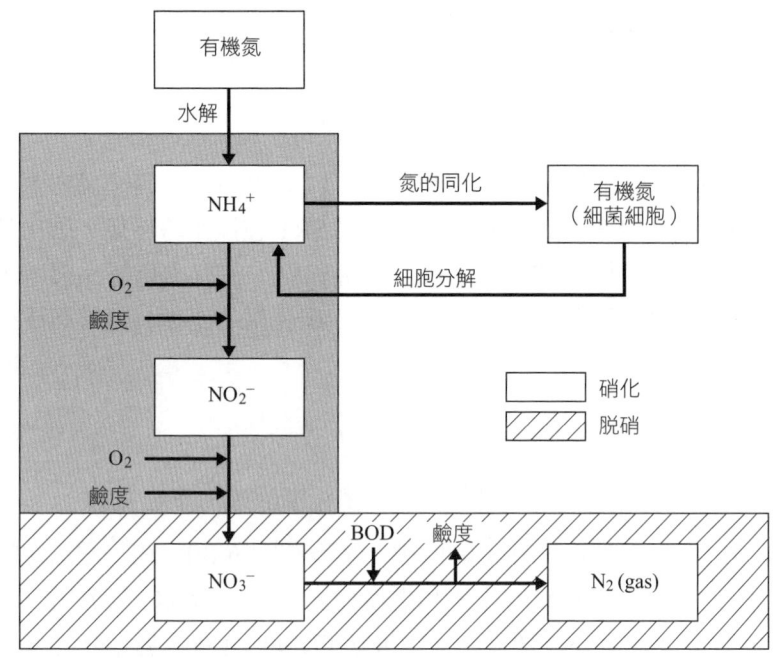

◆ 圖 6.77　氮的轉換

➡ 表 6.27　硝化細菌所需微量營養素刺激的濃度

化合物	濃度 (μg/L)
鈣	0.5
銅	0.005–0.03
鐵	7.0
鎂	12.5–0.03
鉬	0.001–1.0
鎳	0.1
磷	310.0
鋅	1.0

資料來源：Poduska, 1973.[46]

硝化動力學

　　為了維持活性污泥混合培養中硝化菌的族群，好氧污泥齡 $(\theta_c)_{min}$ 最低必須超過硝化菌（nitrifiers）的淨比生長速率（net

341

specific growth rate）的倒數：

$$(\theta_c)_{min} \geq \frac{1}{\mu_{N_T} - b_{N_T}} \quad (6.57)$$

其中，μ_{N_T} = 硝化菌的比生長速率（d^{-1}）；以及 b_{N_T} = 硝化菌內源性衰變率，g ΔVSS_N/(g $VSS_N \cdot D$)。如果 SRT 在操作時不足，硝化菌會從系統中被沖走，圖 6.78 說明了這一點。在有機化學品廢水，與 SRT 相關的硝化，如圖 6.79 所示。硝化菌的比生長速率與比硝化速率有關

$$\mu_{N_T} = a_N q_N \quad (6.58)$$

其中，q_N = 比硝化速率（d^{-1}），a_N = 硝化菌的污泥產量係數。

$q_N/q_{N_{max}}$ 比作為 SRT 的函數，呈現在圖 6.80。在一個給定的溫度下，BOD/ TKN 的比率和溫度會影響硝化所需的污泥齡，如圖 6.81 所示。在不同溫度下，BOD/ TKN 比也會影響硝化速率，如圖 6.82 所示。在活性污泥系統，比硝化速率也取決於放流水的氨氮濃度、溶氧及 pH 值。溶氧和放流水氨的影響，定義如下：

$$q_N = q_{N_M} \cdot \frac{NH_3^- N}{K_N + NH_3^- N} \cdot \frac{DO}{K_O + DO} \quad (6.59)$$

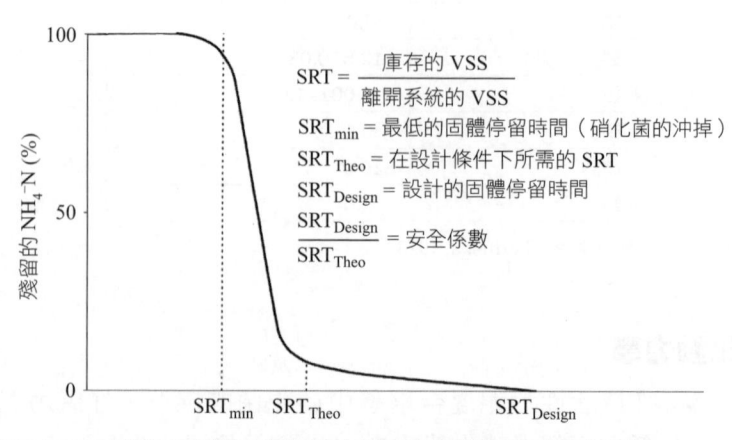

● 圖 6.78　活性污泥系統中氨氮的去除率和固體停留時間的關係

好氧生物氧化的原理 6

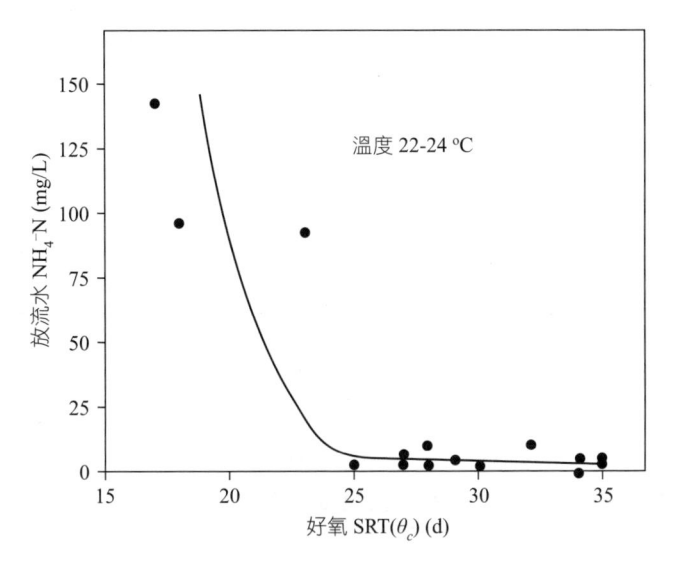

○ **圖 6.79** 有機化學品廢水的硝化相對於好氧的 SRT

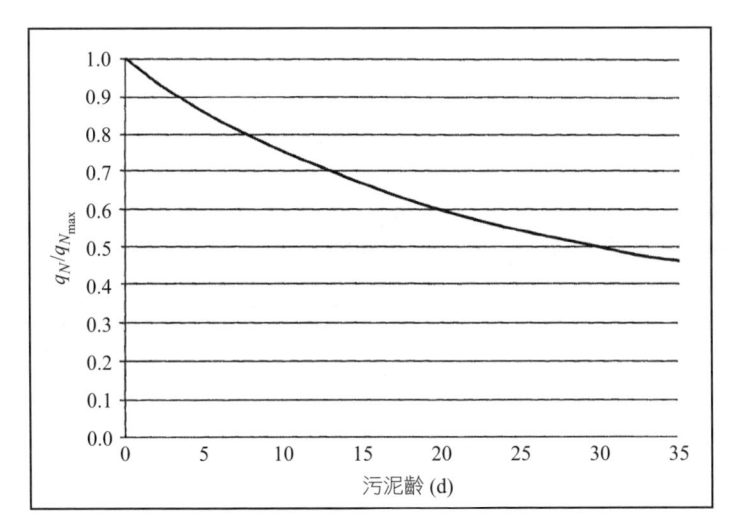

○ **圖 6.80** 污泥齡對於硝化速率的影響

其中 K_N 和 K_O，分別是氨和氧的半飽和係數。K_N 的典型值是 0.4；K_O 可能從 0 到 1.0 變化，視食微比和曝氣的功率水準而定。氨的濃度對硝化的影響，如圖 6.83 所示。如上述，當氨氮濃度下降到

343

工業廢水污染防治

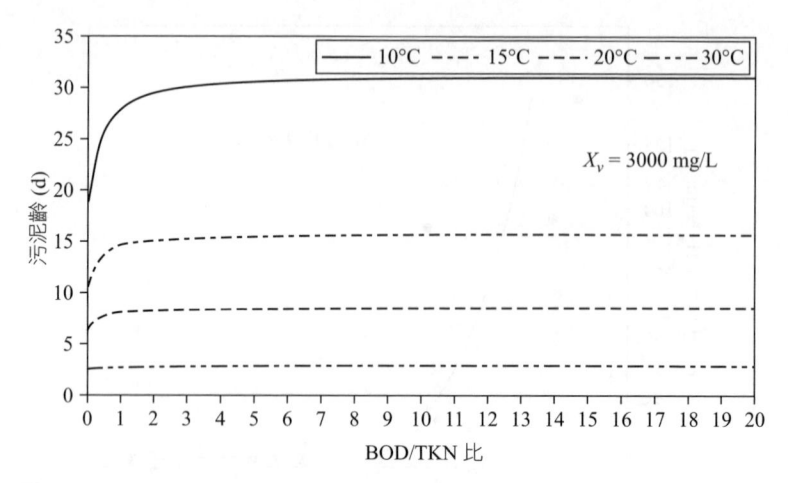

○ 圖 6.81　BOD/TKN 比對硝化污泥齡的影響

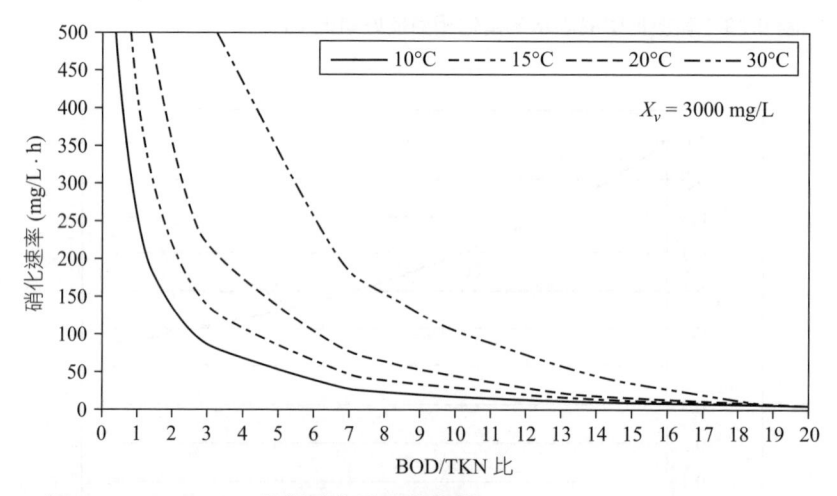

○ 圖 6.82　BOD/TKN 比對硝化速率的影響

低於約 1 mg/L 時，硝化率會明顯降低。

　　混合液溶氧對硝化速率的影響，一直有爭議，部分原因是巨相液體濃度與膠羽內的濃度不同，而在膠羽內的氧是會被消耗掉的。增加巨相液體溶氧濃度將會增加溶氧進入膠羽的滲透率，從而提高硝化速率。若 SRT 降低而食微比（F/M）較高的話，氧利用率會因碳氧化而增加，從而降低氧的滲透。相反地，若 SRT 高而 F/M

好氧生物氧化的原理 6

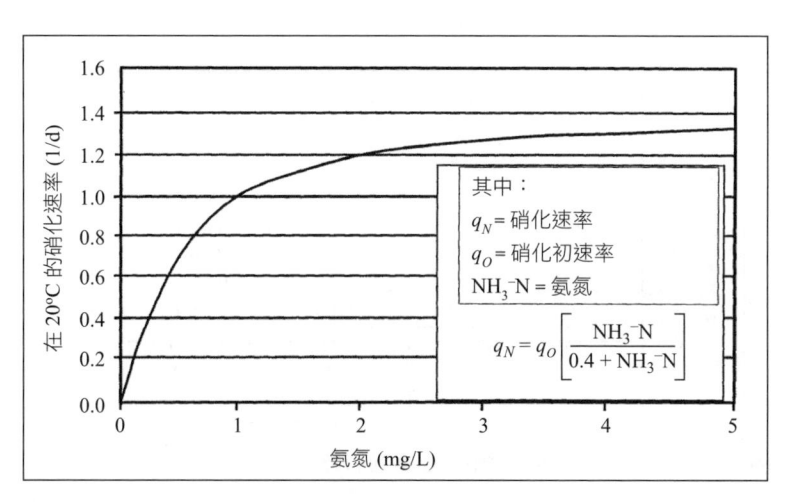

○ **圖 6.83　在 20°C，氨氮濃度對硝化速率的影響**

其中：
q_N = 硝化速率
q_O = 硝化初速率
NH_3^-N = 氨氮

$$q_N = q_O \left[\frac{NH_3^-N}{0.4 + NH_3^-N} \right]$$

低的話，低氧利用率會允許膠羽內有較高的氧含量，導致有較高的硝化速率發生。因此，要在降低的 SRT 下保持最大的硝化速率，巨相混合液的溶氧必須增加。這反映在係數 K_O，如圖 6.84 所示。圖 6.85 為溶氧對於硝化速率的影響，且可以描述如下：

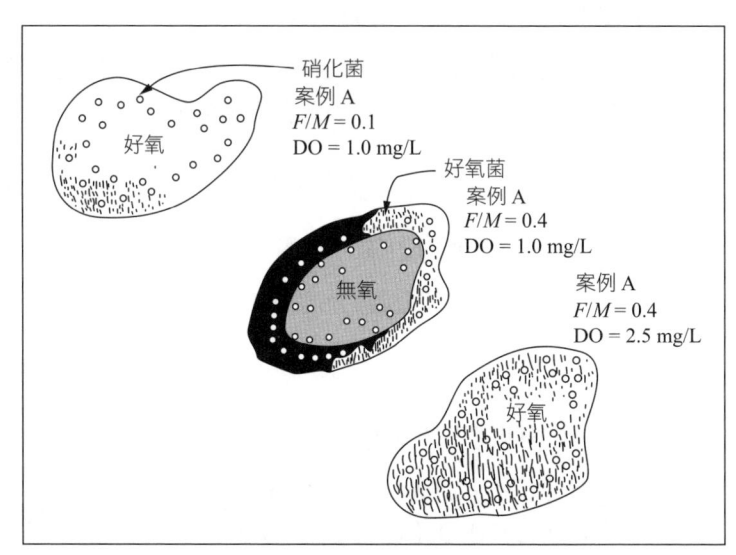

硝化菌
案例 A
$F/M = 0.1$
DO = 1.0 mg/L

好氧

好氧菌
案例 A
$F/M = 0.4$
DO = 1.0 mg/L

無氧

案例 A
$F/M = 0.4$
DO = 2.5 mg/L

好氧

○ **圖 6.84　食微比（F/M）對硝化的影響**

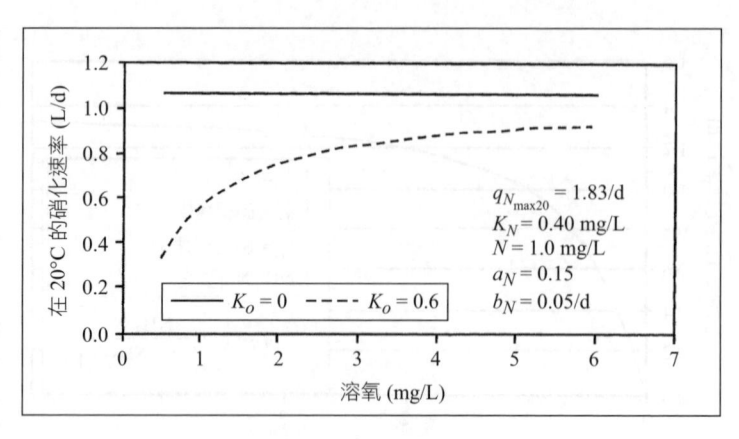

○ 圖 6.85 在 20°C，溶氧對硝化速率的影響

$$q_N = q_{N_{\max}} \frac{DO}{K_O + DO}$$

其中，q_N = 硝化速率

$q_{N_{\max}}$ = 最大的硝化速率
DO = 溶氧，mg / L
K_O = 溶氧校正係數

pH 值對硝化速率的影響，如圖 6.86。

在處理那些可能會抑制硝化的工業廢水，最大的比硝化速率必須由實驗決定。溫度對於比硝化速率的依賴關係如下，

$$q_{N(T)} = q_{N(20°C)} \cdot 1.068^{T-20} \tag{6.60}$$

溫度對硝化所需最低污泥齡的影響，如圖 6.87。

內源性的衰減係數 b_N 具有溫度係數 1.04：

$$b_N = b_{N(20°C)} \cdot 1.04^{T-20} \tag{6.61}$$

上述因素可合併為一個硝化速率的測定公式：

$$N_R = 1.82 \frac{1}{1+0.033\theta_c} \frac{N_e}{0.4+N_e} \frac{DO}{K_O + DO} 1.068^{(T-20)} \tag{6.61a}$$

其中，N_R = 硝化速率

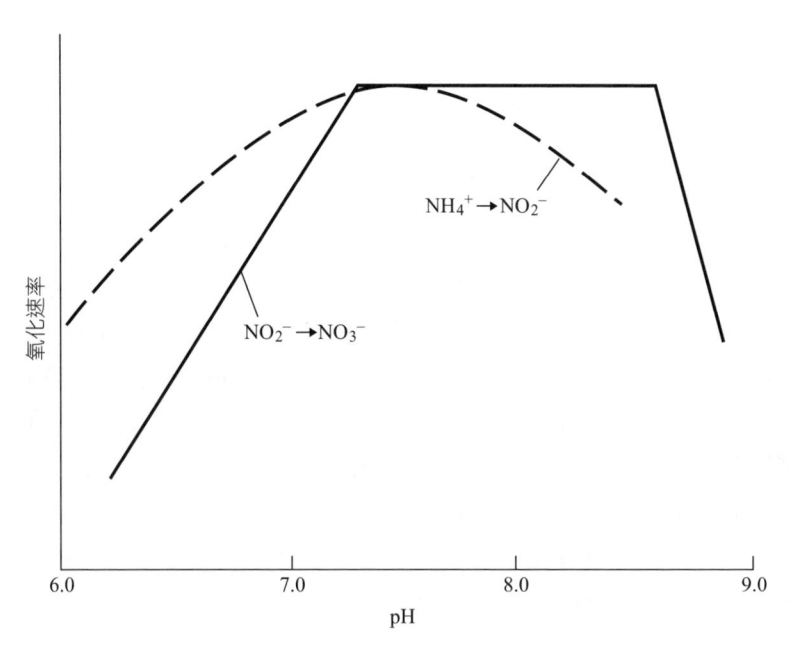

◐ 圖 6.86　pH 對氨氧化的影響（資料來源：Wong Chong and Loehr, 1975）[47]

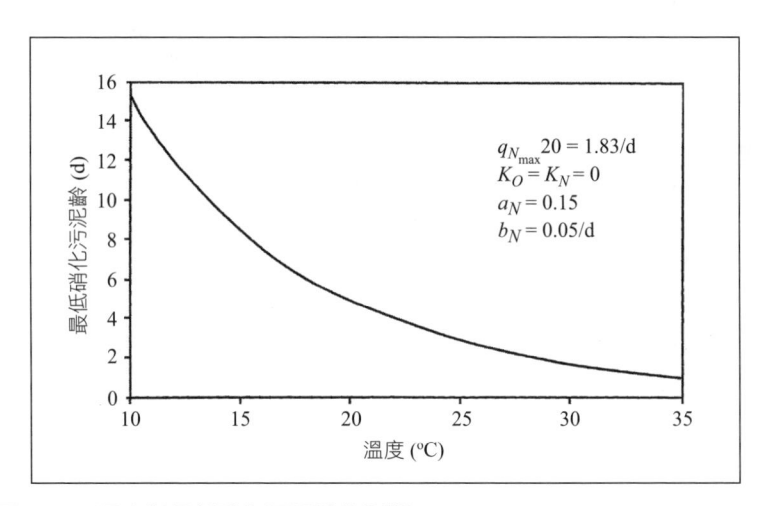

◐ 圖 6.87　溫度對最低硝化污泥齡的影響

θ_c = 污泥齡，d
N_e = 放流水氨的濃度
DO = 溶氧

K_O = 溶氧校正係數
T = 溫度

高濃度廢水的硝化作用

含有高濃度氨氮及些微的生化需氧量的廢水，可以進行生物性的硝化處理。例如，來自化肥生產綜合設施的廢水可採活性污泥程序處理。進流廢水的 NH_4^-N 的含量介於 339 mg/L 至 420 mg/L 之間，而無機懸浮固體物從 313 mg/L 變化至 598 mg/L。TDS 是 6300 mg/L。由於有高惰性懸浮固體物，混合液只有 20% 具揮發性，其污泥容積指數（SVI）為 30 mL/g 至 40 mL/g。它產生一個小且脆弱的膠羽，提供 55 mg/L 的放流水 TSS。鹼度以碳酸氫鈉形式提供給系統。圖 6.88 顯示硝化速率和混合液溫度之間的關係。溫度校正係數（θ）為 1.13，明顯地比典型的生活污水更高。這說

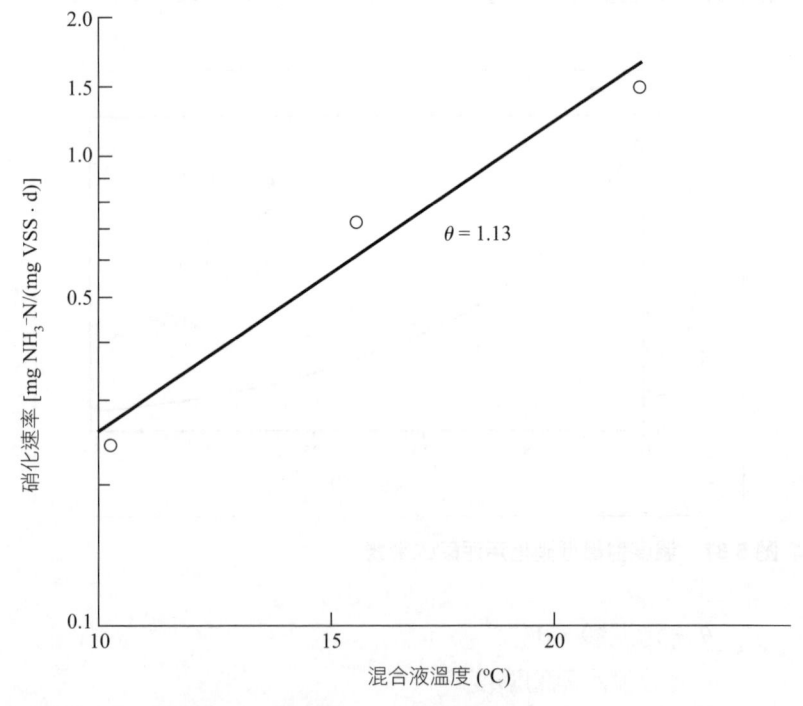

⇒ 圖 6.88　化肥廢水的硝化速率和溫度之間的關係

明硝化速率對混合液的操作溫度更敏感。鹼度需求的變化相當大（圖 6.89），這是由於進流水懸浮固體物裡有鹼度的存在。

硝化的抑制

在處理工業廢水時，硝化經常被存在的毒性有機或無機化合物所抑制，或在某些情況下會被避免。這顯示在圖 6.90 中有機化學品廢水處理的硝化結果。這些數據顯示，在 22°C 至 24°C，最低需要 25 天的好氧 SRT 才能得到完全硝化。在這些溫度下，都市污水完全硝化所需的最少 SRT 約為 4 天。數據同時顯示，相較於都市污水約 12 天，這廢水在 10°C 下需要 55 至 60 天的 SRT 才能完全硝化。它也顯示，在混合液溫度 10°C 時，與負責去除 BOD 和脫氮的異營性生物相比，硝化菌較不能容忍進流水組成和溫度的變化。類似的結果也可以從煉焦廠的廢水得到，其硝化速率約少於都

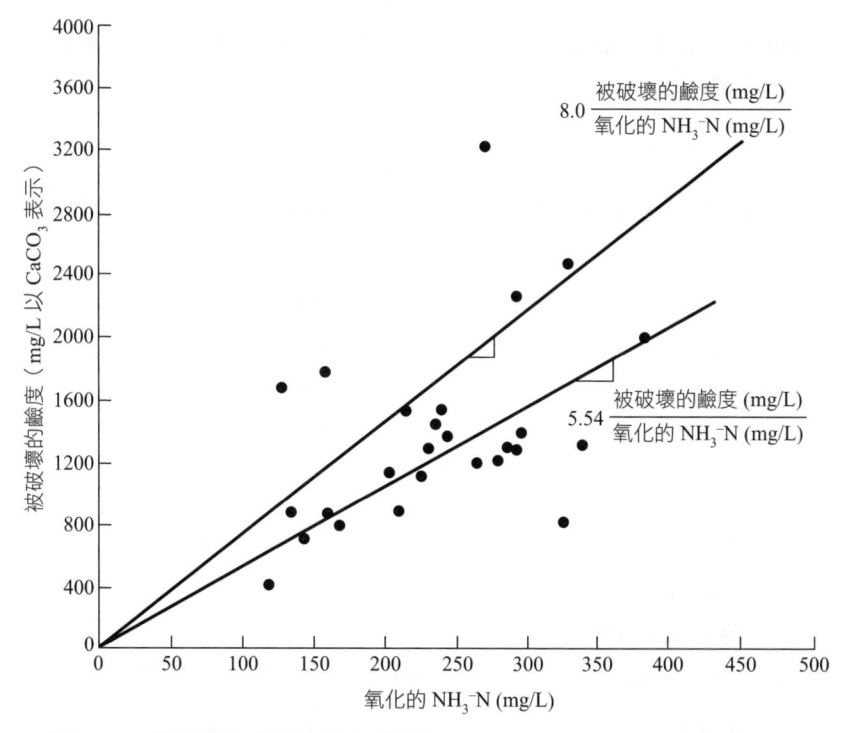

◯ 圖 6.89　化肥廢水處理的鹼度利用率

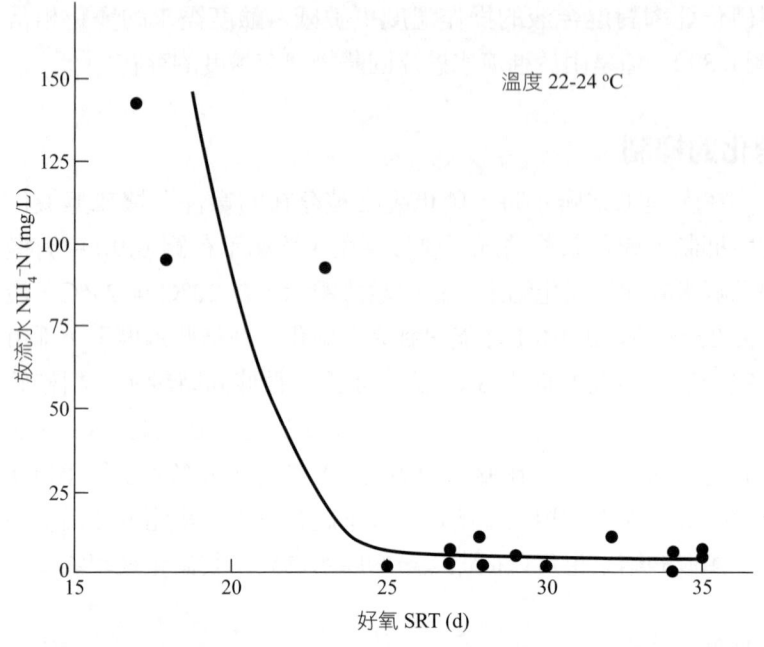

[圖表：放流水 NH₄-N (mg/L) vs 好氧 SRT (d)，溫度 22-24 ºC]

◯ **圖 6.90** 有機化學品廢水，硝化相對好氧的 SRT（資料來源：Anthoisen, 1976）[53]

市污水一個量級（order），如圖 6.91 所示。

Blum 和 Speece [48] 將多種有機化合物對硝化毒性的特徵，綜合於表 6.28。

Henning 和 Kayser [49] 研究了鹽含量對於硝化的影響。他們發現，100 mg/L 的氟濃度會降低 80% 的硝化速率。硫酸鹽在濃度不超過 50 g/L 都沒有影響。然而，氯化物則呈現顯著的抑制作用，如圖 6.92 所示。它們說明，在 NO_2^-N 濃度為每公升數百毫克，且 pH 值為 8 時，硝化速率降低可達 60%。

在硝化作用顯著減少或完全抑制的情況下，使用粉狀活性碳（PAC）吸附有毒藥劑可能會提高硝化能力。然而，在某些情況下，需要過量的 PAC 來達成單階段硝化。有些時候，在去除含碳物質和降低毒性的第一階段生物程序之後，可以成功地進行第二階段的硝化步驟。

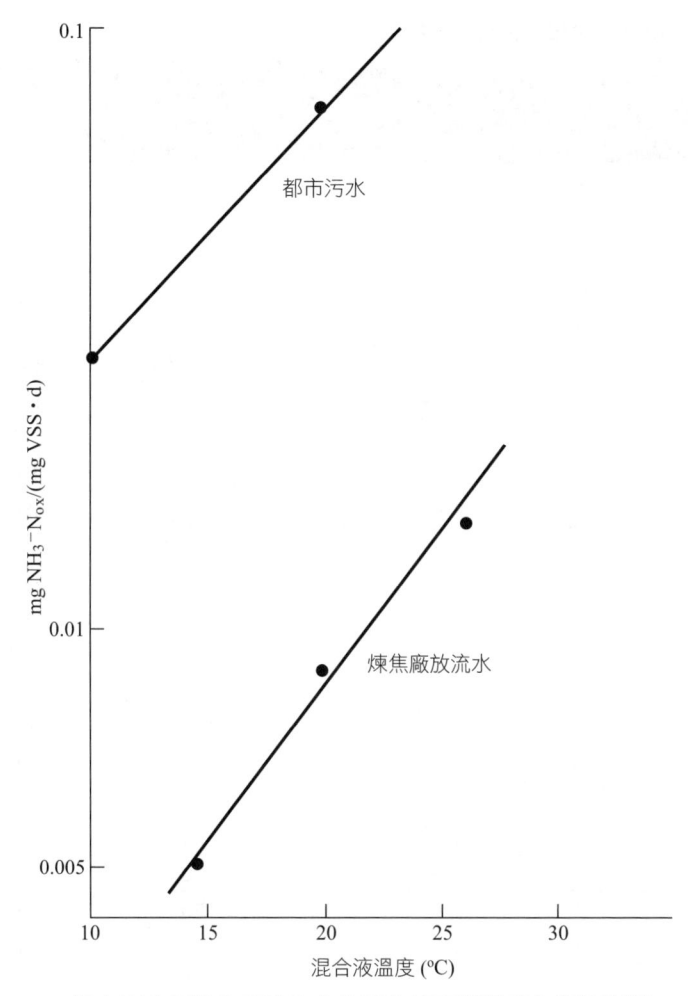

◯ 圖 6.91 都市污水和煉焦廠放流水的硝化速率與溫度之間的關係

　　研究發現，金屬對培養液中成長的亞硝酸菌具有毒性（Skinner 和 Walker [50]），而對以下的金屬和濃度會完全抑制：鎳 0.25 mg/L；鉻 0.25 mg/L；銅 0.1 至 0.5 mg/L。

　　氰化物對硝化菌的毒性，如圖 6.93。[51,52]

　　非離子的氨（NH_3）會抑制亞硝酸菌及硝酸菌兩者，如圖 6.94 所示。[53] 由於氨的非離子部分會隨 pH 值增加而增加，高的 pH 值

➡ **表 6.28　生物降解性和生物毒性數據**

化合物	生物降解性	生物降解速率 (mg COD/g VSS·h)	EC_{50} (mg/L) 亞硝酸菌	EC_{50} (mg/L) 異營菌
環己烷	A	—	97	29
辛烷	A	—	45	—
癸烷	C	—	—	—
十二烷	D	—	—	—
氯化甲烷	D	—	1.2	320
三氯甲烷	D	—	0.48	640
四氯化碳	—	—	51	130
1,1-二氯乙烷	—	—	0.91	620
1,2-二氯乙烷	—	—	29	470
1,1,1-三氯乙烷	—	—	8.5	450
1,1,2-三氯乙烷	—	—	1.9	240
1,1,1,2-四氯乙烷	—	—	8.7	230
1,1,2,2-四氯乙烷	—	—	1.4	130
五氯乙烷	—	—	7.9	150
六氯乙烷	—	—	32	—
1-氯丙烷	D	—	120	700
2-氯丙烷	—	—	110	440
1,2-二氯丙烷	—	—	43	—
1,3-二氯丙烷	C	—	4.8	210
1,2,3-三氯丙烷	—	—	30	290
1-氯丁烷	D	—	120	230
1-氯戊烷	D	—	99	68
1,5-二氯戊烷	—	—	13	—
1-氯己烷	D	—	85	83
1-正辛基	—	—	420	52
1-氯癸烷	D	—	—	40
1,2-二氯乙烯	D	—	—	—
反-1,2-二氯乙烯	—	—	80	1700
三氯乙烯	A	—	0.81	130
四氯乙烯	—	—	110	1900
1,3-二氯丙烯	—	—	0.67	120
5-氯-1-戊炔	—	—	0.59	86
甲醇	A	26	880	20,000
乙醇	A	32	3900	24,000

➡ **表 6.28** 生物降解性和生物毒性數據（續）

化合物	生物降解性	生物降解速率 (mg COD/g VSS·h)	EC$_{50}$ (mg/L) 亞硝酸菌	EC$_{50}$ (mg/L) 異營菌
1-丙醇	A	71	980	9600
正丁醇	A	84	—	3900
1-戊醇	A	—	520	—
1-己醇	A	—	—	—
1-辛醇	A	—	67	200
1-癸醇	B	—	—	—
1-十二醇	B	—	140	210
2,2,2-三氯乙醇	—	—	2.0	—
3-氯-1,2-丙二醇	D	—	—	—
乙醚	C	—	—	17,000
異丙醚	D	—	610	—
丙酮	B	—	1200	16,000
2-丁酮	—	—	790	11,000
4-甲基-2-戊酮	—	—	1100	—
丙烯酸乙酯	—	—	47	—
丙烯酸丁酯	—	—	38	470
2-氯丙酸	A	24	0.04	0.18
三氯乙酸	D	0	—	—
二乙醇胺	A	16	—	—
乙腈	A	—	73	7500
丙烯腈	A	—	6.0	52
苯	A	—	13	520
甲苯	A	—	84	110
二甲苯	A	—	100	1000
乙苯	B	—	96	130
氯苯	D	—	0.71	310
1,2-二氯苯	—	—	47	910
1,3-二氯苯	D	—	93	720
1,4-二氯苯	D	—	86	330
1,2,3-三氯苯	—	—	96	—
1,2,4-三氯苯	D	—	210	7700
1,3,5-三氯苯	—	—	96	—
1,2,3,4-四氯苯	—	—	20	—
1,2,4,5-四氯苯	D	—	9	—

➡ **表 6.28　生物降解性和生物毒性數據（續）**

化合物	生物降解性	生物降解速率 (mg COD/g VSS·h)	EC_{50} (mg/L) 亞硝酸菌	EC_{50} (mg/L) 異營菌
六氯苯	D	—	4	350
苯甲醇	A	—	390	2100
4- 氯苯甲醚	—	—	—	902
2- 呋喃甲醛	B	37	—	—
苄腈	B	—	32	470
間甲苯腈	—	—	0.88	290
硝基苯	A	14	0.92	370
2,6- 二硝基甲苯	—	—	183	—
1- 硝基萘	—	—	—	380
萘	A	—	29	670
菲	C	—	—	—
聯苯胺	D	—	—	—
吡啶	A	—	—	—
喹啉	A	8.5	—	—
苯酚	A	80	21	1100
間甲酚	A	—	0.78	440
對甲酚	A	—	27	260
2,4- 二甲酚	—	28.2	—	—
3- 乙苯酚	—	—	—	144
4- 乙苯酚	—	—	14	—
2- 氯酚	—	—	2.7	360
3- 氯酚	—	—	0.20	160
4- 氯酚	A	39.8	0.73	98
2,3- 二氯苯酚	—	—	0.42	210
2,4- 二氯苯酚	—	10.5	0.79	—
2,5- 二氯苯酚	—	—	0.61	180
2,6- 二氯苯酚	—	—	8.1	410
3,5- 二氯苯酚	—	—	3.0	—
2,3,4- 三氯苯酚	—	—	52	7.8
2,3,5- 三氯苯酚	—	—	3.9	—
2,3,6- 三氯苯酚	—	—	0.42	14
2,4,5- 三氯苯酚	—	—	3.9	23
2,4,6- 三氯苯酚	—	—	7.9	—
2,3,5,6- 四氯苯酚	—	—	1.3	1.5

→ 表 6.28　生物降解性和生物毒性數據（續）

化合物	生物降解性	生物降解速率 (mg COD/g VSS · h)	EC$_{50}$ (mg/L) 亞硝酸菌	EC$_{50}$ (mg/L) 異營菌
五氯酚	—	—	6.0	—
2-溴苯酚	—	—	0.35	—
4-溴苯酚	B	—	0.83	120
2,4,6-三溴苯酚	—	—	7.7	—
五溴苯酚	—	—	0.27	—
間苯二酚	A	57.5	7.8	—
對苯二酚	B	54.2	—	—
2-氨基苯酚	—	21.1	0.27	0.04
4-氨基苯酚	—	16.7	0.07	—
2-硝基苯酚	—	14.0	11	11
3-硝基苯酚	—	17.5	—	—
4-硝基苯酚	A	16.0	2.6	160
2,4-二硝基苯酚	—	6.0	—	—

所有的亞硝酸菌和好氧異營菌的數據，經 pKa（離子化）和亨利定律常數 H（氣體/液體親和力比）校正。

$A = \dfrac{BOD}{TOD} > 50\%$; 可立即生物降解的　　$C = \dfrac{BOD}{TOD} < 10\text{–}25\%$; 難生物降解的

$B = \dfrac{BOD}{TOD} > 25\text{–}25\%$; 適度生物降解的　　$D = \dfrac{BOD}{TOD} < 10\%$; 不可生物降解的

資料來源：Blum and Speece, 1990.[48]

結合很高的總氨濃度將嚴重抑制或阻止完全的生物性硝化。由於亞硝酸菌比起硝酸菌對於氨的毒性較不敏感，硝化的程序可能只有部分完成，並導致亞硝酸根離子（NO_2^{2-}）的累積。這會產生嚴重的後果，因為 NO_2^{2-} 對於許多水生生物是強烈的毒性，然而硝態氮卻不是。氨對活性污泥生質的毒性，在都市污水處理上很少是個問題，因為總氨的濃度低，而且混合液的 pH 值接近中性。然而，高氨含量的工業廢水和高 pH 值偏離的可能性，可能會導致硝化程序中生物的毒性和損失。在這些條件下，混合液的 pH 值必須受到控制，以避免由於氨的洩漏或突衝負荷所導致的生物毒性。在極端的情況下，在不同 pH 值操作的兩個階段，可能需要將亞硝酸菌及硝

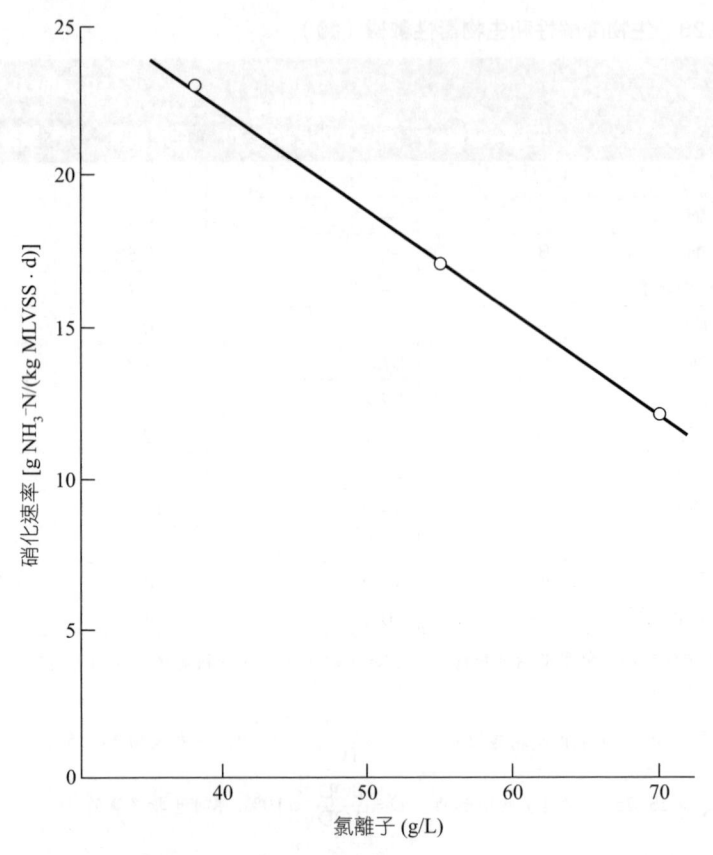

圖 6.92　不同氯離子濃度下的硝化動力學

酸菌分開處理,並允許完全的硝化。來自氨或亞硝酸鹽抑制的 pH 值對硝化的影響,如圖 6.95 所示。

不幸的是,許多工業廢水中含有這些和其他化合物,不論是單獨或合併起來,對硝化會產生更大卻未確定的抑制效果。因此,在實際操作條件下,求得達到硝化所需的比硝化速率 q_N 和 $(\theta_c)_{\min}$ 非常重要。q_N 值的判定,可以使用批次活性污泥法(BAS)試驗,或半連續饋料批次反應器的方法。

批次活性污泥硝化

在 BAS 試驗步驟中,廢水樣品在活性佳的硝化污泥存在下進

好氧生物氧化的原理 6

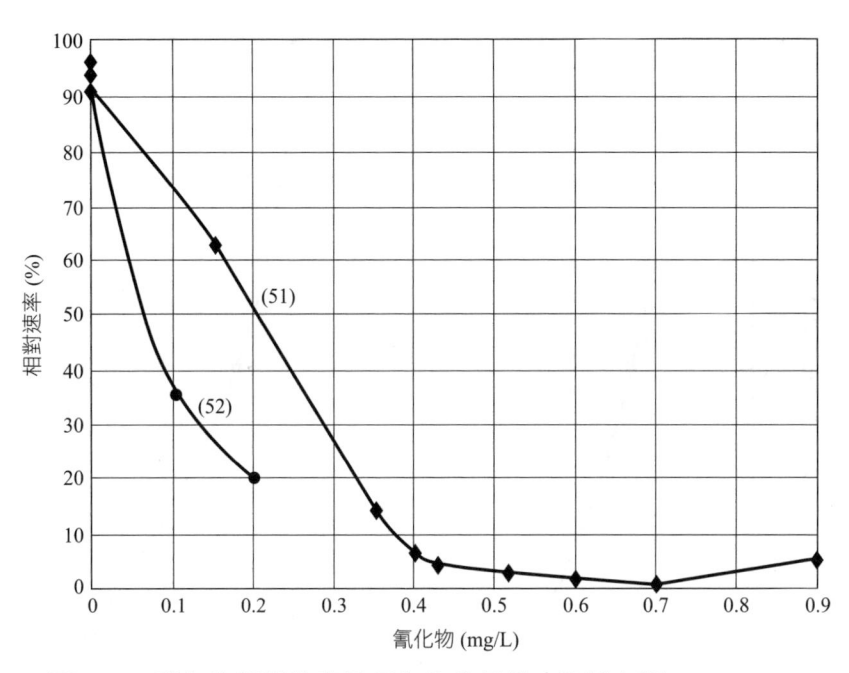

◯ **圖 6.93** 硝化的相對速率是氰化物的函數（資料來源：Sadick et al., 1996; Zacharias and Kayser, 1995）[51,52]

行曝氣。污泥的取得可以從具有可以忽略工業負荷的都市活性污泥廠，或者是從市售的硝化菌種，再自行培養。由於 q_N 表示為每單位硝化菌的質量（VSS_N），因此無論污泥的來源，它都必須能量化在巨相 MLVSS 濃度下的硝化菌。在 BAS 試驗，NH_3^--N 的初始濃度應是 20 mg/L 至 50 mg/L，以消除因基質誘導而出現的毒性。如果廢水中含有有機氮，那麼在試驗期間，也應該量測 TKN 以說明生物氫解。最後，應使用碳酸氫鈉（$NaHCO_3$）來調整鹼度，提供 7.15 mg 鹼度以 $CaCO_3$ 表示 /mg TKN，加上 50 mg/L 的殘餘量。另外應使用相同的氨氮初始濃度，進行一項控制試驗。所使用的廢水和控制樣品應大力曝氣，隨時間取少量等分樣品以進行分析。這個試驗可用來決定硝化的抑制，將硝酸鹽的生產與具有相同初始氨含量的控制組作比較，其差異如圖 6.96 所示。

一個在 $T = 21°C$ 進行 BAS 硝化試驗的結果，如圖 6.97，使

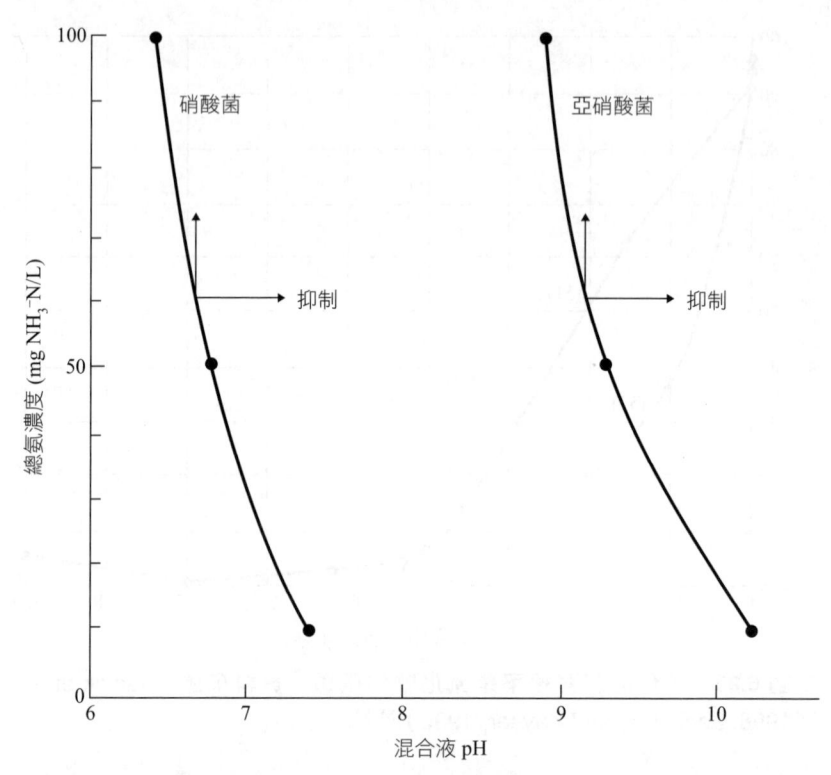

○ 圖 6.94　活性污泥程序中氨的抑制（資料來源：Anthoisen, 1976）[53]

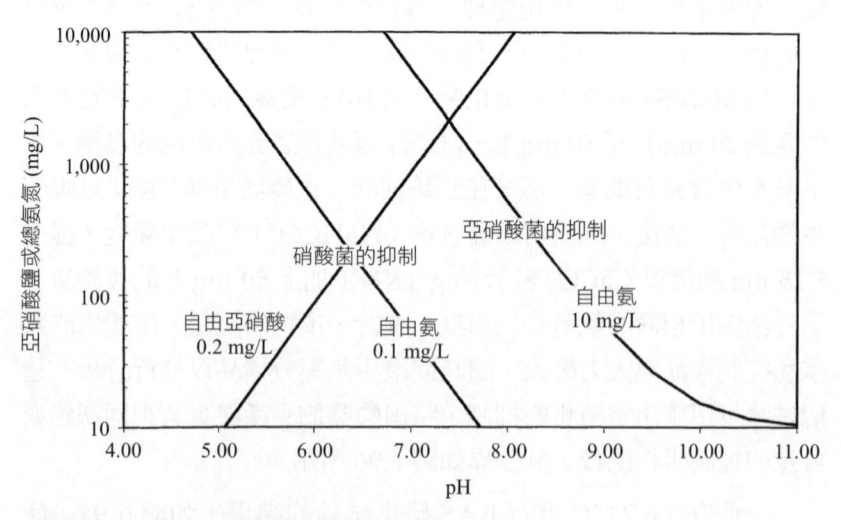

○ 圖 6.95　氨和亞硝酸鹽對硝化的抑制

6 好氧生物氧化的原理

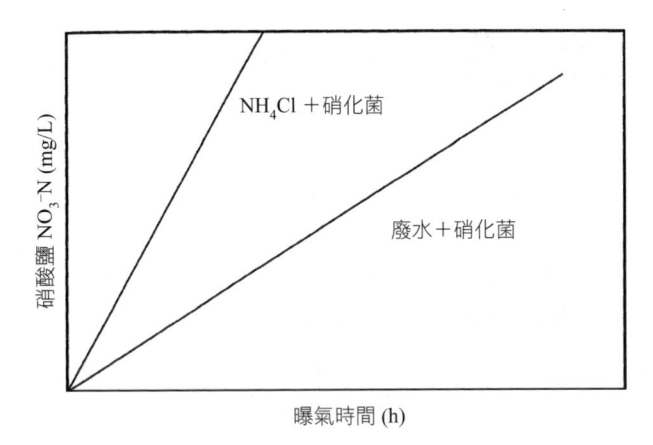

○ **圖 6.96** 硝化速率測定的測試步驟

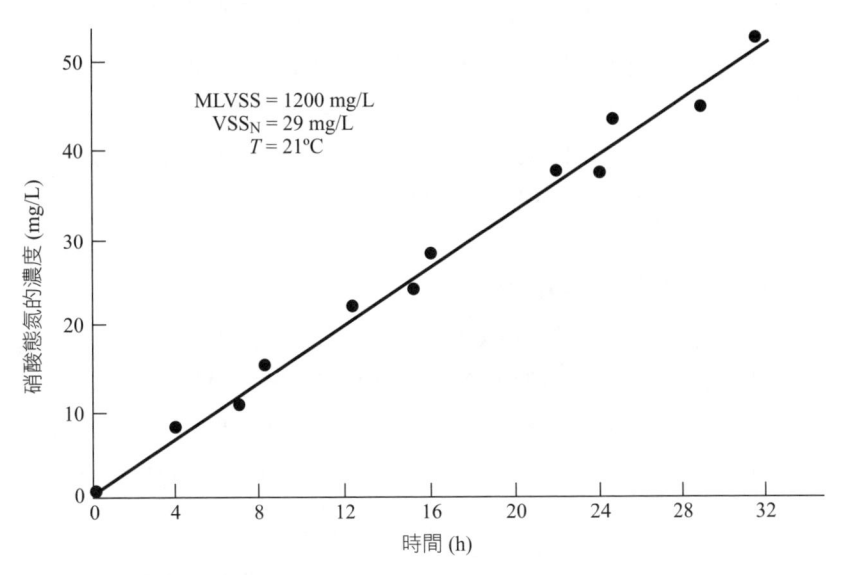

○ **圖 6.97** 批次硝化試驗的結果

用的是都市污水處理廠的混合液。根據工廠的歷史操作數據和式 (6.61)，MLVSS 的硝化菌部分（f_N）為 0.0245 mg VSS$_N$/mg VSS。一開始，廢水中的 NO_3^--N 和有機氮可以忽略，而 NH_3-N 濃度為 48 mg/L。曝氣 24 小時後，產生了 38 mg/L 的 NH_3-N。

整體氨氮的比氧化速率為

$$\frac{38 \text{ mg}/(\text{L}\cdot\text{d})}{1200 \text{ mg VSS}/\text{L}} = 0.032 \text{ mg NH}_3^-\text{N}/(\text{mg MLVSS}\cdot\text{d})$$

硝化菌的比硝化速率為

$$q_N = 0.032/0.0245 = 1.3 \text{ mg N}/(\text{mg VSS}_N \cdot \text{d})$$

$a_N = 0.15$ mg/mg 時的硝化菌比生長速率為 0.195 d^{-1}。忽略溫度的影響,並且使用 $b_N = 0.05 \text{ d}^{-1}$,$(\theta_c)_{min}$ 為

$$(\theta_c)_{min} = \frac{1}{0.195 - 0.05} = 6.9 \text{ d}$$

在 $T = 21°C$,都市污水的 $(\theta_c)_{min}$ 約為 4 天,顯示工業廢水有兩倍的硝化抑制效果。θ_c 的設計將取決於 $(\theta_c)_{min}$ 和適當的安全係數。

要注意的是,BAS 硝化試驗使用已知 f_N 和 VSS_N 濃度的現存污泥來決定 q_N。但處理此廢水的實際混合液將會有不同的 f_N 值,全依它的氨氮和 BOD 濃度而定。硝化菌的比例和量測的 q_N 值,應該用來決定在曝氣池裡的水力停留時間。

饋料批次反應器硝化試驗

第 327 頁所描述的 FBR 步驟,也可以用來求得硝化速率。這裡所需要的污泥特性與鹼度添加和 BAS 硝化試驗的要求相同。廢水以一個恆定的速率加入反應器,於一定時間間隔,抽取一小撮樣品分析。硝酸鹽(NO_3^-N)和亞硝酸鹽(NO_2^-N)的生成,是表現試驗結果並確定 q_N 的首選方法,因為它不需要考慮因生物水解和細胞合成所要做的調整。然而,如果使用了 NH_4^-N 的去除,那麼也必須量測總凱氏氮(TKN)和生化需氧量(BOD),以完成氮的平衡。

有無添加粉狀活性碳(PAC)的饋料批次反應器(FBR)硝化試驗(200 mg/L)的結果,顯示在圖 6.98。混合液的 $VSS_N = 500$ mg/L,廢水樣品一開始就有顯著的生化需氧量、有機氮及硝酸態氮的濃度。硝化速率可計算為兩個線性軌跡斜率之間的差異。它們顯示,添加 200 mg/L 的 PAC,會使硝化速率從 0.6 增加至 1.45

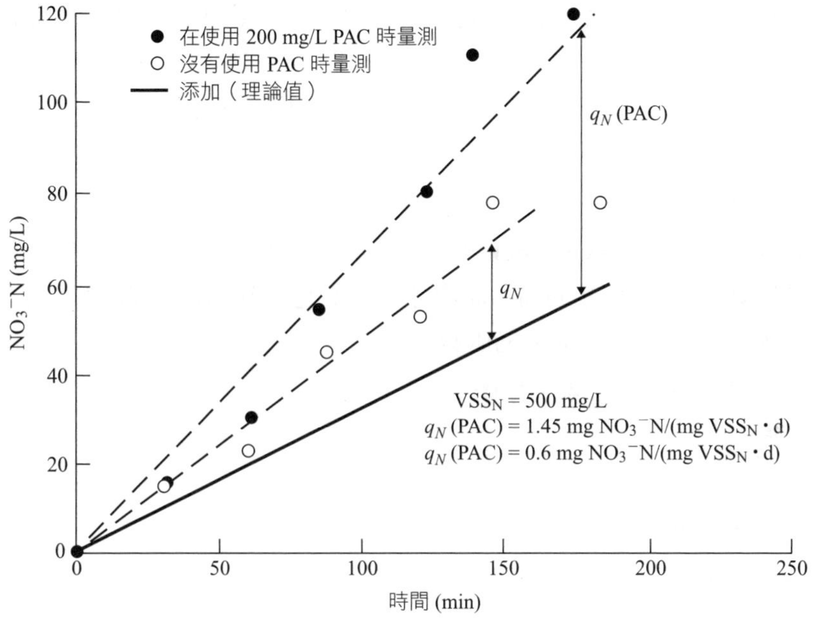

在使用 200 mg/L PAC 時量測
沒有使用 PAC 時量測
添加（理論值）
q_N (PAC)
q_N
VSS$_N$ = 500 mg/L
q_N (PAC) = 1.45 mg NO$_3^-$N/(mg VSS$_N$ • d)
q_N (PAC) = 0.6 mg NO$_3^-$N/(mg VSS$_N$ • d)
NO$_3^-$N (mg/L)
時間 (min)
0
20
40
60
80
100
120
50
150
200
250

➲ **圖 6.98　使用有無添加 PAC 的 FBR 步驟來測定硝化速率**

mg NO_3^-N/(mg VSS_N · d)。如同在 BAS 硝化試驗步驟，$(\theta_c)_{min}$ 也可以計算出。

脫硝

一些來自化肥、炸藥 / 推進燃料製造，和合成纖維工業的工業廢水中含有高濃度的硝酸鹽；而其他的工業卻是由硝化生成硝酸鹽。由於生物脫硝會產生一個氫氧根離子，而硝化卻會產生兩個氫離子，結合這兩個程序可能有利於提供「內部」的緩衝能力。儘管有許多有機物會抑制生物硝化，但一般對於脫硝來說卻沒有影響。Sutton 等人[54] 的研究顯示，有機化學品工廠廢水的脫硝速率，相當於使用硝化過的都市污水進行脫硝；然而，有機化學品廢水的生物硝化受到嚴重的抑制。脫硝使用生化需氧量作為碳源，供合成和能源使用，而使用硝酸鹽作為氧源。

$$NO_3^- + BOD \rightarrow N_2 + CO_2 + H_2O + OH^- + \text{新細胞}$$

脫硝程序中，每克硝酸態氮的減少可以消耗約 3.7 g 的化學需氧量，並生成 0.45 g VSS 和 3.57 g 鹼度。這個數值約為硝化程序中消耗鹼度的一半。但是，有些鹼度會與微生物呼吸產生的二氧化碳反應而消失。

Orhon 等人 [55] 比較好氧條件下與無氧條件下的污泥產率，如表 6.29 所示。McClintock 等人 [56] 顯示，在無氧條件下的生質產率是在好氧條件下的 54%，而內呼吸係數是好氧條件下的 51%。比較污泥產率將會是 SRT 的函數。

影響脫硝的因素，包括：
- 溫度。
- 溶氧。
- 基質的生物降解性。
- 污泥齡。

有機化學品工廠廢水脫硝的結果，如圖 6.99 所示。溫度對於脫硝作用於連續流和批次反應器的影響，如圖 6.100 所示。溫度係數（θ_{DN}）從 1.07 至 1.20 不等。溫度對於脫硝速率的影響，θ = 1.09，如圖 6.101 所示。

儘管氧抑制兼性脫硝菌的情形，取決於工廠的操作狀況而定，但是膠羽內可能包含會發生脫硝的無氧區，即使液體中含有溶氧。圖 6.102 說明了這一點。

➡ 表 6.29　污泥產率係數（以化學需氧量為基準）*

廢水	好氧	無氧 (g cell COD/g COD)
生活污水	0.63	0.50
肉類加工	0.64	0.51
乳製品	0.65	0.52
糕點糖果	0.72	0.61

* 設計條件：
a 無氧～ 0.75 a 好氧
b 無氧～ 0.75 b 好氧
資料來源：Orhon et al., 1996.[55]

好氧生物氧化的原理 6

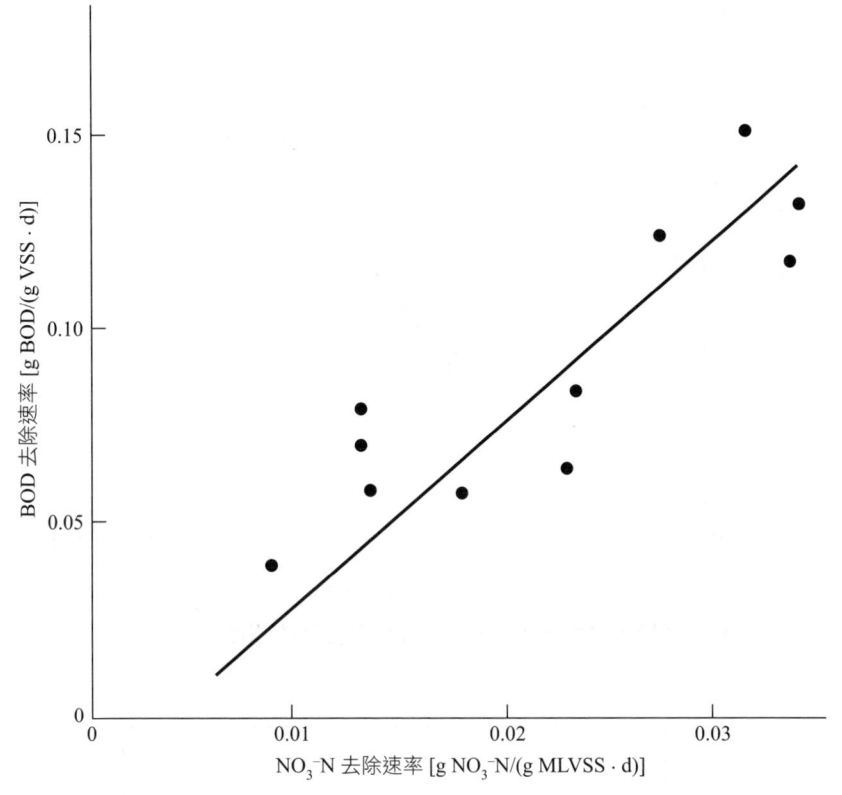

○ 圖 6.99　有機化學品廢水，硝酸鹽的減少和 BOD 去除率之間的關係

OH 和 Silverstein [57] 說明，國際水質協會（IAWQ）所提的關係式更適用於高溶氧含量

$$q_{DN} = q_{DN\,(max)}\left(\frac{1}{1+DO/k}\right) \tag{6.62}$$

k 的建議值為 0.38 mg/L。已設定 k 會是膠羽大小以及作用於曝氣池的功率水準的函數。

實地經驗顯示，高達 10% 至 25% 的脫硝現象可能會在曝氣池好氧條件下發生。溶氧對硝化和脫硝作用的影響，如圖 6.103 和圖 6.104 所示。

脫硝速率將取決於廢水中有機物的生物降解性，以及類似於好氧程序曝氣條件下的活性生質濃度。也因此，這與 SRT（或 F/M

工業廢水污染防治

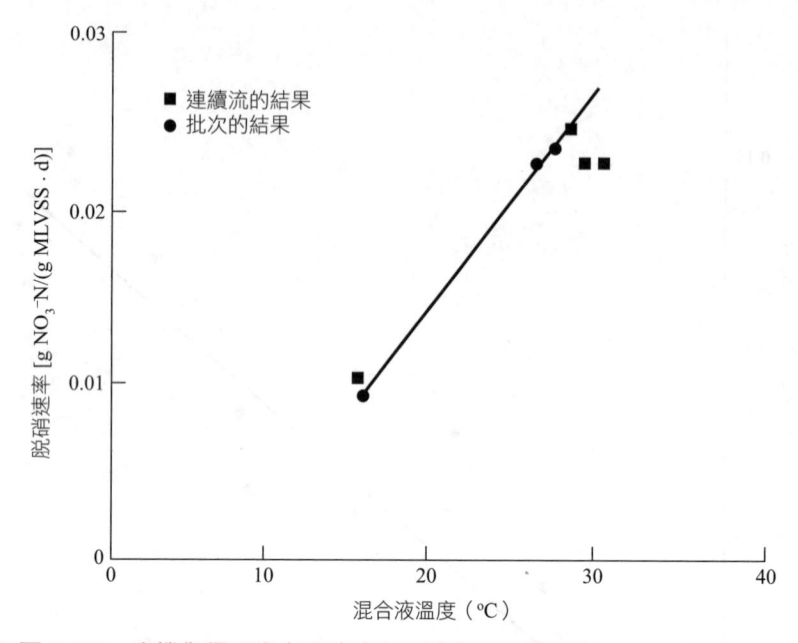

⬤ **圖 6.100** 有機化學品廢水脫硝速率和溫度之間的關係

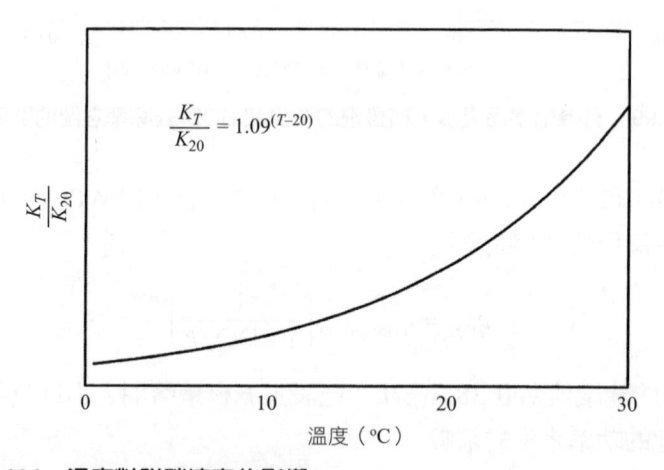

$$\frac{K_T}{K_{20}} = 1.09^{(T-20)}$$

⬤ **圖 6.101** 溫度對脫硝速率的影響

和污泥中惰性固體的存在有關。隨著 F/M 增加，活性生質的濃度和脫硝速率也增加。儘管脫硝可能在內呼吸的狀況（低 F/M）下發生，並用掉內部的生質儲備物，它的過程很慢，而且需要長的水

好氧生物氧化的原理 6

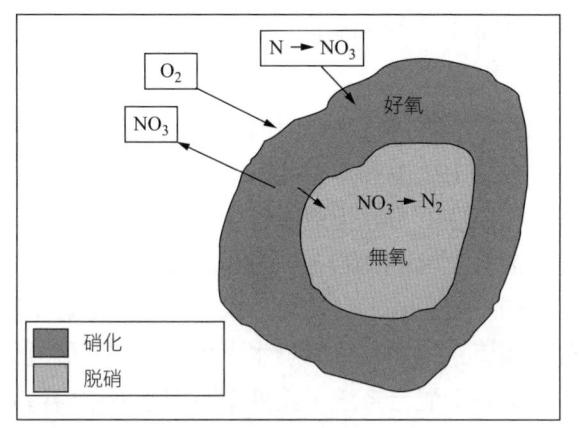

◐ 圖 6.102　透過溶氧控制的同步硝化／脫硝

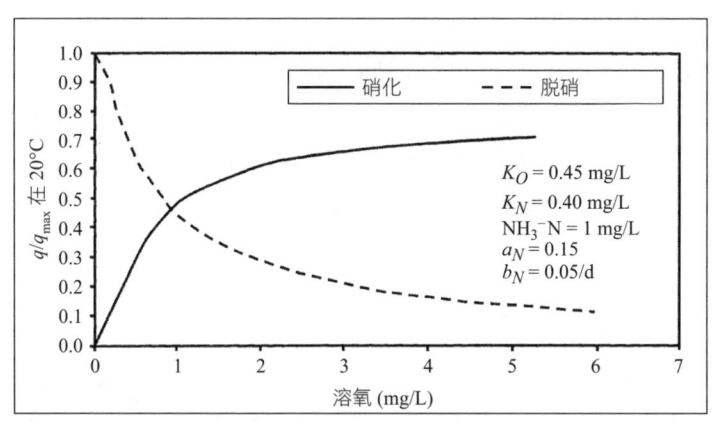

◐ 圖 6.103　在 20°C 溶氧對硝化和脫硝速率的影響

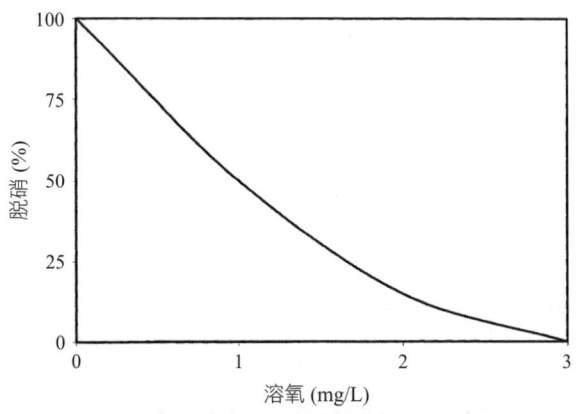

◐ 圖 6.104　同步硝化 / 脫硝

365

力停留時間。圖 6.105 說明硝酸鹽的去除速率會如何隨著 F/M 的增加而增加。

由於脫硝速率受到廢水特性和程序設計參數的影響，通常需要以實驗方式來確定這個速率。此時應該進行一個批次脫硝試驗，其中必須在無氧條件下〔氧化還原電位（ORP）= –100 mV〕混合污泥和廢水，而且殘餘的 NO_3^-N 濃度須隨一定的時間間隔予以測定。按廢水中的有機組成，可能可以求得幾個去除速率關係式的其中之一。對於塞流系統中複雜的廢水，可能存在一個近似一階動力的關係。在一個完全混合系統，此速率將與溶液中殘留有機物的比例成正比。Lie 和 Welander [58] 已經表明，脫硝速率可以與 ORP 有關，如圖 6.106 所示。

廢水的脫硝速率也可以從攝氧率來估計。這時候，廢水-無氧污泥的混合物會進行曝氣，並依時間測定比攝氧率（SOUR）。R_{DN} 和 SOUR 之間的相關性顯示，1.0 mg 硝態氮相當於約 3.0 mg 的氧，這非常符合理論值的 2.86 mg NO_3^-N/mg O_2。

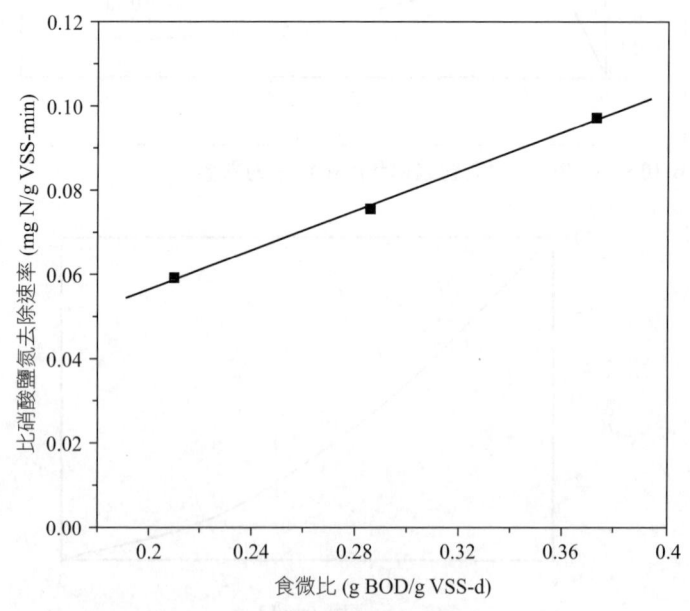

◯ 圖 6.105　食微比（F/M）和脫硝速率之間的關係

好氧生物氧化的原理 6

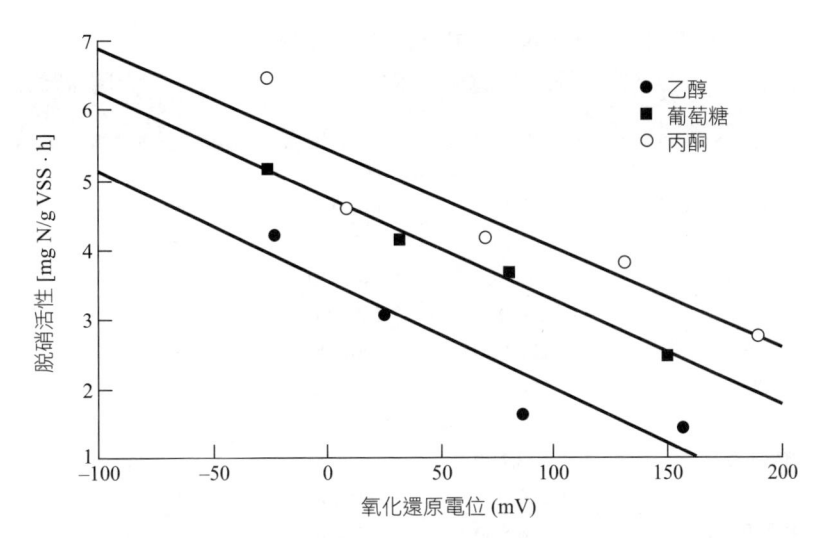

○ **圖 6.106** 添加不同碳源到 Sjölunda 模廠級的活性污泥，脫硝活性相對於 ORP 作圖

在廢水中沒有碳源的情況下，甲醇可被用來作為碳源。不同的工業廢水也可作為碳源。Baumann 和 Krauth [59] 總結各種碳源，如表 6.30 所示。

科學家已經發現，一般來說，無氧條件下的脫硝動力學遵循如好氧氧化般同樣的關係式。工業廢水在無氧和好氧條件下的批次氧化現象，呈現在圖 6.107。

無氧降解的 BOD 對 NO_3 的比值已發現為 3 至 4 mg BOD/mg NO_3-N。在完全混合條件下，好氧氧化可以定義為：

$$\frac{S_r}{X_d x_v t} = K \frac{S_e}{S_o} \tag{6.63}$$

其中，S_r = 去除的 BOD，mg/L

x_v = 混合液中揮發性懸浮固體物，mg/L

t = 停留時間，d

k = 反應係數，d^{-1}

S_e = 放流水 BOD，mg/L

S_o = 進流水 BOD，mg/L

➡ 表 6.30　可能脫硝的工業廢水或廢棄副產物清單

工業	BOD$_5$ (mg/L)	COD (mg/L)	脫硝速率 [mg NO$_3^-$-N /(g MLSS · h)]
化學品工業			
除冰劑（航空領域）	65,000	118,000	1.98–3.06
膠水生產 I	148,500	282,400	0.96–1.26
膠水生產 II	1,080,000	1,340,000	1.14–2.12
製藥業 I	136,000	188,100	4.08
製藥業 II	163,000	320,000	1.14–1.53
照相業	126,000	686,000	1.59–1.70
食品工業			
酒精生產	3,780	7,300	
雜醇油	1,320,000	1,780,000	2.79–3.18
牛奶加工業	4,880	7,440	
植物和蔬菜加工	20,650	26,050	4.29
屠宰場	183,000	246,000	1.44
釀酒業	173,100	211,100	5.40
酵母工業	26,900	28,770	2.79–3.18
常見基質			
醋酸		1,056,000	3.35
內源性的			0.26–0.65

溫度：13–16°C
資料來源：Baumann and Krauth, 1996.[59]

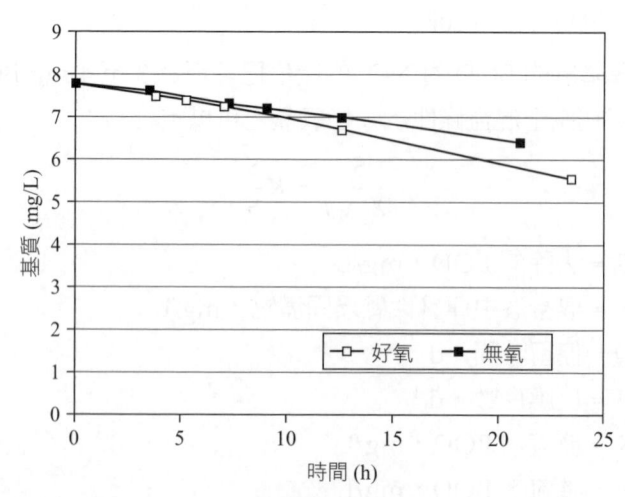

⊃ 圖 6.107　比較好氧和無氧可降解基質的去除

好氧生物氧化的原理 6

在無氧條件下，式 (6.63) 變為：

$$\frac{3(NO_3 - N)}{X_d x_v t} = K_{DN} \frac{S_e}{S_o} \qquad (6.64)$$

其中，$NO_3^- N$ = 硝酸態氮，mg/L

K_{DN} = 脫硝速率係數，d^{-1}

好氧和無氧的動力關係式描述於圖 6.108。硝化速率是 BOD/$NO_3^- N$ 比例的函數，如圖 6.109 所示。據推測，1mg 硝酸態氮會消耗 3 mg/L 的 BOD。硝化/脫硝將會同時發生在曝氣池。這可能

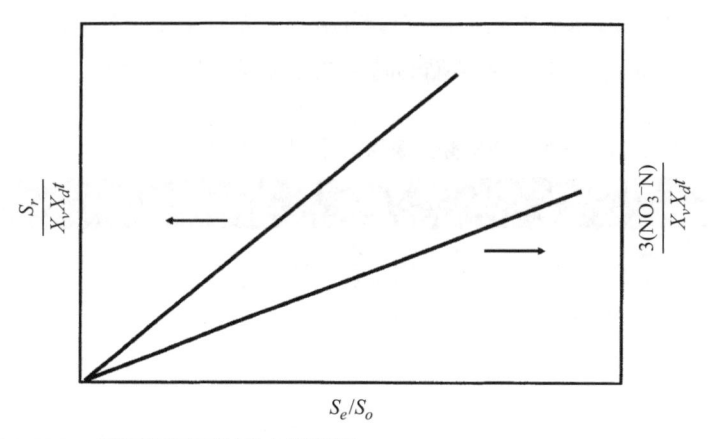

◯ 圖 6.108　好氧和無氧的動力學關係

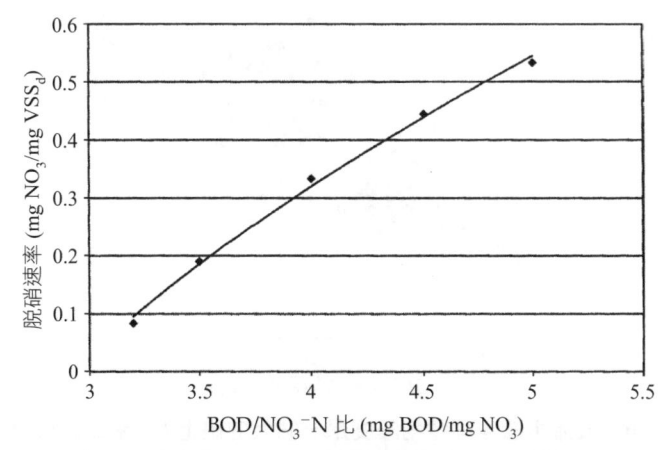

◯ 圖 6.109　在一個給定的 K 下，脫氮速率相對於 BOD/氨比

會從 DO 為 2 mg/L 時的 10% 增加到 DO 為 1 mg/L 時的 50%。

這個方程式中，已假定 BOD 對硝酸鹽的比是 3。無氧和好氧動力係數的比較在表 6.31。

在最終澄清池脫硝會造成浮泥，並增加放流水懸浮固體物。氮氣產生率取決於脫硝可利用的碳源、SRT、溫度及污泥濃度。Henze 等人 [60] 估計，在 10ºC 和 20ºC，分別需要 6 至 8 mg/L 和 8 至 10 mg/L 的 NO_3^-N 用於污泥氈裡脫硝，並造成污泥浮起。大多數的脫硝源自內呼吸作用和被吸附緩慢降解有機物的利用。這也使得它與活性生質有關，而活性生質是 SRT 的函數。放流水懸浮物濃度和放流水硝酸鹽濃度之間的關係，如圖 6.110 所示。在具有硝化作用的第二澄清池濃縮的時間可能會限制在 1.0 至 1.5 小時之

➡ 表 6.31　好氧和無氧動力學係數（d^{-1}）的比較

	無氧	好氧
製藥廠	9.2	21.0
內源性	4.4	6.3
紙漿和造紙廠	6.0	—

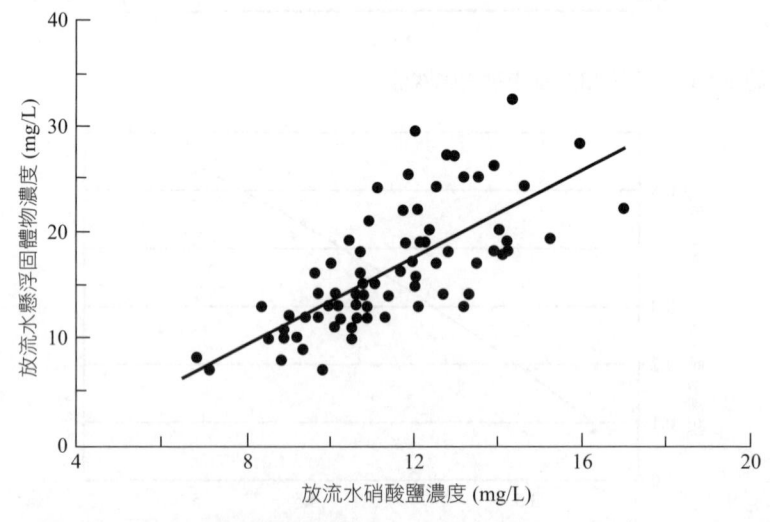

◯ 圖 6.110　放流水懸浮固體物濃度是一個大的硝化 / 脫硝廠的放流水硝酸鹽濃度的函數（資料來源：Sutton et al., 1979）[54]

好氧生物氧化的原理 6

間。造成二級澄清池脫硝問題的因素包括：
- 氮的溶解度。
- 水面下的深度。
- 澄清池進流水的氮濃度。
- 氮氣產生速率（即，脫硝速率）。
- 澄清池進流水的氧濃度。
- 水從澄清池入口到澄清池裡實際位置的通過時間。
- 供脫硝的硝酸鹽。

硝化和脫硝系統

還有一些其他的處理系統可用來實現硝化和脫硝，其中會用到某種好氧-無氧順序的形式。這些系統的差別在於它們是否於分開的硝化和脫硝反應器中使用單污泥或雙污泥。單污泥系統使用一個池和澄清池，而原廢水或內源性儲備物為其脫硝所需之碳和能量的來源。

雙污泥系統使用兩個獨立的澄清池來分離污泥。另外的補充碳源，如甲醇（CH_3OH），會加到第二階段作為碳和能量的來源。最簡單的單污泥系統配置可允許碳氧化、硝化、脫硝發生於單一的反應器，靠的是妥善利用回流污泥和曝氣設備的位置，以便在池的不同區塊維持設定的好氧-無氧層。一個替代的單污泥系統利用單一的池進行曝氣和沉澱，提供間歇曝氣和不曝氣週期以產生足夠時間的好氧和無氧階段，讓硝酸鹽得以還原。圖 6.111 顯示單污泥硝化和脫硝的兩個程序流動配置。在氧化渠（圖 6.111a），加氧機的附近有一個好氧區。當混合液遠離曝氣機時，溶氧會被耗盡。於是無氧的狀況會出現，進而發生脫硝作用。在每個曝氣機安裝點，這過程會環繞著氧化渠不斷地重複發生。

在有內循環的單污泥程序（圖 6.111b），硝化發生在第二個池的好氧狀況下。第二池可能是一個獨立的槽（無中間澄清池作用），或是具有內部擋板的單槽，能在沒有短流下隔離好氧和無氧區。這裡的每個區塊可以是塞流或是 CMAS。以下為硝化和脫硝

371

(a)

(b)

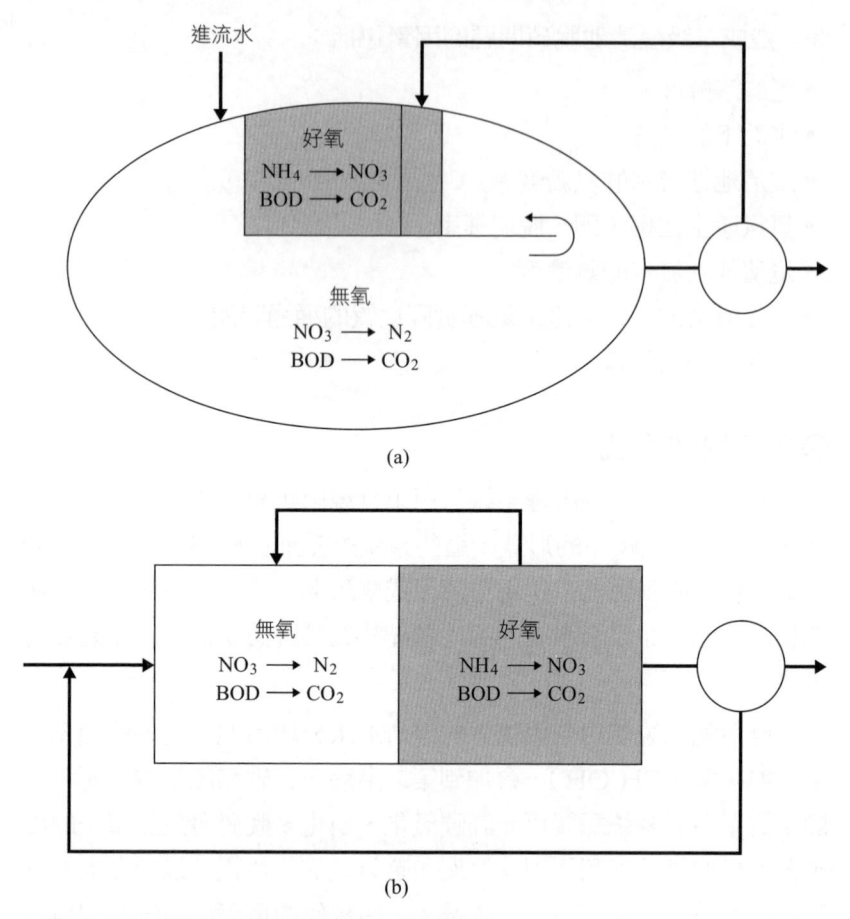

◯ 圖 6.111　供選擇的單階段硝化 - 脫硝系統

的設計步驟及設計實例。

硝化設計步驟

1. 確定最大比硝化速率 $q_{N(max)}$。
2. 修正放流水 NO_3^-N、DO 和 θ_c 的 $q_{N(max)}$：

$$q_N = q_{N(max)} \cdot \frac{NH_3^-Ne}{0.4+NH_3^-N_e} \cdot \frac{DO}{K_o+DO} \cdot f_{a_N}$$

其中，K_o 可能為 0.2 到 1。

好氧生物氧化的原理 6

3. 修正 q_N 對溫度的變化：

$$q_{N_T} = q_{N_{20°C}} 1.068^{(T-20)}$$

4. 計算需被氧化的氮

$$N_{OX} = \text{TKN} - \text{SON} - N_{syn} - \text{NH}_3\text{-N}_e$$

其中

$$N_{syn} = 0.08\, aS_r$$

SON = 不可降解的有機氮

5. 計算硝化菌的比例

$$f_N = \frac{0.15\, N_{OX}}{aS_r + 0.15 N_{OX}}$$

6. 計算總硝化速率

$$R_N = q_N \cdot f_N \cdot X_V$$

7. 計算所需的停留時間

$$t_N = \frac{N_{OX}}{R_N}$$

8. 計算 WAS

$$\Delta X_V = (aS_r + 0.15\, N_{OX}) - b\, X_d X_V t_N$$

9. 計算 SRT

$$\theta_c = \frac{X_V t_N}{\Delta X_V}$$

10. 計算去除有機物所需的氧

$$O_2/\text{mg/L} = a'S_r + 1.4\, b\, X_d X_V\, t_N$$

11. 計算硝化所需的氧

$$O_2/d = 4.33 \cdot N_{OX}$$

12. 計算消耗的鹼度

$$\text{Alk} = 7.15 \cdot N_{OX}$$

373

例題 6.14 在 20°C，設計一個硝化系統以產生 1 mg/L 的放流水 NH_3^-Ne。下列條件適用：

$$TKN_o = 50 \frac{mg}{L} \qquad SON_e = 1 \frac{mg}{L}$$

$$BOD_{50} = 410 \frac{mg}{L} \qquad SBOD_{5e} = 20 \frac{mg}{L}$$

$$DO = 2 \frac{mg}{L} \qquad NH_3^-Ne = 1 \frac{mg}{L}$$

$$a_N = 0.15 \qquad a_H = 0.6$$

$$b_{N20} = \frac{0.05}{d} \qquad b_{H20} = \frac{0.1}{d}$$

$$X_V = 3000 \frac{mg}{L} \qquad q_{N(max)} = \frac{2.3}{d}$$

$$r_{DN(max)} = \frac{0.06}{d}$$

解答： 假設，θ_c=8.22 天

$$fa_N = \frac{1}{1 + 0.2 \cdot b_{N20} \cdot \theta c} \qquad fa_N = 0.92$$

$$q_N = q_{N(max)} \cdot fa_N \cdot \frac{(NH_3^-Ne)}{0.4 \frac{mg}{L} + (NH_3^-N)e} \cdot \frac{DO}{0.4 \frac{mg}{L} + DO}$$

$$q_N = 1.27 \frac{1}{d}$$

$$N_{syn} = 0.08 \cdot a_H \cdot (BOD - BOD_{50}) \qquad N_{syn} = 18.7 \frac{mg}{L}$$

$$N_{ox} = TKN_o - (NH_3^{-N})_e - N_{syn} - SON_e \qquad N_{ox} = 29.3 \frac{mg}{L}$$

$$f_N = \frac{a_N \cdot N_{ox}}{a_N \cdot N_{ox} + a_H \cdot (BOD - BOD_{50})} \qquad f_N = 0.0184$$

$$r_N = q_N \cdot f_N \cdot X_v \qquad r_N = 69.9 \frac{mg}{L \cdot d}$$

$$t_N = \frac{N_{ox}}{r_N} \qquad t_N = 0.42 \, d$$

$$\chi d_N = \frac{0.8}{1 + 0.2 \cdot b_{N20} \cdot \theta c} \qquad \chi d_H := \frac{0.8}{1 + 0.2 \cdot b_{H20} \cdot \theta c}$$

$$\Delta X_{VN} = a_N \cdot N_{ox} - b_{N20} \cdot f_N \cdot \chi d_N \cdot X_v \cdot t_N$$

$$\Delta X_{VH} = a_H \cdot (BOD_{50} - SBOD_5 e) - b_{H20} \cdot (1 - f_N) \cdot \chi d_H \cdot X_v \cdot t_N$$

$$\Delta X_V = \Delta X_{VN} + \Delta X_{VH} \qquad \Delta X_V = 153 \frac{mg}{L}$$

檢查：$\theta_c = \dfrac{X_V \cdot t_N}{\Delta X_v} \qquad \theta_c = 8.22 \, d$

好氧生物氧化的原理 6

預期在曝氣池有多少脫硝現象？

$$r_{DN} = r_{DN\,max} \cdot \frac{0.38\frac{mg}{L}}{DO + 0.38\frac{mg}{L}}$$

$$r_{DN} = 9.6 \times 10^{-3} \frac{1}{d}$$

$$N_{dn} = r_{DN} \cdot X_v \cdot (1 - f_N) \cdot t_N$$

$$N_{dn} = 11.8\frac{mg}{L}$$

脫硝設計步驟

1. 廢水特性：

    可溶性 BOD：以 0.45μ 過濾
    氮：TKN、NH_3^-N、$NO_3^-NO_2^-N$

2. 計算需被氧化的氮。

    $$TKN - NH_3^-N_{eff} + N_{syn}(0.04\,BOD_R) + SON$$

3. 計算需被脫硝的 NO_3^-N。
4. 估計同步硝化/脫硝和迴流硝酸態氮。
    a. 同步硝化/脫硝是曝氣池溶氧的函數。
    b. 在無氧池被脫硝的硝酸態氮是內循環加上迴流污泥循環的函數。
5. 脫硝所需的停留時間可從以下關係式計算（見例題）：

    $$\frac{3(NO_3^-N)}{X_V X_d t} = K_{DN}\frac{S_e}{S_o}$$

其中硝酸態氮是將被脫硝的硝酸鹽濃度。

例題 6.15 此設計範例說明了停留時間和硝酸鹽去除之間的關係。圖 6.112 呈現這範例所需的流程表和輸入變數。計算所需的好氧和無氧停留時間的步驟如下：

假設：

1. 大部分的 BOD 在此程序中消耗──這是用來計算一個保守的停留時間（因此，迴流的 BOD 濃度 = 0）。
2. 大部分的氨在此程序中消耗──這是用來計算一個保守的停留時間。

375

```
                                    Q（流量）
                                    BOD_i
                                    NH_{3i}
                                    NO_{3i}
                                         │
                                    (R+r+1)Q（流量）
                                    NH_{3an}
                                    NO_{3an}
                                    BOD_{an}
                                    X_{an}
```

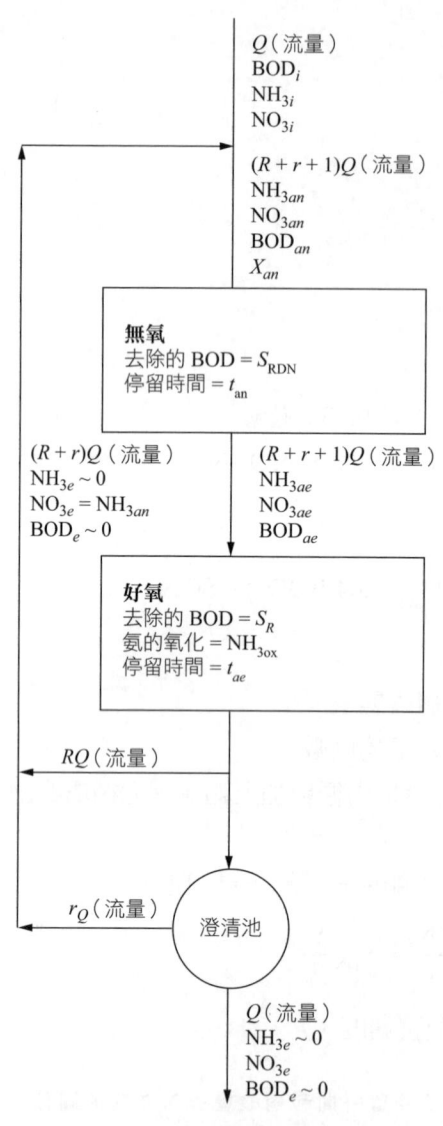

```
┌─────────────────────────┐        N_{ox} = 氨氮的氧化量，mg/L
│ 無氧                      │        K_n = 硝化速率，/d
│ 去除的 BOD = S_{RDN}       │        S_{RDN} = 脫硝期間，BOD 的去
│ 停留時間 = t_{an}          │        除，mg/L
└─────────────────────────┘        K_{DN} = 脫硝速率，/d
                                   T = 溫度，°C
(R+r)Q（流量）    (R+r+1)Q（流量）    i = 進流水
NH_{3e} ~ 0      NH_{3ae}           a_n = 無氧入口
NO_{3e} = NH_{3an}  NO_{3ae}        a_e = 好氧入口
BOD_e ~ 0        BOD_{ae}           e = 放流水
                                   R = 內循環
                                   r = 污泥循環

┌─────────────────────────┐
│ 好氧                      │
│ 去除的 BOD = S_R           │        ┌──────────────────────────┐
│ 氨的氧化 = NH_{3ox}        │        │ 輸入值                      │
│ 停留時間 = t_{ae}          │        │ 流量           4.5 MGD      │
└─────────────────────────┘        │ BOD           1300 mg/L     │
                                   │ NH_3^- -N      500 mg/L      │
RQ（流量）                          │ 溫度           20°C          │
                                   │ DO             2 mg/L        │
                                   │ 抑制            1            │
r_Q（流量）                         │ ML VSS, xvb   2500 mg/L      │
          ○ 澄清池                  │ 脫硝速率，K_{DN}  6.00 d^{-1}  │
                                   └──────────────────────────┘
          Q（流量）
          NH_{3e} ~ 0
          NO_{3e}
          BOD_e ~ 0
```

➲ 圖 6.112　範例的流程表和輸入變數

3. 用於生物合成的氨，即總入口的氨在此程序一開始就被氧化。
4. 與系統內的生質相比，進流水可用的生質是非常小的。

1. 計算需被氧化的氨，假設所有的 BOD 都被去除。

　　1.1. N_{ox} = 入口的氨 − (0.04 × 去除的 BOD)

好氧生物氧化的原理 6

$N_{ox} = 500 - (0.04 \times 1300) = 448$

2. 計算放流水的硝酸鹽和在迴流循環中將被脫硝的量

2.1. 循環流量係數 = 內循環 + 污泥循環 = $R + r$
   $= 2 + 0.4 = 2.4$

2.2. 總流量乘數 = $R + r + 1$
   $= 2.4 + 1 = 3.4$

2.3. 放流水硝酸鹽濃度（NO_{3e}）= N_{ox} / 總流量乘數
   $= 448/3.4 = 131.8$ mg/L

2.4. 到無氧區的入口硝酸鹽濃度 = NO_{3e}

$$= \frac{NO_{3e} \times (R+r) + NO_{3i} \times 1}{(R+r+1)}$$

$$= \frac{131.8 \times (2.4) + 0 \times 1}{(3.4)} = 93 \text{ mg/L}$$

2.5. 到無氧區的入口氨 = NH_{3an}

$$= \frac{NH_{3e} \times (R+r) + N_{ox} \times 1}{(R+r+1)} = 131.76 \text{ mg/L}$$

3. 計算在無氧階段消耗的 BOD

3.1. 到無氧區入口的 BOD $= \dfrac{BOD_e \times (R+r) + BOD_i \times 1}{(R+r+1)}$

$$= \frac{0 \times 2.4 + 1300 \times 1}{3.4} = 382.4 \text{ mg/L}$$

3.2. $S_{rDN} = 3 \times NO_{3an} = 3 \times 93 = 279$ mg/L

4. 計算到好氧階段入口的 BOD

4.1. $BOD_i - S_{RDN} = 382.4 - 279 = 103.4$ mg/L

5. 計算無氧階段的停留時間

5.1. $t = \dfrac{S_{rDN}}{X_{vb} K_{DN}} \dfrac{BOD_{ae}}{BOD_e}$

5.2. 無氧階段的體積 = $t \times (R + r + 1) \times Q$

內部循環 3、4、5、6 可以使用同樣方式重複計算。介於停留時間和硝酸鹽百分比去除率之間的關係，如圖 6.113。

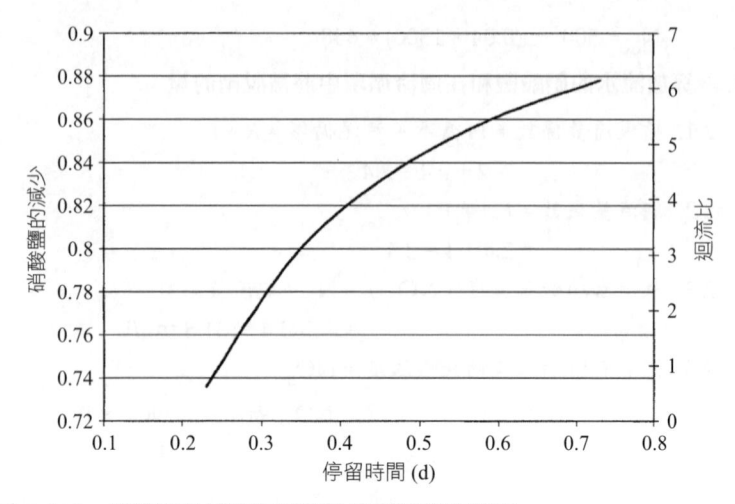

◐ 圖 6.113　硝酸鹽的減少和迴流比相對於停留時間

6.10　除磷

磷可以從廢水中透過化學或生物方法去除。

化學除磷

化學除磷涉及鈣、鐵、鋁的沉降。依 pH 值，磷用鈣鹽沉降到低的殘留量。此沉降物是羥基磷灰石，$Ca_5OH(PO_4)_3$：

$$5Ca^{2+} + 7OH^- + 3H_2PO_4^- \rightarrow Ca_5OH(PO_4)_3 + 6H_2O$$

pH 值介於 9.0 和 10.5 之間時，碳酸鈣沉降會與磷酸鈣競爭。不像鋁和鐵，磷酸鈣的固體結晶核成長十分緩慢，尤其是在中性 pH 值。添加核種會增加反應，也突顯了迴流固體的好處。圖 6.114 顯示不同 pH 值的殘餘可溶性磷。磷酸鈣沉降很好區分，使得存在 $Mg(OH)_2$ 膠羽來幫助去除磷酸鈣沉降。

石灰的需求將取決於硬度和鹼度，如圖 6.115 所示。在高 pH 值，可達到低的可溶性磷含量，但殘留的微粒可能需要後過濾。沉降後，如果在 pH 值調整之前磷沒有完全去除的話，為調整 pH 值所做的再碳化可能會重新溶解顆粒狀的磷。

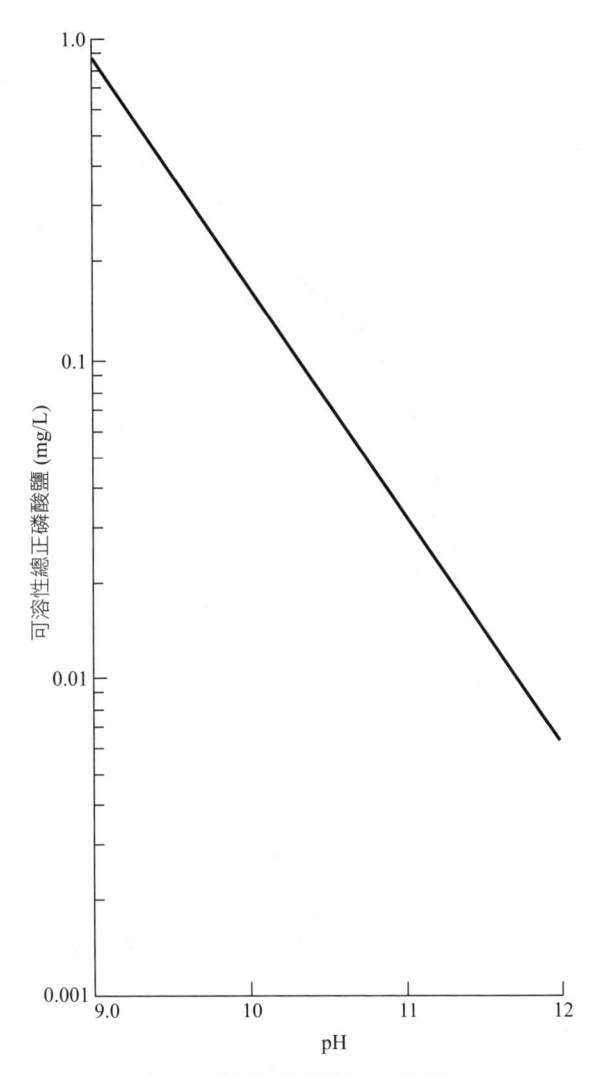

◐ 圖 6.114　石灰沉降時，正磷酸鹽相對於 pH 值 [19]

在無機廢水的案例中，鐵或鋁可用來進行金屬磷酸鹽的直接沉降，或在活性污泥程序中曝氣步驟結束時，透過添加混凝的化學品所造成的同步沉降。

$$Al^{+3} + PO_4^{-3} \rightarrow AlPO_4\downarrow$$

$$Fe^{+3} + PO_4^{-3} \rightarrow FePO_4\downarrow$$

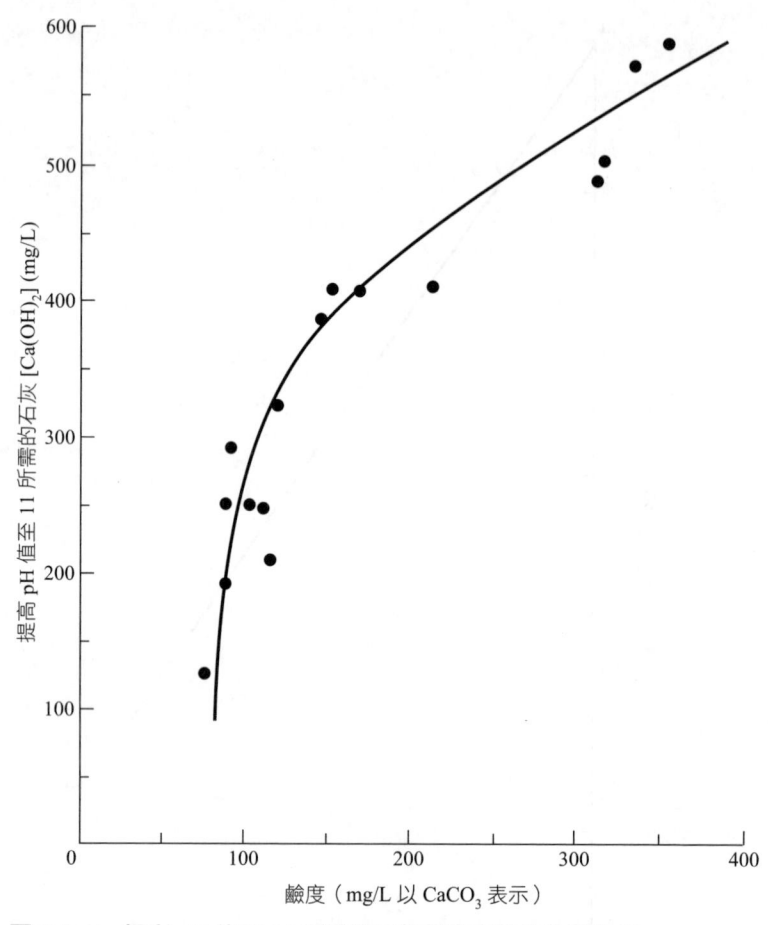

◐ 圖 6.115　提高 pH 值至 11 所需的石灰是廢水鹼度的函數 [20]

　　鋁沉降的磷殘留量理論上是 pH 值和鋁/磷比值的函數。雖然磷酸鋁（$AlPO_4$）沉降比 $Al(OH)_3$ 來得有利，但實際沉降物通常是 $Al(OH)_3$ 和 $AlPO_4$ 的混合，而且傾向無定形，並非結晶。

　　為了接近預測的溶解度，於 pH 值 6.0 至 6.5 的範圍間，每莫耳磷需要添加 1.5 至 3.0 莫耳鋁的劑量。如果水是鹼性的，在添加明礬以減少 $Al(OH)_3$ 沉降之前，應先降低 pH 值。添加明礬可能會造成一些濁度。

　　在完全混合系統，或在塞流曝氣池的終點，當明礬添加到活性污泥程序時，此添加動作應是在廢水未到最終澄清池之前立即添加。這是為了在微生物利用前，避免生物程序形成磷的沉降，而且儘量降低曝氣池內化學膠羽的剪力。

在某些情況下，所需要用到的化學藥品可以透過多點添加（multiple-point addition）來做到最小化，即：在最初澄清池或在曝氣池的前端進行部分沉降，還有在微生物同化後池的末端進行最終沉降。

鐵可以硫酸亞鐵（$FeSO_4$）或氯化鐵（$FeCl_3$）的形式進行添加。其劑量取決於溶氧量、pH 值、生物催化，及所存在的硫和碳酸鹽。鐵在生物處理程序中已用來進行磷的沉降，但缺點是會留下一些鐵在已處理的放流水中。鐵劑量的範圍為每莫耳磷（P）需要 1.5 到 3.0 莫耳的鐵（Fe^{3+}）。最適合的 pH 值是 5.0，不過該值對傳統的生物處理來說太低。在中性 pH 值的沉降可能會產生膠體沉降，需要添加聚合物以獲得最低總磷殘留量。可溶性磷殘留量是鐵劑量的函數，其典型代表如圖 6.116。

當放流水磷濃度降低，金屬離子對磷的莫耳比則會增加，如圖 6.117 所示。這些比率均為粗估，因為側反應（side reactions）會形成氫氧化物和碳酸鹽等副產物。二級和三級處理設施觀察到的 $Fe^{+3}/$ 進流水總磷的重量比，如圖 6.118。

最適合同步沉降的 pH 值是在 7 至 8 的範圍內，而最適合直接沉降的 pH 值是在 6 的級數。對於如同步沉降等有長沉降時間的程

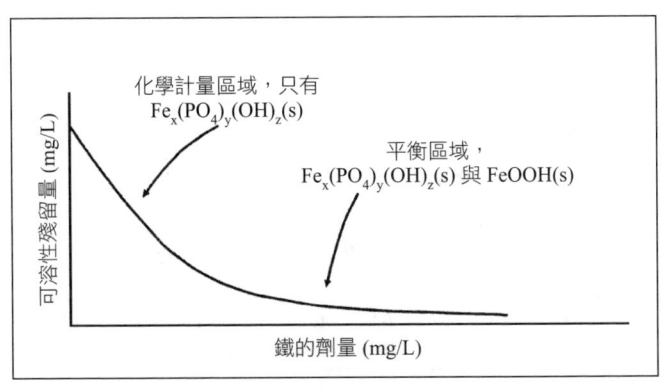

◯ 圖 6.116　典型的鐵量相對於可溶性磷殘留曲線

工業廢水污染防治

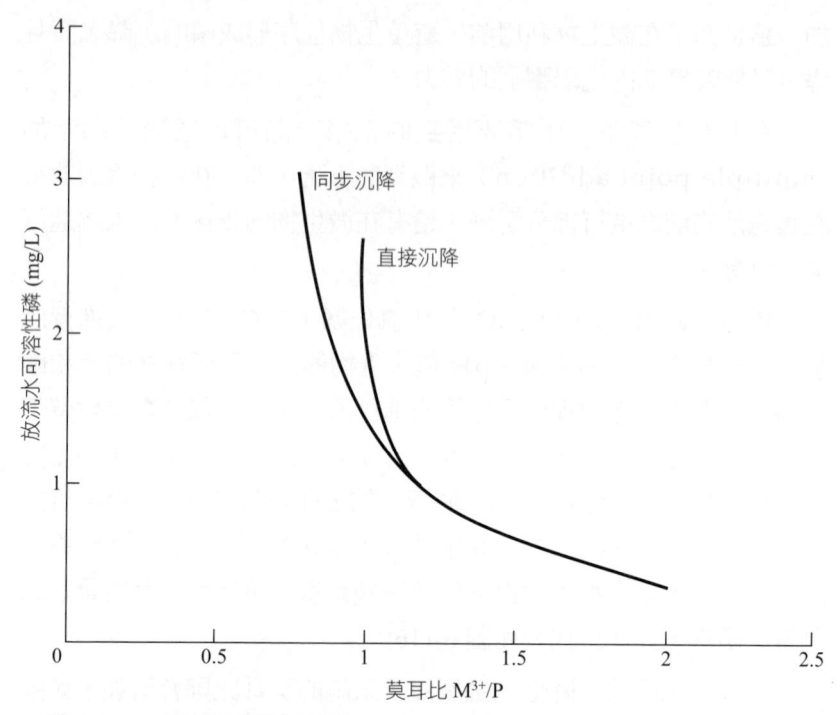

◯ 圖 6.117　使用鋁和鐵的除磷

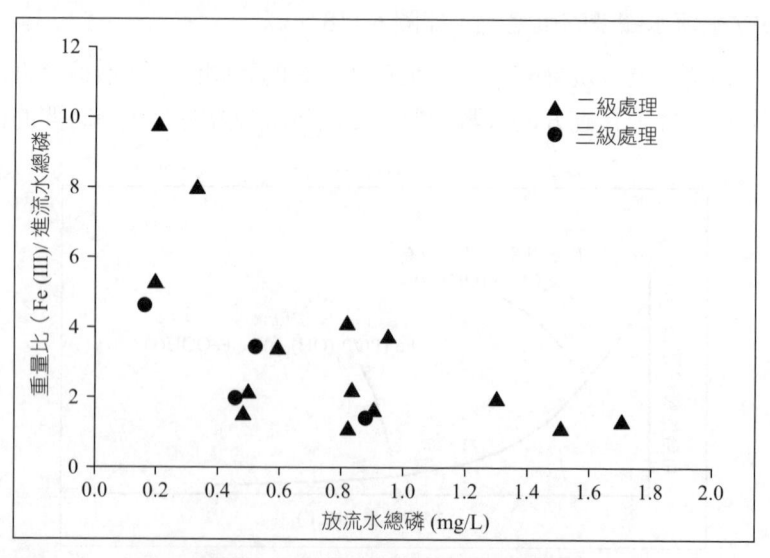

◯ 圖 6.118　Fe(III) 與進流水 TP 比相對於放流水總磷濃度

好氧生物氧化的原理 6

序而言，水中的鈣離子濃度，對於 Al 和 Fe 的沉降是有利的影響。若停留時間短，鹼度對於直接沉降有負面的影響，所以為了低磷排放，鹼度的去除是必要的。這在一定程度上會自動發生，因為有添加鐵或鋁，而它們的表現像酸一樣，儘管這種情況將導致更高的化學品消耗及污泥產率。有關低的放流水磷含量，可能需要過濾放流水，因為放流水中的懸浮固體物的磷含量很高。

生物除磷

磷在生物處理程序中的去除是由 Levin [61] 創始的，他申請了 Phostrip 程序的專利，該程序如圖 6.119 所示。回流活性污泥（RAS）在「脫除器」（stripper）中醱酵，並在該處釋放磷。磷含量豐富的上澄液用石灰處理，沉澱物則被去除。來自脫除器的底流返回到曝氣池，在該處被非常有效地除磷。目前在德國，此程序正捲土重來，因為它可回收磷。

大多數生物除磷的研究都是針對都市污水的經驗。在 1971 年，Milbury [62] 注意到所有除磷的處理廠都是塞流系統，而且不進行硝化操作；同時，所有這些廠在沒有溶氧可檢出的入口區附近都出現磷的釋放。Barnard [63] 則是第一位釐清，為了有效地進行生物除磷，進流廢水在好氧降解之前必須與活性污泥進行厭氧接觸。他觀察到硝酸鹽會干擾到生物除磷，而且所有處理廠都有一個共通

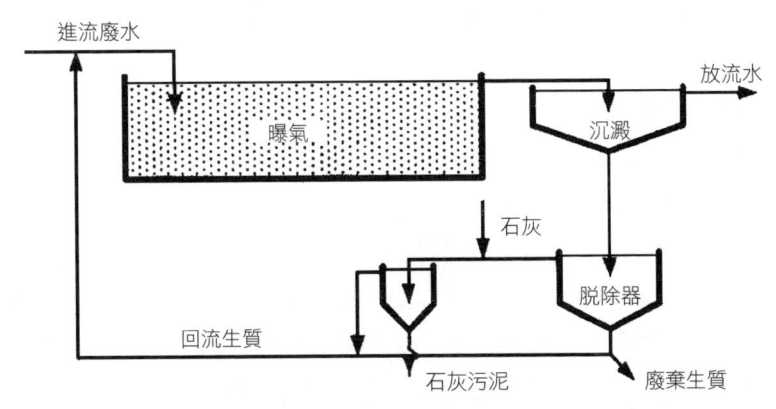

○ **圖 6.119** Phostrip 的除磷程序（資料來源：Levin, 1970）[61]

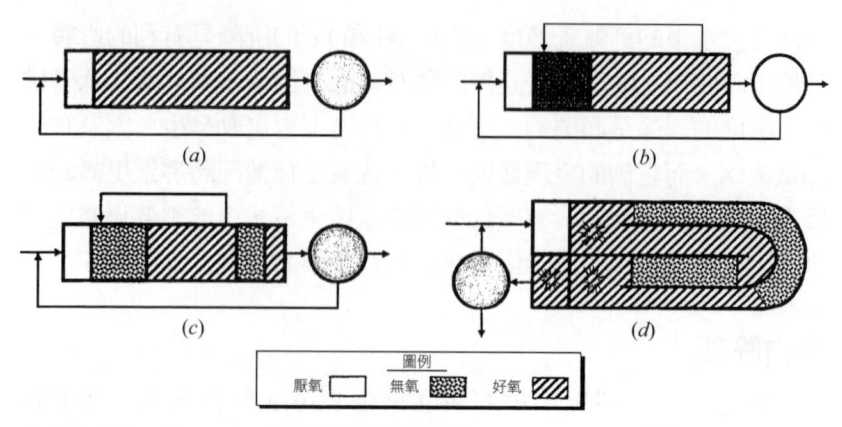

⊃ **圖 6.120** Phoredox 流程圖（資料來源：Barnard, 1974）[63]

的特點，即去除掉的磷是來自某區域磷的釋放；而該區域，不論是有意或無意地，都缺乏氧和硝酸鹽。他進一步推論，若要獲得多餘的生物除磷（EBPR），緊接在後的程序是：曝氣區的該區域一定不能有氧和硝酸鹽。

這個想法在南非[64]已被證實，被稱為 Phoredox 程序，其中的一些變化，如圖 6.120 所示。在 1976 年，這個程序只有在美國以 A/O 流程圖的形式獲得專利。

各種 Phoredox 流程的示意圖都已被提出，以確保硝酸鹽不會進入厭氧區。實務上發現，只要在進流水量測到以 COD 表示的足夠的揮發性脂肪酸（VFA）或是易於生物降解的碳（rbCOD），任何阻止硝酸鹽進入厭氧區的程序都一定會成功。

生物除磷機制

Fuhs 和 Chen [65] 發表了一篇具有里程碑意義的論文，提出了一個有關生物除磷的理論，是利用 Acinetobacter 菌和其他許多微生物〔後來被稱為磷蓄積菌（phosphate accumulating organisms, PAOs）〕在缺乏溶氧和硝酸鹽時，可以吸收低分子量有機物（即揮發性脂肪酸）——尤其是醋酸——的特性。這些菌藉由打破以前儲存的磷其磷酸鹽所具有的高能量鍵結以取得能量，並將它釋放到液相。利用這樣的方法取得的 VFA 會以聚 β- 羥基丁酸

好氧生物氧化的原理 6

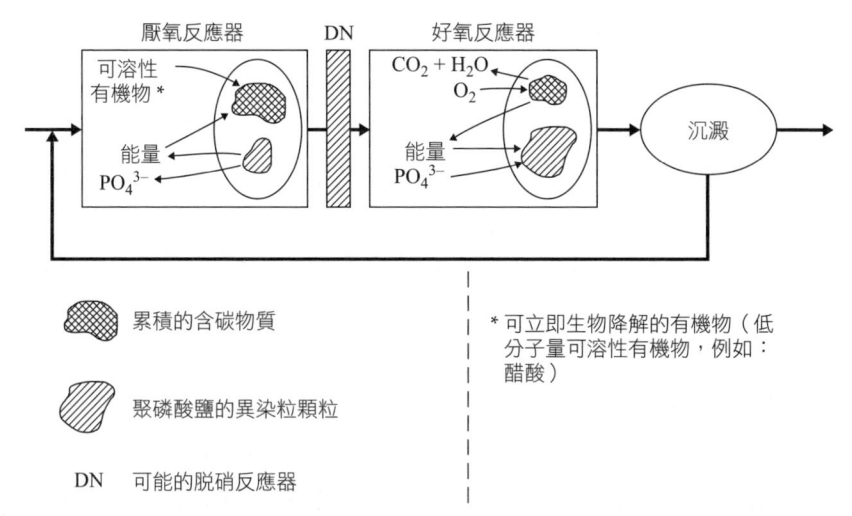

```
        厭氧反應器        DN      好氧反應器
    ┌─────────────┐  ┌─┐  ┌─────────────┐
    │  可溶性      │  │ │  │  CO₂ + H₂O  │
    │  有機物 *    │  │ │  │    O₂        │
    │   能量       │  │ │  │   能量       │           ┌──────┐
    │   PO₄³⁻     │  │ │  │   PO₄³⁻     │──────────▶│ 沉澱 │──▶
    └─────────────┘  └─┘  └─────────────┘           └──────┘
         ▲                                                │
         └────────────────────────────────────────────────┘
```

◆ 累積的含碳物質 | * 可立即生物降解的有機物（低
◆ 聚磷酸鹽的異染粒顆粒 | 分子量可溶性有機物，例如：
DN   可能的脫硝反應器 | 醋酸）

➲ **圖 6.121**　磷酸鹽的生物釋放和攝取，於厭氧和好氧條件之間交替（資料來源：Grau, 1975）[24]

酯（poly β-hydroxybutyrate, PHB）的形式儲存，直到生物體到達好氧區；然後它們會代謝 PHB，並利用所得的能量吸收在厭氧區釋放的以及所有在饋料中存在的磷，而且以能源豐富的多聚磷酸鏈形式保存。這反過來可以作為在厭氧區吸收 VFA 的能量來源。在最終澄清池的固體分離步驟中，磷有效地從液相中去除成為剩餘污泥。丟棄剩餘的生物固體，等於從污泥循環中去除磷。圖 6.121 說明了這一點[24]。

　　Gerber 等人[66] 證明，藉由加入硝酸鹽以及無論是醋酸、丙酸、丁酸或甲酸，還有甲醇或葡萄糖到混合液，只有乙酸和丙酸可直接經由 PAO 的形式來攝取。磷以零級反應釋放出來，直到基質被耗盡（只用醋酸或丙酸）。至硝酸鹽被完全消除之前，磷的釋放很少，或根本沒有。這點說明，在被 PAO 攝取之前，將其他基質醱酵到醋酸或丙酸等是必要的。Wentzel 等人[67] 的結論是，在厭氧區裡，缺少硝酸鹽或氧的情況下透過一級反應，促使可利用的生物體（菌）可以轉變 rbCOD 成 VFA。這需要將厭氧區分階段，以改善效果。Brodisch 等人[68] 發現，*Aeromonas punctata* 具有醱酵 rbCOD 到 VFA 的能力。它存在於所有饋料中 VFA 不足的除磷處

385

理廠。很多方法已被提出和評估,以決定可用的 rbCOD。[67, 69, 70]

Barnard [71] 的報告指出,當富磷污泥維持在沒有溶氧、硝酸鹽及 VFA 供應的條件下,釋放的磷不能在後續的曝氣作用中去除,因為並沒有 PHB 的儲存。他稱此現象為磷的二次釋放。使用這種方式需要額外的 VFA 來累積原釋出的磷。為了產生 VFA,並使放流濃度小於 0.1 mg/L,初級污泥醱酵產酸的重要性已經完整地被記載。[72]

肝醣蓄積菌

肝醣蓄積菌(glycogen accumulating organisms, GAOs)透過使用儲存的肝醣作為能量來源,在生物除氮(BNR)處理廠的厭氧區,與 PAOs 競爭 rbCOD。在厭氧區攝取的 VFA 在曝氣池儲存成肝醣。細胞並沒有蓄積磷。在溫度低於 29°C 且 pH 值為中性時,PAOs 有良好的食物競爭力。Rabinowitz 等人報告有關三個處理廠,其磷還原在溫度 30°C 以上的混合液中被 GAOs 所抑制。調整乙酸和丙酸的饋料條件有利於 PAOs 的成長。

生物除磷設計的注意事項

懸浮生長的生物系統已被證明,將之過濾後可以去除磷到小於 0.1 mg/L。凡饋料中沒有足夠的 rbCOD,則必須適當地添加碳源,不論是透過醱酵產生或從外部來源取得。

供應充足的 VFA 是可去除正磷酸到小於 0.1 mg/L 的重要關鍵。只靠厭氧區 rbCOD 的醱酵可能不太有效,而且可能需要更大的厭氧區和更大的碳量。Barnard 等人的結論是,當使用由現場醱酵產生的醋酸和丙酸混合物,處理廠進流水 COD / TP 的比例應超過 8。然而,當大部分 rbCOD 存在,它必須在厭氧區醱酵,而且 rbCOD /P 的比例應提高到至少 18 至 20。當需要在厭氧區醱酵 rbCOD 時,水解速率就是決定速率的步驟,而且一定也要控制硝酸鹽和溶氧。最近的發展包括醱酵一部分混合液來生產 VFA。在醱酵槽 2 天的 SRT 似乎最合適。

6 好氧生物氧化的原理

　　圖 6.122 顯示生物除磷在有或沒有硝化 - 脫硝作用時,廣義的處理廠流程圖。根據圖 6.122b 的流程圖,表 6.32 總結了菸草廢水處理廠的功能表現數據。

　　Phoredox（A/O 法）程序和 A^2O 程序,如圖 6.122a 和圖 6.122b 所示。硝化不會發生在 Phoredox 程序中,因為它是在很低的 SRT 下操作,在 20°C 為 2 至 3 天,在 10°C 為 4 至 5 天。如果需要硝化,程序必須進行修改,將過量的硝酸鹽經由迴流活性污泥

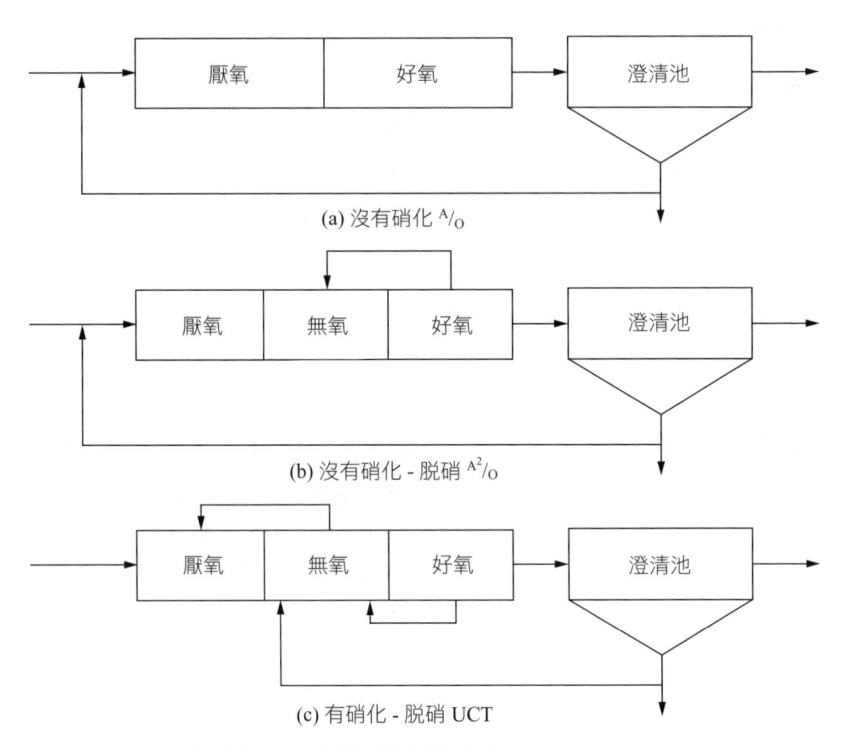

(a) 沒有硝化 $^A/_O$

(b) 沒有硝化 - 脫硝 $^{A^2}/_O$

(c) 有硝化 - 脫硝 UCT

◐ **圖 6.122**　有無硝化 - 脫硝作用的生物除磷

➡ **表 6.32**　菸草廢水使用圖 6.121b 的流程圖的生物除磷結果

	磷 (mg/L)	氨氮 (mg/L)	COD (mg/L)
初級放流水	9.2	20	683
厭氧放流水	19.6	—	—
好氧放流水	1.4	3	99

（RAS）從厭氧反應器中排除。A²O 程序會將 RAS 導向厭氧區，操作的 SRT 約為 8 至 15 天。圖 6.122c 所示的 UCT 程序，將 RAS 導向無氧區（停留時間 1 小時）。迴流到厭氧區的廢水是來自無氧區，那兒的硝酸鹽濃度很低。它被用於相對較弱的廢水，若添加硝酸鹽會對磷的去除有負面影響。此 HRT 一般是 1 至 2 小時，比在 Phoredox 程序中所用的時間更長。相關的更詳細的說明和其他 BPR 程序，Metcalf 和 Eddy 已有討論。

其他除磷的機制

除了過量生物磷的攝取，化學沉降也可能與存在於廢水中的鈣、鎂、鐵、鋁一起發生。最近的數據顯示，隨著生物除磷的增加，理化的去除（physical-chemical removal）也相對增加。生物調節磷沉降的其中一個原因，可能是在厭氧反應器中，生物磷釋放所造成的高磷酸鹽濃度。

在最佳條件下，放流水中的可溶性磷可降低到 0.1 mg/L。結合 BPR 程序與小劑量鋁或鐵同步沉降，可達成更低的放流水磷濃度。化學除磷本身可能仍然是許多處理廠的首選方案。然而，原本所有處理廠都使用化學品的 Severn Trent Water 公司，最近將一些處理廠改為使用 BPR，以減少硫酸亞鐵的總消耗量，因為它在市場上的供應已日漸減少。許多這些處理廠所設定的 SRT，可以很容易地轉換成 Phoredox（AO）的除磷程序，如圖 6.120 所示，只要將曝氣池作簡單的分隔即可。

薄膜生物反應器

薄膜生物反應器（membrane bioreactors, MBRs）將在第 12 章更充分討論。然而，在這裡我們會討論如何利用它來提高營養物的去除。薄膜生物反應器近年來有顯著的發展，可和將被處理的廢水相容。它的主要缺點是偏高的動力成本。

Barnard 討論了活性污泥程序的未來，並提出可以同時獲得氮磷去除的一個流程圖。脫氮需要同時進行生物硝化和脫硝，而

好氧生物氧化的原理 6

MBR 可以同時容納這兩者。固體停留時間（SRT）超過 10 天可允許硝化到非常低的氨濃度。為了節省動力並擺脫對鹼度的需求，脫硝是必要的。

由於大多數現有的薄膜生物反應器在高的 SRT 下操作，放流水氨的濃度相當低，但生活污水排放的 TN 值約 8 mg/L。Daily 指出，喬治亞州的 Cauly Creek 處理廠（設計流程如圖 6.123 所示），能夠在不添加任何化學藥品的狀況下，即能減少磷的含量到低於 0.5 mg/L；而在添加了明礬或氯化鐵（$FeCl_3$）到薄膜分隔槽之後，放流水 TP 平均可以達到 0.1 mg/L。COD/TKN 的比率為 11.2，可達到 81% 的脫氮。請注意，可溶性磷可能需要後續逆滲透才能達到非常低的含量（低於 0.05 mg/L）。

使用薄膜反應器的話就不需要過濾，而且使用脫硝過濾器去除殘留的硝酸鹽的這個選項也已被淘汰。為了達成低的放流水硝酸鹽含量，應該考慮如何配置以確保脫硝可到非常低的程度。圖 6.124 為 Barnard 提出的流程圖，包括了一個在薄膜池前面附加的成長

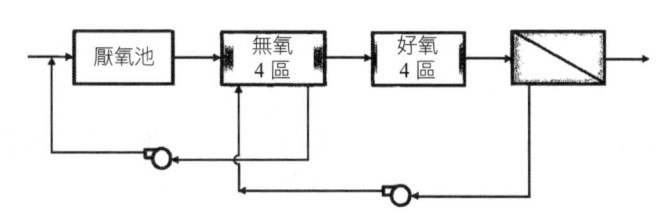

◯ 圖 6.123　在 Cauly Creek 處理廠，MBR 的流程圖（資料來源：Daily）

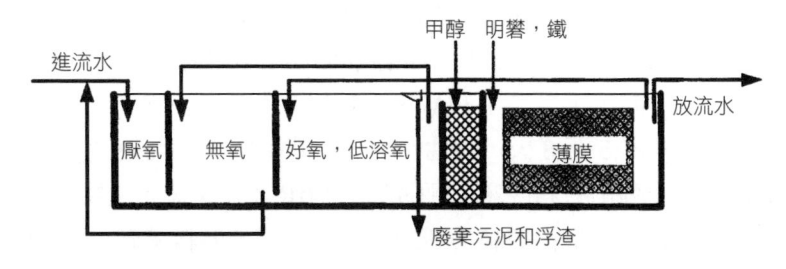

◯ 圖 6.124　薄膜生物反應器（MBR）的配置，具有附著性生長的第二個無氧區來去除氮和磷

部分，讓甲醇降解的生物可以在擔體上成長，而不是被沖掉，確保放流水的硝酸鹽小於 1 mg/L。

6.11 有關程序設計準則發展的實驗室和模廠級步驟

廢水特性

廢水的特性應以調勻的廢水為基準。根據廢水特性和排放許可的要求，應評估下列參數：

- BOD 和 / 或 COD 或 TOC。
- 總懸浮固體物和揮發性懸浮固體物。
- 油脂。
- 揮發性有機物。
- 優先管制污染物。
- 毒性（進行生物檢定）。
- 各種形式的氮（TKN、NH_3、NO_2^-、NO_3^-）。
- 各種形式的磷（正磷酸鹽、總磷）。

對於不包含水生生物毒性的廢水，下列步驟適用於發展必要的程序設計之數據：

1. 調整 BOD：N：P 比為 100：5：1，並忽略廢水中的有機氮。儘管有機氮在活性污泥程序中可能會水解成氨，它在實驗階段可先被忽略，以保證足夠的營養能被加入。有機氮的可用性將在最後的程序設計重新評估。
2. 評估廢水促進絲狀菌膨化現象的潛力。在許多情況下，如果廢水很容易降解（K > 6 d^{-1}），絲狀菌的膨化現象是可以預期的。如果有疑問，可以先在 $F/M \approx 0.4\ d^{-1}$ 的情況下，操作一個完全混合反應器 5 至 8 天，評估它建立絲狀菌擴增的現象。
3. 發展一個馴化的混合液。評估使用 FBR 步驟來確定生物抑制的潛力。如果有生物抑制，則調整廢水的初始饋料率到小於 50% 抑制的閾值濃度。用食微比（F/M）為 0.3 d^{-1} 操作反應器。當馴化進行時，逐步提高饋料率，直到廢水全部的強度都被處

好氧生物氧化的原理 6

理。對於膨化潛力低的廢水，則使用完全混合反應器。對於具有高膨化潛力的廢水，則使用批次反應器、序列批次反應器（SBR）或生物選擇器馴化此混合液。

例題 6.16 呈現使用半連續式（fill-and-draw）批次反應器馴化污泥的計算。

例題 6.16 找出半連續式馴化步驟的操作條件，使用 20-L 的反應器體積和下面的廢水特性。

BOD = 2500 mg/L
TKN = 12 mg/L
$NH_3\text{-}N$ = 2 mg/L
$o\text{-}PO_4\text{-}P$ = 3 mg/L

使用 F/M= 0.3 d^{-1}，在 MLVSS = 3000 mg/L 下操作反應器。

解答：

$$\text{需要的 } NH_3 = [2500/(100/5)] - 2$$

$$= 123 \text{ mg N/L}$$

$$\text{需要的 } o\text{-}PO_4^- \ P = [2500/(100/1)] - 3$$

$$= 22 \text{ mg P/L}$$

$$t = \frac{S_o}{X_v(F/M)} = \frac{2500}{(3000 \cdot 0.3)}$$

$$= 2.8 \text{ d}$$

假設廢水不會受到生物抑制（以 FBR 的測試結果為基準），每個饋料週期添加的體積是：

$$V = \frac{20}{2.8} = 7.14 \text{ l/d}$$

如果 FBR 的結果顯示廢水受到抑制，那麼此饋料應用一個弱但易於降解的基質來稀釋，以提供 S_o = 2500 mg/L。加到混合饋料的廢水體積應逐漸增加（每個饋料週期約 10%），同時保持 S_o =2500 mg/L。SOUR 和 SVI 應每天量測，並在每個饋料週期結束時量測放流水的 SCOD 濃度。

反應器操作

對於易於降解的廢水，應該至少有三個反應器在 SRT 為 3 至

391

12 天的範圍內平行操作；對於較難降解的廢水，則於 SRT 為 10 到 40 天的範圍操作。由於膠羽的尺寸大小與功率水準有關，而動力水準又會影響到動力反應係數 K，因此在模廠級的功率水準應該接近實際的狀況。SRT 應該透過以每天廢棄適量的混合液來保持不變（即 SRT 為 10 天的話，代表每天反應器體積十分之一的量被廢棄）。廢棄污泥質量的計算，是以廢棄反應器體積裡的 VSS，加上在反應器放流水的 VSS 來表示。反應器的採樣和分析進度總結於表 6.33。請注意，一般需要三個 SRT 才能達到近似穩態的條件。如果廢水是可吸著的且容易降解的，應該使用一個序列批次反應器（SBR）或選擇器來產生非絲狀的污泥（圖 6.125）。而對於更難降解的廢水，應使用如圖 6.126 所示的完全混合反應器。

在可處理性研究的最後，應該找出可降解的比例 X_d 和內源性的衰減係數 b。從每個反應器來的污泥被沖洗和曝氣，而且 VSS 的濃度每 2 至 3 天測量一次，直到 VSS 不再減少為止。可降解部分的比例和內源性的衰減係數可以計算，如圖 6.127 所示。

圖 6.128 呈現可處理性反應器數據，圖形分析的方法。從 $S_o(S_o$

➡ 表 6.33　生物處理程序設計研究的採樣和分析日程表

分析項目	頻率
BOD	3/ 週
COD 或 TOC	每天
攝氧率	每天
MLVSS	每天
溶氧	每天
pH	每天
溫度	每天
氮 *	2/ 週
磷	2/ 週
生物毒性測定評估 †	每週
特定污染物	每週

* 缺乏氮的廢水情況。如果需要硝化，TKN、NH_3^-N 和 NO_3^-N 應每週執行 3 次。
† 測試物種將取決於許可條件。

好氧生物氧化的原理 6

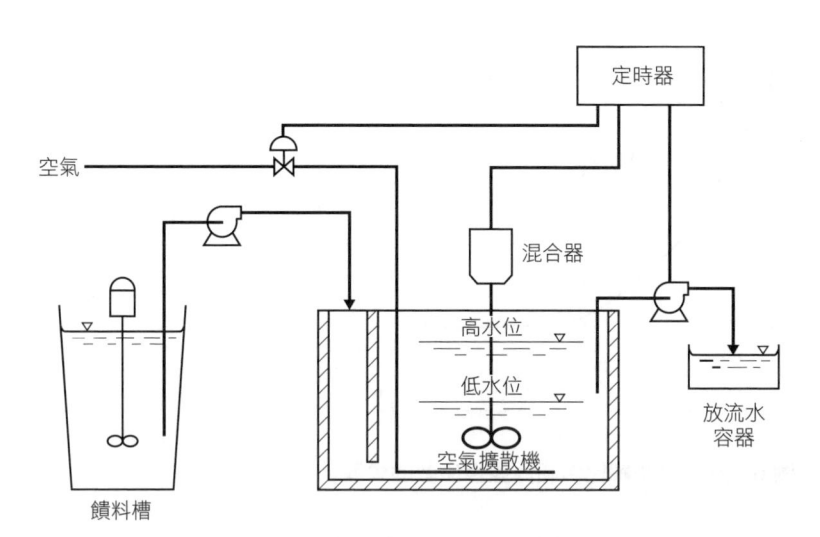

◯ 圖 6.125　模廠級活性污泥系統（SBR 的修改版）

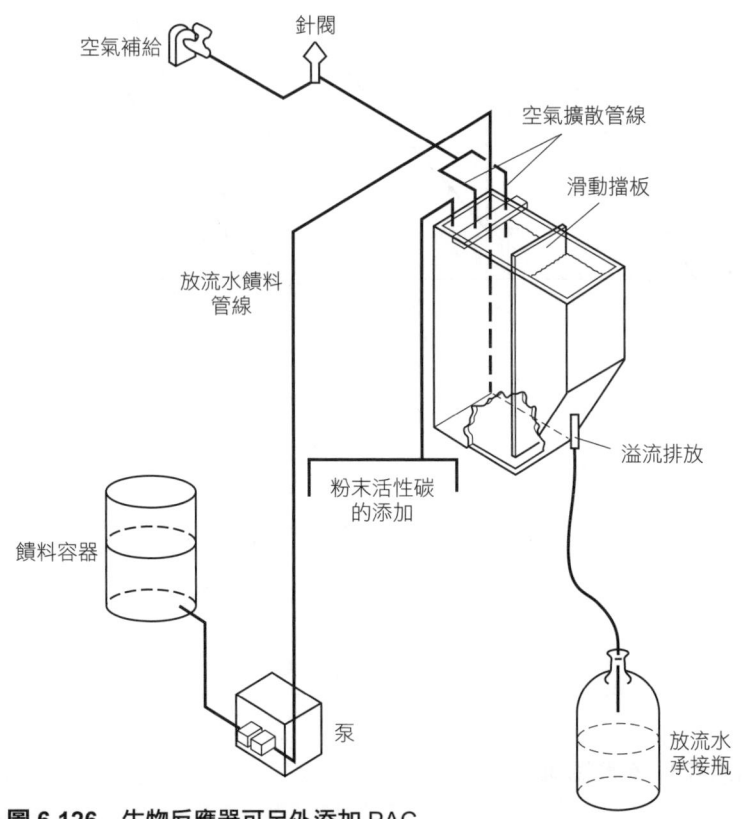

◯ 圖 6.126　生物反應器可另外添加 PAC

393

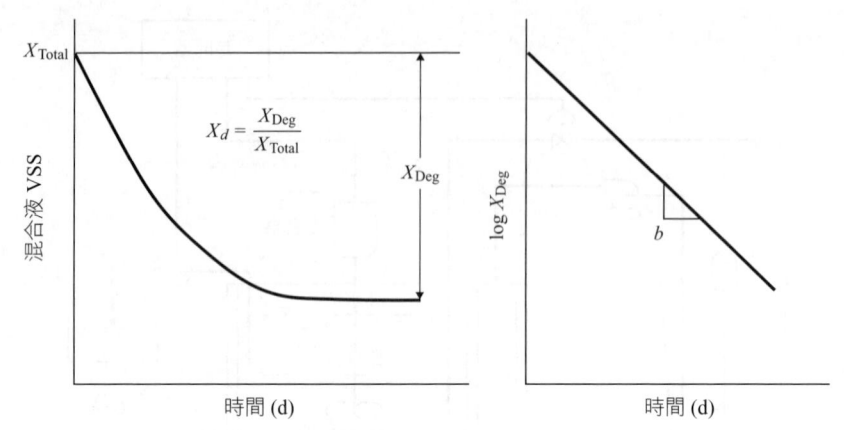

○ 圖 6.127　可降解比例和內源性係數的求取

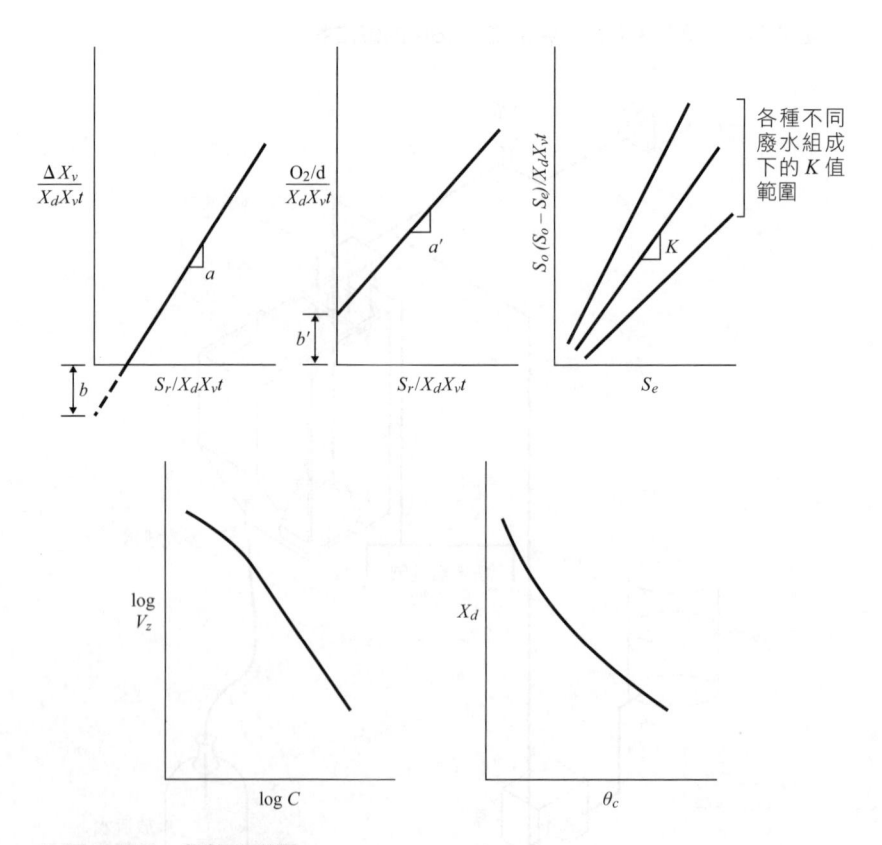

○ 圖 6.128　參數關聯圖

好氧生物氧化的原理 6

$-S_e)/X_dX_vt$ 相對於 S_e 的圖,可以得到速率係數 K。如果進流廢水具有可變的有機組成,K 將不會是恆定的。畫出 O_2/X_dX_vt 相對於 S_r/X_dX_vt 的圖,其斜率為氧係數 a',而截距則為內源性呼吸係數 b'。污泥產率係數 a 是根據 $\Delta X_v/X_dX_vt$ 相對於 S_r/X_dX_vt 的圖來決定。應當指出的是,ΔX_v 包含每天廢棄的污泥,加上在反應器放流水的污泥。最終沉澱池的設計準則可以從層沉澱速度測量和污泥批次通量的分析而確認。

揮發性有機碳

目前的重點在於污水處理廠揮發物質的排放要求,凡是進流廢水中有揮發性物質的存在時,活性污泥程序的設計應使用氣提法。在實驗設計中,要考慮到幾個因素:

- 在曝氣池的功率水準和曝氣機的類型(即散氣式或機械式)會顯著地影響氣提。
- 每一個特定的揮發物應採用最高預期的濃度。特定揮發性物質的降解率將關係到複合廢水的組成和程序操作的條件,也就是 SRT。因此,在揮發性氣提和降解的研究前,必須先確定這些變數。
- 研究證明,廢氣的捕獲和再循環將顯著增強揮發性有機化合物的降解。因此,如果工廠被要求要控制揮發性有機化合物的排放,這程序的修改應包括在模廠級研究。
- 加蓋的曝氣池可能會導致顯著的溫升,因為高強度廢水會有放熱反應。當池的溫度超過約38°C時,可能會導致膠羽的分散。在這些情況下,監視反應器的溫度和做出適當的溫度調整是必要的。

一旦降解速率被定義,第336頁中描述的計算可用來確定氣提揮發性有機物的比例。

水生生物毒性的減少

目前幾乎在所有的工業廢水排放許可證裡都有水生生物毒性的

監管。幾個選定化合物的急毒性呈現在表 6.34。放流水毒性可以歸納如下：

- 由不可降解的有機物所引起。需要去毒性和／或增強生物降解能力的預處理。
- 由可降解的毒性有機物所引起。需要調整污泥齡，以降低有機物到無毒的程度。
- 由 SMP 或多種有機物或副產物所引起。需要應用到粉狀活性碳（PAC）或放流水最終處理（如過濾）以去除有毒的有機物。

因此，在可處理性研究的首要步驟之一，是確定廢水生物處理的適用性。

這裡會討論兩個案例。第一個案例中，已知一個可生物降解的有毒化合物。一連串有著各種不同 SRT 的反應器進行操作，以確定可降低水生生物毒性並滿足許可證的要求所需的 SRT。圖 6.44 顯示一個使用來自界面活性劑工業廢水的壬基酚的範例。在第二個更常見的案例中，毒性是由未知的有機混合物所造成，或是在生物氧化過程中藉由 SMP 的生成來產生或增強。在這種情況下的毒性可與放流水 COD 相關聯，如圖 6.45 所示的石化煉油廢水。圖 6.69 顯示一個為了制定在這種情況下的處理選項所發展出來的測試協定方法。廢水的生物降解性由 FBR 測試來確定。重要的是，在測試中使用的生物污泥必須對廢水已充分馴化。如果廢水是不可降解且有毒的，則必須進行預處理。預處理的主要目的是去除毒性和增強生物降解性。如果經過 FBR 步驟後，確定廢水為可降解，接著就須進行一個長期的氧化測試（例如，48 小時曝氣），來去除所有可降解的成分。這個放流水接著要進行生物毒性測試評估。如果放流水仍然是有毒的，那麼就應考慮替代的預處理方法或三級處理。由於廢水組成的毒性和 SMP 的毒性是不可能區分的，廢水應進行預處理以去除毒性，然後再用長期的氧化試驗來確定毒性的來源。

如果毒性源自 SMP，應當評估使用活性碳的三級處理。第 8 章會說明，儘管實驗室建立的吸附等溫線可以用來確定活性碳的適

➡ **表 6.34　選定化合物的急毒性（96-h LC_{50}）**

有機物 *	單位	肥頭鱥魚 (Fathead Minnows)	大水蚤 (Daphnia)	虹鱒 (Rainbow Trout)
苯	mg/L	42.70	35.20	38.70
四氯化碳	mg/L	17.30	15.20	14.50
氯苯	mg/L	13.20	11.60	11.10
1,1- 二氯乙烷	mg/L	120.00	96.40	113.00
1,1,2- 三氯乙烷	mg/L	88.70	72.60	81.10
2- 氯酚	mg/L	21.60	18.60	18.40
1,4- 二氯苯	mg/L	3.72	3.46	2.89
1,2- 二氯苯	mg/L	87.40	71.10	80.50
2,4- 二硝基苯酚	mg/L	5.81	5.35	4.56
4,6- 二硝鄰甲酚	mg/L	2.79	2.65	2.10
五氯酚	mg/L	170.00	—	—
苯乙烷	mg/L	11.00	9.97	9.47
二氯甲烷	mg/L	326.00	249.00	325.00
甲苯	mg/L	31.00	26.00	27.40
三氯乙烯	mg/L	55.40	46.20	49.50
酚	mg/L	39.60	33.00	35.40
1,4- 二硝基苯	mg/L	1.68	1.61	1.24
2,4,6- 三氯苯酚	mg/L	5.91	5.45	4.62
2,4- 二氯苯酚	mg/L	9.27	8.35	7.40
萘	mg/L	5.57	5.07	4.44
硝基苯	mg/L	118.00	95.40	110.00
1,1,2,2- 四氯乙烷	mg/L	31.10	26.70	26.70
砷	mg/L	15,600	5,278	13,340
六價鉻	mg/L	43,600	6,400	69,000
鎘	mg/L	38.2	0.29	0.04
銅	mg/L	3.29	0.43	1.02
鉛	mg/L	158.00	4.02	158.00
汞	mg/L	—	5.00	249.00
鎳	mg/L	440.00	54.00	—
硒	mg/L	1,460.00	710.00	10,200
銀	mg/L	0.012	0.00192	0.023
鋅	mg/L	169.00	8.89	26.20
無機物				
非離子化的氨	pH 7.0		0.093 (23)	0.093 (23)
總氨	pH 8.5		0.260 (6.8)	0.260 (6.8)

* 根據 EPA/ 蒙大拿州的 QSAR 系統。
† EPA, Duluth,1980.
註：根據 pH 值和溫度而充滿變數（Federal Reg. Vol. 50, No. 185, Monday, July 29, 1985, pp. 30, 784 to 30,786）。數據代表保護水生生物的標準，在 pH 值 7.0 和 20°C，以及 pH 值 8.5 和 20°C，1 小時平均的 mg/L。

活性污泥程序

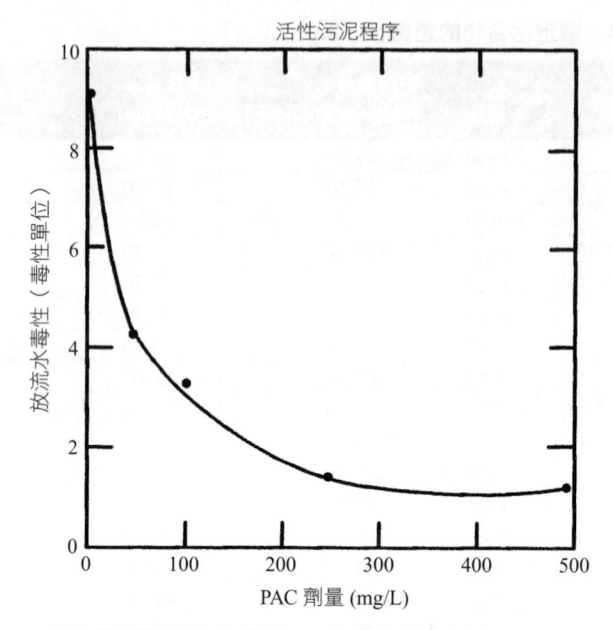

◯ 圖 6.129　在有機化學品廢水使用 PAC 來降低毒性

用性，但是它們不能直接用於程序的設計。應該使用一系列的反應器，投入不同的碳劑量並使用需要的 SRT 來去除可降解的有機物和/或優先管制污染物。每個反應器應預先裝載已經與反應器放流水平衡的活性碳。在反應器的混合液裡平衡的碳濃度可以根據式(8.12) 來計算。圖 6.129 說明了在有機化學品廢水使用 PAC 來降低毒性。如果經 PAC 處理過的廢水仍具有水生生物毒性，那麼應該考慮源頭處理或消除特定的有毒廢水流。

6.12　問題

6.1.　以下數據是在 20°C，從一個模廠級研究發展出來的：
(a) 決定該廢水的 K 值。
(b) 如果 $\theta = 1.06$，在 10°C 的 K 值是多少？

F/M (d^{-1})	X_v (mg/L)	S_o (mg/L)	S_e (mg/L)
0.3	2000	1640	26
0.48	1980	1640	44
0.72	2000	1640	70
0.96	2056	1640	100
1.18	2050	1640	167
2.68	2100	1640	333

6.2. 一個處理有機化學品廢水的完全混合活性污泥廠產生了以下的性能數據：

TOD$_{進流水}$ = 830 mg/L

TOD$_{放流水}$ = 50 mg/L

攝氧率（OUR）= 0.49 mg/(L · min)

MLVSS = 3200 mg/L

Q = 3.2 million gal/d（12,100 m^3/d）

t = 0.8 d

混合液的樣品在實驗室中曝氣以決定內源性攝氧率，其中

OUR = 0.3 mg/(L · min)

MLVSS = 4700 mg/L

計算內源性係數 b' 和係數 a 和 a'。

6.3. 活性污泥程序在下列條件下操作，求取操作因子 F/M、MLVSS、f_b：

a = 0.45

b = 0.1 在 20°C

θ_c = 10 d

X_i = 200 mg/L

f_x = 0

S_o = 1000 mg/L

S_e = 20 mg/L

t = 0.9 d

6.4. 使用例題 6.7 的數據，如果進流水不可降解的 VSS 為 100 mg/L，計算所需的停留時間。如果我們希望維持一樣 0.52 天的停留時間，MLVSS 必須增加到多少才能保持相同的放流水質？

6.5. 活性污泥程序的平均操作和性能條件說明如下。

進流水

$SCOD_o = 1018$ mg/L

$X_i = 51$ mg/L

$f_x = 0$

$Q_o = 5.19$ million gal/d

放流水

$SCOD_e = 248$ mg/L

$VSS_e = 34$ mg/L

廢棄污泥

$Q_w = 0.08$ million gal/d

$VSS_w = 6080$ mg/L

曝氣池

$V = 1$ million gal/d

MLVSS = 2295 mg/L

$b = 0.18$ d^{-1}

$t = 0.19$ d

OUR = 146 mg/(l-h)

製定一個程序的物質平衡。

6.6. 一個未經處理的工業廢水有生化需氧量 935 mg/L、可以忽略不計的有機氮、氨氮為 8 mg/L，和 1.5 million gal/d 的流量。此廢水處理廠在 15 天的 SRT 下操作，MLVSS 為 3000 mg/L。放流水的可溶性生化需氧量為 15 mg/L。污泥的產率係數為 0.6，b 是 0.1 d^{-1}，水力停留時間為 1.4 d。計算必須添加的氮。

6.7. 一個完全混合的活性污泥處理廠，可以用下列條件來設計：

$Q = 3.5$ million gal/d $(1.32 \times 10^4$ m^3/d$)$

$S_o = 650$ mg/L

$S_{(可溶性的)} = 20$ mg/L

$X_v = 3000$ mg/L

$a = 0.50$

$a' = 0.52$

$b = 0.1/\text{d}$ 在 20°C

$u = 1.065$

$K = 6.0/\text{d}$ 在 20°C

$b' = 0.14/\text{d}$

計算：

(a) 曝氣量。
(b) 食微比（F/M）。
(c) 污泥產率。
(d) 需氧量。
(e) 營養需求量。
(f) 在 10°C 的放流水質。

6.8. 發展硝化-脫硝水道中 NH_3^-N/BOD 比和曝氣量百分比的關係。考慮 BOD 為 200mg/L 和 NH_3^-N 為 10 至 70mg/L 的範圍。計算每個案例的需氧量。使用下列參數：

R_N = 最高速率的一半

$K_{DN} = 0.06$ mg NO_3^-N/(mg VSS · d) 在 20°C

$X_v = 3000$ mg/L

$a' = 0.55$

$K_{BOD,\,好氧} = 8.0/\text{d}$ 在 20°C

$BOD/NO_3^-N = 3.0$

$a = 0.5$

$b = 0.1\ \text{d}^{-1}$

$X_d = 0.45$

$S_e = 10$ mg/L

參考文獻

1. Weber, W. J., and B. E. Jones: EPA NTIS PB86-182425/AS, 1983.
2. Matter-Mutter et al.: *Prop. Water Tech.*, vol. 12, pp. 299–313, 1980.
3. Namkung, J., and Rittman: *J. WPCF*, vol. 59, no. 7, p. 670, 1987.
4. Branghman and Pariss: *Critical Review in Microbiology*, vol. 8, p. 205, 1981.
5. Dobbs, Wang, and Govind: *Environ. Sci. & Tech.*, vol. 23, no. 9, p. 1092, 1989.

6. Kincannon, D. F., and E. L. Stover: EPA Report CR-806843-01-02, 1982.
7. Ford, D. L.: Activated Sludge, University of Texas at Austin Advanced Wastewater Pollution Control Short Course, August 2007.
8. Grady C. P. L., et al.: *Water Research*, vol. 30, p. 742, 1996.
9. Tabak, H. H., and E. F. Barth: *J. WPCF*, vol. 50, p. 552, 1978.
10. Gaudy, A. F.: *J. WPCF*, vol. 34, pt. 2, p. 124, February 1962.
11. Englebrecht, R. S., and R. E. McKinney: *Sewage Ind. Wastes*, vol. .29, pt. 12(l), p. 350, December 1957.
12. McWhorter, T. R., and H. Heukeleklan: *Advances in Water Pollution Research*, vol. 2, Pergamon, New York, 1964.
13. Quirk, T., and W. W. Eckenfelder: *J. WPCF*, vol. 58, pt. 9, p. 932, 1986.
14. Sawyer, C. N.: *Biological Treatment of Sewage and Industrial Wastes*, vol. 1, Reinhold, New York, 1956.
15. Gellman, I., and H. Heukelekian: *Sewage Ind. Wastes*, vol. 25, pt. 10(l), p. 196, 1953.
16. Busch, A. W., and N. Myrick: *Proc. 15th Ind. Waste Conf.*, 1960, Purdue University.
17. Pipes, W.: *Proc. 18th Ind. Waste Conf.*, 1963, Purdue University.
18. Eckenfelder, W. W.: *Principles of Water Quality Management*, CBI, Boston, 1980.
19. Shamas, J. Y., Englande; A. J., *Water Science & Technology*, vol. 1, 1992.
20. Helmers, E. N, J. P. Frame, A. F. Greenbert, and C. N. Sawyer: *Sewage Ind. Wastes*, vol. 23, pt. 7, p. 834, 1951.
21. Wuhrmann, K.: *Biological Treatment of Sewage and Industrial Wastes*, vol. 1, Reinhold, New York, 1956.
22. Tischler, L. F., and W. W. Eckenfelder: *Advances in Water Pollution Research*, vol. 2, Pergamon, Oxford, England, 1969.
23. Gaudy, A. F., K. Komoirit, and M. N. Bhatla: *J. WPCF*, vol. 35, pt. 7, p. 903, July 1963.
24. Grau, P.: *Water Res.*, vol. 9, p. 637, 1975.
25. Adams, C. E., W. W. Eckenfelder, and J. Hovious: *Water Res.*, vol. 9, p. 37, 1975.
26. Van Niekerk et al.: *Wat. Sci. Tech.*, vol. 19, p. 505, 1987.
27. Argaman, Y.: *Water Research*, vol. 25, p. 1583, 1991.
28. Rickard, M. D., and Gaudy, A. F.: *J. WPCF*, vol. 49, R129, 1968.
29. Zahradka., V., *Advances in Water Pollution Research*, vol. 2, Water Pollution Control Federation, Washington, DC, 1967.
30. Philbrook, D. M., and Grady, P. L.: *Proc. 40th Industrial Waste Conf.*, Purdue University, 1985.
31. Hoover, P.: M. S. Dissertation, Vanderbilt University, 1989.

好氧生物氧化的原理 6

32. Nevalainen, J., et al.: *Wat. Sci. Tech.*, vol. 24, no. 3 – 4, 1991.
33. Palm, J. C., D. Jenkins, and P. S. Parker: *J. WPCF*, vol. 52, pt. 2, p. 484, 1980.
34. Richard, M. G.: *WEF Ind. Waste Tech. Conf.*, New Orleans, 1997.
35. Eckenfelder, W. W., and J. Musterman: *Activated Sludge Treatment of Industrial Wastewaters*, Technomic Publishing, 1995.
36. Marten, W., and G. Daigger: *Water Env. Research*, vol. 69, no. 7, p. 1272, 1997.
37. Wanner, J.: *Activated Sludge Bulking and Foaming Control*, Technomic Publishing, 1994.
38. Jenkins, D., M. Richard, and G. Daigger: *Manual on the Causes and Control of Activated Sludge Bulking and Foaming Water*, Research Committee, Pretoria, S.A., 1984.
39. Pitter, J., and J. Chudoba: *Biodegradability of Organic Substances in the Aquatic Environment*, CRC Press, Boca Raton, Fla., 1990.
40. Chudoba, J.: *Water Res.*, vol. 19, no. 2, p. 197, 1985.
41. Volskay, V. T., and P. L. Grady: *J. WPCF*, vol. 60, no. 10, p. 1850, 1988.
42. Watkin, A.: Ph.D. dissertation, Vanderbilt University, 1986.
43. Watkin, A., and W. W. Eckenfelder: *Water Sci. Tech.*, vol. 21, p. 593, 1988.
44. Larson, R. J., and S. L. Schaeffer: *Water Res.*, vol. 16, p. 675, 1982.
45. Roberts, P. V., et al.: *J. WPCF*, vol. 56, no. 2, p. 157, 1984.
46. Poduska, R. A.: Ph.D. thesis, Clemson University, 1973.
47. Wong Chong, G. M., and R. C. Loehr: *Water Res.*, vol. 9, p. 1099, 1975.
48. Blum, J. W., and R.A. Speece: *Database of Chemical Toxicity to Bacteria and Its Use in Interspecies Comparisons and Correlations*, Vanderbilt University, 1990.
49. Henning, A., and R. Kayser, *42nd Purdue Ind. Waste Conf.*, p. 893, 1986.
50. Skinner, F. A., and N. Walker: *Arch. Mikrobiol.* pp. 38 – 339, 1961.
51. Sadick, T. E., et al.: *Proc. WEF*, vol. 1, Dallas, 1996.
52. Zacharias, B., and R. Kayser: *50th Purdue Ind. Waste Conf. Proc.*, Ann Arbor Press, 1995.
53. Anthoisen, A. C.: *J. WPCF*, vol. 48, p. 835, 1976.
54. Sutton et al.: First Workshop, Canadian-German Cooperation, Wastewater Technology Center, Burlington, Ontario, Canada, 1979.
55. Orhon, S. et al.: *Water Sci. Tech.*, vol. 34, no. 5, p. 67, 1996.
56. McClintock, S. A. et al.: *J. WPCF*, vol. 60, no. 3, 1988.
57. OH, J., and J. Silverstein: *Water Res.*, vol. 33, no. 8, p. 1925, 1999.
58. Lie, J., and R. Welander: *Water Sci. Tech.*, vol. 30, no. 6, p. 91, 1994.
59. Baumann, P., and Kh. Krauth: *Proc 2nd Specialized Conference on Pretreatment of Industrial Wastewaters*, Athens, Greece, 1996.
60. Henze H. et al.: *Water Res.*, vol. 27, no. 2, p. 231, 1993.

61. Levin, G. V.: U. S. Patent No. 3,654,147. U.S. Patent Office, Washington D.C., 1970.
62. Milbury, W. F., D. McCaluley, and C. H. Hawthorne.: Operation of conventional activated sludge for maximum phosphorus removal. *J. WPCF*, 43(9), pp. 1890–1901, 1971.
63. Barnard, J. L.: Cut P and N without chemicals. *Water and Wastes Engineering*, Part 1, 11(7), 33-36; Part 2, (11(8), 41–43, 1974.
64. Barnard, J. L.: A review of biological phosphorous removal in activated sludge process. *Water*
65. Fuhs, G. W., and M. Chen: Microbiological basis of phosphate removal in the activated sludge process for the treatment of wastewater. *Microbiol. Ecol.*, 2(2), 119–138, 1975.
66. Gerber, A., et al.: The effect of acetal and other short-chain compounds on the kinetics of biological nutrient removal processes, *Water SA*, 12, pp. 7–12, 1986.
67. Wentzel, M. C., et al.: Enhanced polyphosphate organism cultures in activated sludge systems, Part 1: Enhanced culture development. *Water SA*, 14, pp. 81–92, 1988.
68. Brodisch, K. E. U., and S. J. Joyner: The role of microorganisms other than *Acinetobacter* in biological phosphate removal in activated sludge process. *Water Sci. Technol.*, vol. 15, pp. 87–103, 1983.
69. WERF Report 99-WWF-3 Methods for Wastewater Characterization in Activated Sludge Modeling. Co-published by IWA Publishing and the Water Environment Federation, 2003.
70. Mamais, D., D. Jenkins, and P. Pitt: A rapid physical-chemical method for the determination of readily biodegradable soluble COD in municipal wastewater. *Water Research*, 27, p. 195, 1993.
71. Barnard, J. L.: Activated primary tanks for phosphate removal. *Water SA*, 10(3), p. 121, 1984.
72. Gu, A. Z., et al.: Investigation of PAOs and GAOs and Their Effects on EBPR Performance at Full-Scale Wastewater Treatment Plants in U.S., *Proc. WEFTEC 2005*, Washington D.C., 2005.

7

生物廢水處理程序

7.1 簡介

生物處理的目的是加快自然降解程序，並且在最終處置或再利用之前，先穩定廢水和污泥。替代的方法包括：曝氣氧化塘及穩定池；活性污泥程序；固定膜程序（滴濾池、旋轉生物接觸盤）；以及厭氧處理。替代方法的選擇將取決於原廢水的特性，所需的放流水品質；土地需求、污泥的產生及成本。本章將討論各種類型的方法、操作原理、影響功能表現的因子、設計方法，以及每一種的範例問題。

7.2 氧化塘和穩定池

只要土地面積夠，而且毒性有機物或重金屬不會造成地下水污染，穩定池是處理有機廢水的常用方法。

穩定池可分為兩種：圍起吸附塘及貫穿流通塘。在圍起吸附塘，要不是沒有溢出，就是在高流量期間有間歇性的排放。該池的容積等於總廢水流去掉蒸發和滲漏的損失。如果有間歇性排放，所需的容量與廢水流的流動特性有關。鑑於大面積的需求，圍起塘通常限於每日廢水量排放較低的工業，或像罐頭工業只有季節性操作的工業。

根據主要的生物活性，貫穿流通塘可以分為三類。

類型 I：兼性塘

依負荷和熱的分層，兼性塘被分成好氧表面和厭氧底部。好氧表面層有晝夜變化，在白天由於藻類的光合作用會增加氧的含量；而在夜間則會減少，如圖 7.1 所示。沉積底部的污泥將進行厭氧的分解，產生甲烷和其他氣體。如果好氧層不能維持，則會產生臭味。深度從 3 至 6 ft（0.9 至 1.8 m）不等。

由於透過光合作用所產生的氧取決於光線的穿透，因此高色度的廢水，如紡織、紙漿和造紙，不能以這項技術處理。

類型 II：厭氧塘

厭氧塘的負荷，到達所有液體體積都是處於厭氧狀態的程度。這個生物程序和發生在厭氧消化槽的程序相同，也就是說，主要是有機酸形成接著沼氣的醱酵。選定的厭氧塘深度提供最小的表面積/體積比，從而能在寒冷的天氣裡提供最佳保溫。15 ft（4.6 m）的深度是很常見的。

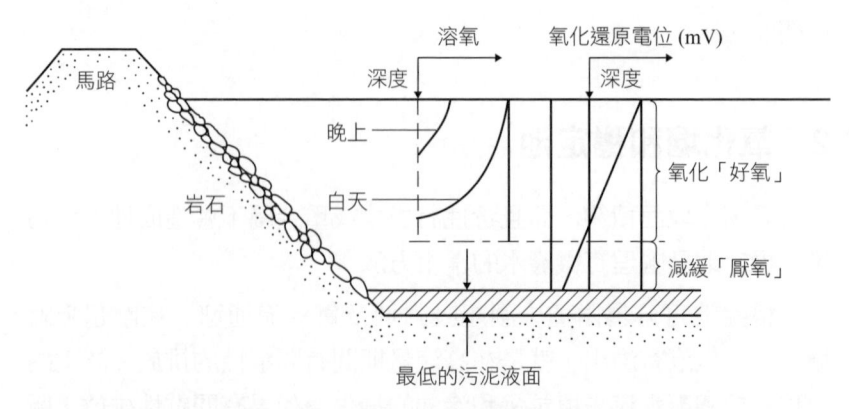

◐ 圖 7.1　廢水穩定塘──兼性塘型（資料來源：Gloyna, 1965）[1]

生物廢水處理程序 7

類型 III：曝氣氧化塘

依所需的 BOD 去除效率，這些停留時間的範圍，可以從幾天到 2 個星期不等。氧透過散氣式或機械式曝氣系統供應，此系統也可以引起足夠的攪拌，促使相當數量的表面曝氣。6 到 15 ft（1.8 至 4.6 m）的深度是很常見的。

氧化塘的應用

對於一些工業廢水的應用，好氧塘用於厭氧塘之後，以提供高度處理。穩定池也被用來精進處理來自生物處理系統（例如：滴濾池和活性污泥等）的放流水。

在好氧塘，透過光合作用產生的氧量可根據下列方法來估計：

$$O_2 = CfS \tag{7.1}$$

其中，O_2 = 氧產量，lb/(acre · d) 或 kg/(m² · d)

C = 0.25，如果 O_2 單位為 lb/(acre · d)；或是 2.8×10^{-5}，如果 O_2 單位為 kg/(m² · d)

f = 光轉換效率，%

S = 光強度，cal /(cm² · d)

如果估計光轉換效率為 4%，則 $O_2 = S$。S 是緯度和一年中月份的函數，在冬、夏兩季及緯度 30° 時，預期為 100 至 300 cal/(cm² · d) 不等。這意味著最大負荷為 100 到 300 lb BOD_u/(acre · d)（0.011 到 0.034 kg/(m² · d)），以維持池塘中任何的好氧活動。

兼性塘氧滲透的深度可用表面負荷的函數來估計，如圖 7.2 所示。要注意的是，圖 7.2 的數據來自在加州處理家庭污水的氧化塘。對於在其他氣候條件下處理的其他廢水類型，這條曲線就得作適當的調整。

在廢水穩定池中最常見的綠藻是衣藻（*Chlamydomonas*）、綠藻（*Chlorella*）和裸藻（*Euglena*）。常見的藍綠藻是顫藻（*Oscillatoria*）、席藻（*Phormidium*）、組囊藻（*Anacystis*）和魚腥藻（*Anabaena*）。在塘中的藻類類型會隨季節而有所不同。

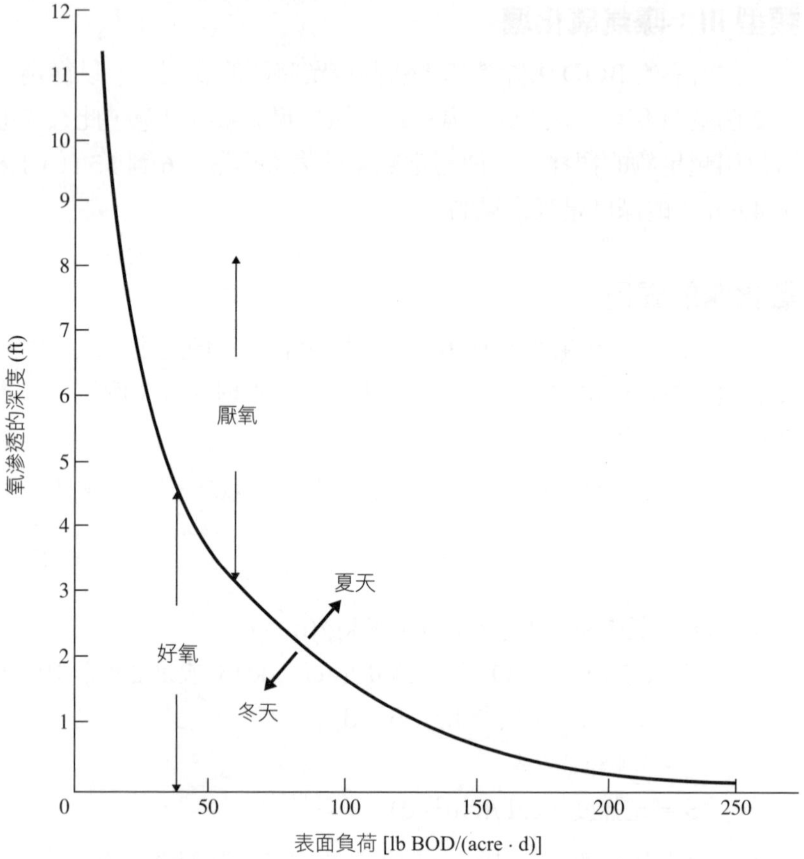

註：lb/(acre • d) = 1.121 × 10^{-4} kg/(m^2 • d)
ft = 0.3048 m

➲ 圖 7.2　在兼性塘中，氧滲透的深度（資料來源：Oswald, 1968）[2]

在處理如牛皮紙漿廠和造紙廠的高色度或濁度的廢水，光的穿透性極低，因此氧輸入主要來自表面的再曝氧。Gellman 和 Berger [3] 估計再曝氣的氧輸入量為 45 lb O_2/(acre · d)（0.005 kg/(m^2 · d)）。紙漿和造紙業穩定池的效能數據，如圖 7.3 所示。

兼性塘和厭氧塘的設計採用了幾個概念。厭氧塘和兼性塘的函數方程式已發展如下：

對於單井混合塘：

生物廢水處理程序 7

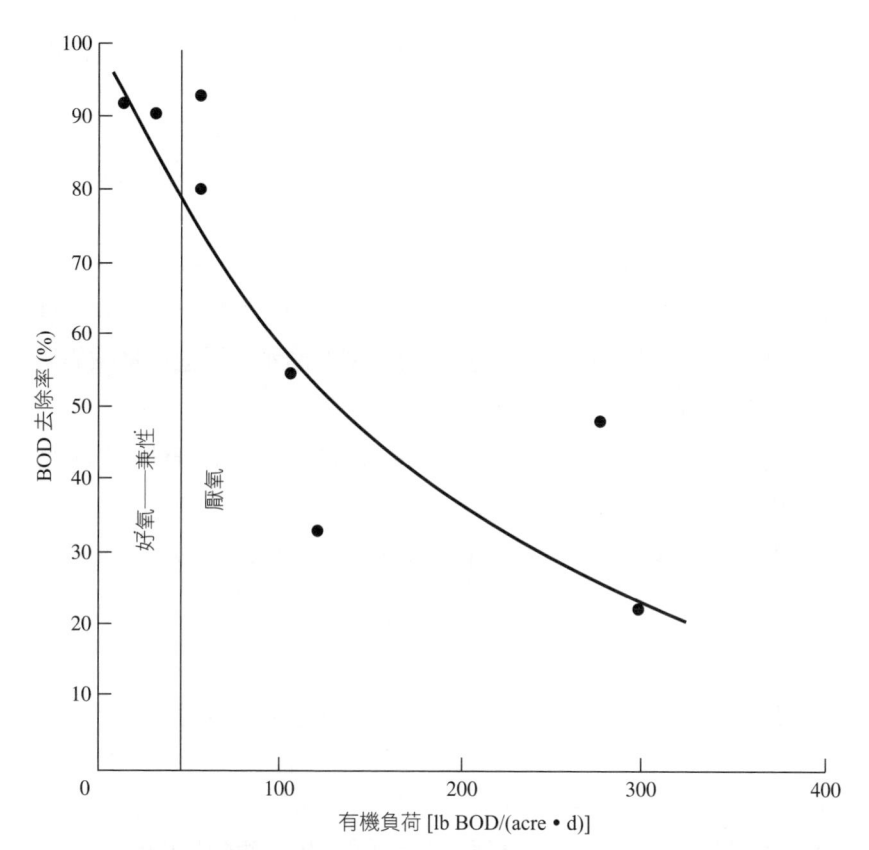

註：lb/(acre · d) = 1.121 × 10⁻⁴ kg/(m² · d)

◯ **圖 7.3** 在紙漿和造紙業，廢水穩定塘的效能

$$\frac{S}{S_o} = \frac{1}{1+kt} \tag{7.2}$$

對於多重塘（multiple ponds）：

$$\frac{S}{S_o} = \frac{1}{(1+k_1 t_1)(1+k_2 t_2) \cdots (1+k_n t_n)} \tag{7.2a}$$

對於無限數量的塘或塞流塘：

$$\frac{S}{S_o} = e^{-k_n t_n} \tag{7.3}$$

當考慮到進流水濃度的變化，式 (7.2) 可以修改為：

$$\frac{S}{S_o} = \frac{1}{1 + kt/S_o} \qquad (7.4)$$

此公式在函數上和運用於曝氣氧化塘和活性污泥的公式 (7.2) 相同，只是它的速率係數 k 包括生質濃度的影響。這是因為在廢水穩定池通常不太可能有效地測量生質濃度（VSS）。

當考慮多重塘時（式 (7.3)），所有塘的 k 值視為相同。對於複雜的廢水，這可能不正確，因為較容易降解的化合物會在最初的塘中就被去除。在這些情況下，對於要處理的廢水，需進行實驗的研究以定義 k 值的變化。

有機化學藥品廠的數據，顯示在 20°C 且為厭氧條件下的 k 值為 0.05 d^{-1}；在好氧條件下為 0.5 d^{-1}。

在一個穩定池，平均的飽和係數 k_m 可以被計算出來：

$$k_m = \frac{k_{好氧} \times D_{好氧} + k_{厭氧} \times D_{厭氧}}{D_{總}} \qquad (7.5)$$

如同在所有的生物程序，塘中的生物活性是溫度的函數，並且速率係數 k 可透過應用式 (6.43) 來修訂。評估牛皮紙漿和造紙廠 30 天平均效能的表現顯示 θ 值為 1.053，如圖 7.4 所示。在冬天較冷氣候操作時，塘會被冰覆蓋，導致厭氧狀況使效能降低（請注意，冰蓋會形成隔熱體，維持液體在較高的溫度）。

某些設計的考慮因素對穩定池的成功操作很重要，Hermann 和 Gloyna [4] 以及 Marais [5] 已有討論。應以防滲材料興建堤防，最大坡度為 3:1 和 4:1 之間，最小坡度為 6:1。在池中吃水線到池頂至少應保持 3 ft（0.91 m）。對於保護堤免受侵蝕應有作為。建議設計為多巢室（multicells），以減少短流、強化動力，並減少侵蝕。請注意，在這些沒有迴流的系統裡，SRT 相當於 HRT。風的作用對於塘的混合很重要；對於 3 ft（0.91 m）深的塘而言，650 ft（198 m）的受風長度是有效的。

肉類廢水在深度只有 18 in（0.66 m）的淺好氧池處理，負荷為 214 lb BOD/(acre·d)（0.024 kg/(m^2·d)）。廢水預先沉澱，濃

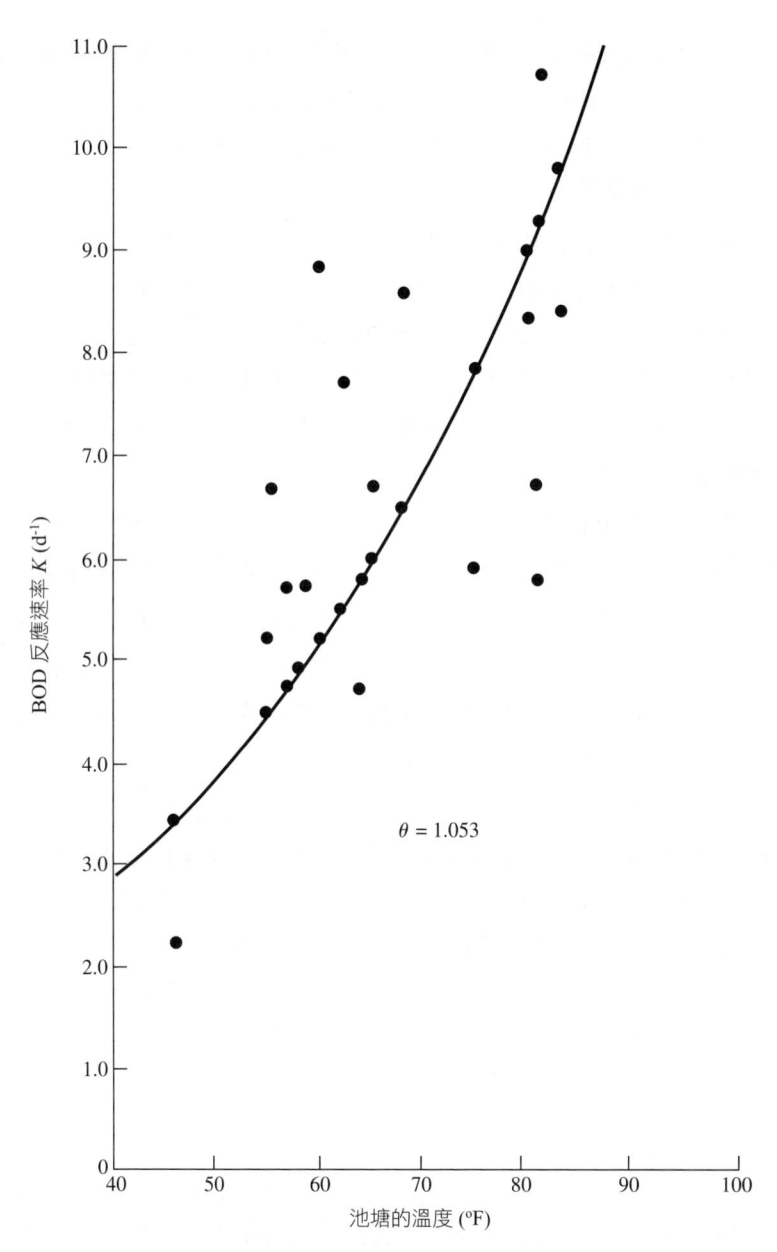

◐ 圖 7.4 處理紙漿和造紙廠放流水的塘,溫度對於其 30 天平均效能的影響

度為 175 mg/L 的 BOD。在夏天 BOD 可減少 96%,在冬天則減少 70%。

在厭氧接觸程序之後,使用好氧塘處理肉類包裝廢水可得到 80% BOD 的去除率,負荷為 410 lb BOD /(acre·d)(0.046 kg/(m²·d))。進入塘中的 BOD 濃度為 129 mg/L。Steffen [6] 總結了在各種負荷下的去除情形。

報告顯示,8 至 17 ft(2.4 至 5.2 m)深的厭氧塘可以負荷肉類包裝廠的廢水,從 0.011 到 0.015 lb BOD/(ft³·d)(0.176 到 0.240 kg/(m³·d))不等,而且有很高的 BOD 去除率。初始 BOD 濃度為 2936 mg/L 的玉米廢水,在停留時間 9.6-d 的氧化塘處理,產生 59% 的生化需氧量減量。其有機負荷為 0.184 lb 的 BOD/ (ft³·d)(2.95 kg/(m³·d))。

為了改善氧化塘的操作效率,對於營養缺乏的廢水必須添加氮、磷。好氧和厭氧程序的要求,分別在第 259 和 513 頁討論。

氧化塘處理廢水時,若無法保持好氧狀態,則會經常發出臭味,並提供昆蟲滋生的溫床。臭味問題往往可以透過硝酸鈉的添加而消除,劑量等於所使用氧量的 20%,如圖 7.5 所示。可以使用表面噴灑來減少蒼蠅和昆蟲的滋擾,有時也可除臭。

先用厭氧塘再用好氧塘,經常可以達到高效率。停留時間 6-d 且池深 14 ft(4.3 m)的厭氧塘,負荷為 0.014 lb BOD/(ft³·d)(0.224 kg/(m³·d)),接著用 3 ft(0.9 m)深且停留時間為 19 d 的好氧塘,負荷為 50 lb 的 BOD/(acre·d)(0.0056 kg/(m²·d)),可以得到 BOD 全面性的減少,從 1100 mg/L 降至 67 mg/L。[7] 各種工業廢水在好氧兼性和厭氧塘的效能表現數據,總結在表 7.1 中。兼性塘的設計以例題 7.1 來說明。

例題 7.1 有 500 mg/ L BOD 的工業廢水將在一個塘或一系列的塘進行處理,其深 6 ft,總停留時間為 50 d。厭氧的 k 值在 20°C 是 0.05 d^{-1},而好氧的 k 值為 0.51 d^{-1}。假設圖 7.2 所示的氧關係適用,且塘的溫度是 20°C。

7 生物廢水處理程序

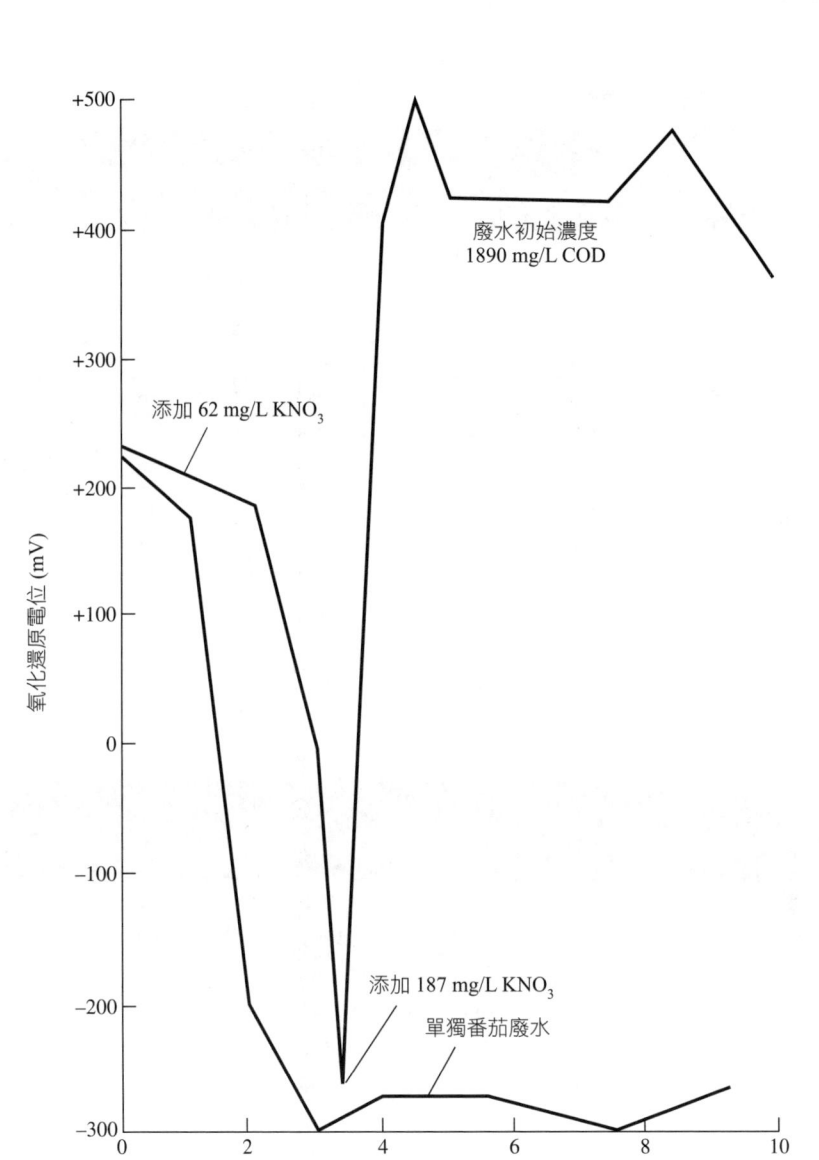

○ **圖 7.5** 番茄廢水塘的處理，添加硝酸鹽作為氧化還原電位的控制

解答

1. 對於一個塘，施加的負荷是：

$$負荷 = \frac{2.7DS_o}{t}$$

表 7.1 氧化塘系統的效能

總結好氧與兼性塘的平均數據

工業	面積 (acres)	深度 (ft)	停留時間 (d)	負荷 [lb/(acre·d)]	BOD 去除率 (%)
肉品與家禽	1.3	3.0	7.0	72	80
罐頭	6.9	5.8	37.5	139	98
化學品	31	5.0	10	157	87
紙業	84	5.0	30	105	80
石油業	15.5	5.0	25	28	76
釀酒業	7	1.5	24	221	
乳品業	7.5	5.0	98	22	95
紡織業	3.1	4.0	14	165	45
糖業	20	1.5	2	86	67
下腳料業	2.2	4.2	4.8	36	76
豬飼料	0.6	3.0	8	356	
洗衣業	0.2	3.0	94	52	
雜項	15	4.0	88	56	95
馬鈴薯	25.3	5.0	105	111	

總結厭氧塘的平均數據

工業	面積 (acres)	深度 (ft)	停留時間 (d)	負荷 [lb/(acre·d)]	BOD 去除率 (%)
罐頭	2.5	6.0	15	392	51
肉品與家禽	1.0	7.3	16	1260	80
化學品	0.14	3.5	65	54	89
紙業	71	6.0	18.4	347	50
紡織	2.2	5.8	3.5	1433	44
糖業	35	7.0	50	240	61
釀酒業	3.7	4.0	8.8		
下腳料業	1.0	6.0	245	160	37
皮革業	2.6	4.2	6.2	3000	68
馬鈴薯	10	4.0	3.9		

→ **表 7.1** 氧化塘系統的效能（續）

總結好氧 - 厭氧塘結合的平均數據					
工業	面積 (acres)	深度 (ft)	停留時間 (d)	負荷 [lb/(acre·d)]	BOD 去除率 (%)
罐頭	5.5	5.0	22	617	91
肉品與家禽	0.8	4.0	43	267	94
紙業	2520	5.5	136	28	94
皮革	4.6	4.0	152	50	92
雜項工業廢水	140	4.1	66	128	

註：ft = 0.3048 m
　　lb/(acre·d) = 1.121 × 10^{-4} kg/(m²·d)
　　acre = 4.0469 × 10³ m²

$$= \frac{2.7(6)(500)}{50}$$

$$= 162 \text{ lb BOD}/(\text{acre}\cdot\text{d})$$

溶氧存在於深度 0.8 ft。

平均 k 值可以計算為：

$$k = \frac{(0.8)(0.5) + 5.2(0.05)}{6} = 0.11 \text{ d}^{-1}$$

放流水的 BOD 是：

$$S_e = \frac{S_o}{1+kt}$$

$$= \frac{500}{1+0.11(50)}$$

$$= 77 \text{ mg/L}$$

2. 對於四個串聯的塘，每個塘的停留時間將是 12.5 d。

第一個塘的負荷是：

$$\frac{2.7(6)(500)}{12.5} = 648 \text{ lb BOD}/(\text{acre}\cdot\text{d})$$

而且是厭氧的。

來自第一塘的放流水是：

$$S_e = \frac{500}{1+0.05\,(12.5)} = 308 \text{ mg/L}$$

第二塘的負荷是：

$$\frac{2.7(6)(308)}{12.5} = 399 \text{ lb BOD}/(\text{acre}\cdot\text{d})$$

$$S_e = \frac{308}{1+(0.05)(12.5)} = 190 \text{ mg/L}$$

第三塘的負荷是 246 lb 的 BOD/(acre · d)，放流水是 117 mg/L。
第四塘的負荷是 152 lb 的 BOD/(acre · d)，好氧深度為 1 ft。
調整後的 k 是：

$$\frac{0.5\,(1)+0.05\,(5)}{6} = 0.125 \text{ d}^{-1}$$

放流水是：

$$S_e = \frac{117}{1+(0.125)\,(12.5)} = 45.7 \text{ mg/L}$$

具有相同總停留時間的四個塘串聯在一起，將產生優質的放流水。這是假設反應速率 k 通過一系列塘都不會改變。這在很多情況可能不是真的，必須經由實驗來決定。

7.3 曝氣氧化塘

曝氣氧化塘是一個很深的池，如 8 至 16 ft（2.4 至 4.9 m）深，其中充氧作用（oxygenation）是經由機械式或散氣式曝氣裝置，以及透過誘導式表面曝氣機來完成。

曝氣氧化塘有兩種：

1. 好氧塘，其中溶氧和懸浮固體物在池中各處都維持一定。
2. 好氧-厭氧塘或兼性塘，其中氧保持在池裡上方的液體層，但只有部分的懸浮固體物保持懸浮。這些池的類型如圖 7.6。典型的曝氣氧化塘的照片，如圖 7.7 所示。

在好氧塘中，所有的固體都保持懸浮，這個系統可以被看作一個「流過貫穿」的活性污泥系統；也就是說，不含固體顆粒的循環。因此，放流水的懸浮固體物濃度將等於曝氣池裡的固體濃度，且污泥齡等於水力停留時間（hydraulic retention time, HRT）。

7 生物廢水處理程序

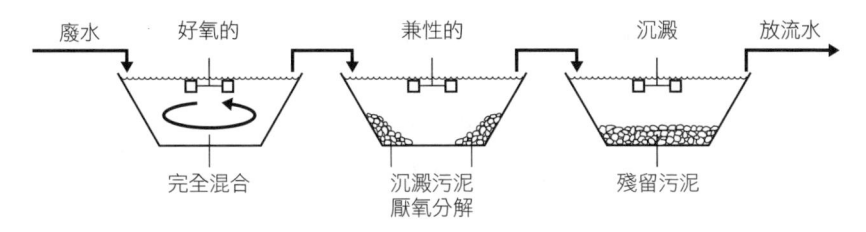

○ 圖 7.6　曝氣氧化塘的類型

○ 圖 7.7　處理紙漿和造紙廠廢水的曝氣氧化塘

　　在兼性塘中，部分的懸浮固體物沉澱到池的底部，在那裡進行厭氧分解。厭氧的副產物隨後在池裡上層的好氧層進行氧化。兼性塘也可以修改，透過包含一個單獨的後沉澱塘或有加擋板的沉澱分隔，以產生更高度澄清的放流水。

　　好氧塘和兼性塘主要的區別在於：池裡所採用的功率水準不同。在好氧塘中，為了保持所有的固體懸浮，功率水準必須夠高，可能會從 14 到 20 hp/million gal（2.8 至 3.9 W/m³）的池體積，取決於進流廢水懸浮固體物的性質。現場數據顯示，14 hp/million gal（2.8 W/m³）通常就足以維持紙漿和紙類固體的懸浮；然而，

417

美國國內的污水處理則要求 20 hp/million gal（3.9 W/m³）。

在兼性塘中，採用的功率水準僅夠維持溶氧的分散與混合。在紙漿和造紙業的經驗顯示，採用低速機械式表面曝氣機的最低功率級數是 4 hp/million gal（0.79 W/m³）。其他種類曝氣設備的使用可能需要不同的功率水準，以維持池裡均勻的溶氧。

好氧塘

在一個恆定的池體滯留時間，平衡的生物固體物濃度和有機物整體的去除速率應該會隨進流水有機物濃度的增加而增加。對於可溶性的工業廢水，平衡的生物固體物濃度 X_v 可從下列關係式來預測：

$$X_v = \frac{aS_r}{1+bt} \tag{7.6}$$

當不可降解的揮發性懸浮固體物存在於廢水中，式 (7.6) 變成：

$$X_v = \frac{aS_r}{1+bt} + X_i \tag{7.7}$$

其中，X_i = 不在塘內降解的進流水揮發性懸浮固體物。結合式 (7.6) 與動力關係式（式 (6.29)），可以計算進流水可溶性有機物的濃度如下：

$$\frac{S}{S_o} = \frac{1+bt}{aKt} \tag{7.8}$$

從式 (7.8) 可以得出的結論是，放流水中可溶性有機物的殘留濃度與進流水有機物濃度無關。對於有固定停留時間的氧化塘，這個結論是有道理的，因為較高的進流水有機物濃度會導致較高的平衡生物固體含量，也就是較高的 BOD 整體去除速率。幾種廢水的關係，如圖 7.8 所示。

特定的有機反應速率係數 K 與溫度相關，可用式 (6.43) 進行溫度的校正。好氧塘的氧需求可使用和活性污泥法相同的關係式（式 (6.20)）計算。在排放到共同或都市廢水處理系統之前，好氧塘會被用來為高強度的工業廢水進行預處理，或作為曝氣氧化塘串

生物廢水處理程序 7

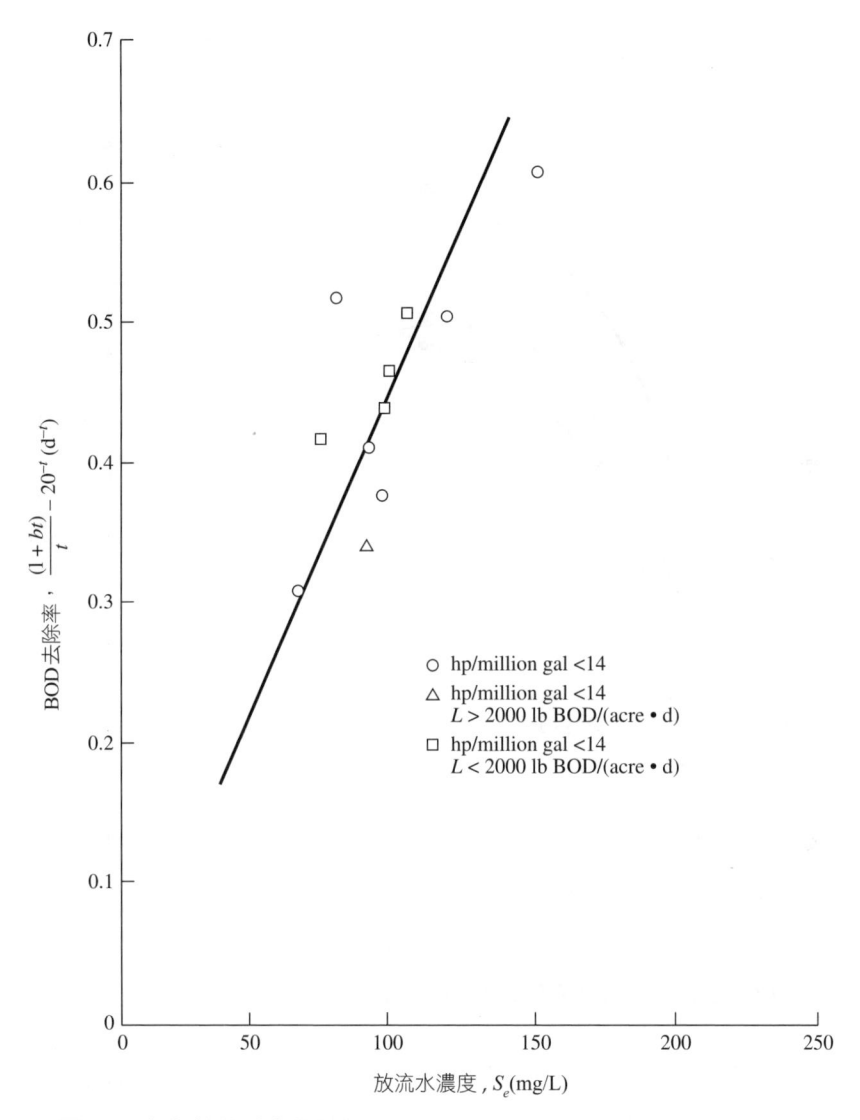

○ 圖 7.8 好氧塘的動力學關係

聯兩個池的第一池，第二池則是兼性塘。要注意的是，雖然在好氧塘裡可溶性有機物的含量減少，但放流水中的懸浮固體物卻會透過合成而增加。從一個好氧塘預處理啤酒廠廢水所獲得的關係，如圖 7.9 所示。BOD 去除率與由於細胞合成而產生的 VSS 之間的關係，如圖 7.10 所示。

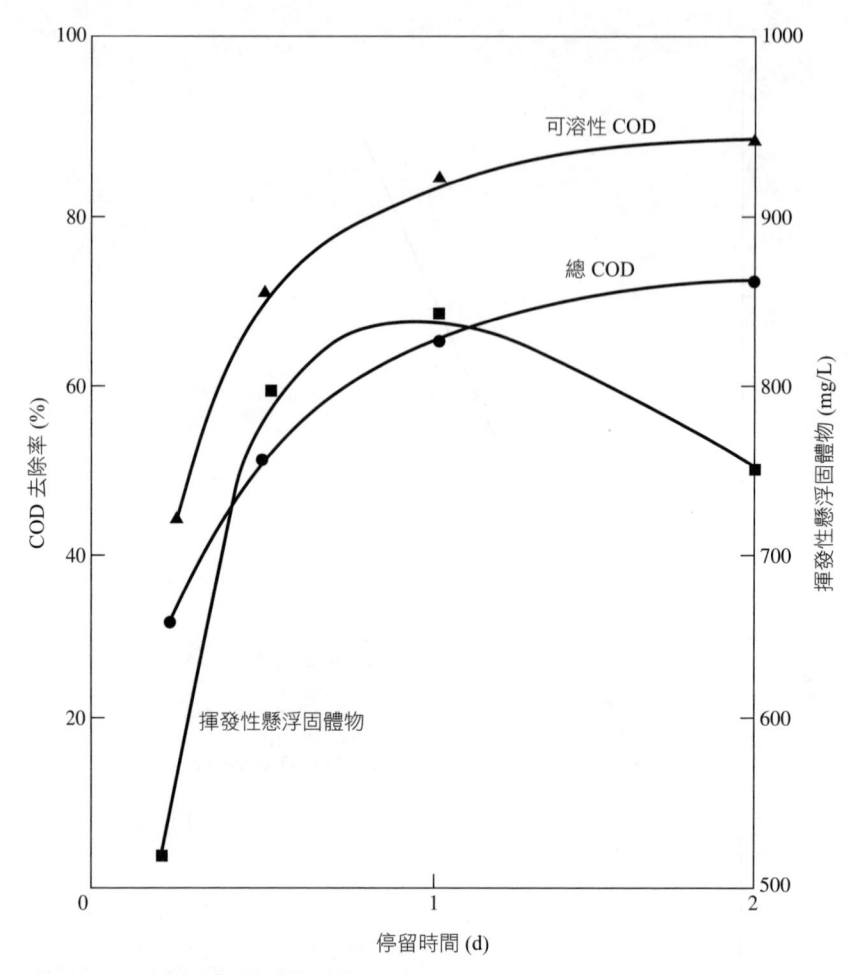

○ 圖 7.9　通過好氧塘之啤酒廠廢水的 COD 去除率

　　由於在夏天操作時，有機物的去除速率將是最大的，因此一般動力需求應為夏天而設計。

兼性塘

　　在兼性塘，維持在懸浮的生物固體含量是此池功率水準的函數。從紙漿和造紙業得到的結果顯示在圖 7.11。化學工業廢水用曝氣氧化塘的平均操作值如表 7.2 所示。沉積在兼性塘底部的固體將進行厭氧降解，導致可溶性有機物反饋到上方的好氧層。在這些條

7 生物廢水處理程序

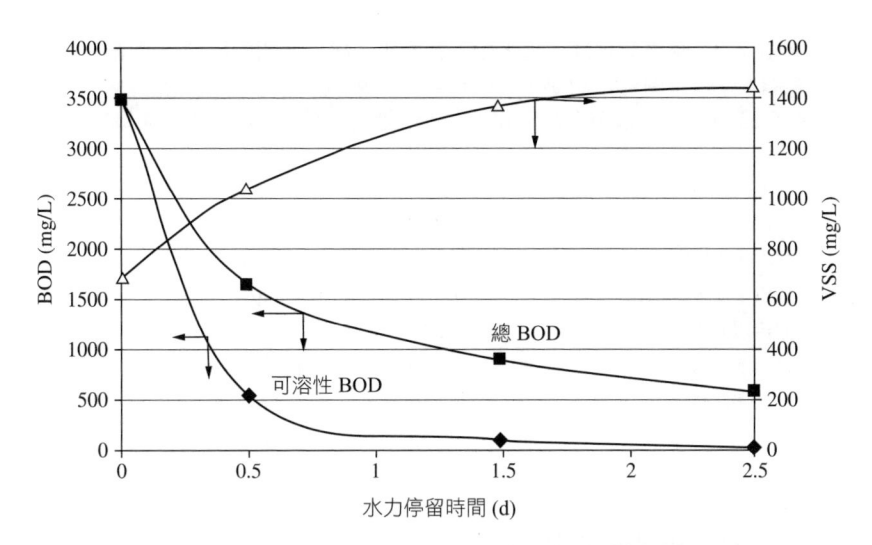

◯ 圖 7.10　乳品廢水於實驗室級的好氧曝氣氧化塘之測試結果

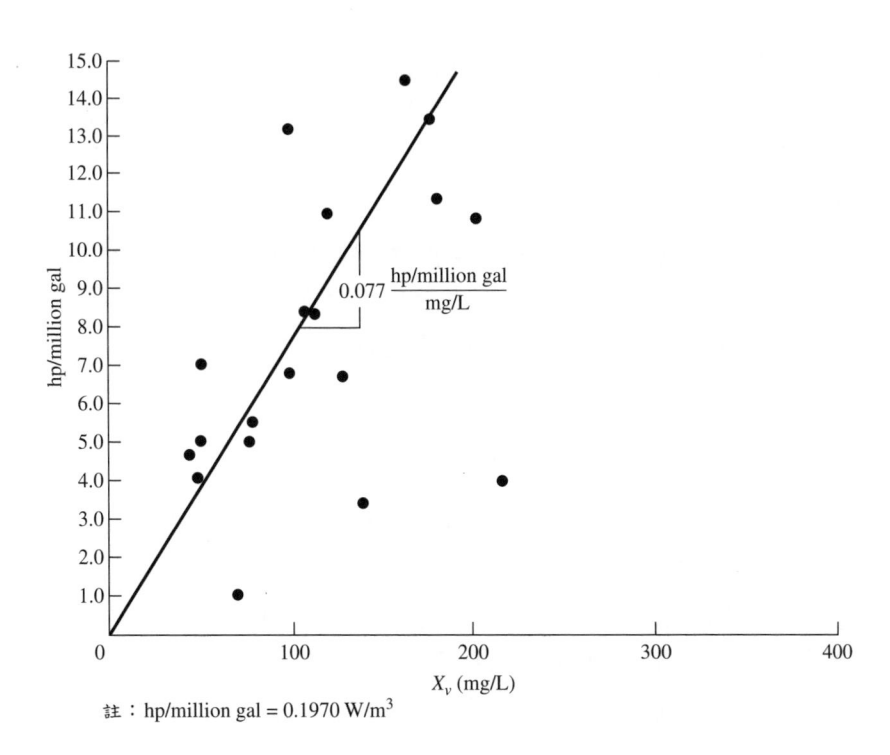

註：hp/million gal = 0.1970 W/m³

◯ 圖 7.11　混合功率輸入與 MLSS 濃度的相關性

421

➡ 表 7.2　曝氣氧化塘處理化學工業廢水，操作期間的平均觀測值

參數	值	單位
進流水 TCBOD	8,320	mg/L
進流水 TCOD	16,500	mg/L
放流水 TCBOD	480	mg/L
放流水 TCOD	2,300	mg/L
放流水 1.5 μm TSS	1,500	mg/L
放流水 0.45μm TSS	1,950	mg/L
總溶解固體物	57,480	mg/L
水力停留時間	10	days
溫度	22	°C

件下，式 (6.29) 應修改為：

$$\frac{S}{FS_o} = \frac{FS_o}{FS_o + KX_v t} \tag{7.9}$$

其中 F 是一個係數，用來說明沉積的污泥層裡厭氧活性所造成的有機物反饋的比例。厭氧活性的程度對溫度高度依賴，而在冬天和夏天條件下的係數 F 估計從 1.0 到 1.4 不等，端視工廠的地理位置而定。

比起在好氧塘，兼性塘的生物固體保持在一個較低的水準，而且可溶性有機物以厭氧降解產物的型態反饋到液體。因此，不可能直接用式 (6.20) 計算氧的需求量。在這種情況下，氧的需求量可憑經驗與有機物去除率連結，並根據下式來估計：

$$R_r = F'S_r \tag{7.10}$$

其中 F' 是兼性塘整體的氧利用係數。各種工業廢水得到的結果顯示，係數 F' 是有機反饋程度的函數，而有機反饋程度依次是進流水可沉澱固體和溫度的函數。一般來說，在冬天操作，池裡的厭氧活性低時，F' 估計為 0.8 至 1.1 不等；在夏天操作，池底部的厭氧活性最大時，則為 1.1 到 1.5 不等。選定的值將取決於工廠的地理位置。

生物廢水處理程序 7

曝氣氧化塘的營養需求可用類似計算活性污泥程序的方式來計算。然而，在兼性塘的情況下，沉積於池底部污泥的厭氧分解會反饋氮和磷。通常這已足夠用於發生在這種池的有機去除，並不需要添加額外的氮和磷。曝氣氧化塘系統設計的關係，總結在表 7.3 中。[9]

曝氣氧化塘的溫度效應

池內的溫度變化會顯著影響曝氣氧化塘的效能表現，而池溫是受到進流廢水的溫度和周圍空氣的溫度所影響。雖然熱會透過蒸發、對流和輻射而損失，但可以由太陽輻射獲得熱能。儘管已有幾個方程式可用來估計曝氣氧化塘的溫度，下面的公式通常可以提供工程設計一個合理的估計：

$$\frac{t}{D} = \frac{T_i - T_w}{f(T_w - T_a)} \quad (7.11)$$

其中，t = 池的停留時間，d

➡ **表 7.3　曝氣氧化塘設計的關係**

	好氧	兼性	沉澱
關係	14 到 20 hp/million gal	4 < hp/million gal: < 10	
動力方程式	$\dfrac{S_1}{S_0} = \dfrac{1 + bt}{aKt}$	$S_2 = \dfrac{F^2 S_1^{2a}}{KX_v t^c + FS_1}$	$t < 2d$ [b]
所需的氧	$O_2/d = a'S_r + b'X_v t$	$O_2/d = \begin{cases} 0.8 - 1.1\, S_r\ (冬天)^d \\ 1.1 - 1.4\, S_r\ (夏天) \end{cases}$	
所需的營養	$N = 0.11\,\Delta X_v$ $P = 0.02\,\Delta X_v$	非所需 [e]	
污泥產率	$X_v = \dfrac{aS_r}{1 + bt}$	$0.1\,aS_r$ + 鈍性物 [f] 3% 到 7% 重量濃度	

[a] 從底泥分解的 BOD 反饋，從冬天的 1.0 到夏天的 1.4。
[b] 儘量減少藻類的生長。
[c] 取決於池的功率水準（見圖 7.11）。
[d] 運用的因素取決於地理位置。
[e] 由底泥的分解反饋 N 和 P。
[f] 大部分揮發性生物固體將透過底泥的分解而變小。
註：hp/million gal = 1.98×10^{-2} kW/m^3

423

D = 池的深度，ft
T_i = 進流廢水溫度，°F
T_a = 平均氣溫，°F（通常為每週平均氣溫）
T_w = 池的溫度，°F

式 (7.11) 是針對表面曝氣裝置，因此不能用於液面下的曝氣。

係數 f 是一個正比例的因子，包括熱傳係數、曝氣設備增加的表面積，與風和濕度的影響。對大多數採用表面曝氣設備的曝氣氧化塘而言，f 的近似值是 90。

Argaman 和 Adams [8] 研究出一個一般性的溫度模型，涵蓋池裡的整體熱平衡，包括從太陽輻射、機械能量輸入、生化反應所獲得的熱，以及從長波輻射、池面的蒸發、池面的傳導熱、曝氧機噴霧的蒸發和傳導，及透過池壁的傳導所損失的熱。他們最終的公式是：

$$T_w = T_a + \left[\frac{Q}{A}(T_i - T_a) + 10^{-6}(1 - 0.0071 C_C^2) H_{s,o} + 6.95(\beta - 1) \right.$$

$$+ 0.102(\beta - 1)T_a - e^{0.0604 T_a}\left(1 - \frac{f_a}{100}\right) 1.145 A^{-0.05} V_w$$

$$\left. + \frac{126 NFV_w}{A} + \frac{10^{-6} H_m}{A} + \frac{1.8 S_r}{A} \right]$$

$$\bigg/ \left[\frac{Q}{A} + 0.102 + (0.068 e^{0.0604 T_a} + 0.118) A^{-0.05} V_w \right.$$

$$\left. + \frac{4.32 NFV_w}{A}(3.0 + 1.75 e^{0.0604 T_a}) + \frac{10^{-6} UA_w}{A} \right] \qquad (7.12)$$

其中，T_w = 池水溫度，°C
T_a = 氣溫，°C
T_i = 進流廢水溫度，°C
Q = 流率，m³/d
A = 表面面積，m²

生物廢水處理程序 7

C_c = 平均雲層,十分之一

$H_{s,o}$ = 晴空條件下,每日吸收太陽輻射的平均值,cal /(m² · d)

U = 熱傳導係數,cal /(m² · d · °C)

β = 大氣輻射因子

f_a = 相對濕度,%

N = 曝氣機的數量

F = 曝氣機噴霧垂直的橫截面積,m²

V_w = 樹梢的風速,m/s

H_m = 15.2 ×10⁶p,其中 p = 曝氣的動力,hp

S_r = 有機物的去除率,kg COD 的去除 / d

A_w = 有效牆面面積,m²

藉由以下取代,式 (7.12) 可以用來預測散氣式系統的溫度:

$$NFV_W = 2Q_A$$

其中,Q_A= 空氣流量,m³/s。

曝氣氧化塘系統

在適當條件下,曝氣氧化塘系統採用多重池會最有效。紙漿和造紙廠的單階段和多階段操作的比較,如圖 7.12 所示。可以看出,多階段操作在去除有機物方面更有效率。此外,若土地的供應會成問題,有機物的去除則需要系列多階段的操作。在考慮熱的平衡時,採用兩個串聯的池可以得到最小的池總體積。第一池的體積必須最小化,以保持高溫、高生物固體含量,且在好氧塘造成高的 BOD 反應速率。第二池是低動力(混合)水準下的兼性池,允許固體在池底沉澱和分解。對特定放流水的水質,可以採用一個優化步驟來確定最小的池總體積,以及最低的曝氣馬力。需要低的放流水懸浮固體物的地方,就可以採用最終的沉澱池,它應該有:

1. 足夠長的停留期間,讓懸浮固體物有效達到所需的去除率。
2. 足量的污泥儲存體積。
3. 最低的藻類生長。

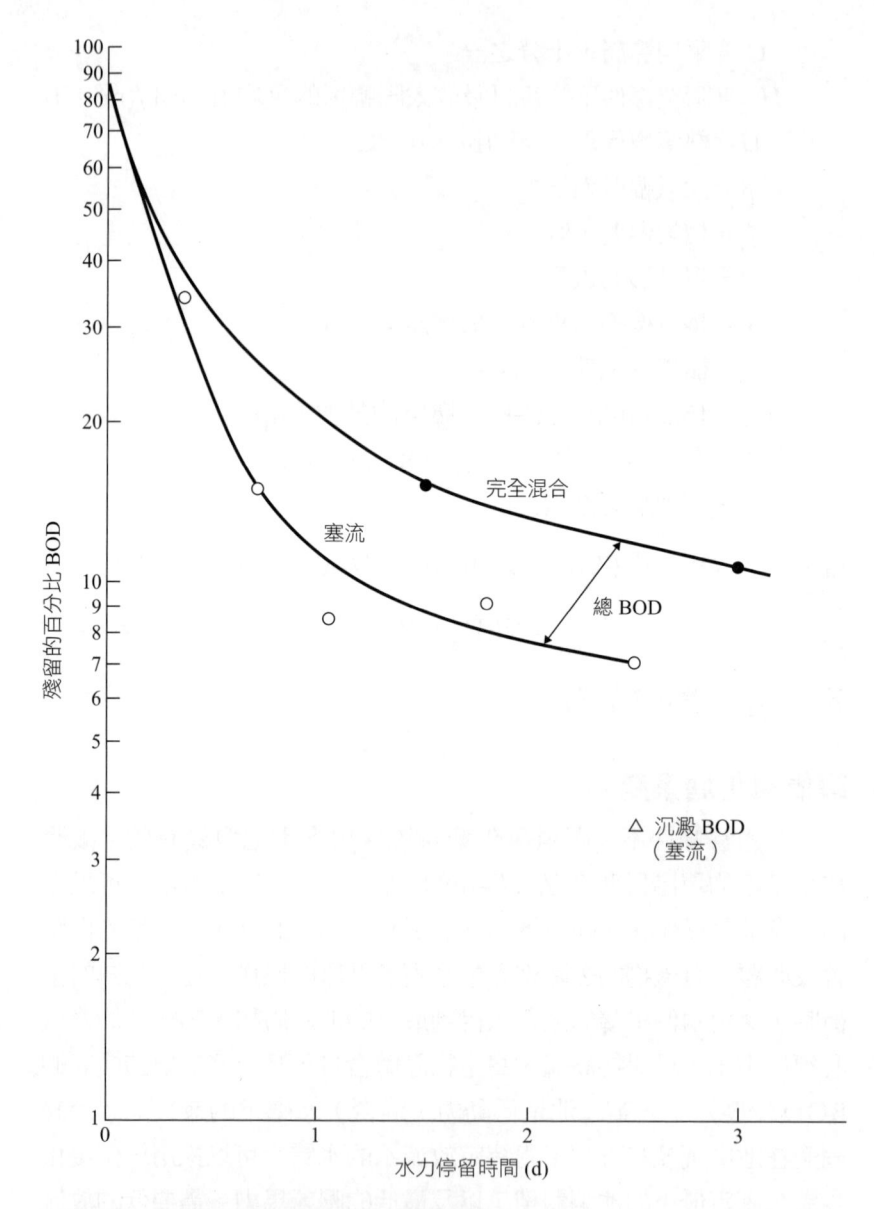

⊃ 圖 7.12　單階段與多階段操作的模廠級結果

4. 最低的從厭氧活動來的臭味。

不幸的是，這些設計的目的並不都是彼此相容。抑制藻類生長經常

生物廢水處理程序 7

需要短的停留時間，但時間太短則無法妥善地沉澱。此外，在任何時候都必須在污泥沉積的上面保持足量空間，以防止分解產生的惡臭氣體逃逸。

為了達成這些目標，通常需要的停留時間最短為 1 天，讓大部分可沉澱的懸浮固體物沉澱。若藻類生長構成潛在的問題，最長的停留時間則建議為 3 到 4 天。至於臭味的控制，在任何時候，污泥沉積上應保持 3 ft（0.9 m）的最低水位。Parker[10] 指出，曝氣氧化塘的程序設計需要應用一個放大規模的因子。規模大小對於曝氣氧化塘處理石化廢水的影響如下：

規模	t, d	K_{20}
實驗室	0.83	10.0
模型廠	0.83	5.3
全程	1.3	2.8

Parker[10] 歸因於實驗室級的管壁效應，以及流體剪應力強度的差異。無論如何，根據實驗室的設計數據進行規模放大，仍應謹慎行事。

曝氣氧化塘以及其他技術會有一個問題，就是突增負荷對放流水質的影響。在一個紙漿和造紙廠的放流水，池的前端使用溶氧感

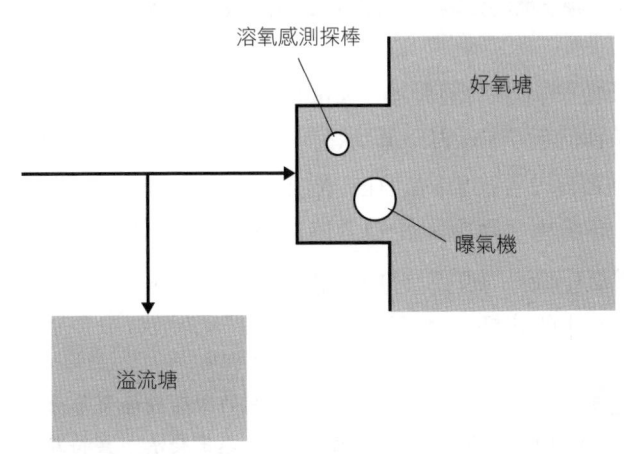

➲ 圖 7.13　溢流改道控制

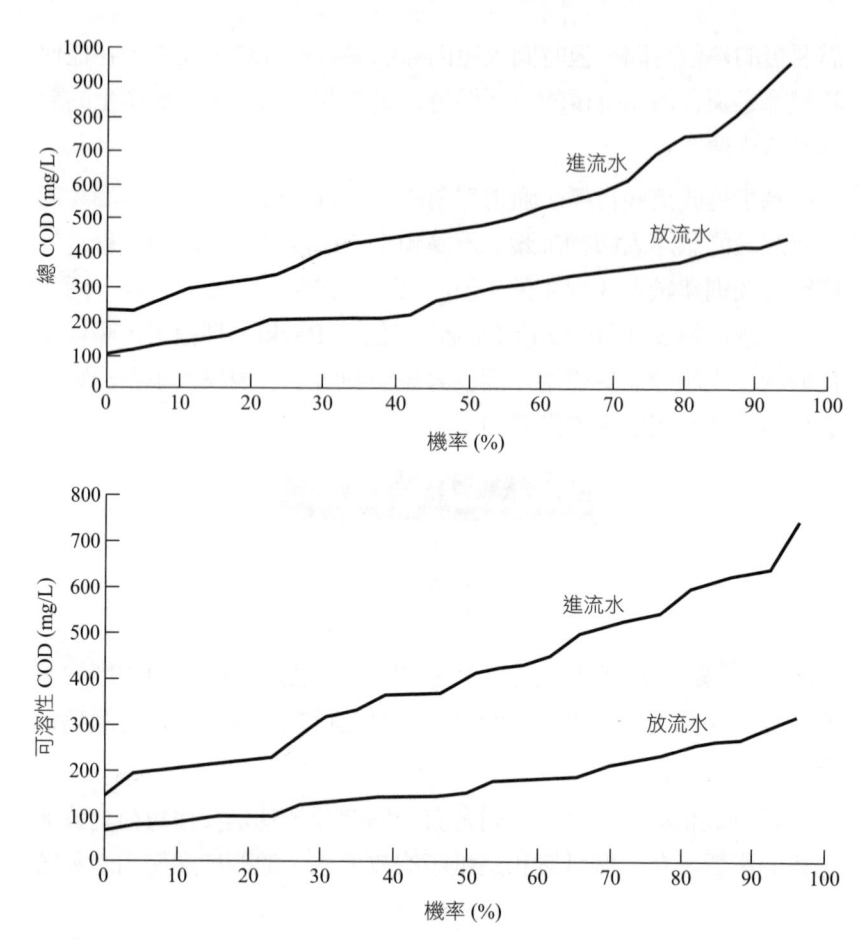

○ 圖 7.14　曝氣塘的效能——COD 去除率（資料來源：Galil et al., 1996）

測探棒來觸發引水到溢流塘，如圖 7.13 所示。在這種情況下，當溶氧下降到低於 2 mg/L，顯示有突增負荷時，部分的廢水就會改道。溢流塘的內容物會因此在一固定的控制速率下，被抽到有溶氧控制下的好氧塘。曝氣氧化塘效能的變異性，如圖 7.14 [11] 所示。

　　曝氣氧化塘系統的設計於例題 7.2 中說明。若不需考慮溫度，可以採用簡化的步驟，如例題 7.3 所示。

　　例題 7.2　　設計一個 12 ft（3.66 m）深的兩階段曝氣氧化塘系統，以處理 8.5 million gal/d（32,170 m^3/d）的工業廢水，其特點如下：

生物廢水處理程序 7

進流水：BOD$_5$ = 425 mg/L

溫度 = 85 °F (29 °C)

懸浮固體物（SS）= 0 mg/L

氣溫：夏天 = 70°F (21°C)

　　　冬天 = 34°F (1°C)

動力學的變數：K = 63/d 在 20 °C

　　　a = 0.5

　　　b = 0.2/d 在 20°C

　　　a' = 0.52

　　　b' = 0.28/d 在 20°C

　　　θ = 1.035 在 BOD 反應速率

　　　θ = 1.024 在氧傳送效率

　　　F = 1.0（冬天）

　　　　 = 1.4（夏天）

　　　F' = 1.5（夏天）

　　　N_o = 3.2 lb O$_2$/(hp · h) [1.95 kg/(kW · h)]

　　　α = 0.85

　　　β = 0.90

　　　C_L = 1.0 mg/L

最終放流水的最大可溶性生化需氧量（BOD$_5$）在夏天應為 20 mg/L，在冬天則是 30 mg/L。

解答

　　一般來說，為了達到末端要求的 BOD$_5$，氧化塘系統所需的停留時間由冬天氣溫所控制，然而所需的氧和功率水準，通常由夏天的條件所控制。

(a) 基於最低停留時間，設計一個池

1. 假設一個停留時間，計算池的體積。

　　對於 t = 2 d：

$$V = Qt$$
$$= 8.5 \times 2$$
$$= 17 \text{ million gal} \quad (64.350 \text{ m}^3)$$

2. 計算冬天池的水溫：

429

$$\frac{t}{D} = \frac{T_i - T_w}{f(T_w - T_a)}$$

或

$$T_w = \frac{DT_i + ftT_a}{D + ft}$$

$$= \frac{12 \times 85 + 1.6 \times 2 \times 34}{12 + 1.6 \times 2}$$

$$= 74.3°F \quad 或 \quad 23.5°C$$

3. 依冬天的條件校正 BOD 反應速率：

$$K_{(T_2)} = K_{(T_1)} \theta^{T_2 - T_1}$$

$$K_{23.5} = 6.3 \times 1.035^{23.5-20}$$

$$= 7.11 / d$$

4. 計算冬天放流水的可溶性 BOD_5：

$$\frac{S_e}{S_o} = \frac{1 + bt}{aKt}$$

$$S_e = \frac{1 + 0.2 \times 2}{0.5 \times 7.11 \times 2} \, 425$$

$$= 83.7 \text{ mg/L}$$

5. 依夏天的條件，重複步驟 2 到 4：

$$T_w = \frac{12 \times 85 + 1.6 \times 2 \times 70}{12 + 1.6 \times 2}$$

$$= 81.8°F \quad 或 \quad 27.7°C$$

$$K_{27.7} = 6.3 \times 1.035^{27.7-20}$$

$$= 8.21 / d$$

$$S_e = \frac{1 + 0.2 \times 2}{0.5 \times 8.21 \times 2} \, 425$$

$$= 72.5 \text{ mg/L}$$

6. 在夏天條件下，計算揮發性懸浮固體物的平均濃度：

$$X_v = \frac{aS_r}{1+bt}$$

$$= \frac{0.5(425-72.5)}{1+0.2\times 2}$$

$$= 126 \text{ mg/L}$$

7. 計算所需的氧：

$$R_r = a'S_r + b'X_v$$

$$= 0.52\times(425-72.5)\times 8.5\times 8.34 + 0.28\times 126\times 8.5\times 2\times 8.34$$

$$= 17{,}996 \text{ lb/d} \quad (8170 \text{ kg/d})$$

8. 計算所需的馬力：

$$N = N_o \frac{\beta C_s - C_L}{C_{s(20)}} a\theta^{T-20}$$

$$= 3.2 \frac{0.90\times 7.96 - 1.0}{9.2} 0.85\times 1.024^{27.7-20}$$

$$= 2.19 \text{ lb/(h·p)} \quad (1.33 \text{ kg/kW·h})$$

$$\text{hp} = \frac{R_r}{N}$$

$$= \frac{17{,}996}{2.19\times 24} = 342 \text{ hp} \quad (257 \text{ kW})$$

9. 檢查功率水準：

$$\text{PL} = \frac{\text{hp}}{V}$$

$$= \frac{342}{17} = 20.1 \text{ hp/million gal} \quad (0.40 \text{ kW/m}^3)$$

一個保守的設計，最低的功率水準應該是 14 hp/million gal（0.28 kW/m³）。如果功率水準顯著低於 14 hp/million gal，那麼應該使用 14 hp/million gal。

10. 使用不同的停留時間，重複步驟1到步驟9。結果表列如下：

t (d)	冬天或夏天	T_w °F	T_w °C	K (d^{-1})	S_e (mg/L)	X_v (mg/L)	R_r (lb/d)	所需馬力	功率水準 (hp/million gal)
1.0	冬天	79.0	26.1	7.77	131				
	夏天	83.2	28.4	8.41	121	127	13,727	261	30.7
2.0	冬天	74.3	23.5	7.11	83.7				
	夏天	81.8	27.7	8.21	72.5	126	17,996	342	20.1
3.0	冬天	70.4	21.3	6.59	68.8				
	夏天	80.7	27.1	8.04	56.4	115	20,436	389	15.3
4.0	冬天	67.3	19.6	6.21	61.6				
	夏天	79.8	26.6	7.91	48.4	105	22,219	476 (423)*	14 (12.4)*
5.0	冬天	64.6	18.1	5.90	57.6				
	夏天	79.0	26.1	7.77	43.8	95	23,480	595 (449)	14 (10.6)
6.0	冬天	62.3	16.8	5.64	55.3				
	夏天	78.3	25.7	7.66	40.7	87	24,528	714 (469)	14 (9.2)

* 採用最低功率水準

(b) 基於最低的功率水準，設計一個池

假設兼性塘的最低功率水準應該是 4 hp/million gal（0.079 kW/m^3），以維持 50 mg/L 的揮發性懸浮固體物成懸浮狀態。這個池的設計是基於選擇來自第一池的放流水在給定停留時間成為第二池進流水的 BOD 濃度。

1. 假設一個停留時間，計算池溫，並調整 BOD 反應速率。例如，在 2-d 停留時間下，第一池放流水的 BOD 濃度在冬天和夏天分別是 83.7 mg/L 和 72.5 mg/L。池溫為：

$$T_w = \frac{DT_i + ftT_a}{D + ft}$$

校正進流水濃度：

$$S'_o = FS_o$$

校正進流水 BOD 反應速率：

$$K_{20} = \frac{6.3}{425} S'_o$$

假設 $t = 5$ d。

冬天：　　　　$T_w = \dfrac{12 \times 74.3 + 1.6 \times 5 \times 34}{12 + 1.6 \times 5}$

$= 58.2°F$　或　$14.6°C$

$K_{20} = \dfrac{6.3}{425}\ 1.0 \times 83.7$

$= 1.24 / d$

$K_{14.6} = 1.24 \times 1.035^{14.6-20}$

$= 1.03/d$

夏天：　　　　$T_w = \dfrac{12 \times 81.8 + 1.6 \times 5 \times 70}{12 + 1.6 \times 5}$

$= 77.1°F$　或　$25.1°C$

$K_{20} = \dfrac{6.3}{425}\ 1.4 \times 72.5$

$= 1.50/d$

$K_{25.1} = 1.50 \times 1.035^{25.1-20}$

$= 1.79/d$

2. 計算要減少可溶性生化需氧量到前述功率水準所需的停留時間：

$S'_o = FS_o$

$t = \dfrac{S'_o (S'_o - S_e)}{K X_v S_e}$

冬天：　　　　$S'_o = 83.7$ mg/L

$t = \dfrac{83.7(83.7 - 30)}{1.03 \times 50 \times 30}$

$= 2.91$ d

夏天：
$$S'_o = 1.4 \times 72.5$$
$$= 102 \text{ mg/L}$$
$$t = \frac{102(102-20)}{1.79 \times 50 \times 20}$$
$$= 4.67 \text{ d}$$

現在主控的是夏天的條件。

3. 重複步驟 1 和步驟 2，直到步驟 2 計算的停留時間夠接近步驟 1 的假設值。最終的結果如下：

$$t = 4.67 \text{ d}, V = 39.7 \text{ million gal } (150,300 \text{ m}^3)$$

冬天：　　　　$T_W = 58.8°\text{F}$ 或 $14.9°\text{C}$

$$K_{14.9} = 1.04/\text{d}$$

$$S_e = 21.5 \text{ mg/L}$$

夏天：　　　　$T_W = 77.3°\text{F}$ 或 $25.2°\text{C}$

$$K_{25.2} = 1.79/\text{d}$$

$$S_e = 20.0 \text{ mg/L}$$

4. 計算所需的氧：

$$R_r = F'S_r$$
$$= 1.5 \times (1.4 \times 72.5 - 20.0) \times 8.5 \times 8.34$$
$$= 8666 \text{ lb/d} \quad (3934 \text{ kg/d})$$

5. 計算所需的馬力：

$$N = N_o \frac{\beta C_s - C_L}{C_s(20)} a\theta^{T-20}$$

$$= 3.2 \frac{0.90 \times 8.36 - 1.0}{9.2} 0.85 \times 1.024^{25.2-20}$$

$$= 2.18 \text{ lb/(hp} \cdot \text{h)} \quad [1.33 \text{ kg/(kW} \cdot \text{h)}]$$

7 生物廢水處理程序

$$hp = \frac{R_r}{N}$$

$$= \frac{8666}{2.18 \times 24}$$

$$= 166 \text{ hp} \quad (125 \text{ kW})$$

6. 檢查功率水準：

$$PL = \frac{hp}{V}$$

$$= \frac{166}{39.7}$$

$$= 4.2 \text{ hp/million gal} (0.083 \text{ kW/m}^3)$$

7. 重複步驟 1 到步驟 6，在第一池使用不同的停留時間，在第二池使用足夠的停留時間，以滿足所需的放流水質。結果表列如下：

S_o (mg/L)	T_w °F	T_w °C	K (d^{-1})	t (d)	S_e (mg/L)	X_v (mg/L)	R_r (lb/d)	所需馬力	功率水準 (hp/million gal)
131	55.0	12.8	1.51	8.57	22.1	50			
121	76.2	24.6	2.94	8.57	20.0	50	10,740	291 (205)*	4.0 (2.8)*
83.7	58.8	14.9	1.04	4.67	21.5	50			
72.5	77.3	25.2	1.79	4.67	20.0	50	8,666	166	4.2
68.8	59.2	15.1	0.862	3.33	22.3	50			
56.4	77.4	25.2	1.40	3.33	20.0	50	6,274	120	4.2
61.6	58.4	14.7	0.761	2.72	23.0	50			
48.4	77.2	25.1	1.19	2.72	20.0	50	5,083	97	4.2
57.6	57.3	14.1	0.697	2.34	23.8	50			
43.8	76.9	24.9	1.08	2.34	20.0	50	4,392	84	4.2
55.3	56.1	13.4	0.653	2.12	24.6	50			
40.7	76.5	24.7	0.993	2.12	20.0	50	3,934	75	4.2

*採用最低停留時間。

(c) 最佳氧化塘系統

此兩階段氧化塘系統可以最佳化，以將總停留時間或將要裝設的總馬力降至最低。

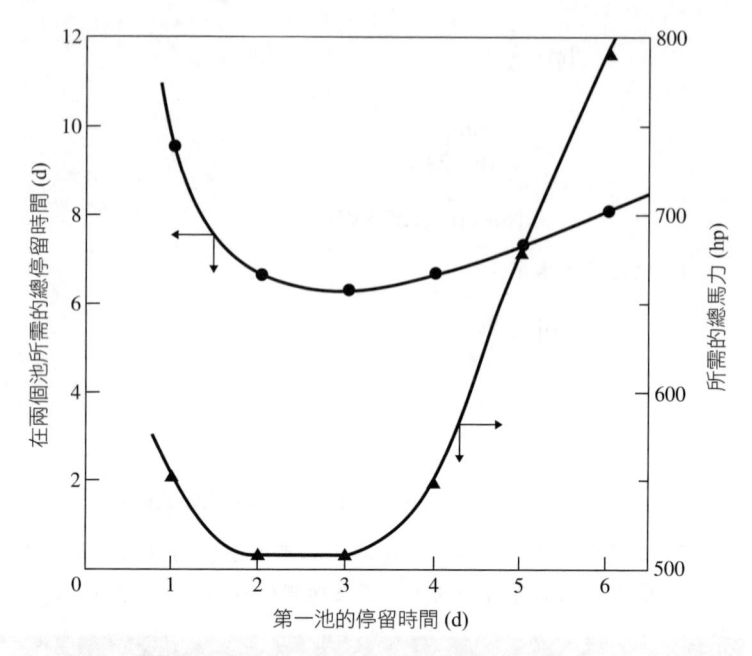

◯ 第一池的停留時間對於所需的總時間和馬力的影響

上圖顯示了兩階段氧化塘系統總結的設計成果。所需的總停留時間最低是 6.33 天，總裝置馬力為 509 hp（382 kW）。在 6.67 天的總停留時間下，最低的總馬力為 508 hp（381 kW）。第二個替代方案可能是最佳的系統，因為增加池的大小將更能容忍進流水流速和組成濃度的波動。在較低的功率輸入下操作，而且它也較省電，雖然裝置的馬力差異很小。在這種替代方案中，在第一池的停留時間是 2 天，在第二個池的停留時間是 4.67 天。結果表列如下：

t (d)			安裝的馬力		
第一池	第二池	總計	第一池	第二池	總計
1.0	8.57	9.57	261	291	552
2.0	4.67	6.67	342	166	508
3.0	3.33	6.33	389	120	509
4.0	2.72	6.72	476	97	573
5.0	2.34	7.34	595	84	679
6.0	2.12	8.12	714	75	789

7 生物廢水處理程序

例題 7.3 設計一個曝氣氧化塘系統,包括條件如下的好氧塘和兼性塘:

流量 = 4 million gal/d
S_o = 450 mg/L
S_e = 20 mg/L (可溶性的)
K = 6 d^{-1}
b = 0.1 d^{-1}
a = 0.6
a' = 0.5

解答 設計好氧塘:

$$\frac{S_e}{S_o} = \frac{1+bt}{aKt}$$

t (d)	S_e/S_o	S_o
1	0.3	135
2	0.17	77
3	0.12	54
4	0.097	44

在好氧塘使用 2-d 的停留時間。

$$X_v = \frac{aS_r}{1+bt}$$

$$= \frac{0.6 \cdot 373}{1.2} = 187 \text{ mg/L}$$

所需的氧:

$$O_2 = a'S_r + 0.14\, X_v t$$

$$= 0.5 \cdot 373 + 0.14 \cdot 187 \cdot 2$$

$$= 239 \text{ mg/L}$$

$$\text{lb } O_2/d = 239 \cdot 4 \cdot 8.34 = 7968$$

$$\text{hp} = \frac{7968}{24 \cdot 1.5 \text{ lb } O_2/(\text{hp}\cdot\text{h})} = 22$$

$$\text{hp/million gal} = \frac{221}{8} = 27.7$$

所需的營養：
$$N = 0.11 \Delta X_v = 0.11 \cdot 187 = 20.6 \text{ mg/L}$$
$$= 20.6 \cdot 4 \cdot 8.34 = 687 \text{ lb/d}$$
$$P = 0.02 \Delta X_v = 0.02 \cdot 187 = 3.74 \text{ mg/L}$$
$$= 3.74 \cdot 4 \cdot 8.34 = 125 \text{ lb/d}$$

兼性塘：降低 K 來考慮兼性塘中較低的反應速率（式 (6.31)）。

$$K_1 = K \frac{S_1}{S_o} = 6 \cdot \frac{77}{450}$$
$$= 1.02 \text{ d}^{-1}$$

使用反饋因子為 1.2。假設 $X_v = 100$ mg/L。

$$\frac{(FS_1)^2 - S_e(FS_1)}{S_e K X_v} = t$$

$$t = 3.27 \text{ d}$$

所需的氧：
$$(77 \cdot 1.2 - 20) \cdot 4 \cdot 8.34 = 2400 \text{ lb/d}$$

$$\text{hp} = \frac{2400}{24 \cdot 1.5 \text{ lb O}_2/(\text{hp} \cdot \text{h})} = 67$$

$$\text{hp/million gal} = \frac{67}{3.27 \cdot 4} = 5$$

7.4 活性污泥程序

　　活性污泥程序的目的是去除廢水流中的可溶性和不溶性有機物，並將這種材料轉換成可以很容易沉澱之膠羽狀的微生物懸浮物，且能利用重力的固液分離技術。從 Arden 和 Lockett 在 1914 年的原始實驗至今，活性污泥程序已經發展出各種不同的類型與改造。這些不同類型的發展，大多是為了要適應特定情況而產生。對於工業廢水的處理，共同通用的程序流程已在第 6 章討論，如圖 6.56 所示。廢水的本質將決定程序的類型。圖 7.15 展示了各種會發生的反應類型，以及因此而決定的候選程序。

7 生物廢水處理程序

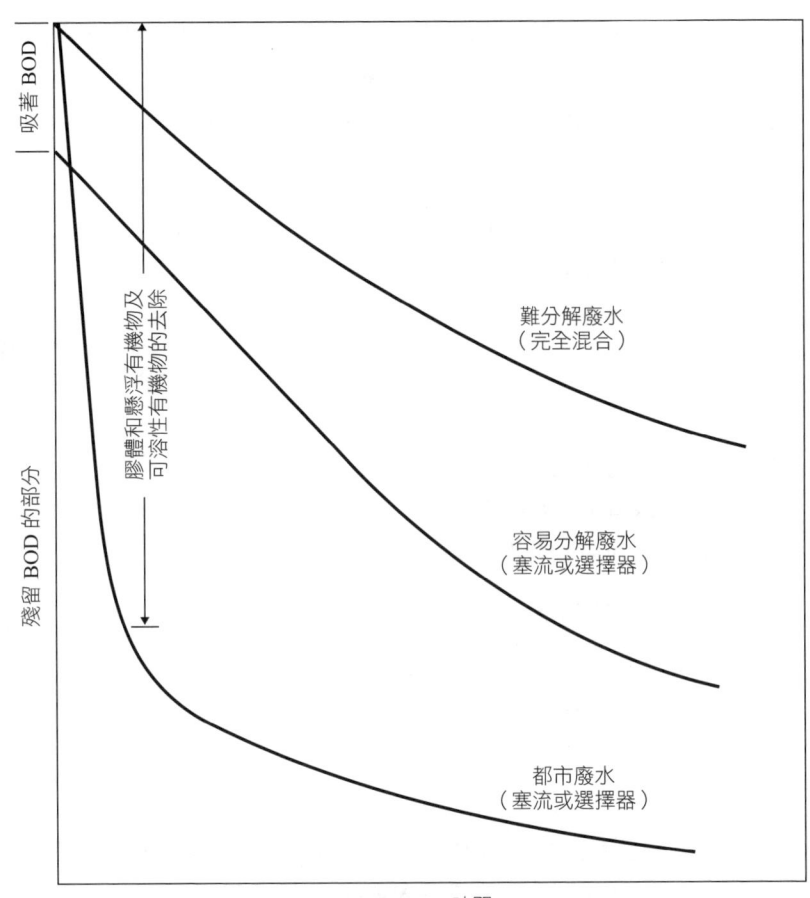

◯ 圖 7.15　活性污泥程序的 BOD 去除

塞流活性污泥法

　　塞流（plug flow）活性污泥程序採用長而窄的曝氣池，以提供接近塞流的混合型態與規範。廢水在好氧的條件下與生物性培養菌混合。然後其生質在二級澄清池從液體流分開。有一部分的生物污泥被丟棄，其餘返回到曝氣池的頭端與其他前來的廢水會合。返回曝氣池的活性污泥，其速度和濃度決定了混合液懸浮固體物的濃度。正如在第 6 章所討論，塞流會促進良好的膠凝型態與沉澱性佳的污泥之成長。如果廢水中含有有毒或抑制性的有機物，在進入曝氣池前端之前就必須將它們先去除或進行調勻。氧的利用率在曝氣池開始的時候是高的，然後會隨著曝氣時間增加而減少。只要能達到徹底處理，越靠曝氣池末端，氧的利用率就會越接近內源性的水準。

分散數 N_D 可以用來表示在活性污泥處理廠縱向混合的程度。分散數是一個沒有單位的數字。

$$N_D = \frac{D}{UL} \quad (7.13)$$

其中，N_D = 分散數
U = 平均流速，m/s
L = 曝氣池的總長度，m
D = 軸向分散係數，m²/s

Boon 等人[12] 從 24 座活性污泥廠求得 D 值為 0.068 m²/s。在實務上，小於 0.1 的 N_D 值應該可以確保良好的塞流水力條件。

式 (7.13) 可以重新表示為：

$$N_D = \frac{Dt}{L^2} \quad (7.13a)$$

其中 t = 基於 $Q + R$ 的水力停留時間。軸向分散係數 D 與空氣的流動有關，以每 1000 ft³ 的槽容量為基準，氣流量從 20 std ft³/min 增加到 100 std ft³/min，增加了 2 倍。[13]

將廢水和迴流污泥一起帶到塞流系統中接觸的修改方式可以有很多好處。對於易降解的廢水，一個加擋板的入口部位能確保吸著。在入口提供一個約總曝氣量 15% 體積的獨立區域，連同一個低能量的水面下機械攪拌機，能達到可控制的無氧狀態，讓與迴流污泥一起饋入獨立區域的硝酸鹽，可以部分滿足饋入該區域的 BOD。在硝化發生的情況下，從曝氣池的末端迴流已硝化的混合液到無氧區的前端，可以達成顯著的脫氮。一個典型的塞流程序，如圖 7.16 所示。

7 生物廢水處理程序

○ 圖 7.16 塞流活性污泥程序

完全混合的活性污泥法

為了在曝氣池獲得完全混合，應該要適當選擇槽的幾何形狀、饋料安排、曝氣設備等。不論是以散氣式或機械式曝氣達到完全混合，都有可能建立一個恆定的溶氧需求，並讓整個池有均勻混合的懸浮固體物（MLSS）濃度。瞬間的水力和有機負荷在這些系統中被減緩，使這個程序不易受到突增負荷造成的干擾。進流廢水和迴流污泥在不同點引入曝氣池。圖 7.17 顯示一座活性污泥廠。易降解的廢水（如食品加工廢水）於完全混合系統中，會較容易發生絲狀菌的膨化現象，這在先前已討論過。

加入一個預先接觸區域可以減少這種情況，使迴流的混合液能夠有高濃度的基質。預先接觸區域應該有 15 分鐘的停留時間，以達到最大的生物吸著。這個接觸區的設計參數依特定廢水而有不同，並需要透過實驗加以評估。相較之下，複雜的化學品廢水不支持絲狀菌的生長，且完全混合程序對處理這些廢水非常有效。幾個工業廢水處理的效能表現數據，如表 7.4 所示。

441

⊃ 圖 7.17　完全混合的活性污泥廠

延時曝氣

在這個程序中，污泥廢棄會最小化。這導致低生長率、低污泥產率，且與傳統活性污泥程序相比，有相對較高的溶氧需求。這裡的權衡在於高品質的放流水與較少的污泥產量之間。延時曝氣是反應（效果依反應時間而定）定義的模式，而不是水力定義的模式，且設計上可以是塞流或完全混合。典型的設計參數包括食微比（F/M）為 0.05 至 0.15、污泥齡為 15 至 35 天、混合液懸浮固體物濃度從 3000 至 5000 mg/L。延時曝氣程序對於突然增加的流量很敏感，因為會產生最終澄清池的高污泥負荷，但是對於突增的濃度負荷卻相對不敏感，這是由於大量生質的緩衝作用。儘管延時曝氣程序可以用於許多配置，但大部分是安裝循環反應器系統，在其中，特定類型的曝氣機會提供氧，並使池的內容物形成無方向的混合。近年來，非常多的廢水處理使用循環反應器及源自它的改造。

氧化渠系統

現在市面上有不同類型的循環反應器或氧化渠系統。任何氧化

生物廢水處理程序 7

表 7.4 某些工業廢水以 CMAS 處理的效能表現

廢水	進流水 BOD (mg/L)	進流水 COD (mg/L)	放流水 BOD (mg/L)	放流水 COD (mg/L)	T (°C)	F/M BOD (d⁻¹)	F/M COD (d⁻¹)	SRT	MVLSS (mg/L)	HRT (d)	SVI (mg/L)	ZSV (ft/h)
製藥	2950	5840	65	712	10.4	0.11	0.19		4970	5.4		
	3290	5780	23	561	20.8	0.11	0.18		5540	5.4		26
焦炭及副產品化工廠	1880	1950	65	263		0.18	0.21		2430	4.1	42.4	4.54
多元化的化學工業	725	1487	6	257	21	0.41	0.71		2874	0.61	119	
製革	1020	2720	31	213	21	0.18	0.45	16	1900	3		4.2
	1160	4360	54	561	21	0.15	0.49	20	2650	3	133	28.7
烷基胺生產	893	1289	12	47	33.5	0.146	0.21		1977	3.1	23	4.7
ABS	1070	4560	68	510		0.24	0.94	6	2930	1.5	117	7.9
黏膠人造纖維	478	904	36	215	13.1	0.30	0.47		2759	0.57	116	8.6
聚酯和尼龍纖維	207	543	10	107	22.4	0.18	0.40		1689	0.664	144	2.9
	208	559	4	71	10	0.20	0.48		1433	0.712	180	2.7
蛋白加工	3178	5355	10	362	26.2	0.054	0.08		2818	21	215	12.5
	3178	5355	5.3	245	20	0.100	0.16		2451	12.7	51	3.7
環氧丙烷	532	1124	49	289	37	0.20	0.31		2969	1	32	22
造紙廠	645	1085	99	346	9.3	0.19	0.25	18.9	2491	1.4	63	10
	375	692	8	79	23.3	0.111	0.19	5.2	1414	2.38	504	30
植物油	380	686	7	75	20.3	0.277	0.45		748	1.83	49.2	6.9
有機化學品	3474	6302	76	332		0.57	1.00		1740	3.5	111	
	453	1097	3	178		0.10	0.21		2160	2.02	—	
棉纖維紙漿	1540	—	17	—	—	0.40	—	20	1200	3.4		

443

渠系統需要能完全搭配池的幾何形狀和曝氣機的性能，以產生足夠的渠道速度來進行混合液固體的傳輸。這些系統的關鍵設計因素，與要提供的曝氣類型有關。正常來說，會為 1 ft/s（0.3 m/s）中渠道速度作設計，以防止固體沉積。氧化渠系統特別適合那些需要同時去除 BOD 和氮的情況。利用交替的好氧區和無氧區，兩種反應可以在相同的池裡達成，如圖 7.18 所示。

一個典型的氧化渠曝氣池由單一渠道或多個相互連通的渠道組成，如圖 7.19 所示。

序列批次反應器

序列批次反應器（sequencing batch reactor, SBR）系統日益普及，因為它對特定類型廢水具有成本和操作的彈性。SBR 利用兩個或兩個以上的池，以一個填充，而另一個排空的方式操作。它先進行填充的曝氣序列，接著再進行污泥沉澱序列。廢水會在短的時

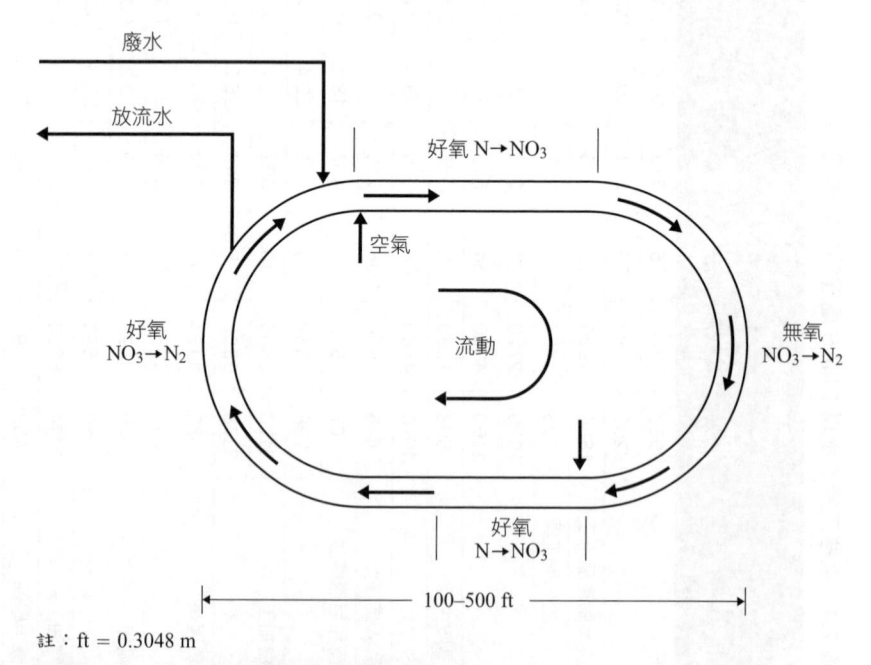

註：ft = 0.3048 m

◯ 圖 7.18　具有硝化和脫硝功能的氧化渠

7 生物廢水處理程序

⇒ 圖 7.19　氧化渠

間間隔添加,以達到最大的生物吸著和膠凝污泥的生長。持續曝氣一段選定的時間後,接著是靜止沉澱的階段,以及倒掉處理完的放流水。顯著的生物性硝化、脫硝和除磷,可以藉由操作條件的修改和重複循環週期的調整而達成。SBR 在時間週期上的操作模式,為填充、反應、沉澱、倒出,如圖 7.20 所示。若為易降解廢水,饋料速度可以調成批次處理模式,以避免絲狀菌的膨化現象。紙漿和造紙廢水的處理週期,如圖 7.21 所示。脫硝可透過無氧週期而達成。效能表現的數據顯示在表 7.5、表 7.6 和表 7.7。圖 7.22 顯示了一個 SBR 廠。例題 7.4 為一個設計實例。

例題 7.4　設計一個 SBR 以處理廢水,其流速為 0.50 million gal/d,生化需氧量為 500 mg/L。假設 $X_v t$ 為 1250 (mg·d)/L,而且饋料加曝氣時間為 10 小時,沉澱為 1 小時,放流水倒出期間為 1 小時(總週期時間為 12 小時)。

工業廢水污染防治

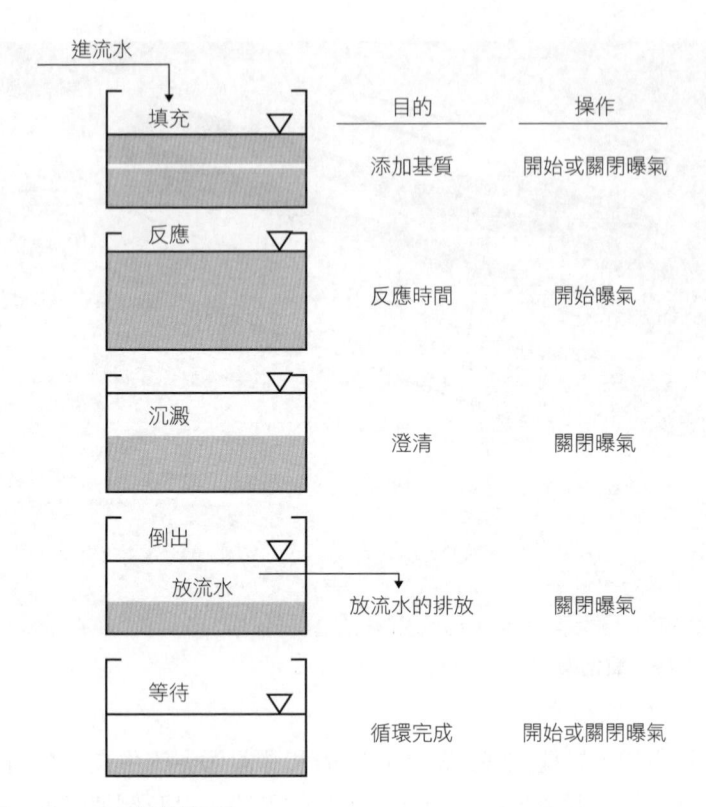

○ **圖 7.20** SBR 操作順序

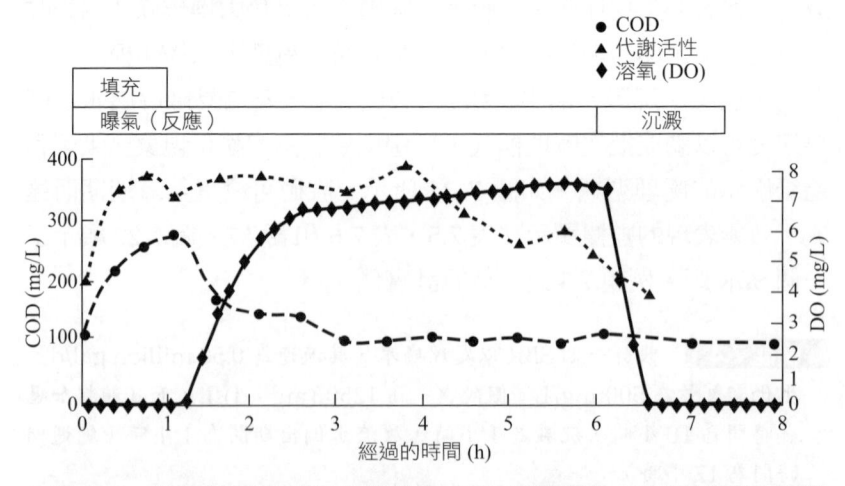

○ **圖 7.21** 紙漿和造紙廠廢水反應器在 SBR 循環期間，COD 和活性污泥的代謝活性（20 天的污泥齡，8 小時的週期時間，6 小時的曝氣反應時間）（資料來源：Franta and Wilderer, 1997）[14]

> 表 7.5 回收紙廠廢水的 SBR 處理

參數	平均進流水 (mg/L)	平均放流水 (mg/L)
TCOD	2,240	276
SCOD	1,810	224
TBOD	955	16
SBOD	844	13
TSS	219	20
VSS	199	11
NH3-N	0.15	2.2
O-PO4	2.4	1.7
T(°C)	18	–

> 表 7.6 間歇性活性污泥系統處理乳品廢水

	流量 (million gal/d)	進流水 COD (mg/L)	進流水 TSS (mg/L)	放流水 COD (mg/L)	放流水 BOD (mg/L)	放流水 TSS (mg/L)
平均值	0.094	2400	315	106	15	21
標準差	0.023	903	164	26	104	17
最低值	0.033	870	73	68	5	3
最高值	0.133	5636	1030	172	70	80

> 表 7.7 化學廢水的 SBR 處理 *

採樣點	TOC	TOX	酚	苯甲酸	鄰氯苯甲酸[†]	間氯苯甲酸	對氯苯甲酸
饋料濃度 (mg/L)	8135	780	1650	2475	840	240	285
放流水濃度 (mg/L)	409	240	<1	7	3	<2	6

* 24 小時循環；MLSS 為 10,000 mg/L，其水力停留時間為 10 天（10% 的饋料在 4 小時的填充期間）。
[†] 氯苯甲酸。

⊃ 圖 7.22　序列批次反應器 (SBR) 廠

解答

$$X_v = \frac{1250}{10/24} = 3000 \text{ mg/L}$$

在一個週期內處理的量為 0.25 million gal，MLVSS 是 (0.25)(3000)(8.34) = 6255 lb。

在 SVI 值為 150 mL/g 時，為儲存沉澱污泥所需的體積為：

$$\left(150 \; \frac{\text{mL}}{\text{g}}\right)\left(454 \; \frac{\text{g}}{\text{lb}}\right)\left(3.53 \times 10^{-5} \; \frac{\text{ft}^3}{\text{mL}}\right) = 2.4 \text{ ft}^3/\text{lb MLSS}$$

以 MLVSS/MLSS = 0.8 進行修正，需要的體積是

$$V = (6255)(1/0.8)(2.4)(7.48)/10^6 = 0.141 \text{ mg}$$

於倒出週期結束時，在沉澱污泥甑和上澄液的水面間提供 3 ft 的乾舷（freeboard）。

曝氣和沉澱污泥的量是

$$0.25 \text{ mg} + 0.141 \text{ mg} = 0.391 \text{ mg}$$

選擇側面的水深（SWD）為 16 ft，則面積是：

$$\frac{391,000}{(7.48)(16)} = 3267 \text{ ft}^2$$

7 生物廢水處理程序

槽直徑是 65 ft。使用 19 ft 的總槽深度，包括乾舷（上澄液的深度）。

在曝氣下的 MLVSS 是

$$\frac{6255}{(3267 \cdot 16 \cdot 7.48 / 106)(8.34)} = 1920 \text{ mg/L}$$

$$\text{MLSS} = \frac{1}{0.8} \times 1920 = 2400 \text{ mg/L}$$

圖 7.23 顯示間歇曝氣的連續流及倒出活性污泥系統的操作順序。[15] 週期 $t_0 - t_3$ 中的每一個時序 ($t_0 - t_1$, $t_1 - t_2$, $t_2 - t_3$) 是由一個具時序功能的控制器來啟動。處理的週期，是從前一週期倒掉的時序結束後才開始。曝氣在 t_0 開始，持續到 t_1，在這段時間內，進流廢水不斷地進入以增加混合液的體積以供曝氣。曝氣在 t_1 時會停止，隨後會進行非曝氣時序，讓混合液進行沉澱，且無氧程序可以發生。在 $t_1 - t_2$ 沉澱/無氧時序之後，處理過的放流水在 $t_2 - t_3$ 期間排掉；t_3 完成時，全部時序會重複。為了優化主要程序中的特定功能，各種操作時序都被開發。例如，一個脫硝週期將需要足夠的曝氣，以提供 $t_0 - t_1$ 期間內總碳和氮化物的氧化，以及 $t_1 - t_3$ 期間內硝酸鹽有效地還原。

這些處理廠的一個重要特徵是，它們能夠接受長期的高流量條件而不流失混合液裡的固體（生質）。傳統連續系統的水力容量受限於二級沉澱單元的操作容量。

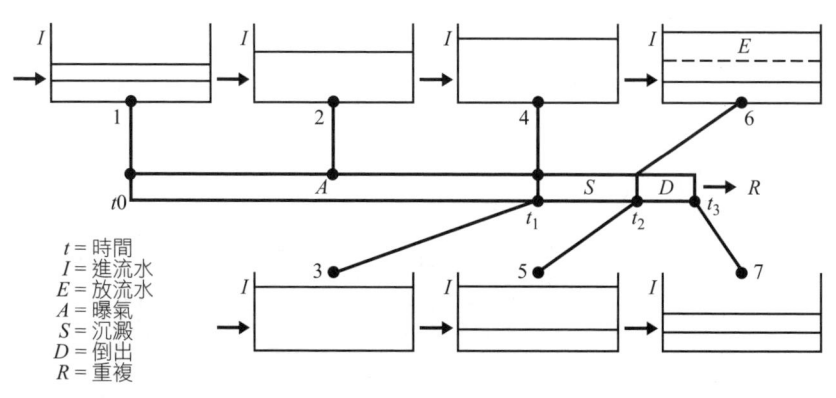

◐ **圖 7.23** 連續流接序曝氣活性污泥法的圖解表示

t = 時間
I = 進流水
E = 放流水
A = 曝氣
S = 沉澱
D = 倒出
R = 重複

這些系統的倒出設備位於容器的末端,和入口相對。在曝氣和沉澱期間,這裝置的可移動堰位於混合液外的水面。在倒出時序的期間,液壓撞鎚啟動,驅動堰經過容器的表面層到達設計底部的水位。這麼一來,在容器倒出時序的期間,處理過的放流水的表面層不斷被撤去,並藉由重力經由倒出設備的承載系統排出容器。

視放流水質而定,在底部水位的懸浮固體物濃度高達 5000 mg/L 下,處理廠可以依平均值為 0.05 到 0.20 lb BOD/(lb MLSS · d)(0.05 到 0.20 kg BOD/(kg MLSS · d))的食微比進行設計。在計算污泥質量所占用的體積,污泥體積指數(sludge volume index, SVI)的上限為 150 mL/g。為了確保固體在倒出過程中沒有被倒出來,須提供一個緩衝量,該深度一般是在超過 1.5 ft(0.5 m)介於底部水位和沉澱後頂部污泥水位之間。

批次活性污泥法

批次活性污泥法類似間歇性的系統,但它通常是運用於高強度、低容量的工業廢水。廢水是在很短的時間內加入,以便將生物吸著和膠凝污泥的增長最大化。接著進行長達 20 小時的曝氣。然後混合液進行沉澱,處理過的放流水倒出。一個典型的批次活性污泥系統,如圖 7.24 所示。一個高強度的化學品廢水,其性能表現數據,如表 7.8 所示。一個設計實例,如例題 7.5 所示。

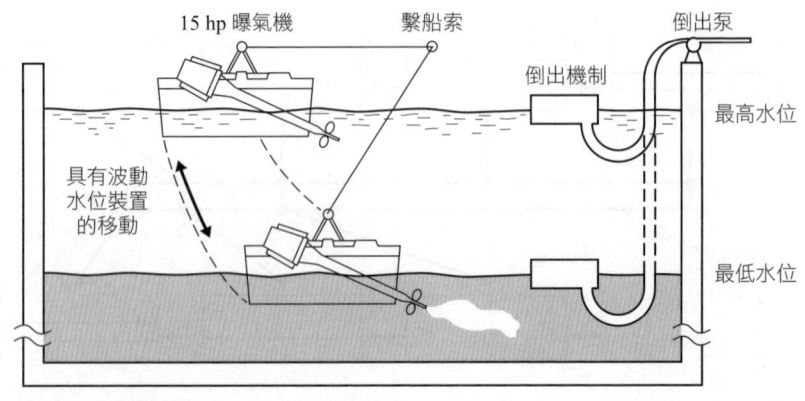

註:hp = 0.7456 kW

◯ 圖 7.24 批次活性污泥系統

表 7.8　特製用化學品廢水以批次活性污泥處理的性能表現

參數	3月	4月	5月	6月	7月	8月	9月	10月
進流水 TBOD (mg/L)	5,734	5,734	5,734	5,734	7,317	7,317	7,317	7,317
放流水 SBOD (mg/L)	43	57	49	119	39	156	91	391
進流水 COD (mg/L)	10,207	10,207	10,207	10,207	15,242	15,242	15,242	15,242
放流水 COD (mg/L)	920	1,992	1,456	2,067	705	2,023	1,682	2,735
放流水 TSS (mg/L)	386	828	640	940	250	657	640	700
MLSS (mg/L)	9,246	2,430	5,520	3,108	10,300	2,025	9,761	4,572
HRT (d)	16.8	16.7	15.6	7.7	14.9	14.6	6.7	6.5
SRT (d)	50	50	50	50	30	30	30	30
PAC (mg/L)	1,500	—	500	—	2,000	—	2,000	—
饋料時間 (h)	4	4	4	4	4	4	4	4
曝氣時間 (h)	23	23	23	23	23	23	23	23
沉澱時間 (h)	1	1	1	1	1	1	1	1
SVI (mL/g)	19	157	32	74	65	75	19	74
F/M（以 COD 為基準）	0.11	0.3	0.19	0.19	0.21	0.60	0.51	0.68

每個月的平均值

例題 7.5 設計以下廢水的批次活性污泥廠：

$Q = 50,000$ gal/d（190 m^3/d）
BOD(S_o) = 500 mg/L
TKN = 2 mg/L
$a = 0.6$
$a' = 0.55$
$b = 0.1$ d^{-1}
$F/M = 0.1$ d^{-1}
$S = 10$ mg/L（可溶性的）

該工廠將操作 20 小時的曝氣、2 小時的沉澱和 2 小時倒出。

解答

BOD 去除率將會是

$$S_r Q = (500-10) \text{ mg/L} (8.34) \frac{\text{lb/million gal}}{\text{mg/L}} (0.05) \frac{\text{million gal}}{\text{d}}$$

$$= 204 \text{ lb/d} (93 \text{ kg/d})$$

食微比為 0.1 d^{-1}，所需的 MLVSS 是

$$X_v V = \frac{QS_o}{F/M} = \frac{0.05 \times 500 \times 8.34}{0.1}$$

$$= 2085 \text{ lb VSS} \quad (946 \text{ kg})$$

而且，在 85% 揮發性固體下，MLSS 是

$$\frac{2085}{0.85} = 2453 \text{ lb SS} \quad (1113 \text{ kg})$$

假設污泥有一個 SVI 值 100 mL/g，這污泥的體積將會是

$$\frac{100 \text{ mL}}{\text{g SS}} \times \frac{454 \text{ g}}{\text{lb}} \times 3.53 \times 10^{-5} \frac{\text{ft}^3}{\text{mL}} = 1.6 \text{ ft}^3/\text{lb}$$

且沉澱污泥所需的容積是

$$2453 \text{ lb} \times 1.6 \text{ ft}^3/\text{lb} = 3925 \text{ ft}^3 \text{ 或 } 29,360 \text{ gal} \quad (111 \text{ m}^3)$$

如果污泥是每月廢棄兩次，必須提供累積污泥的儲存空間。
一個估計的 VSS 可降解比例為 0.4，日常累積的 VSS 是

$$\Delta X_v = a S_r Q - b X_d X_v V$$

生物廢水處理程序 7

$$= 0.6(204) - 0.1 \times 0.4 \times 2085$$

$$= 39 \text{ lb VSS/d} \quad (18 \text{ kg/d})$$

15 天的貯存空間將會是

$$\frac{39 \text{ lb VSS/d}}{0.85 \text{ VSS/SS}} \times 15 \text{ d} \times 1.6 \text{ ft}^3/\text{lb SS} = 1100 \text{ ft}^3 \text{ 或 } 8240 \text{ gal} \quad (31 \text{ m}^3)$$

池的總量（乾舷除外）將會是 50,000 + 29,360 + 8,240 = 87,600 gal（332 m³）。這將是一個直徑為 35.25 ft（10.7 m）和深度為 12 ft（3.7 m）的池。如果提供 3 ft（0.9 m）作為乾舷（水面的深度），操作的池體尺寸將會是直徑 35.25 ft（10.7 m），深 15 ft（4.6 m）。

可以計算出所需的氧：

$$O_2/d = a'S_r Q + 1.4b \times X_d X_v V$$

$$= 0.55(204) + 1.4 \times 0.1 \times 0.4 \times 2085$$

$$= 229 \text{ lb/d 或 } 9.54 \text{ lb/h} \quad (4.3 \text{ kg/h})$$

在 1.5 lb O_2/(hp·h) 的條件下，所需的馬力是

$$\frac{9.54}{1.6} = 6.4 \text{ hp （使用 7.5 hp）} \quad [0.91 \text{ kg/(kW·h)}]$$

這相當於 86 hp/million gal（17 W/m³），應該能提供足夠的混合。所需的營養將會是

$$N = 0.123 \frac{X_d}{0.8} \Delta X_v + 0.07 \left(\frac{0.8 - X_d}{0.8} \right) \Delta X_v$$

$$= 0.123 \times \frac{0.4 \times 39}{0.8} + 0.07 \times \frac{0.8 - 0.4}{0.8} \times 39$$

$$= 3.8 \text{ lb/d 以 N 表示} \quad (1.7 \text{ kg/d})$$

$$P = 0.026 \times \frac{0.4 \times 39}{0.8} + 0.01 \times \frac{0.8 - 0.4}{0.8} \times 39$$

$$= 0.7 \text{ lb/d 以 P 表示} \quad (0.32 \text{ kg/d})$$

純氧活性污泥法

高純氧系統是一系列充分混合的反應器，在覆蓋的曝氣池內採用並行的氣液接觸方式，如圖 7.25 所示。這程序已用於都市、紙

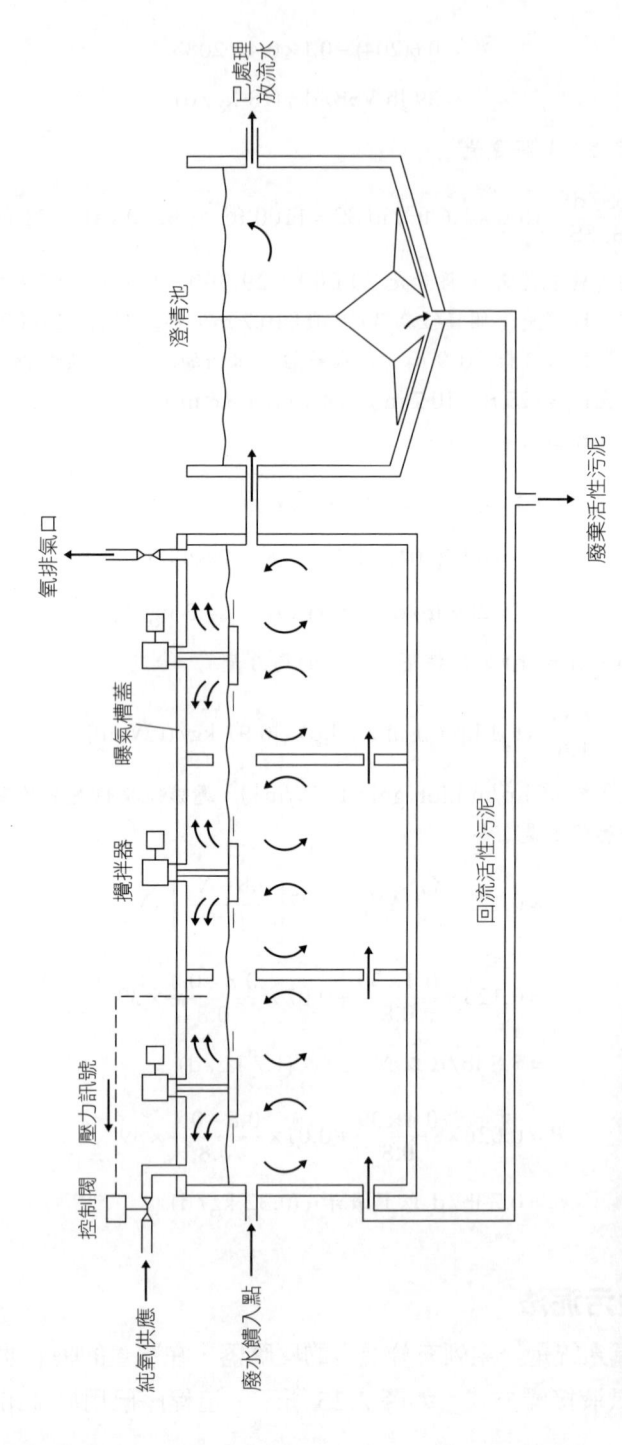

圖 7.25 三階段純氧系統的示意圖

漿和造紙廠，以及有機化學品廢水的處理。饋料廢水、迴流污泥和氣態氧都在第一階段導入。氣液的接觸可以透過水下渦輪機、噴射曝氣，或是表面曝氣來完成。

氧氣依壓力需求自動輸送到任一系統，整個裝置操作就像是一個呼吸器；來自最後階段限制排氣的管線，將基本上無味的氣體排放到大氣中。通常，系統的排氣組成約有 50% 的氧時，其操作最經濟。由於經濟考慮，最好要達到約 90% 的氧利用率並能現場生成氧。在大型的裝置（75 million gal/d）（$2.8×10^5$ m^3/d），氧可以藉由一個傳統的低溫空氣分離程序來產生。若是小型的裝置，則可用變壓吸附（pressure-swing adsorption, PSA）程序。表面或渦輪曝氣設備的動力要求從 0.08 到 0.14 hp/thousand gal（0.028 kW/m^3）不等。在高峰負荷條件下，氧氣系統通常以維持混合液中 6.0 mg/L 的溶氧來設計。

由於混合液保持高溶氧濃度，系統通常可以在高食微比（0.6 到 1.0）的負荷下操作，而無絲狀菌膨化的問題。維持具有高速層沉澱的好氧膠羽，也允許曝氣池中的高 MLSS 濃度。固體含量通常會從 4000 至 9000 mg/L 不等，端視廢水的生化需氧量和系統設計的體積而定。

純氧也運用於開放式的曝氣池，其中氧在高壓下與進流廢水混合。當導入到曝氣池，過飽和的氣體會以微小氣泡的形式從溶液釋出。這個程序如圖 7.26 所示。

圖 7.27 所示的薄膜過濾單元，允許在高 MLSS（10,000 至 40,000 mg/L）的操作，而且不太受污泥品質影響。它還生產高品質的放流水，能隨時消毒，也經常適合程序回收使用。這類型的純氧系統碳足跡可以非常小。

第 12.5 節提供一個更廣泛有關薄膜生物反應器 (MBR) 的設計和表現的討論。

深井活性污泥法

深井活性污泥程序在 F/M 為 1 至 2 d^{-1}（以 BOD 為基準）操

455

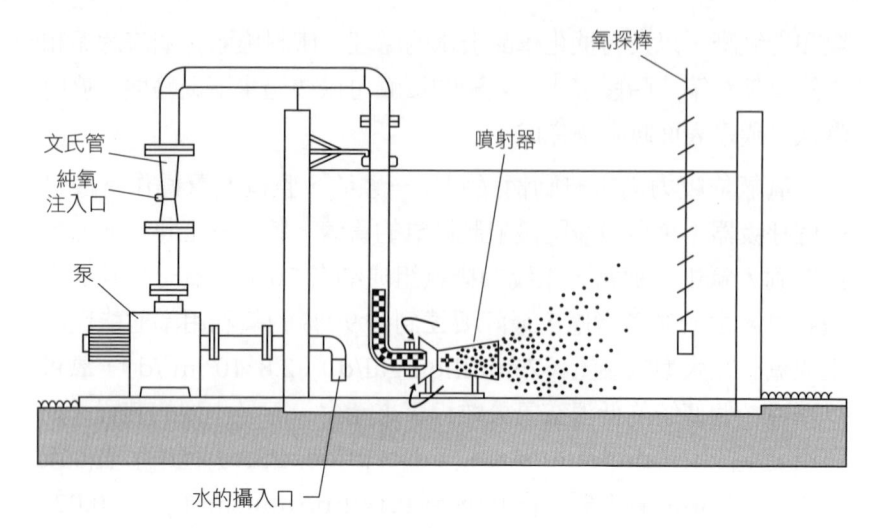

➲ 圖 7.26　使用純氧的廢水生物處理，OXY-DEP 程序

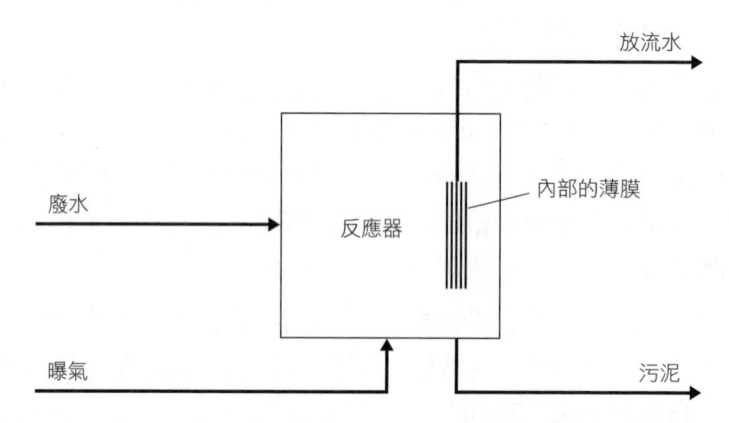

➲ 圖 7.27　薄膜生物反應器使用 ZeeWeed 薄膜的示意圖

作，使用的混合能量水準為 800 至 1500 hp/million gal 曝氣池體積。井的深度從 150 到 400 ft 不等。操作的混合液溶氧濃度從 10 到 20 mg/L 不等，因為軸深度的增加會使飽和濃度增加。MLSS 的濃度從 8000 到 12,000 mg/L 不等。固液的分離，在高 MLSS 濃度（大於 10,000 mg/L）下，可藉由溶氣浮除法達成；而在較低的 MLSS 濃度下，可藉由真空除氣和傳統的重力澄清法達成。深井程序的方塊流程圖，如圖 7.28 所示。對於啤酒廠廢水的性能表現數據，如表 7.9 所示。

生物廢水處理程序 7

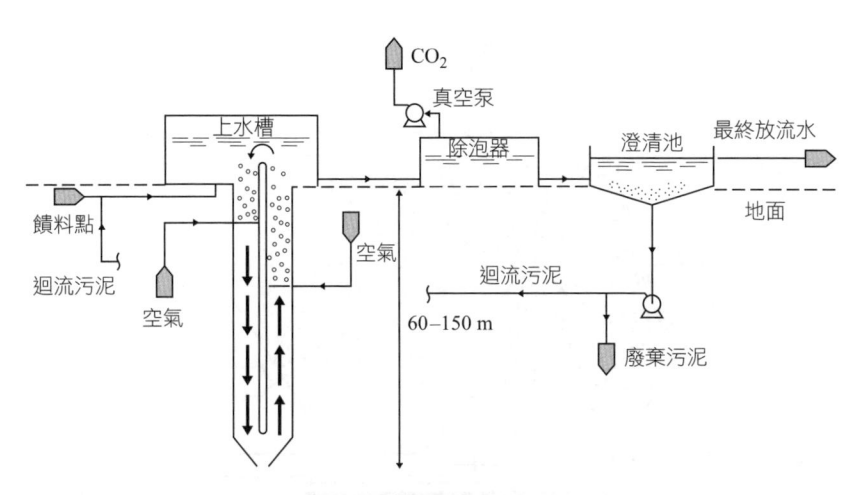

○ 圖 7.28　深井活性污泥程序的流程圖

➡ 表 7.9　啤酒廠廢水在深井程序的處理結果 [16]

參數	性能表現
平均流量	0.65 million gal/d
平均 BOD_5	2,400 mg/L
MLSS	12,000 mg/L
MLVSS	7,920 mg/L
F/M	1.51
水力停留時間	0.2 d
澄清池負荷	618 gal/(d·ft$_2$)
迴流固體	4%
放流水 BOD_5	78 mg/L
TSS	91 mg/L

資料來源：Cuthbert and Pollock, 1995.

環形沉降氣舉式程序

　　環形沉降氣舉式（Biohoch）反應器包括一個由多孔板分為上下兩層的曝氣區，以及一個圍繞在曝氣區外側的錐形最終澄清池。空氣透過安裝在反應器底部的徑向流噴氣機進入反應器。

　　未經處理的廢水，透過徑向流噴氣機或是透過單獨的管路，注入反應器。在下層的紊流足以提供完全混合的條件。上面是穩定和

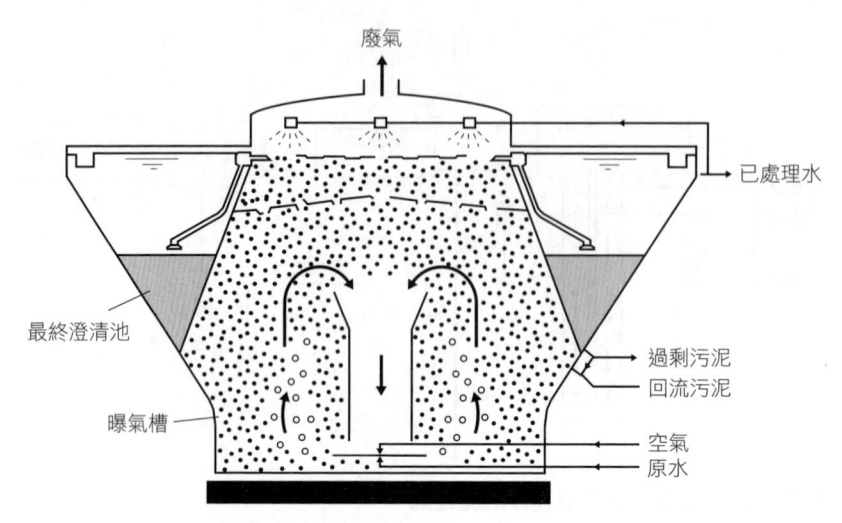

○ 圖 7.29　Biohoch 反應器的水流示意圖

➡ 表 7.10　在 Biohoch 反應器，有機化學品廢水的處理

參數	值
流率	0.63 million gal/d
進流水 BOD	5,000 mg/L
放流水 BOD	40 mg/L
進流水 COD	6,000 mg/L
放流水 COD	750 mg/L
F/M（以 BOD 為基準）	0.43 lb/(lb MLSS · d)
MLSS	3,500 mg/L
SRT	5.4 d
HRT	80 h
溫度	95°F

脫氣層，附著在活性污泥上的氣泡會被去除，因為在一般的最終澄清池，氣泡會阻礙沉澱。曝氣層的深度大約為 65 ft。

圖 7.29 顯示 Biohoch 反應器，而表 7.10 列出有機化學品廢水處理的效能數據。

整合式固定膜活性污泥法

近年來常被修訂的一個創新作法，是在活性污泥反應器整合固

生物廢水處理程序 7

定膜擔體（fixed film media）*，以提高效能，並在某些情況下，儘量減少現有設施的擴充。會進行硝化和脫硝的處理廠，硝化通常是決定速度的步驟，所以擔體會放在好氧區，以加強在低溫條件下的硝化。最常見的擔體是 Ringlace 像繩索的擔體和小型的漂浮塑料海綿（如 Captor 和 Linpur）。漂浮擔體可藉砂網阻擋而固定。

Randall [17] 回顧 IFAS 系統的效能表現數據。在一個使用 Ringlace 的案例中，硝化的速率是控制組反應器的 3 倍，且脫硝化是 2.5 倍。擔體的整合也降低了 SVI 和最終澄清池的固體負荷。漂浮海綿已應用在幾個方面。在一個案例中，海綿置於活性污泥區之前。海綿也被用於增強硝化作用的活性污泥曝氣池之後。Randall 添加海綿到活性污泥曝氣池，因而減少了 20% 因硝化所需的體積。科羅拉多州布魯姆菲爾德市、懷俄明州夏安市、紐約州馬馬羅內克市等地的模廠級作業顯示，SRT 減少 50% 仍可以繼續達到可接受的硝化程度。[18] 在新英格蘭的一個處理廠，透過同時的硝化和脫硝，海綿擔體可以提供大於 80% 的總氮去除率。[19] 海綿也可以用於需要長的污泥齡作為第二階段處理的難分解有機物。

嗜熱好氧活性污泥法

嗜熱好氧活性污泥法提供快速降解率和低污泥產率的優點。高溫氧化的最佳溫度是 55°C 至 60°C，但一般的術語通常會包括任何在溫度為 45°C 或更高溫操作的程序。有報告指出，高溫下的反應速度比中溫操作快 3 至 10 倍，內源性的速率會快 10 倍，從而大大減少了污泥的淨產量。要自行加溫到高溫的溫度需要 20,000 至 40,000 mg/L 的 COD 去除率，加上 10% 至 20% 的氧傳輸效率。有一個缺點是嗜熱菌無法膠凝，使放流水中的生質分離會是一個問題。

最終澄清

最終澄清池是活性污泥程序的關鍵，若主設計理念沒有考慮到

---

* 譯註：media 視情況譯為「介質」或「擔體」，一般在生物處理上稱為擔體。

它,將導致程序障礙。二級澄清池性能的影響因子包括:

- 來自脫硝的上升固體。
- 來自高污泥氈沖刷下來的沉澱固體(即濃縮過載)。
- 膠凝問題造成無法沉澱的固體。
- 短流或高速流造成可沉澱固體的損失。

控制澄清池的一個主要操作參數是污泥氈的高度。污泥氈太高可能會導致澄清效率不佳。高污泥氈的影響因子包括:

- 二級處理放流水的流率。
- 原活性污泥(RAS)的流率。
- 混合液懸浮固體物濃度。
- 可用於澄清的總表面積。
- 污泥沉澱特性。

活性污泥呈現層沉澱,這在第 106 頁已有討論。活性污泥批次沉澱的特性可以用下列關係式來描述:

$$V_Z = V_o e^{-KX} \quad (7.14)$$

其中,　　V_z = 層沉澱的速度
　　　　　X = 在 V_z 的污泥濃度
　　　　　V_0 和 K = 實驗常數

層沉澱速度(zone settling velocities, ZSVs)通常是藉由管柱測試來測定。重要的是,要了解層沉澱速度會被測試圓柱的直徑所影響,如圖 7.30 顯示的幾個不同活性污泥的結果。層沉澱速度也將受到固體濃度的影響,增加 MLVSS 會造成它下降,如圖 7.31 所示。

活性污泥的沉澱性能常與污泥體積指數(sludge volume index, SVI)有關。Daigger 和 Roper [20] 與其他學者證明都市活性污泥的層沉澱速度(式 (7.14))可能與 SVI 值有關:

$$V_Z = 7.80 e^{-(0.148+0.0021SVI)X} \quad (7.14a)$$

7 生物廢水處理程序

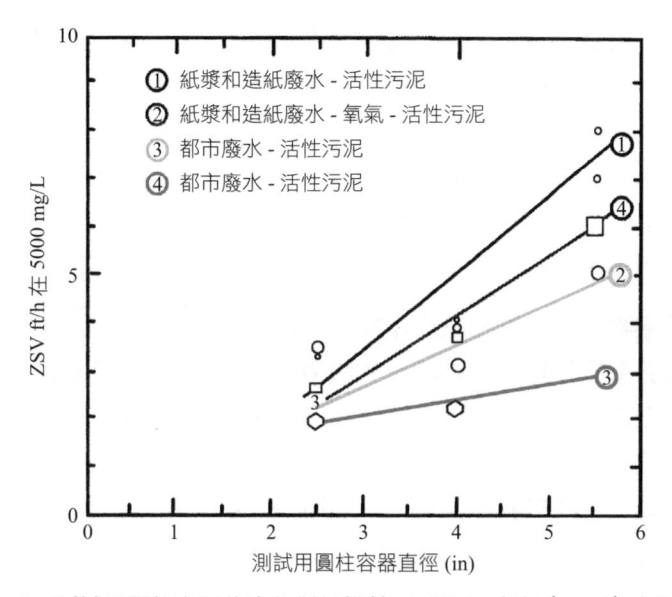

○ **圖 7.30** 測試用圓柱容器的直徑對於攪拌下層沉澱速度（ZSV）之影響

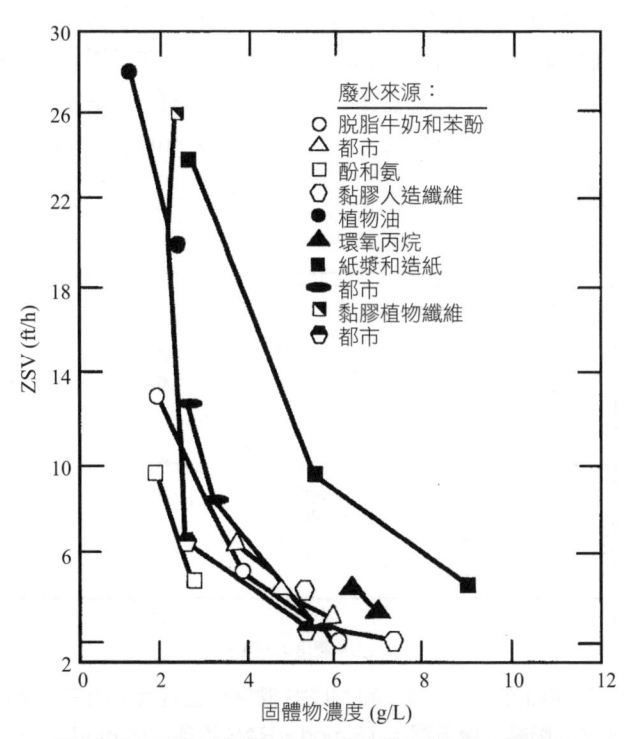

○ **圖 7.31** 處理各類工業廢水的污泥，其層沉澱速度的特徵

在式 (7.14a) 中，V_z、X 和 SVI 的單位分別是 m/h、g/L、mL/g。良好沉澱的重要性反映在較低的 SVI 值，這可由圖 7.32 得知，所需的澄清池直徑和成本相對較低。澄清池的功能主要是作為濃縮器，其中到澄清池的通量與 MLSS 濃度、進流水流率、底流率、可用的澄清池表面積，和污泥沉澱特性有關。使用狀態點的分析，得以確定最終澄清池的操作控制。必要的組成要件如下：

- **狀態點**：溢流率和底流率操作線的交會。
- **溢流率操作線**：具有等於二級澄清池表面溢流率的斜率。
- **底流率操作線**：具有等於負的原活性污泥流率除以全部二級澄清池表面積的斜率。
- **沉澱通量曲線**：以活性污泥的沉澱性質來定義；SVI 值或 Vesilind 沉澱參數，V_O 和 K。

圖 7.33 和圖 7.34 說明這些關係。

在圖 7.34 中，溢流線有一個等於溢流率（Q/A）的斜率。底流率操作線的斜率和 $-R/A$ 相同。這兩條線的交叉點發生在混合液懸浮固體物濃度 X_a。底流率操作線和固體通量軸相交處顯示採用的通量 G_A（等於固體負荷率）。此線與固體濃度軸的相交處，即為回流污泥濃度 X_r。

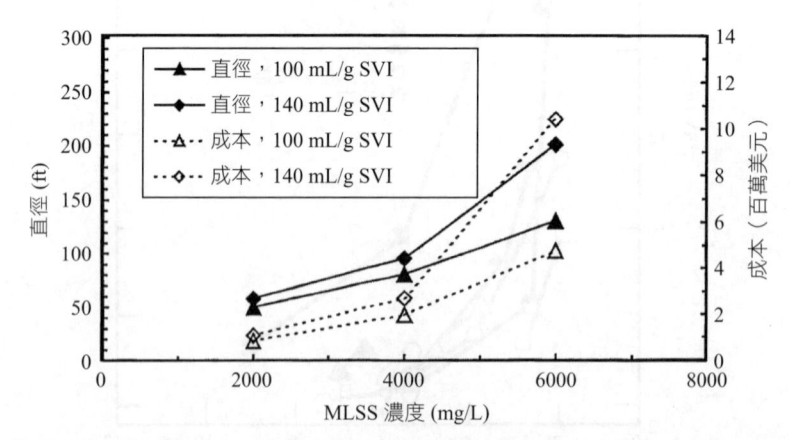

○ **圖 7.32** 沉澱特性（SVI 值）和 MLSS 濃度對三個大小相等二級澄清池的尺寸和成本的影響（廠流量 = 15 mgd，RAS 流量 =15 mgd）

7 生物廢水處理程序

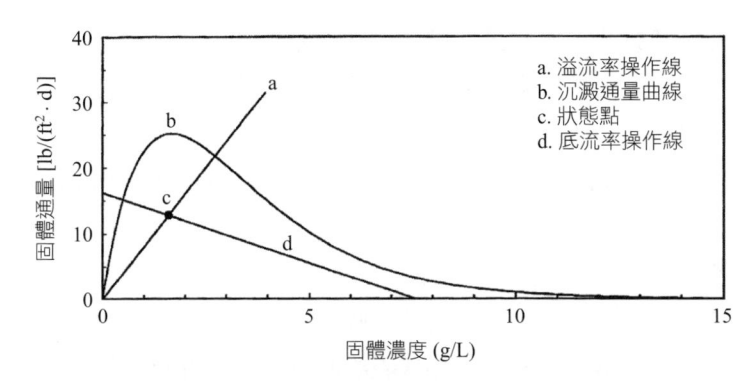

○ 圖 7.33　確認狀態點分析的重要組成元件

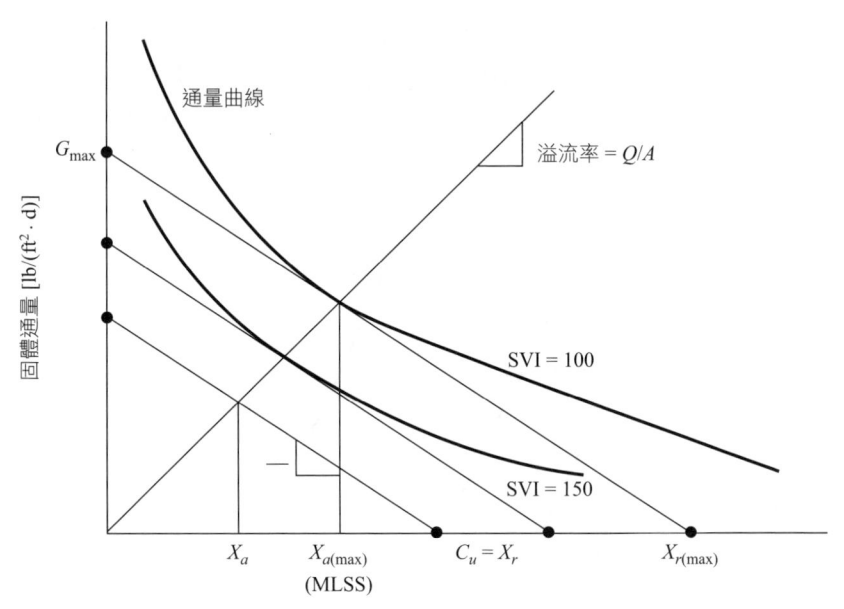

a. 溢流率操作線
b. 沉澱通量曲線
c. 狀態點
d. 底流率操作線

○ 圖 7.34　最終澄清池的關係

註：lb/(ft² · d) = 4.89 kg/(m² · d)

最大的通量 G_{max} 能成功地傳遞到澄清池底部，並離開回流污泥流，它係由繪製與沉澱通量曲線相切的底流率操作線來決定。此線與固體濃度軸相交之處即為可達到的回流污泥最大固體濃度 $X_{r(max)}$。當底流率操作線與沉澱通量曲線相切，該系統相對於濃縮

463

是處於低載狀況。操作最好是在這個限制以下；在此限制之上的延長操作，會使固體填滿澄清池，進而導致固體流失於放流水中。

可以透過澄清池處理的固體量，係取決於污泥沉澱的性能。這種關係如圖 7.34：當污泥的可沉澱性變小（SVI 值從 100 mL/g 上升至 150 mL/g），最大通量減少（$G_{max1} < G_{max2}$）；最大回流污泥固體濃度也降低（$X_{r(max)1} < X_{r(max)2}$）。對不同底流的濃度，重複這個計算過程，產生一系列澄清池的底流，也就是迴流，以及與其相對應的最大固體通量率，全都代表設計的限制或操作條件的限制。圖 7.35 顯示針對都市污水在某範圍內 SVI 值污泥的計算。在圖 7.35 上，可接受的操作點是位在特定 SVI 值線以下。這虛線或操作線是得自於澄清池的質量平衡，假設放流水的懸浮固體物和污泥的廢棄，相對於澄清池固體饋料是很少的。對一個給定操作線的狀態點，是由固體通量 G 和相對應的澄清池底流或迴流固體濃度 X_u 來

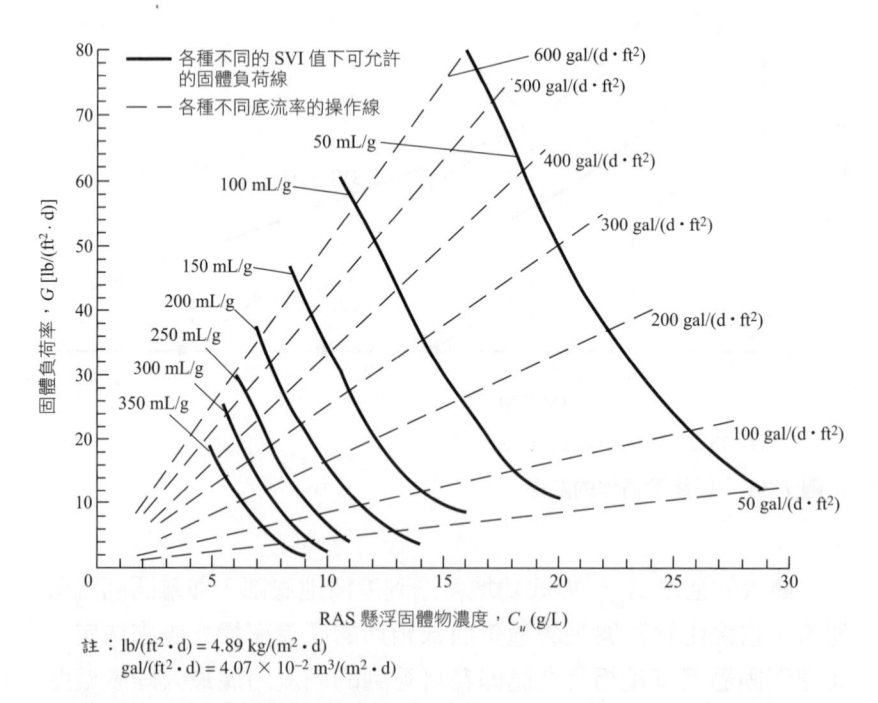

註：lb/(ft² · d) = 4.89 kg/(m² · d)
　　gal/(ft² · d) = 4.07 × 10⁻² m³/(m² · d)

◯ 圖 7.35　澄清池的設計和操作圖（仿照 Daigger 和 Roper [20] 後製作）

定義。澄清池不會是固體限制的，只要特定 SVI 值的狀態點低於限制的固體通量線。這是圖 7.34 中的 $X_{a(\max)}$。例題 7.6 說明了這種分析。一個澄清池的設計過程，如例題 7.7 所示。

例題 7.6 最終澄清池在下列情況下操作：

表面積 $A = 2000 \text{ ft}^2$（186 m²）
進流水流量 $Q = 1.2$ million gal/d（4540 m³/d）
污泥迴流 $R = 0.6$ million gal/d（2270 m³/d）
混合液懸浮固體物 $X_a = 3000$ mg/L

計算：

溢流率 Q/A
底流率 R/A
固體通量 G
迴流懸浮固體物 X_r
澄清池操作的最大 SVI 值

解答

溢流率是

$$\frac{1.2 \times 10^6}{2000} = 600 \text{ gal}/(\text{d} \cdot \text{ft}^2) \quad [24.4 \text{ m}^3/(\text{m}^2 \cdot \text{d})]$$

底流率是

$$\frac{0.6 \times 10^6}{2000} = 300 \text{ gal}/(\text{d} \cdot \text{ft}^2) \quad [12.2 \text{ m}^3/(\text{m}^2 \cdot \text{d})]$$

固體通量是

$$G = \frac{X_a(Q+R)}{A} = \frac{3000(1.2+0.6)8.34}{2000} = 22.5 \text{ lb}/(\text{ft}^2 \cdot \text{d}) \quad [110 \text{ kg}/(\text{m}^2 \cdot \text{d})]$$

迴流懸浮固體物是

$$\frac{R}{Q} = \frac{X_a}{X_r - X_a}$$

或

$$X_r = \frac{X_a(1+R/Q)}{R/Q} = \frac{3000(1+0.6/1.2)}{0.6/1.2} = 22.5 \text{ lb}/(\text{ft}^2 \cdot \text{d}) \quad [110 \text{ kg}/(\text{m}^2 \cdot \text{d})]$$

根據圖 7.35，具有 9000 mg/L 的迴流懸浮固體物和 22.5 lb/(ft²·d)（110 kg/(m²·d)）的固體通量，最大允許的 SVI 值是 200mL/g。

例題 7.7 狀態點的分析。已知活性污泥廠的數據如下：

進流水流量 $Q = 12$ million gal/d
澄清池的數目 = 2
每一個表面積，$A = 9000$ ft^2
來自每個澄清池的原活性污泥（RAS），$R = 3.5$ million gal/d
MLSS 濃度 = 3 gal/L
V_o 沉澱參數 = 564 ft/d
K 沉澱參數 =0.41/g

計算：(a) 溢流率操作線；及 (b) 底流率操作線。(c) 建構固體通量曲線。(d) 求出澄清池的最大負荷。

解答

(a) 溢流率操作線的斜率等於表面溢流率 Q/A。

溢流率是

$$\frac{Q}{A} = \frac{12 \text{ million gal/d}}{2 \times 9000} = 666 \text{ gal/(d} \cdot \text{ft}^2)$$

轉換 Q/A 的單位到 ft/d，得到

$$\frac{666}{7.48} = 89 \text{ ft/d}$$

但是溢流率以 ft/d 為單位是等於

$$\frac{16 \cdot G \text{ lb/(ft}^2 \cdot \text{d)}}{\text{MLSS (g/L)}}$$

於是，對於 MLSS 濃度為 3 g/L，G 可以計算如下：

$$\frac{16 \cdot G}{3} = 89$$

$$G = 16.7 \text{ lb/(ft}^2 \cdot \text{d)}$$

在圖 7.36，溢流率操作線為通過原點和以 $G = 16.7$ lb/d、MLSS 濃度 = 3 g/L 的那條線。

(b) 底流率操作線的斜率等於底流率。

底流率是

$$\frac{2R}{2A} = \frac{2 \times 3.5 \text{ million gal/d}}{2 \times 9000 \text{ ft}^2} = 389 \text{ gal/(d} \cdot \text{ft}^2)$$

7 生物廢水處理程序

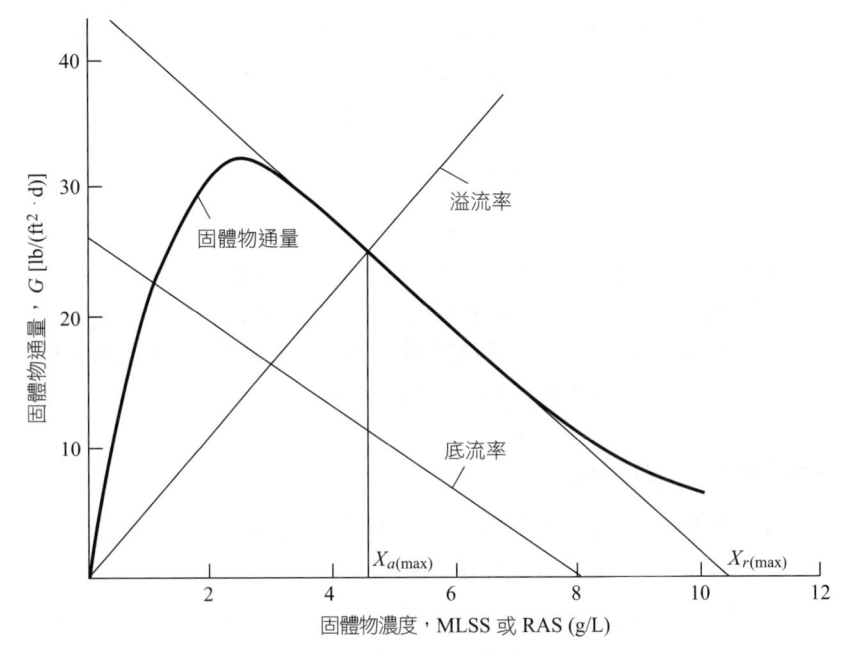

[圖：溢流和底流操作線與固體物通量曲線圖，x軸為固體物濃度 MLSS 或 RAS (g/L)，y軸為固體物通量 G [lb/(ft²·d)]，標示 $X_{a(max)}$ 約在 4.8，$X_{r(max)}$ 約在 10]

◯ **圖 7.36** 溢流和底流操作線與固體物通量曲線圖

轉換 Q/A 的單位到 ft/d，得到

$$\frac{389}{7.48} = 52 \text{ ft/d}$$

但是底流率以 ft/d 為單位是等於

$$\frac{16G \text{ (lb/d·ft}^2)}{\text{RAS (g/L)}}$$

到澄清池的通量 G 是

$$G = \frac{(Q+R)X_a}{2A}$$

$$= \frac{(12+7)3 \cdot 8.34 \cdot 10^3}{18,000} = 26.4 \text{ lb/(ft}^2 \cdot \text{d)}$$

原活性污泥濃度的計算為：

$$\frac{16 \cdot 26.4 \text{ lb/(ft}^2 \cdot \text{d)}}{\text{RAS(g/L)}} = 52 \text{ ft/d}$$

$$\text{RAS} = 8.1 \text{ g/L}$$

底流率操作線現在繪製於圖 7.36，如從在原活性污泥軸的 8.1 g/L 到在 G 軸的 26.4 lb/(ft² · d) 的延長線。

(c) 固體通量曲線可以透過修改式 (7.14) 來建構：

$$V_z X = G = V_o X e^{-KX}$$

對於 V_o = 564 ft/d 和 K = 0.4 L/g，固體通量曲線繪製於圖 7.36。

(d) 透過在固體通量曲線的反曲點上畫一切線，如圖 7.36 所示，可以獲得澄清池的最大負荷。在底流原活性污泥為 10.4 g/L 時，這會產生 44 lb/ (ft² · d) 的通量。圖 7.32 顯示 MLSS 是 4500 mg/L。底流率從 389 gal/ (d · ft²) 增加到 563 gal/ (d · ft²)。

膠凝和水力的問題

Wahlberg 等人[21]策劃了一系列的測試，稱為分散的懸浮固體物（dispersed suspended solids, DSS）和膠凝的懸浮固體物（flocculated suspended solids, FSS）測試，以區分二級澄清池的膠凝和水力問題。在凱末爾採樣器（Kemmerer sampler）沉澱 30 分鐘後，DSS 在操作上定義為上澄液的懸浮固體物濃度。使用凱末爾採樣器可允許樣品在同一容器中收集和沉澱，從而減少在中間的轉移步驟期間，任何不可定量的生物膠羽聚集或解體之效應。

FSS 在操作上被定義為：在 30 分鐘的膠凝和 30 分鐘的沉澱下，上澄液的懸浮固體物濃度。FSS 的濃度非常有用，因為如果進入二級澄清池混合液的膠凝是在最佳化狀態，而且澄清池的流動特性理想，它將是一個有可能的放流水 TSS 濃度之量度值。FSS 濃度和放流水 TSS 濃度之間的差異，可反映由不良的膠凝或不良的水力所造成的任何低效率。如果能妥當地膠凝和理想地沉澱，大多數活性污泥會產生小於 10 mg/L 的放流水 TSS。

眾所周知在二級澄清池存在有密度流。這些密度流是因為含固體的混合液進入含有相對少固體的二級澄清池時造成的水下瀑布所產生。由於二級澄清池的入口設計不當，不能有效地消散進流水流量的動能，會導致高速噴射水柱的發生。因不良的二級澄清池設計所引發長期的水力問題，一直困擾著污水處理業。流體動力學模式

7 生物廢水處理程序

成功地被用來識別水力問題和設計上所需的修改。這些模式也逐漸用來設計新的二級澄清池。

都市活性污泥處理廠處理工業廢水

都市污水十分獨特,因為大部分的有機物會以懸浮或膠體的形式呈現。通常,都市生活污水的 BOD 是 50% 的懸浮、10% 的膠體,以及 40% 的可溶性。相較之下,大多數工業廢水幾乎是 100% 可溶。在處理都市污水的活性污泥廠中,懸浮的有機物迅速地被膠羽捕捉,膠體物質吸附在膠羽上,一部分的可溶性有機物被吸附。這些反應發生在曝氣接觸的最初幾分鐘。相較之下,容易降解的廢水,即食品加工,一部分的 BOD 被快速地吸著,其餘的會依時間和生物固體濃度而去除。很少吸著現象會發生在難分解的廢水。這些現象都顯示在圖 7.15。活性污泥程序的動力學,端視工業廢水排入都市污水處理廠的百分比與類型,因而有所不同;這是在設計時必須加以考慮的地方。

曝氣池中的生物固體百分比也將因工業廢水的數量和性質而有所不同。例如,沒有初級澄清的都市污水,在 3 天的污泥齡下,將會產生 47% 的生質。經過初級澄清則會增加生質至 53%。增加污泥齡也將增加揮發性懸浮固體物進行降解和合成生物量的百分比。可溶性工業廢水會增加活性污泥中生質的百分比。

由於這些因素,有一些工業廢水排入都市處理廠時必須考慮的現象:

1. **對放流水質的影響**。可溶性工業廢水會影響反應速率 K,如表 6.8 所示。難分解廢水(如製革廠和化學廢水)將會減少 K,但是容易降解的廢水(如食品加工和啤酒廠廢水)將會增加 K。
2. **對污泥品質的影響**。視池的配置而定,容易降解的廢水將刺激絲狀菌膨化的現象,而難分解的廢水將會抑制絲狀菌的膨化現象。
3. **溫度的影響**。工業廢水(像可溶性有機物等)的輸入增加,會增加溫度係數 θ,從而降低在較低操作溫度的效率。

4. 污泥的處理。可溶性有機物的增加，將會增加廢棄污泥混合物中生物污泥的百分比。這通常會減少脫水性、減少污泥餅中固形物、提高調理用藥的需求。一個例外是紙漿和造紙廠廢水，其中紙漿和纖維會成為污泥的調理劑，並強化脫水率。

應當注意的是，大多數工業廢水是缺乏營養的；也就是說，它們缺乏氮和磷。都市污水中，這些營養素過剩，可提供所需的營養之平衡。然而，禽肉加工等工業的廢水中，與有機質有關的氮和磷含量可以非常高，大幅增加了都市處理廠中營養去除的成本。

都市處理廠工業廢水的預處理，如例題 7.8。

例題 7.8 一個廢水將在活性污泥程序進行預處理，然後在第二個活性污泥池與家庭污水混合，進行最終的處理，如下所示：

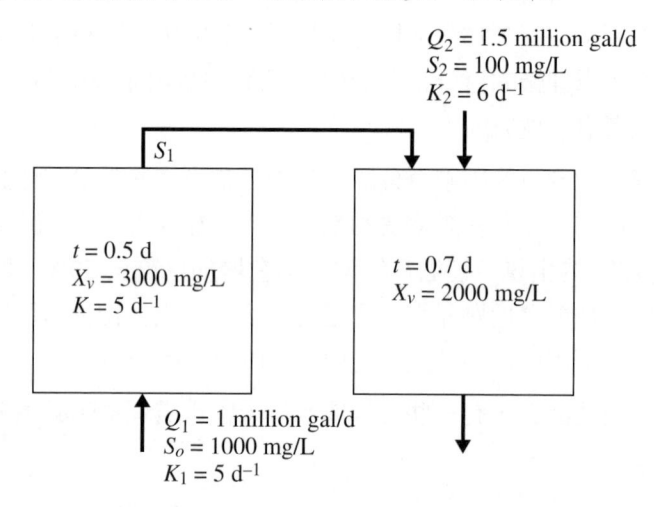

$Q_2 = 1.5$ million gal/d
$S_2 = 100$ mg/L
$K_2 = 6$ d^{-1}

S_1

$t = 0.5$ d
$X_v = 3000$ mg/L
$K = 5$ d^{-1}

$t = 0.7$ d
$X_v = 2000$ mg/L

$Q_1 = 1$ million gal/d
$S_o = 1000$ mg/L
$K_1 = 5$ d^{-1}

解答

根據式 (6.29)，從第一曝氣池來的放流水 SBOD 為

$$(S_e)_1 = \frac{1000^2}{1000 + (5)(3000)(0.5)}$$

$$= 118 \text{ mg/L}$$

根據式 (6.30)，在第二個池預處理的工業廢水，其反應速率 K_2 為

$$K_2 = 5\left(\frac{118}{1000}\right) = 0.59 \text{ d}^{-1}$$

生物廢水處理程序 7

第二池的進流水濃度是

$$(S_o)_2 = \frac{(118)(1.0)+(100)(1.5)}{(1.0+1.5)}$$

$$= 107 \text{ mg/L}$$

根據式 (6.31)，平均速率係數 $\overline{K}$，在兩股廢水混合後為

$$\frac{1}{\overline{K}} = \frac{\frac{1}{0.59}(118)(1.0)+\frac{1}{6}(100)(1.5)}{(118)(1.0)+(100)(1.5)}$$

$$\overline{K} = 1.2 \text{ d}^{-1}$$

第二個池的 SBOD 將會是

$$(S_e)_2 = \frac{107^2}{107+(1.2)(2000)(0.7)}$$

$$= 6.5 \text{ mg/L}$$

放流水的懸浮固體物控制

放流水固體控制的重要性在日益嚴格的放流水質要求下更形顯著。除了固體本身，它們貢獻生化需氧量、營養、潛在吸著的金屬和優先管制污染物。由於動力學公式只可以決定可溶性生化需氧量，含有固體部分的生化需氧量必須加以考量。在較高的 F/M 操作下，可觀察到更高的 TBOD/ TSS 值，這是由於生質可降解的比例較高所致。圖 7.37 說明了這一點。

二級澄清池放流水帶出來的懸浮固體物，可能是因幾個原因造成：

- 曝氣池高功率水準所形成的膠羽剪力。
- 不良的澄清池水力條件。
- 高廢水 TDS 濃度。
- 低或高混合液溫度。
- 混合液溫度的快速變化。
- 低的混合溶液表面張力。

由渦輪式或機械式表面曝氣機製造出來的高混合液紊流程度可

471

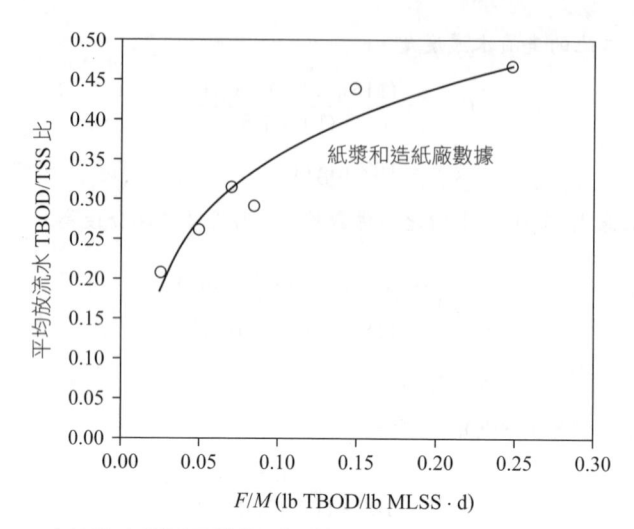

○ 圖 7.37　由放流水懸浮固體物所貢獻的 BOD 之計算結果

以造成膠羽的解體,導致放流水中高的懸浮固體物。這個問題通常可以透過減少曝氣池的功率水準,和/或藉由在曝氣池及最終澄清池之間安裝一個膠凝區,而獲得解決。處理紙漿和造紙廠廢水的活性污泥處理廠,在兩個曝氣池的功率水準下,混合液膠凝的結果顯示在表 7.11。這些數據說明,1 至 3 分鐘的膠凝時間,可以有效減少沉澱的放流水 TSS 濃度。當使用細氣泡擴散器,紊流對放流水懸浮固體物的影響,如圖 7.38 所示。

➡ 表 7.11　紙漿和造紙廠廢水的膠羽剪力測試結果

膠凝時間 (min)	沉澱的 TSS* (mg/L) 在	
	690 hp/million gal	360 hp/million gal
0	81	64
1	30	28
3	28	22
5	26	19
7	27	21

* 在膠凝和 15 分鐘沉澱期之後的上澄液 TSS 濃度。

7 生物廢水處理程序

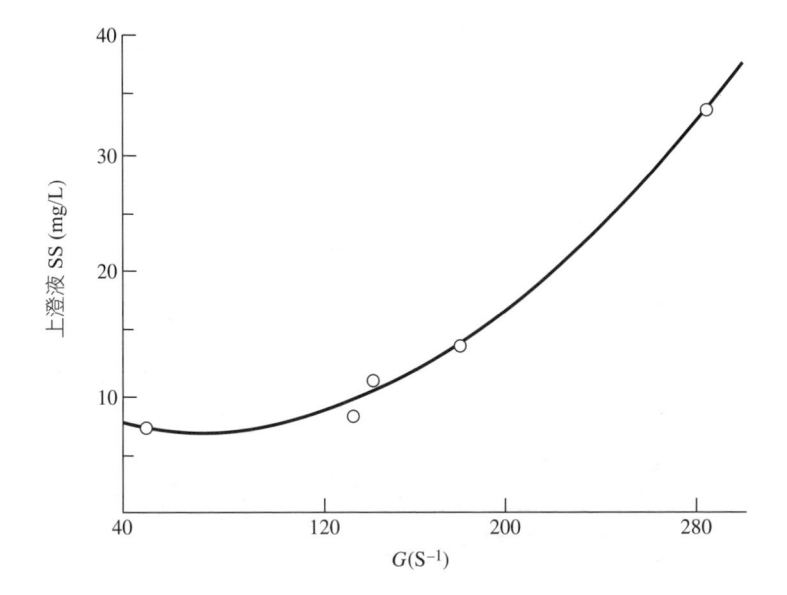

G 定義為平均速度梯度，它是量度混合的強度。例如，一個體積為 0.5 MG 的曝氣池，其氣流為 20 scfm/1000 ft³，邊緣水深（SWD）為 26 ft，請問在 20 ºC 的 G 值為何？

$$G = \sqrt{\frac{Qa\gamma h}{V\mu}}$$

其中，Qa = 氣流，m³/sec
γ = 液體的比重，N/m³
h = 液體的深度，m
V = 曝氣池的體積，m³
μ = 絕對黏滯度，N sec/m²

$$G = \sqrt{\frac{0.63 \text{ m}^3/\text{sec} \cdot 9790 \text{ N/m}^3 \cdot 7.47 \text{ m}}{1894 \text{ m}^3 \cdot 1.003 \times 10^{-3} \frac{\text{N} \cdot \text{sec}}{\text{m}^2}}}$$

$$= 155 \text{ sec}^{-1}$$

○ 圖 7.38　G 對於細氣泡曝氣處理廠放流水 SS 濃度的影響（資料來源：Parker et al., 1992）[22]

　　澄清池不良的水力設計經常造成高放流水的懸浮固體物含量，導致密度流和／或短路。這些情況會使膠羽固體在澄清池周邊的堰上湧起。這個問題可以透過安裝斯坦福擋板（Stamford baffle）來減緩，這擋板把上行的固體導離放流堰。圖 7.39 所示為一個斯坦福擋板及其性能。

473

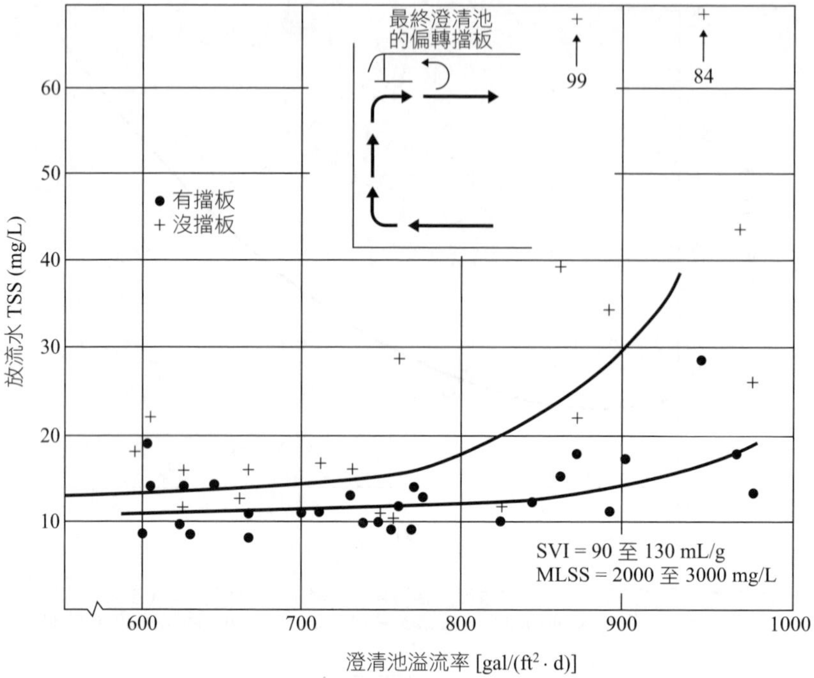
最終澄清池
的偏轉擋板
99
84
有擋板
沒擋板
放流水 TSS (mg/L)
60
50
40
30
20
10
SVI = 90 至 130 mL/g
MLSS = 2000 至 3000 mg/L
600
700
800
900
1000
澄清池溢流率 [gal/(ft² · d)]

➲ **圖 7.39　斯坦福擋板對於澄清池放流水 TSS 濃度的影響**

然而，在工業廢水的情況下，有分散特性高的放流水懸浮固體物起因為下列因素之一：

1. 高總溶解鹽（total dissolved salt, TDS）可能會造成不可沉澱懸浮固體物的增加。即便膠羽分散的具體原因尚未確定，越來越多的 TDS 會導致不可沉澱及分散固體的增加。高 TDS 也會增加液體的比重，從而降低生物污泥的沉澱速率。在馴化條件下，鹽的含量似乎對程序動力學的影響不大。
2. 分散的懸浮固體物隨曝氣池溫度的降低而增加。例如，在西維吉尼亞州處理有機化學品廢水的曝氣活性污泥廠，在夏天的操作期，放流水懸浮固體物濃度為 42 mg/L；在冬天操作期，則為 104 mg/L。在田納西州的有機化工原料廠，其混凝劑藥量相對於溫度的變化，如圖 7.40 所示。
3. 分散的懸浮固體物隨表面張力減少而增加。在一個脫墨工廠，

7 生物廢水處理程序

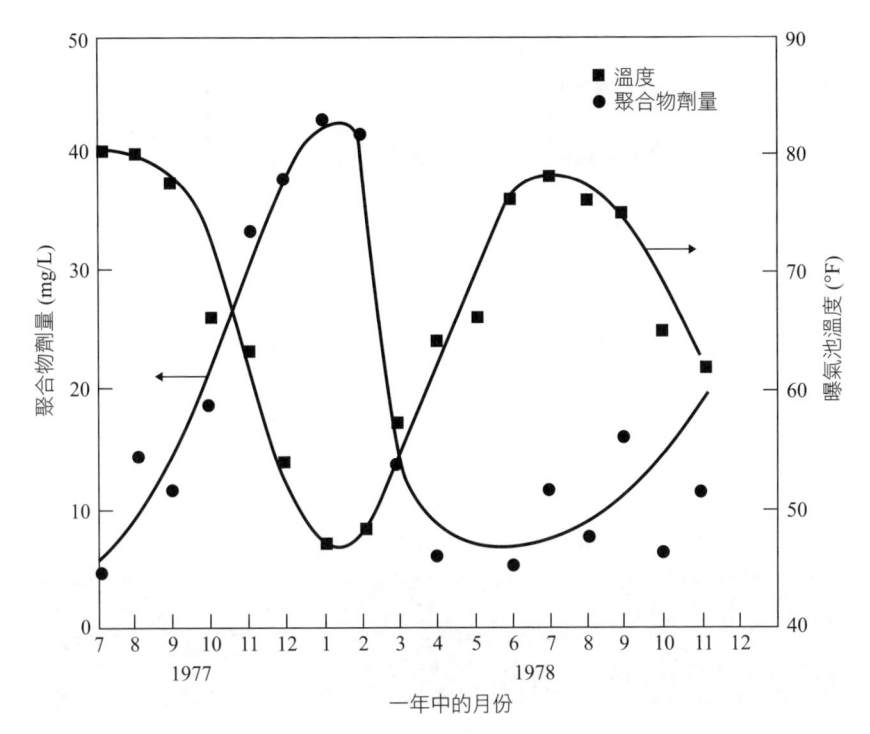

○ **圖 7.40** 為了控制放流水懸浮固體物所進行的聚合物添加（資料來源：Paduska, 1979）

放流水懸浮固體物與工廠界面活性劑的使用有直接關聯。
4. 有機質含量的性質可能會增加放流水的懸浮固體物。在這種效應並不明確之際，一些廠會持續產生高的放流水懸浮固體物。

TDS 對放流水 TSS 濃度和活性污泥法處理農藥廢水的影響，顯示在表 7.12 和表 7.13。在到最終澄清池之前，放流水懸浮固體物可以透過混凝劑的添加而減少。重要的是，要讓膠凝現象有足夠的時間發生，可透過在曝氣池和澄清池之間的膠凝池，或透過澄清池裡的膠凝井來達成，如圖 7.41 所示。

陽離子聚電解質、明礬或鐵鹽，可作為膠凝劑。混凝劑的選擇取決於一個測試程序，以選擇最經濟的解決方案。Paduska[23] 所發表對於陽離子聚電解質的數據，如圖 7.40 所示。重要的是，當為了避免過量而使用陽離子聚合物時，會引起電荷逆轉和固體的再

➡ 表 7.12　混合液 TDS 濃度對放流水 TSS 濃度的影響

廢水	曝氣池 F/M (mg BOD/mg MLVSS·d)	TDS (%)	放流水 TSS (mg/L)
農用化學品和特用有機化學製品（1987 年）	0.17	1.3	34
	0.17	1.6	45
	0.18	2.0	109
污染的地下水（1992 年）	0.40	1.2	20
	0.40	3.5	130
	0.40	7.0	250
特用有機化學製品（2000 年）	0.14	2.0	69
	0.17	3.0	94

➡ 表 7.13　總溶解鹽對農業化學廢水進行活性污泥處理的影響 *

裝置號碼	放流水 TDS (mg/L)	污泥的可沉澱性 流通率 (lb/d-sq ft)	SVI (mL/g)	有機物去除率 BOD (%)	TOC (%)	沉澱的 TSS[†] (mg/L)
1	10,600	48	61	94	55	32
2	13,200	51	49	96	53	34
3	15,600	51	47	96	57	38
4	20,200	55	46	93	53	101

* 該裝置操作在 25°C 且 F/M = 0.2/d。
† 在 30 分鐘沉澱期間之後測得之數據。

分散。活性污泥放流水以氯化鐵混凝的結果為劑量的函數，列於表 7.14。如前所述溫度的影響，也顯示在圖 7.40。活性污泥設計展示於例題 7.9。

例題 7.9　已知下列資料：

Q = 4 million gal/d (15,140 m³/d)
S_o = 610 mg/L
S_e = 40 mg/L
SS_{effl} = 40 mg/L
mg BOD/mg SS = 0.3
K = 3.0 d⁻¹ 在 20°C
b = 0.1 d⁻¹ 在 20°C

7 生物廢水處理程序

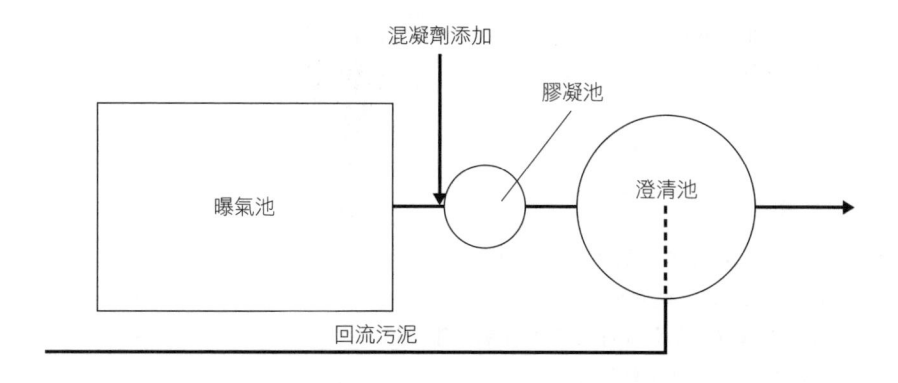

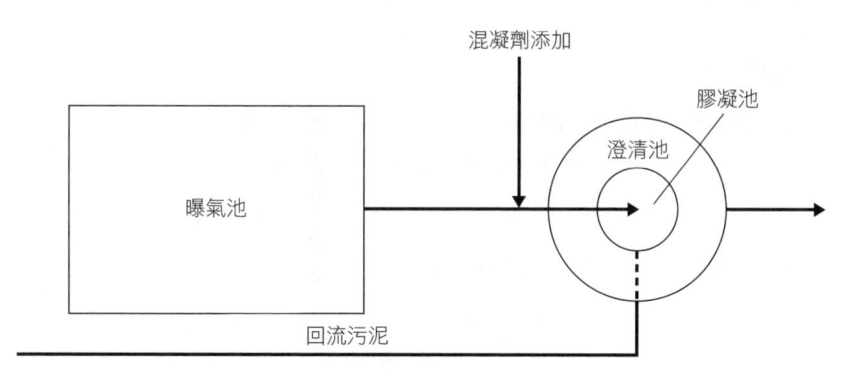

○ **圖 7.41** 添加混凝劑作為懸浮固體物的控制

➡ **表 7.14** 活性污泥經氯化鐵混凝的放流水

劑量 * (mg/L)	沉澱的 TSS[†] (mg/L)	pH（單位）
0	175	7.7
100	114	7.6
200	54	7.4
400	11	6.9
600	5	6.7

* 劑量以 $FeCl_3 \cdot 6H_2O$ 表示。
[†] 在 30 分鐘沉澱期間之後測得之數據。

$X_v = 3000$ mg/L
$a = 0.55$
$a' = 0.50$
$\theta_b = 1.04$
$\theta_K = 1.065$

計算：

(a) 滿足放流水質的污泥齡和 F/M。
(b) 在 20°C，氮和磷的需求。
(c) 在 10°C 滿足相同放流水質的 MLVSS。
(d) 在 10°C 的過剩污泥。
(e) 在 30°C，氧的需求。

解答

(a) 食微比 F/M 和污泥齡 θ_c：

F/M：放流水的可溶性 BOD 為

$$S = S_e - 0.3 SS_{effl} = 40 - 0.3 \times 40 = 28 \text{ mg/L}$$

停留時間可以從重整式 (6.28) 得知

$$t = \frac{(S_o - S)S_o}{KX_v S} = \frac{(610-28) \text{ mg/L} \times 610 \text{ mg/L}}{3.0/\text{d} \times 3000 \text{ mg/L} \times 28 \text{ mg/L}}$$

$$= 1.141 \text{ d}$$

$$F/M = \frac{S_o}{(X_v t)} = \frac{610 \text{ mg/L}}{3000 \text{ mg/L} \times 1.41 \text{ d}} = 0.144/\text{d}$$

污泥齡：去除的 BOD 是

$$S_r = S_o - S = 610 - 28 = 582 \text{ mg/L}$$

已知的可降解比例如下：

$$X_d = \frac{aS_r + bX_v t - [(aS_r + bX_v t)^2 - (4bX_v t)(0.8aS_r)]^{0.5}}{2bX_v t}$$

$$= 0.47$$

可以計算出污泥齡：

$$\theta = \frac{X_v t}{aS_r - bX_d X_v t}$$

478

7 生物廢水處理程序

$$= \frac{3000 \text{ mg/L} \times 1.41 \text{ d}}{0.55 \times 582 \text{ mg/L} - 0.1/\text{d} \times 0.47 \times 3000 \text{ mg/L} \times 1.41 \text{ d}}$$

$$= 34.9 \text{ d} \approx 35 \text{ d}$$

請注意，可先使用下面的方程式（由上式與式 (6.7) 而獲得）計算 θ_c：

$$\theta_c = \frac{-(aS_r - bX_v t) + [(aS_r - bX_v t)^2 + 4(abX_n' S_r)(X_v t)]^{0.5}}{2abX_n' S_r}$$

$X_n' = 0.2$ 時，由此方程式得出 $\theta_c = 35$ 天，然後可根據式 (6.7) 以計算 X_d：

$$X_d = \frac{X_d'}{(1 + bX_n' \theta_c)}$$

$$= \frac{0.8}{1 + 0.1 \times 0.2 \times 35} = 0.47$$

(b) 氮、磷的需求：

在 20°C 產生的過剩揮發性污泥，可根據式 (6.12) 計算：

$$\Delta X_{v20} = (aS_r - bX_d X_v t)Q$$

$$= (0.55 \times 582 \text{ mg/L} - 0.1/\text{d} \times 0.47 \times 3000 \text{ mg/L}$$

$$\times 1.41 \text{ d}) (4 \text{ million gal/d}) \times [8.34 \text{ (lb/million gal)/(mg/L)}]$$

$$= 4046 \text{ lb/d} \quad (1837 \text{ kg/d})$$

氮和磷的需求由式 (6.22) 和式 (6.23) 得知，因此：

$$N = 0.123 \left(\frac{X_d}{0.8}\right) \Delta X_v + 0.07 \left(\frac{0.8 - X_d}{0.8}\right) \Delta X_v$$

$$= \left[0.123 \left(\frac{0.47}{0.8}\right) + 0.07 \left(\frac{0.8 - 0.47}{0.8}\right)\right] (4046) \text{ lb/d}$$

$$= 409 \text{ lb/d} \quad (186 \text{ kg/d})$$

$$P = 0.026 \left(\frac{X_d}{0.8}\right) \Delta X_v + 0.01 \left(\frac{0.8 - X_d}{0.8}\right) \Delta X_v$$

$$= \left[0.026 \left(\frac{0.47}{0.8}\right) + 0.01 \left(\frac{0.8 - 0.47}{0.8}\right)\right] (4046) \text{ lb/d}$$

$$= 79 \text{ lb/d} \quad (36 \text{ kg/d})$$

(c) 在 10°C 混合液揮發性懸浮固體物，X_{v10}：

在 10°C，動力學係數可計算如下：

$$K_{10°C} = K_{20°C}\theta_K^{10-20} = 3.0/\text{d} \times 1.065^{-10}$$
$$= 1.6/\text{d}$$
$$b_{10°C} = b_{20°C}\theta_b^{10-20} = 0.1/\text{d} \times 1.04^{-10}$$
$$= 0.068/\text{d}$$

根據式 (6.29)，重整如下：

$$X_{v10} = \frac{S_r S_o}{K_{10°C} S t} = \frac{582 \text{ mg/L} \times 610 \text{ mg/L}}{1.6/\text{d} \times 28 \text{ mg/L} \times 1.41 \text{ d}}$$
$$= 5624 \text{ mg/L}$$

(d) 在 10°C 的剩餘污泥，ΔX_{v10}：

在式 (6.14) 中，用 K、b 和 X_v 的新值，在 10°C 可降解的比例是：

$$X_{d10} = 0.40$$

根據式 (6.12) 計算剩餘污泥：

$$\Delta X_{v10} = (0.55 \times 582 - 0.068 \times 0.40 \times 5624 \times 1.41) \times (4)(8.34) \text{ lb/d}$$
$$= 3483 \text{ lb/d} \quad (1581 \text{ kg/d})$$

(e) 在 30°C，氧的需求，R_{30}：

在 30°C，動力學係數是

$$K_{30°C} = 3.0/\text{d} \times 1.065^{30-20}$$
$$= 5.6/\text{d}$$
$$b_{30°C} = 0.1/\text{d} \times 1.04^{10}$$
$$= 0.15/\text{d}$$

然後

$$X_{v30} = \frac{582 \times 610}{5.63 \times 28 \times 1.41}$$
$$= 1597 \text{ mg/L}$$

和

$$X_{d30} = 0.54$$
$$R_{30} = (a'S_r + 1.4 b_{30°C} X_{d30} X_{v30} t)Q$$

生物廢水處理程序 7

$$= (0.50 \times 582 \text{ mg/L} + 1.4 \times 0.15/\text{d} \times 0.54 \times 1597 \text{ mg/L}$$

$$\times 1.41 \text{ d})(4 \text{ million gal/d})\left[8.34(\text{lb/million gal})/\text{mg/L})\right]$$

$$= 18{,}226 \text{ lb/d} \quad (8275 \text{ kg/d})$$

7.5 滴濾法

滴濾池是一個具有微生物黏膜成長覆蓋在擔體上的填料床，經廢水通過。當廢水通過濾池，存在於廢水中的有機物質被生物薄膜去除。

塑膠填料運用的深度可達 40 ft（12.2 m），水力負荷高達 4.0 gal/(min·ft²)（0.16 m³/(min·m²)）。視濾池的水力負荷和深度而定，某些廢水的 BOD 去除效率可高達 90%。在工業處理廠，為了避免濾池蒼蠅（psychoda）的產生，要求最低的水力負荷為 0.5 gal/(min·ft²)（0.02 m³/(min·m²)）。圖 7.42 展示一個塑膠填料濾池的設置。

◯ 圖 7.42　塑膠填料的滴濾池

理論

廢水經過濾池，營養和氧擴散進入黏膜，其中同化現象發生，而副產物和二氧化碳從黏膜擴散出來進入流動的液體。當氧擴散進入生物膜，它被微生物的呼吸作用所消耗，發展出一定深度的好氧活性。這個深度下的黏膜是厭氧的，如圖 7.43 所示。

如同活性污泥法去除 BOD 一樣，透過滴濾池去除 BOD 與可利用的生物黏膜表面和廢水接觸該表面的時間有關。

液體和濾池表面的平均接觸時間，與濾池的深度、水力負荷、濾池填料的性質有關：

$$t = \frac{CD}{Q^n} \tag{7.15}$$

其中，　t = 平均停留時間
　　　　D = 濾池深度，ft
　　　　Q = 水力負荷，gpm/ft^2
　　　　C 和 n = 常數，與特定表面和填料的構形有關

有一些商業用的填料可供使用，包括垂直流、隨機填料及橫跨

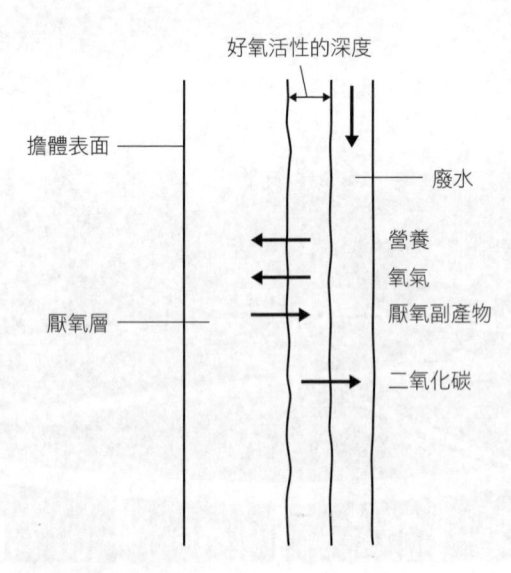

○ 圖 7.43　滴濾池的操作模式

7 生物廢水處理程序

流擔體。這些擔體的性質彙整於表 7.15。幾種類型的填料調查顯示：

$$C = C'A_v^m \tag{7.16}$$

其中，A_v 是比表面積，以每立方英尺的平方英尺（註：ft^2/ft^3 = 3.28 m^2/m^3）來表示。對於沒有生物黏膜的球形、岩石和多重網格的塑料擔體，C' 值為 0.7 和 m 值為 0.75。對於其他有不同構形的擔體，這關係式會有所不同。

式 (7.15) 中的指數 n 已被觀察到隨比表面積 A_v 變小而降低。式 (7.15) 和式 (7.16) 可以結合，以產生通過任何類型濾池填料之平均停留時間的一般表示式：

$$\frac{t}{D} = \frac{C'A_v^m}{Q^n} \tag{7.17}$$

平均停留時間在濾膜存在下顯著增加，甚至可比沒有黏膜表面的多達 4 倍。

為了避免濾池堵塞，建議含碳的廢水處理最大的比表面積為 30 ft^2/ft^3（98 m^2/m^3）。超過 100 ft^2/ft^3（328 m^2/m^3）的比表面積可用於硝化，這是因為生物性細胞物質的低產率。

➡ 表 7.15　常見滴濾池擔體的物理性質比較

擔體類型	正常尺寸 (in)	單位體積重 (lb/ft³)	比表面積 (ft²/ft³)	孔隙空間 (%)	應用
束（紙）	24 × 24 × 48	2–5	27–32	> 95	C, CN, N
	24 × 24 × 48	4–6	42–45	> 94	N
岩石	1–3	90	19	50	N
岩石	2–4	100	14	60	C, CN, N
隨機（亂丟）	多樣化	2–4	25–35	> 95	C, CN, N
	多樣化	3–5	42–50	> 94	N
木材	48 × 48 × 1 $\frac{7}{8}$	10.3	14		C, CN

註：C = $CBOD_{5R}$　　　　　　　1 in = 25.4 min
　　CN = $CBOD_{5R}$ 和 NOD_R　1 lb/ft³ = 16.05 kg/m³
　　N = 三級 NOD_R　　　　　　1 ft²/ft³ = 0.305 m²/m³

483

最近的數據說明，在與其他擔體相同的比表面積下，使用橫跨流擔體的效能表現會明顯地改善，這是因為廢水通過濾池的接觸時間增加所致。

第 6 章說明，可溶性 BOD 在塞流活性污泥程序的去除，可望遵循以下關係式：

$$\frac{S}{S_o} = e^{-K_b X_v t/S_o}$$

在下列情況下，這些方程式可比照適用於滴濾池：

1. 比表面積必須保持不變。這對任何特定的濾池擔體都適用，但其值隨擔體而有不同。
2. 擔體必須有均勻、薄的黏膜覆蓋。這並不一定發生，特別是在岩石濾池的情況下。因此至關重要的是，整個表面一定要被潤濕。建議最小的水力負荷應為 0.50 gal/(min · ft^2)。

第二個條件也要求到濾池的水力負荷需均勻地分布。Albertson[24] 顯示加藥週期應進行優化，以確保擔體潤濕，且能沖洗掉過剩的黏膜增長。Albertson 和 Eckenfelder[25] 證明，有足夠的水力負荷潤濕擔體時，其 BOD 去除效率與深度無關，且 K 值與深度之關係如下：

$$K_2 = K_1 \left(\frac{D_1}{D_2}\right)^{0.5} \tag{7.18}$$

當大量的黏膜堆積造成濾池短流時，這條件就會被違反。

停留時間定義如式 (7.15)，並假設可利用的細菌表面與比表面積 A_v 成正比，

$$\frac{S}{S_o} = e^{-KA_v D/Q^n S_o} \tag{7.19}$$

在式 (7.19) 中，水力負荷 Q 包括正向流和再循環流。以往實例證明，BOD 的去除率經常可透過濾池放流水不斷地圍繞著濾池的再循環（recirculation）而增加。此再循環流作為進流廢水的稀釋劑。當使用到再循環，濾池適用的生化需氧量 S_o 成為：

生物廢水處理程序 7

$$S_o = \frac{S_a + NS}{1 + N} \tag{7.20}$$

其中，S_o = 施加到濾池的廢水，與再循環流混合後的 BOD
　　　S_a = 進流水的 BOD
　　　S = 濾池放流水的 BOD
　　　N = 再循環比，R/Q

濾池的性能表現按照式 (7.19)，如圖 7.44 所示。結合式 (7.19) 和式 (7.20) 產生 BOD 去除率關係式：

$$\frac{S}{S_a} = \frac{e^{-KA_vD/Q^nS_o}}{(1+N) - Ne^{-KA_vD/Q^nS_o}} \tag{7.21}$$

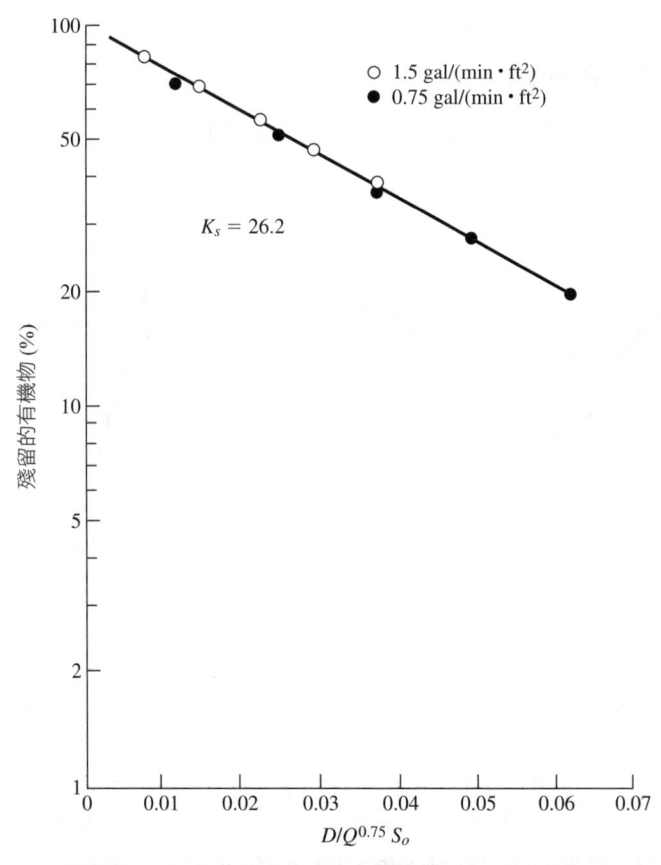

○ 圖 7.44　稀釋黑液（S_o = 400 mg/L）於塑膠填料上的處理

當廢水的 BOD 去除率隨濃度下降而降低，再循環流的 BOD 將會在一個比進流速率更低的速率下被去除。此時，再循環流必須採用一個遲滯係數。

經驗顯示，透過濾池去除的 BOD 可以與施加的有機負荷有關，該負荷可以 lb BOD /(1000 ft³ · d) 表示：

$$\frac{S}{S_o} = e^{-kA_v/L} \tag{7.22}$$

其中 L 表示為 lb BOD/(1000 ft³ · d)（kg BOD/m³ · d）。式 (7.22) 的相關數據如圖 7.45 所示。應當指出的是，當式 (7.22) 中指數 n 是 1，式 (7.22) 和式 (7.19) 在數學上相同。依式 (7.22) 的各種廢水過濾性能的特性，如表 7.16 所示。

氧的傳輸和利用

氧的傳輸從空氣通過濾池，傳輸到液相的薄膜，再貫穿黏膜。

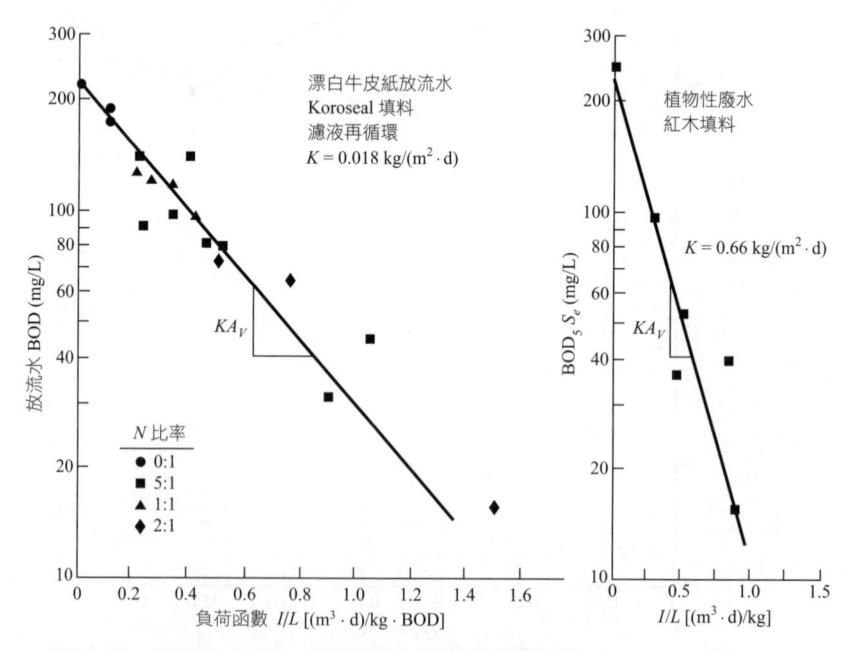

◯ **圖 7.45　按照式 (7.22)，兩股廢水數據間的相關性**

➡ **表 7.16　滴濾池的性能表現**

廢水類型	擔體類型	平均值，S_o 或 S_a (mg/L)	速率常數 (kg/m²)
製藥	乙烯核心	5248	0.2160
酚醛	乙烯核心	340	0.0210
污水	6 個平行：玄武岩、爐渣、Surfpac I 和 II、Flocor、Cloisonyle	280	0.0480
污水	4 個平行：爐渣 6 in 和 4 in、Flocor、Surfpac	332	0.0480
污水	4 個平行：爐渣 6 in 和 4 in、Flocor、Surfpac	215	0.0500
牛皮紙廠污泥迴流	乙烯核心	210	0.0160
牛皮紙廠濾液迴流	乙烯核心	220	0.0180
蔬菜	Del Pak	235	0.0660
水果罐頭	Surfpac	2200	0.0930
牛皮紙廠	Surfpac	130	0.005
水果加工	Surfpac	3200	0.001
紙漿和造紙廠	乙烯核心	280	0.016

由於氧的傳輸速率與流體混合和紊流有關，可以預期的是，水力負荷和擔體的構形會影響傳輸速率。各類濾池擔體的實驗顯示以下關係式適用：[28]

$$\frac{-dC}{dD} = K_o(C_s - C_L) \tag{7.23}$$

其中，D = 濾池深度

　　　C_L = 溶氧在通過濾池的液體中之濃度

　　　K_o = 傳輸速率係數

這整合成

$$\frac{(C_s - C_L)_1}{(C_s - C_L)_2} = e^{-K_o(D_2 - D_1)} \tag{7.24}$$

傳輸速率係數 K_o 與濾池的水力負荷有關。氧傳輸的關係，如圖 7.46 所示。

氧的傳輸可透過以下關係式，用每小時每單位過濾擔體體積的

註： ft = 0.3048 m
gal/(min · ft²) = 4.075 × 10⁻² m³/(min · m²)

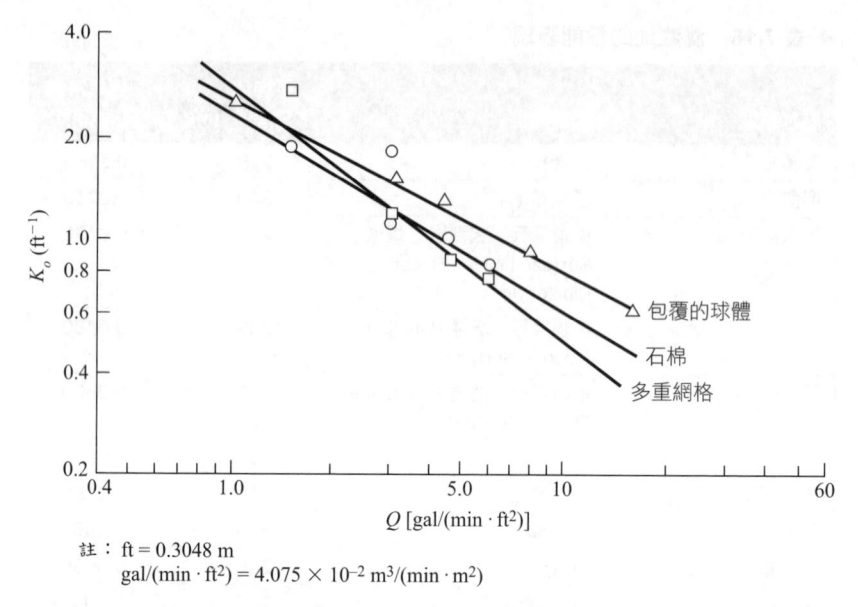

◎ **圖 7.46　氧的傳輸速率係數和水力負荷之間的關係**

氧質量來表示：

$$N = 5.0 \times 10^{-4} K_o (C_s - C_L) Q \tag{7.25}$$

其中，N = lb O$_2$/(ft³ · h)
　　　C_s = 飽和溶氧，mg/L
　　　C_L = 溶氧濃度，mg/L
　　　Q = 水力負荷，gal/(min · ft²)
　　　K_o = 傳輸速率係數，ft^{-1}

或

$$N = 0.06 K_o (C_s - C_L) Q$$

其中，N = kg O$_2$/(m³ · h)
　　　Q = m³/(m² · min)
　　　K_o = m^{-1}

　　濾池去除生化需氧量的能力會受限於濾膜的好氧活性。好氧活性又受限於從流動的液體傳輸到黏膜的氧量。

　　濾池濾膜的活性可透過表面氧的利用率來量度。英國研究[29]

生物廢水處理程序 7

都市污水的處理，顯示出氧的利用率為 0.028 mg O_2/(cm² · h)。探討稀釋黑液在濾池負荷為 400 lb BOD /(1000 ft³ · d)（6.41 kg/(m³ · d)）的處理，產生了 0.0434 mg O_2/(cm² · h) 的利用率。[27]

好氧膜的總量可以用下列關係式來估計：

$$h = \sqrt{\frac{2D_L C_L}{K_r \rho}} \tag{7.26}$$

其中，h = 氧滲透的濾膜深度

D_L = 氧通過濾膜的擴散性

C_L = 通過膜表面液體中的溶氧濃度

ρ = 濾膜的密度

K_r = 濾膜的單位氧利用率

從式 (7.25) 和式 (7.26)，有可能估計能被濾膜同化吸收的最大 BOD 值。Albertson [24] 曾估計，對於含有 30 ft²/ft³ 比表面積的擔體而言，在有機負荷高達 160 lb O_2/(1000 ft³ · d) 下，氧都不會受到限制。為了確保充足的氧通風，應設置風扇。

在處理高濃度工業廢水，氧必須維持最大進流濃度以避免厭氧的狀態盛行於濾膜，且造成厭氧產物和臭味釋放到大氣中。根據廢水的降解性，濃度可能會從 600 至 1200 mg/L 不等。更高的進流水 BOD 濃度需要再循環來稀釋進流水強度。

溫度的影響

滴濾池的性能表現會受到濾膜及通過濾膜液體溫度變化的影響。若只考慮膜的好氧部分，通常會假設這兩個溫度大致相同。溫度的降低導致呼吸速率的減少、氧傳輸速率的下降，以及飽和溶氧濃度的增加。這些因素的綜合作用導致較低活性水準的好氧膜增加，使在較低溫度下產生較低的效率。效率和溫度的關係，可表示如下 [26]

$$E_T = E_{20} \times 1.035^{T-20} \tag{7.27}$$

其中，E = 過濾效率，T = 溫度，°C。

滴濾池的應用

在大多數情況下，可溶性工業廢水的反應率 K 相對較低，所以濾池對於這類廢水的高處理效率（生化需氧量減少 85%），在經濟上反而是沒有吸引力的。然而，塑膠填料的濾池已運用於高強度廢水的預處理，其中該廢水的 BOD 去除率已可達到 50% 的程度，水力和有機負荷分別大於 4 gal/(min·ft^2)（0.16 m^3/(min·m^2)）和 500 lb BOD/(thousand ft^3·d)（8.0 kg/(m^3·d)）。幾個工業廢水的效能表現特性，如表 7.17 和圖 7.47 所示。例題 7.10 呈現一個滴濾池的設計。

➡ 表 7.17　高率滴濾池的性能表現

廢水	水力負荷 (MGAD)	深度 (ft)	生 BOD	迴流比	BOD 去除率（澄清）(%)	溫度	BOD 負荷 (lb/1000 ft^3)
污水	126	21.6	145	3	88		54
	252		131	3	82		110
	252		175	1	70		250
	63		173	0	78		95
	126		152	0	76		67
	189	10.8	166	0	45		549
	135		165	0	57		390
	95		185	0	51		304
柑橘	72	21.6	542	3	69		199
	189		464	2	42		612
柑橘和污水	189	21.6	328	2	53		384
牛皮紙廠	365	18.0	250	0	10	34	
	185	18.0	250	0	24	36	
	200	21.6	250	0	23	40	
	90	21.6	250	0	31	33	
黑液	47	18	400	0	73	24	200
	95	18	400	0	58	29	380
	189	18	400	0	58	35	780

註：MGAD = 0.9354 m^3/(m^2·d)
　　ft = 0.3048 m
　　lb/1000 ft^3 = 16 × 10^{-3} kg/m^3

7 生物廢水處理程序

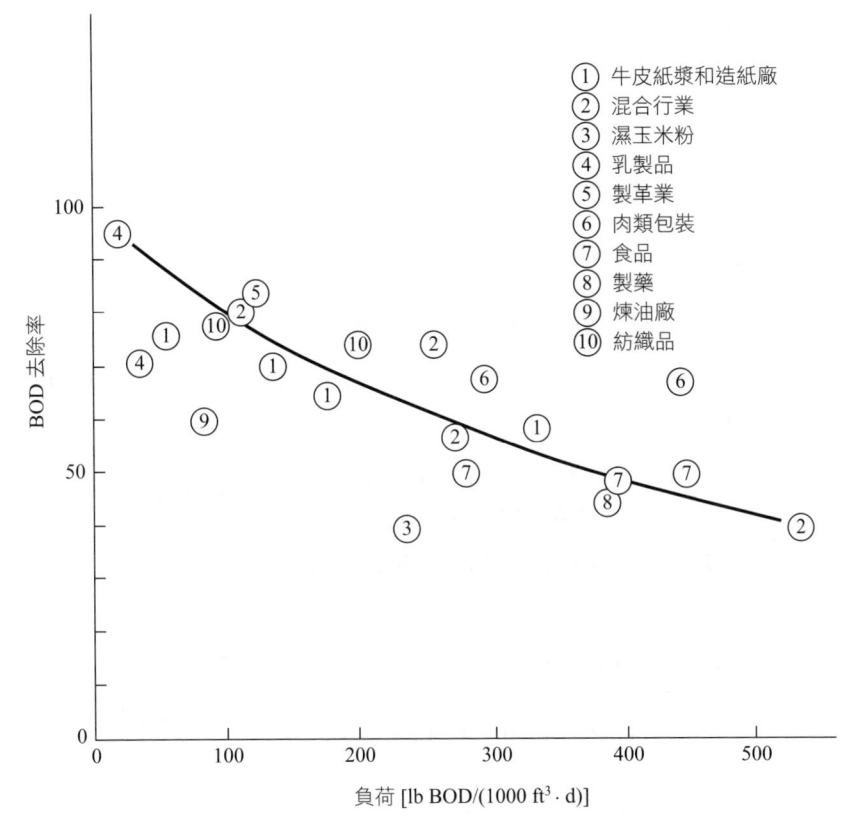

```
① 牛皮紙漿和造紙廠
② 混合行業
③ 濕玉米粉
④ 乳製品
⑤ 製革業
⑥ 肉類包裝
⑦ 食品
⑧ 製藥
⑨ 煉油廠
⑩ 紡織品
```

○ **圖 7.47** 有機廢水的預處理，透過使用塑膠擔體的高率滴濾池（A_v = 30 ft²/ ft³）

例題 7.10 每天 1 百萬加侖（3785 m³/d）的工業廢水，BOD 為 900 mg/L，將要預處理到放流水生化需氧量為 300 mg/L。使用的塑膠填料塔具有 30 ft²/ ft³（98 m²/m³）的比表面積和 20 ft（6.1 m）的深度。請求取水力負荷、再循環比、所需的濾池面積。濾池最大的 BOD 是 600 mg/L，該廢水的反應率係數為 1.0，擔體係數 n 為 0.5。

解答 計算所需的再循環比：

$$S_o = \frac{S_a + NS_e}{1+N}$$

$$600 = \frac{900 + 300N}{1+N}$$

$$N = 1.0$$

計算水力負荷：

$$\frac{S}{S_o} = e^{-KA_v D/Q^n S_o}$$

$$\frac{300}{600} = e^{-(1\times 30\times 20)/(Q_o^{0.5}\times 600)} = e^{-x}$$

$$x = 0.69 = \frac{1}{Q_o^{0.5}}$$

$$Q_o = 2 \text{ gal}/(\min\cdot\text{ft}^2) \quad [0.082 \text{ m}^3/(\min\cdot\text{m}^3)]$$

由於 $N = 1.0$，$R = Q$ 時，廢水流量是 $1.0 \text{ gal}/(\min\cdot\text{ft}^2)$（$0.041 \text{m}^3/(\min\cdot\text{m}^2)$）

$$A = \frac{10^6 \text{ gal/d}\times 6.94\times 10^{-4}\text{d/min}}{1.0 \text{ gal}/(\min\cdot\text{ft}^2)} = 694 \text{ ft}^2 \quad (64.5 \text{ m}^2)$$

濾池的體積 $V = AD = 694 \times 20 = 13{,}880 \text{ ft}^3$（393 m³）。

檢查氧的需求：

透過濾池去除的 BOD 為

$$2 \text{ million gal/d}\times (600-300)(\text{mg/L})\times 8.34\frac{\text{lb/million gal}}{\text{mg/L}}$$

$$= 5000 \text{ lb/d} \ (2270 \text{ kg/d})$$

假設 $0.8 \text{ lb O}_2/\text{lb}$ 生化需氧量被去除，氧的需求是 4000 lb/d（1816 kg/d）。

根據圖 7.46，在水力負荷為 $2 \text{ gal}/(\min\cdot\text{ft}^2)$，氧傳輸速率係數 K_o 為 2.0/ft。

氧的傳輸可以根據式 (7.25) 計算出：

$$N = 5.0\times 10^{-4}\times 2.0/\text{ft}\times (9-1) \text{ mg/L}\times 2 \text{ gal}/(\min\cdot\text{ft}^2)$$

$$= 160\times 10^{-4} \text{ lb O}_2/(\text{ft}^3\cdot\text{h}) \quad [0.26 \text{ kg}/(\text{m}^3\cdot\text{h})]$$

假設一個 α 值為 0.85，

$$N = 160\times 10^{-4}\times 0.85 = 136\times 10^{-4} \text{ lb O}_2/(\text{ft}^3\cdot\text{h}) \quad [0.22 \text{ kg/m}^3\cdot\text{h}]$$

$$\text{lb O}_2/\text{d} = 136\times 10^{-4} \text{ lb}/(\text{ft}^3\cdot\text{h})\times 24 \text{ h/d}\times 13{,}880 \text{ ft}^3$$

$$= 4341 \text{ lb/d} \quad (2055 \text{ kg/d})$$

生物廢水處理程序 7

在滴濾池裡的硝化和有機負荷有關。由於異營性的成長大大高於硝化菌的成長,硝化菌在薄膜裡成長的競爭很差。因此,只有在低有機負荷下才會發生顯著的硝化,如圖 7.48 所示。

第三級硝化作用

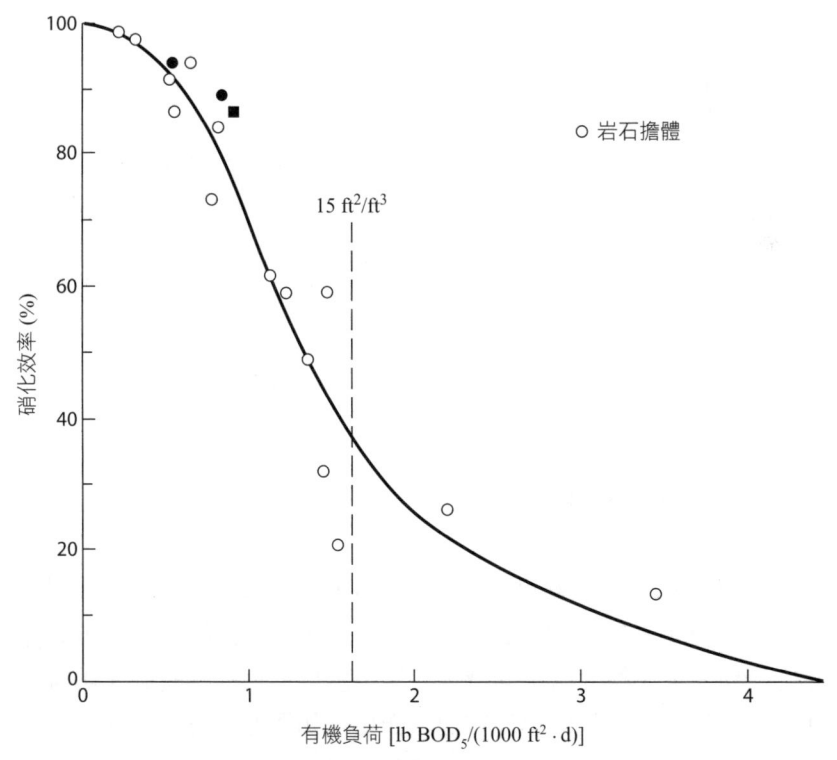

在滴濾池缺少含碳有機物情況下的硝化作用遵循零級反應,其放流水的氨氮濃度從 3.5 至 10 mg/L。Jiumm 等人 [30] 指出人工合成廢水活性污泥法放流水的結果,顯示於圖 7.49。報告指出,都市污水最大的氨去除率從 1.2 g 到 1.8 g $NH_3\text{-}N/(m^2 \cdot d)$ 不等。對於工業放流水,這個去除率必須修正。報導的去除率是以施加到可溶性生化需氧量少於 20 mg/L 的濾池為基礎。為了確保濾池表面的潤濕,水力負荷應超過 $0.8\ gal/(min \cdot ft^2)$。Jiumm 等人 [30] 已證明,

◉ 圖 7.48　結合碳氧化 - 硝化的性能表現

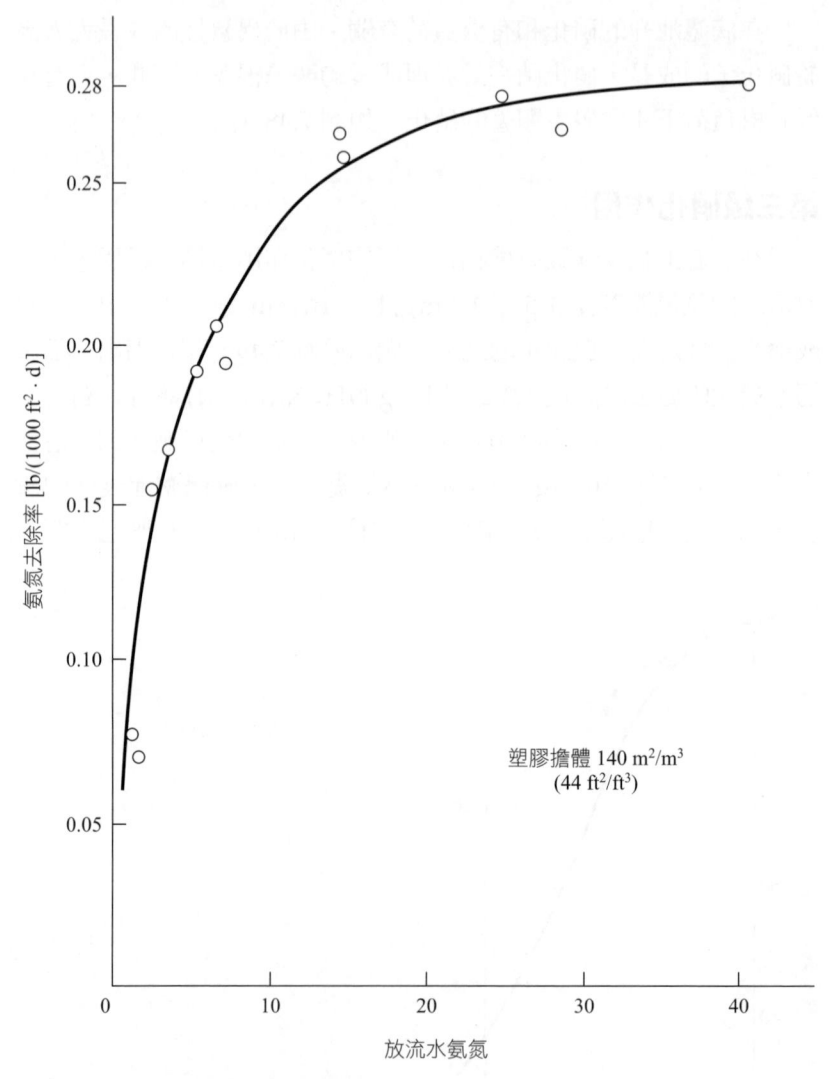

○ **圖 7.49** 透過滴濾池的三級硝化

每毫克被氧化的氮的鹼度需求小於理論值的 7.2 mg。他們發現在低氮負荷時為 6.7 mg 鹼度 / mg 氮氧化，在高負荷時則為 4.6 mg/L 的一種變化。鹼度需求的減少可能是由於生物膜的脫硝作用會產生一些鹼度。滴濾池的第三級硝化作用，如例題 7.11 所示。

例題 7.11 透過一個使用比表面積為 44 ft^2/ft^3 之擔體的 20 ft 深滴濾池,將氨氮從 100 mg/L 減少到 20 mg/L。預期沒有抑制現象。廢水流量是 1 million gal/d。

計算:

    所需的濾池體積。

    濾池上的水力負荷。

    濾池上的鹼度負荷。

使用氨氮去除率為 0.28 lb NH$_3^-$N/(1000 ft$^2 \cdot$ d)

解答 氨氮的去除為

$$(100-20)(1)(8.34) = 667 \text{ lb/d}$$

填料所需要的面積為

$$\frac{667 \text{ lb NH}_3^-\text{N/d}}{0.28 \text{ lb NH}_3^-\text{N/(1000 ft}^2 \cdot \text{d)}} = 2383 \times 10^3 \text{ ft}^2$$

針對比表面積為 44 ft^2/ft^3,濾池的體積為

$$\frac{2383 \times 10^3 \text{ ft}^2}{44 \text{ ft}^2/\text{ft}^3} = 54 \times 10^3 \text{ ft}^3$$

因此濾池的表面積為

$$\frac{54 \times 10^3}{20 \text{ ft}} = 2700 \text{ ft}^2$$

濾池的直徑因此為 52 ft。

    水力負荷在整個濾池表面需維持在 0.8 gal/(min·ft^2)。這將需要 2160 gal/min,或 2160 − 690 = 1470 gal/min 的迴流。

    對於鹼度的要求,假設 7.14 lb 鹼度/lb 氨氮的去除,則

$$(667)(7.14) = 4762 \text{ lb/d}$$

7.6 旋轉生物接觸盤

    旋轉生物接觸盤(rotating biological contactor, RBC)是安裝在槽水平軸的大直徑塑膠擔體,如圖 7.50 所示。接觸盤會隨著約 40% 被淹沒的表面積慢慢地旋轉。1 到 4 mm 厚的生質黏膜層

⊃ 圖 7.50　旋轉生物接觸盤（由 Envirex Inc. 提供）

在擔體上產生（相當於混合系統中的 2500 至 10,000 mg/L）。接觸盤旋轉時，承載著廢水水膜通過空氣，導致氧和養分的傳輸。當接觸盤通過槽中液體時會發生額外的去除。剪力造成過剩生質從擔體剝離，如同在滴濾池一樣。這生質會在澄清池中去除。所附的生質是毛茸茸的小絲，提供高表面積讓有機物的去除能發生。目前的擔體為具有 37 ft^2/ft^3（121 m^2/m^3）比表面積的高密度聚乙烯。單一單位盤直徑高達 12 ft（3.7 m），長達 25 ft（7.6 m），每一區的表面積高達 100,000 ft^2（9290 m^2）。

影響處理效果的主要變數是：
1. 轉速。
2. 廢水停留時間。
3. 分階段。
4. 溫度。
5. 圓盤淹沒程度。

生物廢水處理程序 7

在處理低強度的廢水（BOD 為 300 mg/L）時，效能隨高達 60 ft/min（18 m/min）的轉速而提高，但在更高的速度則沒有顯著的改善。提高轉速可增加接觸、曝氣和混合，進而提高對高 BOD 廢水的效率。然而，迅速提高轉速會增加功率的消耗，因此應該對增加功率和增加面積之間的經濟評估作出取捨。

在家庭污水的處理方面，效能會隨液體體積對表面積的比率而增加，最多可高達 0.12 gal/ft^2（0.0049 m^3/m^2）。超過上述的這個值，則沒有改善效果。

在許多案例中，從兩個階段增加到四個階段可觀察到顯著的改善，但大於四個階段則沒有顯著的改善。有幾個因素可以解釋這些現象。反應動力學利於塞流或多階段操作。隨著各種廢水成分的不同，特定成分的生物馴化可能在不同的階段發展。硝化喜歡在後面的階段發展，低的 BOD 含量允許硝化菌在擔體有較高的增長。在處理高 BOD 和低反應性的工業廢水，超過四個階段或許可行。對於高強度的廢水，可用擴大的第一階段以保持好氧的狀態。可採用中間的澄清池處理高固體含量，以避免接觸盤所在池子出現厭氧狀態。處理採礦礦渣廢水的旋轉生物接觸盤效能如表 7.18 所示。

對於工業廢水的設計，通常需要一個模廠級的處理廠來進行研究。可採用類似於過去已發展出來給活性污泥的動力模式：

➡ 表 7.18　金礦礦渣廢水使用 RBC 的效能

	SCN$^-$ (mg/L)	CN$_t^-$ (mg/L)	CN$_c^-$ (mg/L)	Cu (mg/L)	NH$_3^-$N (mg/L)
進流水	51.9	6.94	4.60	0.99	5.5
放流水	< 1.0	0.35	0.05	0.03	0.5

橫跨四階段的結果：					
		階段			
	進流水	1	2	3	4
SCN$^-$ (mg/L)	51.9	20.3	3.0	< 1.0	< 1.0
NH$_3^-$N (mg/L)	2.2	8.4	3.4	0.9	0.3

CN$_c^-$ = 適合氯化反應的氰化物
CN$_t^-$ = 總氰化物

$$\frac{Q}{A}(S_o - S) = kS \tag{7.28}$$

其中，Q = 流率

A = 表面積

S_o = 進流水基質濃度

S = 放流水基質濃度

k = 反應率

或者，對於進流水強度高度變異的廢水，

$$\frac{Q}{A}(S_o - S) = K\frac{S}{S_o} \tag{7.29}$$

關於幾個工業廢水的式 (7.26)，如圖 7.51 所示。對於生化需氧量高

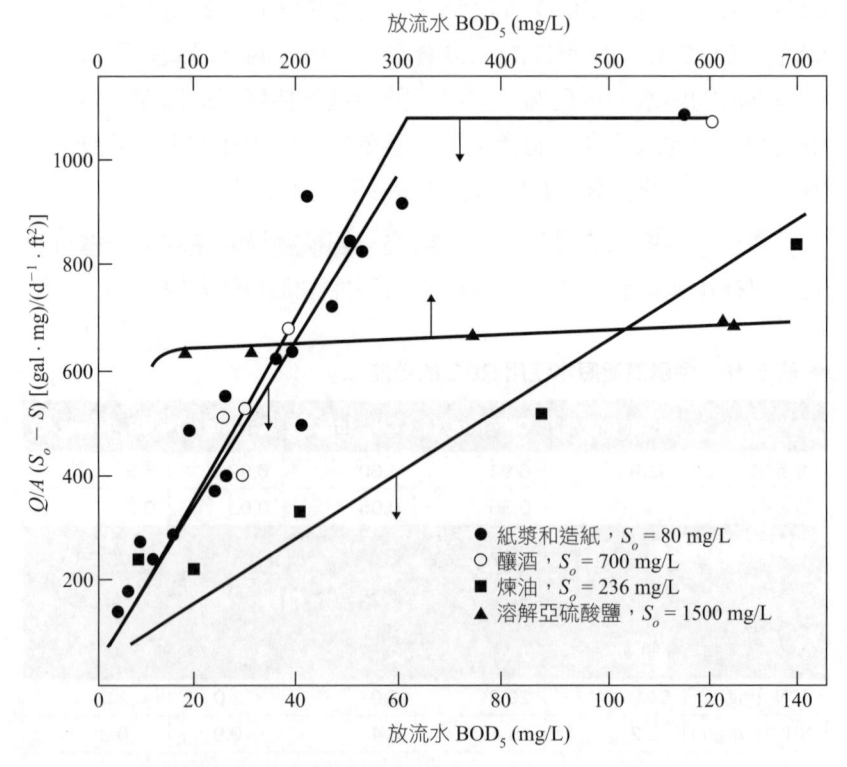

註：$gal/(ft^2 \cdot d) = 4.08 \times 10^{-2} \, m^3/(m^2 \cdot d)$

◯ 圖 7.51　一個處理工業廢水的 RBC，其 BOD 去除率特性

7 生物廢水處理程序

的廢水，效能的提升可以透過在擔體周圍增加氧，以提高氧的傳輸和 BOD 去除率。

從圖 7.51 可清楚看到幾個因素。對於一個給定的操作條件（轉速、氣體的含氧量等），最大的 BOD 去除率 $Q/A(S_o - S)$ 將與進流水 BOD 濃度和廢水的生物降解性有關。可以透過下列關係式定義多個串接接觸盤的效能表現，：

$$\frac{S}{S_o} = \left(\frac{1}{1 + kA/Q}\right)^n \tag{7.30}$$

其中 n 為階段數。由於在某些負荷時氧會被限制，在多階段系統中對每個階段的負荷加以檢查非常重要。

如前所述，應該評估每個應用程序替代方案的經濟性。一個程序設計說明於例題 7.12。

例題 7.12 針對最初可溶性生化需氧量為 300 mg/L 的污水，設計一個 RBC，使放流水可溶性 BOD 為 20 mg/L。流量是 0.5 million gal/d（1900 m³/d）。計算階段的總數和所需的面積。效能關係如圖 7.52 所示。

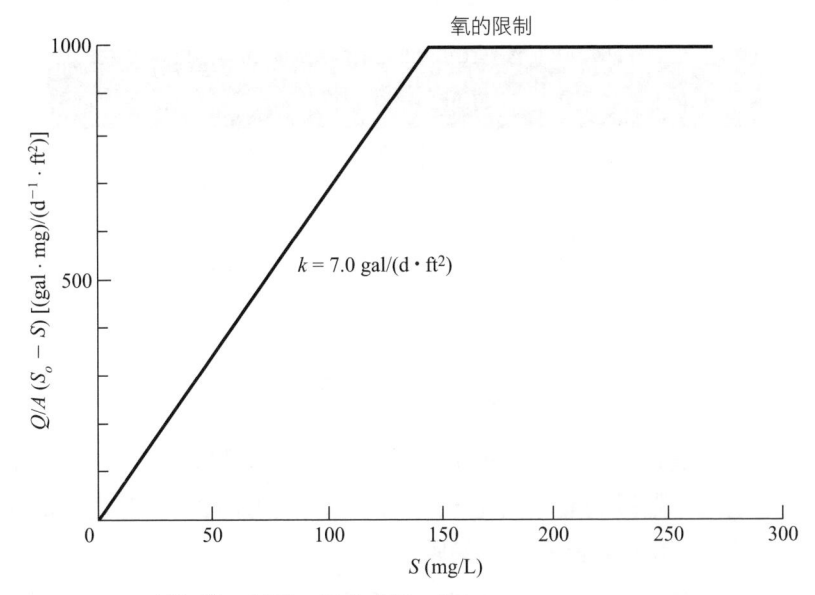

註：gal/(d·ft²) = 4.075 × 10⁻² m³/(d·m²)

◉ **圖 7.52** BOD 去除率的關係

499

解答

旋轉生物接觸盤的最大負荷出現在氧成為限制的那一點，如圖 7.52 所示。最大的水力負荷，可以計算如下：

$$\frac{Q}{A} = \frac{[(Q/A)S_r]_{max}}{S_o - [(Q/A)S_r]_{max}/k}$$

多個串接接觸盤的性能表現，可以定義為如下的關係：

$$\frac{S_e}{S_o} = \left(\frac{1}{1+kA/Q}\right)^n$$

$$\frac{Q}{A} = \frac{k}{(S_o/S_e)^{1/n} - 1}$$

最大的水力負荷，可以計算為：

$$\left(\frac{Q}{A}S_r\right)_{max} = 1000 \text{ gal}/(d \cdot ft^2) \cdot mg/L$$

$$\frac{Q}{A} = \frac{1000}{300 - 1000/7} = 6.37 \text{ gal}/(d \cdot ft^2) \text{ } [0.26 \text{ m}^3/(d \cdot m^2)]$$

各階段所需的面積，可以計算表列如下。

階段數, n	Q/A [gal/(d · ft²)]	(Q/A)/n [gal/(d · ft² · Stage)]	A ×10⁻³ (ft²/Stage)
1	0.5	0.5	1000
2	2.44	1.22	410
3	4.83	1.61	310
4	7.29	1.82	275
5	10.0	2.0	250

$$\frac{Q}{A} = \frac{7.0}{(S_o/S_e)^{1/n} - 1}$$

水力負荷（Q/A）相對於階段數，可以繪製如圖 7.53。為了不超過第一階段的最大負荷，最大的階段數應為 3.5。在這種情況下，處理廠將被設計為三個階段。

此計算也可圖形化，如圖 7.54 所示。

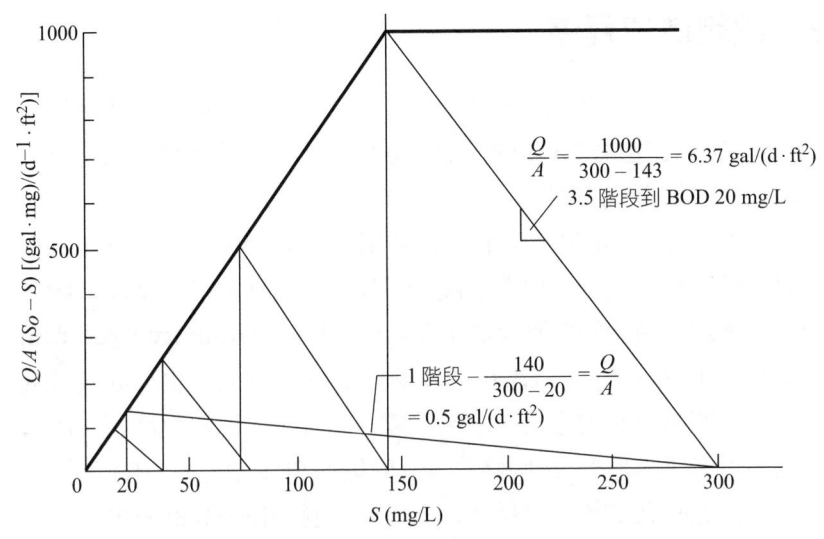

7 生物廢水處理程序

$$\frac{Q}{A} = \frac{1000}{300-143} = 6.37 \text{ gal/(d·ft}^2)$$
3.5 階段到 BOD 20 mg/L

1 階段 − $\frac{140}{300-20} = \frac{Q}{A}$
= 0.5 gal/(d·ft^2)

註：gal/(d·ft^2) = 4.075 × 10^{-2} m^3/(d·m^2)

◐ 圖 7.53　圖形設計解

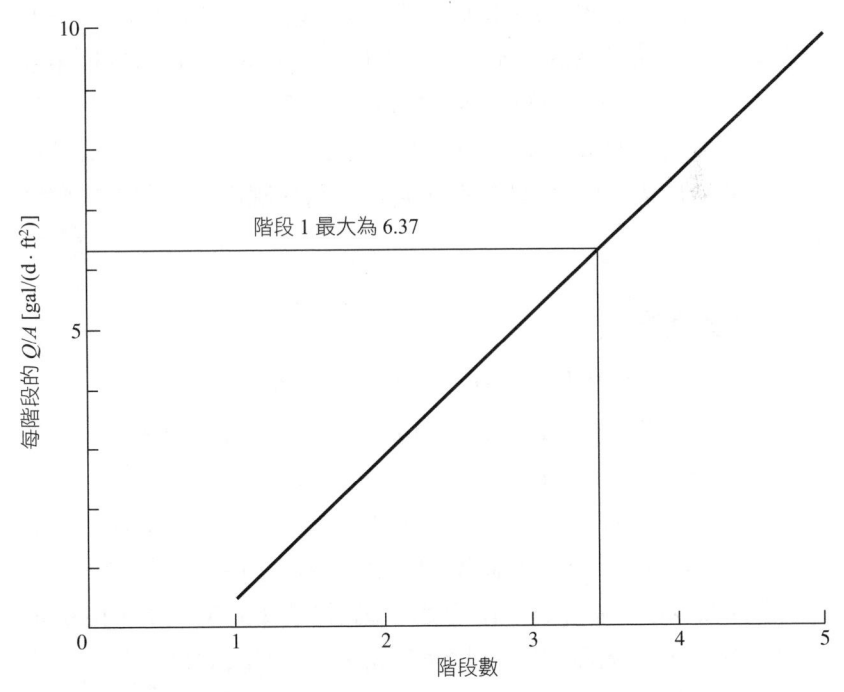

階段 1 最大為 6.37

註：gal/(d·ft^2) = 4.075 × 10^{-2} m^3/(d·m^2)

◐ 圖 7.54　階段數的計算

501

7.7 厭氧處理程序

厭氧分解涉及有機廢水在沒有氧的情況下裂解成氣體（甲烷和二氧化碳）。在過去 25 年間，厭氧處理已經成為穩定特定類型廢水較具吸引力的替代方案。這是由於其相對較低的總成本（相當於好氧系統的一半）、產生的沼氣有益利用、污泥產量低、能量和營養需求也低。新一代的反應器的設計可保留生質在靜態〔上流式厭氧濾床、下流式穩態固定膜反應器（downflow stationary fixed film reactors）〕或動態（流體化床反應器）的支撐上，也可促進沉澱性良好的膠凝生質的生長（厭氧接觸器、厭氧污泥毯反應器、膨脹顆粒污泥床反應器）。這些修改讓反應器的 SRT 變得與 HRT 無關，從而允許在短暫的停留時間（6 小時至 1 週）和較高的有機負荷率（4 至 40 kg COD/m^3 反應器/d）下操作。結果是較小的反應器和更穩定的操作。

現在全球有超過 850 座厭氧反應器在運作。其中約 75% 處理來自食品及相關產業的廢水。目前全球至少有 63 座厭氧處理系統用來處理化學和石油化學廢水。Macarie[31] 已總結這些統計的列表。只要能使用適當的預處理來提高生物降解性、減少毒性或抑制性，或強化環境（即降低鹽度），這項技術的應用預計在未來會顯著地增加。

程序的替代方案

厭氧程序的操作有好幾種方法，有些如圖 7.55 所示。

1. 厭氧濾床反應器（anaerobic filter reactor）在填充擔體上建立了厭氧微生物的成長。該濾床可操作成上流式（如圖 7.55 所示），或下流式。填充濾床的擔體，在攔下生物固體時，也提供了一個機制，能分離固體和在硝化程序中產生的氣體。在負荷為 3.5 kg COD/(m^3·d) 及使用塑料擔體（37°C）下，Jennett 和 Dennis[35] 處理製藥廢水能夠達成 97% 的 COD 去除。在負荷為 0.56 kg COD/(m^3·d)（35°C）和 36 小時的停留時間下，Sachs 等人[36] 處理人工合成的有機化學品廢水可達成 80% 的

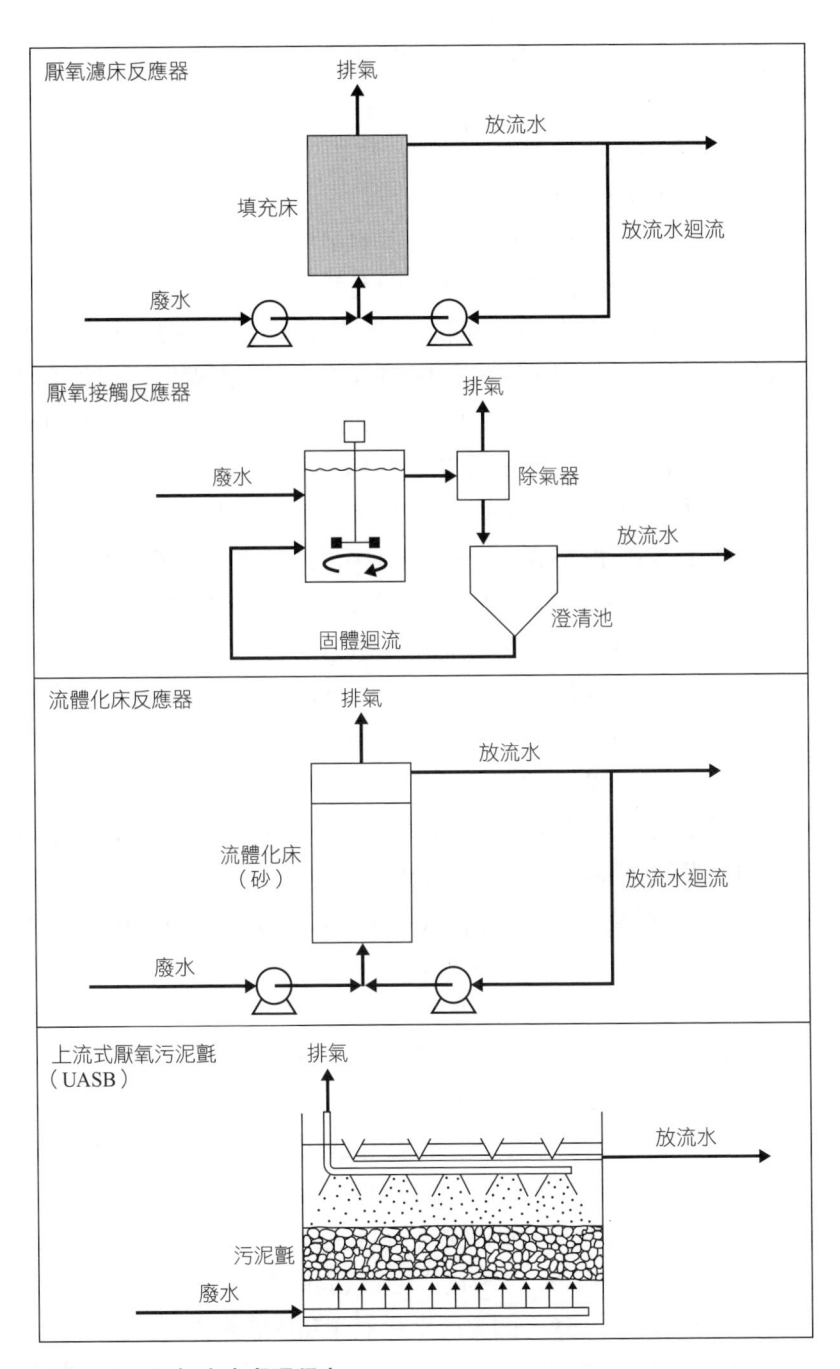

◐ 圖 7.55　厭氧廢水處理程序

COD 削減率。在負荷為 2 kg COD/($m^3 \cdot$ d) 下，Obayashi 和 Roshanravan [37] 處理下腳料廢水獲得 70% 的 COD 削減率。啟動期從 3 至 9 個月不等，端視基質和有機負荷率（OLR）的差異而定（Colleran 等人）。[38]

2. 厭氧接觸程序（anaerobic contact process）[32, 33] 為提供植種用微生物的分離和再循環，從而允許程序的操作停留時間為 6 至 12 小時。通常需要一個除氣器來減少分離步驟中的漂浮固體。為了高程度的處理，在 90°F（32°C），固體停留時間估計為 10 天；每減少 20°F（11°C）的操作溫度，這估計值就會加倍。Steffen 和 Bedker 報告一個實廠級規模（full-scale）的厭氧接觸程序（30 至 35°C），處理肉品包裝廢水的負荷為 2.5kg COD/($m^3 \cdot$ d) 和 13.3 小時的 HRT，可達到 90% 的 COD 去除，它的 SRT 約為 13.3 天。Speece [34] 證明，要得到 6% 的合成率，增加 2 倍和 10 倍的生質所需的天數分別為 12 和 40 天。

3. 在流體化床反應器（fluidized-bed reactor, FBR），廢水向上抽到一個已存在有微生物生長的砂床。已有報告指出生質濃度超過 30,000 mg/L。放流水迴流會與饋料相混合，而饋料的量取決於廢水強度和流體化速度。稀釋廢水在 4 kg COD/($m^3 \cdot$ d) 負荷下，可達到 80% 的有機物去除率。

4. 在上流式厭氧污泥氈（upflow anaerobic sludge blanket, UASB）程序，廢水被導入反應器的底部，在那兒它必須均勻地分散。廢水向上流動，通過生物所形成的顆粒氈，當廢水通過污泥氈，其上的顆粒會消耗廢水的營養。甲烷和二氧化碳的氣泡上升，被捕捉在氣體圓頂罩裡。液體通過反應器的沉澱區，在那兒發生固液分離。固體會返回污泥氈，而液體會從堰流出。顆粒的形成與維護在操作過程中非常重要。Palns 等人 [39] 推測，有利於顆粒的形成需要：(1) 具有中性 pH 值之塞流反應器的配置；(2) 高 H_2 分壓區；(3) 沒有限制的氨氮來源；(4) 有限的半胱氨酸；(5) 一個會產生氫氣作為中間產物的基質。碳水化合物的廢水，鹼度的需求是 1.2 至 1.6 g 鹼度，以 $CaCO_3$/g 進流水 COD 表示，是足以維持 pH 值在 6.6 以上。Guiot 等人 [40]

生物廢水處理程序 7

發現，添加微量金屬可增強生質的活性。為了維持污泥氈的懸浮，廢水向上速度使用 2 至 3 ft/h（0.6 至 0.9 m/h）。廢水的穩定發生在廢水通過污泥床，污泥床中的固體濃度可高達到 100 至 150 g / L。負荷高達 600 lb 的 COD/(100 ft^3 · d)（96 kg/(m^3 · d)）已成功地用於某些廢水。在實廠級規模的研究中，15 至 40 kg COD/(m^3 · d) 的有機負荷，液體停留時間為 3 至 8 小時，可成功地處理高強度廢水。一個實廠級規模的處理廠處理甜菜製糖廢水，在負荷為 10 kg COD/(m^3 · d) 和 4 小時的停留時間下，可達到 80% 的去除率。

5. ADI-BVF 程序是一個低速率、具間歇攪拌和污泥迴流功能的厭氧反應器。此反應器有兩個區域：在入口端的反應區和在出口端的澄清區。該反應器可以是地上槽或者是有內襯的土池，有一個浮動絕緣膜覆蓋以進行氣體回收和溫度與臭味的控制。由於反應器體積大，均質化的要求被降至最低。一個典型的裝置，如圖 7.56。

6. 膨脹顆粒污泥床（expanded granular sludge bed, EGSB）程序是在 1990 年代由 Biothane（Biobed 程序）和 Paques（IC 反應器）所開發和銷售。這兩個程序的示意圖如圖 7.57。這些操作溫度範圍在 25°C 到 35°C，停留時間為 3 至 18 小時，負荷率為 8 至 24 kg COD/m^3 · d。荷蘭的一間熱塑性塑料廠在有機負荷為 10 kg COD/(m^3 · d)，其 COD 曾出現 90% 的削減率。[42]

各種厭氧程序的效能表現數據，如表 7.19 所示。ADI-BVF 程序處理各種工業廢水的效能表現，如表 7.20 所示。

厭氧醱酵機制

儘管程序動力學和物質的平衡類似於好氧系統，一些基本的差異需要特殊的考量。有機酸轉化為沼氣產生的能量很少，因此成長速度慢，微生物合成的產量也低。去除的動力速率和污泥產量，都比活性污泥程序低很多。有機物轉化到氣體的量從 80% 到 90% 不等。因為細胞合成較少，營養需求也相對低於在好氧系統。高的程序效率，需要更高的溫度和加熱反應槽的使用。有些熱是由此程序

(a)

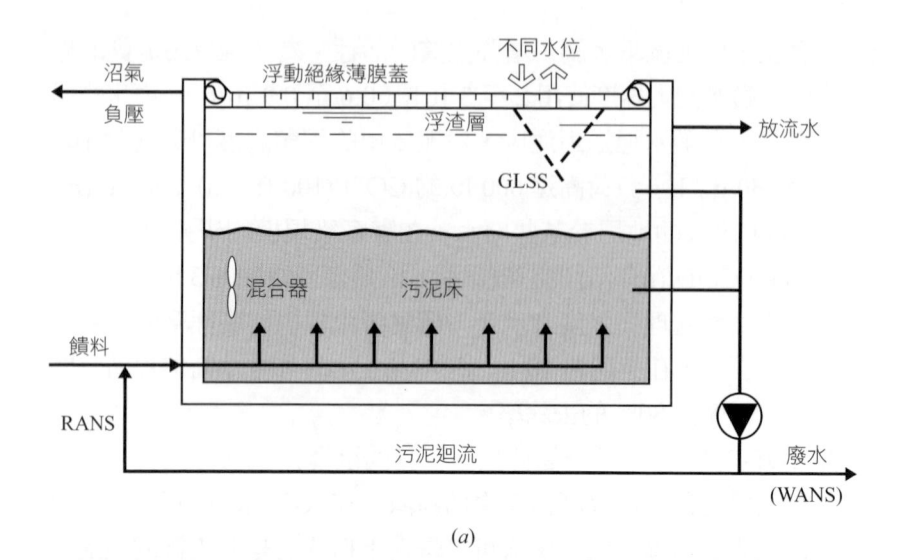

○ **圖 7.56** ADI-BVF® 反應器（ADI Systems Inc. 提供）

所產生的甲烷所提供。

在厭氧醱酵過程，大體上四組微生物會依序降解有機物。水解微生物降解聚合物類型的物質，如多醣和蛋白質到單體。聚合物的減量不會導致 COD 的減少。然後這些單體用少量的 H_2 轉換成脂

7 生物廢水處理程序

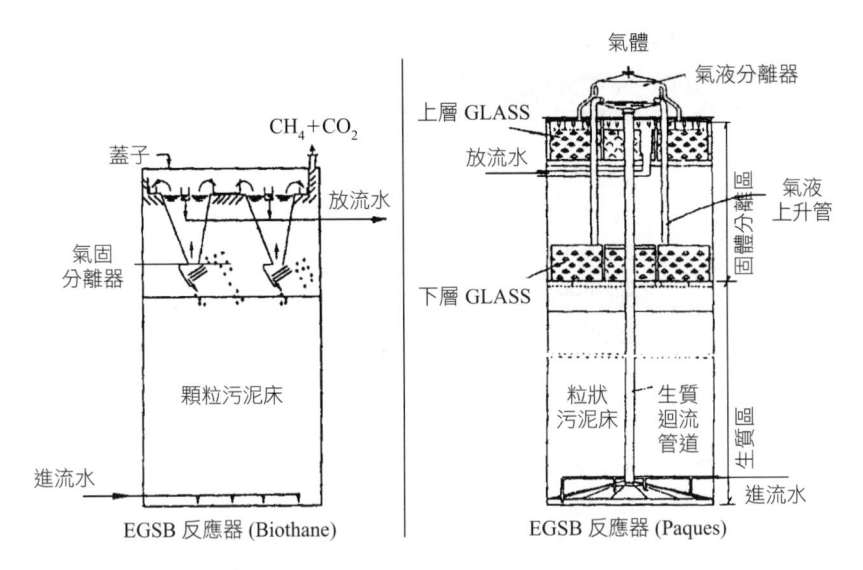

○ 圖 7.57　膨脹顆粒污泥床（EGSB）程序由 Biothane（Biobed 程序）和 Paques（IC 反應器）所開發和銷售

肪酸（VFA）。主要的酸是乙酸、丙酸、丁酸及少量戊酸。酸化階段中，COD 的減少極小。若有大量的氫氣出現，表示的確有一些 COD 減少，但這很少超過 10%。所有高於乙酸的酸由產乙酸菌來轉化成乙酸和氫氣。丙酸的轉換為：

$$C_3H_6O_2 + 2H_2O \rightarrow C_2H_4O_2 + CO_2 + 3H_2$$

在這個反應中，COD 削減並以氫氣的形式出現。這種反應只有當氫氣的濃度很低時才會發生。有機酸裂解成甲烷和二氧化碳，如圖 7.58 所示。乙酸和氫氣由甲烷生成菌轉換到甲烷。

醋酸：
$$C_2H_4O_2 \rightarrow CO_2 + CH_4$$
$$CH_3COO^- + H_2O \rightarrow CH_4 + HCO_3^-$$

氫氣：
$$HCO_3^- + 4H_2 \rightarrow CH_4 + OH^- + 2H_2O$$

典型厭氧程序處理可溶性工業廢水的比活性約 1kg COD/(kg biomass·d)。將醋酸轉換成甲烷的甲烷生成菌有兩種，即

➡ 表 7.19 厭氧程序的性能表現

廢水	負荷 [kg/(m³·d)]	HRT(d)	溫度 (°C)	去除 (%)	參考文獻
厭氧接觸程序：					
肉品包裝	3.2 (BOD)	12	30	95	33
肉品包裝	2.5 (BOD)	13.3	35	95	32
高壓精煉	0.085 (BOD)	62.4	30	59	40
屠宰場	3.5 (BOD)	12.7	35	95.7	40
柑橘	3.4 (BOD)	32	34	87	—
上流式濾床程序：					
合成	1.0 (COD)	—	25	90	43
製藥	3.5 (COD)	48	35	98	36
製藥	0.56 (COD)	36	35	80	35
瓜爾豆膠	7.4 (COD)	24	37	60	37
下腳料	2.0 (COD)	36	35	70	44
掩埋場滲出水	7.0 (COD)	—	25	89	45
紙漿廠壞掉的濃縮液	10–15 (COD)	24	35	77	46
流體化床反應器程序：					
合成	0.8–4.0 (COD)	0.33–6	10–3	80	47
造紙廠壞掉的濃縮液	35–48 (COD)	8.4	35	88	46
上流式厭氧污泥床程序：					
脫脂奶	71 (COD)	5.3	30	90	47
酸菜	8–9 (COD)	—	—	90	47
馬鈴薯	25–45 (COD)	4	35	93	42
糖	22.5 (COD)	6	30	94	42
香檳	15 (COD)	6.8	30	91	35
甜菜	10 (COD)	4	35	80	47
啤酒	95 (COD)	—	—	83	48
馬鈴薯	10 (COD)	—	—	90	48
造紙廠壞掉的濃縮液	4–5 (COD)	70	35	87	46
ADI-BFV 程序：					
馬鈴薯	0.2 (COD)	360	25	90	—
玉米澱粉	0.45 (COD)	168	35	85	—
乳品	0.32 (COD)	240	30	85	—
糖果	0.51 (COD)	336	37	85	—

7 生物廢水處理程序

↑ 表 7.20 厭氧處理工業廢水，不同廢水的 COD、BOD 和 SS 值

廢水	原廢水 COD (mg/L)	原廢水 BOD (mg/L)	原廢水 BOD/COD	原廢水 SS (mg/L)	厭氧放流水 COD (mg/L)	厭氧放流水 BOD (mg/L)	厭氧放流水 BOD/COD	厭氧放流水 SS (mg/L)
馬鈴薯加工	4,263	2,664	0.62	1,888	144	32	0.22	70
酵母・甘蔗糖蜜	13,260	6,630	0.50	1,086	4,420	600	0.14	883
啤酒和都市	9,750	2,790	0.29	4,146	332	179	0.54	168
蛤加工	3,813	1,895	0.50	856	594	337	0.57	130
玉米加工和都市	5,780				1,210			136
硬紙板放流水	12,930	5,990	0.46	486	2,590	740	0.29	507
乳品廢水	13,076	7,204	0.55	1,919	596	173	0.29	260
半化學漿廠	6,826	2,221	0.32	851	3,822	524	0.14	881
啤酒	2,692	1,407	0.52	778	295	122	0.41	201
乙醇蒸餾物：1	90,000	23,000	0.26					
乙醇蒸餾物：2	120,000	40,000	0.33		57,000	4,700	0.08	
乙醇蒸餾物：3	98,000	31,000	0.32		54,000	6,000	0.11	
乙醇蒸餾物：4	80,000	24,000	0.30		36,000	4,100	0.11	
乳品	3,250	1,970	0.61	252	372	111	0.30	55
馬鈴薯加工	1,890	1,090	0.58	341	165	98	0.59	50
牛皮紙漂掉的濃縮液	13,960	6,710	0.48	10	1,076	660	0.61	190
糖蜜酒糟	65,000	25,000	0.38	5,000	15,000	1250	0.08	500
玉米濕磨	3,510	1,700	0.48	1,080	410	133	0.32	64

509

● 表 7.20 厭氧處理工業廢水，不同廢水的 COD、BOD 和 SS 值（續）

廢水	原廢水					厭氧放流水			
	COD (mg/L)	BOD (mg/L)	BOD/COD	SS (mg/L)		COD (mg/L)	BOD (mg/L)	BOD/COD	SS (mg/L)
紙漿和造紙業	5,349	2,287	0.43	3,792		965	308	0.32	199
乳品	25,541	20,575	0.81	974		737	190	0.26	337
乳品	19,200	10,400	0.54	3,400		770	130	0.17	500
啤酒	4,011	2,786	0.69	139		510	306	0.60	105
工業和生活	3,000	1,620	0.54	550		300	105	0.35	120
乳品	8,830	7,890	0.89	1,670		150	86	0.57	53
馬鈴薯加工	8,356	5,300	0.63	5,250		1,113	486	0.44	708
蘋果加工	3,994	2,441	0.61	2,573		174	87	0.50	54
橄欖油加工	13,395	5,550	0.41	289		2,332	786	0.34	212
豆類和麵食加工	2,604	1,200	0.46			1,285	528	0.41	
製藥	9,200	4,000	0.43	2,400		3,300	850	0.26	350
製藥	7,100	3,300	0.46	1,000		1,490	460	0.31	170
糖果	10,560	6,550	0.62	1,050		320	70	0.22	180
馬鈴薯加工	12,489	5,978	0.48	9,993		4,692	1573	0.34	2200
玉米乙醇加工	1,155	743	0.64	20		397	204	0.51	162

生物廢水處理程序 7

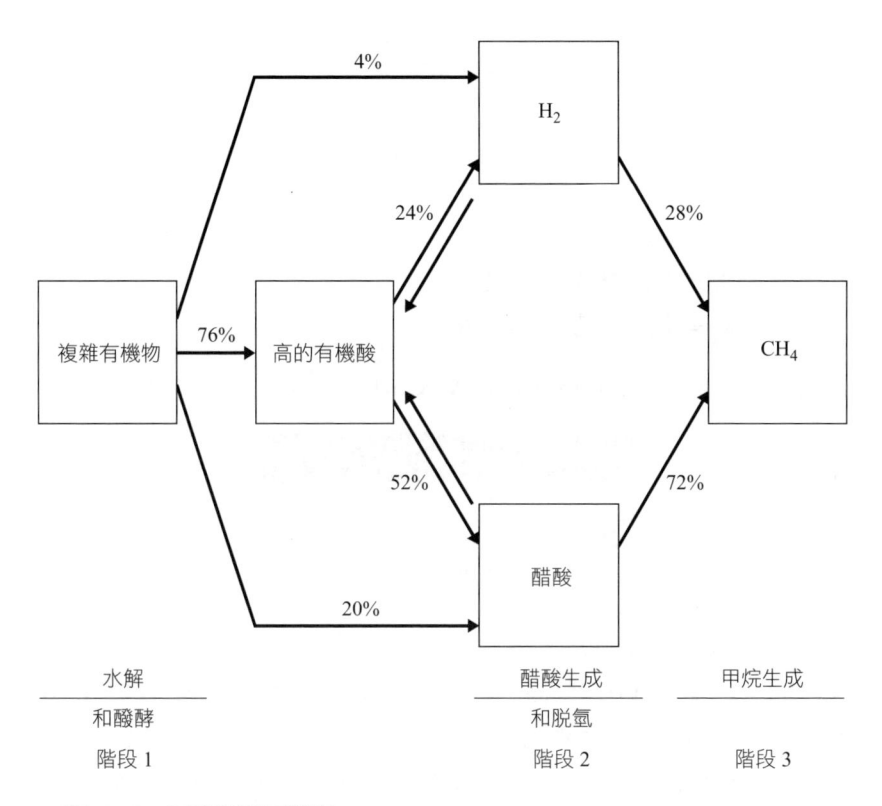

```
                    4%
        ┌─────────────────→ ┌─────┐
        │                    │ H₂  │
        │              24%   │     │  28%
        │           ↗↙       └─────┘  ↘
┌────────┐  76%  ┌────────┐           ┌─────┐
│複雜有機物│─────→│高的有機酸│           │ CH₄ │
└────────┘       └────────┘           └─────┘
        │           ↘↖ 52%          ↗ 72%
        │                    ┌─────┐
        │              20%   │ 醋酸 │
        └─────────────────→ └─────┘

   水解              醋酸生成         甲烷生成
   和醱酵            和脫氫
   階段 1            階段 2           階段 3
```

◐ 圖 7.58　甲烷酸酵三階段

Methanothrix 和 *Methanosarcina*。*Methanothrix* 具有低的比活性，因此會在低穩態的醋酸濃度的系統成為主角。在高負荷系統，如果有可用的微量營養素，*Methaneosarcina* 會占主導地位（*Methanothrix* 的 3 至 5 倍）。這些微量營養素是鐵、鈷、鎳、鉬、硒、鈣、鎂，以及每公升微克的維生素 B。[34]

Speece [34] 曾報告微量礦物質的需求，如鈣 0.018 mg/g 醋酸，鐵 0.023 mg/g 醋酸，鎳 0.004 mg/g 醋酸，鈷 0.003 mg/g 醋酸，鋅 0.02 mg/g 醋酸。

Zehnder 等人 [50] 發現，最佳的甲烷生成和比甲烷生成率需要介於 0.001 和 1.0 mg/L 之間的含硫量，以 S 表示。

常用的厭氧降解動力學關係式是 Monod 關係式：

511

$$\frac{ds}{dt} = \frac{q_m SX}{K_s + S} \tag{7.31}$$

其中，ds/dt = 基質利用率，mg/(L·d)

q_m = 最大的比基質利用率，g COD/(g VSS·d)

S = 放流水濃度，mg/L

X = 生質濃度，mg/L

K_s = 半飽和濃度，mg/L

係數的典型值為（Lawrence 和 McCarty）[51]：

溫度 (°C)	q_{max} (d^{-1})	K_s (mg/L)
35	6.67	164
25	4.65	930
20	3.85	2130

反應器分階段經常會導致減小的體積：在程序中，去除 1 lb（0.454 kg）的 COD 或最終 BOD，在 0°C 會產生 5.62 ft³（0.16 m³）甲烷，在 35°C 會產生 6.3 ft³ 甲烷。

在沼氣醱酵過程中產生的細胞量，將取決於廢水強度、廢水性質，以及系統內保留的細胞。如同在好氧系統，部分產生的細胞將因內源性代謝而破壞。McCarty 和 Vath[52] 的數據如圖 7.59。類似式 (6.12) 的關係式，可以用來估計細胞產率。McCarty 和 Vath 獲得的關係式是：

氨基酸和脂肪酸： $A = 0.054F - 0.038M$

碳水化合物： $A = 0.46F - 0.088M$

營養汁： $A = 0.076F - 0.014M$

其中，A = 生物累積固體，mg/L

M = 混合液揮發性懸浮固體物，mg/L

F = 利用的 COD，mg/L

McCarty [49] 估計出細胞的組成為 $C_5H_9NO_3$，其中氮的需求是淨細胞重量的 11%。磷的需求估計為生物細胞重量的 2%。細胞的 COD 為 1.21 mg/mg 的揮發性懸浮固體物。

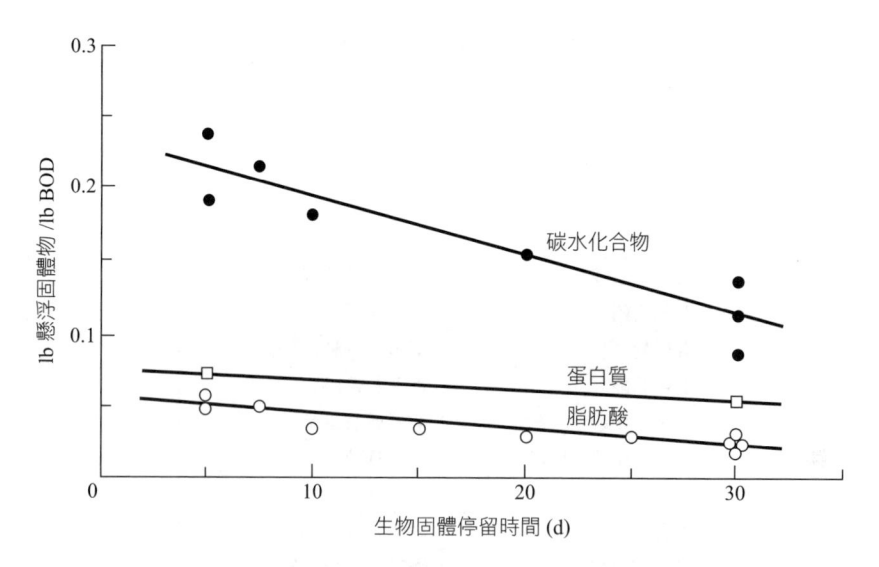

◯ 圖 7.59　甲烷醱酵導致的生物固體產量（資料來源：McCarty and Vath, 1962）

在厭氧條件下，有機化合物的生物降解

厭氧程序可以打破多種芳香族化合物。已知厭氧分解苯核可能會採取兩種不同的途徑：光機制和甲烷醱酵。已知苯甲酸、苯乙酸及苯丙酸完全降解為二氧化碳和甲烷。偵測到作為反應中間體較低級的脂肪酸。雖然啟動氣體生產需要長的馴化期間，不過只要在細菌適應芳香族化合物前先使細菌適應醋酸質，就可減少所需時間。

Chmielowski 等人 [52, 53] 證明，苯酚、對甲酚、間苯二酚被完全轉化為甲烷和二氧化碳。有機化合物在厭氧條件下礦化的結果列於表 7.21。[50] 如 Speece [34] 所描述，偶然的新陳代謝被定義為微生物對於難分解有機物的生物降解性，且微生物無法從此中取得能量。如果添加共代謝基質（cosubstrate）與如氯仿等難分解有機物，此生質則能夠偶然地代謝。共代謝基質包括糖、甲醇和乳酸。

如同在好氧程序，可溶性微生物產物（SMP）也會在厭氧條件下產生。Kuo 等人 [55] 發現 SMP 的生產範圍為從 0.2% 到 1.0% 的醋酸和 0.6% 至 2.5% 的葡萄糖。

➡ 表 7.21　有機物在厭氧條件下礦化

乙醯柳酸	苯二甲酸
丙烯酸	聚乙二醇
對甲氧苯甲酸	五倍子酚
苯甲酸	對胺苯甲酸
苯甲醇	酸苯基丁酯
2,3-丁二醇	4-氯苯乙醯胺
鄰苯二酚	間氯苯甲酸
間甲酚	鄰苯二甲酸二乙酯
對甲苯酚	香葉[草]醇
鄰苯二甲酸二丁酯	4-乙醯胺基苯酚
鄰苯二甲酸二甲酯	對羥基苯甲酸
乙酸乙酯	2-辛醇
2-己酮	丙醯胺苯
鄰烴苯甲酸	鄰苯二甲酸丁苯酯
對羥苯甲酸	間氯苯甲酸
3-羥基丁酮	間甲氧苯酚
1-辛醇	鄰硝苯酚
苯酚	對硝苯酚
間苯三酚	

資料來源：Shelton and Tiedjc, 1984.[54]

食品加工和啤酒廠廢水很容易在厭氧中分解，BOD 去除率在 85% 至 95% 的範圍內。蒸餾酒廠廢水的厭氧處理必須採取特殊的預防措施，例如稀釋或調整負荷率以減少廢水中硫酸鹽的抑制趨勢。儘管動物的糞便很容易在厭氧下處理，但處理含有大量尿液的新鮮糞便時，氨的毒性可能是一個問題。Vath[56] 證明，線性的陰離子和非離子乙氧基化界面活性劑可以進行降解，此可以從界面活性劑的性能喪失觀察出來。許多學者已經證明，多種殺蟲劑包括靈丹和六氯化苯的異構體，在厭氧條件下會分解。

　　許多製成油的較高分子量的碳氫化合物，可由厭氧細菌來分解。Shelton 和 Hunter[57] 證明，油的厭氧分解是自然地發生在貯存桶的底部。

　　Obayashi 和 Gorgan[58] 提出一個有關以厭氧程序進行厭氧處

生物廢水處理程序 7

理工業廢水的極佳評估。各種廢水經厭氧處理的放流水,其 BOD/COD 的特性,如表 7.22 所示。 Macarie 總結以厭氧程序處理化學和石化廢水的經驗。[31]

程序操作的影響因素

厭氧程序將在兩種不同的溫度範圍,有效地發揮作用:85°F 至 100°F(29°C 至 38°C)的中溫範圍,和 120°F 至 135°F(49°C 至 57°C)的高溫範圍。儘管反應速率在高溫範圍內遠大於低溫範圍,維持較高的溫度通常不符經濟效益。

甲烷生成微生物正常的 pH 值範圍為 6.6 至 7.6,最佳值在 7.0 附近。當酸形成速率超過酸變成甲烷時,程序的不平衡導致 pH 值降低,產氣量變少,氣體內的二氧化碳含量增加。

因此,pH 值控制對確保甲烷高產率很重要。當程序的酸鹼值不平衡時,常用石灰來提升厭氧系統的 pH 值。此處要務必小心,因為過量使用石灰會產生碳酸鈣沉澱。碳酸氫鈉也可以替代用於調整 pH 值。為了提供足夠的緩衝能力來應付揮發酸的增加,且讓

➡ 表 7.22　各種廢水厭氧處理放流水的 BOD/COD 特性

廢水	BOD (mg/L)	COD (mg/L)
糖業	50–500	250–1500
乳品	150–500	250–1200
玉米澱粉	—	500–1500
馬鈴薯	200–300	250–1500
蔬菜	100	700
酒 (wine)	3,500	—
紙漿	350–900	1400–8000
纖維板	2500–5500	8800–14900
造紙業	100–200	280–300
掩埋場滲出水	—	500–4000
消化槽的上澄液	400	800–1400
啤酒廠 (brewery)	—	200–350
蒸餾酒廠 (distillery)	—	320–400

工業廢水污染防治

pH 值的下降最小，一般希望碳酸氫鹽鹼度在 2500 至 5000 mg/L 的範圍內。如果饋料中的鹼度量不足，鹼度可以透過減少饋入速率或增加鹼度到廢水來控制。

中和產生的揮發性脂肪酸（volatile fatty acids, VFA）和碳酸需要鹼度，碳酸是由於反應器內二氧化碳的高分壓所導致。這些鹼度的需求，如圖 7.60 所示。

在一個操作良好的完全混合反應器，VFA 將在 20 至 200 mg/L 的範圍內。然而在塞流系統，在入口區域升高的 VFA 濃度將會減少額外的鹼度。為了避免 pH 值下降，必須存在足夠的鹼度，以彌補高的二氧化碳含量。在二氧化碳的含量為 30% 的消化槽氣體中，1500 mg/L 的鹼度是必要的。

低濃度的無機鹽可能可以提供某種刺激，在高濃度時，它們可能有毒。[59] 在某些情況下，適應（adaptation）將會增加微生物的

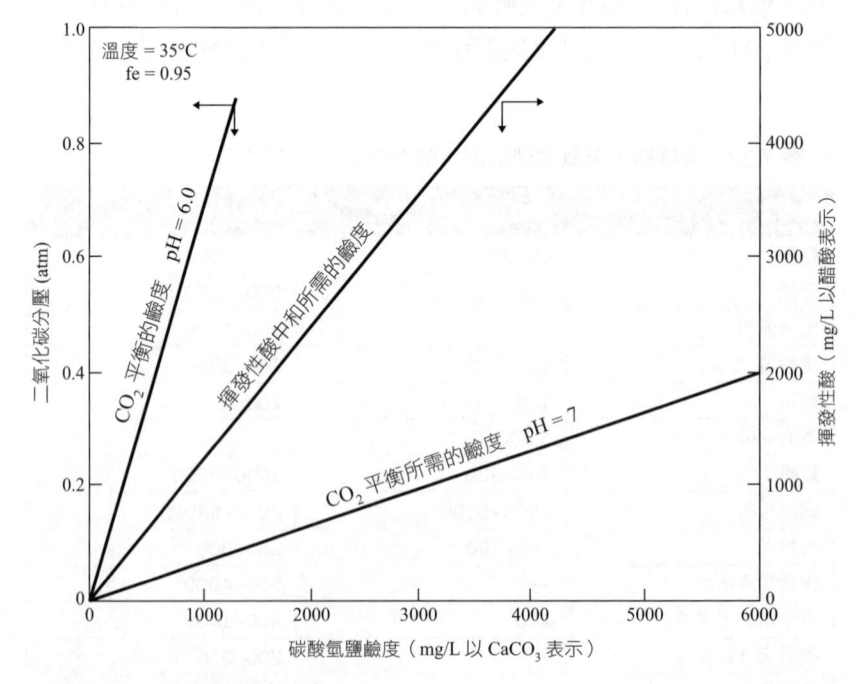

◯ **圖 7.60** 鹼度需求設計圖

容忍程度。表 7.23 總結了一些抑制厭氧程序的化學物質。[34]

拮抗離子的存在可能會大幅減少特定離子的抑制作用。Kugelman 和 McCarty [60] 已經證明，300 mg/L 的鉀會減少 7000 mg/L 鈉 80% 的抑制作用。透過 150 mg/L 鈣的添加，抑制作用將完全的消除，但無鉀時，鈣不會產生任何有益的效應。氨在濃度超過 3000 mg/L 是有毒的，在濃度大於 1500 mg/L 是有抑制性的。毒性與 pH 值有關，顯示有多少氨是以氣態形式存在。氣態氨的抑

➡ 表 7.23　厭氧程序的化學抑制

一些有機化學品的毒性		一些無機化學品的毒性		
	50% 抑制		中度抑制	強烈抑制
乙醛	440 mg/L	鈉	3,500–5,500	8,000
丙烯醛	10	鉀	2,500–4,500	12,000
桿菌肽素	20	鈣	2,500–4,500	8,000
氯仿	15	鎂	1,000–1,500	3,000
木餾油	1	鉻 (VI)		50–70 總計 3 個可溶性的
氰化物	1	鉻 (III)		200–600 總計
二硝基酚	40	硫化物：（大概）	50% @ 6% H_2S 在氣體中	
乙苯	340		25% @ 4% H_2S 在氣體中	
氟利烷（五氟氯乙烷）	1		10% @ 2% H_2S 在氣體中	
甲醛	70			
長鏈脂肪酸	500			
莫能菌素（瘤胃素）	2			
硝基苯	10			
丹寧	700			
Virginiamycin	10			
季銨鹽化合物	25			
叔胺	50			
二胺	100			
氯或其當量	80			
過氧乙酸	12			

資料來源：Speece, 1996.

制作用超過銨離子。

在厭氧系統中,可溶性硫化物的最大無毒濃度為 200 mg/L。由於硫化物是以硫化氫(氣態)、氫硫根(HS^-)和沉澱的硫化物存在,總硫化物濃度可能更高。損失於氣體中的硫化物也將使廢水饋入到系統時,有較高濃度的硫酸鹽或硫化物濃度。

如銅、鋅、鎳的重金屬在低濃度有毒。然而,硫化物的存在下,這些金屬中某些會沉澱。對微生物的毒性與它們在消化槽本身的濃度有關。

當有毒物質存在時,它們必須在處理前去除,或稀釋到有毒濃度以下的程度。正確的作法主要視廢水的整體成分而定。

7.8 厭氧處理的實驗室評估

厭氧測試的需求和用於好氧評估的作法略有不同。厭氧處理的可行性通常是透過使用甲烷產量作為廢水穩定的主要指標來評估。這可由 COD 去除率和生質含量的測量來補充。

抑制作用可以量化,根據的方法其中有毒性物質影響最大比基質利用率(q_m)與半飽和係數(K_s)。Young 和 Cowan[61] 已經於基質的去除率上結合這些效應,如:

$$R_s = \frac{q_m [q^*] SX_a}{q_m [q^*] SX_a / K_{so}[K_s^*] + S}$$

其中,R_s = 基質轉化率,mg COD/L-h
　　　q_m = 沒有抑制物質的情況下,無質傳阻力真實的最大比基質
　　　　　利用速率
　　　S = 基質濃度
　　　X_a = 活性生質
　　　K_{so} = 沒有抑制物質的情況下,無質傳阻力真實的半飽和係數
　　　q_m 和 K_s^* 為抑制項。

生物廢水處理程序 7

Han 和 Levenspield [62] 提出了廣義的公式來確定抑制項：

$$q^* = [1 - I/I^*]^n$$
$$K_s^* = [1 - I/I^*]^{-m}$$

其中，I^* = 毒性物質完全抑制的濃度

如果 I 是低的或 I^* 是高的，動力係數降低為無毒環境的無質傳阻力真實值，或 q_m 和 K_{so}。描述有毒有機化學品效應的係數，可用呼吸儀的技術來確定，如 Young 和 Cowan [61]。

隨著有毒物質濃度的增加，會出現 COD 去除率下降、放流水 COD 增加，和生質活性減少的狀況。在較長的 SRT 下操作會產生幾個好處，包括：

- 改善抵抗環境因素——毒性、負荷的變異性、溫度等。
- 增強的處理效率。
- 較少的廢水污泥產量。

SRT 可以透過以下增加：

- 增加生質貯存量。
- 生質的迴流。
- 採用固定擔體，以增加生質的貯存量。
- 增加反應器體積。

關於廢水特質，一些設計上的考量是：[63]

- 典型的 COD 應該 > 3000 mg/L。
- 進流水懸浮固體物 < 10% 的 COD。
- 脂肪、油、油脂（FOG）可能會限制設計。
- 鈣 < 1% 的 COD。
- 硫酸鹽 < 5% 的 COD。
- 氨濃度 > 1500 mg/L 時是有毒的。
- TKN < 10% 的 COD 或 < 1500 mg/L。
- 預處理金屬沉澱。
- 有機毒性物質的源頭控制。

519

- 添加鐵以結合硫化物。

Owen 等人 [64] 開發一個厭氧生物轉化的檢定方法，稱為生化甲烷產能（biochemical methane potential, BMP）。這個檢定評估廢水中可在厭氧下轉化成甲烷（CH_4）之有機污染物的濃度，而且評估潛在的厭氧處理效率。這測試程序已由 Speece [34] 描述如下。

實施 BMP 檢定的步驟，包括在已植入厭氧菌的 125 mL 血清瓶中，放置一小撮的放流水樣品，一般是 50 mL。在許多情況下，反應器放流水已經含有足夠的接種。在其他情況下，可以直接從厭氧反應器採取馴化接種。

在血清瓶頂空應通入 30% 至 50% 的二氧化碳以控制 pH 值，以及 N_2 或甲烷。然後於 35°C 培養血清瓶，並在預先規劃的天數（通常為 5 天）後，記錄甲烷的生產。測量產生的氣體，得插入注射用針頭，針頭通過血清瓶蓋，另一端連接到一個存有校準液的儲液罐。在此溫度下，生產 395 mL 的甲烷相當於削減 1 g 的 COD，化學計量的關係允許計算在液相中 COD 的削減。

重要的是，需排除二氧化碳的產生，因為二氧化碳並不代表厭氧條件下 COD 的削減。例如，如果維持排放 2000 mg/L（COD 當量）的可生物降解的有機污染物，一個 BMP 檢定將顯示，經過一段時間後，從 50 mL 的放流水樣品將導致 39.5 mL 的 CH_4 淨氣體產量。

類似於 BOD，BMP 檢定的基本原則是：如進行生化需氧量檢測，生質必須被污染物所馴化。操作只有接種厭氧菌的控制組，以確保足夠的時間和馴化讓生質可以代謝污染物，務必要小心進行。為期 20 天的 BOD 檢驗被視為代表好氧最終的需求，而 BMP 的評估檢測可延長到 30 或 60 天，以適應生物對有毒和／或常發生在一些工業廢水的污染物之馴化。

由於 COD 的轉換通常與生質和時間的乘積成正比，生物接種的相對量會影響轉化率，但不會影響最終的淨值。一個可降解廢水的 BMP 評估檢測，如圖 7.61 所示。相對應的 COD 削減，如圖 7.62 所示。

生物廢水處理程序 7

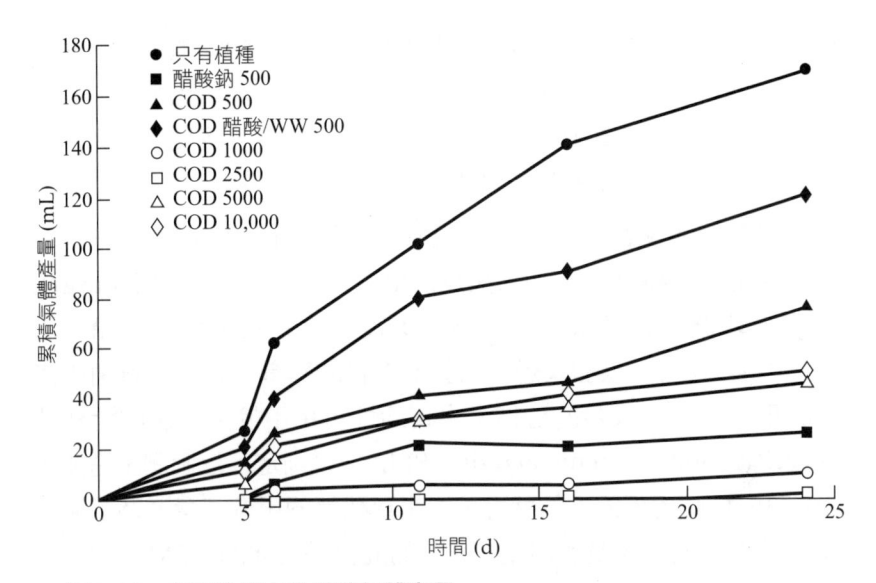

○ 圖 7.61　非毒性廢水的累積氣體產量

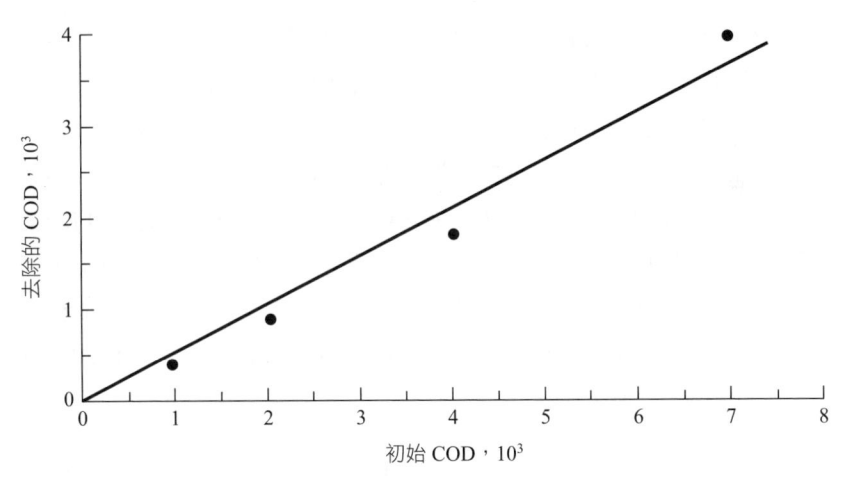

○ 圖 7.62　COD 的去除相對於初始 COD

　　如同 Speece [34] 所描述，Owen 等人 [64] 也發展出一個非常有用且簡單的檢定程序，以評估廢水樣品對厭氧生質潛在的毒性，即厭氧毒性檢定（anaerobic toxicity assay, ATA）。要受評估的生質被放置在一個血清瓶，打入 50% CO_2 和 50% CH_4 氣體；然後將廢水

521

樣品以逐步增加的量注入連續的幾個瓶子。這個步驟產生具有初始植入生質的不同範圍的稀釋廢水。多餘的基質一開始也被添加到血清瓶,以避免基質的限制。如果廢水樣品具毒性,將反映在產氣減少的初速率與廢水量的添加量成正比例。

因為使用醋酸的甲烷生成菌在整個雜菌裡對毒性往往最敏感,利用這一特點可以加入過剩的醋酸(建議加入 10,000 mg/L 的醋酸鈣鹽)來測試。可以添加更複雜的基質(如葡萄糖、乙醇、丙酸),或可以加入過量的其他複雜的基質,以檢測雜菌中其他非甲烷生成菌成員的毒性。生質活性可用甲烷生成菌的比活性(specific methanogenic activity, SMA)來判定。這個測試需要測量在 35°C 動力學飽和的狀態下,來自醋酸的甲烷產量。為了避免顆粒或生物膜形成擴散梯度,充分的混合是必要的。SMA 的單位是 g COD/g VSS/d。產生的甲烷以下述轉換公式轉換到 COD 的單位:0.39 L 的甲烷 /d 相當於 2.53g COD/d。[61]

BMP 檢定和 ATA 檢定之間的顯著區別是:ATA 充斥著醋酸(或上述提到的其他簡單基質)以及廢水樣品,而 BMP 則不然。還必須牢記,ATA 檢定的重點是初產氣率,然而在 BMP 檢定則是氣體的生產總量。在三種評估方法中都可觀察到馴化現象,有如生質展現對毒性馴化的能力。在 BMP,如果每單位廢水量的產氣率(修正作為控制組)隨注入瓶內的量增加而減少,這種變化也顯示出廢水中的固有毒性,如圖 7.63 所示。對於厭氧生物檢定和處理可行性的測試的詳細討論,是由 Young 和 Cowan[61] 所提出。

此關係式可用來估計甲烷產量:

$$G = 5.62\ (S_r - 1.42\ \Delta X_v) \tag{7.32}$$

其中, G = 每天產生的甲烷,ft^3/d

S_r = 去除的 BOD,lb/d

ΔX_v = 生成的 VSS,lb/d

或

$$G = 0.351\ (S_r - 1.42\ \Delta X_v) \tag{7.33}$$

7 生物廢水處理程序

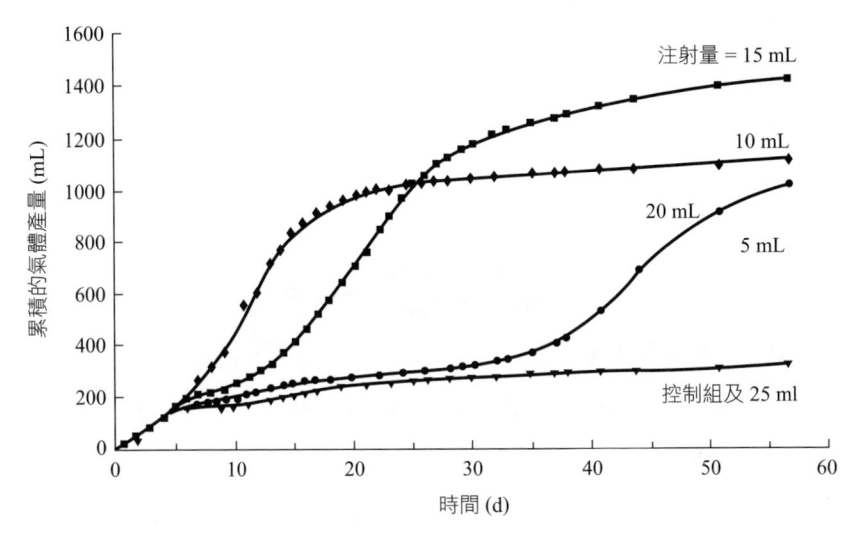

○ **圖 7.63** 受抑制廢水的累積氣體產量

其中，G 的單位為 m^3/d，S_r 與 ΔX_v 的單位是 kg/d。$1\ ft^3$（$0.0283\ m^3$）的甲烷有 $960\ BTU$（$1.01\times10^6\ J$）的淨熱值。

例題 7.13 說明一個設計範例。

例題 7.13 廢水流量為 $100,000\ gal/d$（$379\ m^3/d$），請設計一個厭氧接觸程序以達成 90% 的 COD 去除率。

  總進流水 COD = 10,300 mg/L
  不可去除的 COD = 2200 mg/L
  可去除的 COD（COD_R）= 8100 mg/L
  將被去除的 COD = 90%

程序參數：

  SRT = 至少 20 天
  溫度 = 35°C
  $a = 0.136\ mg\ VSS/mg\ COD_R$
  $b = 0.021\ mg\ VSS/(mg\ VSS \cdot d)$
  $k = 3.24\ 1/(mg \cdot d)$
  $X_v = 5000\ mg/L$

解答：

消化槽容積

從動力學的關係式：

$$t = \frac{S_o S_r}{X_v k S}$$

$$= \frac{(8100)(7290)}{(5000)(3.24)(810)} = 4.5 \text{ d}$$

因此，消化槽容積為

(4.5 d)(0.1 million gal/d) = 0.45 million gal　　(1700 m³)

檢查 SRT（污泥齡）：

$$\text{SRT} = \frac{X_v t}{\Delta X_v} = \frac{X_v t}{aS_r - bX_v t}$$

$$= \frac{(5000)(4.5)}{(0.136)(7290) - (0.021)(5000)(4.5)} = 43.4 \text{ d}$$

這超過推薦的 20 天 SRT，是為了確保甲烷生成者的生長。

在消化槽和澄清池之間應提供一個真空除氣器或瞬間曝氣機，以將污泥內的氣體趕出來。瞬間曝氣機抑制澄清池裡進一步的甲烷生成，造成污泥浮起。

污泥產量

程序的污泥產量是

$$\Delta X_v = aS_r - bX_v t$$

$$= (0.136)(7290) - (0.021)(5000)(4.5) = 519 \text{ mg/L}$$

$$\Delta X_v = 519 \text{ mg/L} \times 0.1 \text{ million gal/d} \times 8.34 \frac{\text{lb/million gal}}{\text{mg/L}}$$

= 433 lb/d　　(196 kg/d)

氣體產量

$$G = 5.62(S_r - 1.42 \Delta X_v)$$

$$= 5.62[(7290)(0.1)(8.34) - (1.42)(433)]$$

/$$= 30,700 \text{ ft}^3 \text{ CH}_4/\text{d } (869 \text{ m}^3/\text{d})$$

熱需求

這些可以透過計算為了提高進流廢水溫度到 95°F（35°C），並允許每天停留時間可有 1°F（0.56°C）的熱損失所需的能源來估計。

$$\text{平均廢水溫度} = 75°F \text{ } (23.9°C)$$

$$\text{傳熱效率} = 50\%$$

$$\text{Btu} = \frac{W(T_i - T_e)}{E} \times (\text{比熱})$$

$$\text{Btu}_{\text{required}} = \frac{(0.1 \text{ million gal/d})(8.34 \text{ lb/gal})(95° + 4.5° - 75°)}{0.5} \times \left(\frac{1 \text{ Btu}}{\text{lb} \cdot °F}\right)$$

$$= 40,900,000 \text{ Btu/d } (4.3 \times 10^{10} \text{ J/d})$$

從氣體產量所提供的熱值是

$$\text{Btu}_{\text{available}} = (30,700 \text{ ft}^3 \text{ CH}_4/\text{d})(960 \text{ Btu/ft}^3 \text{ CH}_4)$$

$$= 29,500,000 \text{ Btu/d} \quad (3.1 \times 10^{10} \text{ J/d})$$

應提供外部熱源 40,900,000 − 29,500,000=11,400,000 Btu/d（1.2×10^{10} J/d），以維持反應器在 95°F（35°C）。

營養需求

氮的需求是

$$N = 0.12 \Delta X_v = 0.12 \times 433 \text{ lb/d}$$

$$= 52 \text{ lb/d } (23.6 \text{ kg/d})$$

磷的需求是

$$P = 0.025 \Delta X_v = 0.025 \times 433 \text{ lb/d}$$

$$= 11 \text{ lb/d} \quad (5 \text{ kg/d})$$

7.9 問題

7.1. 一個 3 million gal/d（11,350 m³）的廢水有 2100 mg/L 的 BOD 和 400 mg/L 的 VSS 含量。它將在一個停留週期為 1.2 天的好氧塘進行預處理。K 值為 8.0/d。請計算：

(a) 放流水的可溶性 BOD（mg/L）。
(b) 放流水的 VSS（mg/L）。
(c) 氧的需求，以質量 / 天計，如果
  $a = 0.5$
  $a' = 0.55$
  $b = 0.15/d$

7.2. 一個工業設施要用一系列曝氣氧化塘處理它的廢水。最終放流水在夏天月份應該有 20 mg/L 的最大可溶性 BOD_5，在冬天月份則為 30 mg/L。

流量 = 8.5 million gal/d (32,170 m³/d)
$BOD_{5\,inf}$ = 425 mg/L
廢水溫度 = 95°F (35°C)
$K = 6.3\ d^{-1}$ 在 20°C
$\theta = 1.065$
$a = 0.5$
$a' = 0.52$
$b = 0.20\ d^{-1}$
$\alpha = 0.88$
$C_1 = 1.0$ mg/L
$T_a = 30°F$（冬天）
  = 65°F（夏天）

設計氧化塘，優化該系統的面積。設計和指定曝氣系統。提出圖示，顯示池的幾何形狀和曝氣機的位置。

7.3. 根據以下條件，設計兩階段的氧化塘，在 20°C 操作：

流量 = 2 mgd
BOD, S_o = 500 mg/L
$S_{e\,可溶性}$ = 20 mg/L
$K = 10^{-1} d$
$a = 0.6$
$b = 0.1\ d^{-1}$
$a' = 0.55$

假設好氧塘的停留時間為 1 天。

7.4. 一個活性污泥程序的參數如下：

廢水

　　流量 = 150 m³/h (0.95 million gal/d)
　　COD_T = 450 mg/L
　　COD_D = 250 mg/L
　　BOD_5 = 125 mg/L
　　TSS = 42 mg/L
　　放流水 BOD_T = 20 mg/L
　　BOD_S = 10 mg/L
　　COD_D = 30 mg/L

程序

　　$a'COD$ = 0.55
　　$aVSS/COD$ = 0.32
　　$aVSS/BOD$ = 0.55
　　θ_c = 8 d
　　F/M_{BOD} = 0.35
　　K_{BOD} = 5 d⁻¹

假設 42 mg/L 的進流水 TSS 有 80% 是揮發性且不可降解的。假設 X_v 是 3000 mg/L，污泥齡是 8 天。

計算以下：

(a) 廢棄的活性污泥。
(b) 氧的需求。
(c) 營養需求。
(d) 污泥迴流。
(e) 生物選擇器。
(f) 對於通量為 20 lb/(ft²·d)，所需的最終澄清池面積。

7.5. 設計一個批次活性污泥廠來滿足以下條件：

　　Q = 40,500 gal/d (153 m³/d)
　　S_o = 975 mg/L
　　S_e = 10 mg/L
　　廢水排放期間 = 11.0 h

一個實驗室規模的研究，取得了以下操作參數：

　　$(F/M)_{av}$ = 0.2/d
　　a = 0.53
　　b = 0.16/d
　　a' = 0.43

放流水 SS = 50 mg/L（85% 是揮發性的）
平衡的污泥密度 = 0.8 lb 的污泥 /ft³（12.8 kg/ m³）

當反應器被清空與清洗時，污泥將被儲存 30 天。經驗顯示 45 lb 去除的 BOD/(hp · d)（27.4 kg/ (kW · d)）有效。

(a) 計算以下：
　(i) 為了氧化每一天可降解固體的累積，所需活性污泥的體積。
　(ii) 30 天的污泥儲存量。
　(iii) 每日的廢水量。
　(iv) 在 5% 廢棄量，所需的乾舷（液面到槽頂的距離）。
　(v) 總體積和池尺寸。
(b) 計算每天所需的氧量。
(c) 計算放流水的 BOD 總量。
(d) 估計曝氣的動力需求。

7.6. 5 million gal/d（18,930 m³/d）的都市活性污泥廠目前操作在 F/M 0.3 d⁻¹。該處理廠計畫接受 0.5 million gal/d（1890 m³/d）、BOD 為 1200 mg/L 的啤酒廠廢水。請決定需要作出哪些改變，以避免絲狀菌的膨化現象。使用圖 6.51 所示的 F/M 溶氧關係。此都市污水具有 BOD 為 200 mg/L。排放的可溶性 BOD 為 10 mg/L。

7.7. 都市污水處理廠收到水果加工廢水，其混合 BOD 為 600 mg/L。回流污泥濃度為 8000 mg/L SS。在一個膠羽負荷為 150 mg BOD/g VSS，接觸盤需要多少的迴流率？

7.8. 對一個流量為 1.0 million gal/d（3785 m³/d）、MLSS 為 3000 mg/L、SVI 為 150 mL/g，及 R/Q 為 0.5 的廢水，計算所需的澄清池面積。如果 SVI 增加至 250 mL/g，但迴流率保持不變，最大的 MLSS 為何？

7.9. 一個處理啤酒廠廢水的滴濾池在下列情況下，目前可達到 52% 的 BOD 去除率：

N = 3:1
Q = 3 gal/(min · ft²) [0.122 m³/(m² · min)]
d = 20 ft (6.1 m)
S_o = 850 mg/L
流量 = 0.8 million gal/d (3030 m³/d)
n = 0.5

廠內的改變將流量減少到 0.5 million gal/d，BOD 到 700 mg/L。對於同一個循環，新的 BOD 去除效率為何？

7.10. 以旋轉生物接觸盤（RBC）處理漂白紙漿廠的放流水，得到以下數據。測試裝置有四個階段。

平均流量 [gal/(d·ft²)]	進流水 (mg/L)	階段 (mg/L)			
		1	2	3	4
2.0	76	26	10	7	6
4.0	72	41	24	16	12
6.0	81	42	25	15	10
8.0	78	52	38	25	18
10.0	83	60	47	36	30

假設進流水 BOD 為 85 mg/L，使用這些數據來設計一個 BOD 去除率為 80% 的系統。

7.11. 考慮例題 7.9。目前一個空氣活性污泥廠遵循厭氧程序。此活性污泥廠在下列條件下操作，產生一個 COD 為 30 mg/L（可降解）的放流水：

$T = 20°C$
$F/M = 0.3\ d^{-1}$
$X_v = 2500\ mg/L$

厭氧處理廠的負荷將要增加至 120,000 gal/d（454 m³/d），可去除的 COD 維持不變。

(a) 假設 X_v 仍然相同，計算厭氧處理廠的新放流水。新的氣體產量為何？
(b) 一個好氧廠必須要如何修改才能保持相同的放流水質？假設污泥的沉澱性能與原先相同。計算以下：
  (i) 新的污泥迴流和新的 MLSS。污泥的揮發性物質含量是 74%。
  (ii) 新的 F/M
  (iii) 計算所需新增的動力，假設負荷為 1.5 lb O_2/(hp·h)（0.91 kg/(kW·h)）。

程序參數是：
  $a = 0.5$
  $a' = 0.6$
  $b = 0.15$ 在 20°C

參考文獻

1. Gloyna, E. F.: *Waste Stabilization Pond Concepts and Experiences*, Division of Environmental Health, World Health Organization, Geneva, 1965.
2. Oswald, W. J.: *Advances in Water Quality Improvement* (E. F. Gloyna and W. W. Eckenfelder, eds.), vol. 1, University of Texas Press, Austin, Texas, 1968.
3. Gellman, I., and H. F. Berger: *Advances in Water Quality Improvement* (E. F. Gloyna and W. W. Eckenfelder, eds.), vol. 1, University of Texas Press, Austin, Texas, 1968.
4. Hermann, E. R., and E. F. Gloyna: *Sewage Ind. Wastes*, vol. 30, p. 963, 1958.
5. Marais, G. V., and V. A. Shaw: *Trans. S. Afr. Inst. Civ. Engrs.*, vol. 3, p. 205, 1961.
6. Steffen, A. J.: *J. WPCF*, vol. 35, pt. 4, p. 440, 1963.
7. Cooper, R. C.: *Dev. Appl. Microbiol.*, vol. 4, pp. 95–103, 1963.
8. Argaman, Y., and C. Adams: *Proc. 8th International Conf. on Water Pollution Research*, Pergamon Press, Oxford, England, 1976.
9. Eckenfelder, W. W., C. Adams, and S. McGee: *Advances in Water Pollution Research*, vol. 2, Pergamon Press, Oxford, 1972.
10. Parker, D.: Personal communication.
11. Galil, N. et al.: *Proc. 2nd Specialized Conf. on Pretreatment of Industrial Wastewaters*, Athens, Greece, 1996.
12. Boon, A. G. et al.: Report from Water Resources Research Center, Stevenage, U.K., 1983.
13. Murphy, K. L., and P. L. Timpany: *J. San. Eng. Div.*, ASCE, SA 5, October, 1967.
14. Franta, J. R., and P. A. Wilderer: *Water Sci. Tech.*, vol. 35, no. 1, p. 67, 1997.
15. Goronszy, M.: *J. WPCF*, vol. 41, pt. 2, p. 274, 1979.
16. Cuthbert, D. C., and D. C. Pollock: *Wat. Env. Assoc. of Texas*, May 1995.
17. Randall, C. W.: *Water and Env. Management*, vol. 12, no. 5, p. 375, 1998.
18. Johnson, T. L., J. P. McQuarrie, and A. R. Shaw: Integrated Fixed-Film Activated Sludge (IFAS): The New Choice for Nitrogen Removal Upgrades in the United States, *Proc. WEFTEC*, 2004.
19. Masterston, T., J. Federico, G. Hedman, and S. Duerr: *Upgrading for Total Nitrogen Removal with a Porous Media IFAS System*, BETA Group, Inc., Lincoln, Rhode Island.
20. Daigger, G. T., and R. E. Roper: *J. WPCF*, vol. 57, p. 859, 1985.
21. Wahlberg, E. J. et al: *Proc. Wat. Env. Fed. 68th Ann. Conf.*, vol. 1, p. 435, 1995.
22. Parker, D. S. et al.: *Wat. Sci. Tech.* vol. 25, no. 6, p. 301, 1992.

23. Paduska, R. A.: *Proc 24th Industrial Waste Conf.*, Purdue University, Lafayette, Ind., 1979.
24. Albertson, O. E.: *WPCF Operations Forum*, p. 15, 1989.
25. Albertson, O. E., and Eckenfelder, W. W.: *Proc. 2nd International Conf. on Fixed Film Biological Processes*, Washington, D.C., 1984.
26. Howland, W. E.: *Proc. 12th Ind. Waste Conf.*, Purdue University, vol. 94, p. 435, 1958.
27. Eckenfelder, W. W., and E. L. Barnhart: *J. WPCF*, vol. 35, p. 535, 1963.
28. Eckenfelder, W. W.: *Proc. ASCE SA*, vol. 4, pt. 2, pp. 33, 860, July 1961.
29. Department of Scientific and Industrial Research: "Water Pollution Research, 1956" (British), Her Majesty's Stationery Office, London, 1957.
30. Jiumm, M. H. et al.: *Proc. 1st International Conf. on Fixed Film Biological Processes*, Kings Island, Ohio, 1982.
31. Macarie, H.: *Overview on the Application of "Anaerobic Digestion to Chemical and Petrochemical Wastewaters," Waste Minimization and End of Pipe Treatment in Chemical and Petrochemical Industries*, Water Science & Technology, Oxford, UK: Elsevier Science Ltd., vol. 42, No. 5-6, 2000.
32. Steffen, A. J., and M. Bedker: *Proc. 16th Ind. Waste Conf.*, Purdue University, 1961.
33. Schropfer, G. J. et al.: *Sewage Ind. Wastes*, vol. 27, p. 460, 1955.
34. Speece, R. F.: *Anaerobic Biotechnology for Industrial Wastewaters*, Archae Press, Nashville, Tenn., 1996.
35. Jennett, J. C., and N. D. Dennis: *J. WPCF*, vol. 47, p. 104, 1975.
36. Sachs, E. F. et al.: *Proc. 33rd Ind. Waste Conf.*, Purdue University, 1978.
37. Obayashi, A. W., and M. Roshanravan: Unpublished report, Illinois Institute of Technology, Chicago, 1980.
38. Colleran, E. S. et al.: *Proc. 7th International Symposium on Anaerobic Digestion*, South Africa, p. 160, 1994.
39. Palns, S. S. et al.: *Water SA IT*, pp. 47–56, pp. 1991.
40. Guiot, S. et al: *Wat. Sci. Tech.*, vol. 25, p. 1, 1992.
41. Jewell, W. J. et al.: *J. WPCF*, vol. 53, p. 482, 1981.
42. Constable, S. W. C., and R. Kras: Selection, Start-up and Operation of an Anaerobic Pretreatment System for Wastewater from a Thermoplastic Production Facility. In: *Proc. 71st Annual Water Environment Federation Conf.*, Orlando, Florida, 1998.
43. Young, J. C., and P. L. McCarty: *Technical Report 87*, Department of Civil Engineering, Stanford University, 1968.
44. Witt, E. R. et al.: *Proc. 34th Ind. Waste Conf.*, Purdue University, 1979.

45. Dewalle, F. B., and E. S. K. Chian: *Biotech. Bioengineering,* vol. 18, p. 1275, 1976.
46. Donovan, G.: Personal communication.
47. Lettinga, G., and W. de Zeeuw: *Proc. 35th Ind. Waste Conf.,* Purdue University, 1980.
48. Pette, K. C. et al.: *CSM Suiker,* Amsterdam, Netherlands, 1986.
49. McCarty, P. L.: *Progress in Wat. Tech.,* vol. 7, p. 157, 1975.
50. Zehnder, A. J. et al.: *Anaerobic Digestion,* Elsevier, Amsterdam, 1982.
51. Lawrence, A. W., and McCarty, P. L.: *J. WPCF,* vol. 41, pp. R1–R17, 1969.
52. McCarty, P. L., and C. A. Vath: *Int. J. Air Water Pollution,* vol. 6, p. 65, 1962,
53. Chmielowski, J. et al.: *Zesz. Nauk,* Politech Slaska Inz. (Polish), vol. 8, p. 97, 1965.
54. Shelton, D. R., and J. M. Tiedjc: *Applied and Env. Microbiol.,* vol. 47, pp. 850–857, 1984.
55. Kuo, W. C. et al.: *Water Env. Research,* 1995.
56. Vath, C. A.: *Soap and Chem. Specif.,* March 1964.
57. Shelton, T. B., and J. B. Hunter: *J. WPCF,* vol. 47, pt. 9, p. 2257, 1975.
58. Obayashi, A. W., and J. M. Gorgan: *Management of Industrial Pollutants by Anaerobic Processes,* Lewis Publishers, Chelsea, Mich., 1985.
59. McCarty, P. L. et al.: *J. WPCF,* vol. 35, pt. 1, p. 501, 1963.
60. Kugelman, I. J., and P. L. McCarty: *Proc. 19 Ind. Waste Conf.,* Purdue University, 1964.
61. Young, J. C., and P. M. Cowan: *Respirometry for Environmental Science and Engineering,* S. J. Enterprises, Springdale, Arkansas, July 2004.
62. Han, K., and O. Levenspiel: "Extended MondKinetics for Substrate, Product and Cell Inhibition," *Biotechnol. Bioeng.,* 32, pp. 430-437, 1998.
63. Young, J.: "'*Anaerobic Treatment of Industrial Wastewaters,*' presented at Biotechnology in Waste Management for Sustainable Development," Chiang Mai, Thailand, August 2002.
64. Owen, W. R. et al.: *Water Res.,* vol. 13, p. 485, 1979.

8

吸 附

8.1 簡介

　　許多工業廢棄物內含頑強的有機物,像是 ABS 和某些異環有機物,用傳統的生物處理程序很難或無法將之去除。這些物質通常可以利用活性固體表面來吸附進而去除,其中活性碳就是最常使用的吸附劑(adsorbent)。

　　即使可使用其他吸附劑,活性碳可以去除大範圍的吸附質(adsorbate),包括許多合成有機化學品及諸如重金屬等的無機物。若需要特別要求 BAT 放流水水質或毒性去除時,可考慮此程序。本章呈現基本吸附觀念、實驗室評估技術、再生要求及系統設計,亦討論增進活性污泥效能的粉狀活性碳。

8.2 吸附理論

　　與溶液接觸的固體表面,因為其表面力不平衡,通常會累積溶質分子形成一個表面層。化學吸附是吸附質於表面,利用表面分子殘餘原子價形式形成單分子層。物理吸附則是分子凝結於活性固體毛細管中而形成。一般來說，高分子量物質比較容易被吸附。內部濃度快速形成平衡後，會緩慢擴散進入碳粒子。溶質分子於碳粒子的毛細孔中之擴散速率會影響吸附速率；此速率和粒子直徑平方成反比，會隨著溶質濃度與溫度增加而增加，而隨著溶質分子量增加而減少。Morris 和 Weber [1] 發現，吸附速率會隨著吸附劑吸附時間的平方根改變（圖 8.1）。

碳對於溶質的吸附能力與碳及溶質兩者有關。

大部分的廢水都極度複雜，其中化合物的吸附力也大相逕庭。分子結構、溶解度等都會影響其吸附力。表 8.1 顯示這些影響。表 8.2 顯示碳上有機物的相對吸附力。

吸附的公式

透過 Freundlich 的實證關係及 Langmuir 導出的理論式，吸附會發生的程度和所造成的平衡的對應關係已被建立。在實際應用上，Freundlich 等溫線通常可提供一個可接受的相關性，Freundlich 等溫線表示如式 (8.1)：

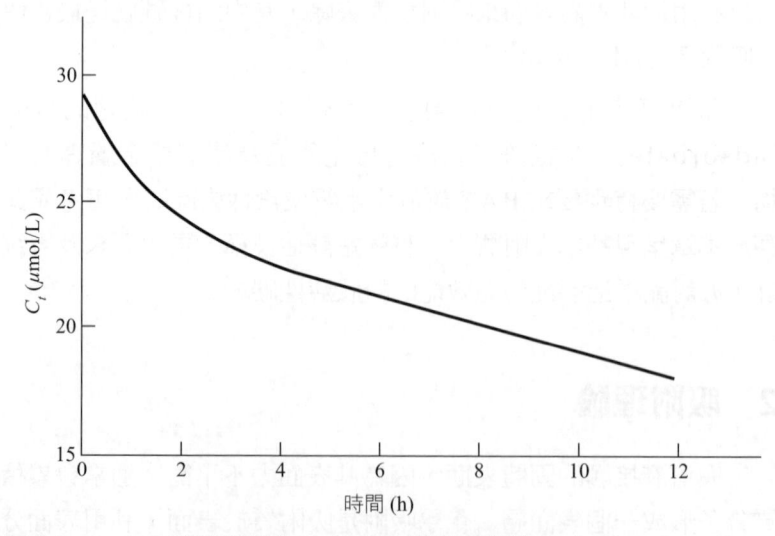

◐ 圖 8.1　2-十二苯硫酸鹽在 Columbia 碳的吸附速率（30℃，75 mg /L，直徑 0.273 mm）（資料來源：Morris and Weber, 1964）

吸附 8

➡ **表 8.1　分子結構與其他因素對吸附力的影響**

1. 液體中的溶質溶解度增加會使其吸附力降低。
2. 支鏈通常較直鏈易於吸附。鏈越長則溶解度越低。
3. 取代的原子團會影響吸附力：

氫氧根	通常會降低吸附力。影響程度視宿主分子結構而定。
胺基	其影響與氫氧根類似，但影響更大。很多氨基酸被吸附的程度非常小。
羧基	影響狀況視宿主分子結構而定。乙醛酸比醋酸更易被吸附，類似情形不會發生在較高的脂肪酸中。
雙鍵	受影響的狀況與羧基一樣。
鹵素	有不同的影響。
磺基	通常會降低吸附力。
硝基	通常會增加吸附力。

4. 一般來說，強離子化溶液比弱離子化溶液更不易被吸附；換句話說，未游離分子一般較優先被吸附。
5. 水力吸附量會依水解形成可吸附酸或鹼之能力而有所不同。
6. 除非受到碳孔隙之篩濾作用的干擾，對於相似的化學物質而言，大分子比小分子易溶。因為形成較多之溶質碳化學鍵，使吸附較困難。
7. 具有低極性之分子比高極性分子易溶。

➡ **表 8.2　活性碳吸附不同有機化合物之情況**

化合物	分子量	水溶解度 (%)	濃度 (mg/L) 最初 C_o	濃度 (mg/L) 最終 C_f	吸附力（g 化合物/g 碳）	減少的百分比
醇類						
甲醇	32.0	∞	1000	964	0.007	3.6
乙醇	46.1	∞	1000	901	0.020	10.0
丙醇	60.1	∞	1000	811	0.038	18.9
丁醇	74.1	7.1	1000	466	0.107	53.4
醛類						
甲醛	30.0	∞	1000	908	0.018	9.2
乙醛	44.1	∞	1000	881	0.022	11.9
丙醛	58.1	22	1000	723	0.057	27.7
丁醛	72.1	7.1	1000	472	0.106	52.8
芳香烴						
苯類	78.1	0.07	416	21	0.080	95.0
甲苯	92.1	0.047	317	66	0.050	79.2
乙苯	106.2	0.02	115	18	0.019	84.3
苯酚	94	6.7	1000	194	0.161	80.6

$$\frac{X}{M} = kC^{1/n} \tag{8.1}$$

其中，X = 被吸附物的重量

M = 吸附劑的重量

C = 溶液中剩餘的濃度

k 和 n 是受溫度、吸附劑與被吸附物所影響之常數。表 8.3 顯示幾個最重要污染物的 Freundlich 常數 [2]。

Langmuir 方程式是基於一個吸附層的單層分子，其中被吸附分子的凝結和蒸發間的平衡：

$$\frac{X}{M} = \frac{abC}{1+aC} \tag{8.2}$$

這可以用線性形式重新表示如下

$$\frac{1}{X/M} = \frac{1}{b} + \frac{1}{ab}\frac{1}{C} \tag{8.2a}$$

其中，b = 表面形成完全單層所吸附的量

a = 隨著分子大小增加而增加的常數

由於大部分廢水含一種以上會被吸附的物質，不能直接套用 Langmuir 方程式。Morris 和 Weber [1] 利用 Langmuir 方程式，發展出當廢水中有兩種物質競爭吸附時可用的關係式：

$$\frac{X_A}{M} = \frac{a_A b_A C_A}{1+a_A C_A + a_B C_B} \tag{8.3a}$$

$$\frac{X_B}{M} = \frac{a_B b_B C_B}{1+a_A C_A + a_B C_B} \tag{8.3b}$$

若廢水中有更多種混合成分時，也可推演出更複雜的關係。要注意的是，雖然各物質在混合物中被吸附的平衡量，要比個別物質被吸附之量來得小，但整體合併吸附的量會比個別物質吸附的量要來得大。在工業應用上，接觸的時間通常會少於 1 小時。若使用高劑量的碳，平衡就可能較為完整，因為吸附速率會隨碳量增加而增加。

➡ 表 8.3　中性 pH 下的 Freundlich 參數一覽表

化合物	K (mg/g)	$1/n$
六氯丁二烯	360	0.63
大茴香腦	300	0.42
乙酸苯汞	270	0.44
對王酚	250	0.37
吖啶黃	230	0.12
二氫氯聯苯	220	0.37
鄰苯二甲酸二丁酯	220	0.45
N- 亞硝基二苯胺	220	0.37
二甲碳酸二苯酯	210	0.33
溴仿	200	0.83
β- 萘酚	100	0.26
吖啶橙	180	0.29
α- 萘酚	180	0.31
α- 萘胺	160	0.34
五氯苯酚	150	0.42
對硝苯胺	140	0.27
1- 氯 -2- 硝基苯	130	0.46
苯噻唑	120	0.27
二苯胺	120	0.31
鳥嘌呤	120	0.40
苯乙烯	120	0.56
二甲基苯二甲酸氫鹽	97	0.41
氯苯	93	0.98
氫醌	90	0.25
對二甲苯	85	0.16
乙醯苯	74	0.44
1,2,3,4- 四氫鈉	74	0.81
腺嘌呤	71	0.38
硝基苯	68	0.43
二溴氯甲烷	63	0.93

8.3 活性碳之性質

活性碳可以由許多物質來製造，包含：木材、煙煤、木質素、褐煤及石油底渣。由中等揮發性煙煤或褐煤所製作的顆粒碳，最廣泛應用於廢水處理上。活性碳的特性依其物質來源和活化形式而有所不同，因此性質標準化有助於對特定情況的特定碳的應用。一般來說，由煙煤製成的顆粒碳孔隙小、表面積大，而且密度也最高。褐煤碳的孔隙則最大、表面積最小，而且密度也最低。碳的吸附容量代表碳可以從廢水中去除 COD、色度、酚等成分的有效程度。目前有幾個試驗可以用來說明碳的吸附容量。酚值為碳去除臭（odor）和味（taste）化合物能力之指標，碘值是用來表示活性碳吸附低分子量物質（微孔隙的有效直徑小於 2 μm）之能力，而糖蜜值則為表示吸附高分子量物質（孔隙介於 1 至 50 μm 間）之能力。一般來說，高碘值用於含大量低分子量之有機物的廢水較有效，而高糖蜜值用於含大量高分子量之有機物的廢水較有效。商業碳之相關性質如表 8.4 所示 [3]。

吸附之實驗室評估

為了評估吸附的可行性及經濟性，實驗室級的吸附研究是必要的。若要評估顆粒碳，首先應將碳磨至可通過 325 網目篩的大小。經研磨之碳的吸附容量不會明顯受影響，但吸附率會增加。另外也應先評估達到平衡時所需的接觸時間。500 mg/L 的碳量和廢棄物混合的時間有所不同，吸附的程序可依不同的時間間隔而定。足夠達到 90% 或更多的吸附平衡的混合時間當可使用於後續的研究。通常一個 2 小時的接觸時間就足以達到超過 90% 的平衡，雖然有些特定情況需要的接觸時間較長。最初的試驗應包括一個 24 小時的接觸時間。若 2 小時後的平衡值大於 24 小時值的 90%，則可使用 2 小時的試驗。

時間間隔選擇後，不同劑量的碳會與廢棄物混合，然後碳會被篩濾移除，在溶液中剩餘的碳濃度會被測量。這些數據會在圖表上和 Freundlich 等溫吸附線比較，以判定其吸附特性，如圖 8.2 所

表 8.4 商業碳之性質

物理性質	NORIT (褐煤)	Calgon Filtrasorb 300 (8×30)(含瀝青的)	Westvaco Nuchar WV-L (8×30)(含瀝青的)	Witco 517 (12×30)(含瀝青的)
表面積・m^2/g(BET)	600-650	950-1050	1000	1050
密度・反沖洗和曬乾・lb/ft^3	0.43	0.48	0.48	0.48
	22	26	26	30
真實密度・g/cm^3	2.0	2.1	2.1	2.1
顆粒密度・g/cm^3	1.4-1.5	1.3-1.4	1.4	0.92
有效尺寸・mm	0.8-0.9	0.8-0.9	0.85-1.05	0.89
共同係數	1.7	1.9 或更小	1.8 或更小	1.44
孔隙量・cm^3/g	0.95	0.85	0.85	0.60
平均粒子直徑・mm	1.6	1.5-1.7	1.5-1.7	1.2
規格說明				
篩尺寸(美國標準系列)				
大於 8 號(最大%)	8	8	8	*
大於 12 號(最大%)	*	*	*	5
小於 30 號(最大%)	5	5	5	5
碘值	650	900	950	1000
磨損值・最小	†	70	70	85
灰・%	†	8	7.5	0.5
群集水分(最大%)	†	2	2	1

* 不適用於這個尺寸的碳。
† 無法從製造者得知可用資料。
註:$lb/ft^3 = 16kg/m^3$
資料來源:U.S. EPA, 1973.

工業廢水污染防治

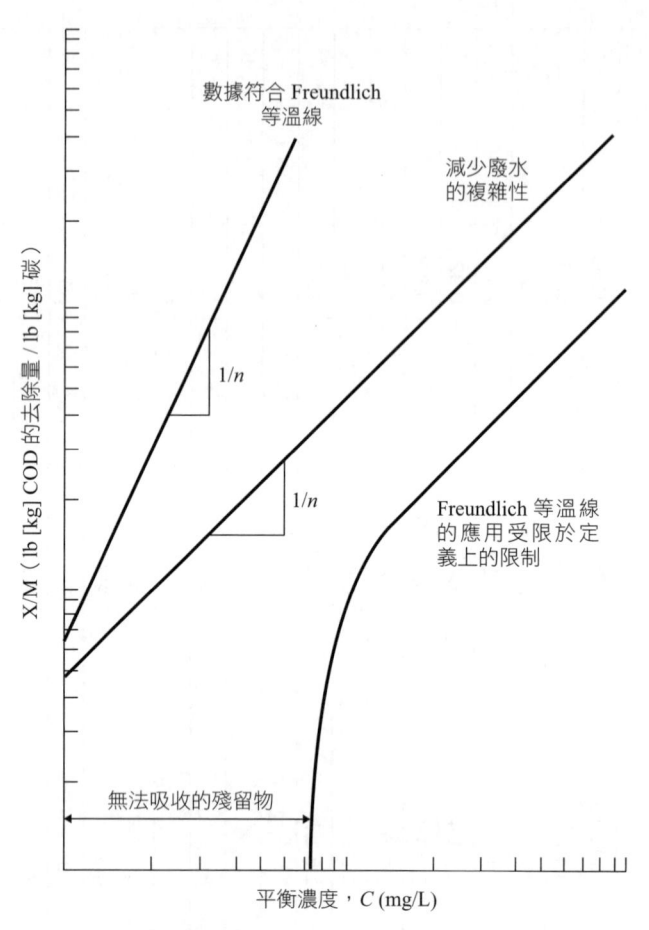

圖 8.2 Freundlich 吸附等溫線

(圖中標示:
- Y軸: X/M (lb [kg] COD 的去除量/lb [kg] 碳)
- X軸: 平衡濃度, C (mg/L)
- 數據符合 Freundlich 等溫線
- 減少廢水的複雜性
- Freundlich 等溫線的應用受限於定義上的限制
- 斜率 $1/n$
- 無法吸收的殘留物)

示。請注意,在大部分的廢水中,一定會有無法吸收的殘留物。若要粗略估計要達到某一處理效果所需的碳用量,可參考此圖。

依廢水特性不同,某些碳會比其他種的碳好用(圖 8.3),因為它們在平衡放流水濃度時的容量較大。以 TOC 為例,碳-2 用於碳管柱處理時較好,因為它在管柱耗盡處的進流水(C_0)中,在平衡時的容量較大,而碳-1 則較適用於批次處理。

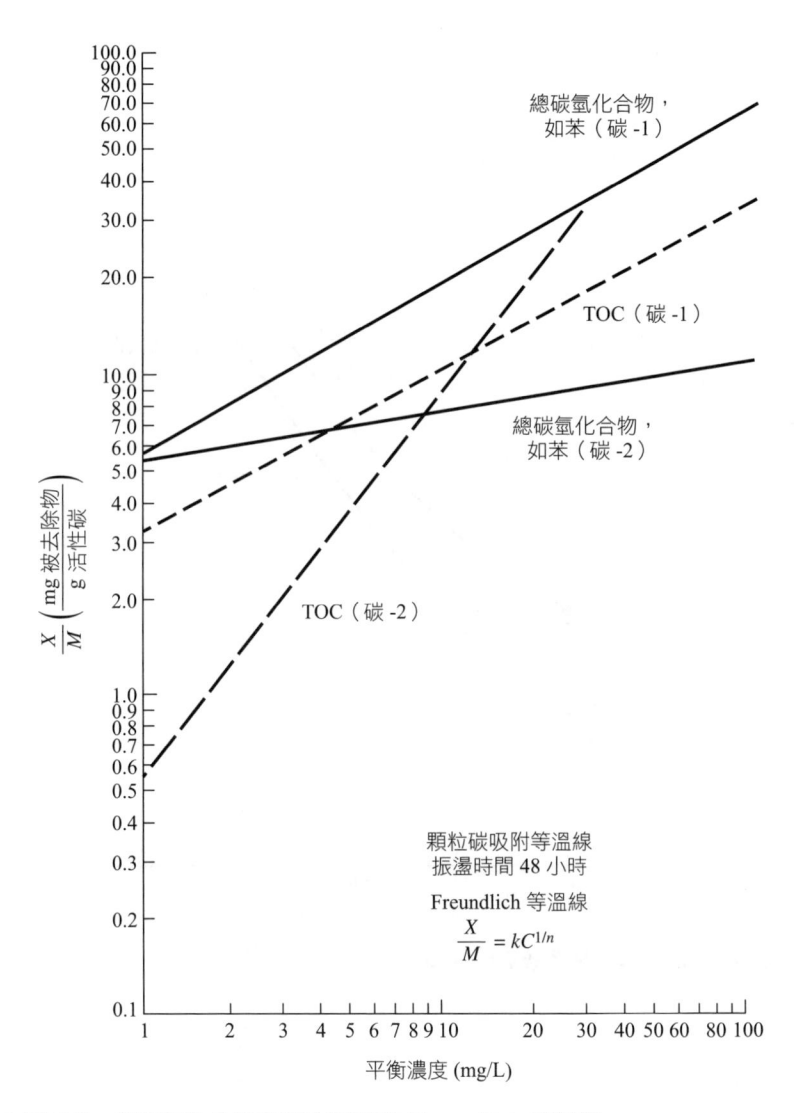

圖 8.3 總碳氫化合物和總有機碳之 Freundlich 等溫線

連續式碳濾床

雖然批次式實驗室級吸附研究能提供關於去除特殊廢棄物的有用資料，但是連續式碳濾床卻是能將此過程用於廢水處理的最佳應用模式，因為：

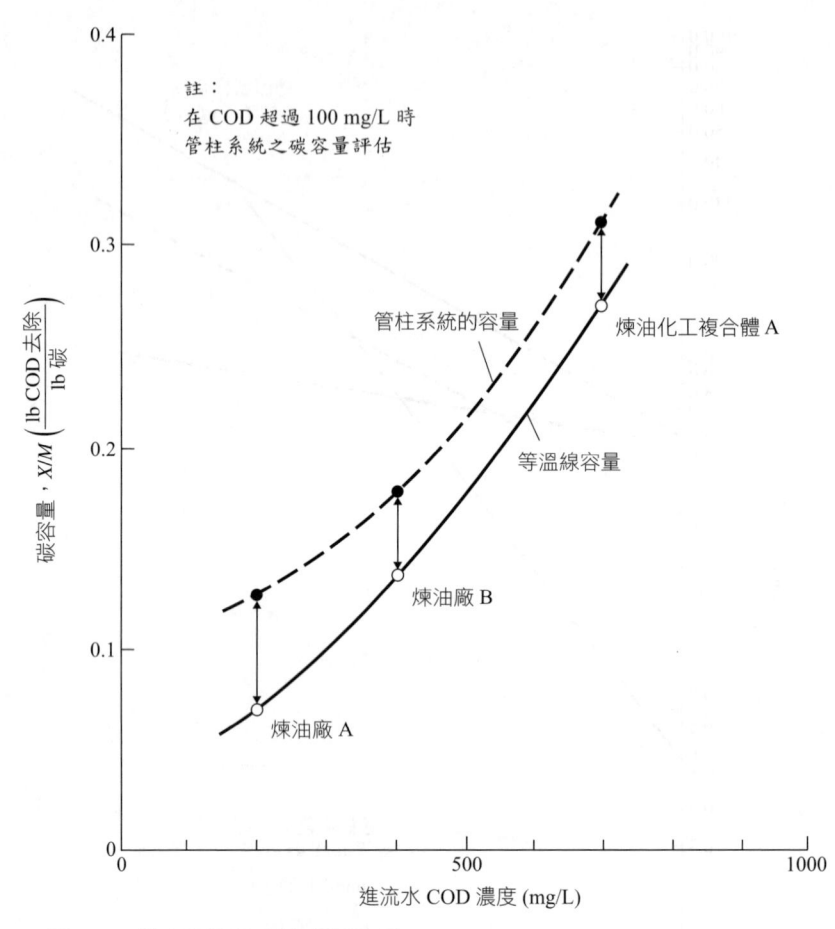

圖 8.4 批次與管柱系統之碳容量

1. 它能達到與進流水濃度平衡時的高容量,而非放流水濃度,如圖 8.4 所示。
2. 如有可降解有機物存在時,生物活性會影響碳容量。

碳濾床可視為一個非穩態的程序,如果增加流經濾床的水量時,吸附劑被去除的量也會增加。圖 8.5 中的系統顯示,當廢水剛接觸最上層時,放流水的濃度快速形成吸附平衡。當水流經過濾床時,平衡就會隨著殘留溶質降低的濃度而改變;最後成為幾乎沒有溶質的放流水。當水不斷在流時,與進流水的濃度達平衡的吸附作用區會向管柱底床下方移動。當此區接近管柱底部,放流水中的溶質濃度會增加。貫穿點（breakpoint）是定義為到達最大放流水濃度的水量。當吸附作用區降到管柱底部時，放流水濃度會增加到和進流水濃度相同。

貫穿點：

1. 隨著空床接觸時間（empty bed contact time, EBCT）的減少而降低。
2. 隨著吸附劑粒子大小的增加而降低。
3. 隨著初始溶質濃度的增加而降低。

研究貫穿曲線的顆粒碳模廠級設備，如圖 8.5 所示。

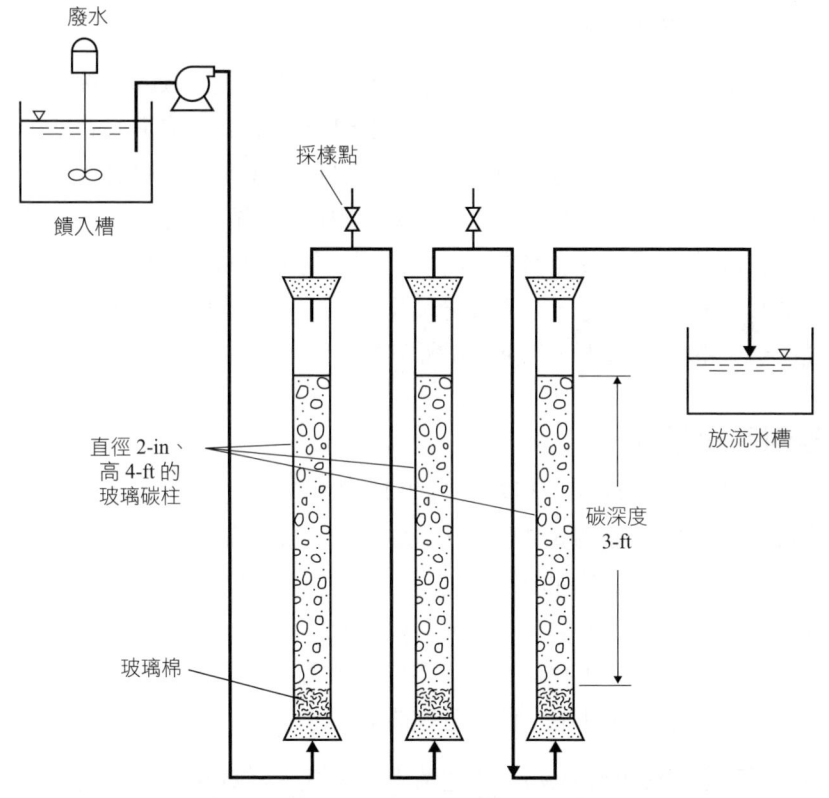

◐ 圖 8.5　顆粒活性碳（GAC）管柱示意圖（實驗室級）

碳再生

　　碳再生通常有其經濟效益。再生過程的目的是要從碳孔隙結構中，將先前吸附之物質移除。而再生的方式可分熱、蒸汽或溶劑萃取；酸或鹼處理；以及化學氧化。除了熱處理以外的方式，只要可行，皆可優先考慮，因為它們都可以就地進行。但是若有多種成分廢水進行吸附時，這些方式就無法達成高效率的碳再生。但酚物質除外，因為它可利用鹼再生轉變成可溶性酚化合物和單一的氯化碳氫化合物（可被蒸汽去除）。不過在大部分廢水中，熱處理碳再生是必要的。熱處理再生（thermal regeneration）的過程包括：烘乾、脫附，以及在極少量之水蒸氣、煙道氣與氧的存在下之高溫熱處理（1200°F 至 1800°F，或 650°C 至 980°C）。可使用多爐床焚化爐或流體化床焚化爐。

　　碳的重量損失之主要原因為磨損和碳氧化。隨著碳的種類及焚化爐作用的不同，碳再生通常會損失 5% 至 10% 的重量。此外，再生後的碳容量也可能會改變，因為其孔隙大小有可能會變（通常會上升，導致碘值降低），以及被殘餘物質附著後，碳孔隙可能減少。在評估運用碳於廢水處理時，也應評估因連續再生循環所造成之碳吸附容量的變化。在大部分情況下，三至六次的碳再生循環可達成最大的容量損失，如圖 8.6 所示 [4]。

吸附系統設計

　　在顆粒碳管柱中，相對於耗盡時的貫穿點之碳容量是廢棄物複雜性的函數，如圖 8.7 所示 [5]。如二氯乙烷的單一有機物會產生一個斜率較高的貫穿曲線，而當貫穿發生時，90% 以上的管柱會耗盡。然而相對地，含有多種成分的石化廢水則呈現一條延長的貫穿曲線，因為吸著與脫附的速率不同，如圖 8.8 所示。依廢水的特性，可以選用下列其中一種碳管柱設計：

1. **下流式（downflow）**：為連續固定床式。當貫穿發生於最後的管柱時，第一支管柱和進流水濃度（C_o）為平衡狀態，以達到最大碳容量。在第一支管柱的碳被取代之後，它就變成整個系

吸 附 8

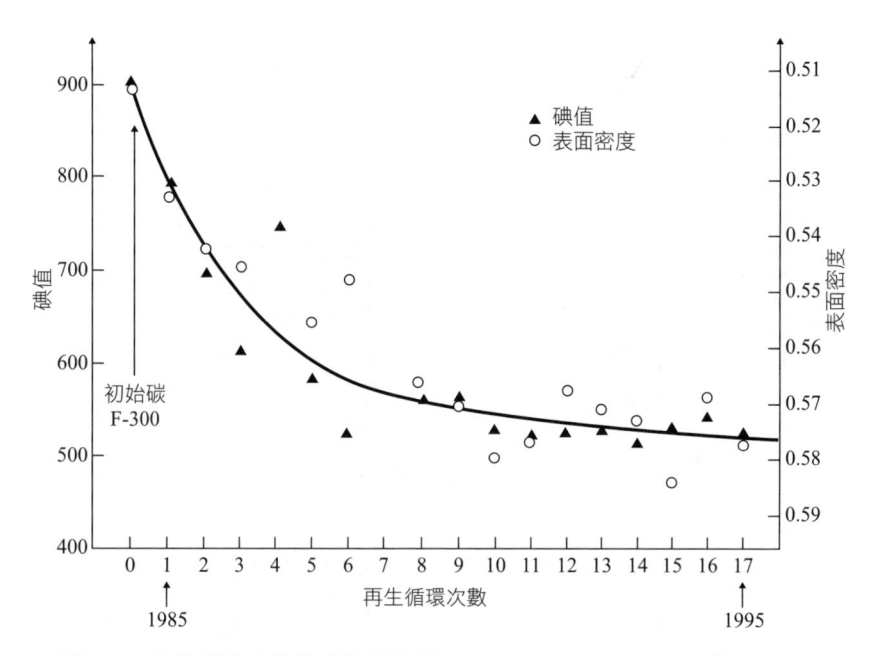

○ 圖 8.6 再生碳能力趨勢（資料來源：Roll and Crocker, 1996）

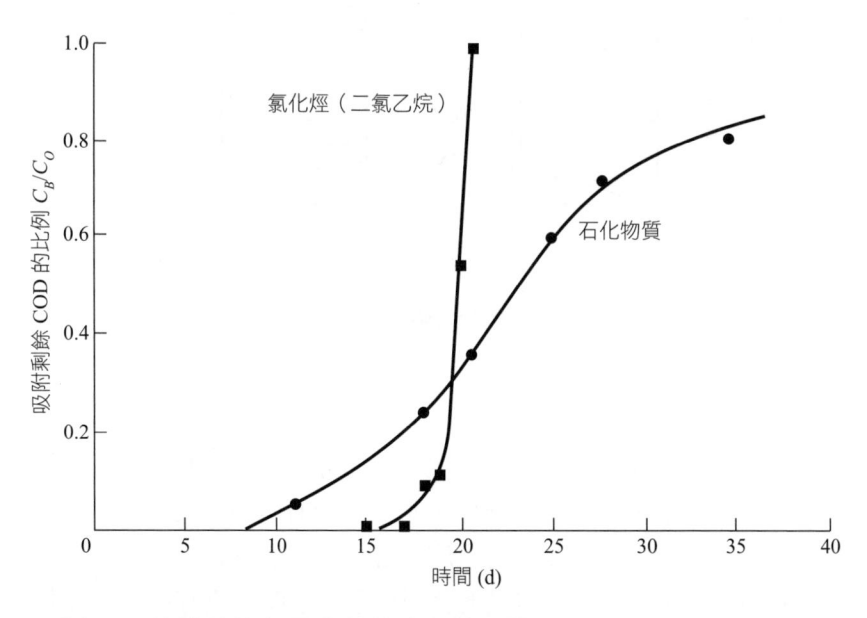

○ 圖 8.7 連續碳管柱貫穿曲線（資料來源：Argamon and Eckenfelder, 1976）

545

(a) 深吸附區

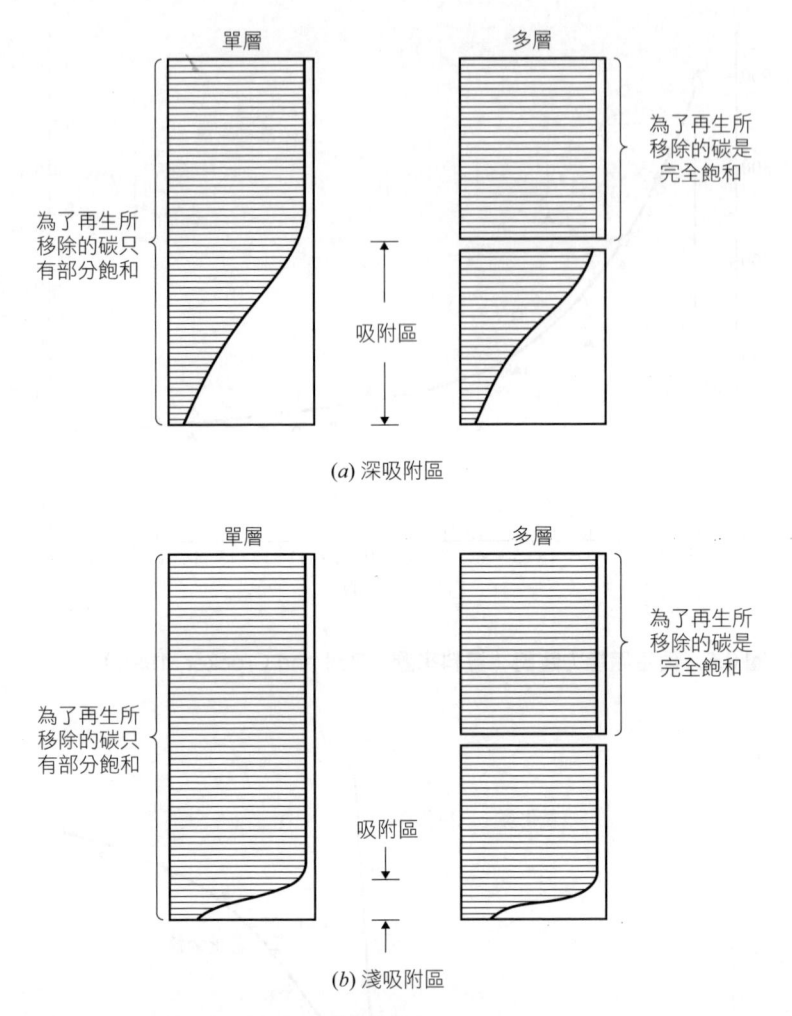

(b) 淺吸附區

◯ **圖 8.8** 單一和多種成分廢水的吸附區

列中的最後管柱（圖 8.9）。

2. **多重單元**（multiple units）：運用放流水之平行操作，達到要求的水質。由來自管柱中準備再生或置換且含有高 COD 的放流水，和其他來自新碳管的放流水混合，以達到預期之水質（圖 8.9）。此種形式之操作最適合用於在耗盡時的貫穿與容量比接近 1.0 的水處理，如前述的二氯乙烷情形。

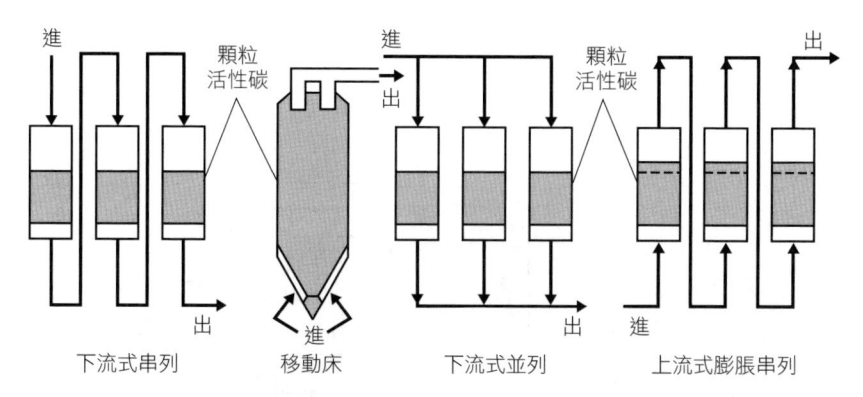

○ 圖 8.9　GAC 管柱設計形式（資料來源：Calgon Carbon Corporation）

3. **上流式（upflow）**：膨脹的碳床用於當進流水含有懸浮固體物時，或是當濾床發生生物作用時（圖 8.9）。
4. **連續式逆流（continuous counterflow）**：使用過的碳會從底部（與進流水物質濃度達成平衡）送到管柱或脈動床來進行再生。由於此設計無法進行反沖洗，進流水的可生物降解的有機物殘餘含量要很低，以避免阻塞。再生碳與補充碳是從反應器的上端注入（圖 8.9）。顆粒碳系統如圖 8.10 所示。
5. **上流 - 下流式（upflow-downflow）**：為逆流式雙床連續系統的概念。兩床利用重力排列的開頂結構（open-top）結構，並於一連續上流式「粗糙」（roughing）反應器及下流式「光滑」（polishing）反應器中操作。發生貫穿時，這兩個管柱會離線，耗盡之上流管柱會再生；而下流管柱還未使用之容量可以藉由逆轉流向運用，當成上流管柱使用，而將原來含有再生碳的上流管柱當成下流光滑單元。

Bohart 和 Adams [6] 根據表面反應率理論，發展出一種關係式，可以運來預測連續碳管柱的效能：

$$\ln\left(\frac{C_o}{C_B} - 1\right) = \ln(e^{KN_o X/v} - 1) - KC_o t \tag{8.4}$$

由於 $e^{KN_o X/v}$ 大於 1 甚多，式 (8.4) 可簡化為

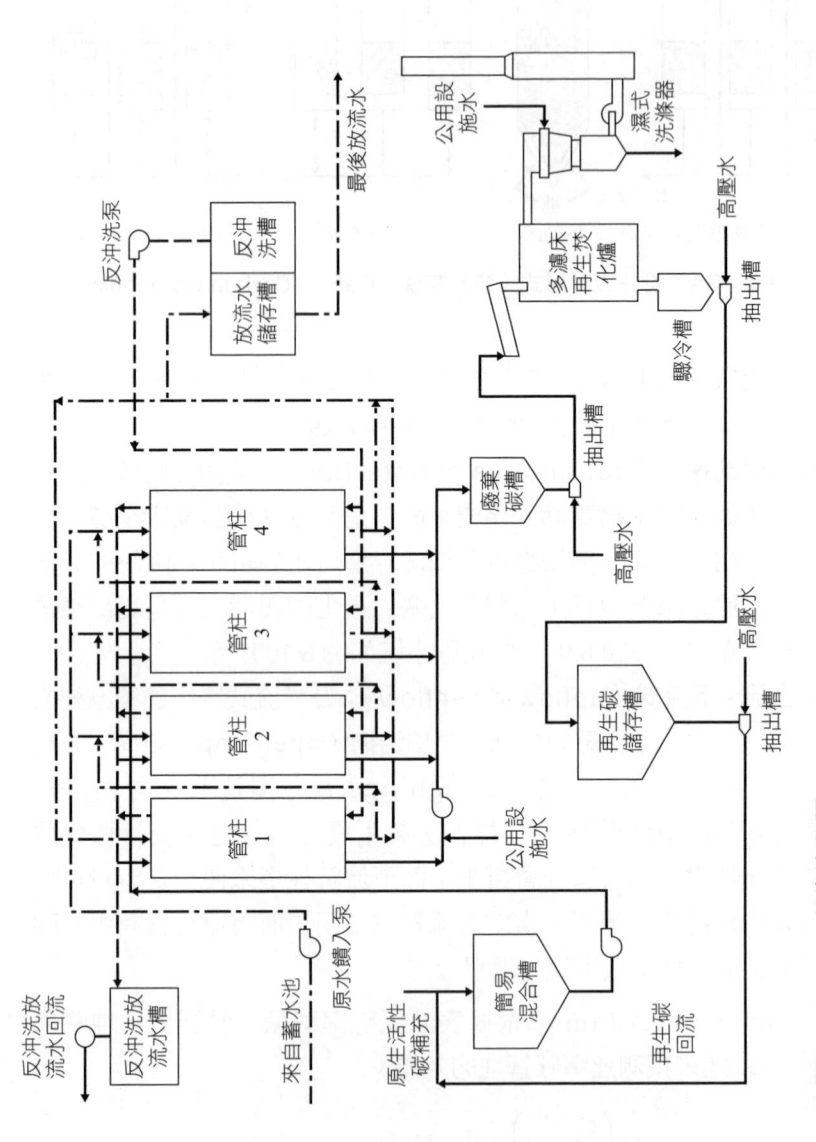

圖 8.10　GAC 程序流程圖

吸附 8

$$t = \frac{N_o}{C_o v}\left[X - \frac{v}{KN_o}\ln\left(\frac{C_o}{C_B}-1\right)\right] = \frac{N_o}{C_o}\left[\text{EBCT} - \frac{1}{KN_o}\ln\left(\frac{C_o}{C_B}-1\right)\right] \tag{8.5}$$

其中，　　t = 操作時間
　　　　　v = 線性水流率
　　　　　X = 床的深度
　　　　　K = 速率常數
　　　　　N_o = 吸附容量
　　　　　C_o = 進流水濃度
　　　　　C_B = 可容許的放流水濃度
　　　EBCT = 空床接觸時間，X/v

理論上，濾床深度剛好可以阻止在時間為零、濃度超過超過 C_B 的滲透，這被定義為臨界深度（critical depth），可從式 (8.5) 求得，當 $t = 0$ 時：

$$X_o = \frac{v}{KN_o}\ln\left(\frac{C_o}{C_B}-1\right) \tag{8.6}$$

臨界 EBCT（EBCT_o）為

$$\text{EBCT}_o = \frac{1}{KN_o}\ln\left(\frac{C_o}{C_B}-1\right) \tag{8.6a}$$

由式 (8.5) 可知，碳吸附容量 N_o 可以從 t 對 X 或 EBCT 線性圖的斜率求得。速率常數 K 則可從此圖的交叉點計算出來：

$$b = -\frac{1}{C_o K}\ln\left(\frac{C_o}{C_B}-1\right) \tag{8.7}$$

Bohart-Adams 方程式可用在去除連續碳管柱中的 ABS [4]，如例題 8.1 所示。

例題 8.1　1 in（2.54 cm）的碳管柱內部含有 10 ppm ABS 溶液 [5]，其相關數據如表 8.5。

(a) 求此碳的 Bohart-Adams 方程式常數；(b) 若每週需處理 100,000 gal（380 m³）的水，要將 ABS 含量從 10 mg/L 處理至 0.5 ppm，求每年所需的碳量。

549

工業廢水污染防治

➡ 表 8.5 從 10 ppm 溶液吸附 ABS 的管柱容量數據（容量至 0.5 ppm 貫穿點）

流率 [gal/(min·ft²)]	濾床深度 (ft)	產量體積 (gal)
2.5	2.5	363
	5.0	1216
	7.5	2148
5.0	2.5	141
	5.0	730
	10.0	2190
10.0	5.0	332
	10.0	1380
	15.0	2760

註：gal/(min·ft²) = 4.07×10^{-2} m³/(min·m²)
　　ft = 0.3048 m
　　gal = 3.785×10^{-3} m³

已知塔深 5 ft（1.5 m），直徑 2 ft（0.6 m），計算活性碳的吸附效率。

解答

(a)
$$t = \frac{N_o}{C_o v}\left[X - \frac{v}{KN_o}\ln\left(\frac{C_o}{C_B} - 1\right)\right]$$

其中，N_o = M ABS/L^3 C
　　　$X = L$
　　　$C_o = M/L^3$
　　　$v = L/T$
　　　$K = L^3/MT$
　　　$t = T$

管柱之面積 A_c（直徑 1 in）= 0.00545 ft²（5.06 cm²）
計算 N_o 和 K

$$C_o = 10 \text{ mg/L} \times 62.4 \times 10^{-6} \text{ lb/ft}^3 = 0.000624 \text{ lb/ft}^3$$

從上述 t 的方程式，N_o 可以由 t 對 X 的圖形斜率來計算（見圖 8.11 和表 8.6）。用以下條件可整理出表 8.6：

$$v(\text{ft/h}) = q[\text{gal}/(\text{min}\cdot\text{ft}^2)] \times 8.02(\text{ft/h})/[\text{gal}/(\text{min}\cdot\text{ft}^2)]$$

$$V(\text{ft}^3) = 產量(\text{gal}) \times 0.134 \text{ (ft}^3/\text{gal})$$

$$t = \frac{V}{vA_c}$$

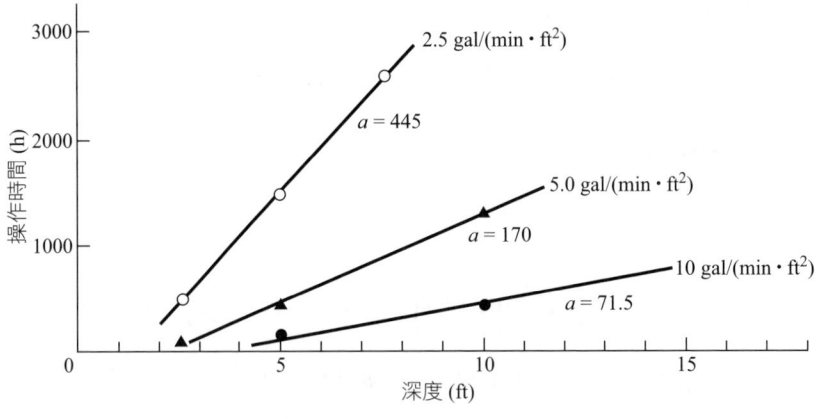

○ **圖 8.11 操作時間與管柱深度的關聯性**

註：gal/(min · ft²) = 4.07 × 10⁻² m³/(min · m²)
　　ft = 0.3048 m

➡ **表 8.6　各種水力負荷率操作時間的決定**

流率		深度 (ft)	處理體積 V (ft³)	t (h)
q [gal/(min · ft²)]	v (ft/h)			
2.5	20	2.5	49	440
		5.0	162	1480
		7.5	268	2620
5.0	40	2.5	19	87
		5.0	98	440
		10.0	290	1340
10	80	5.0	44	102
		10.0	184	420
		15.0	370	835

註：gal/(min · ft²) = 8.02 ft/h = 4.07 × 10⁻² m³/(min · m²)

在 2.5 gal/(min · ft²)：

$$N_o = C_o v_a$$
$$= 0.000624 \times 20 \times 445 = 5.55 \text{ lb/ft}^3 \text{ (89 kg/m}^3\text{)}$$

551

在 5.0 gal/(min·ft²)：

$$N_o = 0.000624 \times 40 \times 170 = 4.24 \text{ lb/ft}^3 \text{ (67.9 kg/m}^3\text{)}$$

在 10 gal/(min·ft²)：

$$N_o = 0.000624 \times 80 \times 71.5 = 3.57 \text{ lb/ft}^3 \text{ (57.2 kg/m}^3\text{)}$$

$$b = -\frac{1}{C_o K} \ln\left(\frac{C_o}{C_B} - 1\right) \quad \text{且} \quad K = -\frac{1}{C_o b} \ln\left(\frac{C_o}{C_B} - 1\right)$$

由圖 8.12 可得到 b 值，且能從表 8.7 提供的值計算出 K。

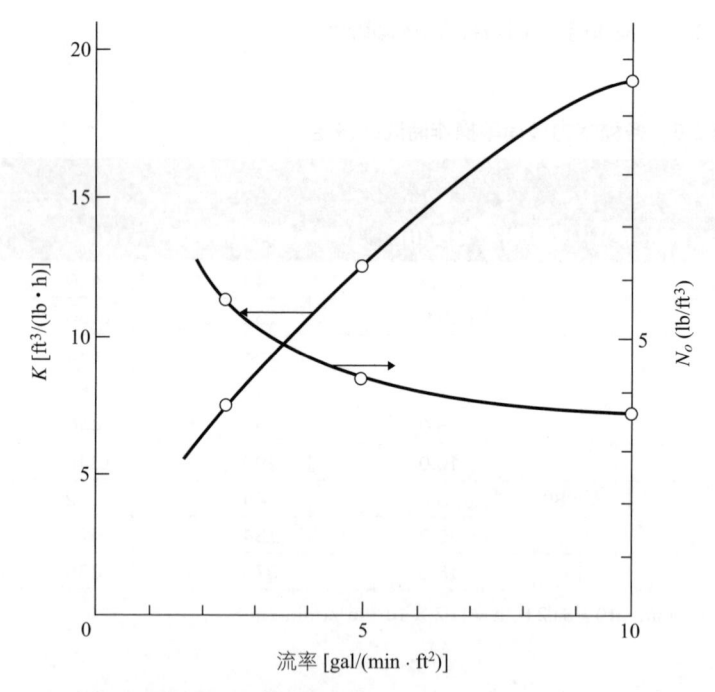

註：ft³/(lb·h) = 6.24 × 10⁻² m³/kg·h
　　gal/(min·ft²) = 4.07 × 10⁻² m³/(min·m²)
　　lb/ft³ = 16.0 kg/m³

◯ 圖 8.12　速率常數 K 作為吸附容量 N_0 函數時的認定

吸附 8

➡ 表 8.7　速率常數 K 作為水力負荷函數時的認定

流率 [gal/(min · ft²)]	b (h)	K [ft³/(lb · h)]
2.5	−630	7.5
5.0	−370	12.7
10.0	−250	18.8

註：ft³/(lb · h) = 6.24 × 10⁻² m³/(kg · h)
　　gal/(min · ft²) = 4.07 × 10⁻² m³/(min · m²)
　　lb/ft³ = 16.0 kg/m³

計算臨界層（式 (8.6)）

$$X_o = \frac{v}{KN_o} \ln\left(\frac{C_o}{C_a} - 1\right)$$

$$X_o = \frac{20}{7.5 \times 5.55} \cdot 2.95 = 1.41 \text{ ft } (0.43 \text{ m}) \quad 當 2.5 \text{ gal/(min} \cdot \text{ft}^2)$$

以此方法

$$X_o = 2.19 \text{ ft } (0.67 \text{ m}) \quad 當 5.0 \text{ gal/(min} \cdot \text{ft}^2)$$

$$X_o = 3.51 \text{ ft } (1.07 \text{ m}) \quad 當 10.0 \text{ gal/(min} \cdot \text{ft}^2)$$

(b) 若塔的直徑為 24 in（0.61 m），深度為 5 ft（1.53 m），塔的截面積為 3.15 ft²（0.29 m²）、塔的體積為 15.75 ft³（0.45 m³），

$$\frac{100{,}000 \text{ gal/week}}{5 \text{ d/week} \times 1440 \text{ min/d}} = 13.9 \text{ gal/min } (0.05 \text{ m}^3/\text{min})$$

或 4.4 gal/(min · ft²)[0.18 m³/(min · m²)]

當 4.4 gal/(min · ft²)，v = 35 ft/h，K = 11.5 ft³/(lb · h)，N_o = 4.2 lb/ft³，

$$t = \frac{N_o}{C_o v}\left[X - \frac{v}{KN_o} \ln\left(\frac{C_o}{C_B} - 1\right)\right]$$

$$= \frac{4.2}{0.000624 \times 35}\left(5 - \frac{35}{11.5 \times 4.2} \cdot 2.95\right)$$

$$= 551 \text{ h}$$

若流率為 834 gal/h，在貫穿前需要被處理的總體積是 (551)(834) = 460,000 gal。因為一年的體積 5.2×10^6 gal，故需要 11 個碳柱。

濾床效率：

$$\text{ABS 被吸附之總量} = 460{,}000 \times 8.34 \times 9.5 = 36.4 \text{ lb}$$

$$\text{總容量} = 4.2 \text{ lb ABS/ft}^3 \text{ C} \times 15.7 \text{ ft}^3 \text{ C} = 66 \text{ lb}$$

$$\% \text{ 效率} = \frac{36.4}{66} \times 100 = 55\%$$

由 X_0 計算效率：

使用式 (8.6)，

$$X_o = \frac{35}{11.5 \times 4.2} \ln\left(\frac{10}{0.5} - 1\right) = 2.13 \text{ ft}$$

$$\% \text{ 效率} = \frac{X - X_o}{X} \times 100 = \frac{5 - 2.13}{5} \times 100 = 57\%$$

Hutchins[7] 簡化了 Bohart-Adams 的方程式，只需要三個管柱測試即可獲得所需之相關數據。這種方法稱為床深運作時間（bed depth service time, BDST）法。Bohart-Adams 方程式可表示如下

$$\begin{aligned} t &= aX + b \\ &= a'\text{EBCT} + b \end{aligned} \quad (8.8)$$

其中，a = 斜率 = $N_o/C_o v$
b = 斜率 = $-1/KC_o[\ln(C_o/C_B - 1)]$
$a' = va$

如果已知某一流率的 a 值，則其餘流率的 a 值可以用原來的 a 值乘以原來的流率和另一流率的比。流率的變化對 b 值影響不大。若使用 EBCT vs. t 圖，則不需要校正流率。校正最初濃度之改變可以由下列公式求得：

$$a_2 = a_1 \frac{Q_1}{Q_2}$$

$$b_2 = b_1 \frac{C_1}{C_2} \frac{\ln(C_2/C_F - 1)}{\ln(C_1/C_B - 1)}$$

其中 C_F 和 C_B 分別為 C_2 和 C_1 的放流水濃度。為了研究與 BDST 的關聯性，數個相同深度的模型管柱串列運作，且各自的貫穿曲線也分別畫出，如圖 8.13 所示。透過記錄在每個 EBCT 要到達某程度移除所需的時間，這些數據再被用來畫出 BDST 的關聯性。由圖 8.13 的相關數據畫出之 BDST 曲線，顯示於圖 8.14 中。

BDST 曲線之斜率相與吸附區速率的倒數相等，而 X 之截距為臨界深度，也就是時間 t 為零時，要達到特定放流水質所需要的最小床深。

若吸附區是任意地定義為碳層通過饋料濃度從 90% 到 10% 的液體濃度變化，則這一區就是在 BDST 圖中兩條線之間的水平距離。

如果要設計一套最大碳利用率的吸附系統，移除的碳應該要近飽和，並與進流水濃度平衡。在多階段管柱系統中，第一批流程的三個管柱都會使用新的碳。當第三個碳管柱產生貫穿時，第一個管柱應該已經耗盡，所以會繼續在後面加入第四個管柱，也是使用新

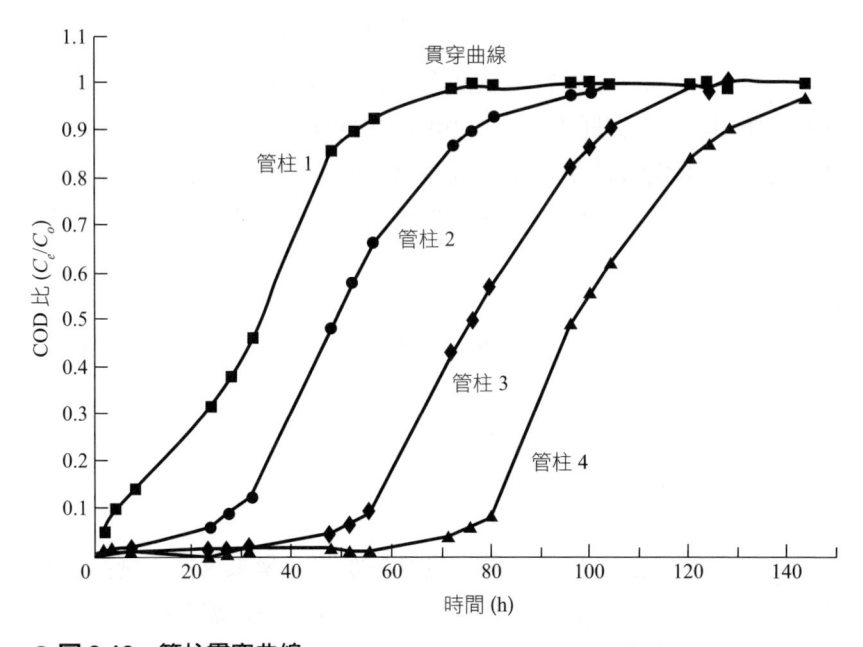

➲ 圖 8.13　管柱貫穿曲線

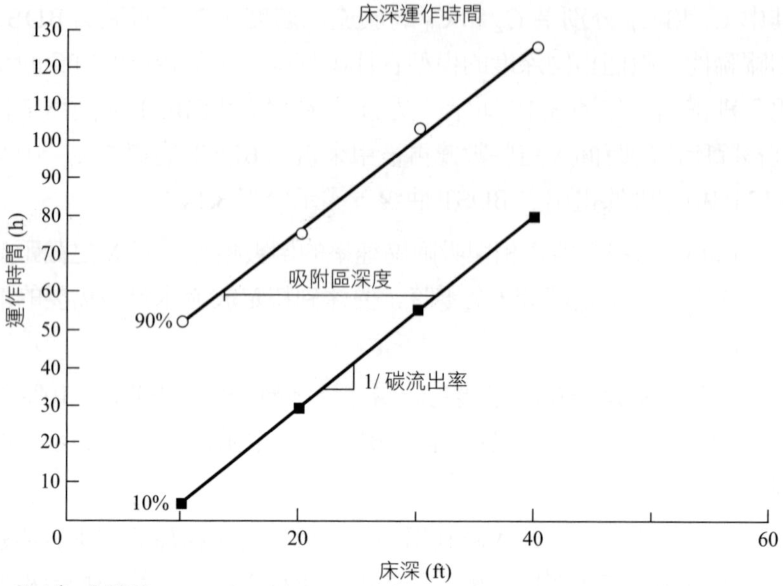

註：ft = 0.3048 m

➲ **圖 8-14　BDST 設計曲線**

碳。每當最後一個管柱貫穿時，就會重複這個程序。

BDST 曲線應該是在第三個管柱貫穿後由貫穿曲線求得。假設 90% 的去除率代表耗盡，介於 90% 及想要的貫穿濃度之間的水平距離就是吸附區的深度。這也是脈動床或流體化床系統的最小深度。在多階段管柱系統中，階段數量及每個階段的床深都和吸附區的深度有關：

$$n = \frac{D}{d} + 1 \tag{8.9}$$

其中，n = 整個系統的階段數

D = 吸附區的深度

d = 每個階段的深度

d 應該是整數，也是 D 的分數，且應依實際考量來選擇。選擇小的 d 值，則設備尺寸較小，且碳的使用量較少，但是需要較大的階段數及更高的設備費用。例題 8.2 說明一個 BDST 之設計。

吸附 8

例題 8.2　石化廢水的流量為 85,000 gal/d（322 m³/d），需要被處理至濃度為 50 mg/L 的放流水。4 支管柱的模廠所使用的碳密度為 30 lb/ft³（481 kg/m³）。已知管柱長 10 ft（3 m），水力負荷率 5 gal/(min·ft²)（0.20 m³/(min·m²)），並使用串列運作：來自管柱 1 的放流水先通過管柱 2 的頂端，再繼續流至管柱 3 和 4。

請計算吸附區的深度、所需管柱數量、管柱耗竭的時間、管柱直徑、每日碳用量和碳吸附負荷。

解答　使用床放流水濃度與系統進流水濃度（630 mg/L）之比，畫出連續貫穿曲線（圖 8.13）。

4 支管柱的貫穿曲線是對稱的。吸附區為當饋料濃度從 10% 至 90% 時所經過的碳層。畫出的貫穿時間即為運作時間，是總碳床深度的函數（圖 8.11）。

在此例中，所畫出的曲線幾乎平行，吸附區之深度為 18 和 19 ft 之間。總床深為吸附區加上一個備用管柱：

$$\text{管柱數} = \frac{19}{10} + 1 = 2.9 \text{（四捨五入至 3）}$$

床深運作時間（如圖 8.14）數據和 Bohart-Adams 方程式吻合：

$$t = \frac{N_o}{C_o v}(X) - \frac{1}{C_o K} \ln\left(\frac{C_o}{C_e} - 1\right)$$

在 10% 時，

$$t(\text{h}) = 2.57(X) - 21.5$$

在 90% 時，

$$t(\text{h}) = 2.50(X) + 27.0$$

$$\text{吸附速率} = \frac{1}{\text{斜率}} = \frac{1}{2.57 \text{ h/ft}}$$

$$= 0.39 \text{ ft/h 或 } 9.34 \text{ ft/d} \quad (2.85 \text{ m/d})$$

其他的設計及操作項目可以由上述算式求得：

$$\text{管柱耗竭時間} = \frac{10 \text{ ft}}{9.34 \text{ ft/d}} \times 24 \text{ h/d} = 26 \text{ h}$$

$$\text{需要之面積} = \frac{Q}{A} = \frac{85{,}000 \text{ gal/d}}{5 \text{ gal/(min} \cdot \text{ft}^2)} \times \frac{\text{d}}{1440 \text{ min}} = 11.8 \text{ ft}^2 \ (1.1 \text{ m}^2)$$

$$\text{直徑} = 3.88 \text{ ft} \ (1.2 \text{ m})$$

$$\text{碳使用量} = 11.8 \text{ ft}^2 \times 9.34 \text{ ft/d} \times 39 \text{ lb/ft}^3 = 3300 \text{ lb/d} \ (1500 \text{ kg/d})$$

$$\text{碳吸附負荷} = \frac{(630-50) \text{ mg/L} \times Q}{\text{碳使用量}}$$

$$= \frac{580 \text{ mg/L} \times 85{,}000 \text{ gal/d}}{3300 \text{ lb/d}} \times \frac{8.34 \text{ lb/gal}}{10^6 \text{ mg/L}}$$

$$= 0.125 \text{ lb COD/lb 碳}$$

GAC 小型管柱測試

控制 GAC 管柱貫穿的兩個主要因素是吸附容量及吸附動力。如前述,在吸附的容量及速率方面,模廠級管柱採用與實廠級管柱貫穿行為相同的可靠預測指標。然而,此方法需要耗時且昂貴的研究。從小型管柱快速設計 GAC 的方法已被開發,可降低研究時間及成本。使用小型管柱方法的例子是短固定床、迷你管柱、高壓迷你管柱、動態迷你管柱吸附技術、加速管柱試驗、小型管柱,以及快速小型管柱試驗(rapid small-scale column test, RSSCT)。不需要複雜模式的 RSSCT 之利用,敘述如下。

Frick[8] 所開發、Crittenden 與其同事[9,10] 所改良的 RSSCT 方法,是模廠或實廠級 GAC 管柱的縮小版。如果 RSSCT 和 GAC 管柱使用相同容積密度和容量的碳,對顆粒尺寸、管柱長度或空床接觸時間(EBCT)及操作時間之間關係的因次分析之使用,皆維持一定相似性。這些關係整理如式 (8.10) 和式 (8.11)。

$$\frac{\text{EBCT}_S}{\text{EBCT}_L} = \frac{t_S}{t_L} \tag{8.10}$$

其中,EBCT_S = 小型顆粒管柱的 EBCT

EBCT_L = 大型顆粒管柱的 EBCT

t_s = 小型顆粒管柱的操作時間
t_L = 大型顆粒管柱的操作時間

RSSCT 和實廠級 GAC 管柱相同的雷諾數（Re）確保質量傳輸區長度對管柱長度比相等的水力相似性。雷諾數的相等性如下列方程式所示：

$$\text{Re}_S = \frac{d_S}{\nu} \frac{v_S}{\varepsilon_S} = \frac{d_L}{\nu} \frac{v_L}{\varepsilon_L} \tag{8.11}$$

此由例題 8.3 說明。

例題 8.3 使用下列來自小型管柱研究的資訊，設計一座 100 gal/min（379 L/min）的實廠級 GAC 管柱。

d_s = 0.06 cm（> 0.0077 cm）
ε_s = 0.40（0.36 至 0.48）
ρ_b = 0.42 g/mL（0.32 至 0.42 g/mL）
ID_S = 1.5 cm（ID_S/d_S > 25–50）
L_S = 5 cm
Re_S = 1
t_{bS} = 2 d（到貫穿的時間或 $C = C_{to}$）
t_{eS} = 3.5 d（到耗竭的時間或 $C = 0.95\ C_o$）
C_o = 進流水濃度
C_{to} = 處理目標
C = 放流水濃度
T_w = 20°C

解答

1. 小型管柱
   a. 因次：
      表面積
      $$A_S = \frac{\pi ID^2}{4} = \frac{\pi(1.5)^2}{4} = 1.77\ \text{cm}^2$$

      碳床體積
      $$V_{bS} = A_S \cdot L_S = 1.77 \times 5 = 8.84\ \text{cm}^3$$

b. 管柱中碳的質量

$$M_{cS} = V_{bS} \cdot \rho b = 8.84 \times 0.42 = 3.71 \text{ g C}$$

c. 水力負荷率（流達速度）使用 $Re_s = 1$

$$V_S = \frac{Re_s \varepsilon}{d_S} = \frac{1 \times 0.602 \text{ cm}^2/\text{min} \times 0.4}{0.06 \text{ cm}} = 4.01 \frac{\text{cm}}{\text{min}} \quad \left(\frac{0.98 \text{ gal/min}}{\text{ft}^2}\right)$$

d. 流量

$$Q_S = V_S A_S = 4.01 \times 1.77 = 7.10 \text{ cm}^3/\text{min}$$

e. $\text{EBCT}_S = \dfrac{V_{bS}}{Q_S} = \dfrac{8.84}{7.10} = 1.25 \text{ min}$

f. 質量傳輸區長度

$$\text{MTZ}_S = L_S \left[\frac{t_{eS} - t_{bS}}{t_{eS}}\right] = 5 \left[\frac{3.5 - 2}{3.5}\right] = 2.1 \text{ cm } (42\% \text{ 的 } L_S)$$

2. GAC 吸附劑

　　a. 選擇 GAC

　　　$d_L = 0.1 \text{ cm}$

　　　$\varepsilon_L = 0.4$

　　　$\rho_b = 0.42 \text{ g/cm}^3 = 420 \text{ kg/m}^3$

　　b. EBCT_L 為 15 分鐘及 $\text{HLR}_L = 4 \text{ gal/(min} \cdot \text{ft}^2) = 16.3 \text{ cm/min} = V_L$ 的因次

$$V_{bL} = Q_L \times \text{EBCT}_L = 100 \times 15 = 1500 \text{ gal} = 5.68 \text{ m}^3$$

$$A_L = \frac{Q_L}{\text{HLR}} = \frac{100}{4} = 25 \text{ ft}^2 = 2.33 \text{ m}^2$$

$$\text{ID}_L = \left(\frac{4A_L}{\pi}\right)^{0.5} = \left(\frac{4 \times 2.33 \text{ m}^2}{\pi}\right)^{0.5} = 1.72 \text{ m} \quad (5.65 \text{ ft})$$

$$L_L = \frac{V_{bL}}{A_L} = \frac{5.68}{2.33} = 2.44 \text{ m} \quad (8.0 \text{ ft})$$

　　c. 貫穿時間

$$t_{bL} = t_{bS} \frac{\text{EBCT}_L}{\text{EBCT}_S} = 2 \times \frac{15}{1.25} = 24 \text{ d}$$

d. 管柱內碳之質量

$$M_{cL} = V_{bL} \times \rho_b = 5.68 \text{ m}^3 \times \frac{420 \text{ kg}}{\text{m}^3} = 2390 \text{ kg} \quad (5260 \text{ lb})$$

e. 處理廢水至貫穿所估計的床體積

$$BV_b = \frac{t_{bL}}{\text{EBCT}_L} = \frac{24}{15} \times 1440 = 2300$$

3. 估計每單位質量碳所處理的廢水體積（比體積）

$$V_{sp} = \frac{Q_L \, t_{bL}}{M_{cL}} = \frac{0.379 \times 24}{2390} \times 1440 = \frac{5.5 \text{ m}^3}{\text{kg}} \quad \left(\frac{660 \text{ gal}}{\text{lb}}\right)$$

4. 估計碳利用率

$$\text{CU}_r = \frac{1}{V_{sp}} = 0.000182 \, \frac{\text{kg}}{\text{l}} = 182 \, \frac{\text{mg}}{\text{l}} \quad \left(\frac{0.00152 \text{ lb}}{\text{gal}} = \frac{1.52 \text{ lb}}{1000 \text{ gal}}\right)$$

5. 估計 MTZ 長度

$$\text{MTZ}_L = L_L \times 0.42 = 2.44 \times 0.42 = 1.02 \text{ m} \quad (3.4 \text{ ft})$$

6. 決定 GAC 系統配置

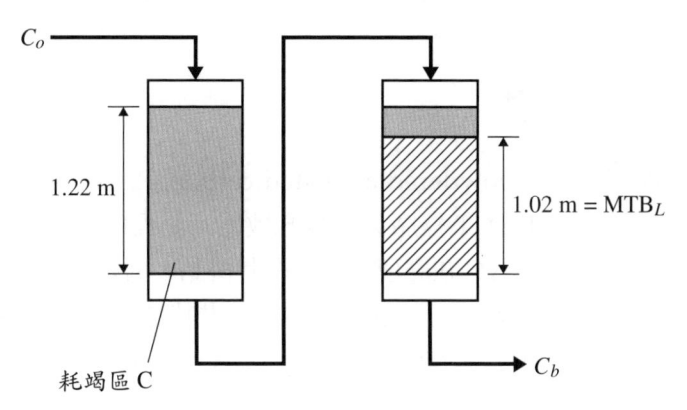

使用 1.5 的安全係數，使用串列的 2 座管柱：

$$\text{ID}_L = 1.72 \text{ m}$$

$$L_L = 1.83 \text{ m}$$

$$V_{bL} = \frac{\pi \, 1.72^2}{4} \times 1.83 = 4.25 \text{ m}^3/\text{管柱}$$

$$\text{EBCT}_L = 2 \times \frac{4.25}{0.379} = 22 \text{ min} \quad （每座管柱 11 分鐘）$$

$$t_b = 2 \times \frac{22}{1.25} = 35 \text{ d}$$

活性碳系統之效能

活性碳管柱常用於處理含毒性或不可生物降解的廢水，也用於生物氧化處理程序後之三級處理。

當廢水含有可降解之有機物（BOD）時，生物作用會引發碳的生物再生，進而造成碳的表面容量增加。生物作用有時有益，但也可能會形成不利的影響。當使用的 BOD 超過 50 mg/L 時，活性碳管柱會因為厭氧菌作用產生嚴重的臭味問題，而好氧菌作用時會產生管柱阻塞現象，因為好氧作用會使生物繁殖率較高。

絕大部分的重金屬都可經由碳管柱去除，如表 8.8 所示的石油精煉廠廢水。為了避免活性碳再生後減少吸附容量，活性碳在重複使用前應先進行酸洗步驟。活性碳處理不同種類之工業廢水，其效果如表 8.9 所示。

像是 SMP 的高分子量化合物會強烈吸附在碳上，且將取代吸附力弱的化合物，如圖 8.15 所示。

8.4 PACT 程序

粉狀活性碳（powdered activated carbon, PAC）可用於活性污泥處理單元（PACT 程序）以提升效能，此程序的流程圖如圖 8.16 所示。添加 PAC 在處理程序上有其優點，例如可以降低放流水水質之變化、吸附不可溶解之有機物（尤其是色度）、抑制工業廢水之還原，也可去除較難處理的一次污染物。PAC 可以在最低

➡ 表 8.8　活性碳去除煉油廠廢水中之重金屬

參數	API 分離器 (mg/L)	碳處理 (mg/L)
鉻	2.2	0.2
銅	0.5	0.03
鐵	2.2	0.3
鉛	0.2	0.2
鋅	0.7	0.08

➡ 表 8.9　不同工業廢水的吸附等溫線結果

工業類別	最初 TOC（或酚）(mg/L)	最初色度 OD	平均去除率 (%)	碳消耗率 (lb/1000 gal)
食品和同性質產品	25-5300	—	90	0.8-345
菸草工廠	1030	—	97	58
紡織廠產品	9-4670	—	93	1-246
	—	0.1-5.4	97	0.1-83
製衣和同類產品	390-875	—	75	12-43
紙和同類產品	100-3500	—	90	3.2-156
	—	1.4	94	3.7
印刷、出版和同類產品	34-170	—	98	4.3-4.6
化學製品和同類產品	19-75,500	—	85	0.7-2905
	(0.1-5325)	—	99	1.7-185
	—	0.7-275	98	1.2-1328
煉油和相關工業	36-4400	—	92	1.1-141
	(7-270)	—	99	6-24
塑膠和塑膠產品	120-8375	—	95	5.2-164
皮革和皮革產品	115-9000	—	95	3-315
石材、黏土和玻璃產品	12-8300	—	87	2.8-300
主要的金屬工業	11-23,000	—	90	0.5-1857
加工金屬產品	73,000	—	25	606

註：lb/1000 gal = 0.120 kg/m³

成本的情況下，使用在既有的生物處理設備。由於添加 PAC 可以提高污泥的沉澱性，即使活性碳的劑量很高，通常使用一般的二級澄清池就夠了。在某些工業廢棄物的應用上，當有毒性有機物存在時，會使得硝化作用受到抑制，而使用 PAC 可以降低或消除這種影響。批次等溫篩選測試會用於生物放流水，以便選擇最適之碳量。實驗室級連續反應器如圖 6.70 所示，可用於發展程序設計準則；幾個反應器是並列運作：一個不含 PAC 作為對照組，以及數個包含不同劑量的 PAC 測試組。

PAC 劑量和 PAC 混合液固體物濃度與污泥齡有關：

$$X_p = \frac{X_i \theta_c}{t} \tag{8.12}$$

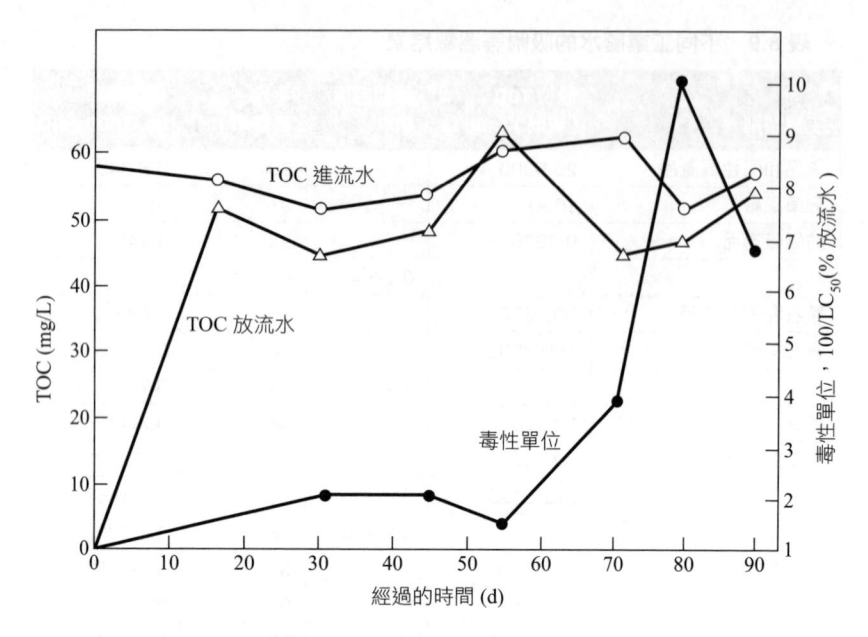

○ 圖 8.15　以顆粒碳柱降低 TOC 與毒性

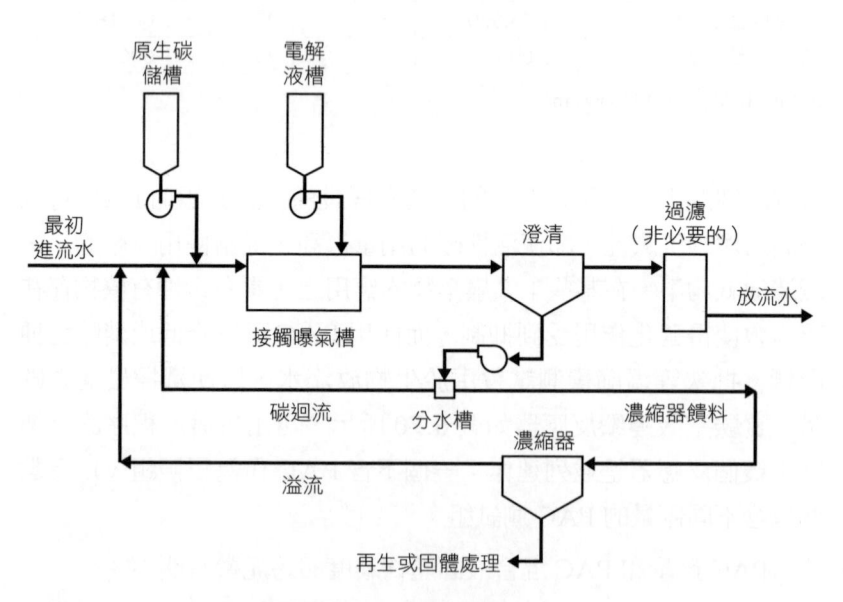

○ 圖 8.16　PACT 廢水處理系統之一般流程圖

其中，X_p = 平衡時 PAC MLSS 之含量
X_i = PAC 劑量
t = 水力停留時間

污泥齡會影響 PAC 的效率，較高的污泥齡可以加強每單位活性碳對有機物的去除。依生物性吸收模式與最終產物的不同，污泥齡也會影響吸附劑的分子結構。另外，污泥齡也可建立生物固體物於曝氣池中的平衡。有些資料證明，附著的生質量會降解某些被吸附之低分子量化合物，因為於曝氣池中添加 PAC 時，總有機碳去除率高於等溫預測的吸附能力。圖 8.17 顯示生物單元並列操作時，添加及未添加 PAC 對於總有機碳去除率之差異結果。很明顯地，生物反應器中，碳的效能明顯大於等溫預測值。產生此現象可能的機制主要為：

1. 活性碳降低或抑制了生物毒性，因此增加有機物之生物降解。
2. 一般無法降解的物質被降低，因為接觸吸附在活性碳上的生質量的時間延長。含吸附物質的碳通常可於系統中保存 10 至 30

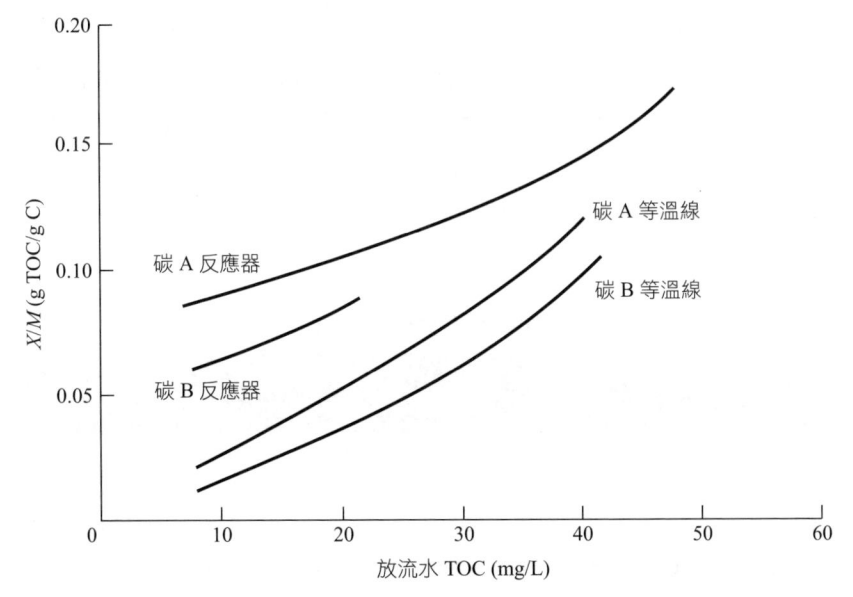

◯ 圖 8.17　PACT 反應器效率關係及等溫線數據

天之污泥齡。若系統中沒有碳時，這些物質僅會停留約 6 至 36 小時水力停留時間。
3. 交換／吸附現象，即高分子量之物質與低分子量物質的置換，可以增加吸附效率及降低毒性。

表 8.10 顯示利用 PAC 來去除煉焦廠廢水之硝化抑制作用。

當少量或間歇性使用 PAC 時，碳會隨著過量的污泥一起排出。但是在較大的工廠連續使用時，碳需要再生，這時可用濕式氧化（wet air oxidation, WAO）。

在 WAO 程序中，生物性碳污泥混合物在 450°C 和 750 lb/in² （51 atm）的反應器裡，在有氧的狀態下混合 1 小時。在此種條件下，生物污泥可以被氧化和溶解，且碳也可藉此再生。當進流水的固體物含量超過 10% 時，外熱反應會開始提供能量。反應器排出的液體其 BOD 約為 5000 mg/L，會由管路迴流到曝氣槽。偶爾會出現的灰渣（ash）也需要從這些系統去除。依據廢水性質及所使用的碳之類型，碳再生時的容量有可能會大量減少。此種現象可以運用模廠級測試加以探討。

根據不同廢水想要獲得之結果，活性碳的劑量可以介於 20 至 200 mg/L 之間。由於碳很粗糙，選擇設備時應將此因素納入考量。圖 8.18 顯示 PAC 劑量對去除氯化苯的影響 [11]。表 8.11 顯示 PACT 程序處理有機化學廢水的效能。而表 8.12 則顯示有添加及未添加 PAC 的活性污泥程序處理效能。

➡ 表 8.10 PAC 處理煉焦廠廢水硝化作用之效果

PAC 餵料 (mg/L)	SRT (d)	TOC (mg/L)	TKN (mg/L)	NH_3^-N (mg/L)	NO_2^-N (mg/L)	NO_3^-N (mg/L)
0	40	31	72	68	4.0	0
33	30	20	6.3	1	4.0	9.0
50	40	26	6.4	1	1.0	13.0

進流水條件：TOC = 535 mg/L，TKN = 155 mg/L，NH_3^-N = 80 mg/L；pH = 7.5。

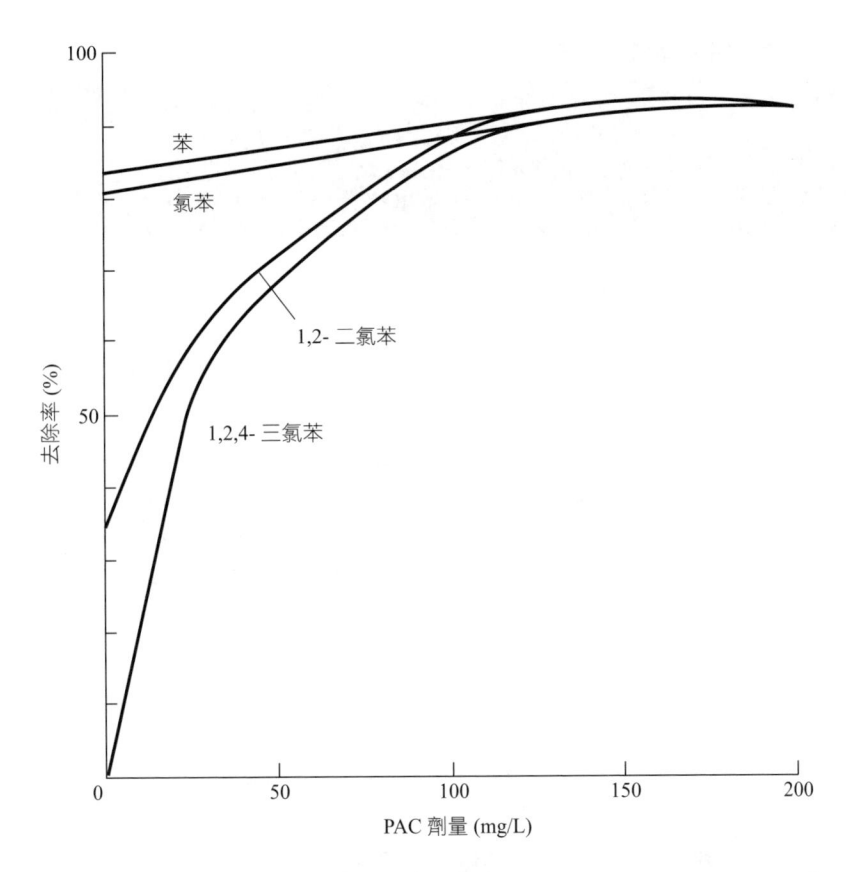

○ **圖 8.18** PAC 處理氯化苯之效率（資料來源：Weber and Jones, 1983）

➡ **表 8.11** 較大劑量之 PAC 產生較大的有機碳、色度和重金屬去除率

	廢水成分 (mg/L)							生物測試 * LC_{50}
	BOD	TOC	TSS	色度	Cu	Cr	Ni	
進流水	320	245	70	5365	0.41	0.09	0.52	
生物處理	3	81	50	3830	0.36	0.06	0.35	11
+50 mg/L PAC	4	68	41	2900	0.30	0.05	0.31	25
+100 mg/L PAC	3	53	36	1650	0.18	0.04	0.27	33
+250 mg/L PAC	2	39	34	323	0.07	0.02	0.24	>75
+500 mg/L PAC	2	17	40	125	0.04	<0.02	0.23	>87

* 50% 水生生物體可存活 48 小時的廢水百分比。

➡ **表 8.12** 懸浮生長系統比較表（添加及未添加 PAC）

操作條件	工業						
	有機化學[13]		紡織品[13]		Berndt-Polkowski[12]	
	PACT*	活性污泥	PACT	活性污泥	PACT*	空氣活性污泥
曝氣，時間（d）	6	6	2.4	2.4	3.2-4.5	[†]
SRT，時間	25	45*				
溫度，℃	25	25			13	16
效能結果					20	20
進流水特性，mg/L						
BOD_5	4,035	4,035	660	未知		
TOC	2,965	2,965			134	128
COD	10,230	10,230	1362	1590	364	320
TKN	120	120	未知	106	39.4	32.0
NH_3^-N	76	76	74	31	19.5	19.8
碳氫化合物	5-67	5				
酚	8.1	8.1				
放流水特性，mg/L						
BOD_5	11	17	5	26	1.2	24
TOC	25	65			49.8	63
COD	102	296	116	270	3.7	6.4
TKN	4	—	6	29	0.2	3.6
NH_3^-N	0.8	—	3.6	15		
碳氫化合物	0.1	0.9				
酚	0.01	0.22	0.44	1.6		
色度，APHA	94	820	240	600		
清潔劑			0.8	11.4		

* 包括濕式氧化碳再生。
† 接觸穩定設備；曝氣時間 = 4.2 h，穩定時間 = 6.2 h。

8.5 問題

8.1. 下表為 Filtersorb 400 碳吸附之數據：

碳量 (mg/L)	放流水 (C_f, mg/L)
0	9.94
11.2	5.3
22.3	3.0
56.1	0.71
168.3	0.17
224.4	0.06

(a) 求出吸附等溫線及 Freundlich 參數。
(b) 當最初濃度為 10 mg/L 之吸附容量為多少？
(c) 當濃度由 1 mg/L 減少至 0.01 mg/L 時，所需的碳量為多少？

8.2. 模廠級試驗之貫穿曲線如圖 P8.2，模型廠管柱長 3.5 ft（1.07m）。設計 TOC 貫穿濃度為 20 mg/L 的碳管柱系統。進流水流量為 3100 gal/min（11.7 m³/min），且進流水 TOC 為 60 mg/L。使用水力負

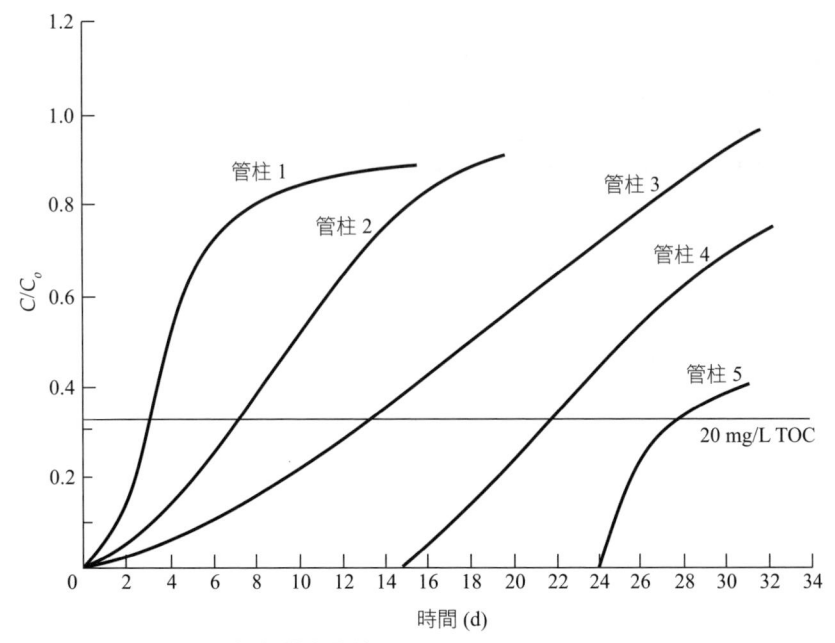

➲ **圖 P8.2** GAG 管柱之貫穿曲線

荷為 4 gal/(min · ft²)（0.163 m³/(min · m²)）且碳密度為 28 lb/ft³（449 kg/m³）。

參考文獻

1. Morris, J. C., and W. J. Weber: "Adsorption of Biochemically Resistant Materials from Solution," Environmental Health Series AWTR-9, May 1964.
2. EPA: "Carbon Adsorption Isotherms for Toxic Organics," EPA-600/8-80-023, April 1980.
3. U.S. EPA: *Process Design Manual for Carbon Adsorption,* Technology Transfer, 1973.
4. Roll, R. R., and Crocker, D. N.: *Proc. WEF,* vol. 1, Dallas, 1996.
5. Argamon, Y., and W. W. Eckenfelder: *Water 1975 Symposium,* Series 72, p. 151, Association of Industrial Chemical Engineers, New York, 1976.
6. Dale, J., J. Malcolm, and I. M. Klotz: *Ind. Eng. Chem.,* vol. 38, pt. 1, p. 289, 1946.
7. Hutchins, R. A.: *Chem. Engineering,* vol. 80, pt. 19, p. 133, 1973.
8. Calgon Carbon Corp., Pittsburgh.
9. Crittenden, J. et al.: *J. Env. Eng. ASCE,* vol. 113, no. 2, p. 243, 1987.
10. Crittenden, J. et al.: *J. AWWA,* vol. 77, p. 87, 1991.
11. Weber, W. J., and B. E. Jones: EPA NTIS PB86-182425/AS, 1983.
12. Berndt, C., and L. Polkowski: "A Pilot Test of Nitrification with PAC," *50th Ann. Control States WPCA,* 1977.
13. US Filter/Zimpro, Inc. Rothchild, Wisc.

9

離子交換

9.1 簡介

離子交換可用來去除廢水中的陰離子和陽離子。在此程序中，天然或合成介質之不可溶解的交換材料上的特定種類離子，可以被溶液中的不同種類離子所交換。一般來說，陽離子由氫或鈉離子交換，而陰離子被氫氧根離子交換。此程序可用於去除重金屬、總溶解固體物及氮（氨及硝酸氮）。一旦樹脂之交換容量耗盡，在再利用之前必須被再生。現今的合成介質對目標離子具高度特定性且非常有效率。回收被去除的成分提供回收及再利用的機會。以下將介紹離子交換理論、決定其應用性及設計需求的實驗程序，以及電鍍廢水處理的特別應用。

9.2 離子交換理論

離子交換樹脂包含有機或無機官能基（functional groups）所連結之網路結構。大部分用於廢水處理的離子交換樹脂為合成樹脂，由有機成分聚合形成孔隙的三維空間結構。樹脂內部孔隙結構會依有機鏈結之間的交聯（crosslinking）程度而定，交聯密度高時，孔隙較小。從動力學觀點來看，交聯度低會增加離子在大孔隙中之擴散。不過，當交聯度降低時，物理強度會降低，而且水中膨脹會增加。官能基的導入通常是靠聚合物基（polymeric matrix）與具有所需要群組之化合物兩者的化學反應。每單位質量樹脂的官能基數目可決定交換容量。

與正電荷離子交換之樹脂稱為陽離子樹脂（cationic），而與負電荷離子交換之樹脂稱為陰離子樹脂（anionic）。陽離子交換樹脂有酸性官能基，如磺基（sulfonic）；而陰離子交換樹脂有鹼性官能基，如胺（amine）。離子交換樹脂通常可由官能基的性質分為強酸性、弱酸性、強鹼性和弱鹼性。酸或鹼的強度是由官能基之解離程度而定，就像是可溶性酸或鹼一樣。因此，有磺酸官能基的樹脂會是強酸陽離子交換樹脂。最常見的強酸性離子交換樹脂，是由聚苯乙烯和二乙烯苯共同聚合後再磺化其聚合物。此交聯程度是由最初混合物中二乙烯苯單體所占之比例而決定。

離子交換樹脂的形式包含：

1. **強酸陽離子樹脂**：因為化學行為類似強酸，故強酸樹脂以此命名。在整個 pH 的範圍中，樹脂高度離子化成酸（R-SO$_3$H）或鹽（R-SO$_3$Na）的型態。
2. **弱酸陽離子樹脂**：在弱酸樹脂中，離子化的基團是羧酸（−COOH），而不是強酸樹脂中所使用的磺酸基（SO$_3$H$^-$）。這些樹脂的行為如同輕微溶解的弱有機酸。
3. **強鹼陰離子樹脂**：如同強酸樹脂，強鹼樹脂高度離子化且可用於整個 pH 範圍。這些樹脂以氫氧基（OH）的形式用於水的去離子作用。
4. **弱鹼陰離子樹脂**：弱鹼樹脂如同弱酸樹脂一般，其離子化程度強烈地受到 pH 影響。
5. **重金屬選擇性螯合樹脂**：螯合樹脂行為如同弱酸陽離子樹脂，但對重金屬陽離子展現高度的選擇性。螯合樹脂容易與重金屬形成穩定的錯合物。事實上，這些樹脂所使用的官能基為一種

離子交換 9

EDTA 化合物。鈉型的樹脂結構為 R-EDTA-Na。

發生的反應會依化學平衡狀況而定,其中一個離子會選擇在離子交換位置取代另一個離子。鈉循環的陽離子交換,可由下列反應表示:

$$Na_2 \cdot R + Ca^{2+} \rightleftharpoons Ca \cdot R + 2Na^+ \qquad (9.1)$$

其中 R 代表交換樹脂。一旦鈣取代了大部分的交換位置,樹脂可以透過將鈉濃縮液流經柱床再生。這麼一來會產生逆平衡,而由鈉取代鈣。

再生通常會使用 5% 至 10% 的鹽溶液:

$$2Na^+ + Ca \cdot R \rightleftharpoons Na_2 \cdot R + Ca^{2+} \qquad (9.2)$$

在氫循環中,陽離子交換也會有相同的反應:

$$Ca^{2+} + H_2 \cdot R \rightleftharpoons CaR + 2H^+ \qquad (9.3)$$

使用 2% 至 10% 的 H_2SO_4 再生可得:

$$Ca \cdot R + 2H^+ \rightleftharpoons H_2 \cdot R + Ca^{2+} \qquad (9.4)$$

陰離子交換也會同樣地用氫氧根離子取代陰離子:

$$SO_4^{2-} + R \cdot (OH)_2 \rightleftharpoons R \cdot SO_4 + 2OH^- \qquad (9.5)$$

使用 5% 至 10% 的氫氧化鈉再生可恢復交換位置:

$$R \cdot SO_4 + 2OH^- \rightleftharpoons R \cdot (OH)_2 + SO_4^{2-} \qquad (9.6)$$

除了濃度、交換劑的特性、交換離子等因素以外,溫度、交換劑的顆粒大小等其他因素對離子交換的動力也相當重要。交換程度和許多因素有關:

1. 進入交換的離子大小和電價(電荷)。
2. 水中或溶液中的離子濃度。
3. 離子交換物質的特性(包括物理的及化學的)。

573

4. 溫度。

下列的排序顯示陽離子交換的選擇性和容易度（Clifford 等人[1]）：$Ra^{2+} > Ba^{2+} > Sr^{2+} > Ca^{2+} > Ni^{2+} > Cu^{2+} > Co^{2+} > Zn^{2+} > Mn^{2+} > UO_2^{2+} > Ag^+ > Cs^+ > K^+ > NH_4^+ > Na^+ > Li^+$。因此，鐳為最優先的陽離子，而鋰為最差的陽離子。下列的排序顯示陰離子交換的選擇性和容易度：$HCRO_4^- > CrO_4^{2-} > ClO_4^- > SeO_4^{2-} > SO_4^{2-} > NO_3^- > Br^- > HPO_4^-, HA_sO_4^-, SeO_3^{2-} > CO_3^{2-} > CN^- > NO_2^- > Cl^- > H_2PO_4^-, H_2AsO_4^-, HCO_3^- > OH^- > CH_3COO^- > F^-$。最差的陰離子停留時間最短，在放流水中也會首先出現，而最優先的陰離子停留時間最長且最後流出。

在特定狀況，不被優先選擇的離子可在轉化成多價錯合物後，進而成為樹脂的優先選擇，使得離子交換成為可行的除污程序。例如，從酸溶液中去除 UO_2^{2+} 通常不實際，因為要與高度優先的多價陽離子 Fe^{3+} 和 Al^{3+} 競爭。然而，UO_2^{2+} 離子與硫酸逐步形成陰離子錯合物如下（Dorfiner [2]）：

$$UO_2^{2+} + nSO_4^2 \rightleftharpoons UO_2(SO_4)n^{2-2n} \ (n = 1, 2, 3)$$

在此情況下，所形成的二價（$n = 2$）或四價（$n = 3$）陰離子錯合物，會是強鹼陰離子交換劑的高度優先選擇。

離子交換的效能和經濟性，與離子交換樹脂的容量及需要再生的量有關。由於交換的發生是以等量為基礎，柱床的容量通會常以每公升床體積的等量來表示。有時，容量會以每單位柱床體積的 $CaCO_3$ 公斤重量或每單位柱床體積的離子質量來表示。依此模式，要從廢水中去除的離子數量可用每公升被處理的廢水的等量來表示。

固定床交換器中，床的操作容量與其再生量有關。樹脂利用率定義為：在效率百分之百時，被去除的離子占總離子去除量的比率。再生效率為被去除的離子量與再生容積中被使用的離子量之比值。樹脂利用率會隨著再生效率降低而增加。圖 9.1 為一個典型的陽離子交換樹脂效能曲線。依據樹脂的性質和所使用的再生液的濃

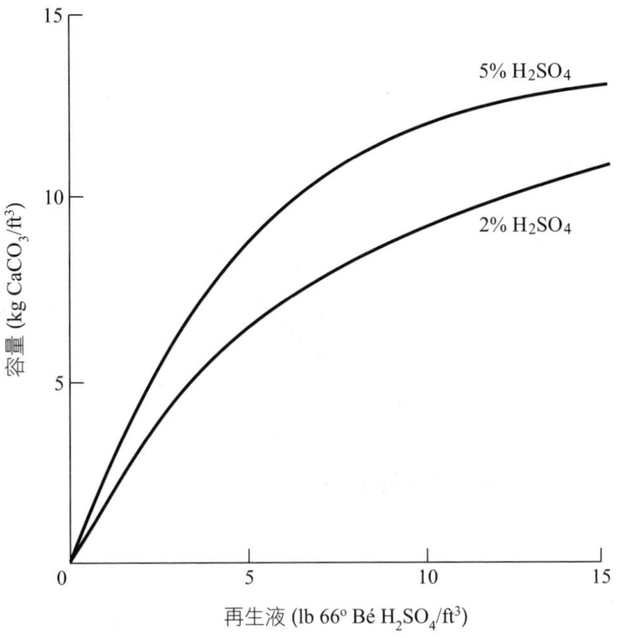
15
10
5
0
5
10
15
5% H_2SO_4
2% H_2SO_4
容量 (kg $CaCO_3$/ft^3)
再生液 (lb 66° Bé H_2SO_4/ft^3)

註：ft^3 = 2.83 × 10^{-2} m^3
lb/ft^3 = 16 kg/m^3

➲ **圖 9.1　陽離子交換樹脂之效能**

度，這些曲線的形狀也會有所不同。

利用離子交換進行廢水處理是序列性的操作步驟。廢水先經過樹脂，直到可用的交換區都被填滿，而且污染物在放流水中出現。此程序定義為貫穿（breakthrough）。此時，處理會停止並進行柱床反沖洗，以便去除污染物和允許樹脂重整。接著，柱床就會再生。再生之後，柱床會用水清洗以去除殘餘之再生液。這時候，柱床已準備好進行另一個處理循環。

圖 9.2 顯示處理及再生循環。圖中，*ABHG* 區為容器內的被處理溶液在未貫穿前的離子量。*ABC* 區是由管柱滲漏出來之離子量，而 *ACHG* 區是被交換樹脂所去除的離子量。因此樹脂使用量為 *ACHG* 區 /*K* ，其中 *K* 為最終的樹脂容量。*BCDEF* 區為再生時，從柱床被去除的離子量。因此再生效率為 *BCDEF* 區 /*R* ，其中 *R*

工業廢水污染防治

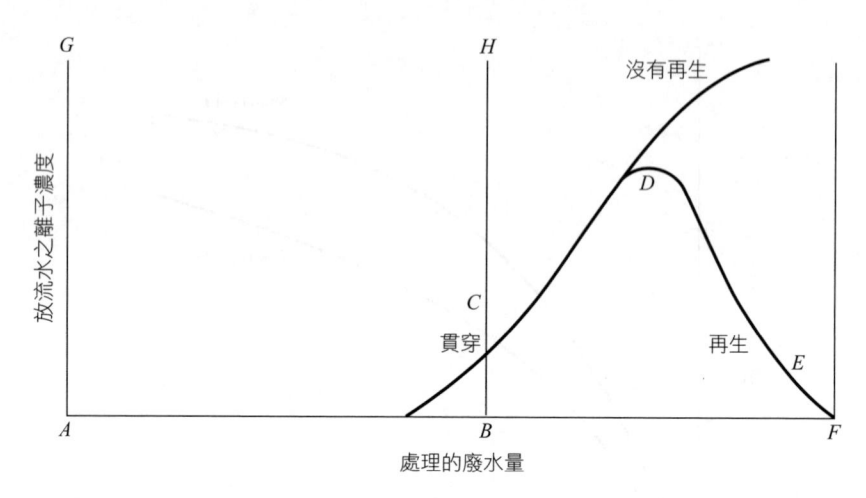

◯ 圖 9.2　離子交換樹脂的處理及再生循環

為再生液濃度乘以體積。

　　為了確保樹脂與液體的接觸而且將滲漏量降至最小，最小的床深為 24 至 30 in（61 至 76 cm）。處理量可以從 2 至 5 gal/(min · ft^3)（0.27 至 0.67 m^3/(min · m^3)），儘管貫穿會在處理量高時發生得更快。再生流率為 1 至 2 gal/(min · ft^3)（0.13 至 0.27 m^3/(min · m^3)），體積為 30 至 100 gal/ft^3（4.0 至 13.4 m^3/m^3），水量為 1 至 1.5 gal/(min · ft^3)（0.13 至 0.20 m^3/(min · m^3)）的洗滌水通常夠沖洗柱床的殘餘再生液。

實驗程序

　　為了發展從複合型工業廢水中去除離子的設計要件，通常會需要操作實驗室離子交換管柱。圖 9.3 為一個典型的實驗室組合。依圖 9.3 中設備所示，以下為所建議的程序細節：

1. 使用去離子水洗滌管柱 10 分鐘，流率為 50 mL/min。
2. 調整含有被處理廢棄物質之溶液的管柱的進入流率至 50 mL/min。
3. 量測被處理溶液的初始體積。

離子交換 9

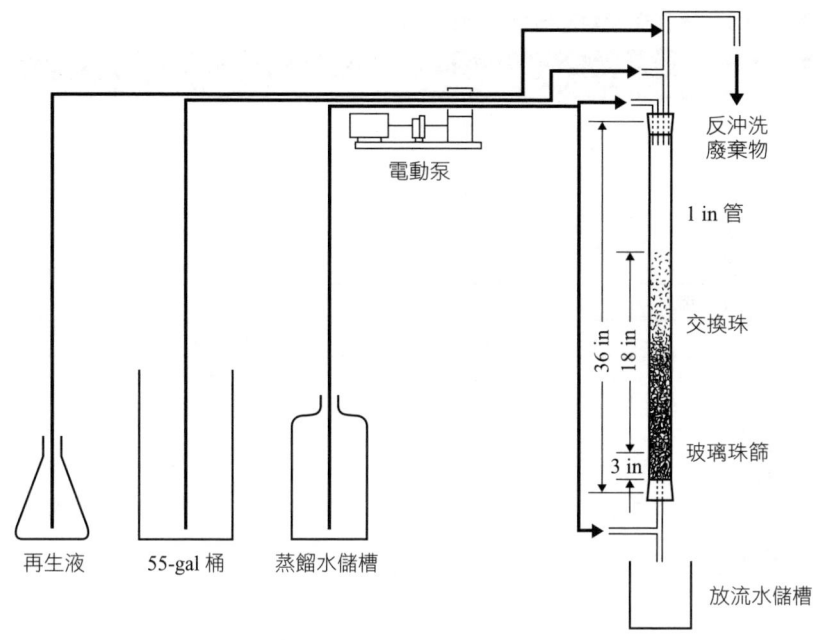

```
反沖洗
廢棄物

1 in 管

交換珠
36 in
18 in
玻璃珠篩
3 in

再生液    55-gal 桶    蒸餾水儲槽    電動泵    放流水儲槽
```

註：gal = 3.79 × 10^{-3} m^3
　　in = 2.54 cm

⊃ **圖 9.3　實驗室離子交換管柱**

4. 開始處理循環。發展貫穿曲線至離子交換濃度到達最大的放流水限制值為止。
5. 反沖洗 5 至 10 分鐘，至柱床膨脹 25%（使用蒸餾水反沖洗）。
6. 使用建議的樹脂濃度和體積，產生流率為 6 mL/min 的再生液。收集使用過之再生液並量測再生之離子。
7. 用蒸餾水洗滌管柱。

經多次操作後，應該可以建立一個樹脂利用率與再生效率之間的關係，並選擇一個對此系統最佳的操作條件。

　　大孔樹脂（macroeticular resins）是用來去除較特別的非極性有機化合物。這些樹脂非常特別，可特別去除某種成分或某類型成分，此樹脂可被溶劑再生。表 9.1 顯示了某些化合物使用大孔樹脂之處理結果。

577

➡ 表 9.1　大孔樹脂對部分化合物的處理效果

化合物	進流水 (μg/L)	放流水 (μg/L)
四氯化碳	20,450	490
六氯乙烷	104	0.1
2-氯化萘	18	3
三氯甲烷	1,430	35
六氯丁乙烯	266	<0.1
六氯環戊乙烯	1,127	1.5
萘	529	<3
四氯乙烯	34	0.3
甲苯	2,360	10
阿特靈	84	0.3
狄氏劑	28	0.2
氯丹	217	<0.1
因特靈	123	1.2
七氯	40	0.8
乙氯環氧	11	<0.1

　　強鹼陰離子交換樹脂可去除砷（v）[3]。在廢水中，砷（v）以二價陰離子 $HAsO_4^{2-}$ 存在，似乎可優先被一價的強鹼陰離子從廢水中去除。

　　硒可在下列條件下，由離子交換去除：

- 氧化全部的水溶液為硒酸鹽（SeO_4^{2-}）陰離子。
- 強鹼陰離子交換去除硒酸鹽陰離子。可被去除的硒酸鹽的量，需視水中的酸和硝酸濃度而定。[3]

　　使用天然無機斜髮沸石（zeolite clinoptilolite）的離子交換可去除氨氮，這種礦石對銨離子（ammoniumions）有特殊的選擇性。[3] 此種可吸引銨離子的特殊選擇性來自於有相關結構的離子篩。即便斜髮沸石的總交換容量比合成有機樹脂來得少，它對銨離子的選擇性可以補償這部分的缺失。使用 3% 至 6% 的 NaCl 可完成再生，從用過的再生液以氣提或折點加氯法（break-point chlorination）去除 NH_3 之後，NaCl 可再被使用。

9.3　電鍍廢水處理

工業廢水處理中，離子交換主要的用途之一是用在電鍍工業，其中的鉻回收和水再利用通常可以節省很大的成本。[4-7]

從電鍍槽中回收使用過的鉻酸，鉻酸會經過陽離子交換樹脂以去除其他離子（Fe、Cr^{3+}、Al 等）。然後，放流水可回流至電鍍槽或直接貯存。為了避免退化，CrO_3 經過樹脂時可容許之最大濃度為 14 至 16 oz/gal（105 至 120 kg/m³），槽可能需要稀釋，而且回收溶液可能需要增強其強度。

首先，洗滌水需要經過陽離子交換劑以去除金屬離子。這個單元的放流水會經過陰離子交換劑去除鉻，然後得到除礦質補給水（demineralized makeup water）。陽離子單元的洗滌水最好能夠先通過陽離子單元，以避免在交換樹脂上產生金屬氫氧化物沉澱。陰離子交換劑可以用氫氧化鈉再生，如此會導致使用過的再生液中出現 Na_2CrO_4 和 NaOH 的混合液。此混合液經過陽離子交換劑之後，H_2CrO_4 會再生並回流至電鍍槽。從使用過的再生液再生的鉻酸平均濃度為 4% 至 6%。陽離子交換劑用過的再生液在排放至下水道前，需要先中和，並可能需要先沉降金屬性離子。

由於大部分的金屬離子會出現在再生液容量的前 70 %，需要後續的再生時，可以藉由重複使用最後部分的酸再生液來減少必要採取的中和步驟。[4] 同樣地，陽離子再生時，苛性再生的最後部分可以作為再生時的中和作用。

在陽離子單元，再生設施的標準高於水純化的標準，因為廢水溶液中存在 H^+ 的競爭。水再使用時，再生可能需要 4 至 5 lb/ft³（64 至 80 kg/m³）H_2SO_4，但是要再生 H_2CrO_4，最多可能需要 25 lb/ft³（400 kg/m³）的 H_2SO_4 來降低鈉離子的漏出。圖 9.4 為電鍍程序之離子交換流程圖。離子交換樹脂的效能如表 9.2 所示。[8]

工業廢水污染防治

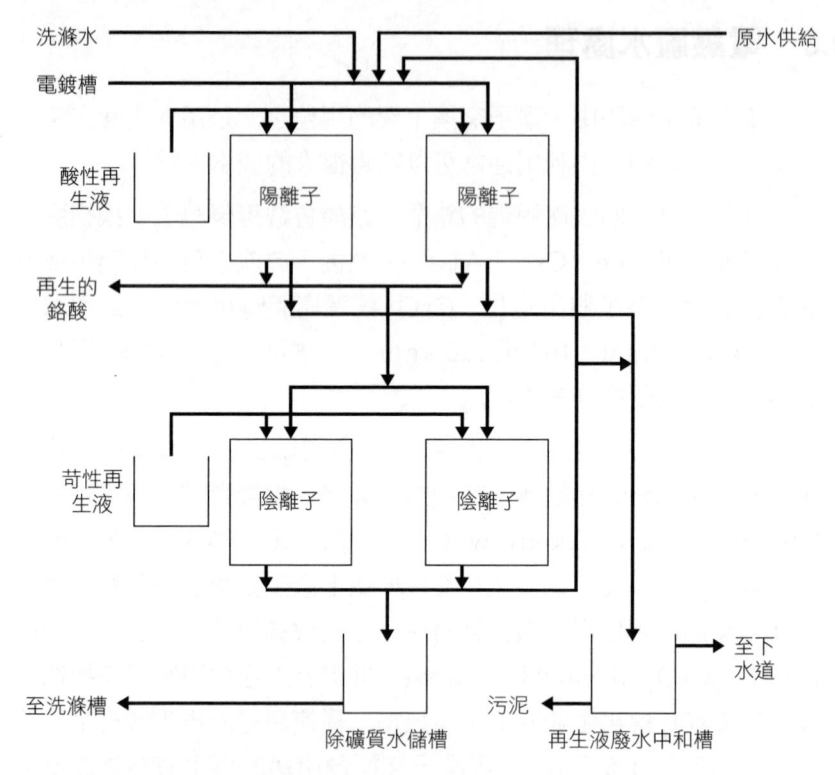

◯ 圖 9.4 去除鉻和水重複使用之離子交換系統

➡ 表 9.2 利用離子交換之性能去除六價鉻

廢水來源	鉻 (mg/L) 進流水	放流水	樹脂容量 *
冷凝塔排放	17.9	1.8	5-6
	10.0	1.0	2.5-4.5
	7.4-10.3	1.0	—
	9.0	0.2	2.5
電鍍洗滌水	44.8	0.025	1.7-2.0
	41.6	0.01	5.2-6.3
染料製造	1210	< 0.5	—

*lb 鉻酸鹽 /ft^3 樹脂。
資料來源：Patterson, 1985。

離子交換 9

例題 9.1 一個普通電鍍廠每天工作 16 小時，每週工作 5 天。它的總排放洗滌水特性如下：

銅　　22 mg/L（以 Cu 形式）
鋅　　10 mg/L（以 Zn 形式）
鎳　　15 mg/L（以 Ni 形式）
鉻　　130 mg/L（以 CrO_3 形式）

流率為 50 gal/min（0.19 m³/min），且廠內分離不可行。設計一個包含廢水和鉻再生的離子交換系統。表 9.3 列出了其陽離子交換劑的操作特性。

➡ 表 9.3　典型離子交換操作特性

	交換劑	
	陽離子	陰離子
再生液	H_2SO_4	NaOH
劑量，lb/ft³	12	4.8
濃度，%	5	10
流率	0.5 gal/(min · ft³)	
操作容量	1.5 equiv wt/L	3.8 lb CrO_3/ft³

註：lb/ft³ = 16.0 kg/m³
　　gal/(min · ft³) = 0.134 m³/(min · m³)

解答

陰離子交換劑

在陰離子交換劑，CrO_3 被 OH 交換。

$$130 \text{ mg/L} \times 50 \text{ gal/min} \times 60 \text{ min/h} \times 16 \text{ h/d} \times 8.34$$

$$\times 10^{-6} \frac{\text{lb/gal}}{\text{mg/L}} = 52 \text{ lb/d}$$

樹脂容量為 3.8 lb CrO_3/ft³，再生量為 4.8 lb NaOH/ft³，每天進行再生，

$$樹脂體積 = \frac{52}{3.8} = 13.7 \text{ ft}^3 \quad (0.39 \text{ m}^3)$$

處理流率為 3.6 gal(min · ft³)（0.48m³/(min · m³)），樹脂深度為 30 in（0.76 m），2 個單元，直徑為 2 ft（0.61 m），深度為 30 in（0.76 m），加上床膨脹為 50%。

再生

$$\text{NaOH 需要量} = 4.8 \times 13.7 = 66 \text{ lb/reg} \quad (30 \text{ kg/reg})$$

$$\text{再生槽體積} = 66 \text{ lb NaOH} \times \frac{1}{0.10} \times \frac{1}{9.6} \quad \text{lb reg/gal}$$

$$= 68 \text{ gal} \quad (0.26 \text{ m}^3)$$

$$\text{樹脂需要量在 } 100 \text{ gal/ft}^3 = 1370 \text{ gal} \quad (5.2 \text{ m}^3)$$

陽離子交換劑

被去除之陽離子為：

$$\text{Zn} \quad \frac{10 \text{ mg/L}}{32.7 \text{ mg/meq}} = 0.306 \text{ meq/L}$$

$$\text{Cu} \quad \frac{22 \text{ mg/L}}{31.8 \text{ mg/meq}} = 0.693 \text{ meq/L}$$

$$\text{Ni} \quad \frac{15 \text{ mg/L}}{29.4 \text{ mg/meq}} = 0.511 \text{ meq/L}$$

在陽離子單元，Cu、Zn 和 Ni 被 H^+ 交換。

總每日當量為

$$(0.306 + 0.693 + 0.511) \times 10^{-3} \times 50 \times 60 \times 16 \times 3.78 \text{ l/gal} = 273 \text{ equiv wt/d}$$

操作容量為 1.5 equiv wt/L，再生量為 12 lb H_2SO_4/ft^3（5%）下，2 天的再生時間所需的樹脂為

$$\frac{273 \times 2}{1.5 \times 28.3 \text{ L/ft}^3} = 13.0 \text{ ft}^3 \text{ 樹脂} \quad (0.36 \text{ m}^3)$$

處理流率為 3.8 gal/(min·ft^3)（0.51 m^3/(min·m^3)）。使用 2 個單元，直徑為 2 ft（0.61 m），深度為 30 in（0.76 m），加上床膨脹為 50%。

再生

使用 5% H_2SO_4 在 12 lb/ft^3，H_2SO_4 需要量為

$$12 \times 13 = 156 \text{ lb} \quad (71 \text{ Kg})$$

$$\text{再生液槽} = 156 \times \frac{1}{0.05} \times \frac{1}{1.0383 \times 8.34 \text{ lb/gal}}$$

$$= 360 \text{ gal} \quad (1.36 \text{ m}^3)$$

其中 1.0383 為 5% H_2SO_4 之比重

$$洗滌需要量 = 120 \text{ gal/ft}^3 \times 13 \text{ ft}^3 = 1560 \text{ gal} \quad (5.9 \text{ m}^3)$$

鉻再生之陰離子再生液容量：

$$鈉 = \frac{66 \text{ lb NaOH} \times 453 \text{ g/lb}}{40 \text{ g/equiv wt}} = 750 \text{ equiv wt}$$

若假設 70 % 的陰離子交換劑再生液通過陽離子單元，那麼 525 當量的重量必須被交換，這也符合陽離子單元之容量。

9.4 問題

9.1. 一個金屬處理廠每天工作 8 小時，每週工作 6 天。它的再生水總排放特性如下：

    鋅　15 mg/L
    鎳　12 mg/L
    鉻　190 mg/L（以 CrO_3 形式）

流率為 100 gal/min（0.38 m³/min）。設計一個包含鉻和廢水再生之離子交換系統。樹脂的操作特性同例題 9.1。

參考文獻

1. Clifford, D. et al.: *J. ES&T*, vol. 20, no. 11, p. 1072, 1986.
2. Dorfner, K.: *Ion Exchange Properties and Applications,* Ann Arbor Science Pub., 1973.
3. Bin, Luo et al.: *Toxicity Reduction: Evaluation and Control,* Technomic Pub. Co., Lancaster, Pa., 1998.
4. Fadgen, T. J.: *Proc. 7th Ind. Waste Conf.,* 1952, Purdue University.
5. Paulson, C. F.: *Proc. 7th Ind. Waste Conf.,* 1952, Purdue University.
6. Rich, L. G.: *Unit Processes of Sanitary Engineering,* John Wiley, New York, 1963.
7. Keating, R. J., R. Dvorin, and V. J. Calise: *Proc. 9th Ind. Waste Conf.,* 1954, Purdue University.
8. Patterson, J.: *Industrial Wastewater Treatment Technology,* 2nd ed., Butterworth Pub., Stoneham, Mass., 1985.

10

化學氧化

10.1 簡介

化學氧化通常是指使用臭氧（O_3）、過氧化氫（H_2O_2）、過錳酸鉀（MnO_4^-）、二氧化氯（ClO_2）、氯（Cl_2 或 HOCl），甚至氧（O_2）等氧化劑，而不需要微生物使反應進行。這些反應通常需要一種或更多種觸媒，以增加反應速率到可接受的程度。觸媒包括 pH 調整、UV 光、過渡性金屬陽離子、酵素，以及成分不明的各種專屬觸媒。

化學氧化傳統上應用於有機化合物是不可生物降解（難分解）、有毒性，或會抑制微生物生長的情況。然而，化學氧化對破壞許多無機化合物及去除臭味化合物也非常有效，例如硫化氫的氧化（$H_2S \rightarrow SO_4^{2-}$）。

對生物處理程序而言，氧是快速可得且非常經濟的氧化劑，其他化學氧化劑相當昂貴，與好氧生物處理在經濟上無法競爭。然而，其實也不需讓化學氧化完成整個反應範疇（有機碳轉化為 CO_2）。化合物的部分氧化已經足夠使特定化合物（例如優先污染物）的後續生物處理更容易進行。在一般的基礎上，特定化合物氧

化可藉由最終氧化產物的降解程度而予以分類：[1]

1. **基本降解**：母化合物結構性改變。
2. **可接受降解（分解）**：母化合物結構性改變，至毒性減低的範圍。
3. **最終降解（礦化）**：有機碳轉變為無機碳（CO_2）。
4. **不可接受降解（融合）**：母化合物結構性改變而造成毒性增加。

除了無法接受的副產物以外，化學氧化可造成毒性或抑制行為的減少，並且以遠低於最終降解所需的劑量，也就是「化學計量劑量」（stoichiometric dosage），顯著增加母化合物的生物降解性。因此，偶合化學/生物氧化程序，使用化學氧化作為難處置廢棄物質的預處理，通常被考慮為處理的選擇之一。[2] 本章將討論經常使用的氧化劑及水熱程序之化學計量、性質及應用性。

10.2　化學計量

定義欲處理的氧化劑及化合物間的化學計量關係相當重要，如此方可估計所需的氧化劑劑量，且可於合理的限制內設計實驗。可採用一般的方法，以便輕易轉換特殊化合物和不同氧化劑之間的化學計量。為了方便，對每個氧化劑的半反應可以用「自由反應氧」（O）表示，其由每個氧化劑所衍生，或者使用單一氧作為範例：

$$O_2 \to 2O^{\cdot} \tag{10.1}$$

藉由平衡水中電子與同電價的自由反應氧，可推演出任何氧化劑的電化學半反應，或者：

$$H_2O \to O^{\cdot} + 2e^- + 2H^+ \tag{10.2}$$

其中，自由反應氧是二價氧的一半。

接著，以過錳酸鹽的半反應為例：

$$MnO_4^- + 2H_2O + 3e^- \to MnO_2 + 4OH^- \tag{10.3a}$$

化學氧化 10

與式 (10.2) 平衡電子可得

$$\frac{\begin{array}{r}2MnO_4^- + 4H_2O + 6e^- \rightarrow 2MnO_2 + 8OH^- \\ + \quad\quad\quad 3H_2O \rightarrow 3O^{\cdot} + 6e^- + 6H^+\end{array}}{MnO_4^- + H_2O \rightarrow 2MnO_2 + 3O^{\cdot} + 2OH^-} \quad (10.3b)$$

式 (10.3b) 是式 (10.3a) 的等價半反應，除了電子被自由反應氧所取代之外。使用式 (10.2) 及適當的半反應可完成任何氧化劑的同樣程序。然後，任何氧化反應可以用等價自由氧表示，而且可藉由半反應的化學計量推估特定的氧化劑。各種氧化劑的半反應如表 10.1 所示。

➡ 表 10.1　氧化劑半反應

半反應	等價反應氧 每莫耳氧化劑的氧莫耳數 (n)	每公斤氧化劑的氧莫耳數
氯：		
$Cl_2 + H_2O \rightarrow O^{\cdot} + 2Cl^- + 2H^-$	0.5	14.1
$HOCl \rightarrow O^{\cdot} + Cl^- + H^-$	1.0	19.0
二氧化氯：		
$2ClO_2 + H_2O \rightarrow 5O^{\cdot} + 2Cl^- + 2H^+$	2.5	37.0
過氧化氫：		
$H_2O_2 \rightarrow O^{\cdot} + H_2O$	1.0	29.4
過錳酸鹽：		
pH < 3.5		
$2MnO_4^- + 6H^+ \rightarrow 2Mn^{2+} + 5O^{\cdot} + 3H_2O$	2.5	15.8
3.5 < pH < 7.0		
$2MnO_4^- + 2H^- \rightarrow 2MnO_2 + O^{\cdot} + 3H_2O$	1.5	9.5
7.0 < pH < 12.0		
$2MnO_4^- + H_2O \rightarrow 3O^{\cdot} + 2MnO_2 + 2OH^-$	1.5	9.5
12.0 < pH < 13.0		
$2MnO_4^- + H_2O \rightarrow 2MnO_4^{-2} + O^{\cdot} + 2H^+$	0.5	3.2
臭氧：		
高 pH		
$O_3 \rightarrow O^{\cdot} + O_2$	1.0	20.8
低 pH		
$O_3 \rightarrow 3O^{\cdot}$	3.0	61.4

對有機化合物最終轉化為 CO_2 及 H_2O，反應氧的一般化學計量方程式推導如下：

$$C_aH_bO_c + dO^{\cdot} \rightarrow aCO_2 + (b/2)H_2O \qquad (10.4)$$

其中 $d = 2a + b/2 - c$。接著，藉由增加氧化劑乘以所需的自由反應氧數（d）再除以所產生的自由反應氧化學計量數的半反應，此方程式可平衡任何氧化劑（參考表 10.1 的半反應）。

例題 10.1 針對酚（C_6H_5OH），平衡分別以過氧化氫（H_2O_2）和過錳酸鹽（MnO_4^-）作為氧化劑時的半反應。

解答：

從式 (10.4)，

$$C_6H_5OH + 14O^{\cdot} \rightarrow 6CO_2 + 3H_2O$$

H_2O_2：

$$\begin{array}{l} C_6H_5OH + 14O^{\cdot} \rightarrow 6CO_2 + 3H_2O \\ + \quad (14/1)\,(H_2O \rightarrow O^{\cdot} + H_2O) \\ \hline = C_6H_5OH + 14H_2O_2 \quad 6CO_2 + 17H_2O \end{array}$$

MnO_4^-：

$$\begin{array}{l} C_6H_5OH + 14O^{\cdot} \rightarrow 6CO_2 + 3H_2O \\ + \quad (14/3)\,(2MnO_4^- + H_2O \rightarrow 3O^{\cdot} + 2MnO_2 + 2OH^-) \\ \hline = C_6H_5OH + (28/3)\,MnO_4^- + (5/3)\,H_2O \quad 6CO_2 + (28/3)\,MnO_2 + (28/3)\,OH^- \end{array}$$

在許多狀況中，廢水包含種類廣泛的化合物，而不是單一或少數特定的已知化合物。因此，在沒有背景可氧化化合物所引起的誤差之情況下，理論化學計量的使用無法應用於特定化合物。然而，使用自由反應氧而發展的一般方法，能夠適用於替代的化學需氧量（COD）。快速可量測的參數可轉化為任意廢水的總化學計量需求如下：

氧化劑需求量（mg 氧化劑 /L）= (2/n) (MW/32) COD （10.5）

化學氧化 10

其中， n = 每莫耳氧化劑的氧莫耳數（參考表 10.1）
  MW = 氧化劑的分子量（g/mol）
  COD = 化學需氧量（mg O_2/L）

以 H_2O_2 和 $KMnO_4$ 為例：

  H_2O_2 化學計量需求量 = (2/1) (34/32) COD = 2.13 COD
  $KMnO_4$ 化學計量需求量 = (2/1.5) (158/32) COD = 6.58 COD

對於化學計量需求量及自由反應氧的產量，也就是每公斤的氧莫耳數（由表 10.1），可決定每個氧化劑的化學計量劑量成本（以 \$/kg 氧化劑為準）。接著，依據有潛力氧化劑成本，可建立候選氧化劑的排序，其真正的效益和成本可由實驗室數據決定。

10.3 應用性

除了氧之外，大部分的氧化劑價格昂貴，且在處理高濃度、大體積的廢水時無法與生物廢水處理競爭。然而，化學氧化程序通常被設計用於無法用生物處理的廢水，也就是毒性、抑制性、和／或難分解的化合物。另外，偶合化學氧化與生物處理，以預處理毒性／難分解廢水來改善生物處理效能，能顯著減少成本。許多廢棄物質可達到具經濟性的部分氧化，產生各種快速生物降解的有機酸。

廢水混合物中有機物的平均氧化態（OX）可表示為：[3]

$$OX = \frac{4 \, (TOC - COD)}{TOC} \qquad (10.6)$$

COD/TOC 比可作為決定總反應程度的主要參數。圖 10.1 顯示典型的案例。反應前的起始 TOC 為點 A。點 B 確認起始反應產物，點 C 確認本質上反應已完成後的產物。對毒性以及對生物降解性的評估在點 B 和點 C 之間進行，以決定劑量及接觸時間。

處理效率是依據氧化劑產生可接受的有機副產物、但不具將有機碳最終轉化為二氧化碳的能力。此可表示為：

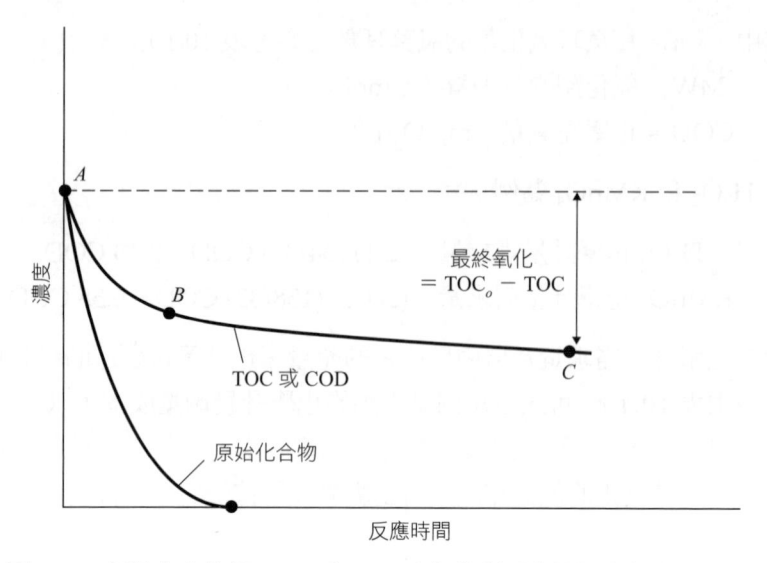

◐ 圖 10.1　原始化合物與 TOC 或 COD 在氧化劑反應過程中之改變

$$f = \frac{\text{OD}_T}{\text{OX}_T} \tag{10.7}$$

其中，　f = 最終氧化劑需求比例
　　　OD_T = 消耗的氧化劑，mg/L
　　　OX_T = 總化學計量氧化劑需求（取決於 COD），mg/L

2,4 二氯酚（DCP）和 2,4- 二硝基鄰甲酚（DNOC）的氧化結果，如圖 10.2 所示。結果顯示，H_2O_2 並非用作有機碳的最終氧化，但是原始的有機化合物已顯著改變，留下碳平均氧化電位可高度氧化的副產物，DNOC 顯示最大的變化（OX = +2.22），而 DCP 顯示最小（OX = +0.867）。

10.4　臭氧

臭氧（O_3）是有力的氧化劑（$E_H > 2.0$ V），通常用於消毒及廢水處理。在常溫常壓，臭氧是亞穩氣體，而且必須於現場製造。在高壓時，它的分解迅速。因此製造和質傳操作都在低壓進行，一

化學氧化 10

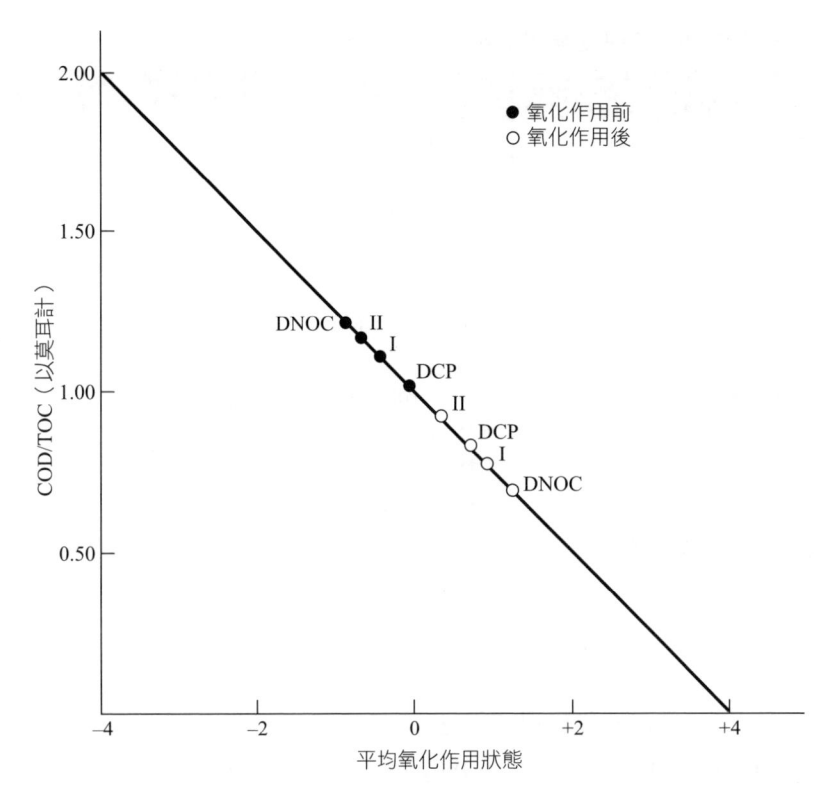

● 圖 10.2 系統中 COD/TOC 比值對碳的平均氧化作用狀態。注意，氧化狀態 +4 相當於無機碳（CO_2），氧化狀態 −4 相當於甲烷。I 和 II 為不同的氧化時間

般會低於 20 lb/in² 錶計壓力。[4]

臭氧產生對經濟操作而言是關鍵。臭氧製造機以電流操作，並且由空氣或純氧氣流產生臭氧。濕度會鈍化程序，在製造臭氧前空氣必須除濕（露點＜ −60℃）。近年來，製造純氧的最新技術已經顯著降低臭氧製造成本。表 10.2 顯示以空氣和純氧製造臭氧的比較。

臭氧在水中解離，特別是在高 pH 值時，以產生自由基：$O_3 \rightarrow O^{\cdot}+O_2$（$n = 1$，參見表 10.1）。解離速率為 pH 的函數（以 OH^- 表示），並可以一階衰減表示：[5]

➡ 表 10.2　臭氧產生之典型系統

特性	典型操作
產生之原理	尖端放電
電機頻率	低：50 或 60 Hz
	中：60-1000 Hz
	高：> 1000 Hz
操作壓力	7 到 14 lb/in² 錶計（低頻）
	20 lb/in² 錶計（高頻）
冷凝	水或油
臭氧產量	空氣：1-6%
	純氧：8-14%
能源消耗，kWh/lb	空氣：6.4-9.1
	純氧：3.2-6.8

資料來源：Langlais, Rekhow, and Brink, 1991.

$$\frac{dO_3}{dt} = r_d = -9.811 \times 10^7 \, [OH^-]^{0.123} [O_3] \exp(-5606/T) \quad (10.8)$$

其中，　　r_d = 臭氧自解離速率，M/min

[OH⁻], [O₃] = 水溶液中 OH⁻ 和 O₃ 的濃度，M

T = 溫度，K

臭氧反應機制特別倚賴進入水系統的質傳速率，並且存在三種反應性的操作範圍：

範圍 1：高 pH 和 / 或低臭氧劑量率，意指和溶質的主要反應機制需要 OH。展現低選擇性。

範圍 2：質傳和分解速率大致相等。直接的臭氧和 OH 反應皆重要。

範圍 3：低 pH 和 / 或極高的臭氧劑量率，意指溶質被臭氧直接氧化是控制反應。臭氧可展現高度選擇性。

臭氧氧化有機物的機制為：

1. 乙醇（alcohols）氧化為乙醛，然後成為有機酸：

$$RCH_2OH \xrightarrow{O_3} RCOOH$$

化學氧化 10

2. 將氧原子併入芳香環。
3. 碳雙鍵斷鍵。

臭氧化可用於去除放流水中的色度及殘留的難分解有機物。在某一案例，最終過濾的放流水中 TOC 降低時，可溶性 BOD 反而由 10 mg/L 增至 40 mg/L，因為長鏈生物難分解有機物轉化為可生物降解化合物。類似的結果可從處理菸草加工廢水的低率及高率活性污泥單元二級放流水的臭氧化得到，如表 10.3 所示。直到有機碳被氧化為 CO_2，TOC 才會降低，而 COD 通常會被任何氧化劑降低。

不飽和脂肪族或芳香族化合物的氧化，會造成水和氧的反應而形成酸、酮和醇。在 pH 大於 9.0 且諸如鐵、錳和銅等氧化還原鹽類存在的情況下，芳香族會形成一些氫氧基芳香族結構（酚）而可能具有毒性。許多臭氧化的副產物可快速生物降解。

對許多優先污染物，COD 的減量為快速的一階反應，到某種程度接著是一個緩慢或甚至零階去除，顯示出副產物的不反應特性。

圖 10.3 顯示處理有機化學廢水曝氣氧化塘放流水被臭氧化後的 COD 減量狀況。

用臭氧氧化酚類時，會產生介於酚類和 CO_2 和 H_2O 之間的 22 種中間產物。與酚類相關的反應屬一階反應，且最佳 pH 範圍介於 8 到 11 之間。氧化 1 莫耳的酚類需要消耗 4 至 6 莫耳的臭氧。在

➡ 表 10.3　二級澄清池放流水臭氧化的結果

參數	低 F/M（0.15）時間（min）* 0	60	高 F/M（0.60）時間（min）* 0	60
BOD, mg/L	27	22	97	212
COD, mg/L	600	154	1100	802
pH	7.1	8.3	7.1	7.6
有機氮, mg/L	25.2	18.9	40	33
氨氮, mg/L	3.0	5.8	23	25
色度（鉑-鈷）	3790	30.0	5000	330

* 負荷為 155 mg O_3/min。

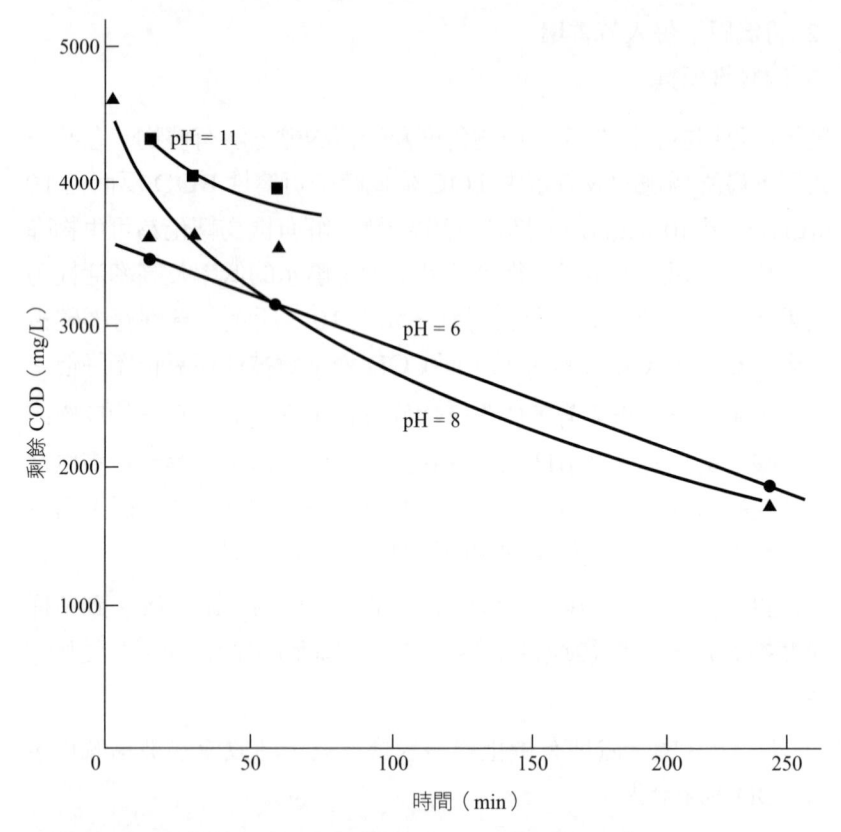

⊃ 圖 10.3　臭氧化曝氣氧化塘放流水後，pH 對去除 COD 的影響

一般氣相的常態下，每莫耳酚類需要 25 莫耳的臭氧。

臭氧可結合 UV（紫外線）輻射使用，以催化非反應有機物的氧化，諸如飽和碳水化合物和高度氯化有機物。臭氧與 UV 光（253.7 nm）反映在水相系統產生過氧化氫：[6]

$$O_3 + H_2O \xrightarrow{uv} O_2 + H_2O_2 \quad (10.9)$$

此二類氧化劑（O_3 和 H_2O_2）在低 pH 值的狀態下彼此互相反應，提供臭氧（O_3）和氫氧基（OH）。某些案例，在高級氧化程序（advanced oxidation processes, AOP_S）中，H_2O_2 可直接添加以強化雙重氧化程序。此外，UV 光可直接與這些有機物反應，進一步提升第一副產物與 O_3 反應。

化學氧化 10

10.5 過氧化氫

過氧化氫（H_2O_2）有各種商業等級，在廢水的應用上以 30% 到 50%（以重量計）的溶液最為普遍。通常會添加磷酸的抑制劑以延長儲存時間。在下水道管線及廢水處理廠使用過氧化氫來氧化硫化物，已有很長的歷史，近來也廣泛應用於毒性和難分解有機物。以 H_2O_2 氧化硫化物整理於表 10.4。

鹼性過氧化反應（alkaline peroxidation）（pH9.5）可氧化甲醛：$2CH_2O + H_2O_2 + 2OH^- \rightarrow 2HCOO^- + H_2 + 2H_2O$。

鹼性過氧化反應（pH 10 到 pH 12）是提供氰化物完全破壞的有效方法。反應為：$CN^- + H_2O_2 \rightarrow OCN^- + H_2O$, $OCN^- + 2H_2O \rightarrow NH_4^+ + CO_3^{2-}$。此程序被評估用於處理特殊聚合物製造所排放的廢水。所排放的廢水溫度 40℃ 且 pH 7.5，並含有 4700 mg/L COD 及 96 mg/L CN。過氧化氫被加到廢水中，並在 pH 10.7 反應 6 小時（需添加氫氧化鈉）。在反應 1 小時後，5600 mg/L 的 H_2O_2 被消耗，且殘留的 CN 濃度為 8.3 mg/L。在反應 6 小時後，6000 mg/L 的 H_2O_2 被消耗，且殘留的 CN 濃度為 2.5 mg/L。

單獨使用 H_2O_2 的反應緩慢，通常需要觸媒。使用高 pH（鹼性觸媒），各種廣泛的反應流程皆可行；例如硫酸亞鐵（Fenton 試劑）；錯合鐵（Fe-EDTA 或 Heme）、銅或錳等金屬；或諸如辣根過氧化物酶（horseradish peroxidase）等天然酵素。到目前為

➡ 表 10.4 利用過氧化氫的硫化物氧化

酸性或中性 pH
$H_2O_2 + H_2S \rightarrow 2H_2O + S$
反應時間：15-45 分鐘
觸媒：Fe^{2+}
pH：6.0-7.5
反應時間：數秒
鹼性 pH
$4H_2O_2 + S^{2-} \rightarrow SO_4^{2-} + 4H_2O$
反應時間：15 分鐘

止,最常見的觸媒是硫酸鐵（$FeSO_4$ 或 Fenton 試劑）,pH 約 3.5。與 Fe 的一連串反應,被假設導致自由基 OH 和 HO_2 的產生,並再生 Fe (II)：

$$Fe^{2+} + H_2O_2 \rightarrow Fe^{3+} + OH^+ + \cdot OH \quad (10.10a)$$

及

$$Fe^{3+} + H_2O_2 \rightarrow Fe^{2+} + HO_2^{\cdot} + H^+ \quad (10.10b)$$

氫氧自由基和有機化合物 R 之間產生連鎖反應：

$$RH + \cdot OH \rightarrow R^{\cdot} + H_2O \quad (10.11a)$$

$$R^{\cdot} + O_2 \rightarrow ROO^{\cdot} \quad (10.11b)$$

$$ROO^{\cdot} + RH \rightarrow ROOH + R^{\cdot} \quad (10.11c)$$

此反應在 pH 介於 2.0 和 4.0 之間時進行最好,主要是所產生的 Fe(III) 在溶液中可以 Fe^{3+} 存在,而不是以 $Fe(OH)_3$ 或 FeOOH 沉降。一些程序用此方式,在反應後沉降 Fe(III),並回收氫氧化鐵回到程序再使用。典型的 H_2O_2 觸媒系統如圖 10.4 所示。

其他觸媒包括 UV 輻射 (UV-H_2O_2)。其假設 H_2O_2 分子可被 UV 光直接分裂為氫氧自由基：

$$H_2O_2 \xrightarrow{UV} 2 \cdot OH \quad (10.12)$$

UV 光由高能量的燈泡產生,以適當的波長產生氫氧自由基,波長則根據作為指標的草酸鐵（ferrioxalate）分解狀況而定。此外,燈泡產生的熱可顯著增加反應速率。UV-H_2O_2 程序通常應用於低色度、濁度、濃度的水污染物,例如受污染的地下水。然而,專屬添加物也可用於較高強度的污染物。許多化合物以 UV-H_2O_2 處理相當有效,包括苯、甲苯、二甲苯、三氯乙烯及四氯乙烯,但是有些還是難以處理,包括三氯甲烷、丙酮、三硝基苯及 n-辛烷。圖 10.5 顯示其效能。

化學氧化 10

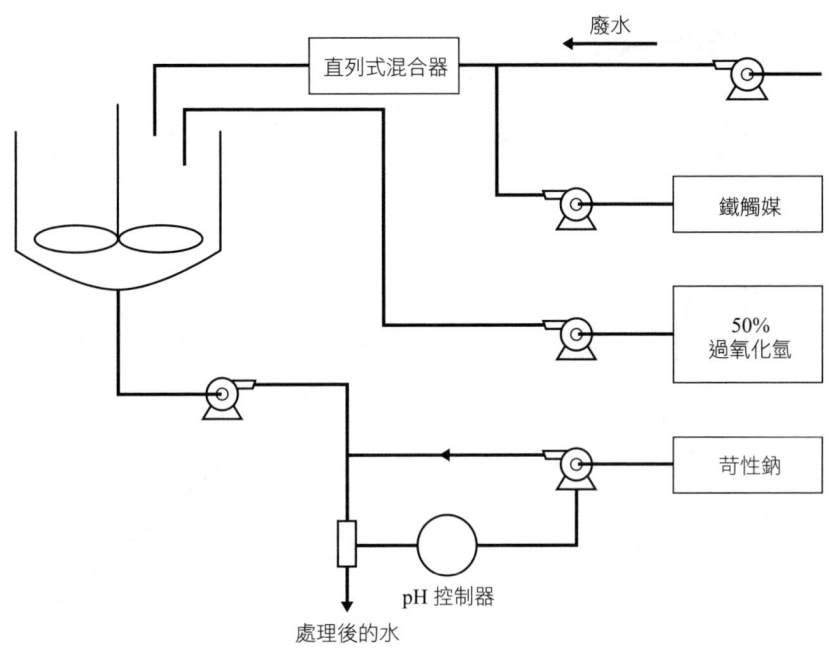

註：此反應之 pH 必須 ≤5。

◯ 圖 10.4　以過氧化氫作為觸媒的廢水處理系統

　　表 10.5 比較許多觸媒。必須注意的是，對個別廢水和 / 或特定污染物，觸媒必須實驗評估。

　　許多案例顯示，過氧化氫對去除特定不欲見的污染物（例如優先污染物）、降低毒性、和 / 或生物降解性的改善（在降解的速率和程度兩方面）很有用。表 10.6 整理各種芳香族化合物氧化的測試結果，測試指出去除這些化合物（COD 和 TOC）的反應性，以及對毒性的顯著改善（2,6- 二氯酚除外）。H_2O_2 氧化可同時搭配生物處理來進一步處理 COD 到可接受程度。在許多案例中，難分解 COD 的氧化會造成 BOD 的增加，如圖 10.6。[7]

工業廢水污染防治

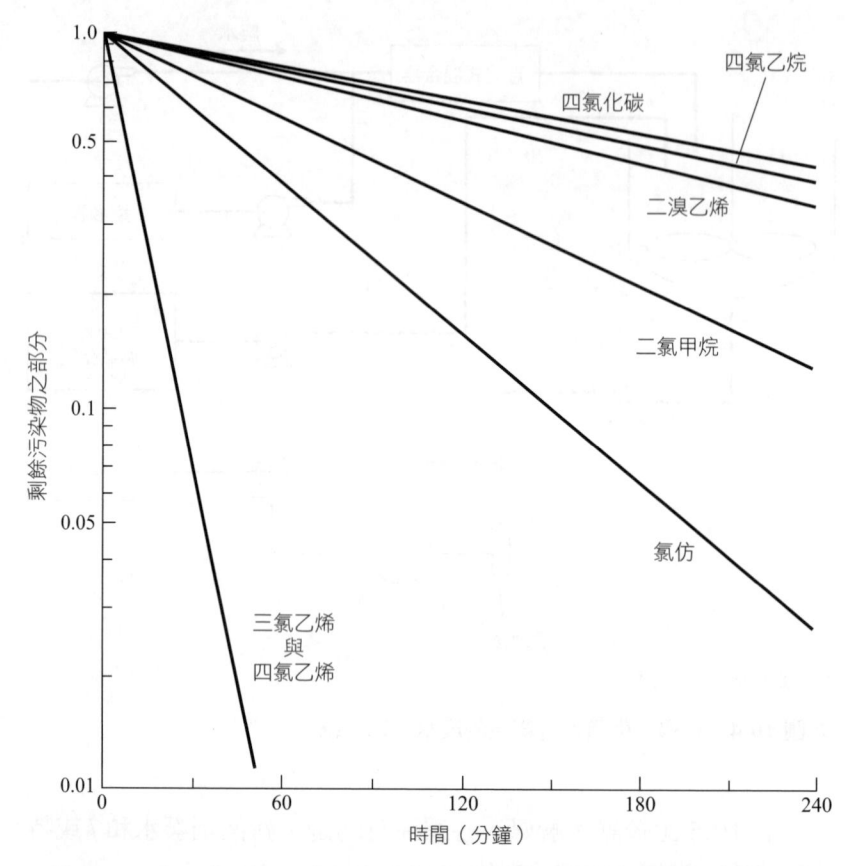

◯ 圖 10.5　在 20°C 時 UV 與過氧化氫鹵化脂族化合物，其反應速率之比較（資料來源：Sundstrom et al., 1994）

➡ 表 10.5　以過氧化氫處理之廢棄物觸媒

觸媒	合適的 pH 值	需求條件	建議
Fenton 試劑：硫酸亞鐵	2-4	$H_2O_2:Fe \approx 10:1$	氫氧化鐵污泥之生成
鹼性 pH 值	> 9	—	—
錯合鐵：			
Fe-EDTA*，血基質	5-10	$H_2O_2:Fe \approx 5:1$	溶液中仍有錯合鐵殘留物
UV，輻射	2-10†	濁度低 UV 吸光度低 有機污染物低	電力成本占重要地位

* 如同鐵或鐵乙二胺。
† pH 發揮些許作用。

➡ 表 10.6　芳香族化合物與過氧化氫之氧化作用 *, †

化合物	% 破壞率	% COD 總去除率	%TOC 總去除率 ‡	毒性 (EC$_{50}$)§ 原始化合物	毒性 (EC$_{50}$)§ 經氧化劑處理後
硝基苯	> 99	72.4	37.3	62	217
苯甲酸	> 99	75.8	48.8	289	> 292
酚類	> 99	76.1	44.1	69	NT
鄰 - 甲酚	> 99	75.0	55.6	29	NT
間 - 甲酚	> 99	73.3	38.2	16	NT
對 - 甲酚	> 99	71.8	40.0	5	NT
鄰 - 氯苯酚	> 99	75.1	47.9	52	—
間 - 氯苯酚	> 99	75.0	41.3	18	NT
對 - 氯苯酚	> 99	75.7	21.7	3	NT
2,3- 二氯苯酚	> 99	70.2	52.6	10	NT
2,4- 二氯苯酚	> 99	68.9	50.3	6	—
2,5- 二氯苯酚	> 99	74.2	41.8	18	NT
2,6- 二氯苯酚	> 99	61.1	32.5	54	26¶
3,5- 二氯苯酚	> 99	69.1	48.9	5	NT
2,3- 二硝基苯酚	> 99	80.1	50.7	86	NT
2,4- 二硝基苯酚	> 99	72.5	51.0	22	NT
苯胺	> 99	76.5	43.4	394	NT

* 以當量劑量的過氧化氫，5×10^{-3} M 的污染物，50 mg/L 的硫酸亞鐵（如鐵）作為觸媒；樣品在 24 小時 20°C（±2°）的條件下批次反應。
† 僅根據原始化合物。
‡ 相對應的最終轉化。
§ EC$_{50}$ = 導致活動力減少 50% 時，所對應之濃度。基於 Microtox 生物毒性檢測技術；其單位為 mg DOC/ L；NT = 無毒性反應。
¶ 顯示毒性增加。

10.6　氯

　　在水及廢水處理中，氯作為氧化劑使用已有很長的歷史，尤其在有機染料存在時的色度去除特別成功。然而，近來有關於氯化副產物的疑慮，例如三氯甲烷，已大幅降低氯在廢水處理中的應用。圖 10.7 顯示活性污泥放流水為了去除色度的氯化。在氯去除色度高度成功的同時，也必須考量氯化有機物。在零或低流量承受水體

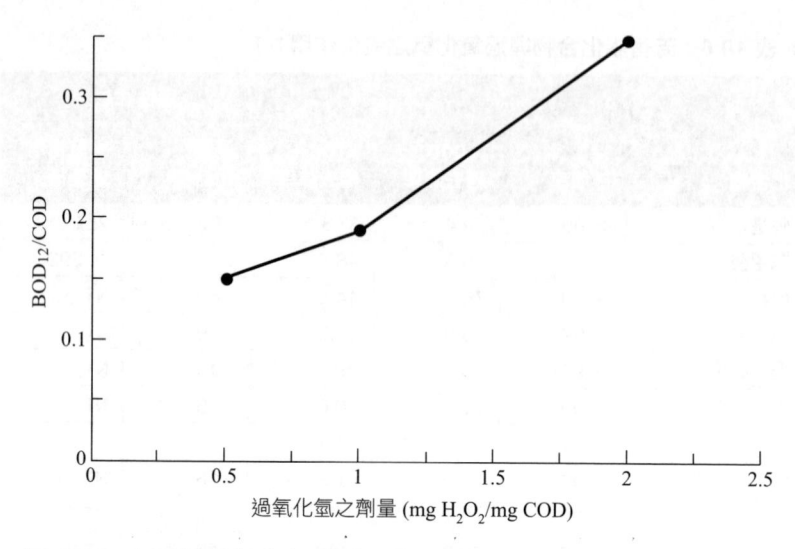

◯ **圖 10.6** 在不同過氧化氫劑量下的 BOD_{12}/COD 比（資料來源：Albers and Kayser, 1998）

中，類似的放流水很難符合規定的放流水標準。

氯仍經常使用在金屬表面加工作業的氰化物氧化。氰化物被氯氧化經過多道高度 pH 相關的程序，實務上有兩個典型的步驟：

步驟 1

反應 1：氰化物與次氯酸根形成氯化氰（全部的 pH 範圍）：

$$CN^- + OCl^- + H_2O \xrightarrow{slow} CNCl + 2OH^- \qquad (10.13a)$$

反應 2：氯化氫水解形成氰酸根 CNO^-（pH 最低 9 到 10；建議 pH 為 11.5）：

$$CNCl + 2OH^- \xrightarrow{fast} CNO^- + Cl^- + H_2O \qquad (10.13b)$$

步驟 2

反應 3：氧化氰酸根形成碳酸氫根和氮氣（pH 8.0 至 8.5）：

$$2CNO^- + 3HOCl \rightarrow 2HCO_3^- + N_2 + 3Cl^- + H^+ \qquad (10.13c)$$

氯化氰為毒性氣體，必須立刻消除。它不穩定，且在高 pH 時

化學氧化 10

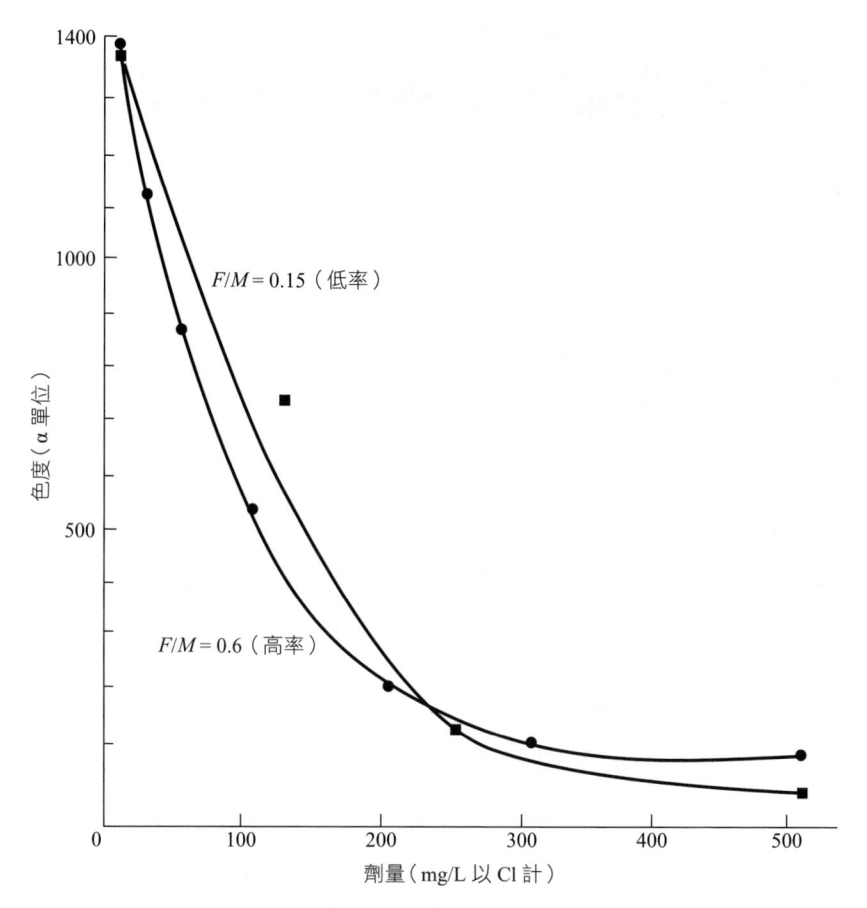

⊃ 圖 10.7　氯化作用去除色度

　　會迅速水解為 CNO^-。因此，步驟 1 會在建議的 pH 11.5 中同時進行反應 1 和 2。

　　此時，CNO^- 的毒性較 CN^- 毒性少 1000 倍，反應通常停在此點。然而，完成反應需要步驟 2，其中 CNO^- 在 pH 8 至 8.5 時被氧化為 HCO_3^- 和 N_2（氣體）。雖然較低的 pH（小於 7.6）可能更佳，若程序有所閃失，HCN 演化的可能性會讓此程序的 pH 值有一個下限。

　　實際上，氯的劑量強烈地取決於金屬與 CN^- 的錯合本體，以及廢水中出現的其他背景成分。既然這些濃度持續變化，系統通常

表 10.7　以氯氧化氰的實務整理

反應步驟	氯劑量 *	操作 ORP[†] (mV)
步驟 1：$CN^- \rightarrow CNO^-$	化學計量（Cu, Zn）· 2 × 化學計量（Fe, Co, Ni）	~350[†]
步驟 2：$CNO^- \rightarrow HCO_3^- + N_2$	化學計量	500–800

* 對個別廢水，此數值必須實驗調整。
[†] 根據式 (10.10a) 和式 (10.10c) 的化學計量劑量。

以氧化還原電位（oxidation-reduction potential, ORP）為基礎而操作。典型的劑量和操作參數整理於表 10.7。通常氯會以次氯酸鈉的形式（15% 的 NaOCl）應用在 20 gal/min 以下操作，更大的操作則用氯氣（Cl_2）。以下例題為一個示範性的問題。

例題 10.2　在流量為 10,000 L/d 時，必須添加多少 Cl_2 來氧化 130 mg/L 的氰（以 CN 計）？

(a) 考慮氧化為 CNO^-。
(b) 考慮完全氧化為 HCO_3^- 和 N_2。

首先，考慮 Cl_2 與水反應產生 HOCl 和 HCl：

$$Cl_2 + H_2O \leftrightarrow HOCl + HCl$$

因此，僅有一半的氯有效。其次，全部的計算必須以莫耳基礎完成，或者，CN 的分子量 = 12 + 14 = 26 g/mole。然後

$$\frac{130 \text{ mg/L 氰}}{(26 \text{ g/mol})(1000 \text{ mg/g})} = 5.0 \times 10^{-3} \text{ M}$$

解答：

(a) 合併反應 1 和反應 2（式 (10.10a) 和式 (10.10b)），以給定 CN^- 至 CNO^- 的綜合反應：

$$\text{反應 1 + 反應 2} = CN^- + OCl^- \rightarrow CNO^- + Cl^-$$

因此，每個 CN^- 需要 1 莫耳的 OCl^-

$$5 \times 10^{-3} \text{ M } CN^- \left(\frac{1 \text{ mol } OCl^-}{1 \text{ mol } CN^-} \right) = 5 \times 10^{-3} \text{ M 所需的 } OCl^-$$

$$= \frac{\text{化學計量劑量}}{5 \times 10^{-3} \text{ M 所需的 } Cl_2}$$

化學氧化 10

最後，對 10,000 L/d 的流量：

$$(5\times10^{-3} \text{ mol Cl}_2/\text{L})(10{,}000 \text{ L/d}) = 50 \text{ mol Cl}_2/\text{d}$$

然後 $Cl_2 = 71$ g/mol，或

$$\frac{(50 \text{ mol Cl}_2/\text{d})(71 \text{ g/mol})}{1000 \text{ g/kg}} = 3.55 \text{ kg Cl}_2/\text{d}$$

而且，既然劑量是化學計量 1 至 2 倍，視與 CN^- 錯合的金屬而定（參見表 10.5），確實所需的劑量 = 3.55 至 7.10 kg Cl_2/d。

(b) 考慮反應 3（式 (10.13c)）：

$$2CNO^- + 3HOCl \rightarrow 2HCO_3^- + N_2 + 3Cl^- + H^+$$

注意起始存在的每 2 莫耳 CNO^- 產生 3 莫耳 HOCl，每莫耳的 CN^- 產生 1 莫耳 CNO^-。因此，

$$5\times10^{-3} \text{ MCNO}^- = \left(\frac{3 \text{ mol HOCl}}{2 \text{ mol CNO}^-}\right)(10{,}000 \text{ l/d})\left(\frac{71 \text{ g/mol}}{1000 \text{ g/kg}}\right)$$

$$= 5.33 \text{ kg Cl}_2/\text{d}$$

且總需求為步驟 1 + 步驟 2，或是

Cl_2 = (3.55 到 7.10 kg/d) + 5.33 kg/d = 8.88 到 12.43 kg Cl_2/d

圖 10.8 顯示氰化物廢水鹼性氯化的電極電位關係。

10.7 過錳酸鉀

過錳酸鹽（MnO_4^-）是強而有力的氧化劑（E_h = 1.68 V），在廣泛的 pH 範圍皆有活性（雖然報告指出在高 pH 較快速），並可應用於有機及無機化合物。其以固體的穩定型態（純度為 96.5% 到大於 99%）或以濃縮的液態供應。$KMnO_4$ 的傳統應用包括臭味控制（無機或有機硫化物的氧化）、紡織、製革、鋼鐵加工、金屬表面加工、紙漿造紙，及煉油廢水。硫的氧化的進行在酸或鹼的情況下不同：

酸

$$3H_2S + 2KMnO_4 \rightarrow 3S° + 2H_2O + 2KOH + 2MnO_2(s)$$

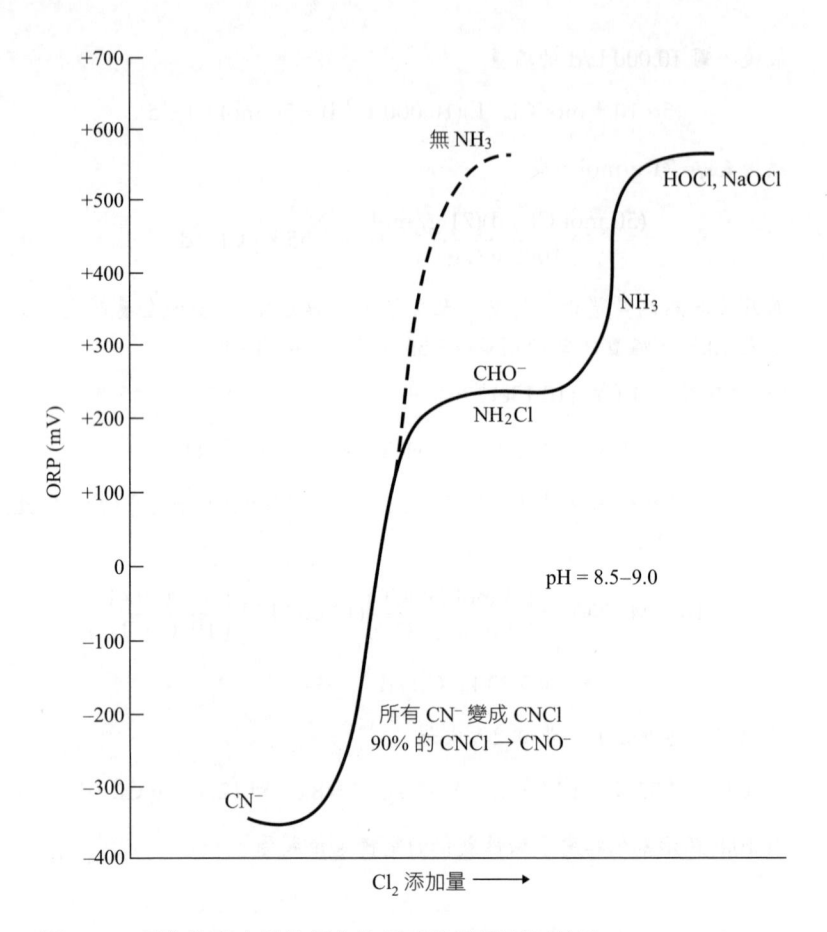

○ **圖 10.8** 氰化物廢水鹼性氯化作用時的電極電位關係

鹼

$$3H_2S + 8KMnO_4 \rightarrow 3K_2SO_4 + 2H_2O + 2KOH + 8MnO_2(s)$$

不像其他氧化劑，$KMnO_4$ 會產生固體反應副產物 $MnO_2(s)$，並和廢水中已視為廢棄物的部分沉降物/固體物一起依廢棄污泥的方式處置。對濃縮廢水而言，此污泥量可說相當可觀。資料顯示，$KMnO_4$ 在對特定化合物的破壞，以及酚類和其他芳香族化合物的毒性降低方面，都非常有效；即使是特定的脂肪族，例如三氯乙烯、四氯乙烯和三氯乙烷。

10.8　氧化概述

各種芳香族化合物被 H_2O_2、$KMnO_4$ 和 O_3 化學氧化,如表 10.8 所示。[8] 這些化合物在氧化前與氧化後的毒性如表 10.9 所示。

處理不同形式染料的化學氧化應用,如表 10.10 所示。

根據各種研究,結合 AOP_S 比單一氧化劑應用的效率更佳。通常因為氧化劑成本的緣故,使用會限制於 COD 相對較低的廢水。如前所述,通常不需要完全氧化至最終產物,因此可降低氧化劑劑量和成本。

➡ 表 10.8　利用 H_2O_2、$KMnO_4$、O_3 之芳香族化合物化學氧化

化合物	初始氧化型態	TOC 去除率 (%)[a,b,c] H_2O_2	$KMnO_4$	O_3	COD 去除率 (%)[d] H_2O_2	$KMnO_4$	O_3
吡咯烷	−1.76	34.9	NR[e]	32.1	72.1	NR[e]	58.5
對氨基苯磺酸	−0.84	46.3	NR	57.5	74.9	NR	57.4
萘	−0.80	46.2	NR	0.0	80.4	NR	>99.0
二苯胺	−0.66	69.4	NR	30.6	87.7	NR	90.0
糞臭素	−0.66	0.0	NR	0.0	39.0	NR	38.1
苯甲醛	−0.57	78.6	67.6	74.4	93.5	79.1	74.2
吲哚	−0.50	62.3	60.3	60.9	95.5	91.0	77.2
鄰苯二酚	−0.33	57.0	52.2	22.0	80.5	66.3	30.7
對苯二酚	−0.33	30.7	27.3	17.2	78.5	71.2	45.0
間苯二酚	−0.33	56.5	27.8	29.1	79.8	73.1	50.1
香莢蘭醛	−0.25	70.3	53.4	63.6	87.8	55.2	63.6
鄰苯三酚	0.00	45.4	22.1	28.5	75.1	78.2	48.5
水楊酸	0.00	28.6	31.6	31.2	74.6	49.8	41.6
香豆素	+0.22	25.9	NR	NR	65.3	NR	NR
鄰苯二甲酸	+0.25	37.0	NR	31.1	71.2	NR	52.0
平均[f]	−0.44	45.9	42.8	36.8	77.1	70.5	55.9

[a] 依照有機碳之低氧化態順序排列。
[b] 依照分子結構計算有機碳的氧化狀態均值。
[c] 根據相對應的百分比轉化二氧化碳,即最終氧化反應。
[d] 除了溶解度的限制(萘和二苯胺)外,所有化合物的初始濃度約在 $5×10^{-3}$ M(例如原始化合物)。
[e] NR = 無反應(在 COD 方面,無顯著的減量)。
[f] 基於反應化合物的平均水準。
資料來源:Bowers, 1997。

➡ 表 10.9 氧化前後的化合物毒性

化合物	原始 EC$_{50}$ (%)*	經過化學氧化後之 EC$_{50}$ (%)*,†		
		H$_2$O$_2$	KMnO$_4$	O$_3$
吡咯烷	NT‡	NT	NR§	NT
對氨基苯磺酸	14.0 (49.6)	62.0 (117.8)	NR	70.0 (107.1)
萘	41.0 (5.3)	NT (7.0)¶	NR	NT (14.0)¶
二苯胺	14.0 (5.0)	83.0 (9.1)	NR	88.0 (22.0)
糞臭素	0.9 (2.6)	4.2 (12.6)	NR	8.0 (24.2)
甲醛	4.8 (20.2)	54.0 (48.6)	11.0 (15.0)	39.0 (42.1)
吲哚	1.3 (6.2)	56.0 (100.8)	25.0 (47.5)	45.0 (84.6)
鄰苯二酚	8.1 (28.4)	30.0 (45.3)	49.5 (95.5)	39.0 (108.0)
對苯二酚	0.3 (1.0)	1.6 (3.9)	63.0 (172.0)	48.0 (143.0)
間苯二酚	55.0 (194.7)	64.0 (98.6)	42.0 (107.9)	48.0 (120.5)
香莢蘭醛	22.0 (103.8)	53.0 (74.2)	52.0 (236.4)	65.0 (113.1)
鄰苯三酚	2.8 (9.4)	61.0 (111.6)	50.0 (130.5)	42.0 (102.1)
水楊酸	27.0 (110.4)	25.0 (73.0)	26.0 (90.2)	28.0 (98.3)
香豆素	2.0 (12.4)	NT (460.0)¶	NR	NR
鄰苯二甲酸	NT	NT	NR	NT

* 基於 Microtox 生物毒性檢測技術；每單位 %（或濃度）可以減少 50% 來自螢光源。
† 括號內的值表示在 TOC 基礎的 EC$_{50}$（以 mg/L 為單位）。
‡ NT = 無毒性；即沒有檢測出光源減少。
§ NR = 此一特定氧化劑不會與化合物發生反應。
¶ 括號內的值表示無毒化合物在最高 TOC 值時並未稀釋。
資料來源：Bowers, 1997.

➡ 表 10.10 不同染料種類的製程建議

染料種類	Fenton (FSR)	UV/H$_2$O$_2$	O$_3$/H$_2$O$_2$
反應性染料	+	+	+
直接性染料	+	+	+
金屬錯合物染料	+	+	+
顏料染料	+	−	−
分散性染料	−	+	+
甕染料	0	−	−
混合物染料	0	+	0

建議　　　+
不建議　　−
適用　　　0

化學氧化 10

10.9 水熱程序

水熱程序是指在提升溫度和壓力情況下的廢水液相處理。使用中及實驗室檢驗的基本操作範圍有三種：

1. **濕式氧化**（wet air oxidation, WAO）：對濃縮的廢水而言，濕式氧化是常用的程序，特別是毒性與/或生物難分解者。這些程序使用一種氧化劑，主要是來自空氣中的氧，以部分地氧化有機物，產生各種低分子量的有機酸（快速生物降解）。溫度通常介於 150°C 到 320°C，壓力從 150 到 3000 lb/in² 錶計（1.0 到 20.7 Mpa）。此程序如圖 10.9 所示。

2. **水熱水解**（hydrothermal hydrolysis）：有機化合物的水解會發生在溫度和壓力提升後，例如，$CN^- \to HCOO^-$ 或 $CCl_4 \to HCl$。到目前為止，所有檢驗都有實驗室規模。水熱水解的建議溫度範圍從 200°C 到 374°C，錶計壓力為 220 到 3200 lb/in²。

3. **超臨界水氧化**（supercritical water oxidation, SCWO）：有機物的液相氧化完全發生，溫度和壓力甚至高於濕式氧化，SCWO 發生在水的臨界點（約 374°C 及 218 atm）之上。典型的操作條件為 400°C 到 650°C，錶計壓力為 3500 到 5000 lb/in²

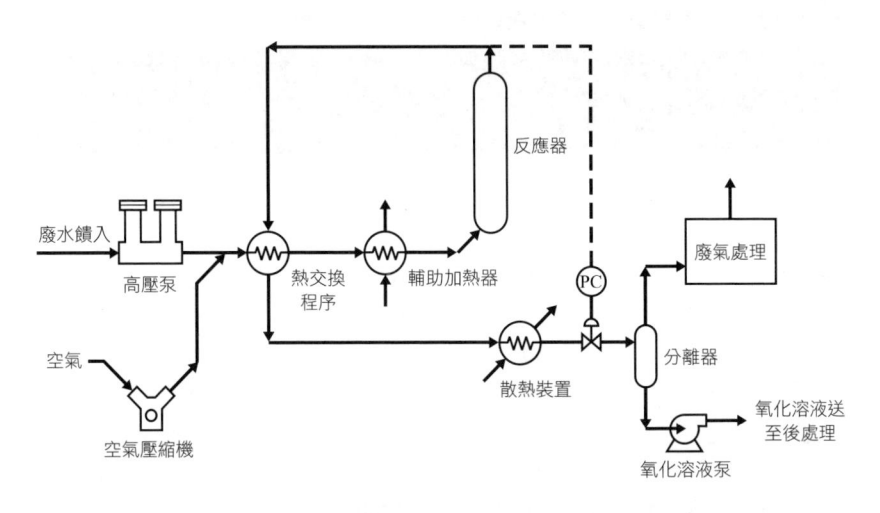

⊃ **圖 10.9　濕式氧化流程圖**

（24.1 到 34.5 Mpa）。在這些溫度和壓力之下，物質的結構呈臨界狀態且鹽類溶解度顯著降低，造成積垢。

到目前為止，只有濕式氧化達到某種程度的商業上的成功。水熱水解和 SCWO 主要在實驗室示範，在現場也只有少數操作持續進行。然而，WAO 是商業程序，至少有三家設備供應商（U.S. Fitler/Zimpro、Kenox Corporation，以及 Nippon Petrochemical），並且已銷售 250 套設備給顧客。現場單元操作於大約 2.5 到 300 gal/min 的負荷量，處理從煉油廠廢鹼溶液到製藥業等各種廢水。廢水成分的命運如表 10.11 所示。對各種案例研究的處理效能整理如表 10.12 所示。這些系統的操作皆以空氣作為氧的來源。由於高溫、高壓及廢棄物的高腐蝕性，需要年度維護及檢

➡ 表 10.11 廢水成分在濕式氧化中的命運

進流水的可溶性、膠體或懸浮物種類	濕式氧化產物	
	部分氧化	完全氧化
複雜有機物	低分子量的有機物（羧酸、醛、酮、烴）	CO_2, H_2O, HX
無機物	NH_4, N_2, SO_3	SO_4^{2-}, PO_4^{3-}, NO^{3-}

➡ 表 10.12 濕式氧化裝置的操作條件與破壞效率概要 *

廢水化合物 [†]	處理參數		破壞率 (%)
	溫度 (°C)	停留時間 (min)	
苊萘	275	60	99.99
苊萘	275	60	99.0
四氯化碳	275	60	99.7
三氯甲烷	275	60	99.5
鄰苯二甲酸二丁酯	275	60	99.5
馬拉硫磷	250	60	99.9
硫醇類化合物	200	—	>99.99
4-硝基苯酚	275	—	99.6
酚類	200	—	97.7–98.2

* 數據來自美國威斯康辛州 Rothschild 的 Filter/Zimpro 公司。
[†] 進流水濃度範圍從 287 至 11,800 mg/L。

查，以及經常性的清潔，以去除在鍋爐及熱交換器上的積垢沉澱物。只要能規律地維護，WAO 單元預期可服務 80% 至 85% 的時間，另外如果有二級泵或壓縮機的輔助，可增加操作時間至 90% 到 95%。

10.10 問題

10.1. 一廢水流量為 40,000 gal/d（150 m^3/d）包含 35 mg/L CN$^-$。計算此廢水的鹼性氯化作用 CN$^-$ 去除的化學需求。

參考文獻

1. Lyman, W. J., W. F. Reehl, and D. H. Rosenblatt: *Handbook of Chemical Property Estimation Methods*, American Chemical Society, Washington D.C., 1990.
2. Lankford, P. W., and W. W. Eckenfelder: *Toxicity Reduction in Industrial Effluents*, Van Nostrand Reinhold, New York, 1990.
3. Stumm, W., and J. J. Morgan: *Aquatic Chemistry*, John Wiley & Sons, New York.
4. Langlais, B., D. A. Reckhow, and D. R. Brink, eds.: *Ozone in Water Treatment: Application and Engineering*, Lewis Publishers, Chelsea, Mich., 1991.
5. Sullivan, D. E., and J. A. Roth: "Kinetics of Ozone Self-Decomposition in Aqueous Solution," *Water 1979*, vol. 76, no. 197; pp. 142–149.
6. Sundstrom, D. W. et al.: presented at the Association of Industrial Chemical Engineers Spring Meeting, April 1994.
7. Albers, H., and Kayser, R.: *42nd Purdue Ind. Waste Conf.*, p. 893, 1988.
8. Bowers, A.: *Chemical Oxidation*, Technomic Pub. Co., Lancaster, Pa., 1997.

11

污泥處理與處置

11.1 簡介

在廢水處理過程中所產生的殘留物之處理及處置既困難且昂貴，成本可能高達總系統成本的 50% 到 60%。來自穩定污染物流程的固體物或生物固體物〔後續以集合詞污泥（sludge）稱之〕通常是固體物重量為 0.25% 到 12% 的液體或半固體液體。這些殘留物通常是有機物，如果處理不慎會變成惡臭。因此，殘留物管理的目的具許多層面：

- 提供穩定污泥。
- 減少污泥體積。
- 破壞致病菌。
- 促進再利用。
- 最小化成本。

所產生的大量殘留物提供再利用的機會以及「加值」產品開發的創新製程。因此，整個廢水處理系統的設計及操作必須與此目標一致。再利用的標準包括：

- 無害／無毒（法規考量）。

- 穩定（法規考量）。
- 無感染（法規考量）。
- 產物必須符合末端使用的特定化。

固體物處理的程序選擇取決於：

- 污泥特性。
- 最終處置／再利用方案。
- 土地可用性。
- 氣候。
- 成本。
- 工廠規模。

對任何殘留物管理計畫的考量包括：

- 殘留物的本質。
- 最小化污泥量（增加固體物的百分比）及捕捉微細物質。
- 污泥處理及運輸：
    a. 減少體積。
    b. 增加穩定性。
    c. 減少臭味。
    d. 減少水分。
    e. 減少揮發性固體物百分比。
    f. 增加膠羽強度。
- 脫水特性及調理。
- 最終處置及再利用方案：
    a. 可靠度議題。
    b. 市場化調查。
    c. 推廣計畫。
    d. 許可議題。

大部分工業水污染控制採用的處理程序從固-液分離程序（沉澱、浮除等）產生污泥，或因化學混凝或生物反應的結果產生污泥。這些固體物通常歷經一系列的處理步驟，包括濃縮、脫水及最

污泥處理與處置 11

終處置。有機性的污泥在最終處置之前,也會經過有機物或揮發性成分的降低處理。污泥包括自由水、毛細水及結合水。自由水可藉污泥濃縮去除,毛細水藉由脫水而去除,結合水只能藉由化學或熱方法去除。這些機制如圖 11.1 所示。

一般而言,膠結型態的污泥,例如鋁或活性污泥,會產生較低的濃度;而初級及無機污泥在每個程序序列中會產生較高的濃度。

傳統污泥處理的替代方案如圖 11.2 所示。所選擇的程序主要取決於污泥的本質及特性,以及所採用的最終處置方法,或選用的再利用方案。例如,活性污泥使用浮除來濃縮會比重力濃縮更有效率。最終處置採用焚化處理,則希望固體物含量能支持自身燃燒。在某些案例,程序序列明顯來自處理類似污泥或由地理或經濟限制的經驗。在其他案例,則必須進行實驗計畫,以選出對特定問題最經濟的解決方案。

本章探討污泥特性化和穩定技術,以及污泥處理和處置的方法,包括濃縮、脫水、最終處理/處置方法,也包括程序描述、設

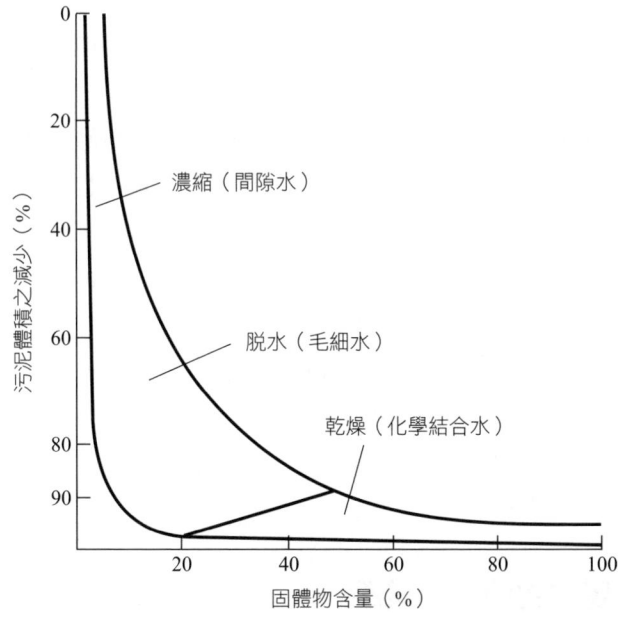

◯ 圖 11.1　污泥脫水機制

```
                    濃縮                          脫水
             ┌──→ 重力  ──┐              ┌──→ 離心機   ──┐
             │            │              │              │
             ├──→ 浮除  ──┤              ├──→ 真空過濾器 ──┤
   廢棄      │            │              │              │
   污泥 ────┼──→ 離心  ──┼─────────────┼──→ 帶式過濾機 ──┼──→
             │            │              │              │
             ├──→ 滾筒篩濾機 ─┤          └──→ 壓濾機   ──┘
             │            │
             └──→ 重力帶式 ─┘
```

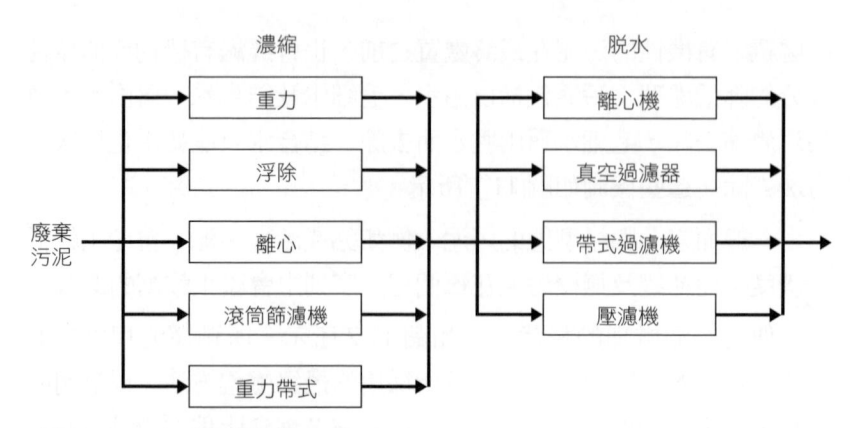

◯ 圖 11.2　污泥處理過程的替代方案

計準則、案例等。

11.2　污泥處置之特性

污泥的物理及化學特性可決定其在技術面與經濟面最有效的處置方法。污泥濃縮處理時，濃度比為 C_u/C_o（底流濃度/進流水濃度），與質量負荷（lb solids/(ft$^2 \cdot$ d) 或 kg solids/(m$^2 \cdot$ d)）有關，代表重力濃縮處理之可行性。

以過濾處理的污泥之脫水能力主要與比阻抗有關。雖然加入混凝劑能減少污泥的比阻抗，但如有經濟面的考量，也可能用別種方式進行污泥的脫水。

污泥的最終處置經常使用土地處置或是焚化處理。以焚化處理時，污泥的熱值與脫水程度是決定操作是否經濟的主要因素。土地處置可以將廢棄活性污泥（waste activated sludge, WAS）當作肥料或是土壤改良劑，或是使用封閉掩埋的方法處理含有危害性之污泥。但是最主要的是，若要以土地處置處理污泥，必須先進行前處理將重金屬去除。

特性化殘留物的溶出試驗

永續廢棄物管理須注意製程及處理所產生的殘留物的再利用。

污泥處理與處置 11

為了能夠再利用，這些殘留物必須無害且符合最終使用標準。因此，將殘留物之毒性特性化是很關鍵的議題。包括含毒污泥的殘留物，如果管理不正確，可對人體健康或環境造成傷害。

毒性特性溶出程序（toxicity characteristic leaching procedure, TCLP）是由美國環保署（USEPA）所發展的協定（Method 1311），以評估在錯誤管理的情形下，廢棄物質釋出有害組成的可能性，例如將有害廢棄物放置在都市固體廢棄物掩埋場。此程序包括廢棄物萃取的化學分析。如果廢棄物的可過濾固體物少於 0.5%，依循 Method 1311 協定的過濾液則視為溶出液。含有較高固體物含量的廢棄物則以醋酸溶液萃取，以取得萃取液。20：1 的零空間萃取特定液固比（liquid to solid ratio, L/S）被用以計算揮發物。100g 的樣品（< 40 mesh）及萃出液在 30 rpm 旋轉 18 ± 2 小時。萃取液取決於廢棄物的鹼度。非常鹼性廢棄物以固定量的冰醋酸在 pH 2.88 ± 0.05 下萃取，其他的廢棄物在 pH 4.93 ± 0.05 溶出。如果廢棄物的任一萃取物濃度超過 USEPA 所建立的管制等級，則認為其呈現毒性有害廢棄物特性。目前，USEPA 已經訂定 40 種元素及化合物的管制等級，包括重金屬、揮發及半揮發有機物、農藥和除草劑（見 40 CFR 261.24），如表 11.1 所示。

管制水準以稀釋衰減因子（dilution attenuation factor, DAF）為基礎。稀釋和衰減的量取決於水文地質狀況、污染物的型態和排放的速率。TCLP 以主要飲用水標準決定允許的限值。DAF 值 100 通常用以決定金屬的 TCLP/TC 管制水準。

值得注意的是，如果全部分析顯示化合物並不存在或是未超過管制限值，則不需要 TCLP。體積密度測試（bulk density testing）可用以決定這些基準。

另一個批次溶出試驗用來模擬酸雨對土地處置廢棄物的效應。USEPA 合成沉澱溶出程序（Synthetic Precipitation Leaching Procedure, SPLP）操作類似 TCLP，但萃取液包括兩種無機酸、硝酸和硫酸。在密西西比河以東，樣品的萃取在 pH 4.22 ± 0.05 下操作，以反映工業化及高人口效應；密西西比河以西則在 pH 5.0 進

➡ **表 11.1　污染物毒性特性的最高濃度**

污染物	管制標準 (mg/L)
砷	5.0
鋇	100.0
苯	0.5
鎘	1.0
四氯化碳	0.5
氯丹	0.03
氯苯	100.0
氯仿	6.0
鉻	5.0
鄰-甲酚	200.0*
間-甲酚	200.0*
對-甲酚	200.0*
甲酚	200.0*
2,4-D	10.0
1,4-二氯苯	7.5
1,2-二氯乙烷	0.5
1,1-二氯甲烷	0.7
2,4-二硝基甲苯	0.13[†]
安特靈（異狄氏劑）	0.02
飛佈達（及其環氧）	0.008
六氯苯	0.13[†]
六氯丁二烯	0.5
六氯乙烷	3.0
鉛	5.0
靈丹（農藥）	0.4
汞	0.2
甲氧DDT	10.0
丁酮	200.0
硝基苯	2.0
五氯酚	100.0
吡啶	5.0
硒	1.0
銀	5.0
四氯乙烯	0.7
毒殺芬	0.5
三氯乙烯	0.5
2,4,5-三氯苯酚	400.0
2,4,6-三氯苯酚	2.0
2,4,5-TP（三氯酚丙酸）	1.0
氯乙烯	0.2

* 若鄰-、間-及對-甲酚之濃度無法加以區分時，則採用總甲酚之濃度。總甲酚濃度管制標準為 200 mg/L。

[†] 定量極限超出所計算的管制標準，因此定量極限成為管制標準。

行。溶出液濃度和飲用水標準及地下水清理目標基準進行比較。通常採用 DAF 值 20。如果廢棄物以 TC 來考量（如 TCLP 溶出試驗所定義）是無害的，當考慮廢棄物處置和再利用方案時，就必須評估對人類健康及環境的潛在風險。接著，SPLP 試驗的溶出結果可與風險基準的水質標準或準則互相比較。如果不需考量溶出的風險，基於廢棄物組成的總濃度，再利用方案中應考慮直接暴露的可能性。另外，溶出試驗也可在各種不同狀況下實施，例如 pH、L/S 比、時間、氧化還原狀況、動力學等。

另一項為 USEPA 所採用的批次萃取程序是多重萃取程序（multiple extraction procedure, MEP），目前作為廢棄物的表列排除。它會遵循 TCLP 相同的程序，試程為 24 小時。在第一道萃取後，會使用 pH 為 3.01 ± 0.2 的硝酸和硫酸混合物模擬酸雨，並至少重複 8 次額外的萃取。

加州使用廢棄物萃取試驗（waste extraction test, WET）將廢棄物分類為有害或無害，以作為管制之用。此試驗類似 TCLP，但是使用緩衝的 0.2 M 檸檬酸鈉 pH 5.0 萃取液，在 L/S 比 10：1 超過 48 小時。其結果與 17 種無機表列的污染物相比較。當與 SPLP 比較之下，WET 對某些重金屬通常會造成較高的溶出濃度。

管制性批次溶出試驗也常在歐洲採用。Van de Sloot 等人[1] 已討論許多這些敘述及程序，Townsend 等人[2] 也發表針對固體物及有害廢棄物管理者使用溶出試驗的總覽。TCLP 試驗無法判斷長期效應，且無法論及其他潛在溶出機制，因此，其使用在大多數風險基礎的廢棄物管理決策上仍被質疑。[3]

11.3　好氧消化

好氧消化（aerobic digestion）應用在過量的生物污泥時，是透過細胞之內呼吸代謝作用，對細胞的有機物質進行氧化。當可分解的揮發性懸浮固體物進行好氧消化時，細胞有機物的氧化屬於一階反應。[4] 在批次或塞流的情況下，反應如下式：

$$\frac{(X_d)_e}{(X_d)_o} = e^{-k_d t} \qquad (11.1)$$

其中，$(X_d)_e$ = 經過 t 時間後可降解的揮發性固體物
$(X_d)_o$ = 初始之可降解的揮發性固體物
k_d = 反應速率係數，d^{-1}
t = 曝氣時間，d

動力參數可從實驗室的批次氧化求得，如圖 11.3 所示。

如果要考慮總揮發性懸浮固體物的話，式 (11.1) 會變為

$$\frac{X_e - X_n}{X_o - X_n} = e^{-k_d t} \qquad (11.1a)$$

其中，X_o = 最初 VSS
X_e = 放流水之 VSS
X_n = 不可降解之 VSS

使用完全混合反應器的話，關係式可修正為

$$\frac{X_e - X_n}{X_o - X_n} = \frac{1}{1 + k_d t} \qquad (11.2)$$

而且所需要的停留時間為

$$t = \frac{X_o - X_e}{k_d(X_e - X_n)} \qquad (11.3)$$

當有 n 個完全混合反應器串列時，則

$$\frac{X_e - X_n}{X_o - X_n} = \frac{1}{(1 + k_d t_n)^n} \qquad (11.4)$$

根據動力學關係，串列式的反應器會比單一反應器更有效。例如，可降解固體物在 20°C 要達到 90% 的百分比去除率，單段消化槽需要 9.7 天，在三段式消化槽只需 7.2 天。

好氧消化的需氧量可以用每破壞 l lb VSS 需要 1.4 lb 氧的概念來估算（1.4 kg O_2/kg VSS 破壞）。氮和磷會在氧化過程中釋出。在中溫消化的情況下，只要反應器中的污泥齡長而且有硝化種子，

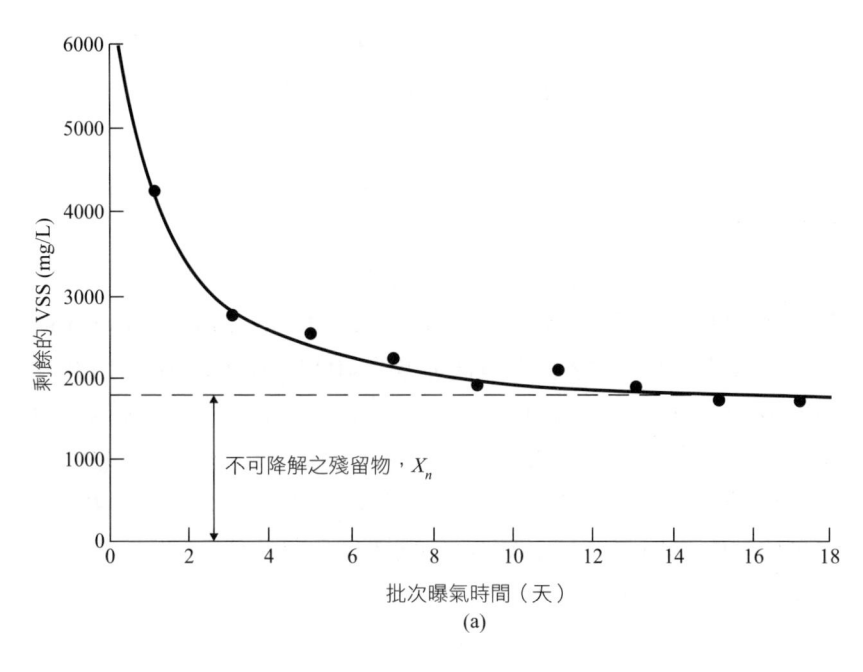

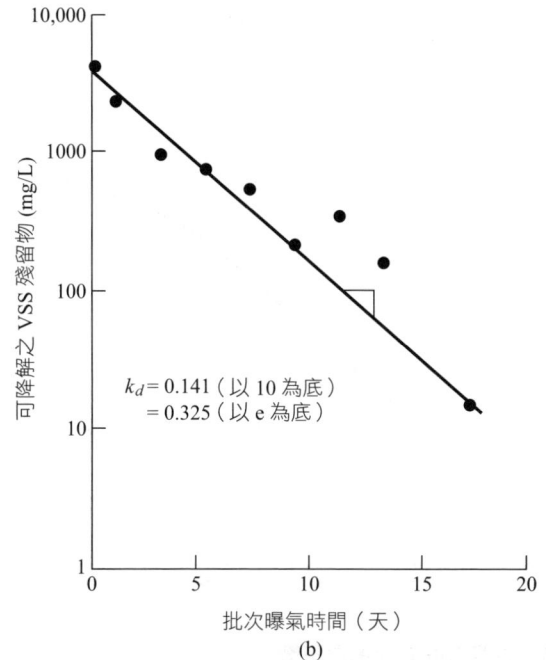

○ 圖 11.3　好氧污泥消化的動力學。(a) VSS 在批次反應器內按時間排列的破壞率；(b) 可降解 VSS 與其停留時間的相關性

就會常常發生硝化作用。若是沒有發生硝化作用，就會累積氨和不可降解化學需氧量（COD）。這個氧化必須要有氧及鹼度的存在。而在高溫操作時，硝化作用會被抑制。

溫度會影響反應速率常數 k_d。圖 11.4 顯示溫度關係。傳統的好氧消化設計是在一個或更多的完全混合曝氣池使用二級澄清池的底流（0.5% 到 1.5% 固體物）。使用散氣式曝氣機強度大約 15～20 std ft^3/(min · thousand ft^3)〔15～20 std m^3/(min · thousand m^3)〕，或使用機械式表面曝氣機強度約 100 hp/million gal（0.02 kW/ m^3），通常就足夠提供必要的混合與需氧量。預先濃縮污泥的優點不少，尤其是可有效減少所需之池體積及增加反應放熱的溫度。Andrews 和 Kambhu [5] 預估每磅 VSS 破壞可以獲得 9000 Btu 之燃燒熱能（2.1×10^7 J/kg VSS）。例題 11.1 顯示好氧消化的設計。好氧消化的需求取決於曝氣程序中的操作污泥齡。當污泥齡增加時，較多的可降解生質量已在曝氣池氧化，因此在好氧消化槽內氧化的較少。考量例題 11.1 中的兩種案例。

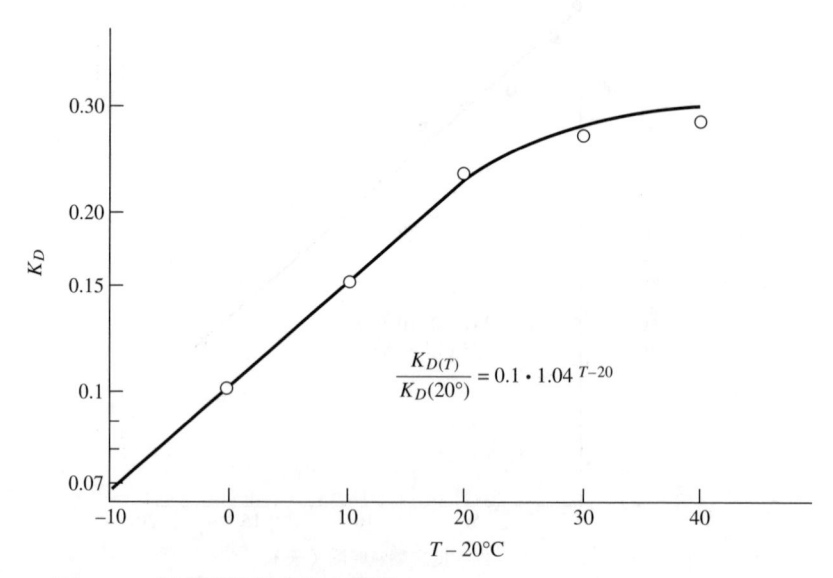

$$\frac{K_{D(T)}}{K_D(20°)} = 0.1 \cdot 1.04^{T-20}$$

◐ 圖 11.4　溫度對好氧消化之影響

污泥處理與處置 11

例題 11.1 設計好氧消化槽，以使得來自 SRT 10 天和 SRT 30 天的系統之廢棄活性污泥最終可降解比例為 0.37。

廢水的資料如下：

S_r = 690 mg/L
Q = 5 million gal/d (18,925 m^3/d)
a = 0.6
b = 0.1 d^{-1}

解答 重新整理式 (6.11) 計算 ΔX_v。

$$\Delta X_v = \frac{aS_r}{1+bX_d\theta_c}$$

對 SRT 10 天，X_d = 0.67。

$$\Delta X_v = \frac{0.6 \cdot 690}{(1+0.1 \cdot 0.67 \cdot 10)}$$

$$= 248 \text{ mg/L} \quad (10{,}337 \text{ lb/d; } 4693 \text{ kg/d})$$

對 SRT 30 天，X_d = 0.5。

$$\Delta X_v = \frac{0.6 \cdot 690}{(1+0.1 \cdot 0.5 \cdot 30)}$$

$$= 166 \text{ mg/L} \quad (6905 \text{ lb/d; } 3135 \text{ kg/d})$$

0.37 的可降解比例產生 2000 lb/d（908 kg/d）的可降解 VSS。

	SRT 10 天	SRT 30 天
X_o	10,337 lb/d	6905 lb/d
X_D	6926 lb/d（3144 kg/d）	3494 lb/d（1586 kg/d）
X_N	3411 lb/d	3411 lb/d（1549 kg/d）
X_{DN}	2000 lb/d	2000 lb/d
X_e	5411 lb/d	5411 lb/d（2457 kg/d）

所需的停留時間：

$$t = \frac{X_o - X_e}{k_d(X_e - X_n)}$$

$$k_d = 0.155 \text{ d}^{-1}$$

對 SRT 10 天：

$$t = \frac{10{,}337 - 5411}{0.155(5411 - 3411)}$$

$$= 15.9 \text{ d}$$

對 SRT 30 天：

$$t = \frac{6905 - 5411}{0.155(5411 - 3411)}$$

$$= 4.8 \text{ d}$$

需氧量：

供 VSS 破壞：

$$氧 = (X_D - X_{DN}) \cdot 1.4$$

對 SRT 10 天：

$$氧 = (6926 - 2000) \cdot 1.4$$

$$= 6896 \text{ lb/d} \quad (3131 \text{ kg/d})$$

對 SRT 30 天：

$$氧 = (3494 - 2000) \cdot 1.4$$

$$= 2092 \text{ lb/d} \quad (950 \text{ kg/d})$$

硝化（見圖 6.11）：

假設內呼吸代謝所釋出的 NH_3-N 被硝化。

$$N_{ox} = N_o X_o - N_e X_e$$

對 SRT 10 天

$$N_{ox} = 0.091 \cdot 10,337 - 0.072 \cdot 5411$$

$$= 551 \text{ lb/d} \quad (250 \text{ kg/d})$$

對 SRT 30 天

$$N_{ox} = 0.076 \cdot 6905 - 0.072 \cdot 5411$$

$$= 135 \text{ lb/d} \quad (61 \text{ kg/d})$$

硝化需氧量為：

$551 \cdot 433 = 2386$ lb/d　　(1083 kg/d)　　SRT 10 天
$135 \cdot 433 = 585$ lb/d　　(266 kg/d)　　SRT 30 天

總需氧量為：

6896 lb/d + 2386 lb/d = 9282 lb/d　　(4214 kg/d)　　SRT 10 天
2092 lb/d + 585 lb/d = 2677 lb/d　　(1215 kg/d)　　SRT 30 天

所需鹼度為：

$551 \cdot 7.14 = 3934$ lb/d　　(1786 kg/d)　　SRT 10 天
$135 \cdot 7.14 = 964$ lb/d　　(438 kg/d)　　SRT 30 天

11 污泥處理與處置

脫硝：

假設污泥濃度在 10,000 mg/L。對 SRT 10 天的系統在 10,377 lb/d，污泥流量為 0.124 million gal/d，消化槽體積為

$$0.124 \text{ million gal/d} \cdot 15.9 \text{ d} = 19.7 \text{ million gal}$$

VSS 氧化的攝氧率為

$$\frac{6896 \text{ lb/d}}{1.97 \cdot 8.34 \cdot 24} = 17.5 \text{ mg/(L} \cdot \text{h)}$$

脫硝速率 mg NO_3^--N/(l · h) 估計為

$$17.5 \cdot 0.25 = 4.4 \text{ mg } NO_3/(\text{L} \cdot \text{h})$$

$$NO_3^- - N = 551 \text{ lb/d} \quad (250 \text{ kg/d})$$

或於曝氣池體內為 33.5 mg/L。然後，

$$t_{DN} = 33.5/4.4 = 7.6 \text{ h}$$

最近，自發性高溫好氧消化（autothermal aerobic digestion, ATAD）受到關注。在此程序中，揮發性固體物燃燒的放熱反應熱量會使反應器的溫度增加到高溫範圍，也就是 55℃。Deeny 等人[21]證明 3% 的進流水 VSS 即足以維持消化槽溫度於 55℃ 到 60℃ 間。此於例題 11.2 中說明。

例題 11.2 在 22℃ 並以 3% 的固體物饋料時，求好氧消化槽所能達到的溫度。每日污泥體積為 50,000 gal（189 m³）。揮發性懸浮固體物減少率為 40%，且內呼吸率 k_d 為 0.3 d^{-1}。污泥的可降解比例為 0.67。

解答 由式 (11.3)，

$$t = \frac{X_o - X_e}{k_d(X_e - X_n)}$$

其中，

$$X_o = 30,000 \text{ mg/L}$$

$$X_e = 30,000 \cdot 0.6 = 18,000 \text{ mg/L}$$

$$X_n = 30,000 \cdot 0.33 = 9900 \text{ mg/L}$$

$$t = \frac{30,000 - 18,000}{0.3(18,000 - 9900)} = 4.9 \text{ d}$$

消化槽體積為

$$50{,}000 \cdot 4.9 = 245{,}000 \text{ gal} \quad (927 \text{m}^3)$$

減少的 VSS 為

$$30{,}000 \text{ mg/L} \cdot 0.4 \cdot 0.05 \text{ million gal/d} \cdot 8.34 = 5004 \text{ lb/d} \quad (2272 \text{ kg/d})$$

產生的熱為

$$9300 \text{ Btu/lb} \cdot 5004 \text{ lb/d} = 46.5 \times 10^6 \text{ Btu/d} \quad (49.1 \text{ kJ/d})$$

每日的水為

$$50{,}000 \text{ gal/d} \cdot 8.34 \text{ lb/gal} = 0.417 \times 10^6 \text{ lb/d} \quad (189{,}000 \text{ kg/d})$$

增加的溫度為

$$46.5 \times 10^6 \text{ Btu/d} = \Delta T \cdot 1 \text{ Btu/(lb} \cdot {}^\circ\text{F)} \cdot 0.417 \times 10^6 \text{ lb/d}$$

$$\Delta T = 111.5 {}^\circ\text{F} \quad (44 {}^\circ\text{C})$$

考量熱損失，此應足以維持消化槽溫度超過 55℃。

需氧量為

$$5004 \text{ lb/d} \cdot 1.4 = 7006 \text{ lb/d} \quad (3181 \text{ kg/d})$$

攝氧率為

$$\frac{7006 \text{ lb/d}}{0.245 \text{ mg} \cdot 8.34 \cdot 24} = 142 \text{ mg/(l} \cdot \text{h)}$$

11.4　重力濃縮

　　重力濃縮發生在裝有緩慢迴轉槳板（rotating rake）的槽內，藉由槳板來破壞污泥顆粒之間的架橋作用，進而增加沉澱性及壓密性。重力濃縮通常應用在可藉由重力沉降而濃縮良好的初級和化學污泥。圖 11.5 顯示一個典型的重力濃縮槽。

　　濃縮槽最主要的目的是要提供濃縮的污泥底流。特定的底流濃度所需之濃縮槽面積與質量負荷（lb/(ft$^2 \cdot$ d), kg/(m$^2 \cdot$ d)）或單位面積（ft^2(lb/d), m^2/(kg/d)）有關。

　　用實驗室的圓筒攪拌實驗可以算出質量負荷。以都市污水為

污泥處理與處置 11

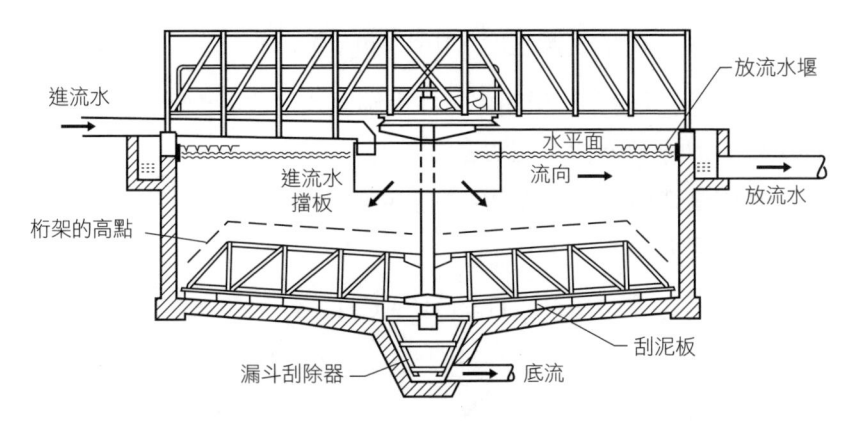

◯ **圖 11.5 重力濃縮槽**（資料來源：Link Belt, FMC Company）

例，質量負荷可能會從 4 lb/(ft²·d)（19.5 kg/(m²·d)）的廢棄活性污泥到 22 lb/(ft²·d)（107 kg/(m²·d)）的初級污泥。

Dick[6] 開發了一套重力濃縮槽的設計程序。濃縮槽的設計和操作中最重要的準則是質量負荷或固體物通量，以每平方英尺每天流入固體物磅重（或每平方公尺每天的公斤重）表示。在固定面積，產生所需要之底流的限定通量可以定義為：

$$G_L = \frac{C_o Q_o}{A} = \frac{M}{A} \tag{11.5}$$

其中，Q_0 = 進流水流量，ft³/d（m³/d）
C_0 = 進流水固體物，lb/ft³（kg/m³）
M = 固體物負荷，lb/d（kg/d）
G_L = 限定固體物通量，lb/(ft²·d)（kg/(m²·d)）
A = 面積，ft²（m²）

用下列的原則，可以得知限定通量。

批次去除固體物時，濃縮槽的容量為

$$G_B = C_i V_i \tag{11.6}$$

其中，G_B = 批次通量，lb/(ft²·d)（kg/(m²/d)）
C_i = 固體物濃度，lb/ft³（kg/m³）

V_i = 在 C_i 的沉澱速度，ft/d（m/d）

C_i 及 V_i 間可以建立一種關係，在大範圍濃度的對數尺上通常以線性呈現，如圖 11.6 所示的活性污泥。

在連續濃縮池，固體物的去除主要是透過重力以及污泥由槽底移出之速度：

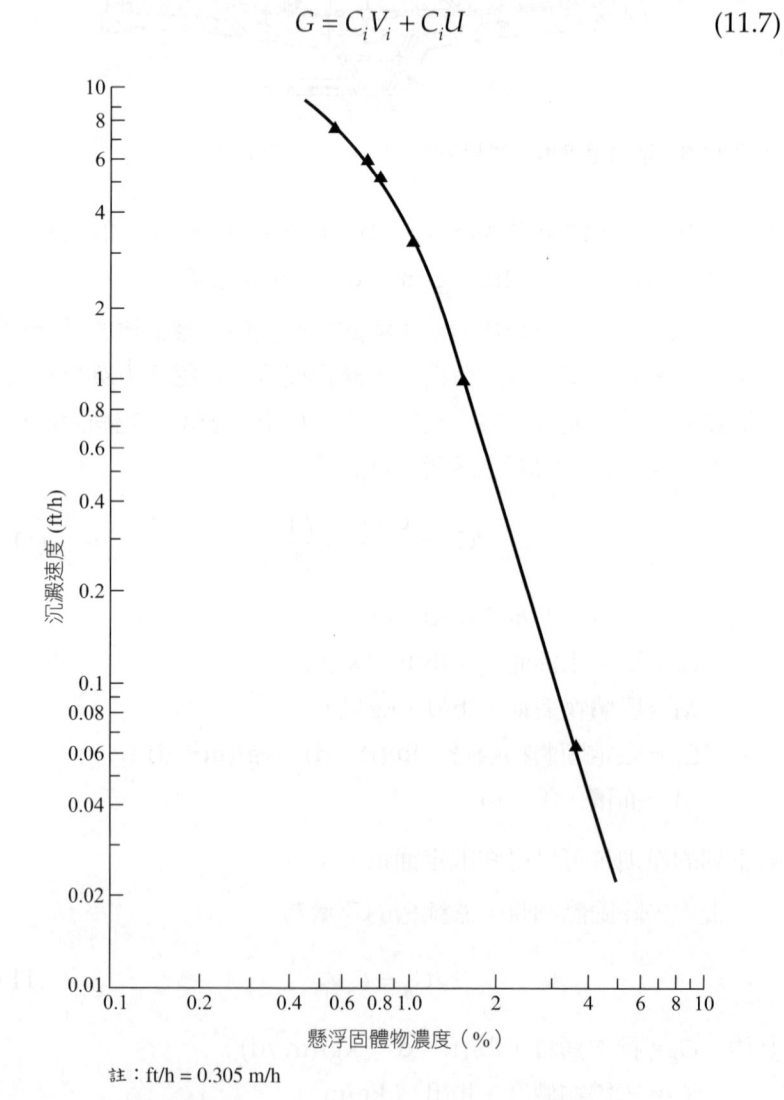

$$G = C_i V_i + C_i U \tag{11.7}$$

註：ft/h = 0.305 m/h

◯ 圖 11.6　污泥沉澱特性

污泥處理與處置 11

其中，G = 連續固體物通量，lb (ft^2 · d) (kg/(m^2/d))，U = 污泥移出時導致的向下流速，ft/d (m/d)。控制 U 可以獲得不同的 G，因為它是依底流抽出率而定。假設由槽底移除的固體物總量為：

$$U = \frac{Q_u}{A} = \frac{C_u Q_u}{C_u A} = \frac{M}{C_u A} = \frac{G_L}{C_u} \tag{11.8}$$

其中 Q_u = 底流，ft^3/d (m^3/d)，C_u = 底流濃度，lb/ft^3 (kg/m^2)。從式 (11.8)，要注意的是，U 值的增加會使底流濃度 C_u 降低。如圖 11.7 所示的批次通量曲線可以用來決定特定底流濃度 C_u 之限定通量 G_L，這是因為任何連接 y 軸上的 G_L 至 x 軸上的 C_u 兩點之間線的斜率（如圖 11.7 的批次通量曲線）是由繪製從式 (11.6) 計算

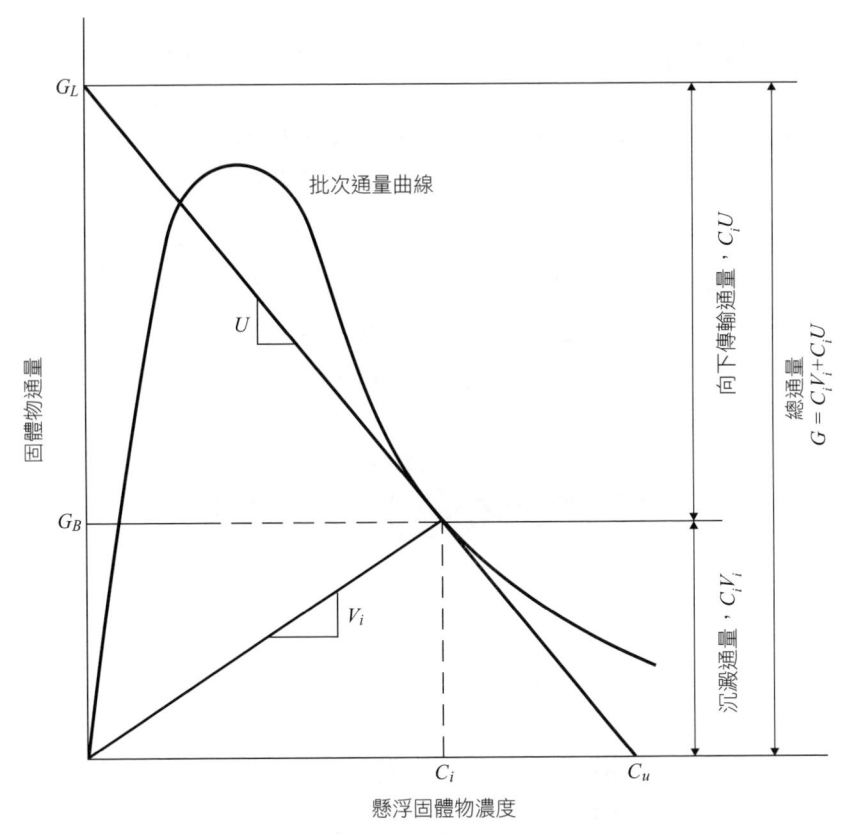

○ 圖 11.7　批次通量顯示如何找出連續濃縮槽的限定通量

所得的 G_B 與相對應濃度 C_i 所得。

從式 (11.5)，可以算出所需的濃縮槽面積 A。要注意的是，所選的底流濃度 C_u 必須要小於極限濃度 C_∞。C_∞ 可從濃縮實驗算出：

$$C_\infty = \frac{C_o H_o}{H_\infty} \tag{11.9}$$

其中，C_0 = 最初固體物濃度
H_0 = 最初高度
C_∞ = 最後或極限濃度
H_∞ = 最終高度

例題 11.3 顯示一個重力濃縮槽的設計。

例題 11.3 從化學混凝程序所得的廢棄污泥需要進行重力濃縮處理，使濃度由 0.5% 提升至 4%。污泥平均體積為 550,000 gal/d（2082 m³/d），其變動範圍是 450,000 至 700,000 gal/d（1703 至 2650 m³/d）。找出所需之濃縮槽體積，和最低流量時的底流固體物濃度。

解答 表 11.2 顯示沉澱速度和固體物濃度間的關係。繪製通量 G 與對應的濃度可得批次通量曲線。舉例來說，固體物濃度為 2% 時，

$$G = 0.02 \times 62.4 \text{ lb/ft}^3 \times 0.50 \text{ ft/h} \times 24 \text{ h/d}$$
$$= 15.0 \text{ lb/(ft}^2 \cdot \text{d)} \quad [73.3 \text{ kg/(m}^2 \cdot \text{d)}]$$

➡ **表 11.2　批次沉澱數據**

固體物濃度 (%)	沉澱速度 (ft/h)
0.50	7.5
0.75	5.5
0.00	4.2
1.25	3.1
1.50	1.5
2.00	0.50
4.00	0.075
6.00	0.030

註：ft/h = 0.3048 m/h。

污泥處理與處置 11

圖 11.8 為批次通量曲線。所需底流濃度為 4% 時,從 4% 濃度處畫一條線到限定通量 G_L =26 lb/(ft² · d)(127 kg/(m² · d))。所需之濃縮槽體積為:

$$A = \frac{C_o Q_o}{G}$$

$$= \frac{(0.7 \text{ million gal/d})(5000 \text{ mg/L})(8.34)(\text{lb/million gal})(\text{mg/L})}{26 \text{ lb/(ft}^2 \cdot \text{d)}}$$

$$= 1123 \text{ ft}^2 \quad (104 \text{ m}^2)$$

當流入濃縮槽的污泥流量為 0.45 million gal/d 時,固體物通量為

$$G = \frac{(0.45 \text{ million gal/d})(5000 \text{ mg/L})(8.34)(\text{lb/million gal})/(\text{mg/L})}{1123 \text{ ft}^2}$$

$$= 16.7 \text{ lb/(ft}^2 \cdot \text{d)} \quad [81.6 \text{ kg (m}^2 \cdot \text{d)}]$$

從批次通量曲線(圖 11.8),在這種負荷下之底流濃度為 4.9%。

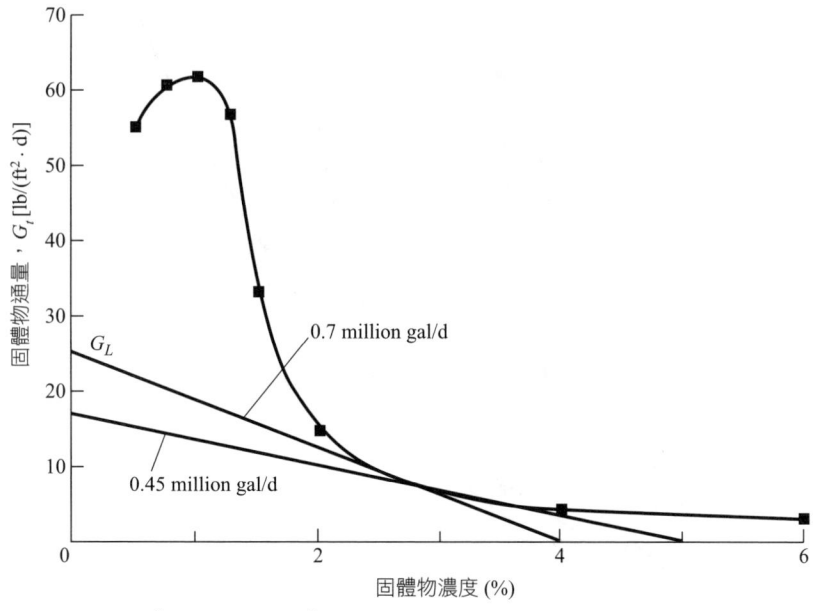

註:lb/(ft² · d) = 4.89 kg/(m² · d)

◉ **圖 11.8** 批次通量曲線

11.5　浮除濃縮

利用溶解空氣浮除（dissolved air flotation, DAF）濃縮，尤其適用於膠狀污泥，像是活性污泥法。浮除濃縮作用時，從溶液中釋放出來的微小氣泡會和污泥接觸並絆住污泥。空氣與固體的混合物會上升至槽表面，完成濃縮，然後被移除，其中主要的變化參數是迴流比、饋入固體物濃度、空氣/固體比（A/S ratio）、固體物及水力負荷率。一般採用的壓力從 50 到 70 lb/in^2（345 到 483 kPa 或 3.4 到 4.8 atm）之間不等。迴流比與 A/S 比及饋入固體物濃度有關。浮除固體物與 A/S 比的關係，如圖 11.9。典型設計準則為：

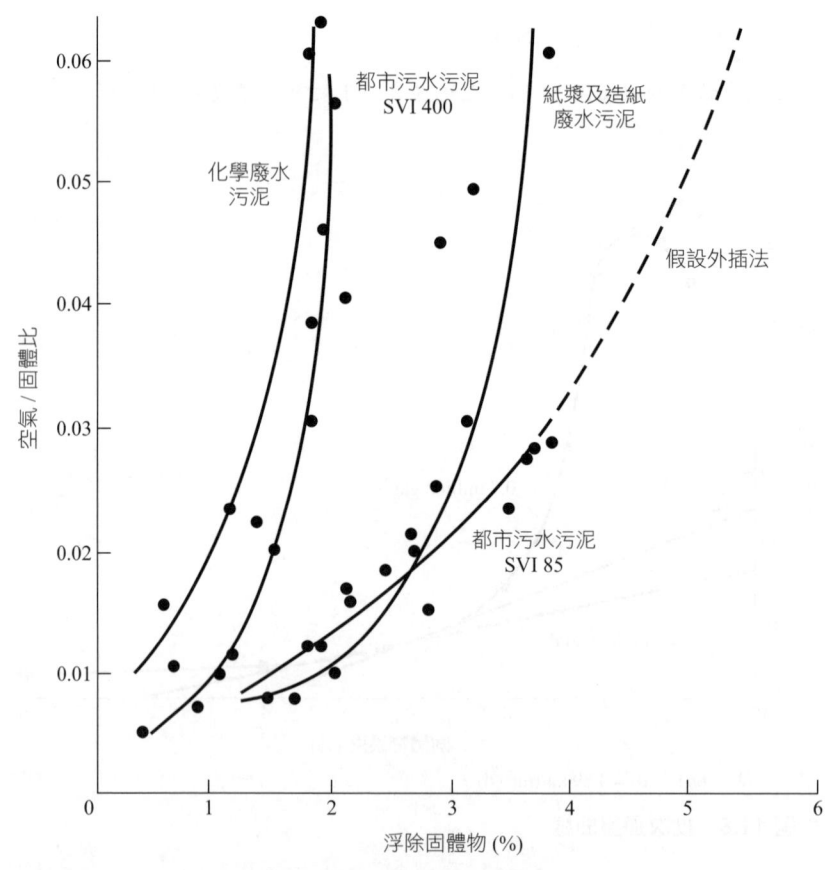

◯ 圖 11.9　空氣/固體比對浮除固體物濃度之影響

污泥處理與處置 11

固體物負荷率	50 ~ 100 kg/m²d
壓力式放流水迴流	15% ~ 120%
壓力需求	3 ~ 5 bars
A/S 比	0.005 ~ 0.060 kg/kg

經驗顯示，在某些情況下，饋入固體物濃度的稀釋可以增加浮除固體物的濃度。圖 11.10 顯示一個浮除濃縮槽。過量活性污泥的濃縮之效能表現，顯示於表 11.3。使用聚合物通常可增加固體物捕捉量。

污泥的性質對於浮除濃縮的效果影響很大。例如，相較於有良好膠羽狀的污泥可以濃縮到 4% 到 5% 濃度，絲狀菌所造成的膨化活性污泥可能無法濃縮到 2% 固體物。這將影響後續的其他固體物處理操作。

11.6 滾筒篩濾機

滾筒篩濾機包含不銹鋼或非鐵細網篩布。篩孔徑通常為 6 到 20 mm。稍少於半滿狀態的滾筒繞著水平軸心的滾動速率約為每分鐘 4 轉。廢水流進滾筒的一端，然後透過篩布流出。藉由轉動篩，固體物被揚起於液位之上，接著利用高壓噴流反洗到接收溝槽。利

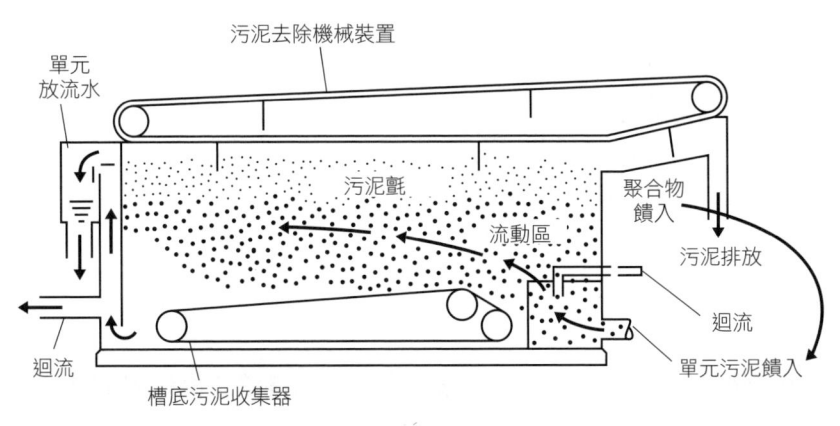

○ **圖 11.10** 浮除單元流程圖（資料來源：Komline-Sanderson Engineering Company）

➡ 表 11.3　廢水污泥之濃縮與脫水

設備	污泥種類	負荷	固體餅 (%)	化學物質 (lb/ton polymer)	參考文獻
濃縮					
重力式	WAS	5-6 lb/(ft² · d)	2.5-3	無	12
重力式	紙漿及造紙 53% P	25	4	無	12
	47% WAS 67% P	25	6	無	—
	33% WAS 100% P	25	9	無	—
溶解空氣浮除	WAS	2.9-4.5 lb/(ft² · d)	4-5.7	低劑量	12
固體承杯離心機	WAS	75-100 gal/min	5-7	無	12
籃式離心機	Citrus, WAS	25-40 gal/min	9-10	10-20	13
重力帶式	WAS	315 gal/min	5.5	39	—
固體承杯離心機	造紙廠 WAS	100 gal/min	11	10	14
固體承杯離心機	化學 WAS	—	7-9	5-10	15
脫水					
籃式離心機	Citrus, WAS	25-40 gal/min	9-10	10-20	13
籃式離心機	造紙廠，WAS	60 gal/min	11	5	14
帶式壓濾機	Citrus, WAS	40 gal/(min · m)	18	10-20	13
帶式壓濾機	造紙廠，WAS	70 gal/(min · m)	16	6.5	14
帶式壓濾機	化學法，WAS	—	13-15	10-20	15
帶式壓濾機	有機化學，WAS	190 gal/min	15	25	16
帶式壓濾機	Deinking primary	500 L/m	37	4	17
帶式壓濾機	漂白與未漂白 硫酸鹽法； 67% P, 33% WAS	240 L/m	27	12	17
帶式壓濾機	硫酸鹽法紙板廠	75 L/m	19	25	17

註：lb/(ft² · d) = 4.88 kg/(m² · d)
　　gal/min = 3.78×10^{-3} m³/min
　　WAS = 廢棄活性污泥
　　P = 初級污泥

用微細篩網，放流水可用於噴灑。典型的滾筒篩濾機如圖 11.11 所示。

對廢棄活性污泥，典型的設計準則為：

污泥處理與處置 11

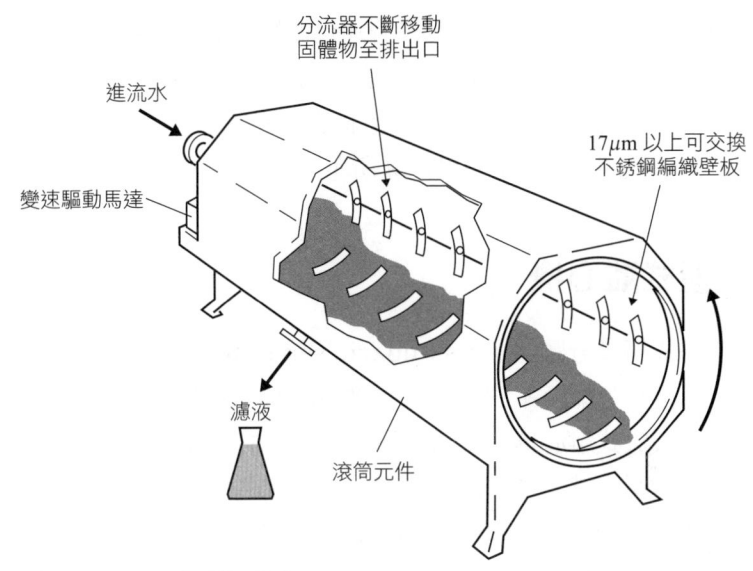

○ 圖 11.11　滾筒篩濾濃縮機

負荷率　　　　　33 L/min/m²
聚合物消耗量　　5 到 9 kg/ton 的固體物
捕捉率　　　　　95% 到 99%

低 SVI 污泥可濃縮至 6% 到 10%，過濾液可澄清至 100 到 500 mg/L。

11.7　重力帶式濃縮機

　　重力帶式濃縮機藉由重力去除已經被聚合物或化學調理所釋放的水，而減少污泥中的水體積。聚合物和化學藥品被注入污泥饋料管線，而且藉由可調整的管線內混合器予以混合。調理過的污泥進入不鏽鋼槽，且在不對膠凝過的污泥顆粒產生剪力的情況下，均勻地散布在帶寬上。一連串自由浮動型的犁片劃過並轉動污泥，以使結合水暴露到帶上開放的區域，在此同時安裝於低處的柵欄支撐濾帶，從底部剪刷出毛細水。可調整角度的卸料斗滾動污泥，以求得最大濃縮固體物濃度。濃縮後的污泥被角度可調整的彈簧張力刀

633

片連續去除。排洩出水的濾帶接著通過高壓/低體積的淋洗套裝設備，去除濾帶上所捕捉的任何顆粒。一般會使用不超過 $35m^3/h/m$ 寬度的水力負荷率。4% 到 7% 的濃縮污泥固體物濃度是可達到的。典型重力帶式濃縮機，如圖 11.12 所示。

11.8　盤式離心機

在盤式噴嘴分離器（disk-nozzle separator）中，饋料從頂部進入，而後被分配至不同管線或是堆疊的錐形圓盤間的空間。當流過管線進入盤式離心機底部時，固體顆粒會在液態層沉澱，然後滑入污泥壓縮區。濃縮後的污泥會與部分廢水沖刷出承杯，因此會使固體物濃度限制在饋料率的 10 至 20 倍之間。盤式噴嘴分離器最主要的應用是在活性污泥及類似污泥的濃縮，它們對於沒有添加聚合物的高速濃縮廢棄活性污泥非常有效。在德國某工業廢水處理廠，剩餘活性污泥可從 1% 濃縮到 8% 和 10% 之間。

11.9　籃式離心機

在籃式離心機，饋料是由籃的底部進入。達到平衡時，固體物會離開移動的液態層，移到建立在承杯壁上的污泥層間沉澱析出，而離心液則從頂部的細縫溢流而出。當固體物填滿籃式離心機時，饋料會停止，籃速會減低，刮刀會移進泥餅，把污泥從槽底排出。整個過程為自動循環，而卸下泥餅只需 10% 的循環時間。由於固體物的高回收，通常不需要添加化學品。然而，單元操作之離心力較低，泥餅常常無法連續排出，且對於固體物的處理量也相當低。

每公斤廢水添加不超過 2.5 g 的陽離子聚合物，可濃縮活性污泥總固體物至 4.5% 到 8.0%。低 SVI 污泥可產生較高的污泥餅密度。

固體承杯離心機（solid bowl centrifuge）也用於污泥濃縮，通常不需添加聚合物就可達到 90% 以上的捕捉率。

11 污泥處理與處置

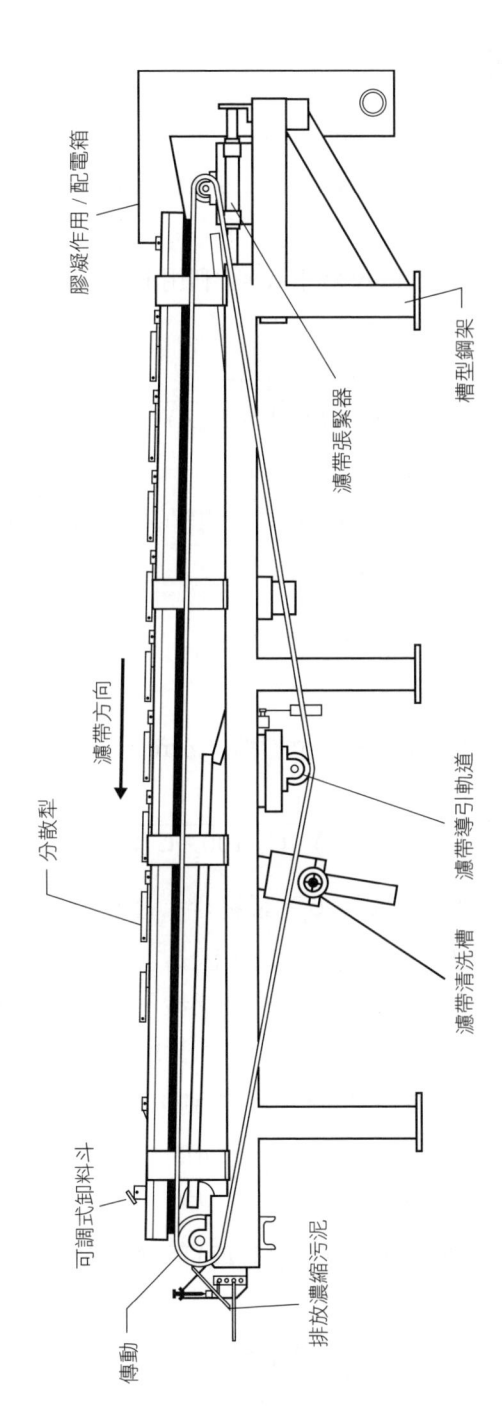

○ 圖 11.12 重力帶式濃縮機

11.10 比阻抗

運用比阻抗（specific resistance）可以定義污泥的脫水性。而此試驗通常應用於滾筒式過濾器，且可確實量測脫水性和混凝劑的需求。

Carman 以及 Coackley 和 Jones [7] 利用 Poiseuille 及 Darcy 定律，找出污泥的過濾方程式：

$$\frac{dV}{dt} = \frac{PA^2}{\mu(rcV + R_m A)} \qquad (11.10)$$

其中，V = 濾液體積，mL
t = 週期時間（在連續滾筒式過濾器的大約形成時間），s
P = 真空壓力，in Hg
A = 過濾面積，cm^2
μ = 濾流黏性，s^2/g
r = 比阻抗，$gr \cdot s^2/g^2$
c = 固體物重量 / 濾液單位體積，g/mL

$$c = \frac{1}{C_i/(100 - C_i) - C_f(100 - C_f)} \text{ 單位} \qquad (11.11)$$

其中，C_i = 最初含水量（%），C_f = 最終含水量（%）。

最初濾材阻抗 R_m 通常可以忽略，因為它和濾餅所形成的阻抗相較之下很小。比阻抗 r 代表污泥的過濾性，其數值等於在單位黏度下，通過單位重量污泥餅之單位濾液流量所需要之壓力差。

將式 (11.11) 積分後再重新整理，得到：

$$\frac{t}{V} = \left(\frac{\mu rc}{2PA^2}\right)V + \frac{\mu R_m}{PA} \qquad (11.12)$$

從 t/V 相對於 V 的圖，可得到式 (11.12) 的線性關係。從圖上之斜率可算出比阻抗：

$$r = \frac{2bPA^2}{\mu c} \qquad (11.12a)$$

其中，$b = t/V$ 相對於 V 圖之斜率。

雖然對於污泥脫水設備的設計而言，比阻抗的價值有限，它仍然能作為評估污泥相關過濾性的有效工具。表 11.4 顯示了典型的數值。

大多數的廢水污泥成為壓縮污泥餅後，其過濾速率（和比阻抗）為污泥餅的壓力差之函數：

$$r = r_o P^s \tag{11.13}$$

其中，$s =$ 壓縮性係數。s 值越大，污泥的壓縮性就越大。當 $s = 0$ 時，比阻抗不受壓力影響，污泥為不可壓縮。

過濾特性可以做某些大略的歸納。顆粒尺寸、形狀、密度和顆粒電荷會影響過濾性。小顆粒對化學藥品的需求比大顆粒多。顆粒尺寸越大，則過濾速率越高，而且污泥含水量越少。家庭污水和工業廢水污泥過濾性很差，須添加混凝劑，以前最常用的是石灰和鐵鹽。在許多實例中，聚電解質被發現是有效的混凝劑。使用雙重的陰離子及陽離子聚合物是最具經濟效益的方法。陽離子聚合物使電荷中性化，而陰離子作用會使聚合物粒子架橋，被聚合於一起。但是要注意的是，使用混凝劑過量會造成電荷逆轉，使比阻抗增加。

實驗室流程

在實驗室可以用布氏漏斗試驗（Büchner funnel test）找出污泥的過濾特性。布氏漏斗試驗可用來找出比阻抗。但是使用一連串的布氏漏斗試驗，一般也能找出污泥的壓縮性（s），以及最佳的混凝劑量。

布氏漏斗試驗的流程如下（見圖 11.13）：

1. 準備布氏漏斗，將濾紙置於濾網或濾篩上，確保排水正常。
2. 以水潤濕濾紙後，調整真空，以確認完全密合。
3. 若有需要，可進行污泥調理；攪拌均勻 30 秒到 1 分鐘；取樣 200 mL。圖 11.14 顯示比阻抗與混凝劑量之間的關係。

➡ 表11.4 污泥之比阻抗 *

種類		比阻抗,$(gr \cdot s^2/g^2) \times 10^{-7}$	壓縮係數
家庭活性污泥		2800	
活性污泥(消化後)		800	
初級污泥(原)		1310-2110	
初級污泥(消化後)		380-2170	
初級污泥(消化後)		1350	25.00
初級污泥(消化後)			
停留時間	階段		
7.5 天	1	1590	
10.0 天	1	1540	
15.0 天	1	1230	
20.0 天	1	530	
30.0 天	1	760	
15.0 天	2	400	
20.0 天	2	400	
30.0 天	2	480	
活性污泥 + 13.5% $FeCl_3$		45	
活性污泥 + 10.0% $FeCl_3$		75	
活性污泥 + 125%(重量)新聞紙		15	
活性污泥 +6% $FeCl_3$ + 10% CaO		5	
活性消化後污泥 + 125% 新聞紙 + 5% CaO		4.5	
蔬菜加工污泥		46	7.00
蔬菜曝曬		15	20.00
石灰中和酸礦排水		30	10.50
明礬污泥(水廠)		530	14.50
石灰漿中和硫酸		1-2	
白雲石石灰中和硫酸		3	0.77
鋁加工		3	0.44
造紙工業		6	
煤(泡沫浮除)		80	1.60
蒸餾酒廠		200	1.30
鉻鞣及植物鞣革混合		300	
化學廢棄物(生物處理)		300	
石油工業(重力分離器)			
煉油廠 A		10-100	0.50
煉油廠 B		100	0.70

* 所有數值均在壓力 500 gr/cm^2 測得。

污泥處理與處置 11

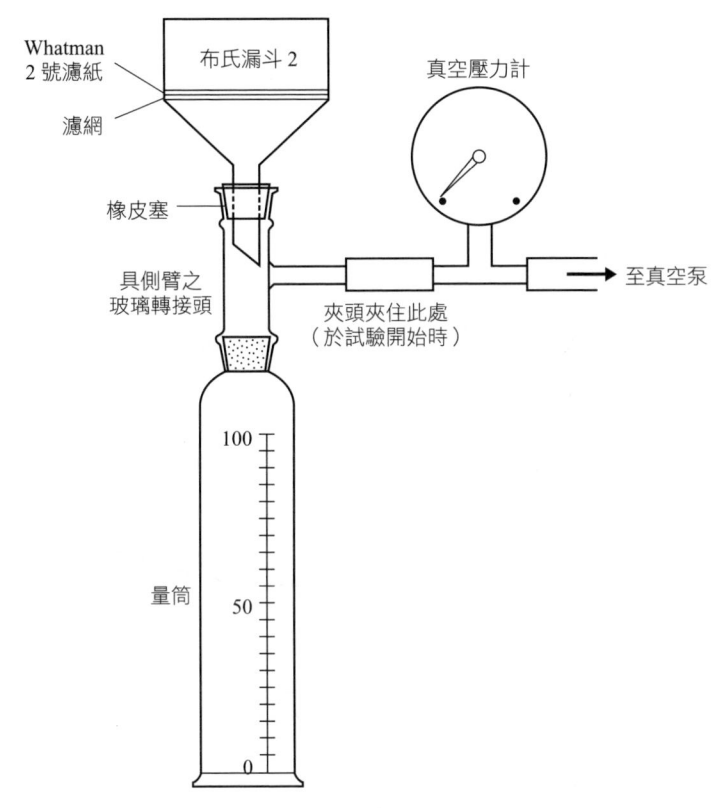

```
Whatman
2 號濾紙     布氏漏斗 2
濾網                            真空壓力計

橡皮塞

具側臂之                                至真空泵
玻璃轉接頭
              夾頭夾住此處
              （於試驗開始時）

量筒    100

         50

         0
```

◯ **圖 11.13** 決定污泥過濾性之布氏漏斗裝置

4. 將樣本倒入布氏漏斗，讓污泥有足夠時間形成泥餅（5 到 10 秒），然後開始抽真空。
5. 隔一段時間後（多為 5 至 10 秒），記錄濾液的毫升數。
6. 連續過濾，直到真空被破壞。
7. 量測饋料污泥和泥餅內之最初及最終的固體物。
8. 將數據記錄下來，並依式 (11.12a) 算出比阻抗。

比阻抗之計算如例題 11.4。

例題 11.4 依據表中的數值以及圖 11.15 中的數據，計算比阻抗。

其中，$A = 176.5 \text{ cm}^2$
$T = 84°F (29°C)$

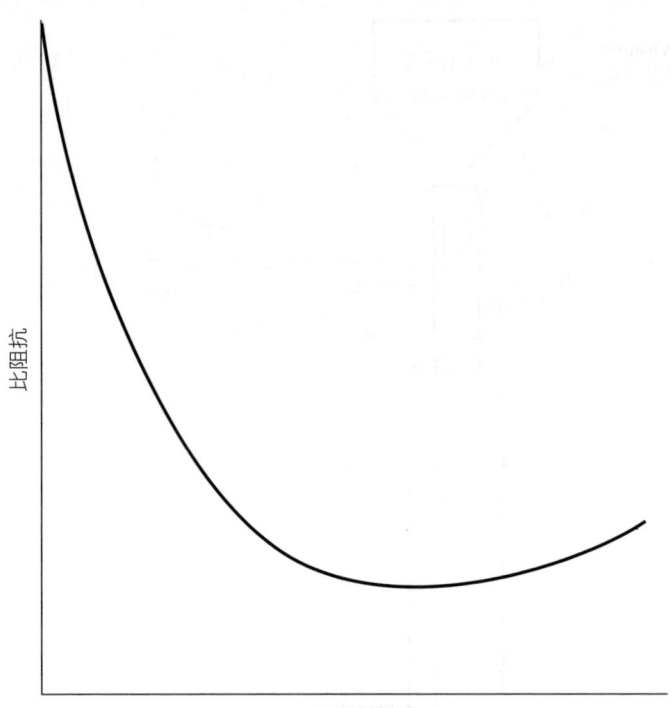

工業廢水污染防治

○ 圖 11.14　比阻抗和混凝劑劑量的關係圖

P = 20 in Hg = 704 g/cm²
C_i = 97.6%
C_f = 77.4%
μ = 0.01 s²/g（29°C 時的速度）
b = 0.0007

時間 (s)	體積 (mL)	t/V
5	78	0.064
10	114	0.088
15	142	0.106
25	178	0.140
35	212	0.165
45	224	0.201
50	228	0.220

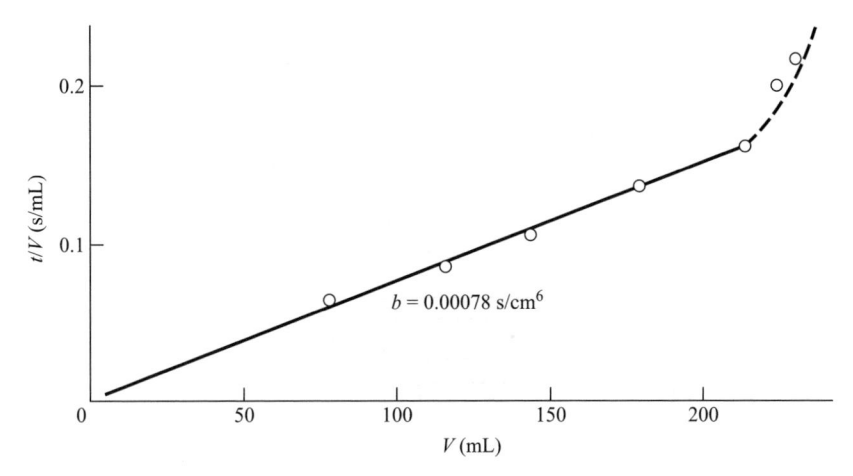

○ 圖 11.15　為比阻抗計算找出變數 b

解答

$$r = \frac{2PbA^2}{\mu c}$$

$$c = \frac{1}{C_i/(100-C_i) - C_f/(100-C_f)}$$

$$= \frac{1}{97.6/2.4 - 77.4/22.6} = 0.0269 \text{ g/mL}$$

$$r = \frac{(2)(0.00078)(704)(176.5)^2}{(0.0269)}$$

$$= 12.7 \times 10^7 \text{ gr·s/g}^2$$

毛細吸取時間試驗

有一種以毛細吸取時間（capillary suction time, CST）為基礎的評估技術，被證明是快速、簡便、經濟及可重複的測定污泥脫水性的方法。由英國 Stevanage 實驗室的水試驗中心（Water Research Center, WRC）所研發的裝置，如圖 11.16 所示。過濾液是透過毛細吸收濾紙從污泥樣本中獲得。過濾性可以透過觀察一定面積的紙張變濕所需要的時間來測得。CST 和比阻抗有相關性。最佳的混凝劑和所需劑量可以從 CST 相對於混凝劑量的圖形得知。

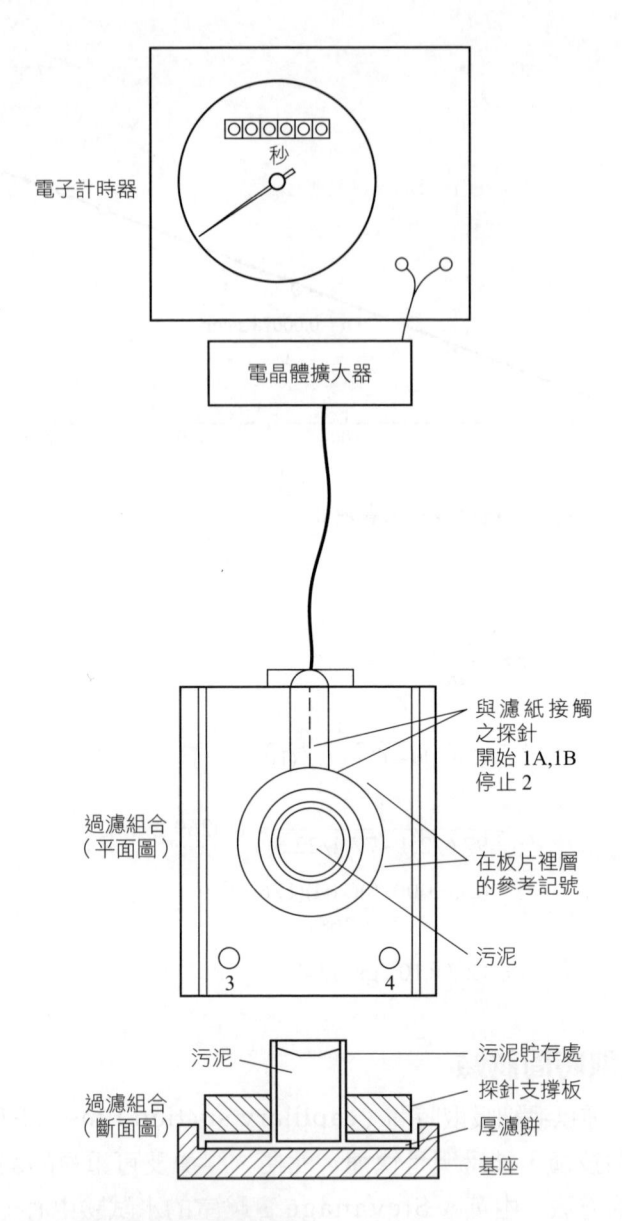

◯ 圖 11.16　毛細吸取時間試驗裝置

11.11 離心法

離心機的效能會受到機械變數及程序變數兩者的影響。對於固體承杯式離心機（solid bowl decanter）來說，其主要機械變數為承杯轉速、收集池容積和輸送器速度。程序變數則包含機器之固體物的饋料速度、固體物特性、化學添加物與溫度。

固體承杯式離心機包括一個無孔圓錐狀固形承杯，內部為旋轉螺旋輸送器，如圖 11.17 所示。饋料污泥從輸送器的排放口進入承杯。離心力將污泥壓緊密實在承杯的內壁，再由比承杯旋轉較慢之螺旋輸送器，將污泥沿著承杯送到錐狀的部分（擱泥區）後排出。

當離心機的饋料速率增加，單元內的停留時間將會減少，進而降低回收率。為了得到適當的固體物回收率，流量通常會限制在 0.5 至 2.0 gal/(min·hp)（3.65 至 14.6 m^3/(d·kW)）之間。因為較低之回收率只會出現在較大的顆粒去除，所以產生的污泥餅會比較乾。增加饋料固體物的濃度將減少液體從機器的溢流，導致固體物回收量的增加。

化學混凝劑（高分子電解質）可用來增加回收率。混凝劑不但

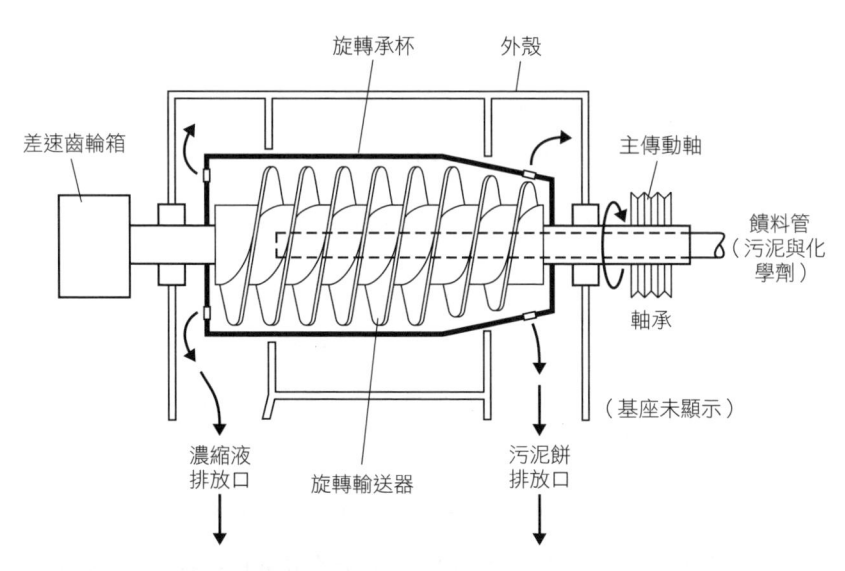

◯ 圖 11.17　連續逆流固體承杯式離心機

能增加固體物的結構強度之外，也會凝結微小顆粒。由於微小顆粒的去除量會因此增加，使用化學添加劑能讓污泥餅不會那麼乾燥。離心之效能特性如圖 11.18 所示。

Bernard 和 Englande [8] 以下列公式表示離心效能的相關性：

$$R = \frac{C_1 (C_2 + P)^m}{Q^n} \tag{11.14}$$

其中， R = 回收，%

P = 聚合物劑量，lb/ton 乾燥固體物饋料 (kg/ton)

Q = 饋料率，gal/(min·ft^2)（m^3/(min·m^2)）

C_1, C_2 = 常數

m, n = 指數

圖 11.19 顯示符合式 (11.14) 的離心效能。例題 11.5 為一個離心機設計。

例題 11.5 找出要將已預先濃縮到 4% 的污泥進行 10,000 lb/d（4536 kg/d）脫水所需的聚合物量和離心機大小。離心機每天操作時間為 8 小時，固體物回收率 95%。從模廠數據得到的關係式如下：

$$R(\%) = \frac{48(0.47 + P)^{0.37}}{Q^{0.52}}$$

其中，R = 固體回收效率，%

P = 聚合物劑量，lb/ton 污泥

Q = 水力負荷，gal/(min·ft^2)

解答 對於 4% 固體物濃度，污泥流量為

$$Q' = 10,000 \times \frac{1}{0.04} \times \frac{1}{8.34}$$

$$= 30,000 \text{ gal/d} \quad (114 \text{ m}^3/\text{d})$$

若離心機每天操作 8 小時，則離心機之污泥進流總量為：

$$Q' = 30,000 \times \frac{24}{8}$$

$$= 90,000 \text{ gal/d 或 } 62.5 \text{ gal/min} \quad (341 \text{ m}^3/\text{d 或 } 0.237 \text{ m}^3/\text{min})$$

在 95% 固體物回收率下，所需的聚合物與水力負荷之關係可以從下式計算：

污泥處理與處置 11

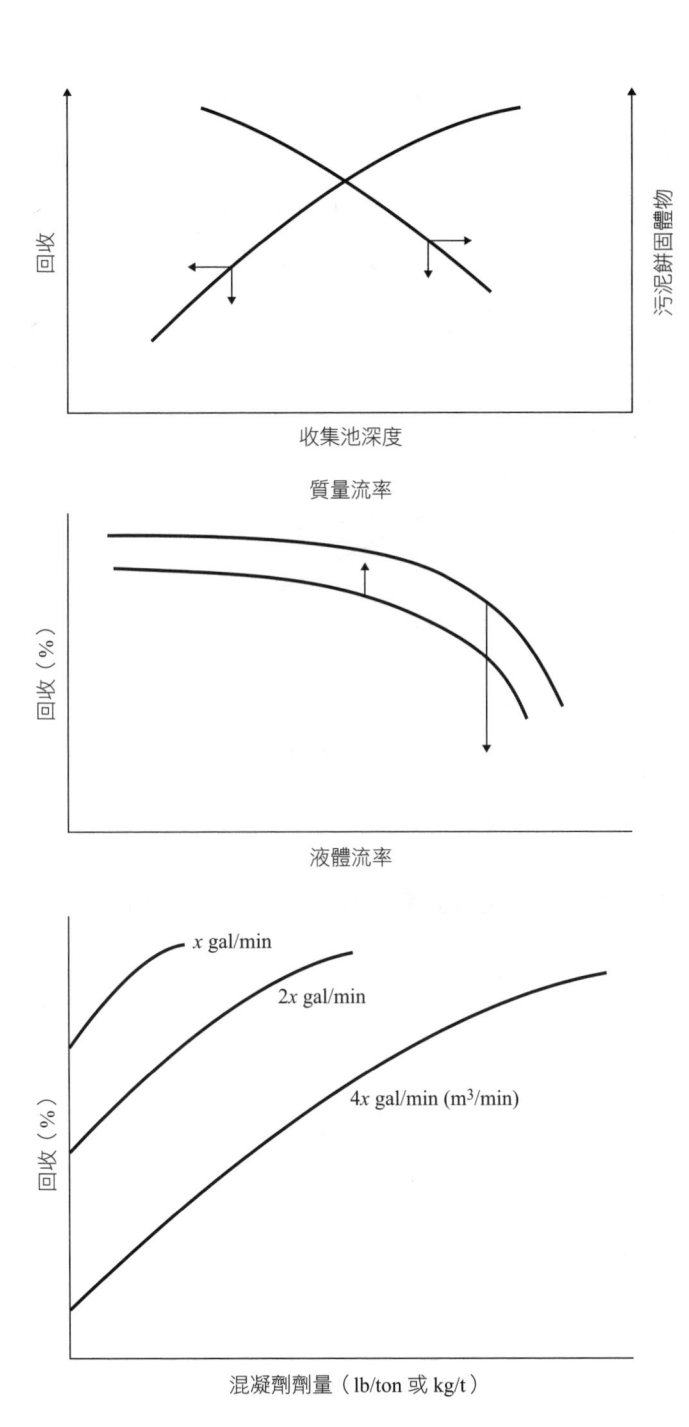

○ 圖 11.18　離心操作關係圖

工業廢水污染防治

$$\text{回收率} = \frac{C_1(C_2+P)^m}{Q^n}$$

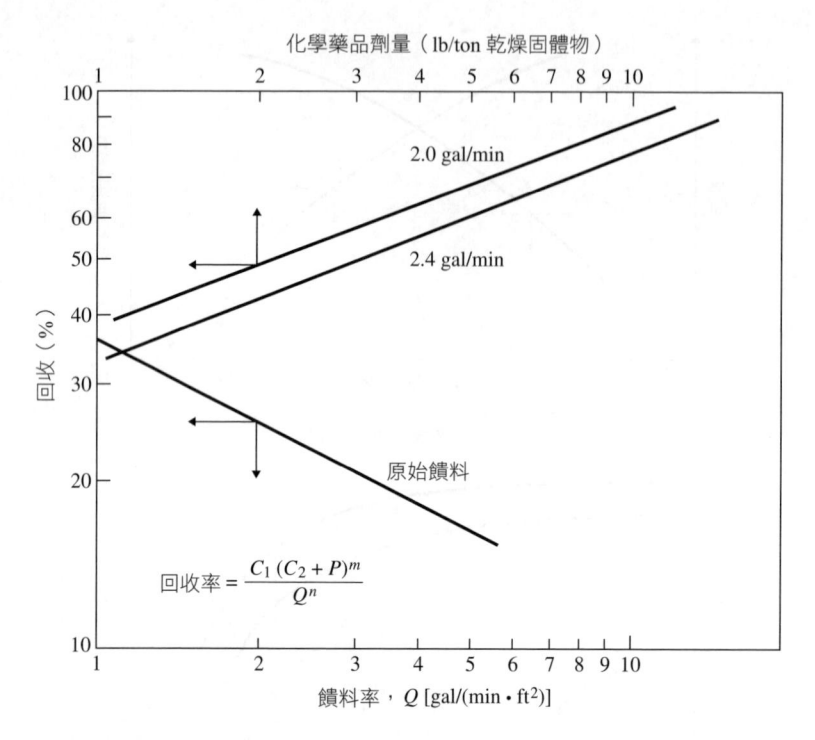

註：lb/ton = 0.50 kg/t
gal/min = 3.78 × 10⁻³ m³/min
gal/(min · ft²) = 4.075 × 10⁻² m³/(min · m²)

◯ **圖 11.19** 消化活性污泥之固體物回收率（添加陽離子聚合物）

$$95 = \frac{48(0.47+P)^{0.37}}{Q^{0.52}} \quad \text{（圖 11.20 所示的 } P \text{ 相對於 } Q \text{ 的繪圖）}$$

離心機大小計算如下：

$$A = \frac{62.5}{Q} \text{ ft}^2 \quad \text{（圖 11.20 所示的 } A \text{ 相對於 } Q \text{ 的繪圖）}$$

由圖 11.20，

$$A = 46 \text{ ft}^2 \quad (4.3 \text{ m}^2)$$
$$P = 46 \text{ lb/d} \quad (21 \text{ kg/d})$$

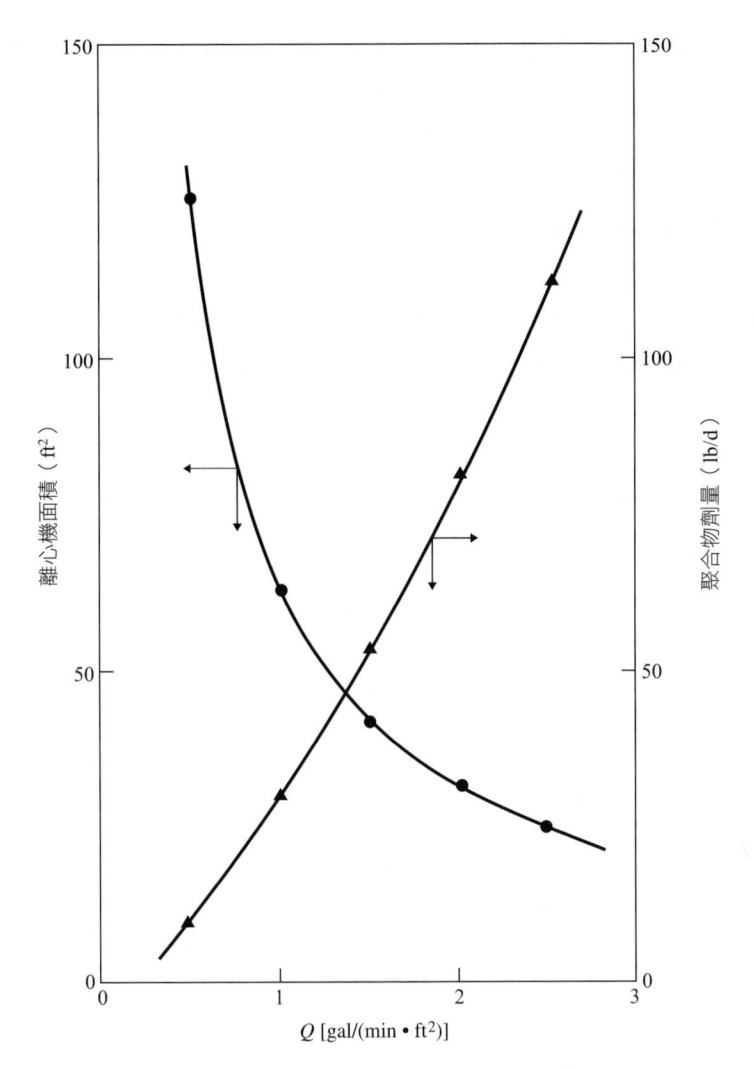

○ 圖 11.20　不同水力負荷下所需之離心面積及聚合物劑量

11.12　真空過濾

　　以往廢水污泥脫水最常用的方法之一就是真空過濾。真空過濾是在施加負壓的狀況下，透過一種可以留住固體物但能讓液體通過的多孔濾材使泥漿脫水。濾材包含布、鋼網，或是編織緊密的線圈彈簧。

在真空過濾操作時，迴轉滾筒通過污泥漿槽，滾筒表面有著固體物於真空作用下附著形成的污泥餅。滾筒的沉浸率從 12% 至 60% 不等。污泥漿在滾筒通過後會形成污泥餅，而水分會經過附著的固體物及濾材過濾除去。滾筒沉浸在污泥槽裡的時間為形成時間（form time，t_f）。當滾筒浮出污泥槽時，真空會將液體抽到空氣中，使污泥餅更加乾燥。這一段的滾筒週期稱為乾燥時間（dry time，t_d）。在循環週期的最後階段，刮刀會將過濾後的泥餅由滾筒刮至輸送器上。在滾筒重新沉浸到污泥槽前，濾材通常會以水噴灑來進行洗滌。圖 11.21 為真空過濾圖示。

影響脫水程序之變數有固體物濃度、污泥和濾液黏度、污泥壓縮性、化學組成，及污泥顆粒的自然特性（尺寸、形狀、含水量等）。

過濾器操作的參數為真空、滾筒沉浸率與速度、污泥調理，以及濾材之類型和孔隙。要注意的是，它是一種能源密集的方法。

式 (11.12) 經過修正以後，可用來表示過濾負荷（忽略濾材最初阻抗）。

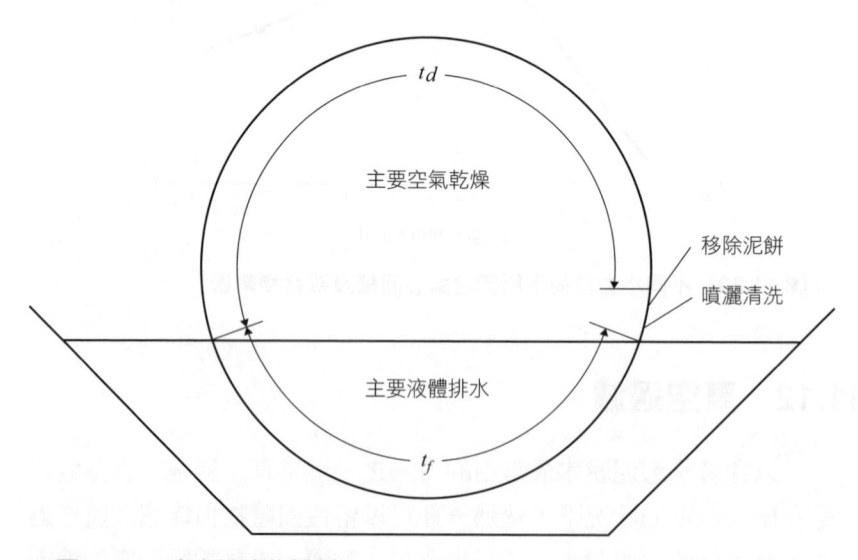

● 圖 11.21　真空過濾的機制

污泥處理與處置 11

$$L_f = 35.7 \left(\frac{P^{1-s}}{\mu R_o}\right)^{1/2} \frac{c^m}{t_f^n} \tag{11.15}$$

其中，$R_o = r_o \times 10^{-7}$，$gr \cdot s^2/g^2$
  P = 真空壓力，lb/in^2
  c = 附著固體物 / 濾液單位體積，g/mL
  μ = 濾液黏度，cP
  t_f = 形成週期，min
  L_f = 過濾負荷，$lb/(ft^2 \cdot h)$
 m, n = 與污泥特性有關之常數
  s = 壓縮係數

在例行計算時，式 (11.15) 中的 c 以 C_i 代替。

式 (11.15) 是以形成時間表示，也可依習慣將其轉成循環時間：

$$L_c = L_f \frac{\% \text{沉浸率}}{100} \times 0.8$$

係數 0.8 是為了彌補污泥餅移除及濾材清洗所影響的濾筒面積。過濾機的總循環時間大約為 1 至 6 分鐘不等。滾筒的沉浸率為 10% 至 60%，造成 0.1 至 3.5 分鐘不等的污泥形成時間，2.5 至 4.5 分鐘的乾燥時間。一般而言，對於高度壓縮的污泥，從 12 至 17 英寸（30 至 43cm）增加形成真空壓力，對過濾機產量亦無影響。

矽藻土是由矽藻化石所組成，可用來作為旋轉真空預塗過濾及壓濾法的助濾劑（filter aid）。在加入污泥之前，通常會先加入 2 至 6 in（5 到 15 cm）的矽藻土或是珍珠岩。為了維持污泥餅的孔隙，也可以在真空過濾前持續加入助濾劑於污泥漿中。當滾筒以每轉 0.5 至 5 分鐘的速度前進時，刮刀會刮除收集到的所有固體物及數千分之一英寸的預塗料。依進流污泥和助濾劑的不同，流率可能從 2 到 50 $gal/(h \cdot ft^2)$（81 至 2035 $L/(h \cdot m^2)$）不等。使用矽藻土或珍珠岩預塗料的操作成本較高，因為需要補充助濾劑。膠狀固體物（如明礬污泥）的脫水、油狀廢棄物污泥的清除，以及高比例微細顆粒的污泥，特別需要用到預塗料。它也常用於壓濾法。和真空過濾操作一樣，它不但可以保護濾材避免經常阻塞，而且在濾材和

649

濾餅間會形成一層薄且不黏的膜，降低污泥餅排除的困難度。預塗料的最佳形式和量必須透過實驗評估。例題 11.6 顯示一個真空過濾的設計。

例題 11.6 某紙漿和造紙廠由初沉污泥及活性污泥組合而成的污泥要進行脫水。污泥流量為 100 gal/min（0.38 m³/min），固體物濃度為 6%。設計一個真空過濾機，操作條件為每天 16 小時，每週運轉 7 天，使用的是 15 in Hg（381 mm Hg）的真空壓力（7.35 lb/in²）及 30% 沉浸率。實驗室及模廠級試驗得到以下資料：

1. 係數 $m = 0.25$。
2. 係數 $n = 0.65$。
3. 3 分鐘脫水時間可得 28% 固體物濃度最佳狀態之污泥餅。
4. 壓縮係數為 0.85。
5. 比阻抗 $r_o = 1.3 \times 10^7$ gr·s²/g²。

解答

$$L_f = 35.7 \left(\frac{P^{1-s}}{\mu R_o}\right)^{1/2} \frac{c^m}{t_t^n}$$

循環時間為 3/0.7 = 4.3 min

$$t_f = 4.3 - 3 = 1.3 \text{ min}$$

$$c = \frac{1}{94/6 - 72/28} = 0.077 \text{ g/cm}^3$$

$$L_f = 35.7 \left[\frac{7.35^{0.15}}{(1)(1.3)}\right]^{1/2} \frac{0.077^{0.25}}{1.3^{0.65}}$$

$$= 16.3 \text{ lb/(ft}^2 \cdot \text{h)} \quad [79.1 \text{ kg/(m}^2 \cdot \text{h)}]$$

從式 (11.17)，

$$L_c = 16.3 \left(\frac{30}{100}\right) \times 0.8$$

$$= 3.91 \text{ lb/(ft}^2 \cdot \text{h)} \quad [19.1 \text{ kg/(m}^2 \cdot \text{h)}]$$

須過濾的污泥 = 100 gal/min × 8.34 lb/gal × 0.06 × 60 min/h × 24/16

= 4500 lb/h (2041 kg/h)

過濾所需面積 = $\frac{4500}{3.91}$ = 1151 ft² (107 m²)

11.13 壓濾法

壓濾法可以用來處理幾乎所有的水及廢水污泥。污泥被汲入以濾布覆蓋的板子之間，液體透過濾布滲出，將固體物留在板上。濾材不見得一定有事先預塗佈。當板子間的空間被填滿時，板子會被分開，以便能移除固體物。污泥餅在形成時，所受到的壓力僅限於汲力和過濾機關閉系統的設計。濾機的設計壓力為 50 至 225 lb/in^2（345 至 1550 kPa）。當最終的過濾壓增加時，乾污泥餅的形成也會增加。大多數的都市污泥可在 225 lb/in^2（690 kPa）的壓力下，脫水產生 40% 至 50% 的污泥餅。濾液品質不一，有進行預塗佈時為 10 mg/L 的懸浮固體物，如無預塗佈的話則為 50 至 500 mg/L，視濾材、固體物種類與調理劑的不同而定。調理的化學藥品和真空過濾使用的相同（石灰、氯化鐵或聚合物）。如灰渣（ash）等物質也曾經被拿來使用。需注意的是，達到 40% 到 50% 污泥餅的工業通常還會用輔助的助濾劑，以增加施壓時的剪力阻抗。在德國，煤粉會用來增加燃料值。在美國，通常會用 20% 至 30% 的石灰及氯化鐵來降低泥餅的 Btu 含量。如果要將污泥餅焚化，可以考慮用高 Btu 含量的助濾劑。沒有被好好過濾的污泥會產生有高度壓縮性的污泥餅，可以用骨材形成物質來產生較多孔隙且不可壓縮的污泥餅。氫氧化鈣及灰渣皆已成功使用於油性污泥。[22] 薄膜壓濾機的操作如圖 11.22 所示。壓濾機如圖 11.23 所示。例題 11.7 顯示壓濾機的設計。

例題 11.7 用以下資料，計算板框式壓濾機之尺寸：

平均負荷 = 13,300 lb/d (6030 kg/d) 乾 TSS
最大負荷 = 25,000 lb/d (11,340 kg/d) 乾 TSS
平均污泥濃度 = 3.0 %
最大污泥濃度 = 2.0 %

經過一系列之模廠級試驗後，得到下列結果：

總循環時間 = 3.5 h*

---

* 允許足夠清洗濾布和移除污泥餅的時間。

1. 過濾週期就緒　　2. 污泥饋入　　3. 薄膜擠壓　　4. 污泥餅排放

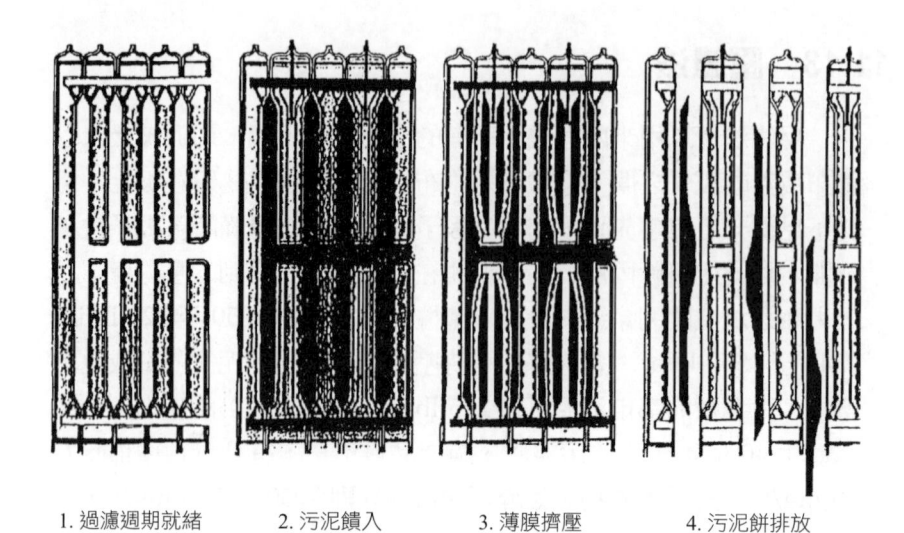

○ 圖 11.22　薄膜壓濾機

○ 圖 11.23　板框式壓濾機

平均污泥餅固體物 = 40 %
最小污泥餅固體物 = 30 %
污泥餅密度 = 70 lb/ft^3（1120 kg/m^3）
調理劑 = 100 lb FeCL$_3$/ton（50 kg/t）乾燥固體物
　　　　＋200 lb lime/ton（100 kg/t）乾燥固體物

污泥處理與處置 11

算出脫水設備的尺寸,能處理平均污泥負荷每天 1 班次,最大負荷為每天 2 班次,每週運轉 7 天。

解答 計算需處理之污泥體積:

$$平均體積 = \frac{13{,}300 \text{ lb dry SS/d}}{0.03 \text{ lb dry SS/lb sludge} \times 8.34 \text{ lb/gal}}$$

$$= 53{,}000 \text{ gal/d} \quad (200 \text{ m}^3/\text{d})$$

$$最大體積 = \frac{25{,}000}{0.02 \times 8.34} = 150{,}000 \text{ gal/d} \quad (570 \text{ m}^3/\text{d})$$

計算脫水體積:

$$平均 = \frac{13{,}300 \text{ lb/d} + (300 \text{ lb/ton} \times 5 \times 10^{-4} \text{ ton/lb} \times 13{,}300 \text{ lb/d})}{0.4 \text{ lb TSS/lb cake} \times 70 \text{ lb/ft}^3}$$

$$= 545 \text{ ft}^3/\text{d} \quad (15 \text{ m}^3/\text{d})$$

$$最大 = \frac{25{,}000 \text{ lb/d} + (300 \times 5 \times 10^{-4} \times 25{,}000)}{0.30 \times 70} = 1369 \text{ ft}^3/\text{d} \quad (39 \text{ m}^3/\text{d})$$

已知單一壓濾機需循環時間 3.5 小時,計算 1 天所需之循環次數:

$$一天平均循環次數 = \frac{1 \text{ shift/d} \times 8 \text{ h/shift}}{3.5 \text{ h/cycle}} \cong 2 \text{ cycles/d}$$

$$一天最大循環次數 = \frac{2 \times 8}{3.5} \approx 4 \text{ cycles/d}$$

計算單一循環之脫水污泥體積或壓濾機體積:

$$每一循環平均壓濾機體積 = \frac{545}{2} = 273 \text{ ft}^3 \ (8 \text{ m}^3/\text{d})$$

$$每一循環最大壓濾機體積 = \frac{1369}{4} = 342 \text{ ft}^3 \ (10 \text{ m}^3/\text{d})$$

選擇壓濾機的尺寸。每個反應室的體積為 3.0 ft³ (0.085 m³)。每個循環最大的壓濾機體積為 342 ft³。所以,我們需要至少有 114 (342/3) 個反應室的壓濾機。我們應從符合此數據的標準壓濾機中挑選一個。

水力式壓濾機曾經被用來為紙漿廠污泥再度脫水,以方便其焚化。紙板廠之污泥曾在 300 lb/in² (2070 kPa) 壓力及加壓時間為 5 分鐘下,由 30% 固體物濃度脫水到 40% 固體物濃度。

11.14 帶式壓濾機

如圖 11.24 所示的帶式壓濾機,化學調理的污泥被送進兩濾帶之間,受力擠壓以驅使水通過濾帶。不同形式的這種設備已成功地使用在都市及工業污泥的脫水。

帶式壓濾機(示意圖見圖 11.25)不僅同時利用污泥餅剪力與應用壓力,也採用低壓過濾及重力排水濃縮。無止境的濾帶經過驅動輪,並如同輸送帶般引導各端的滾輪。濾帶上側由數個滾輪支撐。在濾床上部,壓力帶以相同的方向和速度運行。此壓力帶的驅動滾輪與濾帶的滾輪偶合成對。

藉由可個別調整成垂直或水平的壓力滾輪系統,壓力帶可施加壓力於濾帶。準備脫水的污泥由濾帶上面饋入,並在濾帶和壓力帶之間連續脫水。要注意的是,濾帶的支持滾輪和壓力帶的壓力滾輪是如何加以調整,以使得兩帶之間的污泥形成 S 形的曲線。由於半徑不同,此配置引發兩帶相對的平行位移,對污泥餅產生剪力。在剪力區脫水之後,污泥以刮刀移除。目前的資料指出,在 0.5% 到

⊃ 圖 11.24 帶式壓濾機

污泥處理與處置 11

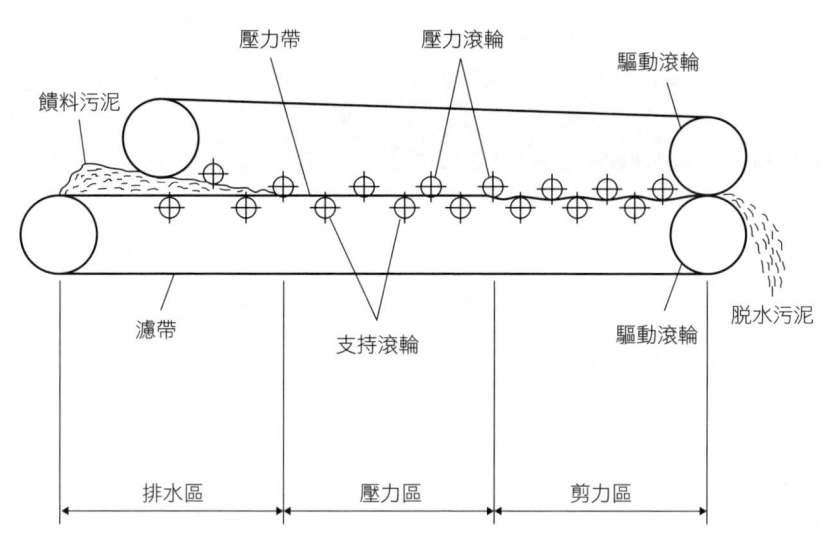

⊃ 圖 11.25　帶式壓濾機示意圖

12% 的溶解固體物範圍間，壓濾機對濃度相當不敏感，但對每單位面積的通量率非常敏感。在一般的濾帶上，清洗水流大約等於污泥應用率。例題 11.8 顯示了一個帶式壓濾機的設計。

例題 11.8　設計一個能為 2% 濃縮污泥脫水 86,600 gal/d（330 m³/d）的帶式壓濾機。此污泥來自某紙漿紙廠的廢水處理廠，包含 23% 廢棄活性污泥以及 77% 初級污泥。模廠級試驗以 0.5 m 寬的濾帶進行，其資料如表 11.5。

下列設計規範是實廠級規模帶式壓濾機的操作規範之中間值：

污泥餅總固體物	30%
固體物捕捉量	95%
濾帶速度	10 ft/min（3 m/min）
產量	200 lb/(h·0.5m)（181 kg/h/m）
聚合物用量	5 lb/ton 乾燥固體物（2.5 kg/t）

解答　設計一個帶式壓濾機，有兩個 8 小時輪班，每天操作 14 小時，每週運轉 5 天：

655

➡ **表 11.5 帶式壓濾機模廠級試驗結果**

	試驗編號				
	1	2	3	4	5
入口 TS, %	1.76	1.76	2.34	2.34	2.34
污泥流量 (gal/min)	15	28	15	20.1	28
污泥產量 (lb/h)	132	247	176	235	328
污泥餅 TS (%)	30.2	28.5	31.5	30.9	35.1
固體物捕捉 (%)	95.7	94.4	95.2	94.7	94.3
聚合物劑量（lb/ton 乾燥固體物）	8.3	11.3	5.1	4.6	4.5
濾帶速度 (ft/min)	5	10	5	10	20
上帶壓力			5 bar (72.5 lb/in^2)		
下帶壓力			5 bar (72.5 lb/in^2)		
濾帶張力			45 bar (653 lb/in^2)		

註：gal/min = 3.785 × 10^{-3} m^3/min
　　lb/h = 0.4536 kg/h
　　lb/ton = 0.5 kg/t
　　ft/min = 0.3048 m/min

$$0.0866 \text{ million gal/d} \times 20{,}000 \text{ mg/L} \times 8.34 = 14{,}445 \text{ lb/d} \quad (6550 \text{ kg/d})$$

$$\frac{14{,}445 \text{ lb/d} \times 7 \text{ d}}{14 \text{ h/d} \times 5 \text{ d}} = 1445 \text{ lb/h} \quad (660 \text{ kg/d})$$

$$\text{所需之濾帶寬} = \frac{1445 \text{ lb/h}}{200 \text{ lb/(h} \cdot 0.5 \text{ m)}} = \frac{1445 \text{ lb/h}}{400 \text{ lb/(h} \cdot \text{m)}} = 3.6 \text{ m}$$

11.15　螺旋壓力機

　　螺旋壓力機（圖 11.26）可用來脫水濃縮污泥，或是為傳統脫水污泥做進一步脫水。螺旋壓力機採用錐形軸，使需脫水的物質逐漸受力而減少體積。水分由有孔的篩移除。壓力機安裝錐形旋轉蒸汽接頭，始能承受高至 100 lb/in^2 的蒸汽壓力。用於進一步脫水的壓力機是設計於處理固體物含量超出總固體物 15% 到 20% 以上的預脫水污泥餅。

污泥處理與處置 11

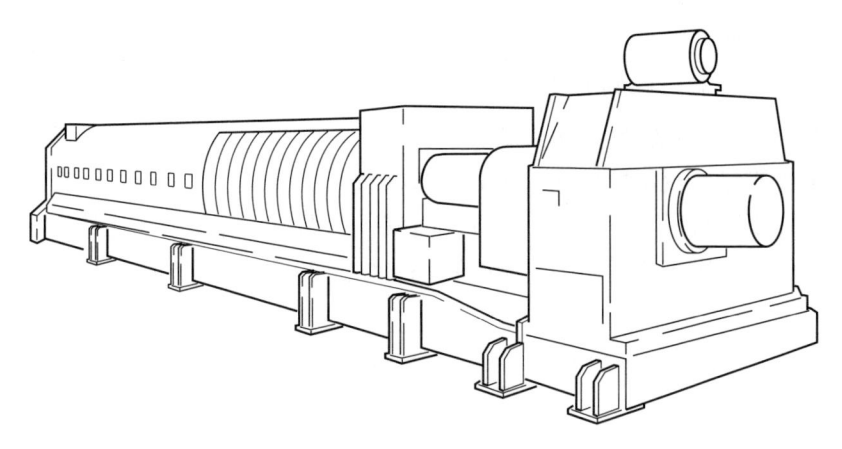

⊃ 圖 11.26　螺旋壓力機（資料來源：ANDRITZ）

11.16　砂床乾燥

　　對於小型的工業廢水處理廠，污泥可以在露天或加蓋的砂床進行脫水。污泥的乾燥主要是透過滲透及蒸發。根據污泥最初的固體物含量與特性，滲透可去除 20% 至 55% 不等的水分。乾燥床的設計和使用會受到天候影響（下雨及蒸發）。污泥乾燥床通常是 8 至 18 in（20 至 46 cm）的級配礫石及石頭，上鋪 4 至 9 in（10 至 23 cm）的砂。砂的有效粒徑為 0.3 至 1.2 mm，均勻係數小於 5.0。礫石級配為 $\frac{1}{8}$ 至 1 in（0.32 至 2.54 cm）不等。乾燥床下設有間距為 9 至 20 ft（2.7 至 6.1 m）之暗渠陶土管，最小管徑為 4 in（10 cm），以開放接頭連接。濾液則會被送回處理廠。

　　乾燥床上通常會放深度為 8 至 12 in（20 至 30 cm）的濕污泥。乾燥污泥是否能「提取」，可能會依個人判斷和最終處理方法而不同，但通常污泥都含有 30% 至 50% 之固體物。

　　使用化學藥品往往可大幅提高砂床的週轉率。加入明礬可減少 50% 污泥乾燥時間。使用聚合物可增加砂床脫水速率，並增加處理的深度。報告顯示，聚合物劑量會使乾燥床的產量線性上升。

657

工業廢水污染防治

　　在觀察了許多家庭及工業廢棄污泥的脫水特性後，Swanwick[9] 研發了一個合理的方法。在此程序中，排水（通常 18 至 24 h）後的污泥會被風乾燥到所需濃度，濕度差（最初－最終）就是所需要蒸發的量。視當地地理環境的累積雨量和蒸發情形，可以算出在一年間不同時段蒸發水分所需要的時間，進而可以算出所需的乾燥床面積。乾燥床產量與比阻抗的關係，如圖 11.27 所示。

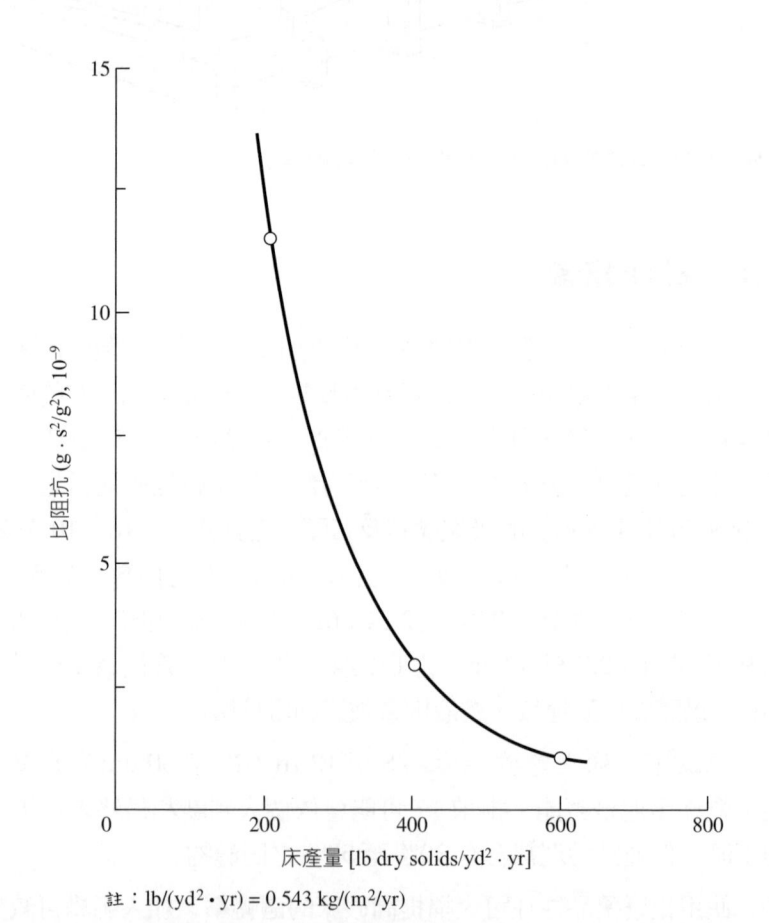

註：lb/(yd² · yr) = 0.543 kg/(m²/yr)

◯ **圖 11.27**　污泥比阻抗和乾燥床產量（可提取污泥）之關係（資料來源：Swanwick, 1963）

11.17　影響脫水效能之因素

污泥混合（即，初級污泥和活性污泥）會同時影響化學調理需求和最終污泥餅固體物。圖 11.28 顯示一家紙漿和造紙廠的數據。[10] Barber 和 Bullard [11] 指出，膠凝良好的活性污泥在帶式壓濾機中可產生 15% 到 16% 固體物的污泥餅，相較於細胞外聚醣膨化污泥的 10%。另外，膠凝污泥少使用 57% 的脫水聚合物。圖 11.29 顯示廢棄活性污泥（WAS）和脫水的效應。廢水污泥的濃縮和脫水如表 11.3 所示。

11.18　污泥之土地處置

濕污泥的土地處置可以透過氧化塘，或利用卡車及噴灑系統將液狀污泥灑在地上完成。液狀污泥也可以用管線送往遠處農業區或

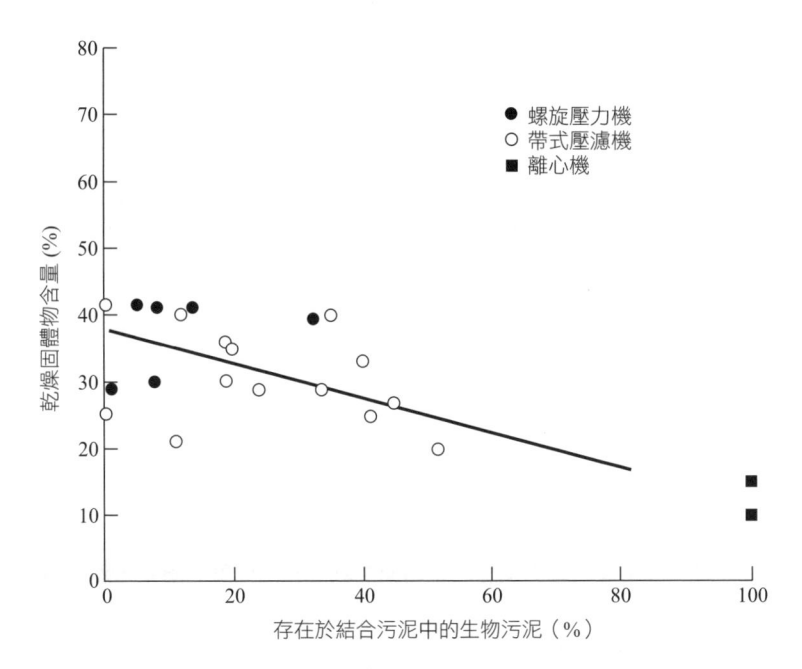

◯ 圖 11.28　使用不同方法將紙漿和造紙廠的初級污泥及廢棄活性污泥脫水混合後的結果

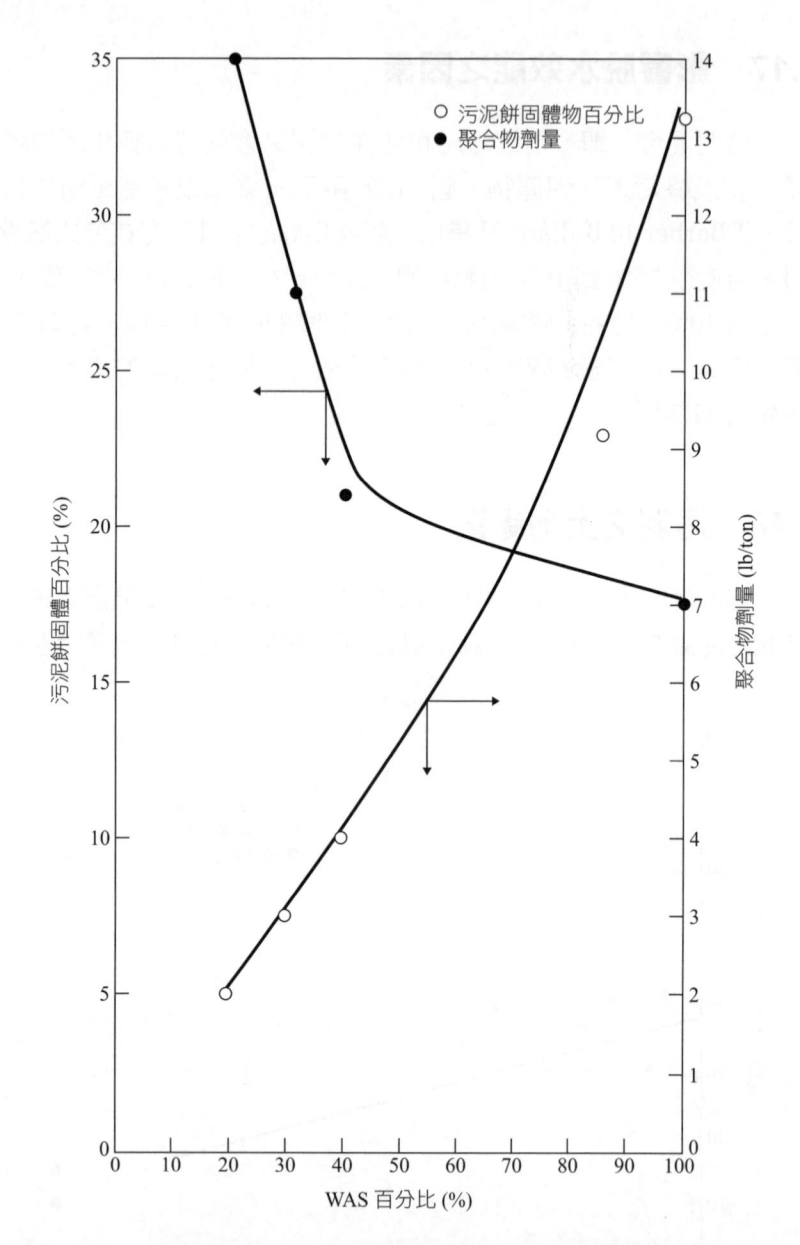

○ 圖 11.29 使用螺旋壓力機處理來自原生紙漿和回收廠的廢棄污泥之效能

污泥處理與處置 11

是氧化塘。

氧化塘通常是用來處理無機的工業廢棄污泥。有機污泥在送往氧化塘前，一般會先用好氧或是厭氧消化以去除臭味和昆蟲。氧化塘也可當成乾燥床使用，讓污泥定期移除及重新填滿。在永久性的氧化塘內，上層的液體會被移除。當氧化塘被固體物填滿時，就會被廢棄，然後另選新址。

一般來說，當有大面積的土地可使用，而且污泥不會妨害附近環境時，可以考慮氧化塘。

由於厭氧作用或是好氧與厭氧的共同機制，氧化塘會出現池底穩定作用。在好氧層的下面會出現厭氧狀態，其中產生氣態甲烷以及其他厭氧分解的產物。在厭氧層產生之氨氣及一些低還原性物質（主要為有機酸），會擴散至好氧層並被氧化。Rich [18] 指出，在 20°C 下，可生物降解固體物的平均池底穩定速率為 80 g/(m²·d)。在這種狀態下，透過甲烷醱酵，總碳穩定化最高可達 63%。假如全部氨及 BOD 都被氧化並釋放到水中，氧消耗量為 86 g O₂/(m²·d)。污泥可以在氧化塘底部濃縮至 2.5% 至 3.0% 固體物。

假設連續進流污泥到氧化塘中，且一年移除一次，每年的平均穩定率可估計為 68 g biomass/(m²·d)。例題 11.9 說明污泥氧化塘的設計。

例題 11.9 設計一個氧化塘，用來穩定活性污泥廠所產生的污泥。處理的廢水量為 1.0 million gal/d（3785 m³/d），BOD 濃度 425 mg/L。此活性污泥廠運作的污泥齡為 45 天，平均溫度 20°C，a = 0.55 g，b = 0.1/d，t = 0.71 d，MLVSS = 3000 mg/L 且 80% 為揮發性，S = 10 mg/L。

解答 X_d 由式 (6.6) 計算而得：

$$X_d = \frac{0.8}{1+(0.1)(45)(0.2)} = 0.42$$

$$\Delta X_v = [0.55(425-10) - 0.1 \times 0.42 \times 3000 \times 0.71](8.34) \times 1.0$$

$$= 1158 \text{ lb VSS d} \quad (525 \text{ kg/d})$$

或

$$\frac{1158}{0.8} = 1448 \text{ lb SS/d} \quad (657 \text{ kg/d})$$

假設 75% 之 VSS 將被降解於氧化塘中，所需面積為

$$A = \frac{R_a}{B_{av}}$$

其中，R_a 為可降解 VSS 之負荷率 lb/d，B_{av} 為平均年穩定率（600 lb VSS/(acre·d) 或 0.067 kg/(m²·d)）。

所需面積為

$$A = \frac{1158 \text{ lb/d} \times 0.75}{600 \text{ lb/(acre·d)}}$$

$$= 1.45 \text{ acres 或 } 63,162 \text{ ft}^2 \quad (5868 \text{ m}^2)$$

藉由之前求得的剩餘污泥量，污泥累積高度可計算求得：

$$\left(\frac{1158}{0.8} - 1158 \times 0.75\right) \text{ lb residue SS/d} \times 365 \text{ d/yr}$$

$$= 211,500 \text{ lb residual sludge/yr} \quad (96,000 \text{ kg/yr})$$

3% 固體物含量時，污泥體積為

$$\frac{211,500 \text{ lb/yr}}{0.03 \times 62.5 \text{ lb/ft}^3} = 112,800 \text{ ft}^3/\text{yr} \quad (31,950 \text{ mm}^3/\text{yr})$$

累積污泥高度將為

$$\frac{112,800 \text{ ft}^3/\text{yr}}{1.45 \text{ acre} \times 43,560 \text{ ft}^3/\text{acre}} = 1.8 \text{ ft/yr} \quad (0.55 \text{ m/yr})$$

假如需氧量為 760 lb O_2/(acre·d)（0.086 kg/(m²·d)），則總需氧量為 1102 lb/d（760 × 1.45）。採用 10 ft（3.05 m）水柱壓，曝氣機傳輸效率為 10%，所需之空氣流量為

$$\text{所需空氣流量} = \frac{1102 \text{ lb/d}}{1440 \text{ min/d} \times 0.1 \times 0.232 \text{ lb } O_2/\text{lb air} \times 0.0746 \text{ lb air/ft}^3}$$

$$= 442 \text{ standard ft}^3/\text{min} \quad (12.5 \text{ m}^3/\text{min})$$

若每個擴散器在 4 standard ft³/min 下操作，則擴散器的數量將為 110。

在有些情況中，經過好氧或是厭氧消化的生物性污泥，由槽車噴灑或是經由農業灌溉渠道送至當地之土地上。這會用到低劑量的重複使用，由一般的 100 dry tons/acre（22.4 mg/m²），到低降雨

污泥處理與處置 11

量地區的 300 tons/acre（67.3 kg/m²）都有。

　　過量活性污泥也會被排放到氧化塘，塘內的藻類活動會為表面液體維持好氧狀態，而其下的污泥則會進行厭氧消化。此種方法曾經成功地被運用在德州奧斯汀的都市活性污泥，還有德州休士頓石化廠的過量活性污泥。當時氧化塘的負荷率為 600 lb VSS/(acre·d)（0.0673 kg/(m²·d)）。

　　很多有機污泥可以不經機械脫水直接混入土壤。表面應用可用卡車散布或噴灑來完成。污泥也能透過可移動設備注入土壤距表面 8 至 10 in（20 至 25 cm）處，如圖 11.30 所示。注入的好處是可以減少表面逕流以及臭味等問題。有一個很重要的考量是污泥的重金屬含量。在 pH 大於 6.0 時，重金屬會被 Ca^{2+}、Mg^{2+}、Na^+ 及 K^+ 交換。這種天然的土壤交換重金屬的能力被稱為陽離子交換能力（cation exchange capacity, CEC），以每 100 g 的乾土壤有多少毫當量（milliequivalents）來表示。污泥中的重金屬含量會受到 pH 值、好氧或厭氧狀態等因素的影響。砂質土壤的 CEC 為 0 至 5，而黏土則是 15 至 20。污泥中的營養素可提供植物生長所

◐ 圖 11.30　污泥注入車

需。土壤的有機部分會和重金屬產生螯合作用。根據美國環保署第503.13號法規，土地處置的金屬上限濃度不得高過表11.6的濃度。USEPA年度污染物負荷，如表11.7所示。

在混合之前，污泥必須接受最低程度的穩定。Chow[19]建議好氧消化15天，以減少揮發物含量少於55%。

各種農作物都有不同的營養素需求（氮、磷、鉀等）。每年可使用的污泥量會依污泥中可利用的氮含量和特定農作物之吸收量而定。污泥排放過量的話，會導致氨被氧化成硝酸鹽，造成地下水的污染。由於全部的有機氮並非在排出的當年就可以被利用，所以氮也會被依序移除。正常情況下，大約有40%的有機氮可以在使用

➡ 表11.6　污染物累積負荷率

污染物	污染物累積負荷率，kg/ha
砷	41
鎘	39
銅	1500
鉛	300
汞	17
鎳	420
硒	100
鋅	2800

➡ 表11.7　污染物年負荷率

污染物	污染物年負荷率（kg/ha，365天為一週期）
砷	2.0
鎘	1.9
銅	75
鉛	15
汞	0.85
鎳	21
硒	5.0
鋅	140

污泥處理與處置 11

的第一年內被農作物利用。後面的第二、三、四、五年的利用率則分別為 20%、10%、5% 及 2.5%。

伊利諾州環保局 [20] 建議，覆蓋於每年地下水位的土壤，最小深度應為 10 ft（3 m），滲透率應為 2 到 20 in/h（5 到 51 cm/h）。土地斜率最多不應超過 8%，而且土壤 pH 值應該維持在 6.5。例題 11.10 顯示一個污泥的土地混合系統。

例題 11.10　設計一個剩餘活性污泥的土地混合系統。污泥之特性為：

數量 (gal/d)	6560
總量 (lb/d)	3500
NH_3^--N (mg/L)	235
Org-N (mg/L)	865
SS (mg/L)	63,000
PO_4 (mg/L)	30

註：gal/d = 3.785 × 10³ m³/d
　　lb/d = 0.4536 kg/d

解答　污泥金屬分析：

金屬	mg/kg（乾燥固體物）
鋁（Al）	700
鎘（Cd）	3.0
鈣（Ca）	105,000
鉻（Cr）	400
銅（Cu）	60
鐵（Fe）	6000
鉛（Pb）	30
鎳（Ni）	150
鋅（Zn）	120
鉀（K）	150

例如，以鎘來說。污泥中鎘總量為：

$$3\frac{\text{mg Cd}}{\text{kg sludge}} \times 3500 \frac{\text{lb sludge}}{\text{d}} \times \frac{\text{kg}}{2.2 \text{ lb}} = 4773 \frac{\text{mg Cd}}{\text{d}}$$

對每一英畝〔0.414 公頃（ha）〕來說，可應用以下不會超過 1.9 kg/ha

的允許年負荷率（表 11.7），

$$1.9\frac{\text{kg Cd}}{\text{ha}} \times 0.405\frac{\text{ha}}{\text{acre}} \times 10^6\frac{\text{mg}}{\text{kg}} = 769,500\frac{\text{mg Cd}}{\text{d}}$$

以 1.9 kg/ha 的允許年負荷率來算，要達到 39 kg/ha 的最大允許負荷（表 11.6）所需的年數為

$$39\text{ kg/ha} \times 1.9\text{ kg/(ha}\cdot\text{yr)} = 20.5\text{ yr}$$

但是，對污泥中的 4773 mg Cd/d，要稍長的時間

$$39\text{ kg/ha} = \frac{39 \times 10^6\text{ mg Cd}}{4773\text{ mg Cd/d}} = 8170\text{ d} = 22.3\text{ yr}$$

最大年負荷以每英畝磅表示為

$$1.9\frac{\text{kg}}{\text{ha}\cdot\text{y}} \times \frac{0.414\text{ ha}}{\text{acre}} \times 2.2\frac{\text{lb}}{\text{kg}} = 1.73\text{ lb/(acre}\cdot\text{yr)}$$

農業負荷：

百慕達草的最大允許氮負荷為 0.0224 kg/(m²·yr)，相當於 200 lb/(acre·yr)。對土壤混合，NH_3 可用性為 100 %，而 org-N 可用性為 40 %。

第一年應用可利用的氮為

$$235\text{ mg NH}_3^-\text{N/L} + 865\text{ mg org-N/L} \times 0.4 = 581\text{ mg N/L}$$
$$= 0.00486\text{ lb/gal}$$

因此，污泥負荷為

$$\frac{200}{0.00486} = 41,152\text{ gal/(acre}\cdot\text{yr)} \quad [0.0385\text{ m}^3/(\text{m}^2\cdot\text{yr})]$$

需要的英畝為

$$\frac{6560 \times 365}{41,152} = 58\text{ acres} \quad (234,720\text{ m}^2)$$

陸續的年度利用應該考慮額外之有機氮轉換。

　　油性污泥的土地處置有成功的案例，最近發表的數據顯示出以下狀態：

1. 油的降解率和土壤含油比例有直接關係。
2. 肥料可改善降解率。
3. 曝氣（耕作）的頻率不一（由 1 週至 2 個月）。

污泥處理與處置 11

4. 在 8 個月的生長季節中，每公頃土地應降解 380 m³ 和 400 m³（2000 bbl 和 2500 bbl）之間的油。
5. 污泥耕作處理的成本僅為焚化的 $\frac{1}{5}$。

11.19　焚化

污泥餅必須進行處置，可以將它送到土地處置場或進行焚化處理。

焚化要考量的因素為污泥餅的濕度與揮發性成分的含量，以及污泥的熱值。濕度含量是最主要的因素，因為它可主導到底燃燒會自行進行，或是需要添加輔助燃料。污泥熱值範圍從 5,000 至 10,000 Btu/lb（1.16×10^7 到 2.33×10^7 J/kg）不等。

焚化包含乾燥和燃燒。有多種焚化設備可於一個單一單元或多個單元完成所需的反應。在焚化過程中，污泥會被加熱到 212°F（100°C），讓水分從污泥蒸發。水蒸氣和空氣的溫度被提升到燃點。為了使污泥完全燃燒，需要補充些額外的空氣。一旦輔助燃料提升焚化爐的溫度達燃點時，脫水後的污泥通常可以自行持續燃燒。自燃性污泥有著良好的水分對揮發成分比率優勢。一般來說，這個比率必須稍優於 2 lb H_2O/ lb 揮發成分才會達到自燃條件。燃燒的最終產物主要為二氧化碳、二氧化硫及灰渣。

焚化也可以利用多床爐來完成，在其中，污泥垂直通過一連串爐床。水分蒸發與廢氣冷卻會發生在上層的爐床，揮發性氣體和固體物會在中間的爐床燃燒，總固定碳則是在下層的爐床燃燒。爐床溫度從上層的 1000°F（538°C），到下層的 600°F（316°C）。廢氣會通過洗滌塔，移除灰渣及其他揮發性產物，如圖 11.31 所示。

在流體化床中，污泥顆粒由上升之空氣送入流體化的砂床中。床的溫度維持在 1400°F 至 1500°F（760°C 至 815°C）間，使污泥可以快速乾燥和燃燒。上升流動的燃燒氣體會將灰渣從床移除。

工業廢水污染防治

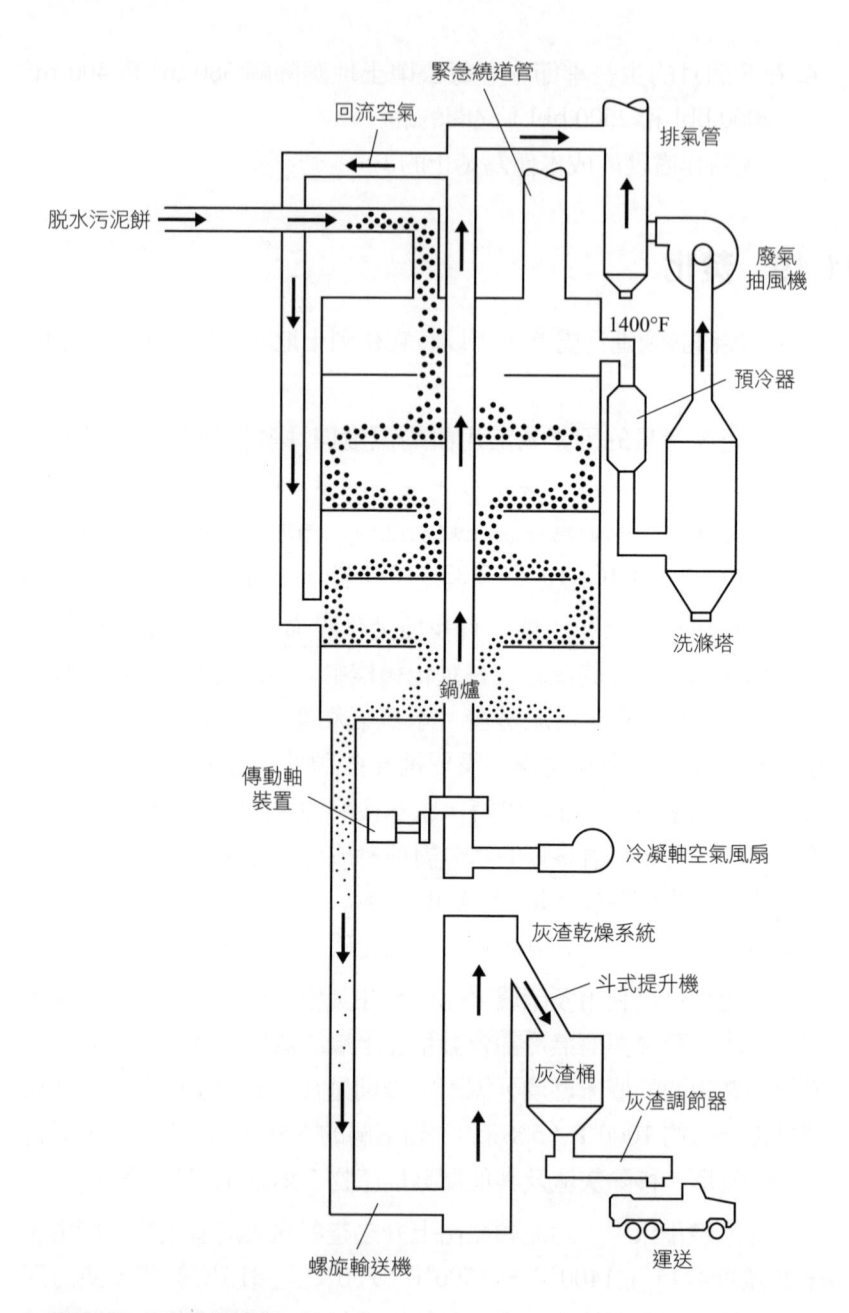

○ 圖 11.31　多床爐系統

11.20 問題

11.1. 某好氧消化槽在溫度 20°C 的停留時間為 10 天，其性質如下：

反應速率 k_d = 0.155/deg
進流水 SS = 10,500 mg/L
揮發性物質 = 85%
不可降解 VSS = 32%
X_d = 0.68
b = 0.1/d
流量 = 100,000 gal/d（379 m³/d）

(a) 計算消化槽放流水的組成、TSS、VSS。
(b) 計算包含硝化作用的需氧量。

11.2. 濃縮槽的操作條件如下：

固體物通量 = 20 lb/(ft² · d)（97.7 kg/(m² · d)）
最大底流濃度 = 45%
面積 = 600 ft²（55.7 m²）

由於處理廠的操作變更，污泥的特性改變，成為流量 180,000 gal/d（681 m³/d），濃度 1%。若濃縮之特性如例題 11.3，則其最大底流濃度應該為多少？

11.3. 某煉油廠污泥包含中和處理之廢棄石灰和許多油狀廢棄物。廢棄物組成的固體物濃度為 52.6 g/L，平均流量為 29,600 gal/d（112 m³/d）。

已知：設計係數及設計操作條件如下：

程序	設計係數					設計操作條件		
	μ(cP)	$\dfrac{1-s}{2}$	m	n	R_0	真空壓力或壓力 (lb/in² gage)	污泥餅固體物 (%)	循環時間 (min)
真空過濾機	1	0.087	0.548	−0.562	3.5	9.8	34	6
壓濾機	1	0.299	0.306	−0.559	7.63	100	40	1200

計算：

(a) 每週運轉 7 天、每週使用 8 小時進行預先塗佈所需要的真空過濾機面積。

(b) 每週運轉 7 天、每週循環使用 4 小時的污泥剝落時間時所需之壓濾機面積。

使用關係式：

$$L = \frac{35.7 P^{(1-s)/2}(c^m)(t)^n}{(\mu R_o)^{1/2}}$$

其中，L = 壓濾機負荷，lb/(ft² · h)

P = 真空壓力，lb/in² 錶壓

c = 每單位濾液中沉積之固體物，g/mL

t = 循環時間，min

μ = 黏度，cP

R_0 = 污泥餅比阻抗

提示 1：$c = \left[\dfrac{污泥濕度(\%)}{污泥固體物(\%)} - \dfrac{污泥餅濕度(\%)}{污泥餅固體物(\%)}\right]^{-1}$

提示 2：以上關係式可用來決定壓濾機之負荷，其中 P = 壓濾機壓力，lb/in² 錶壓

參考文獻

1. Van der Sloot, H., L. Heasman, and P. Quevauiller: *Harmonization of Leaching/Extraction Tests*. Elsevier, Amsterdam, The Netherlands, 1997.
2. Townsend, T., Y. C. Jang, and T. Tolaymat: "A Guide to the Use of Leaching Tests in Solid Waste Management Decision Making." Report # 03-01(A) prepared for the Florida Center for Solid and Hazardous Waste Management, University of Florida, March, 2003.
3. U.S. Environmental Protection Agency. "Waste Leachability: The Need for Review of Current Agency Procedures," EPA-SAB-EEC-COM-99-002, Science Advisory Board, Washington, D.C., 1999.
4. Stien, R., C. E. Adams, and W. W. Eckenfelder: *Water Res.*, vol. 8, p. 213, 1974.
5. Andrews, J. F., and K. Kambhu: "Thermophilic Aerobic Digestion of Organic Solid Waste," Final Progress Report, Clemson University, Clemson, S.C., 1970.
6. Dick, R. I.: "Thickening," in *Process Design in Water Quality Engineering*, E. L. Thackston and W. W. Eckenfelder, eds., Jenkins, Austin, Texas, 1972.
7. Coackley, P., and B. R. S. Jones: *Sewage Ind. Waste*, vol. 28, pt. 8; p. 963, 1956.

8. Bernard, J., and A. J. Englande: "Centrifugation," in *Process Design in Water Quality Engineering,* E. L. Thackston and W. W. Eckenfelder, eds., Jenkins, Austin, Texas, 1972.
9. Swanwick, J. D.: *Advances in Water Pollution Research,* vol. II, p. 387, Pergamon Press, New York, 1963.
10. Saunamaki, R.: *Wat. Sci. Tech.,* vol. 35, no. 2-3, p. 235, 1997.
11. Barber, J. B., and Bullard, C. M.: *Proc. WEF Industrial Waste Conf.,* Nashville, 1998.
12. Eckenfelder, W. W.: *Principles of Water Quality Management,* CBI, Boston, Mass., 1980.
13. Bassett, P. J., et al.: *Proc. 33rd Ind. Waste Conf.,* Purdue University, 1978.
14. Dickey, R. O., and R. C. Ward: *Proc. 36th Ind. Waste Conf.,* Purdue University, 1978.
15. Podusks, R. A., et al.: *Proc. 35th Ind. Waste Conf.,* Purdue University, 1980.
16. Leonard, R. J., and J. W. Parrott: *Proc. 33rd Ind. Waste Conf,* Purdue University, 1978.
17. Miner, R. G.: *J. WPCF,* vol. 52, pt. 9(2), p. 389, 1980.
18. Rich, L.: *Water Res.,* vol. 16, pt. 9(l), p. 399, 1982.
19. Chow, V.: *Sludge Disposal on Land,* 3M Co., St. Paul, Minn., 1979.
20. Illinois EPA: "Design Criteria for Municipal Sludge Utilization on Agricultural Land," Tech. Policy, WPC-3, 1977.
21. Deeny, K., et al.: *Proc. 40th Purdue Industrial Waste Conf.,* Purdue University, 1985.
22. Zall, J., et al.: *J. WPCF,* vol. 59, no. 7, 1987.

12 雜項處理流程

12.1 簡介

本章所討論的是先前章節並未提及的廢水淨化處理及最終處置方法。方法包括土地處理、深井處置、薄膜程序、薄膜生物反應器、粒狀濾材過濾及微篩機。

12.2 土地處理

食品加工廢水的種類很多,包含肉類、禽類、乳品、釀造啤酒及葡萄酒業等,都曾成功地以土地處理方式排放。以灌溉方式處理工業廢水排放可以透過許多處理方法進行,根據地形、土壤的性質、地下水位的深度,以及廢水特性而有所不同:

1. 利用噴嘴方式將廢水散布到較平坦的地形。
2. 將廢水散布到坡地,使廢水慣性往下匯流至自然水道。
3. 透過畦溝(ridge and furrow)灌溉管道處理廢水。

灌溉

灌溉（irrigation）包含負荷率約為 2 至 4 in/week（5 至 10 cm/week）的水利系統，讓作物得以成長。應用方法包括不同的噴灑系統、畦溝灌溉和表面逕流。噴灑過後，應該有一段間歇休息，時間約 1：4 或更大，例如噴灑 0.5 小時：休息 2 小時。

過篩後的廢水被抽至管線後，藉由有適當間隔距離的噴嘴噴灑，如圖 12.1 所示。當廢水滲濾至土壤中時，有機物會進行生物降解。部分液體會貯留在土壤，而剩下的則會滲濾至地下水。多數的噴灑灌溉系統在地表都會以草本性覆蓋作物或是其他植物來維持上層土壤之孔隙。最常見的覆蓋作物為金黃蘆草（*Phalaris arundinacea*），其根部系統延伸性強，葉區較大，而且能適應惡劣環境。經由蒸散作用（evapotranspiration，蒸發到大氣中或是被植物的根或葉吸收）會損失部分廢水，損失量最多可達廢水量之 10%。

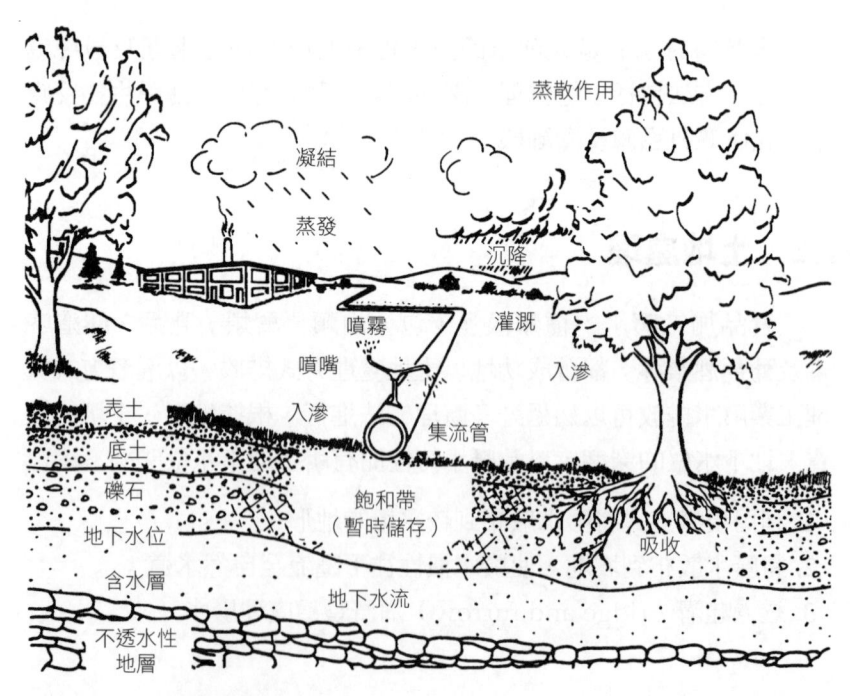

◯ **圖 12.1　噴灑灌溉系統**

雜項處理流程 12

　　灌溉系統最適用於排水效果良好的壤質土（loamy soil），不過從黏土到砂質等土壤都可被接受。為了避免根部區域飽和，與地下水位深度距離至少應保持 5 ft（1.5 m）。地下排水系統也曾被成功地運用在高地下水位或不透水的下層土區。

　　耐水性的多年生草類最常被採用，因為它們能吸收大量的氮，維護成本低，而且能讓土壤滲水率保持在最高的狀態。季節性之罐頭製造業廢水常用來灌溉玉米或牧草，正好可配合廢水產生期。

　　有時廢水會被用來噴灑林地。樹林能使土壤有高孔隙率並具有高蒸散率。在旱季時，一棵小小的榆樹可以吸收高達 3000 gal/d（11.4 m³/d）的水分。

　　一個地區可吸收廢水之容量的主要影響因素有：[1]

1. **土壤的特性**。砂質的土壤有高過濾速率；黏土則只能讓很少的水通過。
2. **土壤剖面層之形成**。某些土壤會有黏土晶體，會使水流隔絕。
3. **地下水的深度**。可以被噴灑在某區域的廢水總量，和這些廢水必須流入地下水之深度成正比。然而，必須要有足夠的土壤深度，才能進行有效的有機物質生物降解。
4. **最初含水量**。土壤可以吸收的水量和土壤最初的含水量成正比。
5. **地形和地表被覆**。有覆蓋作物可以增加一個地區的吸收水量。斜坡地形則會使逕流量增加。

　　在一個噴灑灌溉區，被地面吸收的水會保持在毛細懸浮狀態，直到達到 95% 飽和量。多餘的水會流入地下水，地表以下水頭等於從地表至地下水位的距離。廢水的排放可能為固定速率或是短期速率。土壤於固定速率下的吸水能力和地表與地下水位間的滲透係數成正比：[1]

$$Q = 328 \times 10^3 KS \tag{12.1}$$

其中，Q = gal/(min · acre)
　　　K = 全區之滲透係數，ft/min

S = 土壤的飽和度（穩定狀態下接近 1.0）

或

$$Q = 1.00KS \tag{12.1a}$$

當 Q 以 $m^3/(min \cdot m^2)$ 為單位時且 K 以 m/min 為單位時。

如表 12.1 顯示，滲透係數 K 依土壤特性不同而異。全區係數根據不同深度之土壤特性而定，計算列示如下：

$$K = \frac{H}{H_1/K_1 + H_2/K_2 + \cdots + H_n/K_n} \tag{12.2}$$

其中，H 是以呎為單位的地下水總深度，$H_1, H_2, ..., H_n$ 為土壤斷面裡每層的深度，而 K_1, K_2 等則為每層的平均滲透係數。要判定全區係數 K 通常需要進行土壤鑽探。應要避免可能存在的黏土結晶。短期速率與土壤之毛細作用以及與最初之含水量成正比，通常會比穩定速率高出許多。

快速入滲

快速入滲（rapid infiltration）系統的特色是將絕大部分的廢水滲濾通過土壤到達地下。這種方法只能用在能快速滲透的砂土及砂質壤土（sand loams）。雖然食品加工業曾經使用高速噴灑系統來分送廢水，但這類系統通常被認為是用來再補充或延伸池槽。

在快速入滲系統中，植物於廢水處理上扮演一個相對次要的角色。土壤中的物理、化學以及生物機制運作都與處理有關。土壤

➡ 表 12.1　依土壤特性之各種滲透係數 [1]

細度成分	K (ft/min)
微量細砂（0.10%）	1.0-0.2
微量粉砂（0-10%）	0.8-0.04
粗及細砂（10-20%）	0.012-0.002
碎裂黏土（50%）與有機土壤（50%）	0.0008-0.0004
大部分黏土（100% 以上）	<0.0002

註：ft/min = 0.3048 m/min。

的滲透性越大，廢水需要流得越遠才能被妥善處理。高度砂質的土壤，最小的通過距離大約為 15 ft（5 m）。

漫地流

漫地流（overland flow）是一個固定膜的生物處理程序。使用漫地流時，廢水會從有覆草坡地的高緣放流，經過有植物的地表後，再進入收集溝渠。廢水流經坡地時，會透過一層生物薄膜進行處理。此方法最適合用於低滲透性之土壤，但是具有不透水底土的中等滲透性土壤也可以採用。

廢水通常會以噴灑器噴灑於坡地上方 2/3 處之地面，長度約 150 到 200 ft（46 到 61 m）。在每一坡地的下方都設有逕流收集溝渠或是排水管。當廢水往下流時，植物落葉裡或是土壤表面的細菌會進行廢水處理。坡地的理想斜度是 2% 至 4%，以便保持適當處理效果，也可避免造成窪蝕及侵蝕。此系統可用於天然坡地，或是經過適當整理成一定坡度的平坦農業用地。

土地處理系統的特性總結在表 12.2。

廢水特性

除了土壤特性外，使用噴灑灌溉系統時，還需要考慮一些廢水的特性。在噴灑廢水前，要以篩除或是沉澱方式去除其中的懸浮固體物，因為固體物可能會堵塞噴嘴，也可能在土壤表面形成堆積，使廢水無法滲透。pH 值如過酸或過鹼都對覆蓋作物有害。過高的

➡ **表 12.2　各種土地處理系統之特性比較** [2]

項目	灌溉	快速入滲	漫地流
水力負荷率 (cm/d)	0.2-1.5	1.5-30	0.6-3.6
需要土地面積 (Ha)*	24-150	1.2-24	10-60
土壤類型	沃質砂土到黏土	砂	黏土到沃質黏土
土壤滲透性	中等快慢	快速	慢

* 在流量 3785 m³/d（1 million/d）下，土地面積以公頃（hectare）計（不包括緩衝區、道路或溝渠面積）。

鹽分會影響覆蓋作物的生長,並在黏土土壤產生鈣及鎂之離子交換作用。如此會造成土壤的散亂現象,降低土壤中排水和曝氣能力。為了避免這種問題的發生,建議廢水的最大鹽分應限制在 0.15% 以下。[3]

　　土壤是非常有效的生物處理程序,而系統之效能通常是受到土壤之水力容量的主導,並非有機負荷率。進入土壤的氧交換依充滿空氣的孔隙空間而定。在飽和土壤裡,氧的傳輸與氧化塘作用類似。在排水良好的土壤中,由於質量流,土地表面氧之交換速率快。但是在 4 in(10 cm)以下的土壤,氧交換較緩慢,因為它是依靠擴散。

　　Jewell [4] 的研究顯示,在不超過細菌分解能力下,土壤的有機負荷率以 COD 為計算基準,可超過 16,000 lb/(acre·d)(1.79 kg/(m²·d))。Adamczyka [5] 指出,當灌溉系統的 BOD 負荷在 2000 至 5000 lb/(acre·d)(0.22 至 0.56 kg/(m²·d))時,會發生問題;但是在 500 lb/(acre·d)(0.056 kg/(m²·d))時,就可以正常運作。高 BOD 負荷造成的問題包括破壞植物、產生臭味和滲漏未降解有機物到下層的土壤。灌溉和快速入滲系統一般可以接受在 535 lb/(acre·d)(0.060 kg/(m²·d))範圍內的負荷。而漫地流的負荷率限制尚未明朗,但可能是 134 至 180 lb/(acre·d)(0.017 至 0.020 kg/(m²·d))。對於缺乏養分之廢水,除非土地已經適當施肥,否則需添加氮、磷等營養劑。

灌溉系統設計

　　包含水分和氮質量平衡的灌溉系統模式已被建立,[6] 以估計氮流失至地下水的量。氮去除最主要的處理機制就是作物植栽。

　　土地應用系統有四個部分:預處理、廢水傳送至灌溉區、在不能灌溉期間貯存廢水之水塘,以及灌溉區。主要的變數為:

Q_m = 土地應用區之廢水流量(L^3/T)

　A = 灌溉土地面積(L^2)

　r = 平均廢水利用率(L/T)

若 Q_m 的單位為 million gal/d，A 的單位為 acre，r 的單位為 in/week，則

$$\frac{Q_m}{A} = \frac{r}{258} \qquad (12.3)$$

若 Q_m 的單位為 m³/d，A 的單位為 m²，r 的單位為 cm/week，則

$$\frac{Q_m}{A} = \frac{r}{700}$$

假設公式中，T 為灌溉季節之週數，P 及 ET 為灌溉季節降雨量及蒸散率（以 in 計），進入灌溉區地下水的總水量是 $7Q_mT/A + 0.02715(P-\text{ET})$，單位以 million gal/acre 計。若 P 及 ET 以 cm 計，

$$\text{流進地下水 (m}^3\text{)} = 7Q_m(\text{m}^3/\text{d})\frac{T}{A\,(\text{m}^2)} + 0.01(P-\text{ET})$$

同理，若 n 是預先處理廢水中的氮（以 mg/L 計），NC 是植物生長後所移除之氮（M/L^2），如果 NC 是以 lb/acre 為單位，則從灌溉區進入地下水之氮估計為

$$7(8.34)nQ_mT/A - \text{NC}$$

或是如果 NC 是以 kg/m² 為單位，則為

$$7\times 10^{-3}nQ_m(\text{m}^3/\text{d})\frac{T}{A(m^2)} - \text{NC}$$

如果地下水標準要求滲流水的平均氮濃度應低於飲用水標準之 10 mg/L 時，

$$\frac{7nQ_mT/A - \text{NC}/8.34}{7Q_mT/A + 0.02715(P-\text{ET})} < 10 \qquad (12.4)$$

它可簡化為

$$\frac{Q_m}{A} < \frac{\text{NC}}{58.4T(n-10)} + \frac{0.0388(P-\text{ET})}{T(n-10)} \qquad (12.4\text{a})$$

以公制為單位時

$$\frac{7nQ_mT/A - \text{NC}\times 10^3}{7Q_mT/A + 0.01(P-\text{ET})} < 10$$

它可簡化為

$$\frac{Q_m}{A} < \frac{143\text{NC}}{T(n-10)} + \frac{(P-\text{ET})}{70T(n-10)}$$

若廢水中氮必須等於或是少於作物需求（NC）時，則

$$\frac{7(8.34)nQ_mT}{A} < \text{NC} \qquad (12.5)$$

或

$$\frac{Q_m}{A} < \frac{\text{NC}}{58.4nT} \qquad (12.5\text{a})$$

以公制為單位時

$$7 \times 10^{-3} nQ_m \frac{T}{A} < \text{NC}$$

或

$$\frac{Q_m}{A} < \frac{143\text{NC}}{nT}$$

式 (12.4) 及式 (12.5) 限制了土地應用區之氮負荷率。液體的負荷率則會受土壤排水能力 $\bar{r}$（in/week 或 cm/week）之限制：

$$r < \bar{r} \qquad (12.6)$$

對某些特定的廢水，以上方程式定義出需要的土地面積。例題 12.1 顯示一個設計。

例題 12.1 某個食品加工廠的廢水以土地灌溉來處理。計算在下列的條件下所需要的土地面積：

　　1 million gal/d (3785 m³/d)
　　500 mg/L BOD
　　25 mg/L N

解答 法規限制的施放率為 3 in/week（7.6 cm/week）和 500 lb BOD/(acre·d)（0.056 kg/(m²·d)）。對於最大負荷率，

雜項處理流程 12

$$\frac{Q_m}{A} = \frac{r}{258 \text{ (acre·in/week)/(million gal/d)}}$$

$$\frac{1}{A} = \frac{3}{258}$$

$$A = 86 \text{ acres} \quad (35 \text{ ha} = 350{,}000 \text{ m}^2)$$

BOD 以 lb/d 表示為：

$$\text{lb BOD/d} = \frac{500 \text{ mg BO}}{\text{L}} \times 1 \text{ million gal/d} \times 8.34 \frac{\text{lb/million gal}}{\text{mg/L}}$$

$$= 4170 \text{ lb/d} \quad (1893 \text{ kg/d})$$

對於此 BOD 負荷率，適合採用相對小的面積：

$$A = \frac{4170 \text{ lb/d}}{500 \text{ lb BOD/(acre·d)}} = 8.34 \text{ acres} \quad (3.40 \text{ ha} = 34{,}000 \text{ m}^2)$$

然而，對於金黃蘆草的作物所需要的氮為 200 lb/acre（0.022 kg/m^2），罐頭工廠的噴灑期為 12 週。因此，

$$\text{lb N} = \frac{25 \text{ mg N}}{\text{L}} \times \text{million gal/d} \times 8.34 \frac{\text{lb/million gal}}{\text{mg/L}} \times 12 \text{ weeks} \times 7 \frac{\text{d}}{\text{week}}$$

$$= 17{,}512 \text{ lb N} \quad (7951 \text{ kg})$$

$$A = \frac{17{,}514 \text{ lb N}}{200 \text{ lb N/acre}} = 88 \text{ acres} \quad (35.9 \text{ ha} = 359{,}000 \text{ m}^2)$$

或

$$\frac{Q_m}{A} = \frac{NC}{58.4nT}$$

$$\frac{1}{A} = \frac{200}{58.4 \times 25 \times 12}$$

$$A = 88 \text{ acres} \quad (35.9 \text{ ha} = 359{,}000 \text{ m}^2)$$

所需面積為 88 英畝，主要是受作物需求的影響，而非規定的最大負荷或是 BOD。

土地應用系統的效能

包括罐頭工廠、[7] 紙漿與造紙業、[8] 乳製品及製革廠的廢水，皆可以成功地以噴灑灌溉來處理。亞硫酸鹽 [9, 10] 的紙漿廢液曾經應用於高達 116 lb solids/(d·yd^2)（63 kg/(d·m^2)）的速率；經過 10

ft（3 m）的土壤層後，BOD 的去除率達 95%。紙板 [8] 廢水噴灑在具有礫石底層之粉質壤土，當覆蓋作物為紫花苜宿（alfalfa）時，短期施放率為 0.7 in/h（1.8 cm/h），每日施放總量為 0.21 到 0.56 in/d（0.5 到 1.4 cm/d）。這相當於每天每噸之廢水放流在 0.2 到 1.0 英畝（0.89 到 4.40 m^3/(kg/d)）的土地上。硬紙板蒸煮液（包含機器廢水及攪拌洗滌水）[8] 也曾以 0.5 in/d（1.3 cm/d）之施放率每週兩次每日 6 小時進行噴灑。如以 1.2 in/d（3 cm/d）之施放率噴灑時，會造成積水（ponding）。牛皮紙廠之廢水所需之土地面積為每噸產品 1.5 英畝（6.7 m^2/kg）以上。[8] 由丙二醇與添加劑所構成的機場除冰液（airport deicing fluid, ADF）之逕流也用在土壤處理上。[11] 除了石灰改良劑和耕法，廢棄活性污泥改良劑以土壤 955 mg/kg 的等級添加，可提高降解率。稀釋 ADF 溶液在重量超過 20% 之前必須優先進行土壤應用以防止抑制作用。降解遵循一階動力學。

總石油碳氫化合物在土壤中降解。[12] 土壤曝氣藉由每月犁掘土壤來達成，養分會藉由添加乾燥肥料而被吸收。要達成完全破壞，需要 50 天的時間。噴灑灌溉系統的代表性資料如表 12.3 所示。食品加工業之廢水處理如表 12.4 所示。漫地流系統簡要說明於表 12.5 中。

12.3　深井處置

深井處置主要是把廢液注入至地下多孔層沒有商業價值的鹽水層中。[13] 廢水貯留在與地下水或礦源隔絕封閉的地下土層。處置井的深度不一，從數百英尺（小於 100 m）到 15,000 ft（4570 m），容量從少於 10 gal/min 到超過 2000 gal/min（38 到 7750 L/min）都有。以深井處置的廢水通常濃度很高，而且具有毒性、酸性或放射性，或是無機濃度高的廢水（非常難處理或需經過處理費用昂貴之程序）。

處置系統包含深井，以及配合深井處置的廢水預處理設備。系

表 12.3　工業廢水之噴灑灌溉

廢水	噴灑英畝數	利用率, gal/(min·acre)	期間	平均負荷 lb BOD/(acre·d)	平均負荷 lb SS/(acre·d)	參考文獻
番茄	5.63	178	7.5 h/d	413	364	1
	6.40	86	3.7 h/d	155	139	1
玉米	2.28	153.5	10 h/d	864	500	1
蘆筍及豆類	0.90	282.0	5.6 h/d	22.5	356	1
皇帝豆	6.65	65	16 h/d	65	46	1
櫻桃	2.24	96.5	17 h/d	807	654	1
紙板	1.30	77	3 h/5 d			8
硬板	100	42	12 h/10 d			8
	300	24	18 h/10 d			8
稻草板	1.5	94	6 h/3 d			8
牛皮紙	70	98	8 h/week			8

註：gal/(min·acre) = 9.35×10^{-7} m³/(min·m²)
　　lb/(acre·d) = 1.12×10^{-4} kg/(m²·d)
　　acre = 4.05×10^3 m²

統通常有一個以水泥灌漿密封的鋼製外殼，防止鑽鑿井時受到來自其他地層的污染。圖 12-2 顯示注入管將廢水送至處置層。

管和外殼間的環狀空間是以油或清水充填，且會一直延伸到注入層，但仍是封閉的。注入管或外殼若有滲漏，可以藉由監測此液體的壓力得知。

此系統含有平衡流量變化之調勻槽、預處理設備和高壓泵。預處理所需要的設備會依廢水的特性、水的相容性和地層水，以及承受地層之特性而定。

預處理去除的項目包含油和漂浮物、懸浮固體物、微生物生長、溶解氣體、可沉降離子、酸度或鹼度。圖 12-3 顯示一個典型的系統。

最佳的處置地點是沒有斷裂情形的沉積岩層，如砂岩、白雲石岩、石頁岩，以及還沒完全固結之砂。應避免使用有斷裂現象的岩層，以免因為有垂直裂縫而發生地下水污染之情形。

↑ 表 12.4　食品加工廢水之噴灑灌溉

設計流量 (million gal/d)	全程施放率 (in/week)	噴灑排程 施放率 (in/h)	噴灑排程 噴灑/休息比率	噴灑時間 (h)	總噴灑面積	噴灑場所數	覆蓋作物	土壤	預處理	產品
0.2	2.7	0.25	1:3	0.33	23	4	金黃蘆草	粗及細沉積土	活性污泥	乳品、奶油、乳酪、奶粉
0.189	0.68	0.037	1:8	5.25	85.6	6	金黃蘆草	低塑性黏土	氧化塘	甜菜、甘藍菜
1.8	5.5	0.25	1:5	20	61	5	許多短草叢之樹林	Genesee 細砂質壤土	篩除及 pH 調整	甜菜、玉米、豌豆
1.0	3.15	0.30	1:7	12	80	4	金黃蘆草及苜蓿	Ontario 壤土及 Cazenovia 粉砂壤土	曝氣氧化塘	玉米、豆類、豌豆、紅蘿蔔、馬鈴薯
0.64	3.53	0.21	1:28	6	73.5	7	金黃蘆草	Williamson 和 Wallington 壤土	pH 值調整及曝氣氧化塘	豆、櫻桃、甜菜、蘋果
0.8	2.7	0.15	1:8	8	80	9	金黃蘆草	Schoharie 粉砂質壤土	曝氣氧化塘	德國泡菜
0.26	3.36	0.2	1:7	12	20	4	金黃蘆草	含礫石壤土	篩除及曝氣氧化塘	豆、蘋果
0.025	2.6	0.11	1:6	18	9	5	金黃蘆草	Chenango 礫石	篩除	乳酪
0.1	1.0	0.1	1:17	12	27	9	日本稷	細砂質壤土及粉砂壤土	氧化塘	櫻桃、梅子、蘋果
0.047	2.02	0.12	1:9	12	6	6	金黃蘆草	砂質粉砂	篩除、pH 調整及氧化塘	蘋果汁、醋

註：gal/d = 3.79×10^{-3} m^3/d
in/week = 2.54 cm/week
acre = 4.05×10^3 m^2

雜項處理流程 12

➡ **表 12.5　漫地流系統**

公司與地點	負荷率 (cm/d)	坡長 (m)	廢水種類
康寶濃湯（Campbell Soup Co.）			
馬里蘭州切斯特鎮	1.0	53-76	家禽類
漢斯 - 威臣食品公司（Hunt-Wesson Foods）			
加州戴維斯市	2.2	51	番茄
德州艾爾帕索市	2.5	62	肉品包裝
印第安那州密德拜瑞市	1.5	79	家禽類
康寶濃湯			
俄亥俄州拿破崙市	1.5	53-61	番茄
德州巴黎市	1.6-3.6	60-90	蔬菜湯
塞巴斯德波合作社（Sebastopol Co-op）			
加州塞巴斯德波市	1.5	45	蘋果
納貝斯克公司（Nabisco, Inc.）			
喬治亞州伍德貝利市	0.9-1.1	80-84	花生、柿子椒
菲多利食品（Frito-Lay Inc.）			
俄亥俄洲伍斯特市	0.5-1.0	67	蔬菜

　　井頭的壓力和井底與蓄水池壓力的落差有關。注入位置的中心點需要用來評估地層的多孔性與滲漏性，以及任何廢水與地層間可能發生的所有作用。

　　雖然一般的廢水都應先將懸浮固體物去除，但空穴構造的地層可以接受懸浮固體物，不會產生問題，也不須增加注入壓力。有時候，可以透過刺激井的方式來提升注入的量，例如注入無機酸以溶解碳酸鈣，或是其他會阻塞地層之可被酸溶解的微粒。機械的方法則有搖、耙、洗和井孔刮削，或是以高爆炸方式或水力破碎的方式去打碎無外殼的地層。

　　深井處置的費用會受到井深、地層結構類型、地理位置、廢水量、需要預處理的程度及注入壓力的影響。

　　資源保育和回收法（Resource Conservation and Recovery Act, RCRA）在有害及無害廢棄物的深井處置上有顯著的管制差異。1984 年有害固體廢棄物修正案（Hazardous Solid Waste Amendment, HSWA）的土地禁令規定（Land Ban Provisions），

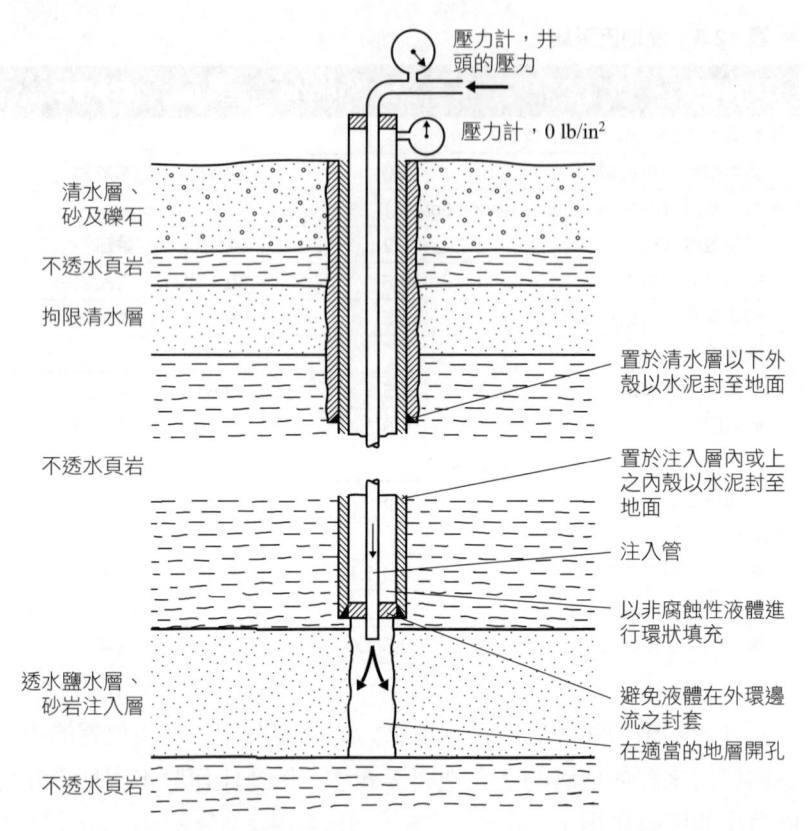

○ 圖 12.2　砂岩地層廢液注入井之示意圖（資料來源：Donaldson, 1964）[14]

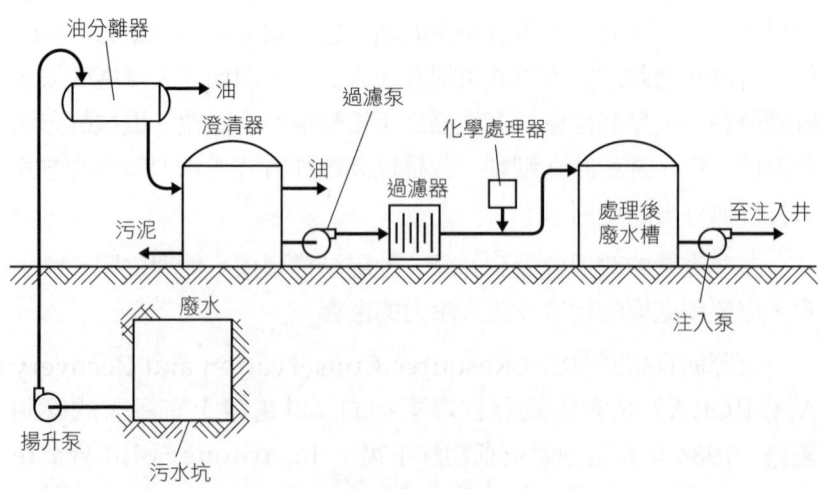

○ 圖 12.3　典型之廢水地下處理系統（資料來源：Donaldson, 1964）[14]

雜項處理流程 12

禁止以土地處置方式處理某些特定廢棄物，以及禁止以深井注入處理未經嚴格預處理的有害廢棄物。在有害廢棄物可被注入之前，「10,000年無滲出要求」是基本要求之一。第40條（40 CFR）涵蓋了適用在這些行動的法規。

- 第146節，G子節——地下注入管制（Underground Injection Control, UIC）計畫：適用於第一類有害廢棄物注入井規範及標準，對有害廢棄物處置井有更嚴格的許可要求。
- 第148節，有害廢棄物注入限制，訂定UIC土地禁令規定的執行方式，並訂定申請程序的標準及程序。

申請並獲准於第一類注入井處置無害廢棄物的程序較不嚴格。然而，對於所有的注入井，在申請時仍有特定的基本要求，亦即：

- 在任何有發生地震活動潛在性的地區，注入井不可用於有害廢棄物處置。
- 注入廢棄物必須與注入井系統的機械元件以及自然形成的水相容。廢棄物製造者可能需要實施物理、化學、生物或熱處理，從廢棄物去除必要的污染物或成分，以便能改變廢棄物的物理及化學特性，確保其相容性。
- 高濃度的懸浮固體物（通常 >2 ppm）會導致注入區間的阻塞。
- 腐蝕性介質（media）可能會與注入井元件、注入區結構或是封閉地層產生反應而導致不良的結果。廢棄物必須先中性化。
- 當環境改變電價狀態，並將物質由可溶性轉變為不溶性時，高離子濃度可能造成積垢。
- 有機碳可提供原生細菌或注入細菌的能量來源，造成族群快速生長而導致積垢。
- 含有超過其溶解度限制之有機污染物的廢水流，在注入井之前可能需要經過預處理。
- 場址評估及含水層特性必須用以決定場址是否適合廢水注入。
- 在接受主管機關的核可之前，必須完成其他評估。

申請無害第一類地下水注入的一般性申請，只限制無害廢棄物的注入，例如去礦廢水〔逆滲透（reverse osmosis, RO）排出之廢水等〕、冷卻塔廢水，以及在井及相關設施封閉時所產生的無害廢棄物，並與經許可的廢水、注入區貯層、井材料相容者。對任何有害廢棄物的禁令明顯地很嚴格，像是 pH 範圍小於 5 或大於 10 的有害廢棄物，或是低階輻射廢棄物（天然放射性物質，NORM）。有關操作、監測及試驗規定等也相當嚴格，包括鑽井、完井、廢井、封井的法規。

官員們同意藉由正確建造及操作的注入井處置廢棄物，會比掩埋以及其他形式的土地處理更安全，也較不容易污染地面水和飲用的地下水。例如，禁止將有害廢棄物注入作為或可能作為社區供水的含水層。

第二類注入井也有相關的許可流程。這些井是用來處理注入油和氣體廢棄物，以鹽水為主。這些井主要是用來做二次回收，不過有些會用來作為碳氫化合物的地下貯存。

12.4　薄膜程序

薄膜過濾的範圍非常廣泛，從過濾、超過濾至逆滲透等。一般來說，薄膜過濾的定義是指以濾材上的孔隙，大小介於 10^2 到 10^4 nm 或更大的過濾系統。而它的效能完全是看孔隙與欲去除的顆粒大小而定。

各種過濾程序和分子大小的關係如圖 12.4 和表 12.6 所示。表 12.7 顯示的則是各種廢水處理的薄膜分離技術。

逆滲透是藉由一個半透膜和壓力差，使清水跑至半透膜的一邊，使濃縮之鹽類停留在進流端（或排斥端）。在這過程中，清水可說是從饋料水（feedwater）溶液中被擠壓出來的。

逆滲透的程序可藉由正常的滲透程序來說明。在滲透程序中，含鹽類溶液會透過只會通過溶劑卻非溶質的半透膜，和純溶劑分開，成為濃度較低的溶液，如圖 12.5 所示。純溶劑的化學勢能大於溶液端的溶質，因此會促使這系統達到平衡。若使用一個假想的

雜項處理流程 12

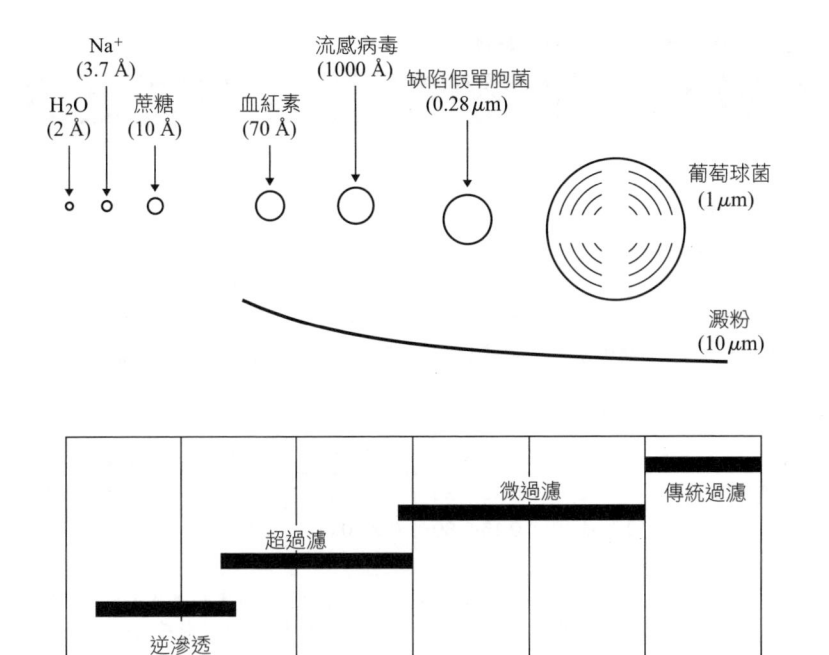

○ 圖 12.4　薄膜程序與孔徑

➡ 表 12.6　薄膜程序

去除之物質	約略之大小 (nm)	程序
去除離子	1-20	擴散或逆滲透
去除真溶液中之有機物	5-200	擴散
去除次膠體性之有機物——非真正之分子分數	200-10,000	孔流
去除膠體及粒狀物	75,000	孔流

活塞，在溶液端施加壓力，透過薄膜流過來的溶劑量將不斷減少。當施加的壓力足夠時就會達到熱平衡，使溶劑不會再流過薄膜。此壓力即為此溶液的滲透壓，或者如果使用的溶劑非純溶劑，而是另一個濃度較小的溶液時，可代表為兩不同濃度溶液的滲透壓差。

如果施加一個比滲透壓更大之壓力於濃溶液端，則純溶劑就會

➡ 表 12.7　廢水處理的薄膜分離技術 [15]

特徵	微過濾	超過濾	奈米過濾	逆滲透	滲透蒸發
去除懸浮固體物	特優	差	差	差	N/A
去除溶解性有機物	N/A	特優*	特優*	特優*	優‡
去除揮發性有機物	N/A	不良	尚可*	尚可-優*	特優
去除溶解性無機物	N/A	N/A	優（對於鹽類）	很優（去除率 90-99%）	N/A
滲透壓的影響	無	較小	有成效	高	無
濃縮能力	高達 5%總固體	高達 50%有機物	高達 15%†	高達 15%†	N/A
滲透壓	特優	特優	優	特優	特優
能源需求	1-3 bars	3-7 bars	5-10 bars	15-70 bars	蒸餾 <25%
資本額（$/GPD）	0.15-1.5	0.15-1.85	0.15-1.5	0.15-1.5	1.85-4.00
營業成本（$/1000 L 饋料率）	0.15-1.10	0.15-0.80	0.20-0.80	0.25-0.80	0.80-1.3

所有技術屬特定應用，並測試開發所需的精確數據。估計出特定資本和營運成本是很困難的，因為一些廢水程序可能需要特殊材料建造或額外的設計考慮，來成為精確的結果。
* 分子量的作用。
† 滲透壓的作用。
‡ 蒸氣壓的作用。
N/A：不適用。
GPD：每天單位加侖。

由濃溶液端流至薄膜另一邊的純溶劑端，讓濃溶液端的濃度更高。這種現象就是逆滲透程序的基礎。

　　薄膜效能的判定，依其對溶質之排拒程度及對溶劑的滲透性而定。醋酸纖維膜相當符合上述的規範。薄膜過濾技術採用掃流式過濾（cross-flow filtration），也就是饋料流流過（垂直）薄膜表面，如圖 12.6。掃流式過濾可減少積垢和濃度極化。不同類型的薄膜如圖 12.7 所示。除了中空纖維系統運用尼龍聚合物為薄膜之材質外，其餘各類型都採用醋酸纖維膜。常見的薄膜說明如下：

1. **細管式（tubular）**：管子以瓷、碳或各種多孔性塑膠製成，管內徑從 1/8 in（3.2 mm）到 1 in（2.54 cm）不等。薄膜通常覆在管子內側，饋料溶液從管的一端流到另一端，「滲透液」（permeate）或「濾液」（filtrate）通過管壁，在管壁外被收集。

雜項處理流程 12

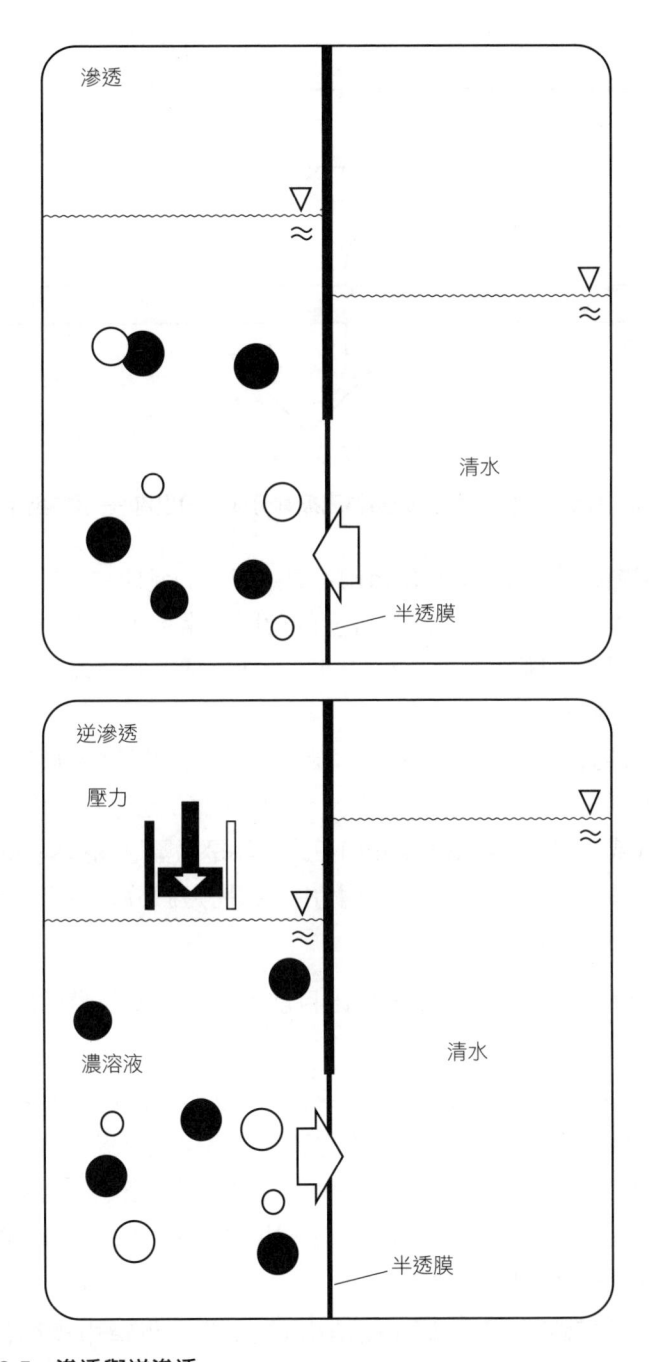

➲ 圖 12.5　滲透與逆滲透

```
                              ┌──────────────────┐
                              │                  │→ 濃縮、截
          饋料 ──────────────→│                  │  留、去除
                              │                  │
                              └────────┬─────────┘
          ━━━━━━━━━━━━━━━━━━━━━━━━━━━━━┿━━━━━━━━━━━━
          薄膜                         │
                                       ↓
                                   滲透液或濾液
```

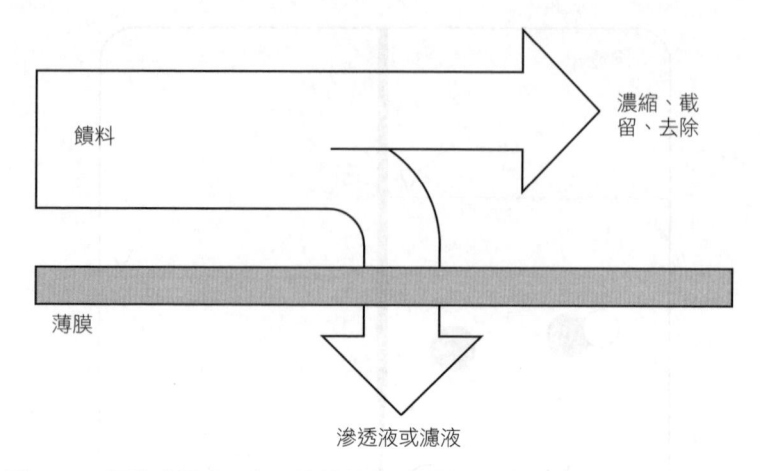

◯ 圖 12.6　掃流式過濾：進入的饋料流被劃分成兩個出流──濃縮流和滲透流

2. **中空纖維式（hollow fiber）**：與細管式的元件在設計上類似，但直徑較小，因為中空纖維型的薄膜通常束集在壓力元件內，形成足夠的剛性支撐。就如細管元件一樣，饋料流通常往下至纖維的核心。

3. **螺旋捲式（spiral wound）**：此元件是將薄膜製成類似像信封狀，捲繞在有排孔之滲透管上，方便收集滲透液或濾液。

4. **板框式（plate and frame）**：此元件是以數層的薄膜薄片所組成，薄膜鋪於支撐架上，並藉由支架將薄膜分成數層並過濾滲透液的收集。

考量到薄膜的結構，表 12.8 列出目前常用的各種薄膜元件其重要的物理特性。

由於水中懸浮固體物或沉降物會沉澱於薄膜表面，造成薄膜孔隙的阻塞，因此必須維持足夠的紊流（雷諾數超過 2000）。對高回收系統而言，這通常代表需要回收相當比例的濃縮液至泵的饋料端。在饋料溶液中加入濃縮液一定會明顯增加溶液內的溶解固體物，會更進一步增加滲透壓。

為了使薄膜減少污垢（fouling）產生，過程中需進行預處理，先去除水中懸浮物質、細菌及沉降性離子。圖 12.8 顯示典型

雜項處理流程 12

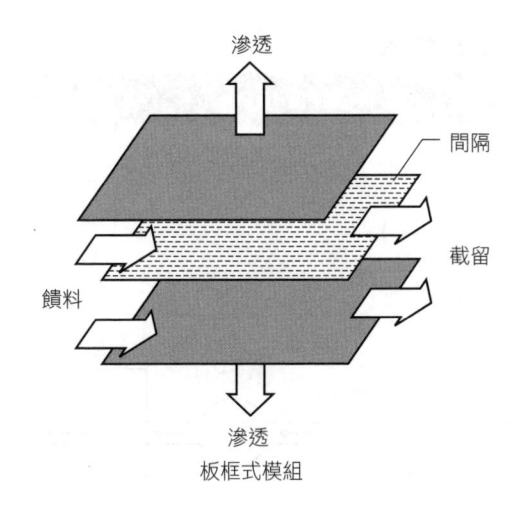

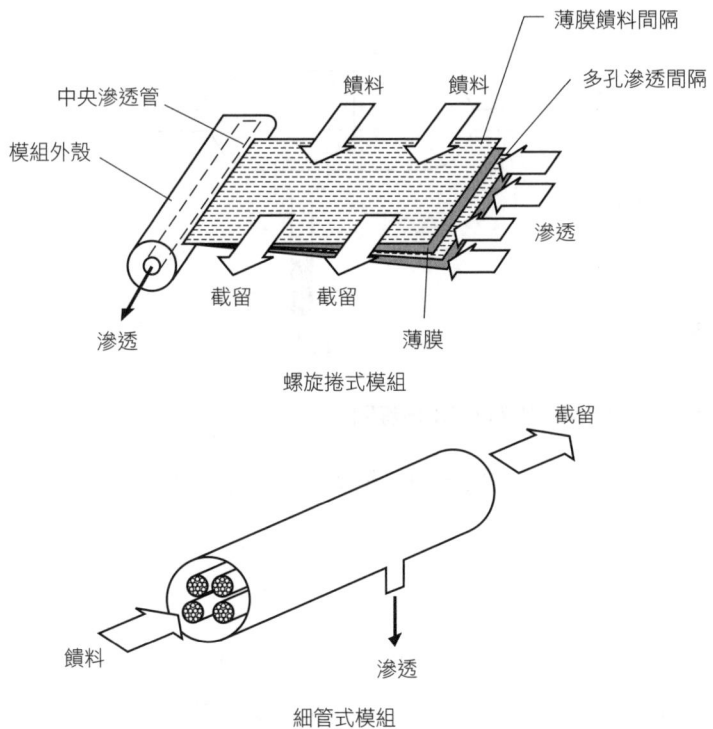

○ 圖 12.7　薄膜的種類

➡ 表 12.8　一般薄膜特性

元件構造	填充濃度*	懸浮固體物之容忍度
螺旋捲式	高	普通
細管式	低	高
板框式	低	高
中空纖維式	最高	低

＊單位體機之薄膜面積。

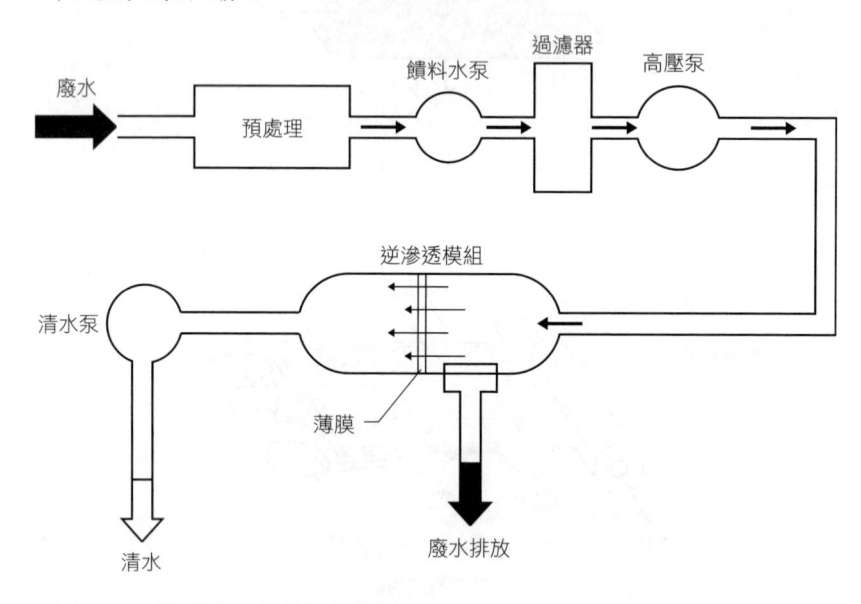

◯ 圖 12.8　逆滲透程序之基本流程圖

之逆滲透的流程圖。Agardy 整理與歸納了逆滲透系統之設計及操作參數。[16]

壓力

薄膜兩端操作之壓力與滲透壓力差之函數，即為水通量（water flux）。操作壓力越大，則水通量也越大。但由於薄膜所能承受的壓力有限，因此最大的壓力一般在 1000 lb/in^2（6895 kPa 或 68 atm）錶壓。實際經驗顯示，400 至 600 lb/in^2（2758 至 4137 kPa 或 27 至 41 atm）錶壓為操作範圍，而 600 lb/in^2（4137 kPa 或 41 atm）錶壓為正常設計壓力。

雜項處理流程

溫度

水通量會因饋料水的溫度增加而增加。一般標準溫度為 70°F（21°C），最高可到 85°F（29°C）。而當溫度超過 85°F（29°C），甚至達到 100°F（38°C）時，薄膜會加速退化，因此不能長時間在這種情況下運作。

薄膜填充密度

它代表的是在單位體積的壓力容器中，所能填充之薄膜的面積。因子越大，通過此系統之總流量也會越大。典型系統值為 50 到 500 ft^2/ft^3（160 到 1640 m^2/m^3）。

通量

雖然流通率（flux rate）可從中空纖維式之 6.0×10^{-3} 到 10.2×10^{-3} m^3/(d · m^2)（0.15 到 0.25 gal/(d · ft^2)），相較於平板系統（sheet systems）的 6.1×10^{-1} 到 10.2×10^{-1} m^3/(d · m^2)（15 到 25 gal/(d · ft^2)），以此兩系統的尺寸進行比較，中空纖維式的密度大於平板式 10 倍以上。但經過 1 至 2 年的操作後，流通率可能會降低 10% 到 50% 左右。

回收因子

回收因子實際代表的是廠的容量，且一般系統介於 75% 到 95% 間，而實際狀況以 80% 最為常見。在高回收因子時，程序水的鹽類濃度和鹽水一樣，都相當高。濃度高時，沉降在薄膜表面之鹽類也會增加，導致操作效率變差。

鹽排斥率

鹽的排斥率與薄膜類型、性質以及鹽之增減率有關。一般而言，系統排斥率約在 85% 到 99.5%，而又以 95% 最為常用。

薄膜壽命

饋料水中如果含有不良成分,像是酚、細菌和真菌等,或是溫度太高或 pH 值過低或過高,其壽命會快速縮短。一般來說,通常薄膜最少可維持 2 年的壽命,不過系統之通量效率會稍微降低。

pH

醋酸纖維膜在 pH 值過高及過低時會產生水解。最佳的 pH 值約為 4.7,而操作範圍約在 4.5 至 5.5 之間。

濁度

逆滲透系統可以用來去除饋料水中的濁度。如果沒有或是只有微量的濁度,它們應用於薄膜操作是最理想的。一般饋料水的濁度最好不要超過 1 傑克遜濁度單位(Jackson turbidity unit, JTU),而且不能含有大於 25 μm 之粒子。

饋料水流速

逆滲透系統之流速範圍一般約保持在 0.04 到 2.5 ft/s(1.2 到 76.2 cm/s)之間。板框式系統運作的流速較大,而中空纖維式系統的流速則較小。較高的流速及紊流可將薄膜表面產生濃度極化(concentration polarization)的現象降至最低。

動力利用

動力的需求通常和系統泵的容量及操作壓力有關,範圍約在 9 到 17 kW·h/10^3 gal(2.4 到 4.5 kW·h/m^3)。如果考慮從濃縮的鹽水中回收部分動力,則會偏向上述範圍的低標。

預處理

目前發展之薄膜,無法用於 TDS 濃度超過 10,000 mg/L 的饋料水。此外,會結垢的成分,像是碳酸鈣、鐵之氧化物、硫酸鈣、鐵的氧化物或氫氧化物、錳、矽、硫酸鋇、硫酸鍶、硫化鋅,以及磷酸鈣等,在預處理時都需要加以控制,否則得隨後從薄膜表面上清

雜項處理流程

除。上述之成分可藉由 pH 調整、化學去除、沉降、抑制以及過濾等方法控制。有機殘餘物和細菌可藉由過濾、碳、預處理和氯化等方法受到控制。油和脂也必須先行去除，以免在薄膜表面形成污垢。

清洗

薄膜在連續使用後，必然會有污垢，因此需定期以機械及／或化學方式清洗。如定期減壓、高速水沖刷、以氣液混合液沖刷、反沖洗、以酵素清潔劑、乙二胺四乙酸、高硼酸鈉等化學藥品清洗等都是可用的方式。清洗期間的 pH 值一定要控制得當，以免薄膜水解。約有 1% 到 1.5% 用來清洗薄膜的水會成為廢水，而清洗的週期為 24 到 48 小時。

各種操作參數的摘要整理如表 12.9。

應用

處理電鍍廢水用的是逆滲透，主要為去除鎘、銅、鎳及鉻，操作壓力介於 200 到 300 lb/in^2（1378 到 2067 kPa 或 13.6 到 20.4 atm）。濃縮液回到電鍍槽，而處理水則回到倒數第二個清洗槽，如圖 12.9 所示。

➡ 表 12.9　逆滲透系統操作參數摘要

參數	範圍	典型值
壓力（lb/in^2 錶壓）	400-1000	600
溫度 (°F)	60-100	70
填充密度 (ft^2/ft^3)	50-500	—
水通量 [gal/(d·ft^2)]	10-80	12-35
回收因子 (%)	75-95	80
排斥因子 (%)	85-99.5	95
薄膜壽命（年）	—	2
pH	3-8	4.5-5.5
濁度 (JTU)	—	1
饋料水流速 (ft/s)	0.04-2.5	—
動力利用 (kW·h/10^3 gal)	9-17	—

資料來源：Warner, 1965.

工業廢水污染防治

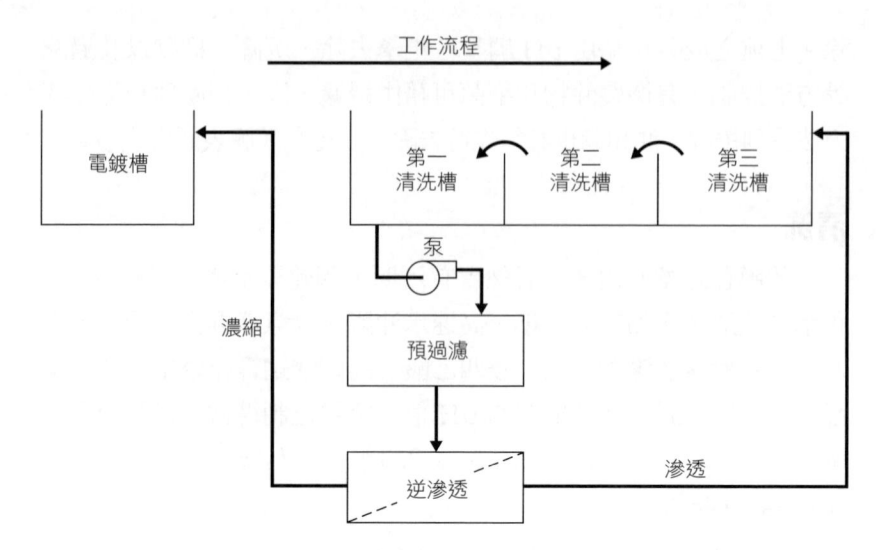

◯ 圖 12.9　以逆滲透處理電鍍廢水

紙漿廠廢水也是以逆滲透處理，操作壓力為 600 lb/in²（4137 kPa 或 41 atm）。廢水可濃縮高達 100,000 mg/L 總固體物，通量則為總固體物的函數，介於 2 到 15 gal/(d·ft²)（0.08 到 0.61 m³/(d·m²)）之間。[17]

含油的廢水可藉由超過濾處理，處理後之水可迴流作為清洗水，而濃縮液則以運走或焚化處理，如圖 12.10 所示。

圖 12.11 顯示以二段式逆滲透系統處理工業掩埋場滲出水。[18] 處理系統的效能如表 12.10 所示，從圖 12.12 亦可發現廢水生物預處理可改善操作。[19] 有機化學廢水的薄膜處理如表 12.11 所示。

RO 之設計如例題 12.2 所示。

例題 12.2　以下為某廢水的資料。如果要以逆滲透系統處理，試設計一個逆滲透處理系統。

廠的設計容量，Q	10 million gal/d (37,850 m³/d)
回收因子，R	75%
鹽排斥率，S	95%
設計壓力	600 lb/in² 錶壓（40.8 相對大氣壓）
饋料水溫度	80°F（27°C）
總溶解固體物	600 mg/L

雜項處理流程 12

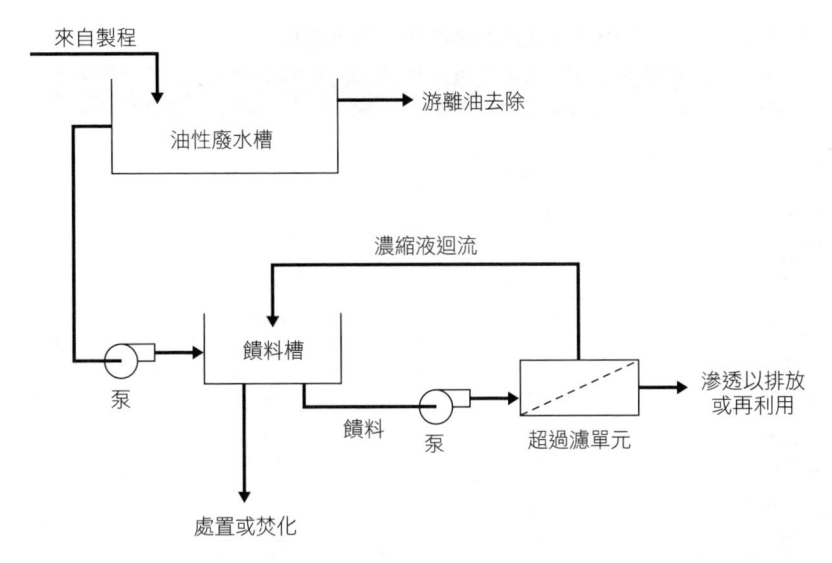

◯ 圖 12.10 以超過濾處理油性廢水

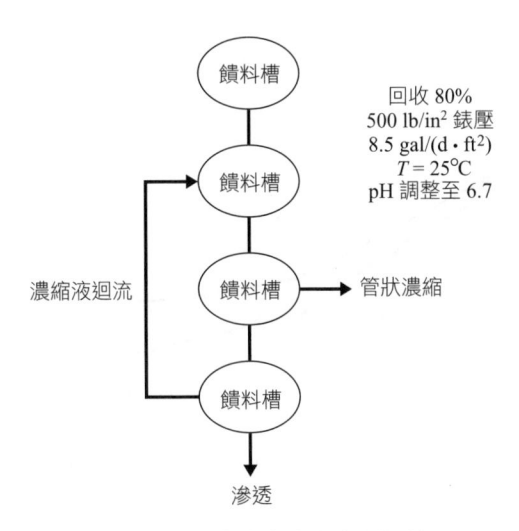

◯ 圖 12.11 二段式薄膜工業掩埋場滲出水處理系統

解答

系統尺寸。廢水（系統饋料水）流量 Q_w 為

$$Q_w = \frac{Q}{R} = \frac{10 \text{ milliom gal/d}}{0.75} = 13.3 \text{ milion gal/d} \quad (50{,}341 \text{ m}^3/\text{d})$$

➡ 表 12.10　有機化學廢水以逆滲透處理之各項數據

參數	滲出水	滲透液
pH	8.2	5.6
COD (mg/L)	1948	7
BOD (mg/L)	105	2
TKN (mg/L)	612	9
氯 (mg/L)	2504	33
鋅 (µg/L)	630	440
銅 (µg/L)	170	45
鉛 (µg/L)	100	15
鉻 (µg/L)	170	60
鎳 (µg/L)	150	40
鎘 (µg/L)	1.3	0.7
砷 (µg/L)	12	4
汞 (µg/L)	0.5	—

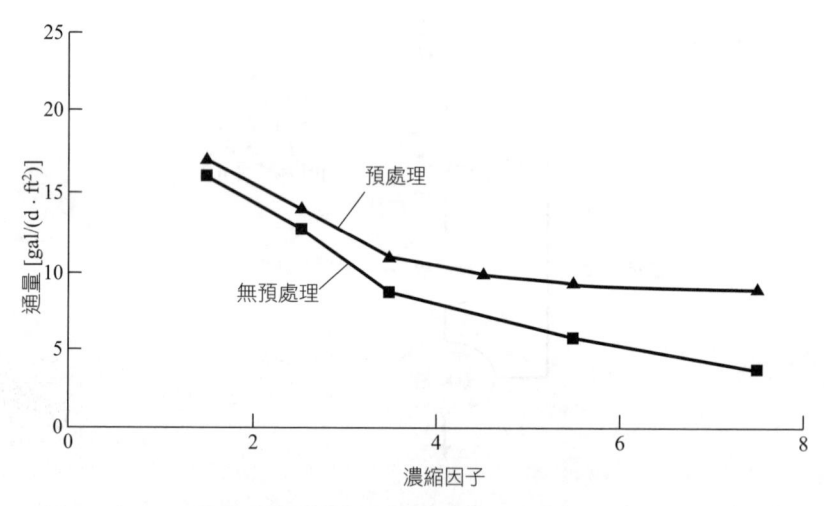

⊃ 圖 12.12　生物預處理對逆滲透性能的影響（資料來源：Kettern, 1992）

被處理的高濃度鹽水為 3.3（即 13.3 − 10）million gal/d（12,491 m³/d）。

假設水流的通量為 20 gal/(d · ft²)（0.814 mL/(d · m²)），則所需要之薄膜面積為

雜項處理流程 12

➡ **表 12.11　薄膜過濾的工業廢水**

參數	單位	進流水	放流水 奈米過濾	放流水 逆滲透
化合物 A	μg/L	140	ND(1)*	ND(1)
化合物 B	μg/L	1.3	ND(1)	ND(1)
化合物 C	μg/L	200	11	13
COD	mg/L	12,630	9000	4750
TDS	mg/L	32,950	13,550	1250
C. dubia, LC$_{50}$	%	1.3	8.8	8.8

* 無法測量的極限值，測量極限標示在括號中。

$$A = \frac{10 \times 10^6 \,\text{gal/d}}{20 \,\text{gal/(d} \cdot \text{ft}^2)} = 500{,}000 \,\text{ft}^2 \quad (46{,}450 \,\text{m}^2)$$

假設薄膜的填充密度為 250 ft^2/ft^3(820 m^2/m^3)，則總模組的體積 V 為

$$V = \frac{500{,}000 \,\text{ft}^2}{250 \,\text{ft}^2/\text{ft}^3} = 2000 \,\text{ft}^3 \quad (56.6 \,\text{m}^3)$$

假設每一模組體積為 1 ft^3（0.0283 m^3），系統又需要 2000 個模組（假設每一壓力元件有 10 個模組，則需要 200 個壓力元件）。

產出水的總溶解固體物含量 TDS$_p$ 約為：

$$\text{TDS}_p = \frac{1}{R}\,(\text{廢水 TDS})\,(1-S)$$

$$= \frac{1}{0.75}(600 \,\text{mg/L})(1-0.95)$$

$$= 40 \,\text{mg/L}$$

動力耗損。加壓泵消耗之動力為

$$\text{水力馬力} = \frac{(\text{廢水流量以百萬加侖計})(\text{壓力以 lb/in}^2\,\text{錶壓計})}{2.74}$$

$$= \frac{(13.3 \,\text{million gal})\,(600 \,\text{lb/in}^2 \,\text{gauge})}{2.47}$$

$$= 3230 \,\text{hp} \quad (2423 \,\text{kW})$$

泵馬達所傳送的制動馬力必須是

$$制動馬力 = \frac{水力馬力}{泵之效率}$$

$$= \frac{3230 \text{ hp}}{0.75}$$

$$= 4000 \text{ hp} \quad (3000 \text{ kW})$$

若希望提高系統之操作壓力至 1000 lb/in² 錶壓（68.05 相對 atm），可以將上述計算後所得之動力乘上此操作壓力與選定壓力 600 lb/in² 錶壓（40.8 相對 atm）之比值即可。

所需土地面積。利用下式可以估算出逆滲透系統所需要之土地面積（以英畝計）

$$廠的面積 = 0.7 + 0.33Q$$

$$= 0.7 + 0.33(10)$$

$$= 4 \text{ acres} \quad (16,300 \text{ m}^2 = 1.6 \text{ ha})$$

鹽水之處置。濃縮後的鹽水中，其總溶解固體物含量 TDS_b 為

$$TDS_b = \frac{S}{(1-R)} \text{ (廢水 TDS)}$$

$$= \frac{0.95}{1-0.75} \text{ (600 mg/L)}$$

$$= 2280 \text{ mg/L}$$

每天需處理之鹽的總乾重 W 為

$$W = 8.34 \text{ (2280 mg/L)(3.3 million gal/d)} = 62,600 \text{ lb/d (28,400 kg/d)}$$

12.5　薄膜生物反應器

對於固體物分離的薄膜應用在各種製程中已行之有年。在 1970 年代早期，它首先在廢水處理被用來分離固體物。薄膜對於去除小顆粒特別有用，並且能有效降低總懸浮固體物，以及任何固體形式的需氧生物物質。1990 年代初期，第一座實廠級應用的薄膜生物反應器（membrane bioreactor, MBR）設置在通用汽車公司在俄亥俄州曼斯菲爾德市的柴油引擎廠。[20] 從那時起，此項技術

雜項處理流程 12

就被應用在許多工業與較近期的家庭污水處理上。例如在煉油廠中關於再利用的應用，包括冷卻塔的組成和鍋爐饋料水，都是此工業最主要的兩種用水。工業再利用最主要的驅動力包括淡水供應的減少、環境法規的日漸嚴格，以及含油廢水禁止被排至公有廢水處理廠的限制。

傳統二級處理系統通常無法提供適合再利用的高品質放流水，特別是在流量或負荷落差大的工業。另外，放流水可能含有有毒物質（如氨和金屬），以及無法生物降解的複雜有機物，因此能被再利用的彈性有限。在廢水處理流程中，使用薄膜可消除這些限制。

依設計及應用，不同孔徑的薄膜可作為三級處理或 RO 的 MBR。1960 年代初期，Dorr-Oliver 公司的實驗室開發了第一座使用薄膜的活性污泥系統。[21] 為了解決所遭遇的問題，仍然不斷地致力改進製程，包括：

- 有限的薄膜壽命。
- 高能量消耗。
- 低薄膜通量。
- 低滲透性。

薄膜類型及反應器配置

兩種最常使用的薄膜是：(1) 用以去除總懸浮固體物（TSS）、生化需氧量（BOD）及其他微顆粒的微過濾（microfiltration）；以及 (2) 針對如鹽類等溶解性雜質的逆滲透。當薄膜用於生物反應器時，通常使用的孔徑是介於 1 和 4 μm 之間。和奈米過濾（nanofiltration）及逆滲透相比，超過濾（ultrafiltration）及微過濾薄膜系統使用的薄膜壓力較低，因此所需的操作能量較少。通膜壓力是以引導水流通過薄膜所需要的壓力差量測。

新一代的 MBR 技術已能克服許多以前的問題，包括中空纖維及平板薄膜的研發。中空纖維系統從水處理過濾系統改良而來，而平板系統則是特別為了符合在廢水環境工作的特性所研發。工業用

MBR 所配置的薄膜元件可用於生物反應器內部，也可在外部。先前所討論的 GM 系統使用外部薄膜配置。另外，在 1980 年代初期由 Dorr-Oliver 所引進的厭氧 MBRs 被應用於工業廢水處理。

「循環式 MBR」包含被抽送至管狀或平板模組以高速流動（大於 2 m/s，通常大於 4 m/s）的活性污泥混合液，然後在生物反應器外會有高壓降及高通膜壓力。第二種配置是沉浸式薄膜模組，其中的中空纖維及平板薄膜板沉浸在曝氣槽，藉由重力、泵或小型真空機引水通過薄膜，而產生處理水或滲透液。此薄膜使用 1 至 10 psi 的通膜壓力。製程廢水的污染物被薄膜留置在程序槽，因此放流水無固體物。

薄膜與傳統技術相較之下的優點

雖然使用薄膜反應器處理廢水所依賴的化學和生物反應，與發生在活性污泥程序的相同，但薄膜處理仍提供許多優點。既然薄膜是一個絕對的物理屏障，可防止顆粒從生物反應器通過，所以 MBR 在反應器所操作的混合液懸浮固體物（MLSS）通常相當高。作為廢水生物處理時，系統設計在 MLSS 介於 8000 至 18,000 mg/L；當 MBR 作為薄膜生物濃縮槽（membrane biothickener, MBTs）時，則為 30,000 至 35,000 mg/L。MBTs 可被配置在濃縮槽，使產生的濃縮槽液和放流水的品質相同，使其能與實廠級放流水一起排放。此可消除來自濃縮槽的迴流，減少廢水系統的負荷。

MBRs 的優點包括：[22]

- 提供絕對有效的屏障，避免顆粒的排放。
- 藉由薄膜分離固體物，可免去澄清池的需要。
- 較高的 MLSS 所留下的足跡比傳統設施小。
- 薄膜的孔徑小，可避免大部分致病菌的排放，包括所有細菌及大部分的病毒。
- MBR 系統的設計可提供穩定的放流水品質，不受到污染物水流及濃度變動的影響。
- MBR 中的固體物停留時間（SRT）較長，讓生長緩慢的生物族

雜項處理流程 12

群得以滋長，例如硝化菌。
- 藉由調整程序，氮和磷可被去除至非常低的水準。
- 較高的 SRT 也讓有機物得以進行氧消化，減少生物固體物的產生。
- 足跡非常小，可以節省空間。
- 放流水適合再利用。

缺點包括：[23]

- 高資金成本。
- 薄膜壽命的數據有限。
- 薄膜週期性替換成本高。
- 高能量成本。
- 必須控制薄膜積垢。

以下是可以考慮的建議：[24]

- 當需要去除營養鹽時，現代化系統的資金成本與傳統系統差不多。
- 實證顯示久保田（Kuboota）的平板薄膜可維持至少 15 年。
- 使用 AWT 系統能顯著降低能源成本。

薄膜議題

目前，薄膜多半應用在對於緊密程序及再利用機會的需求凌駕於傳統程序之上的小型廢水處理廠。然而，所建造的廠可處理 20 至 40 million gal/d，這種足跡小且沒有二級澄清池處理方式，最適合無法獲得土地卻仍有擴廠需求的情形。當薄膜價格下降，可開發較低的通量操作，以簡化規模擴大及設置。薄膜流通率定義為透過薄膜表面傳輸的質量或體積速率，$gal/ft^2 \cdot d$（$L/m^2 \cdot h$）。MLSS 濃度高且預期流通率較低時，這是個重要的設計參數。當考量全部因素時，MLSS 的濃度範圍在 8000 至 10,000 mg/L 間，似乎最具成本效益。[23] 不同的製造商採用不同模組設計。最佳化的預處理、設計和運作，都會因場址及廢水特性的不同而異。因此，最好要進行可處理性的研究，特別是對工業廢水的應用。

生物積垢會顯著降低 MBR 操作效率。薄膜積垢會降低水的輸出，並增加維護成本。不同的積垢機制，如大分子及吸附、孔阻塞及泥餅形成，皆會發生在薄膜表面。這些程序所採用的典型長污泥齡的好處是可以大量地減少污泥產量、有效硝化及脫硝，以及穩定流量與負荷變異性。然而，由於死亡或無活性微生物、懸浮固體物、可溶性微生物產物（soluble microbial products, SMPs）及細胞外聚合物質（extracellular polymeric substances, EPS）的累積，微生物活性會降低。

MBR 所產生的污泥特性與傳統的活性污泥系統不同。不同的微生物族群及生理狀態會改變沉澱及脫水性質，並影響污泥管理。Khor 等人指出，生物積垢層內的 EPS 分布改變沉浸管狀陶瓷薄膜的表面性質，包括孔徑與孔隙，並以微過濾到超過濾的效率產生滲透液品質。[25] Sun 等人指出，污泥顆粒尺寸在特定滲透液流通率上扮演著重要的角色。小型膠體及可溶性的有機顆粒藉著直接吸附在 0.2 μm 的孔徑中造成生物膜生長，會降低陶瓷薄膜的滲透性。曝氣是控制污泥膠羽尺寸及過濾效能的顯著因素。顆粒尺寸分布及特性會受到許多因素影響，包括剪力環境、SRT、溫度、廢水本質、營養鹽缺乏等。[26]

在目前，薄膜以含有氯、酸和／或鹼的溶液定期清洗，以維持並回復薄膜通量。藉著將 MBR 槽體脫水並延長回收清洗中空纖維薄膜的時間，或是縮短薄膜平板由內向外的維護清洗時間，清洗薄膜可在現場進行。尚未克服的挑戰包括不需化學清洗的長時間運作，以及降低薄膜操作的能量消耗。

應用

薄膜過濾可用於傳統生物程序的下游，或整合至生物程序內。系統可以產生適合直接再利用的放流水品質，或是可以饋料至 RO 系統去除多餘的溶解性污染物。在油脂廢水處理作為再利用的應用中，單獨使用薄膜過濾不足以去除廢水中所有要去除的物質。薄膜

雜項處理流程 12

過濾程序中無法去除的可溶性有機化合物，需要靠生物處理步驟才能去除。因此，在設計及操作所有的油脂廢水處理系統時，生物處理狀態是關鍵。

薄膜生物反應器程序由生物反應器整合超過濾（ultrafiltration, UF）薄膜系統而成，取代傳統活性污泥廠的澄清池，並可提供生質控制的最終屏障。在此配置中，固體物分離是藉由過濾而不是重力沉澱完成，所以放流水品質與污泥的沉澱特性無關。因此提升 MLSS 等級的操作是可行的，可降低處理程序的足跡，並允許在延長的 SRT 中運作。薄膜也能分離程序液體中不溶性固體物（細菌、病毒、膠體及懸浮固體物）以及分子量較高的可溶性有機物。較低分子量的有機物在好氧程序中通常能快速生物降解。對大型較複雜的有機物來說，薄膜是實體的屏障。根據報告，此程序產生的污泥較少。使用模廠級的沉浸式生物反應器處理 F/M 為 0.11 的高濃度工業廢水，Sun 等人指出，污泥產量係數為 0.115 g VSS/g COD，明顯低於一般傳統系統的 0.30 到 0.50 g VSS/g COD。所觀察到的 0.024 d^{-1} 的實際內呼吸衰減係數 b，也遠低於 0.06 至 0.20 d^{-1} 的傳統值。[27]

空氣沖洗、反沖洗、維護清洗的組合並無法完全有效控制薄膜積垢，而且通過薄膜的壓降會隨時間增加。在大約 60 kPa 的最大壓降時，中空纖維薄膜會從曝氣槽移出進行回收清洗。[28] 薄膜匣浸泡在含有 1500 至 2000 mg/L 次氯酸鈉的外槽 24 小時。中空纖維製造商目前建議頻繁的現場回收清洗組合，時間需要至少 24 小時。平板製造商則建議較不頻繁、較短時間的維護清洗。

實廠和模廠級 MBR 系統已經進行了有效去除營養鹽的操作。這些已在 6.10 節討論。在改良式的 Lutzek Ettinger 及 Bardenpho 程序中，MBR 取代了傳統生物曝氣及沉澱，能有效地縮減廠的大小但保持相同的效能。

案例研究 A

此案例研究取材自 Peeters 和 Theodoulou 之論文，[29] 主題是在肯塔基州卡來茲堡馬拉松阿什蘭石油公司（Marathon Ashand Petroleum）使用中空纖維超過濾薄膜處理其所產生的廢水。

原始的廢水處理系統是一個調勻槽，接著為溶解空氣浮除。水中含有固體物、油脂、芳香族碳氫化合物〔包括苯、甲苯、乙苯、和二甲苯（BTEX）化合物〕、金屬、BOD，偶爾還有砷。由於廢水本質的關係，MBR 被認為是提升處理廠效能可能的解決方式。2002 年初期，強化沉浸式中空纖維超過濾薄膜被用來進行可處理性研究。結果顯示 COD、BOD、TSS，以及 BTEX 化合物及重金屬的去除，都達到了可接受標準。實廠級薄膜生物反應器系統興建後，負責預處理 MBR 製程廢水，並排放放流水至阿什蘭市的都市污水處理系統。

程序總覽

來自廠的原水都被抽至 150 μm 的除砂系統去除重固體物，然後在進入生物反應器之前先經過油水分離器。流程圖如 12.13 所示。

藉由抽水至薄膜纖維內部，可達成過濾。滲透液泵會產生吸力。為了符合 50,000 m³/d 的流量需求，兩組薄膜匣要同時使用。再循環泵送回剩餘的水流至生物反應器，確保 MLSS 濃度維持固定。來自再循環管線的污泥被棄置到壓濾機。它在此被濃縮，並以無害廢棄物的方式離場處置。

表 12.12 [30] 顯示系統第一年的操作效能。如所示，BOD 及 COD 的去除分別達到 99% 及 95% 以上，遠低於許可限制。BTEX 化合物通常可削減超過 98%。主要為乳化油的油脂低於偵測等級。在生物反應器上游的游離油已被聚結劑去除。

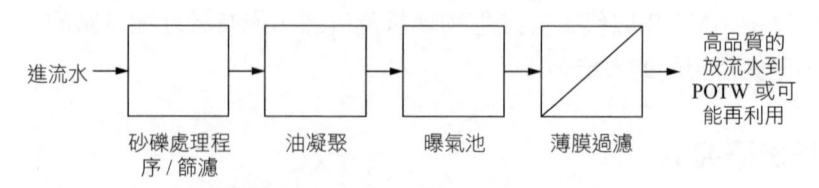

◯ 圖 12.13 馬拉松阿什蘭石油公司的程序配置

雜項處理流程 12

➡ **表 12.12　馬拉松阿什蘭石油公司系統第一年的運作效能** [30]

參數	進流水平均 (mg/L)	放流水平均 (mg/L)	允許限制 (mg/L)	去除 (%)
BOD	775	2	250	99.7
COD	1,300	64	658	95.0
油脂（HEM）	165	<5	26	97.0
TSS	66	<7	250	89.4
pH, s.u.	7.7	7.15	6.0-11.0	—
NH_3N	3.3	0.02	20	99.4
磷	0.7	<0.10	—	85.7
砷	0.061	0.015	0.1	75.4
鎘	0.0104	<0.003	0.02	71.1
鉻	0.1274	<0.002	0.42	98.4
銅	0.0356	0.011	0.1	69.1
鉛	0.0043	<0.001	0.14	76.7
汞	0.0027	<0.0010	0.0013	63.0
鎳	0.050	0.019	0.58	62.0
鋅	0.504	0.035	2.74	93.0
苯	15.6	<0.01	—	99.9
甲苯	10.5	<0.10	—	99.0
乙苯	0.61	<0.01	—	98.4
二甲苯	3.5	<0.03	—	99.1
硫氰化物	0.8	0.2	0	75.0
LEL (%)	1	<0.1	10	—

案例研究 B

　　Brady 報告了同時使用中空纖維 UF 薄膜及螺旋管 RO 薄膜，處理及再利用柴油引擎製造廠廢水的應用。經過 6 年的連續處理，UF 管可從 8000 gal/d 的重油脂饋料中，穩定地產生平均為 7937 gal/d 的滲透液。[31] 這相當於 MBR 滲透液對廢水的產率轉換為 99.2%。結果，8000 gal 的廢水減至 62 gal 進行最終處置。系統在清洗前，進行為期 2 週的批次程序。

　　滲透液帶有輕微的黃色（冷卻劑染料），但油脂 <30 mg/L，銅和鋅 <0.5 mg/L。據報告，TSS<10 mg/L 且濁度 <2 NTU。建造材

料、能源降低與薄膜壽命等多方面的進步，使得 MBR 在處理低流量、高有機濃度工業廢水的應用上成為高度可行的選項。

12.6　粒狀濾料過濾

　　粒狀濾料過濾（granular media filtration）用於低懸浮固體物濃度廢水的預處理，可接續於物理化學混凝作用之後，或是作為生物處理後的三級處理。

　　過濾器表面的懸浮固體物被篩除掉，而在過濾器深處的則會同時使用篩除及吸附來去除。吸附作用與懸浮微粒以及濾料之間的介達電位有關。廢水中常見的顆粒大小與電荷不同，有些會不斷地通過過濾器。因此，過濾作用的效率是下列因素的函數：

1. 懸浮固體物的濃度與特性。
2. 過濾器介質及其他助濾劑之特性。
3. 過濾方法。

粒質過濾器（granular-medium filters）可以是重力或壓力。重力過濾器可以固定速率進行進流水流量控制及過濾，或是以四個或四個以上的單元透過共同的饋料口進行流率遞減過濾。為了進行固定流率過濾，必須使用人工水頭損失（流量調節器）。隨著懸浮固體物的去除及水頭損失的增加，人工水頭損失會降低，所以總水頭損失維持固定。設計遞減流率過濾器時，通過其中一個過濾器的水頭損失增加，過濾流量就會減少，而使其他過濾器的流率增加。當一個單元無法作用時，使用的最大過濾流量為 6 gal/(min·ft^2)（0.24 m^3/(min·m^2)）。當總水頭損失和可用的驅動力相同時，或是當放流水中出現超量懸浮固體物及濁度時，過濾作用會停止。

　　介質（濾材）尺寸在過濾器設計時是一項重要的因素。濾砂尺寸的選擇基準是它提供比需求更佳的去除。在雙介質過濾器中，所選擇的碳粒徑能通過 1.5 到 2.0 ft（0.46 到 0.6 m）的介質，達到 75% 至 90% 之懸浮固體物去除率。例如，如果要使懸浮固體物去除率達到 90%，則至少有 68% 至 80% 要能從碳層去除，而剩餘的 10% 至 25% 則透過濾砂層來達成。當饋料懸浮固體物粒徑大於粒狀介質粒徑的 5% 時，就會發生機械篩除作用。

25 µm 的顆粒可以機械地被 0.5 mm 的過濾器介質篩除。若饋料固體物顆粒密度為懸浮介質的 2 至 3 倍時，那麼顆粒只要達到過濾器介質顆粒尺寸的 0.5%，就可以有效地被深度粒狀濾料過濾去除。

表 12.13 是可供選擇之介質。單介質通常有兩種類型，細與粗。細介質通常用在適當型過濾器，如自動反沖洗過濾器或脈動床過濾器，而主要的去除機制為機械篩除。一般系統需要較為頻繁的反沖洗，尤其是在進流水濁度高或處理廠效率較差的時候。比起較大的介質，粗的單介質通常深度更深，需要具成本效益的反沖洗。粗介質過濾器的特性是濾程較長，能因應處理廠效率較差的狀況。雙介質和多介質在傳統被使用於飲用水的處理，現在也被應用在廢水的三級處理上。

過濾速率會影響水頭損失的增加及放流水可達到的品質。最佳的過濾速率被定義為：每單位過濾器面積達到濾液的最大容量，並達到可接受的放流水品質的過濾速率。

過高的過濾速率會讓顆粒穿透粗介質，進而累積於細介質之

➡ **表 12.13　介質選擇**

類型	物質	粒徑 (mm)	深度 (in)
1. 單介質			
(a) 細	砂	0.35-0.60	10-20
(b) 粗	無煙煤	1.3-1.7	36-60
2. 雙介質	砂	0.45-0.6	10-12
	無煙煤	1.0-1.1	20-30
3. 多介質	柘榴石 *	0.25-0.4	2-4
	砂	0.45-0.55	8-12
	無煙煤	1.0-1.1	18-24

* 其他材料類型如金屬氧化物等亦被採用。
註：in = 2.54 cm.

上。過低的過濾速率則無法使足夠的固體物穿透粗介質，使得粗介質上端累積水頭損失。過濾速率也依據需要去除的顆粒特性，而影響放流水品質。

過濾器內水頭損失與固體物負荷間的關係，如圖 12.14 所示。

$$H = aS^n \tag{12.7}$$

其中，H = 水頭損失，ft 或 m
S = 捕捉的固體物，lb/ft^2 或 kg/m^2

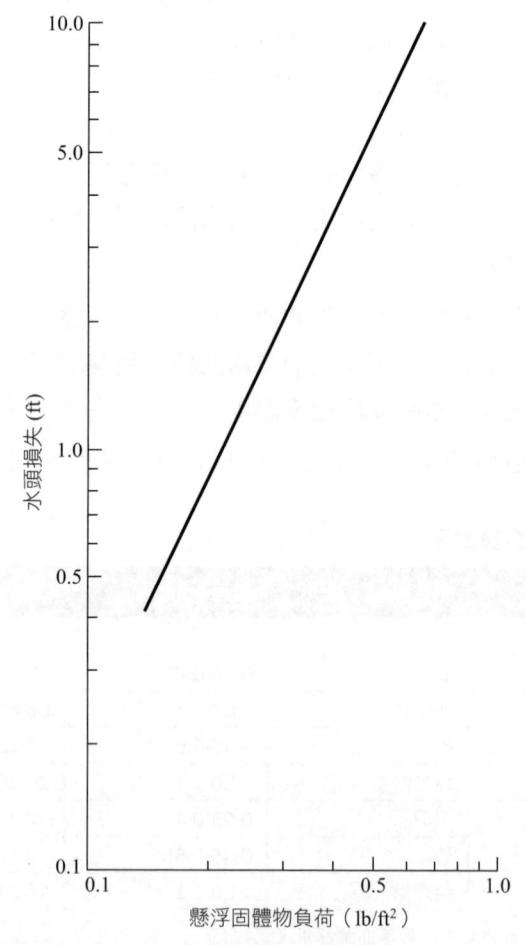

● 圖 12.14　過濾器水頭損失 vs. 固體物停留時間

雜項處理流程 12

    a, n = 常數

在給定水頭損失下，過濾循環會根據進流水之懸浮固體物濃度及水力流率。所使用的混凝劑類型也會影響水頭損失，如圖12.15所示。

    過濾前使用混凝劑可提升去除懸浮固體物之效果。添加明礬也可加強磷之沉降，並透過過濾器去除。因過濾器具膠凝作用，所以通常不需要膠凝池。混合要徹底，才可分散化學藥品並啟動反應。由於去除懸浮固體物以過濾為主，並非沉澱，所以一般可以加

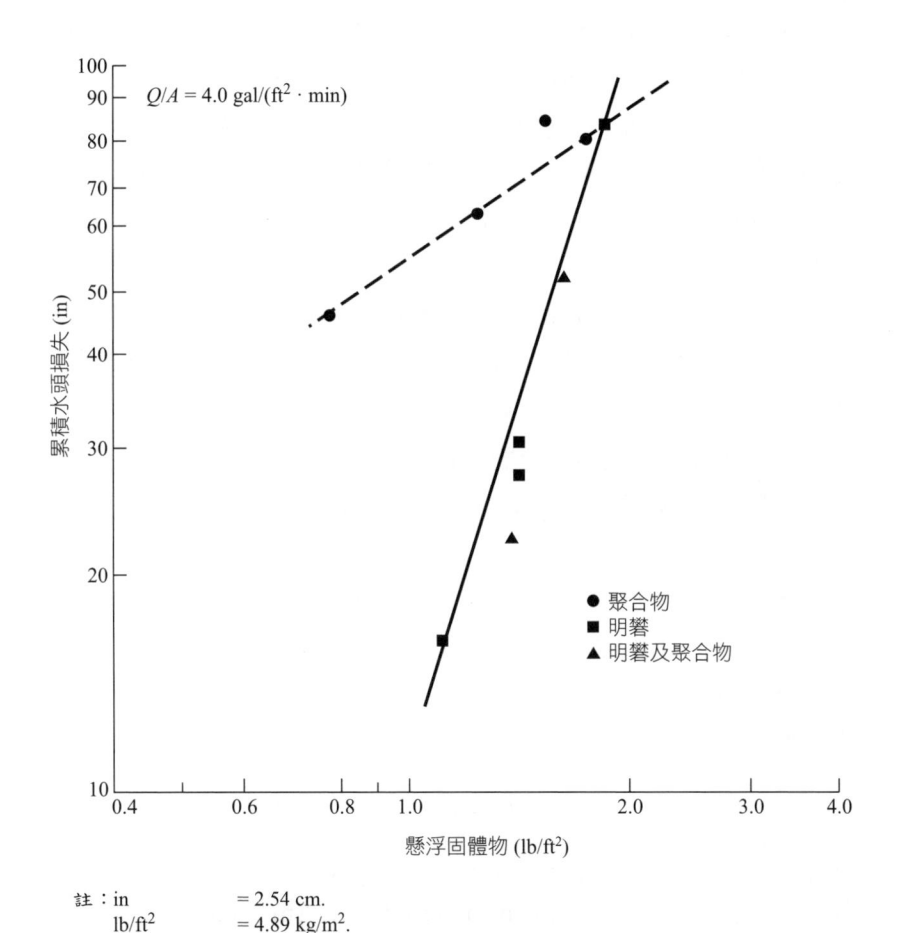

註：in   = 2.54 cm.
     lb/ft^2 = 4.89 kg/m^2.
     gal/(min · ft^2) = 4.07 × 10^{-2} m^3/(min · m^2).

⊃ **圖 12.15** 水頭損失與過濾器中固體沉澱有關

25% 到 50% 之少量化學藥品。在大部分應用中，懸浮固體物去除的最大量為 100 mg/L，以減少過度的反沖洗量。

用來過濾處理二級放流水的反沖洗系統（backwash systems）通常需要附加的沖洗系統以有效移除顆粒物。最常見之兩種反沖洗系統為：(1) 有附加表面攪拌的水；(2) 水及空氣混合沖洗。表面清洗系統可能是固定網格或旋轉式洗砂器。濾床之反沖洗率是與介質尺寸（有效粒徑、均勻係數）、介質類型（比重）和水溫相關的一個函數。空氣清洗率約為 1 到 5 standard $ft^3/(min \cdot ft^2)$（0.305 到 1.53 std $m^3/(min \cdot m^2)$），附加表面清洗率約為 2 到 5 $gal/(min \cdot ft^2)$（0.081 到 0.204 $m^3/(min \cdot m^2)$）。

藉由使用壓力計偵測過濾器的水頭損失，粒質過濾器可以完全地自動化。當最終水頭損失達一設定值時，過濾器會自動地進行反沖洗。濁度計也可作為二級控制的一環，讓放流水達設定值時便會啟動反沖洗動作。

有關處理家庭二級放流水的過濾器設計有許多可用的資料，然而工業廢水仍需先進行模廠級研究，以決定介質類型、過濾器流量、混凝劑需求、水頭損失關係，以及反沖洗需求。

目前市面上有數種過濾器，其中最常見的三種為：含煙煤（碳）和砂的雙介質過濾器、Hydroclear 過濾器，以及連續反沖洗過濾器。

圖 12.16 為典型的雙介質過濾器。Hydroclear 過濾器採用單層砂的介質，對過濾器表面之懸浮固體物及再生進行空氣混合。過濾器運作可促使介質表面的週期性再生，不需要反沖洗。典型運作的參數如下：

過濾速率	2-5 $gal/(min \cdot ft^2)$[0.081-0.204 $m^3/(min \cdot m^2)$]
介質粒徑	0.35-0.45 mm 砂
濾床深度	10-12 in (25.4-30.4 cm)
反沖洗率	12 $gal/(min \cdot ft^2)$ [0.5 $m^3/(min \cdot m^2)$]
空氣混合量	0.25 standard $ft^3/(min \cdot ft^2)$ [0.076 std $m^3/(min \cdot m^2)$]

12 雜項處理流程

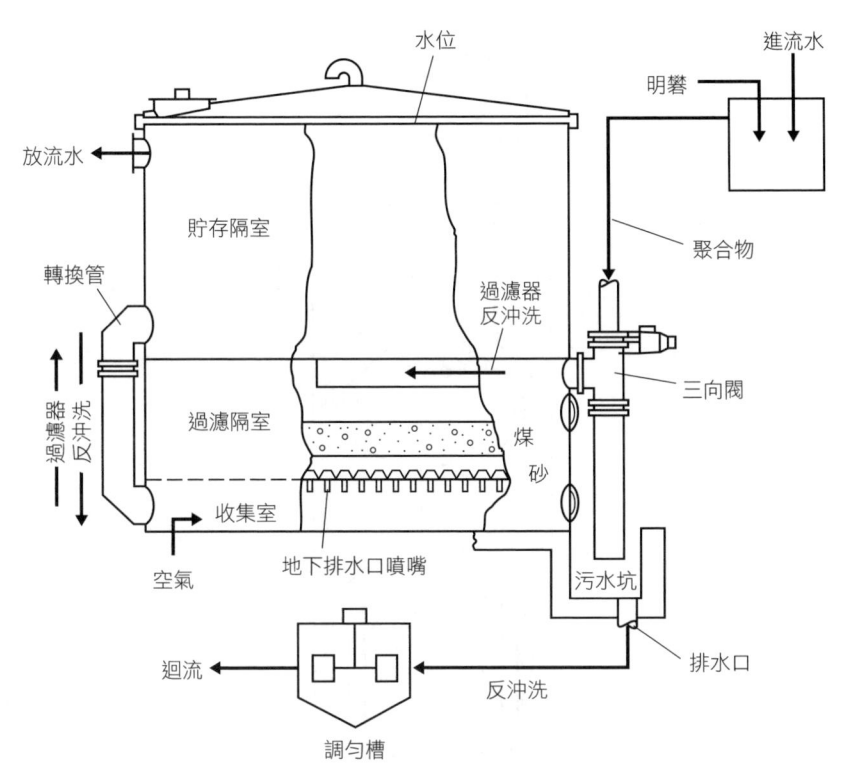

[圖表：典型的自動化雙介質過濾器，標示水位、進流水、明礬、聚合物、三向閥、放流水、貯存隔室、轉換管、過濾器反沖洗、過濾隔室、煤、砂、收集室、地下排水口噴嘴、空氣、污水坑、排水口、迴流、反沖洗、調勻槽等部件]

○ **圖 12.16　典型的自動化雙介質過濾器**

最終水頭損失　　3.5 ft (1.07 m)
反沖洗濾液比率　　0.10

　　Dynasand 過濾器（DSF）為可連續反沖洗、自清式上流深床粒質過濾器。透過將濾砂經由內部之氣升管與洗砂器將濾砂循環，過濾器介質會不斷地清洗，如圖 12-17 所示。再生的砂再排回濾床頂部，形成一連續而不中斷的過濾水及排出水的循環流。過濾效能如表 12.14 所示。過濾器設計則如例題 12.3。

例題 12.3　　一粒質過濾器處理 1 million gal/d 二級放流水。若水頭損失為 8 ft，計算過濾器運作時間，以達成 70 mg/L 的懸浮固體物 80% 的去除率。此過濾器的水力負荷為 3.0 gal/(min · ft^2)。

工業廢水污染防治

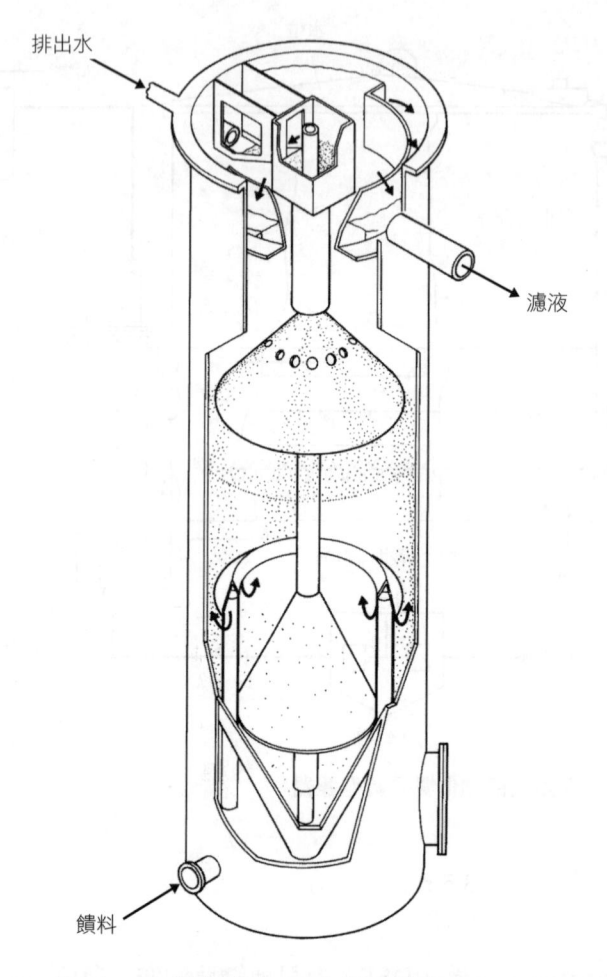

⊃ **圖 12.17** Dynasand 過濾器（DSF）（資料來源：Parkson Corporation）

解答

所需表面積為

$$A = \frac{1 \times 10^6}{3 \cdot 1440}$$

$$= 230 \text{ ft}^2$$

對於 8 ft 的水頭損失，懸浮固體物負載為 0.57 lb/ft² （見圖 12.14）。所預期的過濾器運作時間則為

12 雜項處理流程

➡ 表 12.14 過濾效能

過濾器種類	廢水種類	過濾器深度 (ft)	水力負荷 (gal/(min·ft²))	百分比去除率 SS	百分比去除率 BOD	放流水 (mg/L) SS	放流水 (mg/L) BOD
重力向下流	滴濾池放流水	2-3	3	67	58	—	2.5
壓力向上流	活性污泥放流水	5	2.2	50	62	7.0	6.4
雙介質	活性污泥放流水	2.5	5.0	74	88	4.6	2.5
重力向下流	活性污泥放流水	1.0	5.3	62	78	5	4
Dynasand	金屬加工業	3.3	4-6	90	—	2-5	—
	活性污泥放流水	3.3	3-10	75-90	—	5-10	—
	含油廢水	3.3	2-6	80-90*	—	5-10*	—
Hydroclear	家禽養殖業	1	2-5	88	—	19	—
	煉油廠	1	2-5	68	—	11	—
	牛皮紙製造業	1	2-5	74	—	17	—

* 游離油。

註：ft = 0.305 m.
　　gal/(min·ft²) = 4.07×10^{-2} m³/(min·m²)

$$t = \frac{0.57 \cdot 230}{1 \cdot 0.8 \cdot 70 \cdot 8.34}$$
$$= 0.28 \text{ d 或 } 6.7 \text{ h}$$

12.7　微篩機

　　微篩機（microscreen）是繞著水平軸旋轉的過濾滾桶，其表面覆蓋不鏽鋼網（圖 12.18）。廢水從濾桶的開口端進入，且經由濾網過濾，將固體物截留在濾網的內部表面。隨著濾桶旋轉，固體會不斷地被送到濾桶頂端，再由上方一排噴霧噴嘴噴出加壓的放流水去除。水頭損失低於 12 至 18 in（30 至 46 cm）水柱。反沖洗水量為總流出水量的 46%。濾桶周邊旋轉速度最大可達 100 ft/min(30.5 m/min)，水力負荷則在 2.5 至 10 gal/(min·ft²)(0.1 至 0.4 m³/(min·m²))。定期清洗濾桶是必要的，以避免產生黏膜附著。

　　二級放流水的過濾，在水力負荷為 6.6 gal/(min·ft²)（0.27 m³/(min·m²)）下，所得之最大固體物負荷約為 0.88 lb/(ft²·d)

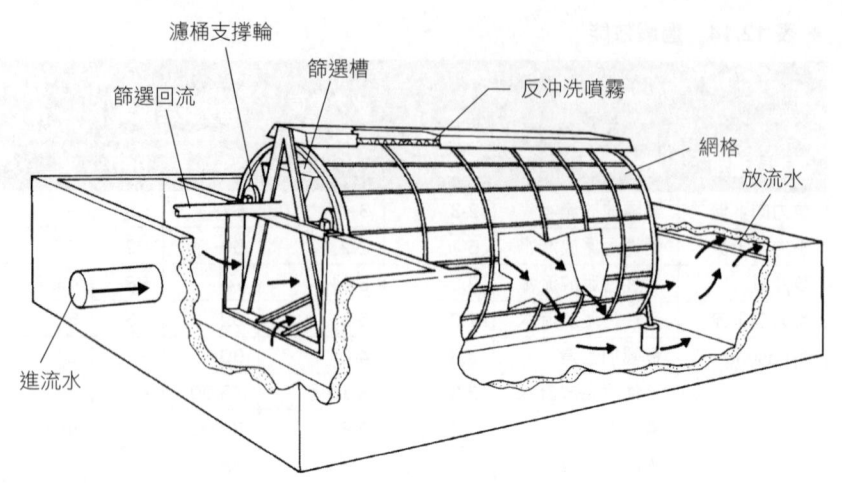

◯ 圖 12.18　微篩機（資料來源：Envirex, Inc.）

➡ 表 12.15　去除效率

開孔水徑，μm	流率，gal/(min · ft²)	百分比去除率 SS	百分比去除率 BOD
35	10.0	50-60	40-50
23	6.7	70-80	60-70

註：gal/(min · ft²) = 4.07 × 10⁻² m³/(min · m²)。

（4.3 kg/(m² · d)）。Lynam 等人 [32] 之研究發現，在 3.5 gal/(min · ft²)（0.14 m³/(min · m²)）之情形下，23 μm 之微濾機放流懸浮固體物及 BOD 濃度分別為 6 至 8 mg/L 以及 3.5 至 5 mg/L，而進流之濃度分別為 20-20。為了設計之目的，表 12.15 為處理二級放流水的去除效率。

此單元的去除效率易受懸浮固體物的影響。例如，當進流水的懸浮固體物由 25 至 200 mg/L 時，處理水量就會由 60 降至 13 gal/min（0.227 至 0.049 m³/min）。[33]

參考文獻

1. Eckenfelder, W. W., J. P. Lawler, and J. T. Walsch: "Study of Fruit and Vegetable

Processing Waste Disposal Methods in the Eastern Region," U.S. Department of Agriculture, Final Report, 1958.
2. Crites, R. W.: *Proceedings of the Industrial Wastes Symposia,* Water Pollution Control Federation, 1982.
3. "Diagnosis and Improvement of Saline and Alkali Solids," U.S. Department of Agriculture, Handbook 60, 1954.
4. Jewell, W. J.: *Limitations of Land Treatment of Wastes in the Vegetable Processing Industries,* Cornell University, Ithaca, N.Y., 1978.
5. Adamczyka, A. F.: *Land as a Waste Management Alternative,* R. C. Loehr, ed., Ann Arbor Science, Ann Arbor, Mich., 1977.
6. Haith, D. A., and D. C. Chapman: "Land Application as a Best Practical Treatment Alternative," in *Land as a Waste Management Alternative,* R. C. Loehr, ed., Ann Arbor Science, Ann Arbor, Mich., 1977.
7. Crites, R.W. et al.: *Proc. 5th National Symposium on Food Processing Wastes,* 1974.
8. Gellman, I., and R. O. Blosser: *Proc. 14th Ind. Waste Conf.,* Purdue University, 1959.
9. Wisneiwski, T. F., A. J. Wiley, and B. F. Lueck: *TAPPI,* vol. 89, pt. 2, p. 65, 1956.
10. Billings, R. M.: *Proc 13th Ind. Waste Conf.,* Purdue University, 1958.
11. Wong, G., and R. Pfarrer: *Proc. 50th Purdue Industrial Waste Conf.,* Ann Arbor Press, Ann Arbor, Mich., 1995.
12. Bausmith, D. S., and R. D. Neufeld: *Proc. WEF.* vol. 3, Dallas, 1996.
13. Warner, D. L.: "Deep Well Injection of Liquid Waste," Environmental Health Series, U.S. Department of Health, Education, and Welfare, Cincinnati, April 1965.
14. Donaldson, E. C.: "Subsurface Disposal of Industrial Wastes in the United States," Bureau of Mines Information Circular 8212, U.S. Department of the Interior, Washington D.C., 1964.
15. Cartwright, W. P.: *Chemical Engineering,* McGraw-Hill, September 1994.
16. Agardy, F. J.: *Membrane Processes, Process Design in Water Quality Engineering,* E. L. Tackston and W. W. Eckenfelder, eds., Jenkins Publishing Co., Austin, Texas, 1972.
17. Okey, R. W.: *Water Quality Improvement by Physical and Chemical Processes,* E. F. Gloyna and W. W. Eckenfelder, eds., University of Texas Press, Austin, Texas, 1970.
18. Logemann, F. P.: *Proc. 11th National Conf. Superfund '90,* Hazardous Materials Control Research Institute, 1990.
19. Kettern, J. T.: *Wat. Sci. Tech.* vol. 26, no. 1–2, p. 137, 1992.

20. Sutton, P. M.: "Membrane Bioreactors for Industrial Wastewater Treatment: Applicability and Selection of Optimal System Configuration," *Proc. Water Environment Federation's Membrane Technology 2008 Specialty Conf.*, Atlanta, GA, CD-ROM, January 27-30, 2008.
21. Smith, C. V., D. O. DiGregorio, and R. M. Talott: "The Use of Ultrafiltration Membranes for Activated Sludge Separation," *Proc. 24th Industrial Waste Conf.*, Purdue University, 1969.
22. Adams, C. E. and Shelby, S. E.: "Comparative Overview of Competitive Activated Sludge Configurations for Industrial Wastewaters," Seminar by ENVIRON International Corp. to AIChE, Baton Kouge, LA, March 14, 2008.
23. Metcalf and Eddy, Inc.: *Wastewater Engineering*, McGraw-Hill Book Company, New York, 2003.
24. Gaines, F. R.: Experience with membrane applications for industrial wastewaters: Personal communication, 2008.
25. Khor, S. L, et al.: "Biofouling Development and Rejection Enhancement in Long SRT MF Membrane Bioreactors," *Proc. Biochem.* 42, pp. 1641–1642, 2007.
26. Sun, D. D., C. T. Hay, and S. L. Khor: "Effects of Hydraulic Retention Time on Behavior of Start-up Submerged Membrane Bioreactor with Prolonged Sludge Retention Time," *Desalination*, 195, pp. 209–225, 2006.
27. Sun, D. D., et al. "Impact of Prolonged Sludge Retention Time on the Performance of a Submerged Membrane Bioreactor," *Desalination*, 208, ElSevier, pp. 101–112, 2007.
28. Fernandez, A., J. Lozier, and G. Daigger: "Investigating Membrane Bioreactor Operation for Domestic Wastewater Treatment: A Case Study," *Municipal Wastewater Treatment Symposium: Membrane Treatment Systems, Proceedings, 73rd Annual Conference,* Water Environment Federation, Anaheim, CA, 2000.
29. Peeters, J. G., and S. L. Theodoulou: "Membrane Technology Treating Oily Wastewater for Reuse."
30. Buckles, J. A., K. Kuljian, and S. Hester: "Full-Scale Treatment of a Petroleum Industry's Wastewater Using an Immersed Membrane Biological Reactor," presented at WEFTEC, October 2-6, 2004.
31. Brady, F. J. "Heavy Industry Plant Wastewater Treatment Recovery and Recycling Using Three Membrane Configurations with Aerobic Treatment—A Case Study," presented at WEFTEC, October 2006.
32. Lynam B. et al.: J. WPCF, vol. 41, p. 247, 1969.
33. Carvery, J. J.: *FWPCA, Symposium an Nutrient Removal and Advanced Waste Treatment,* Tampa, Fla., 1968.

13

處理：石油／天然氣探勘／生產殘留物

13.1 簡介和背景資料

簡介

　　石油和天然氣生產井之探鑽、生產、經營、維修、廢棄等過程中所產生的污染與控制方式是有目共睹的。隨著國內和國際能源需求的與日俱增，本世紀將會有越來越多的探勘和生產（exploration and production, E&P）活動。現今高價格的石油和天然氣以及先進的化石燃料開發與提煉技術，意味著從前因經濟和技術限制而無法取得的地下石油和天然氣，均有值得探勘的潛力。隨著環境法規和規章越來越嚴格，E&P企業必須正視環境保護措施之議題。本章有關E&P的污染控制主要針對陸地上的單位，特別是位於都會區的E&P，像是許多新石油和天然氣的儲存點都位於都會地區。

　　自從1859年在賓州挖了第一口油井後，美國這些年來已鑽了超過187萬口的油井。[1]

　　蘊藏的油源通常會利用重力儀（測量地心引力變化的設備）、磁強計（測量因油引起磁場變化的設備）、嗅探器（精密電子碳氫化合物探測器），或地震測量方法（如 3D 地震技術）。其中最常使用的就是地震學的方法，測量通過不同岩層反射的衝擊波。一旦選定最有潛力的地點、取得租賃契約並解決相關法律問題後，就得開始整地。附近的土地可能需要整平、進出道路需要建造，還有儲存廢棄物的儲備坑需要挖掘。這些都可能對環境有潛在影響的問題。尤其是儲備坑，它會儲存鑽井殘留物和岩屑，往往會畫線標示以保護周邊地區。

背景資訊

常見的石油 / 天然氣

原油和天然氣可以透過油井從地殼下取得。從井中流出來的物質可能包含氣、水、沉積物和常見於原油的其他雜質，以管線輸送到分離器和處理設施後，可將天然氣和雜質從原油中去除。天然氣若夠豐富，可在分離出來後通過管道送到天然氣處理廠進一步處理，或是可以燃燒（燒毀）。原油用管線輸送到貯存槽，然後到輸油管終端，最後進入煉油廠。若分離器沒有輸油管線，原油先儲存起來，然後用卡車運到輸油管終端。一個井的產品流並不見得容易移除；有時，井必須先經過「處理」，以提高石油回收〔例如注入水、二氧化碳或碳氫化合物（C_5）〕。在場址的處理方式也可以利用時間、重力化學、熱、機械、電氣程序或是它們的組合。圖 13.1 為常見的油井石油 / 天然氣回收的流程圖。[2]

常見的天然氣

天然氣可能會與原油一起出現（伴生）或單獨出現（非伴生）。再說，要消除地殼下方的氣體需要油井。天然氣可能含有液態烴、硫化氫、二氧化碳、水、水蒸氣、硫醇、氮氣、氦氣、固體雜質（沉澱物）。

在分離器中分離天然氣與雜質，可以結合重力、時間，以及機械和化學程序。來自井的天然氣可以直接通過管線輸送到天然氣處理廠進行處理，或是可能需要在生產的現場先進行脫水再送到工

13

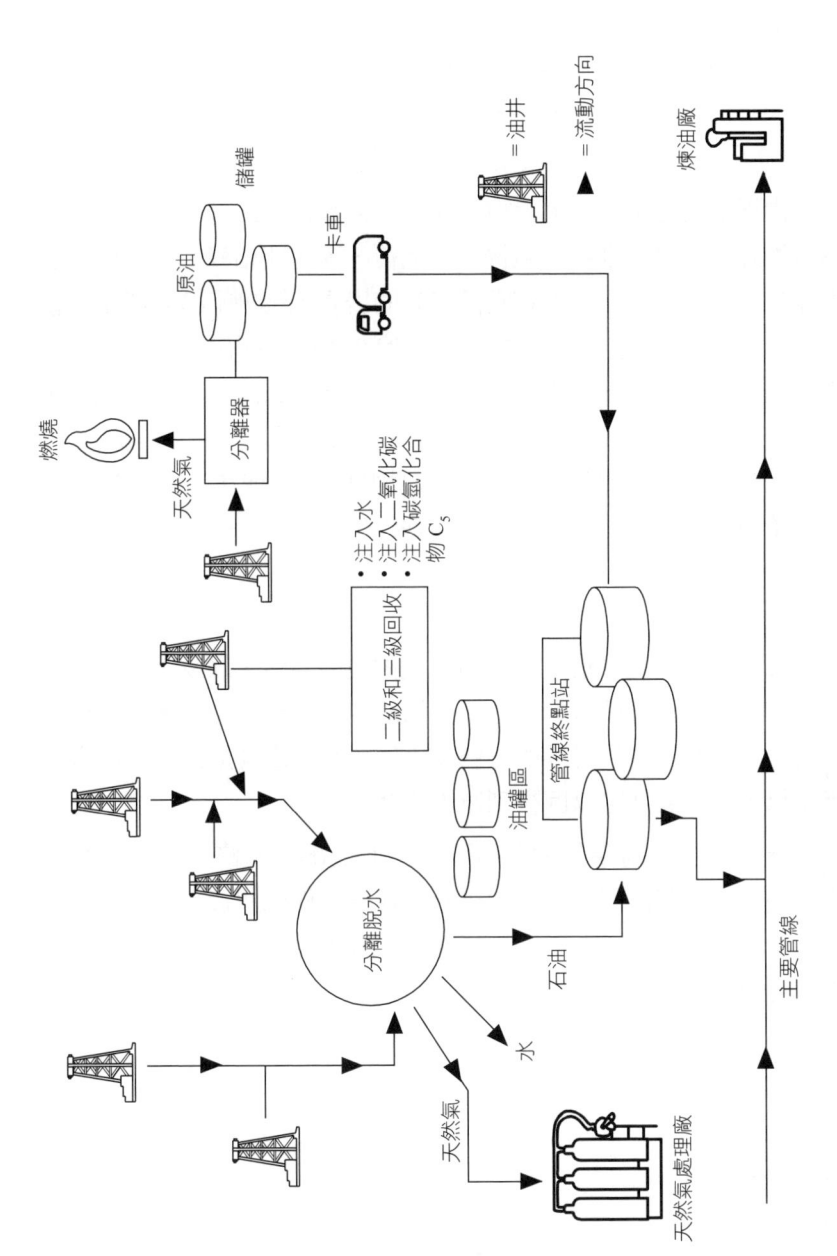

處理：石油 / 天然氣探勘 / 生產殘留物

○ 圖 13.1 常見的油井石油 / 天然氣回收的流程圖（資料來源：Verma, Johnson, and McLean, 2000）

廠。有幾種脫水的方法，其中乙二醇的脫水方法很重要，因為乙二醇除了水以外也會吸收苯和其他有機化合物。在乙二醇的再生程序中，它會被加熱以去除水分。這個程序也會釋放出有機化合物。可能需要去除硫化氫和其他含硫化合物。圖 13.2 為常見的天然氣操作流程圖。[2] 純化後的天然氣透過管線發送到使用站或消費者。

當場址已確定後，通常會先建造一架鑽機（rig）[3]，如圖 13.3 為鑽機詳細的構造細節。鑽機安裝完後，就可開始鑽井。泥漿透過鑽孔管道流出，並帶著因震動而碎裂的岩屑，[3] 如圖 13.4 所示。當鑽到快接近儲油地質的結構時，套管就會被放置在孔洞，以防止它倒塌。套管放置後鑽探繼續進行，直達油砂深度。該井完成時，需在套管貫穿處裝設炸藥裝置，並在孔洞處安裝流量控制設備。含砂、鋁粒等物的酸或液體會用來啟動井的石油流出。一旦流出開始，鑽機就可以撤離，然後在現場安裝生產設備。[3]

E&P 檢修

幾乎所有生產井遲早都會面臨機械設備問題，以及因抽取石油和天然氣導致貯量枯竭的問題。僱用油井維修業與修井承包商來進行石油工程師認為是必要的檢修。不同的承包商會依據檢修內容而組織起來，使油井可以回復到原先的功能。

雖然從淺井到深井會有所不同，但大部分的修復工作都很簡單。幾乎每一個操作都是藉由來回地運作油桿或油管來執行（以最少的旋轉），而很少或根本不需要產生循環的情形。其他主要油井操作的內容有：

1. 清砂。
2. 搬移襯管。
3. 修復套管。
4. 回填。
5. 灌水泥。
6. 鑽到更深。

處理：石油 / 天然氣探勘 / 生產殘留物 13

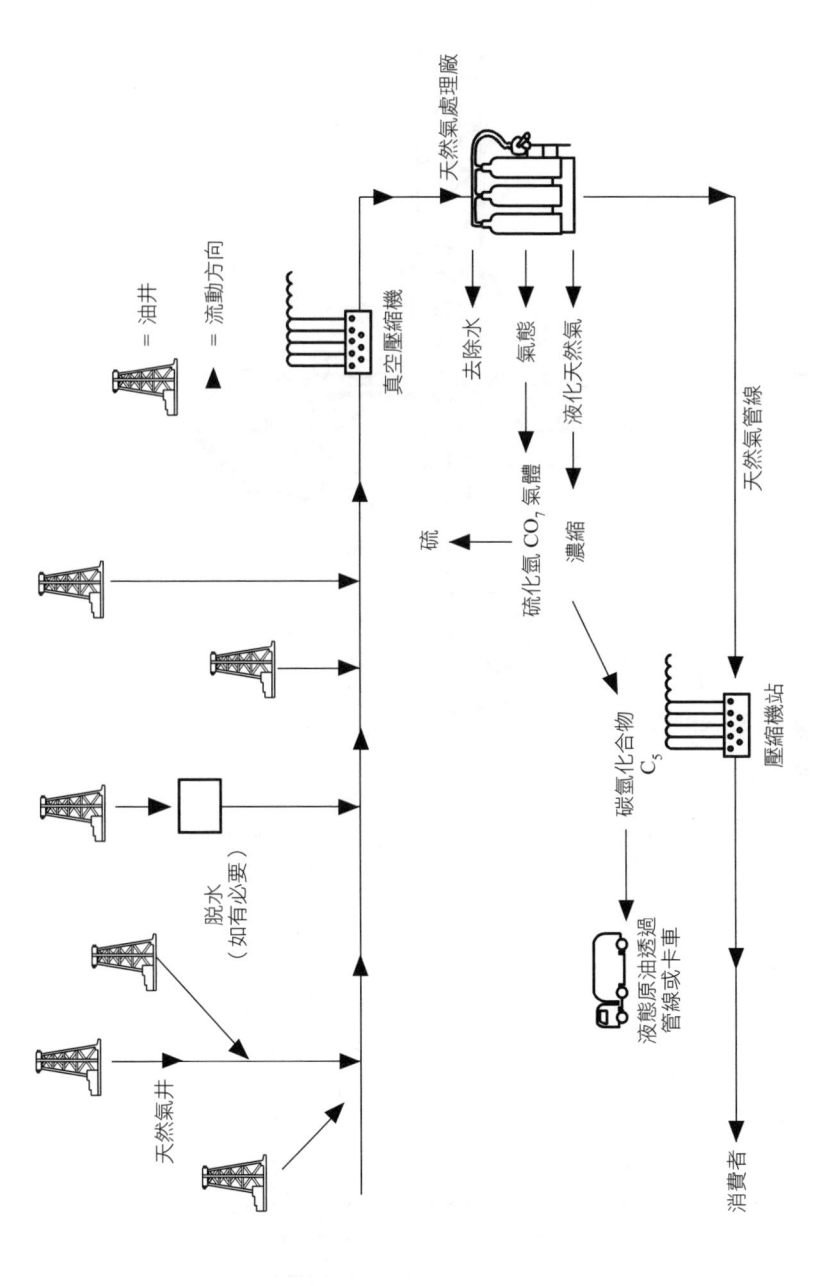

○ 圖 13.2 常見的天然氣井生產流程圖（資料來源：Verma, Johnson, and McLean, 2000）

◯ 圖 13.3　石油鑽機

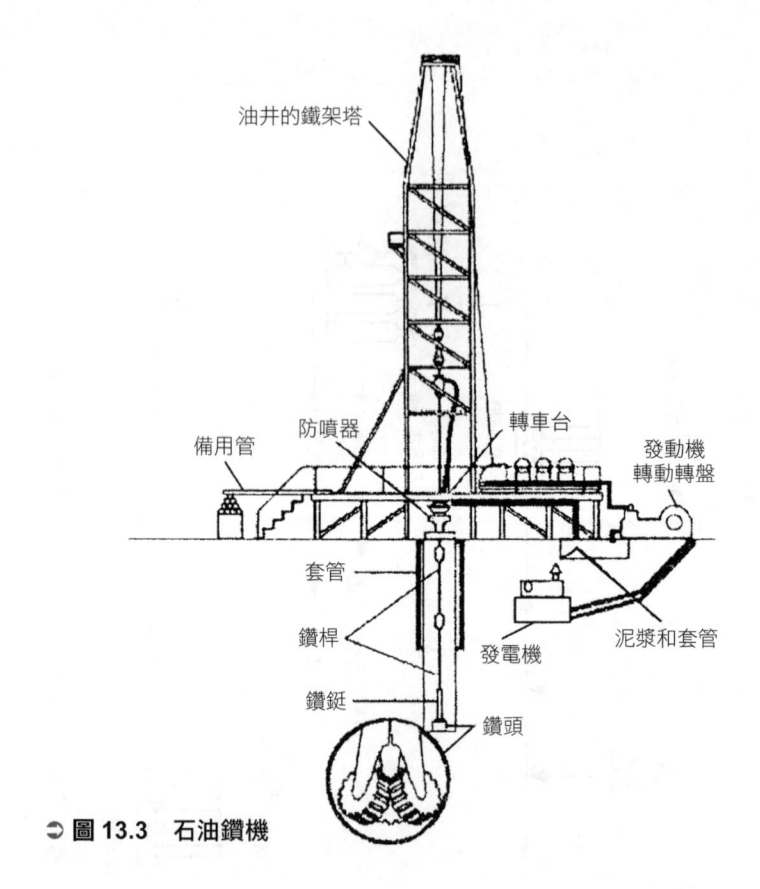

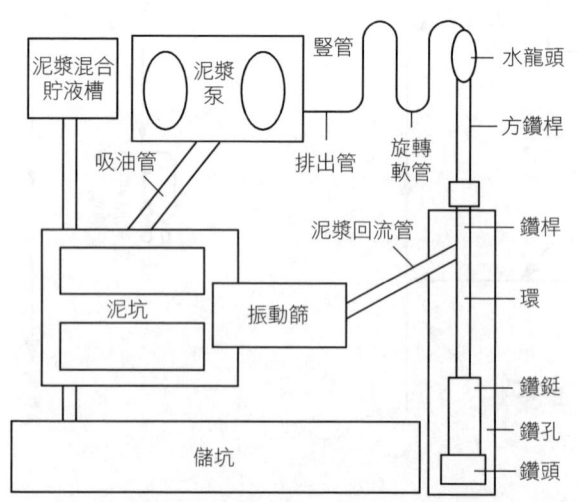

◯ 圖 13.4　鑽井泥漿循環系統（資料來源：Freudenrich, 2001）

處理：石油 / 天然氣探勘 / 生產殘留物 13

這些工作通常需要一連串的循環管道，而且要能輪動使用。

此外，油井通常需要循環（將底部的液體抽回到地表）。循環的管道可以是井中既有的管道，或特殊的鑽桿，若檢修需要更徹底的話。

很多原來由油井維修工作人員處理的工作，現在是透過纜線方式——利用套管和油管改變氣舉閥，在油井中灌入水泥，找出油管位置，並鬆開或切斷管道，最後在井中新加入箱室以改善舉吊能力。

13.2　法令規範

簡介

石油和天然氣產業的污染管制責任，增加了營業成本並且影響盈利。因為這些規定和法規經常修改或有不同的解釋，使得遵守這些法律和法規的未來成本很難預測。

美國聯邦能源管制委員會（Federal Energy Regulatory Commission, FERC）管制州際運輸費率和檢修條件，兩者均影響市場營銷、生產，以及石油和天然氣等生產銷售的收入。自從1980年代中期以來，FERC已發出的各種命令，大幅改變石油和天然氣的銷售和運輸。

石油和液化天然氣的銷售方式及價格目前並無固定規範，主要是以市場價格來決定。產品到市場的運輸成本會影響產品的銷售價格。FERC已實施法規並建立輸油管的運輸費率指標系統，通常會與如通貨膨脹率連結，也會受某些條件的限制。

適用於E&P業務的有來自聯邦的法規，也有可能比聯邦法規更嚴格的各州法規。每個州都有自己的空氣和水質品質標準、許可流程、選址標準以及專門監督E&P產業部門的監管機構。

聯邦法規 [4-6]

可能適用於E&P廢棄物之美國聯邦環保法規包含但並不局限於：資源保育和回收法（Resource Conservation and

Recovery Act, RCRA)、安全飲用水法(Safe Drinking Water Act, SDWA)、淨水法(Clean Water Act, CWA)、全面性環境應變補償及責任法(Comprehensive Environmental Response, Compensation and Liability Act, CERCLA)、緊急計畫及公眾有權知悉法(Emergency Planning and Community Right-to-Know Act, EPCRA SARA Title III)、清淨空氣法(Clean Air Act, CAA)、毒性物質管理法(Toxic Substances Control Act, TSCA)、1990年的石油污染法(Oil Pollution Act, OPA)、候鳥協定法(Migratory Bird Treaty Act, MBTA)、瀕危物種法(Endangered Species Act, ESA)和有害物質運輸法(Hazardous Materials Transportation Act, HMTA)。

各州的環保法規通常比聯邦法規更嚴格,而且每州都有自己的空氣和水的品質標準、許可流程,以及選擇場址之標準。

除了上述的環保法規以外,美國土地管理局(Bureau of Land Management, BLM)規定了關於聯邦土地上之租賃、探勘、開發和生產石油和天然氣,以及在美國印第安人的土地批准和監督石油和天然氣營運活動等,法令的依據為43 CFR Part 3160(陸上石油和天然氣)。另一個內政部的機構——礦產管理局(Minerals Management Service, MMS)——負責管理各州境外的外海(Outer Continental Shelf, OCS)之石油資源開發,其法令依據為外海土地法(Outer Continental Shelf Land Act, OCSLA)30 CFR Part 250(石油、天然氣、硫之活動)。

1976年之資源保育和回收法

資源保育和回收法(RCRA)的C條款,目的為規範和確保適當的保護措施,例如某場址的生產、儲存、處理、運輸、有害廢棄物的處置。它反映了政府必須全程監督有害廢棄物處理的信念。RCRA規定,必須先取得許可證,才可在場址處理、儲存或處置有害廢棄物。而申請許可證的過程中有附加的條件,並有相關規定來規範這些程序。RCRA之所有規範都可公開查詢。

處理：石油／天然氣探勘／生產殘留物 13

清淨空氣法

美國聯邦政府的清淨空氣法頒布於 1963 年，並於 1970 年、1977 年和 1990 年修訂。它要求各州在規定日期內編制和提交實施計畫，目標為達到國家環境空氣品質標準（national ambient air quality standards, NAAQS）。該法案還需要州政府透過空氣管制區，有效執法以達成和維持聯邦環境空氣品質標準。由於 1990 年的修正案，關係個別設施和控制有毒氣體的經營許可證（Title V），也被授予詳細時間表。Title V 經營許可證對於探勘和生產設施的要求非常明確。設施的申請內容必須公開。1990 年的清淨空氣法正在修正中。目前，大多數州政府和美國環保署對個別公司以年度存貨清單規範污染物（氮氧化物、硫氧化物、反應性有機化合物、顆粒物、一氧化碳、鉛）。由於清淨空氣法和各州的相關規定，空氣中的有毒物質清單在各州政府有不同的發展階段。

1972 年之淨水法

淨水法規範污染物排放至地表水，也就是國家污染物質排放清除系統法案（National Pollution Discharge Elimination System program, NPDES），其管理「非點源」（nonpoint）的廢棄物排放（如雨水排放）和到公共污水系統〔公有預處理廠（publicly owned pretreatment plants, POTW）〕的排放。它在 1972 年通過，並已多次修訂。根據淨水法所授予的許可，限制了排放的組合與量，以及個別污染物的濃度。排放的要求通常會根據承受水體的水質而定。與清淨空氣法類似，淨水法允許授權給州政府，至今已有 40 多個州政府被授權。根據聯邦或委派的方案，許可證申請和合格監測之所有訊息都必須是公開的，除了可能被視為「商業機密」的訊息之外。排放的量和成分都不能算是機密。

1974 年之安全飲用水法

安全飲用水法規定飲用水源的有毒物質含量。它要求各州建立一個地下水注入控制（underground injection control, UIC）計

729

畫，以防止危害飲用水，包括地下水。對 E&P 企業特別重要的是對第 II 類井（Class II wells）的控制。第 II 類井是會注入流體的井，無論是為了處理產出流體，或是作為提高採收率的回收流體。第 II 類 UIC 計畫規定油井的建設標準和機械性監測，以及可注入的流體成分與種類。所有這些相關訊息都是公開的。

第 II 類地下注入井（第 II 類井）是生產石油和天然氣的注入井，用於處置產生之液體，針對提高石油採收率（enhanced oil recovery, EOR）計畫，或是用於在標準溫度和壓力下儲存液態碳氫化合物之用途。這些井直接受到美國環境保護署（EPA）所頒訂的聯邦安全飲用水法的管轄，或間接受到被授予特權的各州政府相關單位的管轄。環保署打算公布經修訂的第 II 類井法規，依據的是聯邦諮詢委員會（Federal Advisory Committee, FAC）的建議。FAC 審查第 II 類井的五大問題：場址的操作、監測、報告；堵塞和遺棄；審查和糾正行動；機械完整性測試（mechanical integrity testing, MIT）；套管及井的固定。理想的注入井和場址 [3, 4] 說明如圖 13.5。

豁免和非豁免的 E&P 廢棄物 [5]

根據 RCRA 之 C 條款（有害/無害）的規定（1980 年），美國環保署（EPA）免除了部分 E&P 之廢棄物，但並未免除其他來自有害廢棄物的定義。

1988 年 EPA 展現了監管決心，公布了豁免或者非豁免廢棄物名單。這些被視為豁免和非豁免的廢棄物的範例，不應該被認為有全面性。豁免的廢棄物名單僅適用於探勘與生產操作所產生的廢棄物。其他操作所產生的類似廢棄物不在此豁免範圍內。

由於先前所描述的 E&P 廢棄物有所增加，相關管理必須清楚了解其為「有害」或「無害」。所有對於這些廢棄物殘留物的管理和處理，必須確認其對「人類健康和環境」的影響。了解認定豁免或非豁免的程序，是管理 E&P 操作與妥善處理伴生的殘留物必要的一環。表 13.1 為豁免的 E&P 廢棄物，表 13.2 為非豁免的廢棄

處理：石油 / 天然氣探勘 / 生產殘留物　13

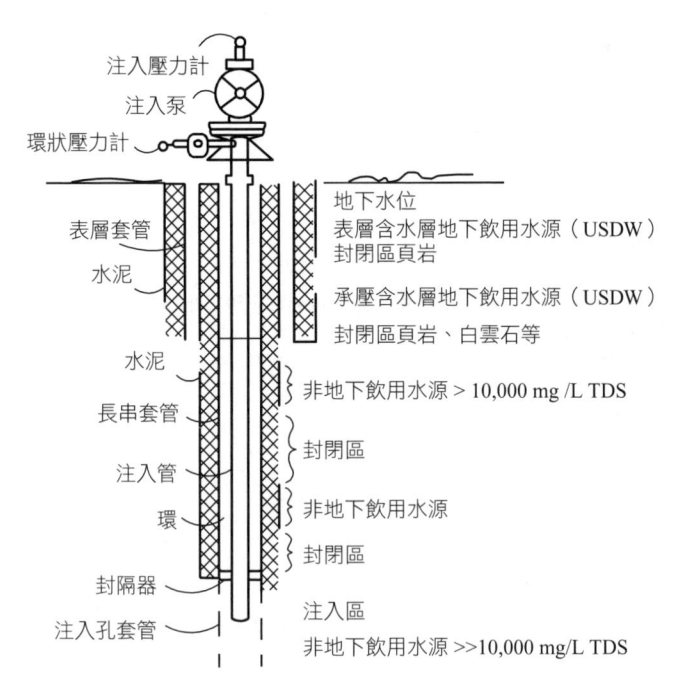

◯ 圖 13.5　理想的注入井和場址（資料來源：Freudenrich, 2001, and Environmental Protection Agency, Office of Compliance, 2000）

物。[1] 圖解說明如圖 13.6。不確定性質之廢棄物並未具體列入 EPA 豁免清單，包括：

- 來自油井與水泥碎片的水泥泥漿（未用過的泥漿為非豁免）。
- 燃氣電廠脫硫裝置的催化劑。
- 天然氣集氣管線之水壓測試水。
- 受到產出水污染的土壤。
- 硫回收單元之廢棄物。

　　特殊類別的廢棄物有其特定的州法規和聯邦法規，並包括自然存在的放射性物質（naturally occurring radioactive materials, NORM）、多氯聯苯（polychlorinated biphenols, PCBs）和多氯聯苯污染的土壤。混合的廢棄物，特別是豁免和非豁免的廢棄物，會需要額外考量。要確定混合物是否為豁免或非豁免廢棄物，需要了解廢棄物在混合之前的性質，在某些情況下，可能需要進行混合

➡ **表 13.1　豁免的廢棄物**

活性碳濾料
底部沉積物和水（BS&W）—見槽底
苛性鈉，若用作於鑽井液添加劑或氣體處理
濃縮物
冷卻塔排放水
殘渣，原油滲透液
殘渣，原油油污
沉澱物去除，來自運送之管道和設備（即管道尺寸、碳氫化合物、氫氧化物，和其他沉澱物）
鑽屑／固體物
鑽井液
陸上鑽井液和離岸岩屑處理
天然氣脫水廢棄物：
a. 乙二醇化合物
b. 乙二醇過濾器（見程序過濾器）、濾材、反沖洗
c. 分子篩
產出砂
產出水
處置前去除產出水的成分（注水或以其他方式處置）
產生水過濾器（見程序過濾器）
鑽機清洗
廢油（來自初級現場作業和生產的廢棄原油）
土壤，原油污染
磺胺檢驗／化學脫硫廢棄物
燃氣電廠脫硫廢棄物：
a. 胺類（包括胺回收單元底部）
b. 胺類過濾器（見程序過濾器）、胺濾材、反沖洗
c. 胺類污泥，沉降的
d. 鐵（硫化鐵）
e. 硫化氫洗滌液和污泥
生產過程之氣體去除（即，硫化氫、二氧化碳、揮發性有機氣體）
從生產過程中而不是從煉油過程中去除的液態烴
原油和槽底取料機產生的液體和固體廢棄物
石油，風化的
石蠟
生產輸送管線的清管廢棄物
坑中之污泥和豁免廢棄物貯存槽或處置污染物處之底部
程序過濾器
槽底和底部沉積物和水（BS&W）：放置產品和豁免廢棄物（如碳氫化合物、固體物、砂，以及來自生產分離器之液態處理容器和生產蓄水）的倉儲設施
豁免廢棄物中的揮發性有機化合物儲備池或蓄水池或生產設備
完井、處理、促進和注入液體
修井廢棄物（即，排放、抽刷、汲取廢棄物）

處理：石油／天然氣探勘／生產殘留物　13

➡ **表 13.2　非豁免廢棄物**

電池：鉛酸
電池：鎳鎘
鍋爐清洗廢棄物
鍋爐耐火磚
腐蝕性或酸性清潔劑
化學品，剩餘的
化學品，無法使用的（包括廢酸）
壓縮機油、過濾器、排污廢棄物
碎片，受潤滑油污染的
鑽井液，未使用過的
桶／容器，含有化學品
桶／容器，含潤滑油
圓桶，空的（圓桶清洗）
過濾器，潤滑油（使用過）
天然氣廠冷卻塔之清洗廢棄物
液壓油，使用過的
灰渣
實驗室廢棄物
汞
甲醇，未使用
油，潤滑設備（使用過）
油漆和塗料廢棄物
農藥和除草劑廢棄物
管道塗料，未使用過
放射性追蹤廢棄物
煉油廠廢棄物（例如：未使用的壓裂液或酸）
噴砂工具
廢舊金屬
土壤，化學污染（包括溢出的化學品）
土壤，潤滑油污染
土壤，汞污染
溶劑，耗盡（包括廢溶劑）
護絲，管道塗料污染
空卡車之清洗（含有非豁免廢物的槽體）
運輸管道相關槽坑之廢棄物
完井、處理和促進液體，未使用過

物的化學分析。盡量避免將豁免廢棄物混入非豁免廢棄物中。如果非豁免的廢棄物是表列或典型的有害廢棄物，產生的混合物可能成為非豁免廢棄物，並且需要接受 RCRA 的 C 條款管理。此外，如果將有害廢棄物混入無害或豁免的廢棄物之目的是為了使其無害，

工業廢水污染防治

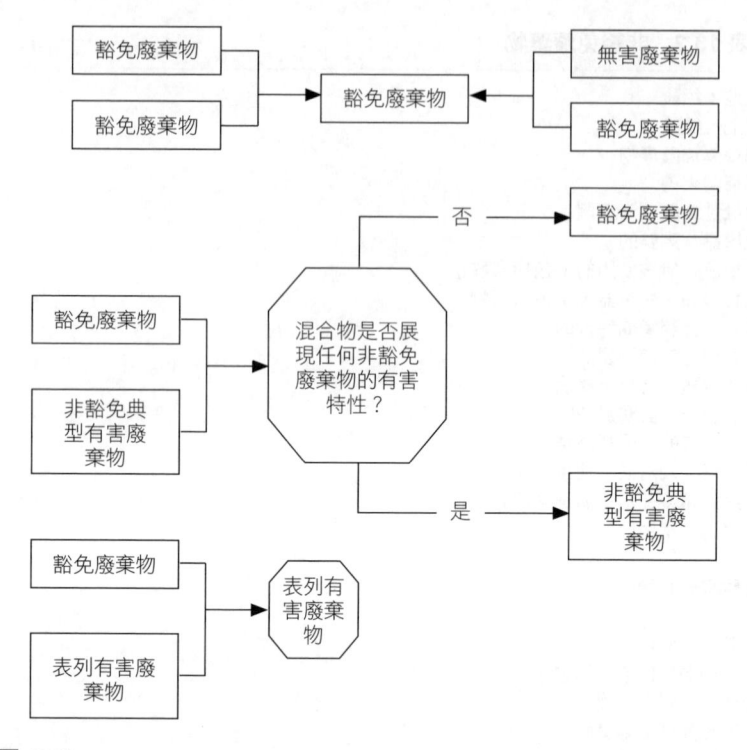

```
[豁免廢棄物]──┐
             ├──→[豁免廢棄物]←──[無害廢棄物]
[豁免廢棄物]──┘                  [豁免廢棄物]

                            否
                       ┌────────→[豁免廢棄物]
[豁免廢棄物]──┐         │
             ├──→ 混合物是否展
[非豁免典     │    現任何非豁免
 型有害廢  ──┘    廢棄物的有害
 棄物]             特性？
                       │
                       └────────→[非豁免典
                            是     型有害廢
                                   棄物]

[豁免廢棄物]──┐
             ├──→[表列有害廢棄物]
[表列有害廢 ──┘
 棄物]
```

◯ 圖 13.6

或降低其危險性的話，可能是個可以接受的處理程序，但是須符合 RCRA 的 C 條款有害廢棄物監管和許可條件。[7, 8]

要知道，不論豁免的狀況如何，RCRA 的法定和監管要求可能都須遵守。E&P 之行動均須依據 RCRA 第 7003 條（顯著的危險）和第 7002 條之公民訴訟。州政府也可根據第 7002 條進行訴訟。一些商業性的 E&P 廢棄物處理設施已被要求必須依照美國環保署之 RCRA 第 7003 條更改其操作。

1980 年之全面性環境應變補償及責任法

全面性環境應變補償及責任法（Comprehensive Environmental Response, Compensation, and Liability Act, CERCLA）概括來說，為處理有害物質的排放和修復或去除這些物質所需之處理程序、成本與責任。它授權美國環保署籌劃一個「有害」物質清

處理：石油／天然氣探勘／生產殘留物　13

單，指出哪些物質釋放到環境中時，對公眾健康或福利或環境有害。根據 CERCLA，石油被明確排除於有害物質之外，除非它是在其他法案中另有其他定義的引文。

石油污染法 [4-6, 9]

1990 年之美國石油污染法（U.S. Oil Pollution Act of 1990, OPA '90），以及在德州、路易斯安那州和其他沿海的州政府制定的類似法規，專門為了預防和控制漏油事件，並大幅擴大石油和天然氣相關部門的責任風險。OPA '90 和類似法令以及相關法規增加防止漏油等洩漏情形所造成的損害和賠償之各種有關義務。根據除油成本和各種公共與私人的損害，OPA '90 對於每個責任方施行嚴格及共同的連帶責任，其中只有非常少數的例外。

固體廢棄物處置法

固體廢棄物處置法（Solid Waste Disposal Act）制定了固體廢棄物之處置限制，並要求在場址權狀或其他可能買主會檢視的文件上特別註記，以告知此場址曾被用於處置有害廢棄物。由於大多數油田在營運期間多少都有釋放的情形，所以此為一個有關廢棄物釋放的公開訊息來源。

其他聯邦法規也有環境的限制與規定，但在本書中不會多作討論的有聯邦水污染控制法（Federal Water Pollution Control Act），此法限制毒性污染物影響水資源或海洋環境；還有聯邦跨州土地買賣公開法（Federal Interstate Land Sales Full Disclosure Act），要求記錄報告和財產報告來證明劃分的土地，其中需描述任何不尋常的狀況，以便保障買主。

各州法規

各州政府的規定對於 E&P 之管理與控制措施非常重要，因為在聯邦法規下各州都有重要地位，有權直接解決各州的環境問題。由此所組成的跨州石油和天然氣委員會（Interstate Oil and Gas

Compact Commission, IOGCC）包括五個較為著名的石油和天然氣生產州。在美國能源部最近的一份報告中，加州、路易斯安那州、新墨西哥州、奧克拉荷馬州和德州的法規結構、報告需求，以及其他相關訊息都被記錄下來。[10] 雖然聯邦超級基金修正及再授權法（Federal Superfund Amendments and Reauthorization Act, SARA）Title III 的毒性物質釋放清單（Toxic Release Inventory, TRI）計畫並沒有包括 E&P 工業，IOGCC 仍編制了一份有關新規定的報告給環保署，這些新規定會大幅擴大TRI計畫所要的報告需求。

這些個別行動都受到前述的許多聯邦環境法規的規範，包括但不限於清淨空氣法（CAA）、淨水法（CWA）、安全飲用水法（SDWA）、資源保育和回收法（RCRA）、全面性環境應變補償及責任法（CERCLA）、石油污染法（OPA）和固體廢棄物處置法（SWDA）。這些法規多數要求業主需監測環境的排放資訊，並向主管機關報告法規遵循的狀況。各種授權以及各地的重視，使得許多州已有更嚴格的環保法規，以監管空氣品質、水質、廢棄物的產生、處理、儲存和工業設施的處置行為。一般來說，這些法律也會要求業主監測並報告環境排放。

地方法規

地方性法規，特別是常有探勘與生產石油的都會區（如南加州、達拉斯 - 華茲堡的北部，和其他已知有石油和天然氣儲藏的都會區），可能包括以下部分或全部內容：

- 地區空氣品質和水質控制委員會法規。
- 消防法規和規章。
- 城市建築法規。
- 城市法令。
- 當地有關衛生服務部門。
- 當地有毒物質控制部門。
- 市政公用工程部門。
- 當地衛生區。

處理：石油 / 天然氣探勘 / 生產殘留物　13

- 市政公用事業區。
- 學區。

租賃協議及其他相關問題

地主和 E&P 業主 / 營運商之間的租賃協議，通常對其入口和出口、外觀的整修、土地的剝蝕以及類似的問題有所規範。此外，有時會有附近居民、地主或鄰近商家聲稱權益受損，對石油和天然氣 E&P 業主有其他環境污染的指控或其他經營上的事故而有所抗議或索賠。雖然在這種情況，某些司法管轄區限制損害範圍僅止於受損土地價值，但其他司法管轄區的法院會允許索賠超過土地的價值，包括要求整治受污染的財產所需的費用。

13.3　E&P 相關流體特性

在此描述 E&P 相關流體之特性。雖然油井的原油和天然氣的特性會依照地點、產區和其他變數而異，石油原油的一般化學性質列於表 13.3。美國石油協會（American Petroleum Institute, API）比重表示液態石油之密度，可按下列公式計算：

$$API \text{ 比重} = (141.5 / \text{比重}) - 131.5 \quad (13.1)$$

表 13.4 為原油中的一些潛在的有害物質。表 13.5 為原油和凝聚油 [5, 7, 9] 的苯濃度範圍。表 13.6 為天然氣的典型成分表。

E&P 活動也會是許多其他廢液的來源，包括（但不限於）開採產生的水、鑽井液（泥漿）、修井和完井的廢棄物、脫水和脫硫殘留物，以及其他雜項廢棄物和殘留物。這些殘留物會在後續小節中更廣泛地討論，表 13.7 僅列出產出水中一些具有代表性的水質特性。鑽井液（泥漿）如表 13.8 所示。整治、修井、完井時所產生廢液中之潛在性污染物濃度如表 13.9。

有意思的是，原油和天然氣各有其物質安全資料表（material safety data sheets, MSDS）。其成分的記錄和相關資料如表 13.10。

737

➡ 表 13.3　幾種原油的物理和化學性質

特性或成分	原油來源		
	普拉德霍灣	南路易斯安那州	科威特
API 比重（20°C）	27.8	34.5	31.4
硫（wt％）	0.94	0.25	2.44
氮（wt％）	0.23	0.69	0.14
鎳（ppm）	10.0	2.2	7.7
釩（ppm）	20.0	1.9	28.0
石腦油分餾物（wt％）	23.2	18.6	22.7
鏈烷	12.5	8.8	16.2
環烷	7.4	7.7	4.1
芳烴	3.2	2.1	2.4
苯	0.3	0.2	0.1
甲苯	0.6	0.4	0.4
C_8 芳烴	0.5	0.7	0.8
C_9 芳烴	0.06	0.5	0.6
C_{10} 芳烴	－	0.2	0.3
C_{11} 芳烴	－	0.1	0.1

➡ 表 13.4　原油中的潛在性有害物質

成分	平均濃度（ppm）
金屬	
砷	1.27
鎘	5.90
鉻	0.63
鉛	0.24
鋅	15.80
有機物	
苯(a)蒽	1.33
苯(a)芘	1.38
總氯	152.60

➡ 表 13.5　苯濃度（mg/kg Oil）

樣品編號	API 比重範圍（°C）	平均值	中位數	最小值	最大值
69 原油	8.8-46.4	1,340	780	ND	5,900
14 凝聚油	45-70.1	10,300	6,400	1,470	35,600

處理：石油／天然氣探勘／生產殘留物 13

➡ **表 13.6　天然氣成分**

鏈烷			
	甲烷	C_1	90.0-95%
	乙烷	C_2	2.0-5%
	丙烷	C_3	0.5-3%
	丁烷	C_4	0.3-1%
	戊烷	C_5	0.1-0.5%
	己烷	C_6+	0.1-0.5%
惰性氣體			
	CO_2, N_2		0.5-2%
BTEX			
	苯		60-600 ppm
	甲苯		50-500 ppm
	乙苯		5-50 ppm
	二甲苯		60-600 ppm
水			650-1600 ppm
			30-75 lb/mmscf

資料來源：www.naturalgas.org/naturalgas/processing_ng.asp.[11]

13.4　E&P 處理程序、廢棄物來源，以及殘留物再利用／處置

原油方面，初級現場作業包括鑽油活動，然後在開採源頭附近進行再加工並轉送至個別場址的設施或位於市中心的設施，再由承運商運送至煉油廠。

在天然氣方面，初級現場作業是發生於井口附近或在天然氣廠，但是在氣體從個別的場地設施、市中心的設施或天然氣廠轉移給承運商運送至市場之前，則不屬於主要作業。承運商包括卡車、州際管線，以及一些州內輸油管線。

初級現場作業包括石油或天然氣的探勘、開發和初級、二級、三級生產。原油處理程序，如油水分離、去乳化、脫氣，並儲存在一系列組合的特定井或油井，是初級現場作業的例子。此外，由於天然氣進入銷售通路之前，往往需要處理，以去除水、硫化物和其

739

➡ 表 13.7　產出水水質的參考值

參數 (mg/L)	非伴生天然氣
pH 值，單位	7.0
總溶解固體物	20,000-100,000
總懸浮固體物	1.0
氯化物	11,000-50,000
硫酸	0-400
油和油脂	3-25
二氧化矽	
碳酸氫鈉	
碳酸鹽	
氟化物	
硝酸鹽	
酚	0-2
苯	1-4
甲苯	0.2-12.3
乙苯	0-0.3
二甲苯	0.5
萘	0.03-0.9
總烴	
鋁	
銻	70
砷	30
鋇	10-100
鎘	30
鈣	
鉻	20-30
銅	0-100
鐵	
鉛	100-170
鋰	
鎂	
錳	
汞	1
鎳	100
鉀	
硒	60
銀	10-70
鈉	
鍶	
鉈	90
釩	
鋅	40-200

資料來源：Veil, 2004.[12]

處理：石油/天然氣探勘/生產殘留物

➡ **表 13.8　鑽井液特性**

參數	平均值	範圍
pH	9.57	3.1-12.2
滲透壓 (atm)	76.0	4.3-629
導電度 (μmho/cm)	4,788.0	383.0-38,600
污染物 (mg/L)		
油脂	11.9	2.3-38.8
鹼度	276.0	18.0-1,594
溴化物	10.2	2.0-56.1
氯化物	1,547.0	12.0-14,700
酚類	0.288	0.025-0.137
硫酸鹽	144.0	6.0-785
界面活性劑	25.0	1.5-200
總溶解固體物	3,399.0	386.0-24,882
總懸浮固體物	87.0	2.0-395
鋁	4,601.0	0.170-16.9
砷	0.032	0.00082-0.117
鋇	2.5	0.078-37.7
鈣	290.0	8.7-1,900
銅	0.049	0.012-0.268
鐵	145.0	0.08-3,970
鉛	0.785	0.07-3.46
鋰	0.46	0.037-2.04
鎂	59.0	0.12-1,700
錳	2.284	0.01-46.6
鎳	0.945	0.025-2.4
銀	0.035	0.035
鈉	777.0	53.7-5,800
鋅	0.502	0.014-1.55

他雜質，因此天然氣加工廠被認為是生產經營的一部分，無論它們與井口的距離有多遠。

水源描述

E&P 廢水流的簡要說明如下：[8]

- **產出水**：會伴隨石油和少量天然氣開採產生之水。在鑽井和生

➡ 表 13.9 處理、修井、完井廢棄液中的污染物濃度

污染物參數	污染物濃度 (μg/L) 範圍	平均值
常見的污染物		
油脂	15,000-722,000	231,688
總懸浮固體物	65,500-1,620,000	520,375
有機污染物		
苯	477-2,204	1,341
乙苯	154-2,144	1,149
氯甲烷	0-57	29
甲苯	298-1,484	891
氟	0-123	62
萘	0-1,050	525
菲	0-128	64
苯酚	255-271	263
金屬污染物		
銻	0-148	29.6
砷	0-693	166
鈹	0-25.1	8.64
鎘	7.6-82.3	26.08
鉻	48-1,320	616.82
銅	0-1,780	277.20
鉛	0-6,880	1,376
鎳	0-467	115.52
硒	0-139	42.94
銀	0-8	1.60
鉈	0-67.3	13.46
鋅	0-1,330	362.94
其他常見的污染物		
鋁	0-13,100	6,408.40
鋇	66.5-3,360	498.10
硼	4,840-45,200	15,042.0
鈣	1,070,000-28,000,000	10,284,000.0
鈷	0-40.9	8.18
氰化物	0-52	52.0

處理：石油 / 天然氣探勘 / 生產殘留物

➡ **表 13.9　處理、修井、完井廢棄液中的污染物濃度（續）**

污染物參數	污染物濃度 (μg/L) 範圍	平均值
鐵	7,190-906,00	384,412.0
錳	187-18,800	5,146.0
鎂	10,400-13,500,000	5,052,280.0
鉬	0-167	63.0
鈉	7,179,000-45,200,000	18,836,000.0
鍶	21,100-232,000	142,720.0
硫	72,600-646,000	245,300.0
錫	0-135	27.0
鈦	0-283	74.58
釩	0-4,850	1,156.0
釔	0-131	41.92
丙酮	908-13,508	7,205.0
丁酮	0-115	58.0
間 - 二甲苯	335-3,235	1,785.0
鄰 + 對 - 二甲苯	161-1,619	890.0
4- 甲基 -2- 戊酮	190-5,862	3,028.0
二苯呋喃	136-138	137.0
二苯吩	0-222	111.0
正癸烷	0-550	275.0
正二十二烷	237-1,304	771.0
正十二烷	0-1,152	576.0
正二十烷	0-451	226.0
正二十六烷	173-789	481.0
正十六烷	0-808	404.0
正十四烷	513-1,961	1,237.0
對繖花烴	0-144	72.0
五甲基苯	0-108	54.0
1- 甲基芴	0-163	82.0
2- 甲基萘	0-1,634	817.0

資料來源：U.S. EPA, office of water, 1996.[13]

➡ 表 13.10　原油和天然氣的物質安全資料表 *

原油
危險性 • 食入是有害或致命的 • 蒸氣有害 • 原油可能會釋出硫化氫（H_2S） • 長期或重複接觸皮膚可能有害 • 易燃
典型成分 • 石油原油（CAS 8002-05-9）為天然複雜碳氫化合物，含有可變比例的烷烴、環烷烴、芳烴及以下物質： 　1. 少量有機化合物，包括硫（約 8%）、氮和氧 　2. 微量重金屬，如鎳、釩和鉛 　3. 硫化氫氣體（H_2S），可能存在於一些原油中，並可能會收集在封閉的船隻頂部
暴露標準 對此物質，美國政府工業衛生師協會暴露閾值（ACGIH TLV）的聯邦 OSHA 暴露標準尚未建立。
天然氣
危險性 • 極易燃
代表性成分 • 甲烷（CAS 74-C2-8）　　　88.0% • 乙烷（CAS 74-84-0）　　　0.7% • 丙烷（CAS 74-98-6）　　　2.5% • 丁烷（CAS 106-97-8）　　0.5% • 氮（CAS 7727-37-9）　　　1.5% • 二氧化碳（CAS 124-38-9）　0.5%
暴露標準 對此物質，美國政府工業衛生師協會暴露閾值（ACGIH TLV）的聯邦 OSHA 暴露標準尚未建立。

* 根據美國職業安全衛生署之危害通識標準（29 CFR 1910.1200）編製（原名 Material Information Bulletin）

產時可構成 90% 總殘留物。產出水的流量可能超過石油。這些廢棄物在固體物去除後通常可以重新注回（注水）。

- **相關地表水**：來自雨水或雪水的逕流可能藉由接觸不同的煉油場址污染物而受到污染。藉由垂直控制及適當的處理可以管控這些水。
- **鑽井泥漿**：鑽井的泥漿倒入旋轉式的鑽桿，並通過鑽桿和鑽洞之間的環形空間，目的是為了使鑽探時可降溫且使挖出岩屑被

處理：石油 / 天然氣探勘 / 生產殘留物　13

推到地面。此外，它在鑽桿時提供了靜壓水頭，以防止石油 / 天然氣的地下壓力（井噴）迅速釋放。泥漿主要會再循環，但泥漿排放時必須按照適當的環保法規。

- **鑽屑**：在鑽井作業時產生的岩石和土壤顆粒，通常堆置在受管理的堆填區。
- **修井和完井之廢棄物**：部分開放的井口以液體注入處理，並同時維護管柱、閥門、包裝襯墊等。這些修井和完井液體通常會受石油和其他碳氫化合物污染，在處置之前需先去除油。
- **壓裂砂**：小鋁矽珠可使土壤層破裂，讓石油 / 天然氣可順利地從地層流出以便生產、傳遞和處理成分。
- **底部廢棄物**：需要處理及妥善處置之槽體、容器、管線污泥。
- **脫水和脫硫廢棄物**：化學藥品會被用來使油 / 天然氣脫水（去除水），像多元醇或乙二醇，也會被用來脫硫（去除硫化氫），以達銷售品質。
- **油渣和過濾器問題**：油的洩漏、傾倒和油濾材必須按照環保法規處理。
- **含碳氫化合物之廢棄物**：通常稱為「黑柴油」(dirty diesel)，主要用於管線水壓試驗。
- **場址之廢棄物**：廢棄物殘留物來自於「現地場址」，如儲桶、木箱、使用過的坑襯墊和其他雜物。
- **天然放射性物質**（normally occurring radioactive materials, NORM）：容器、管道和其他設備中含有放射性元素成分的相關形成結構，其粉塵會使人類受害或患病。因此各州和聯邦建立了輻射等級和容許的最嚴格標準。

E&P 廢棄物殘留物和處理方案

石油和天然氣開採涉及各種前述的廢水流與殘留物。這些物質的排放可被歸類為潛在的空氣排放、待處理廢水和殘餘廢棄物。基本的程序為油井開發（鑽探）、完井、生產、維修，以及廢棄的油井、漏油和井噴。這些廢棄物排放和殘留物整理於表 13.11。採用的處理方案主要取決於位置、適用的環保法規，以及對承受體（地

➡ 表 13.11　廢棄物排放和殘留物

過程	排放的空氣污染物	程序廢水	產生的殘餘廢棄物
油井開採	溢散的天然氣、其他揮發性有機化合物（VOCs）、多環芳烴（PAHs）、二氧化碳、一氧化碳、硫化氫	鑽井泥漿、有機酸、鹼、柴油、曲軸箱油、酸性刺激液（鹽酸和氫氟酸）	鑽屑（含油）、固體狀鑽井泥漿、比重劑分散劑、緩蝕劑、界面活性劑、絮凝劑、混凝土、套管、石蠟
生產	溢散的天然氣、其他揮發性有機物、多環芳烴、二氧化碳、一氧化碳、硫化氫、溢散天然氣中的 BTEX（包含苯、甲苯、乙苯和二甲苯）	開採產生的水可能含有重金屬、放射性核素、溶解固體物、需氧有機化合物和高鹽分，可能還包含殺菌劑、添加劑、潤滑劑、腐蝕抑制劑，以及含有乙二醇、胺、鹽、無法處理之乳化劑的廢水	產生的砂、元素硫、催化劑分離器的污泥、槽底、使用過的過濾器、乾淨之廢棄物
檢修	揮發性清潔劑、油漆、其他揮發性有機化合物、鹽酸氣	完井液、廢水之清洗劑（洗滌劑和去污劑）、塗料、刺激劑	管線積垢、廢塗料、石蠟、水泥、沙
廢棄的油井、漏油和井噴	溢散的天然氣、其他揮發性有機物、多環芳烴、顆粒狀的含硫化合物、二氧化碳、一氧化碳	逸出的石油和鹵水	受污染的土壤、吸附劑

表廢棄物、地下水、土壤等）的影響。其他處理方法包括場外處置和再利用或再注入。有些處理程序可同時包含油和天然氣，也有其他只針對特定狀況的特別處理系統。較常見的廢棄物處理流程和處理方式整理如下。

鑽井液（泥漿）

即便 RCRA 豁免了鑽井泥漿，其他如 1972 年的淨水法和隨後修訂的法案等仍會針對其環境問題和毒性/儲存/排放要求監管。例如，在許多地區針對再循環和排放的鑽井液發出的 NPDES 許可證，加強限制這些泥漿的毒性和放流水水質。鑽井液的組成和添加的化學成分受到這些法規所規範。為了達到環境控制和法規標準，泥漿中選定的化學成分和濃度會受限制。雖然需要「惰性元素」來滿足鑽井液的要求，某些毒性添加劑會基於 NPDES 對毒性和/或

處理：石油 / 天然氣探勘 / 生產殘留物

其他的要求而被禁止。此外，鑽井液的應用、儲存和流通的標準有另外法規的限制，以防止地下水污染。

產出水

正如第 13.3 節所提，產生的水含有高濃度的溶解固體物以及少量的重金屬和各種碳氫化合物，如酚類、苯、甲苯、乙苯和二甲苯。產生水的原因來自石油和天然氣開採，可占高達 90% 的廢水殘留物。目前的處置措施包括預處理、再注入、地表水排放、蒸發和可能的土地應用。一個產出水的管理處理矩陣圖，如圖 13.7 所示。如前所述，依管理最終處置方案適用的環保法規而定，這可以是一個複雜和全面性的綜合處理措施。硫酸鹽還原菌產生硫化物和有機污染物的單元流程評估要特別注意，它可能需要生物處理和過濾，以使無機鹽減少。任何去除無機鹽的要求需要大量的能源和財政支出，例如場外處置若需要 NPDES 的許可證。典型放流水的要求如表 13.12 所示

生產石油、伴生天然氣、液化天然氣

在生產的石油符合銷售品質前，最可能需要分離相關的氣體、回收液化天然氣，及透過空氣浮除和廢油回收、自由氣液分離槽、聚結器來去除水。為了提升原油銷售品質的這些過程，每一個都可能因為空氣排放、洩漏、閥門、密封、泵釋放、洩漏的儲槽和水分離處理失當而污染了整個環境。都會區的鑽探和生產現場的流程圖，如圖 13.8。

伴生和非伴生天然氣處理

伴生天然氣是與石油生產相關（套管頭天然氣通常屬於這一類，無論來自套管或油管）未經處理的天然氣，它和非伴生天然氣（不含油）需要在井口或附近，或在一個以低壓天然氣管道收集系統接收氣體天然氣處理廠進行處理。典型的天然氣處理廠（主要為非伴生），如圖 13.9 所示。

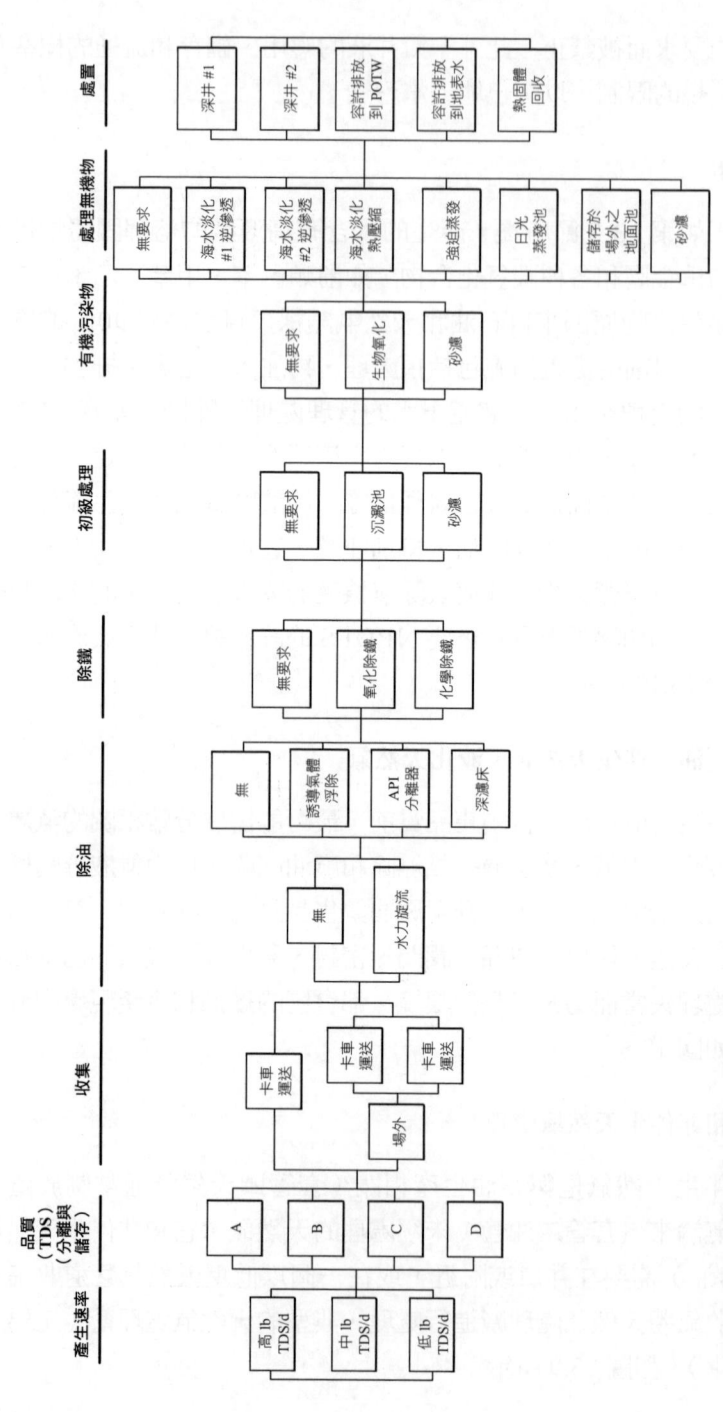

工業廢水污染防治

圖 13.7 產出水管理之處理矩陣圖

處理：石油／天然氣探勘／生產殘留物 **13**

➡ 表 13.12　NPDES 產出水的放流水規定 *

參數	平均值	每日最高值	平均值	每日最高值
pH	6-9	9	6.5-9.0	
BOD (5-d) (mg/L)	30	45		
導電度 (μmhos/cm)			600	1,200
總懸浮固體物 (mg/L)			30	60
總溶解固體物 (mg/L)			500	1,000
總 BTEX (μg/L)				100
總砷 (μg/L)				50
總銀 (μg/L)				1,000
總鎘 (μg/L)				10
總鉻 (μg/L)				50
總汞 (μg/L)				2
總硒 (μg/L)				5
苯 (μg/L)				5

* 水生生物毒性測試也是許可要求的一部分。
資料來源：U.S. EPA, office of water, 1996.

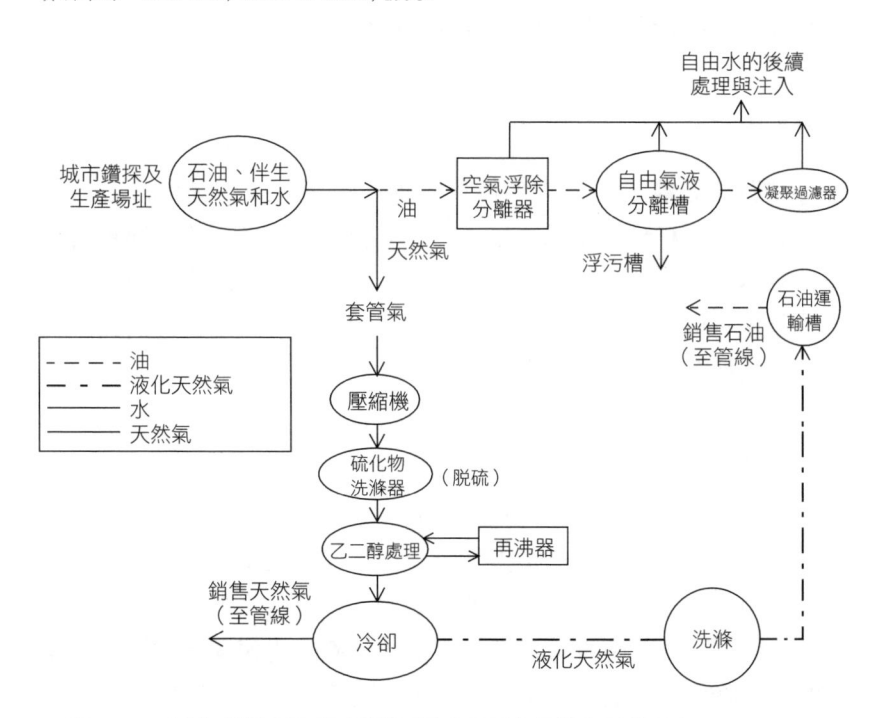

◯ 圖 13.8　城市鑽探和生產現場流程圖（石油和伴生天然氣）

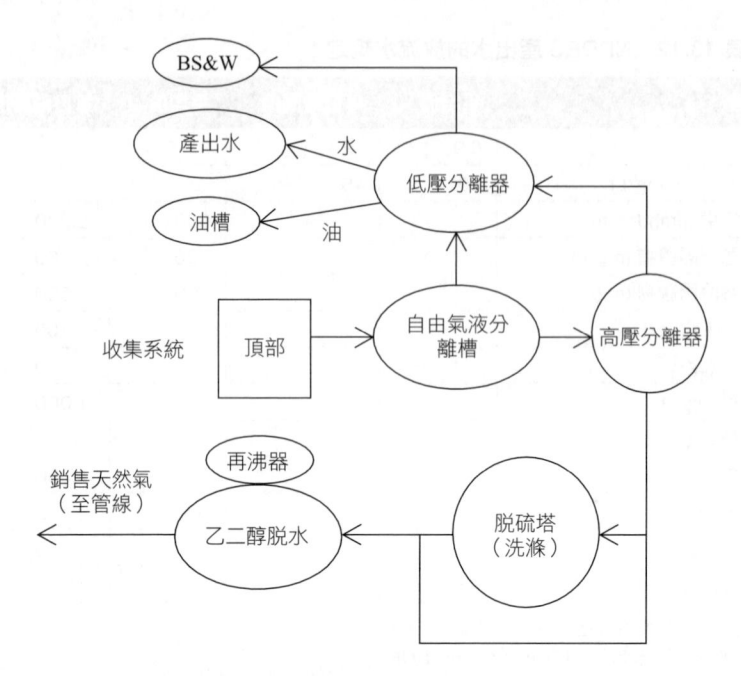

◐ 圖 13.9　非都市天然氣處理廠之簡化流程圖

分離 [6, 11]

　　從石油分離天然氣的各種實際程序差別甚大，是依據石油和天然氣的品質和分離要求而定。一般來說，由於地表的地層壓力減少，原本溶於石油的伴生天然氣可以比較容易分離出來。最常見的分離器是一種封閉槽，以重力從較重的油相中分離出較輕的氣相。但在某些情況下，油／氣分離較為複雜。

　　以低溫分離器（low-temperature separator, LTS）為例，它最常用於生產高壓氣體及輕質原油或凝聚油的油井。這些分離器利用壓差冷卻濕天然氣，並分離凝聚油。濕天然氣進入分離器後會透過熱交換器稍作降溫。然後天然氣會通過高壓液體「分離」容器，它的作用是去除任何液體至低溫分離器。通過會使天然氣膨脹的空氣調節裝置，天然氣進入低溫分離器。氣體的迅速擴張會使分離器中的溫度降低。液體去除後，乾燥天然氣再回到熱交換器，被傳入的濕氣加熱。在分離器的各個部分調整不同的氣體壓力，可以調整溫度，使濕天然氣凝結出石油和一些水。這個壓力 - 溫度的關係也可以反向操作，以便從液態石油流分離出氣體。

脫水

天然氣來自於許多世紀前的海洋環境中之儲層，因此在天然氣井口通常會產生一些水。例如孔洞壓力為 1000 psi 時的貧氣混合（lean gas mix）會達到飽和，也就是每百萬立方英尺（mmscf）含 9 lb 的水。此氣體在地面時，在水蒸氣為 14.7 psi 時會達飽和，每 mmscf 含有水蒸氣 400 lb。大部分州際天然氣輸送管要求以「乾燥氣體」傳送到管道，或每 mmscf 所含水蒸氣小於 7 lb。因此井口或附近的天然氣處理廠裡需要有脫水的程序。

基本上，乙二醇脫水[11]涉及使用乙二醇溶液，通常是二甘醇（DEG）或三甘醇（TEG），會在所謂的接觸器中與濕氣接觸。乙二醇溶液會從濕氣體中吸收水。一旦吸收，乙二醇顆粒會變重並且沉澱於接觸器底部，然後去除。去除大部分水分的天然氣會移出脫水器。含有從天然氣脫出來之水分的乙二醇溶液，會通過一個只會蒸發出水的專門鍋爐。水的沸點為 212°F，但乙二醇的為 400°F。此沸點差，使得比較容易從乙二醇溶液去除水，使其在脫水過程中可被重複使用。

乙二醇脫水是從氣流中去除或吸收水最常用的方法。圖 13.10 說明這個過程。一個更新的方法是在這個過程中加入閃氣槽分離冷凝器（flash tank separator-condensers）。除了從濕氣流中吸收水外，乙二醇溶液偶爾會夾帶少量濕氣中的甲烷和其他化合物。在過去，甲烷都直接由鍋爐排放出去。除了會失去部分萃取的天然氣，這排放亦會造成空氣污染和潛在的溫室效應。為了減少甲烷和其他化合物損失的量，閃氣槽分離冷凝器可在乙二醇溶液達到鍋爐之前先去除這些化合物。實質上，閃氣槽分離設備有一個可降低乙二醇溶液流壓力的裝置，使甲烷和其他碳氫化合物得以瞬間氣化。然後乙二醇溶液經過之鍋爐也可裝設合適之空氣或水冷式冷凝器，可捕捉其餘可能會留在乙二醇溶液的有機物。

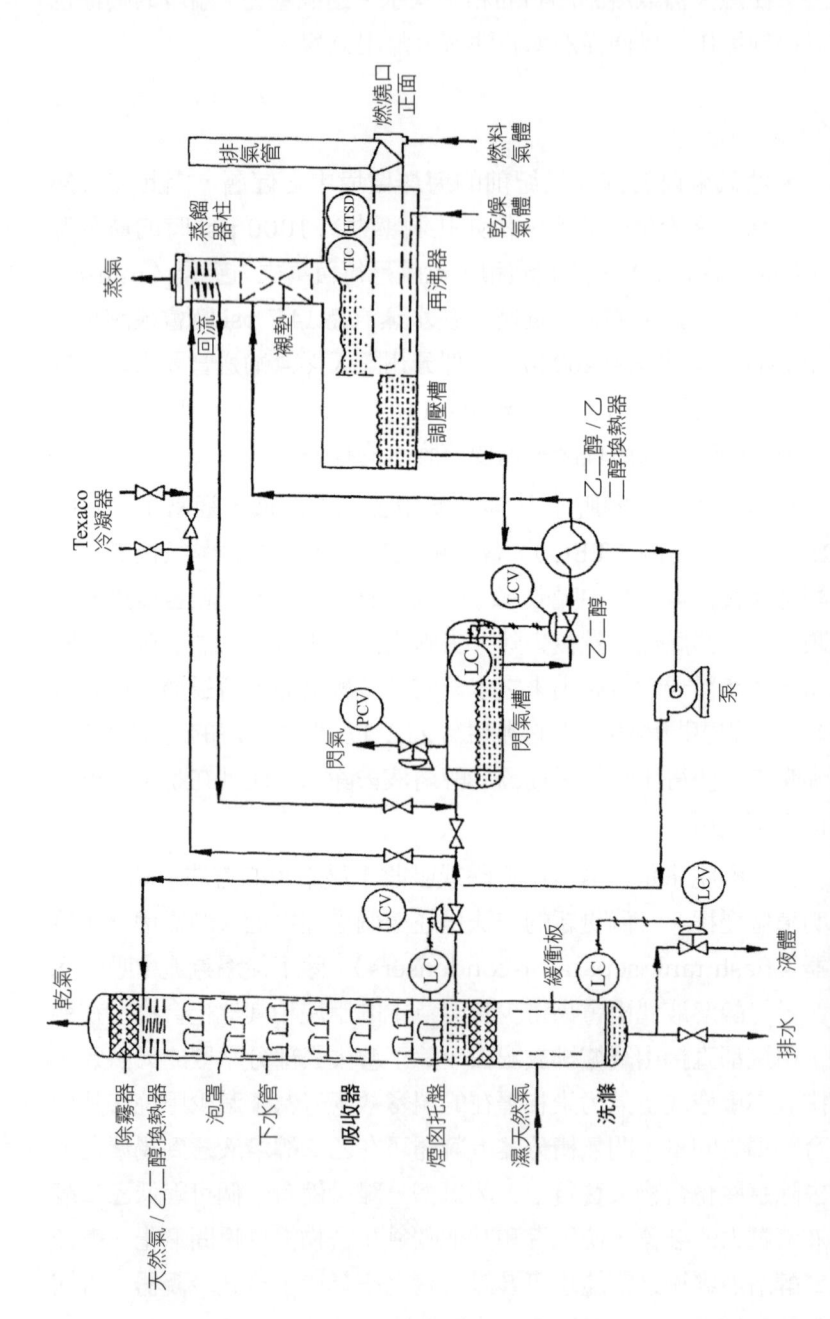

圖 13.10　乙二醇脫水過程的流程圖（資料來源：www.naturalgas.org/naturalgas/processing_ng.asp）

處理：石油/天然氣探勘/生產殘留物

還有其他方法用於天然氣脫水，包括固體乾燥劑、脫水、冷凍、分子篩技術。

脫硫 [11, 14]

去除硫化氫、二氧化碳和其他成分幾乎是所有天然氣處理廠必需的過程。大多數井口天然氣所含之腐蝕性硫化氫氣體比管線中所允許的要多。例如，美國各地採樣的天然氣硫化氫含量約 2% 至 3%（20,000 至 30,000 ppm）或更高。由於經管線銷售的硫化氫含量必須是 0.0015% 或更低（依硫化氫型態，150 ppm），因此脫硫的過程是必需的。脫硫量可以用圖解說明，如圖 13.11 所示。

有幾種緩蝕劑常用在油田注水技術以控制硫化氫、二氧化碳和氧，其中最常見的脫硫方法是利用胺溶液（Giodler）程序：

$$2RN\ H_2 + H_2S \rightarrow (RN\ H_3)_2S \qquad (13.2)$$

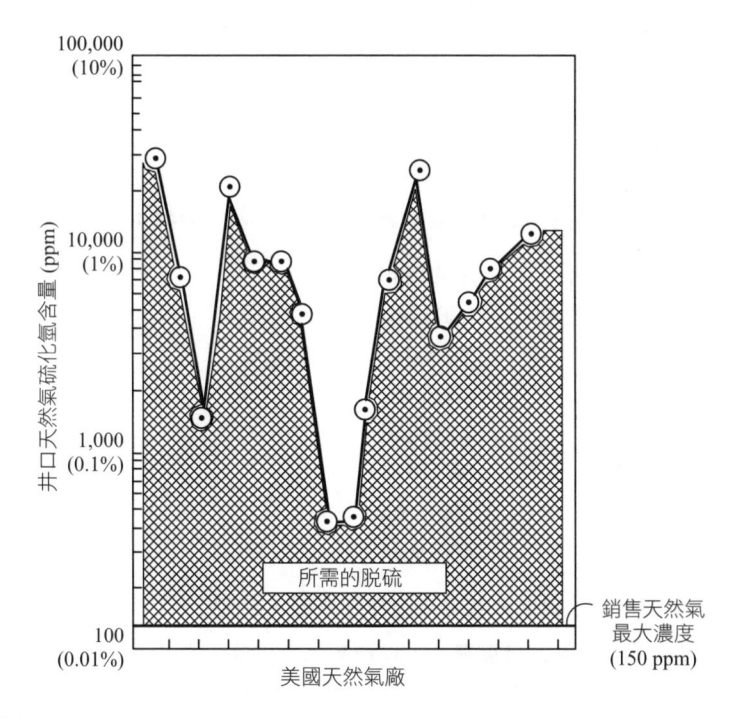

➲ 圖 13.11

其中，R = 胺官能基
N = 氮
H = 氫
S = 硫

酸性氣體通過含胺溶液的塔。此溶液對硫有親和性，有點類似乙二醇吸收水。兩個主要使用的胺溶液為乙醇胺和二乙醇胺。使用過的胺溶液可以再生，將吸收的硫去除後重新使用。雖然大多數酸性氣體脫硫過程涉及胺吸收，它也有可能使用固體乾燥劑，如鐵海綿，以消除硫化物和二氧化碳。最近一個稱為 Lo-CAT 系統的專利程序，已用於天然氣開採井的脫硫。其中，硫化氫因螯合鐵催化劑被轉化成元素硫，公式如下：

$$H_2S + 1/2O_2 \xrightarrow{Fe} H_2O + S \tag{13.3}$$

含硫天然氣的處理是利用獨立容器，以加壓氧化劑的方式來吸收。主要的化學消耗品為螯合鐵及鹼，以維持所需的 pH 值。[15]

13.5 問題

13.1. 以下是來自於 E&P 萃取活動的產出水之特性數據：

總產量	8 bbl/bbl 油
日常產量	200 bbl/d
TDS	18,000 到 25,000 ppm
BTEX	23 ppm
TSS	150 ppm
鎘	56 ppm
鋅	250 ppm
SO_4	450 ppm

試為產出水建立一個處理程序流程圖，以便：

(a) 重新注入二級處理井，以能夠二次採收，或
(b) 在 NPDES 的許可下，排放到淡水，或
(c) 在 NPDES 的許可下，排放到海洋出水口

處理：石油／天然氣探勘／生產殘留物 **13**

13.2. 一個井口非伴生的天然氣流具有以下特點：

水蒸氣含量（147 psi）
84 lb 水 /mmscf
1.5% 的硫化物

說明在天然氣處理廠中的潛在污染物或污染源，以及為了產生合格的管線品質所需之氣體處理。

參考文獻

1. American Petroleum Institute (API): "Guidelines for Commercial Exploration and Production Waste Management Facilities." Exploration and Production Waste Management Facility Guidelines Workgroup, API No. Goooo4, March 2001.
2. Verma, D. K., D. M. Johnson, and J. D. McLean: "Benzene and Total Hydrocarbon Exposures in the Upstream Petroleum Oil and Gas Industry," *Journal AIHA*, 61, March–April, 2000.
3. Freudenrich, C. C.: "How Oil Drilling Works." Available at http://science.howstuffworks.com/oil-drilling.htm. Accessed March 2005. Posted 2001.
4. Environmental Protection Agency (EPA), Office of Compliance: "Profile of the Oil and gas Extraction Industry," EPA/310-R-99-006, 2000.
5. Environmental Protection Agency: "Exemption of Oil and Gas Exploration and Production Wastes from Federal Hazardous Waste Regulations," EPA530-K-01-004, 2002.
6. Sublett, K. L., (ed.): "Environmental Issues and Solutions in Petroleum Exploration and Refining," *Proceedings of the International Petroleum Exploration, Production and Refining Conference*, Houston, Texas, March 1994.
7. Environmental Protection Agency: "Spill Prevention, Control, and Countermeasure: A Facility Owner/Operator's Guide to Oil Pollution Prevention," EPA Office of Emergency Remedial Response, Soil Program Center, 540-K-02-006, 2002b.
8. U.S. Department of Energy: "Risk-Based Decision Making for Assessing Petroleum Impacts at Exploration and Production Sites," 2001.
9. Oil and Gas Accountability Project (OGAP): "The Facts About Oil and Gas Wastes." Available at http://www.ogap.org/waste_products_facts_sheet.htm. Posted September 16, 2003.
10. Interstate Oil & Gas Compact Commission: "Review of Existing Reporting

Requirements for Oil and Gas Exploration and Production Operators in Five Key States," Oklahoma City, Oklahoma, December 1996.
11. Internet search, www.naturalgas.org/naturalgas/processing_ng.asp.
12. Veil, J. A., M. Puder, D. Elcock, and R. Redweik, Jr.: "A White Paper Describing Produced Water from Production of Crude Oil, Natural Gas, and Coal Bed Methane." Prepared for U.S. DOE National Technology Laboratory, Contract W-31-109-Eng-38, 2004.
13. U.S. EPA, Office of Water: Development Document for "Final Effluent Limitations and Guidelines for Oil and Gas Extraction Point Source Category," October 1996.
14. Internet search: www.newpointgas.com/amine_treating,php.
15. Gas Technology Products, Merichem Chemicals & Refinery Services LLC. www.gtp-merichem.com.

14

氯化物、揮發性有機化合物及臭味控制

14.1 簡介

　　過去 40 年來，氯化物及揮發性有機化合物（volatile organic compounds, VOCs）在工業水質控制造成越來越多的工業性問題。1970 年代早期以前，幾乎沒有任何環境安全、衛生以及氯化物影響的相關研究，也無人予以關注。當時全球通用的氯化物現在多已被禁用，或是需要受到嚴格規範。現代的工程師、環境科學家和監管人員面臨數倍的挑戰。有關健康影響、處理應用程序、監管組織及舊處置場址的清理，皆是工業污染控制相關單位與人士必須解決的問題。

　　從以前到現在皆普遍使用氯化物，範圍可以歸類於幾種：工業溶劑、燃料、潤滑添加劑、變壓流體、火箭推進劑以及供許多家庭使用的塑膠製造業。此外，過去處理方式導致廣泛的地表上和地表下的污染，包含：土壤、飲用水、水質含水層和空氣品質等。但無論如何，含氯有機物對於工業安全及效率的確有顯著的貢獻，包含傳染病的控制以及提高農業整體的價值。

　　在這個主題方面，有許多文獻及研究可以參考。控制技術及解決方案仍在持續地演進。本章並不會特別深入討論有關氯化物和特定 VOCs 的問題，但是會凸顯並區別對環境影響較大的氯化物，以及提出基本技術問題，例如對於處理、控制、修復或分離這些污染物的科學方式之定義、特性和可行性。關於氯化物知識上的演變，將以時間順序的角度解說之。本章討論的氯化物分為如下五大類：

1. 多氯聯苯（PCBs）。
2. 含氯溶劑或中間體，如：四氯乙烯（PCE）、三氯乙烯（TCE）和三氯乙烷（TCA）、二氯乙烯（DCE）和二氯乙烷（DCA）、四氯化碳及氯乙烯。
3. 含氯農藥，例如：二氯苯基三氯乙烷（DDT）及相關化合物。
4. 過氯酸鹽類，例如：過氯酸銨。
5. 其他相關的含氯有機物、氯化副產物、VOCs 和臭味控制。

第 6 章已對這些與其他 VOCs 及其氣提可行性進行部分討論。但是，本章會繼續詳細描述含氯有機物，且包含臭味控制。

14.2　多氯聯苯

簡介

多氯聯苯是利用氯、碳及氫所合成出來的合成化合物。首度出現於 1881 年，多氯聯苯防火性佳、非常穩定、絕緣，且在常溫下不容易揮發。這些特性使它的用途很廣，可拿來製作工業用及民生用的相關產品。但是部分這種特性也使其對環境有害──尤其是它在自然界無法以自然方式進行化學及生物分解。多氯聯苯有許多的品牌名稱，包括 Aroclor、Pyranol、Interteen 和 Hyrol。[1]

多氯聯苯的化學式為 $C_{12}H_{10-n}Cl_n$，n = 1–10，通常是同類氯化聯苯的混合。理論上有 209 種的異構物存在，但是最少有 20 種以上的異構物從未出現在商業產品裡。此外，多氯聯苯可能包含氯化二苯呋喃和氯聯四苯這些不純物。

孟山都（Monsanto）在阿拉巴馬州安尼斯頓（Anniston）附

14 氯化物、揮發性有機化合物及臭味控制

近購買一間化學工廠，並且於 1929 年開始製造多氯聯苯的相關商品。1966 年，人們在環境相關樣本中發現多氯聯苯，因此引發一連串有關這些化合物的毒性分析。由於孟山都是唯一製造多氯聯苯的工廠，在 1960 年末期，該公司開始針對多氯聯苯對環境的影響進行評估。孟山都啟動全面性行動方案，開發多氯聯苯在水體及沉澱物的分析技術、減少排放水中多氯聯苯的含量，並且開始著手對溝渠及溪中多氯聯苯的採樣分析。隨著多氯聯苯在 1966 年被發現存在於瑞典水域的海洋生物中、1969 年在日本發現存在於食用水稻中後，全球開始對於環境中的多氯聯苯產生健康意識。由於多氯聯苯相當抗生物降解，其穩定性及親脂性使得各地的公共健康和環境監管機構都提高關注。

在 1971 年到 1972 年間，孟山都自動停止多氯聯苯的開放性使用，只生產低量氯的氯化聯苯產品——Arochlor 1242 和 Arochlor 1016（Arochlor 以 4 個數字標示，12 代表氯化聯苯，末兩碼數字代表氯的重量百分比）。在 1972 年到 1977 年間，該公司停止所有多氯聯苯的生產。在 1930 年到 1975 年間，美國國內大約生產 19 億磅的多氯聯苯。[2]

多氯聯苯擁有很好的熱、電穩定性，因此吸引許多工業應用，工業用的多氯聯苯混合物可以是固體、高黏度狀態或液體。其不溶於水，但是可溶於大部分有機溶劑及蔬菜油。它們多年來成功地被使用在熱傳導用途的導熱液體、電傳導上的電解液、電容器、金屬切削液壓油、塑膠材料添料、亮光油漆、油光漆、玻璃、紙、殺蟲劑成分和殺菌劑中，但現今已經被全面禁止。

環境影響

當多氯聯苯被廣泛地使用在上述應用時，有許多管道可以使它們進入到環境當中，例如：

1. 變壓器及電容器的洩漏。
2. 變壓器中多氯聯苯液體的排放及更換。
3. 自壓縮機及其他重型機械所洩漏及噴灑的液壓液體。

4. 受到河川溢流、土壤污染和含有多氯聯苯材料的溢漏所被污染的雨水逕流進入下水道中,再進入河川、河灣及河口。
5. 工業排放點源。
6. 管線相關排放主要是來自於清管操作排放至環境中,泵和空壓機站則歸因於液壓液體洩漏。
7. 廢棄油、塗料、漆、變壓器及其他處理或儲存於傾倒地點、市區和工業垃圾掩埋場以及垃圾處理坑等來源。

現今環境中發現的多氯聯苯幾乎都可以歸咎於早期的處置方式,因為相關單位都沒有訂定規則也缺乏執法意識。例如,現在許多州或聯邦政府的資源保育和回收法(RCRA)中,多氯聯苯是關注的重點以及許多補救措施的主要推手。歷年來有關多氯聯苯在環境相關的期刊、研究報告及文本,顯示多氯聯苯的意識已經開始醞釀,[3] 請參考圖 14.1。

多氯聯苯的法規沿革

1960 年代末期至 1970 年代初期是多氯聯苯相關法規界及科學界的過渡時期。從分析的角度來看,一直到 1960 年代,具有高敏感性及選擇性偵測器的氣液層析儀才經常性地用於進行多氯聯苯的

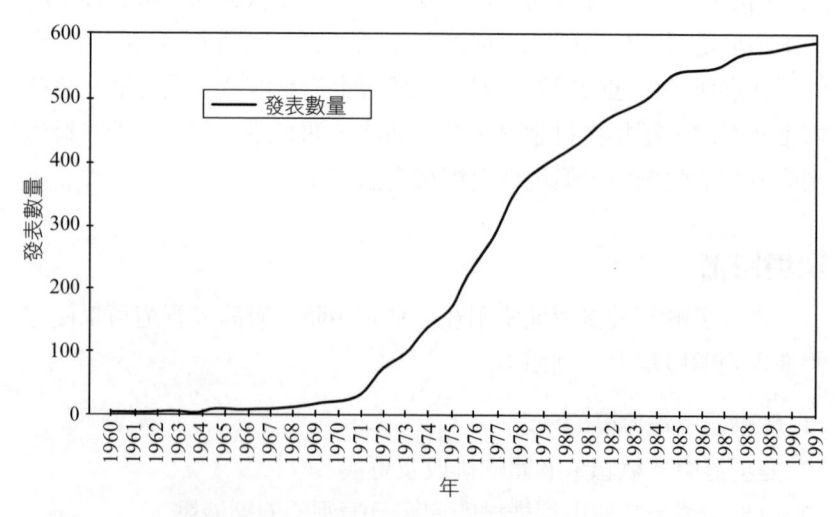

◯ 圖 14.1　多氯聯苯相關文獻發表歷史(資料來源:Ford, 1996)

14 氯化物、揮發性有機化合物及臭味控制

環境殘餘檢測。[4] 在 1971 年，數個政府機構建立跨部門小組，以便能更加了解整個所謂的多氯聯苯家族。[5] 這個研究有幾個重要的結論：

1. 多氯聯苯已長時間地廣泛使用，因此無所不在。
2. 法規系統對多氯聯苯規定的主要漏洞是：缺乏任何聯邦政府單位限制此化學物質的使用或散布、管控進口，以及蒐集正確資訊。
3. 在製造、使用及處置多氯聯苯的時候，內部管理特別重要。
4. 多氯聯苯不應該被全面禁用（1972 年）。
5. 大多數含多氯聯苯的電容器已被棄置在垃圾掩埋場。
6. 需要更多有關多氯聯苯的科學知識。
7. 目前的科學知識是從實驗室動物試驗得知，通常無法真正回答多氯聯苯對於人類的影響。

在 1972 年末期，美國國家科學院考慮建立水質標準，指出「因為有關水中多氯聯苯的含量、在人體中的堆積程度，以及非常低的吸取量的影響至今知之甚少，所以目前無法提供任何防禦建議」。[6]

整個 1970 年代，並沒有多氯聯苯的飲用水標準。[7]

在 1977 年，美國環保署（EPA）公開一項報告，該報告內容首次說明可用的有效管理和處理技術，在三種工業類別中檢測毒性污染放流濃度以及每日負載可實現濃度，分別是：多氯聯苯製造業、電容器製造業及變壓器製造業。[8] 1978 年，EPA 在聯邦淨水法的規定下，列出接受「最佳處理方式」（best available treatment, BAT）的優先污染物，其中包含多氯聯苯 1242、1254、1221、1232、1248、1260 和 1015。[9] 在通過 1976 年的毒性物質管理法（Toxic Substances Control Act, TSCA），賦予 EPA 監管多氯聯苯的權力之前，沒有任何州及聯邦政府在管制。1978 年頒布的法規提出標識和處置，1979 年頒布的法規禁止多氯聯苯的生產，並限制其分配和使用。TSCA 很特別的原因是，它特別針對多氯聯苯，並未串連其他州政府的規定，且要求將使用含多氯聯苯油的變壓器和電容器逐漸淘汰。

➡ 表 14.1　1976-2003 年多氯聯苯相關的法律及條例

日期	標題	引用
1976/4/1	廢棄物中含有多氯聯苯；處理程序	41 FR 14133
1978/2/17	多氯聯苯；製造與處理；**最終規則（Final Rule）**	43 FR 7150
1978/11/1	禁止 PCB 製造豁免的暫行議事規則	43 FR 50905
1979/1/2	實施及強化禁止多氯聯苯法規的政策	44 FR 108
1979/7/9	受多氯聯苯污染土壤及廢物的處置；**公民請願拒絕**	44 FR 40132
1979/9/19	處置條件；對 1979/5/31 最終規則評論期內的立即生效修正案	44 FR 54296
1980/3/28	化學廢棄物垃圾掩埋場的多氯聯苯的電容器處理條件；**最後修正案**	45 FR 20473
1981/5/20	多氯聯苯濃度低於 50 ppm；**法院命令**	46 FR 27615
1982/8/25	多氯聯苯使用於電器設備；**最終規則**	47 FR 37342
1983/11/17	毒性物質管理法聲明遵守多氯聯苯儲存及處理法規的政策及執法	48 FR 52304
1984/3/22	多氯聯苯；商業性製造、加工、散布及禁止使用；使用於電器變壓器；**ANPR**	49 FR 11070
1987/4/2	多氯聯苯溢漏清除政策，**最終規則**	52 FR 10688
1988/7/19	電器變壓器中的多氯聯苯；**最終規則**	53 FR 27323
1989/5/19	根據 TSCA 的第 6 節規則制定程序；**最終規則**	54 FR 21622
1991/4/2	天然瓦斯管線中的多氯聯苯；指導原則草案文件生效	56 FR 13473
1993/6/8	使用於廢棄油	58 FR 32061
1998/6/29	處置多氯聯苯；**最終規則**	63 FR 35384
2001/4/2	多氯聯苯的重新分類和受多氯聯苯污染的電器設備；**最終規則**	66 FR 17602

　　1976 年至 2003 年間，聯邦政府所引用有關多氯聯苯的法律及條例的時序表已公布在網際網路上。[10] 表 14.1 列出其中部分內容。

處理方法

　　經過了廣泛的研究，以及與處理設備廠商和其他單位的討論，EPA 在 1970 年代中期首次推出針對多氯聯苯的可用處理技術概要。他們的結論是，「目前最好的處理方式是利用活性碳吸附，可以成功地從廢水中去除多氯聯苯」。[8] 這個技術到現今仍然適用，因為活性碳對氯化碳氫化合物具有親和力。[10, 11]

14 氯化物、揮發性有機化合物及臭味控制

舉例來說，由碳製造商進行的活性碳等溫線研究，結果顯示出去除多氯聯苯（Archlor 1242、Archlor 1254 和 Aldrin）的優異能力，[8] 如表 14.2 及圖 14.2 所示。作者利用等溫線去除氯化碳氫化合物也觀察到類似的結果。[11]

➡ **表 14.2** 卡爾岡公司（Calgon Corp.）利用碳的等溫線測試去除多氯聯苯之實驗數據結果

碳劑量 (mg/L)	殘留量 (ppb)		
	Arochlor 1242	Arochlor 1254	Aldrin
控制組	45	49	48
1.0	—	—	—
2.0	7.3	37	26
2.5	—	—	—
5.0	1.6	17	15
10.0	1.1	4.2	12
12.50	—	—	—
25.0	—	1.6	6.3
50.0	—	1.2	4.4

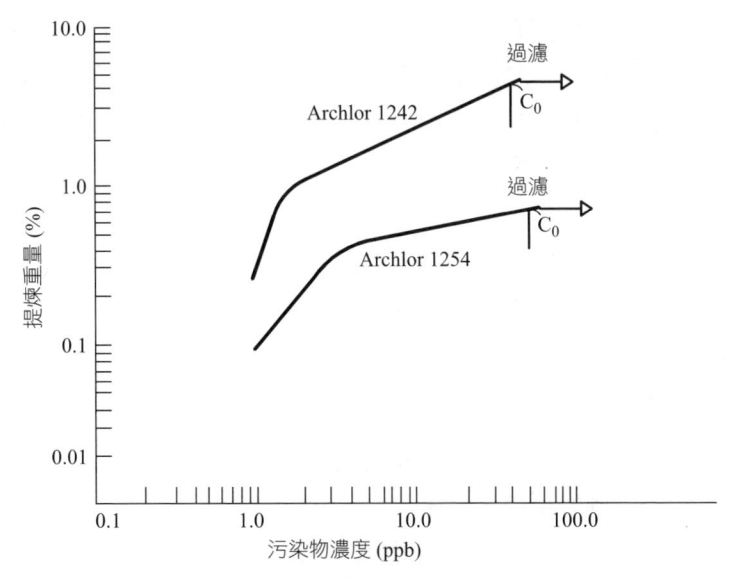

➲ **圖 14.2** 多氯聯苯等溫線結果（資料來源：U.S. EPA, Office of Toxic Substances, 1976）

763

EPA提出其他可用的系統，包括輔助紫外線臭氧化、焚化及乾性活性碳過濾器吸附以控制空氣排放。應注意多氯聯苯和相關的含氯化合物的脫附研究有「可逆性」(reversibility)。且基於等溫線的比較，越多氯的多氯聯苯似乎會更持久，未來也不太可能脫附。[12]

然而，現今的多氯聯苯去除主要不是在廢水處理，而是在去除土壤基質中夾帶的多氯聯苯污染物。這是大量使用多氯聯苯當作材料的結果，如電容器、變壓器、油、油漆和其他類似的產品，最後統統倒進市區、工業和共同垃圾掩埋場，其中有許多是現在超級基金(superfund)的主要場址。這是根據20年或更久以來的處置場址清理結果。

在一個超級基金場址的泥漿反應器整治（slurry reactor remediation）中，使用模廠級反應器，造成Arochlor 1232的適度減量。多氯聯苯被分隔至細菌中的細胞脂，讓額外的多氯聯苯質量可從生質回收。因此，利用微生物處理程序對於實際多氯聯苯的去除潛力，是多氯聯苯存在於生物處理殘留物和過篩混合液（生質）兩者間的成分的函數。在實驗過程中，Archlor 1232利用時間分配，在生物處理殘留物及包含生質的過篩混合液之間，證明了多氯聯苯被分隔。測量多氯聯苯同系列的化合物也獲得類似的結果。分子量比四氯聯苯更大的同系列化合物會反抗微生物的攻擊。結果如表14.3所示。[13, 14]

位於德州奧斯汀的一間電廠在關閉前，發現有顯著的多氯聯苯污染，原因歸咎於機油冷卻器、潤滑油蓄油槽、變壓器區域和渦輪發電機區域。由於工廠是在1950年代末期建成，多氯聯苯污染最有可能發生在運作的前20至30年。多氯聯苯清理的最低目標範圍從10到25 mg/kg。關閉和清理活動包括：

- 電容器場外去除，焚化爐銷毀。
- 高污染土壤的場外去除。
- 在低污染土壤的原地（in situ）修復。

靠近加州薩克拉門托（Sacramento）附近的太平洋天然氣和

氯化物、揮發性有機化合物及臭味控制 14

➡ **表 14.3　多氯聯苯 1232 利用生物反應器 90 天後的質量**

樣品	過篩混合液 (mg)	生物處理殘留量 (mg)	總剩餘量 (mg)	減少百分比 (%)
起始廢棄物負載	—	—	113	—
使用反應器 90 天後				
A*	52	—	52	54
B	25	10	35	69
C	19	12	31	73
控制組 †	57	9	66	42

* 未過篩或未過濾的混合液。
† 未植種反應器包含本土微生物。

電氣公司進行了類似的清除。燃料箱及 6200 噸需場外焚化、封閉及處置的污染土壤被移除。按照公認的健康風險分析，較低污染的土壤被設定上限。其他類似的場址〔包括國家優先名單（national priority lists, NPLs）、NPL 場址〕不是已通過整治就是正在整治中。多氯聯苯的清理標準，範圍從土壤的 10 到 25 mg/kg 和低至 0.5 ppb 液體的排放標準。方法包括（但不僅限於此）：有害廢物處置設施的場外處置、使用不同方法的生物削減、焚化、使用 RCRA 標準地下設施的封閉方式（泥漿井、合成襯裡等）及稀泥整治、化學氧化，和／或針對液態放流水的活性碳。

14.3　含氯溶劑

從歷史的角度介紹

本節將從環境的角度討論一些重要的含氯溶劑，即四氯乙烯（PCE）、三氯乙烯（TCE）、三氯乙烷（TCA）、二氯乙烯（DCE）、二氯乙烷（DCA）和四氯化碳（CT）。即使氯乙烯（VC）不屬於溶劑，而是製造塑料〔聚氯乙烯（PVC）、共聚物和黏合劑〕的基本成分，它是四氯乙烯、三氯乙烯和二氯乙烯的生物還原脫氯的產物，可能經由三氯乙烷的非生物反應產生。氯乙烯因此納入本節。

這些化合物在今日的美國構成重大的環境問題，特別是在地下，包括飲用水以及空氣品質（因為地下水的揮發）。由於這些化合物並沒有從環境及健康的角度受到關注，直到 1970 年代末期至 1980 年代初期才開始被討論，因此我們必須要先了解它們的歷史。

如三氯乙烯、四氯乙烯等含氯溶劑和它們各自的異構體化合物都屬於同一個家族，基於其抗爆炸或阻燃性，從二十世紀一開始就成為工作場所安全的重大突破。這些屬性導致它們在美國的生產急速上升，特別是從 1930 年代至 1970 年代中期三氯乙烯和四氯乙烯的產量。它們被稱為安全溶劑（safety solvents），用於眾多的工業、商業和家庭應用。這些含氯溶劑，特別是在氣相，讓商業用戶和工業用戶視為優良的金屬脫脂劑。將三氯乙烯用於蒸氣脫脂和其他工業應用在美國非常普遍，特別是在二次大戰期間直至 1970 年代。除了三氯乙烯常用於工業之外，也常用於一般和皮膚的麻醉劑、乾洗溶劑、油漆稀釋劑、脫咖啡因萃取劑（直至 1970 年代中期使用濃度可高達 20 ppm），以及各種的家庭環境中，如化糞池除油劑、家具拋光劑和水槽清潔劑。[15] 到了 1970 年代中期和末期，三氯乙烯才開始被三氯乙烷、四氯乙烯和其他非含氯溶劑所取代。這些，加上職業暴露的考量，導致三氯乙烯有很多常見的替代品，包括四氯乙烯和三氯乙烷。但是要注意的是，到目前為止，三氯乙烯或四氯乙烯尚未被禁止生產。美國現在仍在生產這些溶劑，作為一種化學中間產物。在黏合劑、塗料和其他選定的應用上，EPA 將三氯乙烯列為可以接受的三氯乙烷替代品。在 2008 年至少還有一個三氯乙烯作為蒸氣脫脂的應用，不過是在國家有害空氣污染物排放標準（National Emission Standards for Hazardous Air Pollution, NESHAPs）的嚴格限制下運作。

環境科學家和工程師一直沒有正視三氯乙烯、四氯乙烯和其他含氯溶劑對於土壤和地下水的污染問題，直到 1980 年代初期，遠在他們開始處理鹽類、無機物及原來認為重要的少數幾個有機參數之後。這是由於多項因素，包括缺乏監管這些化合物的準則和水質標準、不了解土地掩埋可能會造成的地下污染、沒有相關的環保刊

14 氯化物、揮發性有機化合物及臭味控制

物和出版文獻，以及一般普遍認為含氯溶劑並不會威脅到健康。

　　管理人員和工程師沒有把三氯乙烯、四氯乙烯和其他含氯溶劑當作潛在的表面或地下污染物的一個重要原因是：環保法規和水質標準並未認定這些材料有問題，直到 1970 年代末期與 1980 年代。在 1960 年代至 1970 年代期間，不論是各州或 NPDES 的許可證中，並沒有將含氯溶劑（包括三氯乙烯和四氯乙烯）列入特定的「命令和控制」的成分，這些氯化物也沒有被列入飲用水和其他用途的水質標準清單中。1972 年，國家科學院出版了一本水質標準的書，其中並未包括三氯乙烯、四氯乙烯和其他含氯溶劑。[15] 1976 年，EPA 出版了一本《水質標準》(Quality Criteria for Waters)，仍然不包括含氯溶劑在內。[16] 安全飲用水法（SDWA）於 1975 年首次頒布時，三氯乙烯和四氯乙烯原本不包含在主要飲用水標準中。淨水法（CWA）的第一批法規是在 1973 年頒布時，三氯乙烯和四氯乙烯也沒有被列入第 307 條的「毒水污染物」(toxic water pollutants)，直到 1978 年才被列入「優先控制污染物」。

　　當有關地下污染的文章和相關文獻出現時，討論重點還是集中在少數特定的潛在污染物。它們主要是受化糞池或其他家用來源的細菌污染，或鹽類、硼、磷、氮、氰化物、重金屬和其他特定的無機成分。文獻中提到有一些特定的有機化合物，包括界面活性劑（發泡劑）、酚類、農藥、石油衍生物，但一般都不認為有機化合物是潛在的地下水污染物（農藥除外），所以除了特定毒性，均不太列入考量。直到 1970 年代的中期和末期，科學技術文獻才開始描述各式各樣的合成有機化合物的地下污染事件。1970 年代末期至 1980 年代初期，文獻開始描述三氯乙烯、四氯乙烯和其他含氯化合物污染事件。[17-19] 1977 年以前，地下水文獻完全沒有提及與三氯乙烯或四氯乙烯有關的污染。1975 年 EPA 針對三氯乙烯的研究（包括文獻調查）報告說：「沒有任何關於三氯乙烯在美國環境中的含量的資料。」[15] 一組水文地質學家指出，有關廢棄的化學品對環境影響的了解非常有限，包括含氯溶劑，直到 1970 年代末期發現了新的有害廢棄物處理場時才開始引起注意。[20]

在 1970 年代末期，不同於三氯乙烯和四氯乙烯在法規和文獻中已有描述，一般相信含氯溶劑會揮發或被土壤吸收，不會對環境造成不良影響。1979 年，僅在長島就用了估計 400,000 gal 的化糞池清洗液，大部分含有三氯乙烯、苯和／或二氯甲烷。整個 1970 年代除了三氯乙烯的家庭用途之外，當時製造商和其他行業組織都是建議當三氯乙烯和四氯乙烯用於土地時，都可以依賴蒸發和土壤吸收作為去除機制。例如，國家安全協會於 1971 年發表有關溶劑清洗電動機和機械的廢物處置，其中寫道：「強烈的化學溶液最好的處置方式應該是棄置於坑，讓它可滲入土壤而不會和員工或一般大眾接觸。」這種處置並沒有在土壤的吸收能力以外考慮任何特別措施來保護地下水。直至 1974 年，製造化學協會（Manufacturing Chemists Association）[21] 和不同的三氯乙烯與四氯乙烯製造商在他們的物質安全資料表（MSDSs）上都是這麼建議。一直到 1970 年代末期和 1980 年代初期，這些處置的建議才開始改變。例如，遲至 1979 年，四氯乙烯和二氯甲烷的物質安全資料表仍然建議把溶劑放在地面上蒸發。事實上，四氯乙烯的 MSDS 在 1978 年的處置內容和 1974 年的內容完全一樣。

自 1920 年代起，因為其相對較低的毒性和可燃性，三氯乙烯、四氯乙烯和其他含氯溶劑的使用就取代了四氯化碳和以石油為基礎的溶劑，特別是在乾洗業。在 1972 年之前，幾乎沒有任何人擔心四氯乙烯和三氯乙烯在乾洗業引發的環境問題。直到 1970 年代末期至 1980 年代初期，乾洗業才被環保單位盯上。從 1972 年起，環境訊息援助和監管措施開始透過製造商、經銷商、公會以及州和聯邦監管機構進行環境監管審查。

圖 14.3 為四氯乙烯／三氯乙烯的歷史時間表。從這些時間線可清楚看出，就是在這段缺乏監管並讓這些含氯溶劑技術廣泛使用的時間，造成了廣大的污染，尤其是在地面下由溶劑造成的問題。

應注意的是，EPA 訂定的有機化學品、塑料和合成纖維（Organic Chemicals, Plastics, and Synthetic Fibers, OCPSF）準則（40 CFR414），涵蓋超過 1000 個化學設施，生產超過 25,000 項

14 氯化物、揮發性有機化合物及臭味控制

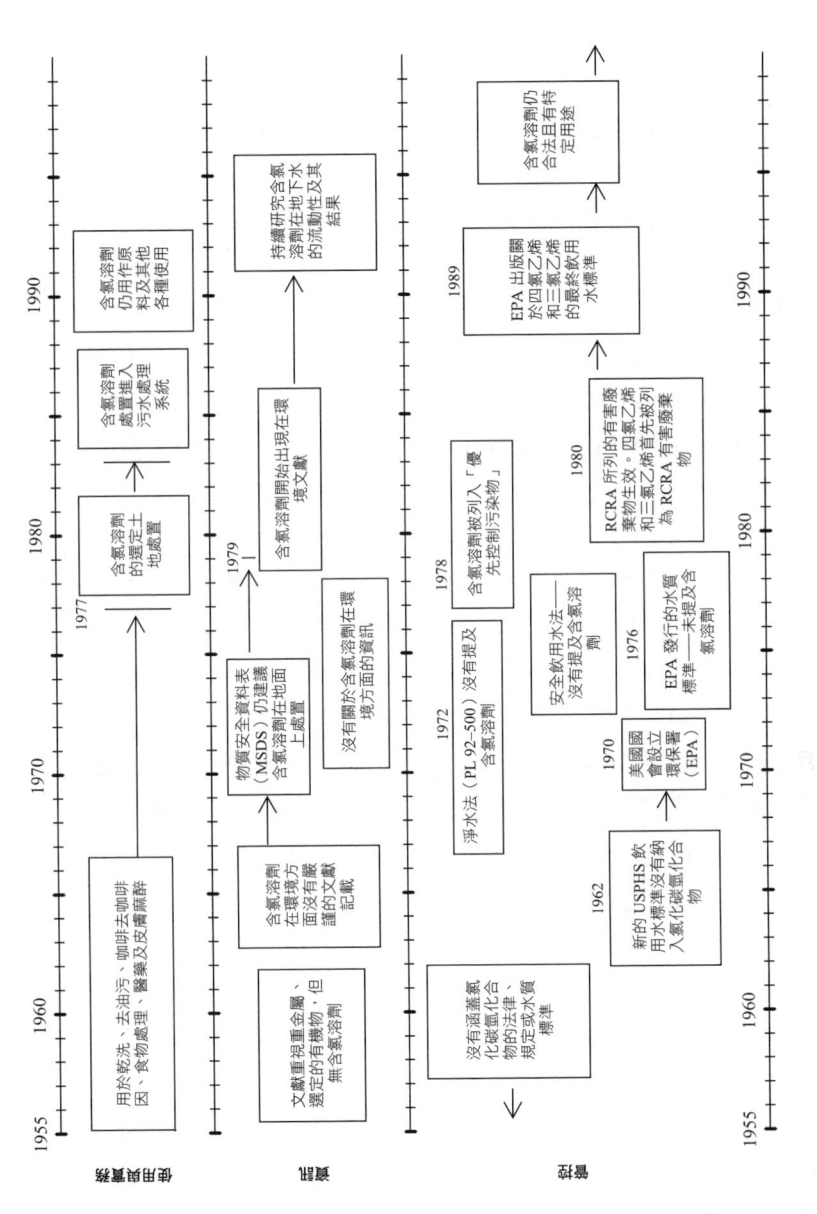

圖 14.3　四氯乙烯/三氯乙烯時間線

最終產品，如苯、甲苯、聚丙烯、聚氯乙烯、氯化溶劑、橡膠的前體、人造絲、尼龍和聚酯。OCPSF 行業既龐大且多樣，很多工廠都非常複雜。有些工廠會用連續的化學程序產生大量的化學品，而其他會用批次化學程序生產小批量的「特殊性」化學品。

OCPSF 規定適用於處理從製造嫘縈纖維、其他纖維、熱塑性樹脂、熱固性樹脂、商品有機化工、大宗有機化工原料以及有機化工專業子類別中列出的產品或產品群所產生的廢水排放。

處理方法

含氯化合物（如甲烷氯化物、氯化乙烷、氯化乙烯和其他含氯化合物）的生物降解性都已被廣泛報導。[21] 基於氧化還原電位（oxidation-reduction potential, ORP）、協同代謝和其他因素的影響，很多氯化脂肪化合物都很容易生物降解。在好氧條件下，高氯化合物（如四氯乙烯、三氯乙烯和二氯乙烯）最多只有輕微氧化。然而，在厭氧條件下，會發生還原脫氯並產生子產物，包括完全脫氯形成氯乙烯。然後在充足的電子受體如分子氧（積極的氧化還原電位）的存在下，氯乙烯可以被氧化成乙烯和乙烷。這種生物反應，以及四氯化碳、氯仿、二氯甲烷和氯甲烷成為二氧化碳、水和氯化物，如圖 14.4 所示。氧化還原電位（ORP）是氯化脂肪烴轉化的關鍵指標。不同氧化還原電位，發生的微生物程序總結在表 14.4。可看到的是，氧化還原電位一旦下降，伴隨的反硝化、鐵粉還原、硫酸鹽還原和甲烷生成也會發生。如果微生物種群增加，而且氧化還原條件的總和對於那些更耐好氧生化氧化的氯化合物更合適的話，氯化合物生物降解率可迅速發生。基本上，條件可能使高氯化合物部分脫鹵。若真如此，由此產生的低氯化合物更容易氧化，甚至在好氧條件下礦化。[22]

蒸氣壓（vapor pressure，化合物的蒸氣與非蒸氣態相處於平衡時的壓力）和分子與原子擺脫液體或固體的傾向有關。例如，在 25°C 時，揮發性物質隨著溫度上升的蒸氣壓，苯是 95.2 mm HG，三氯乙烯是 57.9 mm HG，但苊烯只有 0.029 mm HG，因為它非

氯化物、揮發性有機化合物及臭味控制 14

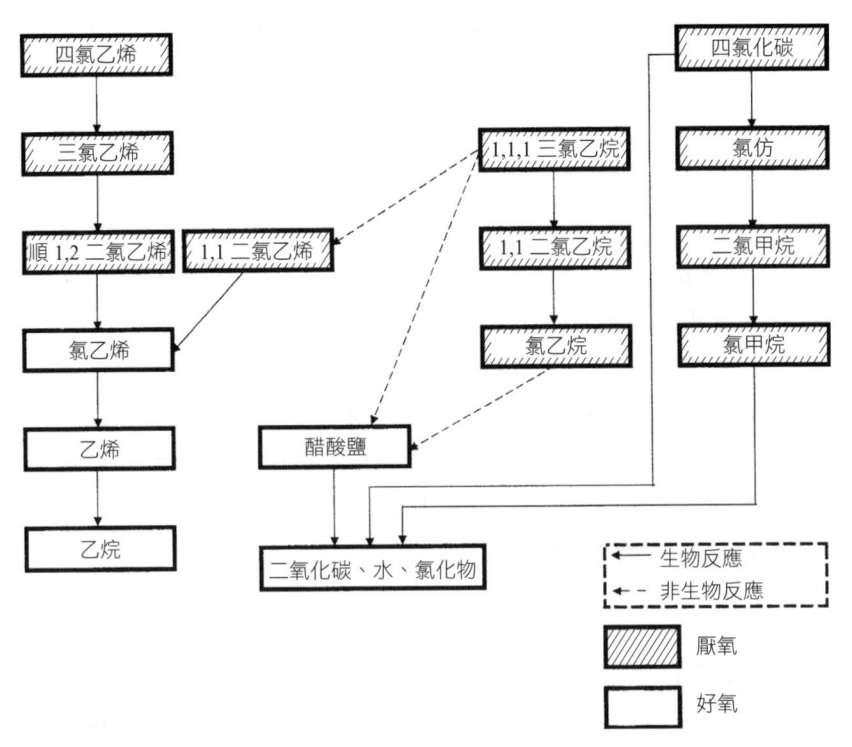

○ 圖 14.4　氯化合物的還原脫氯作用

➡ 表 14.4　發生在不同氧化還原電位的微生物程序

微生物程序	電子受體	產物	Eh (mV)
好氧	氧	H_2O	+810
脫硝	硝酸鹽、亞硝酸鹽、氧化亞氮	N_2	+50 到 −100
鐵還原	Fe^{3+}	Fe^{2+}	−100
硫酸還原	SO_4^{2-}	H_2S	−220
甲烷化	CO_2	CH_4	−250

常不易揮發。然而，更重要的是化合物的亨利常數（考量到溶液上溶質的局部壓力和溶液中溶質的濃度的一個常數——前提是液體和氣體間無化學反應發生）。苯的亨利常數為 5.6×10^{-3} atm-m^3/mol，三氯乙烯的亨利常數為 9.1×10^{-2} atm-m^3/mol，而非揮發性化合物，像芘只有 10^{-6} atm-m^3/mol。

771

大氣蒸發是蒸氣壓的函數，以及釋放到大氣中的含氯溶劑的因子。一個預估的公式為：[23]

$$\tau = 12.48 \frac{LP_w C}{EPM} \tag{14.1}$$

其中，τ = 半衰期（為化合物蒸發到其原始值一半所需的時間）（min）

L = 水深（m）

P_w = 水的局部壓力（mm Hg）

C = 水中化合物的濃度（即，三氯乙烯）（mg/L）

E = 水的蒸發率（依現場條件的實際蒸發率）（g/m^2- d）

P = 化合物的蒸氣壓（mm Hg）

M = 化合物的分子量

計算飽和化合物三氯乙烯在 1 m 深的池塘（25℃）為：

τ = (12.48)(1 m)(31 mm Hg)(1200 mg/L)m^2
 × (d/4734 g) (1/59.7 mm Hg)(1/130)(1000 L/m^3)(g/1000 mg)
 (1440 min/d)
= 18.2 min (14.2)

計算出的三氯乙烯半衰期在初始濃度 1200 ppm 為 18.2 分鐘。不同的初始濃度和由此產生的半衰期之間的關係如下（包括剩餘的半衰期濃度）。McKays [23] 計算如下其他有機化合物半衰期。

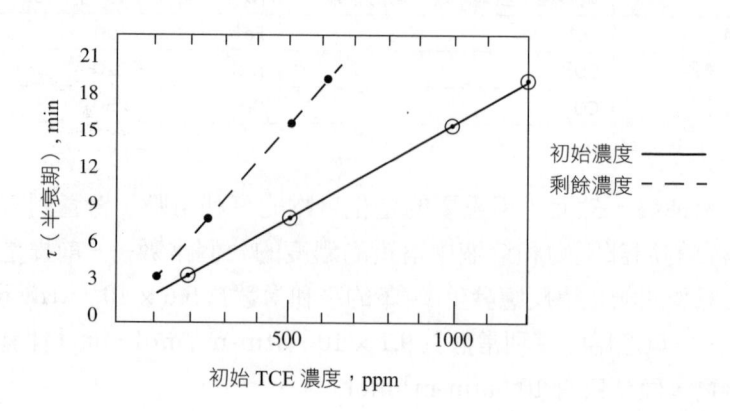

14 氯化物、揮發性有機化合物及臭味控制

各種化合物的蒸發參數和半衰期值 (τ)

化合物	蒸氣壓（mm Hg）	25°C τ（半衰期）
烷烴		
正辛烷	14.1	3.8　sec
2,2,4-三甲基戊烷	49.3	4.1　sec
芳烴		
苯	95.2	37.3　min
甲苯	28.4	30.6　min
鄰-二甲苯	6.6	38.8　min
異丙苯	4.6	14.2　min
萘	0.23	2.9　h
聯苯	0.057	2.2　h
農藥類		
DDT	1×10^{-7}	3.7　d
靈丹	9.4×10^{-4}	289　d
狄氏劑	1×10^{-7}	723　d
阿特靈	6×10^{-8}	10.1　d
多氯聯苯類		
Arochlor 1242	4.06×10^{-4}	5.96 h
Arochlor 1248	4.94×10^{-4}	58.3　min
Amchlor 1254	7.71×10^{-5}	1.2　min
Amchlor 1260	4.05×10^{-5}	28.8　min
其他類		
汞	1.3×10^{-3}	17.9　min

　　這些半衰期的近似值與滲透或滲水率結合後，可以用來預測鎖定的有機化合物的滲漏和蒸發的分數。但是要知道，其他的變數可以影響實際滲漏/蒸發分數。這些變數包括但不限於液相中的生化氧化（或還原）、混合係數，以及在液相可能有的吸附。EPA 已開發了一個模型（Water9），這是一個估算廢水收集、存儲、處理和處置設施中，個別廢棄物成分的廢氣排放的污水處理模式。它包括一個有許多有機化合物與程序的數據庫，以獲得相關成分結果的報告，包括空氣排放和處理效果。Water9 已經升級，包括更多的變數與成分性能，能更準確地預測揮發性有機化合物排放。許多這些變數都包括在第 6 章內。

　　要知道，在過去的 20 年，EPA 和州立相關單位越來越注意來自廢水收集和處理系統的空氣排放。這使設計工程師在設計工業廢

水和收集處理系統時,能加上可以盡量減少揮發性有機化合物排放至空氣中的技術亦很重要。這包括,例如,使用蒸氣控制和回收設施、設計能提供所需的氧但最小化氣提的曝氣系統、設計有排放控制系統的泵和濕井程序、依需求安裝洗滌器系統,並囊括必要的自動化監控,以確保遵守有關這些污水處理廠的廢氣排放的 NESHAPs 與其他適用的法規。例如,一個大區域的工業污水處理廠已經花費超過 3,000 萬美元,只為了滿足從所選單元程序之空氣污染物排放的要求。

顆粒活性碳(granular activated carbon, GAC)已被證明可非常有效地處理一般的含氯化合物,特別是含氯溶劑。這是根據 1980 年代進行的等溫線測試,[24, 25] 隨後在整個美國得到證明,主要藉由作為飲用水含水層受污染地下水回復的地表處理。此結果基於完整的過往經驗,與早期的研究結果一致,說明顆粒活性碳去除三氯乙烯、三氯乙烷和四氯乙烯的效果極佳。諷刺的是,分子中的氯百分比越高,活性碳去除氯的能力越明顯。[26]

地下修復含氯溶劑的污染是一個重大的環境問題,如前述的過往處置做法(主要與工業相關)。雖然處理系統與面和點源的處理類似,設計和基礎設施必須適應地下的修復工程。此外,在預測這些化合物在地下飽和及不飽和區的結果和傳輸時,新的因素變得越來越重要。這些化合物透過微生物轉化,需要用到一個比較常見的微生物降解的主要基質。此外,協同代謝是含氯溶劑及其他有機化合物有益的轉化,利用的是酶或作為其他用途的有機體所產生的輔助因子。[27-29] 此外,其他與化合物相關的係數對地下恢復也變得重要:

$$\text{辛醇／水}: K_{ow} = \frac{\text{辛醇中的溶質}}{\text{水中的溶質}}$$

$$\text{分配係數}: K_d = \frac{\text{土壤中的污染物}}{\text{水中的污染物}}$$

$$\text{遲滯因子}: R = \frac{\text{地下水流速}}{\text{溶質流速}}$$

14 氯化物、揮發性有機化合物及臭味控制

➡ 表 14.5　選定化合物的係數

係數	四氯乙烯	三氯乙烯	苯	多氯聯苯
辛醇／水分配：K_{ow}	398	195	135	$1,289\times10^3$
分配：K_d	2.51	1.23	0.85	8,121
遲滯因子：R	13.54	7.14	5.25	40,604

透過預測類似碳氫化合物等特定化合物的親和力（K_{ow}）、土壤基質相較於水的親和力（K_d），和相較於水的流動性（R），這些係數有助於地下整治，如表 14.5 所示。

地下修復評估計畫一定要利用這些資訊及其他相關係數，根據共同污染物之標的化合物親和力、與地下水相較之區分土壤基質的含量，以及與地下水流動相較之化合物的相對速率，來預測相對分散及移動。例如：多氯聯苯對於辛醇類化合物及附著於土壤有高度親和力，但與苯、四氯乙烯和三氯乙烯相較，它在地下水中移動性很低。[27-29]

有許多增強功能可以加快和提高在原地修復的地下氯化污染整治。添加乳酸似乎可加強三氯乙烯的減少。添加了 8 個月的乳酸後，注入井的 100 ft 範圍內出現了完全脫氯。子產物二氯乙烯和氯乙烯出現，並伴隨著硫酸鹽還原和甲烷生產。透過注射硫化亞鐵，硫化亞鐵催化程序用來減少對脫鹵細菌可能有毒的自由硫化物，加強還原脫氯過程。在地下的釋氧化合物（oxygen-releasing compounds, ORC）控制氧化還原並提高好氧生化氧化。由釋氫化合物（hydrogen-releasing compounds, HRC）作為電子供體注入地下氫，會加強還原脫氯。這些隨時間釋放的產物已經問世好幾年，且在幾個地區證明成功。[30, 31] 還有數不清的其他方法可減少原地污染，如原地透水屏障、不同種類的反應壁，和其他增強方法的注入。這演變過程的一部分，是認識到「泵和處理」（pump and treat）的方法（將地下水抽至地表後，用氣提、顆粒活性碳等方式處理），然後再依 NPDES 規定重新注入或排放的經濟效益，在許多情況下遠小於原地增強替代方案。然而，當大城市必須依賴

這些受污染的含水層提供飲用水時，表面抽水、處理，並直接輸入到配水系統是唯一合乎邏輯的選擇。有密相非水相液體（dense phase nonaqueous liquids, DNAPLs）存在，並有可能不斷補給從泵和處理程序抽走的水的情況下，這一點尤其如此。

氯乙烯（VC）是聚氯乙烯的主要成分，也是本章中討論的四氯乙烯、三氯乙烯和二氯乙烯生物降解的副產物。氯乙烯在地下的存在，可以歸因於氯乙烯生產設施的表面洩漏和/或四氯乙烯、三氯乙烯或二氯乙烯轉換後的子產物。當要分配清理費用給需要負責的生產單位，或是給在現場沒有氯乙烯下，可能使用或生產含氯溶劑的其他各方時，這種區別更顯重要。它可以是發現氯乙烯處的地下氧化還原電位的函數；也就是說，高氧化還原電位很可能呼應一個氯乙烯產物的直接釋放，而出現在低氧化還原電位領域的氯乙烯有可能是其他含氯有機溶劑生物轉化的子產物。

氯乙烯單體（vinyl chloride monomer, VCM）傳統以來是使用氯化汞催化劑於乙炔氫化來生產。此程序的廢料產物包括氯乙烯單體的「重質餾分」（仍然殘留於瓶底）和氯丙烯，和較低的氯化殘留物。美國已不再使用這個生產程序。

當前的氯乙烯單體生產使用乙烯為主要原料，因為它比乙炔便宜得多。首先是將乙烯氯化，以生產二氯乙烷，然後熱解產生氯乙烯和氯化氫。這個加上額外的乙烯後就會被氧化（氧氯化反應）。廢料殘留物主要是氯乙烯單體的重底，其中包含一些未反應的氯乙烯和不同的氯化副產物。無論來自何種程序，根據 RCRA，氯乙烯單體底部是有害廢棄物，而氯乙烯也是已受證實的致癌物質。這些理由是氯乙烯可能是驅使許多處置場址進行整治補救的重要目標污染物（contaminant of concern, COC）之主因。氯乙烯可以被有氧馴化的微生物氧化，並且可以用活性碳或更昂貴的方式（例如有適當排放控制的焚燒）來去除。

14.4　含氯農藥

簡介

在二十世紀初期，農用化學品主要包括殺蟲劑、殺菌劑和肥料。今日這已經擴大到多種含氯和非含氯的化合物。主要是合成有機農藥的原料與環境比較有關，因此是本節的重點。

法規歷史

1910 年之前幾乎沒有農藥管理條例。在這一年，公布了農藥的聯邦法規——1910 年殺蟲劑法（Insecticide Act of 1910），禁止生產「摻假或貼假標籤」的殺蟲劑或殺菌劑。[31]

直至第二次世界大戰，合成有機農藥興起並表現很大的成效，迅速得到市場認可。有機氯的殺蟲劑如：阿特靈、狄氏劑、氯丹、七氯、靈丹、異狄氏劑、毒殺芬及 DDT，可以很低的劑量有效控制蟲害。1945 年，美國國會以更全面的聯邦殺蟲劑、殺菌劑、滅鼠劑法（Federal Insecticide, Fungicide, and Rodenticide Act, FIFRA）取代殺蟲劑法。FIFRA 要求農藥在州際或國際出售或配銷前必須先在農業部登記。

根據淨水法的第 304 條，EPA 被要求必須為不同的工業類別建立「污水標準」，明訂每個類別的污水限制。每個行業需要兩種類型的標準：(1) 需要用到目前最佳可實行控制技術（best practical control technology）的污水限制；和 (2) 需要用到最佳可用技術（best available technology, BAT）的污水限制。

EPA 於 1978 年針對農藥製造和製劑產業類頒布污水限制的最佳可實行技術（best practicable technology, BPT）。[32] 該法規要求下列的每一個點源子類別排放要進行廢水程序處理：現有的有機農藥化學品工廠、金屬有機農藥化學品製造商，以及所有農藥化學品的配方與包裝商。

淨水法的第 307 條規定 EPA 保持和發布有毒污染物的清單，建立最佳可用技術並經濟可實現（best available technology economically achievable, BATEA）的污水限制，以對其進行控制，並指定適用此污水排放標準的類別。頒布的限制規定，對於安全必須提供「充足的保障空間」。頒布後的標準（或禁令）必須在一年內遵守完成。

根據 1980 年頒布的 RCRA（1976 年）的規定，一旦廢棄物產生者確定物質是「固體廢棄物」，緊接著要確認的是，它是否是「有害的」。RCRA 規定的有毒固體廢棄物不是列於 40 CFR 261 條款中，就是會表現出定義在第 261 條款中四個「特質」〔毒性、易燃性、腐蝕性、萃取程序（extraction procedure, EP）毒性〕其中之一。

農藥的特質及許多的農藥廢棄物清單皆列入 RCRA 的監管計畫。萃取程序（EP）毒性特質囊括了許多農藥，因為它需要材料分析來確定 14 種列舉的成分是否以指定濃度存在。在目前的 14 個成分中，有 6 個是農藥（異狄氏劑、靈丹、甲氧 DDT、毒殺芬、2,4-D、2,4,5-TP）。濃度範圍從 0.02 mg/L（異狄氏劑）到 10.0 mg/L（2,4-D），鋇的限制是 100 mg/L 除外。8 種金屬也包括在內（砷、鋇、鎘、鉻、鉛、汞、硒和銀）。[32]

農藥管制的時間表列於表 14.6，並以圖形說明於圖 14.5 中。

農藥特性

EPA 有關農藥化學品製造業的發展文件使用了三個類別來進行管控：

- 有機農藥化學品製造。
- 金屬有機農藥化學品製造。
- 農藥化學品的配方和包裝。

絕大多數殺蟲劑為氯化有機物，其中有機物多為有機磷。金屬有機農藥則為汞和砷的烴類，而第三類包括只從製造商購買殺蟲劑/農藥化學品的工廠，然後依昆蟲學家所設計適合當地瘟疫和土壤條件的配方另外調配或包裝這些產品。典型的配方工廠包括以下配方：

氯化物、揮發性有機化合物及臭味控制　14

➡ 表 14.6　農藥管制的時間表

1910 年	聯邦殺蟲劑法──規定的優先順序較低──主要管理無效的產品及不實的標籤。無 * 聯邦限制規定或明顯的安全標準。
1947 年	國會通過聯邦殺蟲劑、殺菌劑、滅鼠劑法 (FIFRA)──農藥在州際或國際銷售前必須先在美國農業部註冊及貼標籤分類。標籤規定未涉及健康議題。
1964 年	首次授權農業部長可取消標籤註冊（如有必要），以「避免危害大眾」。
1970 年	成立美國環保署（EPA）。EPA 納入來自內政部、農業部及其他政府部門的人員。USDA 農藥課也轉到 EPA。
1972 年以前	聯邦政府對農藥的實際試用無強制規定，而是讓製造商或配銷商自行貼標分類。
1972 年	EPA 調查農藥文獻及農藥業的廢水處置現況。農藥製造工廠──當前廢水處理及處置實務：並無更多在廢水品質、毒性及流量上的資訊，應盡快隔離農藥業的區域── EPA 及德州大學。
1975 年以前	美國、世界衛生組織（WHO）或國際社群中皆無任何農藥的飲用水標準。
1975 年	EPA 針對異狄氏劑、靈丹、甲氧滴滴涕、毒殺芬、2,4-D、2,4,5-TP (Silex)（非 DDT）建立臨時飲用水標準。
1975-1988 年	FIFRA 修正案。
1978 年	放流水限制綱領發展文件── EPA
1982 年	針對農藥化學製造，國會通過聯邦環境農藥控制法（Federal Environmental Pesticide Control Act, FEPCA）──點源類別。
1982 年	提出放流水限制綱領發展文件及農藥點源類別標準── EPA。
1984 年	世界衛生組織建立選定農藥的飲用水標準，包含 DDT。
2001 年	無 EPA 飲用水標準有關 DDT。

*Government Affairs Institute, Inc. *Environmental Law Handbook*, 10th Edition (1989).

　　A.氯化碳氫化合物
　　　　DDT
　　　　蟲必死（BHC）
　　　　毒殺芬
　　　　氯丹
　　　　阿特靈
　　　　　狄氏劑
　　　　　異狄氏劑
　　　　　七氯
　　　　　Rhothane 殺蟲劑

工業廢水污染防治

```
2000 ─
      │
      │
1990 ─                                    ┌──────────┐
      │                                   │ FIFRA 修正案 │───── 1988
      │                                   └──────────┘
1980 ─                                    ┌──────────┐
      │                                   │ 國會通過聯邦 │───── 1982
      │                                   │  FEPCA    │
      │                                   └──────────┘      1980
1970 ─                                    ┌──────────────┐
      │   ┌────────────────────┐          │ FIFRA 修正案   │───── 1975
      │   │來自農業部的農藥課也轉到 EPA│    ┌──────────────────────────┐
      │   └────────────────────┘    │聯邦政府對農藥並無管控，而是讓製造商自│───── 1972
      │                              │行貼標分類 *                    │
      │   ┌──────────┐              │第一份 EPA 農藥文件發布 †          │───── 1970
      │   │ 設立 EPA  │              └──────────────────────────┘
      │   └──────────┘
1960 ─                                    ┌──────────────┐
      │                                   │首次授權農業部長可取消標籤│───── 1964
      │                                   │註冊，以「避免危害大眾」│
      │                                   └──────────────┘      1960
1950 ─                                    ┌──────────────────┐
      │                                   │國會通過 FIFRA，由美國農業│───── 1947
      │                                   │部要求對殺蟲劑貼標籤      │
      │                                   └──────────────────┘
1940 ─                                                              1940
      │
      │
1930 ─                                                              1930
```

*Environmental law handbook, p. 478.
†University of Texas.

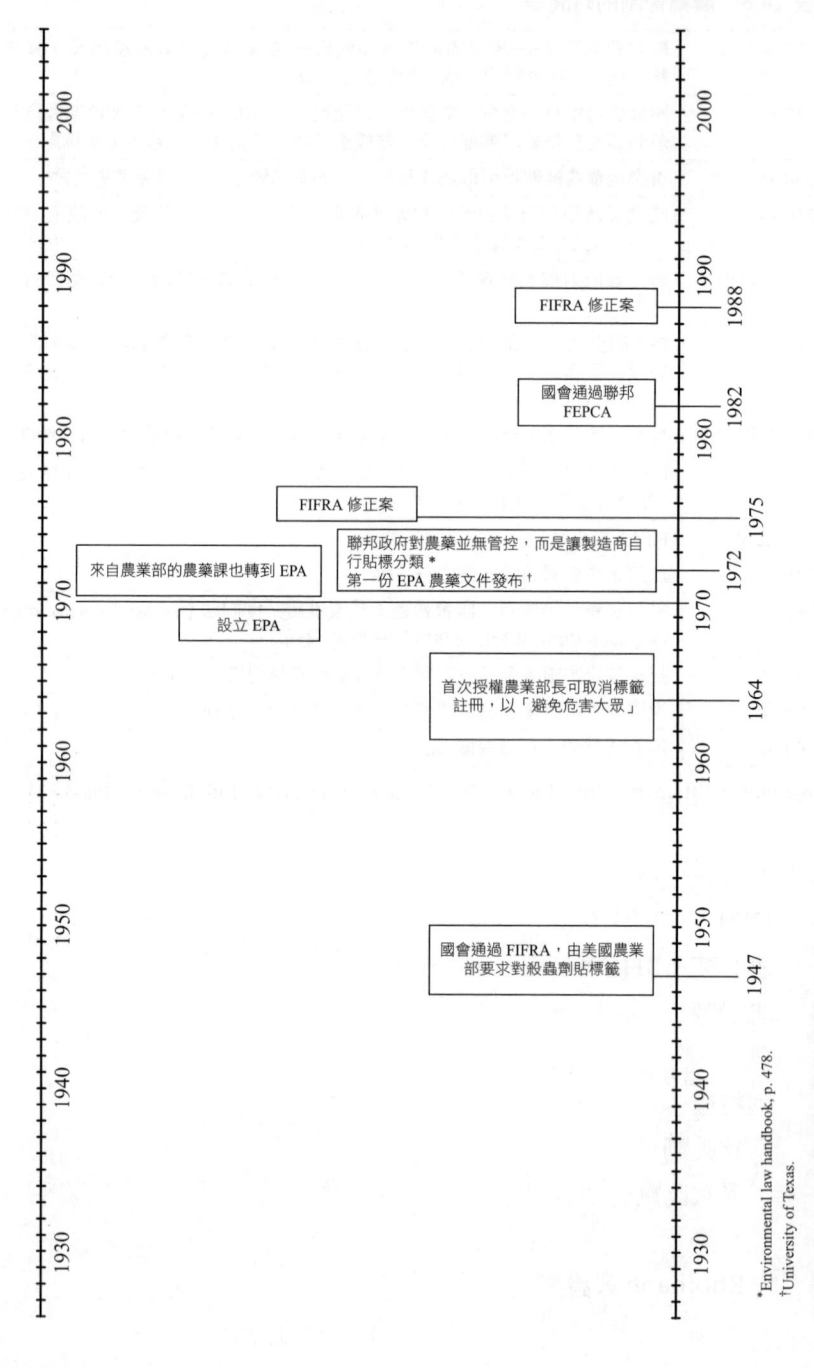

● 圖 14.5　美國農藥管制的時間線

14 氯化物、揮發性有機化合物及臭味控制

B. 有機磷酸鹽
　　對硫磷
　　甲基對硫磷
　　VAPO-TOX
　　Systox
C. 殺菌劑
　　Dithane
　　Parzate
　　Manzate
　　銅
　　硫
D. 砷酸鹽
　　鈣砷酸
　　鉛砷
　　巴黎綠
　　甲基砷酸二鈉（DSMA）
　　砷酸鈉（MSMA）
E. 氨基甲酸鹽類農藥
　　Sevin

　　例如，1970年代初期，大部分配方會包含5%至10%的DDT，這是1970年代早期最暢銷的成分。[33] DDT是最有效和最具爭議的氯化烴類之一。它是一種沒有臭味或味道的白色結晶固體，主要用於農藥，控制如那些攜帶瘧疾的昆蟲。它的使用從1972年起在美國受到限制，但仍然在其他國家使用，也為世界衛生組織和美國國際開發署接受（應注意，在美國因再度出現瘧疾死亡的案例和西尼羅河病毒爆發，開始重新考慮DDT的使用）。直到今日，DDT在美國仍然是重大環境問題，因為它在1950年代到1970年代於軍事和農業方面的廣泛使用。表14.7是DDT生產和應用的時間線。表14.8提出對於許多場址的整治選定「目標污染物」的性質。

➡ 表 14.7　DDT 的生產和應用的時間表

1939 年	Paul Muller 博士發現 DDT 殺死蒼蠅、蚊子及科羅拉多馬鈴薯甲蟲的能力。
1943 年	嘉基公司 (Geigy Corp.) 在美國取得 DDT 的專利。
1943-1945 年	美國陸軍使用粉狀 DDT 為士兵和難民除蝨。
1948 年	Muller 博士因他在 DDT 上的研究榮獲諾貝爾獎。
1955 年	根據使用 DDT 處理瘧疾和寄生蟲對人類的侵擾，第八屆世界衛生大會通過一項全球根除瘧疾運動。
1962 年	美國 DDT 產量達到最高點──1 億 7600 萬磅。
1967 年	所有曾受瘧疾困擾的已開發國家以及大部分熱帶亞洲和拉丁美洲已擺脫了感染的風險。
1970 年	國家科學院總結，「只有少數化學品和 DDT 一般，讓人類虧欠如此之多。在短短二十多年間，DDT 防止了 5 億人因瘧疾造成的死亡。」*
1970 年	EPA 成立。
1971-1972 年	EPA 舉行廣泛的聽證會，而行政法法官 Edmund Sweeney 認為，「DDT 對人無致癌危險」。†
1972-1973 年	DDT 的標籤註冊被取消，而在美國的散布與大多數的使用也被禁止。
1972 年至今	DDT 在美國和／或其他國家的製造持續。
2001 年	EPA 仍未訂定 DDT 的飲用水標準。

* National Academy of Sciences, Committee on Research in the Life Sciences on the Committee on Science and Public Policy (1970).
† Sweeny, E. M., EPA Hearing Examiners Recommendations and Findings Concerning DDT Hearings, 40CFR164.32, April 25, 1972.

處理方法

1970 年代以來，農藥製造業的廢棄物處理和處置方法歷經廣泛的研究。[34-36] 早期的可能處理方法集中在顆粒活性碳（由於活性碳對氯化烴的親和力）、水解、化學氧化，與生物氧化。活性碳結果顯示 50% 至 95% 的去除率。pH 值在 10 至 12 時，化學氧化與水解也同樣成功。

生化氧化（biochemical oxidation）就比較麻煩，主要根據含氯化合物的分子結構和微生物種群適應環境的能力而定。使用高率生物系統對氯酚和氯苯的降解較成功。利用充分的空氣在 1000°C 焚燒可銷毀 99% 的有機農藥。[36]

氯化物、揮發性有機化合物及臭味控制 14

表 14.8　目標污染物的化學和環境性質

類別	化合物	主要殘留物	分子量	蒸氣壓 (mm Hg)	溶解度 (ppm)	分配係數	毒性	生物降解性
殺蟲劑	DDT $C_{14}H_8C_{l5}$	未反應原料 三氯乙醛 氯苯 硫酸	355	1.9×10^{-7}	0.003	263×10^4	48 h LC（大水蚤） 0.36 ppb	抗拒（好氧） 中度（厭氧）
DDT 子化合物	DDD	反應產物 DDT 的子化合物			0.09	1×10^6		抗拒
DDT 子化合物	DDE	未反應原料 DDT 的子化合物	318		0.12	4.5×10^6		抗拒
DDT 中間物	三氯乙醛 CCl_3CHO	未反應原料 氯苯 硫酸	147		1×10^6	29	1.6 ppm 細菌	中度
殺蟲劑	靈丹 $C_6H_6Cl_6$	未反應原料及滯銷的同質異構物（約產物的85%） 六氯苯 516 ppb	291	9.4×10^{-6}	7.3		48 h LC_{50}（大水蚤） 460 ppb 細菌 5 ppm	中度
靈丹副產物	六氯苯（氯苯）	HCB	285	1.08×10^{-5}	0.006	5.5×10^4	14 d LC（魚） > 0.32 ppb	中度
除草劑	砷酸鹽（甲基砷酸鈉） $CH_3ASO(OH)(Na)$	未反應原料 砷氧化物 其他砷化合物氯甲烷 甲醇					細菌 13-65 ppm	抗拒

表 14.8 目標污染物的化學和環境性質（續）

類別	化合物	主要殘留物	分子量	蒸氣壓 (mm Hg)	溶解度 (ppm)	分配係數	毒性	生物降解性
除草劑	大克草 $C_6C_4(COOCH_3)_2$	四氯化碳 磷酸三苯酯 氫氧化鈉 鹽酸 甲醇	304	1.25×10^{-5}	0.5	21×10^3	48 h LC_{50}（魚）700 ppm	抗拒
殺真菌劑	Deconil $C_6Cl_4(CN)_2$（四氯異苯腈）	未反應原料 氨 間二氯苯 四氯化碳 二甲苯 鹽酸 硫酸	266	0.01	100			抗拒
原料	苛性氯生產（汞電池程序）	汞 PCBs（陽極保護劑） 苛性鈉						抗拒
原料	氯苯		113	8.8	490	219		可降解
原料	四氯化碳		154	91.3	800	174		中度
原料	氯化甲烷		85	350	13,200	11.7		可降解
原料	二甲苯		106	9	198	374		可降解

氯化物、揮發性有機化合物及臭味控制 14

14.5 過氯酸鹽

簡介

　　過氯酸鹽（ClO_4）和含過氯酸鹽的化學品在 1940 年代曾大量生產，作為氧化劑的組成部分，並是火箭、導彈和煙火爆竹固體推進劑的主要成分。此外，過氯酸鹽也用來為氣囊充氣。[36] 由於時效有限，用於導彈和火箭的過氯酸鹽庫存必須移除和更換。因此從 1950 年代起，內華達州、加州、猶他州和其他州都曾處理大量的過氯酸鹽。自 1997 年以來，過氯酸鹽被發現存在於 35 個州的飲用水源，大多在 4 到 100 ppb 範圍或更高。過氯酸鹽的認知和法規的時間表如表 14.9 所示。

處理技術

　　過氯酸鹽非常穩定並高度可溶於水，因此，不能以沉澱、過濾和氣提的傳統方法從地下水去除。

　　離子交換與薄膜程序可以去除水中的過氯酸鹽。加州的聖蓋博谷（San Gabriel Valley）正在評估離子交換，以去除地下水中約

➡ **表 14.9　過氯酸鹽的認知和法規的時間表**

1940 年代	開始生產氯酸銨（ammonium chlorates）
1950 年代至今	氯酸銨和其他過氯酸鹽廣泛被應用，包括煙火、爆破劑、火柴、潤滑油、紡織印染整理、核反應堆、電子管、電鍍、汽車的氣囊充氣、油漆和琺瑯生產、醫藥、鋁精加工
1997 年	發展出 4 ppb 的檢測定量水平的分析檢測方法
1998 年	EPA 把過氯酸鹽加入可能須受管制污染物名單
1999 年	根據「不受管制的污染物監測規則」，EPA 要求監測飲用水中的過氯酸鹽
2001 年	出版品——Roote, D. "Technology Status Report—Water Remediation Technologies," Analysis Center, U.S. EPA Press
2005 年	EPA 訂定 0.0007 mg/kg/d 為過氯酸鹽的官方劑量，並將其轉換成相當於飲用水的水準（DWEL）24.5 ppb
2006 年	加州提出 6 ppb 的主要飲用水標準（MCL）
2007 年	加州要求該法規草案提交給行政法辦公室
2007 年	過氯酸鹽仍舊沒有聯邦飲用水標準（MCL）

30 至 200 ppb 的過氯酸鹽。可以選擇性去除過氯酸鹽，而不是和存在於較高濃度離子（例如，氯化物、硫酸鹽、碳酸氫鹽）競爭的離子交換樹脂是有必要的。

奈米過濾和逆滲透也能去除過氯酸鹽，但這些技術很昂貴。離子交換和薄膜過程也會產生可能難以處理的濃縮的含過氯酸鹽廢棄物鹵水。處理鹵水前可能需要先減少其體積或毒性。臭氧 - 過氧化處理（ozone-peroxide treatment）對水中的過氯酸鹽影響最小。然而，臭氧 - 過氧化處理後緊接著用顆粒活性碳曾在一個位於聖蓋博谷的場址看來頗為樂觀，但仍需要進一步研究，以評估長期有效性、可靠性和成本。

到目前為止，大家最關注的還是在開發一個厭氧或無氧的生化還原程序，在分子氧不存在的情況下，微生物將過氯酸鹽轉換到毒性較低或無害的形式。在 1990 年代初期，空軍研究實驗室的材料和製造局開始研製生化反應器系統，用於處理高階的過氯酸鹽所污染的廢水（即 1,000 至 10,000 ppm）。1997 年在猶他州，一個連續攪拌槽反應器系統開始處理火箭發動機所產生的廢水。其他試驗已經進行低階過氯酸鹽污染去除的評估，雖然結果似乎樂觀，但需要進一步研究所需成本、可靠性與可被大眾接受性。[37] 利用生物修復技術去除現地土壤、地下水中的過氯酸鹽，仍然是需要廣泛研究的主題。[38-41]

Geosyntec 公司幫加州的 Aerojet General 公司進行研究，因為加州的土壤和地下水都有來自處理和使用固體火箭發動機產生的過氯酸鹽的污染。模擬的含水層微生物在各種控制機制下進行測試，如：

1. 無添加的電子供體或碳源。
2. 簡單的電子供體（乙醇）。
3. 複雜的電子供體（糖蜜）。
4. 生物增強處理。

這項研究的結論是，發生快速生物降解的主要因素是適當的氧

14 氯化物、揮發性有機化合物及臭味控制

化還原條件和電子供體選擇。[38] 微生物學研究進一步調查並分離出負責削減過氯酸鹽的微生物。所有被分離出來的微生物可以將減少過氯酸鹽搭配醋酸鹽氧化。這些是運動型革蘭氏陰性、非發酵的兼性厭氧菌。除了醋酸鹽、乳酸鹽、乙醇、丙酸、琥珀酸作為替代電子供體外，氧和硝酸鹽作為替代的電子受體。[39]

南加州大都會供水區的一個主要整治項目進行了生化還原技術演示，以將氯酸鹽濃度從 8,000 至 10,000 ppb 範圍降低至 100 ppb 或更少。由此產生的技術，包括一個採用 GAC 流體化床操作的固定薄膜生物反應器。[40] 另一項關於這主題的研究支持過氯酸鹽為不同的細菌菌株作為電子受體的結果。特別強調的是氧化氫細菌的使用，以支持過氯酸鹽的微生物還原。[42]

14.6 其他相關含氯有機物

有許多其他含氯化合物也值得關注。常常和特定工業生產與由此產生的廢水一起提及的包括五氯苯酚、戴奧辛和六氯丁二烯。以下是針對它們簡短的討論：

- **戴奧辛**：戴奧辛（Dioxin，2,3,7,8 - 四氯二苯並 - 對 - 戴奧辛，或 TCDD）是 EPA 和國家監管機構最近的目標化合物。戴奧辛指的是密切相關的幾個化合物家族，也就是單一氯化物或任何八個位置的任何多個氯化合物。戴奧辛理論上包括 75 個不同的物種（同源物），每一個都有不同的物理、生化和毒理性質。其他相關化合物包括像是聚氯化二苯並呋喃（CDF）和前面討論的多氯聯苯（PCBs）。[43] 這些化合物質的毒性和 TCDD 明顯不同。

  當有機化合物於含氯時，在高溫反應下總是會產生意想不到的副產物——TCDD 和相關化合物。它們從來都不是所期待的化學產物。戴奧辛與紙漿和造紙工業、四氯乙烯相關製造、催化劑再生程序、焚燒含氯化合物，以及脫葉劑生產有關。過去的 15 至 20 年來，有關 TCDD 的監管法規不斷演變，水質

的限制已小至 ppq（part per quadrillion）的範圍。專家們對 TCDD 和其同源物之相對標準、對健康的影響，以及致癌性的問題的意見仍然分歧。逐漸淘汰涉及潛在 TCDD 副產物的化合物、焚化控制、活性碳去除，都是可用的幾個控制措施。

- **五氯苯酚**：五氯苯酚，C_6H_5OH（PCP），已廣泛應用在有機化學產業、農藥生產，以及木製品產業。商業用五氯苯酚中含高量的四氯苯酚（TCP）。它可生物降解，具有相對較低的水溶性和蒸氣壓。直至本書出版時，它仍非被證實的致癌物質。[44]

  與大多數有機氯化合物類似，它很容易被與生物降解相結合的活性碳去除。

- **六氯丁二烯**：六氯丁二烯（C_4Cl_6）主要用於橡膠製品、液壓油、潤滑油、傳熱流體。它的蒸氣壓稍高。直至本書出版時，它仍非被證實的致癌物質。

14.7 氯化副產物、其他揮發性有機化合物和臭味控制

有許多氯化烴是氯化副產物，歸因於美國國內污水處理廠的污水消毒，或工業進流或放流水使用的氯氧化劑。這些措施包括（但不限於）以下方式：

- **三鹵甲烷**：三鹵甲烷最早在 1970 年代末期受到重視，已被觀察到當湖泊或水庫含有主要來自腐敗植被的天然產生有機物時，會與用於處理飲用水的氯反應。這種「消毒」副產物（THM）是 POTWs 和飲用水供應最常檢測到的反應物之一。自 1993 年以來，已發現三鹵甲烷的濃度從 0.04 到 0.1 ppm 的範圍不等。它們還出現在源自製冷劑和溶劑的工業廢水。EPA 已設定飲用水總三鹵甲烷（TIHM）最高污染物標準（maximum contaminant level, MCL）為 80 ppb（0.08 ppm）（這導致消毒程序的改變，包括步驟氯化／脫氯，和／或以臭氧代替氯化消毒）。此外，和大部分氯化有機化合物類似的是，可以藉由多種方法來完成去除，主要是活性碳。

氯化物、揮發性有機化合物及臭味控制 14

- **鹵乙酸**：鹵乙酸（HAA），如氯乙酸、溴乙酸、二氯乙酸和其他姐妹化合物可能會導致問題，特別是在污水處理廠。EPA 在 2004 年為飲用水設定限制為 60 ppb（0.06 ppm）。鹵乙酸可以透過幾種方法減少，即透過如過氧化氫的化學氧化預處理，或在污水處理廠系統用活性碳去除。例如，作者之一將鹵乙酸減少至低於飲用水標準，在傳統的過濾裝置上使用 GAC 的替代介質來吸附鹵乙酸化合物。由於濃度低、碳量高，在過濾器上已用過的碳只須久久更換一次，使過程符合成本效益。
- **溴氯甲烷**：這種化合物也可能出現在飲用水或工業廢水。如果濃度過高，可以使用活性碳或其他有效去除程序將其減低。
- **甲烷氯（二氯甲烷）**：這種化合物極不穩定，通常用於工業溶劑，如脫漆劑、薰蒸劑，有時也在聖誕樹的裝飾燈內。工業廢水需要降低其濃度時，例如，為了滿足 NPDES 或生物測定的要求，活性碳和／或生化氧化或氣提／蒸氣回收都是可用的系統。
- **氯甲烷（氯甲烷）**：這種化合物通常是為工業應用合成生產，主要作為化學中間體或有機化學應用中的甲基化和氯化劑。它也可以用來作為油的萃取劑，以及聚苯乙烯發泡生產的推進劑。它可用活性碳、生物氧化和／或氣提／蒸氣回收的方式去除。
- **氯仿（三氯甲烷）**：這種化合物以前常作為麻醉劑和溶劑等，但現今主要使用於製冷劑。由於它對人體的潛在毒性以及耗損臭氧的傾向，目前並未廣泛使用。它極不穩定，可用氣提／蒸氣回收以及活性碳去除。

臭氧控制以及揮發性有機化合物的氣提去除和控制，是涉及許多工業廢水處理設施的兩個重要的考慮因素。兩者並不相互排斥，而揮發性有機化合物可能會與硫化氫等臭味氣體伴生，但會被其遮蓋。[45, 46] 然而，臭味和揮發性有機化合物的控制技術有些差異。作為互相參照之用，第 3 章（3.5 節）說明酸性水氣提塔，第 5 章（5.3 節）引述揮發性有機化合物的氣提。本節的目的是補充前述章節，以及本章一開始的說明。

臭味控制 47-49

當溶解性氣體與空氣接觸，以及透過攪拌或曝氣從液體被氣提時，廢水處理設施可能會產生臭味。最常見的有臭味物質是硫化氫、氨及如硫醇的磺化有機物。這些化合物有三大問題，即惡臭、腐蝕及安全。例如，硫化氫臭味閾值約 0.1 到 0.2 ppm，在 10 至 400 ppm 的範圍內對健康有強烈影響，在 500 至 1000 ppm 時可能致命。

表 14.10 顯示 pH 值對硫化氫濃度的影響。表 14.11 是硫化氫氣體對人體的影響。

➡ 表 14.10　H_2S 和 HS 的百分比及硫化氫的溶解度作為 pH 的函數

pH (1)	H_2S 的百分比 (2)	HS 的百分比 (3)	溶解度 (mg/L) (4)
4	99.9	0.1	3,470
5	98.9	1.1	3,510
6	90.1	9.9	3,840
7	47.7	52.3	7,270
7.5	22.5	77.5	15,400
8	8.3	91.7	41,800
8.5	2.80	97.20	124,000
9	0.89	99.11	390,000
10	0.09	99.91	

➡ 表 14.11　硫化氫氣體對人體的影響

濃度 (in) ppm by Volume	影響
<0.00021	嗅覺檢測閾值
0.00047	嗅覺可察覺閾值
0.5-30	強烈的臭味
10-50	頭痛、嘔吐，以及眼睛、鼻子和喉嚨發炎
50-300	眼睛及呼吸損傷
300-500	性命垂危（肺水腫）
700 或以上	立即死亡

氯化物、揮發性有機化合物及臭味控制 14

　　硫化物主要發生在當高硫酸鹽放流水置於無氧或厭氧的條件下，比方說河流中的停滯處、抽水站濕井、厭氧處理程序，以及在澄清池、內部管道和低 pH 值廢水流的腐敗性。例如，在石油精煉廠，含硫原油和原油氮透過如脫硫、脫氮、加氫及其他程序產生氨和硫化物。由於硫化物的氣提發生在低 pH 範圍，氨的氣提發生在較高的 pH 範圍內，通常需要在控制的 pH 值下分兩個階段氣提。

　　有幾個可以考慮成為與硫化物有關的臭味控制的系統，包括：

- **化學洗滌器系統**（chemical scrubber systems）：洗滌器的設計是要消除硫化物的臭味，透過從硫最低的氧化狀態（−2），至最高的氧化狀態（+6）氧化。洗滌器導入充滿硫化物的空氣，與強氧化劑水溶液接觸，如次氯酸鈉的鹼性溶液。洗滌器是一個高大的圓柱形容器，裡面裝滿聚合物包裝材料。它是一個逆流操作，從上述包裝容器的頂部引入強的次氯酸鈉和氫氧化鈉水溶液，從底部引入硫化物氣體。往上流時，氣體會與隨重力往下流的液體接觸。透過混合，得到的總體反應結果如下。

$$H_2S + 4NaOCl + 2N_2OH \rightarrow Na_2SO_4 + 4NaCl + 2H_2O \quad (14.3)$$
$$(E^o = 587 \text{ mV})$$

　　在反應進行時，鹼性饋料的組成是有必要的，反應物的鹽類排污也有必要，以防止它們在系統累積。這需要一個連續流（以防止系統結垢）進入化學洗滌器，常用於 POTWs、工業預處理系統，以及其他應用。

　　洗滌系統應有充分冗餘，有反饋控制的 pH 和 ORP 探針，以控制 pH 和循環液體的 ORP。它可調整進入計量泵和氣相 H_2S 分析儀的化學饋料。

- **空氣 / 氧注入**：如果廢水處理廠有好氧生物處理設施，臭味控制可以透過引導氣流直接注入曝氣池進行。生物化學氧化反應會用來氧化硫化物。但是這裡有幾個要小心的地方。首先，曝氧量必須能滿足這種額外需求。第二,硫化物負荷不宜多到讓未氧化的硫化物或氨化合物脫離曝氣池的地步。第三,硫氧化細菌的擴散不會導致污泥膨脹。注氧是一種替代方式,因為氧轉移效率較高,可在最優控制率注入;但是它比較昂貴。

- **生物過濾器**:是在固定的介質(擔體)上使用生質的生物系統。有臭味的氣體通過會發生生物化學氧化反應的介質。揮發性有機化合物的存在可能對生物過濾器的效率產生不利影響,因此在安裝前應進行評估。
- **雜項化學添加劑**:臭氧是氧的高度活化的形式,由現場生成。臭味氧化反應是:

$$3H_2S + 4O_3 \rightarrow 3H_2SO_4 \tag{14.4}$$

臭氧的產生是能源密集,一般不符合成本效益。過氧化氫較多用於臭味控制,是一個強大的、但不穩定的氧化劑。它反應迅速,但在無還原化學品的情況下,它會分解成水和氧。它可以增加溶氧至好氧生物反應器或貧乏的廢水流,作為暫時添加劑。過錳酸鉀可有效地破壞硫化氫,公式如下:

$$3H_2S + 8KMnO_4 \rightarrow 3K_2SO_4 + 2H_2O + 2KOH + 8MnO_2 \tag{14.5}$$

溶液型態的次氯酸鈉也是有效的,儘管它有腐蝕性且不穩定。如果存在揮發性有機化合物,這種做法可能會不適用,因為從氯胺或其他形式的氯化有機物會產生有機氯化反應。添加硝酸鹽可抑制硫化物臭味,如下列氧化還原反應所示。

$$5HS^- + 8NO_3^- + 3H^+ \rightarrow 4H_2O + 4N_2 + 5SO_4^{-2} \tag{14.6}$$

它是一種安全有效的方法,不過,未反應的 NO_3^- 在水中可能造成飲用水問題,且成為引起優養化的成分。直接添加鐵鹽和亞鐵鹽可以是連續性的,或僅在緊急情況下,尤其當化學洗滌器損壞時可以作為備份。

$$FeCl_2 + H_2S \rightarrow FeS + 2HCl(亞鐵鹽)$$

14 氯化物、揮發性有機化合物及臭味控制

或

$$2Fe^{3+} + 3HS^- \rightarrow 2FeS + S^o + H^+ \text{（鐵鹽）} \tag{14.7}$$

通常會建議使用鐵鹽，但廢水需要有足夠的緩衝，以抵銷增加的酸度。[1,2]

臭味控制系統應仔細地監測硫化氫和氧化還原電位（ORP）。使用設於物業線（圍欄線）的硫化氫監測器並不罕見，如此才能確認和控制臭味，使溢出的臭味不嚴重。

- **揮發性有機化合物（VOC）的去除和控制（臭味或非臭味）：** 揮發性有機化合物可能會或可能不會有臭味，但它們的存在有其他的環境影響。前面討論的臭味控制系統可能無法適用於去除揮發性有機物，因此揮發性有機化合物的回收和控制基本上是一個獨立的監管和技術問題。在工廠中，需要蒸氣控制和恢復的區域不少。例如根據有害空氣污染物國家排放標準（NESHAPs、煉油、40 CFR 60 子部分 QQQ），如在石油精煉廠，工業廢水處理廠的揮發性有機化合物要符合排放標準。例如在煉油廠，油氣分離器、污油槽、儲存槽、調勻池及曝氣系統都可能需要 VOC 控制，如冷凝水回收、活性碳吸附，以及其他蒸氣去除系統。

  系統包括通風與揮發性有機化合物的捕捉，透過固定或浮頂罐、有蓋分離器、油箱，以及其他相關的過程，通過活性碳罐的蒸氣處理或引導 VOC 氣體至燃燒塔或焚化爐。一些例子包括一間有氣提的有機化學廠，收集在上游生產區的揮發性有機化合物，所以，揮發性有機化合物不成為廢水處理系統的問題。一個煉油廠在所有有潛在問題的揮發性有機化合物的來源都設有蒸氣控制，包括生物曝氣池的覆蓋。

  然而，控制揮發性有機化合物的首選方法是減少它在上游的量，到達不需要覆蓋曝氣池的程度。例如，較舊的煉油廠可在擾動最小的情況下，減少預處理「BTEX」的生物反應器中的揮發性有機化合物，將這些化合物（這些全都是易於生物降解的）減少至使得下游的開放式曝氣系統中的氣提沒有廢氣溢

散的問題。然而，初級澄清池、濕井、調勻池、液氣分離器、開放式沉澱槽，甚至人孔都可能須安裝蒸氣控制和回收系統，用活性碳罐或其他去除／回收／控制裝置。

由於好氧生物處理在工業廢水處理廠以及接收大量工業廢水的 POTWs 都是關鍵的單元程序，用氣提在曝氣池去除揮發性有機化合物應是進一步研究的焦點。要降低強度，可用預氣提和回收上游的揮發性有機化合物，和／或使用上游曝氣系統，能滿足在水相中生化氧化的溶氧需求，同時將紊流減至最低以增強氣提程序。在平衡狀態，散氣式曝氣系統可能去除某化合物的最大量是可以估計的，方法是先假設離開程序的空氣中的化合物根據亨利定律是飽和狀態。下列公式可以近似這方面的損失：[50, 51]

$$(1 - S_e/S_o) = 1 - [1/1 + (Q_A/Q_L)H_c] \quad (14.8)$$

其中，　S_e = 化合物的放流水濃度
　　　　S_o = 化合物的初始濃度
Q_A/Q_L = 空氣與水的體積比
　　　　H_c = 化合物的亨利常數

$$H_c = \frac{氣相污染濃度}{液相污染濃度}$$

這種計算的一個例子如下：
使用上式：

$$(1 - S_e/S_o) = 1 - [1/1 + (Q_A/Q_L)H_c] \quad (14.9)$$

其中，BTEX 的 H_c 在 20°C 近似 0.24，在 10°C 近似 0.15
水流量 = 5000 gpm
在 2 個曝氣機的操作下，空氣流量 = 240 cfm
在 4 個曝氣機的操作下，空氣流量 = 480 cfm
在 6 個曝氣機的操作下，空氣流量 = 720 cfm

(2) Q_A/Q_L = (240 ft^3/min)(7.48 gal/ft^3) = 1795/5000 = 0.359

(4) Q_A/Q_L = (480 ft³/min)(7.48 gal/ft³) = 3590/5000 = 0.718

(6) Q_A/Q_L = (720 ft³/min)(7.48 gal/ft³) = 5386/5000 = 1.077

以及

	20°C	10°C
$(1 - S_e/S_o)_2$ =	8.0%	5.1%
$(1 - S_e/S_o)_4$ =	14.7%	9.7%
$(1 - S_e/S_o)_6$ =	20.5%	14.0%

註：表面曝氣機的 Q_A 是根據廠商提供資料。

在機械曝氣池分別以 2 個、4 個和 6 個表面曝氣機於液體溫度 10°C 和 20°C 所得的 BTEX 氣提分數預估的結果繪於下圖中（如前述，BTEX 氣提在上游可以顯著減少，將從空氣好氧池的排放降低到可接受的水準，也不用蒸氣控制，例如減少 S_o）。

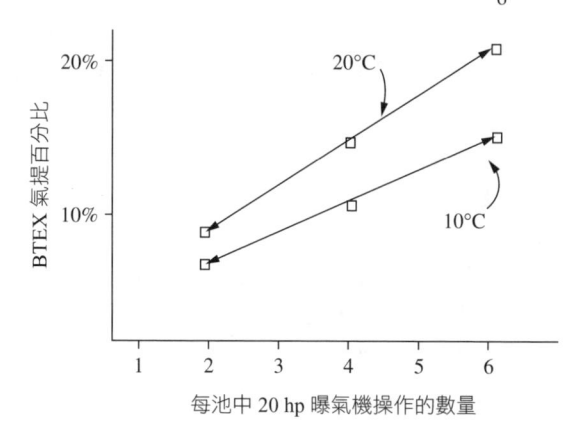

14.8 問題

14.1. 一個氣提塔的高度是 30 ft。下面的設計因子是：

L_v（體積液率）= 0.07 ft/s
A（截面積）= 160 sq ft
S（氣提因子）= 4.7
A_w（體積與空氣比）= 20
K_{La}（傳熱係數）= 0.015

（見第 5 章）

計算不斷變化的空氣流量對主要溶劑氣提效率（用 4000 sctm 到 16,000 sfm）的影響。基於能源效率，總結並說明最佳的空氣流速為何。

14.2. 一個封閉的含水層具有以下特點：

三氯乙烯	138 ppb
多氯聯苯	12 ppm
苯	820 ppb
過氯酸銨	920 ppb

由於表面處理後的水將進入公共飲用水儲存和分配系統，因此已確定泵和處理是唯一可行的整治方式。

請畫出表面處理的概念流程圖，能將水處理至合乎飲用水 MCLs 標準，並討論此設計的基本原理。

14.3. 根據 EPA 決策記錄（ROD），使用原地長期整治方案清理受污染的處置場址已被確認是最好的辦法。根據以下數據，建議一個原地解決方案：

區污染深度	20 至 65 ft
滲流區	20 至 32 ft
飽和區	32 至 65 ft
氧化還原電位，滲流區	+820 mV
氧化還原電位，飽和區	−210 mV
目標污染物（COCs）	
氯乙烯	
二氯乙烯	
二氯乙烷	
過氯酸鹽	

假設清理的標準是飲用水標準（MCLs）的 10 倍。

參考文獻

1. Kembrough, R. D.: "Human Health Effects of PCBs and PBBs," *Pharmacological & Toxicological Journal*, 27:87-11, 1987.
2. Ford, D. L.: "A Review of Historical Waste Disposal Practices and

Manufacture of Polychlorinated Biphenyls at the Monsanto Plant, Anniston, Alabama, September 1998," February 2003.
3. Ford, D. L.: Search of PCB literature sources, general files, and RREL Database, Version No. S.O., CAS No. 53469-21-9, 1996.
4. Nebeker, A. V., and F. A. Puglisi: "Effect of PCBs on Survival and Reproduction of Daphnia, Gammarus, and Tanytarsus," *Trans. Am. Fish. Soc.*, 1974.
5. Interdepartmental Task Force on PCBs, "Polychlorinated Biphenyls and the Environment," COM-72-10419, Washington D.C., 1972.
6. National Academy of Sciences, National Academy of Engineering, A Report to EPA, *Water Quality Criteria*, 1972.
7. Sanks, R. L.: *Water Treatment Plant Design*, Butterworth Pub. Co., 4th ed., 1982.
8. U.S. EPA, Office of Toxic Substances, *Assessment of Wastewater Management, Treatment Technology and Assigned Costs for Abatement of PCB Concentrations in Industrial Effluents*, February 1976.
9. Federal Register, Sec. 307, 40 CFR 131.36.
10. Internet search: epa.gov/pcb/laws, November 15, 2003.
11. Ford, D. L.: "Optimization of Activated Carbon—Biological Processes in Hazardous Waste Treatment," Hazmat Conference, Orlando, Florida, 1994.
12. Horzempa, L., and D. M. DiToro: "The Extent of Reversibility of Polychlorinated Biphenyl Adsorption," Water Resources, vol. 17, No. 8, 1983.
13. Adams, C., F. Davis, and W. W. Eckenfelder: *Development of Design and Operational Criteria for Wastewater Treatment*, CBI Publishing Co., Boston, 1981.
14. Castaldi, F. J., and D. L. Ford: "Slurry Bioremediation of Petrochemical Waste Sludges," *Applied Bioremediation*, 1993.
15. National Research Council (NRC), *Water Quality Criteria*, Washington, D.C., 1972.
16. U.S. EPA, *Preliminary Study of Selected Potential Environmental Contaminants*, EPA 560/2-75-002, July 1975.
17. Pankow, J. F., S. Fienstra, J. Cherry, and M. C.: *Dense Chlorinated Solvents and Other DNAPLs in Groundwater*, Waterloo Press, 1996.
18. Schaumburg, F. D.: "Banning Trichloroethylene: Responsible Reaction or Overkill," *Environmental Science and Technology*, 1990.
19. Loehr, R. C.: "Development and Assessment of Environmental Quality Standards," *Proceedings of the Seminar on Development and Assessment of Environmental Standards*, American Academy of Environmental Engineers, Annapolis, MD, February 1983.

20. Bedient, P. B., H. S. Fifai, and C. J. Newell: *Groundwater Contamination Transport and Remediation*, Prentice Hall, Englewood Cliffs, N.J., 1994.
21. Field, J. A., and R. Sierra-Alvarez: *Reviews in Environmental Science and Biotechnology*, vol. 3, September 2004.
22. Zehnder, A., and W. Stumm: *Biology of Anaerobic Microorganisms*, John Wiley & Sons, 1988.
23. McKay, D., and A. Walkoff: "Rate of Evaporation of Low-Solubility Contaminants from Water Bodies to Atmosphere," *Environmental Science and Technology*, vol. 7, July 1973.
24. Ford, D. L., and W. W. Eckenfelder: *Design and Economics of Powdered Activated Carbon in the Activated Sludge Process*, Progressive Water Tech., U.K., Pergamon Press, 1980.
25. Ford, D. L.: *The Use of Biological Processes to Remove Residual Materials from CPI Wastewaters*, AICLE Annual Meeting, 1983.
26. U.S. EPA: "Adsorption Capacity for Specific Organic Compounds," EPA-600/ 8-80-023, April 1980.
27. Norris, D.: *Handbook of Bioremediation*, Robert S. Kerr Environmental Research Laboratory, Lewis Publishers, 1994.
28. Ward, C. H., J. A. Cherry, and M. R. Scalf: *Subsurface Restoration*, Ann Arbor Press, 1997.
29. Brubaker, G., D. L. Ford, and J. Smith: Bioremediation of Organic Constituents in Soil and Groundwater," National Groundwater Association Short Course, Boston, MA., July 1993.
30. U.S. EPA, *Groundwater Currents*, No. 38, December 2000.
31. McKenna, Conner & Cuneo, *Pesticide Regulation Handbook*, Executive Enterprises Publications Co., Inc., 1987.
32. U.S. EPA, *Development Document for Effluent Limitation Guidelines for the Pesticide Chemicals Manufacturing—Point Course Category*, April 1978.
33. Ford, D. L.: Private Communications, Unpublished.
34. U.S. EPA: *The Pesticide Manufacturing Industry—Current Waste Treatment and Disposal Practices*, 12020 FYE 01/72, 1972.
35. National Academy of Science, Committee on Research in the Life Sciences on the Committee on Public Policy, 1970.
36. U.S. EPA and TRW Systems Group: "Assessment of Industrial Hazardous Waste Practices, Organic Chemicals, Pesticides, and Explosives Industry," April 1975.
37. Pontius, F., et al.: "Regulation Perchlorate in Drinking Water," AWWA, Division of Environmental Chemistry Preprints, vol. 39(2), August 1999.

38. Cox, E., et al.: "Regulation Perchlorate in Drinking Water," AWWA, Division of Environmental Chemistry Preprints, vol. 39(2), August 1999.
39. Coates, J., et al.:, "Regulation Perchlorate in Drinking Water," AWWA, Division of Environmental Chemistry Preprints, vol. 39(2), Southern Illinois University, August 1999.
40. Catts, J., et al.: ,"Regulation Perchlorate in Drinking Water," AWWA, Division of Environmental Chemistry Preprints, vol. 39(2), Harding Lawson Association, August 1999.
41. Logan, B., et al., Penn State University, "Regulation Perchlorate in Drinking Water," AWWA, Division of Environmental Chemistry Preprints, vol. 39(2), August 1999.
42. Toxfaqs Fact Sheet, September 1995.
43. Verschueren, K.: *Handbook of Environmental Data on Organic Chemicals*, Von Nostrand Reinhold, 1983.
44. Toxfaqs Fact Sheet, September 2001.
45. Ward. C. H., James Baker Professor, personal communication, Rice University, February 2008.
46. Tischler, L. F.: personal communications, January & February, 2008.
47. American Society of Civil Engineers: "Sulfide in Wastewater Collection and Treatment Systems," ASCE Manuals and Reports on Engineering Practices No. 69.
48. Parson of Puerto Rico, *Conceptual Design for odor Control, Barceloneta Regional Treatment Plant*, July 1999.
49. Water Pollution Control Federation, *Manual of Practice* (OM-4, Operations & Maintenance).
50. Roberts, P., C. Munz, and P. Dandliker: "Modeling Volatile Organic Solute Removal by Surface and Bubble Aeration," Eq. 10, p. 159, *Journal WPCF*, vol. 56, No. 2, February 1984.
51. Patterson, J.: *Industrial Wastewater Treatment Technology*, 2d., 1985.

15

減廢與水再利用

15.1 簡介

在過去的四、五十年，工業的減廢（waste minimization）、再利用（reuse），甚至是評估與執行「零排放」（zero discharge）的概念已有不同程度的成功。有不同因素賦予工業園區許多誘因，使業者努力實現減廢、再利用，並儘可能做到零排放，包括：

1. 監督管理。排放許可證提高放流水處理品質要求的標準，並開拓再利用的項目。
2. 進流水的供應有限／成本高昂，造成最大化減廢／水再利用。
3. 經濟成本效益提供水回收的誘因，儘量減少廢棄物的殘留物比處置更符合成本效益〔資源保育和回收法（RCRA）中，有害廢棄物原料與產物的回收就是一個很好的例子〕。

本章主要討論水回收、減量、零排放等較具吸引力的概念。

15.2 水回收與再利用

雖然水回收與再利用可能無法成為一個工業園區中最主要或唯

一的目標，但它卻是在整體減廢與零排放綜合過程中的第一步。

就定義而言，水再利用（water reuse）是指利用先前已使用過的水於其他用途，而水回收（water recycle）是指將相同的水重複使用一次或多次以上，並同時積極推行節約用水。例如，早在1969年的一項研究發現，德州的工業在排放廢水前，會再利用或回收進流水五次之多。[1]

根據定義，水回收或再利用的迴流比（recycle ratio）可以量化，定義如下：

$$迴流比 = \frac{無法回收之所需淡水攝入量}{回收或再利用之實際淡水攝入量}$$

（每次每加侖實際被回收的水量）

依據不同的工業類別，這些比率可能有所不同，取決於各種迴流接收器在程序上的配置、處理標準、水質公差。[1,2]

水再利用的限制 [3]

要注意的是，工業環境中的水再利用涉及從過程中的不同點回收水。這些使用通常涉及水分蒸發，也意味著鹽濃度會增加。當使用於冷凝塔或洗滌水時，各種替代方案可用來減低這些高導電性水的影響。這些措施包括化學腐蝕抑制劑、使用旁流軟化、安裝不同的冶金等。

然而，隨著工業排放許可證中放流水整體毒性試驗的問題，任何一項再生水的計畫都必須包含再生水對毒性的影響。許多工業設施被要求使用淡水生物，如大水蚤（*Daphnia* magna），進行放流水毒性試驗。廢水中的高濃度鹽分會使微生物的滲透壓增加，因此，廢水中會產生化合物或重金屬鹽度水平之間的拮抗作用。「水質標準報告」指出，使大水蚤喪失活動力的氯化鈉固定閾值濃度約在 2100 和 6100 mg/L 之間。其他鹽類如氯化鉀，則可能是符合毒性關鍵的鹽分。

提高水的再利用會導致廢水中的鹽度增加。如前述，含鹽量或

15 減廢與水再利用

其他保守的成分增加可能影響回收，除非增加薄膜或其他類似的程序。此外，在某些州以濃度為基礎的限制，如加州煉油廠硒含量的限制，約束了節約用水與再利用的選擇。

水再利用與廢水處理廠放流水

來自工業、都市或聯合廢水處理廠（wastewater treatment plants, WWTPs）的放流水再利用之做法已行之有年。來自公有處理廠（POTWs）以及甚至和工業成分合流的（尤其是遵循排放到 POTW 之前的工業前處理標準）的再利用放流水有一種潛在優勢，因為其鹽含量〔總溶解固體物（TDS）〕較低。然而，隨著改善的水資源管理與薄膜程序如逆滲透、微濾（microfiltration）等類似技術使用的日益增加，工業廢水的再利用處理程序變得更為可行。來自 WWIPs 的放流水再利用可以在廣泛的類別中進行，如圖 15.1 所示。[4]

決策程序 [5]

在分析備選系統與回收/再利用方面，最近制定的決策過程標準為：

- 它對環境有極大優點嗎？
- 它會帶來經濟利益嗎？

這些是決策過程中合乎邏輯的標準，而對經濟有益（economically beneficial）的問題會比對環境有益（environmentally superior）的問題更容易量化。

第一個合乎邏輯的步驟是對整個工業園區制定其工廠範圍內的水平衡。在經濟效益的調查階段中，下一個合乎邏輯的步驟是分析當前的廢水收集系統，以確定有機物/無機物、油性/非油性、溶鹽濃度的高低、有害/無害、金屬/非金屬等採集系統分離的參數。估計改善收集系統所需的成本——為了滿足某成分於水再利用/回收的品質標準所需的單元處理——並計入原水使用量及監督成本的減少與其他經濟利益，可以建構出必要的經濟分析和定義。

803

工業廢水污染防治

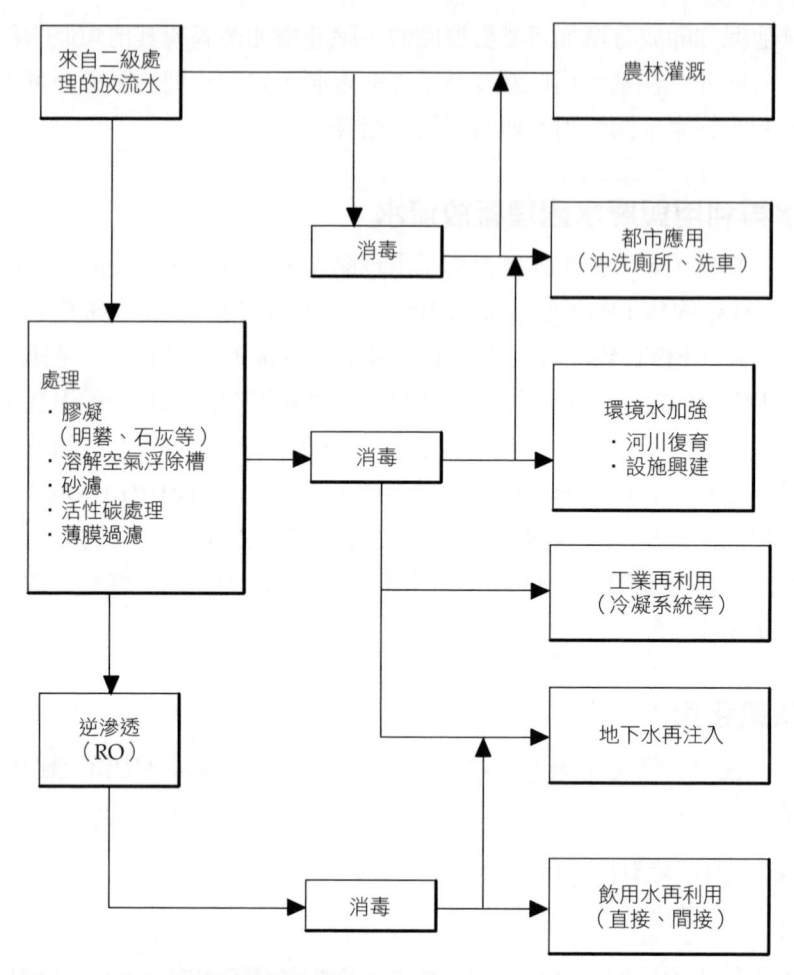

```
來自二級處理的放流水 ──────────────────→ 農林灌溉
       │         │                    ↑
       │         └──→ 消毒 ──┬────────┘
       │                     │
       │                     ├──→ 都市應用
       │                     │   （沖洗廁所、洗車）
       ↓                     │
   處理                      │
   ・膠凝                    │
   （明礬、石灰等）          │
   ・溶解空氣浮除槽 ──→ 消毒─┼──→ 環境水加強
   ・砂濾                    │   ・河川復育
   ・活性碳處理              │   ・設施興建
   ・薄膜過濾                │
       │                     ├──→ 工業再利用
       │                     │   （冷凝系統等）
       ↓                     │
   逆滲透                    ├──→ 地下水再注入
   （RO）                    │
       │                     │
       └──────→ 消毒 ────────┴──→ 飲用水再利用
                                   （直接、間接）
```

◯ **圖 15.1　廢水處理廠放流水再利用**

此概念的簡化說明，如圖 15.2 所示。一旦基於可處理研究、程序工程、設備選擇、物質平衡等的程序流程圖確定後，(A)、(B) 與 (A-B) 之間詳細的成本分析即可導出。如基於系統使用壽命的資金攤銷等成本分析可以定義何為「對經濟有益」。這種分析當然有較無法量化的組成部分，如訴訟風險、公共關係與監管的影響，但這些都可以依個案，依成本估算程序另作權衡。

　　標準定義對環境優越的部分，比起自然法則或者嚴苛的經濟

減廢與水再利用 15

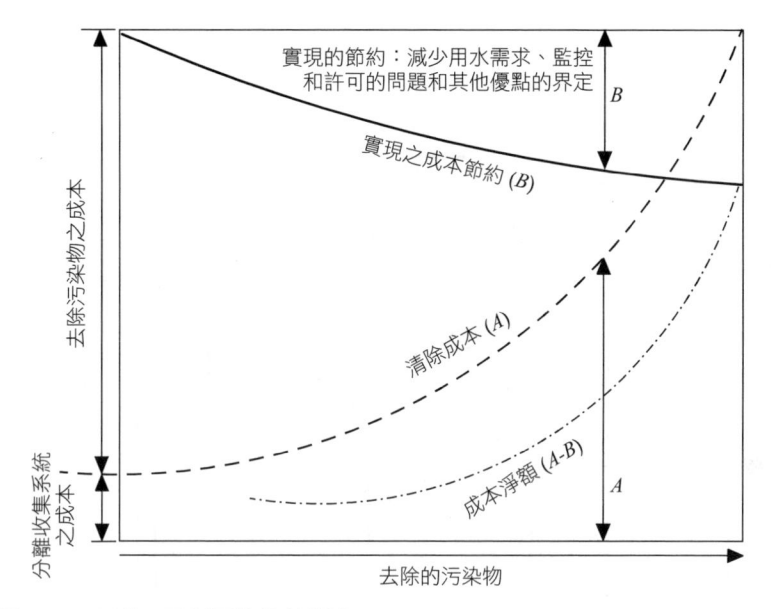

◯ 圖 15.2　回收 / 再利用的決策概念

(圖內標示：去除污染物之成本、分離收集系統之成本、實現的節約：減少用水需求、監控和許可的問題和其他優點的界定 B、實現之成本節約 (B)、清除成本 (A)、成本淨額 (A-B)、A、去除的污染物)

預測更複雜、詮釋更主觀，且更需受制於使用法規。人們賴以維生的生物圈是由自然環境中無限量媒介拼湊而成的，包含土壤、空氣和水體。表面上，環境優越的定義已經微妙地在二十世紀下半演變成為受法規驅動的方式，如水質標準（1965 年）、環境影響（1969 年）、清淨空氣規定（1970 年）、清潔水許可證（1972 年）、主要飲用水標準和地下水注入管制（1974 年）、有害廢棄物的定義與防治（1976 年、1984 年）、場址清理（1980 年）、地下油槽管控（1984 年），還有至今所有相關的立法修訂與重新授權。

歷史案例

　　有許多的歷史案例讓水回收與再利用的概念變得很實際。早期水回收的先驅有一些來自煉油業。圖 15.3 顯示一個沒有進行回收的典型煉油廠流程圖。[1,2] 在這種配置下，每生產一桶油，煉油廠通常要消耗約 20 到 45 gal 的水（初次透過冷凝水與無煉焦）。基於美國環境保護署（EPA）石油煉製放流水指引，國家消除污染

工業廢水污染防治

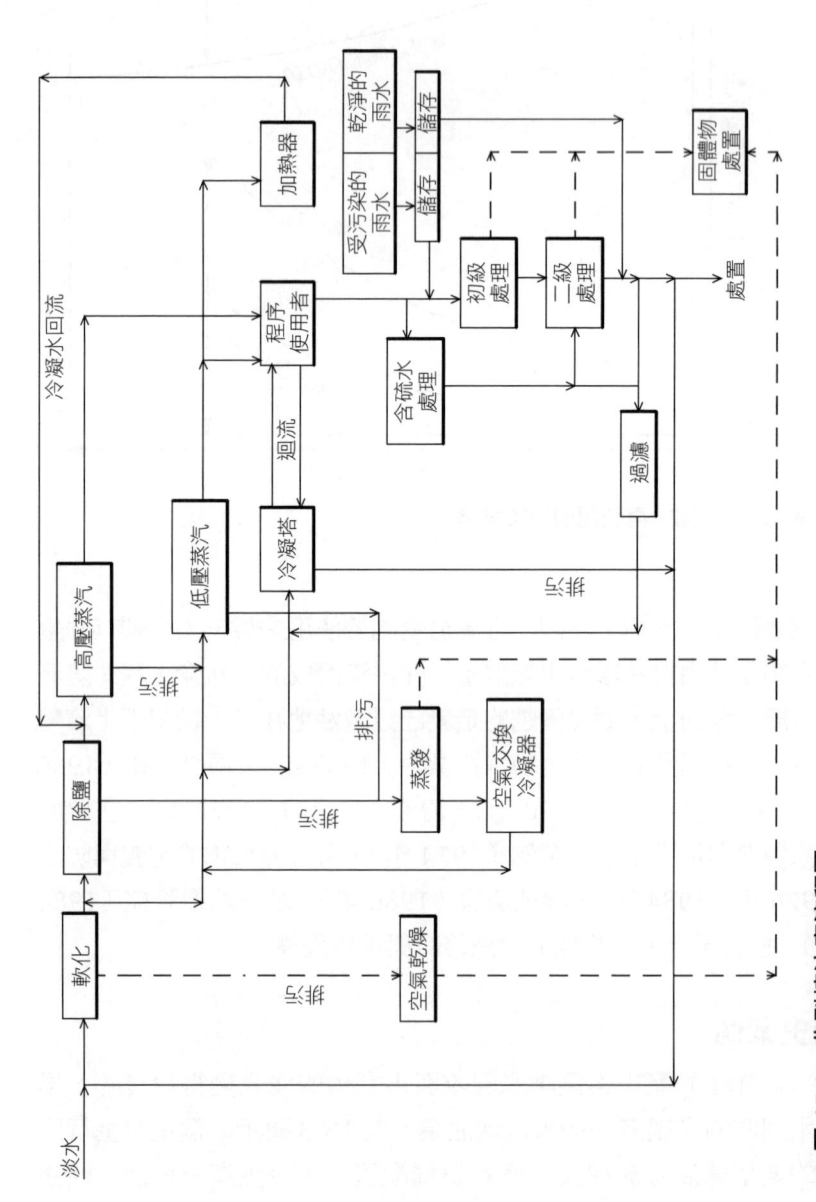

圖 15.3 典型煉油廠流程圖

806

減廢與水再利用 15

排放物系統（National Pollutant Discharge Elimination System, NPDES）規範對於當前可行的最佳可實行控制技術（BPT）、新污染源執行標準（new source performance standards, NSPS）與最佳可用處理（best available treatment, BAT）。[6] 由於這些規範限制了每天污染物的磅數（雖然有些許可證也包括濃度限制），水流是隱性的，是依降低放流水量時增加的可容許的放流水濃度，如生化需氧量（BOD）與化學需氧量（COD）濃度來計算。儘管這個監管誘因是針對水回收與降低放流水量，也可以基於鹽分集結與可能性污水毒性問題，限制經處理後之污水的再利用，如同前一節中已討論過的。例如，列於表 15.1 中某些工業用水品質容許範圍，說明水再生可能性的減少，主要限制在可允許的溶解固體物。這使得在水再生之前必須用到像是薄膜程序、離子交換、活性碳、過濾等一些組合程序，以使再利用和減廢達到最大化。

表 15.2 中列出從選定石油煉製程序產出的典型物質。廢水流來自煉油廠內各種來源，如表 15.3 所示。

因此，在發展能夠將回收/再利用最大化的單元處理程序前，需要先了解這些個別水流的特性，以及個別水流、總水流或不同水流組合所需要的處理。

基準 [7]

基準（benchmarking）是比較煉油廠與其他煉油廠的效能的方法。使用基準資訊，煉油廠可以從其他煉油廠學習更好的做法，努力實現成為「同業中的模範」。以下是一系列表格，提供從全球 20 多個煉油廠蒐集到的基準數據。表 15.4 提供由環境工程顧問（Environmental Consultants and Engineers）制定的基準資訊，其中顯示幾個關鍵廢棄物類別原油的百分比或每桶容量之典型範圍。

以上數據中涵蓋的廢水包括：
- 脫鹽設備排污。
- 程序廢水。

表 15.1　工業用水的品質容許範圍

水的使用	濁度	耗氧量	溶氧	pH	硬度	鈣	氯化物	溶解固體物	懸浮固體物	鐵和錳	氧化鋁	二氧化矽	碳酸	碳酸氫	氫氧化物	硫化重	氨氮
鍋爐給水																	
0-150 psi	20	15	1.4	8.0+	80			500-3000			5.0	40	200	50	50	5.0	
150-250 psi	10	10	0.1	8.4+	40			500-2500			0.5	20	100	30	40	3.0	
250-400 psi	5	4	0	9.0+	10			100-1500			0.05	5	40	5	30	0	
>400 psi	1	3	0	9.6+	2			50			0.01	1	20	0	15	0	
冷凝水	50			6.5-7.5		100	250	1300	3	0.5	5.0			275			1

減廢與水再利用 15

表 15.2　依選定之石油煉製程序所產出的典型物質

程序	空氣排放	程序廢水	生成的殘留廢棄物
原油脫鹽	加熱器煙道氣體（CO、SO_x、NO_x、碳氫化合物和顆粒物）、溢散性排放（碳氫化合物）	流量 = 2.1 gal/bbl 油、H_2S、NH_3、酚、高濃度的懸浮固體物、溶解固體物、高 BOD、高溫	原油／脫鹽污泥（鐵鏽、黏土、沙、水、乳化油和蠟、金屬）
常壓蒸餾 真空蒸餾	加熱器煙道氣體（CO、SO_x、NO_x、碳氫化合物和顆粒物）、通風口和溢散性排放（碳氫化合物）、蒸汽噴射器（碳氫化合物）排放（CO、SO_x、NO_x、碳氫散逸性碳氫化合物）	流量 =26.0 gal/bbl 油、H_2S、NH_3、懸浮固體物、氯化物、硫醇、酚、pH 值偏高	通常在這類情況下，很少或根本沒有剩餘的廢棄物產生
熱力分餾／減粘裂解	加熱器煙道氣體（CO、SO_x、NO_x、碳氫化合物和顆粒物）、通風口和溢散性排放（碳氫化合物）	流量 = 2.0 gal/bbl 油、H_2S、NH_3、苯酚、懸浮固體物、高 PH_2 值、BOD_5、COD	通常在這類情況下，很少或根本沒有剩餘的廢棄物產生
煉焦	加熱器煙道氣體（CO、SO_x、NO_x、碳氫化合物和顆粒物）、通風口和溢散性排放（碳氫化合物和顆粒物）	流量 =1.0 gal/bbl 高 pH 值、H_2S、NH_3、懸浮固體物、COD	焦炭粉塵（碳粒子和碳氫化合物）
觸媒裂解	加熱器煙道氣體（CO、SO_x、NO_x、碳氫化合物和顆粒物）、溢散性排放（碳氫化合物）和催化劑再生微粒	流量 =15.0 gal/bbl 高濃度的石油、懸浮固體物、氰化物、H_2S、NH_3、高 pH 值、BOD、COD	廢催化劑（來自原油和碳氫化合物的金屬）、來自靜電除塵器的廢催化劑粉末（鋁矽酸鹽和金屬）
加氫裂解法	加熱器煙道氣體（CO、SO_x、NO_x、碳氫化合物和顆粒物）、溢散性排放（碳氫化合物）和催化劑再生	流量 =2.0 gal/bbl COD 值偏高、懸浮固體物、H_2S、相對水平的 BOD	廢催化劑粉末（來自原油和碳氫化合物的金屬）
加氫處理／加氫製程	加熱器煙道氣體（CO、SO_x、NO_x、碳氫化合物和顆粒物）、通風口和溢散性排放（CO、NO_x、SO_x）	流量 =1.0 gal/bbl H_2S、NH_3、高 pH 值、酚、懸浮固體物、BOD、COD	廢催化劑粉末（鋁矽酸鹽和金屬）
烷化	加熱器煙道氣體（CO、SO_x、NO_x、碳氫化合物和顆粒物）、通風口和溢散性排放（碳氫化合物）	低 pH 值、懸浮固體物、溶解固體物、COD、H_2S、發硫酸	瓦解烷基化污泥（硫酸或氟化鈣、碳氫化合物）
異構化	加熱器煙道氣體（CO、SO_x、NO_x、碳氫化合物和顆粒物）、通風口和溢散在光綠兩端（潛藏在光綠兩端碳氫化合物）HCl	低 pH 值、氯鹽、鹼洗、相對較低的 H_2S 及 NH_3	瓦解氟化鈣污泥進而產生氯氫化、氯化物）

809

表 15.2　依選定之石油煉製程序所產出的典型物質（續）

程序	空氣排放	程序廢水	生成的殘留廢棄物
聚合	以硫化氫鹼洗	H_2S、NH_3、鹼洗、硫醇和氨、高 pH 值	含磷酸的廢催化劑
催化重組	加熱器煙道氣體（CO、SO_x、NO_x、碳氫化合物和顆粒物）、溢散性排放（碳氫化合物）、催化劑再生（CO、NO_x、SO_x）	流量 =6.0 gal/bbl 高濃度的油、懸浮固體物、COD 值相對較低的硫化氫	來自靜電除塵器的廢催化劑粉末（矽酸鋁和金屬）
溶劑萃取	溢散性溶劑	石油與溶劑	很少或沒有產生殘餘廢棄物
脫蠟	溢散性溶劑、加熱器	石油與溶劑	很少或沒有產生殘餘廢棄物
丙烷脫瀝青法	加熱器煙道氣體（CO、SO_x、NO_x、碳氫化合物和顆粒物）、溢散性丙烷	石油與溶劑	很少或沒有產生殘餘廢棄物
Merox 處理	通風口和溢散性排放（碳氫化合物和二硫化合物）	很少或沒有產生廢水	廢 Merox 鹼溶液、廢油與二化合物的混合物
廢水處理	溢散性排放（H_2S、NH_3、碳氫化合物）	不適用	API 分離器的污泥（酚類、金屬和石油）、化學沉澱污泥（化學凝固劑、石油）、DAF 浮渣、生物污泥（金屬、石油、懸浮固體物）、廢石灰
氣體處理和硫回收	來自排氣孔及尾氣所排放之 SO_x、NO_x 與 H_2S	H_2S、NH_3、胺、Stretford 解決方法	廢催化劑
混合	溢散性排放（碳氫化合物）	很少或沒有產生廢水	很少或沒有產生殘餘廢棄物
熱交換器清洗	定期溢散性排放（碳氫化合物）	產生含油廢水	熱交換器污泥（石油、金屬及懸浮固體物）
儲存槽	溢散性排放（碳氫化合物）	來自受污染產物槽所排出的水	槽底部的污泥（鐵鏽、黏土、沙、水、乳化油和蠟、金屬）
排放及燃燒塔	來自廢氣燃燒塔及溢散性排放的燃燒產物（CO、SO_x、NO_x 和碳氫化合物）	很少或沒有產生廢水	很少或沒有產生殘餘廢棄物

資料來源：*Assessment of Atmospheric Emissions from Petroleum Refining*, Radian Corp., 1980; *Petroleum Refining Hazardous Waste Generation*, U.S. EPA, Office of Solid Waste, 1994.

減廢與水再利用 15

➡ 表 15.3　各種來源的典型排放比

單元操作	總廢水流量的百分比
脫鹽	23%
含硫污水	10%
苯氣提塔	5%
處理單元	23%
冷凝塔排污	33%
鍋爐排污	2%
其他各種來源	4%

➡ 表 15.4　依類別區分之基準數據

類別	單位	範圍
廢水	Gal/bbl	10-30
含硫污水	Gal/bbl	1.1-6
鹼渣	Gal/1000 bbl	2-12.2
污水	原油的 %	~0.5

- 過量的含硫污水。
- 槽底沉澱物與水（bottom sediments and water, BS&W）。
- 冷凝塔排污。
- 鍋爐排污。
- 雨水。

　　含硫污水的基準範圍變化很大，取決於煉油廠的操作複雜性。同樣地，廢鹼溶液數據差別也很大，取決於煉油廠對於「胺」處理的水準。

　　典型煉油廠廢水流量之範圍，如表 15.5 所示。

　　表 15.6 顯示煉油廠內水流的 COD 最高負荷量。

　　一個常見用來評估煉油廠的基準是每單位原油產能的廢水流量。圖 15.4 為來自許多煉油廠的數據比較圖，顯示煉油廠可能減少的污水流量範圍。有管理完善的水平衡系統的煉油廠，其每桶原油產能的數據點低於 15 gal 的廢水放流水。如前述的每桶原

811

➡ 表 15.5　廢水流量的範圍

類別	總流量百分比
含油廢水	10-20
脫鹽放流水	10-15
冷凝塔排污	10-15
含硫污水	5-15
雨水	5-10
原水處理	5-10
鍋爐排污	3-10
槽底沉積物與水	1-10
壓艙水	1- 5
其他	15-30

➡ 表 15.6　典型污染物負荷

類別	COD (mg/L)
槽底沉積物與水	>1000
脫鹽放流水	500-1000
含油廢水	500-1000
鹼渣	>20,000
含硫廢水	200-600

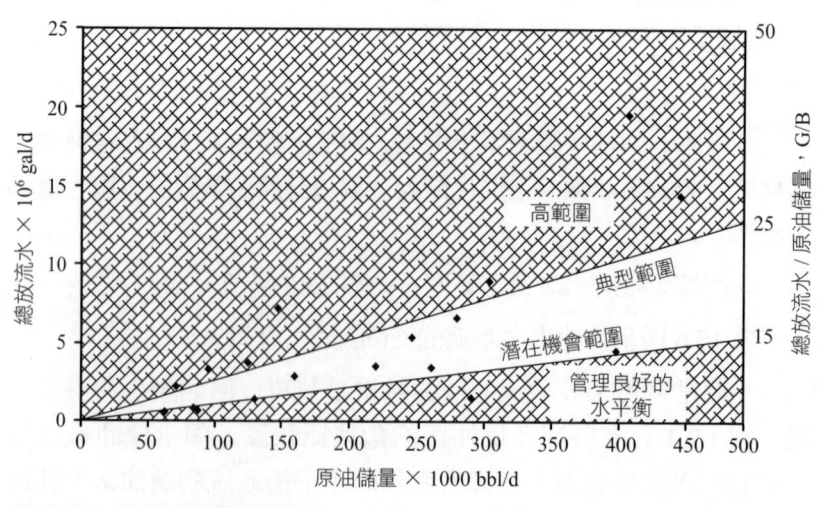

◯ 圖 15.4　廢水流量數據基準

減廢與水再利用 15

油產能確切的放流水流量，將取決於再利用的限制，這限制是根據受許可證限制所影響的濃度累積潛力與最大總排放限制（total maximum discharge limitations, TMDLs）。

最適合石油煉油廠的水回收與再利用以及來源減量的方式如下，但不僅限於此：

1. 使用經由污水處理廠處理後的家庭污水，作為工業園區內冷凝塔補給之用。
2. 在實際的採集系統中分離低 TDS 處理流（如凝析油），儲存/處理，並作為脫鹽裝置、冷凝塔裝置、鍋爐裝置、消防水，以及/或沖洗水等用途之使用水。從不同處理單元回流的冷凝水通常不需進行處理，因此可減少設備水的需求及減低再生系統的排放。冷凝流具有低 TDS，也可能可以能量回收。
3. 儘可能從未受污染的地區截取或採集最大量的降雨逕流，例如停車場與未利用之相鄰土地（已成為嚴重污染的程序領域，其雨水逕流通常受控於路肩或邊溝，然後送至廢水處理程序）。這可以是龐大的淡水來源，可以很容易地使用於脫鹽裝置、消防水、冷凝塔裝置，而且經過簡單的處理後，並可以作為製程用水與鍋爐補充水。這種水可以儲存在大型水庫、儲水槽或其他可隨時取用的蓄水池。其儲存量應該儘可能達到最大化。

所有的工業用地皆可開發雨水逕流管理計畫，累積「乾淨」的低 TDS 雨水逕流作為重要的水再生資源。一個雨水逕流良好的應用可以是收集、儲存，並作為消防水池使用。通常，作為消防用水所需的水品質比其他用途要寬鬆不少。大部分雨水逕流管理系統建立於三個基本技術上，即：

1. 乾淨與污染地區的隔離。
2. 地表逕流的儲存（水庫或其他蓄水區）。
3. 工業園區內到再利用點的路徑控制。

通常以 10 年暴雨設計作為設計基礎（此為 10 年發生一次的統計預測，以某一特定位置之降雨量作為基礎）。一個特定時間內的累計逕流與一個給定位置且以 10 年統計數據為基礎的風暴設計，如圖 15.5 所示。依據不同再利用點的各種泵率，泵率曲線與累積質量曲線中最大垂直距離的差異，即為所需的儲存區域。圖 15.6

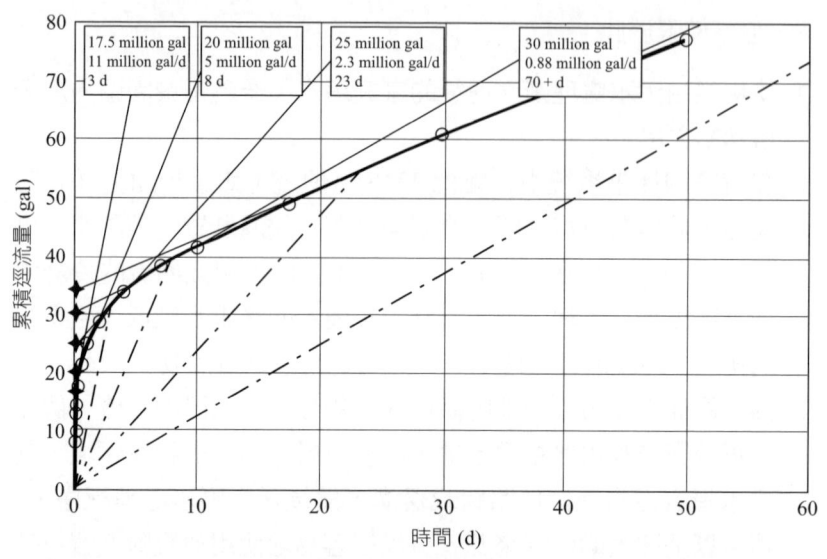

○ 圖 15.5　以 10 年統計數據作為基礎的暴雨設計，其儲存量與處理率的權衡

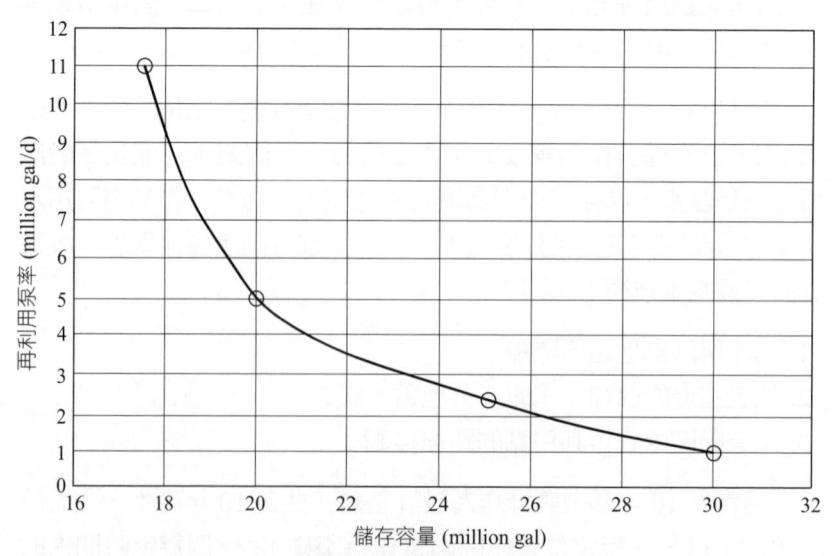

○ 圖 15.6　預測再利用水可用量與逕流儲存的需求

減廢與水再利用 15

說明再利用泵率與相對應的儲存需求。[8]

一份強調水再利用與回收概念的綜合報告提出材料再利用的模型,能判定水再利用規劃方案中失去與最佳再利用的情況。這個模型用來確定德州帕薩迪納市(Bayport工業區,墨西哥灣沿岸廢棄物處置管理局)的一個大型工業園區的成本和節約用水。根據此種模型的應用,其放流水水質與流速數據表,如表15.7所示。[9]

15.3 減廢──RCRA 有害廢棄物議題

隨著1980年所頒布的RCRA規定,減廢又有了更新且更為重要的意義。RCRA指定的有毒廢棄物依照表15.8所列的七種路徑方式,可以被指定為一種或多種路徑。由於指定的有害廢棄物處置成本比非有害廢棄物代價高10倍或更多倍以上,減少有害廢棄物的產生對工業園區來說是個重要誘因。減廢可以用許多方法來實現,取決於生產程序與是否能以符合成本效益的方式降低有害殘留物的產生。

RCRA廢棄物的回收和再利用是使材料可豁免於RCRA規範的方式中較具吸引力的方法之一,否則這些物質會被視為有害廢棄物。可由RCRA規範豁免的例子包括(40 CFR 261):

1. 在工業製程中使用或再利用材料,前提是材料不被回收(材料會被視為「回收」材料,如果它被處理或再生後恢復成有用的產品,如回收電池裡的鉛,或廢溶劑的再生,像是在蒸餾器中回收廢三氯乙烯)。
2. 使用或再利用材料作為商業產品的有效替代品。
3. 在不被回收的前提下,材料被回歸至它一開始產生的原始程序(材料被送回成為原材料的替代品)。

藉由回收來管理的材料,不被列為「固體廢棄物」,因此也不屬於RCRA中C法規範疇,但有以下的例外:

1. 材料使用的方式構成處置,或者用來產出的產品皆用於土地。
2. 材料作為燃料燒掉,進行能量回收。

815

➡ **表 15.7** Bayport 設施的放流水水質與流量數據（由墨西哥灣沿岸廢棄物處置管理局提供）

產業	流量 (1000 gal/d)	TOC (mg/L)	TSS (mg/L)	TDS (mg/L)
1	176	137	126	11,408
2	138	2248	299	776
2	120	440	147	1608
2	91	675	106	556
3	300	22	66	488
4	86	18	72	284
6	993	375	1619	10,220
6	99	215	2657	7176
5	447	347	190	19,312
5	91	3011	244	18,384
5	363	1930	29	4204
5	134	2223	212	41,020
5	947	484	105	904
5	282	431	60	1240
5	149	146	256	740
5	55	1695	795	2324
5	81	3869	257	8960
7	255	46	50	536
7	292	454	99	4148
7	113	202	1895	4236
8	172	83	49	244
3	465	26	34	1468
4	980	22	14	1948
6	932	3218	1287	36,708
5	145	32	29	2388
5	802	1439	75	1336

說明：
1 農藥與農業化學品
2 化學品與化學配方
3 循環性有機原油、中間物、有機染料、顏料
4 工業用氣體
5 工業用有機氣體
6 工業用無機化學品
7 塑膠原料、合成樹脂、非硬化彈性體
8 合成橡膠

減廢與水再利用 15

➡ **表 15.8　RCRA 的有害廢棄物路徑**

1. 特徵：可燃性 　　　腐蝕性 　　　活性 　　　EP 毒性（TCLP）	D001-D017
2. 非特定來源的有害廢棄物	F001-F028
3. 特定來源的有害廢棄物	K001-K136
4. 廢棄產品、不合規格的材料、漏油殘渣、容器的殘餘物	P001-P122
5. 廢棄的商業產品、不合規格的種類、中間物	U001-U228
6. 混合物標準——如果所列之廢棄物與其他廢棄物混合，則該混合物為有害	
7. 衍生規則——處理、儲存或處置有害廢棄物時所產生的殘渣，亦為有害廢棄物	

3. 可預計會累積的材料。
4. 本質近似廢棄物的材料（這些材料包括一直受 RCRA 規範的有害廢棄物）。

　　這些法規與豁免很複雜，很難弄清楚到底哪些動作或哪些廢棄物可有豁免資格。為了降低不確定性，EPA 發布了針對特定的生產程序與廢棄物的規定。因此從業人員或其顧問需要建立清楚的法律認知，以便能採取不但合法且技術上也可行的成功的減廢計畫。大家應該與主管機關保持聯繫，以確定聯邦政府的表述是否適用。

　　藉由替代處理或利用回收排除以減少有害廢棄物的幾個例子如下：來自氯乙烯單體蒸餾器底部的底部物回收，含豐富的含氯化合物；當作饋料的相關含氯化合物產品的再處理；輕型製造程序中的溶劑與沖洗水再利用；在可能的情況下使用有機溶劑替代品，例如洗滌劑；皂性或毒性較低的醋酸型溶劑；用化學回收方法從定影液回收金屬，如電解回收電池或離子交換樹脂；藉由如逆滲透的薄膜處理，降低鹽水流至不超過 200 $\mu m/cm$（約 118 ppm TDS）之比電導率，並用在冷凝塔。再利用來自煉油廠 WWTPs-API〔美國石油協會（American Petroleum Institute）〕分離器底部、溶解空氣浮除等所列出的油性廢棄物於煉焦原料或煉焦急冷補給水等的可能性應可考慮。

15.4 零放流水排放與經濟概念

自然法則（如熱力學第二定律）宣稱零排放是不可能的，但是在技術上實現「零放流水排放」是可行的。目前對零放流水排放的追求已經超越了「最大化回收/再利用/減廢的傳統方法，以降低排放至環境中僅比零污水排放稍多的工業殘留物」。

圖 15.7 說明了這個概念。[5,10,11] 技術可行的處理過程之資金成本與處理後的水質之間有直接關係。例如，如果 NPDES 的許可證允許只經過二級處理放流水品質（進階生物處理與可能有的後段過濾），則會產生成本「A」。如果要用到如活性碳般額外的處理，將開發更多再利用的可能性，那麼成本「B」有可能因此更節省（經處理後的水每單位可以經由使用壽命攤銷資金計算出典型的成本，再加上相關操作及維護成本除以水的處理量）。若其他單位依次加入，像是薄膜處理、離子交換等，使得成本超過因節約用水所能省下的費用，那麼可以計算出附加費「C」。然而，儘管對環境的的排放量低，極有可能比最初萃取時的品質更差。若還是繼續採取額外的步驟去除所造成的鹽類，如無毒的深井處置、機械式蒸氣再壓

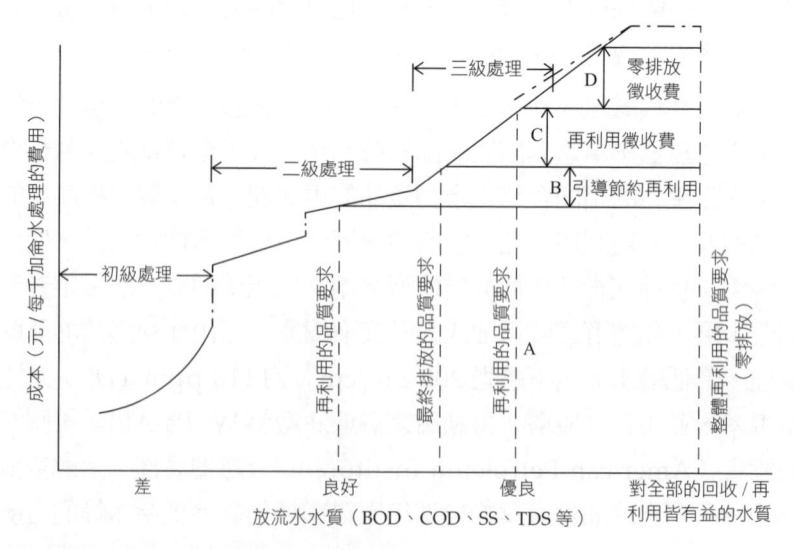

◯ 圖 15.7　成本與放流水水質之關係

減廢與水再利用 15

縮蒸發，或太陽能池等等，那麼附加費「D」可以達到零排放。而「D」與「C」的比較可以被用在決策過程，以達到或接近「零放流水排放」。如果真的做到了零排放，在消除監測成本與有利宣傳方面都大大有好處。在最後的分析，零放流水排放的目標基本上是受到經濟和觀感的推動，而不是為了符合法令。

15.5 歷史個案

台塑，德州康福港 [12]

台塑主要生產氯、鹼、有機化工與塑料。它位於靠近德州墨西哥灣海岸拉瓦卡灣（Lavaca Bay）的工業區目前價值數十億美元。它包括兩個烯烴廠、苛性鹼-氯離子交換膜廠、二氯化乙烯廠、兩個高密度聚乙烯廠、兩個聚丙烯廠、乙二醇廠、二氯乙烷廠、低密度聚乙烯廠、熱電廠，以及 VCM/PVC（氯乙烯聚合物／聚氯乙烯）廠。原始廢水透過管線供應，為此和拉瓦卡納維達河管理局簽了長期合約。該工廠位於卡爾霍恩郡導航區大宗散裝液體的港口旁。廠房的擴建和水資源的限制導致台塑積極進行對於水再利用、減廢、零排放的評估。

雖然污染物零排放是聯邦淨水法的目標，EPA 對於工業類別從未實施零排放的要求，包括塑料製造商在內。相反地，EPA 著眼在減少污染物排放。事實上，塑料工業的全國排放標準並不要求台塑目前正在進行的三級處理。設置這種設備是因為拉瓦卡灣水質的潛在問題，試圖確保不會發生承受水體品質的惡化。

零排放技術的歷史

零排放技術的歷史是一個演進的過程，從原始的太陽能蒸發池進步至先進的薄膜與機械式蒸發程序。此演進過程中產生了各種不同的可實現零排放的方案。以下方案包含關於零排放應用的節約用水及再利用領域可用的一些「工具」。

1. 太陽能池（solar ponds）：整個演進過程始於太陽能池。它在

819

1960 年代和 1970 年代成為受歡迎的零排放方法，因為有些電廠被要求要將其排放從承受水體中去除。然而，太陽能池已不合時宜，因為施工成本過高，以及無法收回蒸發掉的水。這些費用是土地面積對水池要求的結果。水池大小取決於出現於冬季的最小蒸發率。由於有實務與經濟方面的限制，現在太陽能池已被鹵水濃縮機取代。

2. 旁流軟化（sidestream softening）：零排放演進的下一階段是旁流軟化。在此程序中，會添加石灰和蘇打粉使可能結垢的物質沉降，如鈣、鎂、矽。旁流軟化普遍適用於冷凝塔排污水，以防止塔內結垢。這讓冷凝水集中在冷凝塔，從而減少或消除冷凝塔排污水。若完全沒有排污水則表示達到了零排放。拉勒米河發電站（Laramie River Power Station）就是這樣一個例子。

3. 鹵水濃縮機（brine concentrator）：旁流軟化後的演進階段是鹵水濃縮機。對於像是電廠放流水般的含高溶解固體物廢水而言，這是受歡迎的排放方式，主要是因為鹵水濃縮機可以控制規模。此外，鹵水濃縮生產高品質的餾分水流，可以回收和再利用。然而，若流量大的話，鹵水濃縮有可能非常昂貴，因為會需要大量的能源。許多營運商會利用再生的餾分水，以抵銷能源高成本。常見於鹵水濃縮是零排放系統主要組件的情形中。

4. 廢水冷凝塔（wastewater cooling towers）：目前廢水冷凝塔已演變成為一個公認的零排放的方法。這些塔可以用來代替或補充鹵水濃縮機，利用廢熱作為能量來源。廢水冷凝塔會蒸發廢水，使其濃縮，因此作用類似鹽水濃縮機。要實現廢水冷凝塔零排放可以透過蒸發大量的廢水。這種蒸發量需要一個操作於高濃度週期的冷凝塔。幸運的是，旁流軟化可用來控制潛在的積垢和腐蝕。

5. 分級高循環冷凝程序（staged high recycle cooling process）：比廢水冷凝塔更進階的演進是有專利的分級高循環冷凝程序。此程序的特色是藉由兩個串聯冷凝塔，第一個冷凝塔將廢水軟化排出並傳送至第二個冷凝塔。此技術使得冷凝水回收量更高，化學品更少，進而達到零排放。分級高循環冷凝程序的一個運作實例是在北加州的 Signal/Shasta 電廠。

6. 逆滲透（reverse osmosis, RO）：在零排放的演進過程中，逆滲透扮演相當重要的角色。它使用半透膜去除溶解固體物，以改善水質作為工業再利用。逆滲透儘管耗能，卻是個成熟的技術，能夠產生高品質的滲透水流作為其他應用的處理用水。排出水流約為總流量的 10% 至 20%，依初始濃度不同而異；它主要為鹽類的濃縮，需要合適的處理方法。薄膜品質、薄膜壽命的延長及其他逆滲透相關技術的提升，讓它逐漸成為具吸引力的處理系統。

零排放技術已經演進到能將給定的廢水分為兩種主要的殘留物。殘留物可能是高品質的滲透水／餾分水流，或是濃鹵水／排出水流。乾淨的滲透水／餾分水流被回收。鹵水會被送至結晶器進一步將之濃縮，直到溶液中的固體物沉降出來，只留存乾鹽。接著乾鹽會在安全的掩埋場進行處置。鹽的深井處置可被使用作為一種替代方法。這樣的注入井通常是無害的，加快許可程序。

零排放技術的工業應用

新零排放技術演進的同時，並不一定表示之前的方法過時。相反地，技術可以做不同的結合應用，以達到零排放。適當組合可能創造一個更有效率的零排放系統。華盛頓州阿迪市的西北合金公司（Northwest Alloys, Inc.）就是一個很好的例子。它的零排放系統採用鹵水濃縮機來減少流入太陽能池的廢水流，而濃縮餾分水則被用作冷凝塔裝置水。因此，太陽能池和冷凝塔都因為安裝了鹵水濃縮機而減少負荷。

新墨西哥州普拉亞市的菲爾普斯道奇伊達爾戈冶煉廠（Phelps Dodge Hidalgo Smelter）也採用技術組合以達到零排放。在此應用中，旁流軟化使冷凝塔的循環增加，從而減少排污。鹵水濃縮機回收污水後會進一步減少排放到太陽能池。

另一個零排放技術組合的例證是位於波蘭 Debiensko 市的海

水淡化廠。在1993年8月，該廠建設逆滲透裝置以減少鹵水濃縮程序的廢水負荷。這可以減少蒸發器進流量高達75%，可讓所需蒸發器的尺寸變小，進而減少蒸發所需的能量。

從這些零排放的例子可以很明顯地看出，適當的技術組合可以創建更好的協同作用，使零排放目標成為務實的可達目標。更值得注意的是，儘管面對很多不利的條件，仍有非常多的產業陸續實現了零排放。零排放技術是可用的，端看各家公司要如何面對將這些技術應用到特定的廢水和評估這種努力的成本/效益的挑戰。

台塑研究零排放的可行性

這項研究的最初重點是盡一切可能的辦法來避免工廠將廢水排放至拉瓦卡灣。所考慮的技術有：

- 廢水處理成一個鹽丘。
- 深井灌注。
- 排入人造濕地。
- 用鹵水蒸氣壓縮濃縮來蒸發，並使剩下的鹽結晶。
- 廢水進入工廠回收利用。

請注意，前三項技術嚴格來說並沒有達到零排放的標準，因為它們只是將廢水轉移排放到另一個環境中。更確切地說，它們是零「放流水」排放到拉瓦卡灣。

要決定哪一種方法可以使台塑達到零排放，要先確定廢水的品質，如表15.9所示。廢水樣品採自離開工廠的四個廢水流。這些廢水流的品質和流量如本表所示。

從這些數據中，可以確定的是最終排放（從總合流）含低有機污染物和高溶解固體物，特別是鈉鹽和氯鹽。這些鹽大部分是氯/鹼廠（IEM）的廢棄產品。每天IEM工廠產生的廢水大約含80噸的鹽。由於其高濃度，這個鹽（鹵水）被認為是廢水主要污染物。因此，要達到零排放，鹽必須要顯著降低。

由於氯/鹼廠每天需要消耗超過3400噸鹽以產生氯氣和苛性

減廢與水再利用 15

→ 表 15.9　主要廢水流水質

	有機流 (ppm)	除鹽流 (ppm)	冷凝塔排污 (ppm)	IEM 流 (ppm)	總計 (ppm)
Na^+	3580	485	55	17,180	5356
Cl^-	4570	2230	171	28,920	14,071
Ca^{+2}	0	297	70	1025	259
Mg^{+2}	3	33	10	30	11
HCO_3	1160	0	58	256	609
SO_4^{-2}	821	40	98	7684	1413
TDS (%)	1	0.4	0.05	5.5	1.8
流量 (million gal/d)	3.56	1.22	1.05	1.73	7.56

鹼，因此應該有可能引入回收廢鹵水給氯／鹼廠作為「原料」。關鍵的問題是：「廢鹵水能夠經適當處理後被氯／鹼廠使用嗎？」為了實現這項任務，有兩個問題必須得到解決：

1. 氯／鹼廠所需的鹵水濃度（26%）較廢水濃度（2%）高出許多。
2. 廢水有潛在雜質，進廠前必須予以除去。

要提高廢水中鹵水濃度，不是得去除水分，就是得添加更多的鹽到廢水中。由於在鹵水中加鹽的可行性很低，各種去除水分的技術都被考慮到。以下為兩種考慮的技術：

1. 透過太陽能池或廢水冷凝塔蒸發水分。
2. 透過逆滲透或蒸氣壓縮濃縮鹵水。

為了解決第二項關於廢水中雜質的問題，台塑從全工廠內取得樣品來區別 16 個廢水流的特性。從結果來看，台塑創造了水平衡，以定義整個工廠的廢水流和特點。硫酸鹽被單獨列出為鹵水再利用的主要潛在污染物，因為它可能導致整個工廠內結垢。去垢可以透過氯化鈣沉降。

台塑適當的零放流水排放技術

台塑組合了多種技術以建立零放流水排放系統。零排放系統中的各個組成部分描述如圖 15.8 所示，而圖 15.9 則列出這些系統的

逆滲透：溶液通過半透膜，使溶劑通過它，同時保留溶解固體物流量的程序。在這種情況下，逆滲透是用來濃縮鹵水。

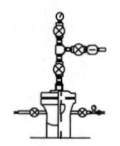

深井灌注：近似零排放的方法。將廢水通過管道注入極深（數英里）的地下。注入廢水返回地面的時間可能是千年以後。

太陽能池：專為蒸發水分進而濃縮廢水之用所設計的人工湖泊。水分的蒸發使其餘的鹵水被濃縮至理想水準（26%）。

廢水冷凝塔：在頂部噴熱水使其凝結成水滴落下的塔。水滴落至冷卻塔底部時會冷卻，而在過程中會蒸發大部分的水。雖然大部分冷卻塔用於冷卻水，此廢水冷凝塔是用來蒸發水分。如同太陽能池，蒸發使餘下的鹵水被濃縮到需要的水準。

硫酸鹽去除：在廢水加入石灰或其他類似物質可造成硫酸根離子的沉降。由於廠的運作限制，如果硫酸鹽要從水中被回收並重新進廠使用的話，它必須從水中去除。

蒸氣壓縮：透過加熱鹵水使水蒸發，然後將水蒸氣冷凝。這使得鹵水濃縮到預期的水準。冷凝水的熱被用來加熱進入系統的鹵水。

◯ **圖 15.8** 零排放的備選技術

示意圖。除了系統 1（無行動替代方案）以外，每個系統皆符合至拉瓦卡灣的零液體排放。此外，這些方案都使用逆滲透來濃縮生物處理後的廢水。最後此廢水會與已事先濃縮的氯/鹼廠鹵水（IEM）流混合，進入下階段的處理。這些系統包括：

- 系統 1：無行動，繼續維持現有的處理與排放（基準線）。
- 系統 2：使用深井處置進行逆滲透。
- 系統 3：使用逆滲透、太陽能池蒸發與硫酸鹽去除，進行廢水回收。
- 系統 4：使用逆滲透、廢水冷凝塔、硫酸去除，進行廢水回收。

減廢與水再利用 15

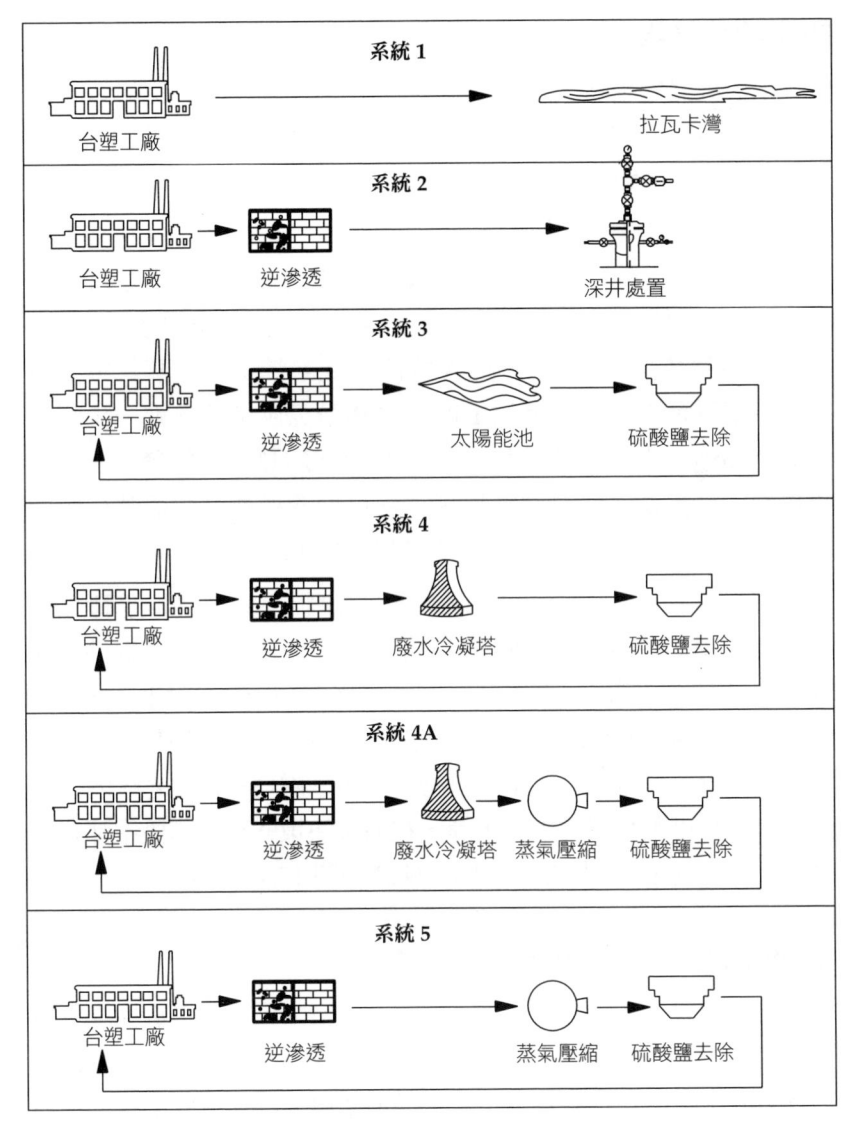

○ 圖 15.9　零排放系統示意圖

- 系統 4A：使用逆滲透、廢水冷凝塔、蒸氣壓縮濃縮及硫酸鹽去除，進行廢水回收。
- 系統 5：使用逆滲透、蒸氣壓縮濃縮及硫酸鹽去除，進行廢水回收。

825

初步評估結果

本研究提供相關技術數據與系統給台塑人員,作為判斷零排放應用的參考。表 15.10 是從作者群的角度根據經濟效益和對環境有益來比較這些系統。[10]

這些都是最先進的技術。然而,廢水冷凝塔是系統 4 中技術不確定性最高的部分。為了滿足氯/鹼廠的需求,水需被濃縮為 26% 鹵水。到目前為止,廢水冷凝塔只曾運作在最高 15% 的鹵水。為了去除這項技術風險,系統 4A 的開發在系統中加入蒸氣壓縮濃縮。冷凝塔會將鹵水濃縮至 15%,然後蒸氣壓縮機會進一步將其濃縮至 26%。此外,冷凝塔內的水需要被加熱才能蒸發,因此必須找到一個熱源。如果廢熱可用,它可以透過熱交換器轉移到廢水。一個獨立的加熱廢水循環可以在塔內促成水的蒸發。

研究的下一步是要估計每個系統在規劃階段的成本,準確性約為 30%。資金成本攤銷時間為 11 年。設備成本可由廠商提供。從現場的汽電共生電廠可知能源成本可定為 3.0 cents/kWh。此系統的成本分析結果與相關環境問題列於表 15.7。雖然這個想法在技術上似乎可行,但是經濟考量、符合目前污水處理與排放系統的優良紀錄、未來可再利用的水資源等,在最後決策的程序階段中都會考慮進去。再利用 - 零排放流程圖,建議如圖 15.10 所示。

水回收對放流水毒性測試的影響

在水回收/再利用計畫完成之前,必須確保放流水毒性許可標準的這些測試物種不會受到不利之影響,因為產生的溶解固體物多寡及構成的比例均可能有變化。一項最新研究評估了此影響。在台塑的案例中,糠蝦(Mycid shrimp)為測試物種,而濃度過高或過低都可能導致毒性的產生。根據建議的回收流量的質量平衡,圖 15.11 預測陽離子與陰離子的範圍。在這個案例中,上述濃度應該不會對生物檢定限制的許可證產生不利之影響。水回收/再利用方案中應包括此類研究,以減少許可證所需毒性試驗發生問題的機會。[13,14]

減廢與水再利用 15

➡ **表 15.10** 可行的零排放替代方案之成本與環境問題綜述（以 1998 年美元計算）

系統編號	描述	資本（百萬美元）	O&M* $/1000 Gal.[†] 從排放中去除	經濟與環境問題 優點	經濟與環境問題 缺點
1	沒有額外行動	0[‡]	$4.15	符合許可證要求 無額外資金成本	未達到零排放標準 必須持續監控成本 必須持續批准成本 當地民眾反對 對於拉瓦卡灣潛在之損害
2	逆滲透併同深井注入	$37.1	$7.12	低能源成本 無額外固體產生或氣體之排放 技術成熟	潛在的負面輿論 持有容量或備用油井 水流失於井中 大量資金投入
3	逆滲透併同太陽能池與硫酸鹽去除	$164.9 ($72.9)[§]	$18.92	符合零排放標準 低耗能 具有 $CaSO_4$ 的副產物回收潛力	貧瘠的鹽湖造成大量的土地損失 技術尚未經過全面的證實 大量的化學物質投入系統 充滿變數的鹵水品質可能會影響生產
4	逆滲透併同廢水冷凝塔及硫酸鹽去除	$29.6	$12.27[¶]	符合零排放標準 具有 $CaSO_4$ 的副產物回收潛力	大量的化學物質投入系統 在 26% 的鹽分濃度情況下，技術尚未經過證實
4A	逆滲透併同廢水冷凝塔和蒸氣壓縮濃縮機併同硫酸鹽去除	$35.5	$11.05[¶]	符合零排放標準 廢水回收不會遺留在大氣或油井中 技術成熟 具有 $CaSO_4$ 的副產物回收潛力	能源需求高 大量的化學物質投入系統 產生的大量污泥需要處置
4A	逆滲透併同蒸氣壓縮濃縮機和硫酸鹽去除	$33.2	$13.27	符合零排放標準 技術成熟 具有 $CaSO_4$ 的副產物回收潛力	能源需求高 大量的化學物質投入系統 產生的大量污泥需要處置 大量資金投入

* 包括現有處理系統的 4.15 美元。
[†] 1 美元／每千加侖，代表台塑的成本每年將近 700,000 美元。
[‡] 現有廢水處理的初步投資約為 4,000 萬美元。
[§] 非內襯型池塘。
[¶] 假設「廢水」熱能可收回提供加熱之用。

工業廢水污染防治

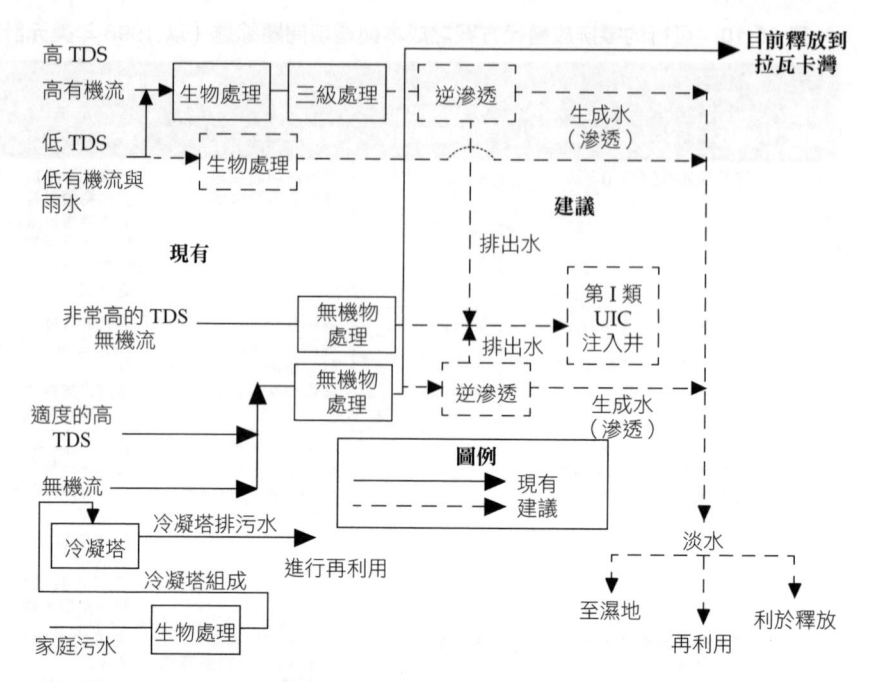

○ 圖 15.10　建議的再利用 - 零排放流程圖

糠蝦毒性的潛在性

- 離子濃度大量不足或過量可引發糠蝦的毒性條件—— Pillard, et al. (2000)
- 適用於 FPC 的主要離子如下所示，包括最終放流水的濃度範圍

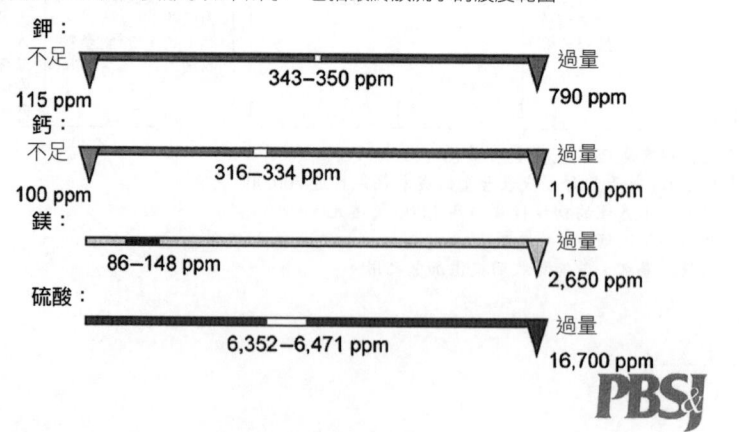

鉀：
不足 115 ppm　　343–350 ppm　　過量 790 ppm

鈣：
不足 100 ppm　　316–334 ppm　　過量 1,100 ppm

鎂：
86–148 ppm　　過量 2,650 ppm

硫酸：
6,352–6,471 ppm　　過量 16,700 ppm

○ 圖 15.11　糠蝦潛在的無機物毒性之影響

15.6 總結

零排放、零放流水排放、現有技術及法規衝突的概念顯然相當複雜。然而，這些可以概括如下：

1. 零放流水排放與自然法則間互不衝突（「理論」上的零排放亦同），且對於特定產業及地點，零排放可以達到環境友善與經濟有利的雙重目標。
2. 有不同的技術可以實現這一目標，但必須明智地選擇、進行必要的測試、仔細地設計、適當地估價和有效地運作。
3. 某些化學殘留物可以注入 UIC 第 I 類或第 II 類無害井內，或用替代方法處置，從而實現「零放流水排放」。
4. 將選定廢棄物注入深井，按 UIC 法規讓其孤立於固定範圍的地下層可以是廢水處理系統的一個可行與重要的部分。決定是否使用深井應該按地點及是否有技術優勢而定。有時其他的替代方法可能更適用於特定地點。
5. 某些特定的法規需要有長期的再評估機制，使大家願意不斷改善對環境有益及對經濟有益的廢水處理系統的設計。
6. 零放流水排放還可能有很多額外的好處，如減少原水的需求量、根據現有許可證擴建廠房的可能性、降低不符合排放標準的風險、減少監督成本，以及更好的公眾觀感。此外，在乾旱時期，它也可以提高廠用水供應的安全性。這是一個改善環境／成本有利的決定。

15.7 問題

15.1. 一個工業區的原水供應含 500 ppm TDS。水需求為 12 million gal/d。污水回流至同一水源的 TDS 標準為 1500 ppm。流至最終端處理廠的水流量估計為 4 MGD。處理場進流水設計特性為：

平均設計流量	4.0 million gal/d
BODs	500 ppm
COD	3560 ppm
TDS	3150 ppm
油脂	650 ppm
TSS	350 ppm
苯	180 ppm
總氯化烴	250 ppm

1. 建立詳細的程序流程圖（process flow diagram, PFD），包含滿足的 NPDES 許可證所必需的單元處理：

BODs	50 ppm
COD	700 ppm
TSS	<10 ppm
TDS	1500 ppm
苯	<3 ppm
油脂	<10 ppm
總氯化烴	20 ppm

2. 若由於水的限制使得放流水流量必須減少 20% 至 40%，但依舊能符合標準的話，該如何在處理廠內達成？請顯示修訂後的 PFD 以實現 20% 至 40% 範圍的回收。

3. 根據所需要的放流水參數，評估這個單元程序的組合配置。所需的最低單元程序包括下列但不局限於此：

   - 好氧生物處理。
   - 活性碳。
   - 研磨放流水。
   - 逆滲透或平衡。

參考文獻

1. Eller, J., D. Ford, and E. F. Gloyna: *"A Review of Water Reuse in Industry,"* Presented at the AWWA Meeting, San Diego, California, May 19–22, 1969.
2. Carnes, B. A., J. Eller, and D. L. Ford: "Integrated Reuse-Recycle Treatment Processes Applicable to Refinery and Petrochemical Wastewaters," American Society of Mechanical Engineers, Bulletin 72-PID-2, New York, 1973.

3. McIntyre, J. P.: *Industrial Water Reuse and Wastewater Minimization*, BetzDearborn, Inc., Horsham, Pa, 1998.
4. GESAP Sanitation Program, Internet, http://net21.gec.jp/GESAP/themes/themes2.html.
5. Ford, D. L.: "Zero Discharge and Environmental Regulations, The Toxic Release Inventory and Natural Laws," *Environmental Engineer*, vol. 32, no. 4, October 1996.
6. EPA Clean Water Act as Amended, 47FR46446, 1982, as amended, 1985.
7. Venkateh, M., and T. Pellerin: "Source Minimization Techniques and Concepts for Petroleum Refineries," *Environ. Conf.*, ENSR International, Dallas, September 2005.
8. Ford, D. L., and J. M. Eller: "An Evaluation of Storm Runoff Management," unpublished report, 2000.
9. Nobel, C. E., D. Allen, and D. R. Maidment: "A Model for Industrial Water Reuse—A Geographic Information Systems (GIS) Approach to Industrial Ecology," Center for Research in Water Resources, The University of Texas at Austin, 1998.
10. Matson, J., D. Tiffin, J. McLeod, and B. Jordan: "Zero Discharge Technology, a Case Study," *EPA Region III Waste Minimization Pollution Prevention Conference for Hazardous Waste Generators*, Philadelphia, June 3–5, 1996.
11. Ford, D. L.: "A Case History of Environmental Evolution in a Complex Chemical Plant," *DeLange Woodlands Conference*, Rice University, Houston, March 3–5, 1997.
12. Ford, D. L., J. Blackburn, and K. Mounger: "Wilson-Formosa Zero Discharge Agreement," Unpublished, July, 1994.
13. Pillard, D. A., D. L. DuFresne, J. E. Caudle, and J. M. Evans, "Predicting the Toxicity of Major Ions in Seawater to Mysid Shrimp (*Mysidopsis Bahia*), Sheephead Minnow (*Cyprinodon variegatus*), and Inland Silverside Minnow (*Menidia beryllina*)," *Environmental Toxicology and Chemistry*, Vol. 10, *Annual Review*, 2000. Setac Press, Printed in the USA.
14. Jensen, Paul, Horne, J., Lahr, E., Hyak, John, and Ford, D., "How Knowledge Gained in Toxicity Testing Can Help in Water Conservation." Paper presented at SETAC Regional Conference, Houston, Texas, May 16, 2008.

16 超級基金處置場址反應成本的分配

16.1 簡介及文獻回顧

處置場址或工業生產區域的多方使用者之間的環境清理費用的公平分配，是環境工程師/科學家目前所面臨較具爭議性的議題之一。潛在關係者（potentially responsible parties, PRPs）明顯地希望儘量縮減被分配到的費用，因此糾紛和後續訴訟的潛力可觀。這不僅適用於超級基金場址〔當程序進入國家緊急應變計畫（National Contingency Plan, NCP）時，潛在關係者要設置聯合答辯團體〕，也適用於國家超級基金、資源保育和回收法（RCRA）以及自願清理方案，它們都需要修正以符合特定數值或風險基礎的標準。

依據污染物的物理、化學和生化性質，以及其在環境中的行為，成本的分配可能極為複雜。更糟糕的是，許多場址皆缺乏歷史資訊，特別是在全面性環境應變補償及責任法（CERCLA）以及 RCRA 的施行條例制定的 1980 年以前就已開始運作的場址。此外，對於分配計算並沒有一致公認的準則或公式。

因此，本章的目的是概述作者群已經在先前的分配方案中應用的幾種方法,並提出相應的文獻和參考資料,有益於尋找到一個公平分配的模式。然而,人們應該認識到,每個分配方案都是獨特的,且必須具備足夠的靈活度,以一併考量基礎工程和科學原則及場址特定因子。

諷刺者會說(伴隨著某些正當性),如果真的分配合宜,那麼沒有任何潛在關係者會滿意。分配者可能以此類較悲觀的方式開始運作,不過運作的方法是以科學和事實為基礎,此有助公平且充足的紀錄足以抵禦同行的評論,甚至可在談判、仲裁或訴訟過程中反敗為勝。

數種文獻資料提供分配程序的出發點。最早的方法之一是由Harry LeGrand 所發展,他研發了一個估算處置場址潛在污染的系統。[1] 他併入五項場址特定因子,包括地下水位位置、吸收、滲透、梯度、距離,並換算成點數系統,以量化潛在污染。此方法由EPA修改在其地表蓄水評估(Surface Impoundment Assessment, SIA)手冊,且進一步於統一評分系統修正而用於空軍設備整治方案。[2] 額外的背景資訊和方法被引用於一次未成功的CERCLA修正案中,其中概述整併性的方法及許多可靠度議題、超級基金分配原則的專家報告[4]及分配過程的經驗,稱為高爾因子(Gore factor)。[5] 高爾因子包括相關有害物質的數量、危害程度、各方參與的程度,以及代表方的關心程度。[3] 這些因子皆方向正確,但顯然過度簡單,因為缺乏技術性的量化。伯恩海姆(Bernheim)專家報告提出「純體積分配」和「加權廢棄物強度分配」,以毒性、移動性和物理狀態作為輸入數字,解決了部分的問題。[4]

最近一宗法院意見部分採用由伯恩海姆概述的原則。[6,7] 法院意見可整理如下:

- 用數學精密計算體積和毒性對反應成本(response costs)的範圍是不可能的。
- 反應成本的一半將分配給廢棄物流(wastestreams),主要是由於其體積。

16 超級基金處置場址反應成本的分配

- 反應成本的一半將分配到高強度廢棄物流，主要是由於其毒性。

法院進一步承認，分配中的「毒副作用」（toxicity side）最有可能影響國家優先名單（NPL）的場址布置和 EPA 整治措施的選擇。為了進一步量化評分方法上「毒副作用」的分配，他們請了一間公司來發展計分模式，使用毒性、移動性、成分（相對濃度）、物理狀態（液體、污泥或固體）作為關鍵元素。[7] 當應用於先前進行的分配時，作者加入持久性因子和中期的資本改善評分到列表中，並在後續討論。

這些和其他分配方法已由 Ford 總結，見表 16.1。[5]

16.2 成本分配原則

接下來討論相關成本分配的主要原則。

➡ 表 16.1 清理分配方法的適用性

分配方法	適用性
體積／重量	當廢棄物長期以來都有類似特質，且至少有一些歷史紀錄時適用。
操作時間	當整個問題發生期間，在操作上或生產模式上沒有重大改變時適用。如果可以定義某些「操作時期」時，也可調整。
生產歷史	如果可以預計每單位生產的殘留物時適用。
危害性或毒性權重因子的程度	難以量化，但如果關鍵殘留物在 EPA 列表為有害或有毒時則可適用。至受體的途徑，包括衰減、遲滯、和／或自然去除／減少等因素，應加以考慮。
污染源鑑別及分配	當區別的時間線可用生產模式、原料或產品特性、使用的添加劑，或其他依時間所記載之特性定義時適用。
整治驅動分配	當所需的整治方法被歸因於選定的污染物及污染源的這類污染物可被適當地定義時適用。直到整治措施定案後，才會展延分配的決議。
溢漏、重大溢漏、災難性事件	當溢漏、重大溢漏或其他事件可被文件化和合理量化時適用。持續全面性地觀察一般正常操作所產生的殘留物皆符合法規和標準。
污染團（plume）評估和按比例分配	當地下污染團可合理界定且可歸因污染源時適用。當有多重潛在污染源和藉由過度插值法定義污染團時較不適用。

體積、重量、操作時間的紀錄

對於不同的業主、操作者或出租人而言，體積、重量和操作時間的紀錄顯然是個起點。最簡單的計算乃基於場址的使用紀錄（圖 16.1(a) 所示）。如果在整個分配體制的管制氛圍、生產或使用的模式和生產量均類似，為了成本分配的目的，則可直接利用使用百分比或體積/生產百分比（如圖 16.1(b) 所示）。

這極有可能是過於簡化，主要是因為：

- 更為嚴格的管制氛圍，特別是從 1970 年到現在，意指隨著時間的推移，被污染的環境變少；也就是說，老舊、無管制的「髒亂」年代 vs. 最近規範下的「清潔」年代。
- 在整個分配體制，生產分配和量不斷改變，「每單位產品產生的污染或殘留物」也是如此。
- 在分配體制期間，可能已注入改善環境的資本支出。加上某些特定污染的「老化」效應和外包的場外（off-site）處置，應一併考量在內，在整體分配過程中作為加分。

更複雜且公平的分配包含廣泛的研究和文件審查。現場隨著時間所產生的殘留物應作為起點。它的計算是根據生產率、所產生的固體和液體廢棄產物，以及這類殘留物的現場或場外受體，或者也包含工業園區或場外處置區域。為了行政、整治和成本分配的目的，這些廢棄物的貯藏場所通常可區分為操作性單元或固體廢棄物管理單元（solid waste management units, SWMUs）。

以下範例為三間不同精煉公司所使用之石油精煉場址於數據蒐集階段的逐步程序，並於 16.4 節中詳細討論。

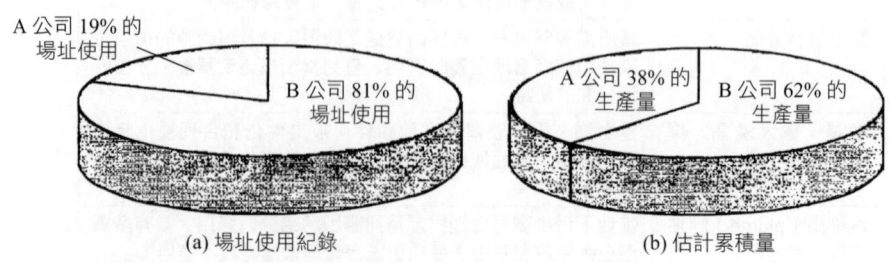

(a) 場址使用紀錄　　　　　　　　　(b) 估計累積量

⊃ **圖 16.1**　以所有權或生產量為基準的分配

超級基金處置場址反應成本的分配 16

- 蒐集隨著時間的生產率,如煉油廠的原油生產量,如圖 16.2。
- 估計同一期間的放流水流率,如圖 16.3 所示。

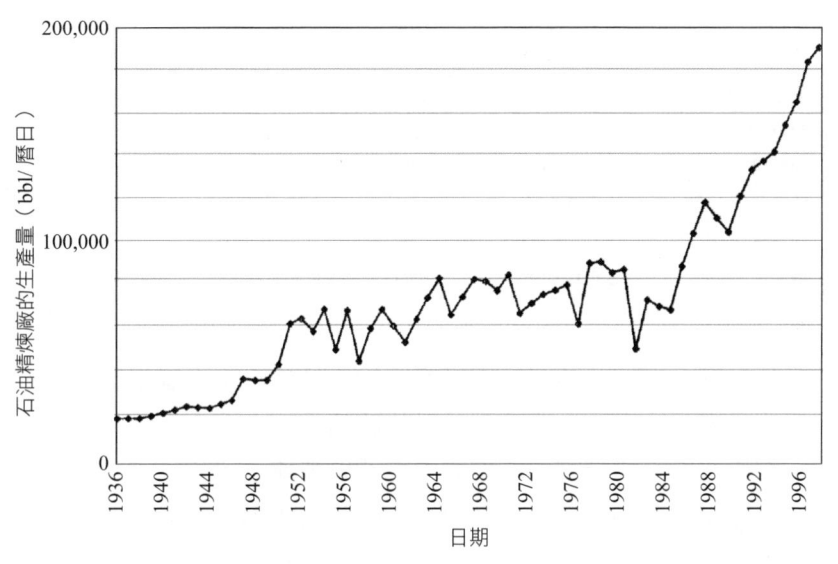

◯ 圖 16.2　石油精煉廠的生產量

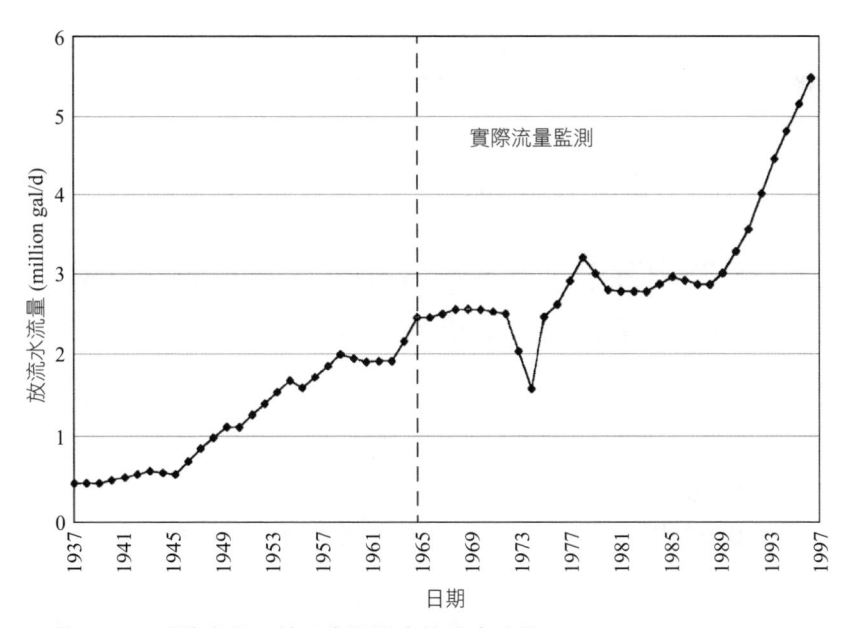

◯ 圖 16.3　精煉廠的估計和實際廢水放流水流量

➡ 表 16.2　定義時間區間內估計的石油精煉廠廢棄污泥產生量

固體廢棄物類型	產量	總量百分比	產生頻率
API 污泥	1,148,500	34%	6-8 年的週期內 3 單位
冷卻塔污泥	83,300	2%	2-5 年的週期
槽底	243,963	7%	10 年內產生有變動
廢水污泥	1,332,800	39%	氧化塘去除 2-3 年的週期
廢鹼液	228,327	7%	定量現場中和
廢酸液	103,168	3%	HCK 在 HX 管現場中和
油氣蒸汽分離	261,000	8%	不頻繁
磷酸催化劑	0	0%	隔月
總和	3,401,058	100%	

- 估計同一期間所產生的固體廢棄物，例如放流水流相關的污泥等。表 16.2 顯示一個產量估計的範例。
- 如果可行，估計在一定期間內從現場被運送到公共或商業廢棄物處置場址的比例（運送聯單、廢棄物清單、卡車司機的證詞等）。
- 試圖量化運送場外的廢棄物之起源，如圖 16.4 所示。

　　舉例而言，商業、工業和都市處置設施在其營運期內將收受來自多重潛在關係者的許多不同殘留物。因此，必須對這些貢獻者各自的「內容」進行評估。

　　「內容」的範例詳見表 16.3。

16.3　污染物選擇、移動性、毒性、持久性、內容和物理狀態——多重場外貢獻者

　　有各種方法可量化反應成本的驅動者，像是污染物的選擇、移動性、毒性、持久性、內容和物理狀態。先前作者已應用的一種方法，以表 16.4 所示的形式開始。此範例應用於運送廢棄物流至共同處置場址的場外貢獻者。此方法是推薦的分配公式的基礎，描述如下：

16 超級基金處置場址反應成本的分配

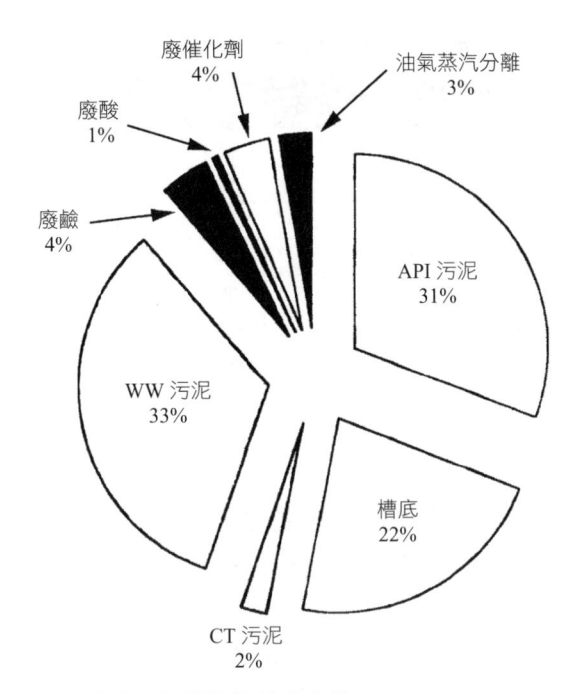

○ 圖 16.4　清運至場外處置設施的估計廢棄物

➡ 表 16.3　來自多重潛在關係者的大量污泥貢獻

當事方	貢獻的總磅量 (%)	處置數量 (1000 lb)
潛在關係者 A	42.5	1,546
潛在關係者 B	1.7	62
潛在關係者 C	0.7	24
潛在關係者 D	1.1	40
潛在關係者 E	16.2	587
潛在關係者 F	33.0	1,199
潛在關係者 G	2.6	93
潛在關係者 H	2.2	81
	100.0	3,634

1. **選擇目標成分**：此範例中，以潛在毒性作為分配目的的基礎，選擇 12 項有機和無機成分（包含有害成分，其濃度在目標場址被檢測出超過法規標準或行動等級）。被選定的成分列於表 16.5。

839

➡ **表 16.4　清運至場外處置設施的估計廢棄物**

廢棄物來源	貢獻百分比
廢鹼	4%
廢酸	1%
廢催化劑	4%
油氣蒸汽分離	3%
CT 污泥	2%
WW 污泥	33%
API 污泥	31%
槽底	22%

2. **計算各目標成分的組合移動性、毒性，以及持久性因子**：構成目標成分的移動性因子，包括水溶性（在液相中移動的能力）、吸附親和力（吸附於固相的效應）、揮發性（根據成分的蒸氣壓，從溶液氣提而出的相關能力）。此例中，估計吸附力為 80%，揮發性則為溶解度的 20%。分配給 12 種成分的權重因子及按比例分配的方式是主觀的，但以個人的工程和科學經驗、文獻和最佳的專業判斷為基礎。這些數字顯然可以依分配者的要求而進行調整或改進。每個目標成分的組合移動性因子，是溶解度權重因子，加上 80% 的吸附因子與 20% 揮發性因子的總和。

3. **計算每個目標成分的組合毒性 / 移動性 / 持久性因子（tox/mob/per）**：此因子的計算方式乃將組合移動性因子和毒性因子相加，然後乘以持久性因子。藉由表 16.5 中的結果範圍，可評估此方法的邏輯。例如，此例中砷的排名最高，因為其超出管制限制（高毒性因子）及其在環境中的持久能力（對生物降解性的阻抗），遠遠抵銷其相較於苯、二氯乙烷和二氯乙烯等相關化合物較低的移動性。

權重因子的發展圖如圖 16.5 所示。

表 16.5 顯示各因子的量化基礎（(a)(b)(c)(d) 和 (f) 欄化為組合毒性 / 移動性 / 持久性因子 (tox/mob/per) (g)），描述如下：

➡ 表 16.5　毒性 / 移動性 / 持久性因子的發展

成分	移動性因子成分							
	溶解度因子 (a)	吸附因子 (b)	揮發性因子 (c)	組合移動性因子 (d)	毒性因子 (e)	持久性因子 (f)	組合毒性 / 移動性 / 持久性因子 (g)
苯	8	8	6	15.6	27	0.2	8.52
氯苯	6	6	6	12	9	0.2	4.2
1,1 - 二氯乙烷	8	8	8	16	3	0.5	9.5
順 -1,2 - 二氯乙烯	8	8	8	16	9	0.5	12.5
乙苯	6	6	4	11.6	1	0.2	2.52
三氯乙烯	8	6	6	14	27	0.5	20.5
甲苯	8	6	6	14	1	0.2	3
1,4 - 二氯乙烯	2	4	2	8	3	0.5	5.5
砷	2	4	2	8	81	1	89
鉻	2	2	2	6	3	1	9
鉛	1	2	2	5	9	1	14
汞	1	1	2	4	9	1	13

註：(a) **溶解度因子**：依據目標化合物在水溫 20℃ 時的溶解度。因子的範圍從 1（溶解度 < 1 mg/L）至 10（溶解度 > 10,000 mg/L）。通常遵循強度描述的順序。
(b) **吸附因子**：依據目標化合物的底泥吸附親和力（sediment adsorption affinity, SAA）。因子範圍從 10（SAA < 10）至 1（SAA > 100,000）。
(c) **揮發性因子**：依據目標化合物的蒸氣壓。因子範圍從 2（VP < 1 mm Hg）至 10（VP > 1,000 mm Hg）。
(d) **組合移動性因子**：計算如下：
　　(毒性因子) + 0.8(吸附因子) + 0.2(揮發性因子)
(e) **毒性因子**：取目標化合物的管制或行動水準濃度的倒數，如欄 (e) 所示是類別性分類，意味著一個相對的「潛在毒性」的強度。
(f) **持久性因子**：依據生物降解性的阻抗。因子範圍從 1.0（相對不可降解）至 0.2（相對可降解）。
(g) **組合毒性 / 移動性 / 持久性因子**：計算如下：
　　([毒性因子] + [組合移動性因子])×(持久性因子)

資料來源：Verschueren, 1983.[8]

- 分類成分的毒性因子以對應的指定清理標準〔地下水、RCRA 毒性特性溶出程序（toxic characteristic leaching procedure, TCLP）〕之倒數為基礎，如表 16.6 所示。
- 溶解度因子以分類成分在水中的溶解度為基礎，如表 16.7 所示。

工業廢水污染防治

```
[廢棄物成分1含量          [成分1組合
 （0.02到10）]    *    毒性/移動性    =    [成分1組合
                      /持久性因子              權重因子]
                      （3到86.6）]

                                              +

[廢棄物成分2含量          [成分2組合
 （0.02到10）]    *    毒性/移動性    =    [成分2組合
                      /持久性因子              權重因子]
                      （3到86.6）]

                                              +

[廢棄物成分3含量          [成分3組合
 （0.02到10）]    *    毒性/移動性    =    [成分3組合
                      /持久性因子              權重因子]
                      （3到86.6）]

                                              =

                                         [成分權重因
                                          子的總和]

                                              *

                                         [廢棄物流的物
                                          理狀態因子
                                          （1到10）]

                                              =

                                         [全部廢棄物流
                                          的權重因子]
```

⊃ **圖 16.5　權重因子發展圖**

超級基金處置場址反應成本的分配 16

➡ 表 16.6　毒性因子發展

成分	成分編號	特定 GW 標準（$\mu g/L$）	1/X	毒性因子
砷	16	0.02	50.000	81
雙 (2- 氯乙基) 醚	13	0.03	33.333	81
氯乙烯	10	0.08	12.500	81
苯	1	0.2	5.000	27
三氯乙烯	8	1	1.000	27
二氯甲烷	6	2	0.500	9
汞	20	2	0.500	9
鄰苯二甲酸二 (2- 乙基己基) 酯	14	3	0.333	9
氯苯	2	5	0.200	9
鉛	19	5	0.200	9
1,2,4- 三氯苯	15	9	0.111	9
順 -1,2- 二氯乙烯	4	10	0.100	9
二甲苯	11	40	0.025	3
石棉	17	N/A	N/A	N/A
1,1- 二氯乙烷	3	70	0.014	3
1,4- 二氯苯	12	75	0.013	3
鉻	18	100	0.010	3
乙醇胺	7	300	0.003	1
乙苯	5	700	0.001	1
甲苯	9	1000	0.001	1

- 吸附親和力因子結合成分的溶解度自然對數和分配特性的自然對數，然後進行分類，如表 16.8 所示。
- 揮發性因子的發展以成分蒸氣壓為基礎，然後分類，如表 16.9 所示。
- 持久性因子以指定成分的相對生物降解性為基礎，以個人經驗和文獻為基礎排序，從 0.2（諸如苯等易於生物降解成分）到 1.0〔諸如較為惰性的重金屬（鉛、砷等）成分〕予以分類。
- 一旦求出毒性 / 移動性 / 持久性因子，接著將每個化合物乘以「物理狀態」因子（液體、污泥、固體，或其中的某些組合），然後乘上每個流或質量的組合「含量」，如表 16.10 所示。物理狀態因子取決於廢棄物場址受體體積或重量應用性的顯著性。

➡ 表 16.7　溶解度因子的發展

成分編號	成分	20°C 時水中溶解度 (mg/L)	溶解度因子
7	乙醇胺	268,000	10
6	二氯甲烷	20,000	10
13	雙(2-氯乙基)醚	10,200	10
3	1,1-二氯乙烷	5500	8
4	順-1,2-二氯乙烯	3500	8
10	氯乙烯	2670	8
1	苯	1750	8
8	三氯乙烯	1100	8
9	甲苯	1000	8
2	氯苯	466	6
11	二甲苯	175	6
5	乙苯	120	6
12	1,4-二氯苯	7.9	2
15	1,2,4-三氯苯	3	2
16	砷	1.3	2
18	鉻	1	2
19	鉛	0.9	1
14	鄰苯二甲酸二(2-乙基己基)酯	0.285	1
20	汞	0.01	1
17	石棉	NIL	1

此運用對每個潛在關係者皆可重複，且分配法也可個別計算。個別的分配取決於組合驅動整治特性、物理狀態或來自每個潛在關係者貢獻者的質量，然後從所有貢獻者的總價值除以該值。

依據所選擇的整治程序應用性，在此所討論的持久性和其他因子可被推算到某種程度。表 16.11 是個良好的範例，可作為選擇上述因子的路徑圖。[9]

此方法中，苯的組合毒性/移動性/持久性因子計算如表 16.5 所示為：

超級基金處置場址反應成本的分配 16

➡ 表 16.8　吸附因子的發展

成分編號	成分	20℃時水中溶解度 (mg/L)	Log Sol ppb	估計 † 估計 * Log P Sed	底泥吸附親和力	吸附 ‡ 親和力因子
7	乙醇胺	268,000	8.4281	0.437	3	10
6	二氯甲烷	20,000	7.3010	1.181	15	8
13	雙(2-氯乙基)醚	10,200	7.0086	1.374	24	8
3	1,1-二氯乙烷	5500	6.7404	1.551	36	8
4	順-1,2-二氯乙烯	3500	6.5441	1.681	48	8
10	氯乙烯	2670	6.4265	1.759	57	8
1	苯	1750	6.2430	1.880	76	8
8	三氯乙烯	1100	6.0414	2.013	103	6
9	甲苯	1000	6.0000	2.040	110	6
2	氯苯	466	5.6684	2.259	181	6
11	二甲苯	175	5.2430	2.540	346	6
5	乙苯	120	5.0792	2.648	444	6
12	1,4-二氯苯	7.9	3.8976	3.428	2676	4
15	1,2,4-三氯苯	3	3.4771	3.705	5071	4
16	砷	1.3	3.1139	3.945	8806	4
18	鉻	1	3.0000	4.020	10471	2
19	鉛	0.9	2.9542	4.050	11225	2
14	鄰苯二甲酸二(2-乙基己基)酯	0.285	2.4548	4.380	23977	2
20	汞	0.01	1.0000	5.340	218776	1
17	石棉	NIL	N/A	N/A	N/A	1

* log P sed = 6–0.66(log sol.)，根據 Verschueren, 1983, p.82-88。
† antilog of log P sed.
‡ 吸附（分配）權重因子的分類，故低吸附親和力可以貢獻高移動性因子。

組合移動性因子 + 毒性因子 × 持久性因子 = 組合毒性 / 移動性 / 持久性因子

$$[\{(8) + 0.8(8) + 0.2(6)\} + 27](0.2) = 8.52$$

雖然欄 (a) 至 (e) 是以成分特性為基礎，不過涉及計算組合因

➡ 表 16.9 揮發性因子的發展

成分編號	成分	蒸氣壓（mmHg）	揮發性因子
10	氯乙烯	2580	10
6	二氯甲烷	349	8
4	順-1,2-二氯乙烯	200	8
3	1,1-二氯乙烷	182	8
1	苯	95	6
7	乙醇胺	75	6
8	三氯乙烯	60	6
9	甲苯	28	6
2	氯苯	12	6
5	乙苯	9.5	4
11	二甲苯	6.6	4
13	雙(2-氯乙基)醚	0.7	2
12	1,4-二氯苯	0.6	2
14	鄰苯二甲酸二(2-乙基己基)酯	NIL	2
15	1,2,4-三氯苯	NIL	2
16	砷	NIL	2
17	石棉	NIL	2
18	鉻	NIL	2
19	鉛	NIL	2
20	汞	NIL	2

子的權重因子較為主觀，可以根據分配者自己的判斷加以調整。

此欄可依據權重因子公式組合：

組合毒性/移動性/持久性因子 = $[\{(a) + 0.8(b) + 0.2(c)\} + e](f)$

16.4　同場址多重貢獻者的分配方法

依據上述加權因子的評分格式，可以合理地應用於多重場外貢獻者的處置場址，但在同一場址的時間範圍內有多重使用者時，必須考慮不同的分配要素。在此方面，作者建議的一個範例涉及從 1930 年代中期營運至今的某大型煉油廠，但整個經營期間分別由

超級基金處置場址反應成本的分配 16

➡ **表 16.10　概念性廢棄物流**

有害成分	毒性 / 移動性 / 持久性因子
苯	8.52
氯苯	4.2
1,1- 二氯乙烷	9.5
順 -1,2- 二氯乙烯	12.5
乙苯	2.52
三氯乙烯	20.5
甲苯	3
1,4- 二氯苯	4.3
砷	86.6
鉻	7
鉛	12
汞	11.2

物理狀態因子		
液體	=	10
污泥	=	6
固體	=	1

	物理狀態因子	廢棄物流的質量	相關廢棄物流評分
組合毒性 / 移動性 / 持久性因子的總和	182　×　5　×	10 tons　×	9097

➡ **表 16.11　整治技術因子選擇指引**

整治技術	影響整治難度的化學性質範例	容易整治的化學物質範例	較難整治的化學物質範例
抽取地下水	溶解度	TBA、苯	苯乙烯、萘
好氧生物降解	氧降解性	苯、甲苯、氯乙烯、TBA	1,1,2- 三氯乙酸
土壤蒸氣抽取	液相揮發性	苯、甲苯、氯乙烯、1,2-DCA	TBA、苯乙烯、萘
熱整治	揮發性	苯、甲苯、氯乙烯	苯乙烯、萘
化學氧化	氧化劑的降解性（高錳酸鹽）	甲苯、氯乙烯	苯、1,2-DCA
開挖	無	無差異	無差異

三間不同的石油公司擁有。個別所有權期間的各種相關問題，必須予以回答，如：

- 煉油廠生產量和程序分配。

- 估計殘留物的產生。
- 法規管制程度。
- 資本改善和環境監督程度。
- 場外處置。
- 先前污染的老化效應。

整治行動計畫指定 15 處以上的 SWMUs，每個 SWMU 都需要單獨分配，因為整治成本會被分配到各單元。如果某 SWMU 對於某公司是唯一，意即在所有權變更前關場，或在單一擁有所有權期間開場或關場，則該公司應被分配 100% 的分配。然而，大多數情況會跨越多重所有權期間，而必須據以分配。

為了發展合理的資料庫，需要進行廣泛的紀錄搜索。這包括（但不限於）來自《石油與天然氣雜誌》(*Oil and Gas Journal*) 從 1930 年代至今的原油生產量資訊、EPA 制定的煉油廠準則、美國石油協會（API）提供的調查數據、技術文件和文本、歷史圖、規範、通訊信件，以及個別所有權者和管制機構的相關資訊等。

一套納入這些資訊以估計時間區間內的每個 SWMU 產生殘留物堆積為基礎的動態模式被開發，主要輸入包括：

- 時間相關的殘留物產量（residual generation）〔化學需氧量（COD）或固體物負荷〕，其建立在每個煉油廠生產量和單位生產量的殘留物產量的基礎上。
- 所經時間的廢水流量，其建立在如每項 EPA 準則、API 調查或實際記錄數據之單位生產量的放流水流量的基礎上。
- 「老化效應」（aging effect），其建立在所經時間的現地污染物生物去除的基礎上。

應用於選定 SWMU 的結果顯示在圖 16.6。[10] 煉油廠的生產率（原油生產量）先被繪出，同時也顯示相關的總固體廢棄物的累積產量。所形成的油廢棄物（如油庫底部、API 分離器的底部、溶解空氣浮除法上浮固體物）則分別繪製，因為它們被儲存在單獨的 SWMU。有數個事件會影響廢棄物的曲線向下，實際上，形同

16 超級基金處置場址反應成本的分配

加分。此情況發生於處理單元的安裝、減少或消除置於場址的殘留物、回收再利用或出售殘留物，或者因為管理和／或經濟因素而將殘留物委託場外處理。例如，根據超級基金在另一處被指定為潛在關係者的目標公司，提出了殘留物被運送場外的證明，因此應從現場分配程序排除。

在地表下隨著時間的有機物生物去除，有些難以估計，但是在此範例中，它是從廣泛的文獻資料、以所考慮的油成分為基礎的作者經驗加以估計。圖 16.6 顯示的淨殘留物估計產量是指派分配的主要依據。此以總量除以每間擁有公司的目標污染物累積量加以計算。

16.5 總結

總言之，在分配過程中考慮技術基礎的方法已被提出。一些主要且基本的分配原則強調如下：

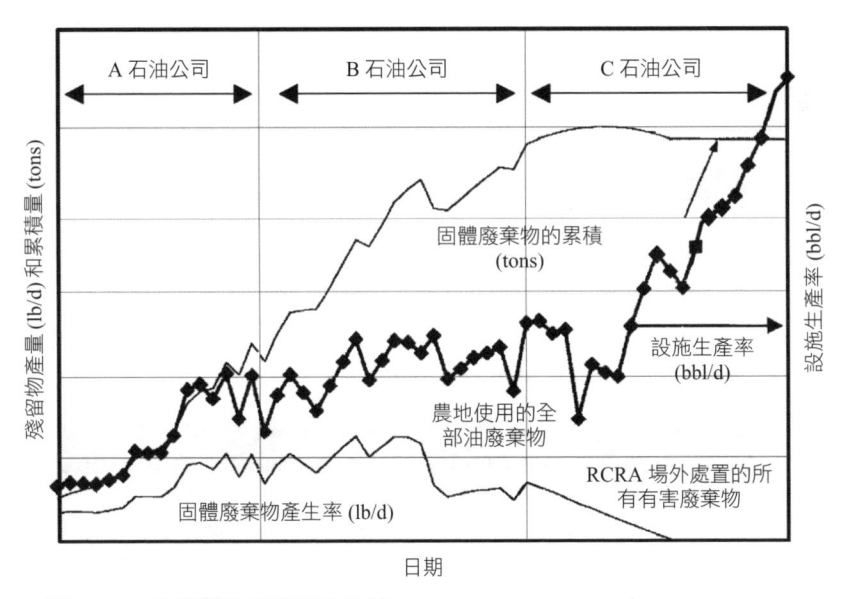

◐ 圖 16.6　生產基準的殘留物估計

- 應該要多花工夫,使用健全的科技概念量化目標化合物的影響。
- 目標化合物的來源和釋放到環境中的日期應深入研究。在缺乏「文件足跡」的情況下,必須應用歷史資料、訪談、商業協會的數據、文獻和其他數據來源,並從法院的角度重建最有可能的情境。
- 應制定可預測相對毒性水準、移動性和持久性的權重因子。這些因子可由分配者依據場址特定資訊而調整。
- 制定責任分配時,應考慮漏油、漏水、生產水準、場外處置、系統升級等特定事件。
- 應深入分析在單一場址或多重場址的最新特徵數據,並使用科學可接受的原則,如指紋圖譜分析、老化效應和來源鑑定,作為追溯應用。

當有需要時,權重因子和殘留物產率的幅度當然可根據現有的資料而調整。因為各自既有的利益,所涉及的單位會爭論其特殊的分配是可理解的。基於這個認知及公平利益,分配者應於過程中併入全部的經驗、資訊、正確的工程和科學原則,以獲得公平的最終目標。

16.6 問題

16.1. 三家大型化工公司都對某超級基金場址有連帶責任,並被指定為唯一的潛在關係者(PRPs)。由 EPA 確定的組成整治「驅動」化學品為苯、氯乙烯、多氯聯苯和汞。基於整治調查的可行性研究(Remedial Investigation Feasible Study, RI/FS),以下數據已確立。

運送量(噸)	潛在關係者 A	潛在關係者 B	潛在關係者 C
苯	8620	15,260	890
氯乙烯	無	1150	3260
PCB1254	1950	無	560
汞	5260	5220	無

16 超級基金處置場址反應成本的分配

解答 EPA 地下水清理標準是（單位為 ppb）：

苯	0.2
氯乙烯	0.06
多氯聯苯（PCBs）	0.008
汞	5.0

使用本章所討論的方法，將清理成本分配到每個潛在關係者。

關鍵成分特性為：

	毒性 * 因子	溶解度 * 因子	吸附 * 因子	揮發性 * 因子	持久性 * 因子	組合移動性 * 因子
苯	5(27)	8	8	6	0.2	
氯乙烯	16.7(81)	8	8	10	0.5	
PCB1254	125(81)	1	1	2	1	
汞	0.2(9)	1	1	2	1	

* 見分類因子，表 16.6。

組合因子 = [{(溶解度因子)+0.8(吸附因子)+0.2(揮發性因子)}+ 毒性因子]×(持久性因子)

苯 [{8 + 0.8(8) + 0.2(6)} + 27]×0.2 = 8.5
氯乙烯 [{8 + 0.8(8) + 0.2(10)} + 81]×0.5 = 48.7
PCB1254 [{1 + 0.8(1) + 0.2(2)} + 81]×1.0 = 82.8
汞 [{1 + 0.8(1) + 0.2(2)} + 9]×1.0 = 10.8

計算組合因子 × 物理狀態

苯	8.5	液體 (10)	=	85
氯乙烯	48.7	泥狀 (9)	=	438
PCB1254	82.8	污泥 (3)	=	248
汞	10.8	污泥 (8)	=	86

潛在關係者評分總和

潛在關係者 A	組合因子	物理狀態	數量		總和
苯	8.5	10	= 85(8620)		732,700
氯乙烯	48.7	9	= 438(0)		0
PCB1254	82.8	3	= 248(1950)		483,600
汞	10.8	8	= 86(5260)		452,360
					1,668,660

潛在關係者 B	組合因子	物理狀態	數量	總和
苯			85(15,260)	= 1,297,100
氯乙烯			438(1150)	= 503,700
PCB1254			248(0)	= 0
汞			86(5220)	= 448,920
				2,249,720

潛在關係者 C	組合因子	物理狀態	數量	總和
苯			85(890)	= 75,650
氯乙烯			38(3260)	= 1,427,880
PCB1254			248(560)	= 138,880
汞			86(0)	= 0
				1,642,410
			總和	5,560,000

分配

潛在關係者 A	$\dfrac{1,668,660}{5,560,000}$	30%
潛在關係者 B	$\dfrac{2,249,720}{5,560,000}$	40.5%
潛在關係者 C	$\dfrac{1,642,410}{5,560,000}$	29.5%

參考文獻

1. LeGrand, H. E.: "System for Evaluation of Contamination Potential of Some Waste Disposal Sites," *J. AWWA*, August 1964.
2. CH2M Hill and Engineering-Science, Inc., *Memo to USAF*, Meeting Summary, June 29, 1981.
3. *United States v. A & F Materials Co., Inc.*, 578 F. Supp. 1248, 1256 (S.D.Ill. 1994). 4. Bernheim, D. D.: Expert report "Superfund Allocation Principles," United States v. Atlas Minerals & Chemicals, Inc., Civil Action No. 91-5118, Eastern District of Pennsylvania, September, 1993.
5. Ford, D. L.: "The Technical & Institutional Implications of Equitable Cleanup Allocation," *Environmental Engineer*, vol. 32, no. 2, April 1996.
6. United States District Court, Eastern District of Pennsylvania, *United States v. Atlas Minerals & Chemicals, Inc.*, Civil Action No. 91-5118, Opinion: C. J. Cahn, August 22, 1995.

7. RT Environmental Services, Inc., "Downey Road Landfill Waste Stream Ranking Report," prepared for Manko, Gold, and Katcher, City Line Ave., Bala Cynwyd, Pa., September 9, 1993.
8. Verschueren, K.: *Handbook of Environmental Data on Organic Chemicals*, Von Nostrand Reinhold Co., New York, 1983.
9. Newell, C. J.: Expert Opinion Regarding Waste Volumes, Waste Constituents and Remediation at the Turtle Bayou Site, Liberty County, Texas (Groundwater Services, Inc.), Houston, Texas, February 7, 2007.
10. Eller, J. M., and D. L. Ford: "The Technical Implications of Equitable Cleanup Application II," *Environmental Engineer*, vol. 34, no. 2, April 1998.

17

工業預處理

17.1 簡介

國家工業預處理計畫（National Industrial Pretreatment Program）是為了減少由工業和其他非民生污水源排放進入都市下水道系統的污染物量，並公開發布來自廢水處理工程（公有廢水處理廠）的環境污染物量。該計畫是由聯邦、州和地方監管機構為保護水質合作而成立，目標是防止污染物進入公有廢水處理廠（POTWs）或都市污水處理設施，這些污染物可能會干擾廠的運作或未經處理就通過工廠；以及改善公有廢水處理廠再利用已處理的廢水和產生的殘留物之機會。「預處理」（pretreatment）係指對於非民生源排放污水至下水道系統連接到公有廢水處理廠的污染物控制要求。美國環境保護署（EPA）、州立或地方當局均設立污染物排放量的限制。透過預防污染（例如，生產替代、回收和再利用的材料）或廢水處理，預處理限制可以符合產業的要求。

國家預處理計畫的權力，來自聯邦水污染控制法〔更常稱為淨水法（CWA）〕第307條。自1972年通過CWA後，聯邦政府就開始對預處理採取行動。此法案要求EPA制定國家級的預處理標準，以控制排放到下水道系統的工業廢水。所有工業設施的某些廢水被全面禁止排放至公有廢水處理廠，因為它們可能帶來潛在的危害。特定禁止排放包括：

- 可能造成火警或爆炸的污染物。
- 會對公有廢水處理廠造成結構性腐蝕的污染物。
- 會妨礙公有廢水處理廠內流動的固體或黏液污染物。
- 會導致有毒氣體的污染物。
- 可燃性廢棄物。
- 油脂。
- 到達處理設備時的排放溫度在 140°F（40°C）之上，或者因太熱而足以干擾生物程序。

有關預處理的一般規定在 1978 年首次發布，且定期地更新；在本書撰寫時，最新更新為 1999 年。[1]

17.2 國家分類預處理標準和地方限制發展

EPA 透過 1972 年的 CWA 所賦予的法定權力，發展了國家預處理計畫，此外還通過了幾個修正案和更新。CWA 在 1977 年的修正案要求公有廢水處理廠確實遵守預處理標準，對於每個重大的本地源，推行污染物的公有廢水處理廠的預處理標準。根據此 1977 年的修正案，EPA 開發了「既有及新污染來源一般預處理條例」（General Pretreatment Regulations for Existing and New Sources of Pollution）（40 CFR 第 403 條）。

國家預處理計畫包括三種類型的國家預處理標準，是依據適用於工業用戶（industrial users, IUs）的規定所建立。這些措施包括禁止排放、分類標準和本地限制。禁止排放（prohibited discharges）包括一般和特定禁令的禁止排放，適用於所有工業用戶（不論其規模或類型）。分類標準（categorical standards）適用於特定工業類別的特定程序排放的廢水。本地限制（local limits）是公有廢水處理廠所頒布針對特定地點的限制，以對工業用戶執行一般和特定的禁令。禁止排放基本上都已在 17.1 節描述。

工業預處理 17

分類標準是全國統一的，且以技術為基礎。由 EPA 制定的這些標準適用於特定類別的工業用戶，限制特定毒性和非常規污染物到公有廢水處理廠的排放。分類標準利用數值來表示限制和管理標準，分別規定於 40 CFR 第 405 條至第 471 條中，包括 35 個產業部門的具體限制。[2,3]

本地限制是由公有廢水處理廠發布以強制執行的特定和一般禁令，以及任何州立或本地的相關規定。這些禁令與分類標準都是為了提供工業用戶排放管控的最低可接受水準。但是它們不會像公有廢水處理廠的場址特定因素一樣，針對特定地區實施額外的管控。例如，一個公有廢水處理廠要排放至一條被野外與景觀河流法（Wild and Scenic Rivers Act）定義為「景觀性河流」（scenic river）的話，需要面對非常嚴格的排放標準。為了符合許可要求，公有廢水處理廠可能需要對其工業用戶排放施加更多的管控。這些額外管控可透過本地限制來訂定。[2,3]

分類標準和本地限制是互補型的預處理標準。前者是針對選定的污染物與工業發展而成，要達成一致、以技術為基礎的全國性水體污染控制。後者則是為了防止由於非民生排放所引起的特定場址公有廢水處理廠與環境問題。如表 17.1 所示，本地限制較分類標準的範圍更廣泛且形式更多樣化。本地限制的訂定需要因地制宜的評估和公有廢水處理廠人員的判斷。

EPA 頒布的分類標準並不免除公有廢水處理廠的義務——評估發展本地限制的必要性，以符合一般預處理條例（General Pretreatment Regulations）的特定禁令。由於特定禁令和分類標準只對通過和干擾提供一般的保護，故需要根據公有廢水處理廠的特定條件做出本地限制。按照 40 CFR 第 403.5(c) 條，本地限制是根據第 307(d) 條的預處理標準（見 40 CFR 403.5[d]）。因此，EPA 可以對違反了本地限制的工業用戶採取執法行動。受影響的第三方也可以對違反本地限制的工業用戶或有已批准預處理計畫的公有廢水處理廠提起訴訟，其所根據的是 CWA 賦予的公民訴訟權利。公有廢水處理廠可能針對某特定工業用戶有更苛刻的限制（或

➡ 表 17.1 分類預處理標準和本地限制的比較

屬性	分類標準	本地限制
負責發展的處室	EPA	監管機構（通常為公有廢水處理廠）
潛在來源監控	淨水法規定的特定工業，或由 EPA 決定	所有的非民生排放者
目的	全國性一致的非民生排放控制	公有廢水處理廠及當地環境的保護
污染物調控	根據「淨水法第 307 條」列出主要優先污染物（只有毒性和非常規污染物）	任何可能造成通過或干擾的污染物
依據	以技術為基礎	技術上基於現場特定因素： • 渠首工程允許的負荷 • 毒性降低評估 • 使用的技術 • 管理實務
應用點	在調節程序的最後或在工廠中	取決於收集系統開發方法（通常是在排放點）

是要求包含更多的污染物），比其所適用的分類標準更嚴格。公有廢水處理廠需要滿足其排放許可或污泥品質限制。然而，如果本地限制少於適用的分類標準，適用此本地限制的業別仍然必須符合適用的分類標準。4-6

17.3　工業用戶的預處理遵從監測

　　一般預處理法規規範了聯邦、州和地方政府、工業和公眾的責任，以執行預處理標準來管控工業用戶（其可能通過或干擾公有廢水處理廠處理程序，或是污染下水道污泥）排放的污染物。公有廢水處理廠的角色就像是工業用戶的監管機構，並監控它們排放的廢水，以確定其是否符合預處理標準。

　　EPA 會對監管機構（通常是公有廢水處理廠）進行檢查和稽核，以評估預處理計畫的有效性。預處理稽核是對監管機構的預處理計畫進行全面性的審查。稽核會囊括所有預處理檢查的項目，但會更加詳細。

工業預處理 17

預處理檢查包括：

- 審查批准的計畫、年度報告、國家污染物排放消除系統（National Pollutant Discharge Elimination System, NPDES）法規遵從性、以前的檢查報告，以及預處理檔案。
- 面試對計畫具有專業知識的人員。
- 若有需要，檢查各種工業用戶操作。

17.4 工業用戶的 POTW 條例準則（EPA 模式）

早在 1980 年代，EPA 就開始為公有廢水處理廠發展條例模式，以作為指導文件。[7] 然後在 1992 年，透過廢水執法與遵循處（Office of Wastewater Enforcement and Compliance），EPA 開發了更全面及更新的文件。[8] 它的目的是要讓經營公有廢水處理廠的市政當局來使用，以管制工業廢水排放到它們的系統。這項指導文件詳列採用新的或修訂的法定權力、必要的預處理計畫實施和執行，以滿足聯邦法規（40 CFR Part 403）。表 17.2 列出此文件的目錄。

市政當局可能需要對某些或所有列在表 17.3 的污染物建立限

➡ 表 17.2　EPA 模式的預處理條例

目錄
第 1 節　總則
第 2 節　一般下水道使用要求
第 3 節　廢水的預處理
第 4 節　廢水排放許可證申請
第 5 節　廢水排放許可證發放過程
第 6 節　報告要求
第 7 節　遵循狀態的監測
第 8 節　機密資料
第 9 節　公開重大違規用戶
第 10 節　行政強制執行救濟辦法
第 11 節　司法強制執行救濟辦法
第 12 節　補充執法行動
第 13 節　積極抗辯違規排放行為
第 14 節　廢水處理率
第 15 節　雜項規定
第 16 節　生效日期

➡ 表 17.3　建議使用的瞬間最大排放量限制

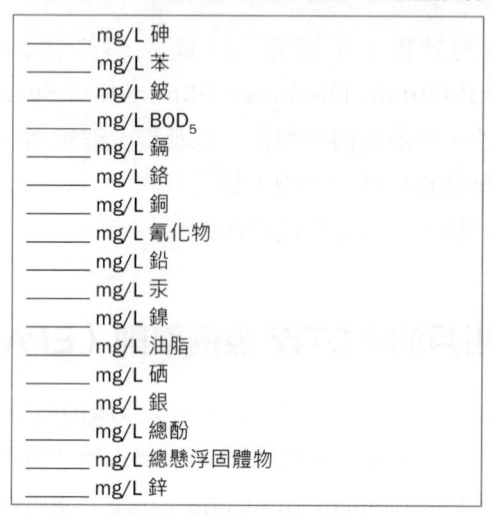

_____ mg/L	砷
_____ mg/L	苯
_____ mg/L	鈹
_____ mg/L	BOD_5
_____ mg/L	鎘
_____ mg/L	鉻
_____ mg/L	銅
_____ mg/L	氰化物
_____ mg/L	鉛
_____ mg/L	汞
_____ mg/L	鎳
_____ mg/L	油脂
_____ mg/L	硒
_____ mg/L	銀
_____ mg/L	總酚
_____ mg/L	總懸浮固體物
_____ mg/L	鋅

制。設立這種限制是為了防範污染物通過及干擾，尤其是要確保公有廢水處理廠符合其本身的污染物排放限制。

17.5　用戶費率和 POTW 成本收回

公有廢水處理廠（POTW）對工業用戶的收費基礎是以幾個因素為主。簡單地說，公有廢水處理廠需要收回的成本包含營運、採樣、維修、更換的費用（operational, sampling, maintenance, and replacement, OM&R），以及行政費用。公有廢水處理廠員工的離退休職金和員工殘障給付、工人福利、賠償責任和災難性事件也都算在 POTW 的「營運成本」內。而重大資本支出和基礎設施升級的資金通常是由各州授權的長期收益債券所提供。

OM&R 的費用一般包括以下內容：[9]

- 收集。
- 處理。
- 固體物處理。
- 防洪和污染控制。
- 固體物利用率。

工業預處理 17

- 一般支援。
- 年金和福利資金。
- 賠償儲備資金。
- 建築和運作現金資金。

　　用戶必須支付的費用一般是根據工業界和公有廢水處理廠之間的預處理合約所明確列出的費率。每月收費依據包括（但不僅限於此）：流量、5 天的生化需氧量、總懸浮固體物（TSS），以及其他指定成分的附加費用。EPA 為個別的工業類別和子類別建立了重金屬和其他指定化合物的分類預處理標準。然而，如果有必要，公有廢水處理廠可以做額外要求。所有工業的費用和支付的年度總結可說是公有廢水處理廠的年度損益表（income statement），為其回收成本預算和後續費率的建立提供基礎。由於大城市有數以千計的工業用戶，這顯然是一個複雜的預算過程。

　　分析近期的公有廢水處理廠 OM&R 的年度淨支出，並用來預估用戶費率。例如，大芝加哥都會水回收區的用戶費用計算，如表 17.4 所示。[9]

➡ **表 17.4　處理的單位成本**

2005 年總區負載 *   　體積 = 426,690 million gal   　BOD= 810,199 lb   　SS = 1,187,924 lb   OM&R 總費用 = $247,398,000
根據流量、BOD & SS 參數的成本分配 [†]   　流量 = 28.4% × $247,398,000 = $70,261,032   　BOD = 38.3% × $247,398,000 = $94,753,434   　SS = 33.3% × $247,398,000 = $82,383,534
單位處理費   　體積 = $70,261,032/426,690 million gal = $164.67/million gal   　BOD = $94,753,434/810,199 lb = $116.95/lb   　SS = $82,383,534/1,187,924 lb = $69.35/lb

* 2005 年區負載用來計算 2007 年的費率，因為這是在計算時的最新全年的營運數據（資料來源：R&D Department Water Reclamation Plant 2005 Operating Records）。
[†] 成本負荷參數百分比分布的資料來源：Maintenance and Operations Memorandum dated June 6, 2006。
資料來源：Metropolitan Water Reclamation District of Greater Chicago, Research and Development Department, Report No. 06-64, 2006.

861

每年流量（million gal/d）	426,690
每年 BOD（1000 lb）	810,199
每年 TSS（1000 lb）	1,187,924
OM&R 總費用	$247,398,000
費用分配＊：	
流量	28.4%
BOD	38.3%
TSS	33.3%

＊由營運部門決定的成本負荷參數分布。

17.6　歷史案例

本節舉出幾個公有廢水處理廠制定的預處理計畫範例，它們各位在不同地點並有不同控制和限制。選擇這些範例來說明：為了保護接收工業放流水的公有廢水處理廠廢水處理系統之完整性，所能採取的各種法規和管制。

伊利諾州芝加哥市

大芝加哥都會水回收區（Metropolitan Water Reclamation Districk of Greater Chicage, MWRDGC）是伊利諾州北部特許的衛生區和多功能區。它不受地方政府的支配，有自己的委員會。本區經營世界上最大的污水處理廠，也就是位於伊利諾伊州斯帝克尼市的斯帝克尼水回收廠（Stickney Water Reclamation Plant）。區內收集和處理來自芝加哥市及伊利諾伊州庫克郡的 124 個社區所產生的家用和工業廢水。服務面積約 872 平方英里及超過 1,000 萬人（包括工業部分在內）。它有 7 個水回收廠，總液壓能力每天約 20 億加侖水量。因為有幾百個重大工業用戶（significant industrial users, SIUs）（每個 SIU 超過 25,000 gal/d），預處理法規不僅全面，限制性也多。每個重大工業用戶的污染物負荷和流量是由區來評估，預處理許可證不但需要符合 40 CFR 403，也需要滿足本地限制以防止廢水通過和干擾，並確保區的公有廢水處理廠遵守放流水許可證標準。

工業預處理

大芝加哥都會水回收區要公平分配成本,需要一套複雜的計算方法。計費的流量和負荷分配主要有三大類,即:

1. 住宅區、小型非住宅商業區。
2. 大型商業和工業。
3. 免稅和政府單位。

收集系統很自然的會有許多雨水量(流入)與入滲(inflow and infiltration, I&I)。例如,計算的旱季流量和總流量比較顯示,約26%的年流量可以歸結到流入與入滲(I&I)/雨水迴流。這個流量和負荷的分配是基於前述的三個類別,根據各自的乾燥天氣流動的均衡評估值(equalized assessed value, EAV)。[9]

雖然本章並未提及,但自土地、鋪成的街道、停車場流過的雨水,以及從建築物屋頂落下的降雨和降雪經常會帶來污染物,因而加重公有廢水處理廠或下水道的有機與固體物負荷。這適用於直接的雨水排放,而不適用於結合的下水道或連接公有廢水處理廠收集系統的專用下水道。

印第安納州印第安納波利斯市

印第安納波利斯市已編制決策清單,以勾勒出每個下水道接管作業(connection sewer operation, CSO)對於公有廢水處理廠的廢水處理設施、結合下水道溢出、接收流的潛在影響之評估準則。若有需要的話,這些資料可用來修訂任何工業用戶預處理的許可證。[10] 表 17.5 顯示此份文件。

加州聖地牙哥市

聖地牙哥市的水公用事業部的公有廢水處理系統有許多工業用戶。由於它的工業用戶當中有許多的飛機及相關製造商,廣泛預處理步驟是必要的,以保護公有廢水處理廠設施的完整性。這些航太相關製造業程序的放流水來自使用酸和鹼的清洗、陽極氧化系統、水軟化再生、逆滲透排出、去脂,以及無數其他工業生產程序。本市的都會區工業廢棄物計畫是由水公用事業部掌管,並執行對於

工業廢水污染防治

➡ 表 17.5　工業預處理許可程序決策因素和標準

	因素	標準	如何應用標準
	排放的位置及對接收河流的影響		
1	CSOs 的數量與 AWT 工廠間的排放 *		輕度考量
		2 至 10	中度考量
		>10	主要考量
2	來自受影響的 CSOs 的排放頻率 *	> 40 次 / 年	主要考量
		4-39 次 / 年	中度考量
		<4 次 / 年	輕度考量
3	來自下游的 CSOs 的排放嚴重性（溢出量 million gal/yr）*	受影響的 CSOs，是否包括一個或更多的 15 個最大的溢出點（根據年均溢出量）？	如果回答「是」，將成為主要考量
		自受影響的 CSOs，每年排放多少百萬加侖？	>100 million gal/yr，主要考量；50-99 million gal/yr，中度考量；<50 million gal/yr，輕度考量
4	從 CSOs 污染負荷幅度（毒性：load/d 和濃度）	顯著工業集中的可能性（工業集中 >1.1，是否由毒物計算表決定？）	如果在有關 CSOs 的污染物負荷三個問題中的任何回答皆為「是」，而且 CSOs 的溢出頻率 >40/year，則為主要考量。如果回答「是」，溢出頻率 >4，但 <39/year，則為中度考量。如果回答「是」，且溢出頻率 ≤ 4/year，為輕度考量
		重要的工業流量百分比的可能性（百分比 >1.0%？）	
		是否有任何受影響的 CSOs 在 2004 年的工業用戶的排放特性分析排名前 5 名？	
5	河流段的特點 *	受影響的河流段是否通過可能作為休閒利用的地區？	如果回答「是」，中度至主要考量
		在接收流中的流量水準	若 $7Q_{10}$ <5 cfs，主要考量；<40 cfs，中度考量；>41 cfs，輕度考量
6	存在於 CSOs 中的一般污染物參數（BOD、TSS、其他）	增加的負載是否會導致或加重 NPDES 的許可證違法行為？	水流新污染物負荷的定性分析

* 關於每個河流的數據，請見 http://www.indygov.org/eGov/City/DPW/Environment/Wastewater/Pretreatment/hom.htrr。

工業用戶所施加的限制。根據 40 CFR 403.6(1) 金屬表面處理子類別，除了許可證限制規定外，還有市府所施加的額外且更嚴格的限制。典型的預處理限制如表 17.6 所示。

➡ 表 17.6　聖地牙哥市飛機製造的預處理限制值

成分	單位	本地每日限量	聯邦每日限量	聯邦 30 天平均
酸與鹼	pH	範圍 5-11	低於 5	
油脂	mg/L	500		
溶解的硫化物	mg/L	1.0		
氰化物	mg/L	1.9	1.2	0.65
銻	mg/L	2.0		
砷	mg/L	2.0		
鈹	mg/L	2.0		
鎘	mg/L	1.2	0.69	0.26
鉻	mg/L	7.0	2.77	1.71
銅	mg/L	4.5	3.38	2.07
鉛	mg/L	0.6	0.69	0.43
汞	mg/L	2.0		
鎳	mg/L	4.1	3.98	2.38
硒	mg/L	2.0		
銀	mg/L	2.0	0.43	0.24
鉈	mg/L	2.0		
鋅	mg/L	4.2	2.61	1.48
殺蟲劑與多氯聯苯	mg/L	0.04		
酚類化合物	mg/L	25.0		
TTOs	mg/L		2.13	
TSS	mg/L	N/A		

路易斯安那州什里夫波特市

　　什里夫波特市（Shreveport）的公有廢水處理廠有幾個主要的工業污水排放者。由於從公有廢水處理廠和工業排出的放流水，都會流入到低流量和環境敏感的紅河（Red River），無論是公有廢水處理廠的預處理和工業 NPDES 都相當嚴格。在此情況下，不論是直接排入紅河或流進公有廢水處理廠之前，許多工業必須有廣泛的管末（end-of-pipe）處理。在表 17.7 中，40 CFR 第 437 條 D 款所設的限制被列為什里夫波特排放限制，以及特定工業用戶必須遵守的預處理限制。

→ 表 17.7 什里夫波特市本地限制和分類標準的比較

參數	40 CFR 第 437 條 D 款 數個廢棄物流每日最大值／月平均值 (mg/L)	公有廢水處理廠的本地限制 (mg/L)	許可證限制每日最大許可量／月平均值 (mg/L)
銻	0.249/0.206	0.07	0.07/0.07
砷	0.162/0.104	1.2	0.162/0.104
鎘	0.474/0.0962	0.10	0.10/0.0962
鉻	0.746/0.323	4.70	0.746/0.323
鈷	0.192/0.124	N/A	0.192/0.124
銅	0.500/0.242	3.80	0.500/0.242
氰化物	N/A	1.50	1.50
鉛	0.350/0.160	1.00	0.350/0.160
汞	0.00234/0.000739	0.005	0.00234/0.000739
鉬	N/A	1.50	1.50
鎳	3.95/1.45	3.60	3.60/1.45
硒	N/A	0.14	0.14
銀	0.120/0.0351	0.10	0.10/0.0351
錫	0.409/0.120	N/A	0.409/0.120
鈦	0.0947/0.0618	N/A	0.0947/0.0618
釩	0.218/0.0662	N/A	0.218/0.0662
鋅	2.87/0.641	3.20	2.87/0.641
鄰苯二甲酸二 (2-乙基己基) 酯	0.215/0.101	N/A	0.215/0.101
卡唑	0.598/0.276	N/A	0.598/0.276
熒蒽	0.0537/0.0268	N/A	0.0537/0.0268
n-癸烷	0.948/0.437	N/A	0.948/0.437
n-十八烷	0.589/0.302	N/A	0.589/0.302
o-甲酚	1.92/0.561	N/A	1.92/0.561
p-甲酚	0.698/0.205	N/A	0.698/0.205
2,4,6-三氯酚	0.155/0.106	N/A	0.155/0.106
TTO EPA 624 & 625 和殺蟲劑／多氯聯苯 (608)	N/A	2.13	2.13
氯化物	N/A	N/A	N/A
pH	N/A	6.0-10.5 標準單位	6.0-10.5 標準單位
BOD	N/A	>250 附加費	
COD	N/A	保留	
油脂	N/A	100	100
TSS	N/A	>250 附加費	

17 工業預處理

德州奧斯汀市

奧斯汀市有一個廣泛和全面的廢水預處理計畫。隨著本市已成為高科技產業〔如戴爾（Dell）和飛思卡爾半導體（Freescale Semiconductors）〕重鎮，半導體及相關產業的工業用戶已顯著增長。例如，工業用戶的數量已經從 2002 年的不到 2000 戶增加到 2007 年的 2400 多戶，如圖 17.1 所示。加上人口急速增長，導致公有廢水處理廠負荷增加。由於全市的放流水排放是進入低流量且生態敏感的科羅拉多河，公有廢水處理廠嚴格設定放流水標準（10 ppm CBOD、15 ppm TSS，以及 2 ppm 氨氮），並對與日俱增的工業用戶要求預處理。州立和本市對半導體產業的預處理標準（新來源、電氣和電子製造，符合 40 CFR 第 401、403、469 條 A 款、469.18）如表 17.8 所示。[11] 來自工業用途相合併的廢棄物流，濃度限制可用替代的限制計算，計算如下：

$$C_T = \frac{\left(\sum_{i=1}^{N} C_i F_i\right)}{\left(\sum_{i=1}^{N} F_i\right)} \frac{(F_T - F_D)}{(F_T)}$$

其中，C_T = 合併廢棄物流量的替代濃度限值

C_i = 受管制的廢棄物流 i 中的污染物分類預處理標準濃度限值

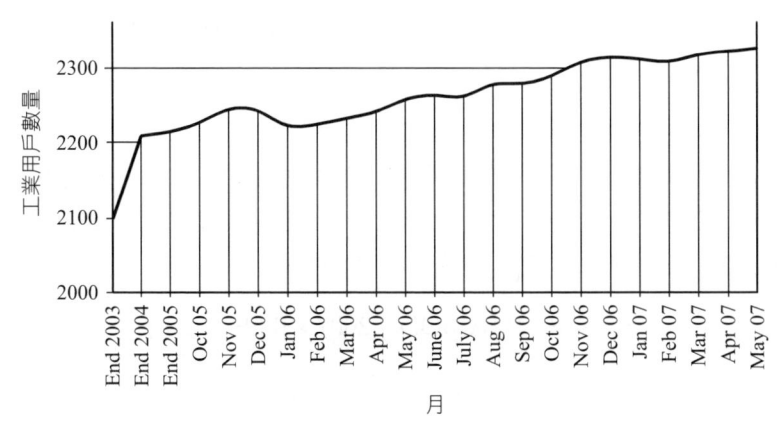

◐ 圖 17.1　有許可證的工業用戶

➡ 表 17.8 奧斯汀市本地限制

污染物	mg/L
砷，總量 (T)	0.2
鎘 (T)	0.4
鉻 (T)	2.4
銅 (T)	1.1
氰化物 (T)	1.0
氟化物 (T)	65.0
鉛 (T)	0.4
錳 (T)	6.1
汞 (T)	0.002
鉬 (T)	1.1
鎳 (T)	1.6
硒 (T)	1.8
銀 (T)	1.0
鋅 (T)	2.3
程序結束時的總毒性有機物	1.31
最終管線的總毒性有機物	2.0

F_i = 因某污染物而受管制的廢棄物流 i 每日平均流量（至少平均 30 天）

F_D = 來自鍋爐洩放、冷卻水和雨水每日平均流量（至少平均 30 天）

每天經過複合預處理設備 F_T 的平均流量包括 F_i、F_D 和無管制的廢棄物流。

公有廢水處理廠針對有超量濃度的廢水生化需氧量（BOD）和化學需氧量（COD）的工業用戶會徵收附加費（S）。使用 BOD 標準為 200 ppm、COD 標準為 450 ppm 和懸浮固體物（SS）標準為 200 ppm（典型的民生污水），附加費的計算公式為：

$$S = V(8.34)\,[A(BOD - 200) + B(SS - 200)]$$

且

$$S = V(8.34)\,[C(COD - 450) + B(SS - 200)]$$

工業預處理 **17**

其中，S = 用戶每月帳單上出現的附加費

V = 計費期間以百萬加侖為單位的廢水量

8.34 = 轉換因子（每加侖水的磅數）

A = BOD 的每磅單位收費

B = SS 的每磅單位收費

C = COD 的每磅單位收費

預處理條例若發生違規情事，會發出違法行為通知書，強制當事方提出自願遵守所需的糾正計畫（雖然不能免除民事或刑事法律責任）和必要的實施行動。若繼續違規，可能會導致聽證會、警告令，並可能取消許可證。

EPA 和德州州政府都看到了奧斯汀市預處理計畫的成功。此外，市政府每年表揚遵守預處理要求表現優異的工業用戶。在過去的 15 年裡，奧斯汀市的官員、媒體和其他當地政要都踴躍出席舉行此頒獎典禮，也獲得非常好的回應。例如，工業用戶兌現對環境的承諾，突顯節約用水的重要，持續加強內部控制以確保遵守，且減輕公有廢水處理廠的負荷（如圖 17.2 所示）。[12]

波多黎各巴塞羅內達 POTW 和製藥業預處理

波多黎各輸水道和下水道管理局（Puerto Rico Aqueduct and Sewage Authority, PRASA）擁有並經營巴塞羅內達區廢水處理廠

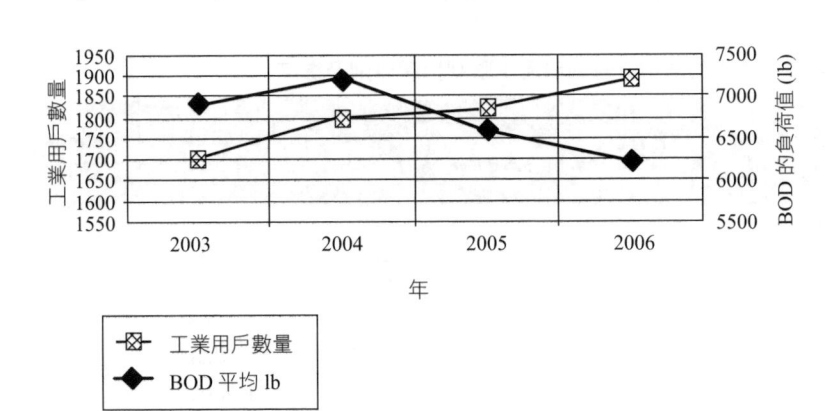

⇒ **圖 17.2** 每個工業用戶排放的平均 BOD 負荷（lb/yr）

（Barceloneta Regional Wastewater Treatment Plant, BRWTP）。這是一個公有廢水處理廠，大部分的廢水量來自製藥業的工廠。雖然它是典型的公有廢水處理廠，工業用戶都使用預處理計畫，但它卻相當獨特。在 1978 年簽訂了廠區合約，由藥廠代表成立了一個諮詢委員，同時簽訂了一個臨時協議，要發行債券以支付要將當時落後的廢水處理廠升級至二級處理廠所需的所有設備及相關費用。一旦該廠開始運作，債券就被支付，然後所有權被轉移到 PRASA。PRASA 自 1982 年起便擁有與經營升級後的處理廠。在 1990 年代後期，EPA 修訂了放流水指導原則及製藥業點源類別的預處理標準。[13] 從那時開始，處理廠不斷地進行與營運、通知、臭味控制、產量、操作人員培訓和其他相關技術問題的顧問報告。[14-20]

製藥業點源類別的法規（40 CFR 439）劃分為五個子部分（subpart）如下：

- 子部分 A：發酵產品子類別。
- 子部分 B：萃取產品子類別。
- 子部分 C：化學合成子類別。
- 子部分 D：混合、配製及製劑子類別。
- 子部分 E：研究子類別。

製藥設備排放到接收溪流或公有廢水處理廠的放流水，需要符合根據淨水法限制的標準，如表 17.9 所示。

➡ 表 17.9　適用於每個計畫的放流水限制指導原則及標準

計畫	排放者類型	現有來源或新來源	以前建立適用的準則和標準	附加指導原則和標準（來自 1998 年 9 月 21 日之規定）
NPDES 允許計畫	直接排放者	現有來源	BCT BPT BAT	BPT BAT
		新來源	NSPS	NSPS
國家預處理計畫	間接排放者	現有來源	PSES	PSES
		新來源	PSNS	PSNS

PSES 是現有來源的預處理標準（pretreatment standards for existing sources），PSNS 是新來源的預處理標準（pretreatment standards for new sources）。

工業預處理 17

由於連接到 BRWTP 的製藥公司的種類很多，適用的聯邦預處理標準的計算變得很複雜。本章結尾提供了類似的計算範例。

1980 年代 BRWTP 的升級，是為水力負荷 8.3 million gal/d 和平均 BOD 負荷 88,000 lb/d 所設計的。這些負荷量自 1999 年以來急劇下降，因為藥廠紛紛利用回收、再利用和擴大預處理系統升級減少其 BRWTP 的水力和有機負荷。此減量使得 BRWTP 有閒置能力能為其他用戶提供服務，也證明了可以透過經濟誘因使特定工業用戶主動降低其對公有廢水處理廠的負荷，避免附加費；而且仍然可以排放減量流至公有廢水處理，而非直接排放。[4]

例題 17.1 設施 B 是現有的多重子類別間接排放到多重公有廢水處理廠的製藥廠。圖 17.3 為設施 B 的流程示意圖，顯示來自每個操作的流量。

以下資料總結了申請許可證所需要的資料，以便計算補發預處理許可證所需的排放限制。

- 排放者是什麼類型？
  - 間接的。
- 設施的運作屬於哪一個子部分？

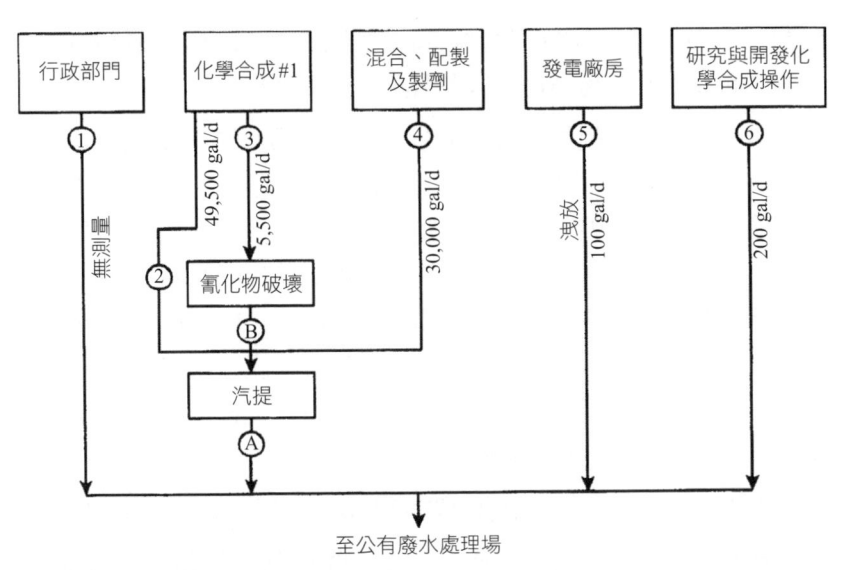

○ **圖 17.3 設施 B 流程示意圖**

- 子部分 C、D 和 E。
- 設施放流水限制的指導原則和標準為何？
  - 現有來源的預處理標準（PSES）（40 CFR 第 439 條）。

確認 PSES 管制的污染物限制

PSES 已修訂子部分 A、B、C 和 D。最終放流水的限制標準是依濃度修訂，因此沒有管制廢水的流量。此限制用於管末，但氰化物除外。如果管末測量不可行，監管機構可能會在一個更合適的位置設置監測點。在與未含氰化物廢水混流之前，必須遵守含氰化物廢水的廠內監測。EPA 已為子部分 A 和 C 的間接排放者規定 24 種優先級和非常規污染物（如果適用，應包括氨及氰化物）。子部分 A 和 C 操作的放流水限制如表 17.10 所示。EPA 為子部分 B 和 D 的間接排放者規定 5 種優先和非常規污染物。子部分 B 和 D 操作的放流水限制如表 17.11。[21]

建立許可證限制的第一步是確定廢棄物流的類型（即有管制程序、無管制程序，以及稀釋），設施 B 流量細目如表 17.12 所示。

廢棄物流 2、3、4 均有管制程序，因為都已為化學合成操作（子部分 C）和混合、製劑和配製操作（子部分 D）建立了放流水限制。然而，子部分 D 只管制 5 種污染物。因此，該設施可能有在流 2 和 3 管制某污染物，但在廢棄物流 4 則無。

設施 B 應該要提供許可證簽發者其程序廢水的正確特性敘述，像是使用的溶劑和處理數據，以及每個流的化學分析。許可證簽發者應建立許可證的限制，並要求監測在藥品生產設施產生或使用的管制污染物的遵守狀況。沒有在設施生產或使用的管制污染物不需要例行監測。設施透過評估所使用的所有原料、所有化學程序、最後產出的最終產品與副產品，應可判定是否會產生或使用管制污染物。不產生或使用管制污染物的決定應當每年從各監測位置所取廢水樣本的化學分析證實，這些分析必須提交許可證的簽發者。

表 17.13 列出了在設施廢棄物流中發現的所有管制污染物。

基於上述數據，丙酮、氯仿、氰化物、乙酸異丙酯、甲苯會設

➡ 表 17.10　PSES 和 PSNS 子部分 A 和 C 操作

污染物或污染物特性	任何一天的最大值 (mg/L)	月平均 (mg/L)
PSES/PSNS 在廠內檢測點		
氰化物 *	33.5	9.4
PSES/PSNS 在管末檢測點		
氨作為氮 †	84.1	29.4
丙酮	20.7	8.2
乙酸正戊酯	20.7	8.2
苯	3.0	0.6
乙酸正丁酯	20.7	8.2
氯苯	3.0	0.7
氯仿	0.1	0.03
對二氯苯	20.7	8.2
1,2- 二氯乙烷	20.7	8.2
二乙胺	255.0	100.0
乙酸乙酯	20.7	8.2
正庚烷	3.0	0.7
正己烷	3.0	0.7
異丁醛	20.7	8.2
乙酸異丙酯	20.7	8.2
異丙醚	20.7	8.2
二氯甲烷	3.0	0.7
甲醇甲酸鹽	20.7	8.2
MIBK	20.7	8.2
四氫呋喃	9.2	3.4
甲苯	0.3	0.2
三乙基氨	255.0	100.0
二甲苯	3.0	0.7

* 1983 年最終規則規定了氰化物污水限制。
† 只有排放到非硝化公有廢水處理廠的間接排放者才會管制氨。
資料來源：U.S. EPA, 40 CFR Part 439, 2006.

有許可證限制。丙酮和乙酸異丙酯在子部分 A、B、C、D 操作的廢水排放受到管制。但氯仿、氰化物和甲苯只在子部分 A 和 C 的操作受到排放管制。

➡ 表 17.11　PSES 和 PSNS 的子部分 B 和 D 操作

污染物或污染物特性	PSES/PSNS 在管末檢測點	
	任何一天的最大值 (mg/L)	月平均 (mg/L)
丙酮	20.7	8.2
乙酸正戊酯	20.7	8.2
乙酸乙酯	20.7	8.2
乙酸異丙酯	20.7	8.2
二氯甲烷	3.0	0.7

資料來源：U.S. EPA, 40 CFR Part 239, 2006.

➡ 表 17.12　設施 B 流量剖析

廢棄物流	流量 (gal/d)	
1. 行政部門		無測量
2. 化學合成	49,500	(管制，子部分 C)*
3. 含氰化學合成	5,500	(管制，子部分 C)*
4. 混合/配製和製劑	30,000	(管制，子部分 D)*
5 發電廠房鍋爐洩放	100	(稀釋)
6. 研究與開發化學合成	200	(不管制，子部分 E)
被測量的總廢水流量	85,300	
管制的總流量	85,000	
無管制的總流量	200	

*在子部分 C 操作被管制的污染物在子部分 D 操作可能不會被管制。

➡ 表 17.13　在設施 B 廢水中受管制的污染物

廢水流	子部分	流量 (gal/d)	污染物
1	N/A	無測量	沒有 PSES 污染物
2	C	49,500	丙酮、氯仿、甲苯
3	C	5,500	丙酮、氰化物
4	D	30,000	丙酮、乙酸異丙酯、甲苯
5	N/A	100	沒有 PSES 污染物
6	E	200	氯仿、甲苯

工業預處理

步驟 1：確認 PSES 任何一天最大的限制

在此個案中，進入公有廢水處理廠的總流量無法被測量，因為來自行政大樓的水量無法確定。因此，無法計算在管末污染物的濃度。在此個案中，除氰化物以外的所有污染物限制將適用於監測點 A。氰化物濃度限值適用於廠內任何被稀釋或與未含氰化物廢水流混和的點 B 之前，除非該設施顯示在點 A 可監測氰化物。

間接排放設施以濃度為基礎的限制都列在表 17.10 和表 17.11。[21]

在這個範例中，以下任何一天最大的放流水限制可適用：

丙酮	20.7 mg/L（子部分 C 和 D）
氯仿	0.1 mg/L（子部分 C）
氰化物	33.5 mg/L（子部分 C）
乙酸異丙酯	20.7 mg/L（子部分 C 和 D）
甲苯	0.3 mg/L（子部分 C）

子部分 C 和 D 操作中，以濃度為基礎的丙酮限制為 20.7 mg/L。此限制將適用於監測點 A，在流 2 和 3 的汽提單元運作之後。對於氯仿、乙酸異丙酯和甲苯以濃度為基礎的限制，也適用於類似的方式。

步驟 2：確認 PSES 每月平均限制

以濃度為基礎的每個污染物的每月平均放流水限制，可用每天最大放流水限制相同的方式計算。以下的平均每月限制適用於設施 B：

丙酮	8.2 mg/L（子部分 C 和 D）
氯仿	0.03 mg/L（子部分 C）
氰化物	9.4 mg/L（子部分 C）
乙酸異丙酯	8.2 mg/L（子部分 C 和 D）
甲苯	0.2 mg/L（子部分 C）

➡ 表 17.14　設施 B 的最終限制

污染物	點 A 監測點的放流水限制 任何一天的最大量 (mg/L)	月平均 (mg/L)	點 B 監測點的放流水限制 任何一天的最大量 (mg/L)	月平均 (mg/L)
丙酮	20.7	8.2	—	—
氯仿	0.1	0.03	—	—
氰化物	—	—	33.5	9.4
乙酸異丙酯	20.7	8.2	—	—
甲苯	0.3	0.2	—	—

設施 B 藉由平均 30 天內的每日最高值，並顯示每月的平均濃度等於或少於上面的數字，以顯示它確實遵循規定。在此範例，設施 B 應在點 A 執行監測遵守情況如表 17.14，涵蓋所有受管制的污染物，除氰化物以外。

氰化物每月平均的限制可用子部分 C 之流 3 的流量計算，因為其他流不含氰化物。以濃度為基礎的每月平均限制是 9.4 mg/L。此值與一個曆月的平均每日排放相比，以確定設施的遵循程度。每個月中如果只取一個樣本，樣本必須同時滿足每日最高限制及平均每月限制。

確認遵守 PSES 污染物監測

設施排放 1 個以上的管制污染物可以要求只監測單一的替代污染物，用來代表對於污染物的特定群組控制的適當程度。為了確認替代品，污染物係依照可處理性來分類。表 17.15 列出可用汽提處理的類別。

在此範例中，若已知額外稀釋或非管制流量，管制機關可要求在與使用中或非管制排放之程序廢水稀釋的點 A 之前就予以遵守；也可要求在排放至公有廢水處理廠之前就遵循，利用的是混合廢水流的公式。然而，氰化物在表 17.14 廠內點 B 就要監測（在混入無氰廢水之前），除非設施 B 可以顯示出氰化物在點 A 或是排放到公

➡ 表 17.15　間接排放者的汽提替代污染物

剝離性組	化合物	替代（是或否）
高度	二氯甲烷	是
	甲苯	是
	氯仿	是
	二甲苯	否
	正庚烷	否
	正己烷	否
	氯苯	否
	苯	否
中度	丙酮	是
	氨作為氮	是
	乙酸乙酯	是
	四氫呋喃	是
	三乙胺	否
	MIBK	否
	乙酸異丙酯	否
	二乙胺	否
	1,2- 二氯乙烷	否
	乙酸正戊酯	否
	異丙醚	否
	乙酸正丁酯	否
	甲酸甲酯	否
	異丁醛	否
	鄰 - 二氯苯	否

註：是：可能是本組的替代污染物。
　　否：在本組不應該被用來作為替代污染物。
資料來源：U.S. EPA, 40 CFR Part 239, 2006.

有廢水處理廠的值。

　　由於設施 B 於子部分 C 的廢水執行汽提廢水處理，表 17.15 [21] 可作為指南，以確定替代的污染物是否適合作為遵守監控。

　　表 17.15 中，氯仿與甲苯均歸類為高度剝離性組，也均為該類別的適合替代污染物。丙酮和乙酸異丙酯都歸類為中度剝離性組，丙酮也列入該類的適當替代污染物。如果設施上要求使用替代污染

物，監管機構可以視每個設施而決定該使用的替代污染物。

在此例中，高度剝離性組替代污染物的選擇，會依據污染物濃度而定，因為有兩種污染物（氯仿與甲苯）共列為適合的替代品。假設已知平均污染物濃度：氯仿為 0.01 mg/L，甲苯為 0.1 mg/L，許可證簽發者會選擇甲苯作為替代污染物。對於中度剝離性組，許可證簽發者可以根據表 17.15 所提供的指南，選擇替代污染物；因此，丙酮將被選為替代的污染物。

因此，設施 B 需要在點 A 或到公有廢水處理廠的排放點定期監測甲苯和丙酮，並在點 B 監測氰化物，假使氰化物無法在點 A 檢出。

會出現在設施 B 許可證的最終限制

表 17.14 顯示會出現在設施 B 許可證上以濃度為基礎的最終限制。如果所有含氰廢棄物流被送到氰化物破壞單元，在氰化物處理後及與其他流稀釋之前，應自我監測氰化物。

如果有足夠的流量訊息，許可證簽發者可使用綜合廢棄物流公式（combined wastestream formula, CWF），判定公有廢水處理廠排放點的遵循濃度。

表 17.14 中提出的限制適用於 2001 年 9 月 21 日當天或之前。

預處理的滲出水排放

排放到公有廢水處理廠的工業廢水所需經過的預處理，並非僅限於公有廢水處理廠收集系統內的用戶。例如，有許多情況下，在可以排放至公有廢水處理廠的舊處理場址修復過程中，需要用到滲出水（leachate）收集系統，前提是可以達到一定的質量要求。下面是個修復滲出水排放的範例。[22] 表 17.16 為俄亥俄州托萊多市（Toledo）訂定的預處理要求。

表 17.16　俄亥俄州托萊多市 XXKEM 廠的下水道排放標準滲出水提取系統

分析物	允許的最大濃度 (mg/L)
砷，總量	0.6
鎘，總量	0.3
鉻，六價	0.8
銅，總量	1.0
汞，總量	1.5
鎳，總量	0.03
銀，總量	2.9
鋅，總量	0.2
氰化物，總量	6.3
總石油碳氫化合物	15.0 平均/15.0 grab
總有機碳 *	200
總有機鹵素 †	0.5
總毒性有機物 ‡	5.0
BTEX	0.5
苯	0.05

*「總有機碳」的標準不須達到，若「總有機鹵素」或「總毒性有機物」濃度低於各自的標準。
†「總有機鹵素」的標準不須達到，若「總毒性有機物」濃度低於其標準。
‡「總毒性有機物」的濃度，在任何時候都必須達到。
BTEX = 苯、甲苯、乙苯及二甲苯。

參考文獻

1. Environmental Health and Safety Online, EHSO, Atlanta, January, 2008 www.ehso.com.
2. U.S. EPA: *Local Limits Development Guidance*, EPA 833-R-04002A, Office of Wastewater Management, Washington D.C., July 2004.
3. U.S. EPA: *Introduction to the National Pretreatment Program*, EPA 833-B98-002, Office of Wastewater Management, Washington D.C., February 1999.
4. Tischler, L. F.: Pretreatment Standards, 2008.
5. U.S. EPA: *Industrial User Permitting Guidance Manual*, EPA 833-B-89-001, September 1989.
6. U.S. EPA: *Guidance Manual for the Use of Production-Based Pretreatment standards and the Combined Wastestream Formula*, EPA 833-B-85-210, September 1985.

7. Patterson Associates, Inc.: "A Model Municipal Pretreatment Ordinance for Existing and New Sources of Pollution," prepared for U.S. EPA Region V, 1980.
8. U.S. EPA, Office of Wastewater Enforcement and Compliance: *EPA Model Pretreatment Ordinance*, June 1992.
9. Metropolitan Water Reclamation District of Greater Chicago, Research and Development Department: "Calculation of 2007 User Charge Rates," Report No. 06-64, 2006. Also, personal communication with Dr. Cecil Lue-Hing, 2008.
10. City of Indianapolis: Correspondence to Industrial Discharges Advisory Committee, c/o Eli Lilly & Co., January 18, 2005.
11. City of Austin: www.ci.austin.tx.us/water/wwwssd_iw_wrppm.htm
12. Bhattarai, R.: Pretreatment Standards, January 11, 2008.
13. Facility Agreement, Selected Pharmaceutical Companies, PRASA and Interim Authorities, May 31, 1978; Amended August 23, 1978.
14. U.S. EPA: *Development Document for Final Effluent Limitations Guidelines and Standards for the Pharmaceutical Manufacturing Point Source Category BPA 821-R-98-005*, 1998.
15. Tischler, L. F. and D. Kocurek: "Evaluation of Nitrification Capability at the BRWTP," prepared for the BRWTP Advisory Council, Barceloneta, Puerto Rico, July 1999.
16. Malcolm Pirnie, Inc.: "Baseline Audit Report of the BRWTP," August 1995.
17. Eckenfelder, Inc.: "Preliminary Evaluation of Rehabilitation and Capacity of the BRWTP," December 1992.
18. Buck, Siefort, and Yost, "BRWTP Detailed Assessment of Plant Rehabilitation Needs," August 1988.
19. Montgomery Watson: "Operations and Maintenance Study, BRWTP," August 1988.
20. Parsons, Engineering-Science, Inc.: "Conceptual Design for Odor Control at the BRWTP," July 1999.
21. U.S. EPA: *Permit Guidance Document: Pharmaceutical Manufacturing Point Source Category* (40 CFR Part 439), January 2006.
22. ENVIRON International Corporation: "Operations and Maintenance Plan, Leachate Collection System, XXKEM Site, Toledo, Ohio," November 25, 1998.

18 環境經濟學

第一部分：工業環境經濟學

18.1 簡介

第一部分說明工業經濟和其他相關問題，如環境法規、遵從、規範、規劃、場址選擇、訴訟及治理等。第二部分適用於顧問工程公司，其受雇於工業以提供設計、操作、製程更新、許可、矯正、審核及其他環境服務。

18.2 工業環境經濟學與法規遵循指標

工業環境計畫內容絕大部分在於工業之設計、操作、製造更新、許可、矯正、審核及其他相關事項，需要顧問、公司人員和專業人士的共同參與和服務。有關環境顧問工程公司在環境經濟學與管理方面的議題，會在本章的第二部分討論。這部分會先著重於民營工業公司主要擁有者和／或持證人對於環境控制及遵從的直接職責。大多數工業，無論是公營或民營，易受到不同的經濟相關問題所影響。工業環境經濟學會平衡許多直接或間接的公司優先事項，包括但不限於：

- 資本開支及利潤。
- 適用的州、聯邦和地方法規的認定。
- 符合許可認證規範。
- 操作、訓練，以及故障排除的職責。
- 提前確認合乎規範。
- 可能興訟的風險。
- 根據過去的工業活動，分散連帶／追溯（整治）清理費用。

美國環境法律和法規的演變

過去 50 年來，美國的環保知識與相關法令有明顯的進展，演變成更加嚴格且直接影響工業用水品質的管控。特別是自從 1970 年以來，工業的環保意識、環保知識、資本支出、管理和施政項目，直接與聯邦法令和規定有關。基本上，在 1970 年美國環境保護署（EPA）尚未成立之前，在聯邦或州的層級幾乎沒有明確強制執行的法規。當時監管的主要依據只有類似「滋擾」或「不會引起污染」等模糊的說法，既難解釋也難執行。事實也證明在 1960 年代末期和 1970 年代初期前，都市和工業機構沒有受到顯著的執法行動或處罰。

直至 1960 年代初期，污染控制監管責任主要是交由各州的衛生部門負責。在這 10 年中，各州開始成立獨立的污染控制機構，雖然強制執行許可制度不是尚不存在，就是仍然很模糊。首次認真嘗試去修改這個辦法，是利用 1899 年河流和港口法的規範，要求先得到美國工程師團隊（U.S. Corps of Engineers）的許可。然而，此法只適用於「可通航水道」（navigable waterways），沒有授予或拒絕許可的標準，而且也沒有相關的罰則。

第一個解決這些問題的重要聯邦法律是 1972 年的淨水法（CWA）修正案，即公法 92-500 條款（Public Law 92-500）。淨水法最初並沒有包含「有毒成分」的控制，而且也只涵蓋地表水的污染。使用的數值限制僅根據一般的有機參數，很少包含特定成分。

環境經濟學 18

地下污染在淨水法中完全被忽略。而第一個解決地下污染問題的重要法規是 1974 年的安全飲用水法（SDWA），然後接著是 1976 年的資源保育和回收法（RCRA），其中的執行細節直到 1980 年 11 月才頒布。資源保育和回收法的立法是聯邦政府首次定義廢棄物的有害狀態，並建立處理、貯存、處置殘留物的具體標準。淨水法在 1977 年進行修訂，擴大「有毒」成分的控制，並提供預處理標準給排放至公有廢水處理廠（POTWs）的工業排放者。全面環境應變補償及責任法（CERCLA）在 1980 年通過，以識別有害的處置場址、評估損失、要求責任方參加輔導活動，並建立用於恢復原狀的索賠程序。資源保育和回收法在 1984 年修訂〔有害固體廢棄物修正案（Hazardous Solid Waste Amendment, HSWA）〕，以關閉監管漏洞、提倡更多有害物質的回收利用、大大地限制土地處置技術的使用，並為地下儲存槽（underground storage tanks, USTs）建立一個全面的登記和控制程序。淨水法在 1987 年再次修訂，緊縮超出技術基礎要求的排放標準，以確保符合有毒殘留物的水質標準。圖 18.1 為過去 50 年的聯邦法規歷史。[1] 這也呼應了無論是工業或都市方面，為了要符合規範而日益增加的處理費用。

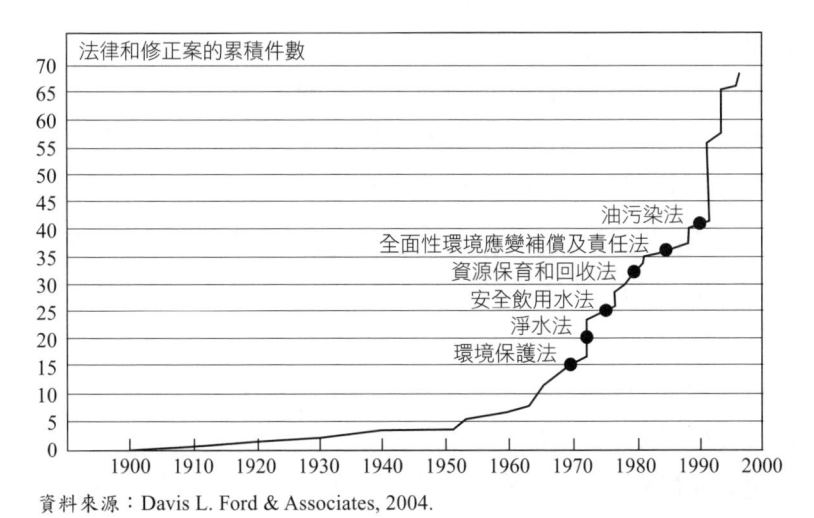

資料來源：Davis L. Ford & Associates, 2004.

◯ 圖 18.1　聯邦環境立法

883

在過去 50 年來，基本的監管策略從二十世紀初只著重疾病控制和公共衛生，而忽略環境影響，演變到 1960 年代的環保意識，再進化到 1970 年代和 1980 年代清楚的「命令與控制」的策略，並連結了強制執行法規。這種過渡策略在 1990 年代仍然持續，重新定義「永續發展」、風險評估和牽動人類健康與環境的更密集連結。

在此段期間，污染控制技術和做法也在改變。此外，衛生和環境工程領域的從業人員也在 1950 年代、1960 年代和 1970 年代發展出有關地下介質廢棄物顯著的處理能力。如同監管年表顯示，控制地表水污染的優先性是建立於 1970 年代初期，接著在 1970 年代中期建立通用標準的飲用水和地下水的品質控制，而確定和管控有害和無害廢棄物處置則是在 1980 年代初期。

自 1990 年代至 2007 年後以來，上述法規和新法規的修訂對工業部門產生重大影響如下：

- 更嚴格的放流水排放許可證限制，主要由各州發行，受聯邦工業標準的規範。
- 大規模的洩漏報導。
- 非點源污染控制。
- 根據水質限制的回收問題。
- 擴大地下水污染控制措施。
- 許可證外加其他特定化合物的涵蓋範圍。
- 具體規定的單一化合物，由 1980 年不到 200 種的受監管化合物，至 1990 年代末期增加到 1000 種以上。

這些只不過是目前工業用水品質面臨的技術問題的一小部分而已。逐漸嚴謹的法規要求對於工業的經濟影響日趨顯著，這些都會在本章進行討論：

- 資本支出。
- 直接和間接規範指標。
- 與環境有關的訴訟風險。
- 連帶／追溯清理責任。

- 工業水質方面的公司治理。

對於要追求每塊錢都花在刀口上的工業而言,以上每項都有其短期和/或長期的經濟影響。

18.3 資本和營運經濟規劃

　　工業在提升水質、擴建廠房及基層(新)建設的投資,可以用不同的方式量測。工業對於環保方案(包括水質)的財務規劃和融資,必須使用多個參數來判定其合理性。從工程/財務的角度來看,這些可能包括以下幾個問題:

1. 在固定資本下,處理廠更新是否能滿足聯邦和州政府的標準?符合規範的頻率為何?成本/風險分析是什麼?
2. 在攤提時間表(和對應的相關賦稅)下,更新年限為何?預期的工廠使用年限如何與未來的擴展規劃一致?
3. 對於特定的過程更新,何謂投資回收期?它是依據需花費的資本回收或風險減少來衡量,或兩者兼具?投資回收期是指投資報酬能償還全部原始投資所需要的時間。例如,100萬美元的投資可獲得一項投資或每年節省50萬美元的成本,其投資回收期為2年。基本公式是:

    投資回收期 = 投資 / 現金流量(若現金流量的存續期與方案相同)

    或

    投資回收期 =(去年負現金流量)+(淨利益/明年總現金流量的絕對值)
    當效益隨時間而改變時適用。

4. 何謂資本/操作和維護(operation and maintenance, O&M)的關係?是否有針對低資本、較高的O&M與高資本、較低的O&M的情況進行現值分析?此決定會如何影響現金流量?自動化設備／儀器的程度比起更多勞力密集的操作，是否已進行理性的決策？
5. 對於操作人員配置的決策，是否有確保最佳的操作控制？作業員僅限於負責控制工業用水品質嗎？還是他們會有其他任務？
6. 在估計未來資本支出時，是否有將現有許可證的有效期限和未來新的許可證可能有更嚴格的放流水品質標準納入考量？
7. 是否已分析過，在資本／操作環境更新上，哪些可以作為攤提費用？
8. 有多少重複性被併入關鍵程序處理單元？需要多少調勻和／或場外儲存？如果關鍵的環境控制系統無法使用或卡住，經濟衝擊是什麼（在喪失或減少產能等方面）？
9. 在複雜的單元和毗連的區域之間，是否有緩衝區？

舉例來說，在 1990 年代至 2001 年期間，下游化學、製藥及石油精煉廠已投入其廠房資本投資的 15% 至 25%，以遵守環境法規。在 1992 年和 2001 年間，石油工業花了超過 1000 億美元，以使既有的精煉廠符合環境法規規範。[1] 基礎（原有）建設已受到限制，因為一般認為在既有的精煉廠上外加設備的花費較少。然而，未來 10 年內原油價格和能源需求的不斷變化，可能會改變這種做法。例如，一個產量 400,000 bbl/d 的精煉廠正在審批階段。如果這個專案可被批准，將是美國自 1976 年來建成的第一個基層煉油廠。[2]

18.4　新設施選址分析和規劃的經濟考量

在過去 10 年中，作者群曾參與一些基層的工廠選址專案。這些包括但不僅限於 1970 年代末期 Union Carbide 公司在德州貝城（Bay City）附近的一個新廠；1990 年代台塑企業在德州康福市（Point Comfort）的工廠；在 2005 年至 2008 年間，南達科塔州 Hyperion 能源工廠。在前面兩個例子，數十億美元的工廠建構好後目前仍在運作中，後者目前還處於規劃階段，依未來的審批、融資以及其他因素而定,預計於 2009 年開始動工。

在選擇最後工業場址時有許多必須考慮的因素,如原料可取得性、運輸、市場位置、土壤結構考量、現有的或擬議的管道和/或港口設施、是否可確保土地的使用權或通路權、勞動力市場,以及其他經濟因素等。

淨現值(net present value, NPV 或 net present worth, NPW)的定義是:淨現金流量的現值。它是用金錢的時間價值來評估長期方案的一種標準方法。在進行資本預估時,一旦利息確定後,它可以現值(present value, PV)計算出多餘的或是不足的現金流量。

每個現金流入/流出折現至其現值,然後加總,成為:

$$\text{NPV} = \sum_{t=0}^{N}[C_t/(1+r)^t]$$

其中,t = 現金流量的時間

N = 該方案的總時間

r = 折現率(一項投資在具類似風險的金融市場可以賺取的報酬率)

C_t = 在時間 t 時的淨現金流量(現金數額)(為教學目的,C_0 通常放置到總和的左邊,以強調它為初始投資)

淨現值為某項投資或計畫對企業增加多少價值的指標。對於特定計畫,如果 C_t 為正值,則此計畫在時間 t 內處於貼現現金流入的狀態。如果 C_t 值為負,則此計畫在時間 t 內處於貼現現金流出的狀態。

內部報酬率(internal rate of return, IRR)是公司用來決定他們是否應該投資的資本預算度量。這是一個投資的效率指標,而不是淨現值(指示值或幅度)。

內部報酬率是年度有效複合報酬率,可以在投資資本上獲利;亦即,此投資的收益。

如果一個方案的內部報酬率大於其他投資(投資於其他項目、

購買債券,甚至把錢放在銀行帳戶)所賺取的報酬率,它就是一個好的投資計畫。因此,內部報酬率應對照資本的任何替代成本,包括適當的風險溢價。

數學的內部報酬率被定義為任一折現率,其會導致一系列現金流量為零的淨現值。

在一般情況下,如果內部報酬率大於方案的資金成本或要求報酬率(hurdle rate),該方案將增加公司的價值。

為了求出內部報酬率,找出滿足下式的 r 值:

$$NPV = \sum_{t=0}^{N}[C_t/(1+r)^t] = 0$$

(這個公式的詳細訊息,請參閱上述淨現值。)

例題 18.1 計算以下的內部報酬率,第一年投資值為100,往後4年的報酬如下所示:

年	現金流量
0	-100
1	39
2	59
3	55
4	20

解答 我們使用一個迭代解,以確認能求解下式的 r 值:

$$NPV = -100 + 39/(1+r)^1 + 59/(1+r)^2 + 55/(1+r)^3 + 20/(1+r)^4 = 0$$

從這個數值迭代的結果是 $r = 28.09\%$。

內部報酬率僅僅是一個方向性的投資決策工具。它不應該被用來比較不同存續期或現金流量預測的計畫。此外,由於中間現金流量可能不會被再次投資於方案上,內部報酬率(實際收益率)將會降低。[7]

主要的考量之一為環境設置。在規劃一個新的有關水質的工業設施時的主要因素(包括但不僅限於)如下:

1. 可用水、公司數量和可接受的品質（這可以用產量的每單位用水的歷史紀錄來估計）。
2. 水至提議場址的鄰近度。
3. 已處理放流水的接受水體。
4. 已處理水的數量和品質要符合接受水體的品質標準，並遵守點源許可證限制，包括生物檢定毒性。
5. 場址對於可能的地下污染物之感受性（飽和及不飽和區）。
6. 非點源逕流對於鄰近環境的影響。
7. 鄰近區域的損害，如噪音、照明、臭味及其他方面。
8. 空氣、水及有害廢棄物的排放率，以及是否符合周遭背景品質標準。
9. 特別針對提議場址的獨特和限制性規定（如：未達到標準的地區、動物和魚類的棲息地、無法擴大等）。
10. 每日負荷最大總值（total maximum daily loads, TMDLs）是指特定的接受水體可以在不違反水質標準的前提下，所能「處理」某特定污染物的總量。簡要介紹 TMDL 過程如下：
    - 辨識不符合水質標準的水域。在這個過程中，州政府會說明是哪些特定污染物導致水域不符合標準。
    - 將不符合 TMDL 發展標準的水域排序（例如，高自然產生「污染物」的水域會被排到列表的底部）。
    - 為優先水域建立 TMDL（設定需要削減或劃分責任的污染量），以符合各州的水質標準。單獨的 TMDL 針對濃度超標的每個污染物特別加以說明。
    - 在策略執行期間，做出減少污染和評估程序的策略。此時最有可能需要一個流域夥伴關係（watershed partnership）。如果夥伴關係已經發展了一項行動計畫，它應與州政府共享。事實上，一些州已經在自己的特殊 TMDLs 策略上加入了流域夥伴計畫。

場址選擇程序極其複雜，需要昂貴的調查階段，包括與利害關係人和監管機構的會議和聽證會、場址和公有資源的採購、取得空氣、水利建設和其他許可證、遵守當地的建築法規，以及可能遇到的土地變更問題等。例如，一個計畫中的基層煉油廠計畫，在施工前就可以開始著手所需的許可證和批准清單，包括以下內容：

- 州政府營建雨水排放許可證。
- 州政府廢水排放許可證。
- 州政府水權許可證。
- 州政府顯著惡化預防（PSD 空氣品質許可證）。
- 州政府第 106 條國家歷史保護法（National Historic Preservation Act, NHPA）諮詢。
- 州和聯邦第 401 條水品質認證。
- 聯邦第 404/10 條許可證，基於淨水法中對美國水域的影響，包括濕地。
- 適用的 RCRA 許可證；若設施只有發電機的話，則不需要 RCRA 的許可證。
- 聯邦第 7 條瀕危物種法（Endangered Species Act, ESA）的諮詢。
- 聯邦航空管理局（Federal Aviation Administration, FAA）阻擋和照明許可。
- 其他州和聯邦法律所要求的許可證和批准。

18.5 環境法規遵從

要達到且維持工業環境法規的遵從，會造成顯著的經濟影響。要確保最高許可證遵循度會需要幾個面向，包括該如何發展一套適當的評量方法。環境稽核、操作人員培訓計畫、操作手冊、基線監測、洩漏預防和其他積極措施都會在本節討論。

1. 環境稽核：環境稽核是由第三方顧問實施，對於一個工業實體來說，環境稽核在許多方面是很有價值的。基本上，稽核的目的是針對特定的廠房取得最正確與及時的資訊，可以量化其環境影響，提供管理階層做決策的基礎。這種稽核還可以包括安全〔與職業安全衛生署（Occupational Safety and Health Administration, OSHA）有關〕、機械完整性，還有其他會影響環境、健康和安全相關的項目。此外，它們還可以用於環境管理系統（environmental management systems, EMS）的認證，如 ISO 14001 標準。ISO 是國際標準化組織，開發了一些可自願參加的環境標準。基於 ISO 14001 的 EMS 的益處包括：

- 改善整體的環境效能和標準達成度。
- 針對所使用的污染防治措施提供一個框架，以符合環境管理系統的目標。
- 在進行管理環境的義務時，可提高效率和降低成本。
- 在進行管理環境的義務時，可促進可預見性和一致性。
- 稀少性環境管理資源可更有效地目標化。
- 加強對外的公眾形象。

環境稽核有許多不同的分類，例如廢棄物處理、取水口的使用、管理、放流水處理、達到標準、環境管理系統、環境「實質審查」（due diligence，針對工業設施的出售或購買）。環境稽查的整體目標是由經濟所帶動，如減少潛在的罰款和責任風險、確保符合法令、減少廢棄物有關的成本、減少能源和水的支出，並促進良好的公共關係。此外，控制來自於工業產品和廢棄物殘留以及來自於液氣相排放的揮發性有機化合物（VOCs）也可被檢視〔符合國家有害空氣污染物排放標準（National Emission Standards for Hazardous Air Pollutants, NESHAPs）〕。

2. 操作人員的培訓： 透過規劃及持續的操作人員培訓課程，工業用水的品質控制可以提高。這些操作人員有最新的操作手冊、企業環保手冊、材料安全數據表，以及故障排除指南。工業廢水處理計畫的操作人員的培訓計畫必須能適應特定場址處理系統，無論是廠內和管末處理流程。操作人員的培訓計畫可以由外部專家、內部專家，或是兩者共同進行。表 18.1 概述在一個複雜的化學工廠，由外部顧問和內部主管共同主持為期 3 天的操作人員培訓課程之範例。表 18.2 顯示一個操作人員典型的故障排除指南，而表 18.3 則

➡ 表 18.1　工業廢水處理系統操作人員培訓課程

第一天
介紹 概觀 預處理概念
除油程序 調勻和不合規格的儲存
生物處理的最佳化
流體化床系統和單元操作簡介
第二天
物理／化學系統 活性碳／過濾
工廠的啟動和一般程序
程序控制
第三天
場址考察
衛生廢棄物／單元操作
聚合物／化學品的使用
監控安全程序、標準作業程序（standard operating procedures, SOP）

是詳細的維修說明書附件。

　　要注意的是，廣泛的監控應納入處理系統，再加上圍欄線和緩衝區。許可證已選定監測點源排放的需求，但整個處理系統的監測對於提高流程性能和規範遵守程度仍相當有效。

　　3. 洩漏預防：洩漏預防是重要的遵守規範積極措施，不僅對設施有利，也是淨水法的法定要求。40 CFR112 法條要求要有洩漏預防控制和對策（Spill Prevention Control and Countermeasure, SPCC）計畫。EPA 於 2002 年 8 月修改該法，規定修定後的 SPCC 要從 2009 年 7 月 1 日開始實施。40 CFR 112.7(a) 項 (2) 概述 SPCC 規則，內容包括：

1. 人員列表。
2. 針對散裝儲存容器、二次散裝儲存容器的外殼、液體負荷轉移區、設施的排水系統的 SPCC，例如：
    - 油／水分離器。

➔ 表 18.2　生物處理部門：故障排除指南

操作問題	可能的原因	建議的矯正措施
高懸浮固體物濃度放流水，工廠效率不佳（污泥膨化或氣化）	(1) 有機負荷過度。	(1) 藉由暫時性分流將有機負荷降低到或低於系統的處理能力。
	(2) 廢水的性質，導致絲狀微生物的擴散。	(2) 曝氣池的內容保持在中性 pH；添加混凝劑至池中，以提高固液分離。
	(3) 低氮或磷濃度在曝氣池產生的絲狀微生物的優勢區域。	(3) 添加無機氮或無機磷至系統。
	(4) 絲狀微生物持續存在於系統中。	(4) 如果可行的話，讓污泥的厭氧停留時間延長、加氯，或「清除污泥系統」及再植種。
	(5) 沉澱池中過長的厭氧污泥停留時間造成污泥產氣。	(5) 增加污泥迴流率和/或增加污泥流失。
	(6) 由於阻塞的污泥線，造成在沉澱池中有過多的污泥。	(6) 增加沖洗管線所需的污泥迴流抽泥率。
	(7) 過多的污泥在系統中。	(7) 增加污泥洗滌和處置。
	(8) 在曝氣池的油濃度過高。	(8) 檢查故障的初級處理單元。
與所設計的好氧系統相關的過度臭味（池溶氧 0.5 mg/L）	(1) 來自於有機負荷的缺氧。	(1) 增加曝氣能力。
	(2) 由於不完整的混合導致局部厭氧「袋化」(pockets)。	(2) 增加曝氣池功率水準或擋板系統。
曝氣池溶氧量超過 4-5 mg/L	(1) 有機負荷減少，MLSS 濃度不足；無效的生物種群。	(1) 增加 MLSS 濃度；以活性微生物污泥補植種。
過多的泡沫	(1) 曝氣池中表面活性劑濃度過高，表面活性劑可能抵抗生物降解。	(1) 活化泡沫抑制噴霧系統，如有必要可添加消泡劑。

- 安全和照明。
3. 緊急洩漏處理程序。
4. 減緩洩漏清理。
5. 通知。
6. 修訂。

EPA 要求一個最佳管理計畫（Best Management Plan, BMP），能防止暴雨逕流、洩漏和不當的有害廢棄物處理，而不是如聯邦或州 NPDES 許可證規定的點源處理。

發展一個 BMP 計畫需要廠內有害物質的識別、用來防止這些

➡ 表 18.3 操作人員維修附件

章節編號	說明
1	根據設備供應契約,提交安裝、操作、維修手冊的目錄
2	設計資訊 細氣泡曝氣池 二級沉澱池
3	設計大綱:細氣泡曝氣池 曝氣設備介紹 鼓風機尺寸和性能曲線 細氣泡曝氣安裝、操作及保養
4	沉澱池設備規格 沉澱池的安裝、操作和維護
5	流體化床反應器的設計 過程描述 過程概覽 化學和理論 流體化床力學 化學計量學
6	流體化床啟動 顆粒活性碳(GAC)添加 反應器的植種 啟動前準備 啟動 正常操作:調整氧 　　　　　調整營養鹽 　　　　　調整生質排放率 　　　　　訊息的收集和檢查 手動關機 待機操作
7	系統連結 曝氣及沉澱池 流體化床
8	流體化床反應器的維護和故障排除
9	流體化床:輔助系統 氧生成系統 大量碳轉換系統 流態化和流量分配系統 碳消耗系統
10	典型製圖 程序流程圖(Process Flow Diagrams, PFDs) 管線和儀控圖(Process and Instrumentation Diagrams, PIDs) 儀器列表 設備和系統管線的等角視圖(Isometric Views)

物質可能釋放的方法和程序的書面說明，以及整個工廠面對這類釋放可能性的圍堵／防禦功能的詳細分析。書面計畫必須涵蓋的一般做法，如預防性維修、目視檢查、人員培訓、洩漏的報告和調查，以及具體的圍堵和／或處理系統，以防止或減少排放。

　　根據 1986 年的超級基金修正案和再授權法（Superfund Amendments and Reauthorization Act, SARA），聯邦為偶發的洩漏／釋放訂定洩漏／釋放的報告要求。SARA 的第三條（Title III）有一個名為「緊急規劃和社區知情權法」（Emergency Planning and Community Right to Know Act, EPCRA）的獨立法案，它創建了一個地方性緊急應變計畫框架，並要求業主和處理有害化學品的操作人員遵守報告和紀錄保存的規範。這些分為四類，即：

- 緊急規劃報告。
- 社區知情權報告。
- 緊急釋放報告。
- 有毒化學品釋放報告〔毒性物質釋放清單（Toxics Release Inventory, TRI）〕。

　　聯邦洩漏／釋出的報告要求很複雜，如圖 18.2 所示。

　　TRI 是一個公開的資料庫，包含了由某些不具名的產業團體及

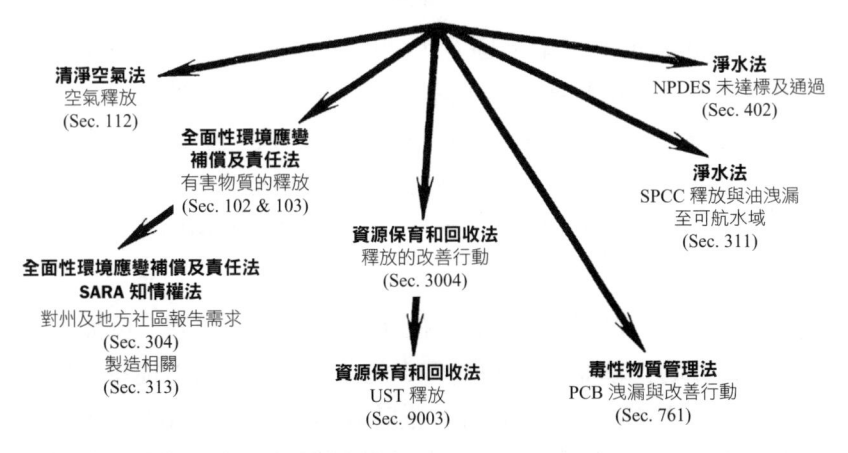

清淨空氣法
空氣釋放
(Sec. 112)

全面性環境應變補償及責任法
有害物質的釋放
(Sec. 102 & 103)

全面性環境應變補償及責任法
SARA 知情權法
對州及地方社區報告需求
(Sec. 304)
製造相關
(Sec. 313)

資源保育和回收法
釋放的改善行動
(Sec. 3004)

資源保育和回收法
UST 釋放
(Sec. 9003)

淨水法
NPDES 未達標及通過
(Sec. 402)

淨水法
SPCC 釋放與油洩漏至可航水域
(Sec. 311)

毒性物質管理法
PCB 洩漏與改善行動
(Sec. 761)

◐ **圖 18.2　聯邦洩漏／釋出報告要求**

聯邦設施年度報告有關有毒物質釋放和其他廢棄物管理活動的資訊。此資料庫原來是因 EPCRA 而成立，並經 1990 年的水污染防治法擴大。至 2007 年，有毒化學品清單包含 581 種獨立表列的化學品及 30 種化學類別。其中有 20 種工業類別（SIC 代碼 20-39），以及經由大氣（點源和洩漏）排放到水體、廠房設施的排放、地下注水井排放，以及場外轉移也包括在內。TRI 的零排放要求和其他影響會在別處討論。[3]

4. 合規文件：合規文件可以解釋為「環境報告卡」，以及在沒有標準格式的情況下，可以用不同的方式表示。然而，一般可利用數種指標或衡量標準而自行開發複合式（mosaic）文件。從很多角度來看，此文件對於工業排放極其重要，因為它包括提高認知、具體改進項目、法規影響、藉由資金與 Q&M 的環保支出優先性所節省的顯著經濟成本，以及對利害關係人的告知。有關洩漏、員工傷害、排放趨勢和許可證超標，以及其他「衡量標準」的年度報告載列於表 18.4，其中概述了擬議的環境控制量化矩陣。

業界經常使用圖表範例來記錄環境指標和趨勢。例如，逐年可提報洩漏的減少，如圖 18.3 所示，說明了一個工業園區連續多年成功的洩漏控制程序。圖 18.4 記錄了在 30 年間，點源放流水氯化碳氫化合物的減少，因為監管機關更嚴格的許可要求，且改良工業廢水處理系統所需的資本支出也能配合增加。

圖 18.5 顯示，工業園區 6 年期間員工的安全衡量標準，包含傷害事故率、險肇事故率及暴露事故率。這些數據，連同符合 OSHA 合規資訊，提供特定期間內的健康和安全紀錄。RCRA 比較難用量化的方式來遵循，因為它很複雜，從違反有害廢棄物的處理、貯存、處置等嚴重的違法行為，到違反標籤和處置要求等較輕微的違法狀況都有。

點源排放（NPDES）紀錄在淨水法下更加明確。例如，工業廢水排放的化學需氧量（COD）的圖形分析，可以從每月排放監測報告（DMRs）選取數據並依時間繪製，如圖 18.6 所示。圖 18.7 顯示年度的點源廢水和雨水排水口排污口的超量（超標許可範

18 環境經濟學

➡ **表 18.4　工業用水的品質控制環境「報告卡」矩陣表**

	第1年	第2年	第3年	第4年	第5年
點源 NPDES 的排放許可證（% 符合）	—%	—%	—%	—%	—%
違反 RCRA (#)：主要	—	—	—	—	—
次要	—	—	—	—	—
違反 EPCRA	—	—	—	—	—
違反通知（NOVs）(#)	—	—	—	—	—
支付罰款（$）	—	—	—	—	—
ISO 14001（是，否）					
環境相關的成本（$）					
資本	—	—	—	—	—
O&M	—	—	—	—	—
環境審核（是，否）	—	—	—	—	—
安全性（事故 / 年）	—	—	—	—	—
持續的操作人員培訓（是，否）					
目前的標準作業程序（SOP）（是，否）					
目前的物質安全資料表（MSDS）（是，否）					
能源效率	←		敘述		→
職工參與 / 獎勵	←		敘述		→
產品減少對環境的影響（估計為 %）	—%	—%	—%	—%	—%
逕流量管理控制	←		敘述		→

圍）。超量部分的成分內容如圖 18.8 所示。這種分析可以讓系統設計人員選擇系統更新的單元過程，以改善遵守衡量標準。根據作者群的經驗，大多數產業對於聯邦（或州級許可證）的 NPDES 許可證的符合範圍為 98% 到 99%。然而，受到越來越多的管末技術、操作經驗及企業承諾等影響，許多年度合規紀錄已可達 100%。雖然 EPA 工業指南假設違規的狀況較多，從 1990 年代起，一般的期待已普遍拉高。

按時間序列的許可證文件和更新申請、處理程序及輸水容量升級的設置、相關的資本支出及相關的往來文件，對申請人而言是有幫助的，不但可以加速決策的過程，也能協助有關法律和規章爭議

工業廢水污染防治

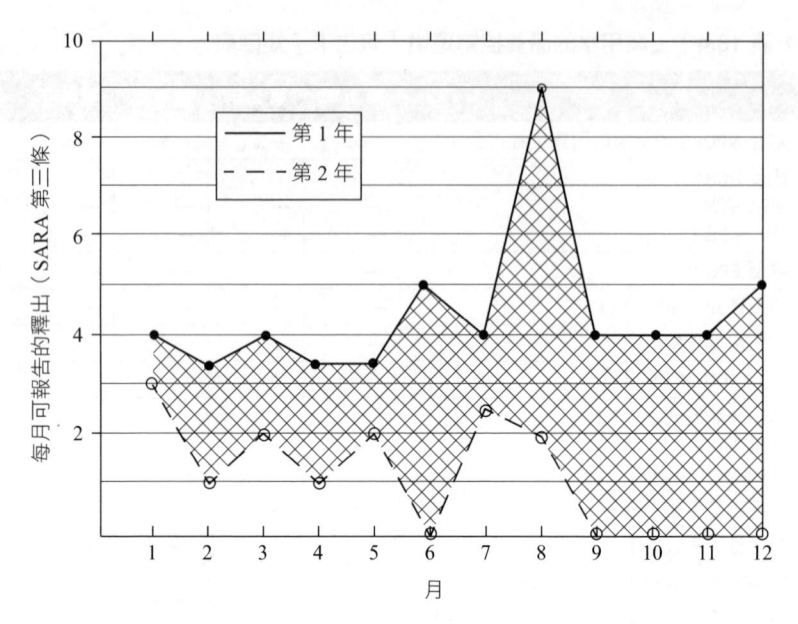

○ 圖 18.3 洩漏預防和控制

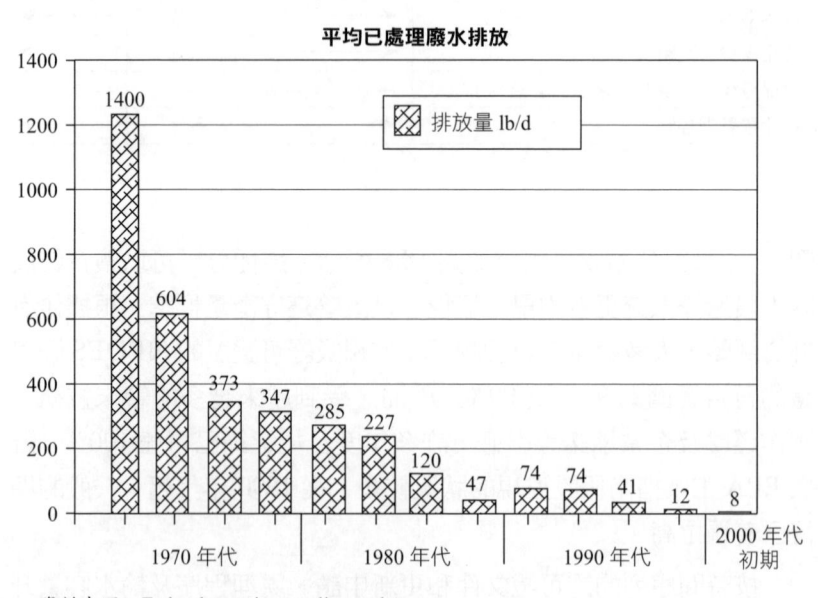

平均已處理廢水排放

資料來源：Federal permit compliance data

○ 圖 18.4 放流水減少──氯化碳氫化合物

環境經濟學 18

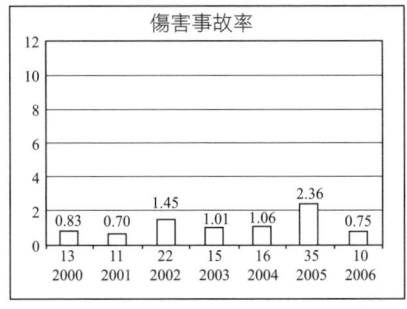

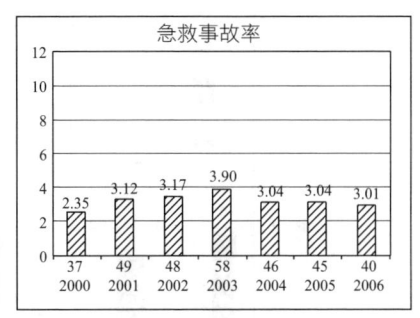

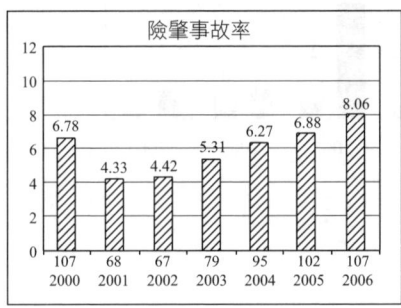

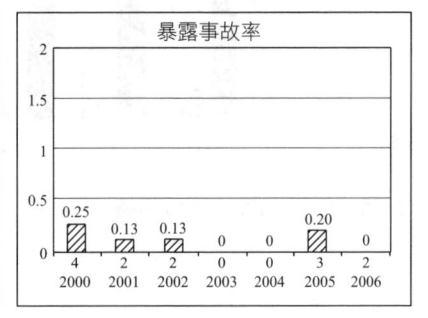

○ 圖 18.5　傷害及暴露事故

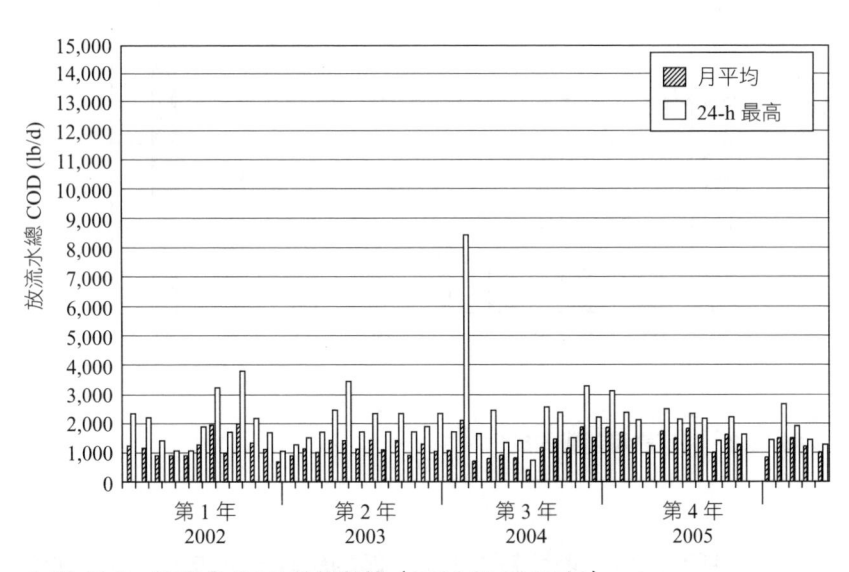

○ 圖 18.6　放流水 COD 效能數據（2002 至 2005 年）

899

工業廢水污染防治

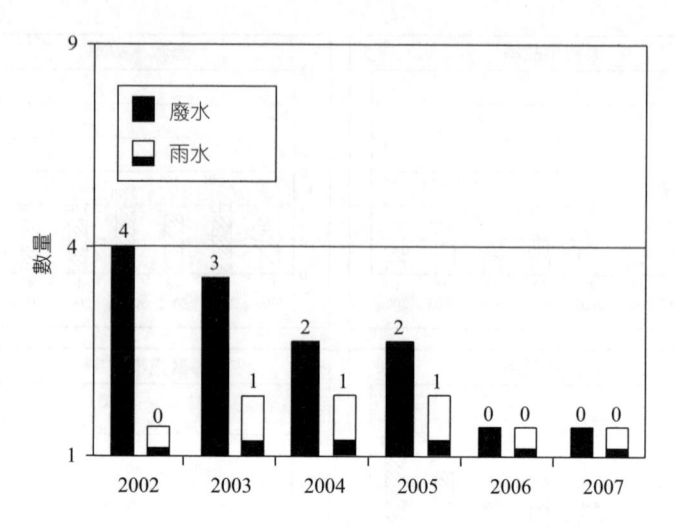

◯ 圖 18.7　年度排水口超標

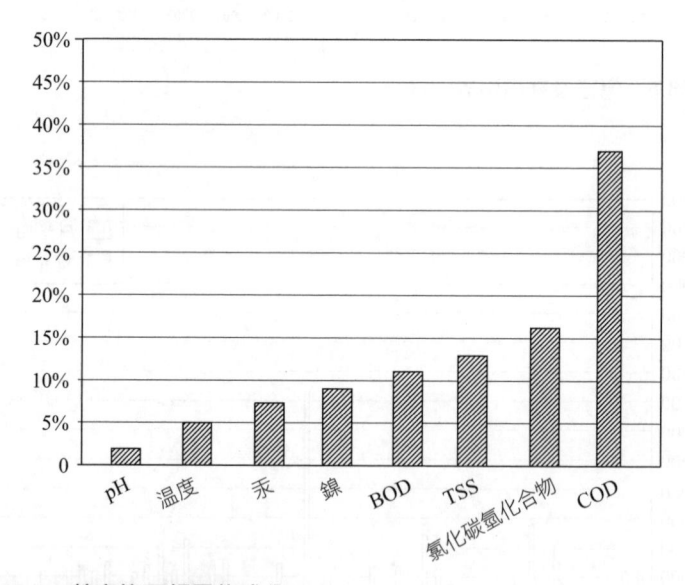

◯ 圖 18.8　特定許可超量的成分

的判定。所有這些「環境報告卡」問題的記載，可能可以用來評估過去的成本 / 合規性關係。

18.6　CERCLA、超級基金、共同與個別溯及既往的經濟風險

　　超級基金是一個美國環境法的俗稱，正式名稱為全面環境應變補償及責任法（CERCLA）。這個法律和其法規對被視為「潛在關係者」（PRP）的產業影響很大。基本上，它在去除或整治行動上，開啟共同與個別、溯及既往的責任（joint and several, retroactive liability），對於工業園區可能已產生了相當的經濟後果。例如，某產業一向都是將廢棄物殘留物送至場外填埋或回收（合乎當時的法律），若該處的原業主和/或其他產業參與者均已宣告破產或無力償還的話，可能會因此需要負擔該現地的總清理費用。這些場址不僅限於列在國家優先名單（NPL 或聯邦超級基金場址）上的那些，還包括州級超級基金場址和州級自願清理地點。

　　這些清理或修復計畫中有許多耗資 1 億美元或以上，以及可能後續多年的清理責任。當兩個或兩個以上的潛在關係者都正常經營且需分攤所配發的清理費用（加上其他的零星成本份額），如何分配成為一個主要難題，往往可能引起潛在關係者之間的法律糾紛（見第 16 章）。

　　CERCLA 強迫過去和未來的地主，對於清理場址現存的有害廢棄物以及目前和將來對環境的傷害，必須負起全部的責任。目前有些州正在發展風險降低標準（Risk Reduction Standards, RRS），以便能在清理方面提供一定的彈性。這是為了提供一個一致的糾正行動流程，由人類健康和環境的維護與州民經濟福利間取得平衡來引導。這些標準包括：

- 州級超級基金。
- 自願清理計畫。
- 石油儲槽。
- 工業和有害廢棄物和地下注入控制。

　　清理標準有可能極其嚴格，大幅提高潛在關係者成本，並對其資產負債表和股價造成重大的影響。甚至在進行這些糾正行動之前

就要花錢，公司必須預留一筆應急金，以滿足為了符合清理標準所需的花費。

18.7　環境訴訟風險

在各種的州和聯邦法令下，產業總是很容易遭受環境相關的訴訟。當然，像是超級基金法律責任（有害廢棄物的釋放或釋放的威脅）、疏忽、資產減值、人身傷害、地位、非法侵入、財產損失、污名和眾多其他民事（有時也有刑事）糾紛等，常常讓產業站在被告的一方。此外，產業的業內或相關合作對象間也會有橫向的糾紛，像是清理場址的成本分攤、購併前的污染責任歸屬，以及合約糾紛等。這些種種都可以顯著地影響公司的資產負債表。

1. 以法規為基本的訴訟：CERCLA、RCRA、CWA、SDWA及油污染法（Oil Pollution Act, OPA）的責任是多方面的。例如，現在和過去的地主必須完全負起清除有害物質的法律責任。法院已明確表示，現在的地主也無法免責，即使他們並未造成原有的污染。煉油及天然氣產業中的許多人士相信，CERCLA 下的「石油排除」，以及 RCRA 下 E&P 的「相關廢棄物豁免」可以視為將石油和天然氣資產與操作從有害廢棄物的認定中排除。雖然每個法律應用於石油和天然氣產業時有其特殊的例外，法院普遍認為，每個法規及其相關的豁免，不適用於可能被用來解釋某些情況的其他法規。例如，CERCLA 下的石油排除不限制 EPA 或第三方根據 OPA、CWA 和 RCRA 解決與石油有關的污染。同樣地，根據 RCRA 而受到豁免的有害廢棄物，仍須面對 CERCLA 或 CWA 或 OPA 的責任。

2. 收購／購併的實質審查：收購或購併擁有工業廠區的實體是另一個主要的訴訟風險來源。為收購或購併計畫進行廣泛的環境實質審查非常重要，因為這些問題有可能轉化為財務或公共關係的長期風險。如果被收購的廠房曾生產、儲存或使用有害或有毒化學品，那麼它有可能有地下儲槽洩漏、釋放其他化學品到土壤和相鄰水道、現場處置、建築物和設備的內表面的污染等情事，可能會造成一些對人類健康或環境的風險。如果這些條件最終被判定危害性夠大，需要一些補救行動，就得有人買單。所以買方最好在收購或購併協議執行前，就先發現這些情況，以方便釐清各方該負責的成本與行為。

許多產業都向保險公司索賠污染和清理費用，因為它們在綜合責任保險（comprehensive general liability, CGL）政策下都有環境方面的保險。工業投保人和保險公司之間已有很多此類的訴訟（及判例法）。1970年代初期以後的CGL保單包含某種形式的污染排除條款。雖然要擔負環境責任的產業可以另外購買單獨的保險以涵蓋環境危害，大多數產業仍尚未取得這樣的保障。

在1970年代初期以前發出的CGL保險並未包含污染排除。然而，從1970年代初期至1986年左右，標準CGL保險中含括了「突然和意外」污染排除。大約從1986年至今，標準的CGL保險包含了所謂的絕對排除（absolute exclusion），旨在消除任何與污染有關的保障。一些CGL保險排除對於「排放、擴散、滲透、遷移、釋放或洩漏」污染物產生的傷害或損壞保障。法院解釋它適用於從「局限場所游移至要保人的周遭進而造成傷害」的污染物。相對地，若傷害是由原來是固定但後來因人工搬運而易位的污染物所造成，就不會被排除在保障之外，因為它們並非因上述方式而造成傷害。

由於CGL保險在「污染排除」的模糊不清，因此有很多投保人不惜和保險公司對簿公堂，以讓法院決定環境費用是否能夠理賠。

3. 法院裁決的引用：本書作者之一所參與過的某些法院裁決引用如下，以說明這些糾紛如何解決（不論是透過法院判決、仲裁或和解）。

- 太平洋天然氣和電氣公司（Pacific Gas & Electric, PG&E）最近在一項由加州欣克利市（Hinkley）的居民提出的重大訴訟中，與對方完成和解。該區居民認為PG&E從德州輸送天然氣至舊金山灣區的管線網絡的氣體壓縮機工作站距離該區太近，使他們受到人身傷害。1950年代開始，冷卻塔排污水的六價鉻污染的地下水，直到1970年代和1980年代不再於冷卻塔中使用鉻添加劑後才停止。在這起訴訟〔電影《永不妥協》(Brockovich) 的案例〕中，PG&E在仲裁過程中先支付了一筆和解金，之後在審判前又支付了第二筆和解金。

- 比佛利山高中（原告Lori Lynn Moss等人訴Veneco公司等）。原告控告Veneco公司與先前的業主/營運商（緊鄰加州比佛利山高中，經營石油和天然氣生產運作），要求醫療賠償。這個官司知名度很高，也已訂定審訊期。因為多年的公眾聽證會、監控報告、顧問報告、租約及權利金問題，本案的文件資料相當驚人。共同被告包括提供世紀市（Century City）暖氣與空調設備的一個中央發電廠、數間油品公司、比佛利山市和收受權利金的比佛利山莊綜合校區。洛杉磯高等法院的法官Wendell Mortimer, Jr. 同意被告要求作出簡易判決，根據被告和經銷商廣泛監測苯和六價鉻及其他化合物，多年來均低於控制標準，而且原告的流行病學和毒理學專家未能舉出權威性理論或事證以證明這些化學品與所指稱的疾病有關。「被告對於簡易判決的要求讓舉證責任轉移到了原告，而原告並未達到提供證據之責任以證明可以起訴的事實」（法官Mortimer給予的簡易判決議案，2006年12月12日）。

- Bolinder 不動產訴美國（2002 WL 732:155—D. Utah）。原告是在猶他州圖埃勒郡（Tooele County）的不動產業主。不動產公司靠近圖埃勒陸軍軍械庫（Tooele Army Depot, TEAD），屬於美國的軍事設施。原告對被告美國提出訴訟，聲稱在TEAD運作期間，被告將三氯乙烯（TCE）排入環境，污染了原告的財產上的水井。他們的訴狀中列有八項主張。開庭前，除了州法明訂的繼續侵權行為的索賠外，法院駁回了其他所有的索賠。針對這唯一項目，法院已於2001年5月前進行審判。

在審判之前和期間，有兩個幾乎沒有爭議的事實。首先，三氯乙烯污染了原告的財產上的水井。第二，TEAD 的排放就是污染了原告水井的三氯乙烯的來源。在審訊中，剩下來要解決的問題是，美國對三氯乙烯的排放是否是因為忽略了當時的排放標準。要確定這個問題，法院必須確定：(1) 污染 Bolinder 水井的三氯乙烯是來自 TEAD 的哪些地區，以及來源是什麼？(2) 這些來源的三氯乙烯是何時排放的？(3) 當時有關三氯乙烯的排放標準是什麼？

最後的重點在於當時三氯乙烯的處理標準和處置過程，以及 TEAD 的做法是否違反了這一標準。法院已查明，在 1990 年代中期轉移到原告的財產的三氯乙烯至少在 23 年前就已排放，最可能在 1960 年之前。因此，當時適用的是 1942 年（TEAD 設立時）和 1974 年（污染原告財產的三氯乙烯最後一次有可能被排放的時間）之間的排放標準。

法院所發現的事實所引出的結論是，被告對於導致 1990 年代中期原告的財產受到污染的三氯乙烯排放並無過失，因為這個排放並沒有違反當時的任何有關標準。

法院還發現，被告對於三氯乙烯廢棄物處理和處置廢棄物的做法，和 1974 年前所有軍方和民營事業是一致的。其他法院也承認，無論是民間或是軍方都不知道三氯乙烯污染地下水至有害程度的可能性，直到 1970 年代末期和 1980 年代初期為止。

- 西方溫室公司訴美國（*878 Supp. 917.927 N .D. Texas*—1995）。根據聯邦侵權索賠法（Federal Tort Claims Act, FTCA），西方溫室公司對美國提出告訴。原告對於德州拉伯克市（Lubbock）里斯空軍基地（Reese Air Force Base）的美國員工活動所造成的地下水污染（TCE）提出損害賠償。美國地方法院法官 Sam R. Cummings 的結論是，美國並沒有疏忽，而原告無法證明污染在沒有疏忽的情況不會發生。「事實上，不幸的是 1940 年代和 1970 年代期間整個產業之標準作業，導致全國各地的廣泛污染……原告自己疏忽了在購買該地產時進行調查，了解此污染的存在。……原告不合理地選擇『廉價』的第一階段環境影響評估，而不是選擇較妥善和完整的環境評估以及時發現里斯空軍基地環境污染的真實程度。」

聯邦法院成立裁決，原告沒有履行根據德州法律和 FTCA 所要求的事先過失、公害或直接故意侵害等相關責任。所有的判決均不利於原告，有利於美國。

- 斯奈德公司訴美國（504 F. Supp 2d 136 (SD MIS? 2007) Camp LeJuene, North Carolina）。一名海軍陸戰隊軍官的兒子和他的父母根據 FTCA 控告美國，聲稱 LeJuene 軍營的有毒化學品、三氯乙烯和四氯乙烯（PCE）會引起先天性心臟缺陷。

  被告的專家正確地指出，根據淨水法，TCE 和 PCE 直到 1978 年 8 月 25 日才被列為毒性污染物管制，在此指控的對應時間之後。直到 1980 年 11 月 19 日，EPA 才依據 RCRA 將 TCE 和 PCE 列為有害廢棄物管制。EPA 也直到 1989 年 1 月及 1992 年 7 月，才依據安全飲用水法，分別將 TCE 或 PCE 列為飲用水污染物予以管制。總之，在原告聲稱受到這些化學品污染的時間，美國政府沒有任何有關三氯乙烯和四氯乙烯的具體規範。

  法院的判決是：「對於本案訴狀及相關歷史原由，經果審慎考慮後，本庭認為原告的訴求是在 FTCA 酌情例外以外。因此本庭准許被告要求駁回的動議。」

- 利安德化學公司等訴阿爾伯馬爾公司等（"Turtle Bayou," Civil Action No. 1:01 - CV - 890, Eastern District of Texas）。這是一個典型的多家公司整治成本配置的案件，原告為利安德化學公司和大西洋富田公司，還有第三方原告埃爾帕索田納西管道公司，訴訟被告為阿爾伯馬爾公司、乙基公司、埃克森美孚公司、GATX 公司、路博潤公司，以及 PPG 工業公司。這些公司被認定為一個封閉垃圾場的潛在關係者，在 1960 年代末期和 1970 年代初期處理了有害和無害廢棄物。這件複雜的技術和法律糾紛由聯邦法官 Marcia A. Crone 審理。有關主要原告和被告公司及法院未裁決公司的歷史文獻、司機的證詞、差旅機票、估計量、專家報告和證詞、生

環境經濟學 18

產率的重建工作,是一項複雜的任務。法院幫法官請了一位獨立的專家助理。在本書撰述時,法庭尚未確定最後的分配。這樣的分配程序對每一方都具有重要意義,因為金額動輒數百萬美元,對於所分到金額高的產業影響甚鉅。從此可以看出這類糾紛涉及的複雜性和公平問題。

18.8 工業環境治理

環境治理(environmental governance)是一個相對新的名詞,特別是公開發行公司的董事會和管理團隊已經被迫改變,以適應更為複雜和嚴格的標準。同樣地,環境治理強調經濟、管理、遵守規範存檔、監管關係,以及這些私人或公有實體的公共關係之重要性。本章介紹的主題和環境治理有直接或間接的關係。無論公開發行或私有企業,環境治理的要點如下所述。

沙賓法案(SOX)(公開發行公司)

2002 年的沙賓法案(Sarbanes-Oxley Act)為所有美國公開發行公司的董事會、管理部門、公共會計事務所建立新的或增強的標準。環境治理雖然沒有直接明列本規約中,仍適用於其 11 項條文內有關的財務報告具體的描述和要求。例如條文 III 的企業責任、條文 IV 的增強財務免責聲明、條文 V 的分析人員利益衝突、條文 VIII 的公司和刑事欺詐責任。沙賓法案中最有爭議的是 404 節——內部控制的評估。管理部門和外部稽核人員都需負責自上而下的風險評估,其中管理部門需評估其評估的範圍和「基於風險」的證據,這可包括與環境有關的風險、責任和危急性。

ISO 14001 認證

不論小型企業或大型製造業,獲得 ISO 14001 認證均可加強其環境治理。它的設計會讓環境因素納入製造過程和產品品質標準,是世界上最被認可的環境管理系統(EMS)框架。

建立內部環境成本會計制度

對大型工業區中央處理系統的攤銷資本和營運所衍生的管理成本使用非正式的「成本中心」，可以評估環境成本控制和問責制的經濟效益。這種方法被用來作為內部會計系統，將處理費用返回至個別的生產單元。例如，一個服務多個生產單元的處理系統，會計算各個使用的生產單元的數量和品質，然後將用戶處理成本分配回各生產單元「利潤中心」。這不僅可讓管理階層了解每單位產量所需要的處理成本，也使生產單元「利潤中心」在將廢水排入中央處理系統前，有預處理、回收或儘量減少水量的誘因。

將中央廠區處理工業廢水所產生的費用分配至各化工廠用戶的範例可以有下列形式：

- 氯乙烯單體　　　一美元/月
- 高密度聚乙烯　　一美元/月
- 二氯乙烷　　　　一美元/月
- 烯烴　　　　　　一美元/月
- 乙二醇　　　　　一美元/月
- 公用事業等　　　一美元/月

在石油精煉廠：

- 槽區　　　　　　一美元/月
- 脫鹽　　　　　　一美元/月
- 蒸餾　　　　　　一美元/月
- 分餾單元　　　　一美元/月
- 焦化　　　　　　一美元/月
- 公用事業等　　　一美元/月
- 脫硫　　　　　　一美元/月
- 催化重整　　　　一美元/月

環境經濟學 18

公開發行工業園區的年度報告

年度報告的環境部分，應該完整和簡潔地反映公司對於環境的立場、合規紀錄、特殊貢獻、缺失、正在進行的訴訟，以及有可能影響公司環境成本和財務狀況的當前和未來的法規和操作。公開發行企業的年度報告有兩個很好的例子，請見參考文獻。[4,5] 對公司的任何索賠和其決議的估計費用應在此具體披露。

利用第三方諮詢專家、顧問群及法規專家

藉由選擇對環保訓練有素的董事會成員、任用科學和技術顧問群及研聘法規專家，往往可以提高產業的環境治理。這在許多工業和服務相關的公司中很常見。

組織結構和參與政策

公司的組織結構必須明確劃定直接和明確的環保責任。此外，在管理團隊內要負責環保的人，應被鼓勵加入專業環保組織、貿易協會、發表技術論文、參加研討會，並建立個人專業聲譽。所有這些都能增強其總公司的治理能力。

第二部分：顧問和客戶觀點的環境經濟學 [6-8]

18.9　簡介

環保專案要花錢，它們是做生意必要的成本，通常業主可以請環境顧問公司執行專案，而該專案是顧問公司的收入來源。因此，雙方可能以完全不同的方式來看待一個環保專案的經濟效益，這部分包括：

- 說明環境顧問公司的業務經濟價值。
- 將此應計價值連接到環保專案的成本和執行。
- 列舉各種方法，讓業主可以評估其經濟效益（尤其是在選擇最經濟的解決方案時）。

- 將業主的經濟評估連結至顧問的計畫預算。

舉例來說，假設 XYZ 化工公司在美國的 Toxicsville 有一污染場址。化工廠被關閉，但 XYZ 仍然擁有現址。在場址範圍內幾個周邊的監測井發現了污染。XYZ 希望聘請環境工程顧問公司以找出問題、發展幾個可能的解決方案、確定他們的資金和營運成本、選擇最符合成本效益的解決方案，還有與相關的環境監管機構進行談判，以獲得首選替代的批准、設計、建立且最終執行此替代方案。

這個專案是 XYZ 化工公司的經營和資金的開支。他們最主要的經濟目標是：

- 第一是要找到對這個問題最具成本效益的解決方案。
- 其次是找到一家顧問公司能用合理的時間和金錢提出解決方案的執行方法。

從顧問公司的角度來看，該專案是一個賺取收入和利潤的機會。這並不是說，顧問公司最好要儘量提高他們在這個專案上的收入：一直這樣做會讓他們沒生意。顧問公司要能合理地幫助 XYZ 化工實現其經濟目標。這大致就能訂定顧問公司的預期收入。顧問公司可以從中獲取多少利潤純粹是顧問公司的職權範圍。坦白地說，XYZ 公司或顧問公司的利潤率都不是對方關心的重點，但都必須能保持最低限度的獲利，足夠讓兩個企業繼續留在產業中共同為這個環境問題工作。

18.10　SUM 概念

基本公式

環境顧問公司是一家專業服務公司，就像從事法律、會計、公共關係等不同公司。總的來說，該公司用某種形式以每小時為單位銷售其專業工作人員的時間。該公司沒有大量的資本設備，它不會製造任何東西，但是它提供意見。

有一個工程分析可以做出專業服務公司的損益表：在金錢上的物質平衡！結果是一個計算該公司利潤的表示式，其使用了三個無因次參數：[6]

$$P = 1 - 1/(SUM) \qquad (18.1)$$

其中，P = 利潤占淨收入的比率

S = 薪資費用比率 = $T_S/(T_S + E)$ = 薪資總額除以薪資總額加上間接費用淨額

U = 利用率 = D_S/T_S =〔直接薪資（專案薪資）除以該公司的薪資〕，也就是說，專案薪資占總薪資的比率

M = 整體乘數 = N_R/D_S = 收入淨額除以直接薪資

應當指出的是，直接薪資等於收費專案支付的薪資（或付款）的總和。淨收入（net revenue）是扣除了該公司與專案有關的非薪資費用（如分包成本、鑽井、實驗室、差旅等）後的總收入。

一家顧問公司簡化後的損益表如表 18.5 所示。

注意淨收入的計算要減去分包商的費用、減去專案直接成本（像差旅、環境資料庫等的費用），還要減去任何由客戶端吸收的間接費用（如電腦）。通常，顧問會在這些費用外再加上手續費，向客戶收取總額。另一種方式來看待淨收入是，它代表了公司的勞動成本外加任何手續費。

從損益表衍生的 P、S、U 及 M 值如表 18.6 所示。將 S、U 和 M 代入 SUM 方程式：

$$P = 1 - 1/(3.5) \times (0.6666) \times (0.561) = 0.236 \text{ 或 } 23.6\%$$

此公式和損益表結果一致。

參數敏感度

表 18.7 顯示了環境顧問公司典型的 S、U 及 M 範圍值。在美國，這些公司的平均利潤從 7% 到 11% 不等，視對服務的需求而定。

檢視 SUM 方程式可看出，只要 S、U 或 M 增加，P 也會增

➡ 表 18.5　ABC 環境顧問公司的簡化損益表

總收入	10,000,000	
分包商的成本	1,500,000	
專案直接成本	700,000	
專案的間接成本的回收	800,000	
總計	3,000,000	
淨收入		7,000,000
專案勞動成本（D_S）	2,000,000	
非專案勞動成本	1,000,000	
總勞動		3,000,000
福利	900,000	
租金	250,000	
通訊	200,000	
廣告	50,000	
訊息技術	350,000	
商務旅行	400,000	
設備運作	150,000	
設備成本	50,000	
地方稅和保險	250,000	
行銷成本	400,000	
其他成本	100,000	
呆帳費用	50,000	
總間接成本	3,150,000	
間接費用的回收	−800,000	
間接成本淨額		2,350,000
利潤		1,650,000

加。這也就是說，淨間接成本降低、專案的人員使用效率提高，和／或提高定價，會使利潤增加。高賣、保持低間接成本、專注於專案工作。

　　圖 18.9 至圖 18.11 顯示典型的利潤敏感度曲線。一般來說，每增加 1% 的利用率，獲利力就有 1.5% 的絕對增加率。同樣地，薪資費用比率增加 1%，也會使獲利力產生 1.5% 絕對增加率。乘數增加 4 個基點（0.04），會使獲利力產生 1% 絕對增加率。

環境經濟學 18

➡ 表 18.6　從 ABC 公司損益表計算的 SUM 參數

參數	計算	說明
P（利潤占淨收入的比率）	P = $1,650,000/$7,000,000 = 0.236 或 23.6%	
S（薪資費用比率）	S = $3,000,000/(3,000,000 + 2,350,000) = 0.561 或 56.1%	注意：從回收的總間接成本減去由客戶支付的成本，可以得到淨間接成本。
U（利用率）	U = $2,000,000/$3,000,000 = 0.6666 或 66.7%	
M（整體乘數）	M = $7,000,000/$2,000,000 = 3.5	

➡ 表 18.7　典型的 SUM 參數值

參數	典型範圍	最佳級別
S（薪資費用比率）	55–62% (0.52-0.62)	72%
U（利用率）	58–62% (0.58-0.62)	78%
M（整體乘數）	2.7–3.2	3.9
P（利潤占淨收入的比率）	5–15%	35%

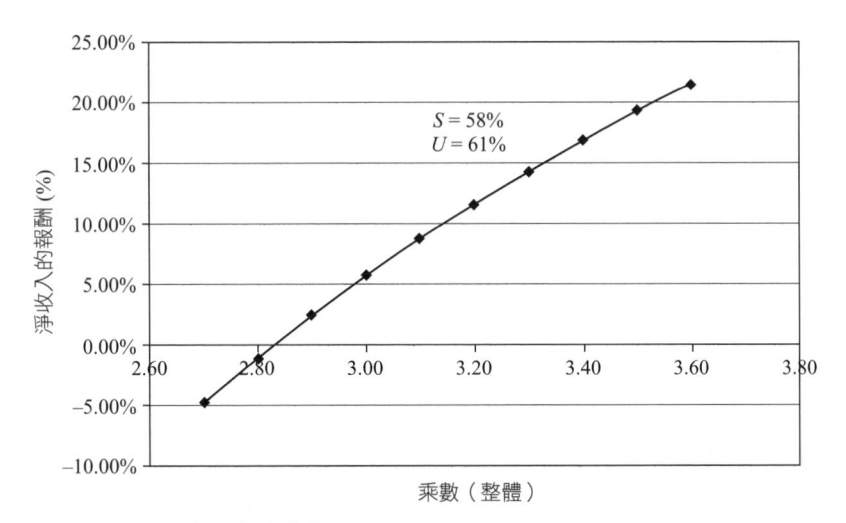

◐ 圖 18.9　P 到 M 的敏感度

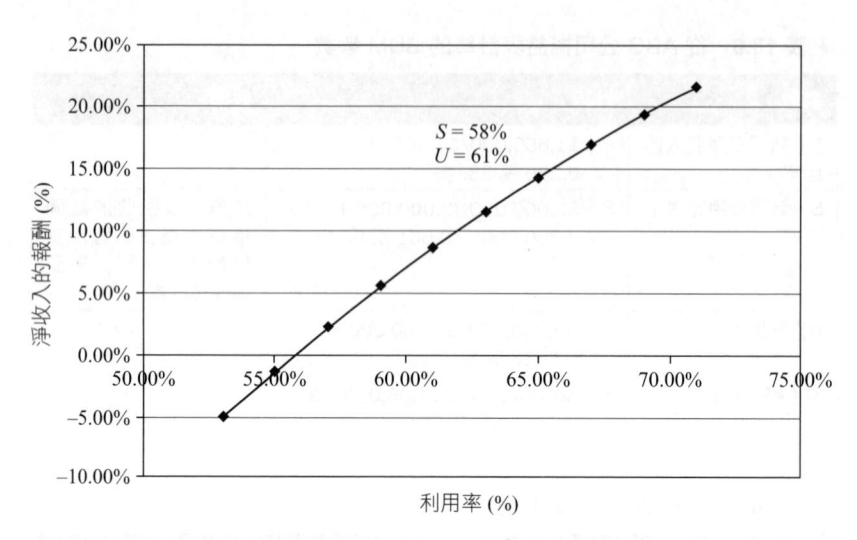

○ 圖 18.10　P 到 U 的敏感度

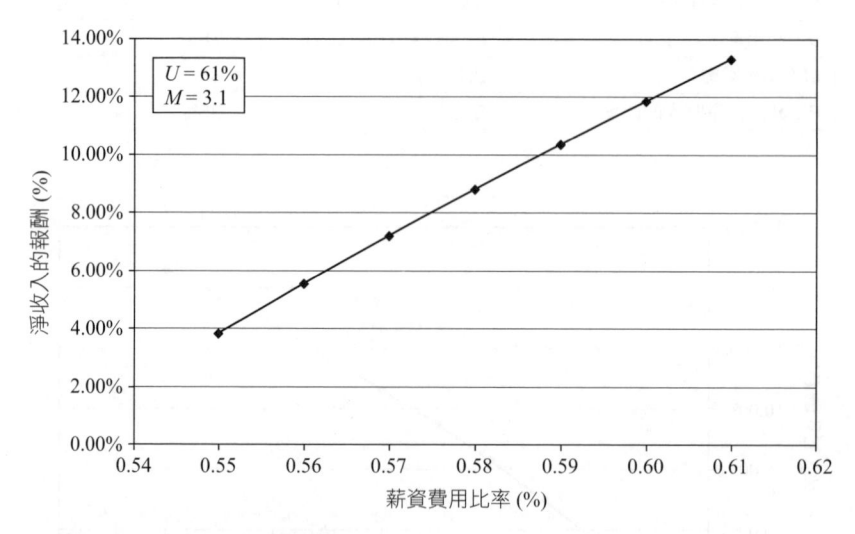

○ 圖 18.11　P 到 S 的敏感度

例題 18.2　採取在圖 18.9 至圖 18.11 中所示的曲線。當前的操作點是在 $S = 0.58$、$U = 0.61$，和 $M = 3.1$。在此操作點，每個 SUM 參數每單位的變化會使利潤產生什麼樣的變化？

解答　使用微分計算：[7]

$$P = 1 - 1/SUM$$
$$dP/dU = [-1/(SM)] \, d(1/U)/dU = 1/(SMU^2) \quad (18.1a)$$

將 S、U 和 M 的值代入式 (18.1a)：

$$dP/dU = 1/[(0.58)(3.1)(0.61)^2] = 1.495$$

也就是說，U 每增加一個百分點，會使 P 增加約 1.5%。下列方程式有相似定義：[7]

$$dP/dM = 1/(SUM^2) \quad (18.1b)$$

及 [7]

$$dP/dS = 1/(UMS^2) \quad (18.1c)$$

代入後產生：

$$dP/dM = 1/[(0.58)(0.61)(3.1)^2] = 0.294$$

或每當乘數增加一個基點（0.01），利潤增加 0.29%，或 4 個基點將等同於絕對利潤增長 1%。

$$dP/dS = 1/[(0.61)(3.1)(0.58)^2] = 1.572$$

或薪資費用比率每增加 1%，會使利潤絕對增加 1.5%。

　　顧問公司經濟學的另一個重要概念是損益平衡乘數。在價格競爭激烈時，這通常被（錯誤地）使用在分析專案經濟學。

　　如果一個公司的薪資費用比率和利用率在短期內被認為不變，利潤設為零（損益平衡）來計算，則

$$P = 1 - 1/SUM = 0$$
$$1/SUM = 1$$
$$SUM = 1$$

在損益平衡點定義 M 為 M_b，[8]

$$M_b = 1/US \quad (18.2)$$

因此，如先前表 18.5 和表 18.6 所示的公司，

$$M_b = 1/(0.61)(0.58) = 2.83$$

18.11 諮詢內部：薪資費用比率和利用率

一項專案的私部門客戶或業主通常不關心顧問公司的薪資費用比率或利用率。這是顧問公司的內部事務。私部門客戶會關心乘數，因為它代表所需支付的服務價格（每小時收費及手續費）。

公部門的客戶通常會在意該公司的薪資費用比率和利用率。它是一個開銷因素，加上利潤後會成為該公司要索取的價格。這間接費用因素涵蓋了間接成本加未入帳時間的成本（例如，市場行銷、行政管理）。從理論上講，它相當於損益平衡乘數 M_b。以損益平衡乘數的定義（式 (18.2)），代入 SUM 方程式（式 (18.1)）：[8]

$$P = 1 - M_b/M \qquad (18.3)$$

非勞動間接成本的控制是非常重要的。一個結構良好的公司會試圖控制這些成本，使得這些成本夠低，能讓公司在利用率只有 50% 的業績很差的一年，仍舊能夠用他們的正常價格保持損益平衡。

例題 18.3 和上例相同，公司目前的經營點在 $S = 0.58$、$U = 0.61$ 和 $M = 3.1$。這家公司利用率在 50% 時是否損益平衡？如果沒有，要降低多少間接成本才能做到這一點？

解答 假設利用率只有 50%，以目前的薪資費用比率計算損益平衡乘數。

$$M_b = 1/US = 1/(0.50 \times 0.58) = 3.45$$

由於這比 3.1 的實際 M 大，該公司經營處於虧損狀態，也就是說，

$$P = 1 - (3.45/3.1) = -0.113 \text{ 或 } -11.3\%$$

如果損益平衡乘數減少到目前的乘數 3.1，那麼所需的薪資費用比率（重新排列式 (18.2)）為：

$$S = 1/(UM_b) = 1/(0.50 \times 3.1) = 0.645$$

由於

$$S = T_S/(T_S + E)$$

重新排列後，得到 E 為

$$E = T_S(1 - S)/S$$

從表 18.5 中，T_S（薪資總額）為 3,000,000 美元。因此，在 S 期望值為 64.5% 時，

$$E = \$3MM(1 - 0.645)/0.645 = \$1,651,000$$

這與現有的間接成本淨額 2,350,000 美元有出入。因此，透過削減成本和增加一些專案成本回收，淨間接成本必須減少 699,000 美元。

在 50% 的利用率維持損益平衡的薪資費用比率，被稱為目標薪資費用比率（target salary to expense ratio）S_T。這對成立一個經濟健全的顧問公司是一個有用的概念。

如果 $P = 0$（損益平衡），利用率是 50%，代入 SUM 方程式後得到

$$S_T = 1/(0.5 \times M) \tag{18.4}$$

圖 18.12 中，目標 S 被繪製成整體乘數的函數。由於目前福利通常占總薪資的 31%，如果沒有其他的間接成本的話，那麼

$$S = T_S/(T_S + E) = T_S/(T_S + 0.31\,T_S) = 0.763 \text{ 或 } 76.3\%$$

因此，76.3% 是最高可行的 S 的合理估計（其他間接成本是非常低或不存在，可從客戶端索回）。經驗顯示，大型且運行良好的綜合性公司可達 65%，一般公司平均約為 58%。圖 18.12 的圖形分析有個有趣的結論，那就是一個財務健全的公司（50% 的利用率損益平衡），整體乘數一定要在 3.1 和 3.5 之間。

工業廢水污染防治

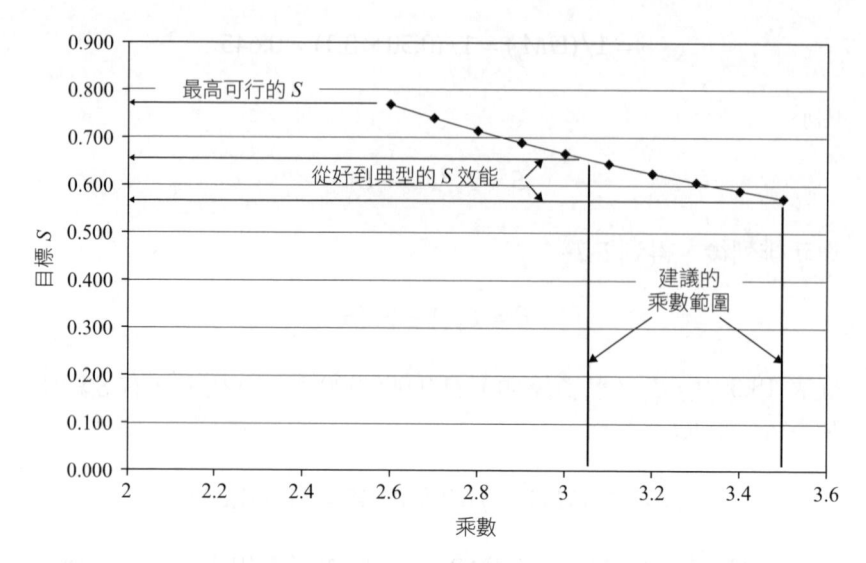

```
0.900
0.800 ←最高可行的 S
0.700
0.600        從好到典型的 S 效能
目標 S 0.500
0.400                         建議的
0.300                         乘數範圍
0.200
0.100
0.000
    2   2.2  2.4  2.6  2.8  3   3.2  3.4  3.6
                    乘數
```

◯ 圖 18.12　目標薪資費用比率（S）與乘數

　　顧問公司經常使用的一個概念，是將間接成本淨額計算為薪資總額的一個比率。應用這種想法於薪資費用比率，得到

$$E = x\,T_S$$

其中 x = 淨間接費用薪資總額的比率。代入定義 S，

$$S = 1/(1 + x) \qquad (18.5)$$

　　圖 18.13 說明，在 S 較理想的範圍 58% 至 65% 間，淨間接成本占薪資總額的比率範圍是 54% 至 72%。

　　最後，什麼是薪資費用比率對於間接費用淨額的敏感性？表 18.8 顯示使薪資費用比率從 58% 上升到 65%，每上升一個百分點所需要削減的間接成本淨額（假設整體薪資如表 18.5 的 3,000,000 美元）。所得出的法則為，S 每增加絕對 1%，間接成本淨額必須削減 4%。這個法則可用於一般正常操作範圍，因為在這個特定的表中的間接成本淨額和其他規模公司的總薪資成正比。

　　據信，一個運作良好的環境顧問公司的淨收入應有最低 20%

環境經濟學 18

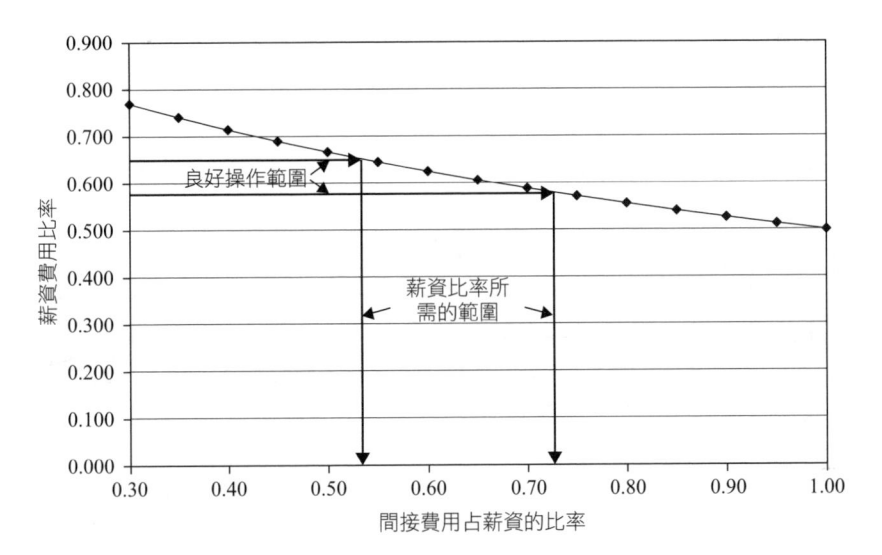

```
[圖表：S 作為 x 的函數，x軸為間接費用占薪資的比率（0.30 至 1.00），y軸為薪費用比率（0.000 至 0.900），標示出「良好操作範圍」與「薪資比率所需的範圍」]
```

◯ **圖 18.13** S 作為 x 的函數

➡ **表 18.8** 薪資費用比率對於間接成本淨額的靈敏度

薪資費用比率（S）	間接成本淨額（$）	提高 1% 所需的削減	減少的百分比
58%	2,172,400	—	
59%	2,084,700	87,700	4.05%
60%	2,000,000	84,700	4.06%
61%	1,918,000	82,000	4.10%
62%	1,838,700	79,300	4.13%
63%	1,761,900	76,800	4.17%
64%	1,687,500	74,400	4.22%
65%	1,615,400	72,100	4.27%

註：薪資總額是 3,000,000 美元。

的報酬。圖 18.14 將此說法轉換成不同的薪資費用比率（S）所需的最低乘數（M）和利用率（U）。任何有關其所需的曲線點都在 20% 的利潤水準以上。如果 S 在第三（z）軸上，讀者可以想像在 20% 以上一個為弧形底部的範圍，會稍微偏離觀察者。

經常由環境顧問公司使用的一個簡化概念是追蹤乘數與利用率的積（MU）。這是一個類似淨收入的替代品。圖 18.15 顯示類似圖

工業廢水污染防治

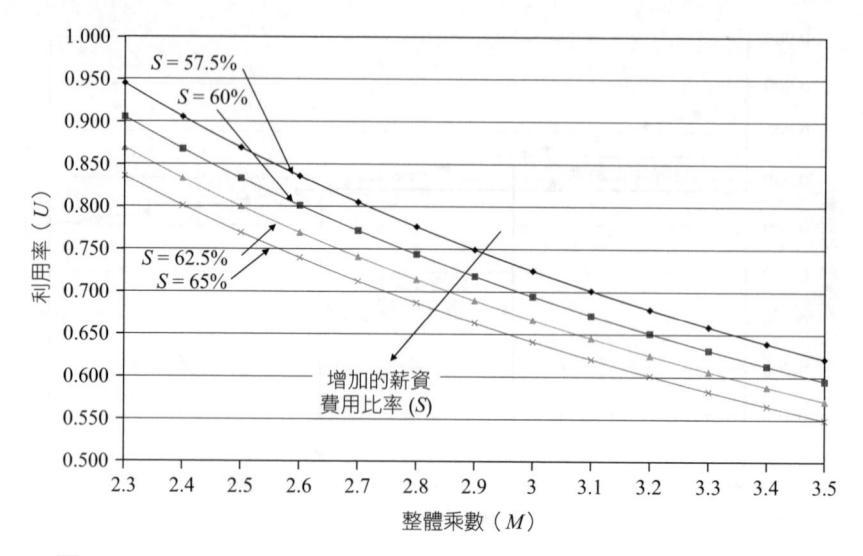

○ **圖 18.14** 要達到 20% 的獲利所需的 M 和 U

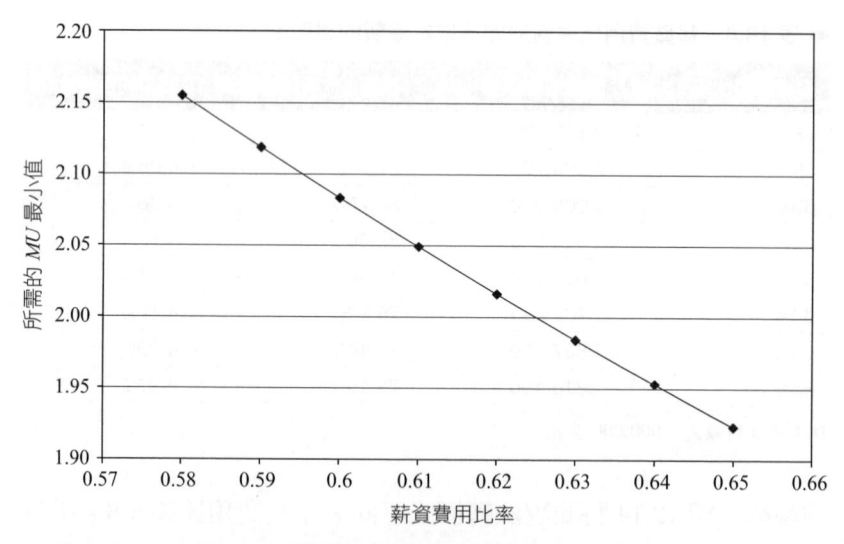

○ **圖 18.15** 要達到 20% 獲利時所需的 MU 最小值

18.14 的數據,只是這裡追蹤的是 MU 而非 S,以達到最低 20% 的獲利。

　　任何合理規模的顧問公司的日常運作,最重要的經濟參數是利用率,因為乘數和薪資費用比率變化緩慢。乘數對於累計定價相當敏感,而薪資費用比率對於間接費用相當敏感。因此,大多數會著眼於利用率。

例題 18.4 什麼是 3 週 / 年休假的員工的利用率?每年的工作小時細分如下:

可計費工作	1722 小時
市場行銷	50 小時
提案書撰寫	100 小時
年假	120 小時
病假	24 小時
假日(每年 8 天)	64 小時
總計	2080 小時

假設這名員工是年薪為 $62,400 的受薪員工,標準的每小時薪資率是 $62,400/ 2080 h(52 週乘以 40 h/week),也就是每小時 30 美元。直接薪資(算在專案上)為 1722 h 乘以 $ 30/h,即 $51,660。此員工的利用率是:

$$U = D_S / T_S = \$51,600/\$62,400 \text{ 或 } 82.8\%$$

每位員工的利用率是在專案上支付的小時與總支付小時的比率。對整個公司而言則不見得是如此,下面的例子可以說明。

例題 18.5 若員工的計時收費如下,公司的利用率為何?

人員	薪資 ($/h)	可計費時數	非計費時數	標準時數
合夥人	60.00	850	450	1200
專案經理 #1	45.00	1000	350	1200
專案經理 #2	40.00	950	400	1200
工程師 #1	35.00	1100	200	1200
工程師 #2	30.00	1200	0	1200
地質學家 #1	30.00	1050	250	1200
地質學家 #2	25.00	600	0	600

工業廢水污染防治

請注意，這些是一年內的部分數據，即是，標準工時是 30 週乘以每週工作 40 小時（這家公司的標準週）。

地質學家 # 2 是兼職員工。

這個問題可透過計算總直接薪酬解決。

人員	薪資 ($/h)	可計費時數	非計費時數	標準時數	直接薪資	薪資總計	個人利用率
合夥人	60.00	850	450	1200	51,000	72,000	70.8%
專案經理 #1	45.00	1000	350	1200	45,000	54,000	83.3%
專案經理 #2	40.00	950	400	1200	38,000	48,000	79.1%
工程師 #1	35.00	1100	200	1200	38,500	42,000	91.6%
工程師 #2	30.00	1200	0	1200	36,000	36,000	100.0%
地質學家 #1	30.00	1050	250	1200	31,500	36,000	87.5%
地質學家 #2	25.00	600	0	600	15,000	15,000	100.0%
總計		6750	1650		255,000	303,000	

該公司的利用率為直接薪資除以薪資總額，即 255,000/303,000 = 84.1%，這不同於計費時間對於標準時數的比率（6750/7800 = 86.5%），因為其有不同的薪資權重。

18.12 諮詢外部：乘數和定價

雖然公司的客戶並不關心公司的內部經營效率（S 和 U），他們會關心該公司的計費費率和手續費，還有專案（或專案的階段）的總報價。這些元素代表公司的整體乘數（M）和淨收入。

公司的整體乘數（M）是由兩部分確定：人員實際獲得的費率以及對從分包商處獲得的手續費。兩項都只能從其報給客戶的價格取得。

根據上述例題 18.5 的例子說明這一點。

例題 18.6 一家顧問公司已經能夠用例題 18.5 所示的價目表向客戶收取費用（並獲得支付）。下表為客戶支付的實際平均計費率，另外，500,000 美元的分包費用中，向客戶收取 10% 的平均手續費（也稱為利潤加價）。請問總收入為何？淨收入為何？整體乘數為何？勞動乘數為何？

環境經濟學 18

人員	薪資 ($/h)	可計費時數	直接薪資	勞動率 ($/h)	個人勞動乘數	總計勞動費
合夥人	60.00	850	51,000	180.00	3.0	153,000
專案經理 #1	45.00	1000	45,000	139.50	3.1	139,500
專案經理 #2	40.00	950	38,000	128.00	3.2	121,600
工程師 #1	35.00	1100	38,500	112.0	3.2	123,200
工程師 #2	30.00	1200	36,000	95.0	3.2	114,000
地質學家 #1	30.00	1050	31,500	95.0	3.2	99,750
地質學家 #2	25.00	600	15,000	85.0	3.4	51,000
		總計	255,000		總計	802,050

分包商所收取的總數是 $500,000 另加 10%，即 550,000 美元。

因此，總收入是 $550,000 + $802,050，即 1,352,050 美元。

淨收入為人員的收入加上手續費，就是 $802,050 + $50,000 = $852,050。

該公司的整體乘數是淨收入除以直接薪資，$852,050/255,000 = 3.34。

該公司的勞動乘數是勞動薪資除以直接薪資，$802,050/255,000 = 3.15。

請注意，如果該公司已收取費用（差旅、通訊等），而此收費超過顧問費成本，其中差異將需外加額外的手續費，進而增加純收入和 M。

　　有許多方法可將專案的價格以套裝的方式報給客戶。大多是用一筆固定總額，或是用所花時間與材料來計算，或使用這兩種概念來變化。使用固定總額的話，該公司會依定義清楚的服務範圍給客戶一個固定金額的報價。只要範圍不變，該公司只會收取已報出的價格，不會再分細項，價格是固定的。

　　若使用時間和材料計價的專案，公司會報給客戶一個依工作範圍所預估的費用。報價包括所有人工費用和開支（包括分包商）。然後，該公司會按照實際花費的時間和材料成本向客戶收費。發票會詳列所有可收費工時的細節，以及其他可收費的細目。最後客戶須支付的總價有可能小於、等於或大於原先的估計。因此，價格會有變動。

　　定價模式是取決於客戶的喜好，若客戶沒有太多意見，則由顧問決定。如果專案的範圍不明確，大多數顧問會（明智地）不用固定總價執行一項專案。

由下面的例子可看出要如何為一項專案定價。

例題 18.7 這個專案很簡單，只需會議審查客戶是否遵守 RCRA 的許可證規範，並將審查結果寫成一封信。

估價的一開始要先將專案分解成簡單步驟，讓經驗豐富的專案經理能合理算出每步驟所需花費的功夫。因此：

專案工作	合夥人	專案經理	文書處理
每小時計費率	180.00	95.00	45.00
審查許可證和資料	8	8	
採訪關鍵人員	8		
審查會議	4	4	
草擬信函報告	6	8	4
確定信函報告	3	4	4
總時數	29	24	8
總費用	$5,220	$2,280	$720

人事費用總額為 8,220 美元。

此專案並無使用分包商，但有開銷費用。估計：

項目	費率	單位	小計
使用電腦	$10/h	45 h	$450.00
電話、傳真、上網	人員收費的 3%	8,220	247.00
影印	$0.10/ 頁	500 頁	50.00
		總計	**$747.00**

客戶希望使用固定總額計價。

價格的計算公式如下：

人事費	$8,220
開銷	747
初步總計	$8,967
添加 15% 的緊急應變費用	$1,345
總計固定價格	$10,312，大約 $10,300

緊急應變費用應該要被加入，通常是總額的 15%，或是時間和材料的

10%。不加入緊急應變費用會使專案有 50% 的可能超出預算。

18.13　專案經濟學

　　SUM 方程式可以用在個別專案上來計算其預期或實際獲利力。只要公司的整體利用率和薪資費用比率和專案的實際乘數同時使用，這是可以做到的。很明顯地，從長遠來看，所有的專案利潤的總和等於該公司的利潤。

　　式 (18.2) 在計算專案 P_p 的預期（執行前）和實際利潤（執行後）非常有用，如果該專案的整體乘數用（M_p）取代 M，

$$P_p = 1 - M_b/M_p \qquad (18.6)$$

記得

$$M_b = 1/US$$

下面的例子說明了專案利潤的計算。

例題 18.8　以例題 18.7 的專案價格為例，計算專案利潤（P_p），假設該公司利用率 U 為 70%、S 為 60%。另假設這個專案需要用到分包商，要外加 10% 的手續費。

解答　新專案的價格是：

人事費用	$8,220
開銷	747
初步總額	$8,967
添加 15% 的緊急應變費用	$1,345
固定總價	$10,312，大約 $10,300
分包商	$5,000
添加 15% 的緊急應變費用	$750
10% 手續費	$575
小計	$6,325
新的價格	$16,600

專案乘數等於專案收入淨額除以專案直接薪資。在此例中，淨收入是：

總價	$16,600
扣除開銷	−$860（$747 外加 15%）
扣除分包商成本	−$5,750
收入淨額	$9,990

在這個成本估計的直接薪資為：

	合夥人	專案經理	文書處理
每小時薪資	60.00	30.00	15.00
總時數	29	24	8
直接薪資總計	$1,740	$720	$120

總金額為（加入 15% 的緊急應變後）$2,967。

因此，

$$M_p = \$9{,}990/\$2{,}967 = 3.367$$
$$M_b = 1/US = 1/(0.60 \times 0.70) = 2.381$$

及

$$P_p = 1 - M_b/M_p = 1 - (2.381/3.367) = 29.3\% \text{ 利潤}$$

在專案執行後，可以用實際支出的直接薪資、分包商的實際成本還有實際開銷做一個類似的計算，以算出專案的利潤。

參考文獻

1. Ford, D. L.: Report, U.S. Department of Justice, "Review of Disposal Practices," Camp Lejeune, North Carolina, 2006.
2. Hyperion Energy, LLC: Dallas, Texas, Web site, 2008.
3. Ford, D. L.: "Zero discharge and environmental regulation, the toxic release inventory, and natural laws," *Environmental Engineer*, vol. 32, no. 4, October 1996.
4. Clayton Williams Energy, Inc.: CWEI, (NASDQ) Annual Report, 2006.
5. TECO Energy: (NYSE) Annual Report, 2005.
6. Flynn, B. P.: "Maximizing engineering firm profits," *Profit Fundamentals*, vol. 1, Pine Tree Press, 2001.
7. Internal Communication, MRE, LLC.
8. Flynn, B. P.: "Project profitability and pricing," MRE Associates, LLc, Copyright 2005.

索 引

註：頁碼後加上 f 表示參照圖示；頁碼後加上 t 表示參照表格。

--- A ---

absolute exclusion　絕對排除　903
absorbable organic halides (AOX)　可吸收的有機鹵化物 (AOX)　286
acceptable degradation　可接受降解　586
acclimation　馴化
　of activated sludge to specific organics　活性污泥對特定有機物　237f
　for degradation of benzidine　聯苯胺降解　237f
acid　酸
　lime-waste titration curve for　石灰 - 廢水（強酸）的滴定曲線　91f
　reagents　藥劑　89t
　wastes　廢水　82–89
　weight of　重量　84
acidic neutralizing agents　酸性中和劑　86–89
acidic sulfide oxidation　酸性硫氧化　603
acids, anaerobic fermentation and　酸，厭氧醱酵　505
acquisition/merger due diligence　收購／購併的實質審查　902
activated alumina contact beds　活性氧化鋁接觸床　166
activated carbons　活性碳
　adsorption　吸附
　　amenability of organic compounds to　活性碳吸附有機化合物　535t
　　overview　概述　59t
　　for PCBs　多氯聯苯　762, 763
　　system design　系統設計　544–558

927

carbon regeneration 碳再生 544
continuous carbon filters 連續式碳濾床 541–543
GAC small column tests GAC 小型管柱測試 558–561
laboratory evaluation of adsorption 吸附之實驗室評估 538
overview 概述 538
performance of activated carbon systems 活性碳系統之效能 562
activated silica 活性二氧化矽 142
activated sludge 活性污泥法 56, 207t, 208
activated sludge processes 活性污泥程序
　ammonia inhibition in 氨抑制 358f
　batch activated sludge 批次活性污泥法 450–453
　Biohoch process 環形沉降氣舉式程序 457–458
　bioinhibition of 生物抑制
　　fed batch reactor (FBR) 饋料批次反應器 (FBR) 327–329
　　glucose inhibition test 葡萄糖抑制試驗 330
　　OECD method 209 經濟合作與發展組織方法 209 327
　　overview 概述 323–327
　complete mix activated sludge 完全混合活性污泥法 441–442
　deep-shaft activated sludge 深井活性污泥法 455–457
　effluent suspended solids control 放流水的懸浮固體物控制 471–481
　extended aeration 延時曝氣 442
　final clarification 最終澄清 459–468
　flocculation and hydraulic problems 膠凝和水力的問題 468–469
　integrated fixed film activated sludge 整合固定膜活性污泥法 458–459
　municipal activated sludge plants 都市活性污泥廠 469–471
　oxidation ditch systems 氧化渠系統 442–444
　oxygen activated sludge 純氧活性污泥法 453–455
　plug flow activated sludge 塞流活性污泥法 439–441
　SBR 序列批次反應器 444–450
　thermophilic aerobic activated sludge 嗜熱好氧活性污泥法 459
acute toxicity 急毒性 397t
　of refinery effluent to stickleback 煉油廠放流水對棘魚 32f

索 引

    of selected compounds 選定化合物 32f
    of six species to refinery effluent 煉油廠放流水對六個物種 32f
ADF (airport deicing fluid) ADF（機場除冰液） 682
ADI-BVF process ADI-BVF 程序 504
ADI-BVF reactor ADI-BVF 反應器 506f
adsorbability 吸附力 535t
adsorption 吸附
    adsorption factor development 吸附因子的發展 845t
    isotherms 等溫線 563t
    overview 概述 59t, 61t, 533
    PACT process PACT 程序 562–568
    problems 問題 569
    properties of activated carbon 活性碳性質
        adsorption system design 吸附系統設計 544–558
        carbon regeneration 碳再生 544
        continuous carbon filters 連續式碳濾床 541–543
        GAC small column tests GAC 小型管柱試驗 558–561
        laboratory evaluation of adsorption 吸附之實驗室評估 538
        overview 概述 538
        performance of activated carbon systems 活性碳系統之效能 562
        removing heavy metals with 重金屬的去除 154–157
        theory of 理論 542–546
advisory groups, environmental governance 顧問群，環境治理 909
aerated lagoons 曝氣氧化塘
    aerobic lagoons 好氧塘 418–420
    defined 定義 407
    facultative lagoons 兼性塘 420–423
    overview 概述 416–418
    systems 系統 425–438
    temperature effects in 溫度效應 423–425
    treatment method 處理方法 56
aerated ponds, COD removal 曝氣池 COD 去除 428f

aeration 曝氣
  air stripping of VOCs　VOCs 的氣提
    overview　概述　212–214
    packed towers　填充塔　214–222
    size of towers　塔的尺寸　219–221
    steam stripping　汽提　222
  equalization　調勻　67
  equipment　設備
    diffused aeration　散氣式曝氣設備　195–201
    measurement of oxygen transfer efficiency　氧傳輸效率的測量　203–210
    measuring techniques　測量技術　210–212
    overview　概述　195
    surface-aeration　表面曝氣　203–207
    turbine aeration　渦輪曝氣　201–203
  mechanism of oxygen transfer　氧傳輸機制　179–195
  overview　概述　179
  problems with　問題　222–224
aerobic biological oxidation　好氧生物氧化
  bioinhibition of activated sludge process　活性污泥程序的生物抑制
    fed batch reactor (FBR)　饋料批次反應器 (FBR)　327–329
    glucose inhibition test　葡萄糖抑制試驗　330
    OECD method 209　經濟合作與發展組織方法 209　327
    overview　概述　323–327
  biooxidation　生物氧化
    mathematical relationships of organic removal　有機物去除的數學關係式　260–282
    nutrient requirements　營養需求　256–260
    overview　概述　235–240
    oxygen requirements　氧的需求　250–256
    sludge yield and oxygen utilization　污泥產量和氧的利用　240–250
    specific organic compounds　特定有機化合物　282–289

索　引

denitrification　脫硝作用
  design procedure　設計步驟　375–378
  overview　概述　361–371
  systems　系統　371–372
effect of temperature　溫度效應
  effect of pH　pH 效應　298–299
  overview　概述　288–298
  toxicity　毒性　299–304
laboratory and pilot plant procedures for development of process design criteria　有關程序設計準則發展的實驗室和模廠級步驟
  reactor operation　反應器操作　391–395
  reduction of aquatic toxicity　水生生物毒性的減少　395–398
  volatile organic carbon　揮發性有機碳　395
  wastewater characterization　廢水特性　390–391
nitrification　硝化
  batch activated sludge (BAS)　批次活性污泥 (BAS)　356–360
  design procedure　設計程序　372–374
  fed batch reactor (FBR) nitrification test　饋料批次反應器 (FBR) 硝化試驗　360–361
  of high-strength wastewaters　高濃度廢水　348–349
  inhibition of　抑制　349–356
  kinetics　動力學　341–348
  overview　概述　338–340
  systems　系統　371–372
organics removal mechanisms　有機物去除機制
  biodegradation　生物降解　234–235
  overview　概述　227–229
  sorbability　吸著能力　233–234
  sorption　吸著　228–231
  stripping　氣提　231–233
  overview　概述　227

931

phosphorus removal　除磷
　biological　生物　381–385
　chemical　化學　375–381
　design considerations　設計考量　386–388
　GAOs　肝醣蓄積菌　386
　MBRs　生物膜反應器　388–389
　mechanism for　機制　383–386
problems　問題　396–401
sludge quality　污泥品質
　biological selectors　生物選擇　312
　design of aerobic selectors　好氧選擇器的設計　314–320
　filamentous bulking control　絲狀菌膨化控制　312
　overview　概述　304–310
soluble microbial product (SMP) formation　可溶性微生物產物 (SMP) 的形成　320–323
stripping of VOCs　VOCs 的氣提
　emissions treatment　排放處理　338
　overview　概述　330–337
aerobic digestion　好氧消化　617–624, 667
aerobic lagoons　好氧塘　416, 418–420
aerobic selectors, design of　好氧選擇器的設計　314–320
Aerojet General　Aerojet General 公司　786
Aeromonas Punctata　點狀產氣單細胞菌　385
agents, neutralizing　中和劑　86
air bubbles　氣泡　187–191
air emissions　空氣排放　773
air flotation treatment　空氣浮除處理　130t
Air Force Research Laboratory, Materials and Manufacturing Directorate　空軍研究實驗室的材料和製造局　786
air injection　空氣注入　791
air solubility　空氣溶解度　121–124
air standards　空氣標準　5

索引

air stripping　氣提
　　defined　定義　38
　　problem　問題　224
　　　　of VOCs　揮發性有機化合物
　　　　overview　概述　212–214
　　　　packed towers　填充塔　214–222
　　　　size of towers　塔的尺寸　219–221
　　　　steam stripping　汽提　222
aircraft manufacturing　飛機製造業　863, 865t
airport deicing fluid (ADF)　機場除冰液 (ADF)　682
air/solids (A/S) ratio　空氣 / 固體 (A/S) 比　123, 127, 630f
aliphatics　脂肪族　25
alkaline chlorination　鹼性氯化作用　604f, 609
alkaline peroxidation　鹼性過氧化反應　595
alkaline reagents　鹼性藥劑　89t
alkaline sulfide oxidation　鹼性硫化物氧化　604
alkaline wastes　鹼性廢棄物　82, 85–86
alkalinity　鹼度
　　anaerobic process　厭氧程序　516f
　　direct precipitation and　直接沉降　383
alum　明礬　146t
alum salts　鋁鹽　475
aluminum hydroxide　氫氧化鋁　142
aluminum sulfate　硫酸鋁　142
American Petroleum Institute (API) gravity　API 比重　737
amine solution process　胺溶解程序　754
ammonia　氨
　　anaerobic process　厭氧程序　517
　　heavy metals removal　去除重金屬　154–157, 158f
　　inhibition, in activated sludge process　活性污泥程序中氨的抑制　358f
　　oxidation, effect of pH on　pH 對氨氧化效應　347f
　　removal　去除　578

933

removal, SRT and　去除和固體停留時間　342f

stripping　氣提　119

ammonia nitrogen　氨氮　345f

Anabaena　魚腥藻　407

Anacystis　組囊藻　407

anaerobic contact process　厭氧處理程序　502

anaerobic fermentation　厭氧醱酵　505–513

anaerobic filter reactors　厭氧濾床反應器　502

anaerobic ponds　厭氧池　406

anaerobic toxicity assay (ATA)　厭氧毒性檢定 (ATA)　521

anaerobic treatment processes　厭氧處理程序

　biodegradation of organic compounds　有機化合物的生物降解　513–515

　factors affecting process operation　程序操作的影響因素　515–518

　laboratory evaluation of　實驗室評估　518–525

　mechanism of anaerobic fermentation　厭氧醱酵機制　505–513

　overview　概述　502

　process alternatives　程序替代　502–505

anaerobic waste treatment　厭氧廢棄物處理　57t, 503f

anaerobiosis, filamentous organisms and　厭氧培養，絲狀菌和　319

anion exchangers　陰離子交換劑　579–582

anionic ion exchange　陰離子離子交換　571–573

anionic polymers　陰離子聚合物　145

annual outfall excursions　年度排水口超標　900

antagonistic ions, anaerobic process　拮抗離子，厭氧程序　517

AOX (absorbable organic halides)　AOX（可吸收的有機鹵化物）　286

API (American Petroleum Institute) gravity　API 比重　737

API oil separators　API 油水分離器　111, 112f

Applications　應用

　chemical oxidation　化學氧化　589–590

　lagoons　氧化塘　407–416

　membrane bioreactors　薄膜生物反應器　702–703

索引

    membrane processes 薄膜程序 688–702

    for source treatment of toxic persistent wastewaters 持久性有毒廢水源頭處理 54f

    trickling filtration 滴濾法 490–493

aquatic toxicity 水生生物毒性 5, 395–398

Arochlor 1232 多氯聯苯 1232 764

aromatic compound oxidation 芳香族化合物氧化 593, 599t, 605t

aromatics 芳香烴 25

arsenates 砷酸鹽 778

arsenic 砷 157–159, 176t

arsenic removal 砷去除 578

A/S (air/solids) ratio A/S（空氣/固體）比 123, 127, 630f

associated gas 伴生天然氣 747

associated waste exemption 相關廢棄物的排除 902

ATA (anaerobic toxicity assay) ATA（厭氧毒性檢定） 521

ATAD (autothermal aerobic digestion) ATAD（自發性高溫好氧消化） 623

atmospheric evaporation 大氣蒸發 770

audits, pretreatment 預處理稽核 858

Austin, Texas 德州奧斯汀市 764, 867–869

autothermal aerobic digestion (ATAD) 自發性高溫好氧消化 (ATAD) 623

B

backwash systems 反沖洗系統 714

baffles 擋板 202

ball-bearing manufacturing wastes 滾珠軸承製造的廢水 149, 151t

Barceloneta POTW, Puerto Rico 波多黎各巴塞羅內達 POTW 869

    determining compliance monitoring for PSES pollutants 決定 PSES 污染物的法規監測 876–877

    determining limits for pollutants regulated under PSES 決定基於 PSES 的污染物管制限制 872–876

935

final limits as they would appear in permit for facility B　最終限制，會出現在設施B許可證　878

overview　概述　869–871

barium　鋇　159, 175t

barium sulfate　硫酸鋇　159

BAS (batch activated sludge)　BAS（批次活性污泥）　264f, 356–360, 450–455

basic neutralizing agents　鹼性中和劑　86

basic wastes　鹼性廢棄物　84–86

basket centrifuge　籃式離心機　634

batch activated sludge (BAS)　批次活性污泥（BAS）　264f, 356–360, 450–455

batch denitrification test　批次脫硝試驗　366

batch flux curves　批次通量曲線　627f, 629f

batch leaching tests　批次溶出試驗　617

batch operation, variation in flow from　批次操作，流量變動　8f

batch oxidation　批次氧化　265f, 619f

batch settling data　批次沉澱數據　628t

batch settling, of activated sludge　批次沉澱，活性污泥　460

batch systems　批次系統　542f

batch treatment of chromium wastes　批次鉻廢棄物處理　161–162

BATEA (best available technology economically achievable)　BATEA（最佳可用技術）　777

BAT-equivalent treatment performance　相當於最佳可行技術處理的表現　175t–176t

Bayport Industrial Complex　Bayport工業園區　816t

bed depth service time (BDST) approach　床深使用時間(BDST)法　554–557

belt filter presses　帶式壓濾機　654–656

benchmarking　基準　807–815

benthal stabilization　池底穩定作用　661

索 引

benzene 苯 224, 738t
   in activated sludge reactors 在活性污泥反應器中 234t
   stripping 氣提 334f
benzidine 聯苯胺 236
Bernard-Englande equation Bernard-Englande 方程 644
Bernheim expert report 伯恩海姆專家報告 834
best available technology economically achievable (BATEA) 最佳可用技術 (BATEA) 777
Best Management Plan (BMP) 最佳管理計畫 (BMP) 893
best practicable control (BPT) technology 最佳可實行控制 (BPT) 技術 777
bio-acclimation 生物馴化 21t
bioassays 生物檢定 30-31
biochemical methane potential (BMP) 生化甲烷產能 (BMP) 520
biochemical oxidation of pesticides 農藥的生化氧化 782
biochemical oxygen demand (BOD) 生化需氧量 (BOD)
   BOD/TKN ratio BOD / TKN 比 344f
   characteristics of effluents from anaerobic treatment of wastewaters 廢水厭氧處理的放流水特性 515t
   COD and SMP relationships for industrial wastewaters 工業廢水 COD 和 SMP 的關係 26t
   COD ratio COD 比 600f
   curves 曲線 21f
   loadings discharged by Austin industrial users 奧斯汀工業用戶的排放負荷 869f
   organic content of wastes 廢水的有機物含量 18, 28
   probability analysis 機率分析 72f
   probability of occurrence in raw waste 原廢水中的發生機率 15f
   rate constants at 20°C 20°C 的速率常數 20t
   reactions occurring in bottle 發生於瓶中的反應 20f
   relationship between COD for chemical refinery wastewater 化學精煉廠廢水 COD 間的關係 22f

removal　去除　439f, 499f

　　statistical correlation of data　數據之統計關聯性　17t

　　values for wastewaters　廢水的值　509t–510t

　　variations in　變動　11f

　　wastewaters　廢水　7

biochemical reactor systems　生化反應系統　785–787

biochemical reduction processes　生化還原程序　785–787

biodegradability　生物降解性

　　biotoxicity data and　生物毒性數據　352t–355t

　　of chlorinated solvents　含氯溶劑　770

　　test　試驗　37

　　wastewater　廢水　53

biodegradation　生物降解　234–235

　　of organic compounds under anaerobic conditions　在厭氧條件下，有機化合物　513–515

　　stripping and　氣提和　333f

biofilters　生物濾床　791–792

Biohoch process　環形沉降氧舉式程序　457–458

bioinhibition, of activated sludge process　生物抑制，活性污泥程序

　　fed batch reactor (FBR)　饋料批次反應器 (FBR)　327–329

　　glucose inhibition test　葡萄糖抑制試驗　330

　　OECD method 209　OECD 方法 209　327

　　Overview　概述　323–327

biological nitrogen conversion process　生物氮轉化程序　340f

biological oxidation　生物氧化

　　process　程序　188f

　　trace nutrient requirements　微量營養素的需求　257t

biological oxidation rate constant K, effect of temperature on　溫度對生物氧化速率係數 K 的影響　290f

biological phosphorus removal　生物除磷　383–384

biological pretreatment　生物預處理　700f

索　引

biological reactor, with alternative PAC addition　生物反應器可另外添加PAC　393f
biological selectors　生物選擇器　312–314
biological wastewater treatment　生物廢水處理
　activated sludge processes　活性污泥程序　438–481
　　batch activated sludge　批次活性污泥法　450–453
　　Biohoch process　環形沉降氣舉式程序　457–458
　　complete mix activated sludge　完全混合活性污泥法　441–442
　　deep-shaft activated sludge　深井活性污泥法　455–457
　　effluent suspended solids control　放流水的懸浮固體物控制　471–481
　　extended aeration　延時曝氣　442
　　final clarification　最終澄清　459–468
　　flocculation and hydraulic problems　膠凝和水力的問題　468–469
　　integrated fixed film activated sludge　整合固定膜活性污泥法　458–459
　　municipal activated sludge plants　都市活性污泥廠　469–471
　　oxidation ditch systems　氧化渠系統　442–444
　　oxygen activated sludge　純氧活性污泥法　453–455
　　plug flow activated sludge　塞流活性污泥法　439–441
　　SBR　序列批次反應器　444–450
　　thermophilic aerobic activated sludge　嗜熱好氧活性污泥法　459
　aerated lagoons　曝氣氧化塘
　　aerated lagoon systems　曝氣氧化塘系統　425–438
　　aerobic lagoons　好氧塘　418–420
　　facultative lagoons　兼性塘　420–423
　　overview　概述　416–418
　　temperature effects in aerated lagoons　曝氣氧化塘的溫度效應　423–425
　anaerobic treatment processes　厭氧處理程序
　　biodegradation of organic compounds　有機化合物的生物降解　513–515
　　factors affecting process operation　程序操作的影響因素　515–518

939

   laboratory evaluation of　實驗室評估　518–525
   mechanism of anaerobic fermentation　厭氧醱酵的機制　505–513
   overview　概述　501–502
   process alternatives　替代程序　502–505
  lagoons and stabilization basins　氧化塘和穩定池　405–406
   aerated lagoons　曝氣氧化塘　407
   anaerobic ponds　厭氧塘　406
   facultative ponds　兼性糖　406
   lagoon applications　氧化塘的應用　407–416
  overview　概述　405–406
  problems　問題　526–529
  rotating biological contactors　旋轉生物接觸盤　495–501
  trickling filtration　滴濾法
   applications　應用　490–493
   effect of temperature　溫度的影響　489
   oxygen transfer and utilization　氧的傳輸和利用　486–489
   tertiary nitrification　第三級硝化作用　493–495
   theory　理論　482–486
biooxidation　生物氧化
  mathematical relationships of organic removal　有機物去除的數學關係式　260–282
  nutrient requirements　營養需求　256–260
  overview　概述　235–240
  oxygen requirements　氧的需求　250–256
  reactions occurring during　反應過程　240f
  sludge yield and oxygen utilization　污泥產量和氧的利用　240–249
  specific organic compounds　特定的有機化合物　282–289
bioreactors. See membrane bioreactors　生物反應器，請見薄膜生物反應器
bioscrubbers　生物洗滌塔　338
biosorption　生物吸著
  batch activated sludge and　批次活性污泥　264f

索 引

relationship for soluble degradable wastewaters 可溶性可降解廢水的關係 238
biotoxicity data, biodegradability and 生物降解性和生物毒性數據 352t–355t
bleached sulfite mill wastewater 亞硫酸漂白廠廢水 293f
BLM (Bureau of Land Management) BLM（土地管理局） 728
BMP (Best Management Plan) BMP（最佳管理計畫） 893
BMP (biochemical methane potential) BMP（生化甲烷產量） 520
BOD. See biochemical oxygen demand BOD，請見生化需氧量
Bohart-Adams equation Bohart-Adams 方程式 549–554
Bolinder Real Estate v. United States Bolinder 不動產訴美國 904
bottom wastes 底部廢棄物 745
BPT (best practicable control) technology BPT（最佳可實行控制）技術 776
breakpoints 貫穿點 543
breakthrough curves 貫穿曲線 543–546, 555f, 569
breakthrough process 貫穿程序 575
brewery wastewater treatment 啤酒廠廢水處理 457t
brine concentrators 鹵水濃縮機 820
brominated flame retardants 溴化阻燃劑 5
bromochloromethane 溴氯甲烷 789
brush aerators 刷輪曝氣機 189t, 203
BTEX biological reactors BTEX 生物反應器 793–795
bubble diffusers 氣泡擴散器 182, 186, 189t
bubble-aeration data 氣泡-曝氣數據 190f
bubbles, air 氣泡 187–191
Büchner funnel test 布氏漏斗試驗 639
Bureau of Land Management (BLM) 土地管理局 (BLM) 728
by-products, chlorinated 氯化副產物 788–795

941

— C —

cadmium　鎘　159, 160t, 175t

calcium carbonate　碳酸鈣　87t–88t

calcium hydroxide　氫氧化鈣　87t–88t

calcium oxide　氧化鈣　87t–88t

Calgon Corp. Laboratory isotherm tests　卡爾岡公司等溫線測試　763t

California　加州　863

camp wastes　場址之廢棄物　745

capillary suction time (CST) test　毛細吸取時間 (CST) 試驗　641–642

capital and operational economic planning　資本和營運經濟規劃　885–886

carbamates　氨基甲酸鹽　781

carbon adsorption, activated　活性碳吸附　535t

carbon capacity　碳容量　542f, 544

carbon dosages　碳劑量　566, 567f

carbon regeneration　碳再生　544

carbons, activated　活性碳

　　adsorption system design　吸附系統設計　544–558

　　carbon regeneration　碳再生　544

　　continuous carbon filters　連續式碳濾床　541–543

　　GAC small column tests　GAC 小型管柱試驗　558–561

　　laboratory evaluation of adsorption　吸附之實驗室評估　538

　　overview　概述　538

　　performance of activated carbon systems　活性碳系統之效能　562

carbon-treated effluent　碳處理放流水　34f

case studies. See also Barceloneta POTW, Puerto Rico　案例研究，參考波多黎各巴塞羅內達 POTW

　　industrial pretreatment　工業預處理

　　　　Austin, Texas　德州奧斯汀市　867–869

　　　　Chicago, Illinois　伊利諾伊州芝加哥市　862–863

　　　　Indianapolis, Indiana　印第安納州印第安納波利斯市　863

索 引

    pretreatment of leachate discharges　預處理的滲出水排放　878
    San Diego, California　加州聖地牙哥市　863–865
    Shreveport, Louisiana　路易斯安那州什里夫波特市　865–866
    membrane bioreactors　薄膜生物反應器
        A　案例研究 A　707–709
        B　案例研究 B　709–710
  water recycle and reuse　水回收和再利用　801–815
  zero effluent discharge at Formosa Plastics　台塑的零放流水排放
    history of technologies　零排放技術的歷史　819–821
    industry applications of technology　零排放技術的工業應用　821–822
    initial evaluation results　初步評估結果　826
    overview　概述　819
    recycle effects on effluent toxicity testing　水回收對放流水毒性測試的影響　826
    studies of zero discharge options　研究零排放的可行性　822–823
    technologies appropriate for　適當的零放流水排放技術　823–825
casings, disposal well　外殼，處置井　685
catalyzed hydrogen peroxide　觸媒過氧化氫　595–599
categorical pretreatment standards　分類預處理標準　856–858, 858t, 866t
cation exchange capacity (CEC)　陽離子交換能力 (CEC)　663
cation exchange resins　陽離子交換樹脂　575f
cation exchangers　陽離子交換劑　579–582
cation valence　陽離子價數　141
cationic ion exchange　陽離子交換　571–573
cationic polyelectrolytes　陽離子聚電解質　475
cationic polymers　陽離子聚合物　145, 646f
CEC (cation exchange capacity)　CEC（陽離子交換能力）　663
cell synthesis relationship, for soluble pharmaceutical wastewater　細胞合成的關係，可溶性製藥廢水　248
center sludge　中心污泥　109
center-feed circular clarifiers　中心饋入式圓形澄清池　108
centrifugation　離心法　643–646, 647f

943

CERCLA (Comprehensive Environmental Response, Compensation, and Liability Act)　CERCLA（全面性環境應變補償及責任法）　734–735, 833, 901–902

CFR (Code of the Federal Register)　CFR（聯邦登記冊代碼）　6

CGL (comprehensive general liability) policies　CGL（綜合責任保險）政策　903

charge rates, user, for industrial pretreatment　工業預處理用戶費率　860–862

chemical coagulant applications　化學混凝劑應用　146t

chemical desalting　化學脫鹽　118

chemical flocculation　化學膠凝　128f

chemical industry waste reduction techniques　化學工業減廢技術　44t

chemical inhibition, to anaerobic process　厭氧程序的化學抑制　517t

chemical oxidation　化學氧化

　　applicability　應用性　589–590

　　chlorine　氯　599–603

　　hydrogen peroxide　過氧化氫　595–599

　　hydrothermal processes　水熱程序　603–608

　　overview　概述　58t, 61t, 605–606

　　ozone　臭氧　590–594

　　potassium permanganate　過錳酸鉀　603–604

　　problem　問題　609

　　stoichiometry　化學計量　586–589

chemical oxygen demand (COD)　化學需氧量 (COD)　896

　BOD and SMP relationships for industrial wastewaters　工業廢水 BOD 與 SMP 的關係　26t

　COD/TOC ratio　COD / TOC 比　589, 590f, 591f

　organic content of wastes　廢水的有機物含量　18

　reduction by ozonation　以臭氧化減量　593, 594f

　relationship between BOD for chemical refinery wastewater　化學精煉廠廢水 BOD 間的關係　22f

　removal　去除

　　aerated ponds　曝氣塘　428f

from brewery wastewater　啤酒廠廢水　420f
　　　　relative to initial COD　相對於初始 COD　521f
　　stoichiometry　化學計量　588–589
　　and TSS composition for influent and effluent　進流水和放流水的 TSS 組成　27f
　　　values　值
　　　　of activated sludge during an SBR cycle of reactor for pulp and paper mill wastewater　紙漿和造紙廠廢水反應器在 SBR 循環期間　446f
　　　　for wastewaters　對於廢水　509t–510t
chemical phosphorus removal　化學除磷　378–381
chemical precipitation. See precipitation　化學沉降，見沉降
chemical scrubber systems　化學洗滌塔系統　791
chemical treatment of paperboard waste　紙板廢水的化學處理　150t
chemical wastewaters　化學廢水　52, 447t
chemicals, neutralization　中和用化學品　87t–88t
Chicago, Illinois　伊利諾伊州芝加哥市　862–863
Chlamydomonas　衣藻　407
chlor/alkali plants　氯／鹼廠　822–823
Chlorella　綠藻　407
chlorinated benzenes　氯化苯　567f
chlorinated compounds　含氯化合物
　by-products　副產物　788–795
　miscellaneous organics　其他相關含氯有機物　787–788
　odor control　臭味控制　788–795
　overview　簡介　757–758
　perchlorates　過氯酸鹽　785–787
　pesticides　農藥
　　overview　簡介　777
　　　pesticide characterization　農藥特性　778–782
　　　regulatory history　法規歷史　777–778
　　　treatment methodologies　處理方法　782

945

  polychlorinated biphenyls　多氯聯苯
   environmental impacts　環境影響　759–760
   overview　簡介　758–759
   regulatory history of　法規沿革　760–762
   treatment methodologies　處理方法　762–765
  problems　問題　795–796
  solvents　溶劑
   historical perspective　從歷史的角度　765–770
   overview　概述　765–776
   treatment methodologies　處理方法　770–776
chlorinated hydrocarbons　氯化碳氫化合物　779, 898
chlorine　氯　319, 599–603
chloroform　氯仿　789
chloromethane　氯甲烷　789
chlorophenols　氯酚　286
chromate removal　鉻酸鹽去除　579–580
chrome content fluctuations　鉻含量的波動　162
chromium　鉻　156, 159–166, 175t, 583
chronic bioassays　慢毒性生物檢定　31
circular clarifiers　圓形澄清池　108, 109
clarification　澄清　107, 459–468
clarifier design and operation diagram　澄清池的設計和操作圖　464f
clarifiers　澄清池　108–111, 125f, 149f
Class II wells　第 II 類井　730
clays　黏土　145t
Clean Air Act　清淨空氣法　729
Clean Water Act (CWA)　淨水法 (CWA)　1, 729, 767, 855–856, 882
cleaning　清洗
  allocation method applicability　清理分配方法的適用性　835t
  membrane bioreactors　薄膜生物反應器　707
  membranes　薄膜　697
  PCB cleanup　多氯聯苯的清理　764–765

索 引

client perspective, industrial environmental economics　客戶觀點的工業環境經濟學
　　multiplier and pricing　乘數和定價　922–925
　　overview　簡介　909–910
　　project economics　專案經濟學　925–926
　　salary to expense ratio and utilization　薪資費用比率和利用率　916–922
　　SUM concept　SUM 概念　910–915
coagulant aids　助凝劑　145
coagulants　混凝劑　142–145, 637–639, 640f
coagulation　混凝
　　equipment　設備　147–148
　　of industrial wastes　工業廢水　148–153
　　laboratory control of　實驗室控制　145–147
　　mechanism of　機制　141–142
　　overview　概述　137–138
　　properties of coagulants　混凝劑的性質　142–145
　　of textile wastewaters　紡織廢水　152t
　　zeta potential　介達電位　138–141
coarse-bubble diffusers　粗氣泡擴散器　198–200, 206t
cobalt　鈷　205–206
COCs (contaminants of concern)　COCs（目標污染物）　783t–784t
COD. See chemical oxygen demand　COD，參考化學需氧量
Code of the Federal Register (CFR)　美國聯邦條例法典 (CFR)　5
coefficients, compound-related　化合物相關的係數　774
coke plant wastewaters　煉焦廠廢水　566t
colloids　膠體　137–138
color removal　色度去除　153t, 567f, 599, 601f
column systems　管柱系統　542f
column tests, GAC small　GAC 小型管柱測試　558–561
combined carbon oxidation–nitrification　結合碳氧化 - 硝化　493f
combustion, self-sustaining　自行持續燃燒　667
cometabolism　協同代謝　774

947

competitive adsorption 競爭吸附 536

complete mix activated sludge 完全混合式活性污泥法 440–441

complete mix performance, versus plug-flow 塞流和完全混合的性能比較 269f

completion wastes 完井廢棄物 745

compliance 遵從 858–859, 890–900

composite reaction rate coefficients 綜合反應速率係數 308t

compound-related coefficients 化合物相關係數 774

compounds, chlorinated. See chlorinated compounds 化合物，氯化，參考氯化物

Comprehensive Environmental Response, Compensation, and Liability Act (CERCLA) CERCLA（全面性環境應變補償及責任法） 734–735, 833, 901–902

comprehensive general liability (CGL) policies 綜合責任保險 (CGL) 政策 903

compressibility, sludge 壓縮性，污泥 637

concentration limit equation 濃度限制方程式 867–868

concentration-based effluent limits 濃度導向式放流水限制 873t–874t, 872–875

conceptual wastestream 概念性廢棄物流 847t

connection sewer operation (CSO) 下水道接管作業 (CSO) 863

constant effluent flow systems 固定放流水量系統 75–76

constant outflow equalization basins 固定出流量調勻池 70t–71f

constant volume equalization basins 固定容積調勻池 67, 68f, 71, 79f

constituents 成分 838, 839

consultant perspective, industrial environmental economics 顧問觀點的環境經濟學

    multiplier and pricing 乘數和定價 922–925

    overview 簡介 909–910

    project economics 專案經濟學 925–926

    salary to expense ratio and utilization 薪資費用比率和利用率 916–922

    SUM concept SUM 概念 910–915

索引

consulting specialists, third-party　第三方諮詢專家　909
contaminant loading　污染物負荷　812t
contaminants　污染物
　　allocation of Superfund disposal site response costs　超級基金處置場址反應成本的分配　838–846
　　for TCLP　毒性特性溶出程序　616t
contaminants of concern (COCs)　目標污染物 (COCs)　783t–784t
content in allocation of Superfund disposal site response costs　超級基金處置場址反應成本的分配　838–846
continuous carbon column breakthrough curves　連續碳管柱貫穿曲線　545f
continuous carbon filters　連續式碳濾床　541–543
continuous countercurrent solid bowl conveyor discharge centrifuge　連續逆流固體承杯式離心機　643f
continuous counterflow carbon column design　連續逆流式碳管柱設計　547
continuous treatment of chromium wastes　連續的鉻廢水處理　162, 163f
continuous-flow sequentially aerated activated sludge　連續流接序曝氣活性污泥法　449f
conventional bleaching, versus oxygen bleaching　傳統漂白 vs. 氧漂白　287t
conventional oil/gas　常見的石油 / 天然氣　722–724
conventional pollutants, AOX and　傳統污染物和 AOX　287t
cooling towers　冷卻塔　820, 826
copper　銅　166, 175t–176t, 303f
coprecipitation　共沉降　156
corrugated plate separators (CPS)　波紋板分離機 (CPS)　112, 116f
cost analysis　成本分析
　　Formosa plant　台塑廠　826
　　for recycle/reuse decision process　回收 / 再利用決策程序　803–805
cost centers　成本中心　907
cost recovery, POTW　POTW 成本收回　860–862

949

cost/effluent quality relationship　成本與放流水水質之關係　818f
costs of zero discharge alternatives　零排放替代方案之成本　827t
court decision citations　法院裁決的引用　903
CPS (corrugated plate separators)　CPS（波紋板分離機）　112, 116f
critical depth　臨界深度　549
cross-flow filtration　掃流式過濾　690, 692f
crude oils　原油　738t, 739
CSO (connection sewer operation)　CSO（下水道接管作業）　863
CST (capillary suction time) test　CST（毛細吸取時間）試驗　641–642
cumulative pollutant loading rates　累積污染物負荷率　664t
CWA (Clean Water Act)　CWA（淨水法）　1, 729, 767, 855–856, 882
cyanide　氰化物
　　alkaline peroxidation of　鹼性過氧化　595
　　cadmium removal　鎘去除　159
　　heavy metals removal　重金屬去除　155
　　limits on　限制　871–873
　　oxidation of with chlorine　加氯氧化　599, 600–603
　　relative rate of nitrification as function of　硝化速率的相對函數　357f
　　cycle time equation　循環時間方程式　649

D

DAF (dilution attenuation factor)　DAF（稀釋衰減因子）　615
DAF (dissolved air flotation)　DAF（溶解空氣浮除）　125, 129f–130f, 630
dairy wastewater　乳品廢水
　　bench-scale aerobic aerated lagoon test results　實驗室級的好氧曝氣氧化塘之測試結果　421f
　　treatment of by intermittent activated sludge system　間歇性活性污泥系統的處理　447t
damage claims　損害賠償　737
Daphnia magna　大水蚤　802
DCP (dichlorophenol)　DCP（二氯酚）　284

索 引

DDT (dichlorodiphenyl trichloroethylene)　DDT（二氯三氯乙烯）　781
decanting devices　倒出設備　450
dechlorination　脫氯　770
decision-making process, water recycle and reuse　決策程序，水回收和再利用　803–805
declining-rate filter design　降速過濾槽設計　709
decomposition, ozone　解離，臭氧　591
deep-shaft activated sludge　深井活性污泥法　455–457
deep-shaft process, brewery wastewater treatment　深井程序，啤酒廠廢水處理　457t
deep-well disposal　深井處置　682–688, 829
defusing　緩解　586
degradable fraction　可降解的部分　241f, 393f
degradable VSS, oxidation of　可降解 VSS 的氧化　244
degradation of oxidation products　氧化產物的降解　586
dehydration　脫水　722, 744, 750–751
deinking mill wastewater　脫墨廠廢水　315f
denitrification　脫硝　622
  design procedure　設計步驟　375–378
  industrial wastes or waste by-products for　工業廢水或廢棄物副產物　368t
  overview　概述　361–371
  oxidation ditch with　氧化渠　444f
  SBR　SBR　444
  systems　系統　371–372
depth determination, limestone bed　石灰石床深度　83f
Desalination Plant, Debiensko, Poland　波蘭 Debiensko 市的海水淡化廠　821
desalting, oil　原油脫鹽　118–119
design　設計
  aeration system　曝氣系統　221
  diffused aeration　散氣式曝氣　200–201

951

equalization basin　調勻池　81t
　　neutralization system　中和系統　92f
desorption　脫附　211, 764
detention time　停留時間　104f, 378f
detoxification, of plastics additives wastewater　塑膠添加劑廢水的去毒性　326f
dewatering. See also vacuum filtration　脫水，參見真空過濾　613f, 614, 632t, 659
diatomaceous earth　矽藻土　649
dichlorodiphenyl trichloroethylene (DDT)　二氯三氯乙烯 (DDT)　781
dichloromethane　二氯甲烷　788–789
dichlorophenol (DCP)　二氯酚 (DCP)　284
diesel engine manufacturing plants　柴油引擎製造廠　709
diffused aeration systems　散氣式曝氣系統　187, 192f, 195–201, 794
diffusers, bubble　氣泡擴散器　182
diffusion　擴散　179–181
dilute black liquor, treatment of on plastic packing　稀釋黑液塑膠填料上的處理　485f
dilution attenuation factor (DAF)　稀釋衰減因子 (DAF)　615
dioxins　戴奧辛　787
direct precipitation　直接沉降　381
discharge. See also zero effluent discharge　排放，參考零放流水排放
　　pretreatment of leachate　預處理的滲出水排放　878
　　problems　問題　132–136
　　recommended limits　建議的限制　860t
　　typical ratio of　典型排放比　811t
discharge monitoring reports (DMRs)　排放監測報告 (DMRs)　896
discrete particles　單顆粒　95f
discrete settling　單顆粒沉澱　94–98
disk centrifuges　盤式離心機　634
disk-nozzle separators　盤式噴嘴分離器　634

索 引

dispersed suspended solids (DSS)　分散的懸浮固體物 (DSS)　468, 474

dispersion tests　延散測試　110, 111f

disposal. See also sludge; Superfund disposal site response costs　處置，參見污泥；超級基金處置場址反應成本

   of chlorinated solvents　含氯溶劑　765–770

   of PCBs　多氯聯苯　760

   pollution　污染　39–40

dissolved air flotation (DAF)　溶解空氣浮除 (DAF)　125, 630

dissolved oxygen　溶氧

   effect on filamentous overgrowth　影響絲狀菌的過度生長　305–307

   effect on nitrification rate at 20°C　在 20°C，對硝化速率的影響　345f

   relationship between F/M and　和食微比的關係　309f

distillery waste, anaerobic treatment of　蒸餾酒廠廢水的厭氧處理　514

DMRs (discharge monitoring reports)　DMRs（排放監測報告）　896

domestic wastewater, rotating biological contactors and　家庭污水，旋轉生物接觸盤　496

dosages, carbon　碳劑量　566, 567f

downflow carbon column design　下流式碳管柱設計　547

drill cuttings　鑽屑　744

drill mud circulation systems　鑽井泥漿循環系統　726f

drilling muds　鑽井液（泥漿）　741t, 746–747

drilling, oil　鑽井，油　724

dry cleaning establishments　乾洗業　768

dry time　乾燥時間　648

DSF (Dynasand filter)　DSF（Dynasand 過濾器）　714, 716f

DSS (dispersed suspended solids)　DSS（分散的懸浮固體物）　468

dual-media filters　雙介質過濾器　709–711, 715f

dyes　染料　606t

Dynasand filter (DSF)　Dynasand 過濾器 (DSF)　714, 716f

953

E

E&P. See exploration and production (E&P) pollution control　E&P，參考探勘和生產 (E&P) 的污染控制

EBCT (empty bed contact time)　EBCT（空床接觸時間）　543, 558

EBPR (excess biological phosphorus removal)　EBPR（超量生物除磷）　383f

economic concepts of zero effluent discharge　零放流水排放的經濟觀念　818–819

economical limestone bed depth　最經濟的石灰床的深度　83

EDCs (endocrine disrupting chemicals)　EDCs（內分泌干擾物）　5

EDTA (ethylenediaminetetraacetic acid)　EDTA（乙二胺四乙酸）　38

efficacy of oxidation　氧化效能　589–590

efficiencies　效率

    aerator　曝氣機　206t

    oil separation unit　油水分離單元　114t

effluent COD performance data　放流水 COD 效能數據　899

effluent quality, effect of industrial wastewaters on　工業廢水對放流水水質的影響　469

effluent reduction, chlorinated hydrocarbons　放流水減少，氯化碳氫化合物　898f

effluent suspended solids (TSS)　放流水懸浮固體物 (TSS)　29f, 104f, 471–481, 475f

effluent total COD (TCODe)　放流水總 COD(TCODe)　26

effluent total phosphorus concentration　放流水總磷濃度　382f

effluent toxicity　放流水毒性　395

effluents. See also zero effluent discharge BOD　放流水，參見零放流水排放 BOD　66f

    COD and TSS composition for　COD 和 TSS 的組成　27f

    concentrations　濃度　74

    effects of recycle on toxicity testing　水回收對毒性測試的影響　826

    flows　水流　837f

索 引

    limitations　限制　776–777, 870t, 873–875
    mass rate peaking factor variation　質量峰值因子變動　78f
    paper mill　造紙廠　153t
    toxicity　毒性
        identification of effluent fractionation　放流水分餾鑑定　35
        overview　概述　30–34
        source analysis and sorting　來源分析及排序　38
        testing　測試　828
    wastewater treatment plant　廢水處理廠　803
EGSB (expanded granular sludge bed) process　EGSB（膨脹顆粒污泥床）程序　505, 507f
electrical desalting　電脫鹽　118
electrochemical properties of colloids　膠體電化學性質　137
electrodialysis　電透析　60t
electrodialysis reverse　逆電透析　60t
electrokinetic coagulation　動電混凝　141
electrolytic aluminum hydroxide　電解氫氧化鋁　144f
electrolytic treatment of zinc cyanide　鋅氰化物電解處理　174t
electrostatic desalting　靜電脫鹽　118f
Emergency Planning and Community Right to Know Act (EPCRA)　緊急規劃和社區知情權法 (EPCRA)　895
emerging pollutants　新興污染物　5
emissions, VOC　VOC 排放　338
empty bed contact time (EBCT)　空床接觸時間 (EBCT)　543, 558
EMS (environmental management systems)　EMS（環境管理系統）　890
emulsified oils　乳化油　116, 148
endocrine disrupting chemicals (EDCs)　內分泌干擾物 (EDCs)　5
endogenous coefficient　內呼吸係數　393f
environmental audits　環境稽核　890
environmental compliance　環境法規遵從　890–900

955

environmental governance　環境治理
　　annual reports for publicly-owned industrial complexes　公開發行工業園區的年度報告　909
　　internal environmental cost accounting system　內部環境成本會計制度　908
　　ISO 14001 certification　ISO14001 認證　907
　　organizational structure and participatory policies　組織結構和參與政策　909
　　overview　概述　907
　　Sarbanes-Oxley Act (SOX) (publicly-owned companies)　沙賓法案(SOX)（公開發行公司）　907
　　utilization of third party consulting specialists, advisory groups, and regulation experts　利用第三方諮詢專家、顧問群及法規專家　909
environmental impact of PCBs　多氯聯苯的環境影響　759–760
environmental issues for zero discharge alternatives　零排放替代方案的環境問題　827t
environmental laws and regulations in United States　美國環境法律和法規　882–884
environmental management systems (EMS)　環境管理系統 (EMS)　890
Environmental Protection Agency (EPA)　美國環境保護署 (EPA)　882
　　POTW ordinance guidelines　POTW 條例準則　859–860
　　toxic chemicals　毒性化學物質　2
environmental regulations　環保法規　728
EPCRA (Emergency Planning and Community Right to Know Act) EPCRA（緊急規劃和社區知情權法）　895
equalization　調勻　65–81
equalization tanks　調勻池　132–134
equilibrium biological solids concentration　平衡生物固體物濃度　418
equipment　設備
　　coagulation　混凝　147–148
　　diffused aeration　散氣式曝氣　195–201
　　measurement of oxygen transfer efficiency　氧傳輸效率的測量　203–210

索 引

  measuring　測量技術　210–212
  surface-aeration　表面曝氣　203–207
  turbine aeration　渦輪曝氣　201–203
ethylbenzene, activated sludge reactors　乙苯，活性污泥反應器　233t
ethylenediaminetetraacetic acid (EDTA)　乙二胺四乙酸 (EDTA)　38
Euglena　裸藻　407
excess biological phosphorus removal (EBPR)　超量生物除磷 (EBPR)　384f
exchange, ion. See ion exchange　交換，離子，參見離子交換
exempt E&P wastes　豁免 E&P 廢棄物　730–734
expanded granular sludge bed (EGSB) process　膨脹顆粒污泥床 (EGSB) 程序　505, 507f
experimental procedures, ion exchange　實驗程序，離子交換　576–578
exploration and production (E&P) pollution control　探勘和生產 (E&P) 的污染控制
 background information　背景資料
  conventional gas　常見的天然氣　722–724
  conventional oil/gas　常見的石油 / 天然氣　722
  E&P servicing　E&P 檢修　724–727
 fluid characterization　流體特性　737–739
 overview　簡介　721–722
 primary field operations　初級現場作業　739
 problems　問題　754–755
 regulations　法令規範
  exempt and nonexempt wastes　豁免和非豁免的廢棄物　730–734
  federal regulations　聯邦法規　727–730
  lease agreements and miscellaneous issues　租賃協議及其他相關問題　737
  local regulations　地方法規　736–737
  overview　簡介　727
  state regulations　各州法規　735–736

    waste residuals and treatment options　廢棄物殘留物和處理方案
        associated and nonassociated gas treatment　伴生和非伴生天然氣處理　747
        dehydration　脫水　751–753
        drilling muds　鑽井液（泥漿）　746–747
        produced oil, associated gas, and natural gas liquids　生產石油、伴生天然氣、液化天然氣　747
        produced water　產出水　747
        separation　分離　750–751
        sweetening　脫硫　753–754
    water sources description　水源描述　741–745
extended aeration, activated sludge processes　延長曝氣、活性污泥程序　441–444

F

facultative lagoons　兼性塘　416, 420–423
facultative ponds　兼性塘　406, 407, 408f
FBR. See fed batch reactor　FBR，參見饋料批次反應器
Fe dose, versus soluble P residual curve　鐵量相對於可溶性磷殘留曲線　381f
fed batch reactor (FBR)　饋料批次反應器 (FBR)　53, 285
    nitrification test　硝化試驗　360–361
    overview　概述　327–329
Federal Energy Regulatory Commission (FERC)　聯邦能源管制委員會 (FERC)　727
federal environmental legislation　聯邦環境立法　883f
Federal Industry Point Source Category Limits　聯邦工業點源類別限制　6–7
Federal Insecticide, Fungicide, and Rodenticide Act (FIFRA)　聯邦殺蟲劑、殺菌劑、滅鼠劑法 (FIFRA)　777

索 引

Federal Interstate Land Sales Full Disclosure Act　聯邦跨州土地買賣公開法　735
federal regulations for E&P pollution　E&P 污染的聯邦法規　727–730
federal spill/release reporting requirements　聯邦洩漏／釋出報告要求　895f
Federal Tort Claims Act (FTCA)　聯邦侵權索賠法 (FTCA)　905
Federal Water Pollution Control Act　聯邦水污染控制法　735
feed temperature　饋料溫度　216t
feedwater stream velocity, membrane processes　饋料水流速，薄膜程序　696
FERC (Federal Energy Regulatory Commission)　聯邦能源管制委員會　727
ferric　鐵　792
ferric chloride coagulation, of activated sludge effluent　氯化鐵混凝，活性污泥放流水　477t
ferric iron　三價鐵　167
ferric salts　鐵鹽　144
ferrous iron　二價鐵　167, 595–596
ferrous sulfate　硫酸亞鐵　160
fertilizer wastewater, alkalinity utilization in treatment of　化肥廢水處理的鹼度利用率　349f
Fick's law　菲克定律　179
field operations, E&P　E&P 現場作業　732t
FIFRA (Federal Insecticide, Fungicide, and Rodenticide Act)　FIFRA（聯邦殺蟲劑、殺菌劑、滅鼠劑法）　777
filament types, found in industrial wastewaters　工業廢水中發現的絲狀菌類型　307t
filamentous bulking control　絲狀菌膨化控制　312
filamentous organisms, anaerobiosis and　厭氧和絲狀菌微生物　319
filamentous overgrowth　絲狀菌過度生長　305
films, stagnant　膜，停滯　180
filter belts　濾帶（過濾機皮帶）　654

959

filter loading equation　過濾負荷方程　648–649
filter matter　過濾器問題　745
filter presses　壓濾機　669
filter slime, mean retention time and　濾池黏膜，平均停留時間　482
filterability, sludge　污泥過濾性　636, 637
filters, continuous carbon　連續式碳濾床　541–543
filtration　過濾
　　granular media　粒狀濾料　710–717
　　membrane processes　薄膜程序　688–702
　　oil　油　112, 116
　　performance　效能　718t
　　rates of　速率　711–712
　　sludge handling and disposal　污泥處理和處置
　　　　pressure　壓濾法　651–653
　　　　vacuum　真空過濾　647–650
　　toxicity identification of effluent fractionation　放流水分餾的毒性鑑定　35
final clarification, activated sludge processes　最終澄清，活性污泥程序　459–468
final clarifier relationships　最終澄清池關係　463f
fine bubble aerated plant　細氣泡曝氣處理廠　473f
fine-bubble diffusers　細氣泡擴散器　186, 197–198
fixed-bed exchangers　固定床交換　574
flash tank separator-condensers　閃氣槽分離冷凝器　751
flat-plate membrane systems　平板薄膜系統　703
flexible sheath tubes　彈性護管　199t
floating media　漂浮擔體　459
floc load relationship　膠羽負荷關係　316f
Floc Shear test results, pulp and paper mill wastewaters　膠羽剪力試驗結果、紙漿和造紙廠廢水　472
flocculated sludge　膠凝污泥　106, 108f, 659

索 引

flocculated suspended solids (FSS) test　膠凝的懸浮固體物 (FSS) 測試 468

flocculation　膠凝

   activated sludge processes　活性污泥程序　468

   chemical　化學　128f

   colloids　膠體　141

flocculents　膠凝

   in centrifugation　離心　643

   settling　沉澱　98–106

flooding drop curves, packed tower　氾濫和填充塔的壓降曲線　218f

flotation　浮除

   air solubility and release　空氣的溶解度與釋放　121–124

   overview　概述　121

   system design　系統設計　124–132

   thickening through dissolved air　經由溶解空氣濃縮　630–631

flotation units, clarifier　澄清池浮除單元　125f

flow diagrams　流程圖

   desalter-oil recovery-wastewater treatment　脫鹽 - 油回收 - 廢水處理　119f

   flotation units　浮除單元　631f

   gas recovery from wells　煤氣回收井　723–725f

   glycol dehydration　乙二醇脫水　752f

   limestone neutralization　石灰石中和　83f

   nonurban gas treatment plant　非都市天然氣處理廠　749f

   oil recovery from wells　石油回收井　723f

   for petroleum refineries　石油煉油廠　806f

   reuse-zero discharge　再利用 - 零排放　828f

   urban drill and production site　城市鑽探和生產現場　749f

flow equalization　流量調勻　68–70

flow, overland　漫地流　677

flow schematic, BRWTP　流程圖，BRWTP　871t

flowsheets, process selection　流程，程序選擇　55f

flow-through lagoons 貫穿流通塘 405–406
flue gases 煙道氣 85
fluid characterization, E&P-related E&P 相關流體特性 737–739
fluidized beds 流體化床 667
fluidized-bed reactor (FBR) wastewater 流體化床反應器 (FBR) 廢水 502–504
fluorides 氟化物 165–167, 168t, 175t
flux 通量
 in membrane processes 在薄膜程序 695
 rate of membranes 薄膜流通率 705
 solids 固體物 108, 625–627
 water 水 696
food/microorganisms (F/M) ratio 食微 (F/M) 比 442
food-processing wastewaters 食品加工廢水 684t
form time 形成時間 648
Formosa Plastics case history 台塑個案
 history of technologies 零排放技術的歷史 819–821
 industry applications of technology 零排放技術的工業應用 821–822
 initial evaluation results 初步評估結果 826
 overview 概述 819
 recycle effects on effluent toxicity testing 水回收對放流水毒性測試的影響 826
 studies of zero discharge options 研究零排放的可行性 822–823
 technologies appropriate for 適當的零放流水排放技術 823–825
formulation of adsorption 吸附的公式 534–537
fortuitous metabolism 偶發代謝 512
fouling, membrane 薄膜積垢 706
fractionation 分離 36f
fracturing sand 壓裂砂 745
Freundlich isotherm Freundlich 等溫線 534, 537t, 540f–541f
FSS (flocculated suspended solids) test FSS（膠凝的懸浮固體物）測試 468

索　引

FTCA (Federal Tort Claims Act)　FTCA（聯邦侵權索賠法）　905
fungicides　殺菌劑　781
fusing　融合　586

G

GAC. See granular activated carbon　GAC，參考顆粒活性碳
GAOs (glycogen accumulating organisms)　GAOs（肝醣蓄積菌）　386
gas　氣體/天然氣
　　E&P waste residual treatment　E&P 廢棄物殘留物處理　747
　　gas films　氣膜　180
　　gas flow　氣流　191f
　　natural　天然氣　739t, 739-741, 744t
　　processing plants　加工廠　747, 749f
　　production, cumulative　累積產量
　　　　for inhibitory wastewater　受抑制廢水　523f
　　　　for nontoxic wastewaters　非無毒性廢水　521f
Geosyntec conducted studies　Geosyntec 進行的研究　786
Giodler process　Giodler 程序　753
glucose inhibition test　葡萄糖抑制試驗　330–331
glycogen accumulating organisms (GAOs)　肝醣蓄積菌 (GAOs)　386
glycol dehydration　乙二醇脫水　722, 750, 753
goldmine tailings wastewater　金礦礦渣廢水　497t
Gore factors　高爾因子　834
governance, environmental. See environmental governance　治理，環境，參見環境治理
granular activated carbon (GAC)　顆粒活性碳 (GAC)
　　column design　管柱設計　547f
　　columns schematic　管柱圖　543f
　　process flowsheet　程序流程　548f
　　small column tests　小型管柱試驗　558–561
　　TOC and toxicity reduction by columns　以碳柱降低 TOC 與毒性　564f

963

in treating chlorinated compounds　處理含氯化合物　774
granular carbons　顆粒碳　538
granular media filtration　粒狀濾料過濾　710–717
granular-activated carbon (GAC)　顆粒活性碳 (GAC)　323
grapefruit processing wastewater　葡萄柚加工廢水　314t
grasses　草　674–675
grassroots (original) construction　基層（原始）建設　886
gravity belt thickeners　重力帶式濃縮機　633–634, 635f
gravity filters　重力過濾機　709
gravity thickening　重力濃縮　624–629
Great Lakes Initiative　大湖倡議　6
green algae　綠藻　407

H

HAA (haloacetic acids)　HAA（鹵乙酸）　788
half-lives for organic compounds　有機化合物的半衰期　772–773
half-reactions, oxidant　半反應，氧化劑　586–587
haloacetic acids (HAA)　鹵乙酸 (HAA)　788
halogenated aliphatics　鹵化脂族化合物　598f
handling. See sludge　處理，參見污泥
Hazardous Solid Waste Amendment (HSWA)　有害固體廢棄物修正案 (HSWA)　685, 883
hazardous waste　有害廢棄物
　　injection well storage of　注入井貯存　688
　　leaching tests　溶出試驗　614
　　MEP for　MEP　617
　　RCRA regulations　資源保育和回收法　117, 728
　　SPLP for　SPLP　615–617
　　TCLP for　TCLP　615–617
　　WET for　WET　617
head loss　水頭損失　712–713

索引

hearth furnaces　爐床　667
heavy metals removal　重金屬去除
　on activated carbon　在活性碳上　562t
　　arsenic　砷　157–159
　　barium　鋇　159
　　cadmium　鎘　159
　　carbon dosages for　碳劑量　567f
　　chromium　鉻　160–165
　　copper　銅　166
　　effluent levels achievable in　可達到的放流水水質　175t
　　fluorides　氟化物　166
　　iron　鐵　167–168
　　lead　鉛　168
　　manganese　錳　169
　　mercury　汞　169–170
　　from municipal sewage　從都市污水　303f
　　nickel　鎳　170
　　overview　概述　149–157
　　selenium　硒　171
　　silver　銀　171–172
　　zinc　鋅　172
heavy-metal selective chelating resins　重金屬選擇性螯合樹脂　572
Henry's law　亨利定律　182, 214–222, 771
Hexachlorobutadine　六氯丁二烯　787
hexavalent chromium removal　六價鉻去除　164t, 581t
high-BOD wastewaters　高 BOD 廢水　497
high-effluent suspended solids levels　高放流水懸浮固體物含量　473
high-rate trickling filters　高率滴濾池　490t, 491f
high-speed surface aerators　高速表面曝氣機　204f–205f, 205t
high-valence cations　高價陽離子　141
holding ponds　儲存池　80f
hollow fiber membranes　中空纖維薄膜　692, 703

965

horsepower guide, activated sludge process mixing　馬力指引，活性污泥程序混合　207t

hot wastewaters　熱廢水　295

HRC (hydrogen releasing compounds)　HRC（釋氫化合物）　775

HRT (hydraulic retention time)　HRT（水力停留時間）　416

HSWA (Hazardous Solid Waste Amendment)　HSWA（有害固體廢棄物修正法案）　685, 883

hurdle rate　要求報酬率　888

hydraulic loading　水力負荷

　　oxygen transfer rate coefficient and　氧的傳輸速率係數和　488f

　　rate determination　速率測定　132f

hydraulic presses　水壓　653

hydraulic problems, activated sludge processes　水力問題，活性污泥程序　468

hydraulic retention time (HRT)　水力停留時間 (HRT)　416

hydrocarbons　碳氫化合物　540f–541f, 745

hydrochloric acid　鹽酸　87t–88t

Hydroclear filter　Hydroclear 過濾機　714

hydrogen peroxide　過氧化氫　319

　　chemical oxidation　化學氧化　595–599

　　odor control　臭味控制　792

　　oxidation precipitation system　氧化沉降系統　159

hydrogen releasing compounds (HRC)　釋氫化合物 (HRC)　775

hydrogen sulfide　硫化氫　5, 790–791

hydrolysis, hydrothermal　水熱水解　607

hydrolytic microorganisms　水解微生物　505

hydrophilic colloids　親水性膠體　137

hydrophobic colloids　疏水性膠體　137

hydrothermal hydrolysis　水熱水解　607

hydrothermal processes for chemical oxidation　化學氧化的水熱程序　607–609

hydroxide　氫氧化物　155f

索　引

hydroxide precipitation treatment　氫氧化物沉降處理　160t, 167t, 173t
hyperfiltration　超濾法　60t
Hyperion Energy　Hyperion 能源工廠　886

— I —

identification matrix, physical-chemical treatment　物理化學處理的篩選與確立　58t–61t
Illinois　伊利諾州　862–863
impellers　葉輪　202
impounding-adsorption lagoon　圍起吸附塘　405
incineration of sludge　污泥焚化　614, 667–668
income statements　損益表　861
Indianapolis, Indiana　印第安納州印第安納波利斯市　863
indirect dischargers　間接排放者　877t
induced-air flotation system　誘導空氣浮除系統　125, 126f
industrial environmental economics　工業環境經濟學
　　capital and operational economic planning　資本和營運經濟規劃　885–886
　　CERCLA, joint and several, and retroactive economic exposure　CERCLA、共同與個別溯及既往的經濟風險　901–902
　　consultant and client perspectives　顧問者和客戶的觀點
　　　　multiplier and pricing　乘數和定價　922–925
　　　　overview　簡介　909–910
　　　　project economics　專案經濟學　925–926
　　　　salary to expense ratio and utilization　薪資費用比率和利用率　916–922
　　　　SUM concept　SUM 概念　910–915
　　environmental compliance　環境法規遵從　890–900
　　environmental governance　環境治理
　　　　annual reports for publicly-owned industrial complexes　公開發行工業園區的年度報告　909

internal environmental cost accounting system 內部環境成本會計制度 908

    ISO 14001 certification ISO14001 認證 907

    organizational structure and participatory policies 組織結構和參與政策 909

    overview 概述 907

    Sarbanes-Oxley Act (SOX) (publicly-owned companies) 沙賓法案(SOX)（公開發行公司） 907

    utilization of third party consulting specialists, advisory groups, and regulation experts 利用第三方諮詢專家、顧問群及法規專家 909

  litigation exposure 環境訴訟風險 902–907

  new facility siting analysis and planning 新設施選址分析和規劃 886–890

    environmental laws and regulations in United States 美國環境法律和法規 882–885

    overview 簡介 881

industrial pretreatment. See also Barceloneta POTW, Puerto Rico 工業預處理，參見波多黎各巴塞羅內達 POTW

  case histories 歷史案例

    Austin, Texas 德州奧斯汀市 867–869

    Chicago, Illinois 伊利諾伊州芝加哥市 862–863

    Indianapolis, Indiana 印第安納州印第安納波利斯市 863

    pretreatment of leachate discharges 預處理的滲出水排放 878

    San Diego, California 加州聖地牙哥市 863–865

    Shreveport, Louisiana 路易斯安那州什里夫波特市 865–866

  compliance monitoring 遵從監測 857–858

  local limits development 地方限制發展 856–858

  national categorical pretreatment standards 國家分類預處理標準 856–858

  overview 簡介 855–856

  permitting process 許可程序 864t

  POTW ordinance guidelines POTW 條例準則 859–860

索 引

　　user charge rates and POTW cost recovery　用戶費率和 POTW 成本收回　860–862
industrial treatment facilities, equalization for　工業處理設施調勻的目的　66–67
industrial users, Austin, Texas　工業用戶，德州奧斯汀市　867–869
industrial wastewaters　工業廢水　443t
　　adsorption isotherms results on　吸附等溫線結果　563t
　　alternative treatment technologies　替代處理技術　50f
　　coagulation of　混凝　148–152, 151t
　　discharge to municipal plants　排放到都市污水廠　69f
　　effluent toxicity　放流水毒性
　　　　overview　概述　30–35
　　　　source analysis and sorting　來源分析及排序　38-39
　　　　toxicity identification of effluent fractionation　放流水分餾的毒性鑑別　35-38
　　estimating organic content　估計有機物含量　18–30
　　industrial waste survey　工業廢水調查　8–17
　　in-plant waste control and water reuse　廠內廢水控制及水再利用　39–45
　　membrane filtration of　薄膜過濾　701t
　　overview　簡介　1
　　oxygen demand and organic carbon of　需氧量和有機碳　23t
　　physical-chemical treatment　物理化學處理　58–60t
　　problems　問題　45–46
　　quality tolerances　品質容許範圍　808t
　　regulations　法規
　　　　air　空氣　5–6
　　　　liquid　液體　6–7
　　　　overview　概述　5
　　reuse and recycling of　水回收和再利用　801–802
　　sources and characteristics of　來源和特性　7–8
　　spray irrigation of　噴灑灌溉　674f

969

treatment system, operator training　處理系統，操作人員培訓　892t
undesirable characteristics　不受歡迎的廢水特性　2–5
infiltration, rapid　快速入滲　676, 677t
influents　進流水
　　BOD　BOD　66f
　　COD and TSS composition for　COD 和 TSS 的成分　27f
inhibitors　抑制劑　63–65
inhibitory wastewater, cumulative gas production for　受抑制廢水的累積氣體產量　523f
injection wells　注入井　662–663, 683, 687–688, 731f
injury and exposure incidents　傷害和暴露事件　898f
in-plant treatment　廠內處理　51
in-plant waste control　廠內廢棄物管制　39–44
inspections, pretreatment　預處理檢查　858–859
instantaneous maximum discharge limits　瞬間最大排放限值　860t
integrated fixed film activated sludge　整合式固定膜活性污泥法　459
integrated systems　整合性系統　50f
internal environmental cost accounting system　內部環境成本會計系統　907–908
internal rate of return (IRR)　內部報酬率 (IRR)　887
International Organization for Standardization (ISO)　國際標準組織 (ISO)　891
Interstate Oil and Gas Compact Commission (IOGCC)　跨州石油和天然氣委員會 (IOGCC)　735–736
iodine number　碘值　538
ion exchange　離子交換
　　in fluoride precipitation　在氟化物沉降　166
　　in hexavalent chromium removal　在六價鉻去除　164t
　　overview　概述　571
　　for perchlorate removal　過氯酸鹽去除　785–787
　　in physical-chemical waste treatment　在物理化學廢棄物處理　59t–60t, 61t

plating waste treatment　電鍍廢棄物處理　578–583
problem　問題　583
resin　樹脂　60t
theory of　理論
　　experimental procedure　實驗程序　576–578
　　overview　概述　571–576
toxicity identification of effluent fractionation　放流水分餾的毒性鑑別　35
IQ toxic units　IQ 毒性單位　35f
iron　鐵　167–168, 175t
iron salts　鐵鹽　475
IRR (internal rate of return)　IRR（內部報酬率）　887
irrigation　灌溉
　　compared to other treatment systems　與其他處理系統相比　677t
　　design of systems　系統的設計　678–681
　　overview　概述　674–676
ISO 14001 certification　ISO 14001 認證　907
isoelectric point　等電點　141
isotherms　等溫線
　　adsorption　吸附　563t
　　tests for PCBs　多氯聯苯試驗　763t

━━━ J ━━━

jar test analysis　瓶杯試驗分析　145–147

━━━ K ━━━

kinetic relationships, in aerobic lagoons　好氧塘的動力學關係　419f
krypton stripping　氣提出來的氪　212

971

L

laboratory control of coagulation　混凝的實驗室控制　145–147
laboratory evaluation　實驗室評估
　　of adsorption　吸附　538
　　of zone settling　層沉澱　106–108
laboratory flotation cells　實驗室浮除單元　126–127
laboratory ion exchange column assembly　實驗室離子交換管柱裝置　576–578
laboratory procedures, specific resistance　實驗室流程，比阻抗　637–641
laboratory settling studies　實驗室級的沉澱研究　98–101
lactate addition　乳酸添加　774–775
lagoons　氧化塘
　　aerated　曝氣
　　　　aerobic　好氧　418–420
　　　　facultative　兼性　420–423
　　　　overview　概述　416–418
　　　　systems　系統　425–438
　　　　temperature effects in　溫度效應　422–424
　　　　treatment method　處理方法　56
　　applications　應用　407–415
　　stabilization basins and　穩定池　405
　　　　aerated lagoons　曝氣氧化塘　407
　　　　anaerobic ponds　厭氧塘　406
　　　　facultative ponds　兼性塘　406
　　　　lagoon applications　氧化塘應用　407–416
　　　　overview　簡介　405
　　systems　系統　425–438
　　treatment method　處理方法　56, 661–663
Land Ban Provisions, HSWA　HSWA 的土地禁令規定　685
land disposal of sludges　污泥土地處置　614, 659–667
land incorporation systems　土地混合系統　665–666

索 引

land treatment　土地處理
　　design of irrigation systems　灌溉系統設計　678–681
　　irrigation　灌溉　674–676
　　overland flow　漫地流　677
　　overview　簡介　673
　　performance　效能　681–682
　　rapid infiltration　快速入滲　676–677
　　waste characteristics　廢水特性　677–678
landfills, PCBs in　多氯聯苯在垃圾掩埋場　761
Langmuir equation　Langmuir 方程式　536
large-bubble diffusers　大氣泡擴散器　198–200
latex manufacturing wastes　乳膠製造廢水　151t, 151
laundromat wastes　洗衣廢水　151t, 151
laws, PCB　PCB 法律　762t
Lazer Zee meter　Lazer Zee 儀　139, 140f
LCA (life cycle assessment)　LCA（生命週期評估）　44
leachate discharges, pretreatment of　預處理的滲出水排放　878
leachate treatment system　滲出水處理系統　698–699
leaching tests to characterize residuals　特性化殘留物的溶出試驗　614–617
lead　鉛　169, 175t
lease agreements, E&P pollution　租賃協議，E&P 污染　737
LeGrand, Harry　834
life cycle assessment (LCA)　生命週期評估 (LCA)　44
life, membrane　薄膜壽命　696
liftable sludge　可提取污泥　658f
lignite carbon　褐煤碳　538
lime　石灰
　　anaerobic process　厭氧程序　515–518
　　in coagulant applications　在混凝劑應用　144, 146t
　　in fluoride precipitation　在氟化物沉降　166
　　in nickel precipitation　鎳沉降　171t

973

  requirements　需求　134
  slaking　熟化　85
  slurries　泥漿　84
 limestone beds　石灰石床　82–85
 lime-waste titration curve　石灰 - 廢水的滴定曲線　91f
 limiting flux　限定通量　625, 627f
 liquid depth, aeration system　液體深度，曝氣系統　184
 liquid films　液膜　180–181
 liquid regulations　液體管制　5–6
 liquid temperature　液溫　290, 293f
 liquid-film coefficient　液膜質傳係數　181, 184
 litigation exposure　訴訟暴露　901–906
 load balancing analysis　負荷平衡分析　80f
 loading rates　負荷率
  hydraulic　水力　132f
  limestone bed　石灰石床　83f
  soil　土壤　678
 local limits　本地限制
  Austin, Texas　德州奧斯汀市　867–869
  comparison of categorical pretreatment standards　分類預處理標準的比較　858t
  defined　定義　857
  Shreveport, Louisiana　路易斯安那州什里夫波特市　866t
 Local Pretreatment Limits　地方預處理限制　7
 local regulations, E&P pollution　地方法規，E&P 污染　736–737
 Lo-CAT system　Lo-CAT 系統　754
 Louisiana　路易斯安那州　865–866
 low-speed surface aerators　低速表面曝氣機　204f–205f, 205t
 low-strength wastewaters　低濃度廢水　496
 low-temperature separators (LTSs)　低溫分離器 (LTSs)　749, 750
 Lyondell Chemical Company, et al. v. Albermarle Corporation, et al　利安德化學公司等訴阿爾伯馬爾公司等　906

索 引

M

macroreticular resins 大孔樹脂 577
MACT (Maximum Achievable Control Technology) MACT（最大可行控制技術） 5
management programs 管理方案 53
manganese 錳 169
Marathon Ashland Petroleum (MAP) 馬拉松阿什蘭石油公司 (MAP) 708–709
mass loading 質量負荷 624–625
mass sludge contributions 大量污泥貢獻 839t
mass transfer 質量轉輸
  aeration equipment 曝氣設備
    diffused 散氣式 195-201
    measurement of oxygen transfer efficiency 氧傳輸效率的測量 203–210
    other measuring techniques 其他測量技術 210–212
    overview 概述 195
    surface-aeration 表面曝氣 203–207
    turbine aeration 渦輪曝氣 201–203
  air stripping of VOCs VOCs 的氣提
    overview 概述 212–214
    packed towers 填充塔 214–222
    size of towers 塔尺寸 219–221
    steam stripping 汽提 222
  mechanism of oxygen transfer 氧傳輸機制 179–195
  overview 概述 179
  problems 問題 222–224
mass-transfer coefficients 質傳係數 214, 216–218
mass-transfer process 質傳程序 179–180
material balance at corn plant 玉米加工廠的物質平衡 14f
material outputs, petroleum refinery 物質產出，煉油廠 809t–810t

975

material safety data sheets (MSDS)　物質安全資料表 (MSDS)　737, 744t
Maximum Achievable Control Technology (MACT)　最大可行控制技術 (MACT)　5
maximum limitations, PSES　PSES 最大的限制　875
MBRs. See membrane bioreactors　MBR，薄膜生物反應器
MBTs (membrane biothickeners)　MBTs（薄膜生物濃縮槽）　704
mean retention time, filter slime and　平均停留時間，濾池黏膜　482
mean saturation values, aeration tank　平均飽和值，曝氣槽　182
measured COD and BOD$_5$　實際測量 COD 和 BOD$_5$　25t
measuring equipment　其他測量技術　210–212
meat waste　肉品廢棄物　410
media　介質 / 擔體
 floating　漂浮　459
 height　填料高度　213, 214f
 trickling filter　滴濾池　483t
membrane bioreactors (MBRs)　薄膜生物反應器 (MBR)　388–389, 702–710
 application　應用　706–707
 benefits of compared to conventional technology　與傳統技術相較之下的優點　704–705
 case study A　案例研究 A　707–709
 case study B　案例研究 B　709–710
 issues　議題　705–706
 overview　概述　702–703
 reactor configuration　反應器的配置　703–704
 types of membranes　薄膜類型　703–704
 with ZeeWeed membranes　使用 ZeeWeed 薄膜　456f
membrane biothickeners (MBTs)　薄膜生物濃縮槽 (MBTs)　704
membrane diffusers　薄膜擴散器　197–198
membrane filter press　薄膜壓濾機　652f
membrane filtration units　薄膜過濾單元　455
membrane flux rate　薄膜流通率　705

索　引

membrane processes　薄膜程序
　applications　應用　697–702
　cleaning　清洗　697
　feedwater stream velocity　饋料水流速　696
　flux　通量　695
　membrane life　薄膜壽命　696
　membrane packing density　薄膜填充密度　695
　overview　概述　59t–60t, 688–694
　for perchlorate removal　過氯酸鹽去除　785–787
　pH　pH　696
　power utilization　動力利用　696
　pressure　壓力　694
　pretreatment　預處理　696–697
　recovery factor　回收因子　695
　salt rejection　鹽排斥率　695
　temperature　溫度　695
　turbidity　濁度　696

MEP (multiple extraction procedure)　MEP（多重淬取程序）　617

mercury　汞　169–170, 175t–176t

mesophilic regime　中溫體系　289

metal chelation　金屬螯合　37

metal ion precipitation　金屬離子沉降　157t

methane fermentation　沼氣醱酵　512

methanogens　甲烷生成菌　507

Methanosarcina　511

Methanothrix　511

methyl chloride　甲基氯化物　789

methylene chloride　二氯甲烷　788–789

Metropolitan Industrial Waste Program of San Diego　聖地牙哥的都會區工業廢棄物計畫　863

Metropolitan Water District of Southern California　南加州大都會供水區　787

977

Metropolitan Water Reclamation District of Greater Chicago (MWRDGC) 大芝加哥都會水回收局 (MWRDGC)　861t, 862–863

microfiltration membrane systems　微濾膜系統　702–703

microorganism metabolism　微生物代謝　64–65

microscreens　微篩機　717–718

Microtox　Microtox　34

mineralization　礦化　586

Minerals Management Service (MMS)　礦產管理服務 (MMS)　728

minimization of waste. See also water recycle and reuse; zero effluent discharge　減廢，參見水回收和再利用；放流水零排放

  overview　簡介　801

  problem　問題　829–830

  RCRA hazardous waste issues　RCRA 有害廢棄物議題　815–817

miscellaneous surface water　相關地表水　744

mixed liquor suspended solids (MLSS)　混合液懸浮固體物 (MLSS)　441, 462f, 704

mixed liquor TDS　混合液總溶解固體物　304f, 476t

mixed liquor temperature　混合液溫度　297f

mixed liquor volatile suspended solids (MLVSS)　混合液揮發性懸浮固體物 (MLVSS)　245f

mixed reactors　混合反應器　618

mixing methods　混合方法　67

MLSS (mixed liquor suspended solids)　MLSS（混合液懸浮固體物）　441, 462f, 704

MLVSS (mixed liquor volatile suspended solids)　MLVSS（混合液揮發性懸浮固體物）　245f

MMS (Minerals Management Service)　MMS（礦業管理服務）　728

mobility in allocation of Superfund disposal site response costs　移動性在超級基金處置場址反應成本的分配　838–846

Model Pretreatment Ordnance　模式預處理條例　859t

molasses number　糖蜜值　538

molecular structure　分子結構　535t

索 引

molecular weight 分子量
　classification 分類 36
　distribution, biological effluents 生物性放流水的分子量分布 322t
monitoring industrial pretreatment compliance 工業用戶的預處理遵從監測 858–860
monomedia filters 單一介質過濾槽 711
monovalent ions 單價離子 302
Monsanto company 孟山都公司 758–759
monthly average limitations, PSES PSES每月平均限制 875–876
MSDS (material safety data sheets) MSDS（物質安全資料表） 737, 744t
MU (multiplier times utilization) MU（乘數乘以利用率） 919
muds, drilling 鑽井液（泥漿） 741t, 746–747
multicomponent substrate removal 多成分基質去除 263f
multicomponent wastewaters 多成分廢水 546f
multimedia 多介質 711
multiple contributors, Superfund disposal site 多重貢獻者，超級基金處置場址
　off-site 場外 838–846
　same-site 同場址 846–849
multiple extraction procedure (MEP) 多重萃取程序 (MEP) 617
multiple stages BOD removal comparison 多階段BOD去除率的比較 277f
multiple unit carbon column design 多重單元碳管柱設計 546
multiple zero-order concept 多重零階概念 274
multiple-hearth furnaces 多床爐 667, 668f
multiplier and pricing 乘數和定價 922–925
multiplier times utilization (MU) 乘數乘以利用率 (MU) 919
multistage neutralization process 多階段中和程序 92f
multistage operation 多階段操作
　pilot plant results for 模廠級結果 276f
　pulp and paper mill 紙漿和造紙廠 426f
municipal activated sludge plants 都市活性污泥廠 468–471

979

MWRDGC (Metropolitan Water Reclamation District of Greater Chicago) MWRDGC（大芝加哥都會水回收局） 861t, 862–863

Mycid shrimp 糠蝦 828

N

NAAQS (national ambient air quality standards) NAAQS（國家環境空氣品質標準） 729

national ambient air quality standards (NAAQS) 國家環境空氣品質標準 (NAAQS) 729

national categorical pretreatment standards 國家分類預處理標準 856–858

National Emission Standards for Hazardous Air Pollutants (NESHAP) 國家有害空氣污染物排放標準 5, 891

National Industrial Pretreatment Program. See also industrial pretreatment 國家工業預處理計畫，參見工業預處理 855–856

National Pollution Discharge Elimination System program (NPDES) 國家污染物質排放清除系統法案 (NPDES) 749t

National Priority List (NPL) 國家優先名單 (NPL)

natural gas 天然氣 739t, 740–741, 744, 747

NESHAP (National Emission Standards for Hazardous Air Pollutants) NESHAP（國家有害空氣污染物排放標準） 5, 891

net present value (NPV) 淨現值 (NPV) 887

net present worth (NPW) 淨現值 (NPW) 887

net revenue 淨收入 910

neutralization 中和
 chemicals for 化學品 87t–88t
 control of process 控制程序 86–93
 neutralizing tank power requirements 中和槽的動力需求 93f
 overview 概述 82
 system 系統 90
 types of processes 程序類型 86–93

索 引

NH$_3$ (unionized ammonia)　NH$_3$（非離子氨）　351
nickel　鎳　171, 175t
nickel cyanide　鎳氰化物　170
nickel hydroxide　氫氧化鎳　170
nitrate reduction recycle ratio　硝酸鹽的減少和迴流比　378f
nitrates　硝酸鹽　792
nitrification　硝化
　　in aerobic digestion　好氧消化　618, 622
　　ammonia and nitrite inhibition to　氨和亞硝酸氮抑制　358f
　　BAS　BAS　355–359
　　of coke plant wastewaters　煉焦廠廢水　556t
　　design procedure　設計程序　372–374
　　FBR nitrification test　FBR 硝化試驗　360–361
　　of high-strength wastewaters　高濃度廢水　346–348
　　inhibition of　抑制　348–356
　　kinetics　動力學　340–347
　　overview　概述　340
　　oxidation ditch with　氧化渠　444f
　　pH and　pH 值和　299
　　rate determination, test procedure for　速率測定的測試步驟　359f
　　systems　系統　371–372
　　trickling filters　滴濾池　492
nitrifying bacteria　硝化細菌　341t
Nitrobacter　硝酸菌　338, 340, 355
nitrogen　氮　2, 258f, 346f, 664, 678–680
nitrogenous organics　含氮有機物　25t
Nitrosomonas　亞硝酸菌　338, 340, 355
Nocardia foams　諾卡氏菌泡沫　320
nonassociated gas　非伴生天然氣　747, 755
noncompliance of pretreatment ordinances　預處理條例違規　869
nondegradable TOC　不可分解 TOC　321f
nonexempt E&P wastes　非豁免 E&P 廢棄物　730–734

981

nonionic polymers　非離子聚合物　145
non-steady-state processes　非穩態程序　205–209, 538–542
nontoxic wastewaters　無毒性廢水　52, 521f
normally occurring radioactive materials (NORM)　天然放射性物質 (NORM)　745
Northwest Alloys, Inc.　西北合金公司　821
NPDES (National Pollution Discharge Elimination System program) NPDES（國家污染物質排放清除系統法案）　749t
NPDES (point source discharge) record　NPDES（點源排放）紀錄　896
NPL (National Priority List)　NPL（國家優先名單）　897–901
NPV (net present value)　NPV（淨現值）　887
NPW (net present worth)　NPW（淨現值）　887
nutrient requirements, biooxidation　營養需求，生物氧化　256–260

—— O ——

objectives of residuals management　殘留物管理目標　611
Occupational Safety and Health Administration (OSHA)　職業安全衛生署 (OSHA)　6, 891
OCPSF (Organic Chemicals, Plastics, and Synthetic Fibers) regulations OCPSF（有機化學品、塑料和合成纖維）準則　768
odor control　臭味控制　427, 505, 788–795
OECD method 209　經濟合作與發展組織方法 209　327
off-gas analysis　廢氣分析　210
off-gas treatment, air stripper　排氣處理，氣提塔　221f
off-site disposal　場外處置　839f, 839t
off-site multiple contributors, Superfund　場外多重貢獻者，超級基金 838–846
oil　油
　conventional　傳統　722–726
　debris　碎片　744
　emulsified　乳化　148

索 引

    processing in petroleum refineries　煉油廠的製程　117–119
    produced　生產　747
    removal of　除去　129f
    separation　分離　111–117
    as waste constituent　廢棄物成分　2
Oil Pollution Act (OPA)　石油污染法 (OPA)　734, 901–902
oil-water separators　油水分離器　113f–115f
oily wastes　含油廢棄物　130f, 666, 698
OM&R (operational, sampling, maintenance, and replacement) costs
OM&R（營運、採樣、維修、更換）的費用　860–861
OPA (Oil Pollution Act)　OPA（石油污染法）　734, 901–902
operating characteristics, sour water strippers　操作特性，酸性水氣提塔　120t
operating time history　操作時間紀錄　836-838
operational, sampling, maintenance, and replacement (OM&R) costs　營運、採樣、維修、更換 (OM&R) 的費用　860–861
operator maintenance attachment　操作者維修附件　894t
operator training　操作人員的培訓　891–892
optical monitoring applications　光學監測應用　81t
ORC (oxygen-releasing compounds)　ORC（釋氧化合物）　775
ordinance guidelines, POTW　POTW 條例準則　859–860
organic carbon　有機碳
    of industrial wastewaters　工業廢水　23t
    removal　去除　567f
Organic Chemicals, Plastics, and Synthetic Fibers (OCPSF) regulations　有機化學品、塑料和合成纖維 (OCPSF) 準則　768
organic chemicals wastewater　有機化學品廢水
    relationship between denitrification rate and temperature for　脫硝速率和溫度之間的關係　364f
    toxicity reduction　毒性的減少　395
    treatment of in Biohoch Reactor　在 Biohoch 反應器的處理　458t

983

organic compounds　有機化合物　535t
　　biodegradation of under anaerobic conditions　在厭氧條件下的生物降解　513–515
　　biooxidation　生物氧化　282–289
organic constituents of wastewater　廢水有機成分　18–30, 29f
organic phosphates　有機磷酸鹽　781
organic priority pollutants, EPA list of　EPA 所列之有機優先污染物　3t–4t
organic removal, mathematical relationships of　有機物去除的數學關係式　260–282
organics removal mechanisms　有機物去除機制
　　biodegradation　生物降解　234–235
　　overview　概述　227–228
　　sorbability　吸著能力　233–234
　　sorption　吸著　228–231
　　stripping　氣提　231–233
organizational structure, participatory policies and　組織性結構，參與性政策　908
organochlorine insecticides　有機氯殺蟲劑　776
original construction　原始建設　886
ORP (oxidation-reduction potential)　ORP（氧化還原電位）　771, 771t
orthokinetic coagulation　同向混凝　141
ortho-phosphate　正磷酸鹽　379f
Oscillatoria　顫藻　407
OSHA (Occupational Safety and Health Administration)　OSHA（職業安全衛生署）　6, 891
osmosis　逆滲透　688, 691f
OTEs (oxygen transfer efficiencies)　OTES（氧氣傳輸效率）　198f–200f, 201, 205–210
OUR (oxygen utilization rate)　OUR（氧利用率）　327
overflow operating lines　溢流操作線　462, 467f
overflow rates　溢流率　103t, 104f
overhead costs　管理成本　915, 919t

索引

overland flow 漫地流 677, 685t
ownership 所有權 836f
oxidant reduction 氧化劑還原 37
oxidation. See also chemical oxidation 氧化參見化學氧化
   of cellular organics 細胞有機物 617
   of degradable VSS 可降解 VSS 244
   ditch systems 渠系統 442–445
   manganese 錳 169
   ponds 塘 662
   processes 程序 58
oxidation-reduction potential (ORP) 氧化還原電位 (ORP) 771, 771t
OXY-DEP process OXY-DEP 程序 456f
oxygen 氧
   demand of industrial wastewaters 工業廢水的需氧量 23t
   injection 注入 791
   requirements for biooxidation 生物氧化的氧需求 250–256
   saturation 飽和度 182
   solubility of 溶解度 181–184
   transfer 傳輸 179–195, 203
   transfer and utilization, trickling filtration 傳輸和利用，滴濾法 486–489
   update rate methodology 攝氧率方法 251f
   utilization and sludge yield 利用和污泥產量 240–250
   utilization coefficients for food processing wastewater 食品加工廢水的利用係數 251f
   utilization of coefficients for a variety of wastes 各種廢水的利用係數 252t–253t
oxygen activated sludge 純氧活性污泥法 453–455
oxygen penetration, facultative pond 氧滲透，兼性塘 407, 408f
oxygen transfer efficiencies (OTEs) 氧傳輸效率 (OTES) 198f–200f, 201, 203–210
oxygen utilization rate (OUR) 氧利用率 (OUR) 327

985

oxygen-releasing compounds (ORC)　釋氧化合物 (ORC)　775
oxygen-uptake rate　攝氧率　241
ozonation　臭氧化　593–594
ozone　臭氧　590–594, 792
ozone-peroxide treatment　臭氧過氧化處理　785

P

PAC (powdered activated carbon)　PAC（粉狀活性碳）　301, 323, 350
Pacific Gas & Electric (PG&E)　太平洋天然氣和電氣公司 (PG&E)　765, 903
packed towers　填充塔　214–222
packing density, membrane　薄膜填充密度　695
packing media　填料　213
packing-house waste　肉類包裝廠廢水　412
PACT process　PACT 程序　52, 562–568
PAO (phosphate accumulating organisms)　PAO（磷蓄積菌）　384
paperboard wastes　紙板廢水　148, 149t
parameter correlation plots　參數相關圖　394f
partitioning　分配　228
PCBs. See polychlorinated biphenyls　PCBs，請見多氯聯苯
PCE (perchloroethylene)　PCE（四氯乙烯）　766–768, 769f
peaking factor (PF)　峰值因子 (PF)　74
pentachlorophenol　五氯苯酚　787
perchlorates　過氯酸鹽　785–787
perchloroethylene (PCE)　四氯乙烯 (PCE)　766–768, 769f
performance　效能
　of activated carbon systems　活性碳系統　562
　DAF　DAF　129f
　land treatment　土地處理　681–682
perikinetic coagulation　異向混凝　141
peripheral-feed circular clarifiers　周邊進水式圓形澄清池　108
perlite　珍珠岩　649

索 引

permeability, soil 滲透，土壤 675–676
permit exceedances 許可證超標 896
permit limitations for pollutants 污染物許可限制 872–873
permitted industrial users, Austin, Texas 有許可證的工業用戶，德州奧斯汀市 867f
permitting process, industrial pretreatment 工業預處理許可程序 864t
persistence in allocation of Superfund disposal site response costs 持久性在超級基金處置場址反應成本的分配 838–846
persistent organic pollutants (POPs) 持久性有機污染物 (POPs) 5
pesticides, chlorinated 含氯農藥
 characterization of 特性 778–782
 overview 簡介 777
 regulatory history 法規歷史 777–778
 treatment methodologies 處理方法 782
petrochemical industry waste reduction techniques 石化工業減廢技術 44
petrochemical plant influent wastewater 石化廠進流廢水 281t
petroleum exclusion 石油排除 902
petroleum hydrocarbons 石油碳氫化合物 682
petroleum refineries 石油精煉廠
 material outputs from processes 程序物質輸出 809t–810t
 oil processing in 石油加工 117–119
 wastewater from 廢水 280t, 562t, 805, 811–813
PF (peaking factor) PF（峰值因子） 74
PG&E (Pacific Gas & Electric) PG&E（太平洋天然氣和電氣公司） 765, 903
pH pH 值 298–299
 in biological systems 生物系統 82
 control of 控制 86
 effect on ammonia oxidation 氨氧化效應 347f
 membrane processes 薄膜程序 696

987

工業廢水污染防治

versus ortho-phosphate for lime precipitation　石灰沉降時，正磷酸鹽相對於　379f

plot for electrolytic aluminum hydroxide　電解氫氧化鋁圖　144f

in spray irrigation systems　噴灑灌溉系統　677–678

pharmaceutical pretreatment　製藥業預處理

determining compliance monitoring for PSES pollutants　確認遵守 PSES 污染物監測　876–877

determining limits for pollutants regulated under PSES　確認 PSES 管制的污染物限制　872–876

final limits as they would appear in permit for facility B　會出現在設施 B 許可證的最終限制　878

overview　概述　869–872

Pharmaceuticals and Personal Care Products (PPCPs)　藥品和個人保養產品 (PPCPs)　5

PHB (polyβ-hydroxybutyrate)　PHB（聚 β 羥基丁酸酯）　385

Phelps Dodge Hidalgo Smelter　菲爾普斯道奇伊達爾戈冶煉廠　821

phenol　酚　2, 593

phenol number　酚值　538

phoredox flow sheets　phoredox 流量表　383f

Phormidium　席藻　407

phosphate accumulating organisms (PAO)　磷蓄積菌 (PAO)　384

phosphorus　磷　2

precipitation　沉降　381

removal　去除　382f

biological phosphorus removal　生物除磷　383

chemical phosphorus removal　化學除磷　378–383

design considerations　設計考量　386–388

GAOs　肝醣蓄積菌　386

MBRs　薄膜生物反應器　388–389

mechanism for　機制　384–386

SBR　序列批次反應器　444

phostrip process, for phosphorus removal　phostrip 的除磷程序　383f

索 引

photosynthesis, oxygen production and　光合作用，產生氧　407
phthalate esters　鄰苯二甲酸酯　5
physical state in allocation of Superfund disposal site response costs　物理狀態在超級基金處置場址反應成本的分配　838–846
physical-chemical waste treatment　物理化學廢水處理
   methods of　方法　61t
      screening and identification matrix for　篩選與確立　58t–60t
pilot belt filter testing　帶式壓濾機模廠級試驗　656t
plant waste flow　工廠廢水水流　17f
plastic-packed filters　塑膠填料濾池　481f, 490
plastics additives wastewater　塑化劑廢水
   activated sludge inhibition from　活性污泥抑制　325f
   detoxification of　去毒　326f
plate and frame membranes　板框式薄膜　692, 693f
plate and frame pressure filters　板框式壓濾機　651–653
plate separators　板式分離器　112
plating wastewaters　電鍍廢水　161–162, 578–583, 698f
plow-type mechanism　犁式機制　109
plug-flow　塞流　266f, 269t, 439–440
point source discharge (NPDES) record　點源排放 (NPDES) 紀錄　896
pollutants　污染物
   concentrations of　濃度　66, 742t–743t
   final limits　最終限值　877–878
   loading rates of　負荷率　664t
   PSES　PSES
      determining compliance monitoring for　確認遵守 PSES 污染物監測　876–877
      determining limits for　確認 PSES 管制的污染物限制　872–876
pollution. See also exploration and production (E&P) pollution control　污染，參見探勘和生產 (E&P) 的污染控制
   cost-effective control of　有效成本控制　42t
   reduction of　減量　41

989

Pollution Prevention Act of 1990　1990 年水污染防治法　44, 895
pollution prevention information clearinghouse (PPIC)　污染預防資訊交換中心 (PPIC)　44
polyβ-hydroxybutyrate (PHB)　聚 β 羥基丁酸酯 (PHB)　385
polychlorinated biphenyls (PCBs)　多氯聯苯 (PCB)
　environmental impacts　環境影響　759–760
　overview　簡介　758–759
　regulatory history of　法規沿革　760–762
　treatment methodologies　處理方法　762–765
polyelectrolytes　聚電解質　144, 637–639, 643
polymers　聚合物　145, 151, 648f, 656
polyvalent complexes　多價錯合物　574
POPs (persistent organic pollutants)　POPs（持久性有機污染物）　5
pore sizes　孔徑　689f
porous media　多孔介質　195
potassium permanganate　過錳酸鉀　603, 792
potentially responsible parties (PRPs)　潛在關係者 (PRPs)　833, 901
POTWs. See publicly owned wastewater treatment works　POTWs，參見公有廢水處理廠
powdered activated carbon (PAC)　粉狀活性碳 (PAC)　301, 323, 350
power level, aeration equipment　曝氣設備和功率水準　334f
power plants, PCB cleanup in　電廠，多氯聯苯清理　764
power utilization in membrane processes　薄膜程序的動力利用　696
PPCPs (Pharmaceuticals and Personal Care Products)　PPCPs（藥品和個人保養產品）　5
PPIC (pollution prevention information clearinghouse)　PPIC（污染預防資訊交換中心）　44
precipitation　沉降
　for heavy metals removal　重金屬去除
　　arsenic　砷　157
　　barium　鋇　159
　　cadmium　鎘　159

索　引

　　　chromium　鉻　160–165
　　　copper　銅　166
　　　enhanced removal of soluble metals by　可溶性金屬的強化去除　158t
　　　fluorides　氟化物　166–167
　　　iron　鐵　167–168
　　　lead　鉛　168
　　　manganese　錳　169
　　　mercury　汞　169–170
　　　nickel　鎳　170
　　　overview　概述　151, 154–157
　　　selenium　硒　170–171
　　　silver　銀　171–172
　　　zinc　鋅　172, 173t
　　in physical-chemical waste treatment　在物理化學廢水處理　59t, 62t
precoating　預塗　649
preneutralization　預中和　83
present value (PV) terms　現值 (PV) 方面　886
press belts　壓力帶　654
pressure drop curves, packed tower　填充塔的壓降曲線　218f
pressure filtration　壓濾法　651–653
pressure in membrane processes　薄膜程序壓力　694
pretreatment. See also case studies　預處理，參見案例研究
　　for disposal wells　處置井　685–686
　　equalization　調勻　65–81
　　flotation　浮除
　　　air solubility and release　空氣溶解度與釋放　121–124
　　　overview　概述　121
　　　system design　系統設計　124–132
　　industrial　工業
　　　compliance monitoring　遵從監測　858–859
　　　local limits development　地方限制發展　856–858

991

  national categorical pretreatment standards　國家分類預處理標準 856–858

  overview　簡介　855–856

  user charge rates and cost recovery　用戶費率和成本收回　860–862

limits on aircraft manufacturing　飛機製造業限值　865t

membrane processes　薄膜程序　696

neutralization　中和

  control of process　程序控制　86–93

  overview　概述　83

  systems　系統　86

  types of processes　程序類型　82–86

oil processing in petroleum refineries　煉油廠處理油的程序　117–119

oil separation　油的分離　111–117

overview　概述　63–65

problems　問題　132–136

sedimentation　沉降

  calculation of solids flux　固體物通量計算　108

  clarifiers　澄清池　108–111

  discrete settling　單顆粒沉澱　94–98

  flocculent settling　膠凝沉澱　98–106

  laboratory evaluation of zone settling　層沉澱於實驗室的評估　108

  overview　概述　93–94

  zone settling　層沉澱　106–108

sour water strippers　酸性水氣提塔　119–121

Pretreatment Standards for Existing Sources (PSES)　現有來源的預處理標準 (PSES)

  determining compliance monitoring for pollutants　確認遵守 PSES 污染物監測　876–877

  determining limits for pollutants regulated under　確認 PSES 管制的污染物限制　872–876

pricing and multiplier　定價和乘數　922–925

primary degradation　基本降解　586

索引

primary field operations, E&P　E&P 初級現場作業　739
primary treatment. See also pretreatment　初級處理，參見預處理　49
priority pollutants　優先污染物　2, 229t
private sector clients　私部門客戶　915
process design criteria, laboratory and pilot plant procedures for development of　程序設計準則，實驗室和模廠級步驟
 reactor operation　反應器操作　391–395
 reduction of aquatic toxicity　水生生物毒性的減少　395–396
 volatile organic carbon　揮發性有機碳　395
 wastewater characterization　廢水特性　390–391
produced oil　生產石油　747
produced water　產出水　740t, 741, 747, 748f, 754
product throughput　生產量　836f
production-based residual estimates　生產基準的殘留物估計　849f
profit centers　利潤中心　908
prohibited discharges　禁止排放　856
project economics　計畫經濟　923–926
properties of activated carbon　活性碳效能
 adsorption system design　吸附系統設計　544–558
 carbon regeneration　碳再生　544
 continuous carbon filters　連續式碳濾床　541–543
 GAC small column tests　GAC 小型管柱試驗　558–561
 laboratory evaluation of adsorption　吸附的實驗室評估　538
 overview　概述　538
 performance of activated carbon systems　活性碳系統效能　561–562
PRPs (potentially responsible parties)　PRPs（潛在關係者）　833, 901
PSES. See Pretreatment Standards for Existing Sources　PSES，參見現有來源的預處理標準
psi (ψ) potential　psi(ψ) 電位　138
psychrophilic regime　嗜冷體系　289
public sector clients　公部門的客戶　916

993

publicly owned wastewater treatment works (POTWs). See also Barceloneta POTW, Puerto Rico　公有廢水處理廠 (POTWs)，參見波多黎各巴塞羅內達 POTW　869

　　case histories　歷史案例

　　　　Austin, Texas　德州奧斯汀市　867–869

　　　　Chicago, Illinois　伊利諾伊州芝加哥市　862–863

　　　　Indianapolis, Indiana　印第安納州印第安納波利斯市　863

　　　　pretreatment of leachate discharges　預處理的滲出水排放　878

　　　　San Diego, California　加州聖地牙哥市　863–865

　　Shreveport, Louisiana　路易斯安那州什里夫波特市　865–866

　　compliance monitoring　遵從監測　858–859

　　local limits development　地方限制發展　856–858

　　national categorical pretreatment standards　國家分類預處理標準　856–858

　　ordinance guidelines　條例準則　859–860

　　overview　簡介　855–856

　　user charge rates and cost recovery　用戶費率和成本回收　860–862

publicly-owned industrial complexes, annual reports for　公開發行工業園區的年度報告　909

pulp and paper industry　紙漿和造紙工業

　　Floc Shear test results　膠羽剪力測試結果　472t

　　waste stabilization pond performance　廢水穩定塘效能　409f

pulp and paper-mill wastes　紙漿和造紙廠廢水　105t, 106f, 153t, 315f, 659f

pulp and recycle mills　紙漿和回收廠　660f

pulp mill effluents　紙漿廠放流水　697–698

PV (present value) terms　PV（現值）項目　886

───── Q ─────

quality, attainable　可達到的水質　62t

索 引

R

radioactive tracer technique　放射性追蹤技術　211
range of wastewater flow　廢水流量範圍　812t
rapid infiltration　快速入滲　676, 677t
rapid small-scale column test (RSSCT)　快速小型管柱試驗 (RSSCT)　558–561
raw waste　原廢水　15f
rbCOD (readily biodegradable carbon measured as COD)　rbCOD（以 COD 表示的易於生物降解的碳）　384
RCRA (Resource Conservation and Recovery Act)　RCRA（資源保育和回收法）　117, 685, 728, 778, 815–817, 883
Re (Reynolds numbers)　Re（雷諾數）　559
reaction rate coefficient　反應速率係數
　　K　K　292
　　for pulp and paper mills　紙漿和造紙廠　279t
　　two-stage operation on　兩階段操作　278f
　　for wastewaters　對於廢水　269t
reactivity, regions of　反應性的操作範圍　592
reactor clarifiers　反應器澄清池　109, 149f
reactor operation　反應器操作　391–395
readily biodegradable carbon measured as COD (rbCOD)　以 COD 表示的易於生物降解的碳 (rbCOD)　384
recirculated MBRs　循環式薄膜生物反應器　703
recirculation　再循環
　　flotation system　浮除系統　124f
　　pollution　污染　40
recovery factor, membrane processes　回收因子，薄膜程序　695
rectangular clarifiers　矩形澄清池　108–111
recycle ratio　迴流比　802
recycling. See water recycle and reuse　回收，參見水回收和再利用
Red River, Louisiana　紅河，路易斯安那州　865

995

redox potential of chlorinated solvents　含氯溶劑的氧化還原電位　770
reductive dechlorination　還原脫氯作用　771f
reed canary grass　金黃蘆草　674
refineries　煉油廠
　　effluent flows of wastewaters　廢水放流水流量　837f
　　throughput　生產量　837f
　　waste sludge generation　廢棄污泥產生量　838f
refractory substances　難處理物質　2
regeneration　再生
　　carbon　碳　544, 545f
　　ion exchange resin cycles　離子交換樹脂循環　575, 576f
regional initiatives　區域性倡議　6–7
regions of ozone reactivity　臭氧反應性的操作範圍　592
regulation experts, environmental governance　法規專家，環境治理　909
regulations　法規
　　E&P pollution　E&P 污染
　　　　exempt and nonexempt wastes　豁免和未豁免廢棄物　730–734
　　　　federal regulations　聯邦法規　727–730
　　　　lease agreements and miscellaneous issues　租賃協議及其他相關問題　737
　　　　local regulations　地方法規　736–737
　　　　overview　簡介　727
　　　　state regulations　各州法規　735–736
　　PCB　PCB　760–761, 762t
　　for perchlorates　對過氯酸鹽　785t
　　pesticide　農藥　776–777, 779t, 780f
　　for pharmaceutical industry　製藥廠　870
regulatory compliance metrics　法規遵循指標　881–882
relative biodegradability　相對生物降解性　268t, 283f
release, air　釋放, 空氣　120–124
remediating technologies　整治技術　847t
removal efficiencies, microscreen　去除效率，微篩機　718t

索引

removal of suspended solids　懸浮固體物去除　98–106
residual generation rates　殘留物產生率　850
residuals, 611–612. See also waste　殘留物，參見廢棄物
resin adsorption　樹脂吸附　38, 59t
resin utilization　樹脂利用率　574
resins, ion exchange　離子交換樹脂　572–574, 575f
Resource Conservation and Recovery Act (RCRA)　資源保育和回收法 (RCRA)　117, 685, 728, 778, 815–817, 883
retroactive economic exposure　溯及既往的經濟風險暴露　900–901
reuse, see also water recycle and reuse　再利用，參見水回收和再利用
reuse-zero discharge flow diagram　再利用 - 零排放流程圖　828f
reverse osmosis (RO)　逆滲透 (RO)
　　comparison with osmosis　與逆滲透比較　688, 691f
　　effect of biological pretreatment on　生物預處理的影響　700f
　　overview　概述　59t
　　process schematic　程序圖　694f
　　system operational parameters for　系統操作參數　697t
　　zero discharge technologies　零排放技術　821
　　of zinc wastewaters　鋅廢水　174t
Reynolds numbers (Re)　雷諾數 (Re)　559
rigs, oil　鑽機，石油　724
rim-flow circular clarifiers　邊緣流圓形澄清池　109
Ringlace ropelike media　像繩索的擔體　459
Risk Reduction Standards (RRS)　風險降低標準 (RRS)　901
Rivers and Harbors Act 1899　河川和海港法　882
RO. See reverse osmosis　RO，參見逆滲透
rotary drums　滾筒　631, 648, 717
rotary-hoe mechanisms　旋轉鋤機制　109
rotating biological contactors　旋轉生物接觸盤　495–501
RRS (Risk Reduction Standards)　RRS（風險降低標準）　901
RSSCT (rapid small-scale column test)　RSSCT（快速小型管柱試驗）558–561

S

Sacramento, California　加州薩克拉門托　764–765

Safe Drinking Water Act of 1974 (SDWA)　安全飲用水法 (SDWA)　729–730, 882

safety solvents　安全溶劑　766

salary to expense ratio and utilization　薪資費用比率和利用率　916–922

salinity　鹽分；鹽度　678, 802

salt rejection　鹽排斥率　695

same-site multiple contributors, Superfund　同場址多重貢獻者，超級基金　846–849

San Diego, California　加州聖地牙哥市　863, 865t

San Gabriel Valley, California　加州聖蓋博谷　785

sand bed drying　砂床乾燥　657–658

sandstone　砂岩　686f

sandy soils　砂土　676

sanitary sewer discharges standards　下水道排放標準　879t

SARA (Superfund Amendments and Reauthorization Act of 1986)　SARA（1986年的超級基金修正案和再授權法）　895

Sarbanes-Oxley Act (SOX) 2002　2002年的沙賓法案 (SOX)　907

saturation, oxygen　氧的飽和度　182

SBR (sequencing batch reactor)　SBR（序列批次反應器）　444–450

schematic diagram, air stripping system　氣提系統的示意圖　220f

scour　沖刷　97–98, 203

screening and identification matrix, physical-chemical treatment　物理化學處理方法的篩選與確立　58t–60t

screening laboratory procedures　實驗室流程的篩選　54f

screw presses　螺旋壓力機　656, 657f, 660f

scrubber systems　洗滌器系統　791

SCWO (supercritical water oxidation)　SCWO（超臨界水氧化）　58, 607

SDWA (Safe Drinking Water Act of 1974)　SDWA（安全飲用水法）　729–730, 876

索 引

secondary clarifier effluents 二級澄清池放流水 593t
secondary treatment 二級處理 49, 51
sedimentation 沉澱
    clarifiers 澄清池 108–111
    discrete settling 單顆粒沉澱 94–98
    flocculent settling 膠凝沉澱 98–106
    laboratory evaluation of zone settling and calculation of solids flux 層沉澱於實驗室的評估和固體通量的計算 108
    overview 概述 93–94
    zone settling 層沉澱 106–108
segregation, pollution 隔離，污染 40
selector flow sheet 選擇器流程圖 317f
selenium 硒 170, 175t, 578
self-sustaining combustion 自行持續燃燒 667
separation 分離 35f, 750–751
sequencing batch reactor (SBR) 序列批次反應器 (SBR) 444–450
servicing, E&P E&P 檢修 724–727
settling 沉澱
    data, batch 批次沉澱數據 628f
    discrete 單顆粒 94–98
    flocculent 膠凝 98–106
    sludge 污泥 626f
    studies 研究 98–101
    tanks 池 96f, 101–104
    zone 層 106–108
settling basin 沉澱池 425
settling flux curve 沉澱通量曲線 462
sewage 污水 256
Shreveport, Louisiana 路易斯安那州什里夫波特市 865–866
SIA (Surface Impoundment Assessment) manual SIA（地表圍塘評估）手冊 834
sidestream softening 支流軟化 819

signification biological nitrification, SBR　顯著的生物性硝化,序列批次反應器　445

silica, activated　活性二氧化矽　142

silver　銀　171–172, 175t

silver cyanide　氰化銀　171

silver sulfide　硫化銀　171

simultaneous precipitation　相伴沉降　383

single component wastewaters　單一成分廢水　546f

single-sludge system　單段污泥系統　370

single-stage operation, pilot plant results for　單階段操作的模廠級試驗結果　276f

single-stage operation, pulp and paper mill　單階段操作,紙漿和造紙廠　426f

single-style BOD removal comparison　單階段方式 BOD 去除率的比較　277f

siting analysis and planning, new facility　新設施選址分析和規劃　886–890

slaking, lime　石灰熟化　85

slime biomass, rotating biological contactors and　旋轉生物接觸盤和生質黏膜　495

slopes　坡度　677

sludge. See also specific resistance　污泥,參見比阻抗　636–642

 age of　污泥齡　241

 characteristics at 35°C and 43°C　在 35°C 和 43°C 的特性　296f

 effect of age on PAC process　污泥齡對 PAC 程序的影響　565–566

 flocculated　膠凝　106, 107f

 handling and disposal　處理和處置

  aerobic digestion　好氧消化　617–624

  basket centrifuge　籃式離心機　634

  belt filter press　帶式壓濾機　654–656

  centrifugation　離心法　643–647

  characteristics of sludges for disposal　污泥處置之特性　614–617

索　引

　　　　disk centrifuge　盤式離心機　634
　　　　factors affecting dewatering performance　影響脫水效能之因素　659
　　　　flotation thickening　浮除濃縮　630–631
　　　　gravity belt thickener　重力帶式濃縮機　633–634
　　　　gravity thickening　重力濃縮　624–629
　　　　incineration　焚化　667–668
　　　　land disposal of sludges　污泥之土地處置　659–667
　　　　overview　概述　611–614
　　　　pressure filtration　壓濾法　651–653
　　　　problems　問題　669–670
　　　　rotary drum screen　滾筒篩濾機　631
　　　　sand bed drying　砂床乾燥　657–658
　　　　screw press　螺旋壓力機　656–657
　　　　vacuum filtration　真空過濾　647–650
　　handling, effect of industrial wastewaters on　處理, 工業廢水的效應　469
　　in MBRs　在 MBR　705–706
　　quality of　品質
　　　　biological selectors　生物選擇器　312–314
　　　　design of aerobic selectors　好氧選擇器的設計　314–320
　　　　effect of industrial wastewaters on　工業廢水的影響　469
　　　　filamentous bulking control　絲狀菌膨化控制　312
　　　　overview　概述　305–312
　　yield　產量　240–249, 362t
sludge volume index (SVI)　污泥容積指數 (SVI)　460, 461f
sludge-blanket units　污泥氈單元　147–148
slurry reactor remediation of PCBs　多氯聯苯的泥漿反應器整治　764
SMA (specific methanogenic activity)　SMA（甲烷生成菌的比活性）　522
small column tests, GAC　小型管柱試驗，GAC　558–561
SMP (soluble microbial products)　SMP（可溶性微生物產物）　23, 26t, 235, 320–322, 513
Snyder v. United States　斯奈德公司訴美國　905

1001

sodium bicarbonate 碳酸氫鈉 515
sodium carbonate 碳酸鈉 88t–89t
sodium hydroxide 氫氧化鈉 88t–89t
sodium hypochlorite 次氯酸鈉 783
sodium meta-bisulfite 重亞硫酸鈉 159–161
sodium nitrate addition, pond treatment 硝酸鈉添加，塘處理 413f
soils 土壤 675, 678, 764
solar ponds 太陽能池 819
solid bowl decanters 固體承杯式離心機 643
Solid Waste Disposal Act 固體廢棄物處置法 735
solid waste management units (SWMUs) 固體廢棄物管理單元（SWMUs） 836, 848
solids 固體物
  flux 通量 108, 625–629
  handling 處理 611–612
  recovery 回收 646f
  removal in spray irrigation systems 在噴灑灌溉系統的去除 677
  retention 停留時間 712f
solids flux rate, effect of temperature on 溫度對固體流通率的影響 297f
solids retention time (SRT) 固體停留時間 (SRT) 389
  ammonia removal and 氨的去除 342f
  relationship between degradable fraction and 和可降解部分之間的關係 241f
solubility 溶解度
  air 空氣 120–124
  oxygen 氧 181–184
solubility factor development 溶解度因子的發展 844t
soluble degradable wastewaters, biosorption relationship for 可溶性可降解廢水的生物吸著關係 238
soluble metal removal 可溶性金屬去除 158t
soluble microbial products (SMP) 可溶性微生物產物 (SMP) 24, 26t, 235, 320–323, 513

soluble organics 可溶性有機物 2
soluble P residual curve, versus Fe dose 鐵量相對於可溶性磷殘留曲線 381f
soluble pharmaceutical wastewater 可溶性製藥廢水 248f
solvents 溶劑
　chlorinated 含氯溶劑
　　historical perspective 從歷史的角度介紹 765–770
　　overview 概述 765–776
　　treatment methodologies 處理方法 770–776
　extraction 萃取 38
SOR (standard oxygen rate) SOR（標準氧速率） 195
sorbability 吸著能力 233-234
sorption 吸著 228–231
SOUR (specific oxygen uptake rate) SOUR（比攝氧率） 250–254
sour water strippers 酸性水氣提塔 119–121
source management and control 源頭管理和控制 41t–42t
SOX (Sarbanes-Oxley Act) 2002 2002 年的 SOX（沙賓法案） 907
soybean wastewater 豆製品廢水 267f
SPCC (Spill Prevention Control and Countermeasure) Plan SPCC（洩漏預防控制和對策）計畫 892
specific methanogenic activity (SMA) 甲烷生成菌的比活性 (SMA) 522
specific oxygen uptake rate (SOUR) 比攝氧率 (SOUR) 250–254
specific resistance 比阻抗 636–642
　capillary suction time test 毛細虹吸時間試驗 641–642
　laboratory procedures 實驗室流程 637–641
　overview 概述 636–637
spill basins 溢流槽 78–81
spill diversion control 溢流改道控制 427f
spill prevention 洩漏預防 892, 898f
Spill Prevention Control and Countermeasure (SPCC) Plan 洩漏預防控制和對策 (SPCC) 計畫 892
spiral wound membranes 螺旋捲式薄膜 692, 693f

SPLP (synthetic precipitation leaching procedure)　SPLP（合成沉澱溶出程序）615–617

sponges　泡綿　458

spray irrigation systems　噴灑灌溉系統　57t, 674–676, 684t

sprinklers　噴灑　674, 676

SRT. See solids retention time　SRT，參見固體停留時間

SS. See suspended solids　SS，參見懸浮固體物

stabilization basins, lagoons and　穩定池，氧化塘

　　aerated lagoons　曝氣氧化塘　407

　　anaerobic ponds　厭氧塘　406

　　facultative ponds　兼性塘　406

　　lagoon applications　氧化塘的應用　407–416

　　overview　簡介　405

staged high recycle cooling process　分級高循環冷凝程序　820

Stamford baffle　斯坦福擋板　474f

standard acute toxic units　標準急毒性單位　35f

standard oxygen rating (SOR)　標準氧速率 (SOR)　195

standards, national categorical pretreatment　國家分類預處理標準　856–858

state points　狀態點　462, 463f

state regulations　各州法規

　　E&P pollution　E&P 污染　735–736

　　environmental　環保法規　728

state water quality standards　州立水質標準　6

static aerators　靜態曝氣機　189t, 198

statute-based litigation　以法規為基礎的訴訟　901

steam stripping　汽提　58t, 222, 223t

steam stripping surrogates　汽提替代污染物　877t

Stickney Water Reclamation Plant　斯帝克尼水回收廠　862–863

stimulation, well　刺激井　685

stirrers　攪拌器　108

Stockholm Convention Treaty　斯德哥爾摩公約　5

索 引

stoichiometry　化學計量　586–589
Stoke's law　斯托克斯定律　94
storm runoff　暴雨逕流　813–814, 863
strippability, versus sorbability　氣提能力 vs. 吸著能力　234f
stripping. See also air stripping of VOCs　氣提，參見 VOCs 的氣提　58, 216, 231–233
　　emissions treatment　排放處理　338
　　overview　概述　330–337
strong-acid cation resins　強酸陽離子樹脂　572
strong-base anion resins　強鹼陰離子樹脂　572
substitution, pollution reduction through　取代，藉由減少污染　42
substrates, zero-order removal rates for　基質的零階去除率　261f
subsurface contamination　地下污染　767–768
subsurface restoration　地下修復　774–775
subsurface waste-disposal systems　地下廢棄物處理系統　686f
sulfide　硫化物　155f, 518
sulfide oxidation　硫化物氧化　595t, 603
sulfur dioxide　二氧化硫　160–161
sulfuric acid　硫酸　88t–89t
SUM concept　SUM 概念　910–915
SUM Parameters values　SUM 參數值　913t
supercritical water oxidation (SCWO)　超臨界水氧化 (SCWO)　58, 607
Superfund. See Comprehensive Environmental Response, Compensation, and Liability Act　超級基金，參見全面性環境應變補償及責任法
Superfund Amendments and Reauthorization Act of 1986 (SARA)　1986 年的超級基金修正案和再授權法 (SARA)　895
Superfund disposal site response costs　超級基金處置場址反應成本
　　cost allocation principles　成本分配原則　835–838
　　literature review　文獻回顧　833–835
　　multiple off-site contributors　場外多重貢獻者　838–846
　　overview　概述　833–835
　　problem　問題　850–852

1005

same-site multiple contributors 同場址多重貢獻者 846–849
summary 總結 849–850
surcharge formula 收費公式 868–869
surface active agents 界面活性劑 187f
surface aerators 表面曝氣機 189t, 206t
surface application of sludge 污泥的表面應用 663
Surface Impoundment Assessment (SIA) manual 地表圍塘評估 (SIA) 手冊 826
surface-aeration equipment 表面曝氣設備 203–207
surrogate pollutants 替代污染物 876–877
suspended growth systems 懸浮生長系統 568t
suspended solids (SS) 懸浮固體物 (SS)
 defined 定義 2
 probability of occurrence in raw waste 原廢水中的發生機率 15f
 removal of 去除 98–102, 103t, 713
 variations in 變動 11f
suspended solids control, coagulant addition for 懸浮固體物控制，添加混凝劑 477f
SVI (sludge volume index) SVI（污泥體積指標） 460, 461f
Swanwick method Swanwick 方法 658
sweetening 脫硫 745, 753–754
SWMUs (solid waste management units) SWMUs（固體廢棄物管理單元） 836, 848
synthetic precipitation leaching procedure (SPLP) 合成沉澱溶出程序 (SPLP) 615–617
synthetic rubber wastes 合成橡膠廢水 152

T

tanks 槽
 aeration 曝氣 189f, 197
 settling 沉澱 96f, 101–104

tannery wastewaters 製革廠廢水 153, 154t
target constituents 目標成分 839–840
target salary to expense ratio 目標薪資費用比率 917, 918f
TCA (trichloroethane) TCA（三氯乙烷） 766–768
TCE (trichloroethylene) TCE（三氯乙烯） 766–768, 769f, 904
TCLP (toxicity characteristic leaching procedure) TCLP（毒性特性溶出程序） 615–617
TCODe (effluent total COD) TCODe（放流水總 COD） 26
TDS. See total dissolved solids TDS，參見總溶解固體物
TEAD (Tooele Army Depot) TEAD（圖埃勒陸軍軍械庫） 904
temperature 溫度
  in aeration systems 在曝氣系統 184, 185f
  of aerobic digesters 好氧消化槽 623–624
  effect of industrial wastewaters on 工業廢水的效應 469
  effect on 30-d average performance of pond treating pulp and paper mill effluent 處理紙漿和造紙廠放流水的塘，溫度對於其 30 天平均效能的影響 411f
  effect on aerobic biological oxidation 好氧生物氧化的影響
    overview 概述 288–298
    pH pH 值 298–299
    toxicity 毒性 299–304
  effect on aerobic digestion 好氧消化的效應 620
  effect on denitrification rate 脫硝速率的影響 364f
  effect on Henry's law constant 亨利定律常數的影響 215
  effect on trickling filtration 滴濾的影響 489
  effects in aerated lagoons 曝氣氧化塘的效應 423–425
  feed 饋料 216t
  membrane processes 薄膜程序 695
terminal settling velocity 最終沉澱速度 93–97
tertiary nitrification 三級硝化 492–495
tertiary-treatment processes 三級處理程序 51
Texas. See also Formosa Plastics case history 德州 867，參見台塑個案

textile wastewaters　紡織廢水　152t
theoretical oxygen demand (THOD)　理論需氧量 (THOD)　24
theory of adsorption　吸附理論　533–538
theory of ion exchange　離子交換理論
　　experimental procedure　實驗程序　576–578
　　overview　概述　571–576
thermal regeneration　熱再生　544
thermophilic aerobic activated sludge　嗜熱好氧活性污泥法　459
thermophilic regime　嗜熱體系　289
thickeners　濃縮槽　669
thickening underflow　濃縮底流　107
THOD (theoretical oxygen demand)　THOD（理論需氧量）　24
three-stage oxygen system　三階段純氧系統　454f
Timelines　時間表
　　DDT　DDT　782t
　　perchlorate awareness and regulation　過氯酸鹽的認知和法規　785t
　　pesticide regulations　農藥管制　779t
TMDLs (total maximum daily loads)　TMDLs（總量管制）　888
TOC (total organic carbon)　TOC（總有機碳）　540f–541f
TOD. See total oxygen demand　TOD，參見總需氧量
Toledo, Ohio　俄亥俄州托萊多市　879t
toluene　甲苯
　　activated sludge reactors　活性污泥反應器　233t
　　stripping　氣提　334f
Tooele Army Depot (TEAD)　圖埃勒陸軍軍械庫 (TEAD)　904
total dissolved solids (TDS)　總溶解固體物 (TDS)　183t, 188f
　　effect on activated sludge treatment of agricultural chemicals wastewater　農業化學廢水對活性污泥處理的效應　477t
　　effect on effluent BOD　對放流水 BOD 的影響　304f
　　mixed liquor TDS　混合液 TDS　304f
total maximum daily loads (TMDLs)　總量管制 (TMDLs)　888

total organic carbon (TOC)　總有機碳 (TOC)
　　adsorption　吸附　540f–541f
　　COD/TOC ratio　COD / TOC 比　589, 590f, 591f
　　defined　定義　18
　　overview　概述　22–23, 26
　　toxicity reduction by granular carbon columns　以顆粒碳柱降低毒性　564f
total oxygen demand (TOD)　總需氧量 (TOD)　18
total petroleum hydrocarbons　總石油碳氫化合物　682
tower diameter　塔直徑　218–219
towers, packed　填充塔　214–222
Toxic Release Inventory (TRI) Program　毒性物質釋放清單 (TRI) 計畫　736
Toxic Substances Control Act (TSCA)　毒性物質管制法 (TSCA)　761
toxic wastewater　毒性廢水
　　oxidation　氧化　589
　　source treatment of　源頭處理　54f
toxicants　毒物　63
toxicity. See also effluents　毒性，參見放流水
　　aerobic biological oxidation　好氧生物氧化　299–304
　　allocation of Superfund disposal site response costs　超級基金處置場址反應成本的分配　838–846
　　aquatic, reduction of　水生生物毒性的減少　395–398
　　and COD correlation　和 COD 的相關性　40f
　　factor development　因子發展　843t
　　before and after oxidation　氧化前後　606t
　　reduction by granular carbon columns　以顆粒碳柱降低　564f
　　testing　測試　802
　　toxicity characteristic leaching procedure (TCLP)　毒性特性溶出程序 (TCLP)　615–617
Toxics Release Inventory (TRI)　毒性物質釋放清單 (TRI)　895
transfer coefficient　傳輸係數　185f

1009

工業廢水污染防治

　　treatability classes　處理類別　876
　　treatment. See also pretreatment　處理，參見預處理
　　　　chlorinated pesticides　含氯農藥　785
　　　　chlorinated solvents　含氯溶劑　765–776
　　　　deep-well disposal　深井處置　682–688
　　　　E&P waste residuals　E&P 廢棄物殘留物
　　　　　　associated and nonassociated gas　伴生和非伴生天然氣　747
　　　　　　dehydration　脫水　751–753
　　　　　　drilling muds　鑽井泥漿　745–746
　　　　　　produced oil, associated gas, and natural gas liquids　生產石油、伴生天然氣、液化天然氣　747
　　　　　　produced water　產出水　747
　　　　　　separation　分離　750–751
　　　　　　sweetening　脫硫　753–754
　　　　granular media filtration　粒狀濾材過濾　710–717
　　　　for high strength and toxic industrial wastewater　高濃度毒性工業廢水　52
　　　　ion exchange resin　離子交換樹脂　574, 575f
　　　　land treatment　土地處理
　　　　　　design of irrigation systems　灌溉系統設計　678–681
　　　　　　irrigation　灌溉　674–676
　　　　　　overland flow　漫地流　677
　　　　　　overview　簡介　673
　　　　　　performance　效能　681–682
　　　　　　rapid infiltration　快速入滲　676
　　　　　　waste characteristics　廢水特性　677–678
　　　　membrane bioreactors　薄膜生物反應器
　　　　　　application　應用　706–707
　　　　　　benefits of compared to conventional technology　與傳統技術相較之下的優點　704–705
　　　　　　case study A　案例研究 A　707–709
　　　　　　case study B　案例研究 B　709–710

issues　議題　705–706
　　　overview　概述　702–703
　　　reactor configuration　反應器配置　703–704
　　　types of membranes　薄膜類型　703–704
　　membrane processes　薄膜程序
　　　applications　應用　697–702
　　　cleaning　清洗　697
　　　feedwater stream velocity　饋料水流速　696
　　　flux　通量　695
　　　membrane life　薄膜壽命　696
　　　membrane packing density　薄膜填充密度　695
　　　overview　概述　688–694
　　　pH　pH　696
　　　power utilization　動力利用　696
　　　pressure　壓力　694
　　　pretreatment　預處理　696–697
　　　recovery factor　回收因子　695
　　　salt rejection　鹽排斥率　695
　　　temperature　溫度　695
　　　turbidity　濁度　696
　　microscreen　微篩機　717–718
　　overview　概述　673
　　perchlorate　過氯酸鹽　785–787
　　polychlorinated biphenyls　多氯聯苯　758–765
TRI (Toxic Release Inventory)　TRI（毒性物質釋放清單）　736, 895
trichloroethane (TCA)　三氯乙烷 (TCA)　766–768
trichloroethylene (TCE)　三氯乙烯 (TCE)　766–768, 769f, 904
trichloromethane　三氯甲烷　789
trickling filter treatment method　滴濾池處理法　56
trickling filters　滴濾池
　　performance　效能　487t
　　tertiary nitrification through　藉由三級硝化　494f

1011

trickling filtration　滴濾
　　applications　應用　489–492
　　effect of temperature　溫度的效應　489
　　oxygen transfer and utilization　氧的傳輸和利用　486–489
　　tertiary nitrification　三級硝化　492–495
　　theory　理論　481–486
trihalomethanes　三鹵甲烷　788
trivalent chromium treatment　三價鉻處理　164t
TSCA (Toxic Substances Control Act)　TSCA（毒性物質管制法）　761
TSS (effluent suspended solids)　TSS（放流水懸浮固體物）　27f, 104f, 471–481, 476f
tube clarifiers　管型澄清池　110
tubes, flexible sheath　彈性保護套　199t
tubular membranes　細管式薄膜　690, 692, 693f
turbidity　濁度　2, 696
turbine aerators　渦輪曝氣機　189t, 201–202, 206t
turbulence　紊流
　　effect on effluent suspended solids when fine bubble diffusers are used　使用細氣泡擴散器時對放流水懸浮固體物的影響　473f
　　oxygen transfer　氧傳輸　185–186, 186f, 187f
　　settling tank　沉澱池　96–97
　　turbulent mixing　紊流混合　184
two-film concept　雙膜概念　180
two-stage activated sludge system　兩階段活性污泥系統　275
two-stage operation, on reaction rate coefficient　兩階段操作對反應速率係數　278f

——— U ———

UASB (upflow anaerobic sludge blanket) process　UASB（上流式厭氧污泥氈）程序　504
UF (ultrafiltration) membranes　UF（超過濾）薄膜　707

索 引

UIC (underground injection control) program　UIC（地下注入控制）計畫　729

ultimate degradation　最終降解　586

ultrafiltration　超過濾　60t, 698

ultrafiltration (UF) membranes　超過濾 (UF) 薄膜　707

ultraviolet (UV) radiation　紫外線 (UV) 輻射　593–594, 596, 598f

unacceptable degradation　不可接受降解　586

Underflow　底流
　operating lines, solids flux curve and　操作線，固體物通量曲線　467f
　sludge　污泥　624–625
　thickening　濃縮　107

underground injection control (UIC) program　地下注入控制 (UIC) 計畫　729

underground storage tanks (USTs)　地下儲存槽 (USTs)　883

UNEP (United Nations Environment Programme)　UNEP（聯合國環境規劃署）　45

Union Carbide Plant (Bay City, Texas)　Union Carbid 工廠（德州貝城）　886

unionized ammonia (NH$_3$)　非離子氨 (NH$_3$)　351

unit cost of treatment　處理單位成本　851t

United Nations Environment Programme (UNEP)　聯合國環境規劃署 (UNEP)　45

upflow anaerobic sludge blanket (UASB) process　上流式厭氧污泥氈 (UASB) 程序　504

upflow carbon column design　上流式碳管柱設計　547

upflow units　上流式單元　116

upflow-downflow carbon column design　上流 - 下流式碳管柱設計　547

user charge rates, industrial pretreatment　用戶費率，工業預處理　860–862

USTs (underground storage tanks)　USTs（地下儲存槽）　883

UV (ultraviolet) radiation　UV（紫外線）輻射　593–594, 596, 598f

1013

V

vacuum filtration　真空過濾　647–650
vapor pressure　蒸氣壓　770
variability, DAF performance　DAF 效能的變異性　129f
variable-volume equalization basins　可變容積的調勻池　67, 68f, 77t–79f
variation in flow　流量變動
　　from batch operation　來自批次操作　8f
　　for representative industrial wastes　代表性工業廢水　10t
　　tomato waste　番茄加工廠廢水　9f
VC (vinyl chloride)　VC（氯乙烯）　765, 775–776
vegetable-processing wastes　蔬菜加工廢棄物　152
velocity, settling　沉澱速度　93–97
VFA (volatile fatty acids)　VFA（揮發性脂肪酸）　516
vinyl chloride (VC)　氯乙烯 (VC)　765, 775–776
vinyl chloride monomer (VCM)　氯乙烯單體 (VCM)　775–776
viscous bulking　黏性膨化　319
VOCs. See volatile organic compounds　VOCs，參見揮發性有機化合物
volatile fatty acids (VFA)　揮發性脂肪酸 (VFA)　516
volatile materials　揮發性物質　5
volatile organic carbon　揮發性有機碳　395
volatile organic compounds (VOCs), See also chlorinated compounds　揮發性有機化合物 (VOCs)，參見氯化物　891
　　removal of　去除　793–795
　　stripping of　氣提　231
　　　　emissions treatment　排放處理　338
　　　　overview　概述　212–214, 330–337
　　　　packed towers　填充塔　214–222
　　　　size of towers　塔尺寸　219–221
　　　　steam stripping　汽提　222
volatile suspended solids (VSS)　揮發性懸浮固體物 (VSS)　235, 244
volatility factor development　揮發性因子的發展　846t

索　引

volume in cost allocation principles　體積在成本分配原則　836–838
volumetric capacity, stabilization basins　容積，穩定池　405
VSS (volatile suspended solids)　VSS（揮發性懸浮固體物）　235, 244

--- W ---

WAO (wet air oxidation)　WAO（濕式氧化）　58, 566, 605, 607–608
waste. See also sludge; water recycle and reuse; zero effluent discharge
廢棄物，參見污泥；水回收和再利用；放流水零排放
　　acid　酸　83–86
　　aeration system　曝氣系統　184
　　alkaline　鹼　86–87
　　conceptual wastestream　概念性廢棄物流　847t
　　flow of diagram at corn plant　玉米加工廠流程圖　14f
　　　in partially filled sewers　在未填滿的下水道　13f
　　injection wells　注入井　686f
　　land treatment　土地處理　677–678
　　minimization　減廢
　　　in-plant waste control and water reuse　廠內廢水控制及水再利用　39–45
　　　overview　簡介　801
　　　problem　問題　829–830
　　　RCRA hazardous waste issues　RCRA 有害廢棄物議題　815–817
　　off-site disposal of　場外處置　839f, 840t
　　plating　電鍍　579–583
　　residuals, E&P　E&P 殘留物
　　　associated and nonassociated gas　伴生和非伴生天然氣　747
　　　dehydration　脫水　751–753
　　　drilling muds　鑽井泥漿　745–746
　　　E&P　E&P　745–754
　　　produced oil, associated gas, and natural gas liquids　生產石油、伴生天然氣、液化天然氣　747

1015

produced water　產出水　747
  separation　分離　750–751
  sweetening　脫硫　753–754
 waste extraction test (WET)　廢棄物萃取試驗 (WET)　617
 waste stabilization pond, facultative　廢水穩定塘──兼性塘　406f
wastewater　廢水
  aerobic biological oxidation　好氧生物氧化　389–391
  composition, effect on filamentous overgrowth　組成，影響絲狀菌過度生長　305
  treatment. See also industrial wastewaters　處理，參見工業廢水
  biological waste treatment　生物廢水處理　56t–57t
  maximum quality attainable from waste treatment processes　廢水處理程序可達最高品質　63t
  overview　簡介　49–52
  physical-chemical waste treatment　物理化學廢水處理　62t
  process selection　程序的選擇　52–55
  regulations　法規　5–7
  screening and identification matrix for physical-chemical treatment　物理化學處理方法的篩選與確立　58t–60t
wastewater cooling towers　廢水冷卻塔　820
wastewater flow refineries　煉油廠廢水　812t
wastewater treatment plant (WTTP) effluents　污水處理廠 (WTTP) 放流水　803
water conservation　節約用水　43f
water flux　水通量　694
water, produced　產出水　747
water quality, produced　產出水水質　740t
water recycle and reuse. See also zero effluent discharge　水回收和再利用，指零放流水排放
  benchmarking　基準　807–815
  case histories　歷史案例　805–807
  decision-making process　決策程序　803–805

索引

　　effects on effluent toxicity testing　放流水毒性測試的影響　826
　　limits of　限制　802–803
　　overview　簡介　801
　　problem　問題　829–830
　　of wastewater treatment plant effluents　廢水處理廠的放流水　803
water sources, E&P　水源，E&P　741–745
Water Utilities Department of San Diego　聖地牙哥水公用事業部　863
Water9 model　Water9 模式　773
water-soluble compound removal　水溶性化合物去除　216t
weak-acid cation resins　弱酸陽離子樹脂　572
weak-base anion resins　弱鹼陰離子樹脂　572
weight　重量
　　acid　酸　84
　　cost allocation principles　成本分配原則　836–838
　　losses of carbon　碳損失　544
weighting aids　增重劑　146t
weighting factors　權重因子　842f, 850
weirs　堰　110
well-head pressure　井口壓力　685
wells　井
　　Class II　第 II 類　730
　　gas　天然氣　722
　　oil　石油　722
　　stimulation of　刺激　685
Western Greenhouses v. United States　西方溫室公司訴美國　905
WET (waste extraction test)　WET（廢棄物萃取試驗）　617
wet air oxidation (WAO)　濕式氧化 (WAO)　58, 566, 605, 607–608
wireline methods　纜線方式　727
woodlands　林地　675
workover wastes　修井廢棄物　745
WTTP (wastewater treatment plant) effluents　WTTP（聯合廢水處理廠）放流水　803

1017

X

xylene 二甲苯 233t

Z

ZeeWeed membranes ZeeWeed 薄膜 456f
zero dissolved oxygen 零溶氧 195
zero effluent discharge 放流水零排放
    economic concepts 經濟概念 818–819
    Formosa Plastics case history 台塑個案
        history of technologies 技術史 819–821
        industry applications of technology 技術的工業應用 821–822
        initial evaluation results 初步評估結果 826
        overview 概述 818–819
        recycle effects on effluent toxicity testing 水回收對放流水毒性測試的影響 826
        studies of zero discharge options 台塑研究零排放的可行性 822–823
        technologies appropriate for 適當技術 823–825
        problem 問題 829–830
        summary of concepts 總結 829
zero-order removal rates, for specific substrates 零階去除率，特定基質 261f
zeta potential (ζ) 介達電位 (ζ)
    in control of coagulants 混凝劑的實驗室控制 145–147
    defined 定義 138
    overview 概述 139–141
zinc 鋅 172, 173t–174t
zinc cyanide 氰化鋅 174t
zone settling 層沉澱 106–108
zone settling velocities (ZSVs) 層沉澱的速度 (ZSVs) 460